JN441474

GENERAL PHYSICS

Gateway to Modern Science & Technology

개정판

종합 물리학

현대 과학과 기술의 관문

문창범

저자 소개

문창범(文昌範) | cbmoon@hoseo.edu

제주 산(産). 원자핵물리학자. 서울대학교 이학박사(핵물리학실험)로서 일본이화학연구소(RIKEN) 연구원을 거쳐 현재 호서대학교 교수로 재직 중이다. 호주 국립대학교 및 캐나다 맥매스터 대학교의 방문 교수를 역임하였다. 중이온가속기를 이용한 핵반응실험을 통하여 다양한 원자핵들의 구조를 연구하고 있다. 아울러 유기반도체 물질을 이용한 유기발광소자(Organic Light-Emitting Devices; OLEDs)와 광전지소자(Organic Photovoltaics; OPVs; 일명 솔라셀)들에 대한 제작과 전기-광학적 특성 연구도 수행 중이다.

저서로 『일반물리학 강의』, 『물리학 입문』, 『전자 디스플레이 원론』 등이 있으며, 번역서로 『진공이란 무엇인가』가 있다. 그리고 일반인을 위한 수필집 『암 그리고 전쟁』이 있다.

종합 물리학, 개정판 현대 과학과 기술의 관문

발행일 2020년 1월 30일
저자 문창범
발행인 이한성 **발행처** 텍스트북스 **주소** 서울시 마포구 독막로 320, 데시앙 오피스텔 803호
전화 02-702-5725 **팩스** 02-702-5727 **웹사이트** www.textbooks.co.kr
등록번호 제2018-000190호

ISBN 978-89-93543-73-5 93420
정가 38,000원

머리말

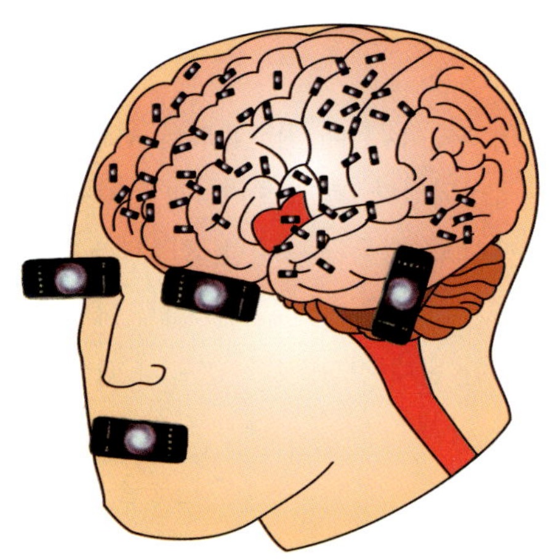

바야흐로 온라인 시대이다. 앉으나 서나 심지어 누워 있으나 그것을 손에 쥐고서는 보고 듣고 말하는 것이 현대인들에겐 일상사가 되었다. 이름 하여 스마트폰(휴대전화).
그와 더불어 지구를 뒤덮고 있는 인터넷 거미줄!
전 세계에서 일어나는 정보를 실시간으로 접하는 시대가 되었다.

그러나 그러한 정보의 홍수 속에서 인류가 정보에 의해 지배받는 시대이기도 하다. 그리고 컴퓨터라는 이름과는 동떨어진 역할을 하는 PC는 과학과 기술이 상업성에 의해 표출된 현대문화의 자화상이다. 스마트폰에 스며 있는 과학과 기술의 참모습과 그 속에 들어 있는 과학의 발전과 응용에의 지난한 여정에는 관심이 없는 것 또한 우리 사회의 현주소이기도 하다.

자기 것이 아닌 남이 만들어 놓은 정보를 아무 의식 없이 사용하는 것 또한 우리 문화의 한 단면이 된 지 오래이다.

참교육의 실종에 따른 의식의 부재가 천박한 문화가 되어 먹구름처럼 사회를 뒤덮는 것이다. 결국 질 높은 교육과 그 교육에의 수용 자세만이 진정한 자기 세계를 구축할 수 있는 참길이라고 하겠다. 그러한 참길이 인류 사회의 높은 문화를 창조하는 원천으로 이어진다.

『종합 물리학』은 참교육을 통한 배움에의 참길을 밟을 수 있도록 자연과학의 핵심인 물리학의 깊은 길을 젊은이들에게 환하게 제공하는 것을 목적으로 한다. 이를 위하여 '**물리학은 자연의 진정한 아름다움과 그 속에 담겨 있는 질서의 메시지를 전달하고 그 메시지를 법칙으로 구현하는 학문**'이며, 또한 '**물리학은 화학, 생물학을 연결하고 공학을 아우르는 자연과학의 기초대사**'라는 것, 그리고 이를 바탕으로 '**물리학은 현대과학과 기술의 주춧돌**'이라고 강하게 느끼게 하는 것을 집필의 1차 사명으로 하였다. 이것이 부제목을 「현대과학과 기술의 관문(Physics: Gateway to Modern Science & Technology)」이라고 한 이유이다.

현재 사용하고 있는 대부분의 대학 일반물리학 교재는 외국 서적을 번역한 것으로, 내용이 방만하고 산만하여 학생들의 학습 효과를 떨어뜨린다. 특히 불필요한 그림이나 사진 혹은 부연설명 등이 지나치게 많아 수용자인 학생들이 내용의 핵심을 짚지 못하는 경우가 허다하다. 이에 저자는 이러한 외국 교재의 단점을 극복하는 길이 참교육의 길을 넓히고 학생들의 학습 성취를 돕는 일이라 생각하여 이 책을 집필하게 되었다. **이것이 집필의 2차**

목적에 해당한다.

종종 현재의 문명을 과학기술 시대라고 부른다. 그러나 과학과 기술은 서로 연관성이 있으면서도 추구하는 바는 다르다. 또한 기술은 오늘날 공학이라는 관점에서 바라보아야 한다. 과학 중 **물리학**은 자연에서 일어나는 현상을 관측하고 그들 사이의 상호관계를 찾아내며 이들 현상에 대한 의미를 부여하고 체계화하는 학문이다. 이에 반해 공학은 과학에서 발견한 것들을 기반으로 하여 유용한 도구를 만들고 기술로 발전시켜 인류가 실생활에 사용할 수 있도록 한다. 자연과학 중 **물리학**은 가장 중요한 기초 학문이며 공학의 주춧돌에 해당한다. 전기, 전자, 정보통신, 기계 등 거의 모든 공학의 중요 분야에 **물리학**이 포함되지 않는 곳이 없기 때문이다.

이 책은 공학과 자연과학을 전공할 학생들이 물리학의 기본 개념을 종합적으로 이해할 수 있도록 강의 형태로 작성되었다. 특히 물리학과 타 분야의 관계를 명확하게 밝히는 데 주력했는데, 이를 위해 〈제1부 물리학의 소개〉에서 타 학문들—수학, 화학, 생물학, 공학—과의 연관성을 한눈에 알아볼 수 있도록 하였다.

또한 현대 전자, 정보 기술의 핵심 원리가 쉽게 이해될 수 있도록 현대물리 부분을 적절히 배열하였다. 이에 따라 양자적 에너지 개념의 이해를 위해 7장에서 원자의 구조를 간단히 설명하고 빛의 스펙트럼 원천을 다루었다. 아울러 진동과 회전운동을 설명하는 과정에서 분자의 진동과 회전운동을 도입하여 물질과 빛에 의한 에너지 상호작용을 이해하도록 하였다. 특히 전기와 자기, 전자기파, 빛의 분야를 비중 있게 다루어 공학 전반—전기, 전자, 정보통신, 기계, 로봇, 재료학 등—에 대한 기초 지식을 쌓는 데 도움이 될 수 있도록 하였다. 그러나 7장을 포함한 현대 물리 부분은 사정에 따라 건너뛰어도 좋다고 본다. 이의 구분을 위해 특별히 별표(*)를 해두었다.

이 책을 만들어 가는 와중에 여러 사람들의 도움과 격려가 있었다. 특히 내용의 모호성과 7장의 교육적 효과에 대해 좋은 제안을 해주신 김성윤 교수님께 깊은 고마움의 말씀을 전한다.

물리학의 깊은 길을 답사하여 소화한 젊은이가 향후 창의적인 과학기술 능력을 발휘하는 데 **『종합 물리학』이 진정한 샘물이 되었다**는 자부심을 가질 수 있다면 지은이의 큰 영광이라 하겠다. 그리고 끈기와 노력이라는 무기를 가지고 물리학(物理學)은 물론 문학(文學) 등에 심취하여 **휴대전화에 점령되지 않은 깊은 성찰의 두뇌 소유자**가 되기를 진심으로 바란다.

지은이 문창범(文昌範)
Moon, Changbum
Ph.D, Physics Professor
2018년 1월

일러두기

일반적으로 물리학 분야뿐만 아니라 과학 및 공학 영역에서 문제되는 것 중 하나가 전문 용어의 부적절한 표기라고 할 수 있다. 그러한 부적절한 용어의 등장은 과학 및 공학의 전문 용어 자체가 외국어에서 비롯되어 그것을 우리말로 번역하기 때문이다.

다행히도 물리학회에서는 그러한 점을 인식하여 십오여 년 전부터 물리학 용어의 통일은 물론 부적절한 한자식 용어들을 정리하여 과학/공학 분야에서는 가장 바람직한 용어를 사용하고 있다. 그럼에도 불구하고 간혹 물리학 교재들을 들여다보면 일반인이 보기에 얼핏 이해하기 어려운 용어와 인명 단어가 등장할 때가 있다. 특히 고유명사를 일방적으로 한글로 옮겨 표기하면서 아무런 강조체(혹은 다른 글자체)를 사용하지 않아 혼동을 초래하는 경우가 왕왕 일어나곤 한다.

한글은 영어(A, a 등을 생각해 보라)와 일본어(세 가지 형태로 문장을 표현함. 카타카나, 히라카나, 한자)와는 달리 글자 형태가 오직 하나이다. 특히 **한자 병용을 폐지하고 난 다음에는 문장의 뜻을 전하는 데 상당한 제약**이 따르고 있다. 더욱이 물리학 사회에서는 거의 사라진 현상이지만 아직도 공학이나 의학 사회에서는 전문 용어를 한글 표현에는 전혀 맞지 않는 일본식 한자 용어를 그대로 들여와 다반사로 사용하고 있는 실정이다. 보기로 든 다음을 보라.

> 전기장(electric field)을 전계(電界), 행로(path)를 행정(行程), 공급(applied)을 인가(한글 사전에 없는 단어임), 바닥상태(ground state)를 기저(基底)상태, 들뜸상태(excited state)를 여기(勵起)상태, 고선명도(high definition)를 고정세(高精細), 정렬층(alignment layer)을 배향막(背向膜), 밀봉(sealing)을 봉지(封止), 분리벽(rib)을 격벽(隔壁)…….

부지기수라고 해도 과언이 아니다. 이와 같은 일본식 한자 용어들은 일본어가 문장으로 표현될 때는 주로 한자를 빌어 사용하기 때문이다. 따라서 이러한 용어(단어)들은 한글 체계에는 맞지 않는다. 더욱이 **한글 사전에는 없는 단어들이 수두룩하게 나와 일반인은 물론 해당 학계가 아닌 전문가가 보기에도 이해하기 어려운 실정이다.** 물론 타분야—화학, 생물학, 의학, 사회학(법학) 등—도 예외는 아니다. 더욱 큰 문제는 이러한 일본식 한자 용어가 사람들에게 불편함을 줄 뿐만 아니라 용어에 대한 거부감을 불러일으킬 수 있다는 점이다. 예를 들면 뇌 영역의 일본식 용어 사용을 보면 그야말로 흔들리는 우물에 비치는 세상 마냥 요지경(瑤池鏡)이라 할 만하다.

그런데 더욱 우려스러운 일은 전문가들 중 간혹 미국식 영어 발음(아일랜드식 발음)을 지나치게 강조하여 한글 표현에까지 적용하려는 태도와 분위기라고 할 수 있다. 영어인 경우 영국에서 사용하는 표준 영어가 고급스

러우며 발음도 철자와 가깝고 의미 전달도 분명하다고 주장하고 싶다.

> **"이렇게 학문에 사용되는 전문 용어 하나 우리말과 우리글로 제대로 표현하지 못하면서 그리고 그 언어의 전달성을 인식하지 못하면서 대학이나 연구소에 있는 학자들이 어떻게 올바른 교육을 담당할 수 있을까?"**

이 책에서는 물리학에서 통용되거나 아니면 암묵적으로 수용되어 사용하고 있는 용어와 고유명사 중 원래 가지고 있던 의미를 다소 희석시키는 것들을 지적하여 다시 한 번 언어가 갖고 있는 중요성을 부각시키고자 한다. 아울러 물리학 용어집에 나온 지나친 한글식 용어 역시 가급적 피했음을 일러둔다.

ideal gas: 공식적으로는 '이상(理想)기체'라고 번역되고 있다. 그러나 자칫 정도에서 벗어난다는 의미의 이상(異常)으로 오인받을 수 있다고 본다. 따라서 이 책에서는 이를 '완전기체'라고 번역하여 사용하였다. ideal gas의 정의 자체가 물리학 이론을 정립하기 위한 완전함의 뜻과 일맥상통하기 때문이다.

system: 보통 계(系)라고 부른다. 그러나 여기서는 '체계'라고 하였다. 그냥 한글로 **계**라 하면 언어의 의미가 모호해지기 때문이다. 다만 구체적인 체계, 예를 들면 solar system인 경우에는 태양'계' 등으로 표현하였다.

plasma: 공식 사전에는 '플라스마'로 나와 있다. 그러나 여기서는 '플라즈마'로 명기하였다.

potential energy: 보통 '위치 에너지'라고 번역하여 사용하고 있다. 오해를 불러일으키는 대표적 용어이다. 여기서는 '퍼텐셜 에너지'로 사용하였다.

resistivity: '비저항'으로 번역하여 사용하고 있다. 그렇다면 conductivity는 **비전도**라고 번역해야 하지 않는가? 대표적인 일본식 한자 용어이다. 여기서는 '**저항도**'로 표현하였다.

frequency: 공학에서는 이를 '주파수'로 번역하여 표기한다. 물리학 용어 표준을 따라 여기서는 '진동수'로 표기했으나 주파수도 병행하여 사용하였다.

flux: 보통 '선속(線束)'으로 번역한다. 일본식 한자이다. '다발'로 표기하였다.

optical rotatory power: 보통 '선광성(旋光性)'으로 표현한다. 일본식 한자 용어이다. 여기서는 '광회전능'이라고 번역하여 사용하였다.

Hooke: 일반물리학 교재에서는 '훅'으로 사용하고 있다. 앞에서 언급했지만 이러한 고유명사를 단순히 '훅'이라고 표현했을 때 그 의미가 제대로 전달되는가? 이 책에서는 '후크(Hooke)'로 하였다.

Joule: 보통 '줄'로 표기한다. 이 책에서는 '주울(Joule)'로 표기하였다.

Ampère: 일반적으로 '암페어'로 사용한다. 그러나 이 단어는 **프랑스어**이다. 원래의 발음은 '앙뻬르'에 가깝다. 교재에 따라 앙페르로 사용하는 경우도 눈에 띈다. 여기서는 중•고등학교에서까지 사용하는 용어라 혼동을 우려하여 '암페어'를 사용하였다.

Malus: '말루스'로 표현되는 것 같다. 이 단어 역시 **프랑스어**이다. 발음은 '말뤼'이다. **프랑스어**인 경우 끝 자음은 발음되지 않는다. 여기서는 '말뤼(Malus)'로 표현하였다. 그리고 **프랑스어**에는 격음(ㅋ, ㅊ, ㅍ 등)이 없고 오직 경음(ㄲ, ㄸ, ㅃ 등)으로 발음된다[Coriolis(꼬리올리), Coulomb(꿀롱), Paris(빠리) 등].

Rydberg: 보통 '리드베리'로 번역하여 사용되고 있다. Rydberg는 스웨덴 과학자이다. 캠브리지 과학인명 사전을 보면 'rüdberg'로 발음된다고 나와 있다. 여기서는 이를 따라 '뤼드베르그'라고 하였다. '리드베르그'가 가장 합당한 것 같다.

Newton: '뉴턴'으로 표기하였다.

volume과 bulk: volume인 경우 순수 우리말인 '부피'라고 하였다. 그러나 물리적 상황에 따라 부피가 bulk의 의미로 쓰이는 경우가 있는데, 이럴 경우에는 체적(體積)이 더 합당한 표현이라고 할 수 있다. 여기서는 '부피'를 volume과 bulk의 두 가지 의미로 사용하였다. 체적과 대비되는 **면적**을 상기하기 바란다. 물론 '부피'는 '넓이'와 대비된다.

binding energy: 원자핵에서 핵자들에 대한 binding energy를 보통 결합에너지라고 표기하고 있다. 그러나 엄밀하게는 '구속'이라는 단어가 더 옳다. 결합이라 함은 coupling이라는 의미가 더 강하기 때문이다. 용수철에 있어 결합상수(coupling constant)와 결합에너지(binding enegy)를 대비해 보면 그 모순점이 드러난다. 혼동되지 않은 범위에서 결합에너지와 구속에너지를 혼용하여 사용하였다.

transition: 논란이 되는 용어이다. 왜냐하면 전이(轉移)와 천이(遷移) 등으로 쓰이고 있기 때문이다. 물리학 용어 사전에서는 전이를 표준 용어로 채택하고 있다. **사실 transition인 경우 천이가 더 적합한 용어**이다. 그러나 물리학 용어 표준에 따라 '전이'를 사용하였다.

여기서 한 가지 덧붙이면서 지적하고 싶은 것은 우리나라 한글 표준어 맞춤법에서 나타나는 현실과의 괴리성이다. 예를 들면 대푯값, 최댓값 등이다. '대표값' '최대값' 등은 현재 표준어가 아니다. '자장면'을 고집했던 한글 학자들의 접근만큼이나 아쉬운 대목이다. 외국인이 한글을 접할 때 얼마나 혼란스러울지를 상상해 보자. 필자의 경우 몇일이 표준어가 아니라 며칠이 표준어임을 알았을 때 상당한 충격을 받았던 기억이 새롭고, 이러한 것들이 공무원 시험 등에 함정을 파놓듯이 출제되었었다는 사실이 우리를 슬프게 한다. 우리는 보통 625를 유기오라고 한다. 그러나 국문법에 맞추려면 사실 융이오(실사와 실사 사이에는 자음접변이 일어남)라고 발음해야 한다. 그러나 그냥 육이오라고 적지 않는가? 맛있다와 맛없다를 보자. 보통 맛있다는 '마싣다'로 발음하며(연음법칙 작용) 맛없다는 '맏없다'(자음접변에 따른 절음법칙 작용)로 발음한다. 사실상 맛있다는 '맏있다'로 발음되어야 문법적으로 맞다. 그러나 그 말이 굳어졌다고 '마싰다'로 표기되지는 않지 않는가? 한 텔레비전 방송에서 인터뷰하는 분이 '배멀미', '나라일'이라고 말할 때 자막에는 '뱃멀미', '나랏일'로 표기되는 것을 보았다. 과연 이치에 맞는다고 생각하는가? 초가집은 또 어떤가? 여기서는 **최대값, 최소값 등으로 표기하였다.**

차례

제1부 물리학 소개

제3부 유체 및 열역학

제4부 전자기학

제5부 빛과 광학

제6부 원자와 양자역학

제 1 부

물리학 소개

과학자는 자연을 연구합니다. 왜냐하면 자연 속에서 즐거움을 얻기 때문이죠. 또한 자연이 아름답기 때문에 그 속에서 즐거움을 얻습니다. 자연이 아름답지 않다면 자연의 비밀을 추구할 가치는 없을 것이고 생명 또한 살아갈 가치가 없을런지 모릅니다. 물론 여기서 나는 우리가 보고 느끼며 감각을 자극하거나 외모로 드러나는 아름다움을 얘기하는 것이 아닙니다. 그렇다고 그러한 외적인 아름다움을 무시하는 것도 아닙니다. 다만 그러한 외적인 아름다움은 과학과는 아무 관계가 없다는 것을 말하고 싶습니다. 내가 말하고자 하는 아름다움은 보다 근원적인 아름다움으로 자연 속에 내재되어 있는 조화로운 질서로부터 나오는 아름다움입니다. 그리고 그러한 조화로운 질서는 우리 인간의 순수지성이 자연 속에서 끌어낼 수 있는 지고한 아름다움이라고 생각합니다.

– 앙리 푸앵카레 –

The scientist studies nature because he takes pleasure in it, and he takes pleasure in it because it is beautiful. If nature were not beautiful it would not be worth knowing, and life would not be worth living. Of course I am not speaking of that beauty which strikes the senses, of the beauty of qualities and appearances. I am far from despising this, but it has nothing to do with science. What I mean is that more intimate beauty which comes from the harmonious order of its parts, and which a pure intelligence can grasp.

– Henri Poincaré –

물리학과 우주 1

1.1 물리학과 자연현상

잠시 휴대전화에서 눈을 떼어 새벽에 떠오르는 태양을 바라보기로 하자. 그림 1.1은 동녘 하늘에 해가 뜨는 모습을 약 20일의 간격을 두고 촬영한 것이다. 떠오르는 위치가 확연히 달라졌음을 알 수 있다. 또한 모습을 드러내는 시간도 달라졌다. 왜 떠오르는 위치와 시간이 바뀌는지 자문해 보았는가? 사진에서 보듯이 해가 떠오르는 동녘 하늘은 낮에 보는 하늘과 달리 붉은색을 띠고 있다. 왜 그러한지 궁금하지 않은가? 낮과 밤은 왜 존재하며 하루는 왜 24시간인가?

해가 서쪽으로 기울며 사라지면 밤이 된다. 그러면 달과 별들이 나타나 밤하늘을 수놓는다. 여러분은 반짝이는 별들과 태양을 같은 것으로 보는가 아니면 다른 것으로 보는가? 태양은 왜 빛나며 지구에는 왜 생명체가 존재하는가? 이러한 궁금증은 인류가 보편적으로 품어왔던 의문이며 이러한 의문을 풀고 싶은 욕망이 과학으로 발전했다.

위와 같은 물음들에 대한 답은 자연이 갖고 있는 고유한 질서와 조화로움으로부터 시작되어 나온다. 이러한 자연의 질서를 인류는 경이감과 지적 호기심을 갖고 들여다보아 왔다. 그리고 마침내 그 질서 속에 깃든 자연의 조화로움(법칙)을 발견하

(a) 10월 13일 아침 6시 46분

(b) 11월 4일 아침 7시 4분

그림 1.1 **해돋이의 이동.** 며칠 사이에 태양이 떠오르는 위치가 변하였다. 그리고 해돋이의 시간 역시 변하였다. 이러한 태양의 운동 변화는 어디에서 오는 것일까?

그림 1.2 지구와 달. 인류는 지구를 떠나 신비롭게만 여기던 달에 직접 발을 내디뎠다. 이것은 자연 속에 내재되어 있는 자연의 질서와 그 조화로움을 발견한 인류의 지적 성과물이다. 그 밑바탕에는 물리학이 자리 잡고 있다.

그림 1.3 어린이와 꽃 그리고 아름다움. 어린이와 꽃을 바라보면 아름다움이라는 내적인 즐거움이 생긴다. 이러한 내적인 즐거움은 자연의 질서와 생명에 대한 학문적 활동에 의해서도 일어날 수 있으며, 학문의 즐거움은 물리학에서 찾을 수 있다.

게 되었다. 이제 그림 1.2를 보자. 이 사진은 미국 항공우주국(NASA)에서 쏘아올린 달 탐사선 아폴로호에 의해 촬영된 우리가 사는 지구의 모습이다. 푸르른 모습의 지구가 무척 아름답게 보인다. 이와 같이 우주선을 만들어 태양계의 궤도에 정확히 보낼 수 있는 것은 자연에 내재되어 있는 질서의 법칙, 즉 중력의 법칙이 있기 때문이다. 이 법칙에 따른 물리학 공식에 의해 달은 물론 목성 가까이에 위치하는 곳으로 우주선을 보낼 수 있고 얼마의 시간이 지나면 태양계 너머 저 먼 우주로 보낼 수도 있는 것이다. 진정한 과학자는 이러한 자연의 질서에서 아름다움을 발견하고 느낀다.

그림 1.3에 나온 어린아이와 꽃을 보라. 이러한 모습을 보면 우선 아름답다는 생각이 들 것이다. 인간은 예쁜 꽃을 바라보면 누구나 아름다움을 느낀다. 아름다움을 느낀다는 것은 무엇을 의미하는가? 아름다움을 느낄 수 있는 것은 인간이 갖고 있는 의식 체계와 언어 능력 때문이다.

『종합 물리학』은 여러분에게 인류가 이룩해 낸 지적 성취 중 자연의 질서와 그 조화로움의 아름다움을 조금이나마 느낄 수 있는 기회의 장을 제공한다. 그러한 미적 감각을 가질 수 있는 토양은 질서 속에 포함되어 있는 패턴(pattern)을 이끌어낼 수 있는 수학적, 물리학적 사고와 직결된다. 다시 말해 질서 속에 내재되어 있는 패턴을 기술할 수 있는 법칙과 더불어 그 법칙을 기술하는 기호언어—여기서는 수학적 기호, 즉 수식을 말한다—가 그것이며, 그러한 기호의 발견은 인류의 가장 큰 지적 성과물 중 하나이다.

물리학을 통하여 자연 속에 내재되어 있는 자연법칙은 물론 이로부터 일상생활에서 일어나는 다양한 현상들의 규칙(패턴)을 만나보게 될 것이다. 이러한 과정에서 사물과 자연에 대한 객관적인 관측과 더불어 그 속에 내재되어 있는 비밀을 파헤칠 수 있는 분석 능력과 함께 직관력을 기르게 된다. 물리학은 자연 속에 내재되어 있는 진리를 탐구하는 학문이다. 진리를 탐구한다는 그 사실 하나만으로도 성스러운 일이 아니겠는가? 여러분은 이제 성스러운 작업을 하는 문턱에 들어섰다. 진리를 터득하는 기쁨과 학문의 즐거움을 맛볼 수 있어야 한다.

1.2 우주와 물리법칙

그림 1.4는 서울에서 쳐다본 밤하늘의 풍경이다. 수많은 별들과 행성들의 모습이 나와 있다. 왼쪽 그림은 2014년 8월 15일 저녁 9시의 모습으로 서녘 하늘에 토성과 화성이 나란히 떠 있다. 오른쪽 그림은 2030년 12월 25일 밤하늘의 모습이다. 지금

(a) 2014년 8월 15일 밤 9시(서울)　　(b) 2030년 12월 25일 밤 9시(서울)

그림 1.4 별들의 이동. 이 그림들은 2014년도와 미래에 해당하는 2030년도에 서울 상공에 나타나는 밤하늘 별들의 모습을 스케치한 것이다. 별들은 물론 행성들이 나타나는 위치가 다르다.

으로부터 16년 후 미래의 밤하늘이다.

어떻게 이러한 예측이 가능한 것일까?

그것은 우주, 즉 자연계에 존재하는 질서와 그 질서의 규칙들인 물리학 법칙이 있기 때문이다. 이는 뉴턴에 의해 완성된 중력법칙을 말하며 천체들과의 힘의 상호작용을 규정하는 물리학 법칙 중 하나이다. 이러한 중력법칙을 이용하면 지구는 물론 태양계 행성들에 대한 공전과 자전이 정확하게 계산되고 앞으로 어떠한 방향으로 운동할 것인지 예측 가능하게 된다.

물리학 법칙들은 지금 구사하고 있는 이러한 문자에 의한 문장이 아니라 일련의 수학적인 언어로 표현된다. 여러분들이 중학교, 고등학교, 대학교에서 배우는 1차 방정식과 2차 방정식, 1차 함수와 2차 함수, 미분과 적분 등이 물리학 법칙에서 사용되는 과학 언어들이라고 할 수 있다. 이에 대한 설명과 연습은 『종합 물리학』에서 수시로 나오며, 이를 바탕으로 여러분은 과학적 엄밀성을 이해함과 동시에 분석적이며 논리적인 사고를 터득하게 된다.

1.3 자연의 질서와 인류의 문화

그림 1.5는 앞에서 나왔던 2014년 8월 15일 서울 밤하늘에 나타나는 별들에 대해 우리 인간이 만들어낸 일련의 상상도를 보여주고 있다. 이 상상도는 밝은 이웃 별들을 묶어 특정 동물들과 특정 인간상들의 모습을 나타내고 있으며 고대인들의 전설

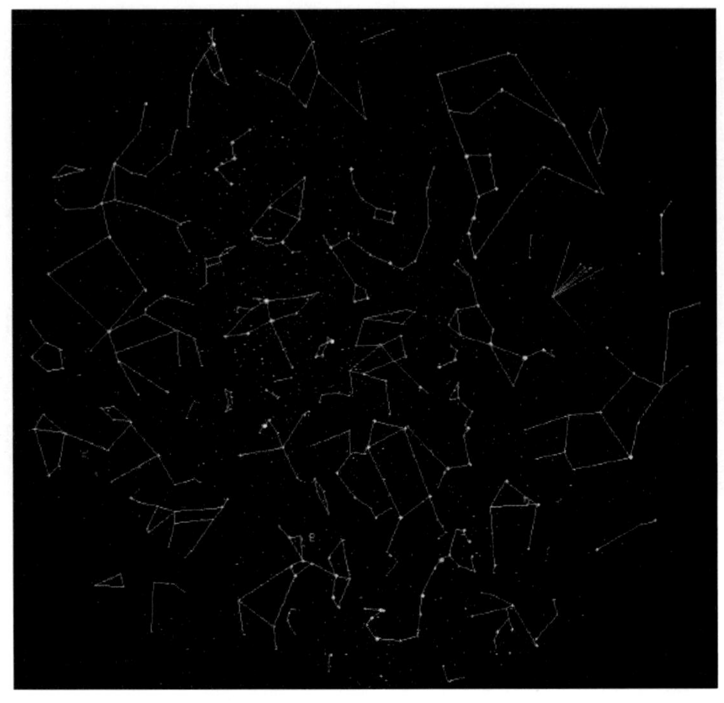

그림 1.5 별과 인류의 문화유산. 우리나라에서 여름에 관측되는 별들과 상상의 별자리들. 이러한 별자리들은 신화와 더불어 고대인들이 상상을 동원하여 만들어낸 문화유산이다. 여러분들은 스스로 자기만의 별자리를 만들 수 있는가?

과 신화를 담고 있다. 이러한 별들의 묶음 그림을 별자리, 즉 성좌도(星座圖: star constellation)라 부르며 고대 유럽인과 아라비아(오늘날의 중동)인들에 의해 만들어진 인류의 문화유산 중 하나이다. 물론 동양(중국)에도 동양 신화에 따른 성좌도가 존재한다. 그러나 서양 별자리에 비해 현실적인 면에서 미흡하여 제대로 알려져 있지 않다.

고대인들은 계절에 따라 별자리가 나타나는 위치가 다르고 또한 태양이 같은 위치에 나타나는, 즉 1년 주기로 변한다는 사실을 알게 되었다. 이것이 곧 태양력의 발생을 가져오며 농사는 물론 인류의 역사가 1년 주기로 기록되는 원천이 되었다.

고대 이집트인들은 시리우스 별—그림 1.4 중 12월의 별자리에서 보인다—의 주기적인 운행을 보고 나일강의 홍수 시기와 농사짓는 시기 등을 미리 점칠(예견할) 수 있었다. 이러한 별들의 주기적인 운행이 곧 우주 속에 포함된 질서에서 나오며, 결국 이러한 질서를 알아내고자 노력한 결과 과학이 탄생하게 되었고 오늘날의 현대문명을 이끌어낼 수 있는 토대가 완성되었다. 특히 지구 상에서의 별들에 대한 정확한 위치 정보는 곧 대항해 시대를 열 수 있는 주춧돌을 제공하여 전 지구적인 문화, 과학, 기술의 전파가 이루어지게 된다. 오늘날과 같은 과학의 탄생은 위와 같은 **관찰**과 함께 **측정** 및 **실험**에 의한 자연현상의 재현과 그 운동의 원인을 밝혀내는 과정에서 비롯되었다.

물리학은 기본 현상에 대한 연구를 주제로 하며 자연계를 지배하는 타당한 법칙을 찾아내는 학문이다. 물리학의 연구 주제는 시대에 따라 변해 왔지만 그 기본과 연구 접근은 바로 **관찰**, **측정**, **실험**이며 이 기본은 시대를 뛰어넘는다. 관측과 실험을

그림 1.6 은하수와 별들의 탄생. 망원경으로 바라본 우리 은하(galaxy)의 중심. 우리 은하에는 약 2천억 개의 별들이 존재한다. 태양도 그중 하나이다. 1초에 30만 km를 달린다는 빛으로도 은하를 가로지르는 데 십만 년이 걸린다. 인류는 우리 은하와 같은 은하들이 다시 1천억 개 이상 모인 우주를 쳐다보며 우주의 탄생과 종말의 비밀까지 밝혀내고 있다. 모두 물리학이 이루어낸 성과이다.

위한 고도의 정밀한 기기들의 창안이 곧 오늘날의 현대문명 시대를 연 첨단 정보기기들의 출현을 가져다주었다고 한다면 물리학이 얼마나 광범위한 영향을 주었는지 상상이 될 것이다.

1.4 우주의 탄생과 물리학

그림 1.7은 우주에서 일어나는 별들의 탄생을 보여주는 천체 사진이다. 별들도 일생이 있으며 초신성은 별의 마지막 단계에 해당한다. 이때 별들에서 만들어진 화학 원소들이 우주 공간에 퍼진다. 지구 상에 생명이 탄생할 수 있었던 것은 생명에 필요한 원소들이 존재했기 때문이다. 예를 들면 유기체에 반드시 포함되는 탄소(C), 대기 중의 산소(O), 피(혈액)에 함유되어 있는 철(Fe) 등은 생명을 유지하는 데 반드시 필요한 성분들이다.

"이러한 원소들은 어디에서 왔을까?"라는 의문이 곧 생명의 근원을 추구하는 길과 같으며, 생명의 근원을 탐구하는 것은 인간의 지적 탐험 중 가장 숭고하고 원초적인 활동 가운데 하나라고 하겠다.

생명에 필요한 원소들의 근원은 별들의 내부에서 일어나는 핵융합 반응과 별의 최후라고 할 수 있는 초신성, 신성 등의 폭발 현상과 밀접하게 관련되어 있다.

그렇다면 이러한 별들은 어떻게 태어났을까?
우주(the universe)는 영원히 존재하는 것일까?
아니면 그 탄생이 있었을까?

이러한 의문과 질문은 자연스레 우주의 기원으로 거슬러 올라가게 된다. 오늘날 우

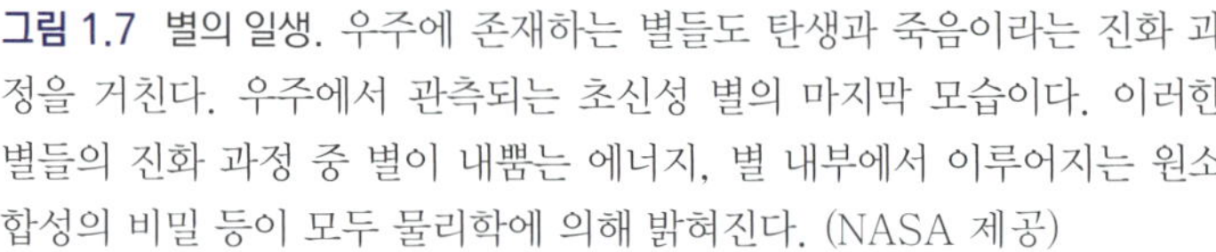

그림 1.7 별의 일생. 우주에 존재하는 별들도 탄생과 죽음이라는 진화 과정을 거친다. 우주에서 관측되는 초신성 별의 마지막 모습이다. 이러한 별들의 진화 과정 중 별이 내뿜는 에너지, 별 내부에서 이루어지는 원소 합성의 비밀 등이 모두 물리학에 의해 밝혀진다. (NASA 제공)

주는 그 탄생이 있었던 것으로 받아들여지고 있다. 그리고 그 우주(현재의 우주)의 탄생을 대폭발, 즉 **빅뱅**(big bang)이라 부른다. 여기서 그 우주(현재의 우주)라고 부르는 것은 "현재의 우주가 탄생되었다면 빅뱅 이전에는 현재와는 다른 우주가 존재했던가?" "아니면 빅뱅을 일으킨 씨앗은 무엇인가?" 하는 끝없는 존재의 물음으로 이어지기 때문이다. 결론적으로 말한다면 현재의 우주, 정확히는 빅뱅 이전과 그 순간의 상황은 상상조차 할 수 없는 미지의 영역이다.

다음은 빅뱅 이후 전개되는 우주의 역사를 물리학자들이 밝혀낸 이론에 근거하여 간략하게 정리한 것이다. 이 모든 것이 현대물리학에 의해 예견되고 밝혀진 산물임을 잊지 말자.

1.5 우주의 역사

그림 1.8은 허블 우주망원경에 의해 관측된 은하와 별들의 모습이다. 아울러 태양계에서 가끔 출현하는 혜성도 보인다. 우리 은하는 약 2천억 개의 별들로 이루어진 소우주의 하나이다. 우주에는 이러한 소우주인 은하 집단이 무려 1천억 개가 더 있

그림 1.8 우주에서 관측되는 은하(galaxy), 혜성(comet), 별(star) 들의 모습. 허블 우주망원경. (NASA 제공)

는 것으로 알려져 있다. 물론 관측된 범위 내에서의 숫자이다. 상상을 초월하는 규모이다. 그렇다면 우주에도 역사가 있을까? 시초가 있었을까?

우리 우주의 역사는 물리학에 기반을 두는 대폭발(빅뱅) 이론에 의해 설명된다. 빅뱅 이론에 의하면 우주는 지금으로부터 약 140억 년 전에 대폭발에 의해 형성되었다고 한다. 대폭발 후 우주는 계속 팽창하고 있다. 그림 1.9를 보라. 여기서는 대폭발이 있고 난 후 전개된 우주의 진화를 간략히 소개하기로 한다.

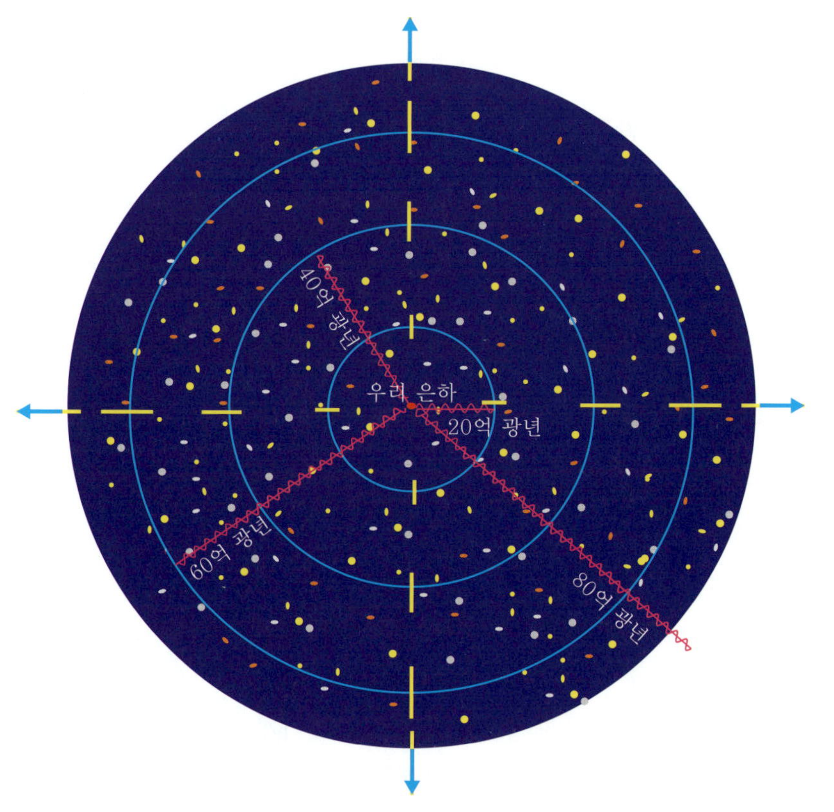

그림 1.9 우주의 시작과 팽창. 우리 은하를 중심으로 바라본 현재 우주의 모습. 각각의 점들은 우리 은하와 같은 은하를 나타낸다. 우리 은하로부터 20억 광년 떨어진 은하로부터 나온 빛(광자)은 20억 년 걸려 도착한다. 이러한 빛들은 우주의 팽창과 함께 파장이 변하며 적색 이동으로 나타난다. 여기서 광년(light year)은 빛의 속도(초당 30만 km)로 1년 동안 이동하는 거리에 해당한다. 태양은 지구로부터 1억 5천만 km 떨어져 있다. 태양 빛이 지구에 도달하는 데는 얼마의 시간이 걸리겠는가?

빅뱅에서 10^{-43}초까지

이 기간을 설명해 줄 수 있는 물리법칙은 아직 알려지지 않았다. 처음에는 무한대의 질량과 0의 시공간의 곡률을 갖고 있었을 것으로 추측되고 있다. 이러한 조건을 흔히 우주의 특이점(cosmological singularity)이라 부른다. 10^{-43}초까지의 우주의 크기는 10^{-52} m보다 작았을 것으로 여겨지며, 온도는 무려 10^{30} K보다 높았을 것으로 추측되고 있다. 여기서 K는 절대온도 단위인 켈빈온도를 나타내는 기호이다. 현재 우리가 알고 있는 중력법칙과 양자역학이 맞지 않는 시기였다. 이때는 네 가지 기본 힘, 즉 강한 핵력(strong nuclear force), 전자기력(electromagnetic force), 약한 핵력(weak nuclear force), 중력(gravitational force) 등이 통일되어 있었다. 따라서 양자역학과 중력 이론이 결합된 이론만이 이 찰나의 순간에 어떠한 일이 일어났는지를 설명해 줄 수 있는 가능성을 제공한다. 그러나 이러한 궁극의 이론(the theory of everything)은 아직 알 수 없다.

10^{-42}에서 10^{-35}초까지

우주는 어느 정도 팽창하고 온도는 약 10^{28} K까지 내려갔다. 이때 중력은 혼자 떨어져 나와 독자적인 힘을 발휘한다. 물리학적으로 이 시기를 설명해 주는 이론을 대통일 이론(the grand unified theories)이라 한다. 그러나 아직까지 폭넓게 받아들일 만한 이론은 나와 있지 않다.

10^{-35}에서 10^{-13}초까지

강한 핵력이 떨어져 나와 분리된 힘이 되었고 기본 입자들(쿼크, 전자 등)이 만들어졌다. 따라서 쿼크와 전자의 죽(soup)으로 이루어진 우주의 시기이다. 온도는 10^{16} K로 식었다.

10^{-13}에서 10^{-3}초까지

이 시기에 쿼크들이 서로 결합하여 오늘날 잘 알려진 원자핵을 이루는 핵자들, 즉 양성자와 중성자가 만들어졌다. 양성자가 중성자보다 약간 가볍기 때문에 양성자 수가 중성자 수보다 약간 많다. 100 GeV(10^{15} K) 이상의 에너지에서는 전자기력과 약력은 전기약력(electroweak interaction)으로 통일되어 있으나 그 이하에서는 이 힘들이 서로 분리된다. 이때 W(W^{+}, W^{-})와 Z^{0} 보존들은 무거운 입자처럼 행동하게 되어 질량이 없는 빛의 입자인 광자와는 다른 길로 가게 되고 결국 전자기력과 약력의 대칭성이 깨어진다. **오늘날의 네 가지 기본적인 힘들이 이 시기에 모습을 드러냈다.** 온도는 10^{11} K까지 내려간다. 이제 우주는 광자, 전자, 중성미자, 양성자, 중성자 및 그들의 반입자들로 어우러진 죽으로 되었다.

10^{-3}초에서 3분까지

이 기간이 끝날 무렵 우주는 10^{9} K까지 식는데, 비로소 핵합성이 시작된다. 즉 광자의 에너지가 낮아 양성자와 중성자가 합쳐져 중양자로 되는 것을 막지 못한다.

3분에서 50만 년까지

헬륨과 다른 여러 가지 가벼운 핵들이 조성된다. 중성자 붕괴가 일어나 양성자 수가 많아진다. 우주는 계속 식어 10^{4} K 정도로 된다. 우주는 주로 광자, 양성자, 헬륨핵, 전자로 이루어졌다. 원자는 만들어지자마자 강력한 전자기파, 즉 광자에 의해 이온화되므로 만들어질 수 없었다. 광자들은 전자기 상호작용을 통하여 대전된 입자들과 자유롭게 반응하며 물질에 의해 흡수, 방사, 산란되고 있었다.

50만 년에서 현재까지

이 기간에 드디어 광자(전자기파)가 물질로부터 분리될 만큼 식게 되었다. 약 70만 년까지 우주 대부분의 에너지는 광자가 차지하고 있었으며, 광자는 이온에 의해 흡수되고 방사되는 소위 복사(radiation)가 지배하는 상태였다. 약 3000 K가 되면 양성자와 전자가 결합할 수 있게 되어 중성의 수소원자가 만들어진다. 이때부터 광자는 수소와의 산란을 끝내고 자유롭게 움직이며 우주는 복사보다 물질의 형태로 더 많은 에너지를 포함하게 된다. 이제 광자는 우주를 자유롭게 통과하므로 3000 K에 해당하는 **흑체복사(blackbody radiation)**를 영원히 존속하게 된다. 이 3000 K의 흑체복사가 우주의 팽창에 의해 빨간색 이동(적색편이, red shift)이 되는데, 오늘날 관측되는 3 K의 **우주배경복사**가 바로 이것이다. 이제 원자들이 형성되고 이것들이 서로 결합하면 분자가 되고 더 나아가 기체구름 등으로 발전하며, 마침내 중력 수축을 일으키면서 **원시별이 태어나게 된다.**

미래의 우주

그렇다면 우주는 앞으로 어떻게 진화하고 어떠한 운명을 맞이할 것인가? 이에 대한 대답이 **2011년도 노벨 물리학상**으로 주어졌다. '솔 펄머터', '브라이언 슈미트', '애덤 리스' 등 세 사람의 물리학자가 수상의 영예를 안았는데, 앞에서 언급된 초신성의 밝기 변화를 분석하여 현재의 우주는 약 50억 년 전부터 그 팽창이 가속화되고 있다는 것을 밝혔다. 즉 초신성 빛을 관찰하여 분석한 결과 우주에는 끌어당기는 중력과는 반대인 밀어내는 암흑물질이 존재하며 이로부터 팽창이 가속화된다는 것이다. 현재 암흑물질의 존재는 인정받고 있으나 그 정체는 밝혀지지 않았다. 중력과는 반대인 척력을 일으키는 암흑물질의 정체를 밝혀낸다면 우주의 탄생과 그 운명이 명확히 드러날 것으로 예견되고 있다.

자! 여러분들이 주인공이 되어 우주의 탄생과 진화의 비밀을 풀어보기 바란다.

1.6 자연계의 네 가지 힘: 중력, 전자기력, 강한 핵력, 약한 핵력

우주의 기원을 서술하는 과정에서 네 가지 힘에 대한 언급이 있었다. 자연계에는 물질의 운동과 상호작용을 결정하는 기본적인 힘이 존재한다. 이러한 힘들은 중력(gravitational force), 전자기력(electromagnetic force), 강한 핵력(strong nuclear force), 약한 핵력(weak nuclear force) 등이며 물리학 법칙으로부터 유도되었다.

중력은 고대로부터 알려진 힘이며 **질량**(mass)을 갖는 두 물체 사이에 인력으로 작용하는 힘이다. 지구와 같은 천체 크기에 비로소 나타날 수 있는 힘이며 천체의 운동이 이러한 중력에 의해 지배된다. 만유인력 법칙으로 구현되며 거리의 역제곱으로 힘의 크기가 변한다. 그림 1.10을 보기 바란다. 이러한 중력은 네 가지 기본 힘 중에서 가장 약하다. 중력법칙과 물체의 운동에 대한 뉴턴의 운동법칙을 흔히 고전역학이라 부르며 물리학의 기반을 이룬다.

전자기력은 자연현상에 있어 번개, 벼락, 자석 등으로 나타난다. 여기서 전기와 자기를 묶어 전자기력이라고 하는 것은 맥스웰(James Clerk Maxwell, 1831~1879)에 의해 전기와 자기는 같은 종류의 힘이며 그 힘을 전달하는 것은 빛(광자), 즉 전자기파이고 빛은 일종의 전자기파임이 밝혀졌기 때문이다. 다시 말해 전기력(전기장)과 자기력(자기장)은 현상만이 다를 뿐 같은 성질의 힘이라는 것이다. 여기서 같은 성질의 힘이라고 하는 것은 **전하**(charge)라고 하는 물질 고유의 성질에서 나온다. 흔히 화학에서 다루는 이온이 전하에 속하며, 양이온과 음이온이 있듯이 전하에는 양전하와 음전하가 존재한다. 그런데 질량과는 다르게 전하는 기본 단위 크기로 존재하는데, 그 기본 단위를 갖는 입자가 원자를 이루는 전자와 양성자이다. 전자기력의 진정한 모습은 현대물리학, 즉 양자역학의 탄생으로 드러나게 되었다.

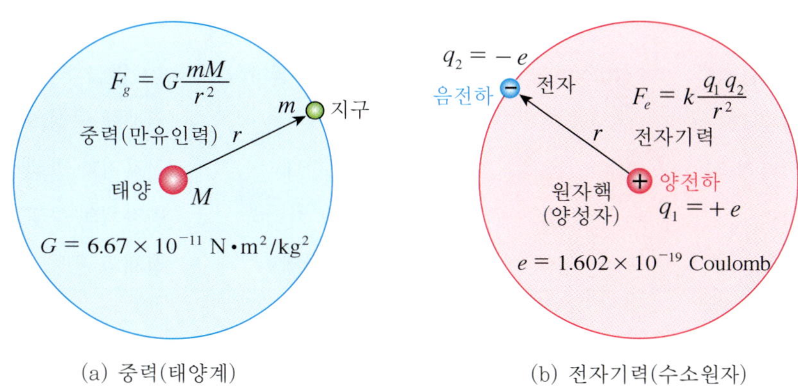

(a) 중력(태양계)

(b) 전자기력(수소원자)

그림 1.10 중력과 전자기력. 중력에 의해 형성된 태양과 지구. 전자기력에 의해 힘의 상호작용이 일어나는 수소원자의 모습. 여기서 전자에 대한 수소원자의 궤도는 이해를 돕기 위해 그려져 있으며 실제적으로는 확률 구름의 형태로 존재한다.

그림 1.10에는 수소원자의 모형이 그려져 있다. 수소원자의 핵은 오로지 양성자 하나로 이루어져 있으며, 양성자는 양전하의 기본 값을 갖고 그 주위를 도는 전자는 음전하의 기본 값을 갖는다. 원자들의 성질은 원자핵과 전자들과의 전기적인 상호작용에 의한 결과라고 할 수 있다. 그런데 여기서 반드시 언급하고 넘어가야 할 중요한 점이 있다. 그것은 원자 속에서의 전자들의 운동에 대한 것이다. 오늘날의 양자역학 이론에 따르면 전자는 입자이면서도 파동적인 성질을 가질 수 있으며, 태양 주위를 도는 지구와 같은 결정된 궤도를 따라 운동하는 것이 아니라 원자핵 주위를 **구름과 같이 확률적인 분포**를 이루며 운동하는 것으로 알려져 있다. 이렇게 미시적인 세계—원자 혹은 분자와 같이 눈으로는 볼 수 없는 극미의 세계—에서의 입자들의 운동은 우리가 경험하는 운동과는 다르다는 점을 강조해 둔다. 또한 전자기력은 원자들의 성질뿐만 아니라 원자들이 결합된 분자결합, 원자들의 집합체인 결정이나 액체 등의 성질에 직접 관여되는 힘이다. 더욱이 오늘날 우리가 사용하고 있는 전기에너지는 물론 통신에 이용되는 전파(엄밀하게는 전자기파) 등도 모두 전자기력을 이용한 것이다.

네 가지 힘 중 나머지 두 종류는 20세기에 들어서야 알려진 힘들이다. 즉 **양자역학**이라고 하는 현대물리학의 탄생으로 알려진 힘들이다. 1932년에 원자핵은 양성자(proton)와 중성자(neutron)로 이루어져 있으며 원자를 이루는 전자의 결합력에 비해 무려 수백만 배의 크기로 결합되어 있음이 밝혀졌다. 이러한 강력한 결합력을 강한 핵력 혹은 강력이라 부르게 되었다. 강력을 1로 보았을 때 전자기력은 1/137이다. 그리고 중력은 전자기력에 비해 무려 10^{40}배 이상 약하다. 강력은 오늘날 원자력 발전의 에너지원(source)으로 쓰인다. 여기서 강한 핵력의 의미는 네 번째 힘인 약한 핵력이 있기 때문이다. 이러한 약한 핵력을 약력이라 부르는데, 약력이라 해도 중력보다 훨씬 강한 힘에 속한다. 약력의 크기는 강력의 1/100,000 정도이며, 전자기력에 비하면 1/1000 정도이다. 이러한 약력은 원자핵의 변화, 다시 말해 방사성 붕괴에 관여하는 힘이며 중성미자에 의해 상호작용하는 힘이다. 즉 방사성 동위원소들의 베타 붕괴를 유발하는 힘이다. 이와 같은 네 가지 기본 힘들과 이에 관여되

표 1.1 자연계에 존재하는 네 가지 기본적인 힘들과 물리적 성질들.

기본 힘	상대적인 힘의 세기	작용 범위: 미터(m)	중요한 물리현상
강력	1	10^{-15}	원자핵 구성과 핵력
전자기력	10^{-2}	무한대	전자기파 발생
약력	10^{-5}	10^{-17}	원자핵의 붕괴
중력	10^{-40}	무한대	천체의 운동

는 입자들을 표 1.1에 분류해 놓았다. 아울러 이와 같은 힘들에 대한 물리적 법칙과 설명이 나오는 곳은 다음과 같다.

- 중력: 4장~9장
- 전자기력: 13장~25장
- 강한 핵력: 26장
- 약한 핵력: 26장

1.7 물질의 기본 구조와 물리학

우선 물질과 그 물질을 이루는 층 구조 그리고 크기들을 간단히 살펴보기로 한다. 조그만 콩 한 알을 들여다보자(그림 1.11). 콩을 둥근 공이라 하면 그 지름은 5 mm 정도 될 것이다.

오늘날 생명체이건 비생명체이건 그 기본 구조는 원자로 구성되어 있다. 그리고 그 기본 성질은 원자들이 결합되어 형성된 분자에 의해 발현된다. 콩 역시 많은 분자로 되어 있으며 궁극적으로는 원자로 구성되어 있다. 현대물리학에 의해 원자의

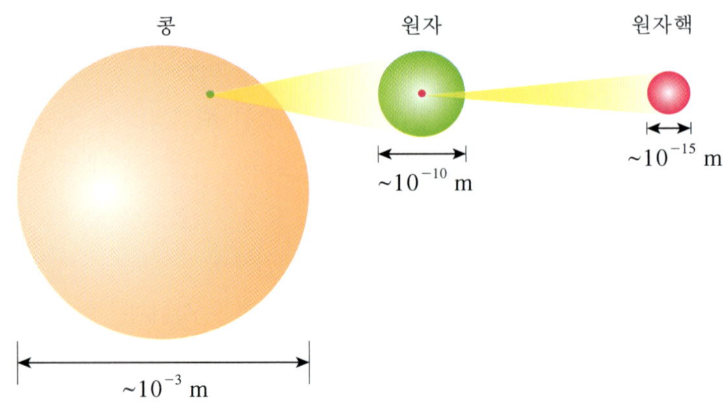

그림 1.11 물질의 층 구조. 물질을 이루는 기본적인 단위는 원자(atom)이다. 그러한 원자도 다시 핵과 전자로 구성되어 있다. 핵은 양성자와 중성자라고 하는 핵자로 이루어져 있으며, 이러한 핵자들은 다시 쿼크라는 기본 입자로 구성되어 있다.

크기는 대략 0.0000000001 m(이러한 불편을 피하기 위해 앞으로는 공학 기호인 10^{-10} m를 사용하기로 한다. 보통 원자의 크기를 나타낼 때 사용되는 기호이다) 정도로 알려져 있다. 분자는 그보다 수십 배 가량 큰 10^{-9} m(이 단위를 nano meter라 부른다) 정도의 크기를 갖는다.

그러면 콩의 원자가 콩의 크기(5 mm)만큼 커진다면 콩의 크기는 얼마나 커질까? 콩의 원자를 5×10^{-10} m의 크기라고 하자. mm는 10^{-3} m이기 때문에 10^{-10} m보다 10^7배 크다. 따라서 10^7 mm이므로 결국 직경이 10 km나 되는 어마어마한 크기의 콩이 된다. 지구에서 가장 높은 산(에베레스트 산)의 높이가 10 km가 채 안 된다는 사실을 감안해 보라. 이제 원자의 속을 들여다보자. 현대물리학은 이렇게 작은 원자의 속마저도 파헤쳐 그 구조를 알아내었다. 원자는 원자의 중심을 이루는 핵과 그 주변을 맴도는 전자로 구성되어 있다. 그런데 원자핵의 크기를 측정해 본 결과 놀라운 사실이 밝혀졌다. 그것은 원자 전체의 크기에 비해 수만에서 10만 배 가량 작다는 것이다. 그러면서도 핵이 원자 질량의 대부분(99.9%)을 차지한다!

이제 수소원자를 생각해 보자. 그림 1.12를 보라. 수소원자는 가장 단순한 구조를 갖는 원자이다. 원자핵을 이루는 핵은 하나의 양성자로 이루어졌으며, 그 둘레를 전자 하나가 운동하는 것으로 알려져 있다. 이제 원자핵의 크기를 1 mm라고 가정하여 원자 크기를 계산해 보자. 핵의 크기에 비하여 원자의 크기는 수만에서 10만 배 정도 크다. 따라서 10만 배인 경우 1 mm × 10^5이기 때문에 결국 100 m가 된다! 오늘날 최첨단의 기술 문명은 이러한 극미의 원자 세계를 탐구한 물리학의 업적에서 비롯되었다는 것을 알고 있는가? 컴퓨터를 비롯하여 반도체, 디스플레이, 휴대전화(스마트폰) 등은 물론 질병의 진단에 중요하게 쓰이는 엑스선, MRI(자기공명영상장치), PET(양전자단층촬영장치) 등도 모두 현대물리학을 통한 원자 및 원자핵의 구조를 파헤치는 물리학 연구과정에서 나온 측정 장치들을 응용하여 만들어진 것이다. 오늘날 전기에너지에서 빠질 수 없는 원자력 발전 역시 원자핵물리학에서 비롯되었다.

2장에서 우리는 물리학이 현대 과학과 기술에 얼마나 종합적으로 관련되고 그 개발과 응용에 어떻게 기여하는지 살펴볼 것이다.

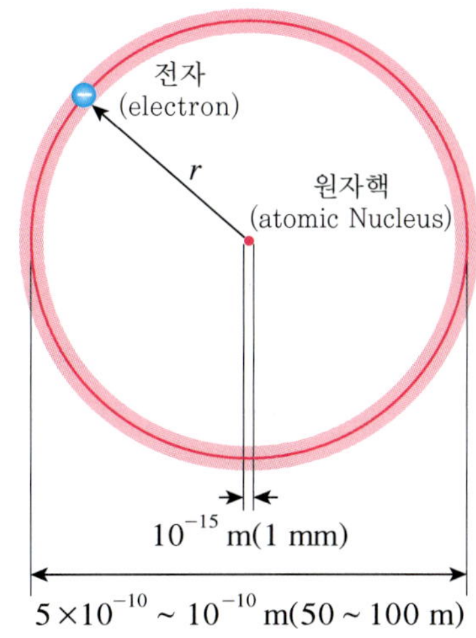

그림 1.12 원자와 핵의 크기. 핵의 크기를 1 mm라고 하면 원자의 크기, 즉 전자의 궤도는 그보다 5만에서 10만 배나 큰 50~100 m 거리에 있다.

[1장 보충학습] 자연의 질서와 해시계 그리고 물리법칙

보충 학습에서는 자연의 질서 중 태양을 중심으로 하는 지구의 공전과 지구 자전축의 기울어짐에 의해 나타나는 자연현상의 질서와 규칙을 우리나라 고유 해시계인 앙부일구를 통하여 알아보기로 한다.

여러분들은 **앙부일구(仰釜日晷)**라는 해시계의 이름을 한 번쯤은 들어보았을 것이다. 초등학교 교과서에도 등장하기 때문이다. 조선시대의 대표적인 해시계인데, 솥 모양을 하고 있다고 하여 앙부일구라 하며 일종의 오목 해시계이다. 특히 세종은 앙부일구를 공공장소에 설치하여 일반 백성들도 시간을 알 수 있도록 하였을 뿐만 아니라, 그 제작까지도 독려하여 공중 해시계로 거듭날 수 있도록 하였다. 한마디로 오늘날의 손목시계와 같이 가장 사랑받았던 대중화된 해시계였다. 이제 이러한 앙부일구를 통하여 지구의 공전과 주기적인 운동인 진동운동이 어떻게 연관되는지 살펴보기로 하자. 우선 앙부일구의 구조부터 알아보기로 한다.

구조 및 원리

그림 1.13에서 보는 것처럼 반원형으로 되어 있으며, 안쪽(시반이라고 함)에 시각선(세로)과 함께 절기선(가로)이 표시되어 있다. 해 그림자를 만들어주는 이른바 영침(影針)이 서울(옛날의 한양)의 위도 방향, 즉 37.5° 각도로 설치되어 있다. 위도에 따라 북극을 향하는 영침의 방향은 달라진다. 일반적으로 평면 해시계의 시각선은 낮 12시를 중심으로 방사선 모양이 되는데, 앙부일구와 같은 오목 해시계는 평행하게 등분되어 있다. 시간은 아침 6시(卯時)부터 저녁 6시(酉時)까지 측정 가능하도록 되어 있으며 시간 간격은 15분 단위로 알 수 있다. 절기선인 경우 가장 안쪽이 하지, 가장 바깥쪽이 동지에 해당하며 24절기를 13개의 위선으로 나타내었다.

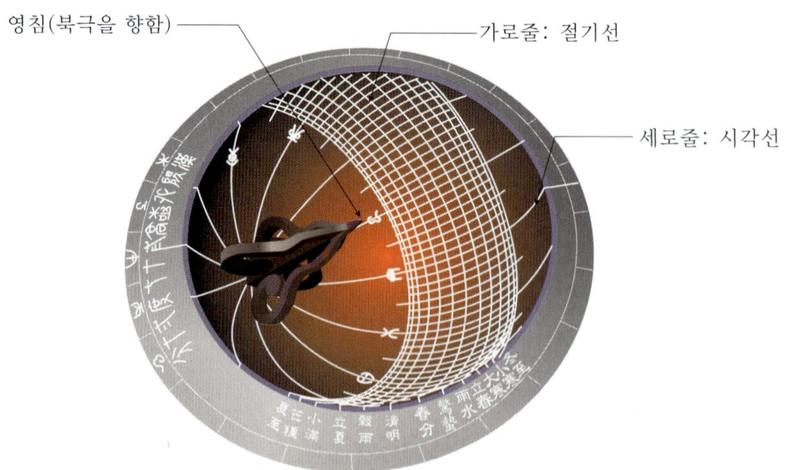

그림 1.13 **앙부일구.** 세로선이 시각선이고 가로선이 절기(계절)선이다. 그림자를 만들어주는 영침은 북극을 향하도록 되어 있다.

앙부일구와 지구의 공전운동

그림 1.14는 앙부일구가 놓여 있는 곳을 중심으로 삼은 천구의 모습이다. 현재 위치를 중심으로 했을 때 위쪽을 천정(zenith)이라 부른다. 하지, 추분과 춘분 그리고 동지 때의 해의 일주 운동(실제적으로는 지구의 자전운동)을 나타내며, 앙부일구에서의 영침에 의한 해 그림자가 시간 및 계절에 따라 어떻게 변화하는지를 쉽게 이해할 수 있다.

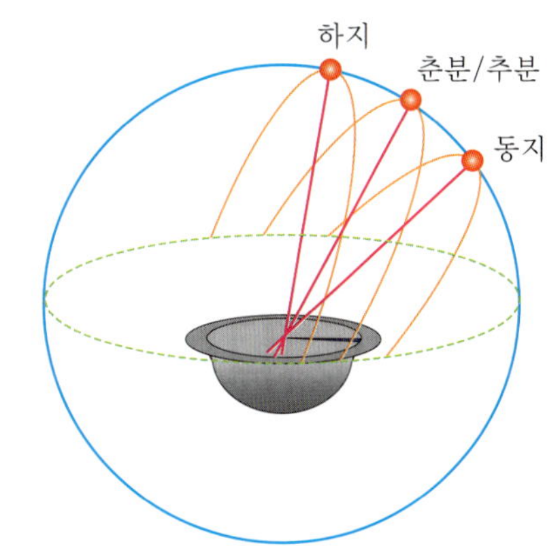

그림 1.14 앙부일구와 태양의 일주 운동과의 관계.

지구의 계절 변화는 지구 자전축이 공전축에 대해 기울어져 있는 구조에서 나온다. 즉 그림 1.15에서 보는 것처럼 자전축은 공전축에 대해 23.5° 기울어져 있다. 적도에 비해 북쪽으로 23.5°에서 햇빛이 수직으로 내리쬐는 시기가 북반구에서는 하지에 해당한다. 하지가 지나 적도에 햇빛이 수직으로 비추는 시점이 추분이며, 남쪽 23.5°에서 햇빛이 수직으로 비출 때가 북반구에서는 동지에 해당한다. 다시 남쪽 23.5°를 지나 적도에서 햇빛이

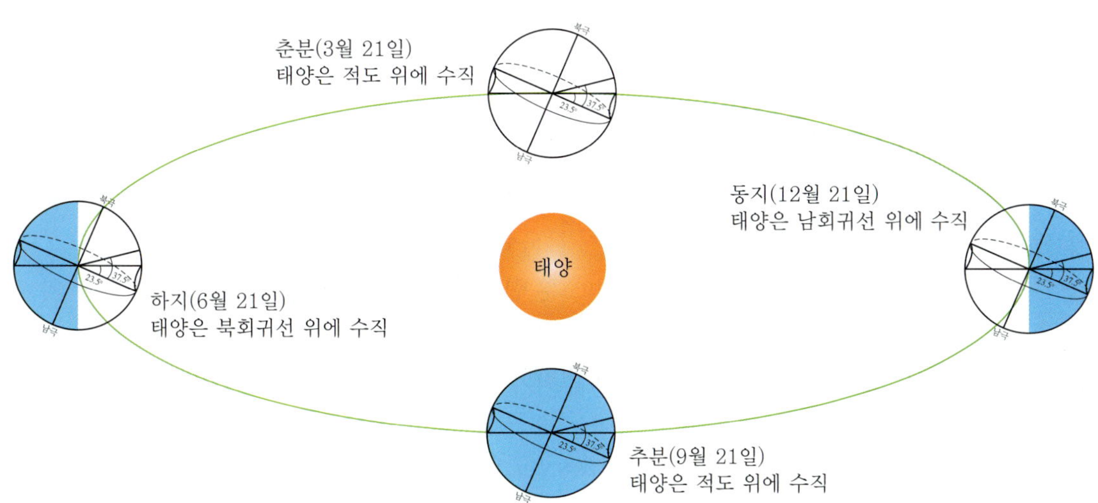

그림 1.15 지구의 공전과 자전축 기울기에 의한 계절의 변화.

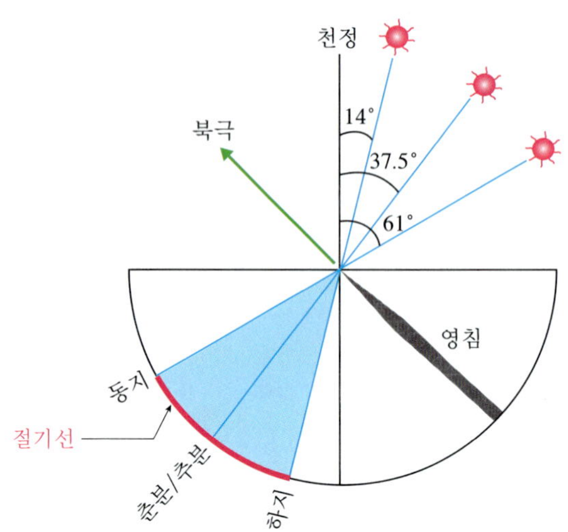

그림 1.16 앙부일구와 절기선. 앙부일구 시반 중 절기선에 새겨지는 그림자의 영역은 동지와 하지를 오간다.

수직으로 비출 때 춘분이 되며, 이후에는 북쪽 23.5° 지점까지 수직이 되는 지점이 올라간다. 따라서 북위 23.5°를 북회귀선(tropic of cancer), 남위 23.5°를 남회귀선(tropic of capricornus)이라 부른다.

그림 1.16은 앙부일구와 하지, 춘분과 추분 그리고 동지에 있어서의 태양의 위치와 그에 따른 영침에 의한 그림자의 위치를 나타낸다. 서울의 위도를 북위 37.5°로 잡았을 때 하지에는 서울에서 바라보는 천정에서 남쪽으로 14° 위치에 해당하며 춘분과 추분에는 37.5°, 그리고 동지에는 61° 되는 지점에 위치하게 된다. 이와 같이 앙부일구는 천문학적으로 보았을 때 지구 운동에 의한 태양의 고도 변화를 가장 잘 나타내는 천문시계라고 할 수 있다.

앙부일구와 단진자 운동

이번에는 물리학적 관점 중 주기운동에 대해 논의해 보기로 한다. 물리학에서 단진자(simple pendulum) 운동은 자연에서 일어나는 주기적인 운동을 기술하는 데 필수적인 모형이다. 벽시계의 시계추를 생각해 보면 쉽게 이해될 것이다. 원자의 구조 및 원자 속에 포함되는 전자의 에너지도 이러한 단진자 모형으로 설명 가능하다. 그림 1.17의 왼쪽은 앙부일구에서 계절선의 범위를 나타낸다. 하지 때는 천정에 대해 14°, 춘분과 추분 때는 37.5°, 동지 때는 61°이다. 이때 이러한 계절선은 전체 각도로 47°가 되며 춘분과 추분을 중심으로 23.5°이다.

이것을 간단한 단진자에 적용해 보자(그림 1.17의 오른쪽). 그러면 이러한 추는 중심에 대해 23.5°의 각도로 주기적인 운동을 하며 그 주기는 365일이 된다. 즉 지구의 자전축이 공전축에 비해 23.5° 기울어져 있는 것이 곧 계절 변화의 원인임을 알 수 있으며, 365일이라는 주기가 태양 주위를 도는 공전 주기임을 알 수 있다.

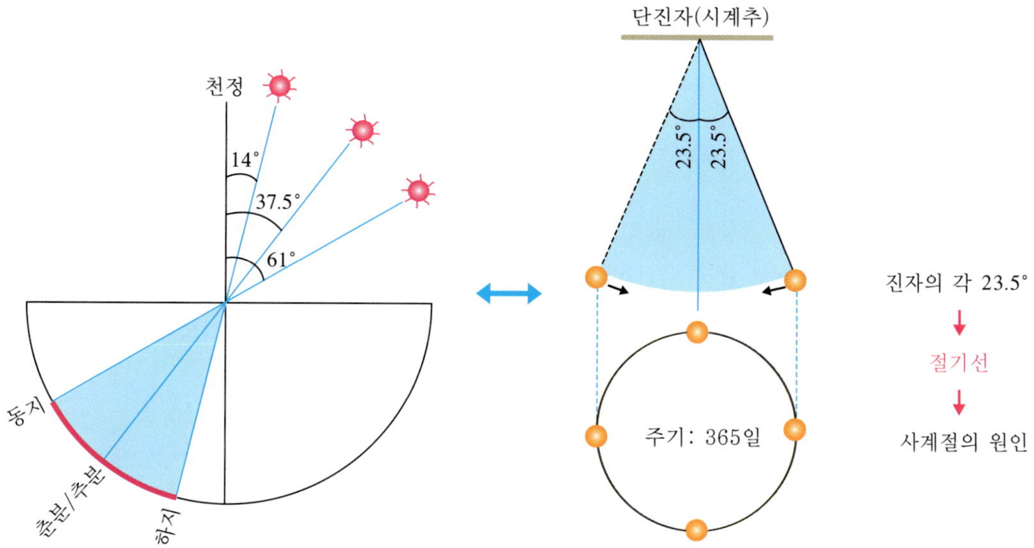

그림 1.17 앙부일구와 단진자 운동. 앙부일구에 나타나는 절기선의 그림자 운동을 단진자(시계추) 운동으로 나타낸 모습이다.

1장 연습문제

1.1 **상상력의 문제**이다. 그림 1.4에서 상상력을 발휘하여 동물은 물론 식물, 현대 기기 등의 모습이 나타나도록 각자의 별자리를 창조해 보라.

1.2 **직관력의 문제**이다. 그림 1.4를 보면 시간의 변화에 따라 별들의 위치가 변한다는 사실을 알 수 있다. 그러나 그중 단 하나의 별은 그 위치가 변하지 않는다. 그 별을 찾아내고 그 이유를 만들어보라. (**힌트**: 이 별 주위에 북두칠성이 있으며 북두칠성은 이 별을 중심으로 원운동을 하고 있다.)

1.3 그림 1.5에 나타난 별자리들의 이름을 찾아보고 원어에 대한 의미와 전설 그리고 신화적 의미를 분석해 보라. 예를 들면 그림에는 처녀자리가 나오며 공식 원어로는 Virgo라고 불린다. 그리고 각 별자리에서의 으뜸별(흔히 알파별이라 불림)의 이름과 그 뜻을 찾아보라.

1.4 그림 1.5에 나타난 별자리에는 우리에게 잘 알려진 북두칠성이 포함된 것이 있다. 이 별자리는 무엇인가? 그리고 북두칠성에 대한 동양의 전설은 무엇을 의미하는지 알아보라.

1.5 그림 1.5에 나타난 별자리에는 동양에서 잘 알려진 북두칠성과 대비되는 남두육성(南斗六星)이 포함된 별자리가 있다. 이 별자리 이름은 무엇인가? 그리고 남두육성을 찾아내고 남두육성에 대한 고대 동양 전설의 내용과 그 의미를 찾아보라.

1.6 **인터넷에서 정보 찾기**. 우주의 빅뱅 과정을 설명하는 중에 쿼크라는 용어를 가진 입자가 나온다. 이러한 쿼크는 양성자 혹은 중성자를 이루는 기본 입자들에 속한다. 양성자와 중성자는 3개의 쿼크로 구성되는데, 여기에 속하는 쿼크의 종류는 무엇인가? 이때 양성자나 중성자를 강입자(hadron)라 부르며, 전자와 같은 아주 가벼운 입자를 경입자(lepton)라 부른다. 그리고 중입자(meson)라 부르는 입자들도 존재한다.

1.7 **인터넷에서 정보 찾기**. 빅뱅을 설명하는 과정에 흑체복사(blackbody radiation)라는 단어가 나온다. 인터넷을 통하여 '우주배경복사'에 대한 흑체복사 그래프를 그려보라. 그래프의 x축은 파장 혹은 진동수라는 물리 단위로 표기된다. 여기서 온도는 약 2.3 K에 해당할 것이다. K는 앞에서도 여러 번 언급했지만 절대온도 단위이다. 절대온도는 우리가 사용하는 온도와 어떻게 다른가?

1.8 **인터넷에서 정보 찾기**. 빅뱅 과정을 설명하는 중에 **적색편이(red shift)**라는 용어가 등장한다. 원래 이러한 빨간색 이동이라는 물리적 용어는 움직이는 음원에서 나오는 음파의 세기 변화를 설명하는 **도플러 효과**에서 비롯되었다. 소리에 대한 도플러 효과를 설명하고 빛에 대한 적색편이가 왜 도플러 효과와 연관되는지 조사하라. 그리고 별이나 은하에서 나오는 빛의 적색편이가 우주의 팽창과 왜 연관되는지 설명하라.

1.9 **인터넷에서 정보 찾기**. 별들이 천억 개 정도 모인 별들의 집합체인 섬우주를 은하(galaxy)라 부른다. 그림

1.9를 다시 보기 바란다. 우리가 살고 있는 지구는 태양계를 이루는 태양과 그 주위를 도는 행성들의 집합체인 태양계에 속하며 태양은 우리 은하를 이루는 천억 개 별들 중 하나이다. 우리 은하의 구조를 그림으로 나타내고 그 크기를 조사하라. 우주 천체들의 거리는 보통 빛이 1년 걸려 이동하는 거리인 광년으로 표시된다. 1광년은 몇 킬로미터에 해당하는가?

1.10 인터넷에서 정보 찾기. 자연계에는 네 가지 기본적인 힘이 존재한다는 사실을 배웠다. 즉 중력, 전자기력, 강한 핵력, 약한 핵력 등이다. 표 1.1을 보기 바란다. 인터넷에서 위와 같은 네 가지 힘에 대한 정보를 찾아 구체적인 보기를 들며 설명해 보라.

1.11 인터넷에서 정보 찾기. 물질의 고유 성질인 질량과 전하에 대해 인터넷에서 찾아보고 그 개념을 정리하라.

1장 연습문제 해답

1.5 다음 그림은 본문에서 언급되었던 우리 은하 중심 부분의 천체 사진이다. 남두육성을 표시하였다. 서양(혹은 중동)에서는 남두육성을 포함하는 별들을 찻주전자(teapot)로 인식하였다. 이 사진에는 궁수자리(Sagittarius)의 오른쪽 부분만 나와 있다.

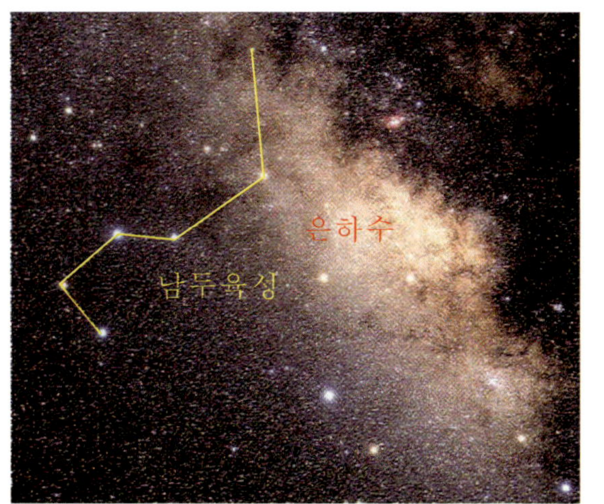

그림 1.18 은하수와 별자리. 망원경으로 바라본 우리 은하의 중심 부분이며 별자리로는 궁수자리(Sagittarius, the archer) 오른쪽 부분에 해당한다. 동양에서는 남두육성을, 서양에서는 찻주전자를 연상하여 신화를 만들어내었다.

궁수자리는 황도 12궁(12 constellations of the zodiac)의 하나이며 활쏘는 자(궁수: the archer)라는 의미이다. 흔히 반인반마(centaur, half man and half horse)로 그려지며 활쏘는 모습을 담고 있다. 더 자세한 내용을 조사하여 신화의 의미를 탐색하라.

1.8 도플러 효과는 달리는 자동차의 경적 소리를 들을 때 나타난다. 즉 소리를 내는 물체가 정지하고 있는 관측자에게 멀리서부터 가까이 다가올 때와 관측자로부터 멀어질 때 소리의 음파를 규정하는 진동수 혹은 파장의 값이 달라지는 현상이다. 이때 음원(자동차)이 다가올 때는 진동수가 높아지고(파장이 짧아지고) 멀어질 때는 진동수가 낮아진다. 그림 1.19를 보라. 진동수가 높다는 것은 소리가 높은 음을 낸다는 것이며, 낮다는 것은 낮은 음을 낸다는 것이다. 일상에서 쉽게 경험하는 현상이다. 빛 역시 파동의 성질을 갖고 있다. 별들에서 나오는 빛의 스펙트럼을 관측해 보면 지구에서 멀리 떨어진 별들의 빛 스펙트럼이 상대적으로 빨간색 쪽으로 치우쳐 나오는 경우가 많다. 여기서 빨간색이라고 하는 것은 그만큼 진동수가 낮은, 즉 파장이 긴 빛을 말하는데 도플러 효과를 적용해 보면 빨간색 편이를 갖는 별들은 상대적으로 우리로부터 멀어진다는 것을 의미한다. 이러한 별들의 후퇴는 곧 우주의 팽창과 직접 관련된다. 풍선에 점들을 찍고 부풀게 하면 점들 사이가 멀어지는 것과 같은 원리이다. 그림 1.19를 다시 보기 바란다.

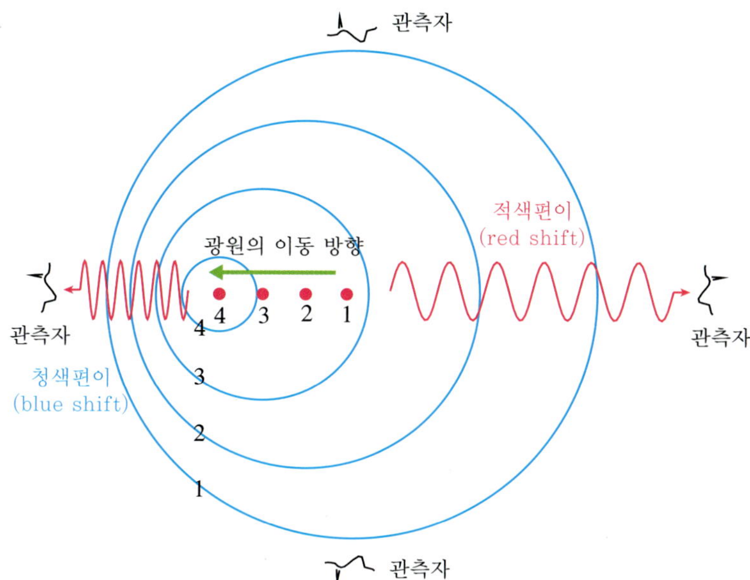

그림 1.19 광원의 이동과 도플러 효과. 광원(light source)의 이동은 관측자의 위치에 따라 빛의 파장을 변화시킨다. 관측자가 광원으로부터 멀어지는 방향에 있다면 그 빛의 파장은 길어지며, 이는 곧 에너지가 낮은 빨간색 계통으로 빛의 색이 변한다는 것을 의미한다. 반면에 광원이 관측자에게 다가올 때는 빛의 파장이 짧아지고 원래의 빛의 색에 대하여 파란색 계통으로 이동된다. 광원이 아닌 음원(자동차의 경적)의 이동에서도 같은 원리(도플러 효과)가 적용되며 다만 음파라는 것만 다르다.

물리학과 현대 과학기술 2

우리는 1장에서 밤하늘 별들의 운행과 우주의 진화를 다루며 우주에 내재되어 있는 자연의 질서와 이에 따른 물리법칙을 간접적으로 살펴보았다. 물리학은 우주와 같은 광범위한 영역에서의 천체의 운행은 물론 물질을 이루는 기본 단위인 원자의 구조까지 파헤치는 역할을 한다는 사실도 언급하였다. 이 장에서는 자연법칙에 따른 예측이 어떻게 물리법칙으로 기술될 수 있는지 보다 구체적으로 알아보기로 한다. 아울러 물리학이 현대과학은 물론 공학의 기초를 이루면서 과학기술 발전에 어떻게 연관되고 기여하는지 더듬어 보기로 한다.

2.1 과학기술 그리고 물리학

그림 2.1은 지구 밖에서 촬영한 지구의 밤 모습이다. 우리가 살고 있는 한반도와 그 주변의 대륙과 인간의 과학기술에 의한 문명의 불빛이 선명하게 보인다. 지구 밖에

그림 2.1 지구의 밤풍경. (NASA 제공)

그림 2.2 우주에 존재하는 은하(galaxy)의 하나인 NGC1566. 아래쪽 사진은 이를 찍은 허블(Hubble) 우주망원경이다. 그 아래로 지구의 아름다운 모습이 보인다. (NASA 제공)

서 항해하는 인공위성에서 찍은 사진이다. 인공위성은 물론 고선명도의 사진은 오늘날의 과학기술 발전을 한눈에 보여준다.

오늘날의 이러한 과학기술 발전에는 물리학이 도사리고 있다.

그리고 그림 2.2는 지구가 속해 있는 태양계는 물론 태양계를 품고 있는 우리 은하와는 독립적으로 존재하는 다른 은하의 모습이다. 지구 밖에 설치된 허블 우주망원경에 의해 촬영된 것이다. 물리학은 인공위성, 인공위성에 탑재된 허블 우주 망원경의 등장을 가능하게 하여 저 멀리 떨어진 다른 은하의 구조까지 밝힌다. 물리학자들의 지난한 노력에 의해 오늘날의 문명이 출현했다고 한다면 과장된 주장일까? 결코 아니다.

현재 인류가 사용하고 있는 시간의 척도는 지구의 운동을 기준으로 삼고 있다. 하루는 지구의 자전을, 1년은 지구가 태양을 중심으로 하여 공전하는 주기를 기준으로 한 것이다. 그림 2.3을 보기 바란다. 지구가 태양을 중심으로 공전하는 모습을 간단히 스케치한 모습이다. 이러한 원운동—엄밀하게는 타원운동—은 어느 점을 기준으로 하여 출발하면 일정한 시간이 지난 후 그 출발점에 다다르게 된다. 물리학에서는 이러한 운동을 주기운동이라 부른다. 이러한 주기운동은 자연(우주)에서 발현되는 현상 중 하나이다. 일종의 패턴이라 할 수 있으며 자연의 질서를 극명하게 보여준다고 하겠다. 물리학은 이러한 자연의 패턴을 법칙으로 수식화하여 자연의 속성을 파헤쳐 왔다. 그리고 물리학을 통한 자연의 속성을 파헤치는 작업—이를 자연과학이라 부른다—은 오늘날의 현대 과학과 그에 따른 기술의 출현을 가능하게 하였다. 사실상 물리학은 인류의 기술 문명에 가장 넓은 영향을 미친 학문에 속한다.

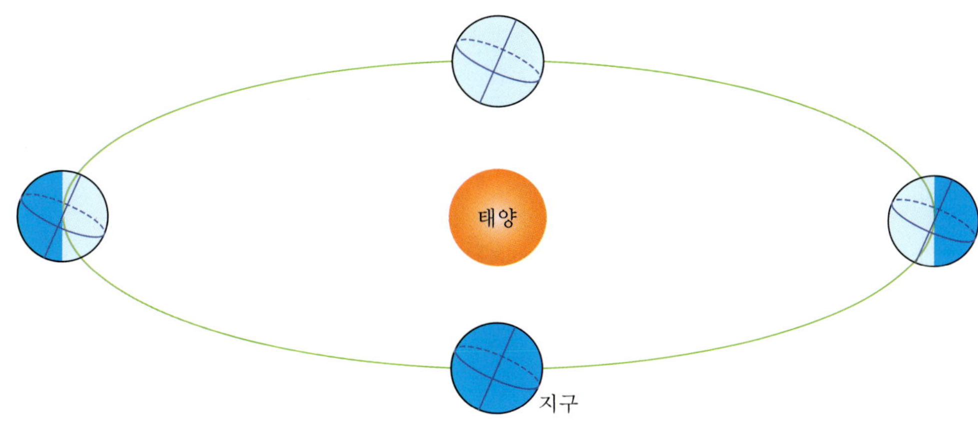

그림 2.3 지구의 공전운동과 주기. 1년 365일은 지구가 태양 주위를 한 바퀴 도는 시간에 해당한다. 물리학에서는 이러한 운동을 주기운동이라 부르며, 원래 자리(위치)에 돌아오는 시간을 주기라 부른다.

2.2 물리학과 자연법칙

물리학은 물질의 구조와 그들 사이에 상호작용하는 기본적인 성질들을 파악하여 그 패턴을 발견하고 수식화하는 학문 체계이다. 이제부터는 물리학이 자연현상을 어떻게 파악하고 자연법칙을 어떻게 수식화하는지 간단히 알아보자. 그림 2.4는 앞에서 소개한 지구의 공전운동, 즉 태양계 안에서 태양을 중심으로 주기운동을 하는 모습을 모형화한 것이다.

지구의 운동은 엄밀히 말하면 원운동이 아니지만 우선 원운동으로 가정하기로 한다. 이러한 원운동은 주기적인 운동의 하나로 일정한 시간이 지나면 원래 출발점으로 되돌아오게 되는데, 이를 주기운동이라 하며 시간적으로 일정한 간격을 **주기**(period)라 부른다.

그런데 이러한 원운동을 운동이 일어나는 평면(보통 x, y 좌표로 나타냄)에서 어느 한쪽을 향해 쳐다보면(혹은 어느 한 축으로 물체의 그림자가 생기면) 직선의 주기적인 반복운동으로 나타난다. 이러한 주기적인 반복운동은 마찰이 없는 평면에서 용수철(spring)에 매달려 반복적으로 운동하는 물체의 운동 궤적과 같다고 볼 수 있다. 이때 지구와 태양 사이에 작용하는 힘을 **중력**(gravity)이라 부른다. 뉴턴의 중력법칙을 적용하면 만유인력 법칙이라고도 부르며, 1장에서 언급한 바와 같이 중력은 두 물체 사이에 작용하는 힘으로 끌어당기는 힘, 즉 인력이며 우주 전체에 보편적으로 적용되는 힘이다. 이러한 중력은 돌멩이를 끈에 매달아 돌릴 때 끈의 세기에 해당한다고 보면 이해가 쉽다. 끈이 끊어지면 돌멩이는 운동하던 방향, 즉 일직선(원의 접선 방향)으로 날아가 버리고 더 이상 원운동을 하지 못한다. 그런데 이렇게 용수철에 매달린 물체의 운동을 나타낸 이유는 용수철에 의한 주기적인 운동 모형이 **자연현상을 해석하는 데 중요한 역할**을 하기 때문이다. 즉 중력에 의한 지구의 주기적인

그림 2.4 주기적인 운동과 물리적 해석 방법.

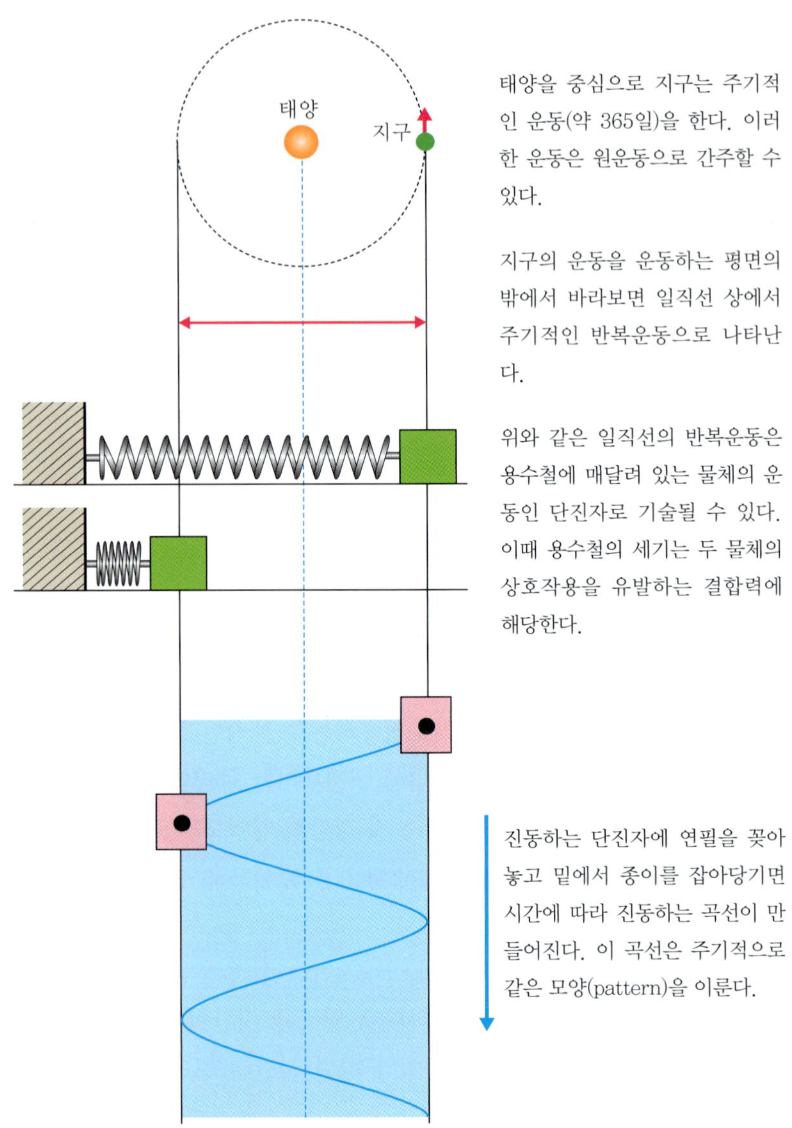

운동을 이러한 간단한 용수철 운동(단진자 모형이라 부름)으로 기술할 수 있기 때문이다.

그림 2.4를 다시 살펴보기로 하자. 이제 단진동하는 물체에 연필을 꽂았다고 가정하고 그 밑에 종이를 넣고 물체가 운동하는 동안에 종이를 잡아당겼다고 하자. 그러면 물체의 움직임에 따른 궤적은 그림에서 보는 것과 같은 모양을 그리게 된다. 그런데 이러한 운동의 궤적은 수학에서 배우는 사인(sine) 혹은 코사인(cosine) 함수 형태라는 것을 알 수 있다. 즉 주기적으로 같은 모양을 그리며 나타나는데, 이러한 이유로 사인 혹은 코사인 함수를 주기함수라고 부른다. 그렇다면 이러한 결과는 무엇을 의미하는 것일까? 그것은 다름 아니라 **자연현상에서 나타나는 규칙적인 운동과 이에 따른 패턴은 수학적으로 기술될 수 있다는 의미**이다. 여기서 수학은 자연과학과 공학에서 기본 언어의 역할을 한다. 이것이 자연 계열에서 수학을 배우는 이유이다.

2.3 패턴의 수식화와 물리적 해석

이제 그림 2.5를 보자. 이와 같은 주기운동은 중력에 의한 지구의 운동뿐만 아니라 원자에 있어서도 나타난다. 원자는 그 중심에 핵(nucleus)이 있고 그 둘레를 전자들(electrons)이 운동하고 있는 구조를 갖는다고 하였다. 이러한 원자 안에서 전자가 운동할 수 있는 힘의 원천은 중력이 아니라 핵과 전자 사이에 상호작용하는 전자기력(보통 전기력으로 부를 때가 많다)으로부터 나온다. 즉 원자핵의 양전하(전하는 전기적인 성질을 일으킬 수 있는 물체의 고유 성분임)와 전자의 음전하 사이에서 작용하는 힘이다. 지구의 공전운동은 지구와 태양의 체계(system)에서 중력에 의해 일어나며, 그 주기는 1년이라는 시간 단위로 나타난다. 반면에 원자나 분자의 체

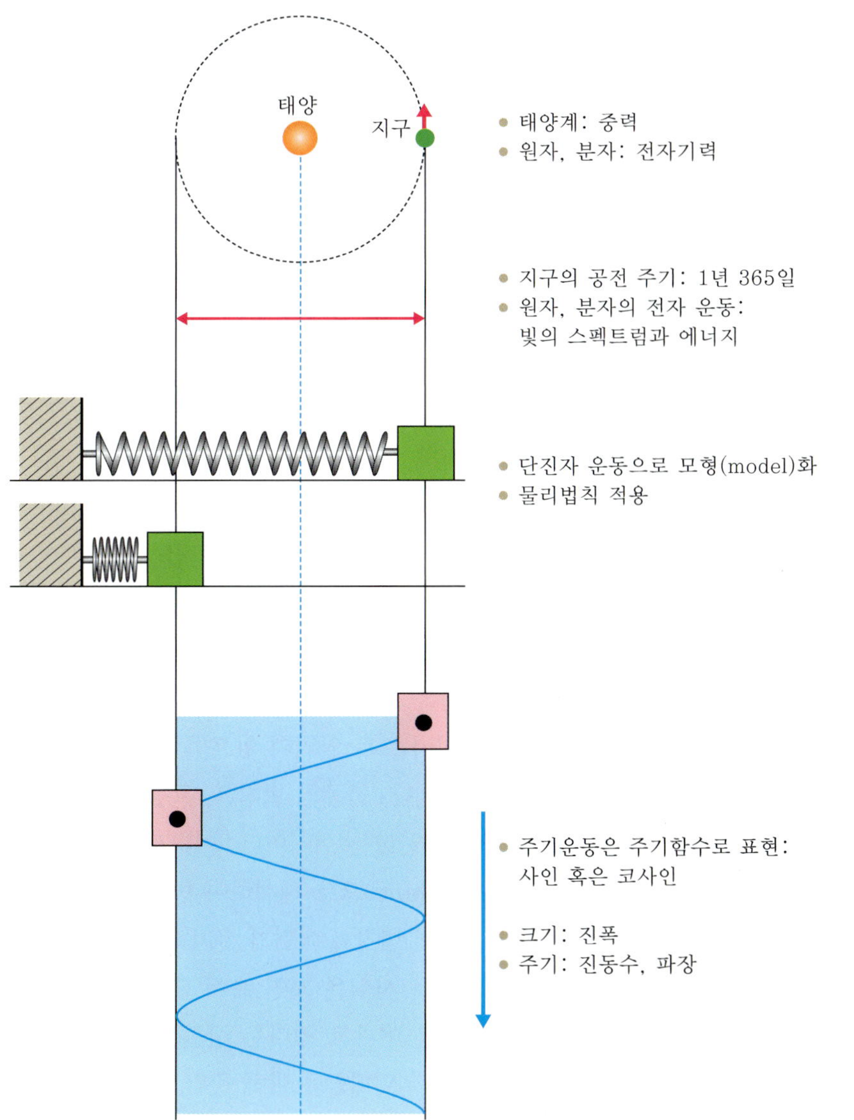

그림 2.5 주기적인 운동과 물리적 해석.

계에 있어서는 전자의 전자기적인 에너지가 빛의 형태로 나오고 들어간다. 더욱 정확하게는 전자기파라 부르는 형태로 에너지가 전달된다. 우리가 흔히 말하는 빛, 즉 가시광선(보이는 빛이라는 한자어임. visible light)도 전자기파 중 하나이다. 보통 원자 수준에서는 에너지를 얻으면 가시광선보다 에너지가 높은 자외선이 나오며 분자 수준에서는 가시광선 또는 이보다 에너지가 낮은 적외선이 방출된다. 이러한 전자기파의 에너지는 사실상 원자나 분자의 핵인 양전하와 전자의 음전하 간의 진동운동으로 나온다고 볼 수도 있다. 그리고 이러한 양전하와 음전하의 진동을 인위적으로 만들어 활용되는 것이 안테나이다. 그 결과 **라디오, 텔레비전, 위성 방송, 휴대전화 등의 송수신이 가능**하게 되었다. 그렇다면 이러한 빛의 운동을 기술하는 데는 어떠한 물리량이 필요할까? 주기적인 운동은 주기적인 함수로 표현될 수 있다고 하였다. 이때 시간의 주기성은 **진동수(frequency)**로, 길이의 주기성은 **파장(wave length)**으로 기술된다. 진동수는 1초 동안 몇 번의 주기가 반복되는가 하는 양이며 파장은 주기의 길이에 대한 양이다. 진동이 빨리 일어난다면 그만큼 운동은 격렬해지며 이에 따라 운동에너지는 높아진다. 따라서 진동수가 높으면 에너지가 높다고 할 수 있다. 반면에 파장이 짧은 파가 파장이 긴 파에 비해 에너지가 높다.

이어서 그림 2.6을 보자. 이제 위와 같은 운동 안에는 어떠한 법칙이 있고 그러한 법칙은 어떻게 수식화되는지 알아보자. 지구가 태양 주위를 돌 수 있는 힘의 원천은 중력에 있다고 하였다. 중력은 질량이 있는 물체 사이에서 작용하며 잡아당기는 힘이다. 이러한 중력은 그림에서 보는 것처럼 두 물체의 질량의 곱에 비례하고 거리의 제곱에 **역비례**하는 힘이다. 이러한 법칙은 우주 전체에 보편적으로 적용되며 만유인력이라 부른다. 이러한 만유인력 법칙은 영국의 뉴턴(Newton)에 의해 발견되었다. 만유인력 법칙에 대해서는 나중에 상세히 다룬다.

이제 수소원자를 들여다보자. 그림 2.6의 맨 위 오른쪽을 보라. 수소원자의 핵과 전자 사이에 작용하는 힘은 전기적인 성질에 의해 나온다. 즉 전기력이며 이러한 전기력에 의해 나타나는 힘의 법칙을 쿨롱의 법칙(Coulomb's law)이라 한다. 물체의 질량(mass)이 그 물체의 중력운동을 지배하는 고유 성질이라면 전기적인 힘을 유발하는 물체의 고유 성질은 **전하(charge)**라고 하였다. 오늘날 이러한 전하의 기본 크기는 $q = 1.6 \times 10^{-19}$ C(Coulomb의 약자)으로 알려져 있으며, 전하들의 값은 이러한 기본 값에 정수배를 곱한 것으로 나온다. 쿨롱의 법칙은 두 물체 사이의 전하들의 곱에 비례하고 거리의 제곱에 역비례한다는 법칙이다. 여기서 역이라는 용어는 영어의 inverse이다. 간혹 이 단어를 반(anti)으로 해석하여 반비례라고 하는 경우가 많다. 혼동하지 말기 바란다. 만유인력 법칙과 어딘가 유사하지 않은가? 특히 두 물체 사이의 거리의 제곱에 역비례한다는 사실은 자연 속에 내재되어 있는 힘들의 질서의 속성인 패턴이 조화(harmony)를 이루고 있다는 사실을 보여준다. 아울러 이러한 진리를 발견한 인간의 지적 능력의 위대함을 말해 준다고 하겠다. 인류 역사

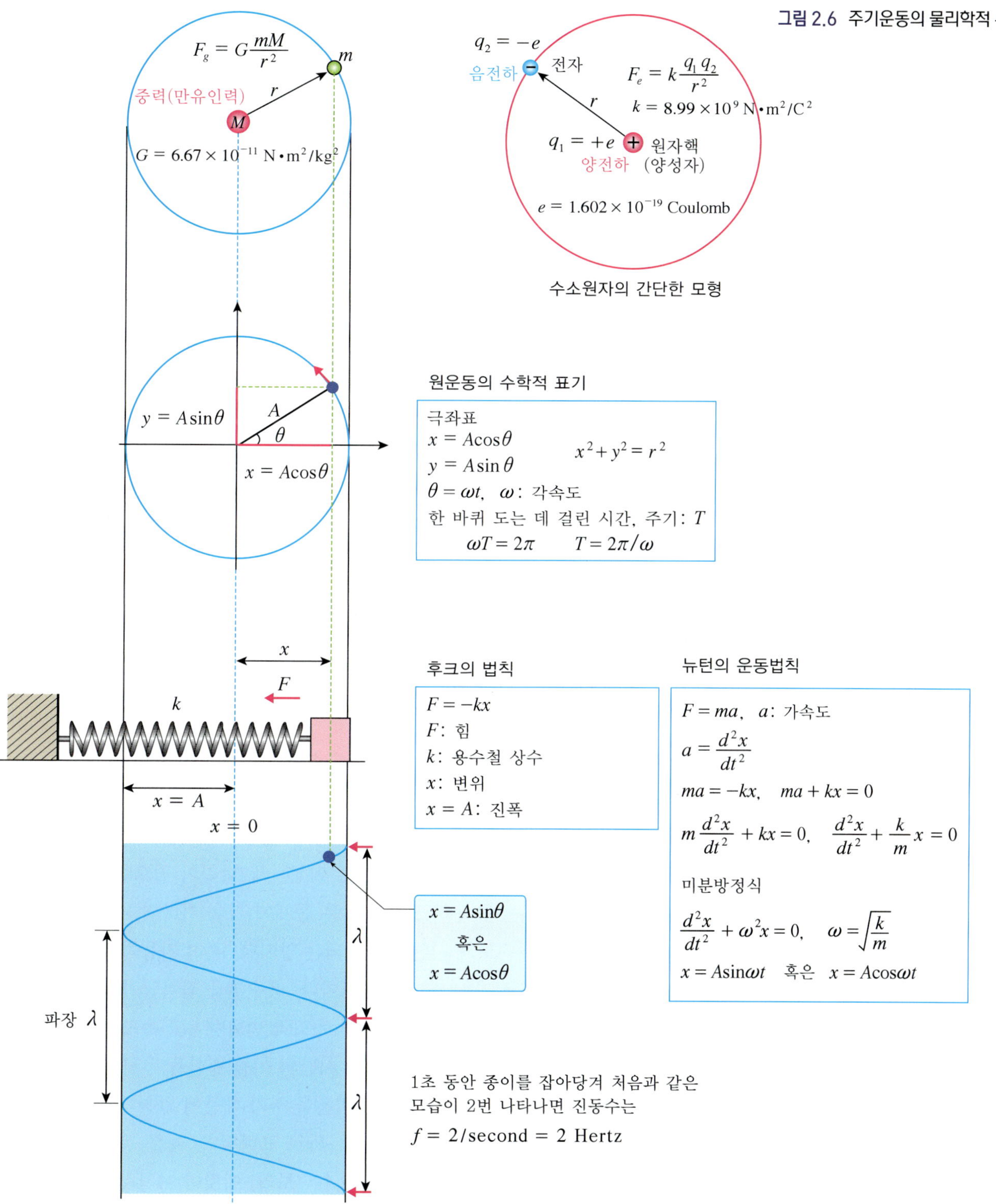

그림 2.6 주기운동의 물리학적 분석 방법.

를 통하여 이룩한 위대한 법칙을 여러분은 몇 시간이면 익히게 된다. 이렇게 교육은 훌륭한 학자들이 평생에 걸쳐 이룩해 놓은 성과를 짧은 시간에 터득할 수 있는 기회를 제공해 준다. 그리하여 궁극적으로는 그다음의 지적 성과를 위한 토대를 마련하는 역할을 하는 것이다.

원론으로 돌아가 그림 2.6의 원운동을 다시 들여다보자. 운동을 기술하는 데는 좌표가 필요하고 좌표는 보통 2차원에서 x축과 y축으로 잡는다. 그러나 이러한 직교 좌표는 직선운동을 기술하는 데는 용이하지만 원운동을 기술하는 데는 불편하다. 원운동에 있어서 중요한 것은 중심과 운동하는 물체 사이의 거리(반경)와 회전 각도이다. 이렇게 회전 반경과 회전 각도에 의해 표현되는 좌표를 **극좌표(polar coordinate)**라 한다. 특히 극좌표에 있어서 중요한 것이 주기함수인 사인(sine)과 코사인(cosine) 함수이다. 이제 원운동과 주기 그리고 이를 표기하는 수학적 함수를 이해하게 되었는가? 또한 회전 각도는 시간에 따라 변하기 때문에 각속도의 개념이 나오게 된다. 따라서 변위각은 각속도 곱하기 시간으로 표기되며, 시간이 한 주기가 되면 $2\pi(360^\circ)$가 된다는 사실에서 주기와 각속도의 관계가 성립된다.

물리학 법칙을 기술하기 위해서는 반드시 수학식이 필요하다. 물리학 법칙에 사용되는 수학식들에 대한 이해와 연습은 3장에서 자세히 다루기로 한다.

다음으로 용수철 운동을 살펴보자. 앞으로 자세히 다루게 되겠지만 물체의 운동에는 여러 가지 법칙이 있다. 용수철 운동에는 후크(Hooke)의 법칙이라는 것이 적용된다. 이 법칙은 용수철의 힘은 용수철이 늘어난 길이와 용수철의 세기(용수철 상수라 함)에 비례한다는 것이다. 다만 늘어난 길이 혹은 줄어든 길이에 반비례하여 작용한다. 우리가 용수철을 잡아당기면 용수철은 잡아당긴 방향의 반대로 힘을 작용하다는 사실에서 힘의 반비례를 이해할 수 있다. 그런데 힘에는 뉴턴에 의해 확립된 세 가지의 일반 법칙, 즉 **관성의 법칙(제1법칙), 힘과 가속도 질량과의 법칙(제2법칙) 그리고 작용과 반작용의 법칙(제3법칙)**이 있다. 이 중 제2법칙이 중요한데, 이는 간단히 $F = ma$로 기술된다. 이 식은 질량을 갖는 물체에 힘을 가하면 가속도가 생긴다는 의미이다. 가속도는 속도가 시간에 변화되는 양이다. 흔히 자동차의 가속페달 혹은 브레이크를 밟을 때 생기는 것이 가속도이다. 용수철을 잡아당기거나 눌렀을 때도 가속도가 생긴다. 가속도는 시간에 대해 속도의 변화량이고 속도는 길이의 변화량이므로 결국 가속도는 길이(위치)에 대해 시간의 이중 변화율이다!

이러한 이중 변화율은 시간에 대해 2번 미분을 하기 때문에 2차 미분에 해당한다. 뉴턴의 제2법칙에 의해 힘의 관계는 $ma = -kx$로 표현되며, 이를 정리하면 가장 간단한 2차 미분방정식을 얻는다. 학습문제 2.1을 보라. 이것이 여기서 말하고자 하는 물리학의 접근 방식이다. 미분방정식은 배우지 않았지만 학습문제를 보면 이 미분방정식의 해가 사인 혹은 코사인 함수가 된다는 것을 알 수 있다. 지금은 이해하기 어렵겠지만 이 책을 다 익히고 난 다음 다시 여기로 돌아와 살펴보기 바란다.

이제 훤히 보일 것이다.
구름에 덮여 보이지 않던 산이 구름이 사라져 뚜렷이 보이는 것처럼…….

2.4 물리학의 분류

물리학은 일반적으로 그림 2.7과 같이 크게 다섯 가지 분야로 나눌 수 있다. 역학은 현대물리학의 시대를 연 양자역학과 구별하기 위해 고전역학 혹은 뉴턴의 운동법칙에 의해 설명되므로 뉴턴 역학이라고도 부른다. 이러한 역학은 중력에 의한 힘의 상호작용인 중력법칙과 더불어 천체들의 운동을 완벽하게 기술해 주는 밑바탕이 되었으며, 오늘날 우주 탐험을 가능하게 한 일등공신이라 할 수 있다.

역사적으로 볼 때 물리학은 **고전물리학**과 **현대물리학**으로 구별할 수 있다. 그림 2.7에서 분류된 분야 중 양자역학을 제외한 분야들이 전통적인 고전물리학 범주에 속한다. 고전물리학의 대표 주자는 뉴턴 역학이며 현대물리학의 대표 주자는 **양자역학**이다. 그리고 현대물리학 중 또 하나의 대표가 있는데 그것은 **상대성 이론**(relativistic theory)이다.

상대성 이론은 물체의 운동이 아주 빠른 경우, 그것도 빛의 속도(초당 30만 km)와 비교될 수 있을 만큼 빠르게 움직이는 물체들에 대한 상대적 운동법칙이다. 시간과 공간은 물론 질량마저 상대적으로 변할 수 있다는 획기적인 이론이다. 이러한 상대성 이론은 인류 역사상 고정된 관념을 버리게 한 가장 위대한 과학 이론으로 인류의 소중한 지적 자산이라고 할 수 있다. 이 이론으로부터 질량과 에너지는 같은 것($E = mc^2$)이라는 결론이 나온다. 또한 중력과 공간의 휘어짐은 같은 것이라고도 한다. 일반적인 인간의 인식으로는 도저히 접근하기 어려운 결론들이지만 우주적인 스케일에서는 이미 증명된 사실들이다. 『종합 물리학』에서는 상대성 이론은 다루지 않았다. 상대성 이론은 일반적인 과학 지식과 이에 따른 공학적 응용에 그다지 기여

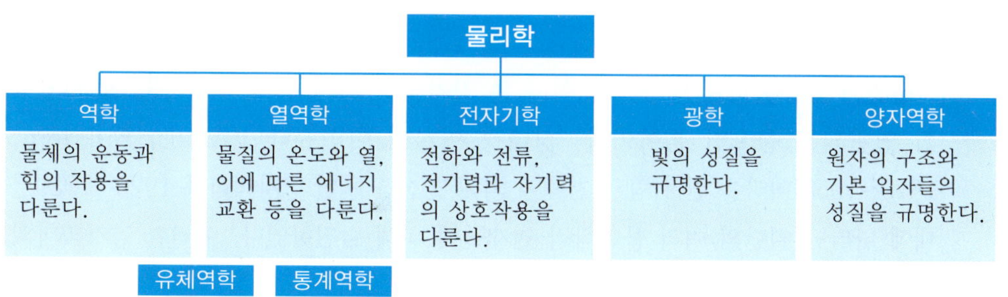

그림 2.7 물리학의 일반적 분류. 이 책에서는 일반적으로 크게 다섯 가지 분야로 나누어 물리학을 소개한다.

물리학(physics)

역학(mechanics)	물질의 운동과 상호작용에 의한 힘의 법칙 등을 다루는 분야. 뉴턴 역학이라고도 불린다.
열물리학(thermal physics)	물질의 온도와 열에너지에 관한 연구. 양자역학과 밀접한 관계를 갖는다.
통계물리학(statistical physics)	물질의 온도에 따른 입자들의 운동과 성질 등에 관한 분야. 양자역학과 밀접한 관계를 갖는다.
고체물리학(solid state physics)	고체의 구조 및 그 성질을 다루는 분야. 응집물리학, 반도체 물리학. 양자역학과 밀접한 관계를 갖는다.
전자기학(electromagnetism)	전하와 전기력, 전류와 자기력과의 상호관계, 전자기파 발생에 관한 분야.
광학(optics)	빛의 성질과 전자기파의 에너지 복사를 규명하는 분야. 양자역학과 밀접한 관계를 갖는다.
양자역학(quantum mechanics)	원자와 기본 입자들의 상호작용과 구조를 규명하는 분야. 대표적인 현대물리학 분야. 여기서부터 원자물리학, 핵물리학, 입자물리학, 현대광학, 열물리학, 통계물리학, 천체물리학, 분자물리학, 생물리학 등의 분야가 탄생하였다.
상대성 이론(relativistic theory)	현대물리학의 한 분야. 입자의 운동법칙을 상대적으로 규명하는 분야. 중력과 시간과 공간을 연결하는 학문.
원자물리학(atomic physics)	원자의 구조와 에너지 상태를 규명하는 분야.
핵물리학(nuclear physics)	원자핵 및 핵력을 연구하는 분야.
입자물리학(particle physics)	물질의 기본 입자들의 성질을 규명하는 분야. 고에너지 물리학으로도 불린다.

그림 2.8 물리학 연구 분야에 대한 분류. 오늘날의 물리학 연구는 대체로 위와 같이 분류된다. 이러한 분류가 반드시 옳은 것만은 아니다.

하지 않기 때문이다.

반면에 현대물리학 중 양자역학(혹은 양자물리학)은 현대 과학기술 발달과 직접 연관되는 중요한 분야이다. 상대성 이론이 아인슈타인(Albert Einstein, 1879~1955)이라는 한 사람의 천재에 의해 발전한 반면 양자역학은 1920~1930년대에 나타난 일단의 여러 물리학적 천재들에 의해 발전하였다. 이러한 양자역학의 발전은 물리학은 물론 특히 화학에 직접적인 영향을 주어 분자들의 구조를 연구하는 데 엄청난 공헌을 하였다. 그림 2.8에서 보듯이 양자역학, 즉 양자물리학은 원자물리학, 핵물리학, 입자물리학은 물론 반도체 공학을 위시한 현대 최첨단 기술 공학의 모체(matrix)에 해당한다.

『종합 물리학』은 이러한 현대물리학의 중요성을 감안하여 먼저 어느 정도 양자역학의 개념을 파악할 수 있도록 하였다. 즉 7장의 원자와 에너지에서 그리고 물체의 운동 중 분자들에 의한 진동운동과 회전운동의 설명 등에서 현대물리학을 맛볼 수 있다.

그림 2.8은 물리학 연구 분야를 크게 분류한 도표이다. 이는 고정된 기준에 의한 것이 아니라 이해를 돕기 위해 저자가 분류한 것이라고 보면 된다. 여기에 소개되지 않은 새로운 분야들도 많으며 특히 물리학과 화학, 물리학과 생물학, 물리학과 공학 등의 융합—종합적이며 수렴적인—학문이 새롭게 태어나 현대의 과학기술 분야를 선도하고 있다.

2.5 물리학과 자연과학

물리학은 모든 과학의 어머니라고 해도 과언이 아니다. 왜냐하면 자연현상 규명에 오랜 역사를 가졌을 뿐만 아니라 범위가 가장 넓고 물질과의 상호작용을 근본적으로 다루며 타 학문 및 산업 분야에 광범위하게 적용되기 때문이다. 물리학은 화학은 물론 생물학, 지구과학 등의 기초를 이루고 있으며 그 영향력이 점점 확대되고 있다. 현대물리학에서 다루는 분야 중 원자나 분자 단위의 에너지 구조 연구는 오늘날 물리화학(physical chemistry), 생물리학(biophysics) 등의 분야로 이어졌으며 더욱이 뇌구조 연구에도 획기적인 영향을 주고 있다. 따라서 물리학은 자연과학의 기본이며 공학의 주춧돌이라 할 수 있고, 물질과학의 일부가 아니라 자연과학 전체를 아우르는 기초 학문이다.

반면에 화학은 물질이 어떻게 형성되며 원자들이 어떻게 분자로 형성되는지 그리고 분자들은 어떻게 물질을 만들어내는지를 규명하는 학문이다. 그리고 생물학은 복합적이며 살아 있는 물질들을 다룬다.

생물학의 저변에는 화학이 있고 화학의 저변에는 물리학이 있다.

그림 2.9는 오늘날의 물리학의 넓은 영역을 잘 표현해 주는 그림이다.

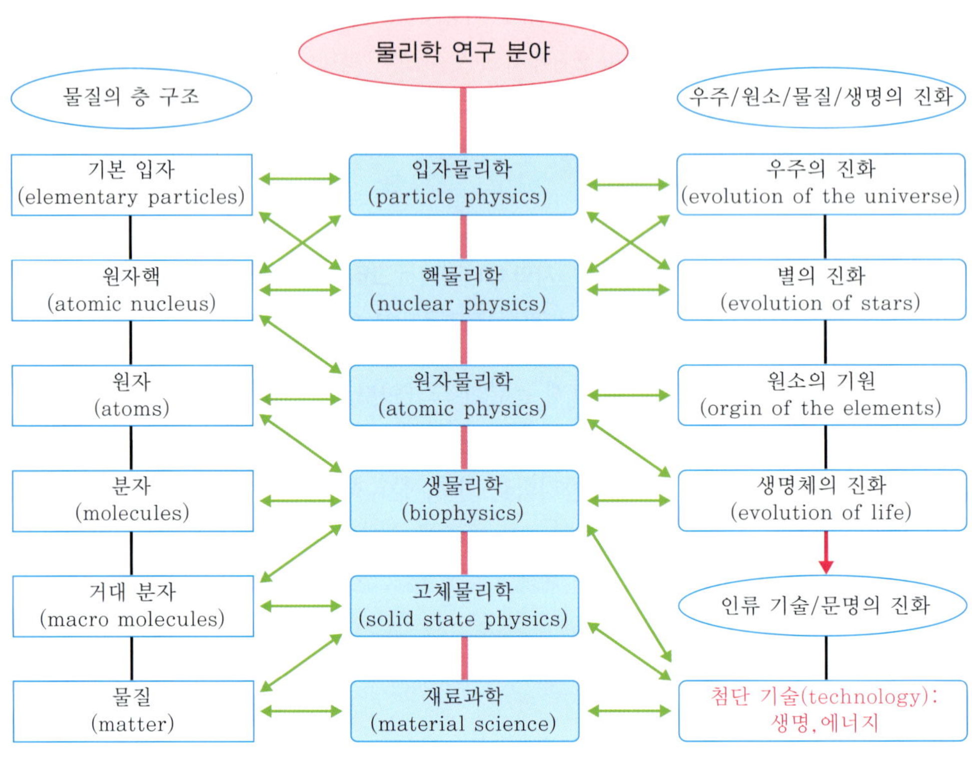

그림 2.9 물리학의 연구 영역. 오늘날의 물리학 연구는 우주의 진화로부터 생명체의 진화까지 다채롭게 이루어지고 있다. 이러한 연구는 현대 과학 문명과 기술의 진화를 선도하는 역할을 한다.

2.6 물리학과 현대 과학기술

그림 2.10 스마트폰. 스마트폰에는 다양한 과학기술이 집약되어 있다. 디스플레이, 터치스크린, 정보 전달, 배터리, 스피커 등 모두가 물리학의 기초 연구에 의해 개발된다.

이 책을 읽는 여러분은 휴대전화인 스마트폰을 소지하고 있을 것이다. 스마트폰에는 오늘날의 최첨단 기술이 망라되어 있다. 메시지를 보여주는 디스플레이, 소리를 들려주는 스피커, 작동에 필요한 에너지원인 베터리 등등……. 디스플레이 종류를 보자. 여러분은 일상생활에서도 액정 디스플레이(liquid crystal display: LCD), 유기발광소자 디스플레이(organic light emitting divices: OLED) 등을 들어보았을 것이다. 이러한 용어에는 물질의 액정 상태, 분자의 발광 상태 등을 이용한다는 의미가 포함되어 있다.

액정을 구성하는 분자들의 운동이 빛의 양을 조절하여 디스플레이를 실현시키고 유기성 재료를 이용하여 발광 다이오드를 만드는 것 등은 모두 물리학을 기반으로 한다. 유기발광소자는 휘어지는 형태로 개발되어 여러분 방 안의 조명을 종이와 같이 붙여 놓는 형태로 꾸미게 될 것이다. 그림 2.11은 물리학 연구 분야 중 미래의 최첨단 기술 개발의 보기를 보여주는 표이다. 여기서 탄소 나노튜브를 비롯한 나노미터(10^{-9} m) 크기 정도의 수준에서 이루어지는 재료 개발 및 응용 기술은 이제까지와는 완전히 차원이 다른 정보 저장, 에너지 변환, 조명 기술을 일구어낼 것이다. 더

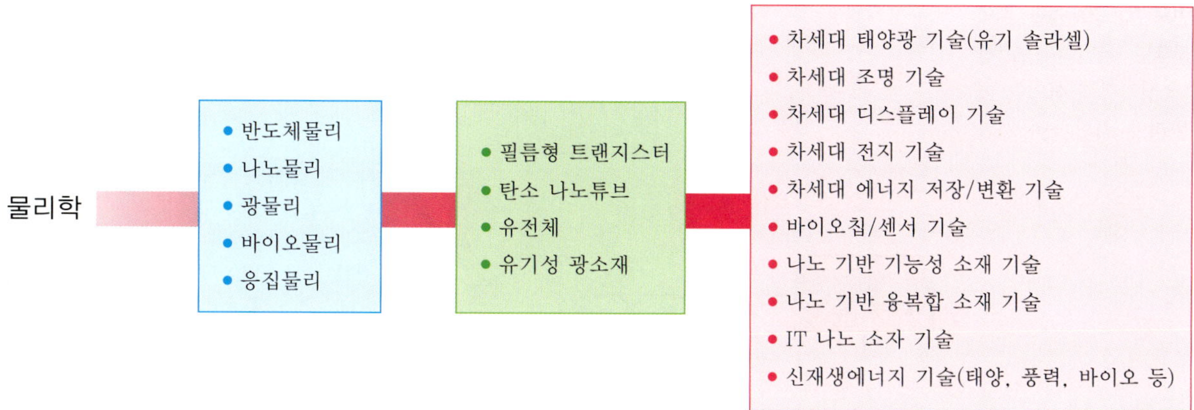

그림 2.11 물리학과 미래 성장동력 기술 분야. 물리학은 우리나라가 추구하는 미래 첨단 성장동력 기술 개발에 중추적인 역할을 담당한다.

욱이 유기성 분자 재료에 의한 소자 개발은 차세대 태양광, 메모리, 디스플레이 기술 등에 바로 적용되어 인류의 생활을 변화시킬 것으로 기대되고 있다. 이러한 차세대 첨단 기술은 여기에서 다루는 에너지와 일, 전기력, 전자기파, 빛의 스펙트럼, 원자와 에너지 등과 같은 물리학의 기본 개념을 바탕으로 이루어진다.

또한 유기성 반도체 재료의 연구와 이를 응용한 나노 크기급 유기소자 기술 등은 물리학, 화학, 생물학 등이 하나가 되어 첨단 제품이 개발된다는 것을 의미한다. 이러한 **융합수렴 기술**(converging technology)[1]은 물리학을 위시하여 화학, 생물학, 의학 등을 접목하는 연구에서 탄생한다.

[1] 융합 연구, 융합 기술이라 할 때 보통 fusion이라는 단어를 사용한다. 적절하지 못한 용어이다.

2.7 물리학과 미래 산업

일반적으로 학생들—특히 우리나라 국민 전반—은 현대의 최첨단 기술에 의해 양산된 첨단 기기들을 가장 선호하고 그것을 폭넓게 사용하면서도 그러한 기술이 나오게 된 원천에는 무관심하다. 더욱이 그러한 첨단 기기들의 생산과 수출에 의해 우리나라 경제가 활성화되는 것인데 이에 대한 의식이 부족한 편이다. 오늘날의 최첨단 문명 기기들이 사실상 물리학이나 화학을 비롯한 자연과학과 이를 바탕으로 한 공학 기술에 의해 탄생되었음에도 과학기술 발전을 위한 지원에는 인색하고 선호도도 낮은 것이 국민의 정서이다.

그림 2.12는 대한민국 정부에 의해 구상된 전국의 7대 경제권과 이에 따른 선도 특성화 산업의 분포를 나타내는 지도이다. 세계적인 경쟁력을 갖춘 미래 성장동력

그림 2.12 대한민국 7대 경제권과 지역 선도 특성화 산업 분포도. 이러한 선도 산업 중 미래의 첨단 성장동력 산업들 대부분은 물리학 원리에 기반하여 개발되고 발전한다.

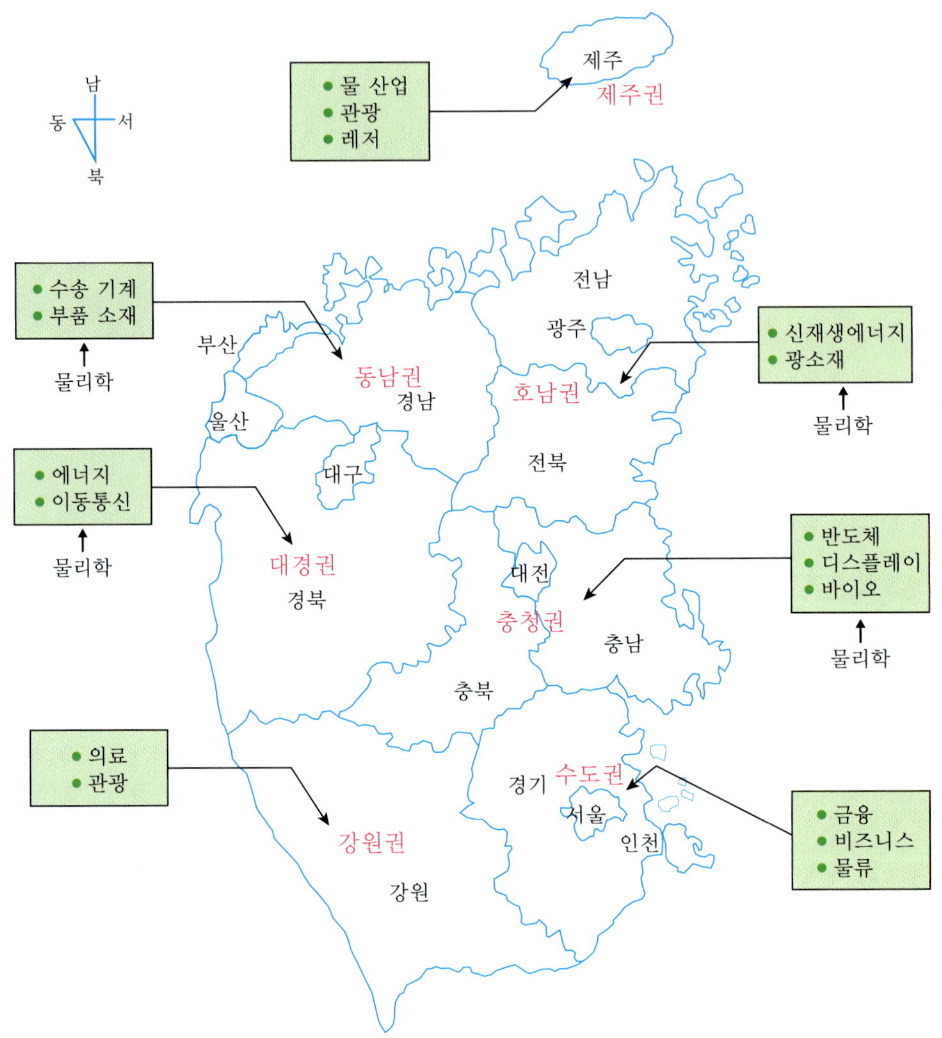

산업을 키우기 위해 설정해 놓은 지역 전략산업 현황을 보여주고 있다. 이러한 성장동력 산업은 크게 외국으로 수출하는 첨단 제품 산업과 외국 관광객을 유치하기 위한 문화 및 관광 산업으로 대별된다. 물리학은 첨단 제품 산업의 기술 발전에 필수적인 연구 및 개발 분야에서 중추적인 역할을 한다.

그림 2.12에서 지도는 남과 북을 달리하여 그려 넣었다. 고정된 인식에서 벗어나 보다 자유로운 사고를 가질 때 창조적인 아이디어가 나온다.

2.8 물리학과 미래의 유망 직종

표 2.1은 국내 유명 대학의 취업 전문가들이 추천한 미래의 유망 직종을 보여주는 자료이다. 몇 년 지난 자료이지만 현재 시점에서 보았을 때 이 추세는 타당한 것으로 판명되고 있다. 최근 들어 한 학과에 의한 전공학문 지식으로는 다양화된 직업을 소화할 수 없는 경우가 많이 나타나고 있다. 따라서 대학에서도 학문의 융합 과정—예를 들면 전자와 경영, 물리학과 생명공학 등—이 신설되어 운영되는 사례가 늘고 있다. 표를 보면 어느 한 학과의 전공으로는 미래의 유망 직종을 만족시키지 못한다는 사실을 알 수 있다. 더욱이 그 기초학문에는 거의 빠짐 없이 물리학이 자리 잡고 있다는 사실에서 물리학의 중요성을 다시 한 번 인식할 수 있을 것이다.

왜 물리학을 배워야 하는지 표 2.1을 통해 확실히 느낄 수 있는가? 다시 한 번 강조하지만 물리학은 과학 과목 중 단순히 1/N로 나누어 선택되는 좁은 영역의 학문이 아니다. 특히 이공계 학생이라면 반드시 이수해야 할 기초 교과목인 것이다. 그럼에도 불구하고 고등학교 교육 현장에서는 과학이 선택 과목이 되는 현상이 벌어지고 있다. 그러한 교육 과정 운영은 결국 대학에 입학한 학생들에게 고스란히 피해를 주고 있다. 국가의 미래를 위해서도 결코 바람직하지 못한 길이라고 하겠다.

이제 여러분은 『**종합 물리학**』을 통하여 자연법칙의 아름다움과 학문의 즐거움을 위한 기초를 다지게 된다. 이를 바탕으로 과학기술의 첨단 연구는 물론 미래 성장동력 산업을 이끄는 유망한 인재로 태어나기를 기대한다.

표 2.1 미래의 공학 계열 유망 직종 베스트 20(출처: 동아일보, 2007.12.4.)

직종	내용	관련 학과	기초 학문 (교과목)
과학 커뮤니케이터	과학을 쉽게 소개하는 전문가. 대학 과학 커뮤니케이션 협동 과정.	물리학/화학/생물학	물리학/화학/생물학
나노 기술 전문가	2015년까지 연간 2770명의 전문가 수요 예측. (한국과학기술정책연구원)	반도체/전자공학/전기공학	물리학
반도체/디스플레이 전문가	전자 산업 핵심 인력. LCD와 LED가 디스플레이에 적용되면서 반도체와 디스플레이 분야가 밀접하게 연관됨.	디스플레이공학/전기공학/전자공학/기계공학/화공학	물리학/화학
시스템 엔지니어	업무 전산화와 자동화, 안정적인 시스템 구축 등을 담당하는 '디지털 고속도로 디자이너'. 미국에서는 톱10 직업에 속함.	시스템공학/기계공학	물리학
신재생에너지 전문가	국내에는 전문가가 드문 상태임. 태양광(solar cell), 풍력, 바이오매스, 지열 발전 등.	전기공학/전자공학/기계공학/반도체공학	물리학/화학
IT 컨설턴트	기업 업무와 요구를 분석하여 최적의 컴퓨터 시스템 제공.	컴퓨터공학/전산학	물리학/수학
테크니컬 라이터	컴퓨터, 휴대전화 등 디지털 기기와 관련된 기술적인 글을 쓰는 전문가. 정보처리 자격증과 외국어, 컴퓨터 전문지식 필요.	전자공학/정보통신공학/컴퓨터공학/물리학	물리학/수학
정보보안 전문가	해커와 각종 바이러스에 대비한 전산망 보안 및 유지를 전문적으로 처리.	컴퓨터공학/정보보호학	수학/물리학
로봇 공학자	전자나 기계공학 전공 외에도 메카트로닉스나 생산자동차 기능사 자격증 소지자.	기계공학/제어계측공학/로봇공학	물리학
보험계리인	보험상품의 기획과 설계, 관리. 금융감독원에서 자격 시험 주관.	경영학/경제학	수학/물리학
변리사	특허 분쟁과 기업 내 산업재산권에 대한 법률 자문. 컴퓨터와 반도체 생명공학 등과 관련된 전문가 수요 증가.	경영학/법학	물리학/화학/생명공학
생명공학 전문가	줄기세포를 이용한 장기 이식, 유전자 조작, 발효과학 등 연구.	생명공학/유전공학	생물학/화학/물리학
애널리스트	주식시장을 움직이는 손. 재무와 회계 지식, 반도체, 전자통신 등에 대한 전문성이 강조되는 추세.	경영학/반도체공학/전자통신공학	물리학/수학
의공학 전문가	초음파 진단기, CT 등 의료용 기기 제작.	응용물리학/기계공학	물리학
자동차공학 전문가	자동차 설계와 디자인, 부품 제작, 성능시험 전문가 등이 포함됨.	기계공학/자동차공학/디자인학	물리학
정보통신공학 전문가	종합적인 통신망 구축을 위한 네트워크의 기획과 연구, 설계 담당.	정보통신공학/컴퓨터공학	물리학
항공공학 전문가	로켓과 인공위성 전문가 수요 증가.	항공공학	물리학
환경공학 전문가	환경과학과 도시환경공학, 건설환경공학 전공 유리. 수질관리기사, 폐기물처리기사 등.	환경공학/화학공학	물리학/화학

2장 학습문제

2.1 $ma = -kx$에서 $a = -\frac{k}{m}x$이다. 여기서 a를 $a = \frac{d^2x}{dt^2}$라 하면 $ma = -kx$ 식은 다음과 같이 된다.

$$\frac{d^2x}{dt^2} + \frac{k}{m}x = 0$$

만약 $x = A\sin\omega t$라면 위 방정식의 해(solution)가 됨을 증명하라. 단, 여기서 $\omega^2 = \frac{k}{m}$이고 A는 상수이다.

풀이: $x = A\sin\omega t$를 t에 대해 한 번 미분하면

$$\frac{dx}{dt} = \omega A\cos\omega t$$

이다. $\cos\theta$ 혹은 $\sin\theta$의 미분에 대한 것은 3장을 참조하기 바란다. 이 미분 값을 다시 한 번 미분하면

$$\frac{d^2x}{dt^2} = -\omega^2 A\sin\omega t$$

가 된다. 따라서

$$\frac{d^2x}{dt^2} + \frac{k}{m}x = -\omega^2 A\sin\omega t + \omega^2 A\sin\omega t = 0$$

이 되어 주어진 방정식의 조건을 만족한다. 따라서 $x = A\sin\omega t$는 식 $\frac{d^2x}{dt^2} + \frac{k}{m}x = 0$의 해이다. $x = A\cos\omega t$도 해가 되는데 각자 증명해 보기 바란다.

2장 연습문제

2.1 자연과학(natural sciences)과 공학(engineering)은 어떻게 다른지 설명해 보라.

2.2 자연과학에는 어떠한 학문 영역이 있는가?

2.3 과학과 예술, 문학, 종교 등은 인간 사회에서 어떠한 역할을 하는지 설명해 보라.

2장 연습문제 해답

2.1 자연과학은 자연에서 일어나는 관측 가능한 현상에 대한 사실과 그들 사이의 관계를 찾아내는 학문이다. 즉 이들 현상에 대한 상호작용을 알아내어 의미를 부여하고 체계화하는 이론을 이끌어낸다.

보기: 중력법칙, 에너지 보존법칙, 진화론 등.

반면에 공학은 과학에서 발견한 것들을 사용 가능하게 하는 도구, 기술 및 그 과정에 관계되는 실용 학문이다.

보기: 자동차, 반도체, 통신, 로봇 등.

2.2 자연과학은 크게 자연의 물질 사이에 내재되어 있는 상호작용을 탐구하는 물질과학과 생명체에서 일어나는 현상을 탐구하는 생명과학으로 나눌 수 있다.

물질과학(physical science): 물리학, 천문학, 화학, 지구과학(지질학) 등.

생명과학(life science): 생물학, 동물학, 식물학 등.

그러나 최근 들어서는 생명과학과 물리학, 공학 등이 어우러진 복합적 학문이 대두되어 실용화된 학문으로 나아가는 추세에 있다.

보기: 생명공학(biotechnology: BT), 생물리학(biophysics) 등.

2.3 인간은 자연현상에 대해서는 자연과학을 통해 자연의 질서를 규명하고 법칙을 이끌어내 그 의미를 파악한다. 한편으로는 인간 내면에 들어 있는 감정과 인류 생활에 깃들어 있는 사회 질서와 그 의미를 예술과 문학 그리고 종교를 통하여 표현해 오고 있다.

과학: 자연현상을 발견하고 기록하여 숨겨진 질서를 찾아내 법칙으로 만드는 학문 영역이다. 과학적인 지식은 그것을 경험하기 이전에 가능성을 예측해 준다. 또한 사물을 연결시켜 주며 그들 사이의 관계를 관찰하고 주위에서 발견되는 무수한 자연적 사건들에 의미를 부여하는 방법을 제공한다.

예술: 인간의 감각과 어울린 인간 상호관계의 가치를 추구한다. 인간이 갖고 있는 감정과 경험들을 묘사하고 내재되어 있는 것들을 암시해 주는 역할을 한다.

문학: 인간의 가능한 경험들을 느끼게 해준다. 아직 경험하지 못한 사건, 사랑, 분노 등의 감정은 물론 지나간 역사에 대한 감정을 배울 수 있다.

종교: 만물의 존재에 대한 근원과 목적 그리고 그 의미를 추구한다.

과학이 지식의 집합체이며 자연의 비밀을 탐구하는 영역인 반면에 종교는 자연과는 관계되어 있지 않으며 개인 및 공동체 생활에 대한 목적과 그 의미에 관련되어 있다. 종교적인 믿음과 실천은 보통 신에 대한 믿음과 존경심, 인류 사회의 창조와 관계되어 있으며(서양 종교) 과학의 실험적인 관측 등의 실천과는 무관하다. 과학은 우주의 진행과정과 관계되며 관찰에 의해 진리를 규명하는 객관적 학문인 반면 종교는 우주의 존재 목적 그 자체와 관계되는 주관적, 정신적 그리고 개인적 영역이라고 할 수 있다.

물리학과 수학 3

이 장에서는 물리학 법칙들이 어떻게 수식으로 표현되는지 알아보기로 한다. 앞에서 강조했지만 수학은 자연과학에 있어 기호로 구성된 언어의 역할을 한다. 즉 자연에 내재된 질서가 일정한 패턴으로 발현되면 이러한 패턴이 수학적인 식으로 표현될 수 있다는 것이다. 자연은 일정한 규칙을 가지고 운동하며 다양한 현상을 발현시킨다. 그러한 현상들에 의한 패턴은 복잡한 것 같지만 수식으로 간단히 표현된다는 사실을 알게 될 것이다. 이렇듯 자연이 일정한 법칙 아래에서 움직이며 이로 인해 수학적으로 기술될 수 있다는 사실이 얼마나 큰 행운인지 깨달아 보았는가?

만약 자연 속에 이러한 질서가 없었다면 인류의 현대 문명은 출현할 수 없었다.

오히려 간단한 수식으로 기술될 수 있다는 그 사실에 경외감을 가지며 물리학은 물론 자연과학 공부에 자부심과 긍지를 갖고 임하는 것이 좋지 않겠는가?

지금부터 수학에서 다루는 방정식, 함수 등이 어떻게 자연법칙(질서)과 연관되는지 알아보기로 한다. 수학의 기본(미분, 적분 등)은 물리학 법칙과 연관될 때 그 빛을 발한다.

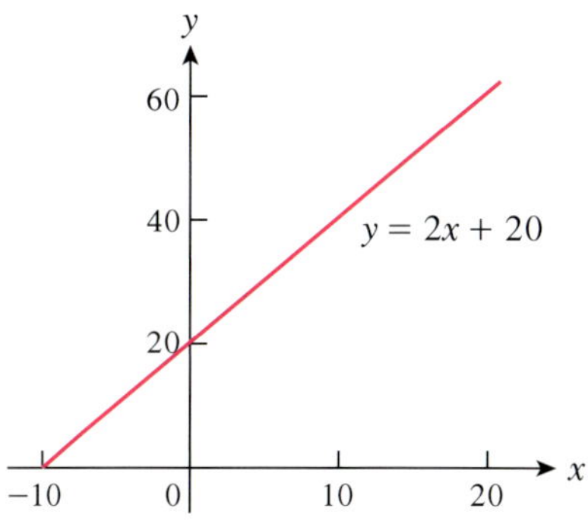

그림 3.1 1차 함수와 그래프. 이 그래프는 $y = 2x + 20$의 함수를 나타낸다. $y = 0$인 경우 1차 방정식을 푼다고 말한다.

3.1 함수와 물리학

그림 3.1은 수학에서 가장 기초적인 1차 함수 형태로 $y = ax + b$에 대한 그래프이다. 이때 y축을 0으로 삼으면 $ax + b = 0$과 같은 1차 방정식이 된다. 그림 3.1의 함수는 $a = 2$, $b = 20$인 경우이다. 수학적으로 보았을 때 $y = 0$일 때의 x값은 $2x + 20 = 0$으로부터 $x = -10$임을 알 수 있다. 그리고 $x = 0$일 때 $y = 20$이다.

그렇다면 물리학에서도 이와 같은 형태의 물리식이 나올까? 물론 나온다. 그림 3.2를 보자. 사실상 이 그래프는 위에서 취급했던 1차 함수의 변수 x를 t, y를 v로 고쳐 나타낸 것에 불과하다. 그러나 불과하다는 것은 수학적인 것만을 고려했을 때의 의미이고, 여기에 물리적인 의미를 부여하면 어마어마한 자연의 운동법칙이 나

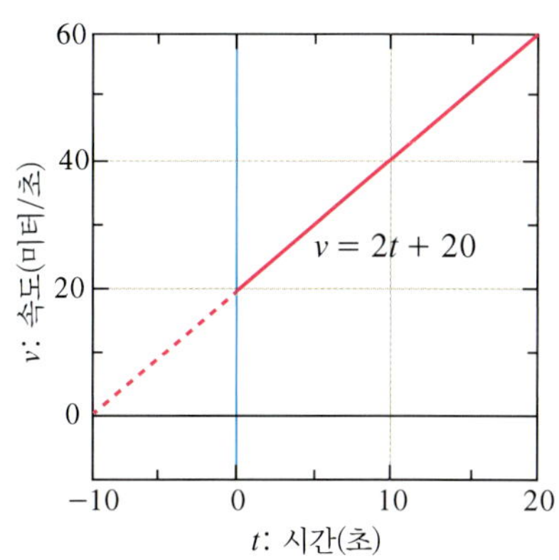

그림 3.2 1차 함수와 물리학 법칙. 1차 함수인 $y = 2x + 20$에서 x를 시간의 변수로, y를 속도라는 물리적 양으로 삼아 그래프로 나타내었다.

오게 된다.

자! 이제 t를 시간, v를 속도라고 하는 물리적인 양으로 취급하자.

시간 단위는 '초'로 나타내며 이러한 초 단위를 앞으로는 s(second의 의미)로 표기하기로 한다. 그리고 속도는 운동하는 물체가 단위 시간당 이동한 거리이며, 이동거리를 미터(meter, m)라고 하면 그 차원은 m/s로 표기된다. 여기서 벡터라는 양은 고려하지 않기로 한다. 우선 시간 $t = 0$ s일 때의 속도를 보자. 물론 20 m/s이고 앞에서 수학적으로 푼 $y = 20$에 해당한다. 이 물체의 속도를 처음 측정했을 때의 속도가 20 m/s라는 것을 알 수 있고 이를 초속도라고 부른다. 10 s 후에는 40 m/s가 되고, 20 s 후에는 60 m/s가 된다는 것을 알 수 있다. 이제 $v = 0$일 때의 시간을 보자. 당연히 $t = -10$ s이다. 그런데 음의 시간이 존재하는가? 다시 말해 시간이 거꾸로 갈 수 있는가 하는 문제이다. 물론 가능하지 않다. 수학적으로는 음의 값이 얼마든지 가능하지만 물리적 현상 세계에서는 불가능하다. 다만 인간의 의식에서 과거라는 형태로만 존재할 뿐이다. 논리적으로 보았을 때 이 문제는 현재로부터 10초 전에 측정했다면 물체의 속도는 0 m/s이며, 이는 "10초 전에 출발했다"라는 결론으로 나올 수 있다.

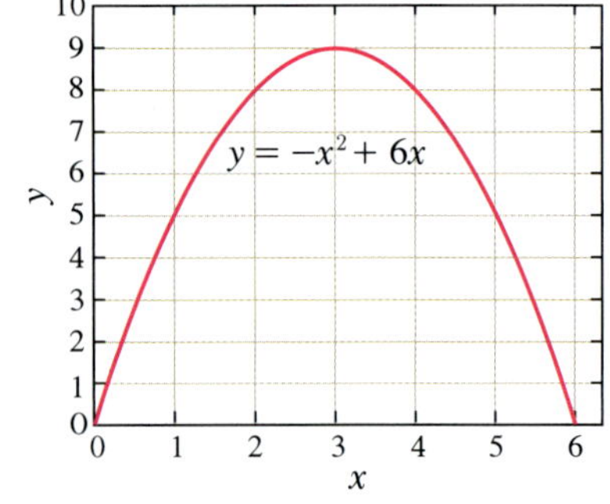

그림 3.3 2차 함수와 그래프. 이 그래프는 $y = -x^2 + 6x$의 함수를 나타낸다. $y = 0$인 경우 2차 방정식을 푼다고 말한다.

이번에는 2차 함수를 살펴보자. 그림 3.3은 $y = -x^2 + 6x$ 함수에 대한 그래프이다. $x = 0$일 때 $y = 0$이므로 원점을 지난다는 것을 알 수 있다. 그리고 $y = 0$인 선분에서의 x값은 $-x^2 + 6x = 0$이고, 이는 곧 $x^2 - 6x = 0$으로 주어지는 2차 방정식에 해당한다. 이때의 x값은 0과 6이다. 이제 x를 시간 t, y를 위치 x라는 물리적 변수로 놓기로 하자. 그러면 이 물체는 처음 위치에서 9 m 높이까지 갔다가 다시 원래의 높이로 되돌아오는 운동을 나타낸다는 사실을 알 수 있다. 그리고 시간적으로는 3초 후에 가장 높은 점까지 가고, 3초를 중심으로 대칭적인 운동을 하고 있다. 이러한 물체의 운동은 그림 3.5에서 보듯이 우리가 돌멩이를 공중으로 던져 올렸을 때 나타나는 현상과 같다.

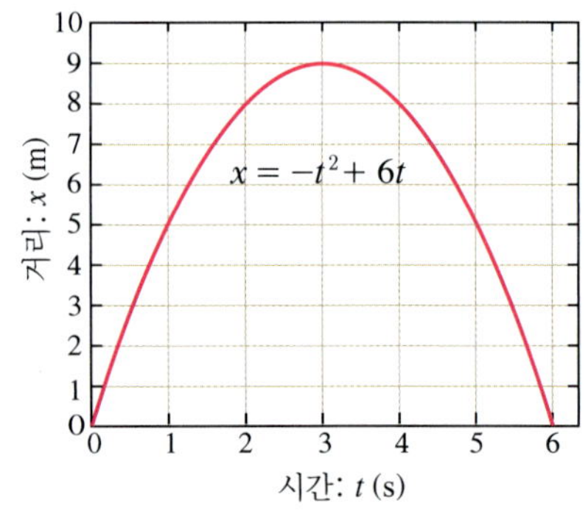

그림 3.4 2차 함수와 물리학 법칙. 2차 함수 $y = -x^2 + 6x$에서 x를 시간의 변수로, y를 위치라는 물리적 양으로 삼아 그래프로 나타내었다.

그림 3.6은 2차 함수 $y = 5/x^2$에 대한 그래프이다. 여기서 y를 힘이라고 하는 물

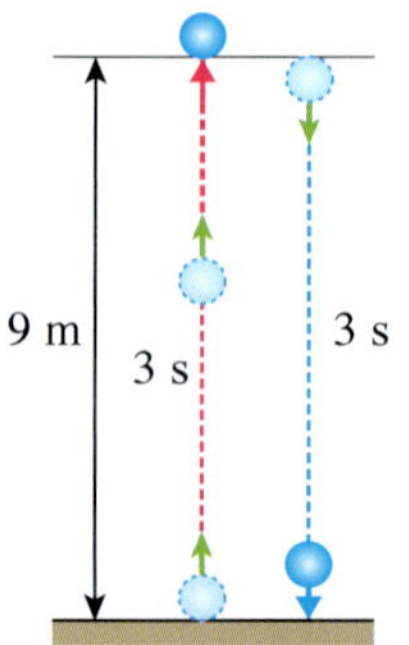

그림 3.5 $x = -t^2 + 6t$에 대한 물체의 운동 해석. 처음 3초간 9 m 되는 지점까지 갔다가 다음 3초 후에는 원래의 자리로 되돌아온다.

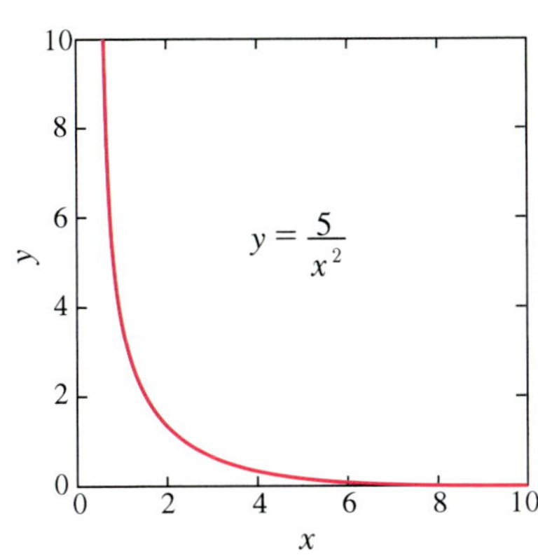

그림 3.6 $y = \frac{5}{x^2}$ 함수의 그래프.

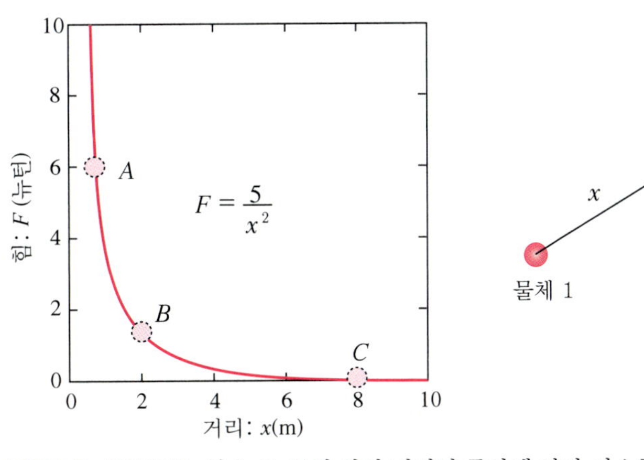

그림 3.7 힘의 법칙. 힘은 두 물체 사이 거리의 증가에 따라 감소한다.

리적인 양으로 삼아 F로 표기하면, x가 두 물체 사이의 거리라고 할 때 두 물체 사이에서의 힘의 작용을 나타내는 물리법칙이 된다. 즉 $y = 5/x^2$이다. 이에 대한 그래프를 그리고 두 물체 간 힘의 작용을 알아보자. 나중에 배우게 되겠지만 힘의 단위는 뉴턴(Newton, N)으로 표시한다.

그림 3.7이 $F = 5/x^2$에 대한 그래프이다. 우리는 이 그래프를 통하여 두 물체 사이에 작용하는 힘은 두 물체 사이의 거리가 멀어질수록 감소한다는 것을 알 수 있다. 보다 정확히 표현하면 다음과 같다.

힘은 두 물체 사이 거리의 역제곱에 비례한다고 한다.

이러한 역제곱 법칙은 자연계에서 나타나는 가장 잘 알려진 물리학 법칙에 속하며, 앞에서 언급한 자연계의 기본 네 가지 힘 중 중력과 전자기력이 이러한 법칙을 따른다.

그런데 두 물체 사이의 힘은 끌어당기는 힘(인력)과 배척하는 힘(척력)으로 나뉜다. 이때 물리학적으로는 힘의 부호를 인력인 경우 음(−)으로, 척력인 경우 양(+)으로 표시한다. 따라서 그림 3.7에 나타나는 힘은 엄밀하게는 척력으로 작용하는 자연의 속성을 말하고 있다. 즉 두 물체 사이가 가까울수록 더 큰 힘으로 배척하는 작용을 하고 있다는 의미이다. 이러한 척력은 전기를 띤 두 물체 중 같은 종류의 전하를 띤 두 물체 사이에서 일어난다.

그림 3.8의 그래프는 2차 함수 $y = 6x^2$를 보여준다. 이러한 함수는 자연계에서 일어나는 물체들의 상호작용 중 진동운동에 저장되는 에너지와 관련을 맺게 한다. 여기서 y를 퍼텐셜 에너지를 의미하는 U, x를 진동하는 두 물체 사이의 변위라 하면 어떠한 물리적 현상을 얻을 수 있는가?

우선 그림 3.9의 왼쪽과 같이 그림 3.8에 대응되는 그래프를 그린다. 용수철의 진동운동과 그래프와의 관계를 알기 쉽게 표현하기 위해 용수철의 운동을 그려 넣는다. 여기서 용수철의 평형 상태를 $x = 0$이라 하면 양으로 변위된 것은 용수철이 늘어난 것을, 음으로 변위된 것은 용수철이 줄어든 것을 나타낸다. 이제 변위의 범위

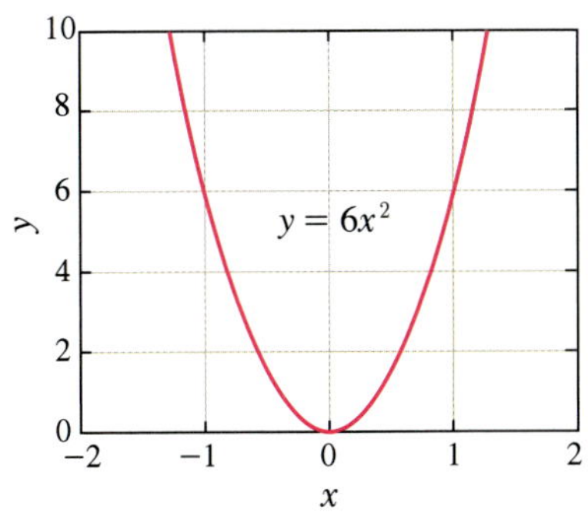

그림 3.8 $y = 6x^2$ 함수의 그래프.

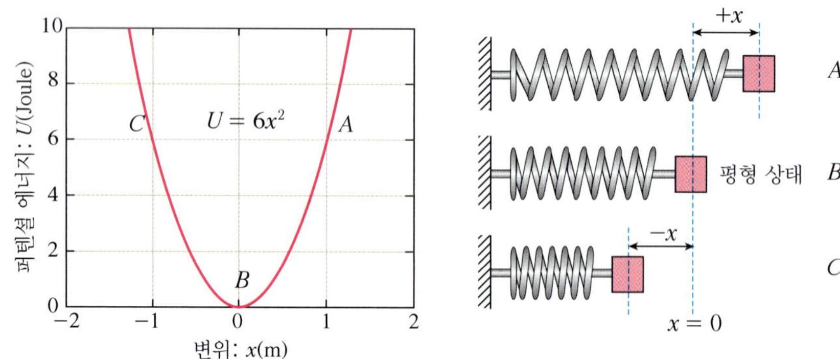

그림 3.9 진동운동과 퍼텐셜 에너지. 결합된 두 물체 사이에 작용하는 진동운동은 용수철 운동과 이에 따른 퍼텐셜 에너지로 설명할 수 있다.

가 ±1 m라고 하자. 그러면 그래프의 점 A, B, C는 용수철 운동에 대한 위치 A, B, C에 해당한다는 것을 알 수 있다. 그리고 위치 A와 C 사이에서 규칙적인 진동운동을 하는 모습이 드러나게 된다. 이때 ±1 m에서 퍼텐셜 에너지가 최대가 되며, 물리적으로는 저장된 에너지가 가장 높다고 한다.

이러한 퍼텐셜 에너지는 흔히 '위치 에너지'라고 불린다.

평형점에서 가장 낮으며 이 경우에는 0이다.

이번에는 사인(sine) 함수와 코사인(cosine) 함수를 보기로 하자. 보통 수학에서는 삼각함수로 불리는데, 자연계에서 나타나는 삼각함수 형태는 사실상 물체들의 주기적인 운동과 관계된다. 따라서 사인 혹은 코사인 함수는 주기함수라고 부를 때 물리적 의미가 명확하게 드러난다. 태양 주위를 공전하는 지구의 운동, 기둥시계의 시계추 운동, 원자 속에 있는 전자의 운동은 물론 바로 위에서 취급했던 진동운동 등이 주기함수로 주어질 수 있다. 우선 좌표 상에서 사인과 코사인의 삼각함수 관계부터 살펴보자.

어떠한 물체가 원운동을 한다면 그 물체에 대한 위치 좌표는 가로와 세로로 주어지는 (x, y) 좌표보다는 중심과 물체 간의 거리인 반지름과 기준선, 예를 들면 x축에 대한 각도로 표시되는 극좌표인 (r, θ)로 표현하는 것이 더 편리하다. 이때 x와 y는 그림 3.10에서처럼 $x = r\cos\theta$, $y = r\sin\theta$로 주어진다. 그런데 이러한 원운동은 일정

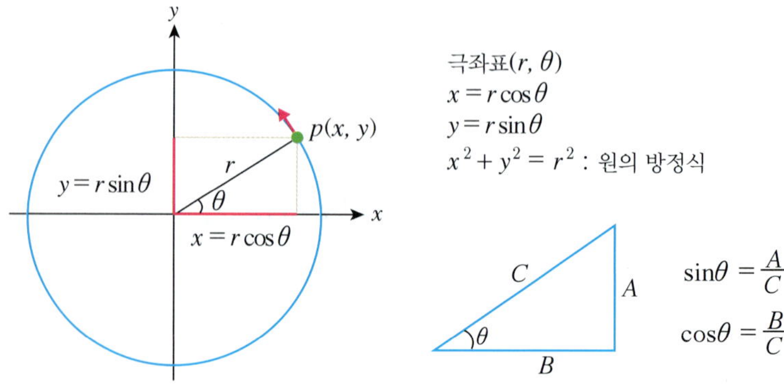

그림 3.10 극좌표와 삼각함수. 원운동은 반지름과 각도로 표시되는 극좌표로 나타내면 쉽게 이해된다.

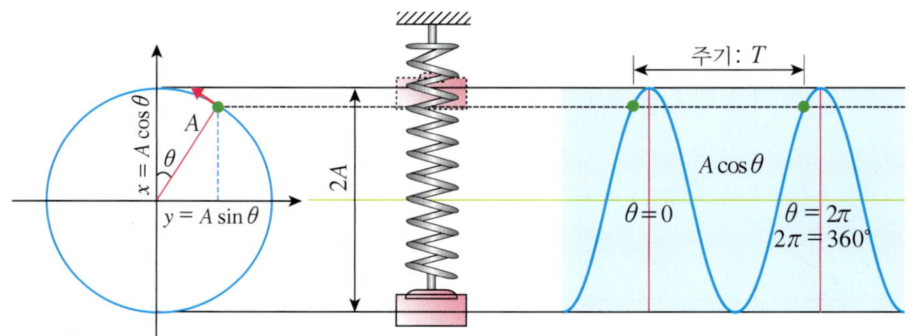

그림 3.11 주기함수와 원운동 그리고 진동운동.

한 시간이 지나면 원래 자리로 돌아온다. 이를 물리학에서는 주기(period)라 부르며, 우리가 1년이라고 부르는 시간 단위는 지구가 태양 주위를 한 바퀴 도는 데 걸리는 주기에 해당한다. 이때의 각도는 물론 360°이다. 그러나 이러한 각도는 원주율, 즉 원의 지름과 원 둘레(l)의 비인 $\pi(= l/2r)$로 표기되는 경우가 많다. 잘 알다시피 $\pi = 3.14159\cdots$로 주어지는 '무리수'이다.

그러면 원운동과 주기함수인 $\sin\theta$, $\cos\theta$ 등이 어떻게 물리적인 양들과 연관되는지 살펴보자. 그림 3.11을 보자. 만약 y축 방향에서 빛을 비추어 원운동하는 물체의 그림자를 x축 위에 생기게 하면 폭이 $2A$인 진동운동으로 나타날 것이다. 이러한 진동운동은 그림에서 보여주듯이 용수철 저울에 달린 물체의 단진동 운동과 같은 형태라는 것을 알 수 있다. 또한 시간적으로 한 장소에서 같은 장소로 모습을 그리면 바로 주기함수인 $\cos\theta$가 된다는 것을 알 수 있다.

그림 3.10에서 나오는 삼각형을 다시 보기로 하자. 이 삼각형에서 빗변의 기울기는 물론 A/B이다. 이러한 기울기는 삼각함수에서는 $\tan\theta$로 주어지며, 이는 곧 $\tan\theta = \dfrac{\sin\theta}{\cos\theta} = \dfrac{A}{B}$라는 것을 알 수 있다.

한편 앞에서 다루었던 모든 함수들은 그 기울기를 갖고 있다.

이러한 기울기는 어떠한 물리적 의미가 있을까?

이제 수학에서의 미분을 살펴보고 물리적 현상에 어떻게 대응되는지 알아보기로 하자.

3.2 미분과 물리학

다시 그림 3.1을 보는데 이번에는 1차 함수 직선에 대한 기울기를 살펴보기로 한다. 그림 3.12를 보면 1차 함수의 기울기는 일정하며, 이는 곧 미분 값 2로 나타난다는 것을 알 수 있다. 물리식인 $v = 2t + 20$을 보자. 1차 함수의 미분은 곧 이 식에서 시

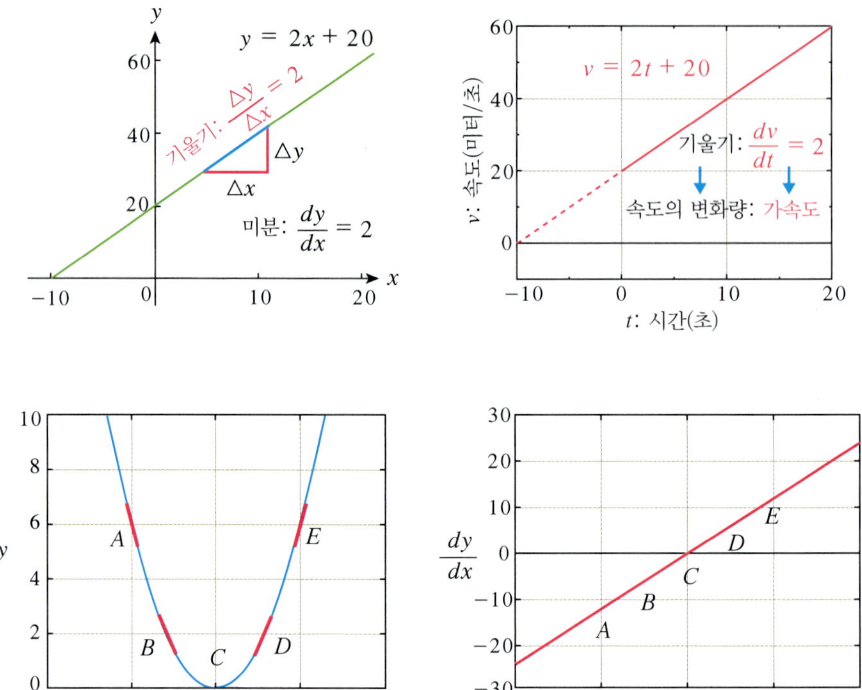

그림 3.12 1차 함수의 미분과 물리학 법칙. 1차 함수인 $y = 2x + 20$에서 기울기는 곧 미분 값이며, 이는 독립 변수 변화에 대한 종속 변수의 변화량을 의미한다. 시간에 대한 속도의 변화 관계에서는 곧 시간에 대한 속도의 변화량으로 나타난다. 이렇게 시간에 대한 속도의 변화량을 우리는 가속도라고 부른다. 여기서는 그 기울기가 일정하며, 즉 그 변화량이 일정하며 이는 곧 일정한 가속도에 해당한다.

그림 3.13 기울기와 미분.

간 변수에 대한 속도의 변화라는 것을 알 수 있으며 그 값은 2이다. 여기서 2라는 것은 시간에 대한 속도의 변화이므로 그 차원은 (m/s)/s이며 이는 곧 m/s^2이 된다. 이러한 양을 물리학에서는 **가속도(acceleration)**라 부른다. 사실 그래프를 보면 시간 증가에 따라 속도 역시 일정하게(기울기가 일정함) 증가하고 있다는 사실을 알 수 있다. 이러한 일정한 증가분이 곧 가속도의 크기에 해당한다. 만약 $v = t + 20$으로 주어진다면 이때의 가속도는 1 m/s^2가 된다.

이번에는 2차 함수와 이에 연관된 퍼텐셜 에너지 함수에 있어 미분은 어떠한 물리적 의미를 갖는지 살펴보기로 하자. 그림 3.13은 그림 3.8로 주어졌던 $y = 6x^2$ 함수 곡선에 대한 임의의 x값에서의 기울기 모양과 이 함수에 대한 미분 그래프이다. 이 함수에 대한 미분은 $y' = dy/dx = 6 \cdot 2x + 0 = 12x$이다. $x = -1, 0, 1$에서의 값들을 살펴보면

$$y'(-1) = -12, \qquad y'(0) = 0, \qquad y'(1) = 12$$

임을 알 수 있으며, 이는 점 A, C, E에서의 기울기 값에 해당한다.

이제 퍼텐셜 에너지 함수를 들여다보자(그림 3.14). 2차 함수 미분과 마찬가지로 $U = 6x^2$을 미분하면 $dU/dx = 12x$이다. 그리고 $x = -1, 0, 1$에서의 값들은

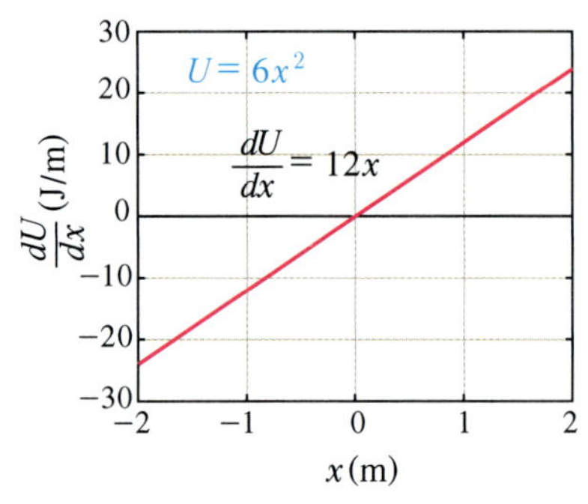

그림 3.14 퍼텐셜 에너지의 미분과 힘. 퍼텐셜 에너지의 변위에 대한 미분은 힘(외력)으로 나타난다.

$$\frac{dU}{dx}\Big|_{x=-1} = -12, \quad \frac{dU}{dx}\Big|_{x=0} = 0, \quad \frac{dU}{dx}\Big|_{x=1} = 12$$

이다. 그리고 이러한 미분 값들은 주어진 x에서의 기울기의 크기이다.

자! 그러면 이러한 기울기는 어떠한 물리량에 해당할까?

그림 3.9를 다시 보기 바란다. 먼저 기울기가 0인 점을 살펴보자. $x = 0$인 곳이 기울기가 0이며, 이는 곧 용수철의 평형점에 해당한다. 외부에서 아무런 힘을 가하지 않으면 이 점에서는 용수철이 움직이지 않는다. $x = 1$에서의 용수철은 평형점에서 늘어났다는 것을 나타내며, 이는 곧 외력이 작용했다는 것을 의미한다. 우리가 용수철을 잡아당겼을 때와 같다. $x = -1$에서는 이와 반대로 외력이 용수철을 누른 경우이다. 따라서 $x = 1$에서의 12와 $x = -1$에서의 -12는 외력의 크기와 그 방향을 나타내고 있음을 알 수 있다. 만약 $x = 2$에서라면 그 미분 값은 24가 되고 평형점에서 2 m까지 잡아당기는 데는 24라고 하는 힘의 양이 필요하며, 이는 $x = 1$만큼 늘이는 데보다 2배의 힘이 더 필요하다는 뜻을 내포하고 있다. 따라서

"퍼텐셜 에너지에 대한 미분은 곧 외력에 해당한다."

는 것으로 해석할 수 있다. 에너지는 주울(Joule. J로 표기됨)로 주어지는데, 이에 대한 미분은 결국 J/m가 된다. 이것이 힘의 차원이며 물리학에서는 물론 일반 사회에서는 뉴턴(N)으로 표기한다.

이번에는 그림 3.11에서 나오는 변위, 즉 $x = A\cos\theta$에 대한 미분의 관점에서 접근해 보자. 그림 3.15를 보면서 먼저 코사인 함수에 대한 기울기의 모양을 살펴보자. $\theta = 0$ 점에서의 곡선의 기울기는 0이다. 이후 기울기는 음의 값을 가지며 점차 증가하다가 90°에서 최대값을 갖고 다시 감소하면서 180°에서 다시 기울기는 0이 된다. 이러한 기울기의 변화량, 즉 코사인의 미분함수를 그리면 그림 3.15(a)에 희미하게 그려진 곡선이 된다. 그런데 이 곡선을 잘 살펴보면 사인 곡선에 대하여 부

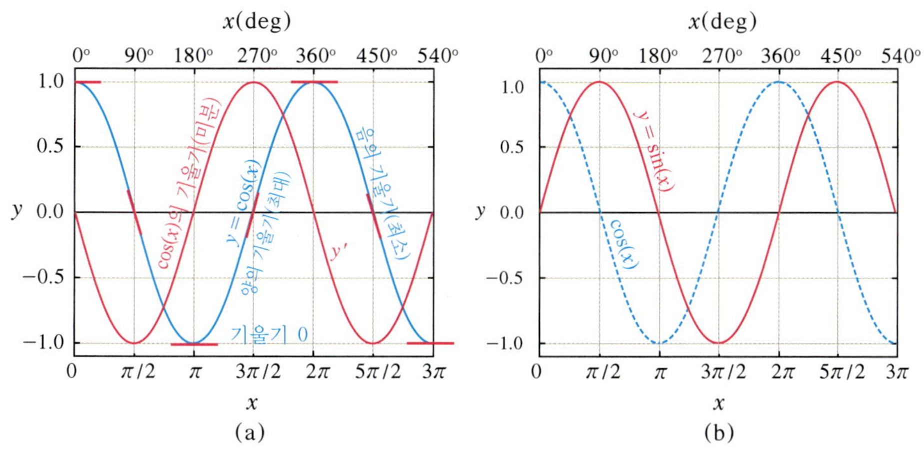

그림 3.15 미분과 사인, 코사인 함수와의 관계.

$$\frac{d[\cos(x)]}{dx} = -\sin(x)$$

호가 반대라는 것을 알 수 있다. 이제 그림 3.15(b)에 그려진 사인 함수의 곡선을 보자. 이러한 관계로부터 우리는 코사인 함수에 대한 미분은 마이너스(−) 사인, 사인 함수에 대한 미분은 코사인이 된다는 사실을 알 수 있다. 이렇게 직접 그래프를 그리면서 기하학적으로 유도함수를 도출해 내는 능력은 자연과학은 물론 공학 전반에서의 데이터 분석에 큰 힘이 된다.

잠깐! 미분에 대한 함수를 수학에서는 **도함수(derivatives)**라 부르는데, 이에 대한 의미를 살펴보기로 하자. 사실 derivative는 형용사적 의미에서 파생적이거나 모방적인, 즉 원래의 것에서 이끌어낸다는 뜻이다. 이를 명사화했을 때 '파생물'이라는 의미가 되는데, 화학에서는 유도체(derivatives)라고 부른다. 분자에 있어 대표적인 분자와 그 골격은 같으나 가지에 해당하는 원자나 분자기가 다른 분자를 지칭할 때 쓰인다. 수학에서 쓰이는 도함수라는 말은 사실상 **유도함수**라고 하는 것이 더욱 정확한 표현이다. 앞에서 다루었던 속도에 대한 미분, 즉 시간에 대한 속도의 변화량도 하나의 유도량이며 이 경우 우리는 가속도라고 부르는 것이다. 그리고 '**퍼텐셜 에너지에 대한 유도함수가 곧 힘**'이며, 이러한 유도함수에 의해 중요한 물리적 양으로 태어난다.

"과학이나 공학에서는 관측과 측정 그리고 실험이 가장 중요한 기본이다"라고 누누히 강조한 바 있다. 이때 실험 데이터를 얻어 분석하는 과정에서 주어진 물리적인 양들에 대해 그래프를 얻었을 때 만약 그 그래프가 곡선이나 기울어진 직선을 가진다면 그 기울기, 즉 미분을 얻어 해석하면 중요한 물리적인 양을 얻는 경우가 많다. 특히 공학에 있어서는 소자(device)의 특성을 분석하는 데 긴요하게 이용될 수 있다.

3.3 적분과 물리학

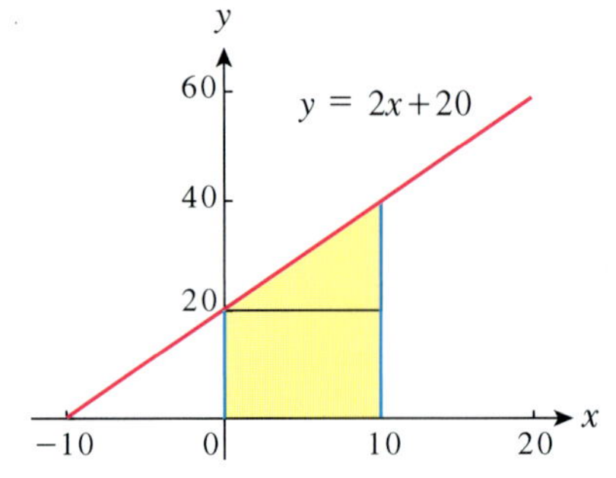

그림 3.16 면적과 적분. 노란색 면적은 이 함수에 대한 $x = 0$에서 $x = 10$까지의 적분과 같다.

먼저 1차 함수 그래프를 살펴보면서 수학에서의 적분과 이에 대응되는 물리적인 양을 도출해 보자. 그림 3.1을 다시 보기로 한다. 이 함수에 대하여 $x = 0$에서 $x = 10$까지에 대한 면적을 구해 보기로 하자.

그림 3.16을 보면 이 구간에서의 면적은 쉽게 구할 수 있음을 알 수 있다. 즉 사각형 면적과 삼각형 면적을 더하면 되는데, $10 \times 20 + \frac{1}{2} \times 10 \times 20 = 300$이다.

그러나 함수의 선분이 직선이 아니라 곡선인 경우에는 이러한 면적은 적분으로 일반화하여 구한다. 위에서 예로 든 면적을 적분 공식을 통하여 구하면

$$\begin{aligned} A &= \int_0^{10}(2x+20)dx = 2\cdot\frac{1}{2}x^2 + 20x|_0^{10} \\ &= (10)^2 + 20\times 10 \\ &= 300 \end{aligned}$$

이다.

우리는 이 함수를 속도의 함수로 다룬 바가 있다. 그렇다면 이러한 속도와 시간과의 관계에서 면적은 무엇을 의미할까? 그림 3.17을 보기 바란다.

이 그래프에서 면적은 시간 $t = 0$에서 10초까지 걸린 시간과 그동안 변화된 속도 크기와의 곱이라는 것을 알 수 있다. 그러면 면적은

$$300(\text{m/s})\cdot\text{s} = 300\ \text{m}$$

이 된다.

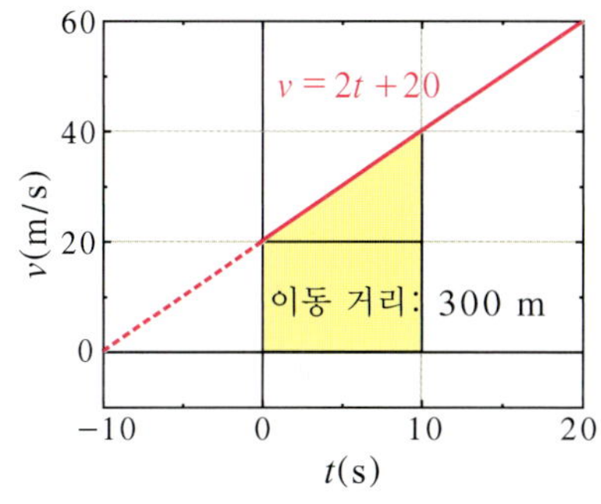

그림 3.17 속도의 적분과 이동 거리. 속도함수의 시간에 대한 적분은 그 시간 동안의 이동 거리를 나타낸다.

면적이 거리의 단위로 나타났다.

이러한 결과는 시간에 대한 속도의 변화가 $v = 2t + 20$인 물체는 처음 10초 동안 300 m를 이동한다는 의미를 가져다준다.

그림 3.18은 어떤 물체에 작용한 힘이 그 물체를 이동하는 과정에서 주어진 힘의 변화량을 보여주는 그래프이다. 우리는 이와 똑같은 식을 거리와 시간과의 관계에서 다룬 바 있다. 그림 3.4를 보기 바란다. 우리는 일상생활에서 '일'이라는 용어를 많이 사용한다. 일을 하기 위해서는 에너지가 소모된다는 것도 알고 있다. 물리학에서 일이라는 것은 물체에 힘을 작용하여 이동시킨 크기를 뜻한다. 그림 3.18을 보면 그러한 일은 그래프의 면적에 해당한다는 사실을 알 수 있다. 따라서 물리학에서 일은 다음과 같이 주어진다.

$$일 = 힘 \times 이동\ 거리$$

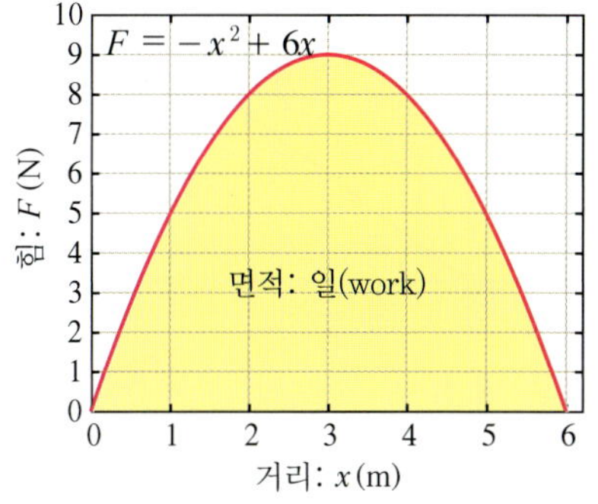

그림 3.18 힘의 적분과 일. 물체에 힘을 작용하여 이동시키면 일을 하였다고 한다. 일의 크기는 이 그래프에서와 같이 면적으로 주어진다. 면적은 힘에 대한 거리의 적분으로 구한다.

이를 적분으로 표현하면 다음과 같다.

$$W = \int_a^b F(x)\cdot dx$$

이와 같은 식은 수학에서 다루는 정적분의 식

$$F = \int_a^b f(x)dx$$

와 같다. 따라서 그림 3.18에 주어진 힘에서 6 m까지 이동시키는 데 필요한 힘은 다음과 같다.

$$W = \int_0^6 (-x^2 + 6x)dx = \left| -\frac{1}{3}x^3 + 6 \cdot \frac{1}{2}x^2 \right|_0^6 = -\frac{1}{3}(6)^3 + 3(6)^2$$
$$= 36(\text{J})$$

여기서 (J)이라고 하는 것은 일의 단위가 J(Joule)이기 때문이다. 6장에서 자세히 다루게 된다. 이렇게 물리학에서는 물리적 양에 대한 차원을 반드시 표기해 주어야 한다. 여기서 취급한 것과 같은 함수에 대한 적분의 연습을 문제에서 다루고 있으니 적분의 물리적 의미를 문제를 통하여 확실히 이해하기 바란다.

3.4 벡터와 물리학

물리학에서 벡터의 개념은 상당히 중요하다. 힘, 속도, 운동량 등이 크기는 물론 방향성을 갖는 벡터 양으로 나타나기 때문이다. 여기서는 물리적인 개념보다는 벡터의 표기, 성분 표시, 벡터의 합 그리고 벡터의 내적과 외적 등에 대해 알아보기로 한다.

벡터는 크기와 방향을 갖는 물리량이다. 보통 인쇄물에서는 볼드체(boldface letter, **A**)로 표기되는데 상황에 따라 화살표($\vec{A}$)로도 표기된다. 각 성분의 크기는 아래첨자(subscript, A_x)로 표현된다. 벡터에 있어 크기가 1인 벡터를 단위 벡터(unit vector)라고 부른다. 벡터를 좌표 상에서 표기할 때 x축에 대한 단위 벡터를 $\mathbf{i}(\hat{i})$, y축에 대한 단위 벡터를 $\mathbf{j}(\hat{j})$로 표기하는 것이 보통이다. 그림 3.19를 보라.

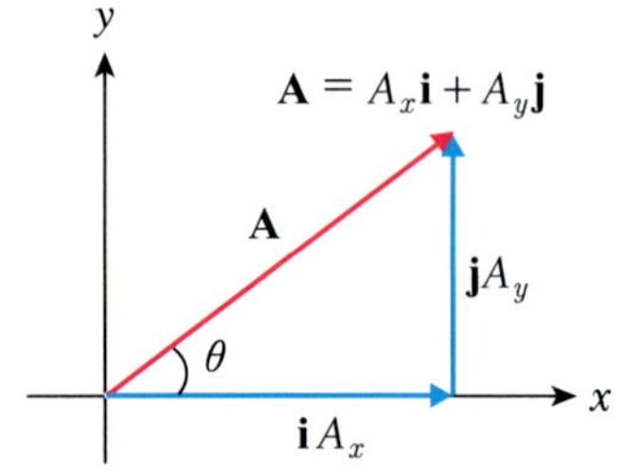

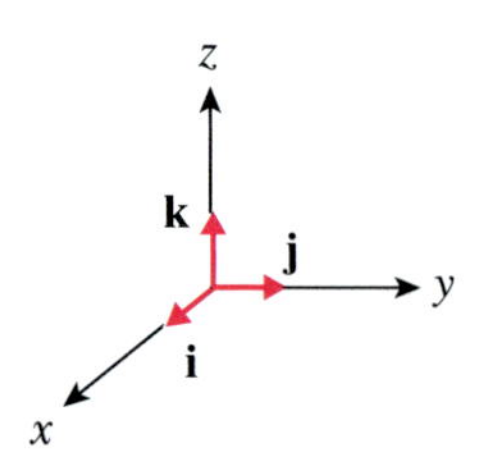

그림 3.19 벡터의 성분과 단위 벡터.

벡터는 다음과 같이 성분으로 나눌 수 있다.

$$\mathbf{A} = A_x\hat{i} + A_y\hat{j}$$

크기는 다음과 같다.

$$A = |\mathbf{A}| = \sqrt{A_x^2 + A_y^2}$$

벡터의 방향은 각도로 표시되는 것이 편리하다. 그림 3.19에서 A 벡터의 방향은 기준선을 x축으로 잡았을 때 각도가 θ라면

$$\tan\theta = \frac{A_y}{A_x}$$

가 된다. 한편 이 벡터의 x성분과 y성분을 각도로 표시하면 다음과 같다.

$$A_x = A\cos\theta, \qquad A_y = A\sin\theta$$

이번에는 자동차의 운동을 2개의 벡터로 나누어 벡터의 합을 논의해 보자. 동쪽

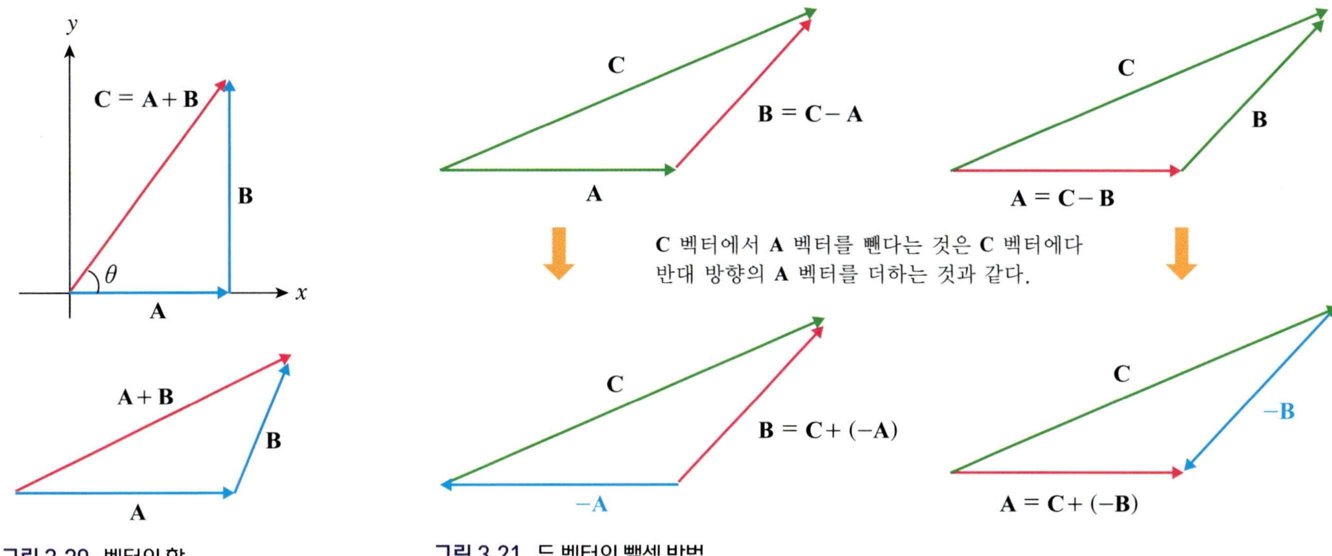

그림 3.20 벡터의 합.

그림 3.21 두 벡터의 뺄셈 방법.

으로 간 거리를 **A** 벡터, 북쪽으로 간 거리를 **B** 벡터라고 하면 이 두 벡터의 합은 처음 출발한 곳으로부터 최종 목적지까지의 거리에 해당하며 그림 3.20에 보인 **C** 벡터이다. 즉 처음 벡터의 출발점과 나중 벡터의 최종점을 연결하면 두 벡터의 합이 된다는 것을 알 수 있다. 그렇다면 2개 이상의 벡터를 더하기 위해서는 어떻게 해야 할까? 마찬가지 방법을 이용하여 벡터들의 처음 점과 끝점을 계속 이어나가고 최종적으로 처음 벡터의 처음 점과 최종 벡터의 끝점을 이어주면 된다.

다음으로 두 벡터의 차를 구해 보자. 그림 3.21은 위에서 구한 합 벡터에서 2개의 벡터 중 한 벡터를 빼는 모습을 보여준다. 즉 **A** 벡터에서 **B** 벡터를 뺀다는 것은 **A** 벡터에 반대 방향의 **B** 벡터를 더하는 것과 같다. 따라서 물리적인 두 성분의 벡터 차를 구할 때는 빼어지는 벡터를 반대 방향으로 잡고 더하는 방법을 쓰면 편리하다.

벡터의 곱(Multiplication of Vectors)

두 벡터를 곱하는 방법에는 두 종류가 있다. 하나는 스칼라곱(scalar product)으로 도트곱(dot product) 혹은 내적(inner product)이라고도 한다. 다른 하나는 벡터곱(vector product)으로 가위곱(cross product) 혹은 외적(outer product)이라고도 한다.

스칼라곱의 정의는 다음과 같다.

$$\mathbf{A} \cdot \mathbf{B} = AB\cos\theta$$

그림 3.22를 보자. 두 벡터의 크기는 $A = 8$, $B = 6$이다. 그림에서처럼 **A** 벡터 위에 벡터의 그림자(사영, projection)를 만들면 그 크기는 5이다. 그리고 이러한 그림자

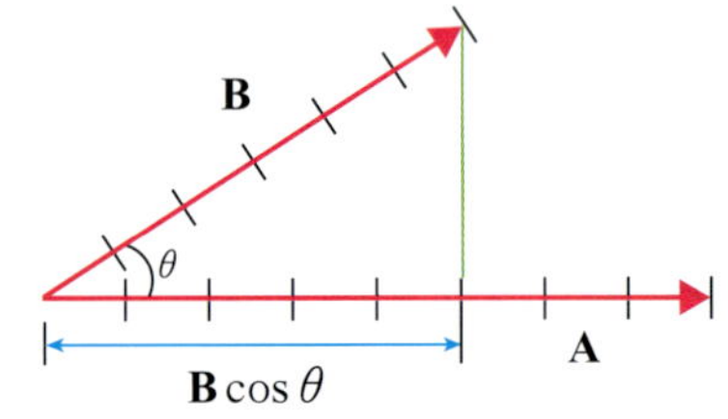

$\mathbf{A}\cdot\mathbf{B} = AB\cos\theta$

그림 3.22 벡터의 스칼라(도트)곱.

의 크기는 $B\cos\theta$로 주어진다. 따라서

$$\mathbf{A}\cdot\mathbf{B} = 8\cdot 5 = 40$$

이다. 한편

$$\mathbf{A}\cdot\mathbf{A} = A^2\cos 0^\circ = A^2$$

이다. 두 벡터의 곱을 각각의 성분으로 표시하면 다음과 같다.

$$\mathbf{A}\cdot\mathbf{B} = (A_x\hat{i} + A_y\hat{j})\cdot(B_x\hat{i} + B_y\hat{j}) = A_xB_x + A_yB_y$$

왜냐하면, $\hat{i}\cdot\hat{i} = i\cdot i\cos 0^\circ = 1\cdot 1 = 1$이고 따라서 $\hat{j}\cdot\hat{j}$ 역시 1이며, $\hat{i}\cdot\hat{j} = i\cdot j\cos 90^\circ = 1\cdot 0 = 0$에서 $\hat{j}\cdot\hat{i} = 0$이기 때문이다.

여기서 강조하고 싶은 것은 스칼라곱인 경우 2개의 벡터 성분이 오직 크기만을 갖는, 즉 방향성이 없는 양으로 나온다는 점이다. 이러한 이유로 스칼라곱이라고 부르는 것이다.

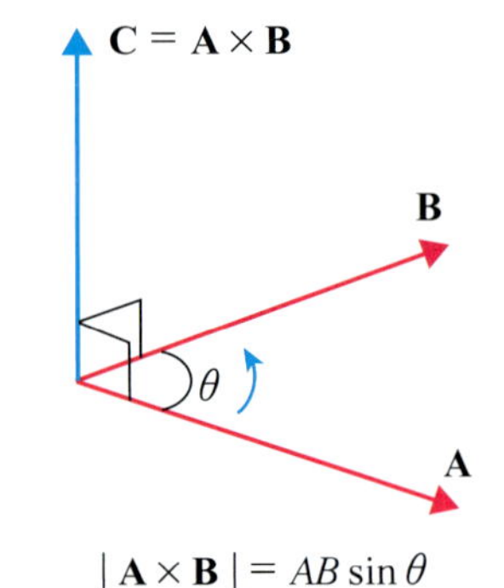

$|\mathbf{A}\times\mathbf{B}| = AB\sin\theta$

그림 3.23 두 벡터의 벡터곱.

벡터곱은 그림 3.23에서 보듯이 한 벡터를 기준으로 다른 벡터가 회전하는 형태를 갖는다. 이때 두 벡터에 의해 하나의 평면이 형성되며, 이 평면에 수직인 크기와 성분이 두 벡터의 벡터곱으로 나타난다. 따라서 벡터곱에 의한 최종 벡터 역시 크기와 방향을 갖는다. 따라서 벡터곱이라고 부른다. 이러한 벡터곱은 각운동량, 토크, 자기력 등 많은 물리 현상에서 다루는 중요한 수학적 도구이다.

벡터곱의 크기는 다음과 같이 정의된다.

$$|\mathbf{A}\times\mathbf{B}| = AB\sin\theta$$

그림 3.23이 보여주는 것처럼 벡터곱의 방향은 두 벡터가 있는 평면에 대하여 수직인 방향이다. 평면은 **A** 벡터로부터 **B** 벡터로 돌려 만든, 즉 오른손 법칙에 따라 만들어지며 결국 벡터곱의 방향은 오른손을 쥐었을 때 위쪽으로 세운 엄지손가락 방향이 된다.

2개의 벡터가 평행하거나 같다면 $\sin 0^\circ = 0$이므로 벡터곱은 0이다. 이러한 규칙으로부터 단위 벡터에 대해 다음과 같은 결론을 얻을 수 있다.

$$\hat{i}\times\hat{i} = \hat{j}\times\hat{j} = \hat{k}\times\hat{k} = 0$$

또한 벡터곱의 정의에 따라

$$|\hat{i}\times\hat{j}| = ij\sin 90^\circ = 1\cdot 1 = 1$$

이다. 이러한 단위 벡터곱의 방향은 z축이므로 3차원에서의 단위 벡터에 대한 벡터곱은 다음과 같이 주어진다.

$$\hat{i}\times\hat{j} = \hat{k},\qquad \hat{j}\times\hat{k} = \hat{i},\qquad \hat{k}\times\hat{i} = \hat{j}$$
$$\hat{j}\times\hat{i} = -\hat{k},\qquad \hat{k}\times\hat{j} = -\hat{i},\qquad \hat{i}\times\hat{k} = -\hat{j}$$

두 벡터의 벡터곱에 대한 각각의 성분에 대한 표현은 다음과 같이 주어진다.

$$\begin{aligned}\mathbf{A}\times\mathbf{B} &= (A_x\hat{i}+A_y\hat{j}+A_z\hat{k})\times(B_x\hat{i}+B_y\hat{j}+B_z\hat{k})\\ &= (A_yB_z-A_zB_y)\hat{i}+(A_zB_x-A_xB_z)\hat{j}+(A_xB_y-A_yB_x)\hat{k}\end{aligned}$$

그리고 위 결과를 행렬식(determinants)으로 표시하면 다음과 같다.

$$\begin{vmatrix}\hat{i} & \hat{j} & \hat{k}\\ A_x & A_y & A_z\\ B_x & B_y & B_z\end{vmatrix}$$

3.5 물리량과 단위

국제(SI) 단위계

물리학은 물질 상호 간에 작용하는 힘들을 규명하는 학문이다. 따라서 물질의 여러 가지 기본 성질은 물론 물질의 속도, 온도, 에너지 등을 직접 측정해야 한다. 그런데 이러한 측정이 가능하기 위해서는 물리량들에 대한 기본 단위들(units)이 있어야 한다. 물리학을 비롯한 과학 분야에서 보편적으로 사용하기 위한 기본 단위 체계를 국제 단위 체계라고 하며 보통 SI 단위계라고 부른다. 영어로는 International System이나 이를 SI라고 부르는 이유는 프랑스어이기 때문이다. 즉 SI는 프랑스어인 Système International d' Unités의 약자이다. 이 가운데 3개의 기본 물리량에 해당하는 것이 길이(meter, m), 질량(kilogram, kg), 시간(second, s)이다. 이 외에 열역학과 전자기학 분야에서 3개의 기본 단위가 추가된다. 즉 온도 단위로서의 켈빈(Kelvin, K), 물질의 양을 나타내는 몰(mole, mol), 전류를 나타내는 암페어(Ampère, A)이다. 그리고 광도를 나타내는 칸델라(candela, cd)가 있다.

미터(Meter, m)

길이의 기본 단위이다. 1미터는 빛이 진공 중에서 1/299,729,458초 동안 간 거리이다. 따라서 빛의 속력은 299,729,458 m/s이다.

초(Second, s)

시간의 기본 단위이다. 세슘-133(^{133}Cs) 원자의 고유 진동수로 정의된다. 즉 1초는 ^{133}Cs의 바닥상태의 두 초미세 준위 사이에서 일어나는 천이 시간의 9,192,631,770배이다.

킬로그램(Kilogram, kg)

질량의 기본 단위이다. 프랑수 세브레(Sévres)에 보관 중인 국제 킬로그램 원기(international prototype metal cylinder)의 질량으로 정의된다.

암페어(Ampére, A)

전류의 기본 단위이다. 1암페어는 진공 속에서 1 m 평행하게 떨어진 2개의 무한 도선 사이의 힘이 단위 길이당 2×10^{-7} 뉴턴(Newton, N)일 때 흐르는 전류이다.

켈빈(Kelvin, K)

열역학 온도의 단위이다. 물의 삼중점 온도의 1/273.16에 해당하는 온도이다. 일상생활에서 사용되는 섭씨온도와의 관계는 $0^{\circ}\mathrm{C} = 273.16$ K이다.

몰(Mole, mol)

탄소-12(^{12}C)의 0.012 kg(12 g)에 있는 원자수와 동일한 원소를 갖는 물질의 양으로 원자, 분자, 이온, 전자 등이 이에 속한다. 여기서 동일한 숫자를 아보가드로 수(Avogadro's number)라 부르며 6.023×10^{23}이다.

칸델라(Candela, cd)

빛의 세기를 나타내는 단위이다. 1칸델라는 대기압 조건에서 어는점에 있는 플래티넘(platinum, 백금) 흑체의 1/600,000 제곱미터의 구멍으로 나오는 빛의 세기에 해당한다.

우리는 숫자를 표시할 때 보통 세 자리씩 끊어 표기한다. 예를 들면 빛의 속력을 숫자로 나타낼 경우 299,729,458과 같이 한다. 그런데 우리가 이러한 숫자를 읽고 바로 그 크기를 깨닫는 데는 시간이 걸릴 뿐만 아니라 상당히 불편하다는 느낌을 받는다. 왜 그럴까? 빛의 속력을 다음과 같이 적어보자.

2,9972,9458

우리는 단번에 '2억 9천9백7십2만 9천4백5십8'이라고 읽으며 그 크기를 알아볼 수 있다. 이러한 모순은 **서양의 숫자 단위 체계가 천(1000) 단위임에 반해 우리나라는 만(10000) 단위**이기 때문이다.

영어에서 천(thousand)을 나타내는 단어는 있지만 만(ten thousands)을 나타내는 단어는 없다는 사실을 깨달아 보았는가?

표 3.1에 나오는 숫자 단위에 대한 특별 이름들을 보라. 친숙한 단어들과 기호들이 많이 보일 것이다. 특히 giga, mega 등은 컴퓨터나 카메라 등의 저장 장치 용량에서, nano는 나노 기술 등에서 친숙하게 접하는 용어들이다.

앞으로 물리학을 공부하면서 숱한 과학자들의 이름과 과학자들의 이름을 딴 물리법치 혹은 단위들을 만나게 된다. 그 이름들에서 우리나라야 그렇다 치더라도 아시아의 과학자 이름이 얼마나 나오는지 눈여겨보기 바란다. 이로부터 무엇을 깨달을 수 있는가?

표 3.1 천 단위(10^3 혹은 10^{-3})에 대한 거듭제곱과 이에 대한 특별 이름표.

천 단위 거듭제곱	이 름	약 자
10^{12}	tera	T
10^{9}	giga	G
10^{6}	mega	M
10^{3}	kilo	k
10^{-2}	centi	c
10^{-3}	milli	m
10^{-6}	micro	μ
10^{-9}	nano	n
10^{-12}	pico	p
10^{-15}	femto	f

* 센티(centi)는 여기에 해당하지 않으나 이 교재에서 자주 사용되어 예외적으로 표기하였다.

[3장 보충학습]

지수(Exponents)

$$x^m x^n = x^{m+n}, \qquad \frac{x^m}{x^n} = x^{m-n}$$

$$(x^m)^n = x^{mn}, \qquad x^{\frac{1}{n}} = \sqrt[n]{x}$$

$$x^0 = 1$$

$$x^{1/2}x^{1/2} = x$$

따라서

$$x^{1/2} = \sqrt{x}$$

2차 방정식(Quadratic Formula)

변수가 제곱 형태로 되어 있는 방정식을 2차 방정식이라 부르며 다음과 같은 형태를 갖는다.

$$ax^2 + bx + c = 0$$

여기서 a, b, c는 상수이다. 이 방정식의 해는 다음과 같다.

$$x = \frac{-b \pm \sqrt{b^2 - 4ac}}{2a}$$

로그(Logarithms)

$y = a^x$로 주어졌을 때 x는 a를 밑(base)으로 하는 y의 로그(logarithm)라 하며 다음과 같이 쓴다.

$$x = \log_a y$$

만약 $x = 1$이면

$$y = a^1 = a$$

이고, 따라서

$$\log_a a = 1$$

이다. 만약 $x = 0$이면 $y = a^0 = 1$이고

$$\log_a 1 = 0$$

이다. 만약 $y_1 = a^m$, $y_2 = a^n$이면

$$y_1 y_2 = a^m a^n = a^{m+n}$$

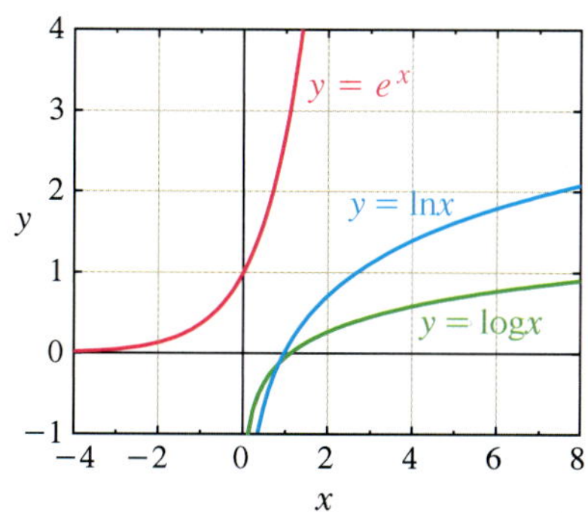

그림 3.24 로그와 지수함수의 그래프.

이고, 따라서

$$\log_a y_1 y_2 = \log_a y_1 + \log_a y_2$$

가 된다. 또한

$$\log_a y^n = n\log_a y$$

의 결과를 얻는다.

이러한 로그 함수에는 2개의 중요한 밑이 존재한다. 하나는 10을 밑으로 하는 로그로 상용로그(common logarithms)라 부른다. 이러한 상용로그는 밑의 기호를 생략하는 경우가 많다. 즉

$$y = \log_{10} x = \log x$$

이다. 다른 하나는 $e(e = 1.726\cdots)$를 밑으로 하는 로그로 자연로그(natural logarithms)라 한다. 자연로그는 다음과 같은 기호를 주로 사용한다.

$$\log_e x = \ln x$$

$y = \ln x$는

$$x = e^y$$

를 의미한다.

기하학(Geometry)

원(circle)의 지름(diameter)과 원호(circumference)의 비율을 π라고 한다. 즉 원의 지름을 d, 반지름을 r이라고 하면 원호의 길이는

$$C = \pi d = 2\pi r$$

$$\pi = 3.141592\cdots$$

이다. 원의 넓이(면적)는

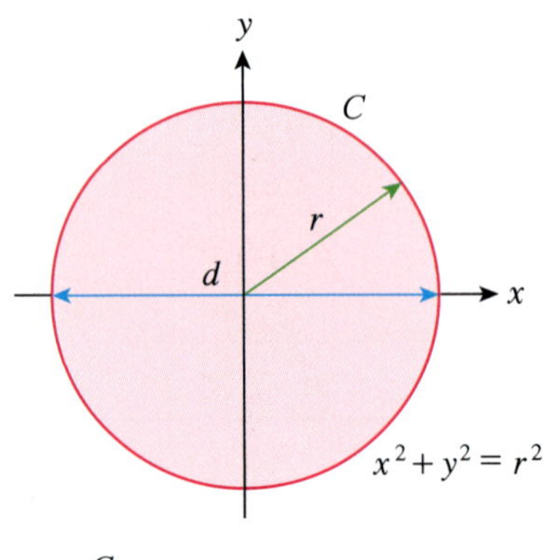

그림 3.25 원과 원주율 파이(π).

$$A = \pi r^2$$

으로 주어진다. 반지름이 r인 원의 방정식은 다음과 같다.

$$x^2 + y^2 = r^2$$

타원인 경우 장축이 a, 단축이 b이면

$$\frac{x^2}{a^2} + \frac{y^2}{b^2} = 1$$

이다.

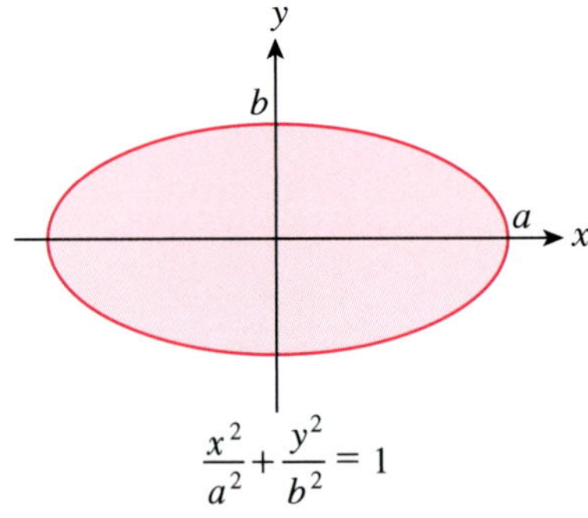

그림 3.26 타원.

공(sphere)인 경우 겉넓이(표면적)는

$$A = 4\pi r^2$$

이며, 부피(체적)는

$$V = \frac{4}{3}\pi r^3$$

이다.

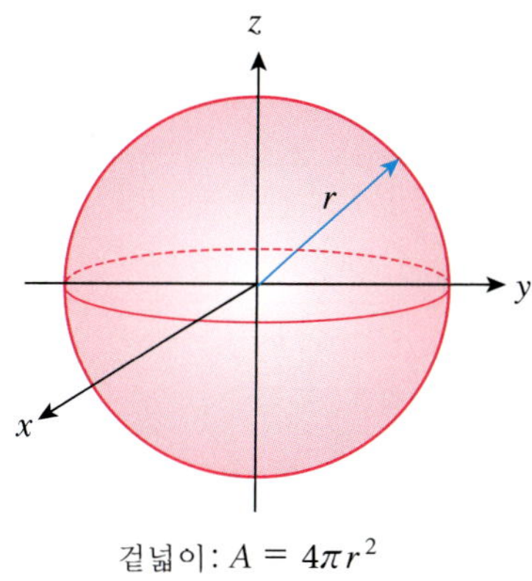

겉넓이: $A = 4\pi r^2$

부피: $V = \frac{4}{3}\pi r^3$

그림 3.27 공(sphere, 구).

반지름이 r이고 높이가 L인 원기둥(cylinder)의 겉넓이(표면적)는

$$A = 2\pi rL$$

이며, 부피(체적)는

$$V = \pi r^2 L$$

이다.

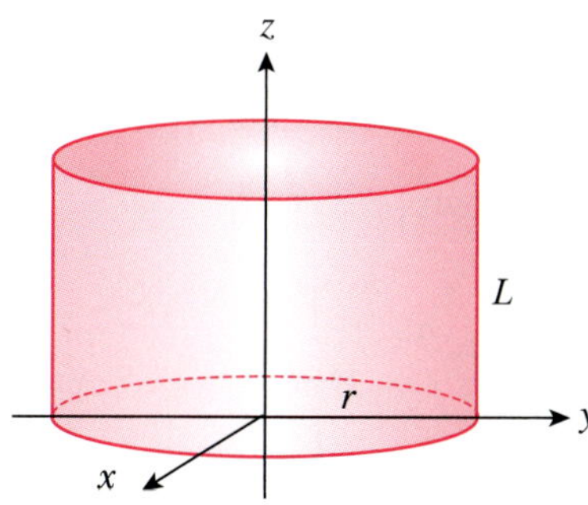

겉넓이: $A = 2\pi rL$

부피: $V = \pi r^2 L$

그림 3.28 원통(cylinder).

삼각법(Trigonometry)

반지름이 r이고 호의 길이(arc length)가 s인 부채꼴에서 그 사이각은 다음과 같이 주어지며 단위는 라디안(radian)이라 부른다.

$$\theta = \frac{s}{r}$$

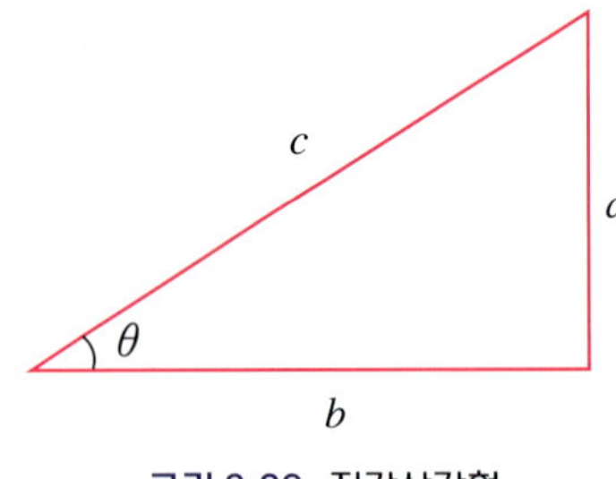

그림 3.29 직각삼각형.

라디안과 각도와의 관계는

$$360^\circ = 2\pi \ \text{rad}$$

이고, 따라서 1라디안은

$$1 \text{ rad} = \frac{360^\circ}{2\pi} = 57.3^\circ$$

이다.

직각삼각형(right triangle)에 있어 밑변의 길이가 b, 높이가 a, 빗변이 c이고 b와 c의 사이각을 θ라 하자. 그러면 각 θ에 대한 삼각함수들은 다음과 같이 정의된다.

$$\sin\theta = \frac{a}{c}$$
$$\cos\theta = \frac{b}{c}$$
$$\tan\theta = \frac{a}{b} = \frac{\sin\theta}{\cos\theta}$$

위 삼각함수들의 역함수들은 다음과 같이 정의된다.

$$\sec\theta = \frac{1}{\cos\theta}$$
$$\csc\theta = \frac{1}{\sin\theta}$$
$$\cot\theta = \frac{1}{\tan\theta} = \frac{\cos\theta}{\sin\theta}$$

삼각함수들에 대한 각 θ는 다음과 같다.

$$\sin\theta = x$$
$$\theta = \arcsin x = \sin^{-1} x$$

$$\cos\theta = y$$
$$\theta = \arccos y = \cos^{-1} y$$

$$\tan\theta = z$$
$$\theta = \arctan z = \tan^{-1} z$$

피타고라스 정리(Pythagorean theorem)로부터

$$a^2 + b^2 = c^2$$

이고,

$$\frac{a^2}{c^2} + \frac{b^2}{c^2} = 1$$

에서 다음과 같은 결론을 얻는다.

$$\sin^2\theta + \cos^2\theta = 1$$

또한

$$1 + \cot^2\theta = \csc^2\theta$$
$$1 + \tan^2\theta = \sec^2\theta$$

이다. 다음은 삼각함수들에 대한 주요 관계식들이다.

$$\sin(A \pm B) = \sin A\cos B \pm \cos A\sin B$$
$$\cos(A \pm B) = \cos A\cos B \mp \sin A\sin B$$
$$\tan(A \pm B) = \frac{\tan A + \tan B}{1 \mp \tan A\tan B}$$
$$\sin A \pm \sin B = 2\sin\left[\frac{1}{2}(A \pm B)\right]\cos\left[\frac{1}{2}(A \mp B)\right]$$
$$\cos A + \cos B = 2\cos\left[\frac{1}{2}(A + B)\right]\cos\left[\frac{1}{2}(A - B)\right]$$
$$\cos A - \cos B = 2\sin\left[\frac{1}{2}(A + B)\right]\sin\left[\frac{1}{2}(B - A)\right]$$
$$\sin(90^\circ - \theta) = \cos\theta, \quad \cos(90^\circ - \theta) = \sin\theta$$
$$\sin(-\theta) = -\sin\theta, \quad \cos(-\theta) = \cos\theta$$
$$\sin 2\theta = 2\sin\theta\cos\theta$$
$$\cos 2\theta = \cos^2\theta - \sin^2\theta = 2\cos^2\theta - 1 = 1 - 2\sin^2\theta$$
$$\tan 2\theta = \frac{2\tan\theta}{1 - \tan^2\theta}$$

급수전개(Power Series)

$$(a+b)^n = a^n + \frac{n}{1!}a^{n-1}b + \frac{n(n-1)}{2!}a^{n-2}b^2 + \cdots$$
$$(1+x)^n = 1 + nx + \frac{n(n-1)}{2!}x^2 + \frac{n(n-1)(n-2)}{3!}x^3 + \cdots$$
$$e^x = 1 + x + \frac{x^2}{2!} + \frac{x^3}{3!} + \cdots$$

$$\ln(1+x) = \pm x - \frac{x^2}{2!} \pm \frac{x^3}{3!} - \cdots, \qquad |x| < 1$$

$$\sin x = x - \frac{x^3}{3!} + \frac{x}{5!} - \cdots$$

$$\cos x = 1 - \frac{x^2}{2!} + \frac{x^4}{4!} - \cdots$$

여기서 x는 라디안이다.

미분(Differentiation)

f와 g가 x의 함수이면

$$\frac{d}{dx}(fg) = f\frac{dg}{dx} + g\frac{df}{dx}$$

$$\frac{d}{dx}\left(\frac{f}{g}\right) = \frac{\frac{df}{dx} \cdot g - f \cdot \frac{dg}{dx}}{g^2}$$

이다. u가 x의 함수일 때 함수 $f(u)$가 주어지면

$$\frac{df}{dx} = \frac{df}{du} \cdot \frac{du}{dx}$$

이다.

$$\frac{d}{dx}(ax^n) = nax^{n-1}, \qquad \frac{d}{dx}(e^{ax}) = ae^{ax}$$

$$\frac{d}{dx}(\sin ax) = a\cos ax, \qquad \frac{d}{dx}(\cos ax) = -a\sin ax$$

$$\frac{d}{dx}(\tan ax) = a\sec^2 ax, \qquad \frac{d}{dx}(\ln x) = \frac{1}{x}$$

적분(Integrals)

부분 적분은 다음과 같이 푼다.

$$\int u\left(\frac{dv}{dx}\right)dx = uv - \int v\left(\frac{du}{dx}\right)dx$$

중요한 적분들

$$\int x^n dx = \frac{x^{n+1}}{n+1}(n \neq 1)$$

$$\int \frac{1}{x} dx = \ln x$$

$$\int \frac{1}{a+bx}dx = \frac{1}{b}\ln(a+bx)$$

$$\int \frac{1}{(a+bx)^2}dx = -\frac{1}{b(a+bx)}$$

$$\int \frac{1}{a^2+x^2}dx = \frac{1}{a}\tan^{-1}\left(\frac{x}{a}\right)$$

$$\int \frac{1}{a^2-x^2}dx = \frac{1}{2a}\ln\left(\frac{a+x}{a-x}\right), \qquad (x^2 < a^2)$$

$$\int \frac{1}{x^2-a^2}dx = \frac{1}{2a}\ln\left(\frac{x-a}{x+a}\right), \qquad (x^2 > a^2)$$

$$\int \frac{x}{a^2 \pm x^2}dx = \pm\frac{1}{2}\ln(a^2 \pm x^2)$$

$$\int e^{ax}dx = \frac{1}{a}e^{ax}$$

$$\int \ln(ax)dx = x\ln(ax) - x$$

$$\int \sin(ax)dx = -\frac{1}{a}\cos(ax)$$

$$\int \cos(ax)dx = \frac{1}{a}\sin(ax)$$

$$\int \tan(ax)dx = \frac{1}{a}\ln[\sin(ax)]$$

가우스 확률 분포 함수 적분

$$I_0 = \int_0^\infty e^{\alpha x^2}dx = \frac{1}{2}\sqrt{\frac{\pi}{\alpha}}$$

$$I_1 = \int_0^\infty xe^{-\alpha x^2}dx = \frac{1}{2\alpha}$$

$$I_2 = \int_0^\infty x^2e^{-\alpha x^2}dx = -\frac{dI_0}{d\alpha} = \frac{1}{4}\sqrt{\frac{\pi}{\alpha^3}}$$

$$I_3 = \int_0^\infty x^3e^{-\alpha x^2}dx = -\frac{dI_1}{d\alpha} = \frac{1}{2\alpha^2}$$

$$I_4 = \int_0^\infty x^4e^{-\alpha x^2}dx = -\frac{dI_2}{d\alpha} = \frac{3}{8}\sqrt{\frac{\pi}{\alpha^5}}$$

$$I_{2n} = (-1)^n\frac{d^nI_0}{d\alpha^n}$$

$$I_{2n+1} = (-1)^n\frac{d^nI_1}{d\alpha^n}$$

다음 적분들은 물리학에서 자주 접하는 것들이다. 우선 다음의 적분을 보자.

$$\int_0^\infty e^{-\alpha x}dx$$

이 적분은 다음과 같이 간단히 계산된다.

$$\int_0^\infty e^{-\alpha x} dx = \left| -\frac{1}{\alpha} e^{-\alpha x} \right|_0^\infty = \frac{1}{\alpha}$$

그런데

$$\frac{d}{d\alpha} \int_0^\infty e^{-\alpha x} dx = -\int_0^\infty x e^{-\alpha x} dx$$

이고, 또한

$$\frac{d}{d\alpha}\left(\frac{1}{\alpha}\right) = -\frac{1}{\alpha^2}$$

이다. 그러므로

$$\int_0^\infty x e^{-\alpha x} dx = \frac{1}{\alpha^2}$$

인 결과를 얻는다. 마찬가지로 하면 다음과 같은 결과들을 얻을 수 있다.

$$\int_0^\infty x^2 e^{-\alpha x} dx = \frac{2}{\alpha^3}$$

$$\int_0^\infty x^3 e^{-\alpha x} dx = \frac{3!}{\alpha^4}$$

$$\int_0^\infty x^n e^{-\alpha x} dx = \frac{n!}{\alpha^{n+1}}$$

3장 학습문제

3.1 다음 방정식의 값을 구하라.

$$(x-2)^2+5=21$$

풀이: $(x-2)^2=21-5\ =16$

$x-2=\pm 4$

따라서 $x=6$ 또는 $x=-2$이다.

3.2 다음 방정식의 값을 구하라.

$$\frac{1}{x}+\frac{1}{4}=\frac{1}{3}$$

풀이: $\frac{1}{x}=\frac{1}{3}-\frac{1}{4}=\frac{4}{12}-\frac{3}{12}=\frac{1}{12}$

따라서 $x=12$이다.

3.3 다음 2개의 방정식을 만족하는 x와 y 값을 구하라.

$$3x-2y=6 \qquad \text{그리고} \qquad y-x=2$$

풀이: $y=x+2$이고, 이러한 y의 값을 첫 번째 식에 대입한다. 그러면

$$3x-2(x+2)=8$$
$$3x-2x-4=8$$
$$x=12$$

따라서 $y=12+2=14$이다.

3.4 다음 2차 방정식의 해를 구하라.

$$2x^2-7x+6=0$$

풀이: $x=\frac{7\pm\sqrt{(-7)^2-(4)(2)(6)}}{(2)(2)}=\frac{7\pm 1}{4}$

따라서 $x=2$ 또는 $x=\frac{3}{2}$이다.

이 경우에는 인수분해를 이용하면 보다 간단히 문제를 풀 수 있다. 즉

$$(x-2)(2x-3)=0$$

이고, 이로부터 $x=2$ 혹은 3/2이다.

3.5 한 자동차가 동쪽으로 60 m를 갔다가 다시 북쪽으로 방향을 틀어 80 m 지점에서 멈추었다. 이 자동차의 최종 위치는 처음 출발한 곳으로부터 몇 미터인 지점인가? 그리고 그 방향을 구하라.

풀이: 동쪽을 x축, 북쪽을 y축으로 잡으면 그림 3.19에 있어서 $A_x = 60$, $A_y = 80$인 경우이다. 따라서

$$A = \sqrt{(60)^2 + (80)^2} = 100(\text{m})$$

이다. 처음 출발한 자리에서 직선 거리로 100 m인 곳이다. 한편 동쪽을 기준으로 한 각도를 θ라 하면

$$\tan\theta = \frac{80}{60} = \frac{4}{3} \qquad \text{또는} \qquad \sin\theta = \frac{80}{100} = \frac{4}{5} = 0.8$$

이다. $\theta = 53^\circ$ 정도이다. 즉 동쪽을 기준으로 북쪽으로 약 53° 되는 방향이다.

3.6 물리량 중 속도의 크기는 단위 시간당 길이로 정의된다. 기본 단위로 나타내라.

풀이: 속도의 크기를 v로, 길이를 l로, 시간을 t로 표기하자. 그러면 $v = l/t$가 된다. 단위를 살펴보면 l은 미터(m), t는 초(s)이므로 속력의 단위는 m/s이다.

3.7 물리량 중 가속도는 단위 시간당 속도로 정의된다. 즉 속도에 대한 시간 변화율이다. 가속도를 기본 단위로 나타내라.

풀이: 단위 시간당 속도의 크기이므로 가속도를 a로 표기하면 $a = v/t$이다. 이에 대한 단위는 (m/s)/s이고 정리하면 m/s^2이다.

3.8 뉴턴의 운동방정식에 의하면 물체에 가해진 힘은 물체의 질량에 물체의 가속도의 곱으로 정의된다. 이때 힘의 단위를 뉴턴(N)이라 부른다. 힘의 단위인 뉴턴을 기본 단위로 나타내라.

풀이: 위와 같은 정의에 의하면 힘을 F라고 했을 때 $F = m \cdot a$이다. 이에 대한 기본 단위들은 $(\text{kg}) \cdot (\text{m/s}^2)$이다. 따라서 $1\ \text{N} = (\text{kg} \cdot \text{m})/\text{s}^2$이다.

3.9 전기를 일으키는 물질의 기본 속성의 물리량을 전하라고 부르며 그 단위는 쿨롱(coulomb, C)이다. 이러한 전하는 1암페어의 전류를 1초간 흐르게 할 수 있는 양이다. 전하의 단위를 기본 단위로 나타내라.

풀이: 전하의 크기를 Q라 하고 전류를 I라 표기하면 $Q = I \cdot t$이다. 이에 대한 단위는 $\text{C} = \text{A} \cdot \text{s}$이다.

3장 연습문제

3.1 다음은 2차 함수 $y = -\frac{1}{x^2}$에 대한 그래프이다. 여기서 y를 힘이라고 하는 물리적인 양으로 하여 이를 F라 하고, x는 두 물체 사이의 거리라고 하면 두 물체 사이에서 작용하는 힘의 작용을 나타내는 물리법칙이 된다. 즉 $F = -\frac{1}{x^2}$이다. 이에 대한 그래프를 그리고 두 물체 간 힘의 작용을 설명해 보라.

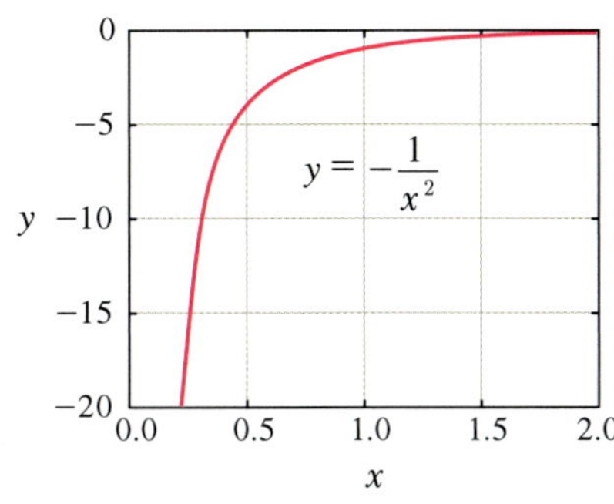

그림 3.30 $y = -\frac{1}{x^2}$ 함수의 그래프.

3.2 퍼텐셜 에너지가 다음과 같은 형태로 주어지는 용수철들이 있다.

$$U_1 = x^2, \qquad U_2 = 6x^2, \qquad U_3 = 10x^2$$

각각에 대하여 그래프를 그리고 이 용수철들에 대한 운동을 비교하며 설명해 보라. (**힌트**: 퍼텐셜 함수로 주어지는 곡선에 조그만 구슬을 놓았을 때 어떻게 운동할 것인지를 생각하면 쉽게 설명이 나올 수 있다.)

3.3 연습문제 3.2의 퍼텐셜 함수를 각각 미분하고 그 함수에 대한 그래프를 그려라. 그리고 각각에 대한 힘의 비교를 설명하라.

3.4 다음 그래프들은 함수 $y = -x^2 + 6x$에 대한 곡선을 나타낸다. 다음 물음에 답하라.

(a) 그래프 (a)에서 사각형들의 면적의 합을 구하라.

(b) 그래프 (b)에서 사각형들의 면적의 합을 구하라.

(c) 그래프 (c)에서 $x = 0$에서 6까지의 적분을 구하라. 이러한 적분 값은 (a)와 (b)에서 구한 값들과 어떠한 차이가 있는가? (a)와 (b)의 결과 중 어느 쪽이 적분 값에 더 가까운가? 그리고 그 이유는 무엇인가?

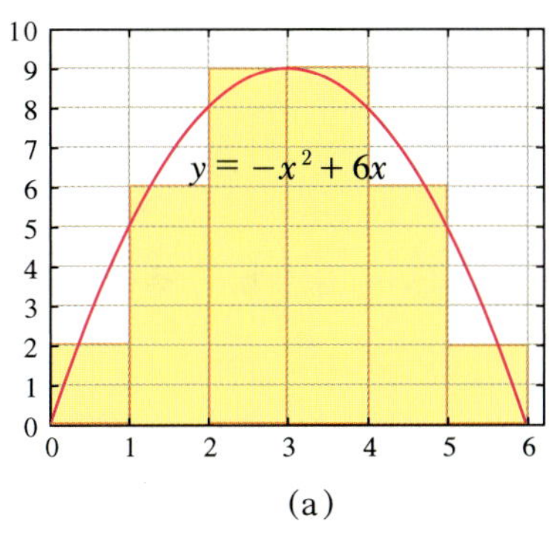

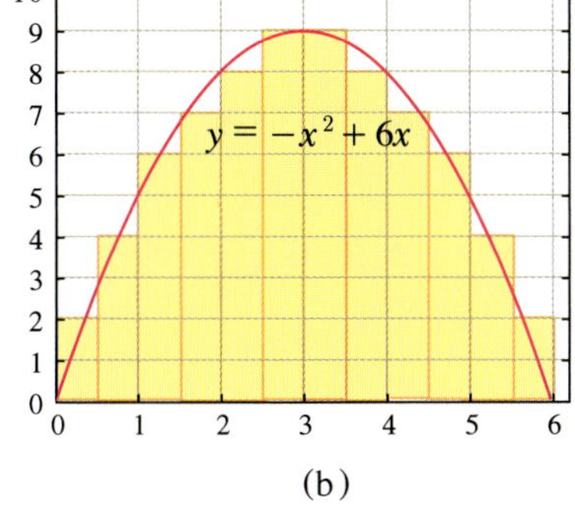

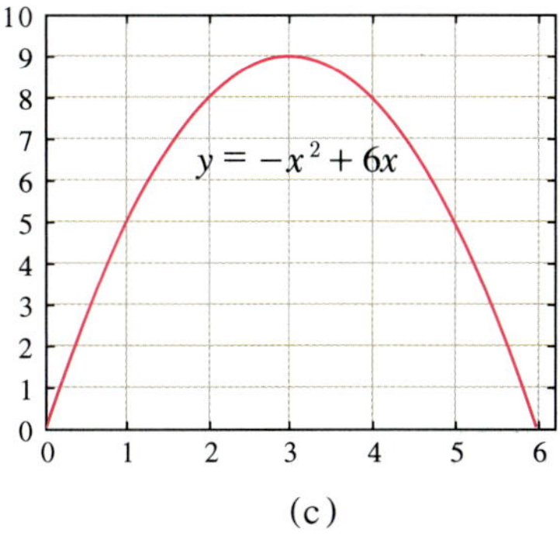

그림 3.31

3.5 그림 3.11을 보면 용수철에 매달린 입자의 위치는 $x = A\cos\theta$로 주어진다. $\theta = \omega t$라 하고 ω는 변하지 않는 상수라고 하자. 시간의 변수에 대한 x 함수의 미분, 즉 $\frac{dx}{dt}$를 구하라. 그리고 이 미분의 물리적 의미를 설명하라. $\theta = 0°, 90°, 180°$일 때 미분 값들은 얼마인가? 이러한 사실로부터 무엇을 알 수 있는가?

3.6 다음과 같은 두 벡터가 있다. $\mathbf{A} = 3\mathbf{i} + 2\mathbf{j}$, $\mathbf{B} = \mathbf{i} + 6\mathbf{j}$. 다음 물음들에 답하라.

(a) 두 벡터를 (x, y) 좌표에 그려보라.
(b) $\mathbf{A} + \mathbf{B}$를 구하고 좌표에 그려보라.
(c) $2\mathbf{A} - \mathbf{B}$를 구하고 좌표에 그려보라.

3.7 연습문제 3.6의 두 벡터 $\mathbf{A} = 3\mathbf{i} + 2\mathbf{j}$, $\mathbf{B} = \mathbf{i} + 6\mathbf{j}$에 대한 다음 물음에 답하라.

(a) 합 $(\mathbf{A} + \mathbf{B})$의 크기를 구하라.
(b) $\mathbf{A}$ 벡터의 크기와 $\mathbf{B}$ 벡터의 크기를 각각 구하고 그 합을 구하라.
(c) (a)와 (b)에서 구한 합의 값들을 비교하고 설명하라.

3.8 다음과 같은 두 벡터가 있다. $\mathbf{A} = 4\mathbf{i} + 2\mathbf{j}$, $\mathbf{B} = \mathbf{i} + 3\mathbf{j}$. 다음을 구하라.

(a) $\mathbf{A} \cdot \mathbf{B}$를 구하라.
(b) 두 벡터의 사이각을 구하라.

3.9 두 벡터 $\mathbf{A} = 4\mathbf{i} + 2\mathbf{j}$, $\mathbf{B} = \mathbf{i} + 3\mathbf{j}$에 대하여 벡터곱 $\mathbf{A} \times \mathbf{B}$를 구하라. 그림 3.19와 3.23을 참조하여 (x, y, z) 좌표에 이 벡터곱을 그려보라.

3.10 다음의 두 벡터에 대한 벡터곱 $\mathbf{A} \times \mathbf{B}$를 구하라. $\mathbf{A} = 2\hat{i} + \hat{j} - \hat{k}$, $\mathbf{B} = \hat{i} + 3\hat{j} - 2\hat{k}$.

3.11 1광년은 3.00×10^8 m/s의 속력을 갖는 빛이 1년 동안 진행한 거리를 말한다.

(a) 1광년은 몇 미터(m)인가?
(b) 천문 단위(AU)는 태양과 지구 간의 평균 거리로 1.50×10^8 km이다. 1광년은 몇 AU인가?
(c) 광속을 AU/h 단위로 나타나면 얼마가 되는가?

3.12 어떤 물체의 속력은 다음과 같이 표현된다.

$$v = At^2 - Bt$$

여기서 t는 초 단위로 나타나는 시간이다. 상수 A와 B에 대해 국제 단위로 나타내라.

3.13 물체의 밀도는 질량을 체적(부피)으로 나눈 것이다. 한 변이 4.2 cm인 정육면체 납(Pb)의 질량이 865 g이다. 납의 밀도를 kg/m^3로 나타내라.

3.14 지구의 질량은 6.0×10^{24} kg이고 반지름은 6370 km이다. 지구의 평균 밀도를 g/cm^3 단위로 나타내라.

3장 연습문제 해답

3.1 힘 $F=-\frac{1}{x^2}$에 대한 그래프는 그림 3.32와 같다. 이 힘은 거리의 제곱에 역비례하는데, 본문에서 다루었던 힘의 함수와는 부호가 다르다. 힘에는 척력과 인력 두 종류가 존재하며 이 힘은 인력에 해당한다. 대표적인 인력이 중력이다. 그림에서 인력의 세기는 A, B, C 순으로 증가한다.

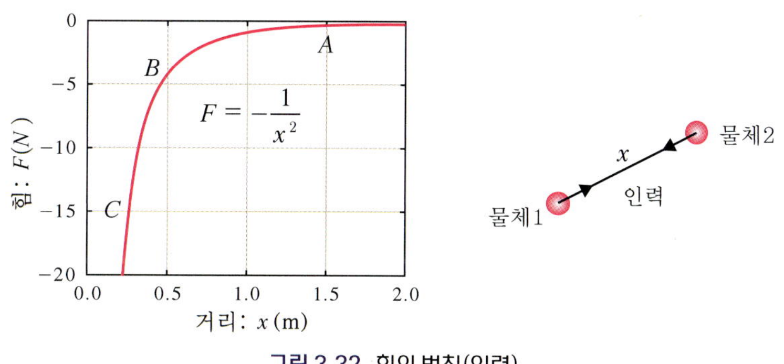

그림 3.32 힘의 법칙(인력).

3.2 퍼텐셜 에너지 함수 $U_1=x^2$, $U_2=6x^2$, $U_3=10x^2$에 대한 그래프는 그림 3.33과 같다. 그래프의 기울기는 $U_1<U_2<U_3$ 순서로 가파르며(크며), 따라서 같은 변위에 구슬을 놓았을 때 위 순서대로 구슬 속도의 변화는 크게 된다. 즉 힘은 $U_1<U_2<U_3$ 순서로 크다.

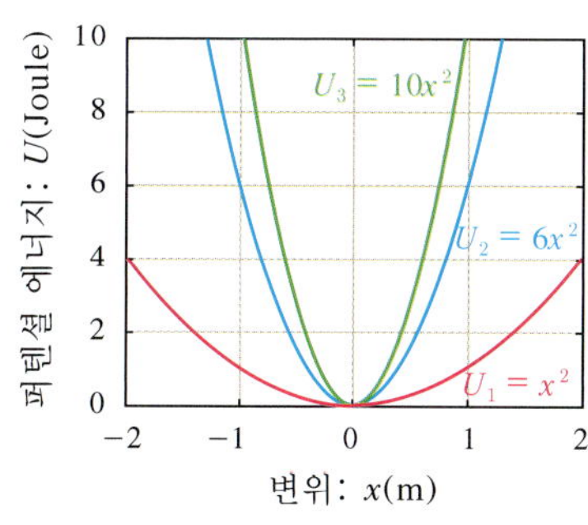

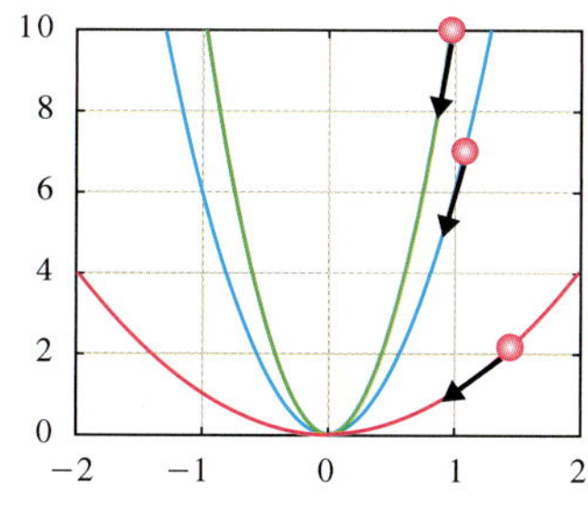

그림 3.33 다양한 진동 퍼텐셜 에너지. 같은 변위에 있는 퍼텐셜 에너지 곡선 위에 구슬을 놓으면 작용하는 힘의 크기가 다르다는 것을 알 수 있다.

3.3 퍼텐셜 함수들인 $U_1=x^2$, $U_2=6x^2$, $U_3=10x^2$의 미분을 각각 F_1, F_2, F_3라 하자. 그러면 $F_1=dU_1/dt=2x$, $F_2=dU_2/dt=12x$, $F_3=dU_3/dt=20x$이다. 이들에 대한 그래프는 그림 3.34와 같다. 이 그림에서 미분에 대한 그래프는 모두 직선이 되며, 각 직선들의 기울기(상수임) 차이가 곧 힘의 크기 차이로 나타난다는 것을 알 수 있다.

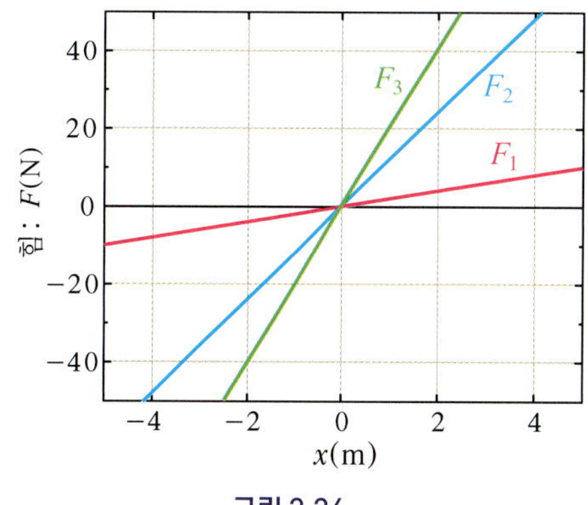

그림 3.34

3.4 (a) 34. (b) 36. (c) 36. (b)에서 구한 값은 적분으로 계산한 것과 같은 결과가 나왔다. 이것은 잘게 나눈 사각형들이 적분 경로 선분 안과 밖에서 우연히 같은 면적을 갖기 때문이다. (a)에서 구한 것은 다소 작게 나왔는데, 그것은 사각형들의 면적이 곡선 안의 면적에 비해 작기 때문이다. 사각형뿐만 아니라 삼각형 형태도 만들어 계산해 보기 바란다.

3.5 문제로부터 $x = A\cos\theta = A\cos(\omega t)$이다. 이 위치함수에 대한 시간 변수 미분은 $\frac{dx}{dt} = -\omega A\sin(\omega t)$이다. 이러한 미분은 시간에 대한 변위의 변화량, 즉 속도를 나타낸다. 그 속도를 v라 하면 $v = -\omega A\sin\theta$로 주어진다. 여기서 ω는 각도에 대한 시간 변화율을 말하며 각속도라 부른다. 이러한 일정한 각속도에 의해 일정한 주기성이 나타나는 것이다. 그러면 $\theta = 0°, 90°, 180°$일 때 v값들을 보자. $v(0°) = 0$, $v(90°) = -\omega$, $v(180°) = 0$이다. 여기서 0°일 때의 용수철 입자의 위치는 용수철이 가장 압축되었을 때의 위치이며, 이때 순간적으로 속도는 0이 된다. 이 지점에서 용수철은 반발하게 되고 압축이 풀리면서 90° 위치, 즉 평형점에서 속도가 최대가 되면서 밑으로(음으로) 향한다. 180°인 위치는 용수철이 가장 확장된 위치이며, 이 위치에서 용수철에 달린 입자는 멈추게 되고(속도가 0이 되고) 다시 압축 상태로 되돌아가면서 진동운동을 반복한다.

3.6 (b) $\mathbf{A} + \mathbf{B} = (3\mathbf{i} + 2\mathbf{j}) + (\mathbf{i} + 6\mathbf{j}) = 4\mathbf{i} + 8\mathbf{j}$.

(c) $2\mathbf{A} - \mathbf{B} = 2(3\mathbf{i} + 2\mathbf{j}) - (\mathbf{i} + 6\mathbf{j}) = 5\mathbf{i} - 2\mathbf{j}$.

3.7 (a) $|\mathbf{A} + \mathbf{B}| = \sqrt{4^2 + 8^2} = \sqrt{80}$.

(b) $\mathbf{A} = \sqrt{3^2 + 2^2} = \sqrt{13}$, $\mathbf{B} = \sqrt{1^2 + 6^2} = \sqrt{37}$. $\mathbf{A} + \mathbf{B} = \sqrt{13} + \sqrt{37}$.

(c) $|\mathbf{A} + \mathbf{B}| \neq \mathbf{A} + \mathbf{B}$. 명백히 두 벡터의 합의 크기와 각각의 크기 합은 다르다. 오직 두 벡터가 같은 방향으로 나란할 때만 같다.

3.8 (a) $\mathbf{A} \cdot \mathbf{B} = (4\mathbf{i} + 2\mathbf{j})(\mathbf{i} + 3\mathbf{j}) = 4 + 6 = 10$.

(b) $\mathbf{A} = \sqrt{4^2 + 2^2} = \sqrt{20}$, $\mathbf{B} = \sqrt{1^2 + 3^2} = \sqrt{10}$. $\mathbf{A} \cdot \mathbf{B} = AB\cos\theta$로부터 $\cos\theta = 10/\sqrt{200} = 1/\sqrt{2}$. 따라서 45°이다.

3.9 $\mathbf{A} \times \mathbf{B} = 10\hat{k}$.

3.10 $\mathbf{A} \times \mathbf{B} = \hat{i} + 3\hat{j} + 5\hat{k}$.

3.11 (a) 9.5×10^{15} m. (b) 6.3×10^4. (c) 7.2 AU/h.

3.12 m/s^3, m/s^2.

3.13 1.1×10^4 kg/m^3.

3.14 5.5 g/cm^3.

제 2 부

역 학

물리학이 짊어져야 할 짐은 이것에 있는 듯하다.
즉 운동 현상으로부터 자연 속에 내재되어 있는 힘의 비밀을 밝히고
이러한 힘들의 법칙으로부터 다른 현상들을 설명할 수 있도록 하는 것.

– 뉴턴 –

The whole burden of physics seems to consist in this – from the phenomena of motions to investigate the forces of nature, and then from these forces to demonstrate the other phenomena.

– Issac Newton –

중력과 운동 4

앞에서 우리는 지구가 태양 주위를 공전하는 운동은 중력법칙으로 설명될 수 있다고 하였다. 사실 우리가 땅에서 걸어다니면서 생활할 수 있는 것은 중력이 있기 때문이다. 질량이 있는 모든 물체가 땅으로 떨어지는 것도 중력 작용 때문이다. 지금부터 중력에 의한 물체의 운동이 어떠한 경로를 밟는지 물리학적으로 찾아 나서기로 한다.

학습 내용

- 중력 가속도: $g = 9.81\ \text{m/s}^2$.

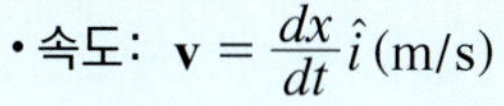

- 속도: $\mathbf{v} = \dfrac{dx}{dt}\hat{i}\,(\text{m/s})$.

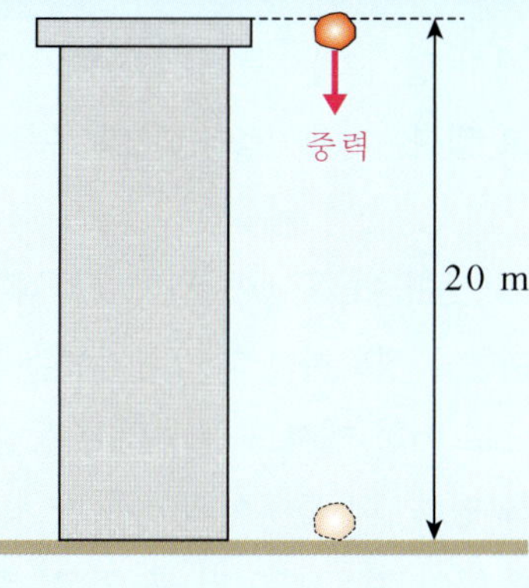

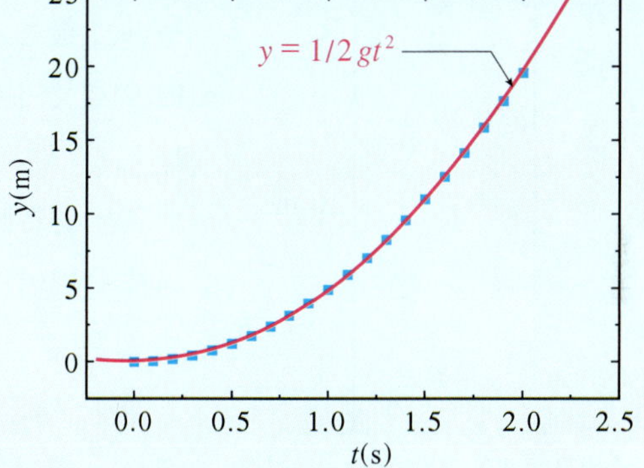

- 가속도: $\mathbf{a} = \dfrac{dv}{dt}\hat{i} = \dfrac{d^2x}{dt^2}\hat{i}\,(\text{m/s}^2)$.

- 운동방정식: $v_x = v_0 + at,\quad x = x_0 + v_0 t + \dfrac{1}{2}at^2,\quad v_x^2 = v_0^2 + 2a_x(x - x_0)$.

- 포물체 운동: $v_{0x} = v_0\cos\theta,\quad v_{0y} = v_0\sin\theta,\quad x = v_{0x}t = (v_0\cos\theta)t,$

$$y = v_{0y}t - \frac{1}{2}gt^2 = (v_0\sin\theta)t - \frac{1}{2}gt^2,$$

$$y = -\left(\frac{g}{2v_0^2\cos^2\theta}\right)x^2 + (\tan\theta)x.$$

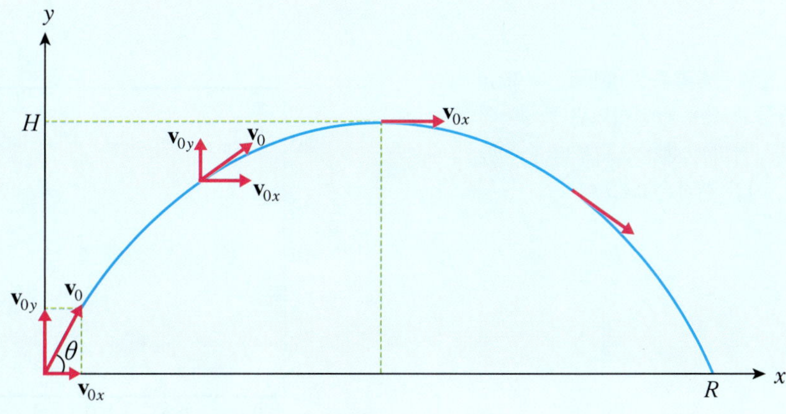

- 원운동:

구심 가속도; $a_c = \frac{v^2}{r}$.

주기; $T = \frac{2\pi r}{v}$.

진동수; $f = \frac{1}{T}$(/s, Hertz).

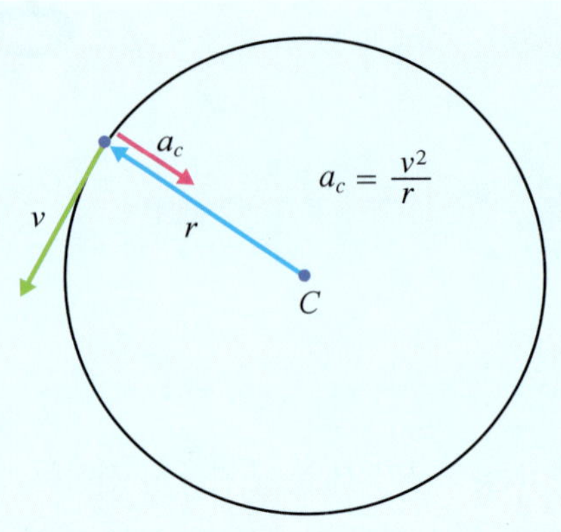

4.1 중력에 의한 속도와 가속도

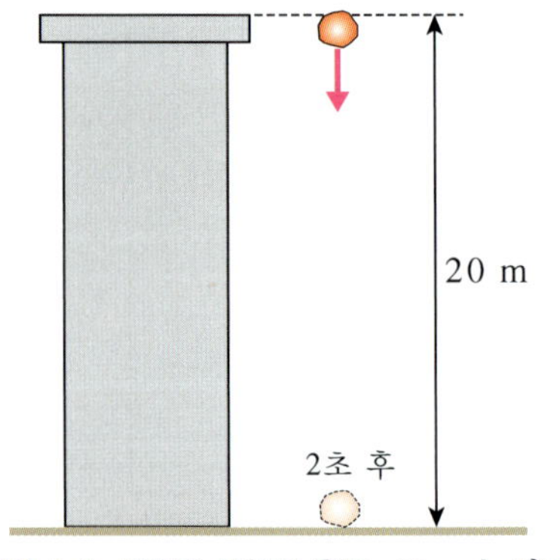

그림 4.1 중력과 물체의 운동. 20 m 높이의 건물 옥상에서 돌멩이를 떨어뜨리면 약 2초 후에 땅에 닿는다. 이러한 운동은 지구와 물체 사이에 작용하는 중력에 의해 일어난다.

우리는 높은 곳에서 떨어지는 물체는 속도가 점점 증가한다는 사실을 경험을 통하여 어렴풋이 알고 있다. 이제 4층 건물의 옥상에서 작은 돌멩이를 밑으로 떨어뜨려 보자.

그림 4.1에서 보듯이 이 돌멩이는 약 2초 후에 땅에 닿았다. 사실 2초 정도면 우리가 돌멩이의 운동을 정확하게 파악하기에는 짧은 순간이라 할 수 있다. 지금은 아주 짧은 순간(0.1초 이하)에서도 물체의 운동을 순간적으로 촬영할 수 있는 카메라도 흔한 세상이 되었다. 이 돌멩이의 속도가 시간에 따라 증가하는지를 알아내기 위해서는 측정을 통하여 자료(데이터)를 얻고 분석해야 한다. 여기서의 데이터는 운동하는 동안 이동한 거리와 시간이라 할 수 있다. 이제 이 돌멩이가 카메라에 의해 0.1초 간격으로 촬영되었다고 하자. 그리고 그 0.1초 동안 높이도 정확히 측정되었다. 그림 4.2는 건물 옥상을 0으로 하여 돌멩이가 운동한 거리를 0.1초 시간 간격으

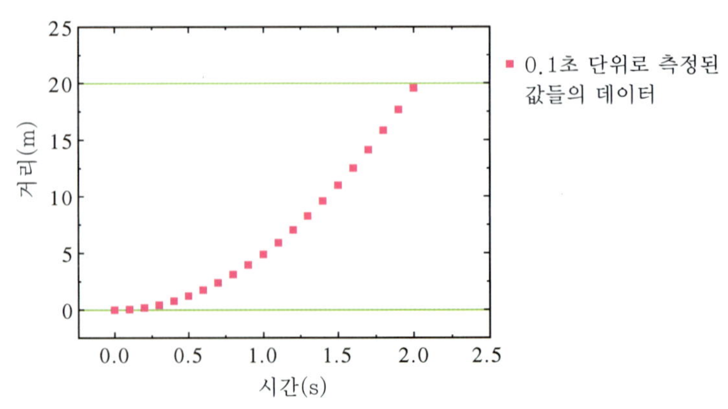

그림 4.2 실험 관측과 측정 데이터. 약 20 m 높이의 건물 옥상에서 떨어뜨린 돌멩이의 운동 모습. 거리는 옥상으로부터 이동한 거리이며, 시간 간격은 0.1초이다.

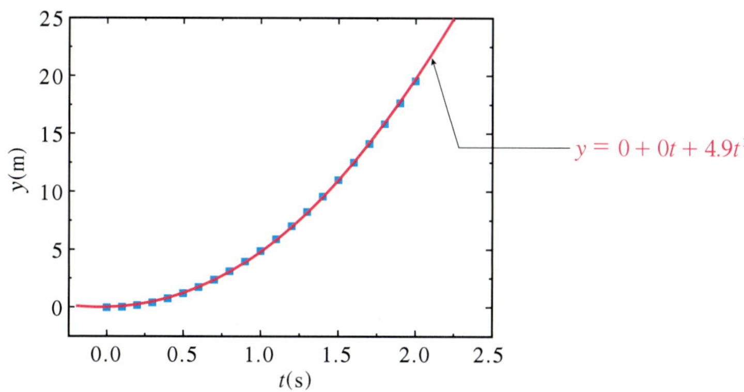

그림 4.3 측정 데이터의 분석. 측정된 값들을 2차 함수 형태인 $y = ax^2 + bx + c$에 맞추어 보면 b와 c는 0이 되며 a는 4.9가 되는 결과를 얻을 수 있다. 이때 4.9는 물리학적으로 의미를 갖게 된다. 여기서 독립변수 x는 시간 t에 대응된다.

로 2초 동안 측정한 데이터이다. 이 데이터를 살펴보면 시간 간격에 따라 이동한 거리가 일정하지 않고, 즉 시간–거리 관계가 직선이 아니고 곡선임을 알 수 있다. 이러한 사실은 시간에 따라 물체의 속도가 증가한다는 사실을 내포하고 있다.

이제 위와 같이 측정된 값들이 물리적으로 어떠한 의미를 갖는지 알아보자. 우선 위의 그래프 곡선을 보면 수학에서 배우는 2차 함수와 비슷하다는 것을 알 수 있다. 2차 함수는 $y = ax^2 + bx + c$의 형태로 기술되며, 이에 대한 연습은 이미 3장에서 하였다. 즉 x 변수는 시간 변수인 t에, 종속 변수는 위치 변수인 y에 대응된다는 것을 알 수 있다. 따라서 $y = at^2 + bt + c$에서 위의 데이터를 이용하여 상수 a, b, c 등을 구하면 우리가 원하는 시간 대 거리에 대한 이론 값을 구할 수 있다. 시간 $t = 0$에서 $y = 0$이므로 당연히 c는 0이다. 그리고 곡선의 최소점이 원점에 있으므로 b도 0이다. 따라서 a만 구하면 된다. 위의 값들을 대응시켜 보면 a가 4.9가 된다는 것을 알 수 있는데, 이렇게 얻는 방법을 짜맞춤(fitting)한다고 한다. 물리 실험은 물론 모든 공학실험에 있어서 가장 중요한 분석 방법이다. 그림 4.3이 그림 4.2에 나타낸 데이터를 짜맞춤하여 얻은 결과의 곡선이다. 자, 그렇다면 이러한 결과는 무엇을 말해 주고 있을까?

$y = 4.9t^2$에 있어서 시간 $t = 3$인 경우를 생각해 보자. $t = 3$이면 $y = 44.1$ m라는 결과를 얻는다. 이 결과는 약 44 m 높이에서 돌멩이를 떨어뜨리면 3초 후에는 땅에 닿는다는 사실을 말해 주고 있다(여기서는 공기의 저항 등은 무시하기로 한다). 즉 돌멩이가 이동한 거리를 직접 측정해 보지 않고도 얼마의 거리를 이동할 것인지를 미리 예측할 수 있다는 것이다. 이 얼마나 대단한 일인가? 이것이 자연 속에 내재되어 있는 질서(order)에 따른 것이며, 여기서 구한 4.9라는 상수가 자연의 질서로부터 얻은 물리적인 양에 해당한다. 4.9는 중력에 의해 야기되는 물체의 가속도와 관계되며 사실상 이 값의 2배가 중력 가속도 값(9.8 m/s^2)과 같다는 것을 나중에 알게 될 것이다.

4.2 속도

이제 우리는 속도(velocity)라는 물리량을 정의할 시점에 왔다. 왜냐하면 위에서 구한 가속도의 양은 속도의 변화에 따른 결과이기 때문이다. 물리학 혹은 공학에서는 속력(speed)과 속도(velocity)를 구별한다. 속력은 크기만을 갖는 물리량인 반면 속도는 크기와 방향을 갖는 양으로서 속도라는 개념이 더욱 중요하다. 즉 앞에서 다루었던 **벡터** 양이다.

우선 1차원 운동만을 고려하기로 한다. 한 예로 철로를 달리는 KTX 열차를 고려하자. 그리고 이 열차는 서울역에서 출발하여 천안아산역에 도착하는 데 35분 걸렸다고 하자. 그렇다면 열차의 속도는 얼마일까? 이러한 경우에는 서울역과 천안아산역의 거리를 알아야 한다. 이 거리가 90 km라 하면

$$90\text{ km}/35\text{분} = 2.57\text{ km}/\text{분}$$

이 되는데, 이것은 1분에 2.57 km를 달렸다는 뜻이다. 이렇게 구한 값을 속도라고 부르며 더 정확하게는 평균 속도에 해당한다. 왜냐하면 90 km를 35분 동안 달리면서 이 값보다 더 높은 혹은 더 낮은 속도로 달렸기 때문이다. 그런데 물리학에서는 거리의 단위는 미터(meter. 앞으로는 m으로 표기함), 시간의 단위는 초(second. s로 표기함)로 표기하는 것이 세계 공통이며 이를 세계 단위라고 이미 배웠다. 따라서 위에서 구한 값을 m/s(meter per second라고 읽는다)로 고치면

$$\frac{90\text{ km}\left(\dfrac{1000\text{ m}}{\text{km}}\right)}{35\text{ min}\left(\dfrac{60\text{ s}}{\text{min}}\right)} = 43\text{ m/s}$$

가 된다. 즉 1초 동안 평균 약 43 m를 이동했다는 결론이 나온다.

오직 한 방향(여기서는 편의상 x방향으로 잡는다)에서 일어나는 1차원 운동에서 평균 속도의 정의는 다음과 같이 주어진다.

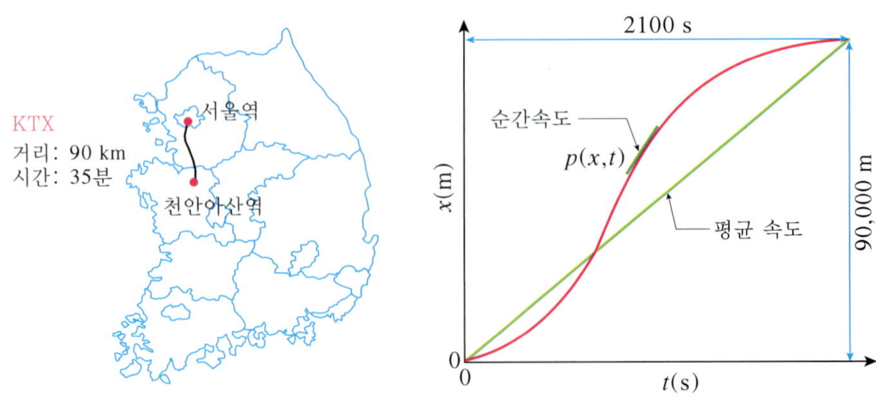

그림 4.4 순간속도와 평균 속도. 서울역과 천안아산역 간을 운행한 KTX 열차의 운동 경로. 평균 속도와 순간속도는 다르다는 것을 알 수 있다. 어느 순간 한 지점에서의 순간속도는 그 지점에서의 기울기와 같다. 곡선의 기울기는 미분에 해당하므로 결국 속도는 $v = dx/dt$로 주어진다.

$$\mathbf{v} = \frac{\mathbf{s}_2 - \mathbf{s}_1}{t_2 - t_1} = \frac{x_2 - x_1}{t_2 - t_1}\hat{i} = \frac{\Delta x}{\Delta t}\hat{i} \qquad (4.1)$$

여기서 아래첨자 1과 2는 처음과 마지막 위치 및 시간을 의미하며, $\hat{i}$는 x방향을 의미하는 벡터로 크기가 1인 단위 벡터이다.

그러나 위와 같은 평균 속도는 움직이는 물체의 구체적인 정보를 주지는 못한다. 주어진 이동 시간에 이동하는 물체의 구체적인 정보는 순간속도에서 얻을 수 있으며, 순간속도(앞으로는 속도라 부름)는 평균 속도에서 시간 간격이 0에 접근할 때 얻을 수 있다. 이는 그림 4.4에서 보듯이 주어진 시간과 위치에서의 경로의 기울기에 해당한다. 즉

$$\mathbf{v} = \frac{dx}{dt}\hat{i} \qquad (4.2)$$

이다. 크기만을 고려하면

$$v_x = \frac{dx}{dt} \qquad (4.3)$$

이다. 만약 속도가 일정하다면 거리–시간 관계는 기울기가 일정한 직선이 된다. 그러면

$$x = \int v_x dt = v_x t + C$$

이고, 처음 출발한 지점을 x_0라고 표기하면

$$x = x_0 + v_x t \qquad (4.4)$$

가 된다.

4.3 가속도

그런데 보통은 속도가 일정한 운동은 보기 드물다. 앞에서 예로 든 돌멩이의 낙하 또는 KTX의 이동 곡선은 분명 속도가 변하는 모습을 보여준다. 즉 위치–시간 곡선에 있어 각 지점에서의 기울기(속도)는 다르다. 이렇게 시간에 따라 속도가 변하는 양을 **가속도(acceleration)**라 한다.

가속도의 정의는 다음과 같이 주어진다.

$$\mathbf{a} = \frac{dv_x}{dt}\hat{i} \qquad (4.5)$$

가속도가 일정한 경우 속도는

$$\mathbf{v}_x = \int \mathbf{a}dt = a_x t\hat{i} + C\hat{i}$$

이다. 처음 속도가 v_0라 하면

$$\mathbf{v}_x = v_0\hat{i} + a_x t\hat{i} \tag{4.6}$$

라는 관계가 성립한다. 가속도의 차원은 $\mathrm{m/s^2}$로 주어진다.

이제 벡터 표기를 생략하여 가속도가 일정할 때 위치, 속도 그리고 가속도와의 관계를 알아보기로 하자. 위치는 다음과 같이 주어진다.

$$x = \int v_x dt = \int (v_0 + at)dt = v_0 t + \frac{1}{2}at^2 + C$$

만약 처음 위치를 x_0라고 하면

$$x = x_0 + v_0 t + \frac{1}{2}at^2 \tag{4.7}$$

인 관계식을 얻는다. 이것이 가속도가 일정한 물체의 위치에 대한 운동방정식이다. 또한 속도를 위치에 관계시키고자 하면

$$v_x = v_0 + at$$

에서

$$t = \frac{v_x - v_0}{a} \tag{4.8}$$

이므로, 이것을 식 (4.7)에 대입하면 된다. 따라서

$$x = x_0 + v_0\left(\frac{v_x - v_0}{a}\right) + \frac{1}{2}a\left(\frac{v_x - v_0}{a}\right)^2$$

이고, 정리하면 다음과 같다.

$$v_x^2 = v_0^2 + 2a_x(x - x_0) \tag{4.9}$$

그러면 우리가 앞에서 언급한 낙하하는 돌멩이의 운동과 위에 주어진 식들과의 관계를 알아보자. 앞에서 20 m 위치에서 돌멩이를 놓았을 때 그 기준은 돌멩이가 운동한 거리로 잡았기 때문에 처음 순간, 즉 $t = 0$일 때 위치는 물론 속도도 0이었다. 따라서 식 (4.7)에서 $x_0 = 0$, $v_0 = 0$이고, x를 y로 바꾸면

$$y = \frac{1}{2}at^2$$

이다. 그런데 실험 데이터로부터 우리는 $y = 4.9t^2$라는 결과를 얻은 바가 있다. 따라서

$$\frac{1}{2}a = 4.9$$

이고, 이로부터 가속도는

$$a = 9.8 \text{ m/s}^2$$

이다. 이 값은 일정한 값으로 지구의 중력에 의해 발생한 가속도라고 할 수 있다. 그래서 **중력 가속도**(gravitational acceleration)라 부른다. 이러한 중력 가속도인 경우 특별한 의미로 기호를 g로 표기하며 그 값을 보통 9.81 m/s² 로 놓고 계산한다. 즉

$$g = 9.81 \text{ m/s}^2 \tag{4.10}$$

이다. **우리는 단순하다고 생각했던 돌멩이의 운동에서 지구에 의한 중력의 힘을 구한 것이다.** 나중에 알게 되겠지만 이러한 중력 가속도의 크기가 곧 지구 상에서의 물체의 무게를 결정하는 양이 된다.

그런데 위에서 예로 든 돌멩이의 낙하운동인 경우 그 원점을 지면으로 잡고 출발점의 위치를 20 m로 잡으면 어떻게 될까? 이 경우 처음 위치는 $y_0 = 20$ m이므로 그래프는 그림 4.5와 같이 된다. 따라서 위로 향하는 방향을 양으로 잡으면 중력 가속도에 대한 위치방정식은 다음과 같다.

$$y = y_0 + v_0 t - \frac{1}{2}gt^2 \tag{4.11}$$

그리고

$$v_y = v_0 - gt \tag{4.12}$$

$$v_y^2 = v_0^2 - 2g(y - y_0) \tag{4.13}$$

인 관계를 얻을 수 있다. 그래프에서 기울기의 변화량과 중력 가속도 부호와의 관계

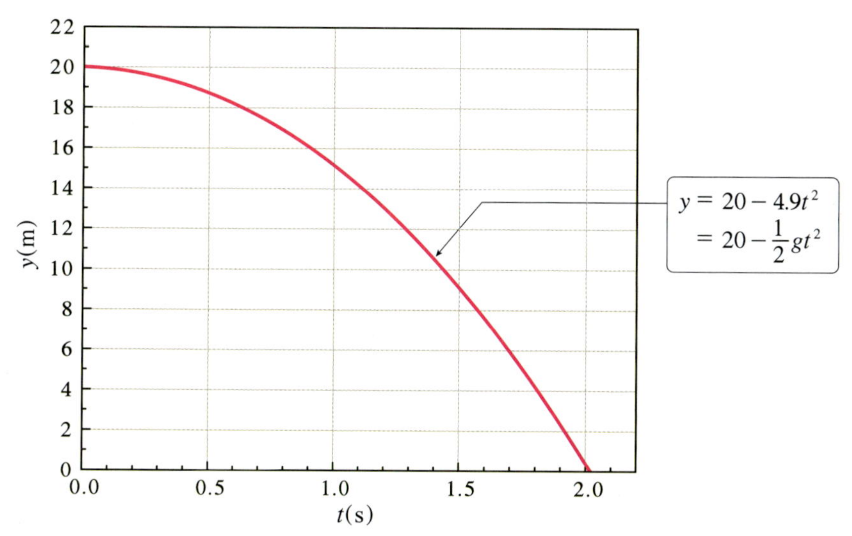

그림 4.5 중력과 운동방정식. 높이 20 m에서 자유낙하하는 물체의 운동과 그 운동방정식. 중력 가속도는 y방향에 대하여 반대이므로 음의 값으로 나타난다.

를 인식했는가?

이제 속도의 개념과 운동 방향에 대한 벡터적인 성질을 알았기 때문에 이번에는 돌멩이를 위로 던졌을 때 어떠한 결과가 나오는지 살펴보기로 한다. 힘을 주어 위로 던졌다는 것은 처음부터 돌멩이가 속도를 갖고 출발한다는 뜻이다.

4.4 평면(2차원) 운동

지금까지는 1차원적인 운동만을 생각하였다. 사실상 우리가 생활하는 공간은 3차원이다. 그러므로 물체의 운동을 정확하게 기술하기 위해서는 3차원 좌표, 즉 (x, y, z)가 필요하다. 그러나 2차원 평면(종이)에서 3차원 공간을 다루는 데는 어려움이 따른다. 따라서 2차원 평면의 운동만을 고려하여 위치, 속도, 가속도의 관계를 알아보도록 하자.

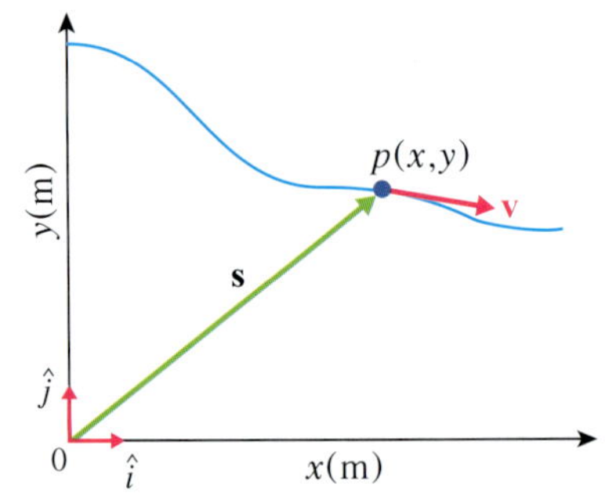

그림 4.6 평면에서 운동하는 물체의 운동 경로. 임의의 위치 p에서의 위치 벡터는 그림에서 보는 것처럼 $\mathbf{s}$로 나타낸다. 이때 점 p에서의 물체의 속도는 그 점에서의 기울기에 해당한다.

그림 4.6은 평면에서 운동하는 한 물체(입자)의 운동 경로를 (x, y) 2차원 좌표에 표시한 것이다. 임의의 점, 즉 $p(x, y)$에서의 입자의 위치는 위치 벡터 $\mathbf{s}$로 주어진다. 그리고 점 p에서의 순간속도는 그 점에서의 기울기에 해당한다. 따라서 2차원 평면에서의 위치, 속도, 가속도는 다음과 같이 주어진다.

$$\mathbf{s} = x\hat{i} + y\hat{j} \tag{4.14}$$

$$\mathbf{v} = \frac{d\mathbf{s}}{dt} = \frac{dx}{dt}\hat{i} + \frac{dy}{dt}\hat{j} = v_x\hat{i} + v_y\hat{j} \tag{4.15}$$

$$\mathbf{a} = \frac{d\mathbf{v}}{dt} = \frac{dv_x}{dt}\hat{i} + \frac{dv_y}{dt}\hat{j} = a_x\hat{i} + a_y\hat{j} \tag{4.16}$$

여기서 $\hat{i}, \hat{j}$는 x와 y 방향으로의 단위 벡터로 크기는 없고 방향만을 갖는 벡터이다.

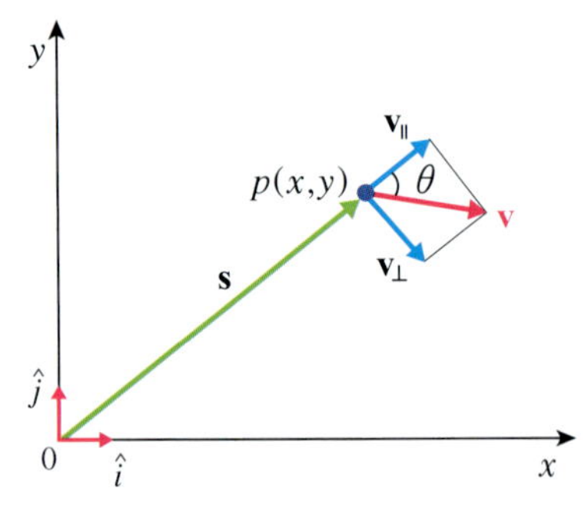

그림 4.7 속도 벡터의 분해. 평행한 속도 성분은 입자의 지름(혹은 동경) 방향으로의 변화를 말해 주며, 수직 성분은 속도의 원점에 대하여 회전하는 정도를 결정한다. 그림에서는 시계 방향, 즉 각 θ가 증가하는 방향으로 운동하고 있다.

이제 위에서 예로 든 2차원 경로의 그림을 참고로 위치와 속도에 대한 물리적인 관계를 명확히 알아보기로 하자. 그림 4.7처럼 속도의 성분을 위치 벡터에 대해 수평한 성분과 수직인 성분으로 나누어 보자. 속도의 성분 중 위치에 나란한 성분은 위치의 방향과는 상관없이 지름 방향(혹은 동경 방향이라고도 함)으로 크기가 변하는 양임을 알 수 있다. 만약 이 성분이 원점으로부터 멀어진다면 거리는 증가할 것이고, 이 성분이 원점으로 간다면 그 거리는 감소할 것이다. 그림에서는 증가하는 모습을 보여준다. 반면에 위치 벡터의 수직 성분의 속도는 입자의 방향을 바꾸어 준다. 이때 방향을 나타내는 양으로 보통 각도를 도입하게 되는데 각도는 θ로 표시된다. 그림에서는 이 각도가 증가하는 방향, 즉 시계 방향으로 입자가 움직이고 있음을 보여준다. 이렇게 방향을 바꾸며 운동하는 대표적인 경우가 원운동으로 위치 벡터 크기는 변하지 않는 특수한 운동이다. 나중에 이러한 원운동을 표기할 때는 (x, y) 좌표보다 (r, θ) 좌표로 표기하는 것이 훨씬 편하다는 사실을 알게 된다.

이번에는 속도가 변화하는 양인 가속도를 살펴보자(그림 4.8). 위치와 속도와의 관계처럼 가속도 역시 속도에 대해 수평 성분과 수직 성분으로 나누어 보자. 이때 가속도의 성분 중 속도와 같은 방향으로의 성분은 속도의 방향과는 무관하게 속도의 크기만을 변화시키는 양이다. 즉 각도의 수평 성분이 속도와 같은 방향으로 있게 되면 속도는 그 방향으로 증가하고 반대 방향으로 되어 있다면 속도는 감소한다. 일직선으로 달리는 자동차에서 가속 페달을 밟았을 때와 브레이크를 밟았을 때를 상상해 보라. 이와 반대로 가속도 성분이 속도 방향과 수직인 경우에는 속도의 크기와는 상관없이 속도의 방향만을 바꾼다. 그림에서 속도는 어느 방향(시계 방향 혹은 반시계 방향)으로 향하는가?

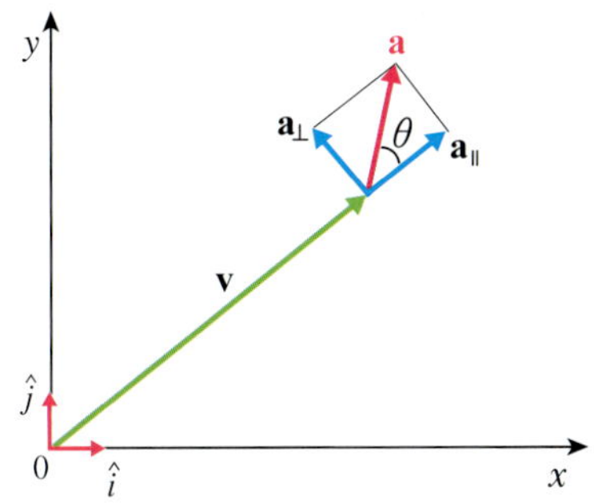

그림 4.8 속도의 변화와 가속도. 속도의 변화는 가속도를 낳는다. 이때 속도와 같은 방향의 가속도 성분은 위치 방향과는 상관없이 속도의 크기가 변화하는 양을 나타낸다. 반면에 속도에 수직인 가속도 성분은 속도 크기의 변화 없이 오직 방향만을 바꾸어 주는 양이다.

포물체 운동

군대에서 사용하는 대포를 생각하자. 대포는 지면에서 표적을 향해 일정한 각도를 가지고 발사된다. 이때 포탄의 속도와 발사 각도는 대포가 갖고 있는 힘과 표적 간의 거리에 의해 정해진다. 이제 포탄을 10 km 떨어진 표적을 향해 초속도 500 m/s로 발사한다고 하자. 그러면 발사 각도는 몇 도에 맞추어야 할까? 포탄을 입자라고 생각하고 공기의 저항은 무시하기로 한다.

먼저 우리는 이 문제를 그림 4.9와 같이 일반화시켜 물리적인 해석과 물리적인 양들을 구해 보기로 하자. 초속도를 v_0, 각도를 θ로 두면 이러한 포물체 운동은 그림에서처럼 2차원 운동에 해당하므로 x성분과 y성분으로 나누어 분석해야 한다. 초기 속도의 성분은

$$v_{0x} = v_0\cos\theta, \qquad v_{0y} = v_0\sin\theta \tag{4.17}$$

이다. 수평 방향으로는 물체의 운동에 영향을 주는 힘이 작용하지 않으므로 x방향의

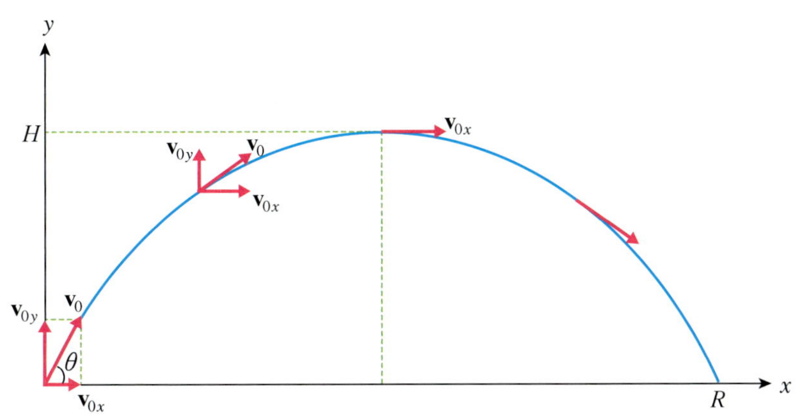

그림 4.9 포물선 운동과 속도의 성분. 속도는 수평 성분(x)과 수직 성분(y)으로 나누어 분석한다. 수평 성분으로는 물체에 어떠한 힘도 작용하지 않으므로 처음 속도의 x성분은 일정하다. 단, 공기의 저항 등이 무시된 경우에 한한다.

속도는 일정하다. 따라서 어느 순간의 수평 거리는

$$x = v_{0x}t = (v_0\cos\theta)t \tag{4.18}$$

로 주어진다. 반면에 수직 방향으로는 중력이 작용하므로 중력 가속도 성분이 포함되어야 한다. 즉

$$y = v_{0y}t - \frac{1}{2}gt^2 = (v_0\sin\theta)t - \frac{1}{2}gt^2 \tag{4.19}$$

이다.

이제 목표물까지 도달하는 데 걸린 시간을 계산하자. 이 경우 $y = 0$의 조건에서 구할 수 있다. 즉

$$(v_0\sin\theta)t - \frac{1}{2}gt^2 = 0 \tag{4.20}$$

이고, 이로부터

$$t = \frac{2v_0\sin\theta}{g} \tag{4.21}$$

이다. 그리고 위에서 구한 시간 동안에 이동한 거리가 곧 목표물까지의 수평 도달 거리이다. 따라서

$$R = (v_0\cos\theta)\frac{2v_0\sin\theta}{g} = v_0^2\frac{(2\sin\theta\cos\theta)}{g} = \frac{v_0^2\sin 2\theta}{g} \tag{4.22}$$

이다. 초기 속도가 $v_0 = 500$ m/s, 수평 도달 거리가 $R = 10{,}000$ m이므로 구하고자 하는 발사 각도는

$$\sin 2\theta = \frac{gR}{v_0^2} = \frac{(9.81\,\text{m/s}^2)(10{,}000\,\text{m})}{(500\,\text{m/s})^2} = 0.601$$

이다. 이 결과로부터 $2\theta = 36.9^\circ$를 얻고, 결국 18.5°로 겨냥하여 발사하면 목표물을 명중시킬 수 있다는 결론을 얻는다. 그러나 실질적으로는 공기의 저항, 바람의 영향 등을 고려하여 계산한다. 일반적으로 θ는 2개의 값을 갖는데, 그 이유는 $\sin\theta = \sin(180 - \theta)$이기 때문이다. 따라서 여기서 구하고자 하는 발사 각도는 $\theta = 18.5^\circ$ 혹은 $\theta = 71.5^\circ$이다. 한편 도달 거리가 최대일 때의 각도는 $\sin 2\theta = 1$이고 이로부터 $\theta = 45^\circ$를 얻는다.

그렇다면 물체는 어느 높이까지 올라갈까? 최고 높이를 구하기 위해서는 우선 최고 높이에 다다를 때까지 걸린 시간을 알아야 한다. 공기의 저항 등을 무시하면 대칭성을 적용할 수 있고 이는 곧 이동 거리에 도달하는 시간의 반에 해당한다. 즉

$$t_H = \frac{1}{2}\left(\frac{2v_0\sin\theta}{g}\right) = \frac{v_0\sin\theta}{g} \tag{4.23}$$

이고, 따라서

$$H = (v_0 \sin\theta)\left(\frac{v_0 \sin\theta}{g}\right) - \frac{1}{2}g\left(\frac{v_0 \sin\theta}{g}\right)^2$$

이다. 결국

$$H = \frac{v_0^2 \sin^2\theta}{g} - \frac{v_0^2 \sin^2\theta}{2g} = \frac{1}{2}\frac{v_0^2 \sin^2\theta}{g} \tag{4.24}$$

이다. 또는 $v_y^2 = v_{0y}^2 - 2gy$ 로부터 $y = H$일 때 $v_y = 0$의 조건으로부터도 구할 수 있다. 즉 $0 = (v_0 \sin\theta)^2 - 2gH$에서

$$H = \frac{1}{2}\frac{(v_0 \sin\theta)^2}{g}$$

이다. 그러면 최고 높이는

$$H = \frac{1}{2}\frac{(500\ \text{m/s})^2 (\sin 18.5°)^2}{9.81\ \text{m/s}^2} = 1280\ \text{m}$$

혹은

$$H = \frac{1}{2}\frac{(500\ \text{m/s})^2 (\sin 71.5°)^2}{9.81\ \text{m/s}^2} = 11,451\ \text{m}$$

이다. 만약 중간에 1300 m 이상의 큰 산이 존재한다면 발사 각도를 71.5°에 맞추어야 한다.

마지막으로 포물체 운동이 위와 같은 (x, y) 좌표에서 수학적으로 정말로 타당한 것인지 살펴보자. 수직 이동 거리에서 시간 변수 t를 없애고 수평 거리 변수 x로 대치하면 된다. 즉

$$t = \frac{x}{v_0 \cos\theta}$$

를 수직 이동 거리에 대입하면

$$y = (v_0 \sin\theta)t - \frac{1}{2}gt^2 = (v_0 \sin\theta)\left(\frac{x}{v_0 \cos\theta}\right) - \frac{1}{2}g\left(\frac{x}{v_0 \cos\theta}\right)^2$$

이고, 이것을 정리하면

$$y = -\left(\frac{g}{2v_0^2 \cos^2\theta}\right)x^2 + (\tan\theta)x \tag{4.25}$$

이다. 이 형태는 원점을 지나고 위로 볼록한 포물선의 식 $y = -ax^2 + bx (a > 0)$와 일치한다.

이번에는 물체가 일정한 높이에서 수평 방향으로 던져졌을 때 어떠한 경로를 그

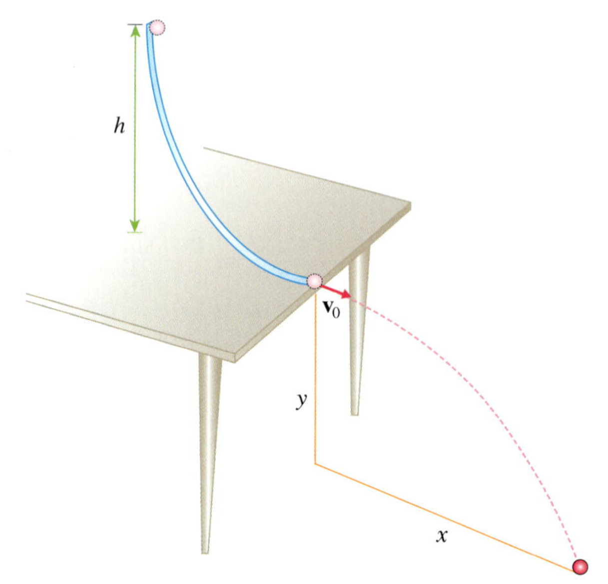

그림 4.10 포물선 운동과 자유낙하 운동. 이 그림은 일반물리학 실험에서 사용되는 실험장치의 일종을 보여주고 있다. 테이블에 설치된 곡선 링에 구슬을 놓으면 링을 따라 내려오면서 속도를 낸다. 링을 떠난 구슬은 처음에 수평 성분만의 속도를 가지며 포물선 운동을 하게 된다. 여기서는 링의 높이 h에서 구슬이 미끄러지면서 단순히 자유낙하한다고 가정한다.

리는지 알아보자. 그림 4.10은 일반물리학 실험에서 자유낙하 운동과 에너지 보존 법칙을 확인하는 실험 장치의 일종이다.

실험 테이블 위에는 홈이 파인 곡선의 링이 그림과 같이 설치되어 있다. 링의 임의의 높이에서 구슬을 놓으면 구슬은 중력의 영향으로 링을 따라 내려오면서 속도가 증가하게 된다. 처음 수직 성분의 속도는 링을 떠날 때는 수평 성분으로 바뀌는 것에 주목하자. 링에서의 구슬은 사실상 미끄러지는 것이 아니라 굴러가면서 내려온다. 이에 대해서는 나중에 배우게 될 회전운동을 익히고 난 다음에 다시 거론하기로 한다. 여기서는 단순히 높이 h에서 구슬이 자유낙하하는 운동으로 가정하여 링을 떠날 때의 속도를 구하는 것으로 한다.

식 (4.11)인

$$y = y_0 + v_0 t - \frac{1}{2}gt^2$$

에 $t = 0$일 때 $y_0 = h$, $v_0 = 0$의 조건을 적용하면 다음과 같은 운동방정식을 얻는다.

$$y = h - \frac{1}{2}gt^2$$

그러면 테이블에 닿을 때, 즉 링을 떠날 때 걸린 시간은

$$0 = h - \frac{1}{2}gt^2$$

에서 구할 수 있고, 그 값은

$$t = \sqrt{\frac{2h}{g}} \qquad (4.26)$$

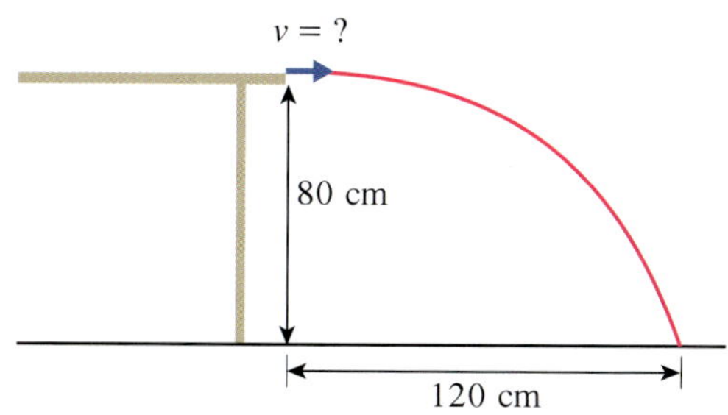

그림 4.11 **수평 방향 속도와 낙하운동.** 앞 실험 장치에 있어 테이블의 높이는 80 cm이고 구슬이 떨어진 위치는 출발점으로부터 120 cm로 측정되었다. 이 물체의 처음 수평 성분의 속도는 얼마인가?

이다. 이 값을 $v = gt$에 대입하여 풀면

$$v = \sqrt{2gh} \tag{4.27}$$

가 된다. 이 속도가 링을 떠날 때 수평 방향으로의 속도이며 자유낙하하면서 포물선 운동을 그리는 초기 속도에 해당한다.

그러면 위 실험에서 실험 조건을 이용하여 링에서 나오는 수평 초기 속도를 구해보자. 실험 테이블의 높이는 $y_0 = 80$ cm, 그리고 구슬이 바닥에 떨어진 위치는 $x_0 = 120$ cm로 측정되었다(그림 4.11). 우선 구슬이 테이블에서 바닥에 떨어질 때까지 걸린 시간을 구하자. **여기서 중요한 점은 구슬이 테이블을 벗어나면 수평 방향으로는 힘을 받지 않는다는 사실이다. 다시 말해 위에서 쳐다보면 구슬의 속도는 처음 속도로 일정하다는 뜻이다.** 반면에 테이블 앞에서 쳐다보면 구슬은 연직 낙하하는 모습과 같다는 것을 알 수 있다. 다시 말해 테이블에서 곧바로 떨어지는 구슬이나 지금처럼 수평 방향으로 떨어지는 구슬이나 지면에는 같은 시간에 닿는다는 의미이다.

의심스러우면 교실에서 책상에 동전 2개를 놓고 하나는 강하게 다른 하나는 보다 약하게 쳐서 동시에 떨어뜨려 보라. 같은 시간에 떨어지는가? 아니면 서로 다른 시간에 떨어지는가?

이제 위 문제를 풀어보도록 하자. 초기에는

$$v_{0x} = v, \qquad v_{0y} = 0$$

이고, 임의 시간에서는

$$v_x = v, \qquad v_y = gt$$

이다. 이때의 위치는

$$x = vt, \qquad y = y_0 - \frac{1}{2}gt^2$$

이다. 따라서 떨어질 때까지 걸린 시간을 구해 보면 $y = 0$의 조건에서

$$t = \sqrt{\frac{2y_0}{g}} = \sqrt{\frac{2 \times 0.8\ \text{m}}{9.8\ \text{m/s}^2}} = 0.4\ \text{s}$$

가 된다. 이 시간 동안 수평으로 120 cm를 진행했으므로

$$v = \frac{x}{t} = \frac{1.2\ \text{m}}{0.4\ \text{s}} = 3.0\ \text{m/s}$$

가 된다.

그런데 앞에서 언급한 대로 링에서 떨어지는 구슬을 자유 낙하하는 운동으로 간주한다면 링의 높이에서 자유 낙하하는 물체가 테이블에 닿는 순간의 속도는

$$v = \sqrt{2gh}$$

이다. 링의 높이가 60 cm라고 하자. 그러면

$$v = \sqrt{2gh} = \sqrt{2(9.8\ \text{m/s}^2)(0.6\ \text{m})} = 3.4\ \text{m/s}$$

를 얻는다. 실험실에서 직접 실행하여 확인해 보도록 하라. **만약 위와 다른 결과가 나왔다면 그 이유는 무엇인가?**

4.5 원운동과 구심 가속도

앞에서 여러 번 언급했지만 물체의 운동 중 원운동을 빼놓을 수 없다. 태양 주위를 도는 지구의 공전운동, 지구 주위를 도는 인공위성의 궤도운동, 원자 내 전자의 운동 등이 이에 속한다. 여기서는 이러한 운동이 일정한 속력을 유지한다고 가정한다. 그렇다면 속도의 크기는 변하지 않고 오직 방향만이 변한다. 속도는 벡터 양이기 때문에 크기는 변하지 않더라도 방향이 바뀌면 속도의 변화를 의미하므로 가속도가 생겨난다.

반지름 r을 갖고 원운동을 하는 입자를 살펴보자. 우선 속력 v로 원운동을 한다는 것은 일정한 시간에 같은 장소로 돌아올 수 있다는 의미라는 사실에 주목하자. 이러한 일정한 시간을 주기(period)라 부르며 일반적으로 T로 표시한다. 원 둘레의 길이는 $2\pi r$이므로 주기는 다음과 같이 주어진다. 차원은 물론 초(s)이다.

$$T = \frac{2\pi r}{v} \tag{4.28}$$

그리고 주기의 역을 진동수(frequency)라 하며 보통 f로 표기한다.

$$f = \frac{1}{T} \tag{4.29}$$

이러한 진동수의 단위는 /s이고 종종 Hz(Hertz)로 표기하기도 한다.

그림 4.12는 임의의 시간 간격 $\triangle t$ 동안 이동했을 때의 속도 변화의 크기와 이동

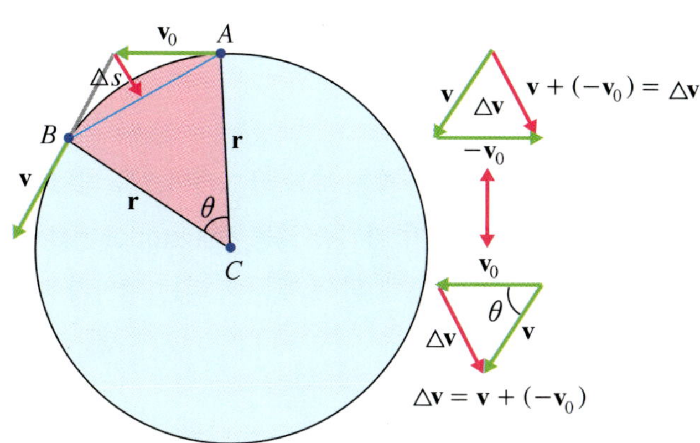

그림 4.12 원운동과 상대속도. 일정한 속력 v로 원운동하는 입자는 운동 방향이 바뀐다. 점 A에서 점 B에 이르는 동안 속도의 방향에 대한 속도의 크기가 다르다. 이러한 차이에 의해 중심을 향하는 가속도가 발생한다. 두 속도 벡터에 대한 차이는 3장에서 연습했던 벡터의 뺄셈 방법을 이용하면 쉽게 얻을 수 있다.

거리의 변화를 나타낸다. 이 때 속도 변화에 대한 삼각 벡터의 모양과 이동 경로에 대한 ABC 삼각형은 닮음꼴을 형성한다. 그러나 이동 경로는 곡선이므로 속도 벡터의 크기 차와는 다르다. 그러나 시간 간격이 짧아질수록 그 차는 줄어든다. 그렇다면 삼각형의 닮음꼴로부터

$$\frac{\Delta v}{v} \cong \frac{\Delta s}{r}$$

$$\Delta v \cong \frac{v}{r}\Delta s \tag{4.30}$$

이고, 식 (4.30)을 시간 간격 Δt로 나누면

$$\frac{\Delta v}{\Delta t} \cong \frac{v}{r}\frac{\Delta s}{\Delta t}$$

이다. 이제 시간 간격을 극한, 즉 0으로 가져가면 우리가 원하는 답을 얻는다. 즉

$$\lim_{\Delta t \to 0}\frac{\Delta v}{\Delta t} = \frac{v}{r}\lim_{\Delta t \to 0}\frac{\Delta s}{\Delta t}$$

$$\frac{dv}{dt} = \frac{v}{r}\frac{ds}{dt}$$

$$a_c = \frac{v^2}{r} \tag{4.31}$$

이다. 식 (4.31)로 주어지는 가속도를 중심을 향하는 가속도라는 의미로 **구심 가속도**(centripetal acceleration)라 부른다(그림 4.13).

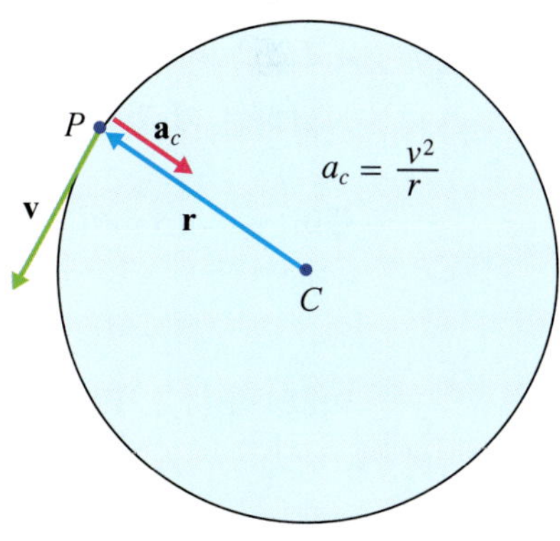

그림 4.13 원운동과 구심 가속도. 구심 가속도는 원의 중심을 향한다. 이러한 구심 가속도에 물체의 질량을 곱하면 원운동을 일으키는 힘이 된다.

4장 학습문제

4.1 한 승용차가 90 km/h의 속도로 달리다가 갑자기 나타난 물체를 보고 급브레이크를 밟았다. 이때의 가속도가 $-5\ \text{m/s}^2$이었다면 정지할 때까지 간 거리는 얼마인가? 이 거리를 **제동 거리**(stopping distance)라 부른다. 만약 이 자동차의 속도가 60 km/h이었다면 같은 브레이크에 의한 제동 거리는 얼마가 되는가? 이 결과로부터 얻은 교훈은 무엇인가?

풀이: 우선 시속의 단위를 초속으로 변환시켜야 한다. 90 km/h는 $90\dfrac{\text{km}}{\text{h}} = 90\dfrac{\text{km}\cdot(10^3\ \text{m/km})}{\text{h}\cdot(3600\ \text{s/h})} = 25\ \text{m/s}$이다. 이 문제는 식 (4.9)를 이용하면 쉽게 풀린다. 여기서 초속도는 $v_0 = 25\ \text{m/s}$이고, 최종 속도는 멈추었으므로 0이다. 그리고 가속도는 $a = -5\ \text{m/s}^2$이다. 이제 제동 거리를 $\triangle x$라 하면

$$v^2 = v_0^2 + 2a\cdot\triangle x$$

이고, 주어진 문제로부터

$$0 = (25\ \text{m/s})^2 + 2(-5\ \text{m/s}^2)\triangle x$$

가 된다. 따라서 $\triangle x = 63$ m이다. 초속도가 60 km/h일 때, 즉 $v_0 = 60\ \text{km/h} = 17\ \text{m/s}$인 경우를 보자. 계산해 보면 $\triangle x = 29$ m가 된다. 이러한 결과는 속도의 제곱에 따라 제동 거리가 증가하여 과속이 교통사고의 위험을 얼마나 증가시킬 수 있는지를 보여준다.

4.2 15 m 높이에서 돌멩이를 위로 던졌다. 이때 던질 때의 속도, 즉 초속도가 49 m/s이었다면 최고 높이에 도달하는 데 걸리는 시간과 그 높이는 얼마인가? 그리고 땅에 떨어질 때까지 걸리는 시간은 얼마인가?

풀이: $y_0 = 15$ m이고 $v_0 = 49$ m/s이다. 먼저 식 (4.11)로부터

$$y = 15 + 49t - 4.9t^2$$

이고, 식 (4.12)로부터는

$$v_y = 49 - 9.8t$$

를 얻는다. 최고 높이에 도달하면 그 속도는 0이므로

$$v_y = 49 - 9.8t = 0$$

이다. 따라서 $t = 5$ s이다. 그러면 올라간 높이는

$$y_{t=5} = 15 + 49 \times 5 - 4.9 \times (5)^2\ \text{m} = 137.5\ \text{m}$$

이다. 유효숫자를 고려하면 $y = 140$ m가 된다. 즉 최고 높이는 약 140 m이며 도달하는 데 걸리는 시간은 5초이다.

지면에 닿으면 $y = 0$이므로

$$15 + 49t - 4.9t^2 = 0$$

인 2차 방정식이 나온다. 이에 대한 해(solution)는 2차 방정식 $ax^2 + bx + c = 0$을 구하는 근의 공식

$$x = \frac{-b \pm \sqrt{b^2 - 4ac}}{2a} \tag{4.14}$$

로부터 얻을 수 있다. 즉

$$t = 10.3 \text{ s} \qquad \text{혹은} \qquad -0.30 \text{ s}$$

이다. 따라서 지면에 떨어질 때까지 10.3초 걸린다. 이상을 종합하여 그래프로 그리면 그림 4.14와 같다.

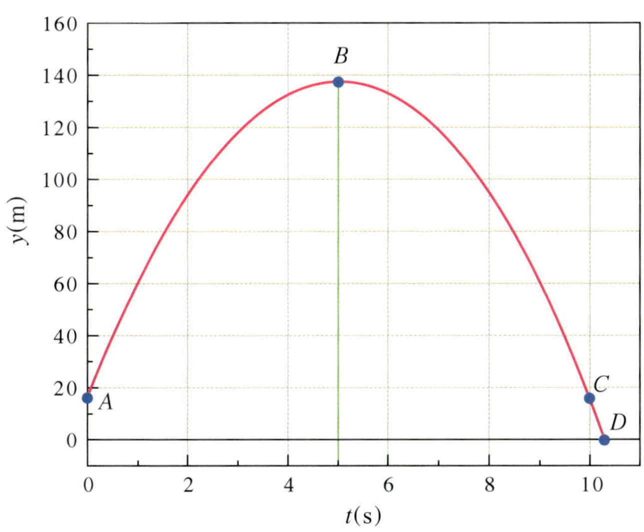

그림 4.14 높이 15 m에서 초속도 49 m/s로 쏘아올린 물체의 위치-시간에 대한 운동 경로. 점 C에서의 물체의 속도는 얼마일까? 그리고 지면에 떨어지는 데 걸리는 시간을 구할 때 나온 음의 시간은 어떠한 의미가 있는가?

4.3 그림 4.15를 보고 물음에 답하라.

(a) P_1 위치, 즉 $t = 5$ s에서의 속도는 얼마인가?

(b) P_2에서의 속도는 얼마인가?

(c) P_3에서의 속도는 얼마인가?

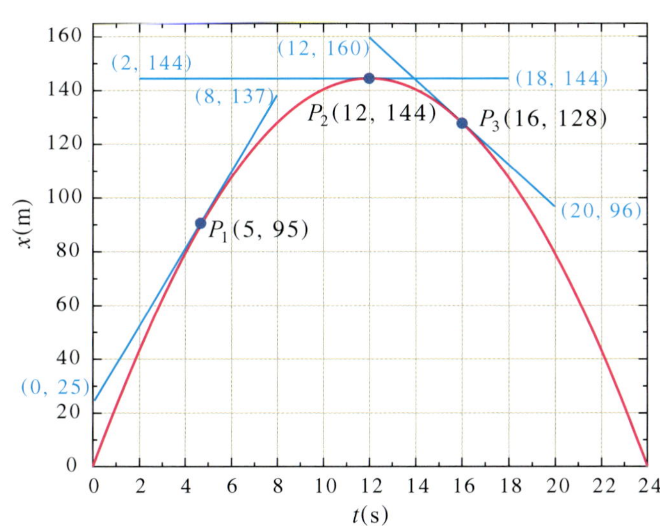

그림 4.15 한 물체가 24초 동안 운동한 거리를 시간 변화로 나타낸 그림. 지정된 3개의 지점에서 그린 직선은 그 점에서의 기울기이다.

풀이: (a) 그래프를 보면 $P_1(5, 95)$에서의 기울기는 (8, 137)과 (0, 25)의 두 점을 지난다는 것을 알 수 있다. 따라서

$$v_x(5) = \frac{x_2 - x_1}{t_2 - t_1} = \frac{137 - 25}{8 - 0} = \frac{112}{8} = 14(\text{m/s})$$

이다.

(b) P_2에서의 속도는

$$v_x(12) = \frac{x_2 - x_1}{t_2 - t_1} = \frac{144 - 144}{18 - 2} = 0(\text{m/s})$$

이다. 기울기가 0인 사실에서 속도는 0이라는 결론을 얻을 수 있다.

(c) 이 점에서의 기울기가 지나는 두 점은 (12, 160), (10, 96)이므로

$$v_x(16) = \frac{96 - 160}{10 - 12} = -\frac{64}{8} = -8(\text{m/s})$$

이다.

4.4 위 그래프에서의 곡선은 사실상 $x(t) = 24t - t^2$에 해당한다. 미분을 사용하여 속도에 대한 일반식을 구하고 $v_x(5)$, $v_x(12)$, $v_x(16)$의 값들을 구하라. 그리고 위에서 구한 결과와 비교해 보라.

4.5 한 입자에 대한 시간에 따른 위치가 $x = At^3$으로 주어진다. 여기서 A는 상수이다.

(a) 상수 A에 대한 차원은 무언인가?

(b) 속도를 시간의 함수로 나타내라.

(c) 가속도에 대한 시간의 함수를 구하라.

풀이: 위치의 함수는 $x(t) = At^3$이다.

(a) 차원은 m/s^3이다.

(b) 임의의 시간에서 $\triangle t$ 동안에 대한 위치는

$$x(t + \triangle t) = A(t + \triangle t)^3 = At^3 + 3At^2\triangle t + 3At(\triangle t)^2 + A(\triangle t)^3$$

이다. 그리고 $\triangle t$ 동안의 변위는

$$\begin{aligned}\Delta x &= x(t + \Delta t) - x(t) \\ &= At^3 + 3At^2\Delta t + 3At(\Delta t)^2 + A(\Delta t)^3 - At^3 \\ &= 3At^2\Delta t + 3At(\Delta t)^2 + A(\Delta t)^3\end{aligned}$$

이다. 이 동안에 대한 평균 속도는

$$v_{\text{av}} = \frac{\Delta x}{\Delta t} = 3At^2 + 3At\Delta t + A(\Delta t)^2$$

이며, 순간속도는

$$v = \lim_{\Delta t \to 0} \frac{\Delta x}{\Delta t} = 3At^2$$

이다. 이 과정은 수학에서 다루는 미분의 정의와 사실상 동일하다.

(c) (b)에서와 같이 하면 평균 가속도 $a_{av} = \frac{\Delta x}{\Delta t} = 6At + 3A\Delta t$ 가 된다. 그리고 순간 가속도는 $a = 6At$이다.

4.6 두 자동차가 어린이보호구역(school zone)의 직선도로에서 서로 반대 방향으로부터 접근하고 있다. 자동차 A의 속력은 76 km/h, 자동차 B의 속력은 29 km/h이다. 두 자동차가 40 m 떨어진 위치에서 두 운전자는 동시에 브레이크를 밟았다. 이때 자동차 A는 6 m/s^{2}으로 감속되고, 차동차 B는 4 m/s^{2}로 감속된다. 그렇다면 두 자동차는 언제, 어느 위치에서 서로 충돌하는가?

풀이: 자동차 A와 자동차 B의 초기 속력을 각각 v_{0A}와 v_{0B}라 하자. 그러면 $v_{0A} = 21$ m/s이고 $v_{0B} = -8$ m/s이다. 여기서 시속을 초속으로 전환해야 한다는 사실에 주목해야 한다. 또한 가속도인 경우 각각 $a_A = -6$ m/s^2, $a_B = +4$ m/s^{2}이다. 그리고 원점에 자동차 A를, 40 m 지점에 자동차 B의 위치를 잡으면 자동차 A의 위치 x_A와 자동차 B의 위치 x_B는 각각

$$x_A = 21t - 3t^2, \qquad x_B = 40 - 8t + 2t^2$$

이 된다. 두 자동차가 충돌한다는 것은 서로의 위치가 일치할 때이다. 그러면

$$21t - 3t^2 = 40 - 8t + 2t^2$$

에서

$$5t^2 - 29t + 40 = 0$$

이고, 이를 풀면 $t = 2.26$ s 또는 3.54 s의 답을 얻는다. 위와 같은 시간들에 대한 자동차 A의 위치를 계산해 보면 각각

$$x_A(2.26) = 21 \times 2.26 - 3 \times (2.26)^2 = 32.1(\text{m})$$
$$x_A(3.54) = 21 \times 3.54 - 3 \times (3.54)^2 = 36.7(\text{m})$$

이다.

충돌은 한 번만 일어난다. 따라서 2개의 답 중 어느 쪽이 타당한 답일까? 위의 답들은 과연 문제의 상황을 제대로 나타내는 것일까?

우선 $t = 2.26$ s일 때 자동차 B의 속력이 얼마인지 알아보자. 자동차 B의 속력은

$$v_B = V_{0B} + a_Bt = -8 + 4t$$

이고, 따라서 $v_B = -8 + 4 \times 2.26 = +1.04$(m/s)이다. 이 결과는 자동차 B가 방향이 바뀌어 달린다는 뜻이다.

왜 이러한 모순된 결과가 나왔을까?

자동차 B가 멈출 때까지의 시간을 알아보자. 그것은 $v_B = -8 + 4t$에서 $v_B = 0$인 경우이다. **따라서 2초 후에 자동차 B는 멈추고 만다.** 반면에 자동차 A는 $v_A = v_{0A} + at = 21 - 6t$이며, 이로부터 자동차 A는 3.5초 후에 멈춘다는 사실을 알 수 있다. 따라서 이 **문제의 상황은 자동차 B가 멈춘 자리에서 자동차 A가 충돌했다는 사실이다.** 2초 후에 자동차 B가 멈춘 위치는

$$x_B(2) = 40 - 8 \times 2 + 2 \times 2^2 = 32(\text{m})$$

이다. 따라서 자동차 A가 진행한 시간은

$$32 = 21t - 3t^2$$

에서 $t = 2.24$ s 혹은 $t = 4.76$ s를 얻는다. 물론 여기서의 답은 2.24초이다. 이제 이 문제를 그래프를 통하여 이해해 보도록 하자.

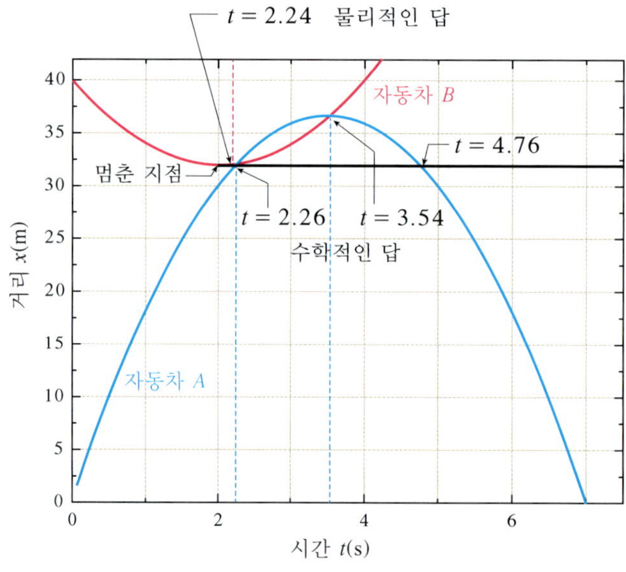

그림 4.16 실제적인 상황에서는 단순히 수학적인 답을 얻는 것보다 물리적인 답을 제시하는 능력이 대단히 중요하다.

그림 4.16을 자세히 보면 앞에서 구한 2개의 충돌 시간인 2.26초와 3.54초는 두 자동차의 운동 경로에 대한 교차점들임을 알 수 있다. 그러나 현실적으로 자동차 B는 2.26초 전에 멈추어 버렸고, 따라서 이 멈춘 시간부터 자동차 B가 간 거리는 변하지 않는 상수가 된다. 따라서 이 상수에 해당하는 직선이 자동차 A의 운동 경로와 만나는 2.24초가 충돌 시간에 해당하는 것이다. 이 문제를 통하여 **수학적인 것과 물리적인 것의 차이를** 분명하게 깨달았을 것이다.

4.7 한 관측장교가 훈련용 포탄을 그림 4.17과 같이 관측하였다. 즉 포탄의 최대 높이는 11,450 m, 사정거리는 10,000 m이다. 그렇다면 포탄 초기 속도의 크기와 발사 각도는 얼마인가? 공기의 저항, 바람의 영향 등은 무시하기로 한다.

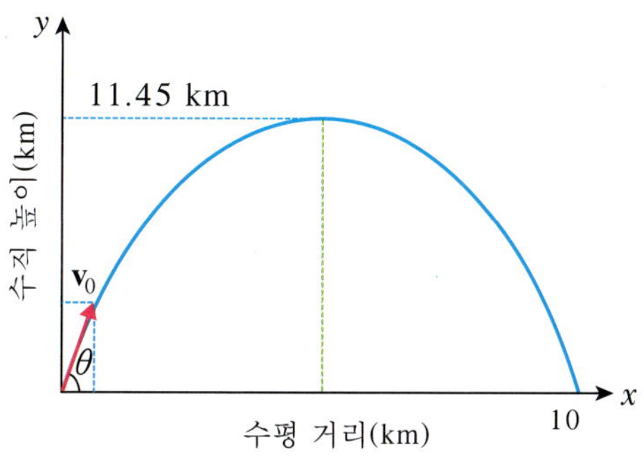

그림 4.17 포탄의 최대 높이와 사정거리가 그림과 같이 관측되었다면 발사 속도와 그 각도는 얼마일까?

풀이: 이 문제는 포탄의 경로와 관계되므로 식 (4.25)를 적용한다. 식 (4.25)에서 $A = \frac{g}{2v_0^2\cos^2\theta}$, $B = \tan\theta$ 라고 하면

$$y = -Ax^2 + Bx$$

이다. 최대 높이는 위와 같은 2차 함수에서 꼭지점에 해당하므로 미분을 이용하면 그 좌표를 얻을 수 있다. 즉

$$\frac{dy}{dx} = -2Ax + B = 0$$

에서 $x = \frac{B}{2A}$ 이다. 이러한 최대 높이에 해당하는 수평 거리는 사정거리의 반이므로 그 값은 5000 m이다. 따라서

$$\frac{B}{2A} = 5000$$

이고, $B = 10000A$인 관계를 얻는다. 또한 최대 높이는 11,450 m이므로

$$11450 = -A(5000)^2 + B(5000)$$

이다. $B = 10000A$를 위 식에 대입하여 A에 대해 정리하면 $25 \times 10^6 A = 11450$이고, 결국

$$A = 4.58 \times 10^{-4}(/\mathrm{m})$$

의 값을 얻는다. 그러면 $B = 4.58$이다. 따라서 구하고자 하는 발사 각도는

$$\tan\theta = 4.58$$

로부터 $\theta = 77.7°$를 얻는다. 그리고 초기 속도의 크기는 $A = \dfrac{g}{2v_0^2\cos^2\theta}$의 관계식으로부터

$$v_0 = \sqrt{\frac{g}{2A}}\frac{1}{\cos\theta} = \sqrt{\frac{9.81}{(2)(4.58 \times 10^{-4})}}\frac{1}{\cos 77.7°} = 485\,(\mathrm{m/s})$$

이다.

4.8 지구는 자전을 하며 자전축에 대해 24시간마다 1회전(하루의 길이)한다. 지구의 반지름은 6400 km이다.

(a) 지구 적도 상 한 점에서의 속력을 구하라.

(b) 그 점에서의 가속도의 크기는 얼마인가?

풀이: 우선 하루의 주기를 초로 나타내야 한다. $24\ \mathrm{h} = 24\ \mathrm{h}\dfrac{3600\ \mathrm{s}}{\mathrm{h}} = 8.64 \times 10^4\ \mathrm{s}$이다. 그리고 km를 m로 나타내면 $6400\ \mathrm{km} = 6400\ \mathrm{km}\dfrac{1000\ \mathrm{m}}{\mathrm{km}} = 6.4 \times 10^6\ \mathrm{m}$이다.

(a) $T = \dfrac{2\pi r}{v}$ 로부터 $v = \dfrac{2\pi r}{T} = \dfrac{2 \times 3.14 \times 6.4 \times 10^6\ \mathrm{m}}{8.64 \times 10^4\ \mathrm{s}} = 4.7 \times 10^2\ \mathrm{m/s}$이다.

(b) $a = \dfrac{v^2}{r} = \dfrac{(4.7 \times 10^2\ \mathrm{m/s})^2}{6.4 \times 10^6\ \mathrm{m}} = 0.03\ \mathrm{m/s^2}$이다.

4.9 한 비행기 조종사가 마하 2(소리의 속도를 기준으로 하는 속도의 단위. 2×340 m/s)의 속도를 유지하며 수평 원형을 그리는 곡예비행을 하고 있다. 이때 조종사는 5 g의 구심 가속도를 받는다. 이 비행기의 회전 반경을 구하라.

풀이: 구심 가속도는 $a_r = 5 \times 9.81\ \mathrm{m/s^2}$이고 $v = 680$ m/s이다. 따라서

$$r = \frac{v^2}{a_r} = \frac{(680\ \mathrm{m/s})^2}{49.1\ \mathrm{m/s^2}} = 9.42 \times 10^3\ \mathrm{m} = 9.42\ \mathrm{km}$$

가 된다.

4장 연습문제

4.1 서로 75 km 떨어진 두 열차가 나란히 설치된 트랙 위에서 15 km/h의 속력으로 접근하고 있다. 두 열차가 비껴 지나갈 때까지 새가 20 km/h로 두 열차 사이를 앞뒤로 날아다닌다. 이 새가 얼마의 거리를 나는지 계산하라.

4.2 30 m 높이의 지붕에서 공을 20 m/s의 초기 속도로 수직 방향으로 던졌다. 단, 공기의 저항은 무시하라.

(a) 땅에 떨어질 때의 속도는 얼마인가?
(b) 공중에 머무르는 시간은 얼마인가?
(c) 공이 도달한 최고 높이는 얼마인가?
(d) 지붕 높이로 귀환하는 시간은 얼마인가?
(e) 지붕보다 10 m 아래를 지날 때의 시간은 얼마인가?

4.3 밤에 고속도로를 달리다가 앞에 서 있는 차를 발견하고 브레이크를 밟아 5 m/s^2 크기의 가속도로 차를 멈추게 하였다. 초기 속력이 (a) 15 m/s (b) 30 m/s일 때의 **제동 거리**를 각각 구하라.

4.4 교통 신호등 앞에 멈추어 있던 승용차가 녹색으로 신호가 바뀌자 출발하였다. 바로 이때 일정한 속력으로 달리던 버스가 승용차를 지나갔다. 다음 그림은 이 상황을 나타낸 것이다.

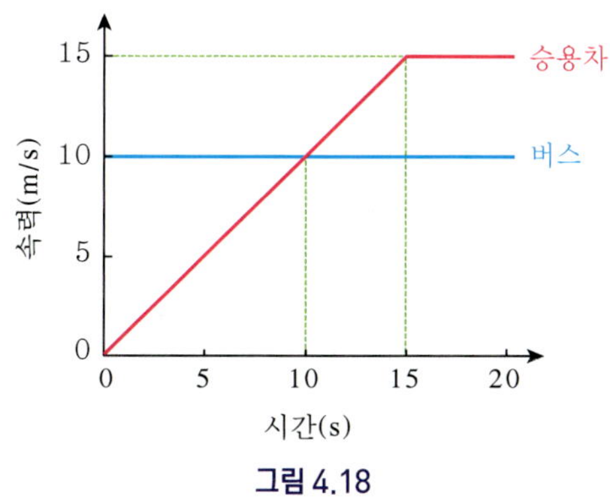

그림 4.18

(a) 승용차가 버스와 같은 속력이 되는 것은 출발 몇 초 후인가?
(b) 이 순간 버스는 승용차보다 몇 미터 앞서 있는가?
(c) 승용차가 출발하여 15초 동안의 가속도는 얼마인가?
(d) 20초 동안 승용차가 이동한 거리는 얼마인가?

4.5 헬리콥터가 홍수가 난 호수에서 조난된 뗏목에 보급품을 떨어뜨린다. 보급품이 떨어질 때 헬리콥터는 뗏목 위 100 m 높이에 있었고 수평축과 30° 각도로 30 m/s 속도로 날고 있었다.

(a) 보급품이 공중에 머무는 시간을 구하라.
(b) 뗏목에서 보급품은 얼마나 멀리 떨어지는가?
(c) 헬리콥터가 등속도로 날고 있었다면 보급품이 수면에 떨어졌을 때 헬리콥터의 위치는 어디인가?

4.6 한 사냥꾼이 입으로 불어 쏘는 화살 통을 가지고 나뭇가지에 매달려 있는 원숭이를 맞추려고 한다. 화살이 화살 통에서 발사되는 순간 이것을 본 원숭이는 화살을 피하려고 나뭇가지에서 밑으로 뛰어내렸다. 화살의 초속도가 화살이 땅에 떨어지지 않고 나무까지의 수평 거리를 날아갈 수 있을 만큼 크면 화살의 초속도에 관계없이 원숭이를 맞출 수 있음을 보여라. 여기서 사냥꾼과 원숭이의 수평 거리는 L, 화살 통과 원숭이 간의 수직 거리는 H이다.

4.7 장난감 총을 가지고 총알을 수직으로 쏘아 올려 20 m까지 올라가게 하였다.

(a) 총알의 초기 속도를 구하라.
(b) 최고 높이인 20 m 올라가는 데 걸린 시간을 구하라.
(c) 쏘아 올린 자리로 돌아올 때의 총알의 속도를 구하라.
(d) 0.5초와 3초 사이에 이동한 변위를 구하라.
(e) 쏘아 올린 곳으로부터 15 m 지점에 이를 때까지 걸린 시간을 구하라.

4.8 연습문제 4.7과 같이 총알을 위로 16 m/s로 쏘아 올리면서 1초 후에 30 m 높이에서 두 번째 총알을 9.0 m/s로 쏘았다고 하자.

(a) 2개의 총일이 만나는 시간과 위치를 구하라.
(b) 충돌할 때의 속도를 각각 구하라.

4.9 한 자동차가 평탄한 원형 도로를 일정한 속력 50 km/h로 달린다. 원형 도로의 반지름이 200 m라면 자동차의 구심 가속도는 얼마인가?

4.10 지구는 태양 주위를 평균 반지름 1.5×10^8 km로 거의 원형에 가깝게 1년에 한 바퀴 돈다.

(a) 지구의 궤도 속력은 얼마인가?
(b) 지구의 구심 가속도 크기를 구하라.

4장 연습문제 해답

4.1 새는 두 열차가 비껴 지나갈 때까지 공중에 머무르는 것이므로 우선 그동안의 시간을 구해야 한다. 두 열차가 마주치는 데 걸리는 시간은

$$t = \frac{75\ \text{km}}{15\ \text{km/h} + 15\ \text{km/h}} = 2.5\ \text{h}$$

이다. 따라서 구하는 거리는 $s = (20\ \text{km/h}) \cdot (2.5\ \text{h}) = 50\ \text{km}$이다.

4.2 (a) $y_0 = 30$ m, $v_0 = +20$ m/s, $a = -9.8$ m/s^{2}라 두면 $v^2 = (20)^2 + 2(-9.8)(0 - 30) = 988(\text{m}^2/\text{s}^2)$이고, 따라서 $v = -31.4$ m/s이다.

(b) $-31.4 = 20 - 9.8t$, $t = 5.24$ s.

(c) $0 = 20^2 + 2(-9.8)(y - 30)$에서 $y = 50.4$ m이다.

(d) $30 = 30 + 20t - 4.9t^2$에서 $t = 4.08$ s이다.

(e) $20 = 30 + 20t - 4.9t^2$에서 $t = 4.53$ s이다.

4.3 가속도는 $a = -5$ m/s^{2}이다.

(a) 구하고자 하는 거리를 $\triangle x$라 하면 $2a\triangle x = v^2 - v_0^2$에서 $v = 0$, $v_0 = 15$ m/s를 대입하면 $\triangle x = 22.5$ m이다.

(b) 90 m.

4.4 (a) 10 s. (b) $s_{\text{버스}} = 10(\text{m/s}) \times 10\ \text{s} = 100\ \text{m}$, $s_{\text{승용차}} = \frac{1}{2} \times 10(\text{m/s}) \times 10\ \text{s} = 50\ \text{m}$.

(c) $a = \frac{\Delta v}{\Delta t} = \frac{15 - 0}{15 - 0} = 1(\text{m/s}^2)$. (d) $s = \frac{1}{2} \times 15 \times 15 + 15 \times 5 = 187.5\ \text{m}$.

4.5 헬리콥터의 높이를 0으로 잡는다.

(a) 오직 수직 성분(즉 y축)만 관계된다.

$$y(t) = v_{0y}t - \frac{1}{2}gt^2, \qquad v_{0y} = v_0 \sin\theta = (30\ \text{m/s})\sin 30° = 15\ \text{m/s}$$

이고, 구하고자 하는 시간은 $y = -100$ m를 대입하면 된다. $t = 6.3$ s.

(b) $x = v_{0x}t$, $v_{0x} = v_0\cos\theta$로부터 구한다. $x = 164$ m.

(c) 보급품이 떨어졌을 때 헬리콥터는 수평 방향으로 164 m 갔으며, 수직 방향으로는 $y = (15\ \text{m/s}) \cdot (6.3\ \text{s}) = 94.5$ m 간다. 따라서 떨어진 보급품 바로 위 195 m에 위치한다.

4.6 사냥꾼의 위치를 원점으로 잡으면 원숭이가 있는 위치의 수평 거리는 L, 그리고 수직 거리인 높이는 H이다. 문제에 있어 화살이 원숭이 위치에 도달한다는 것은 원숭이의 수평 거리($x_{\text{원숭이}}$)와 화살이 날아간 수평 거리($x_{\text{화살}}$)가 일치할 때이다. 그리고 원숭이의 수직 거리($y_{\text{원숭이}}$)와 화살의 수직 거리($y_{\text{화살}}$)가 같다는 것을 보이면 된다. 화살이 원숭이를 향한 각도를 수평에 대하여 θ라고 하자. 그러면 $H = L\tan\theta$이고

$$y_{\text{원숭이}} = L\tan\theta - 4.9\ gt^2, \qquad y_{\text{화살}} = (v_0\sin\theta)t - 4.9\ gt^2$$

가 된다. 수평 거리에 대해서는

$$x_{화살} = (v_0 \cos\theta)t, \qquad x_{원숭이} = L$$

이다. 그러면 $x_{화살} = x_{원숭이} = L$의 조건에서 화살이 날아간 시간을 구할 수 있다. 즉 $(v_0\cos\theta)t = L$이고, 이로부터 $t = \dfrac{L}{v_0 \cos\theta}$이다. 이 값을 원숭이에 대한 수직 거리에 대입하면

$$y_{원숭이} = L\tan\theta - 4.9\frac{L^2}{(v_0\cos\theta)^2}$$

이고, 화살에 대해서는

$$y_{화살} = (v_0\sin\theta)\frac{L}{v_0\cos\theta} - 4.9g\frac{L^2}{(v_0\cos\theta)^2} = L\tan\theta - 4.9g\frac{L^2}{(v_0\cos\theta)^2}$$

이다. 즉 $y_{원숭이} = y_{화살}$이다.

4.7 총의 위치를 0으로 잡고 수직 방향을 y로 표현하면 $y_0 = 0$, $y = 20$ m이다. 그리고 가속도는 $a = -9.8$ m/s^2(즉 $g = 9.8$ m/s^2)이다.

(a) $v^2 = v_0^2 + 2a(y - y_0)$를 이용한다. $0 = v_0^2 - 2 \times 9.8(\text{m/s}^2)(20 - 0)$ m에서 $v_0^2 = 392(\text{m/s})^2$, 즉 $v_0 = 19.8$ m/s이다.

(b) $v = v_0 + at$를 이용한다. $0 = 19.8 + (-9.8)t$에서 $t = 2.02$ s가 된다.

(c) $v^2 = v_0^2 + 2a(y - y_0)$에서 $y = 0$, $y_0 = 0$을 대입하면 풀면 $v^2 = v_0^2$에서 $v = v_0$ 혹은 $v = -v_0$가 나온다. 여기서는 물론 -19.8 m/s이다.

(d) $y = v_0 t - \frac{1}{2}gt^2$을 이용한다.

$$y(0.5) = (19.8)(0.5) - 4.9(0.5)^2 = 8.68(\text{m})$$
$$y(3) = (19.8)(3) - 4.9(3)^2 = 15.3(\text{m})$$

따라서 $\triangle y = 6.62$ m이다.

(e) $y = v_0 t - \frac{1}{2}gt^2$에서 $15 = 19.8t - 4.9t^2$이다. 정리하면 보통의 2차 방정식 $4.9t^2 - 19.8t + 15 = 0$을 얻고 근의 공식으로부터

$$t = \frac{19.8 \pm \sqrt{(19.8)^2 - 4 \times 4.9 \times 15}}{9.8} = 1.01, 3.03$$

이다. 즉 1.01 s와 3.03 s를 얻는데, 1.01 s는 올라가면서 걸린 시간이고 3.03 s는 내려오면서 걸린 시간이다.

4.8 위로 쏘아 올린 총알을 A, 위에서 쏜 총알을 B라 하면 각각의 위치는 $y_A = 16t - 4.9t^2$, $y_B = 30 - 9.0(t - 1) - 4.9(t - 1)^2$이 된다.

(a) $y_A = y_B$ 조건으로 구한다. $t = 2.31$ s, $y = 11.3$ m.

(b) $v_A = 16 - 9.8 \times 2.31 = -6.6$ m/s, $v_B = -9.0 - 9.8 \times 2.31 = -31.6$ m/s.

4.9 $v = \dfrac{50\text{ km}}{\text{h}} = \dfrac{50 \times 1000\text{ m}}{3600\text{ s}} = 14\text{ m/s}$, $a_c = \dfrac{v^2}{r} = \dfrac{(14\text{ m/s})^2}{200\text{ m}} = 1.0\text{ m/s}^2$.

4.10 (a) 3.0×10^4 m/s. (b) 6.0×10^{-3} m/s^2.

중력과 힘의 법칙 5

이 장에서는 뉴턴(Newton)의 운동법칙과 함께 중력에 의한 그 유명한 만유인력 법칙을 배우게 된다. **힘**과 **질량**에 대한 정의와 힘에 의한 운동 그리고 물체에 대한 **관성** 등을 자세히 살펴보기로 하자. 뉴턴의 만유인력 법칙은 인류 역사상 가장 영향력이 컸던 과학적 업적에 속한다. 만유인력을 바탕으로 태양계는 물론 우주 전체의 모습을 그려낼 수 있었으며 오늘날의 인공위성이 출현할 수 있게 되었다. 인공위성과 같은 고도의 창의적 발명품을 만들어 나가는 과정에서 다양한 기술이 축적되었고, 그러한 과학기술의 발전이 오늘날의 첨단 기술 사회를 잉태시키는 역할을 하였다. **뉴턴**(Isaac Newton, 1643~1727)과 더불어 진화론을 주장한 **다윈**(Charles R. Darwin, 1809~1882)은 인류 지성사에서 가장 유명한 인물에 속한다.

오늘날은 물리학과 화학을 기반으로 하는 **나노과학**이 생물과 무생물의 영역을 뛰어넘어 소위 **융합적**(integrating)이며 **수렴적**(converging)인 종합 과학—물리학, 화학, 생물학, 공학—으로 발돋움하고 있다. 나노과학은 인류의 미래가 걸린 생명과 에너지 분야에서 가장 핵심적인 연구 분야이다. 이러한 **종합적인 과학에서 물리학이 가장 중요한 역할**을 한다.

학습 내용

- **뉴턴의 제1법칙(Newton's first law)**: 관성의 법칙.
- **뉴턴의 제2법칙(Newton's second law)**: 질량과 가속도의 법칙.

  가속도; $\mathbf{a} = \dfrac{\mathbf{F}}{m}$, 힘; $\mathbf{F} = m\mathbf{a}$. 힘의 단위; 뉴턴(Newton, N), $1\text{ N} = (1\text{ kg}) \times (\text{m/s}^2)$.

  $\mathbf{F} = \dfrac{d\mathbf{p}}{dt}$, $\mathbf{p} = m\mathbf{v}$; 운동량.
- **뉴턴의 제3법칙(Newton's third law)**: 작용과 반작용의 법칙.
- **마찰력**: $F = uN,\ \ N = mg$.
- **만유인력 법칙(the universal law of gravity)**:

  $$F_g = G\frac{m_1 m_2}{r^2},\quad G = 6.67 \times 10^{-11}\ \text{N}\cdot\text{m}^2/\text{kg}^2.$$
- **중력 가속도(중력장)**: $g = G\dfrac{M_E}{R_E^2}$.

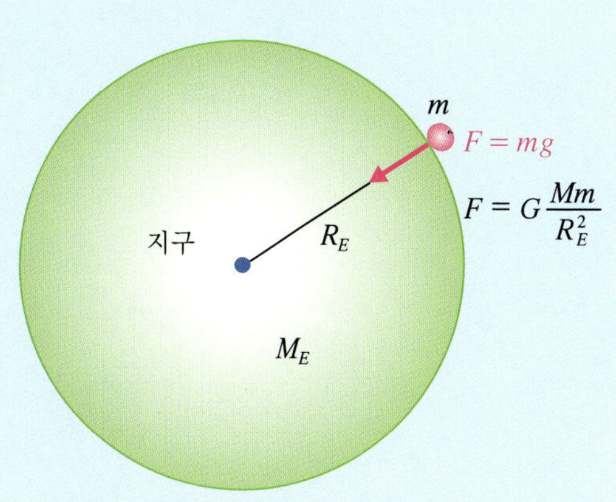

• 관성 기준틀과 비관성 기준틀

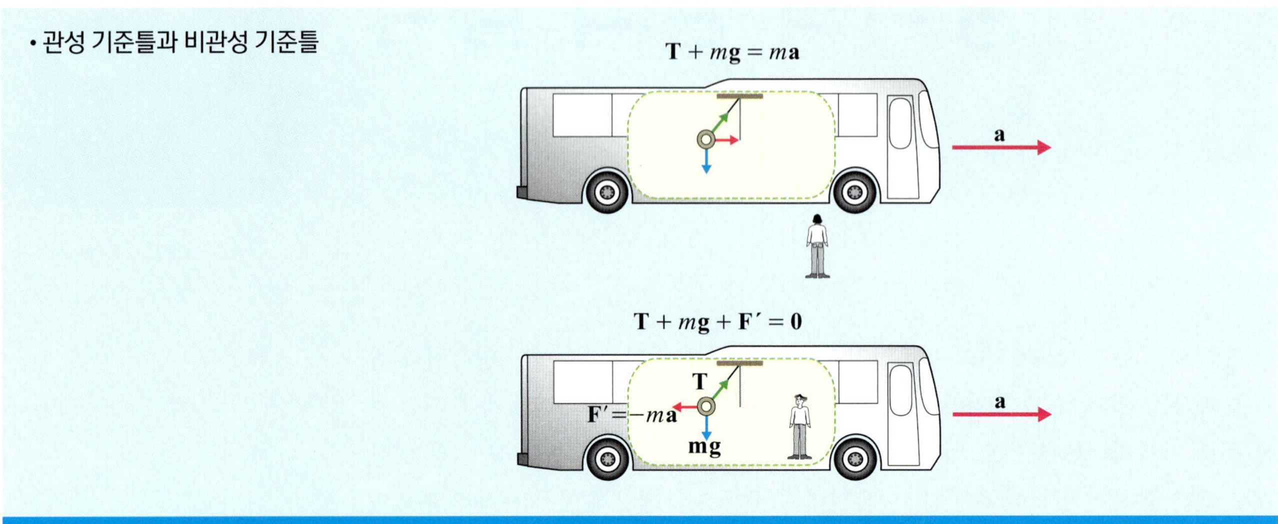

5.1 뉴턴의 운동법칙

뉴턴의 제1법칙(Newton's first law): 관성의 법칙

한 물체에 외력이 작용하지 않는 한 정지해 있거나 등속도 운동하는 물체는 그 상태를 계속 유지한다.

그림 5.1을 보자. 탁자를 떠나 처음 수평으로 출발한 물체는 포물선을 그리며 땅에 떨어진다. 이때 속도의 성분을 관찰하면 수평 성분은 변화가 없고 오직 수직 성분의 속도만이 변한다는 사실을 알 수 있다. 그리고 수직 성분의 속도는 처음에는 전혀 없었다가 물체가 떨어짐에 따라 점점 증가한다. 이제 실험을 다음과 같이 해보자. 즉 땅으로 떨어뜨리지 말고 탁자 위 수평 방향으로 물체를 보내보자. 이때 물체와 탁자 사이에 아무런 저항이 없다면 이 물체는 수평 성분으로 일정한 속도를 유지하면서 계속 운동하게 될 것이다. 다음에는 탁자 위에 공의 운동 방향으로 무거운 나무토막을 놓아보자. 당연히 운동하던 물체는 나무토막을 만나면 멈추게 된다. 물론 멈춘 이유는 나무토막에 의해 방해를 받았기 때문이며, 이는 나무토막이 이 물체에 대하여 반대 방향으로 힘을 작용한 결과이다. 그리고 멈춘 물체는 외부에서 어떠한 작용이 없는 한 멈춘 상태를 유지한다. 이렇게 정지한 물체는 정지해 있고 운동하던 물체는 그 상태를 유지하며 운동하려는 성질을 '**관성**'이라 한다.

이와 같은 물체의 성질은 사실상 오랫동안 알려지지 않았던 것으로, 물리학에서 중요한 위치를 차지하며 관성의 법칙(the law of inertia)으로 알려져 있다. 그림 5.2에서 수평 방향에 대한 운동이 이러한 관성의 법칙이 적용되는 경우이다.

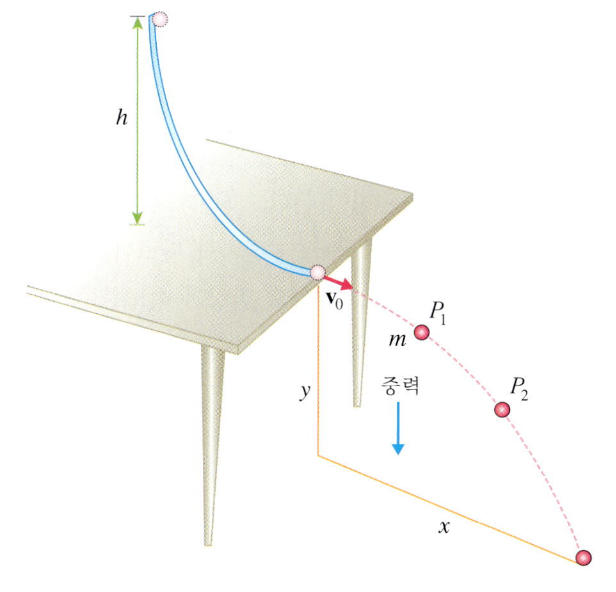

그림 5.1 힘과 운동. 이 물체의 운동을 변화시키는 것은 중력에 의한 외력이다. 질량을 갖는 입자에 힘이 작용하면 속도의 변화가 일어난다. P_1과 P_2에서의 입자의 속도는 다르다. 그런데 수평 성분의 힘은 존재하지 않는다. 그렇다면 수평 성분의 속도는 어떠한가? 같은가, 다른가?

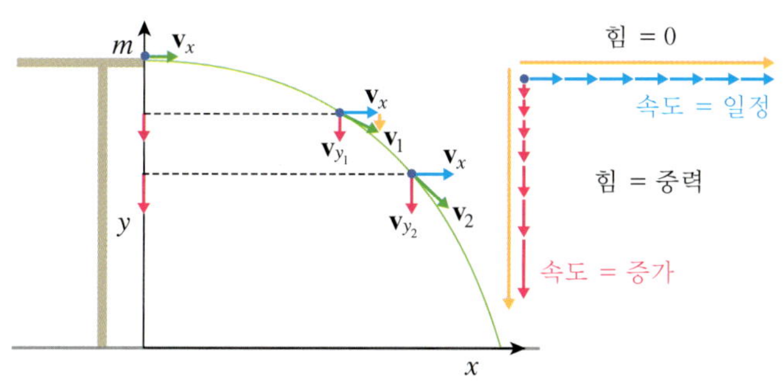

그림 5.2 관성과 외력. 속도의 변화는 오직 수직 방향으로만 일어난다. 그 이유는 속도를 변화시키는 힘인 중력이 수직 방향으로만 작용하기 때문이다. 수평 방향으로는 힘이 작용하지 않는다. 수평으로 움직이는 것은 처음 수평 방향으로 움직이고 있던 운동이 있었기 때문이다. 물체의 이러한 성질을 그 물체의 관성이라 한다.

뉴턴의 제2법칙(Newton's second law): 질량과 가속도의 법칙

물체의 가속도는 그 질량에 역비례하며 물체에 작용하는 총 외력에 비례한다. $\mathbf{F} = m\mathbf{a}$.

중력은 힘(force)의 일종이다. 그렇다면 힘이란 무엇일까? 다시 그림 5.1을 보자. 수평으로 던져진 물체는 포물선을 그리며 결국 땅에 떨어진다. 이때 수직 성분의 속도는 처음에는 전혀 없다가 물체가 떨어짐에 따라 점점 증가한다. 우리가 손에서 물건을 떨어뜨려 보면 이러한 사실을 금방 깨달을 수 있다. 이렇게 힘은 물체의 운동을 변화시킬 수 있는 원천이라고 할 수 있다. 아울러 탁자 위에 놓여 있던 구슬 역시 외력이며 이 외력에 의해 구슬 운동에 변화가 온 것이다. 이렇게 외력에 의한 힘은 운동을 유발시킨다.

그런데 물체는 질량이라는 것을 갖는다. 흔히 물체가 무겁다거나 가볍다고 할 때 질량의 개념이 떠오를 것이다. 그러나 물리학에서의 질량은 단순히 무게를 뜻하지는 않는다. 같은 높이에서 사과를 떨어뜨릴 때와 벽돌을 떨어뜨릴 때 땅에 미치는 충격이 다르다는 것을 우리는 알고 있다. 즉 물체가 무거울수록 그 움직임을 변화시키는 데 더 큰 힘이 든다. 가벼운 물체보다 무거운 물체를 끌고 가기가 어려운 것은 그만큼 무거운 물체의 운동을 변화시키는 데 큰 힘이 들기 때문이다. 이렇게 질량은 물체가 갖고 있는 고유한 특성이며 물체가 원래 가지고 있던 운동을 계속하려는 경향, 즉 **관성에 대한 척도**라고 할 수 있다. 같은 속도의 변화를 일으키는 데 질량이 크면 질량이 작은 것보다 더 큰 힘이 든다. 그런데 질량이 같은 물체라 해도 그 물체에 힘을 얼마나 가했느냐에 따라 속도의 변화가 다르다. 따라서 물체의 운동을 일으키는 데 필요한 힘을 정의할 때 그 물체의 질량과 속도를 동시에 고려해 주어야 한다는 것을 알 수 있다. 이때 물체의 질량과 속도를 곱한 양을 **선형 운동량**(linear momentum)이라 정의하며 단순히 '운동량'이라고도 부른다. 운동량의 기호는 보통 p로 표시된다. 즉

$$\mathbf{p} = m\mathbf{v} \tag{5.1}$$

이다. 속도는 벡터 양이므로 운동량 역시 벡터 양이다. 운동량이 시간에 따라 변화가 일어날 때 이를 힘이라고 정의한다. 즉

$$\mathbf{F} = \frac{d\mathbf{p}}{dt} = \frac{d}{dt}(m\mathbf{v}) \tag{5.2}$$

이다. 그런데 물체의 질량은 시간에 따라 변하지 않는 것으로 간주한다면(상대성 이론에 따르면 질량의 변화가 있음) 식 (5.2)는

$$\mathbf{F} = m\frac{d\mathbf{v}}{dt} \tag{5.3}$$

이며, dv/dt는 가속도이므로

$$\mathbf{F} = m\mathbf{a}\text{: 뉴턴의 제2법칙} \tag{5.4}$$

라고 할 수 있다. 이것이 뉴턴에 의해 제기된 운동법칙 중 하나로 흔히 뉴턴의 제2법칙이라 부른다. 물론 보다 정확한 표현은 식 (5.2)이다. 이제 질량은

$$a = \frac{F}{m} \tag{5.5}$$

으로 표현될 수 있으며, 이는 물체에 주어진 가속도에 대하여 큰 질량이 작은 질량에 비해 더 큰 힘이 요구된다는 것을 말해 준다. 여기서 힘의 단위를 Newton(N으로 표기함)이라 하며, 1 N은

$$1\text{ N} = (1\text{ kg}) \times (\text{m/s}^2) \tag{5.6}$$

이다. 즉 1 N은 1 kg의 물체에 1 m/s^2의 가속도를 일으키는 힘이다.

그런데 물체를 움직이는 데는 단 한 가지 힘만 들어가는 것이 아니다. 그림 5.3처럼 가령 개미들이 겨울 식량을 준비하기 위해 나뭇잎을 개미집으로 옮길 때 다섯 마

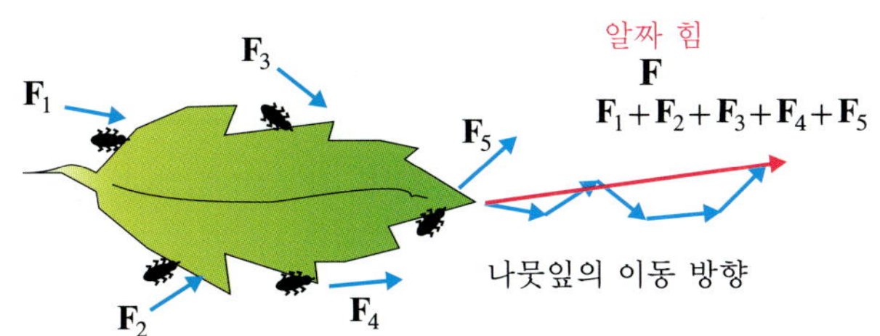

그림 5.3 알짜 힘(net force). 여러 개의 힘이 한 물체에 작용하여 물체를 움직이는 모습. 물체를 움직이는 데 필요한 힘은 개별 힘들의 벡터 합이다. 이를 알짜 힘이라 부른다.

리의 개미가 달려들어 옮긴다고 하자. 그러면 각각의 개미들이 작용하는 힘들의 방향은 다를 것이다. 따라서 5개의 힘을 더해 주어야 하며 이는 5개의 벡터를 더하는 방식으로 구할 수 있다. 이때 더해진 합들의 힘은 나뭇잎의 이동 방향과 일치할 것이고 식 (5.4)를 만족할 것이다. 이러한 힘을 알짜 힘(net force)이라 부르며, 더해진 힘들의 합인 총 외력은 $\sum_{i=1}^{N}\mathbf{F}_i$와 같이 표기된다.

중력의 힘을 받아 떨어지는 사과는 마침내 땅에 닿아 멈추게 된다. 그런데 중력에 의한 가속도는 일정한 $g = 9.81\ \text{m/s}^2$의 값을 가지므로 중력에 의한 힘은 물체의 질량에 중력 가속도 g의 값을 곱하면 된다. 이렇게 중력에 의한 힘을 특히 그 물체의 **무게**라고 한다. 가령 60 kg의 질량을 갖는 사람의 무게는 약 600 N의 무게를 갖는다.

$$W = mg\text{: 물체의 무게} \tag{5.7}$$

그리고 60 kg의 무게를 흔히 60 kg중이라고 부르기도 한다. 만약 지구가 아닌 곳, 예를 들어 달에서 무게를 재면 지구에서의 무게보다 약 1/6 정도 작게 나올 것이다. 그 이유는 달은 지구에 비해 질량이 훨씬 작고 그에 따라 중력의 힘이 지구에 비해 약 6배 정도 약하기 때문이다. **질량은 변하지 않는 물체의 고유 성질이며 무게는 그렇지 않다는 점을 명심하자.**

뉴턴의 제3법칙(Newton's third law): 작용과 반작용의 법칙

힘은 짝으로 나타난다. 이때 첫 번째 물체가 두 번째 물체에 작용하는 힘은 두 번째 물체가 첫 번째 물체에 작용하는 힘과 크기가 같고 방향이 반대로 나타난다.

질량을 가진 사과든 사람이든 땅 위에 서 있을 수 있는 것은 물체의 무게만큼 지면이 떠받쳐 주기 때문이다. 만약 지면이 떠받쳐 주지 않으면 물체는 중력의 힘을 받아 떨어지게 된다. 만약 여러분이 약한 다리를 지나는 도중 다리 난간이나 받침이 무너진다면 곧바로 밑으로 떨어질 것이다. 이렇게 물체의 무게만큼 떠받쳐 주는 힘을 항력이라 한다.

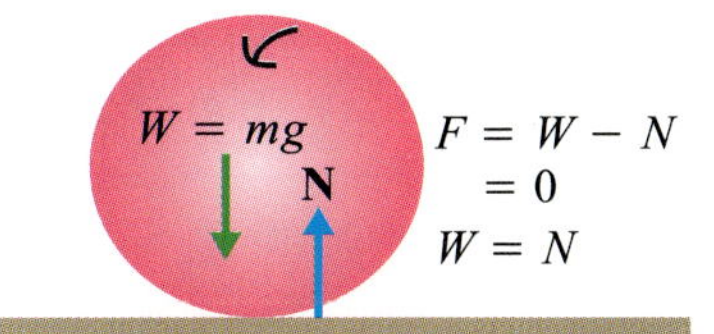

그림 5.4 작용과 반작용의 법칙. 중력은 사과에 대해 mg만큼 수직으로 힘이 작용하며 이를 무게라고 부른다. 지면에 작용하는 힘은 사과가 지면을 누르는 힘이고 이것이 무게에 해당한다. 한편 지면은 사과에 대해 위로 반작용을 하며 이를 수직 항력이라 한다. 여기서 사과에 작용하는 중력은 지구가 사과를 당기는 힘에 해당한다는 사실에 주의하자. 이 힘은 사과 질량 중심과 지구 질량 중심 사이에 작용하는 만유인력으로, 이 힘의 반작용은 사과가 지구를 끌어당기는 힘이다.

그림 5.4를 보자. 분명 사과는 수직으로 움직이고 있지 않으므로 가속도는 0이다. 따라서 $F = 0$이다. 한편 사과에 작용하는 힘의 성분에는 두 가지가 있다. 하나는 중력이고 다른 하나는 지면에 의한 수직 항력이다. 2개의 힘은 서로 방향이 반대이므

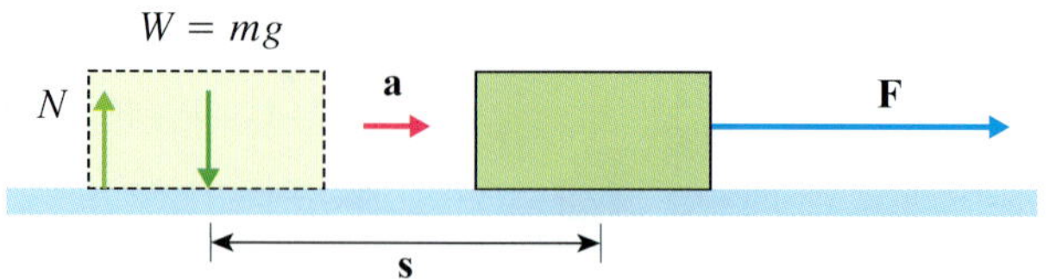

그림 5.5 **썰매에 탄 어린아이를 끈으로 잡아당길 때 일어나는 다양한 물리학적 요소들.** 어린아이와 썰매의 질량을 m이라 하면 무게는 mg가 되며 무게에 대응되는 수직 항력이 반대로 작용한다. 수평으로 작용한 힘은 물체를 움직이게 하며 가속도 **a**를 유발한다.

로 $F = W - N = 0$에서 $N = W$, 즉 수직 항력의 크기는 그 물체의 무게에 해당한다.

이렇게 두 물체(여기서는 사과와 지면)가 상호작용할 때 첫 번째 물체가 두 번째 물체에 작용하는 힘은 두 번째 물체가 첫 번째 물체에 작용하는 힘과 크기가 같고 방향이 반대로 나타난다. 이러한 힘의 법칙을 **뉴턴의 제3법칙**이라 부른다. 즉

$$\mathbf{F}_{12} = -\mathbf{F}_{21}: \text{ 뉴턴의 운동 제3법칙} \qquad (5.8)$$

이다.

이제 어린아이를 눈썰매에 태우고 얼음 위에서 끄는 경우를 분석해 보자. 눈썰매와 얼음 사이에 마찰력은 없다고 가정한다. 끄는 힘은 수평 방향으로 작용하며 어린아이와 눈썰매의 질량은 m이다. 앞의 사과의 예에서 보듯이 수직 방향으로는 움직이지 않으므로 수직 방향으로의 알짜 힘은 0이다. 수평 방향으로의 알짜 힘은 F이며 뉴턴의 제2법칙에 따르면

$$\mathbf{F} = m\mathbf{a}$$

이다. 만약 어린아이의 질량이 40 kg, 썰매의 질량이 10 kg이고 썰매가 2 m/s^{2}으로 가속된다면 끄는 힘은 $F = (40 + 10) \times 2 = 100$ N이 된다.

접촉력: 마찰력

위에서 예로 든 썰매의 경우 우리는 썰매와 지면과의 접촉에 의한 힘은 무시하였다. 그러나 실제 생활에서는 이러한 접촉력을 무시할 수 없다. 우리가 걸어다닐 수 있는 것도 신발 밑바닥과 지면과의 접촉력인 마찰력이 존재하기 때문이다. 만약 이러한 마찰력이 없다면 한치도 앞으로 나아갈 수 없을 것이다. 빙판길에서 제대로 걷지 못하고 미끄러지는 이유는 빙판에서는 마찰력의 작용이 작게 나타나기 때문이다. 자동차가 굴러다닐 수 있는 이유도 타이어와 지면과의 마찰력 때문이다.

마찰력은 수직 항력에 비례하며 다음과 같이 표기된다(그림 5.6).

$$F = \mu N \qquad (5.9)$$

여기서 μ를 마찰계수라 하며 보통 1보다 작다.

이제 썰매의 보기를 들어 마찰력을 설명해 보자. 지면에서의 수직 항력은 보통 무게($N = mg$)로 나타나므로 썰매와 어린아이의 질량이 50 kg이라면 이로부터 수직 항력은

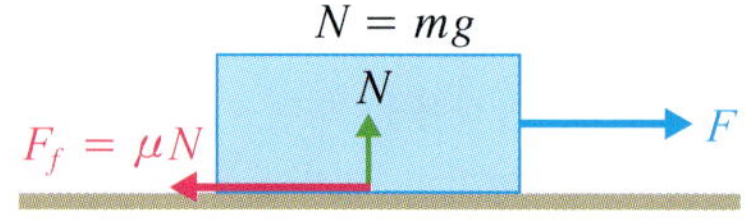

그림 5.6 **마찰력.** 마찰력은 물체들이 접촉하고 있는 접촉면에 대하여 평행한 힘으로 작용한다. 만약 외력 F에 의해 이 물체가 움직인다면 마찰력은 이 외력에 대해 반대 방향으로 작용한다.

$$N = mg = (50\ \text{kg}) \times (9.8\ \text{m/s}^2) = 490\ \text{N}$$

이다. 따라서 마찰력은 490 N보다 클 수 없다. 만약 마찰계수가 0.1이라면 우리는 49 N의 힘 이상을 주면 썰매를 끌 수 있으며, 이는 곧 수평 방향으로 운동한다는 의미가 된다. 썰매를 얼음이 아닌 보통의 도로에 놓고 끈다면 훨씬 더 힘이 들 것이다. 왜냐하면 이때의 마찰계수는 얼음과 썰매와의 그것보다 훨씬 크기 때문이다.

5.2 만유인력 법칙(The Universal Law of Gravity)

질량을 갖는 모든 물체는 질량을 갖는 다른 모든 물체를 끌어당긴다. 특히 두 물체 간의 이러한 인력은 두 물체의 질량의 곱에 비례하고 두 물체 질량 중심 간 거리의 제곱에 역비례한다.

일상적으로 우리는 중력(gravity)이라는 힘을 느끼며 또 사용한다. 그렇다면 이러한 중력은 어디에서 오는 것일까? 중력은 지구에서뿐만 아니라 지구 밖 우주에서도 작용하는 힘인가? 그리고 지구가 태양의 둘레를 돌고 달이 지구의 둘레를 도는 것과 중력과는 어떠한 관계가 있을까? 이러한 물음들에 답한 사람이 뉴턴이다. 뉴턴은 중력이 우주 전체에 걸쳐 작용하며 그 힘은 물체의 질량과 두 물체 간의 거리에 관계된다는 법칙을 세웠으며 이를 만유인력 법칙이라 한다. 이때 물체는 질량 중심에 물체의 모든 질량이 집중된 입자로 볼 수 있다. 이를 수학식으로 표현하면 다음과 같다.

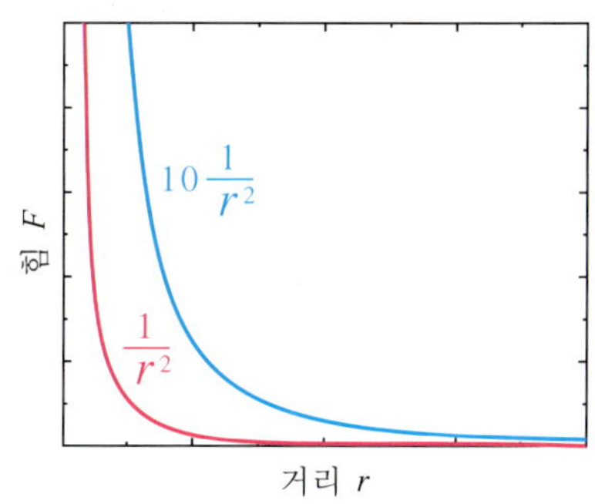

그림 5.7 만유인력과 역제곱 법칙. 만유인력(중력)의 크기는 상호작용하는 두 물체 사이의 거리의 제곱에 역비례한다. 여기서 그려진 두 힘의 차이는 1과 10에서 오며, 이는 두 물체의 질량과 관계된다.

$$F_g \propto \frac{m_1 m_2}{r^2} \tag{5.10}$$

그렇다면 질량이 각각 1 kg이고 서로 1 m 떨어져 있는 두 물체 사이의 인력은 얼마나 될까? 결론적으로 말하면 그 값은 6.67×10^{-11} N이다! 이와 같은 값을 비례상수로 넣으면 식 (5.10)은

$$F_g = G\frac{m_1 m_2}{r^2} \tag{5.11}$$

가 된다. 여기서 비례상수

$$G = 6.67 \times 10^{-11}\ \text{N} \cdot \text{m}^2/\text{kg}^2 \tag{5.12}$$

이며, 이를 중력 상수라고 부른다. 이러한 만유인력은 일상생활에서 접하는 물체들에서는 그 힘을 거의 감지하지 못할 정도로 약한 힘이다. 1장의 표 1.1을 다시 보기 바란다. 만유인력은 지구와 달 그리고 태양 등과 같이 우주에 있는 별들(stars) 혹은

행성들(planets) 간에 작용할 때 그 위력이 나타나는 힘이라 할 수 있다. 이제 우리는 비로소 힘이라는 것이 거리의 제곱에 역비례하며 질량의 곱에 비례한다는 법칙에 다다랐다.

이러한 법칙은 무엇을 의미하는가? 그것은 누누이 언급했듯이 자연의 질서이다. 질서가 있음으로써 우리는 그 질서에 상응되는 수식을 이끌어낼 수 있었다. 역제곱 법칙은 수학에서 $y = \frac{1}{x^2}$로 기술된다고 하였다. 만약 x의 값이 원래 크기의 2배로 작아지면 y의 값은 4배로 커지며, 반대로 x의 값이 2배로 커지면 y의 값은 1/4로 작아진다. 그림 5.7을 보라. 그렇다면 x의 값이 무한정 커지면 어떻게 될까? 그때는 y가 0을 향하여 무한정 작아진다. 하지만 결코 0이 될 수는 없다. 이렇게 만유인력은 거의 무한대까지 그 영향을 미친다. 이러한 의미로 만유인력을 원거리 상호작용 힘이라 부른다.

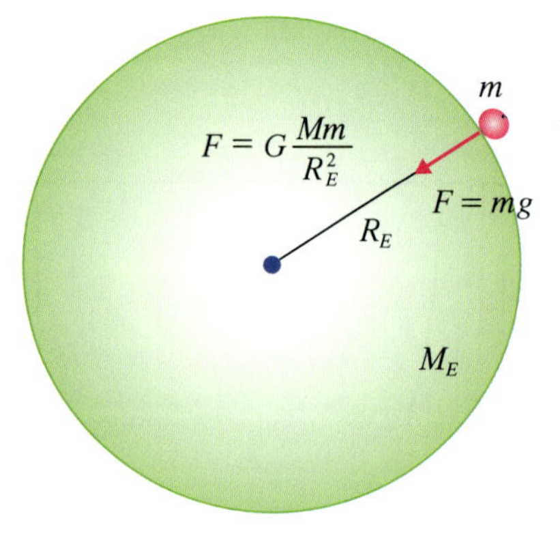

그림 5.8 만유인력과 지구 중력에 의한 물체 무게와의 관계. 지구 표면에서의 지구와 사과와의 만유인력의 크기는 사과의 무게와 같다. 이러한 관계로부터 우리는 지구의 질량을 구할 수 있다.

이제 이러한 만유인력 법칙과 앞에서 자주 나왔던 중력 가속도와의 관계를 살펴보자(그림 5.8). 땅에 떨어진 사과의 질량이 m이라면 그 무게는 mg이다. 이것은 지구의 중력에 의한 것이다. 이러한 지구 표면에서의 중력의 크기는 만유인력 법칙에 있어 지구와 사과의 인력과 동등하다. 따라서 만유인력 법칙에서 거리를 지구 반지름으로 두 물체의 질량은 지구의 질량과 사과의 질량에 해당한다.

지구의 질량을 M_E, 지구의 반지름을 R_E라 하면

$$mg = G\frac{M_E m}{R_E^2}$$

이고, 중력 가속도는

$$g = G\frac{M_E}{R_E^2} \tag{5.13}$$

가 된다. 지구의 반지름은 알고 있으므로 지구의 질량을 구해 보자. 지구의 반지름은 평균으로 6400 km 정도이다. 질량은

$$M_E = \frac{gR_E^2}{G} \tag{5.14}$$

이므로

$$M_E = \frac{(9.8\ \text{m/s}^2)(6.4 \times 10^6\ \text{m})^2}{6.67 \times 10^{-11}\ \text{N}\cdot\text{m}^2/\text{kg}^2}$$

에서

$$M_E = 6.0 \times 10^{24}\ \text{kg} \tag{5.15}$$

의 결과를 얻는다. 우리는 지구에 살면서 지구 자체의 질량을 재어 그 값을 알아내었다. 이 얼마나 놀라운 사실인가!

우리는 지구의 공전으로부터 태양의 질량을 알아내었다(학습문제 5.7). 이제 태양의 질량을 이용하여 금성의 궤도 반경과 공전 속력을 구해 보자. 참고로 금성의 공전주기는 225일이다. 태양의 질량을 M_S, 금성의 질량을 M_V라 하면 뉴턴의 제2법칙으로부터

$$M_V \frac{v^2}{r} = G\frac{M_V M_S}{r^2}$$

이고,

$$v^2 = \frac{GM_S}{r}$$

이다. 그리고 공전 주기는

$$T = \frac{2\pi r}{v}$$

이다. 공전 주기와 속력에 대한 식에서 속력을 소거하여 거리를 구하면

$$r = \left(G\frac{M_S T^2}{4\pi^2}\right)^{\frac{1}{3}}$$

이 된다. 따라서 궤도 반경은

$$r = \left[\frac{(6.67 \times 10^{-11})(2.0 \times 10^{30})(225 \times 24 \times 3600)^2}{(4)(3.14)^2}\right]^{\frac{1}{3}} = 1.1 \times 10^{11}\ \text{m}$$

이다. 그러면 금성의 궤도 속력은

$$v = \frac{2\pi r}{T} = \frac{(2)(3.14)(1.1 \times 10^{11}\ \text{m})}{(225 \times 24 \times 3600\ \text{s})} = 3.55 \times 10^4\ \text{m/s}$$

이다.

학습문제 5.5를 통하여 우리는 400 km 상공에서 지구를 도는 우주정거장의 속력과 주기를 구할 수 있다. 그렇다면 우주정거장에서의 중력 가속도는 얼마나 될까? 뉴턴의 제2법칙

$$ma_c = G\frac{mM_E}{r^2}$$

으로부터 구심 가속도를 구할 수 있고, 이 구심 가속도가 우주정거장에서의 중력 가속도이다. 즉

$$g = G\frac{M_E}{r^2}$$

이고, 그러면

$$g = \frac{(6.67 \times 10^{-11})(6.0 \times 10^{24})}{(6.8 \times 10^{6})^2} = 8.65 \text{ m/s}^2$$

이다. 이러한 결과는 우주정거장은 1초마다 지구의 중심을 향해 4.3 m 낙하한다는 의미이다. **그런데도 우주정거장은 지상으로 떨어지지 않는다. 더욱이 우주정거장에 있는 사람들은 중력이 없는 상태로 있게 된다.** 중력이 상쇄되기 때문이다. 자세한 것은 잠시 후 나온다.

그렇다면 우주정거장에서 지구와 같은 생활이 가능하게 하려면 어떠한 방법을 써야 할까? 그것은 우주정거장 내에 지구에서와 같은 중력 가속도가 존재해야 한다. 그러한 중력 가속도는 우주정거장을 자전거 바퀴와 같은 형태로 만들어 회전시키면 발생한다. 그림 5.9는 우주정거장의 간단한 모습이다. 가운데는 동력을 공급하는 곳으로 원자력 발전소가 설치되어 있으며, 바퀴의 원형 영역이 생활 공간이 된다. 이 우주정거장 중심에서 가장 먼 곳에 있는 생활 공간 바닥까지의 거리가 500 m라 할 때 지구에서와 같은 중력 가속도를 가지려면 하루에 몇 번 회전시켜야 할까? 그 조건은

$$mg = m\frac{v^2}{r}$$

이다. 이 조건에서 속도의 크기는

$$v = \sqrt{rg}$$

이고, 회전 주기는

$$T = \frac{2\pi r}{v}$$

에서

$$T = 2\pi\sqrt{\frac{r}{g}}$$

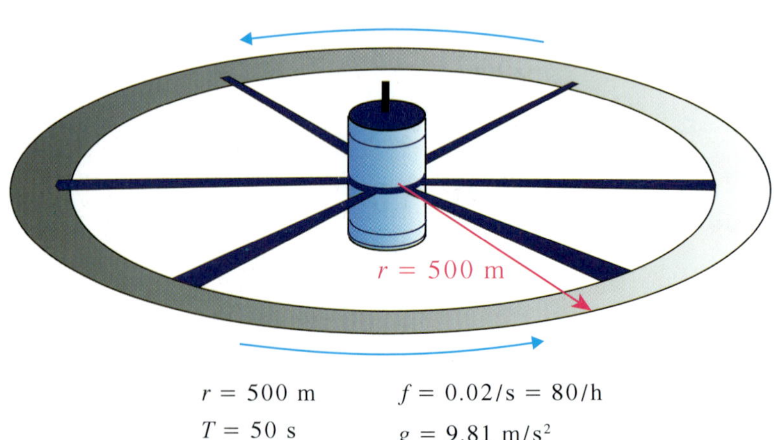

그림 5.9 **지구 중력과 같은 조건을 가지는 우주정거장의 설계.** 이해를 위해 그림 5.16을 보기 바란다.

가 된다. 따라서

$$T = 2 \times 3.14\sqrt{\frac{500\ \text{m}}{9.81\ \text{m/s}^2}}$$
$$= 44.8\ \text{s}$$

를 얻는다. 즉 한 바퀴 도는 데 약 45초가 걸린다. 이것은 초당 진동수

$$f = \frac{1}{T} = 0.022/\text{s}$$

에 해당하며, 이는 분당 1.34(1.34/min), 시간당 약 80회(80/h)를 회전하는 것과 같다. 이러한 회전 조건에서 인간은 어지러움을 느끼지 않고 생활할 수 있을까?

이번에는 달에서의 지구에 의한 중력 가속도를 구해 보자. 지구와 달 사이의 거리는 384,000 km이다. 이 거리는 지구 반지름 6400 km의 약 60배에 해당하는 거리이다. 따라서 달에서의 중력 가속도는

$$g_M = \frac{9.81\ \text{m/s}^2}{(60)^2} = 0.0027\ \text{m/s}^2$$

이다. 사실상 이러한 중력 가속도는 달의 구심 가속도와 같다. 이 얼마나 놀랍고도 심오한 사실인가?

달의 질량은 지구의 질량에 비해 약 81배 작다. 지구에서 달까지 여행하는 경우 우주선이 지구와 달 사이에서 무중력 상태가 되는 지점은 어디쯤일까? 다시 말해 지구가 우주선을 당기는 힘과 달이 우주선을 당기는 힘이 같은 지점은 어디일까? 지구에서 달까지의 거리를 d, 지구에서 무중력 상태가 되는 지점을 x라 하자. 그러면 우주선에 작용하는 지구에 의한 인력과 달에 의한 인력은 각각 다음과 같이 된다.

$$F_E = G\frac{mM_E}{x^2} \tag{5.16}$$

$$F_M = G\frac{mM_M}{(d-x)^2} \tag{5.17}$$

$F_E = F_M$이므로

$$G\frac{mM_E}{x^2} = G\frac{mM_M}{(d-x)^2}$$

이고, 이로부터

$$\frac{M_E}{x^2} = \frac{M_M}{(d-x)^2} \tag{5.18}$$

인 관계를 얻는다. 그리고 $M_E = 81\ M_M$이므로

$$\frac{81\ M_M}{x^2} = \frac{M_M}{(d-x)^2}$$

이고, 이것은 $81(d-x)^2 = x^2$가 된다. 결국 $g(d-x) = x$이므로

$$\frac{x}{d} = \frac{9}{10}$$

이다. 따라서 달까지의 거리에서 9/10 지점이다.

이제 지상에서 얼마의 속도를 유지하면 지구의 둘레를 돌 수 있는지 그리고 왜 인공위성 안에서는 무중력 상태가 되는지를 알아보기로 하자. 높이 4.9 m에서 수평으로 공을 발사했다고 하자(그림 5.10). 공의 속도가 크면 클수록 멀리 날아갈 것이다. 왜냐하면 수평 거리는 수평 성분만이 있는 초기 속도에 비례하기 때문이다. 그렇다면 초속 8 km로 발사된다면 공은 어떻게 될까? 놀라지 마라. 땅에 닿지 않고 높이 4.9 m를 유지하면서 지구를 돌아 처음 출발한 위치에 다다를 것이다. 물론 지구가 원이고 높은 산들이 없으며 공기의 저항 등도 없다고 가정했을 때이다.

위와 같은 속도가 왜 나왔는지 우선 기하학적인 측면에서 알아보기로 한다. 지구는 거의 공꼴에 가까운 구체(sphere)라고 할 수 있으며 평균 반지름은 약 6400 km이다. 우리가 바닷가에 가서 수평선을 바라보면 직선이 아닌 곡선인 이유는 이와 같이 지구가 둥글기 때문이다. 그러면 한 지점에서 똑바로 직선을 그리며 수평으로 나아갈 때 직선과 지구 표면과의 차이가 4.9 m(물체가 1초 동안 자유낙하하는 거리임) 되는 지점은 직선 거리로 얼마나 될까?

그림 5.10 원 궤도 조건.

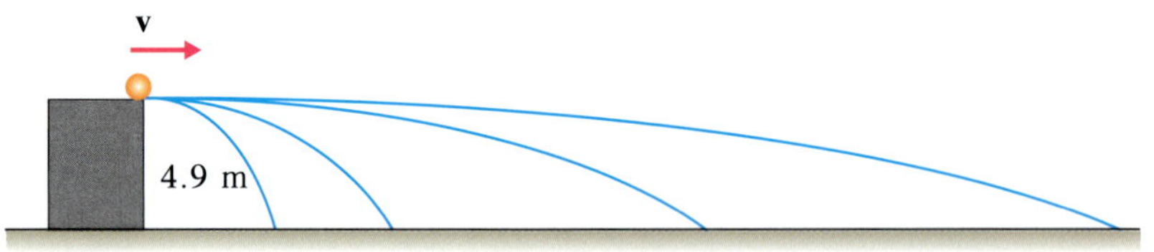

(a) 여러 가지 초기 속도로 발사된 공이 1초 동안 간 거리. 수직으로는 속도에 관계없이 4.9 m를 진행하지만 수평 거리는 속도의 크기가 크면 클수록 멀어진다.

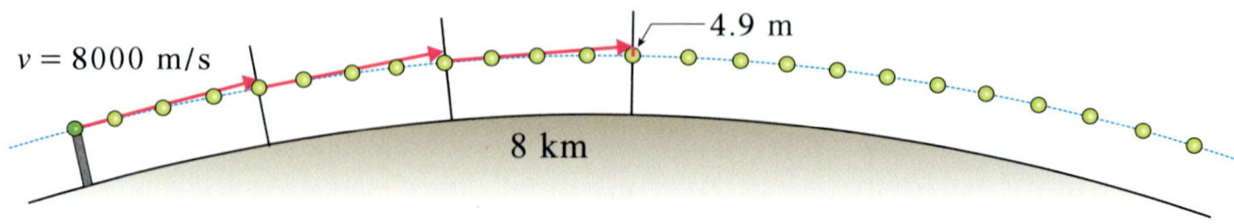

(b) 수평으로 약 8000 m/s의 속도로 발사된 물체는 발사된 높이를 유지하며 지구 표면을 따라 원운동한다. 저궤도 위성들이 이 속도로 운행한다.

그림 5.11을 자세히 들여다보자. 지구의 반지름과 직선 거리, 그리고 지구 반지름에 높이를 더한 거리는 서로 직각삼각형을 이룬다. 따라서 피타고라스 정리를 이용하면

$$x^2 + r^2 = (r + h)^2$$
$$x^2 + r^2 = r^2 + 2rh + h^2$$
$$x^2 = 2rh + h^2$$

이다. 그런데 h는 지구 반지름 r에 비해서는 아주 작은 값이므로

$$2rh + h^2 \approx 2rh$$

라고 할 수 있다. 따라서

$$x \approx \sqrt{2rh}$$

이다. 위 식에 지구 반지름 $r = 6400$ km, $h = 4.9$ m를 대입하여 풀면 x의 값은 7.9 km, 즉 대략 8 km가 된다. 결국 초속 8 km 속도의 크기로 발사하면 지상으로 낙하하지 않고 지구 주위를 원운동하게 된다. 한편 나중에 배우게 되겠지만 지구를 탈출할 수 있는 속도의 크기는 초속 약 11.2 km에 달한다. 만약 인공위성이 초속 8 km와 11.2 km 사이에서 운동한다면 원운동이 아닌 타원 궤도를 돌며 주기운동을 하게 된다(그림 5.12).

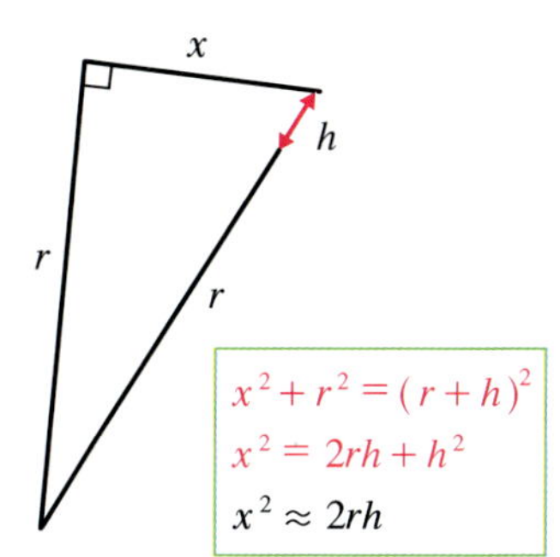

그림 5.11 중력과 원운동 조건. 피타고라스 정리를 이용하면 수평 거리와 수직 거리 간의 관계를 구할 수 있다. 수직 거리는 지구의 반지름에 비해 아주 작은 값이므로 수직 거리의 제곱 값은 무시하였다. 지구 반지름에 4.9 m를 곱하여 x를 구하면 약 7.9 km가 나온다. 이것은 초속 약 8 km에 해당한다.

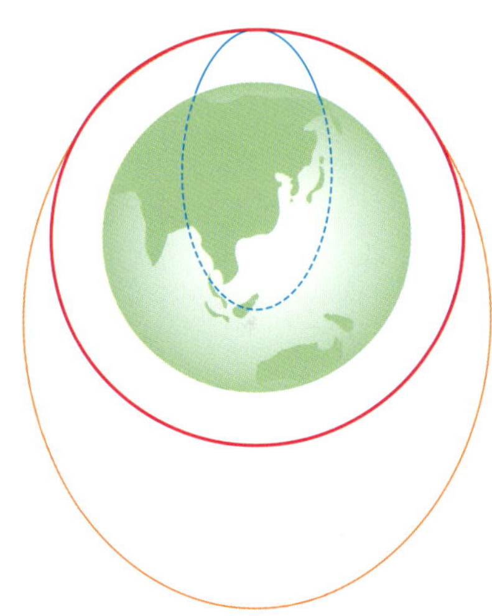

그림 5.12 지구 표면에서 수평으로 발사된 인공위성의 다양한 궤도. 초속 8 km 이하의 속력이면 포물선을 그리며 지상으로 낙하한다. 초속 8 km의 속력일 때 위성은 원 궤도를 돈다. 초속 8 km에서 11.2 km 사이이면 타원 궤도를 돈다. 초속 11.2 km는 지구를 탈출하는 속도의 크기이다.

5.3 관성 기준틀과 비관성 기준틀

가속되는 비행기나 버스 바닥에 구슬을 놓아 보라. 어떻게 되는가? 혹은 가속되는 버스 안에서 동전을 밑으로 떨어뜨려 보라. 어떠한 모양을 그리며 떨어지는가? 반면에 직선 도로를 일정한 속도로 달리는 버스에서 동전을 떨어뜨리면 어떻게 떨어지는지 관찰해 보라. 서 있는 승객을 위해 마련된 손잡이들은 버스가 일정한 속도로 달릴 때와 가속할 때 혹은 감속할 때 어떠한 반응을 보일 것인지 인식해 보았는가? 혹은 관찰해 보았는가?

관찰한다는 것은 우선 관찰자가 어디에 있느냐가 중요한 요소가 된다. 그림 5.13을 보자. 우리가 버스에 탔을 때 버스가 가속되면 힘을 받는다는 사실을 안다. 그리고 승객용 손잡이가 뒤로 움직인다는 사실 또한 잘 알고 있다. 그렇다면 버스 바깥에 있는 사람이 가속하는 버스 내부를 바라보았을 때는 어떻게 해석할까? 버스 바깥에 서 있는 사람은 움직이고 있지 않으므로 가속도는 없다(지구는 회전하고 있기

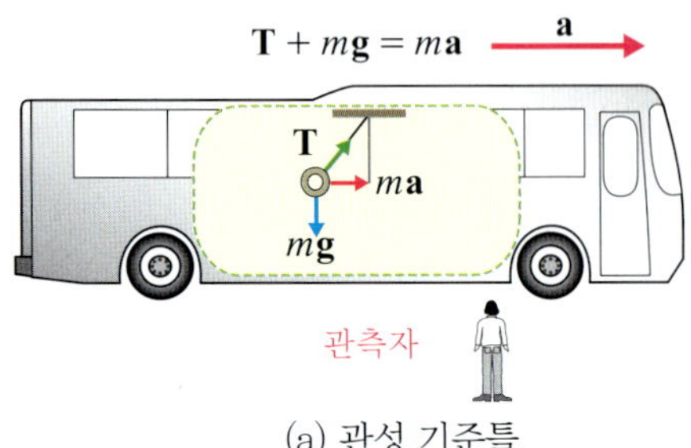

(a) 관성 기준틀.

버스 바깥, 즉 가속되지 않는 관성 기준틀에 서 있는 관측자에게 버스 안에 있는 승객용 손잡이는 버스와 함께 오른쪽으로 가속된다. 장력의 수평 성분이 오른쪽으로 가속되는 힘이다.

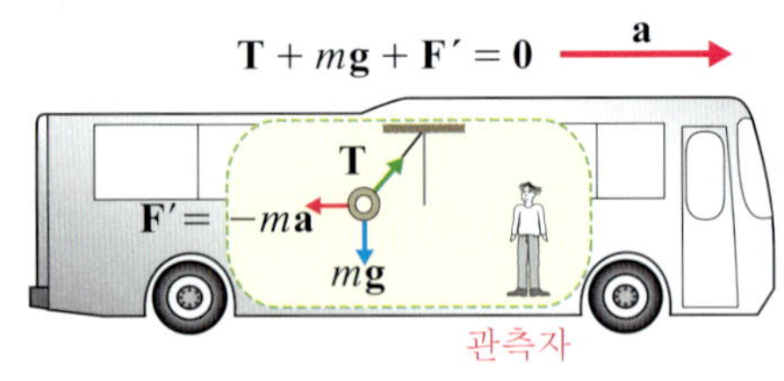

(b) 비관성 기준틀.

가속되고 있는 버스 안, 즉 비관성 기준틀에 있는 관측자에게 버스 안에 있는 승객용 손잡이는 정지한 것처럼 보인다. 따라서 왼쪽으로 작용하는 가상힘이 필요하다. 이러한 가상힘을 흔히 원심력이라 부른다. 여기서의 가상힘은 $\mathbf{F}' = -m\mathbf{a}$이다.

그림 5.13 관성 기준틀과 비관성 기준틀 1.

때문에 엄밀한 의미에서는 사실이 아니다). 이렇게 가속되지 않는 좌표를 관성 기준틀이라 부른다. 관성 기준틀에서 관측했을 때 승객용 손잡이는 버스와 함께 가속도 a로 운동하며 따라서 버스가 진행하는 방향으로 힘을 받는다.

손잡이의 장력을 T라 하면 뉴턴의 제2법칙으로부터

$$\mathbf{T} + m\mathbf{g} = m\mathbf{a}$$

이다. 가속도는 수평 방향으로만 작용하므로 수평 성분과 수직 성분으로 나누면

$$T_x = ma$$

$$T_y - mg = 0, \qquad T_y = mg$$

인 관계가 성립한다.

이와 반대로 버스 안에 있는 관측자(승객)의 입장에서 해석해 보자. 이때는 관측자도 버스와 함께 움직이므로 가속되고 있으며, 이렇게 가속되는 기준을 비관성 기준틀이라 부른다. 관측자가 보기에는 손잡이 역시 함께 가속되면서 움직이고 있으므로 상대적으로 손잡이는 가속도가 없는 것처럼 보인다. 따라서 뉴턴의 제2법칙에 따르면 $F = 0$이다. 그런데 손잡이 끈의 장력 T와 중력의 힘에 의한 합은 벡터적으로는 0이 아니다. 합력이 0이 되려면 버스의 진행 방향과는 반대로 ma만큼의 힘이 필요하다. 이러한 힘은 가상력(pseudo forces), 즉 가짜 힘이다. 그럼에도 불구하고 버스 안에 있는 승객은 이러한 가상력을 실제적인 힘으로 느낀다. 이 힘을 흔히 원심력이라 부르는데, 이는 원운동할 때 구심력과는 반대적인 의미로 사용되면서 일반화된 용어로 자리 잡았다. 그림 5.14는 보다 쉽게 이해하도록 하기 위한 것으로 버스 안에서 물체를 떨어뜨린 경우이다.

이번에는 원운동을 관찰하기로 한다. 여러 번에 걸쳐 원운동의 보기를 들면서 우리는 구심 가속도의 의미를 파악하였다. 즉 구심 가속도에 의한 구심력이 원 궤도를 유지해 주는 힘이며 이러한 구심력에는 중력, 실의 장력, 전기력 등이 있다고 설명

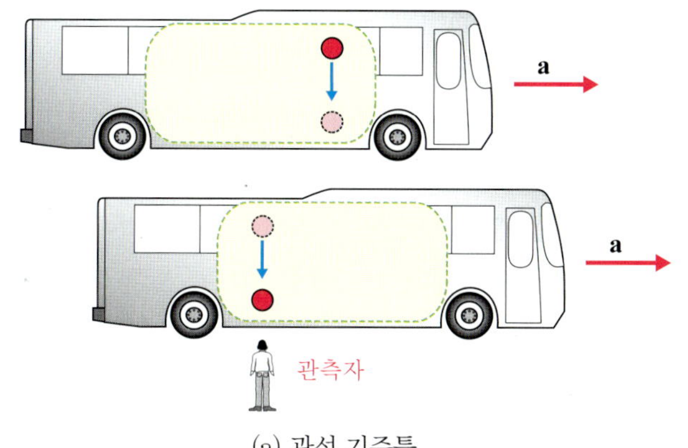

(a) 관성 기준틀.
관성 기준틀에 있는 관측자는 공이 곧장 아래로 떨어지는 것을 본다.

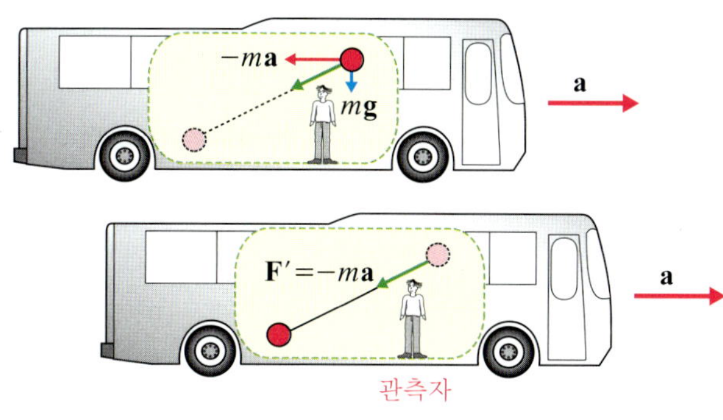

(b) 비관성 기준틀.
가속되는 버스 안에 있는 관측자는 공이 아래로 떨어지며 뒤로 움직이는 것을 보게 된다. 이때 관측자는 공을 뒤로 미는 가상힘이 존재한다고 믿는다.

그림 5.14 관성 기준틀과 비관성 기준틀 2.

하였다. 물론 자동차가 커브를 돌며 곡선운동을 하는 것도 일종의 원운동이라 할 수 있으며, 이때 구심력은 자동차 바퀴와 지면과의 마찰력이 담당한다. 실에 매달린 물체가 원운동하는 모습을 바깥에서 관측한다고 하자(그림 5. 15). 그러면 관측자는 당연히 실의 장력이 구심력의 역할을 한다는 사실을 깨닫게 된다. 반면에 원운동을 하는 물체와 함께 원 궤도에 있는 관측자는 어떻게 느끼게 되는 것일까? 자동차가 커브를 돌 때 어느 쪽으로 힘을 받는지는 누구나 알 것이다. 즉 커브의 바깥쪽으로 힘을 받는다. 이렇게 바깥을 향해 힘을 받는 이유는 구심력에 대해 정확히 반대이며 크기가 같은 힘이기 때문이다. 즉 앞에서 설명했지만 가속 운동하는 물체와 함께 있

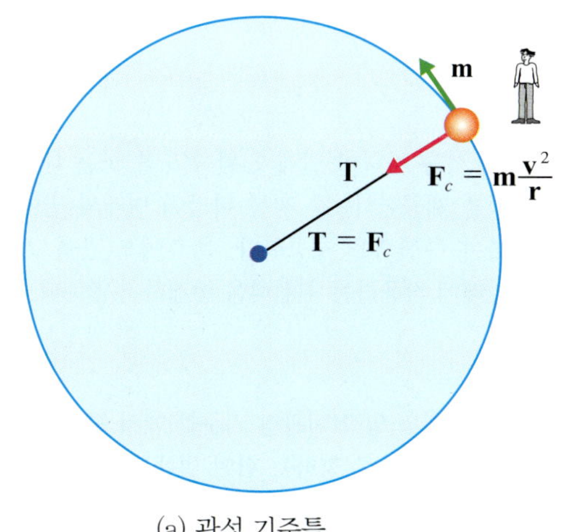

(a) 관성 기준틀.
끈에 매단 공이 원운동하는 것을 바깥에서 바라본 모습. 끈의 장력이 공이 원운동하는 데 필요한 구심력을 제공해 준다.

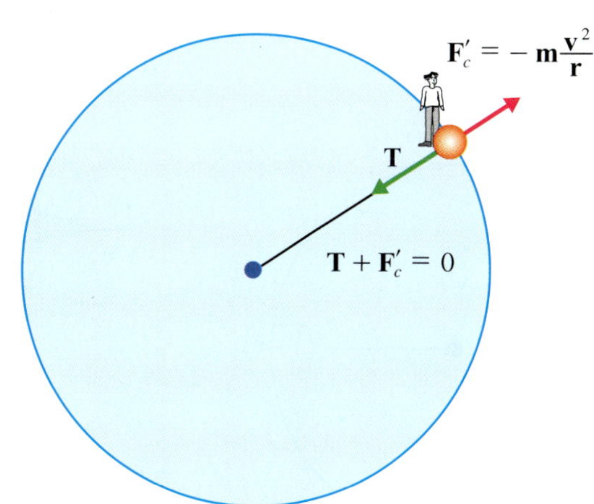

(b) 비관성 기준틀.
공의 기준으로 보았을 때 공에는 아무런 가속 성분이 없다. 즉 합력이 0이다. 따라서 공의 입장(공을 이루는 원자나 분자들)에서는 끈의 장력에 반대되는 가상힘을 느끼게 된다.

그림 5.15 관성 기준틀과 비관성 기준틀 3.

는 관측자에게 그 물체의 가속도는 0이므로 어떠한 힘도 작용하지 않는다고 주장할 것이기 때문이다. 이때 구심 가속도와는 반대의 방향으로 작용하는 가속도에 의해 생기는 가상력을 **원심력**(centrifugal forces)이라 부른다. 말 그대로 중심에서 바깥을 향하는 힘이라는 뜻이다.

그렇다면 위와 같이 원 궤도를 도는 물체, 예를 들면 우주선이나 비행기에 탑승한 승객은 어떠한 힘을 느끼게 되는 것일까? 앞에서 언급했던 커브를 도는 자동차를 생각하자. 자동차에 탄 사람은 커브를 돌 때 바깥쪽으로 힘을 받는다. 예를 들어 왼쪽으로 급하게 커브를 돌 때 운전석 오른쪽, 즉 조수석에 탄 사람의 몸은 문 쪽으로 기울게 된다. 만약 자동차의 문이 열린다면 당연히 바깥으로 튕겨나갈 것이다! 이때 조수석에 탄 사람이 자동차와 함께 원 궤도를 돌 수 있게 만드는 것은 다름 아닌 자동차의 문이다. 물론 스스로 힘을 바짝 주고 손잡이를 단단히 잡으면 문이 열려도 상관없다. 하지만 이때는 엉덩이와 의자 사이의 마찰력과 손에 가해진 힘이 구심력의 역할을 하고 있다는 사실을 명심해야 한다.

그림 5.16은 커브를 도는 자동차에 탄 사람인 경우를 보다 알기 쉽게 설명하기 위해 도입한 보기이다. 즉 실에 매달려 있는 깡통에 무당벌레를 넣고 돌리는 상황을 그려본 것이다. 당연히 실의 장력이 깡통의 원운동을 유발하는 구심력 역할을 한다. 그리고 벌레가 원운동을 하게 하는 구심력은 깡통의 바닥이다. 벌레는 어떠한 힘을 느끼게 될까? 당연히 벌레는 바깥으로 향하는 힘, 즉 원심력을 느낄 것이다. 그리고 이러한 원심력은 벌레의 발을 통해 깡통 바닥에 전달된다. 그러면 깡통 바닥은 뉴턴의 제3법칙에 따라 반작용, 즉 항력을 일으킨다. 그런데 이러한 수직 항력에 의해 벌레는 마치 지상에 있는 사람들이 중력을 느끼는 것과 같은 힘을 느끼게 된다. 이제 벌레는 깡통 밑바닥을 걸어다닐 수 있게 된 것이다. 이러한 원리를 이용하면 우주정거장에 지상에서와 같은 크기의 중력을 만들어 사람들의 생활을 가능하게 할 수 있다. 그림 5.9를 다시 보기 바란다.

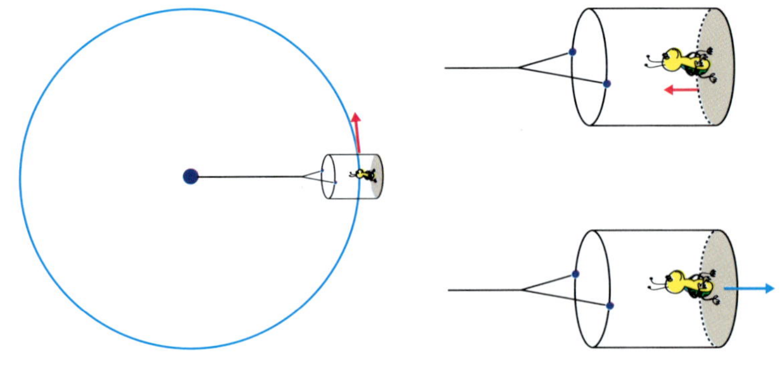

(b) 깡통 바닥이 벌레가 원 궤도를 도는 데 필요한 구심력을 제공한다. 즉 깡통 바닥이 벌레의 발에 압력을 가하여 구심력을 제공한다. 바깥에서(관성 기준틀) 보면 벌레에 작용하는 원심력은 존재하지 않는다.

(c) 벌레의 입장(비관성 기준틀)에서 보면 회전운동 중심에서 바깥으로 향하는 힘이 벌레를 깡통 바닥에 붙어 있게 한다. 벌레는 실제적인 힘(중력처럼)으로 느낀다.

(a) 원운동을 하는 깡통과 그 속에 있는 벌레. 실은 깡통(벌레 포함)이 원운동을 할 수 있는 구심력을 제공한다.

그림 5.16 원운동과 구심력.

5장 학습문제

5.1 다음 힘들에 대하여 뉴턴의 제3법칙은 두 번째 힘을 요구한다. 각각의 힘에 대한 제2의 힘을 기술하라.

(a) 바닥이 한 사람의 발에 작용하는 500 N의 상항력(수직 항력).

(b) 바다 표면에 떠 있는 500 ton의 배가 물 표면을 누르는 힘.

(c) 지구가 달을 당기는 힘.

답: (a) 그 사람의 발이 바닥을 누르는 500 N의 밑으로 향한 항력(무게를 뜻함).

(b) 물 표면이 배의 밑바닥에 작용하는 490만 N의 항력.

(c) 달이 지구에 작용하는 반대 방향의 인력.

5.2 질량이 60 kg인 사람이 엘리베이터에 타서 1층에서 12층으로 올라간다. 처음 3초 동안 엘리베이터는 2 m/s^{2}로 가속된다. 3초간 가속되는 동안에 엘리베이터가 이 사람에게 작용하는 힘을 구하라.

풀이: 사람에게 작용하는 힘은 중력에 의한 아래 방향의 무게와 엘리베이터가 사람에게 작용하는 수직 항력이다. 이 두 힘에 대한 알짜 힘이 가속도를 유발한다. 즉 $\mathbf{F} = \mathbf{N} + \mathbf{W}$에서 위 방향을 양으로 잡으면

$$F = N - W$$

이다. 따라서

$$N - mg = ma$$

가 된다. 그러면 수직 항력은

$$N = mg + ma = m(g + a)$$

가 된다. 결국 구하고자 하는 값은

$$N = 60 \times (9.8 + 2)\text{N} = 708\ \text{N}$$

이다. 만약 체중계 위에 서 있다면 평소 60 kg을 가리키던 바늘이 다른 값을 가리킬 것이다. 이 경우 그 값은 얼마인가?

5.3 비행기가 이륙하기 위해 활주로를 달린다. 처음 정지한 상태로부터 일정한 비율로 시속 200 km의 속도를 낼 때까지 700 m를 달렸다. 그렇다면 질량이 40 kg인 한 어린 승객에게 작용된 힘, 즉 **비행기가 작용한 알짜 힘**은 얼마인가?

풀이: 이 문제는 앞에서 다루었던 눈썰매의 운동과 비슷하다. 어린 승객에게 작용하는 힘들을 살펴보면 중력에 의한 무게, 이를 떠받치는 의자에 의한 수직 항력 그리고 수평으로의 비행기 추진력이다. 우리는 오직 수평 방향에 대해서만 고려하면 된다. 운동방정식 중 처음 속도와 나중 속도 그리고 이동한 거리에 대한 식, 즉

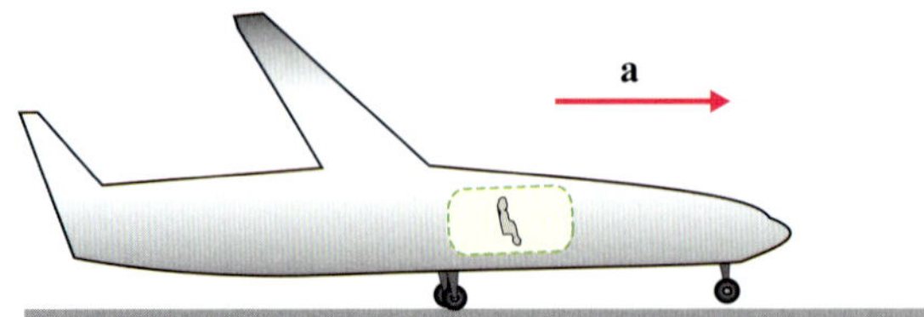

(a) 가속도 a로 활주로를 달리는 비행기와 승객. 안에 있는 승객들은 어떠한 힘을 받을까?

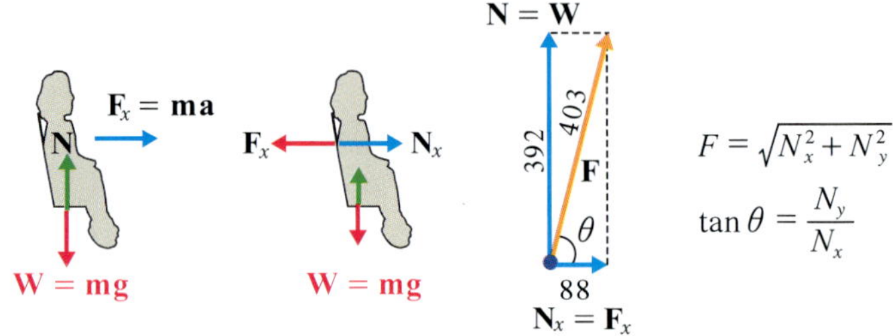

(b) 의자에 앉아 있는 한 승객에 작용하는 힘들. 아래로 작용하는 무게는 의자의 수직 항력을 유발한다. 수평 방향 가속도로 가속되는 힘은 승객의 질량과 가속도의 곱으로 나타난다. 그리고 이러한 수평 방향의 힘은 의자 받침대의 항력과 같다. 만약 의자 받침대가 없다면 승객은 뒤로 향하는 힘(일종의 가상력이며 원심력이라 부른다)에 의해 넘어지게 된다. 총 힘은 수평과 수직 방향 힘의 벡터 합이며 그 방향은 그림과 같이 주어진다.

그림 5.17

식 (4.9)를 적용하면 가속도를 구할 수 있다. 우선 속도의 시속을 초속으로 고쳐야 한다.

$$v = \frac{200\text{ km}}{\text{h}} = \frac{200\text{ km}\left(\frac{1000\text{ m}}{\text{km}}\right)}{\text{h}\left(\frac{3600\text{ s}}{\text{h}}\right)} = 55.6\text{ m/s}$$

초속도는 없으므로 $v^2 = v_0^2 + 2a(x - x_0)$에서

$$v^2 = 0 + 2a(x - 0)$$

이므로,

$$a = \frac{v^2}{2x} = \frac{(55.6\text{ m/s})^2}{2(700\text{ m})} = 2.2\text{ m/s}^2$$

이다. 따라서 수평으로 작용하는 힘의 크기는

$$F_x = ma = (40\text{ kg})(2.2\text{ m/s}^2) = 88\text{ N}$$

이다. 반면에 수직으로 작용하는 힘은

$$N = mg = (40\text{ kg})(9.8\text{ m/s}^2) = 392\text{ N}$$

이다. 이를 벡터로 표시하면

$$\mathbf{F} = F_x\hat{i} + N\hat{j} = (88\,\hat{i} + 392\,\hat{j})\text{ N}$$

이다. 총 힘의 세기는

$$F = \sqrt{(88)^2 + (392)^2}\,\mathrm{N} = 403\,\mathrm{N}$$

이 된다.

이제 이 문제를 좀 더 살펴보자. 우리가 비행기 혹은 버스를 탔을 때 처음 속도를 내는 동안에는 가속되는 방향에 대하여 반대로 힘을 느낀다(사실인지 직접 실행해 보라). 만약 의자가 없다면 뒤로 넘어질 것이다. 이 때 의자 등받이가 그러한 항력으로 작용하게 되어 넘어지지 않는 것이다.

5.4 100원짜리 동전이 2초에 1회전하는 회전 원판 가장자리에 놓여 있다. 이 동전이 미끄러지지 않고 정지해 있을 최소 마찰계수는 얼마인가? 동전은 중심으로부터 20 cm인 곳에 있다.

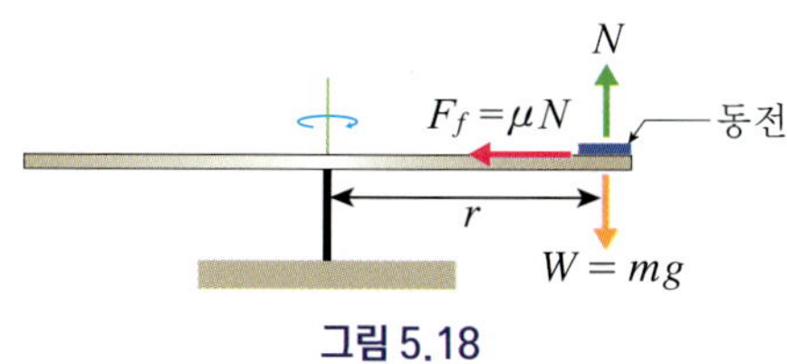

그림 5.18

풀이: 이 동전에 작용하는 힘들의 성분을 보면 중력(W), 수직 항력(N) 그리고 마찰력(F_f)이다(그림 5.17). 따라서 뉴턴의 제2법칙을 적용하면

$$\mathbf{W} + \mathbf{N} + \mathbf{F}_f = m\mathbf{a}$$

이다. 그림과 같이 힘의 성분을 수직 성분과 수평 성분으로 나누어 보면 가속도가 발생하는 성분은 오직 수평 성분이며 이는 구심 가속도에 해당한다. 그리고 마찰력이 구심 가속도의 역할을 한다는 것을 알 수 있다. 그러면

$$F_f = ma_c = m\frac{v^2}{r}, \qquad N - W = 0$$

의 관계식을 얻는다. 여기서 $W = mg$이며 따라서 $N = mg$이다. 마찰계수를 μ라고 하면 마찰력은 $F_f = \mu N = \mu mg$로 주어진다. 따라서 $\mu mg = m\frac{v^2}{r}$로부터 마찰계수는 $\mu = \frac{v^2}{rg}$가 된다. 한편 회전은 2초에 한 번 이루어지므로 주기 $T = 2$ s이다. 이로부터 속도는

$$v = \frac{2\pi r}{T} = \frac{2\pi r}{2} = \pi r(\mathrm{m/s})$$

이다. 이상을 종합하여 마찰계수를 구하면

$$\mu = \frac{(\pi r)^2}{rg} = \frac{\pi^2 r}{g} = \frac{(3.14)^2(0.20)}{9.8} = 0.20$$

이 된다.

5.5 다음은 2008년 1월 31일자 동아일보 기사 중 국제 우주정거장에 관한 내용이다. **축구장 규모의 크기로 길이가 108 m, 폭이 88 m로 총 7명까지 거주가 가능하도록 설계되었다. 지구 표면에서 고도 350~460 km를 유지하며 비행속도 시속 2만 7700 km로 90분마다 지구를 한 바퀴 회전한다(그림 5.19).** 그렇다면 위와 같은 비행 속도와 90분의 회전 주기가 타당한 것인지 증명해 보라.

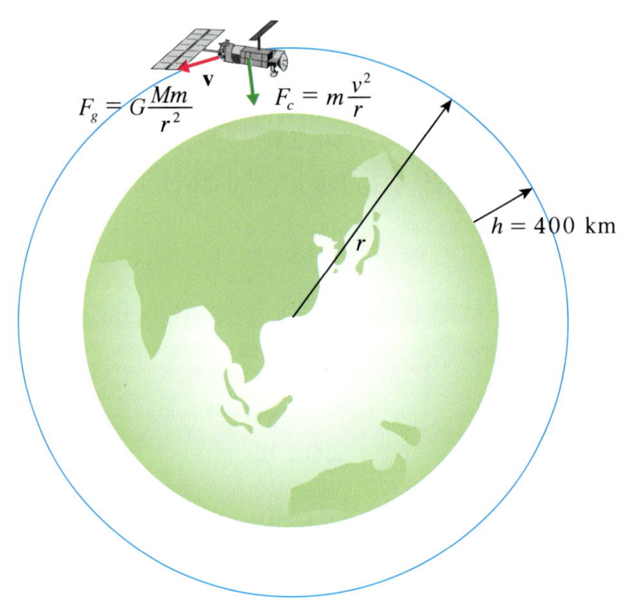

그림 5.19 인공위성의 궤도와 중력. 중력은 원운동을 하는 물체의 구심력 역할을 한다. 이러한 사실로부터 우주정거장의 속도를 구할 수 있다. 우주정거장 안에서는 왜 무중력 상태가 되는지 생각해 보았는가?

풀이: 우주정거장이 원운동을 한다는 사실에서 구심 가속도가 생기고, 이러한 구심 가속도에 의한 구심력이 곧 중력에 해당한다. 그러면 뉴턴의 제2법칙으로부터

$$F_c = ma_c = m\frac{v^2}{r} = F_g$$

이고,

$$m\frac{v^2}{r} = G\frac{M_E m}{r^2}$$

이다. 따라서 궤도 속력은

$$v = \sqrt{G\frac{M_E}{r}} = \sqrt{(6.67 \times 10^{-11})\frac{(6.0 \times 10^{24})}{(6.8 \times 10^{6})}} = 7.8 \times 10^{3}\,(\text{m/s})$$

이다. 다음으로 회전 주기를 구해 보자. 회전 주기는 회전하는 원 둘레를 위에서 구한 속도로 나누면 된다. 즉

$$T = \frac{2\pi r}{v} = \frac{(2)(3.14)(6.8 \times 10^6 \text{ m})}{(7.8 \times 10^3 \text{ m/s})} = 5.5 \times 10^3 \text{ s}$$

이다. 이와 같은 시간은 약 92분에 해당한다. 이로써 기사에 나와 있는 우주정거장의 회전속도와 한 바퀴 도는 데 걸린 시간이 왜 그러한 값으로 나오는지 이유를 알게 되었다.

5.6 지구와 달 사이의 거리는 384,000 km이다.

(a) 지구 둘레를 도는 달의 속력을 구하라.

(b) 달이 지구 둘레를 한 바퀴 도는 데 걸리는 시간을 구하라.

답: (a) 1.0 km/s. (b) 27일.

5.7 지구는 태양에서 평균 1억 5천만 km 반경으로 공전한다. 공전 주기는 365일이다.

(a) 지구가 태양 둘레를 도는 공전 속력을 구하라.

(b) 태양의 질량을 구하라.

답: (a) 30 km/s. (b) 2.0×10^{30} kg.

5.8 달의 질량과 반지름은 각각 7.4×10^{22} kg과 1.7×10^6 m이다. 달 표면에 있는 물체의 중력 가속도를 계산하라.

풀이: 달 표면에서의 물체의 중력 가속도를 g_M이라 하면

$$g_M = G\frac{M_M}{R_M^2} = (6.67 \times 10^{-11})\frac{(7.4 \times 10^{22})}{(1.7 \times 10^6)^2} = 1.7(\text{m/s}^2)$$

이다. 이 값은 지구에서의 중력 가속도에 비해 약 6배 작은 값이다.

5.9 학습문제 5.6에서 우리는 달의 속력 1 km/s와 공전 주기 27일을 얻었다. 그렇다면 달은 시간당 몇 미터씩 떨어지면서 공전하고 있는가? 즉 위에서 설명했던 높이 h는 얼마인가?

풀이: 달은 1초에 1 km 이동한다. 따라서 1시간 동안 이동 거리 $x = 3600$ km이고, $r = 3.84 \times 10^5$ km이다. $x \approx \sqrt{2rh}$ 에서

$$h = \frac{x^2}{2r} = \frac{(3.6 \times 10^3 \text{ km})^2}{2 \times 3.84 \times 10^5 \text{ km}} = 1.7 \text{ km}$$

이다.

5.10 그림 5.19와 같이 실에 매달려 있는 쇠구슬이 일정한 각도를 유지하며 원운동을 하고 있다. 이 추의 속도를 원운동하는 반지름과 각도로 나타내라.

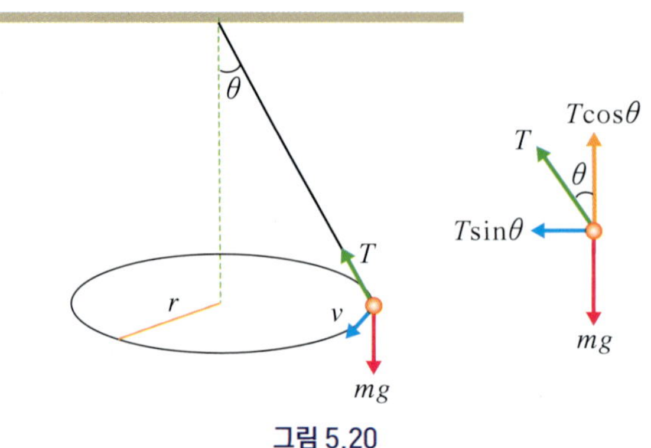

그림 5.20

풀이: 추를 매달고 있는 실의 장력(힘) 성분을 x축과 y축으로 나누어 뉴턴의 제2법칙을 적용한다. y축인 수직 방향으로는 추의 가속도 성분이 없다. 반면에 x방향으로는 구심력이 작용한다. 실의 장력을 T라 하면

$$x:\quad T\sin\theta = ma = m\frac{v^2}{r}$$

$$y:\quad T\cos\theta - mg = 0$$

이다. 여기서 r은 원운동 궤도의 반지름에 해당한다. 위 식에서 $T = \dfrac{mg}{\cos\theta}$, $\tan\theta = \dfrac{v^2}{rg}$를 얻는다. 따라서 구하는 속도는 다음과 같이 표현된다.

$$v = \sqrt{rg\tan\theta}$$

5장 연습문제

5.1 밧줄을 사용하여 1500 kg의 자동차를 0.650 m/s^{2}로 가속시키고자 한다. 밧줄은 얼마만큼의 힘, 즉 장력을 견디어야 하는가?

5.2 포유류의 심장 박동은 0.1초 동안에 20 g의 피가 0.25 m/s로부터 0.35 m/s로 가속된다고 한다. 그렇다면 심장 근육이 작용하는 힘의 크기는 얼마인가?

5.3 원심분리기를 통하여 4 g의 물체를 10,000 g로 가속시켜야 한다면 필요한 힘은 얼마인가?

5.4 투포환 선수가 포환을 2.9 m 거리만큼 쥐고 가다가 13 m/s의 속력으로 던졌다면 7.0 kg에 작용된 평균 힘은 얼마인가?

5.5 2개의 벽돌이 그림과 같이 마찰이 없는 실린더의 양쪽에 매달려 있다. 이 시스템이 정지 상태에서 움직이기 시작하여 자유롭게 되었을 때 각 벽돌의 가속도와 끈의 장력을 질량과 중력 가속도로 나타내라. 이렇게 2개의 물체를 1개의 도르래를 통해 매달아 놓은 장치를 애트우드(Atwood) 기계라 부른다. 단, $m_1 > m_2$이다.

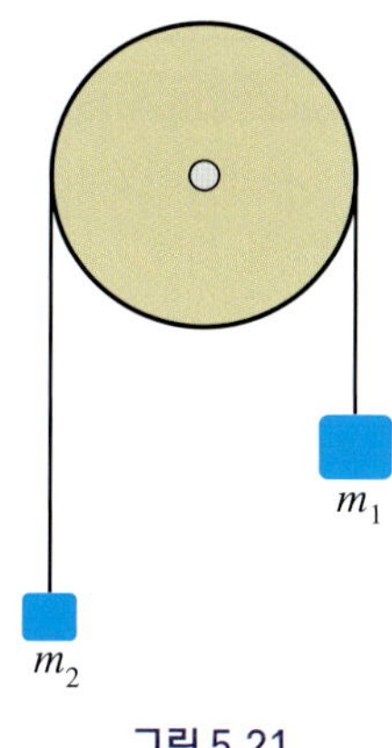

그림 5.21

5.6 연습문제 5.5에서 $m_1 = 4$ kg, $m_2 = 2$ kg이라면 m_1이 30 cm 움직인 후의 속력은 얼마가 되는가?

5.7 50 kg인 물체가 마찰이 없는 경사면을 따라 내려오고 있다. 경사면은 30°이다.

(a) 이 물체에 수직으로 작용하는 힘 F를 구하라.
(b) 이 물체에 경사면을 따라 작용하는 힘을 구하라.
(c) 이 물체의 가속도를 구하라.

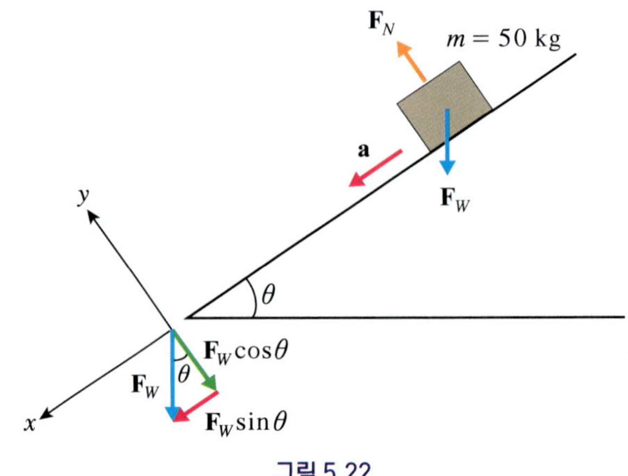

그림 5.22

5.8 질량 $m_1 = 50$ kg과 $m_2 = 70$ kg인 2개의 벽돌이 그림과 같이 줄에 연결되어 있다. 줄의 무게는 무시하고 수평면의 마찰 역시 무시된다고 가정하자.

(a) m_2의 가속도를 구하라.

(b) 줄의 장력을 구하라.

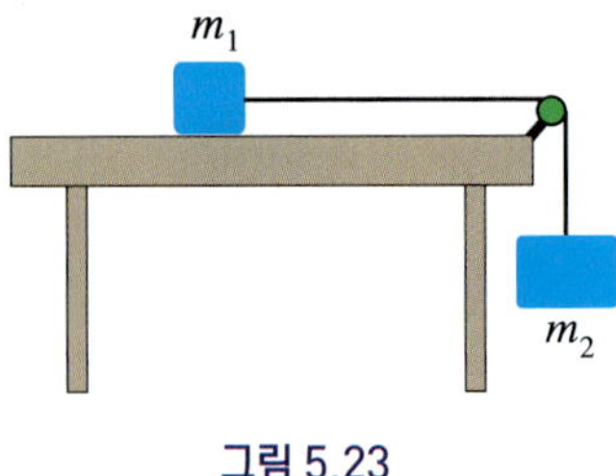

그림 5.23

5.9 물체가 그림과 같이 고정된 채로 있을 때 정적 평형(static equilibrium) 상태에 놓여 있다고 한다. 이러한 경우 뉴턴의 제2법칙은 '$\mathbf{F} = 0$'에 해당한다. 정적 평형 상태의 조건을 이용하여 각 줄에 대한 장력 T_1, T_2, T_3를 구하라.

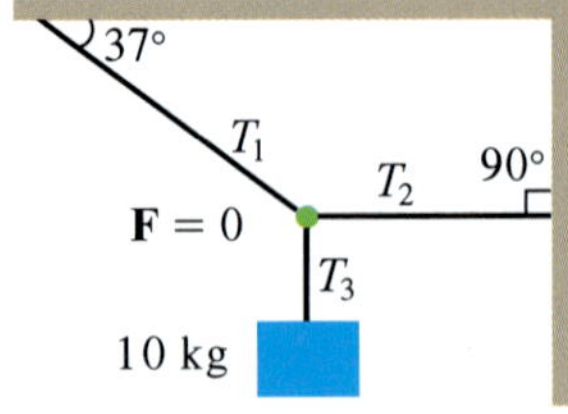

그림 5.24 정적 평형.

5.10 그림과 같이 10 kg의 물체가 두 줄에 매달려 있다. 줄들의 장력 T_1, T_2를 구하라.

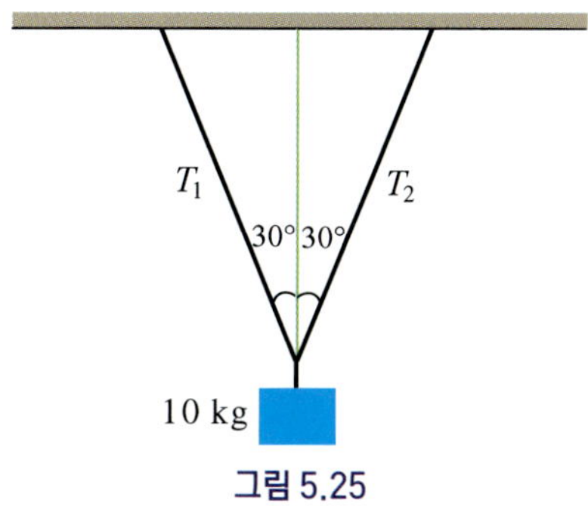

그림 5.25

5.11 질량 1000 kg의 자동차가 반경 50 m의 평평한 커브 길을 시속 50 km의 속력으로 움직인다. 길바닥과 자동차 바퀴와의 정지 마찰계수가 (a) 0.60인 경우, (b) 0.20인 경우 이 자동차가 커브를 돌 수 있는지 판단해 보라.

5.12 우주 공간에 우주정거장을 건설하기 위하여 자전거 바퀴와 같은 모양으로 설계할 예정이다. 즉 가는 튜브가 중심의 축을 돌게 되어 있으며 그 반지름은 1.6 km이다.

(a) 사람들이 걸어다닐 수 있는 면은 튜브 내면의 어느 쪽에 해당하는가?

(b) 지구의 중력과 같은 효과를 갖기 위해서는 하루에 몇 회전을 해야 하는가?

5.13 질량이 같은 두 별이 일정한 거리 8.0×10^{10} m를 유지하면서 중간점을 중심으로 서로 회전하고 있다. 공전 주기는 12.6년이다. 다음 물음에 답하라.

(a) 두 별은 인력인 중력에 의하여 서로 끌어당김에도 불구하고 왜 충돌하지 않는가?

(b) 두 별의 질량을 구하라.

5.14 다음 그림은 질량 m인 물체가 높이 H인 곳에서 수평 성분의 속도 v_x로 출발하여 거리 D인 곳에 떨어질 때까지의 운동 모습을 스케치한 것이다. 점 A에 작용하는 힘을 화살표로 표시하고 그 이유를 설명해 보라.

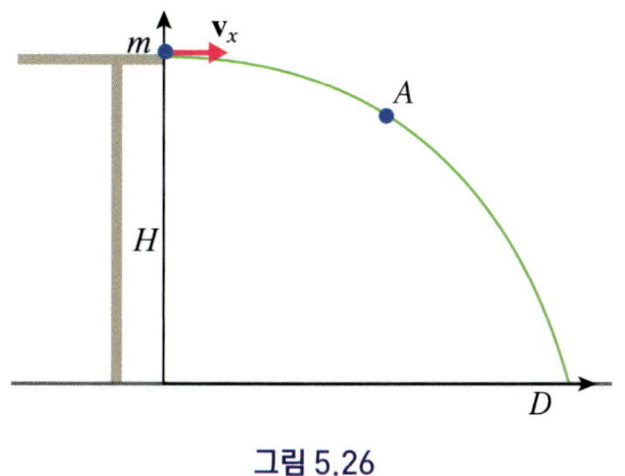

그림 5.26

5.15 그림과 같이 하나의 물체가 실에 매달려 일정한 속력의 크기를 가지고 원운동을 하고 있다. 이 물체에 작용하는 힘을 화살표로 나타내고 그 이유를 설명하라.

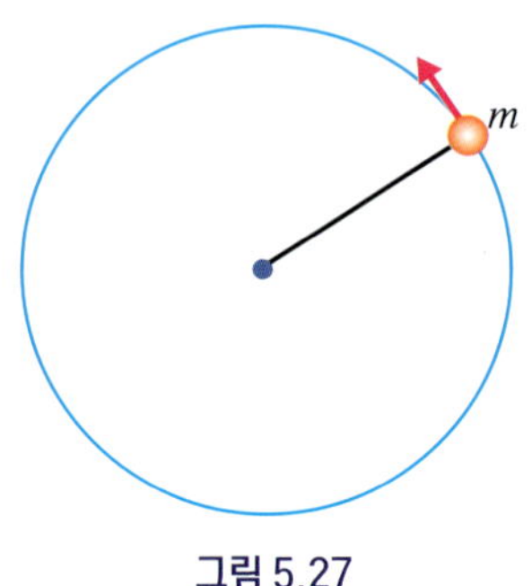

그림 5.27

5.16 그림 5.14에서처럼 버스가 가속도 a로 속도를 증가시키고 있다. 이 버스 안에서 하나의 구슬을 앞 방향으로 굴러가게 하였다. 버스 안에 있는 사람은 이 구슬의 운동을 어떻게 설명할 것인가? 그리고 버스 밖에 서 있는 사람은 구슬의 운동을 어떻게 볼 것인지 설명해 보라.

5.17 점점 빨라지는 버스 안에서 구슬을 위로 던졌다. 버스 안에서 본 구슬의 운동과 버스 밖에서 본 구슬의 운동을 설명하라.

5.18 뉴턴이 작용–반작용의 제3법칙을 발표하자 런던 교외 시골에 있는 한 유능한 말이 주인에게 다음과 같이 선언했다는 소문이 돌았다. 즉 "뉴턴의 제3법칙에 의하면 내가 마차에 주는 힘이 무엇이든지 간에 마차 역시 크기가 같고 방향이 반대인 힘을 작용할 것이다. 따라서 이 체계에 작용하는 알짜 힘은 0이 되고 결국 마차는 움직일 수 없다. 그러므로 나는 마차를 끌 수 없다." 이러한 주장에 대해 문제를 지적하고 말이 마차를 끌도록 논리적인 설명을 하라.

5장 연습문제 해답

5.1 975 N.

5.2 0.020 N.

5.3 390 N.

5.4 200 N.

5.5 끈의 장력을 F_T, 중력에 의한 힘을 F_W, 가속도를 a라 하자. 여기서 m_1의 물체는 아래로 가속되며 m_2는 위로 가속된다. 뉴턴의 제2법칙을 각각의 물체에 적용하면 $F_{W_1} - T = m_1 a$, $T - F_{W_2} = m_2 a$ 이다. 여기서 $F_{W_1} = m_1 g$, $F_{W_2} = m_2 g$ 이다. 가속도와 장력을 구하면

$$a = \frac{m_1 - m_2}{m_1 + m_2} g$$

$$T = m_1(g - a) = \frac{2m_1 m_2}{m_1 + m_2} g$$

가 된다.

5.6 $v^2 = v_0^2 + 2ay$ 에서 $y = 30\text{ cm} = 0.3\text{ m}$, $v_0 = 0$, $a = \frac{4-2}{4+2}(9.8\text{ m/s}^2) = 3.3\text{ m/s}^2$ 를 대입하여 풀면 $v = 1.4\text{ m/s}$이다.

5.7 중력에 의한 힘을 F_W, 수직 항력을 F_N이라 하고 경사면의 방향을 x축으로 잡는다. 그러면 $a_x = a$, $a_y = 0$이다. 뉴턴의 제2법칙을 각 성분으로 나누어 보면 $F_W \sin\theta = ma$, $F_N - W\cos\theta = 0$이 된다.

(a) $F_N = F_W \cos\theta = mg\cos\theta = (50\text{ kg})(9.8\text{ m/s}^2)(\cos 30^\circ) = 425\text{ N}$.

(b) $F_W \sin\theta = (50\text{ kg})(9.8\text{ m/s}^2)(\sin 30^\circ) = 245\text{ N}$.

(c) $a = \dfrac{mg\sin\theta}{m} = g\sin\theta = \dfrac{1}{2} g$.

5.8 $F_T = m_1 a$, $F_{W_2} - m_1 a = m_2 a$.

(a) $a = \dfrac{F_{W_2}}{m_1 + m_2} = \dfrac{m_2}{m_1 + m_2} g = \dfrac{70\text{ kg}}{120\text{ kg}}(9.8\text{ m/s}^2) = 5.7\text{ m/s}^2$.

(b) $F_T = \dfrac{m_1 m_2}{m_1 + m_2} g = 290\text{ N}$.

5.9 그림과 같이 힘의 성분들을 x와 y 방향으로 구분하면 힘의 평형 조건은

$$F_x = 0$$

$$F_y = 0$$

이다. 따라서

$$T_2 - T_1 \cos 37^\circ = 0$$

$$T_1 \sin 37^\circ - T_3 = 0$$

이다. 장력 T_3는 물체의 무게와 같으므로 $T_3 = mg = (10\text{ kg})(9.8\text{ m/s}^2) = 98\text{ N}$이다. 따라서

$T_1 = \dfrac{T_3}{\sin 37°} = 163\text{ N}$, $T_2 = T_1 \cos 37° = 130\text{ N}$이다.

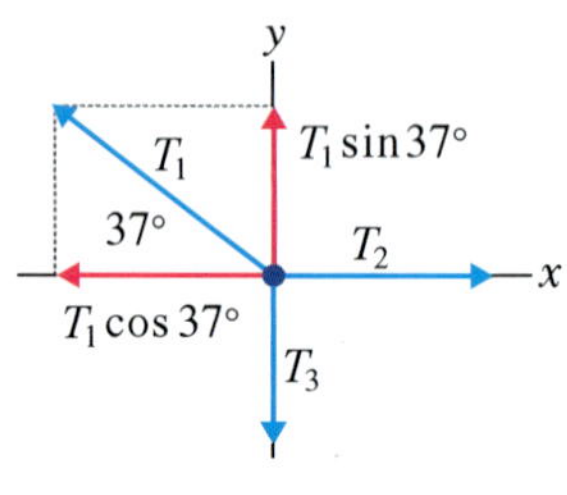

그림 5.28

5.10 $T_1 = T_2 = 57\text{ N}$. (힌트: $2T\cos\theta = mg$.)

5.11 자동차가 커브를 돌며 원운동을 하게 되면 구심력이 나타나고, 이 구심력의 역할을 하는 것이 곧 마찰력이다. 구심력은

$$F_c = m\frac{v^2}{r} = \frac{(1000\text{ kg})(14\text{ m/s})^2}{(50\text{ m})} = 3900\text{ N}$$

이다. 그리고 자동차 수직 항력의 크기는 곧 자동차의 무게와 같으므로

$$F_N = mg = (1000\text{ kg})(9.8\text{ m/s}^2) = 9800\text{ N}$$

이다.

(a) 마찰계수가 0.6이면 마찰력은 $F_f = (0.60)(9800\text{ N}) = 5900\text{ N}$이다. 따라서 이 경우 자동차는 미끄러지지 않고 커브를 돌 수 있다.

(b) $F_f = (0.20)(9800\text{ N}) = 2000\text{ N}$이다. 이 경우 마찰력은 구심력에 미치지 못하므로 자동차는 미끄러지고 만다.

5.12 (a) 회전축에서 가장 먼 쪽. (b) 1.1×10^3 rev/day.

5.13 (b) 9.6×10^{26} kg.

5.18 먼저 수레바퀴에 작용하는 힘들을 고려한다. 즉 중력과 수직 항력 그리고 마찰력 등이며, 이 중 수평 방향의 힘이 말에 의해 작용된 힘과 관계를 맺는다. 즉 말에 있어서는 수레를 끄는 데 필요한 힘의 반작용 힘과 말의 발과 지면과의 마찰력 관계를 고려해야 한다. 그림을 그려 위와 같은 관계를 명확히 설명해 보라. 말의 주장은 마차와 말로만 구성된 **고립계**(an isolated system)만을 고려하고 있다. 기둥에 줄을 달고 그 줄을 잡아당긴다고 생각해 보라. 크게 보면 '말-마차'와 지구를 생각해야 한다. '말-마차' 계(system)는 지구를 미는 힘의 반작용과 지구가 '말-마차' 계를 미는 힘에 의해 앞으로 간다고 말할 수 있다.

일과 에너지 6

우리는 일상생활에서 '일'이라는 용어는 물론 '**에너지**'라는 용어도 자주 접하고 사용한다. 사람이 물건을 옮기거나 망치질 혹은 운전을 했을 때는 물론 책상 앞에 앉아 사무를 보거나 공부를 하여도 일을 했다고 한다. 이 장을 통하여 물리학적인 일은 어떻게 정의되고 에너지와는 어떻게 연관되는지 알아보기로 한다. 아울러 에너지의 개념과 함께 그 종류는 물론 자연에 내재되어 있는 에너지 보존법칙 등을 폭넓게 살펴보기로 하자.

학습 내용

- 일(work): $W = \mathbf{F} \cdot \mathbf{s}$, $\mathrm{N} \cdot \mathrm{m} = \mathrm{Joule}$.

$$W_{a \to b} = \int_a^b F_x(x)dx.$$

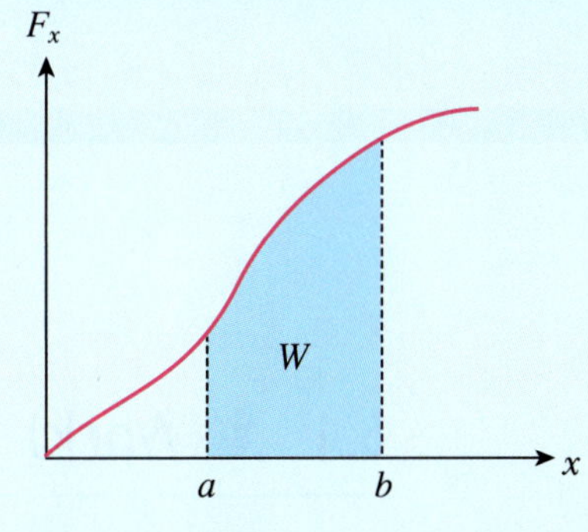

용수철에 의한 일: $W = \frac{1}{2}kx^2$.

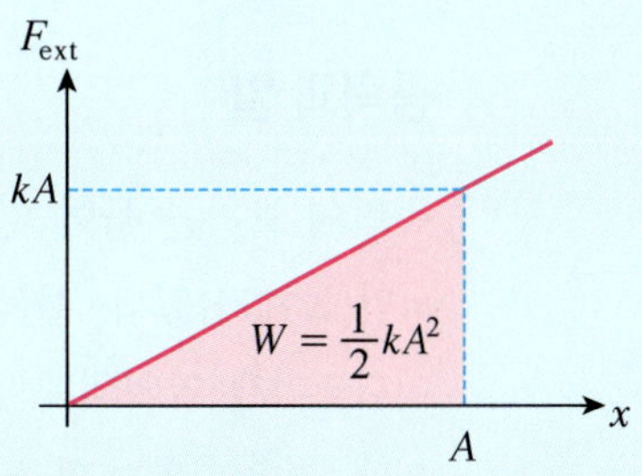

- 일률(power): $P = \frac{dW}{dt}$, $\mathrm{J/s} = \mathrm{Watt}$.

$$P = \mathbf{F} \cdot \mathbf{v}.$$

- 운동에너지(kinetic energy): $K = \frac{1}{2}mv^2$.

- 일과 운동에너지: $W = \frac{1}{2}mv_2^2 - \frac{1}{2}mv_1^2$.
- 퍼텐셜 에너지(potential energy):

  중력 퍼텐셜 에너지; $U_g(r) = -G\frac{Mm}{r}$.

  탄성 퍼텐셜 에너지; $U_s = \frac{1}{2}kx^2$.
- 힘과 퍼텐셜: $F = -\frac{dU}{ds}$.
- 역학적 에너지 보존법칙: $E = K + P =$ 일정.
- 운동량(linear momentum): $\mathbf{p} = m\mathbf{v}$.
- 힘과 운동량: $\mathbf{F} = \frac{d\mathbf{p}}{dt}$.
- 충격량(impulse): $\mathbf{p}_2 - \mathbf{p}_1 = \int_{t_1}^{t_2}\mathbf{F}dt$.

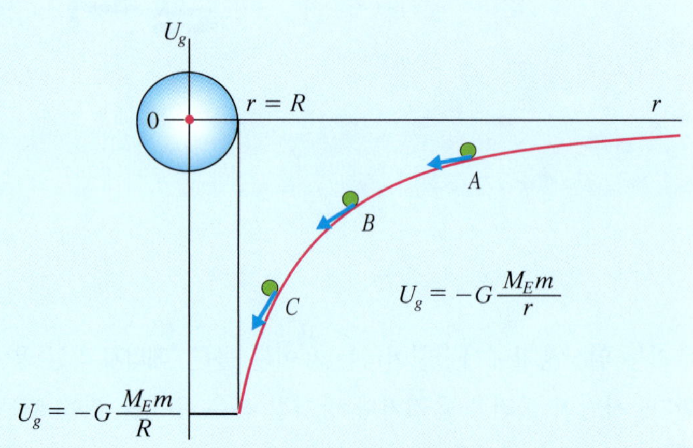

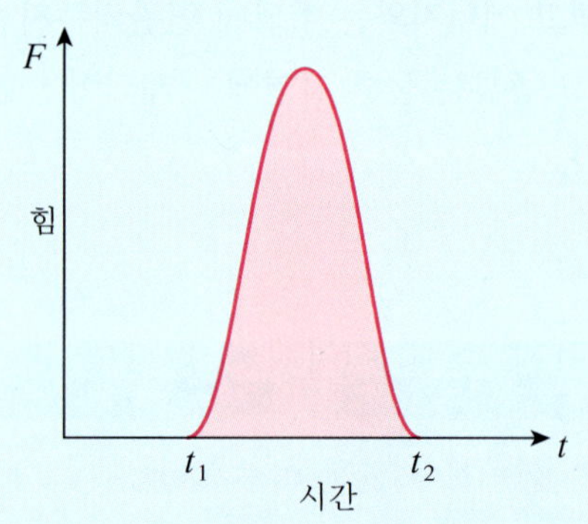

6.1 일(Work)

중력과 일

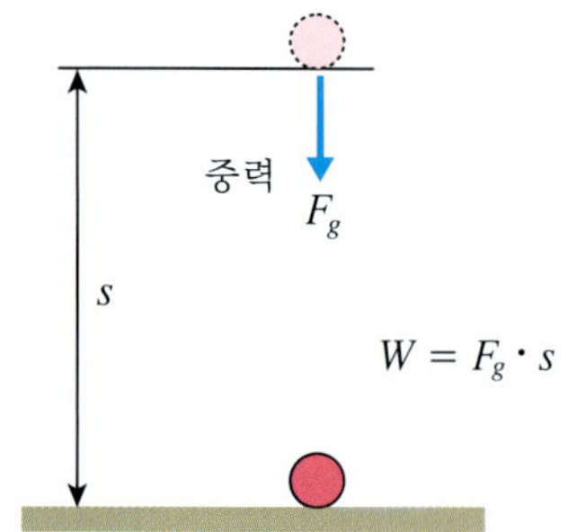

그림 6.1 중력과 일. 중력에 의해 물체가 s만큼 이동되었다면 중력에 의한 일은 $F_g \cdot s$가 된다.

중력의 보기를 들어 일의 개념을 알아보기로 하자. 일정한 높이에서 떨어지는 질량 m인 물체가 있다. 물체는 중력의 영향을 받아 아래로 내려올수록 속도가 증가할 것이다. 이제 임의의 시간 동안에 이 물체가 지나간 높이, 즉 이동 길이를 s라 하자. 이때 중력이라는 힘 F_g에 의해 물체가 s만큼 이동했을 때 힘과 이동 거리의 곱, 즉 $F_g \cdot s$를 일이라고 정의한다. 일을 W라고 표시하면

$$W = F_g \cdot s$$

이다.

이제 이러한 일의 정의를 일반적으로 적용시켜 보자. 가장 일반적인 보기가 그림 6.2에서 보여주는 것처럼 한 물체에 힘을 주어 이동하는 경우이다. 그러면 힘과 이

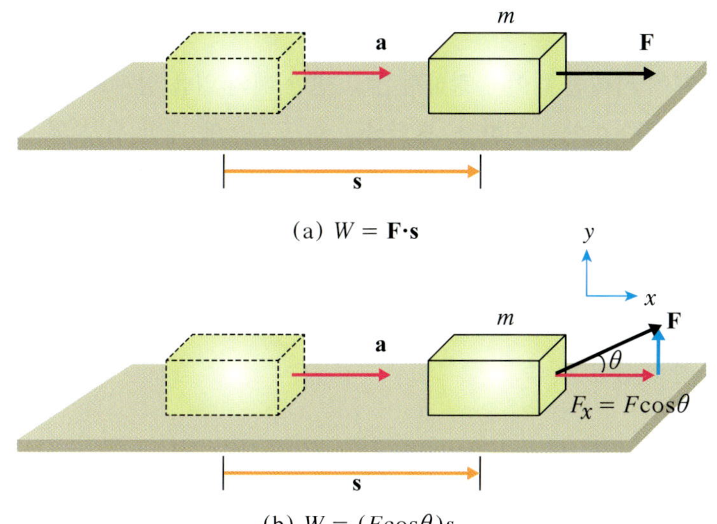

그림 6.2 일의 정의.
(a) 힘 F를 수평으로 가하여 질량 m인 물체를 s만큼 이동했을 때의 일.
(b) 힘 F가 물체의 이동 방향과 다르게 작용한 경우의 일. 힘의 성분 중 오직 이동 방향의 성분만이 일에 기여한다. 수직 방향인 경우에는 일의 성분이 없다.

동 거리 위치는 벡터 양이므로 정확하게는 다음과 같이 일이 정의된다.

$$W = \mathbf{F} \cdot \mathbf{s} \tag{6.1}$$

그림 6.2에서 보듯이 만약 힘을 이동 방향과는 다르게 작용하여 물체를 움직였다고 하자. 우리가 보통 물건을 끈에 묶어 이동시킬 때가 이 경우에 속한다. 그러면 힘은 이동 거리인 수평 성분과 수직 성분으로 나눌 수 있고, 일에 기여한 성분은 오직 수평 성분이라는 것을 알 수 있다. 따라서 일은

$$W = (F\cos\theta)s \tag{6.2}$$

가 된다. 만약 이동(변위) 방향을 x축으로 잡으면 $W = F_x \cdot s$라고 표기할 수 있다. 이때 2개 벡터의 곱, 즉 $\mathbf{F} \cdot \mathbf{s}$를 내적(inner product)이라 부르며 내적의 결과는 스칼라(scalar) 양으로 나온다. 벡터에 관한 것은 이미 3장에서 배웠다. 3장을 다시 보기 바란다.

$$\mathbf{A} \cdot \mathbf{B} = AB\cos\theta\text{: 벡터의 내적} \tag{6.3}$$

그런데 일의 단위를 힘과 변위의 단위로 표기하는 것은 어딘가 불편해 보인다. 물리학자들은 이러한 불편을 없애기 위해 일의 단위를 다음과 같이 정하여 사용하기로 약속하였다. 즉

$$\mathrm{N} \cdot \mathrm{m} = \mathrm{Joule} \tag{6.4}$$

이다. 이때 일의 단위인 주울(Joule)을 간단히 J로 표기한다.

이번에는 힘과 이동 거리를 좌표에 나타내어 일을 논의해 보자. 일정한 힘을 가해 입자가 $x = a$에서 $x = b$로 이동한 경우 일은 $F(b - a)$가 된다. 2차원에서의 y축을 힘의 크기로 잡고 x축을 변위로 잡으면 일은 면적에 해당한다.

힘이 일정하지 않을 때의 일

이번에는 물체에 가해진 힘이 일정하지 않고 변할 때의 일을 살펴보기로 한다. 변위의 방향은 x축으로 정하기로 하자. 변화하는 힘 F_x는 x에 대한 위치 의존성을 갖게 되며 $y = F_x(x)$ 형태의 함수로 나타낼 수 있다. 그러면 그림 6.3에서 보는 것처럼 이러한 힘은 힘과 변위의 2차원 좌표에서 x에 대해 곡선으로 나타나고, 일을 한 변위가 $x = a$에서 $x = b$라면 일은 곡선 $y = F_x(x)$, x축, $x = a$와 $x = b$로 둘러싸인 영역의 면적과 같다. 그런데 이러한 면적은 수학에 있어 함수 $F_x(x)$를 $x = a$에서 $x = b$까지 정적분하여 계산된다. 즉

$$W_{a\to b} = \int_a^b F_x(x)dx \tag{6.5}$$

이다.

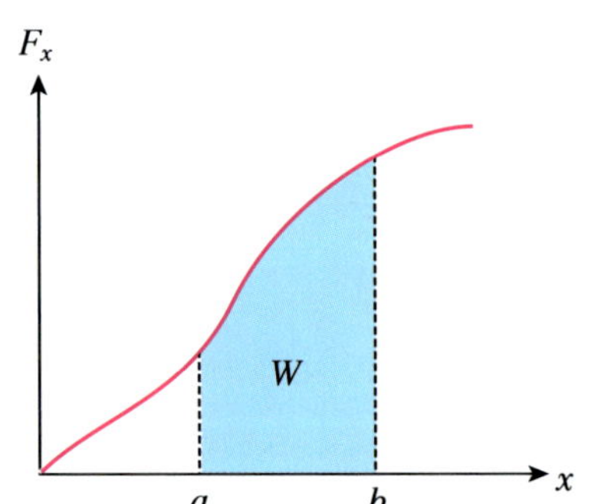

그림 6.3 **변하는 힘에 의한 일.** 일은 힘의 곡선과 변위로 둘러싸인 면적에 해당한다. 이러한 면적은 정적분으로 계산할 수 있다.

식 (6.5)는 물리적으로 쉽게 설명이 가능하다. $x = a$에서 $x = b$ 사이를 N개의 아주 작은 거리 단위 $\triangle x$로 쪼개면 이러한 미소거리에 대한 일은 $F_x(x)\triangle x$로 주어질 수 있으며, 전체 일은 이러한 작은 사각형들의 합과 거의 같다. 즉

$$W \approx \sum_{i=1}^{N} F_{x_i}(x)\Delta x \tag{6.6}$$

이다. 미소변위를 작게 하면 할수록 사각형 수는 증가하며 기둥의 높이는 곡선의 높이와 거의 일치하게 된다. 결국 $\triangle x$를 0에 수렴시키면 우리가 원하는 정확한 면적을 얻을 수 있으며 이것은 정적분의 정의와 같다. 3장에서도 자세히 다루었던 내용이다.

$$W = \lim_{\triangle x\to 0}\sum_{i=1}^{N} F_{x_i}(x)\Delta x = \int_a^b F_x(x)dx \tag{6.7}$$

학습문제들을 통하여 위와 같은 사실을 공부하기 바란다.

용수철과 일

2장에서 우리는 용수철(spring)에 의한 진동운동이 주기운동과 깊게 연관되어 있음을 간단하게 언급했다. 이러한 용수철은 실생활에서도 많이 활용된다. 그림 6.4처럼 용수철이 벽에 고정되어 있고 다른 끝에 한 물체가 달려 있다고 하자. 용수철의 무게는 무시하기로 한다.

이러한 용수철에 의한 힘은 다음과 같은 후크(Robert Hooke, 1635~1703)의 법칙에 의해 작용된다.

$$F = -kx \tag{6.8}$$

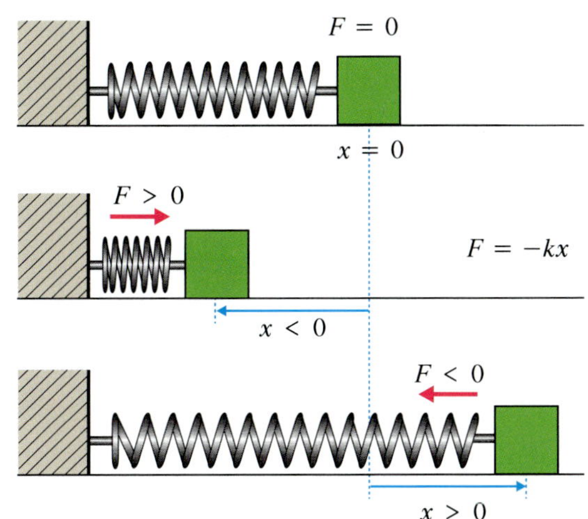

그림 6.4 용수철에 의한 힘과 변위. 외력에 의해 평형점으로부터 용수철이 압축되면 압축된 방향과는 반대로 힘을 작용한다. 외력에 의해 평형점으로부터 용수철이 늘어나면 역시 그 반대 방향으로 힘을 작용한다.

여기서 x는 용수철의 평형점(늘어나지도 압축되지도 않은 점)으로부터 변위된 길이를 나타내며, k는 용수철의 종류에 따라 달라지는 용수철 상수(spring constant)이다. 단위는 N/m이다. 여기서 음의 부호가 붙는 이유는 외부에서 힘을 주어 용수철을 잡아당기거나 늘리거나 했을 때 용수철은 그 반대 방향으로 힘을 작용하기 때문이다. 다시 말해 위와 같은 후크의 법칙에서 작용된 힘은 용수철에 의한 것이다.

물리학에서는 체계에 대한 힘을 외력과 내력으로 구분한다. 후크의 법칙은 물론 중력법칙 등은 체계의 내력에 대한 표현이다. 반면에 용수철에 가한 힘을 외력이라 부르며 종종 F_{ext}(ext는 external의 약자임) 또는 F_{app}(app는 applied의 약자임)로 표시한다. 용수철에 대한 외력은 용수철의 변위 방향과 일치하므로 후크의 법칙과는 부호가 반대가 된다. 즉

$$F_{\text{ext}} = kx \tag{6.9}$$

이다. 이러한 외력이 용수철의 평형점으로부터 거리 A만큼 늘리는 데 한 일의 양은

$$W_{0\to A} = \int_0^A F_{\text{ext}}(x)dx = \int_0^A kx\,dx = \frac{1}{2}kA^2 \tag{6.10}$$

이 된다. 이러한 결과는 그림 6.5의 그래프를 보면 보다 명확해진다.

이번에는 중력과 같이 힘이 변위의 제곱에 역비례하는 경우를 다시 한 번 살펴보기로 하자. 이러한 힘의 역제곱에 비례하는 경우에는 일반적으로 다음과 같이 표현할 수 있다고 하였다.

$$F(x) = \frac{k}{x^2} \tag{6.11}$$

물론 이러한 힘은 k의 부호에 따라 힘이 인력(attraction)일 수도 있고 척력(repulsion)일 수도 있다. 3장을 다시 공부하기 바란다. 물체가 힘의 중심으로 향하는 경우가 인력이고 중심으로부터 반발하는 경우가 척력이다. 중력은 항상 인력이

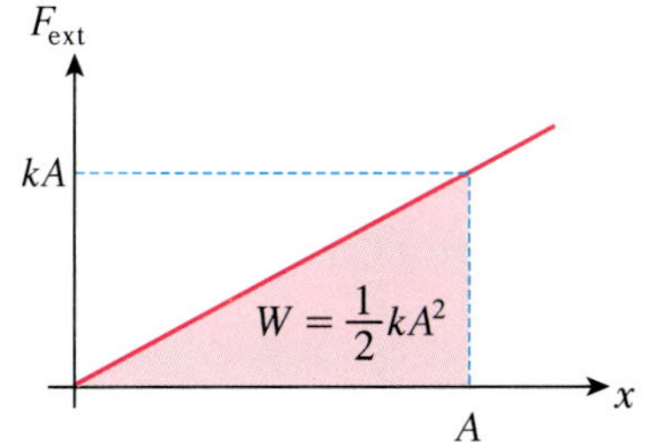

그림 6.5 용수철과 일. 외부에서 가해진 힘이 용수철을 평형점으로부터 A만큼 늘리는 데 한 일.

며 전기력은 두 물체의 전기적 성질에 따라 인력이 되기도 하고 척력이 되기도 한다. 위와 같은 역제곱력이 입자를 x_1에서 x_2까지 옮기는 데 하는 일을 계산해 보자. 이동 거리를 나타내는 부호는 상황에 따라 a, b 또는 x_1, x_2 등으로 사용하기로 한다. 역제곱력에 의한 일은

$$W_{x_1 \to x_2} = \int_{x_1}^{x_2} \frac{k}{x^2} dx = \frac{k}{x_1} - \frac{k}{x_2} \tag{6.12}$$

가 된다.

위와 같은 표현은 경로와는 상관없이 행하여진 일은 같다는 것을 의미한다. 이렇게 어떠한 힘이 입자에 작용하여 경로와는 무관하게 한 일의 양이 같을 때 이러한 힘을 **보존력**이라 부른다. 그러나 **보존력이라는 단어의 의미와 이러한 물리 현상과는 다소 괴리가 존재한다**고 하겠다. 이러한 용어는 작용한 힘이 입자를 이동시킬 때 마찰력이라든지 열로 소모되어 에너지(에너지에 대해서는 다음에 자세히 다루게 된다)의 손실을 가져오는 경우와 구별하기 위해 사용된 것이다. 그러나 오늘날 이러한 마찰력이라든지 열이라는 에너지도 넓게 보면 에너지 보존에 부합하는 물리량이다. 따라서 보존력이라는 용어 자체가 자칫 학생들에게 혼동을 가져올 수도 있다. 보존력의 대표적인 힘이 중심력이며 중심력에는 중력, 전기력 등이 포함된다.

6.2 일률

운동하는 물체(입자)에 대해서는 이동에 대한 시간 변화율인 속력이라는 물리량이 중요한 개념이었다. 이와 비슷하게 일에 대해서도 시간에 대한 비율이 중요한 역할을 한다. 대형 버스의 엔진 출력과 일반 승용차의 엔진 출력은 같은 시간에 대하여 차이가 나며 당연히 우리는 버스가 더 강력하다고 말한다. 이렇게 시간에 따른 에너지 변화율을 **일률(power)**이라 부른다. **이러한 일률이라는 용어는 영어의 power에 대하여 자칫 오해를 유발할 수 있는 번역이다. 전기적인 일률은 일반적으로 전력이라고 번역하여 부르고 있다.** 일률은 다음과 같이 정의된다.

$$P = \frac{dW}{dt} \tag{6.13}$$

위와 같은 식은 어느 순간에 있어서의 일에 대한 변화율로 순간 일률(instantaneous power)이라 한다. 반면에 실생활에 있어서는 적당한 시간 간격에 대한 에너지 변화율인 평균 일률(average power)이 더 유용할 때가 많다.

$$P_{\mathrm{av}} = \frac{\Delta W}{\Delta t} \tag{6.14}$$

일률의 단위로는 Watt(W로 표기)가 사용된다. 즉

$$1\ \mathrm{W} = 1\ \mathrm{J/s} \tag{6.15}$$

이다.

식 (6.13)을 다시 보기로 하자. 일반적으로 힘이 일정하지 않을 때는 일의 정의가 $dW = Fds$로 주어진다. 그러면

$$P = \frac{dW}{dt} = F\frac{ds}{dt} \tag{6.16}$$

가 된다. 따라서 일률은 다음과 같이 표현될 수 있다.

$$P = \mathbf{F} \cdot \mathbf{v} \tag{6.17}$$

다시 말해 입자에 작용할 때 그 힘의 일률은 힘의 크기에 입자의 속도를 곱한 양이다.

마력

일률의 단위로 전통적으로 마력(horse power: hp)을 쓰는 경우가 있었다. 1마력과 표준 단위인 W와의 관계는

$$1\ \mathrm{hp} = 746\ \mathrm{W} \tag{6.18}$$

이다. 가정에 부과되는 전력 요금 청구서에는 일의 단위가 일률과 시간의 곱인 킬로와트시(kWh)로 나온다. 이 단위는 나중 전기력에서 배우게 된다.

6.3 운동에너지

우리는 일에 대한 물리학적인 정의를 알아보았다. 그렇다면 에너지(energy)란 무엇일까? 일과 함께 에너지라는 말도 일상생활에서 자주 사용되는 개념이다. 전기에너지, 열에너지, 중력에너지 등 일반적으로 사용되는 에너지 개념과 물리학적으로 정의되는 에너지와는 어떠한 차이점이 있는지 살펴보기로 한다. 보통 에너지라 함은 일을 할 수 있는 능력을 뜻한다. 실에 매달린 돌이 낙하하면서 실패를 돌릴 수 있는 것과 물의 낙하를 이용하여 전기를 얻는 것 등에서 에너지 형태를 살펴볼 수 있다.

이때 입자(운동하는 물체)나 입자계(중력)가 일을 할 수 있는 능력을 가지고 있을 때 에너지를 소유한다고 말한다.

질량 m인 물체를 한쪽 방향으로만 일정한 힘을 작용하여 s만큼 이동시킨다고 하자. 처음 속도는 v_1, 나중 속도는 v_2라 하자. 뉴턴의 제2법에 따르면 힘은 $F = ma$이다. 일정한 가속도를 갖는 운동방정식 중 속도와 이동 거리 간의 관계식인

$$v_2^2 = v_1^2 + 2as$$

를 이용하면 가속도는 다음과 같이 주어진다.

$$a = \frac{1}{2s}(v_2^2 - v_1^2)$$

이 식을 $F = ma$에 대입하면

$$F = \frac{1}{s}\left(\frac{mv_2^2}{2} - \frac{mv_1^2}{2}\right)$$

가 되며, 일의 형태로 표시하면 다음과 같다.

$$F \cdot s = \frac{1}{2}mv_2^2 - \frac{1}{2}mv_1^2 \qquad (6.19)$$

즉 일은 물체의 질량과 속도 제곱의 곱에 반으로 나눈 양의 변화율(차이)이다. 만약 힘이 없거나 이동 거리가 없으면

$$\frac{1}{2}mv_2^2 = \frac{1}{2}mv_1^2$$

이다. 이 결과는 무엇을 의미할까? $\frac{1}{2}mv^2$ 이란 물리량이 처음과 나중 값이 같다는 의미는 이러한 물리량이 보존된다는 뜻이다. 여기서 $\frac{1}{2}mv^2$ 의 물리량을 **운동에너지(kinetic energy)**라 부른다. 여기서는 운동에너지의 기호를 k로 표기하기로 한다. 경우에 따라 T 또는 KE로 표기하기도 한다.

$$K = \frac{1}{2}mv^2 : \text{운동에너지} \qquad (6.20)$$

따라서 식 (6.19)는

$$W = K_2 - K_1 = \triangle K \qquad (6.21)$$

이다. 식 (6.21)은 "**한 입자에 작용하는 총 힘에 의한 일은 그 운동에너지의 변화와 같다**"는 것을 의미한다.

위와 같은 결과는 일의 정의로부터 직접 유도될 수 있다. 즉

$$W = \int_{x_1}^{x_2} F dx$$

에서

$$F = m\frac{dv}{dt}$$

를 대입하여 정리하면

$$W = \int_{x_1}^{x_2} m\frac{dv}{dt}dx = m\int_{x_1}^{x_2} dv\frac{dx}{dt}$$

로 된다. 그런데 $\frac{dx}{dt} = v$ 이므로 결국

$$W = m\int_{v_1}^{v_2} vdv = \left|\frac{1}{2}mv^2\right|_{v_1}^{v_2} = \frac{1}{2}mv_2^2 - \frac{1}{2}mv_1^2 \qquad (6.22)$$

인 결과를 얻는다. 이러한 결과를 **일-에너지 원리(work-energy principle)**라고 한다.

6.4 퍼텐셜 에너지

퍼텐셜 에너지(potential energy)는 보통 위치 에너지라고 부른다. 운동에너지가 물체의 질량과 그 속도에 관계되는 입자 자신에 대한 에너지라면 퍼텐셜 에너지는 둘 또는 그 이상의 물체들 사이에서 일어나는 상호작용에 대한 에너지를 뜻한다. 퍼텐셜 에너지 역시 일을 할 수 있는 능력을 지닌다. 다시 말해 상호작용하는 물체(입자)들 체계(system, 중력, 전기력 등)의 퍼텐셜 에너지는 물체들의 배열에 따라 그 체계가 일을 할 수 있는 능력을 나타낸다. 여기서 이러한 퍼텐셜 에너지를 위치 에너지라고 부르지 않는 이유는 위치라는 용어를 사용하면 단순히 물체의 위치에 따른 중력에 의한 에너지만을 연상할 수 있기 때문이다. 퍼텐셜이라는 용어에는 에너지라는 뜻이 잠재적으로 내포되어 있다는 사실에 주목하기 바란다.

운동에너지와 퍼텐셜 에너지를 통칭하여 **역학적 에너지**라고 부른다. 먼저 중력에 의한 퍼텐셜 에너지를 살펴보기로 한다. 앞으로 퍼텐셜 에너지를 나타내는 기호는 P 혹은 U로 표기하기로 한다.

중력 퍼텐셜 에너지(Gravitational Potential Energy)

우선 우리가 살고 있는 지구와 지구 밖 물체와의 상호작용에 의한 중력 퍼텐셜을 생각하자. 지구 밖이라 하면 달과 같이 아주 먼 거리는 물론 지표면 가까운 곳도 포함된다. 퍼텐셜 에너지를 고려하려면 기준점의 설정이 중요하다. 가장 간단하게는 지

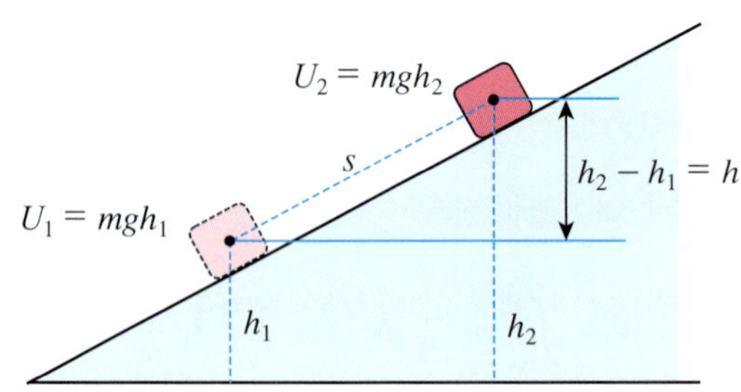

그림 6.6 퍼텐셜 에너지의 변화. 이동 거리 s 중 오직 수직 성분만이 일과 관련되며 수평 성분은 관계가 없다. 외력에 의해 h만큼 수직으로 이동했다면 퍼텐셜 에너지는 증가하며($U = mgh$), 중력에 의해 그만큼 내려오면 퍼텐셜 에너지는 감소한다($U = -mgh$).

표면을 기준점으로 잡는다. 그러면 수직 위치에 대한 변수를 y라 했을 때 $y = 0$이 되는 점이 곧 지표면이다. 이때 지표 위 수직으로 h 높이에 있는 물체(입자)가 지표면으로 내려오면서 중력이 물체에 한 일은 $\mathbf{F}_g = -mg\hat{j}$, $d\mathbf{s} = dy\hat{j}$ 이므로

$$W_g = \int_h^0 (-mg)ds = -\int_h^0 mgdy = -mgh|_h^0 = mgh \tag{6.23}$$

이다. 여기서 mgh**의 양을 중력에 의한 퍼텐셜 에너지**라고 부른다.

$$U_g = mgh\text{: 중력 퍼텐셜 에너지} \tag{6.24}$$

식 (6.24)는 지표면($h = 0$)에서의 퍼텐셜 에너지를 0으로 기준 잡았다는 것에 주의하자. 그림 6.6과 같이 경사면을 따라 물체가 내려올 때 중력이 한 일을 계산해 보자.

중력은 오직 수직으로만 작용하므로 이동 거리 성분 중 수평 성분과는 상관없다. 따라서

$$W_g = \int_{h_2}^{h_1} (-mg)dy = -mg(h_1 - h_2) = mgh$$

이다. 만약 h_1을 0으로 잡으면 식 (6.23)과 같다. 여기서 우리는 다음과 같은 중요한 결론을 얻는다. 즉 중력이 한 일은 **오로지 처음과 마지막 좌표에만 의존하며 움직이는 경로와는 무관하다.** 이것이 앞에서 언급한 중심력에 대한 보존력의 또 다른 보기이다.

이번에는 그림 6.7에서 보는 것처럼 외력이 작용하여 물체를 수직으로 옮기는 경우를 고려하자. 이 경우 물체에 작용하는 총 힘은 $\mathbf{F}_{\text{ext}} + \mathbf{F}_g = (F_{\text{ext}} - mg)\hat{j}$이다. 위치 h_1에서 h_2까지의 변위 동안에 이 물체가 받는 일은

$$W = \int_{h_1}^{h_2} (F_{\text{ext}} - mg)dy = \int_{h_1}^{h_2} F_{\text{ext}}dy - (mgh_2 - mgh_1)$$

이다. 앞에서 우리는 총 일은 처음과 나중 운동에너지의 차이와 같다는 것을 알았다 [식 (6.21)]. 즉

$$W = \frac{1}{2}mv_2^2 - \frac{1}{2}mv_1^2$$

이므로

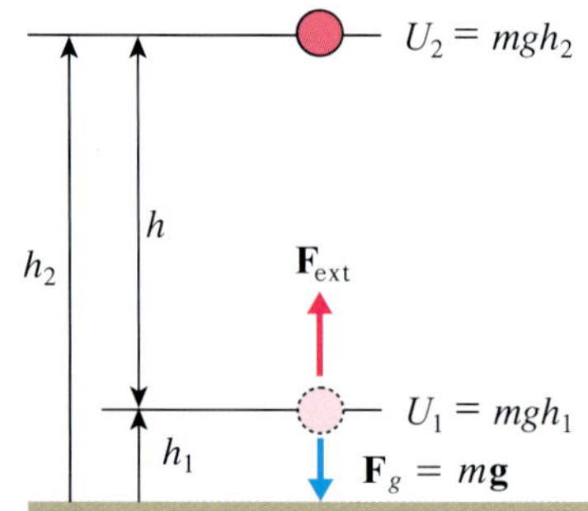

그림 6.7 역학적 에너지. 입자에 외력이 작용하여 물체를 높이 h만큼 이동시키면 퍼텐셜 에너지는 증가한다. 처음과 마지막 위치에서 서로 다른 속도로 움직이고 있었다면 운동에너지의 변화도 일어난다.

$$\int_{h_1}^{h_2} F_{\text{ext}}dy - (mgh_2 - mgh_1) = \frac{1}{2}mv_2^2 - \frac{1}{2}mv_1^2$$

이다. 따라서 다음과 같은 결론을 얻는다.

$$\int_{h_1}^{h_2} F_{\text{ext}}dy = \left(\frac{1}{2}mv_2^2 + mgh_2\right) - \left(\frac{1}{2}mv_1^2 + mgh_1\right) \tag{6.25}$$

이 식은 **외력이 한 총 일은 나중 위치와 처음 위치에서의 역학적 에너지(운동에너지 + 퍼텐셜 에너지)의 차와 같다**는 것을 표현하고 있다. 이렇게 외력이 한 일은 물체의 최종 위치와 초기 위치에서의 운동에너지의 차이가 아니라 퍼텐셜 에너지를 더한 값으로 나타난다는 사실에 주의하자.

중력과 같은 장력(field force)—즉 체계에 대한 내력—이 물체에 작용하면 퍼텐셜 에너지는 감소한다. 반면에 외력이 작용하면 퍼텐셜 에너지는 증가한다. 따라서 장력이 한 일과 퍼텐셜 에너지와의 관계는 부호가 서로 다르다.

일반적으로 중력과 같은 장력을 F_{field}로 나타내면

$$\int_{s_1}^{s_2} F_{\text{field}}ds = -(U_2 - U_1) \tag{6.26}$$

혹은

$$W_{\text{field}} = -\triangle U$$

로 표시된다. 이 표현이 보존력과 퍼텐셜 에너지와의 관계를 나타내는 일반식이다.

뉴턴의 만유인력 법칙을 이용하여 중력 퍼텐셜 에너지를 자세히 다루어 보기로 하자. 중력은 두 물체의 중심을 연결하는 직선 방향으로만 작용하는 이른바 중심력(central force)의 한 종류이다. 그리고 이러한 중심력이 미치는 공간을 **중심력장 (central force field)**이라고 부른다. 따라서 중력은 동경 좌표 r에만 의존하며 공꼴 대칭(spherical symmetry)을 갖는다. 이러한 중심력을 일으키는 물체(예를 들면 지구)는 원점에 있으며, 다른 물체(입자)에 작용하는 힘은 $\mathbf{F} = F(r)\hat{r}$의 형태를 갖는다. 물론 힘의 부호는 양이 될 수도 있고 음이 될 수도 있다. 질량 M과 m을 갖는 두 물체 사이의 중력인 경우

$$\mathbf{F}_g = -G\frac{Mm}{r^2}\hat{r} \tag{6.27}$$

이다. 그러면

$$\int_{r_1}^{r_2} F_g dr = \int_{r_1}^{r_2}\left(-G\frac{Mm}{r^2}\right)dr = G\frac{Mm}{r_2} - G\frac{Mm}{r_1}$$

이고, 식 (6.26)으로부터

$$U_2 - U_1 = -\left(G\frac{Mm}{r_2} - G\frac{Mm}{r_1}\right) \tag{6.28}$$

인 관계를 얻는다. 따라서 중력 퍼텐셜 에너지는 다음과 같이 정의된다.

$$U_g(r) = -G\frac{Mm}{r} \tag{6.29}$$

식 (6.28)은 $r = \infty$에서 $U_g = 0$의 의미를 갖는다는 것에 주목하자.

탄성 퍼텐셜 에너지(Elastic Potential Energy)

탄성 에너지는 용수철(spring)의 배열 또는 힘이 가해진 배열에서 일할 수 있는 장치로부터 나온다. 이제 한 물체(입자)가 용수철 끝에 매달려 운동하고 있는 경우를 살펴보자. 물론 용수철은 이 입자에 대해 $F_x = -kx$의 힘을 작용한다. 여기서 x는 평형점으로부터의 변위이며 k는 용수철 상수이다. 외력이 작용하여 용수철을 변위 A만큼 압축하여 놓아주었다고 하자. 그렇다면 다음과 같은 물리량은 어떻게 나타날까?

(a) 용수철의 퍼텐셜 에너지
(b) 용수철이 평형 위치에 올 때의 속력
(c) 변위 x에서의 입자의 속력

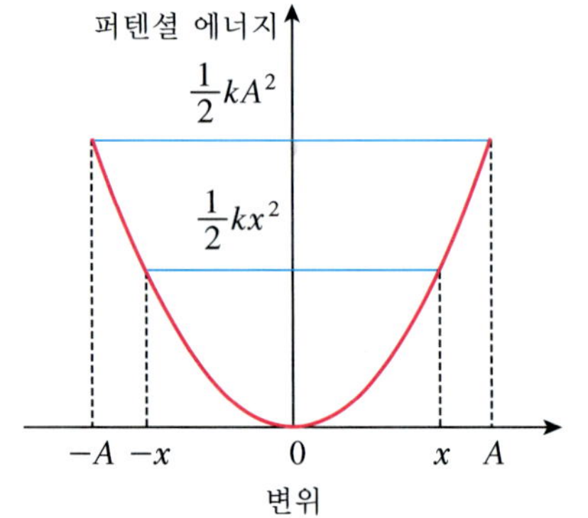

그림 6.8 용수철의 퍼텐셜 에너지.

(a) 외력이 한 일이 퍼텐셜 에너지이다. 외력은 $F_{\text{ext}} = kx$이므로 용수철에 의한 퍼텐셜 에너지는

$$U_s = W_{\text{ext}} = \int_0^x kx dx = \frac{1}{2}kx^2 \tag{6.30}$$

이다. 식 (6.30)을 **탄성 퍼텐셜 에너지**(elastic potential energy)라 한다. 용수철이 A만큼 당겨져 있을 때의 퍼텐셜 에너지는 $\frac{1}{2}kA^2$이며, 그때의 속력은 0이다(그림 6.8).

(b) 용수철이 평형 위치에 있으면 변위는 0이고 속력은 최대가 되며 전체 퍼텐셜 에너지가 운동에너지로 변환된다. 즉

$$\frac{1}{2}kA^2 = \frac{1}{2}mv^2 \tag{6.31}$$

이며, 이로부터 입자의 속력은 다음과 같이 주어진다.

$$v = \sqrt{\frac{k}{m}}A \tag{6.32}$$

여기서 m은 입자의 질량이다. 용수철의 상수가 크면 클수록 입자의 속력은 빠르고 입자가 무거울수록 속력은 느려진다. 우리가 상식적으로 알고 있는 사실이다. 상식적으로 알고 있는 사실이라 하더라도 명확하게 그 이유를 규명하고 상황에 따라 응

용할 수 있는 지식을 갖추는 것이 과학의 기본 방향이며, 그것이 곧 지식과 과학의 존재 가치이다.

(c) 임의의 변위에서는 일부는 운동에너지를 일부는 퍼텐셜 에너지를 갖는다. 따라서

$$\frac{1}{2}mv^2 + \frac{1}{2}kx^2 = \frac{1}{2}kA^2$$

이다. 이 식을 속력 v에 대해 풀면 다음과 같다.

$$v = \sqrt{\frac{k}{m}(A^2 - x^2)} \tag{6.33}$$

$x = A$이면 당연히 속력은 0이 되며, $x = 0$이면 (b)의 답과 같다.

6.5 힘과 퍼텐셜 에너지와의 관계

식 (6.26)을 다시 살펴보자.

$$\int_{s_1}^{s_2} F_{\text{field}} ds = -\Delta U$$

에서 힘은 다음과 같이 표현될 수 있다는 것을 알 수 있다. 즉

$$F_{\text{field}} = -\frac{\Delta U}{\Delta s} \tag{6.34}$$

이다. 이를 다시 순간 변화율로 표현하면 다음과 같다.

$$F_{\text{field}} = -\frac{dU}{ds} \tag{6.35}$$

따라서 중력은 퍼텐셜 함수를 알고 있다면 다음 관계식으로부터 구할 수 있다.

$$F_g = -\frac{dU_g(r)}{dr} \tag{6.36}$$

이제 이러한 관계식이 어떠한 물리적 의미를 갖는지 논의해 보기로 한다.

이 단계에서 3장 '미분과 물리학' 부분을 다시 한 번 면밀히 보아주기 바란다.

중력 퍼텐셜 에너지는 식 (6.28)로 주어지며 이를 그래프로 나타내면 그림 6.9와 같다. 우선 퍼텐셜 함수가 식 (6.28)처럼 거리에 대하여 음으로 역비례한다는 것이 어떠한 의미를 갖는지부터 논의하기로 하자. 음으로 역비례하는 퍼텐셜 에너지 함

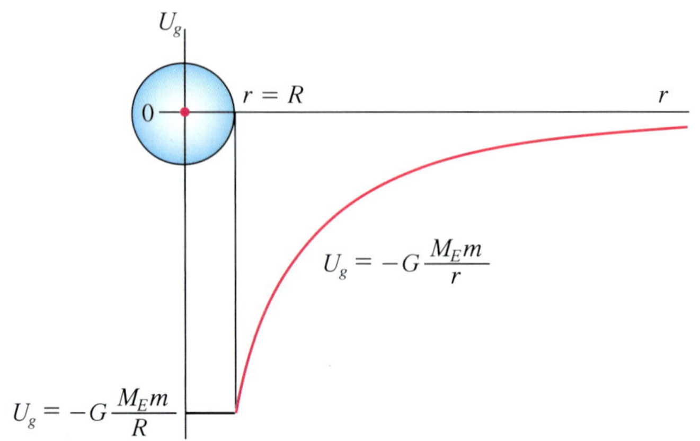

그림 6.9 중력 퍼텐셜 에너지. 지표면으로 다가갈수록 퍼텐셜 에너지는 거리의 역으로 감소한다. 퍼텐셜 에너지 곡선 위에 공을 놓으면 공은 어떠한 운동을 하는가? 이로부터 퍼텐셜 에너지와 힘과의 관계를 추측할 수 있는가?

수는 그림 6.9와 같은 모습의 곡선이며 거리가 멀어질수록 퍼텐셜 값은 0에 가까워진다. 이에 반해 거리가 짧아질수록 퍼텐셜 에너지의 값은 낮아지며 표면에서 최소값을 갖는다. 이제 이러한 퍼텐셜 함수의 곡선 위에 공을 놓는다고 상상하자. 그러면 공은 어느 쪽으로 굴러갈 것인가? 당연히 r이 감소하는 쪽인 지구 표면을 향하여 굴러갈 것이다. 그러나 만약 퍼텐셜 에너지 함수가 거리에 대하여 양의 역으로 비례한다면 어떻게 될까? 그러한 곡선 위에 공을 놓으면 이번에는 r이 증가하는 방향인 지구 표면 상방으로 움직일 것이다. 지구에서 물체들은 어디로 떨어지는가? 당연히 지구 중심을 향해 떨어지며 지상에서 떨어지는 물체들은 지표면에서 멈추게 된다. 중력을 받아 지상을 향해 올라가는 물체들을 본 적이 있는가?

여기서 우리는 퍼텐셜 에너지 함수에 대한 물리적 의미를 파악하게 되었다. 이제 그림 6.10을 보자. 퍼텐셜 에너지 함수에 있어 각각 다른 세 지점에 질량이 같은 공을 놓았다고 하자. 그러면 세 지점에 있는 공들의 속도는 모두 같을까? 그림에서 유추해 보면 다르다는 것을 알 수 있다.

이어서 그림 6.11을 보기로 하자. 우리는 세 지점에서의 공의 운동 방향이 서로 다르다는 사실을 알 수 있다. 즉 곡선의 세 지점에서의 기울기가 다르며 기울기의

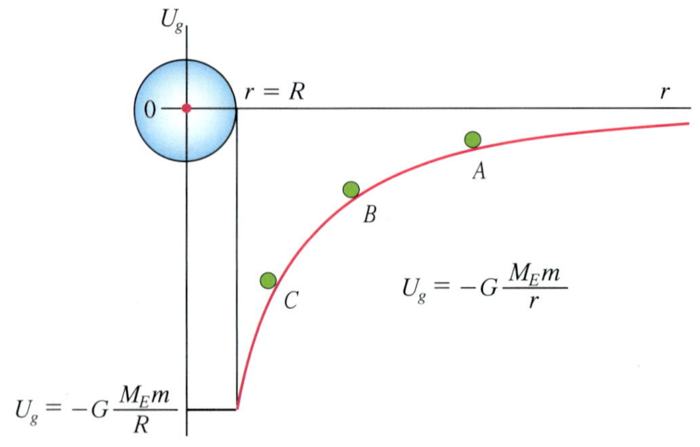

그림 6.10 중력 퍼텐셜 에너지와 힘. 퍼텐셜 에너지 곡선의 세 지점에 공들이 놓여 있다. 이 공들은 어디를 향해 떨어지는가? 세 지점에서의 공들의 속도는 어떻게 다른가?

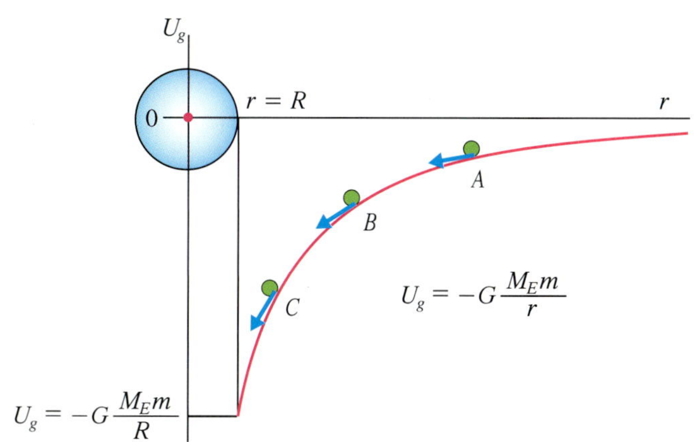

그림 6.11 중력 퍼텐셜 에너지와 곡선의 기울기. 퍼텐셜 에너지 곡선과 세 지점에서의 곡선 기울기와의 관계에서 퍼텐셜 에너지와 힘의 관계를 알 수 있다.

크기는 r이 작을수록 크다는 사실을 알 수 있다. 그리고 각 지점에서의 기울기의 방향은 거리와 반대이다.

이와 같이 퍼텐셜 함수와 기울기와의 관계를 말해 주는 것이 식 (6.36)이다. 이제 식 (6.36)을 이용하여 퍼텐셜 함수로부터 중력을 구해 보자.

$$F_g = -\frac{dU}{dr} = -\frac{d}{dr}\left(-G\frac{Mm}{r}\right) = -G\frac{Mm}{r^2}$$

이것이 우리가 원하는 답이다. 일반적으로 퍼텐셜 함수로부터 힘을 구하는 것이 쉬운데, 그 이유는 **퍼텐셜 함수인 경우 벡터 양이 아니라 크기만을 갖는 스칼라 양**이기 때문이다.

6.6 역학적 에너지 보존법칙

다시 한 번 높이 h에서 낙하하는 물체의 운동을 살펴보기로 하자. 높이 h에서 정지해 있던 물체가 자유낙하한다면 처음 속도는 0이다. 따라서 위치 h에서의 물체가 갖고 있는 에너지는 오직 퍼텐셜 에너지뿐이다. 이때의 퍼텐셜 에너지는 mgh로 주어지며 이 양이 곧 역학적 에너지와 같다. 이번에는 높이 $h/2$에서의 물체의 에너지를 살펴보기로 하자. 우선 이 높이에서의 속도를 구해 보면

$$v^2 = v_0^2 - 2g(y - y_0)$$

로부터

$$v^2 = -2g\left(\frac{h}{2} - h\right) = gh$$

를 얻는다. 따라서 이 지점에서의 운동에너지는

$$K_{h/2} = \frac{1}{2}mv^2 = \frac{1}{2}mgh$$

이다. 그리고 퍼텐셜 에너지는

$$P_{h/2} = mg\left(\frac{1}{2}h\right) = \frac{1}{2}mgh$$

이다. 따라서 총 역학적 에너지는 다음과 같다.

$$E = K_{h/2} + P_{h/2} = \frac{1}{2}mgh + \frac{1}{2}mgh = mgh$$

이 값은 높이 h에서의 역학적 에너지와 같다. 이번에는 1/4 높이에서의 역학적 에너지를 구해 보자. 이 높이에서의 물체의 속도는

$$v^2 = -2g\left(\frac{1}{4}h - h\right) = \frac{3}{2}gh$$

이다. 따라서 운동에너지는

$$K_{h/4} = \frac{1}{2}mv^2 = \frac{3}{4}mgh$$

이고, 총 역학적 에너지는

$$E = \frac{3}{4}mgh + \frac{1}{4}mgh = mgh$$

인 결과를 얻는다. 역시 총 역학적 에너지는 같다. 마지막으로 지면에서의 역학적 에너지를 구해 보자. 물체의 속도는

$$v^2 = -2g(0 - h) = 2gh$$

이고, 운동에너지는

$$K_0 = \frac{1}{2}mv^2 = mgh$$

이다. 퍼텐셜 에너지는 0이므로 역시 총 역학적 에너지는 같다. 다시 말해 운동에너지와 퍼텐셜 에너지의 합인 역학적 에너지의 양은 바뀌지 않고 변함이 없다. 이렇게 역학적 에너지의 양이 변하지 않는 것을 총 역학적 에너지 보존법칙(law of total mechanical energy conservation)이라 부른다. 이를 수식으로 표현하면 다음과 같다.

$$E = K + P = \text{일정} \tag{6.37}$$

그런데 지면에 떨어진 물체는 결국 정지한다. 정지한다는 것은 속도가 0이며 이

는 운동에너지가 사라졌다는 것을 뜻한다. 그렇다면 위와 같은 에너지 보존법칙은 어떻게 되는 것일까? 즉 운동에너지는 모두 어디로 사라져 버린 것일까? 물체가 땅에 부딪히는 순간 물체를 이루는 입자들(원자 혹은 분자들)은 순간적으로 흐트러지며 무질서한 운동을 하게 된다. 물체를 이루는 원자나 분자는 마치 용수철에 서로 붙어 있는 것처럼 서로 결합(구속)되어 있는데, 낙하하는 도중에는 운동 방향에 따라 서로 일사분란하게 움직인다. 이러한 결과 역학적 에너지를 갖는다. 그러나 땅에 떨어진 순간 그와 같은 일사분란한 운동은 더 이상 존재하지 않고 서로 무질서하게 움직이며, 서로 간에 결합된 용수철(결합에너지에 해당함)이 심하게 요동치게 된다. 이러한 용수철에 의한 진동에너지가 곧 열에너지(thermal energy)로 발산된다. 마찰에 의해 열이 발생하는 것도 이러한 이유 때문이다. 따라서 물리적 과정에서 마찰이 존재할 때 역학적 에너지는 소모되며 열에너지로 전환되는 것이다. 대기 중에서 발생하는 바람은 한 방향을 향하여 공기분자들이 일사분란하게 운동하는 경우에 속하며, 따라서 바람은 역학적 에너지의 일종이라 할 수 있다. 그러나 바람이 없거나 있다 하더라도 방향이 일정하지 않은 경우에는 공기분자들이 제멋대로의 운동을 하고 있으며, 이는 열에너지(온도)의 일종으로 나타난다.

6.7 운동량과 충격량

운동량(Linear Momentum)

우리는 5장에서 뉴턴의 힘의 법칙을 논의할 때 운동량이라는 물리량을 이미 접한 적이 있다. 즉 $\mathbf{p} = m\mathbf{v}$이다. 힘은 이러한 운동량의 시간에 대한 비율이므로

$$\mathbf{F} = \frac{d\mathbf{p}}{dt} \tag{6.38}$$

가 된다. 만약 운동하는 체계(system)에 외부 힘이 작용하지 않는다면 힘은 0이다. 즉

$$\frac{d\mathbf{p}}{dt} = 0$$

이고, 결국 다음과 같은 결론을 얻는다.

$$\mathbf{p} = \text{일정} \tag{6.39}$$

다시 말해 “전체 외부 힘이 0일 때 해당 체계의 운동량은 일정한 값을 유지한다.” 이를 운동량 보존법칙(law of conservation of momentum)이라 부른다. 여기서 외

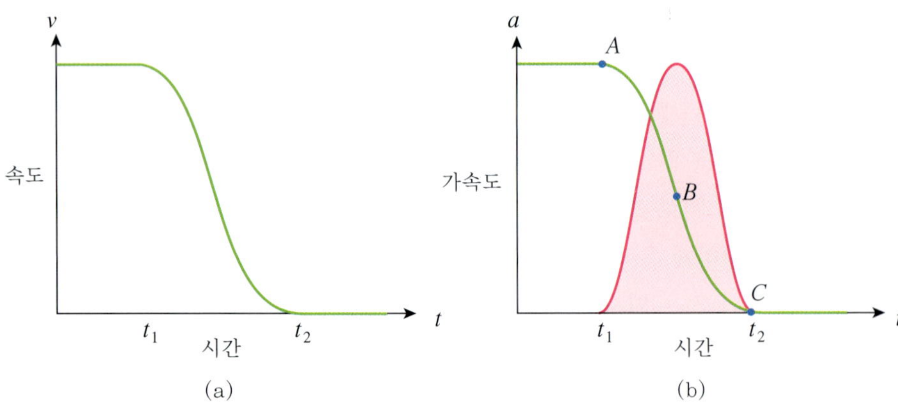

그림 6.12 속도의 변화와 가속도.
(a) 벽에 충돌하는 짧은 시간 간격 ($t_2 - t_1$) 동안의 자동차의 속도 변화. 이러한 속도 변화 곡선에서 순간 기울기들은 모두 다르다. 따라서 가속도 역시 급격하게 변한다. 여기서 속도의 변화는 운동량의 변화와 연관된다.
(b) 속도 변화 곡선에 대한 기울기의 크기를 그려보면 이와 같은 종 모양의 곡선이 나온다. 점 A에서는 기울기가 0, 점 B에서는 최대가 되며, 점 C에서 다시 0이 된다. 이 종 모양의 곡선이 곧 자동차의 가속도에 해당한다. 이러한 가속도의 변화는 힘의 변화와 연관된다.

부 힘이 작용하지 않는 체계는 이른바 고립계(isolated system)를 의미한다.

2개의 당구공이 정면 충돌하는 경우를 고려하자. 질량이 m_1, m_2이고 서로 v_1, v_2로 접근하여 정면 충돌한 후 u_1, u_2로 움직인다고 하면 운동량 보존법칙은

$$m_1\mathbf{v}_1 + m_2\mathbf{v}_2 = m_1\mathbf{u}_1 + m_2\mathbf{u}_2 \tag{6.40}$$

이다.

충격량(Impulse)

운동량 보존법칙은 두 물체의 충돌 현상을 이해하는 데 아주 유용하다. 한 자동차가 일정한 속도로 달리다가 실수로 벽에 부딪히는 상황을 그려보자. 이 자동차가 벽에 충돌하면서 멈추게 되는 과정을 보면 우선 속도에 급격한 변화가 일어나는 것을 알 수 있다. 그림 6.12의 왼쪽 그래프를 보라. 그런데 이 그래프의 곡선에 대한 기울기를 그려보면 기울기 역시 짧은 시간 동안 급격하게 변한다. 앞에서 정의한 운동량을 고려하면 속도의 변화가 곧 운동량의 변화에 해당한다는 것을 알 수 있다. 그리고 이러한 속도의 변화는 곧 가속도에 해당하며, 그 모양을 그리면 그림 6.12의 오른쪽 그래프와 같다.

우리는 뉴턴의 제2법칙으로부터 가속도가 곧 힘에 해당한다는 것을 알고 있으며, 결국 이러한 가속도의 모양이 "힘의 변화와 같다"라는 결론을 내릴 수 있다. 다시 말해 힘은 아주 짧은 시간 동안에 처음 0이었다가 최고로 증가한 후 충돌이 끝날 때 다시 0으로 돌아간다. 따라서 충돌 시간에 대한 힘의 변화 크기를 그려보면 그림 6.13과 같은 모양이 된다.

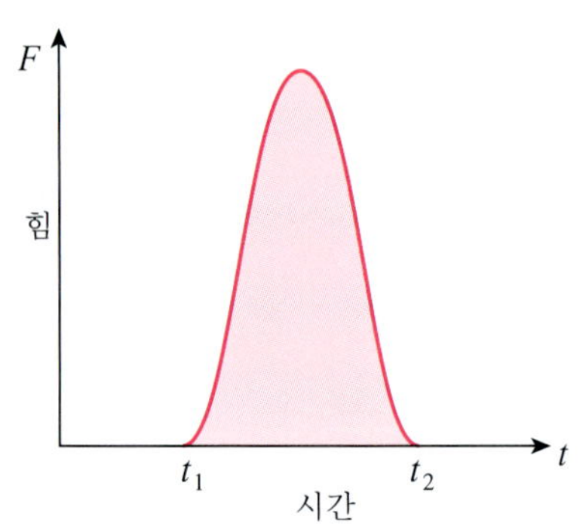

그림 6.13 충돌 시간과 힘의 변화. 충돌하는 동안 가해진 힘은 일정하지 않다.

뉴턴의 제2법칙에 따르면 $\dfrac{d\mathbf{p}}{dt} = \mathbf{F}$이고, 시간 간격 dt 동안의 운동량 변화는

$$d\mathbf{p} = \mathbf{F}dt$$

가 된다. 이 식을 충돌하는 동안에 걸쳐 적분하면

$$\mathbf{p}_2 - \mathbf{p}_1 = \int_{t_1}^{t_2} \mathbf{F} dt \tag{6.41}$$

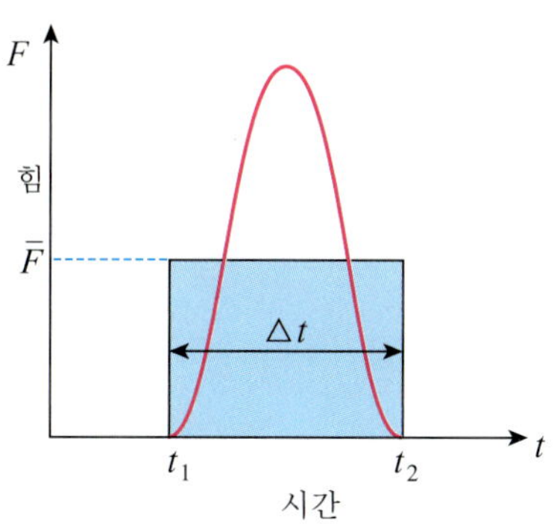

그림 6.14 충격량. 충격량은 힘의 변화 곡선에 대한 면적이며, 충돌 시간 간격과 평균 힘의 곱과 같다.

이다. 이때 힘을 충돌하는 동안 적분한 양을 **충격량**(impulse)이라 부르며, 이는 곧 충돌하는 과정에서의 운동량 변화량과 같다. 즉 충격량은

$$\mathbf{J} = \int_{t_1}^{t_2} \mathbf{F} dt \tag{6.42}$$

이다. 그림 6.14에 있어 충격량의 크기는 힘 F의 시간에 대한 곡선과 시간축이 만나는 면적과 같다는 것을 알 수 있다.

그런데 충돌하는 경우 평균 힘의 개념을 도입하면 편리한 경우가 많다. 충돌 시간이 $\triangle t = t_2 - t_1$일 때 평균 힘 $\overline{F}$은 다음과 같이 정의된다.

$$\overline{F}\,\Delta t = \int_{t_1}^{t_2} \mathbf{F} dt \tag{6.43}$$

그림 6.14는 위와 같은 평균 힘과 충격량과의 관계를 나타내는 그림이다. 사각형의 면적 $\overline{F} \cdot \triangle t$는 힘의 곡선과 시간축이 만드는 면적과 같다.

운동량 보존과 에너지 보존법칙의 응용

이제 충돌과정에서 일어나는 에너지 변화를 살펴보기로 하자. 앞에서 다루었던 에너지 보존법칙은 충돌 전과 충돌 후의 전체 에너지는 같다는 것을 의미한다. 그런데 에너지는 여러 가지 형태로 존재하기 때문에 반드시 역학적 에너지가 보존되지는 않는다. 이때 충돌과정에서 역학적 에너지가 보존되는 경우를 탄성충돌(elastic collisions)이라 부르며, 이에 대한 에너지 보존법칙은 다음과 같다.

$$\frac{1}{2}m_1 v_1^2 + \frac{1}{2}m_2 v_2^2 = \frac{1}{2}m_1 u_1^2 + \frac{1}{2}m_2 u_2^2 \tag{6.44}$$

원자나 원자핵 등에 의한 입자들의 충돌은 보통 탄성충돌에 해당한다. 그러나 일상생활에서 일어나는 충돌은 탄성충돌이 아니다. 대부분이 열에너지 등으로 소모되기 때문이다.

이제 탄성충돌을 고려하여 다음과 같은 2차원 충돌의 문제를 다루어보자. 즉 정지해 있는 당구공에 당구공을 충돌시켜 당구공들의 궤적을 더듬어보는 문제이다. 물론 여기서 당구공은 현실적으로 비탄성 충돌을 하지만 원자나 핵들의 입자라고 생각하면 좋다. 이러한 입자 충돌 실험은 원자의 구조나 원자핵의 구조를 밝히는 데 결정적인 역할을 한다.

그림 6.15를 참조하면서 이 문제를 풀어보자. 우선 에너지 보존법칙을 적용하면

$$\frac{1}{2}m_1 v_1^2 + 0 = \frac{1}{2}m_1 u_1^2 + \frac{1}{2}m_2 u_2^2 \tag{6.45}$$

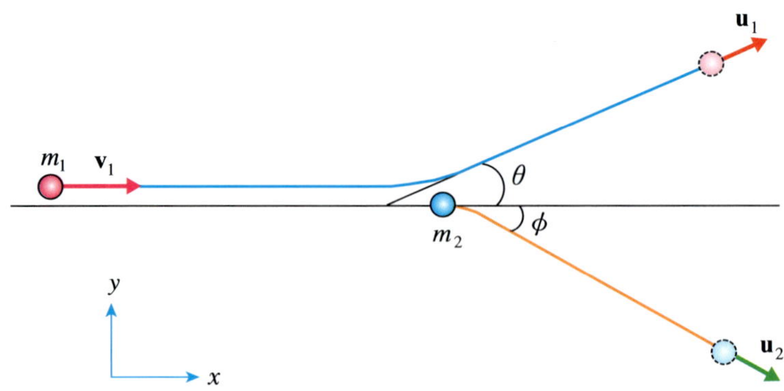

그림 6.15 2차원 탄성충돌.

인 관계를 얻는다. 그리고 운동량 보존법칙을 x성분과 y성분으로 나누어 적용하면 다음과 같은 관계식을 얻는다.

$$m_1 v_1 = m_1 u_1 \cos\theta + m_2 u_2 \cos\phi \tag{6.46a}$$

$$0 = m_1 u_1 \sin\theta - m_2 u_2 \sin\phi \tag{6.46b}$$

보통의 경우 입사 입자의 에너지는 알고 있으므로 미지수 v_1은 주어진다. 그리고 질량은 충돌하기 전에 측정 가능한 양이므로 m_1, m_2도 알려진 양일 경우가 많다. 그러나 남아 있는 미지수가 θ, ϕ, u_1, u_2 등 4개이기 때문에 위 방정식을 풀 수 없다. 보통은 입사 입자가 충돌한 후의 각도, 즉 θ를 측정하여 문제를 해결한다.

이번에는 운동에너지가 보존되지 않는 충돌을 논의해 보기로 한다. 이러한 충돌을 비탄성 충돌(inelastic collisions)이라 부른다. 이 경우 충돌하기 전에 가졌던 입자의 운동에너지는 충돌 후에 열에너지 혹은 위치 에너지의 형태로 바뀐다는 것을 의미한다. 그리고 두 물체가 충돌한 후 한 덩어리로 뭉쳐 움직이는 경우를 완전 비탄성 충돌이라 한다.

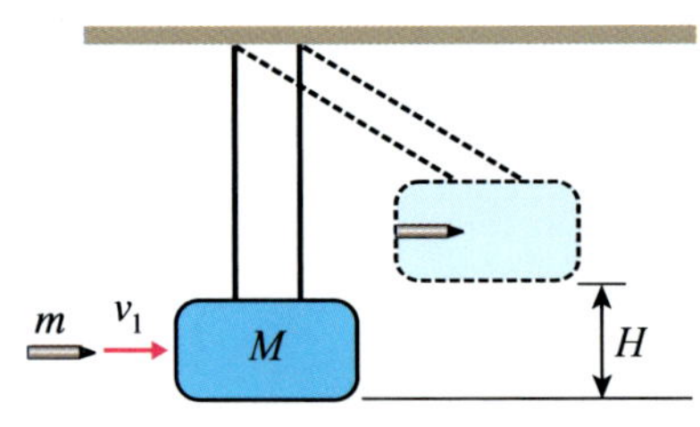

그림 6.16 탄동진자.

일반물리학에서 이러한 완전 비탄성 충돌 실험을 하는 경우가 많은데, 이때 사용되는 기구가 탄동진자(ballistic pendulum)이다. 이 기구는 총알과 같은 빠른 입자의 속도를 측정하는 데 사용된다. 그림 6.16에서와 같이 총알이 v_1의 속도로 발사되어 질량 M인 나무토막에 박혔다고 하자. 그리고 총알과 나무토막이 최고 높이 H만큼 올라갔다면 총알의 발사 속도는 어떻게 표현될 수 있을까?

충돌 전과 충돌 후로 나누어 운동량 보존법칙을 적용하면

$$mv_1 = (m + M)u$$

가 된다. 여기서 u는 충돌 후의 총알과 나무토막의 속도이다. 충돌 후 최고 높이에 다다랐을 때 탄동진자는 진동을 하게 되며, 이에 대한 에너지 보존법칙은 다음과 같다.

$$\frac{1}{2}(m + M)u^2 = (m + M)gH$$

따라서 $u=\sqrt{2gH}$ 이다. 운동량 보존법칙으로부터

$$v_1=\frac{m+M}{m}u=\left(\frac{m+M}{m}\right)\sqrt{2gH} \tag{6.47}$$

와 같은 결론을 얻는다.

6장 학습문제

6.1 500 g의 물체가 지상 5 m 높이에서 땅에 떨어진다. 이 물체가 이동한 만큼 중력이 한 일을 계산하라.

답: 24.5 N • m.

6.2 이번에는 50 g의 물체가 땅바닥에서 지상 10 m 높이까지 들어올려졌다. 이 변위 동안 중력이 한 일은 얼마인가?

답: −4.9 N • m.

6.3 5 kg의 물체가 10 N의 힘을 받아 x축을 따라 움직인다. (a) $x = 0$에서 $x = 2$ m까지 움직일 때의 일, (b) $x = 2$ m에서 $x = 5$ m까지 움직일 때의 일, (c) $x = 5$ m에서 $x = 2$ m까지 움직일 때의 일을 각각 구하라.

답: (a) 20 J. (b) 30 J. (c) −30 J.

6.4 한 물체에 주어진 힘은 그림 6.17 중 왼쪽 그래프와 같다. 이 물체가 $x = 0$에서 $x = 8$ m까지 움직이는 동안의 일을 그래프 기법을 사용하여 대략 구해 보라.

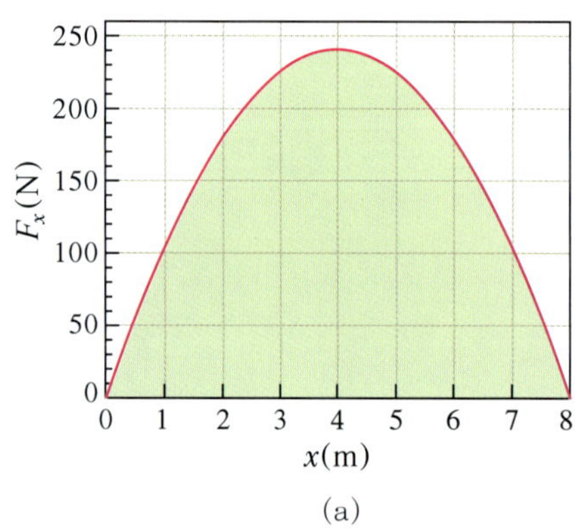

(a)

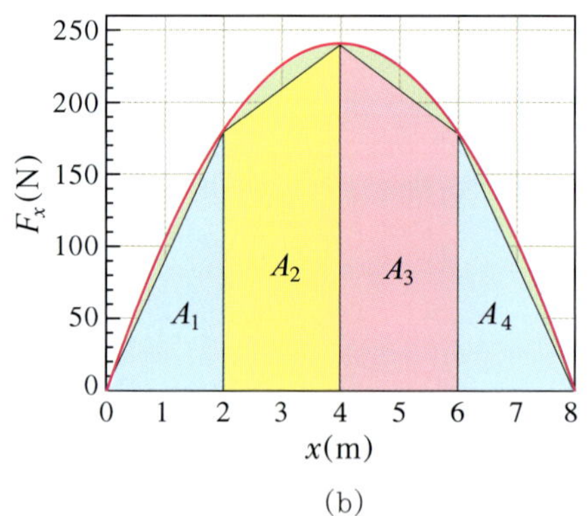

(b)

그림 6.17 힘과 일.
(a) 힘에 의해 x축을 따라 8 m까지 이동한 일의 양은 곡선과 x축으로 둘러싸인 면적이다.
(b) 이러한 면적은 그림에 나타낸 것과 같이 4개의 구역으로 분할하면 그 값을 대강 알아낼 수 있다. 분할되는 면적소가 많아질수록 참값에 접근하게 된다.

풀이: 우리가 구해야 할 일 $W_{0\to8}$은 $x = 0$과 $x = 8$ m 사이에서 그래프의 곡선 F와 x축으로 둘러싸인 면적이다. 이러한 면적소를 그림과 같이 4개로 나누어 계산해 보자. 먼저 면적 A_1과 A_4는 밑변이 2 m이고 높이가 180 N인 삼각형의 면적과 같다. 따라서

$$A_1 = A_4 = \frac{1}{2}(2\ \text{m})(180\ \text{N}) = 180\ \text{J}$$

이다. 다음으로 A_2와 A_3의 면적을 계산하자. A_2와 A_3는 사다리꼴 형태이며, 그 평균 높이는 (180 + 240)/2 = 210 N이고 밑변은 2 m이다. 따라서

$$A_2 = A_3 = (2\ \text{m})(210\ \text{N}) = 420\ \text{J}$$

이 된다. 결국 4개 구역의 총 면적은

$$A_1 + A_2 + A_3 + A_4 = (180 + 420 + 420 + 180)\ \text{J} = 1200\ \text{J}$$

이다. 그런데 그림 6.4(a) 그래프에서 빗금 친 부분을 포함하는 직사각형들의 합을 구하면 더 쉽게 계산할 수 있다. 즉 1 m 간격의 직사각형 중 4 m까지 2 + 3 + 4 + 5개의 사각형을 더하고, 다시 4~8 m까지의 사각형을 더하면 모두 28개가 나온다. 한 사각형의 면적이 50이므로 결국 총

$$28 \times 50\ \text{J} = 1400\ \text{J}$$

이 된다. 이렇게 얻은 값들은 실제 일의 참값이 아니고 어림값이라고 할 수 있다. 그림에서 보는 것처럼 4개 구역의 총 면적은 실제 일에 해당하는 면적에 비해 작음을 알 수 있다. 그리고 두 번째는 실제의 면적보다 더 크다는 것을 알 수 있다. 하지만 면적소가 늘어감에 따라 면적소들의 총 면적은 실제 일의 양에 근접할 것이다. 다음의 학습문제는 정적분을 이용한 일의 결과이다.

6.5 학습문제 6.4에서 다룬 힘의 곡선은 $0 \le x \le 8$ m에서의 $F(x) = (120x - 15x^2)$ N의 그래프이다. 식 (6.5)를 이용하여 일 $W_{0\to8}$을 계산하라.

답: 1300 J.

6.6 힘의 x성분이 $F_x(x) = 2x$ N으로 주어진다면 구간 $x = 4$ m에서 $x = 9$ m까지의 일의 양은 얼마인가?

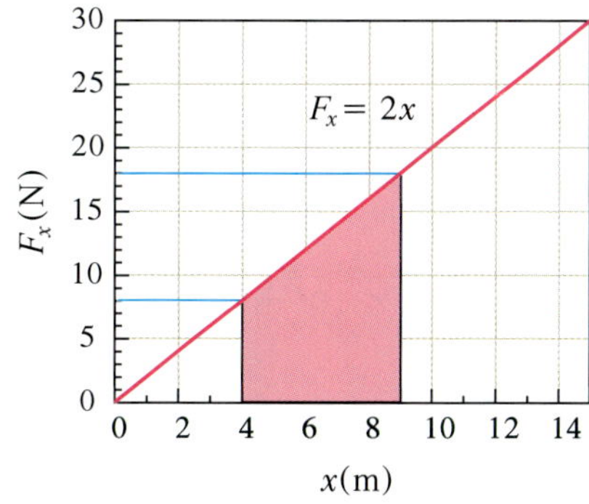

그림 6.18 힘의 x성분이 $F = 2x$로 주어졌다. $x = 4$ m에서 $x = 9$ m까지의 일의 양은 힘의 그래프와 x축과의 면적이다. 그림에서의 사다리꼴 면적은 쉽게 구할 수 있다.

답: 65 J.

6.7 자동차의 현가 장치(suspension)에는 코일 용수철이 사용된다. 2000 kg의 자동차를 4개의 코일 용수철이 똑같은 힘으로 떠받치고 있으며 각 용수철은 8 cm 눌린다. 용수철 상수를 구하라.

풀이: 모든 용수철에 작용하는 외력은 자동차 무게에 해당하므로 $F_t = mg = 2000 \times 9.8 = 19600(\mathrm{N})$이며, 용수철 4개가 같은 힘을 받으므로 용수철 하나에 해당하는 힘은 $F = \frac{1}{4}F_t = 4900\ \mathrm{N}$ 이다. 따라서

$$k = \frac{F}{x} = \frac{4900\ \mathrm{N}}{0.08} = 61250\ \mathrm{N/m}$$

이다.

6.8 마찰이 없는 수평면에 놓여 있는 용수철을 10 N의 힘으로 당겼더니 5 cm 늘어났다.

(a) 이 용수철의 용수철 상수를 구하라.
(b) 이 용수철에 저장된 탄성에너지를 구하라.
(c) 이 용수철을 10 cm 압축시키는 데 필요한 일을 구하라.

풀이: (a) $k = \frac{F}{x} = \frac{10\ \mathrm{N}}{0.05\ \mathrm{m}} = 200\ \mathrm{N/m}$.

(b) $\frac{1}{2}kx^2 = 0.5 \times 200 \times (0.05)^2 = 0.25\ \mathrm{J}$.

(c) $\frac{1}{2}kx^2 = 0.5 \times 200 \times (0.1)^2 = 1.0\ \mathrm{J}$.

6.9 지구가 물체를 잡아당기는 중력은 역제곱력에 해당한다. 달이 있는 위치로부터 질량 100 kg의 물체가 지구의 중력을 받아 지구 표면으로 떨어졌다면 지구는 얼마만한 일을 하였는가? 달에 의한 중력은 무시한다. 지구와 달 사이의 거리는 3.8×10^8 m이고, 지구 중심으로부터 지표면까지의 거리는 6.4×10^6 m이다.

풀이: 우선 힘의 상수를 구해야 한다. 100 kg의 물체가 지구 표면에서 받는 힘은 980 N이므로

$$-k = Fx^2 = (980\ \mathrm{N}) \times (6.4 \times 10^6\ \mathrm{m})^2 = 4 \times 10^{16}\ \mathrm{N \cdot m^2}$$

이다. 인력이기 때문에 힘의 상수는 음의 부호를 갖는다. 식 (6.12)로부터

$$W = -(4 \times 10^{16}\ \mathrm{N \cdot m^2})\left(\frac{1}{3.8 \times 10^8\ \mathrm{m}} - \frac{1}{6.4 \times 10^6\ \mathrm{m}}\right) = 6.1 \times 10^9\ \mathrm{J}$$

이다.

6.10 한 입자가 xy 평면에서 중심력의 힘을 받고 있다. 이 힘은 원점을 향하며 그 크기는 원점으로부터의 거리 r에 비례한다. 즉

$$\mathbf{F}' = -k\mathbf{r} \tag{6.13}$$

이다. 이 힘에 의해 입자가 가속도 없이 (0,0)으로부터 (2,2)까지 가는 동안에 한 일을 구하라.

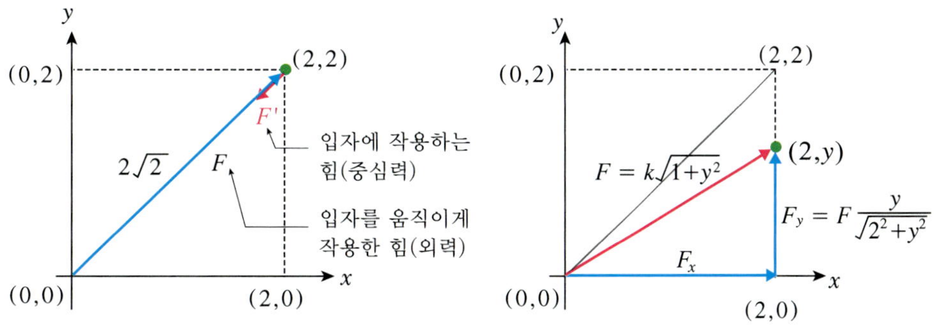

그림 6.19 중심력과 일. 입자는 중심력이라는 힘($F' = -kr$)에 의해 중심을 향하는 인력을 받는다. 이 입자를 움직이게 하기 위해 가한 힘은 $F = kr$이다. 이러한 외력에 의해 원점에서 (2,2)까지 이동시키는 데는 다양한 경로가 존재한다. 그러나 그러한 경로에 관계없이 행하여진 일의 양은 같다. 이렇게 한 일이 입자의 운동 경로와는 무관하게 작용하는 힘을 보존력이라 부른다.

풀이: 입자를 움직이려면 외력이 있어야 하며, 이러한 힘은 $\mathbf{F} = -\mathbf{F}' = k\mathbf{r}$이다. 입자의 이동 경로는 (0,0)에서 (2,2)까지이다. 어떠한 경로를 따라야 하는지에 대한 언급이 없으므로 가장 간단한 경로를 선택하기로 한다. 그러한 경로는 그림 6.19에서 보는 것처럼 원점에서 (2,2)로 가는 직선이다. 다시 말해 동경 방향이다. 그 길이는 $2\sqrt{2}\left(r = \sqrt{2^2 + 2^2}\right)$이므로

$$W = \int_a^b F dr = \int_0^{2\sqrt{2}} krdr = \left| k\frac{r^2}{2} \right|_0^{2\sqrt{2}} = 4k$$

와 같은 결론을 얻는다. 이번에는 다른 경로를 선택하여 한 일의 양을 구해 보자. 그림에서처럼 원점 (0,0)을 출발하여 x축을 따라, 즉 $y = 0$을 유지하면서 $x = 2$까지 이동시키고(0,2), 그다음으로 $x = 2$를 고정시키면서 y축으로 올라가 최종적으로 (2,2)까지 도달하는 경로를 생각하자. 첫 단계에서의 힘은 오직 x방향에만 의존하므로 행한 일은

$$W_1 = \int_0^2 F_x dx = k\int_0^2 xdx = 2k$$

이다. 두 번째 경로에 대한 힘의 크기는

$$F = kr = k\sqrt{2^2 + y^2} = k\sqrt{4 + y^2}$$

이다. 이 힘의 y성분의 크기는

$$F_y = F\sin\theta = F\frac{y}{\sqrt{4 + y^2}} = k\sqrt{4 + y^2}\frac{y}{\sqrt{4 + y^2}} = ky$$

이다. 따라서 두 번째 경로에 대한 일은

$$W_2 = k\int_0^2 ydy = 2k$$

이다. 따라서 총 일은

$$W = W_1 + W_2 = 2k + 2k = 4k$$

이며, 앞에서 구한 결과와 일치한다.

6.11 자동차에 800 N의 수평력이 작용하여 3 m/s의 속력을 냈다면 일률은 얼마인가?

답: 2400 W.

6.12 1 kWh의 일을 하기 위해서는 보통 사람의 몸무게에 해당하는 600 N의 힘을 얼마의 거리만큼 작용해야 하는가?

답: 6 km.

6.13 30 kg의 포탄이 순간적으로 수평과 60° 각도를 가지고 초속 100 m로 운동하고 있다. 이 순간에 있어서 중력이 포탄에 대해 한 일률을 계산하라.

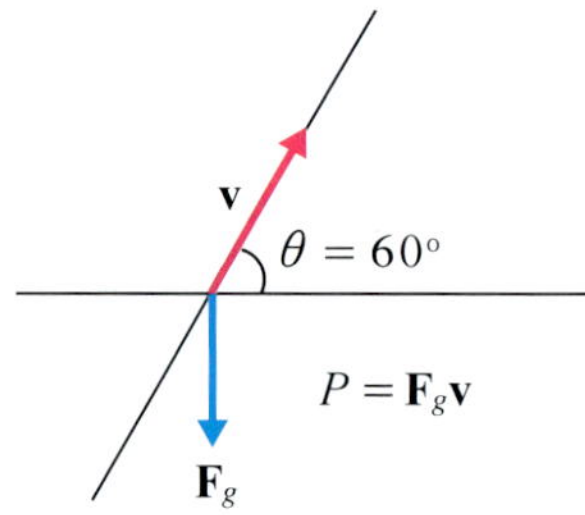

그림 6.20 중력은 물체의 운동 방향 중 수직 성분에만 관계하며 방향은 반대이다. 따라서 중력에 의한 일률은 음의 값으로 나온다.

풀이: 우선 중력과 포탄의 운동 방향과의 관계를 살펴야 한다. 중력은 지면, 즉 x축에 대하여 $-90°$ 방향이며 포탄의 진행 방향은 지면에 대하여 $+60°$ 방향이므로 중력과 포탄의 각도는 150°가 된다. 따라서

$$P = \mathbf{F}_g \cdot \mathbf{v} = mgv\cos(150°)$$

이므로

$$P = (30\text{ kg})(9.8\text{ m/s}^2)(100\text{ m/s})(\cos 150°) = -2.5 \times 10^4\text{ W}$$

이다. 중력은 음의 일을 하고 있다. 그 이유는 무엇인가?

6.14 2 ton의 자동차가 시속 60 km로 달린다면 그 운동에너지는 얼마인가? 속도가 시속 80 km가 되면 시속 60 km에 비해 운동에너지는 몇 배로 되는가?(1 ton을 kg으로, km/h를 m/s로 변환해야 한다.)

답: 2.8×10^5 J, 1.8배.

6.15 정지하고 있던 물체가 10 N의 힘을 받아 10 m 거리를 이동했다면 10 m 거리에서의 속도는 얼마인가? 물체의 질량은 10 kg이다.

풀이: 처음 속도가 없으므로

$$W = \frac{1}{2}mv^2$$

이다. 따라서 속도는

$$v = \sqrt{\frac{2\text{ W}}{\text{m}}} = \sqrt{\frac{(2)(10\text{ N})(10\text{ m})}{10\text{ kg}}} = 4.5\text{ m/s}$$

이다. 이렇게 일과 운동에너지의 관계를 이용하면 운동방정식에 의한 방법보다 간편하게 원하는 답을 얻을 수 있다.

6.16 높이 h에서 초속도 없이 떨어뜨린 물체가 지면에 닿았을 때의 속도를 구하라.

풀이: 물체에 작용하는 힘은 오로지 중력이므로 중력에 의한 무게에 높이 h를 곱한 양이 중력이 행한 일의 크기이다. 이 일이 물체가 지면에 닿을 때 운동에너지로 변한다. 따라서

$$W = mgh = \frac{1}{2}mv^2$$

이고, 속도는

$$v = \sqrt{2gh}$$

가 된다. 이러한 속도는 물체의 질량과는 관계없다는 사실에 주목하라. 공기 중에서 돌멩이와 종이를 떨어뜨렸을 때 두 물체 간에 속도 차이가 나는 것은 두 물체의 질량 차이에서 오는 것이 아니라 공기저항 차이에서 온다.

6.17 2 kg의 물체가 높이 5 m에서 떨어져 지상에 닿았다. 다음 물음에 답하라.

(a) 중력이 한 일은 얼마인가?
(b) 퍼텐셜 에너지의 변화는 얼마인가?
(c) 중력이 한 일과 퍼텐셜 에너지 변화는 어떠한 관계가 있는가?

답: (a) 98 J. (b) −98 J.

6.18 중력에 의한 퍼텐셜 에너지는 식 (6.24)는 물론 식 (6.29)로도 표현된다. 둘 사이의 관계를 설명하라.

풀이: 식 (6.24)는 중력은 일정하다고 가정하여 도출된 결론이다. 그리고 지표면을 퍼텐셜 에너지가 0인 기준점으로 삼았다. 아울러 중력 가속도 g는 오직 지구와만 관련되는 양이다. 반면에 식 (6.29)에서는 중력이 일정하지 않고 거리의 함수로 나타나며, 두 물체 간 거리에 따라 변화하는 양이다. 그리고 퍼텐셜 에너지의 기준을 무한대의 점으로 삼았다. 식 (6.29)에서 지표면에 있는 질량 m인 물체의 퍼텐셜 에너지는

$$U_g(R) = -G\frac{M_E m}{R}$$

이다. 여기서 R은 지구의 반경, M_E는 지구의 질량이다. 지상 h 높이에서의 퍼텐셜 에너지는

$$U_g(R+h) = -G\frac{M_E m}{R+h}$$

이다. 따라서 퍼텐셜 에너지의 변화량은

$$\Delta U_g = U_g(R+h) - U_g(R) = G\frac{M_E m}{R(R+h)}h$$

이다. 그런데 지구 반경에 비하면 높이 h는 무시할 수 있을 정도로 작은 값이므로 $R+h \approx R$이고, 결국 퍼텐셜 에너지의 변화량은

$$\Delta U_g = G\frac{M_E}{R^2}mh$$

이다. 이 값이 곧 $U_g = mgh$에 해당한다. 따라서 중력 가속도는

$$g = G\frac{M_E}{R^2} \tag{6.30}$$

이며, 상수 값들을 대입하면 $g = 9.81\ \text{m/s}^2$의 값을 얻는다.

6.19 한 물체(입자)가 용수철 끝에 매달려 운동하고 있다. 용수철은 이 입자에 대해 $F_x = -kx$의 힘을 작용한다. 여기서 x는 평형점으로부터의 변위이며 k는 용수철 상수이다. 외력이 작용하여 용수철을 변위 A만큼 압축하여 놓아주었다. 다음 물음에 답하라.

(a) 용수철의 퍼텐셜 에너지는 얼마인가?

(b) 용수철이 평형 위치에 올 때의 속력은 얼마인가?

(c) 변위 x에서의 입자의 속력은 얼마인가?

풀이: (a) 외력이 한 일이 퍼텐셜 에너지이다. 외력은 $F_{ext} = kx$이므로 용수철에 의한 퍼텐셜 에너지는

$$U_s = W_{ext} = \int_0^x kxdx = \frac{1}{2}kx^2 \tag{6.31}$$

이다. 식 (6.31)을 탄성 퍼텐셜 에너지(elastic potential energy)라 한다. 용수철이 A만큼 당겨져 있을 때의 퍼텐셜 에너지는 $\frac{1}{2}kA^2$이며 그때의 속력은 0이다.

(b) 용수철이 평형 위치에 있으면 변위는 0이고 속력은 최대가 되며, 전체 퍼텐셜 에너지가 운동에너지로 변환된다. 즉

$$\frac{1}{2}kA^2 = \frac{1}{2}mv^2$$

이며, 이로부터 입자의 속력은 다음과 같이 주어진다.

$$v = \sqrt{\frac{k}{m}}A \tag{6.32}$$

여기서 m은 입자의 질량이다. 용수철 상수가 크면 클수록 입자의 속력은 빠르고 입자가 무거울수록 속력은 느려진다. 우리가 상식적으로 알고 있는 사실이다. 상식적으로 알고 있는 사실이라 하더라도 이렇게 명확하게 그 이유를 알고 상황에 따라 응용할 수 있는 지식을 갖추는 것이 과학의 기본 방향이며 존재 가치이다.

(c) 임의의 변위에서 일부는 운동에너지를 갖고 일부는 퍼텐셜 에너지를 갖는다. 따라서

$$\frac{1}{2}mv^2 + \frac{1}{2}kx^2 = \frac{1}{2}kA^2$$

이다. 이 식을 속력 v에 대하여 풀면 다음과 같다.

$$v = \sqrt{\frac{k}{m}(A^2 - x^2)} \qquad (6.33)$$

$x = A$면 당연히 속력은 0이 되며, $x = 0$이면 (b)의 답과 같다.

6.20 용수철에 대한 탄성 퍼텐셜 에너지는 식 (6.31)로 주어진다. 이 식에 대한 그래프를 그리고 $F_s(x) = -\frac{dU_x(x)}{dx}$에 대한 물리적 해석을 해보라. 3장을 다시 보기 바란다.

6.21 한 사람이 평지에서 10 m/s의 속도로 달려 정지해 있는 배에 올라탔다. 물과 배 사이에 마찰이 없다고 가정한다면 이 배는 얼마의 속도로 움직이는가? 배의 질량은 1000 kg, 사람의 질량은 60 kg이다.

풀이: 운동량 보존법칙을 적용한다. 처음 상황은 사람이 움직이고 배는 멈춘 상태이며, 사람이 배에 타고 난 다음의 상황은 배와 사람이 함께 움직이는 상태이다. 그리고 방향은 오직 한 방향이다. 따라서 $m_1\mathbf{v}_1 + m_2\mathbf{v}_2 = m_1\mathbf{u}_1 + m_2\mathbf{u}_2$에서 $m_1v_1 = (m_1 + m_2)v$이다. 여기서는 사람의 질량을 m_1, 배의 질량을 m_2로 하였다. 그러면 구하고자 하는 속도는

$$v = \frac{m_1 v_1}{(m_1 + m_2)} = \frac{60 \times 10}{(60 + 1000)} = 0.57(\text{m/s})$$

가 된다.

6장 연습문제

6.1 질량 48 kg의 사람이 4.5 m 높이의 계단을 올랐다. 얼마의 일을 하였는가?

6.2 질량 M인 헬리콥터가 수직 거리 h를 중력 가속도의 10%로 가속하며 상승한다. 헬리콥터가 행한 알짜 일을 구하라.

6.3 자전거를 타는 사람이 페달을 85 N의 힘으로 내려 밟는다. 페달이 그리는 원의 지름이 36 cm라면 페달이 한 바퀴 돌 때 사람이 하는 일은 얼마인가?

6.4 탄소원자(^{12}C)의 질량은 1.99×10^{-26} kg이다. 이 원자가 4.64×10^{-19} J의 운동에너지를 가지고 있다면 이에 해당하는 속력은 얼마인가?

6.5 전자(질량 $m_e = 9.1 \times 10^{-31}$ kg)를 정지 상태로부터 2.1×10^6 m/s까지 가속시키는 데 필요한 일은 얼마인가?

6.6 질량 1250 kg의 차가 시속 40 km의 속력으로 달려와서 커다란 용수철과 충돌하였다. 이때 용수철이 2.5 m 압축되었다면 용수철 상수는 얼마인가?

6.7 어떤 용수철을 x m만큼 압축시키기 위해서는 $F = 230x + 2.7x^3$ 힘(N)이 필요하다. 이 용수철을 2.0 m 압축시킨 다음 3.0 kg의 공을 접촉시켜 놓았다. 용수철을 놓았을 때 공의 속력은 얼마인지 계산하라.

6.8 용수철 상수가 320 N/m인 용수철이 있다. 이 용수철에 50 J의 에너지를 저장하려면 얼마나 압축되어야 하는가?

6.9 키가 1.80 m인 사람이 230 g의 책을 지면으로부터 2.15 m 들어올렸다.

(a) 지면을 기준으로 할 때 책의 퍼텐셜 에너지는 얼마인가?
(b) 사람의 머리를 기준으로 할 때 책의 퍼텐셜 에너지는 얼마인가?

6.10 질량이 80 kg인 럭비 선수가 초속 5 m의 속력으로 달리고 있다. 이 선수를 붙잡아서 1초 만에 정지시키려고 한다.

(a) 이 선수의 원래 운동에너지는 얼마인가?
(b) 이 선수를 정지시키기기 위해 필요한 일률은 얼마인가?

6.11 질량이 70 kg인 사람이 해발 3120 m의 산 정상까지 등산하고자 한다. 해발 1850 m 지점으로부터 출발하여 정상까지 오르는 데 4 시간이 걸린다.

(a) 사람이 중력을 거슬러서 해야 하는 일은 얼마인가?

(b) 에너지 관점에서 보면 사람의 몸은 보통 15%의 효율을 갖는다고 한다. 그렇다면 이 등산을 위해 소모해야 하는 일률은 얼마인지 hp로 답하라.

6.12 펌프를 사용하여 매분 5.0 kg의 물을 4.2 m 높이로 올리고 있다. 이 펌프의 일률을 계산하라.

6.13 높이 130 m인 댐으로부터 물이 초당 750 kg의 비율로 넘쳐 흘러 발전기의 터빈에 떨어진다.

(a) 터빈 날개에 떨어지기 직전의 물의 속력을 구하라.

(b) 터빈 날개에 전달되는 역학적 에너지의 율을 계산하라. 물이 날개에 부딪힐 때 물은 그 속도의 80%를 잃고 초기 에너지의 12%가 열로 바뀐다고 가정한다.

6.14 질량 280 kg인 물체의 위치가 $x = 6.2t^3 - 3.0t^2 - 88t$로 주어진다.

(a) $t = 2.0$ s일 때의 일률을 계산하라.

(b) $t = 4.0$ s일 때의 일률을 계산하라.

(c) 이 기간 동안의 평균 일률은 얼마인가?

6.15 연어가 높이 2.8 m인 폭포를 뛰어오르기 위해서는 얼마만한 속도를 가져야 하는가?

6.16 공기 중에서 운동하는 물체에 작용하는 저항력은 보통 물체의 속력에 비례하며 $F = -kv$와 같이 나타낼 수 있다. 이 힘이 보존력인지 아닌지를 판단하고 그 이유를 설명하라.

6.17 지구가 공전하는 동안 태양과 지구 사이의 거리는 1.471×10^8 km에서 1.521×10^8 km까지 변한다. (a) 중력 퍼텐셜 에너지, (b) 운동에너지, (c) 전체 에너지는 위와 같이 변하는 동안 얼마나 변하는가?

6.18 (a) 지구의 중력 내에서 운동하는 입자에 대한 중력 퍼텐셜 에너지는 그림 6.21과 같이 표현됨을 증명하라. $r = R$인 점에서 곡선이 수직이 되는 이유는 무엇인가?

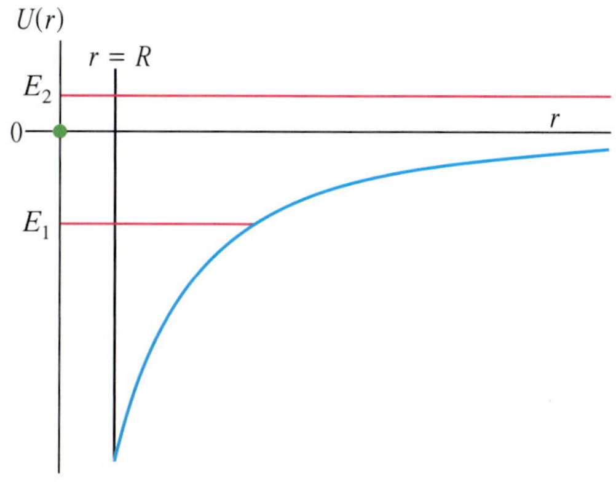

그림 6.21

(b) 그림에서 에너지 E_1인 입자의 운동을 기술하라.

(c) 에너지가 E_2인 경우에 있어서 운동을 기술하라.

(d) 탈출 속도에 해당하는 에너지는 얼마인가?

6.19 질량이 50 g인 물체가 용수철 끝에 매달려 운동하고 있다. 이 체계에 대한 퍼텐셜 에너지는 $U = 6x^2$으로 주어진다. 3장의 그림 3.13을 보라. 여기서 x는 평형점으로부터의 변위이다. 외력이 작용하여 용수철을 변위 +5 cm만큼 당겼다가 놓아주었다.

(a) 용수철의 힘 상수는 얼마인가?

(b) 용수철이 평형 위치에 올 때의 속력을 구하라.

(c) 변위 4 cm에서의 입자의 속력을 구하라.

6.20 인공위성이 화성에 도달하기 위해서는 지구 표면에서 얼마만한 속도로 출발해야 하는가? 학습문제 6.18을 참조하고 에너지 보존법칙을 이용하라.

6.21 질량 4.0 kg인 총으로부터 질량 50 g의 총알이 280 m/s의 속력으로 발사될 때 총의 반동 속도를 구하라.

6.22 질량 10 ton인 기차가 24.0 m/s의 속력으로 진행하다가 정지해 있는 같은 질량의 기차와 충돌하였다. 충돌 후 두 기차가 연결되어 같이 움직였다면 두 기차의 속력은 얼마가 되는가?

6.23 질량이 70 kg인 사람이 높이 5.0 m인 곳에서 딱딱한 아스팔트 위로 뛰어내렸다.

(a) 이 사람이 받는 충격량을 구하라.

(b) 이 사람이 다리를 굽히지 않고 떨어졌을 때의 평균 힘은 얼마인가? 발과 바닥이 충돌하는 동안 질량 중심이 1.0 cm 이동되었다고 가정하라.

(c) 이 사람이 다리를 굽히면서 떨어졌을 때의 평균 힘을 구하라. 이 경우 발과 바닥이 충돌하는 동안 질량 중심은 50 cm 이동되었다.

6.24 그림과 같이 질량 $m = 2$ kg인 벽돌이 경사면을 따라 미끄러져 내려간다. 그 후 평면에 정지해 있던 질량 $M = 6$ kg의 벽돌과 정면 충돌한다. 이때 충돌은 탄성충돌이라고 가정하여 다음 물음에 답하라.

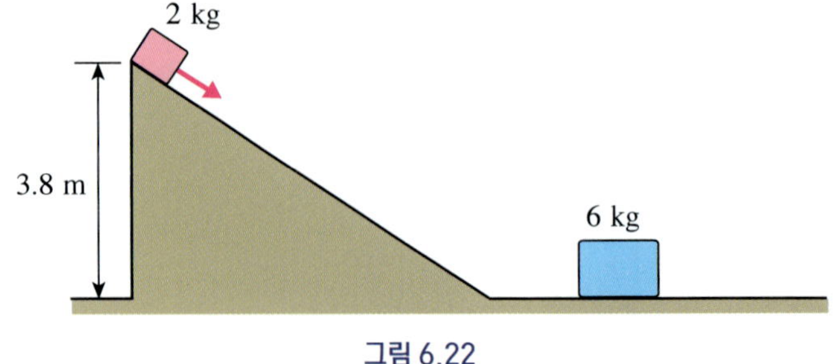

그림 6.22

(a) 충돌 후 두 벽돌의 속도는 얼마인가?

(b) 2 kg의 벽돌이 충돌 후 되돌아갔을 때의 경사면의 높이는 얼마인가?

6.25 8.2×10^6 m/s로 진행하던 양성자(proton)가 정지한 양성자와 탄성충돌하였다. 이 중 한 양성자가 60° 각을 이루는 방향에서 관측되었다. 나머지 한 양성자의 방향과 충돌 후의 속력을 구하라.

6.26 질량 10^8 kg인 운석이 지구($m = 6.0 \times 10^{24}$ kg)에 15 m/s의 속력으로 다가와 충돌하였다.

(a) 지구의 반동 속력을 구하라.

(b) 운석의 운동에너지 중에서 지구의 운동에너지는 얼마가 전환되었는가? 즉 운석의 운동에너지와 지구가 얻은 운동에너지의 첨가 비율을 구하라.

(c) 이 충돌로 지구가 얻은 운동에너지는 얼마인가?

6장 연습문제 해답

6.1 2.1×10^3 J.

6.2 $1.1Mgh$, 중력이 한 일은 $-1.1Mgh$.

6.3 31 J.

6.4 6.83×10^3 m/s.

6.5 2.0×10^{-18} J.

6.6 2.5×10^4 N/m.

6.7 18 m/s.

6.8 0.56 m.

6.9 (a) 4.85 J. (b) 0.79 J.

6.10 (a) 1.0×10^3 J. (b) 1.0×10^3 W.

6.11 (a) 8.7×10^5 J. (b) 0.54 hp.

6.12 3.4 W.

6.13 (a) 50 m/s. (b) 8.1×10^5 W.

6.14 (a) -490×10^3 W. (b) 7.4×10^6 W. (c) 2.4×10^6 W.

6.15 7.4 m/s.

6.16 아니다.

6.17 (a) 1.78×10^{32}. (b) 1.78×10^{32}. (c) 0.

6.18 (a) 본문 참조. (b) 본문 참조. (c) 중력의 범위에서 벗어나 자유롭게 운동한다. (d) 0.

6.19 (a) 12 N/m. (b) 0.8 m/s. (c) 0.46 m/s.

6.20 총 역학적 에너지는

$$E = \frac{1}{2}mv^2 - G\frac{Mm}{R}$$

이다. 여기서 M은 지구의 질량, m은 인공위성의 질량이다. 지구의 중력권에서 벗어나 운동하려면 총 역학적 에너지가 음에서 양으로 되어야 한다. 이는 곧 $E = 0$인 조건에서 구한 속도가 탈출 속도의 최소값이 된다. 따라서 $\frac{1}{2}mv_{esc}^2 = G\frac{Mm}{R}$에서 $v_{esc} = \sqrt{\frac{2GM}{R}}$이다. 여기서 esc는 탈출을 뜻하는 영어 escape의 약자를 의미한다. 지구의 질량 값과 반지름 $R = 6.4 \times 10^6$ m를 대입하여 구하면 $v_{esc} = 1.12 \times 10^4$ m/s가 된다. 즉 초속 11 km 이상이야 한다.

6.21 총알과 관계된 첨자를 B, 총과 관계된 첨자를 R로 표기하기로 한다. 이 총에 대한 체계에서 운동량 보존 법칙은

$$m_B v_B + m_R u_R = m_B u_B + m_R u_R$$

이다. 총알이 발사되기 전과 후를 고려하면

$$0 + 0 = (0.050\ \text{kg})(280\ \text{m/s}) + (4.0\ \text{kg})u_R$$

이다. 따라서

$$u_R = -3.5\ \text{m/s}$$

이다. 여기서 음의 부호는 총의 운동 방향이 총알의 운동 방향과는 반대, 즉 반동되었다는 뜻이다. 총의 반동 속도가 총알의 속도보다 훨씬 작다는 것은 그만큼 총의 무게가 총알에 비해 무겁기 때문이다.

6.22 운동량 보존법칙을 이용한다. 즉 $m_1v_1 + m_2v_2 = (m_1 + m_2)u$에서 u를 구한다.

$$u = 12\ \text{m/s}$$

6.23 (a) 운동량의 변화를 이용하여 구한다. 이 사람이 바닥에 닿는 순간의 속도는

$$v = \sqrt{2gy} = \sqrt{(2)(9.8\ \text{m/s}^2)(5.0\ \text{m})} = 9.9\ \text{m/s}$$

이다. 그리고 바닥에 떨어진 후의 속도는 0이므로 충격량은

$$\begin{aligned} J = \overline{F}\Delta t = \Delta p = p_2 - p_1 &= 0 - (70\ \text{kg})(9.9\ \text{m/s}) \\ &= -690\ \text{N}\cdot\text{s} \end{aligned}$$

이다. 여기서 음의 부호는 사람이 받는 힘이 운동량과는 반대 방향임을 뜻한다.

(b) 이 경우 땅에 닿아 멈출 때까지 속도는 9.9 m/s에서 0으로 변하며 1 cm 이동하였다. 그리고 평균 속도는 $v = (9.9 + 0)/2 = 5.0(\text{m/s})$이다. 그러면 그동안 걸린 시간은 $\Delta t = (1.0 \times 10^{-2}\ \text{m})/(5.0\ \text{m/s}) = 2.0 \times 10^{-3}\ \text{s}$가 된다. 따라서 사람이 받는 평균 힘은

$$\overline{F} = \frac{J}{\Delta t} = \frac{690\ \text{N}\cdot\text{s}}{2.0 \times 10^{-3}\ \text{s}} = 3.5 \times 10^5\ \text{N}$$

이다. 이 힘은 위로 향하는 방향이며 충돌하는 과정에 관계되는 알짜 힘이다. 바닥이 사람의 다리에 작용하는 힘, 즉 수직 항력을 F_N이라 하면 이 힘이 사람에게 작용하는 전체 힘에 해당한다. 이는 중력에 의한 힘을 더한 값이다. 즉

$$F_N = \overline{F} + mg = 3.5 \times 10^5\ \text{N} + 690\ \text{N} \simeq 3.5 \times 10^5\ \text{N}$$

이다.

(c) 이 경우에 걸린 시간은

$$\Delta t = \frac{5.0 \times 10^{-1}\ \text{m}}{5.0\ \text{m/s}} = 1.0 \times 10^{-1}\ \text{s}$$

이고

$$\overline{F} = \frac{J}{\Delta t} = \frac{690\ \text{N}\cdot\text{s}}{1.0 \times 10^{-1}\ \text{s}} = 6.9 \times 10^3\ \text{N}$$

이다. 따라서

$$F_N = \overline{F} + mg = 6.9 \times 10^3\ \text{N} + 690\ \text{N} = 7.6 \times 10^3\ \text{N}$$

이다. 이러한 결과에서 우리는 다리를 오므리며 떨어지는 경우가 훨씬 사람에게 주는 힘이 작다는 사실을 알 수 있다. 사실상 (b)에서 받는 힘은 다리의 뼈가 견디기에는 너무 큰 힘에 해당한다.

6.24 (a) −4.3 m/s, 4.3 m/s. (b) 0.94 m.

6.25 $m_1 = m_2$이므로 식 (6,55), (6,56)에 따라

$$v_1^2 = u_1^2 + u_2^2$$
$$v_1 = u_1\cos\theta + u_2\cos\phi$$
$$0 = u_1\sin\theta - u_2\sin\phi$$

인 관계식을 얻는다. 여기서 $v_1 = 8.2 \times 10^6$ m/s, $\theta = 60°$이다. 두 번째와 세 번째 식들에서 u_1에 해당하는 항들을 왼쪽으로 옮겨 제곱하면 다음과 같이 된다.

$$v_1^2 - 2v_1u_1\cos\theta + u_1^2\cos^2\theta = u_2^2\cos^2\phi$$
$$u_1^2\sin^2\phi = u_2^2\sin^2\phi$$

위 두 식을 합하면

$$v_1^2 - 2v_1u_1\cos\theta + u_1^2 = u_2^2$$

가 되고, 여기서 운동에너지 보존식을 대입하여 정리하면

$$u_1 = v_1\cos\theta = 4.1 \times 10^6 \text{ m/s}$$

의 값을 얻는다. 따라서 나머지 한 양성자의 속력은

$$u_2 = \sqrt{v_1^2 - u_1^2} = 7.1 \times 10^6 \text{ m/s}$$

이다. y성분 운동량 보존식으로부터

$$\sin\phi = \frac{u_1}{u_2}\sin\theta = \left(\frac{4.1 \times 10^5 \text{ m/s}}{7.1 \times 10^5 \text{ m/s}}\right)(0.866) = 0.50$$

이고, 이는 곧 $\phi = 30°$이다.

6.26 (a) 2.5×10^{-16} m/s. (b) 1.7×10^{-17}. (c) 1.9×10^{-7} J.

운석의 질량을 m_a, 지구의 질량을 m이라 하고, 초기 운석의 속력을 $v_a = 14$ m/s, 비탄성 충돌 후 지구의 속력을 v_e라 하자. 완전 비탄성 충돌에서의 운동량 보존법칙을 이용하면 $m_av_a = (m_a + m)v_e$이다. 따라서

$$v_e = \frac{m_a}{m_a + m}v_a = 2.5 \times 10^{-16} \text{ m/s}$$

가 된다. 이때 지구가 얻는 운동에너지는

$$K_e = \frac{1}{2}mv_e^2 = \frac{1}{2}\left(\frac{m_a}{m_a + m}v_a\right)^2 = 1.88 \times 10^{-7} \text{ J}$$

이다. 운석의 운동에너지는

$$K_a = \frac{1}{2}m_av_a = 1.13 \times 10^{10} \text{ J}$$

이다. 그러면 운석의 운동에너지와 지구가 얻은 운동에너지의 비는

$$\frac{K_e}{K_a} = \left(\frac{m_a}{m_a + m}\right)^2 = 1.67 \times 10^{-17}$$

이 된다.

7 원자와 에너지*

이 장에서는 물질을 구성하는 기본 단위인 원자에 대해 알아보기로 한다. 사실상 물체의 운동과 에너지를 다루는 이 시점에서 원자의 구조와 이에 따른 에너지 상태를 논한다는 것은 선뜻 받아들이기 힘든 면이 있다고 본다. 왜냐하면 원자의 구조를 논하기 위해서는 어쩔 수 없이 전자기력은 물론 에너지의 양자화를 도입해야 하기 때문이다. 그러나 머리말에서 밝혔듯이 원자와 원자에 저장된 에너지에 대한 것은 최신 과학과 기술 문명을 접하는 고도의 기술 사회에 있어 상식적으로 그리고 질적인 지식으로 알아두어야 할 내용들이다. 그럼에도 불구하고 **총괄적**인 물리학(general physics)을 배우다 보면 현대물리학이 제공하는 현대 과학과 기술의 기본 개념을 다루지 못하고 지나가는 경우가 허다하다. 저자는 이러한 점을 고려하여 이 장을 개설한 것이다.

이 장에서는 원자의 구조를 다루면서 **전자**의 존재 그리고 전자의 궤도운동에 따른 원자의 빛 스펙트럼과 이에 관련된 에너지에 대해 간략히 알아본다. 아울러 이 장은 물질을 구성하는 기본 힘이 되는 전자기력과 전하의 요소를 다룸으로써 전자기력을 배울 때 보다 유연한 사고를 가질 수 있는 기회를 마련해 주는 마당 역할도 할 것이다. 자연과학의 배움은 반드시 단계가 있으며 그 단계들에 대한 반복적인 학습이 높은 성취를 가져다준다. 따라서 여기서 미리 습득하는 전하의 기본 개념과 전자의 물리적 성질은 물론 원자 세계에서 이루어지는 에너지의 양자화 개념 등은 나중 전자기력과 현대 물리를 학습하는 데 상당한 도움을 줄 것이다. 이와 더불어 자연계의 질서를 규정하는 기본 상수 가운데 가장 중요한 것 중 하나인 **플랑크 상수**를 접함으로써 자연의 심오한 모습을 어렴풋이나마 그려볼 수 있을 것이다.

학습 내용

- 원자: 원자핵(양성자, 중성자), 전자.
- 플랑크 상수: $h = 6.626 \times 10^{-34}$ J·s.
- 원자의 에너지 양자화:

$$E_n = \frac{1}{n^2}E_1,$$
$$E_1 = -21.7 \times 10^{-19} \text{ J},$$
$$n = 1, 2, 3, \cdots$$

- 수소원자의 에너지와 스펙트럼
- 광자(빛)에너지 스펙트럼

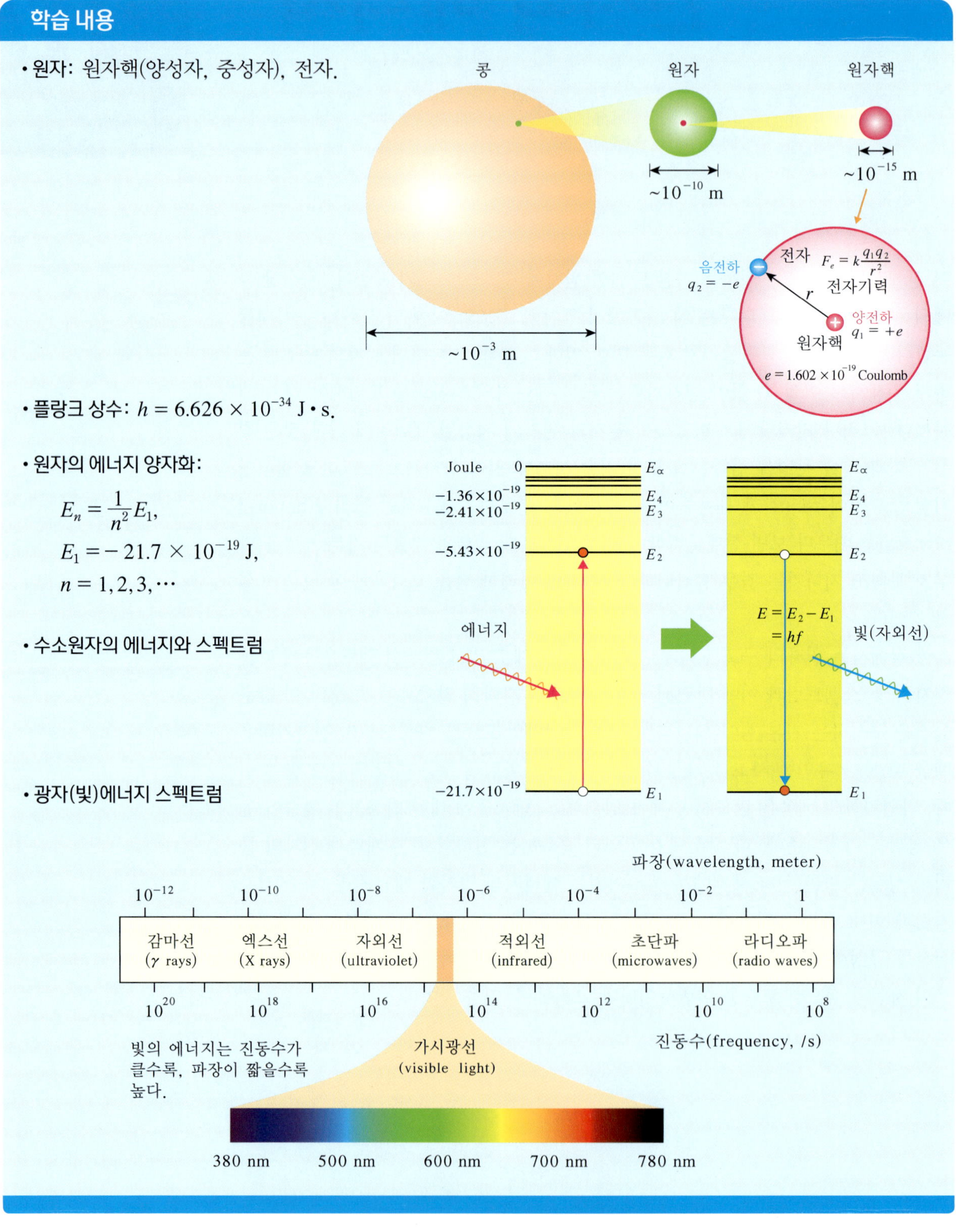

7.1 원자(Atom)

원자는 물질을 이루는 최소 단위—화학에서는 이를 원소(the elements)라고 부르기도 함—라고 할 수 있다. 원래 atom이라는 단어는 더 이상 쪼갤 수 없다는 그리스어에서 유래했는데, 오늘날의 관점에서 보면 원자는 더 이상 쪼갤 수 없는 것은 아니다. 물을 들여다보자. 물의 화학식은 H_2O로 표기되는데, 이때 H_2O를 분자(molecule)라 부르며 **물질의 성질**을 나타내는 최소 단위이다. 여기서 H(hydrogen)는 수소원자를, O(oxygen)는 산소원자를 나타내는 표기이다. 따라서 물분자는 수소원자 2개와 산소원자 1개로 이루어졌음을 알 수 있다. 그런데 이러한 수소원자와 산소원자는 어떻게 다르며 그 이유는 무엇일까?

우리는 앞에서 콩을 보기로 들면서 콩의 크기와 원자의 크기를 비교해 보았다. 그리고 수소원자의 모형을 그려 수소원자를 이루는 핵의 크기도 언급한 적이 있다. 그런데 원자의 성질을 알아보기 위해서는 반드시 전자라는 입자를 취급하지 않으면 안 된다. 왜냐하면 원자는 원자핵(atomic nucleus)과 전자(electron)로 구성되어 있기 때문이다.

우선 원자 중 가장 간단한 수소원자를 살펴보기로 한다. 이미 앞에서 여러 번 그림으로 보였던 것처럼 수소원자를 그림 1.6과 같은 구조로 되어 있다고 간주하기로 하자. 마치 태양이 중심에 있고 그 주위를 도는 행성(지구 등)과 같은 태양계 구조처럼 보인다. 그러나 원자와 같은 아주 작은 세계, 즉 미시적인 세계(microscopic world)에서는 운동 방식이 전혀 다르다. 하지만 이해를 돕기 위해 원자핵 주위를 전자가 원운동하는 모습으로 그려 설명하기로 한다. 전자가 원운동을 한다면 원운동을 가능하게 해주는 구심력은 어디에서 나올까? 태양과 지구의 구심력은 중력이, 실에 매단 공이 원운동을 할 때는 실의 장력이 구심력의 역할을 한다. 그렇다면 원자핵과 전자 사이에서 실과 같은 역할을 하는 것은 중력일까? 사실 원자핵은 물론 전자 역시 질량을 갖는 입자이므로 서로 간에 중력이 작용할 것이라는 추측은 타당할 것 같다. 과연 그럴까?

전자와 전하

물질의 운동에 영향을 주는 물질 고유의 성질이 질량이다. 그런데 물질의 고유한 성질 중 질량과는 물리적 성질이 전혀 다른 것이 있는데 그것은 전기(electricity)이다. 이러한 전기는 물질의 기본적인 성질에서 나오며 물질 고유의 전기 성분을 전하(charge)라 부른다. 그리고 전하의 크기를 C로 표기하는데, 이는 프랑스의 물리학자 쿨롱(Charles Coulomb, 1736~1806. 프랑스어에서 마지막 자음은 일반적으로 발음되지 않는다)의 머리글자에서 유래하였다. 그런데 질량인 경우에는 질량의 기본 양이 존재하지 않으나 전하에는 기본 양이 존재한다. 그리고 그 기본 양을 결정하는 것이 바로 전자이다. 전하의 크기는 보통 q로 나타내며 전자의 기본 전하는 특별히 e로 표기한다. 오늘날 알려진 전자의 기본 전하량은 다음과 같다.

$$q = -e = -1.602 \times 10^{-19}\ \mathrm{C} \tag{7.1}$$

따라서 전자가 6.24×10^{18}개 있어야 1 C이 된다. 그런데 앞에 마이너스가 붙은 이유는 전하에는 양(positive) 전하와 음(negative) 전하가 존재하기 때문이다. 수소원자는 물론 모든 원자들은 중성의 전하를 갖는다. 즉 수소원자에 있어 원자핵은 위와 같은 전자의 음전하와 크기는 같고 부호는 반대인 전하를 갖는다. 따라서 수소원자는 전기적으로 중성이 된다. 그러면 원자핵은 무엇으로 이루어져 있을까?

원자핵과 양성자

원자핵은 양성자와 중성자라는 기본 입자로 이루어져 있다. 일단 수소원자의 핵을 들여다보자. 수소원자는 전자 하나가 궤도를 돌고 있는데, 원자핵 속에는 그에 대응하여 양성자 하나가 자리 잡고 있다. 따라서 수소인 경우에는 원자핵이 곧 양성자라고 말할 수 있다. 양성자의 전하는

$$q = e = 1.602 \times 10^{-19}\ \mathrm{C}$$

이다. 수소가 원자번호 1번이라는 것은 양성자 혹은 전자가 1개로 이루어져 있다는 의미이다. 그러면 원자핵을 이루는 중성자는 무엇일까? 이번에는 원자번호 8번인 산소원자를 들여다보자. 원자번호가 8번이기 때문에 당연히 전자와 양성자의 수는 각각 8개이다. 그러면 중성자 수는 얼마일까? 답은 "다양하게 존재할 수 있다"이다. 그러나 자연 상태에서 가장 많은 것이 질량수가 16번인 산소이다. 그다음으로 중성자 수가 10개인 것과 9개인 것이 극소수 존재한다(그림 7.1을 보라). 여기서 질량수란 양성자 수와 중성자 수를 합한 수이다. 이러한 산소를 화학식으로 표기하면 그림 7.1에 나타낸 것과 같다. 그런데 수소원자는 핵 속에 양성자는 물론 중성자가 들어

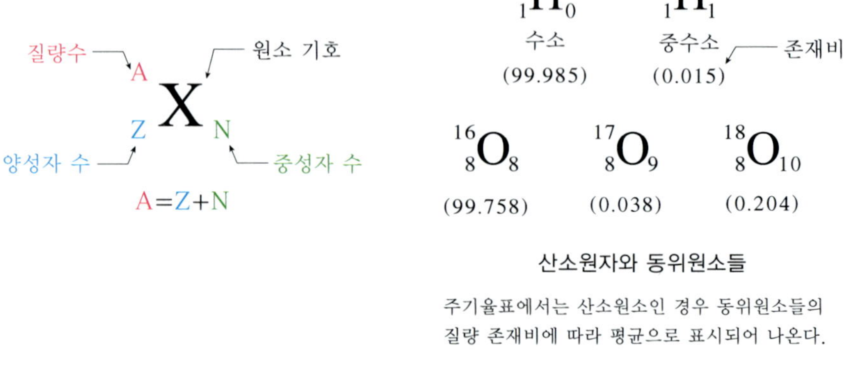

그림 7.1 원자와 원소. 원자번호는 양성자 수에 해당하며, 질량수는 양성자 수와 중성자 수의 합이다. 질량수가 다른 동종의 원소들을 동위원소(isotopes)라 부른다. 동위원소는 안정된 동위원소와 일정 시간을 갖고 다른 원소로 붕괴하는 방사성 동위원소로 분류된다. 그림에 나타낸 수소와 산소의 동위원소들은 모두 안정된 동위원소들이다. 존재비는 자연계에 존재하는 한 원소의 동위원소 존재를 백분율(%)로 나타낸다.

질량수 → $^{A}_{Z}\mathrm{X}_{N}$ ← 원소 기호

양성자 수, 중성자 수

$A = Z + N$

$^{1}_{1}\mathrm{H}_{0}$ 수소 (99.985)

$^{2}_{1}\mathrm{H}_{1}$ 중수소 (0.015) ← 존재비

$^{16}_{8}\mathrm{O}_{8}$ (99.758)

$^{17}_{8}\mathrm{O}_{9}$ (0.038)

$^{18}_{8}\mathrm{O}_{10}$ (0.204)

산소원자와 동위원소들

주기율표에서는 산소원소인 경우 동위원소들의 질량 존재비에 따라 평균으로 표시되어 나온다.

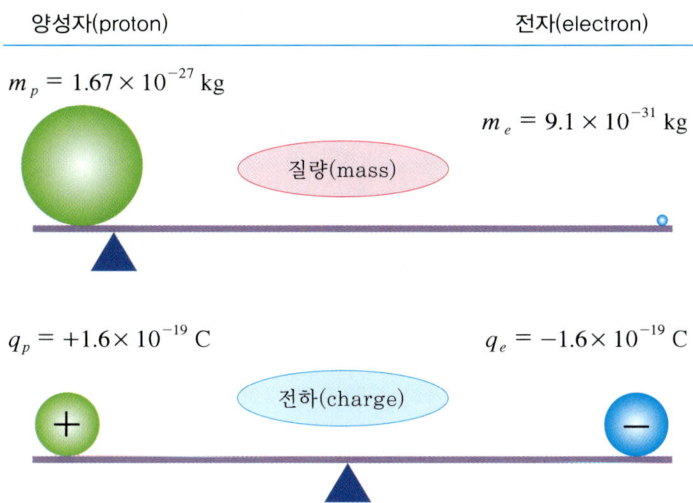

그림 7.2 전자와 양성자. 양성자는 전자에 비해 질량이 약 2000배 무겁다. 그러나 전하의 크기는 같다. 전하인 경우 양성자는 양의 전하를, 전자인 경우 음의 전하를 갖는다.

있는 것도 존재한다. 예를 들면 중수소는 원자핵 속에 양성자 하나에 중성자 하나가 더 있는 경우이다. 이러한 중수소는 화학적 성질은 같으나 물리적 성질—예를 들면 선 스펙트럼—이 다르다. 이렇게 원자번호(양성자 수)는 같으나 중성자 수가 다른 것을 **동위원소**(isotopes)라 부른다.

중성자는 전하가 없다. 전하가 없다는 의미로 중성자(neutron)라는 이름이 붙었으며, 질량은 양성자와 거의 같으나 약간 큰 편이다. 오늘날 알려진 전자와 양성자의 질량과 전하를 그림 7.2에 나타내었다. 이러한 기본 값들은 되도록 암기해 두는 편이 좋다.

이제 수소원자를 더욱 자세히 들여다보기로 하자. 수소원자에 있어 전자는 핵 주위를 약 0.053 nm(10^{-9} m) 떨어져 회전운동을 하고 있다. 따라서 수소원자의 크기는 반경 0.053 nm의 아주 작은 공으로 생각할 수도 있다. 그렇다면 전자는 어떻게 안정적으로 운동하고 있을까? 원운동을 하는 전자의 속도 크기는 2.2×10^6 m/s로 알려져 있다. 무척 빠른 속도라 할 수 있다. 나중에 이러한 속도가 얼마만한 진동수에 해당하는지 알게 될 것이다. 태양과 지구의 안정적 운동에는 중력이 관여하듯이 원자핵과 전자 사이에는 전기력이 작용한다. 이러한 전기력은 중력과 비슷하게 두 전하 거리의 제곱에 역비례하며 두 전하의 곱에 비례한다. 이를 쿨롱의 법칙이라 부르며 식으로 표시하면 다음과 같다.

$$F_e = k_e \frac{q_1 q_2}{r^2} \tag{7.2}$$

k_e는 비례상수로서 8.99×10^9 Nm^2/C^{2}의 값을 갖는다. 나중에 자세히 배우게 될 것이다. 원자핵을 이루는 양성자는 양의 전하를, 전자는 음의 전하를 갖고 있기 때문에 힘의 부호가 음으로 되어 힘은 인력으로 작용한다. 따라서 수소원자 내에 있는 전자와 핵 간의 힘은

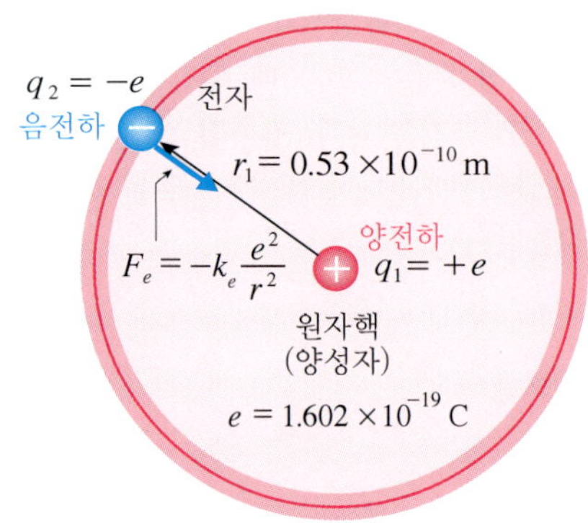

그림 7.3 수소원자의 간단한 모형. 수소원자는 다음과 같은 전기적인 힘(쿨롱 힘)이 핵과 전자 사이에 작용한다.

$$F_e = k_e \frac{q_1 q_2}{r^2}$$

양성자와 전자의 전하량은 같으나 극성은 다르다. 따라서 두 전하를 곱하면 음의 부호가 된다. 이는 중력에서와 같이 힘은 인력임을 뜻한다.

$$F_e = -k_e \frac{e^2}{r^2} \tag{7.3}$$

으로 주어진다. 이 힘이 전자가 원운동을 하는 데 필요한 구심력 역할을 한다. 그런데 양성자는 물론 전자도 질량을 갖고 있다. 따라서 두 입자 사이에는 전기력은 물론 중력도 작용할 것이다. 그렇다면 중력의 효과도 고려해야 하지 않을까? 수소원자의 보기를 들어 알아보기로 하자.

수소원자는 그림 7.3과 같이 가운데 핵을 이루는 양성자와 주위에서 운동하는 전자로 이루어져 있다. 양성자와 전자의 거리는 0.53×10^{-10} m이다. 이제 2개의 양전하와 음전하 사이에 작용하는 전기력과 중력을 구하여 두 힘을 비교해 보기로 한다.

핵과 전자 사이의 전기력의 크기는

$$\begin{aligned} F_e &= k_e \frac{e^e}{r^2} = (9.0 \times 10^9\ \text{Nm}^2/\text{C}^2)\frac{(1.6 \times 10^{-19}\ \text{C})^2}{(5.3 \times 10^{-11}\ \text{m})^2} \\ &= 8.2 \times 10^{-8}\ \text{N} \end{aligned}$$

이다. 반면에 중력의 크기는

$$\begin{aligned} F_g &= G\frac{m_e m_p}{r^2} = (6.67 \times 10^{-11}\ \text{Nm}^2/\text{kg}^2)\frac{(9.11 \times 10^{-31}\ \text{kg})(1.67 \times 10^{-27}\ \text{kg})}{(5.3 \times 10^{-11}\ \text{m})^2} \\ &= 3.6 \times 10^{-47}\ \text{N} \end{aligned}$$

이다. 두 힘을 비교해 보면

$$\frac{F_e}{F_g} = \frac{8.2 \times 10^{-8}\ \text{N}}{3.6 \times 10^{-47}\ \text{N}} = 2.3 \times 10^{39}$$

이다. 따라서 **전기력은 중력에 비해 무려 10의 39승 정도 힘이 세다!** 결국 전기력에 비해 중력은 무시될 수 있다는 결론이 나온다. 1장의 표 1.1을 보라. 이처럼 중력은 천체와 같이 아주 큰 규모의 물체에서만 영향을 미친다는 사실을 알 수 있다.

이렇게 수소원자 내의 힘은 중력과 같이 거리의 역제곱 법칙을 따르고, 또한 인력이기 때문에 전기 퍼텐셜 에너지 역시 중력 퍼텐셜 에너지와 흡사한 모습을 갖는다. 실제적으로 전기 퍼텐셜 에너지는 $U_e = -\int F_e dr$ 의 관계로부터

$$U_e = -k_e \frac{e^2}{r} \tag{7.4}$$

의 결과를 얻는다. 여기서 $r = \infty$인 경우 퍼텐셜 에너지는 0이다.

7.2 원자의 양자화

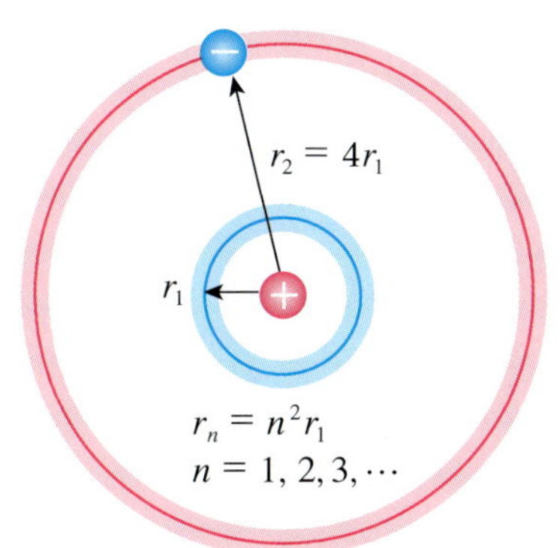

그림 7.4 수소원자의 전자 궤도. 수소원자의 전자는 반지름이 다른 곳(궤도라고 부름)으로 이동할 수 있다. 그러나 그러한 궤도는 특정 값만을 갖는다. 예를 들면 두 번째 궤도는 가장 안쪽의 궤도 반지름에 비해 정확히 4배인 곳에 위치한다. 그리고 에너지 역시 특정의 정수배 값만을 갖는다.

원자에 대한 양자 이론은 25장에서 자세히 다룬다. 여기서는 그 결과만을 놓고 논의해 보기로 한다. 수소원자의 전자가 가질 수 있는 퍼텐셜 에너지가 중력에서와는 판이하게 다른 점이 있다. 무엇일까? 그림 7.4를 보자.

우리가 지면 위에 있는 물체를 높이 h만큼 들어올리면 물체는 외력을 받은 결과 중력 퍼텐셜 에너지가 증가하게 된다. 다시 말하면 물체는 외부로부터 에너지를 얻어 자기 자신의 퍼텐셜 에너지를 높인 것이다. 마찬가지로 수소원자 내에 있는 전자 역시 외부로부터 에너지를 얻으면 퍼텐셜 에너지가 높은 곳으로 이동할 것이다. 그런데 중력의 영향 아래 있는 물체인 경우에는 어느 위치로도 이동이 가능하나, 원자 안에서 운동하는 전자는 그렇지 못하다. 이것은 우리가 생활하는 현실 세계와는 확연히 다른 모습이다. 그렇다면 전자는 에너지를 받으면 어떻게 움직일까? 원래 있던 곳(r_1)에서 4배 거리에 있는 곳($r_2 = 4r_1$)으로 점프하듯이 이동할 가능성이 가장 크다. 이때 전자가 머물 수 있는 구역을 궤도(orbital)라 부른다. 그다음으로 가능한 곳이 가장 안쪽 궤도 반경의 9배 되는 곳이다. 4배, 9배 등이 나오는데 규칙성(질서)이 느껴지지 않는가? 그렇다. 전자가 머물 수 있는 궤도는 가장 안쪽 궤도의 정수 제곱에만 해당한다. 즉

$$r_n = n^2 r_1, \quad n = 1, 2, 3, \cdots \tag{7.5}$$

이다. 그렇다면 수소원자의 퍼텐셜 함수 역시 연속 분포가 아니라 위와 같이 정해진 위치에서만 가능할 것이다. 즉 그림 7.5와 같이 퍼텐셜 에너지는 특정 값만을 가지게 된다.

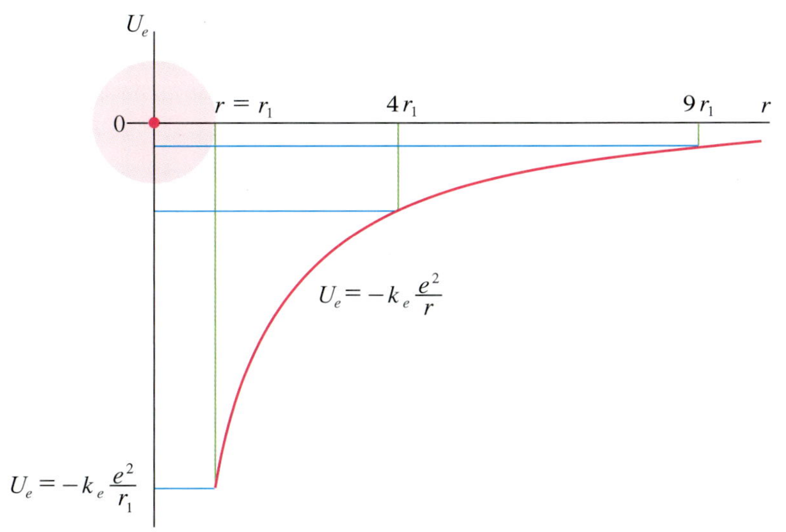

그림 7.5 수소원자의 퍼텐셜 에너지. 중력 퍼텐셜 에너지와 비슷한 모습이다. 그러나 근본적인 차이점이 존재한다. 그것은 위치 또는 에너지가 연속적인 분포를 갖는 것이 아니라 특정의 지정된 값만 갖는다는 사실이다.

이제 이러한 결과를 더욱 일반화해 보자. 우리는 앞 장에서 역학적 에너지 보존법칙을 배웠다. 즉 운동에너지와 퍼텐셜 에너지의 합은 항상 일정하다는 법칙이다. 수소원자 내에 있는 전자는 퍼텐셜 에너지뿐만 아니라 운동에너지도 갖고 있기 때문에 역학적 에너지를 고려해야 한다. 이러한 사실은 태양 주위를 공전하는 지구의 운동을 고려할 때도 필요하다. 전자가 원운동하는 조건에 의해 구심력이 곧 전기력과 같다는 사실을 대입하여 풀면 총 역학적 에너지는 퍼텐셜 에너지의 반값이 된다는 결론을 얻을 수 있다. 즉

$$E = -k_e \frac{e^2}{2r} \tag{7.6}$$

이다. 학습문제 7.1을 보기 바란다.

여기서 총 에너지가 음이라는 사실은 **전자가 원자 내에 갇혀 구속되어 있다는 것**을 뜻한다. 다시 말해 외부로부터 이 에너지 이상의 에너지를 받아야만 전자는 외부로 튀어나와 자유스럽게 운동할 수 있다. 지구 역시 태양계에 구속되어 있다. 만약 구속에 필요한 에너지 이상의 힘을 받는다면—예를 들면 커다란 천체의 충돌—지구는 태양계, 즉 태양의 구속으로부터 떨어져 나와 우주를 떠돌아다닐 것이다. 학습문제 7.2를 참조하기 바란다.

이제 전자가 갖고 있는 구속에너지를 자세히 살펴보도록 하자. 가장 안쪽 궤도에서의 에너지는 반지름이 0.53×10^{-10} m일 때이다. 그러면 가장 안정된 궤도에서의 에너지는

$$E_1 = -21.7 \times 10^{-19}\ \mathrm{J} \tag{7.7}$$

이다. 그렇다면 다음 궤도에서의 에너지는 얼마일까? 우리는 이미 궤도가 정수 제곱에 비례한다는 사실을 알았다. 에너지는 궤도 반경에 역비례하므로 결국 처음 에너지에 대해 정수 값의 제곱에 역비례할 것으로 기대할 수 있다. 사실 그렇다! 따라서 두 번째 궤도에서의 에너지는

$$E_2 = \frac{1}{4}E_1 = -5.43 \times 10^{-19}\ \mathrm{J} \tag{7.8}$$

이 된다. 세 번째 궤도에서의 에너지는 물론 $E_3 = (1/9)E_1$이다. 이러한 결과를 일반적으로 표기하면 다음과 같다.

$$E_n = \frac{1}{n^2}E_1, \quad E_1 = -21.7 \times 10^{-19}\ \mathrm{J}, \quad n = 1, 2, 3, \cdots \tag{7.9}$$

에너지가 연속적인 분포를 갖지 않고 식 (7.9)처럼 불연속적인 특정 값을 가지는 상태를 에너지가 **양자화(quantized)**되었다고 말한다. 이렇게 불연속적인 값의 에너지를 **양자(quantum)**라 부르며, 원자나 분자 크기에서 나타나는 현상이다. 그리고

정수 n을 **양자수**(quantum number)라 부른다. 원자의 크기는 보통 옹스트롬(10^{-10} m) 범위에 해당하며, 분자의 크기는 나노(10^{-9} m) 수준이다. 이렇게 아주 작은 세계를 미시세계(microscopic world)라 부르며, 이러한 극미의 세계에서는 위와 같이 에너지가 양자화되어 나타난다. 요즈음 들어 나노 혹은 **나노 기술**(nano technology: NT)이라는 용어가 유행하고 있는데, 이러한 나노 기술은 나노 크기의 영역에 적용되는 **양자 물리**(quantum physics)를 기반으로 일어난 최신 과학 응용 분야이다.

그런데 원자 세계에서의 에너지를 J 단위로 표시하는 것은 어딘가 어울려 보이지 않는다. 왜냐하면 J 단위로는 너무나 작은 양이기 때문이다. 이때 J 단위를 대신하여 사용하는 것이 eV(electron volt) 단위이다. 이 양은 Joule을 전자의 전하량으로 나누어주면 얻을 수 있다. 위에서 얻은 수소원자의 에너지를 eV 단위로 표시하면 다음과 같다.

$$E_1 = -\frac{21.7 \times 10^{-19}\ \text{J}}{1.6 \times 10^{-19}\ \text{J/eV}} = -13.6\ \text{eV} \qquad (7.10)$$

그런데 이 에너지 값은 어디선가 많이 접해 본 숫자가 아닌가? 그렇다. 수소원자의 이온화 에너지에 해당한다. 즉 외부로부터 13.6 eV 이상의 에너지를 수소원자에 가하면 수소원자에 있던 전자는 밖으로 나와 자유롭게 된다. 수소원자가 양이온(수소원자의 핵)과 음이온(전자)으로 이온화된 것이다. 이상의 설명을 종합적으로 나타낸 것이 그림 7.6이다.

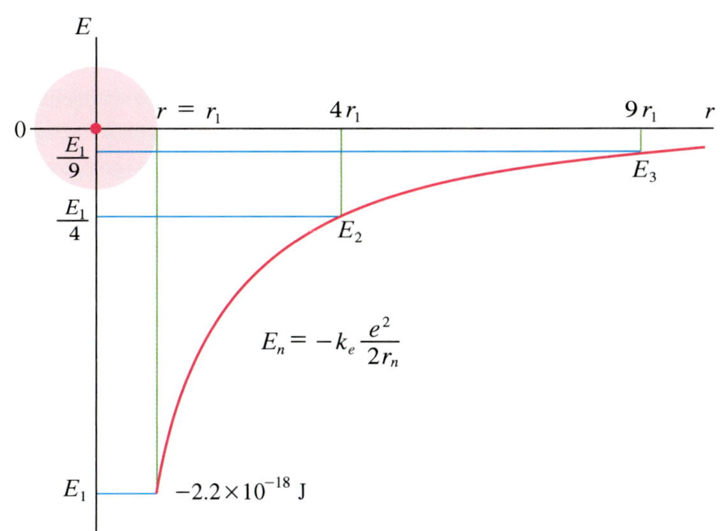

그림 7.6 수소원자의 전자운동 에너지와 퍼텐셜 에너지의 합인 총 에너지 분포도. 에너지는 음의 값을 가지며, 총 에너지가 음이라는 것은 원자 안에 전자가 구속되어 있다는 의미이다. 태양계에서 지구가 구속되어 운동하는 경우와 유사하다. 전자의 에너지는 가장 낮은 에너지에 대해 정수 제곱에 역비례하는 값으로 나온다. 총 에너지는 퍼텐셜 에너지의 절반 값을 갖는다는 사실에 주목하라.

7.3 원자의 에너지 준위

수소원자에 있어 전자의 에너지는 특정 값만을 갖는다는 사실을 배웠다. 이러한 전자의 에너지 상태를 나타내는 그림을 에너지 준위(energy level)라 부르며 보통 그림 7.7과 같이 나타낸다.

양자수가 E_1인 에너지 준위를 **바닥상태**(ground state)라 하며, 수소원자인 경우 −13.6 eV의 에너지에 해당한다. 양자수 2번 이상의 에너지 준위를 **들뜸상태**(excited states)라 부른다. 전자는 들뜸상태에 오래도록 머물 수 있는 것이 아니고 순간적으로(약 10^{-8} s) 머물며 다시 바닥상태로 떨어지고 만다.

이와 같은 에너지 준위는 원소(원자)마다 모두 다르나 경향은 비슷하다. 원자번호가 많아짐에 따라 전자수가 증가하는데, 이때 중요한 것이 각 궤도에 전자들이 채워지다가 가장 바깥 궤도에 있는 전자가 해당 원자의 에너지 특성을 결정한다는 사실이다. 이러한 전자들을 최외각 전자라 부르며, 최외각 전자들이 어떻게 배열되어 있는가에 따라 원소들의 특징이 나타나고 또한 주기적인 성질이 나타나기도 한다. 여기서 각(殼)이라는 용어는 껍질(shell)의 한자말이다. 전자가 머물 수 있는 곳을 궤도라고 하였지만, 이러한 궤도가 마치 양파껍질처럼 되어 있다는 의미로 껍질이라 부른다. 원소의 주기율표는 그러한 최외각 전자들의 분포에 따라 나타나는 원자들의 주기적인 성질을 집대성한 결과이다. 25장에서 자세히 배우게 될 것이다.

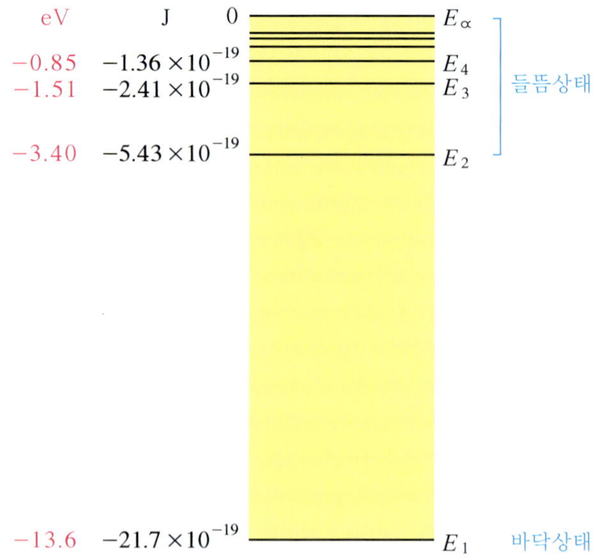

그림 7.7 수소원자의 에너지 준위도. 가장 낮은 에너지 준위를 바닥상태라 하며 그 값은 −13.6 eV이다. 가장 안정된 상태를 말한다. 외부로부터 에너지를 받으면 전자는 들뜸상태를 갖는다. 양자수(n)가 많을수록 0의 값에 가까워진다. 전자가 13.6 eV 이상의 에너지를 받으면 원자에서 벗어나며 자유롭게 운동할 수 있다. 이를 수소원자가 이온화되었다고 한다.

7.4 에너지 준위와 진동운동

그러면 원자의 에너지 준위와 전자의 운동과는 어떠한 상관관계가 있을까? 우리는 2장에서 원운동하는 지구와 수소원자에서의 전자를 보기로 들면서 물리적 의미에 대해 개념적으로 더듬어 보았다. 이제 다시 이 문제를 구체적으로 다루기로 한다. 우선 중심 입자에 대해 원운동하는 입자인 경우 물리적으로는 용수철에 매달려 진동하는 입자와 동일하다는 점을 살펴보았다. 그리고 이러한 운동은 처음 출발한 위치에서 일정 시간이 지나면 같은 장소로 되돌아오는 주기적인 운동임을 알았다. 또한 주기적인 운동은 수학적으로 주기함수인 sine 혹은 cosine으로 표기할 수 있다는 사실도 알았다. 다시 말해 수소원자에 있어 전자는 자연 속의 하나의 질서를 보여준다는 것이다. 이러한 질서는 누누이 강조하지만 수학적으로 아름답게 표현될 수 있으며, 이를 바탕으로 물리적인 해석을 하여 원자의 구조를 자세히 밝혀낼 수 있다. 이제 2장에서 다루었던 그림 7.8을 다시 보기로 하자.

원운동을 기술하는 데는 극좌표(polar coordinate)가 유용하며 이미 앞 장에서 설명한 바 있다. 극좌표에 의하면 임의 시간에서의 전자의 위치는 그림 7.9에서처럼 주어진다. 이때 각도는 각속도와 걸린 시간의 곱으로 주어진다. 걸린 시간은 한 바퀴 도는 데 걸리는 시간이며 주기 T에 해당한다. 원의 한 바퀴는 각도 라디안으로 2π이므로, 각속도를 ω라 하면

$$\omega T = 2\pi$$

이다. 따라서 주기는 다음과 같이 주어진다.

$$T = \frac{2\pi}{\omega} \tag{7.11}$$

여기서 우리는 전자 속도의 크기를 v라 하면 이러한 속도로 원을 한 바퀴 도는 데 걸리는 시간을 계산할 수 있다. 즉 전자의 속도를 알면 주기를 구할 수 있는데, 전자의 속도는 구심력이 핵과 전자 사이에 작용하는 전기력과 같다는 사실을 통해 구할 수

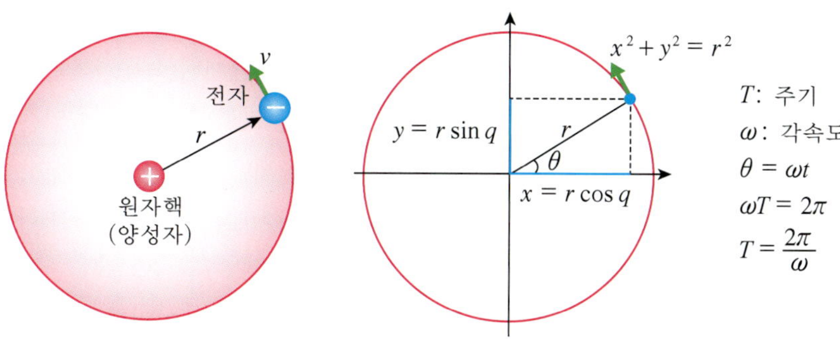

그림 7.8 수소원자와 전자의 운동 모형.

있다. 즉

$$m\frac{v^2}{r} = k_e\frac{e^2}{r^2}$$

로부터 전자의 속도는

$$v = \sqrt{\frac{k_e e^2}{mr}} \tag{7.12}$$

이다. 가장 안쪽 궤도, 즉 바닥상태에서 운동하는 전자의 속도를 계산해 보기로 하자.

$$v_1 = \sqrt{\frac{(9.0 \times 10^9\ \mathrm{Nm^2/C^2})(1.6 \times 10^{-19}\ \mathrm{C})^2}{(9.1 \times 10^{-31}\ \mathrm{kg})(0.53 \times 10^{-10}\ \mathrm{m})}} = 2.2 \times 10^6\ \mathrm{m/s} \tag{7.13}$$

의 값을 얻는다. 1초에 2200 km를 달린다는 것이다! 이 얼마나 상상을 초월하는 빠르기인가? '똑딱'하는 사이 서울과 부산을 2번 왕복하다니! 그렇다면 한 바퀴 도는 데는 얼마나 걸릴까? 즉 주기를 구해 보자. 원의 둘레는 $2\pi r$이므로 주기는

$$T_1 = \frac{2\pi r_1}{v_1} = \frac{2(3.14)(0.53 \times 10^{-10}\ \mathrm{m})}{(2.2 \times 10^6\ \mathrm{m/s})} = 1.51 \times 10^{-16}\ \mathrm{s}$$

를 얻는다. 무척 짧은 시간이다. 그러면 1초에 몇 바퀴를 돌 것인가? 즉 초당 몇 번의 주기를 가질 것인가? 이를 진동수(frequency)라 부른다고 하였다. 그리고 초당(per second)을 보통 Hertz라고 부르며 Hz로 표기한다. 이러한 진동수는 주기의 역수이다. 따라서

$$f_1 = \frac{1}{T_1} = \frac{1}{1.51 \times 10^{-16}}\ /\mathrm{s} = 6.6 \times 10^{15}\ \mathrm{Hz} \tag{7.15}$$

이다. 이렇게 어마어마한 빠르기로 운동하기 때문에 원자는 단단하면서 안정적으로 존재할 수 있게 된다. 선풍기나 비행기에 있어 프로펠러가 빨리 회전하면 막대기를 통과시킬 수 없는 경우를 상상해 보라. 이해할 수 있을 것이다.

다음으로 전자 운동과 용수철 운동과의 관계를 살펴보자. 그림 7.9에서 보는 것처럼 용수철에 매달린 입자의 진동운동(단조화 운동이라고 함)은 그 위치가 sine 혹은 cosine 함수로 표현될 수 있다.

그런데 보통의 단진동 운동에 의한 역학적 에너지는 바람개비를 돌린다든지 열을 발생시킨다든지 하면서 다른 에너지로 변환될 수 있다. 그렇다면 원자에 있는 전자의 에너지는 어떠한 형태로 변환될까? 질량을 갖는 물체는 중력을 유발하며, 그러한 중력은 그림 7.10과 같이 중력장(gravitational field. F_{field}를 상기하기 바란다)이라는 매개에 의해 전달된다.

반면에 전하를 갖는 입자는 전기장(electric field)을 만든다. 이러한 전기장은 전하에 의해 발생하는 전기력선 분포 지역이라 할 수 있다. 중력과는 달리 전기장은

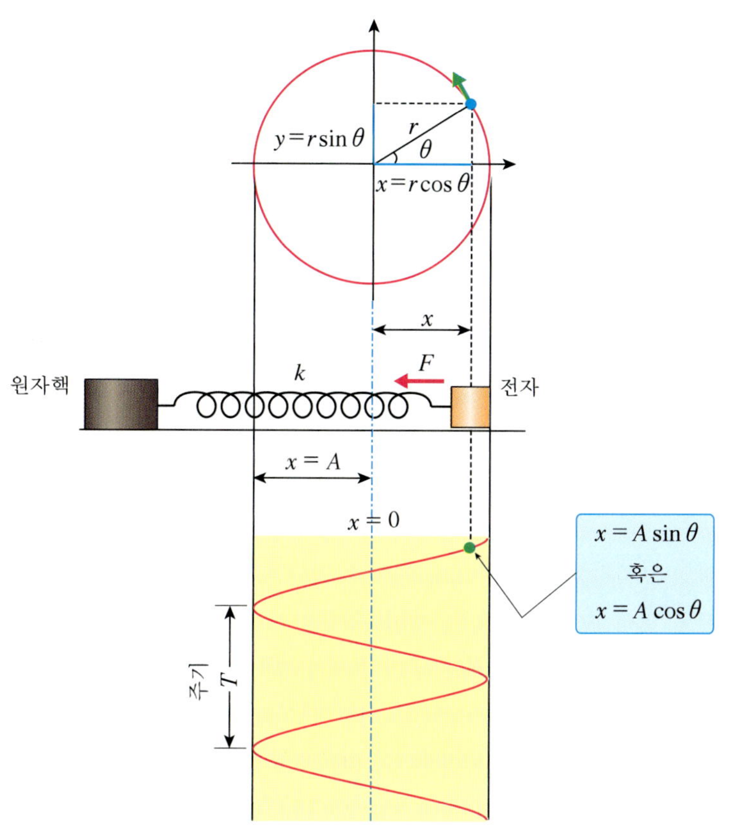

그림 7.9 전자의 모형화. 전자는 원자핵과 용수철에 의해 구속된 모습으로 묘사될 수 있다. 원자핵은 전자에 비해 약 2000배가량 무겁기 때문에 전자만이 진동운동을 하는 것으로 보아도 무방하다.

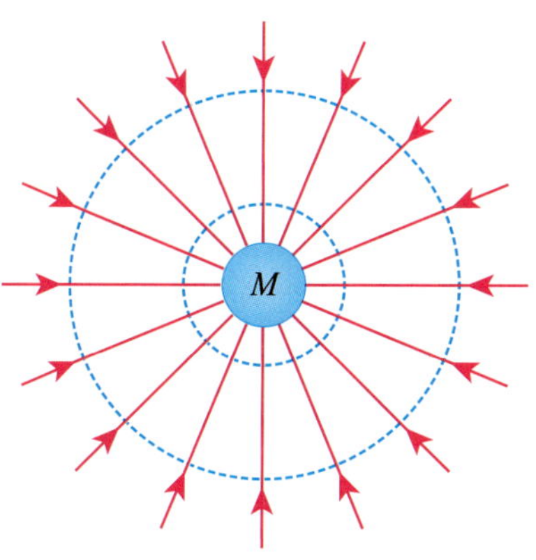

그림 7.10 질량 M을 갖는 입자에 의한 중력장. 이러한 중력선들이 모여 있는 곳을 중력장이라 부른다. 같은 면적에 대해 가까운 곳이 멀리 있는 곳에 비해 중력선이 더 많이 밀집해 있다. 따라서 중력이 더 세다.

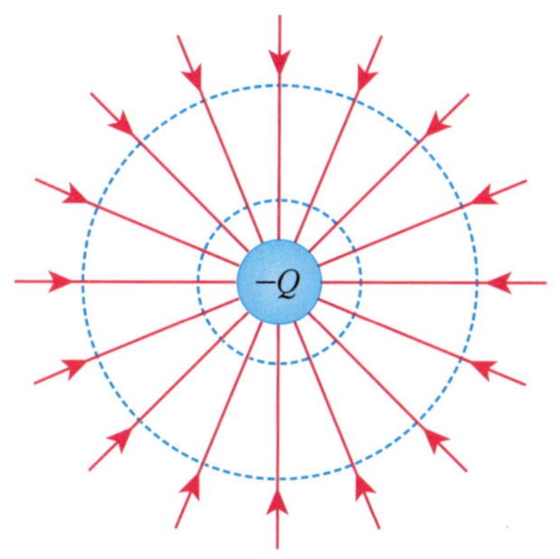

그림 7.11 음전하를 갖는 입자에 의한 전기장. 이러한 전기력선의 분포 지역을 전기장이라 부른다. 양의 전하에 의한 전기장의 방향은 반대이다. 만약 이 전기장에 양의 전하를 놓으면 서로 끌어당긴다. 반면에 같은 부호의 음의 전하를 놓으면 서로 반발한다.

인력은 물론 척력으로도 작용한다. 그림 7.11에서 보는 것처럼 음의 전하에 의한 전기장에 양의 전하가 존재하면 서로 끌어당기며, 같은 부호인 음의 전하가 놓이면 서로 반발하는 힘이 발생한다.

그렇다면 수소원자에서 전자가 핵을 중심으로 진동하게 되면 어떠한 현상이 일어날까? 다시 말해 양전하와 음전하가 시간에 따라 주기적으로 진동하는 경우에는 어떠한 일이 발생하는가? 안테나를 보기로 들어 이 문제를 헤쳐나가자. 우리는 일상생활을 하면서 라디오, 텔레비전은 물론 휴대전화를 통하여 거의 매일 듣고 보고 말하고 있다. 이러한 통신기기들의 전파는 안테나에 의해 이루어진다.

안테나는 양의 전하와 음의 전하를 주기적으로 변화시켜 전파를 발생시키는 원리에 의해 작동된다. 그 원리를 그림 7.12에 나타내었다. 전기장은 양전하로부터 음전하로 발생하는데, 전하들의 이동에 따라 그 크기가 달라진다. 그리고 2개의 전하가 주기적으로 진동하면 진동수에 따라 주기적인 전기장이 발생하면서 밖으로 퍼져나가게 된다. 이를 **전자기파**라 부른다. 물론 2개의 전하 이동에 따라 자기장도 발생하며 역시 주기적으로 변한다. 이러한 자기장은 전기장에 수직인 방향인데 여기서는 다루기 않기로 한다. 전기장만을 다루어도 전자기파를 이해하는 데는 문제가 없

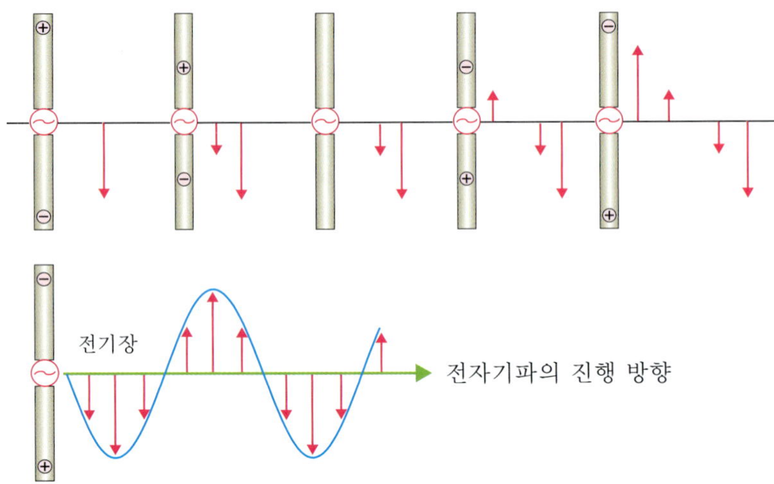

그림 7.12 **안테나와 전자기파.** 서로 전하 부호가 다른 2개의 입자가 시간에 따라 진동하면 진동에 따라 전기장의 크기와 방향이 주기적으로 바뀌며 밖으로 퍼져나간다. 이렇게 전기장의 진동 방향에 수직으로 퍼져나가는 파를 전자기파(보통 전파라 부른다)라 한다. 자기장도 발생하나 여기서는 생략하였다. 이때 전자기파의 진동수에 따라 라디오파, 초단파 등으로 불린다. 그렇다면 빛은 무슨 파인가?

기 때문이다. 보다 자세한 것은 22장에서 다룬다. 그런데 이렇게 퍼져가는 전자기파는 놀랍게도 빛의 속도(초당 30만 km)로 달린다는 사실이 밝혀졌다. 즉 전자기파는 빛이라는 것이다. 더 정확하게는 우리가 보는 빛인 가시광선은 전자기파의 한 종류이다. 가시광선인 경우에는 안테나에 의한 전파보다 훨씬 진동수가 높으며 원자나 분자에서 발생한다. 여기서 우리는 **진동하는 두 전하는 진동에너지를 빛의 에너지로 발산한다**는 사실을 알게 되었다. 이 얼마나 놀라운 사실인가?

일반적으로 빛이라 함은 눈에 보이는 가시광선(visible light)을 의미할 때가 많다. 사실 가시광선은 파장이 380~780 nm인 전자기파를 말한다. 이보다 파장이 짧은 빛을 자외선, 이보다 파장이 긴 빛을 적외선이라 부른다. 결국 빛에는 다양한 파장이 존재한다는 사실을 알 수 있으며 인간의 눈으로 인식할 수 있는 파장 영역의 빛, 즉 가시광선만을 빛으로 보는 것은 타당하지 않다. 라디오파, 초단파 등도 물론 빛의 일종이다. 이를 통칭하여 전자기파라 부르는 것이다. 그림 7.13은 전자기파를 파장 혹은 진동수에 따라 분류하여 서로 다른 이름으로 불리는 것을 정리한 것이다. 한편 전자기파의 속도를 c라 두면 파장과 진동수와의 관계는 다음과 같다.

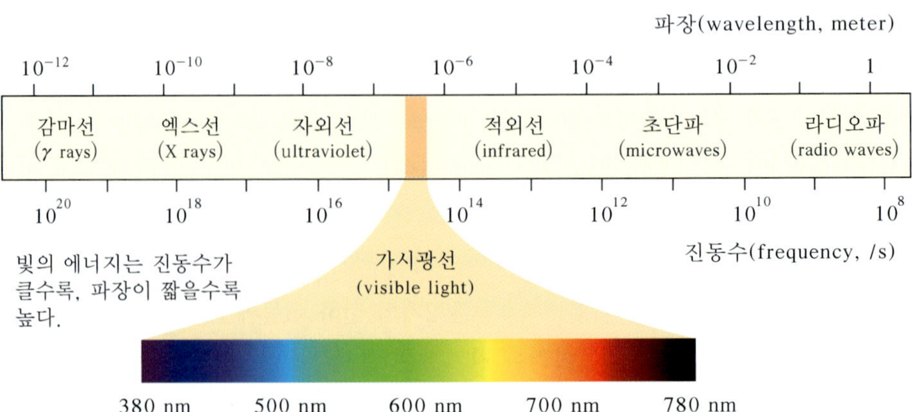

그림 7.13 전자기파(빛)의 분류.

$$\lambda = cT = \frac{c}{f} \tag{7.16}$$

여기서 $c = 3.0 \times 10^8$ m/s이다.

7.5 빛과 광자

다시 수소원자로 돌아가 보자. 양의 전하인 원자핵과 음의 전하인 전자가 서로 진동한다는 것은 이로부터 빛의 에너지가 발산된다는 사실을 말해 준다. 그림 7.14를 보라.

그렇다면 전자가 궤도에서 단순히 원운동한다는 것으로부터 빛이 나올까? 그렇지 않다. 우리는 이미 수소원자의 에너지 준위를 살펴보았다. 수소원자로부터 빛을 나오게 하려면 우선 외부로부터 에너지가 공급되어야 한다. 수소원자가 빛과 같은 에너지를 받으면 가장 안쪽 궤도에 있던 전자가 두 번째 혹은 세 번째 궤도 등으로 일순간 점프하며 이동하게 되는데, 이미 언급한 바와 같이 이러한 들뜸상태에서는 전자가 오래 있지 못한다. 따라서 다시 바닥상태로 내려와 안정을 되찾는데, 이때 들뜸상태에서 바닥상태로 내려오면서(전이된다고 함) 그 에너지 차이만큼 해당하는 빛을 발한다. 그런데 이러한 과정에서 주의할 점은 빛의 에너지가 연속적인 분포가 아니라 특정 값만을 갖는다는 사실이며, 이러한 특정 값만을 갖고 나오는 빛을 **광자**(photon)라 부른다. 다시 말해 빛을 일종의 전자와 같은 입자로 보는 관점이다. 이러한 광자 하나의 에너지는 다음과 같이 주어진다.

$$E = hf \tag{7.17}$$

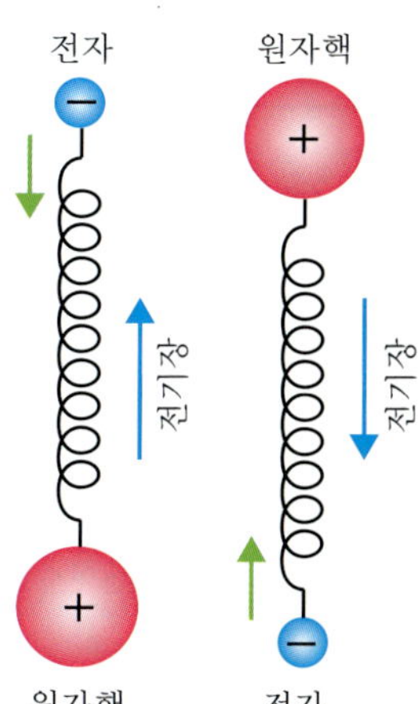

전자가 원자핵에 구속되어 진동운동을 하는 모습. 보통의 용수철에 의한 입자의 단진동과는 달리 원자핵과 전자에 의한 운동에는 전하에 의한 전기력이 관여하고 있다.

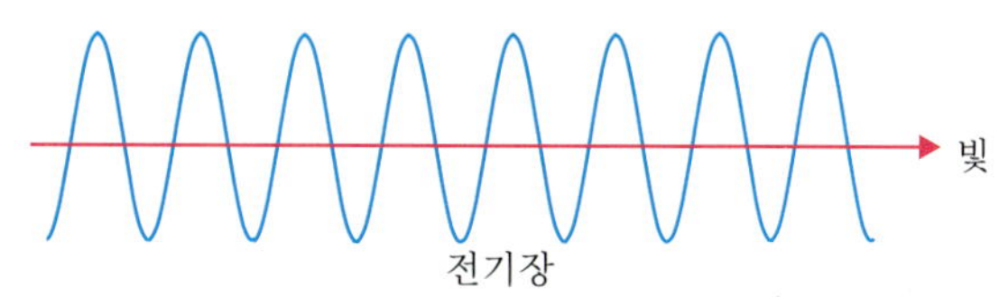

양의 전하인 핵과 음의 전하인 전자는 서로 위치와 거리가 변한다. 이에 따라 주기적인 전기장이 발생하며 퍼져나간다. 이렇게 전기장의 진동에 의해 퍼져나가는 것이 빛이다.

그림 7.14 원자와 빛.

여기서 h를 **플랑크 상수**(Planck's constant)라 부르며 그 값은

$$h = 6.626 \times 10^{-34}\ \text{J} \cdot \text{s} \tag{7.18}$$

이다. 이러한 플랑크 상수는 자연이 가지고 있는 고유 성질로부터 나온다. 이를 바탕으로 수소원자에서는 어떠한 종류의 빛이 나오는지 알아보기로 하자.

식 (7.17)에서의 에너지는 에너지 준위에 있어 특정의 두 준위 에너지 차이를 뜻한다. 예를 들어 수소원자가 외부로부터 에너지를 받아 전자가 바닥상태에서 첫 번째 들뜸상태로 이동하여 다시 바닥상태로 전이하는 경우를 살펴보자. 두 준위의 에너지 차는

$$E = E_2 - E_1 = (-5.43 + 21.7) \times 10^{-19}\ \text{J} = 16.3 \times 10^{-19}\ \text{J}$$

이다. 이 값을 식 (7.17)에 대입하여 진동수를 구하면

$$hf = 16.3 \times 10^{-19}\ \text{J}$$

$$f = \frac{16.3 \times 10^{-19}\ \text{J}}{6.63 \times 10^{-34}\ \text{J} \cdot \text{s}} = 2.46 \times 10^{15}/\text{s}$$

이다. 이 빛은 어떤 종류의 전자기파일까? 진동수를 파장으로 변환해 보자.

$$\lambda = \frac{c}{f} = \frac{3.0 \times 10^{8}\ \text{m/s}}{2.46 \times 10^{15}/\text{s}} = 1.22 \times 10^{-7}\ \text{m}$$

이 값은 122 nm이며 우리 눈의 영역에서는 보이지 않는 자외선이다(그림 7.15)!

수소원자뿐만 아니라 모든 원자들도 외부로부터 에너지를 받으면 각각 고유의 빛을 발한다. 나트륨(Na. 영어로는 sodium이라 부름) 가로등이 붉은색을 띠는 것은 나트륨원자의 에너지 스펙트럼이 그에 해당하는 파장을 갖고 있기 때문이다. 형광

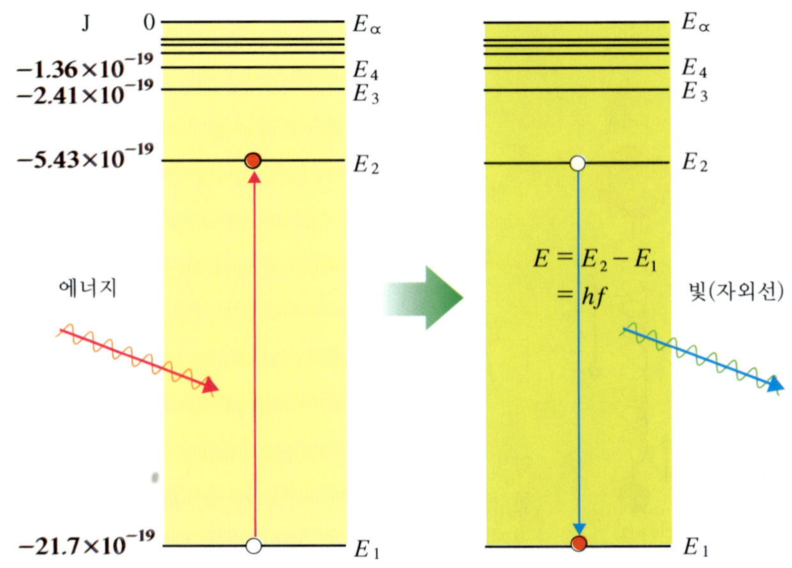

그림 7.15 수소원자의 빛 발산. 외부로부터 에너지를 받으면 전자는 더 높은 궤도로 이동한다. 이때 에너지가 더 높은 궤도에서 다시 낮은 상태로 이동하면서 빛을 발하게 된다. 빛에너지는 두 에너지 준위 차이만큼의 크기를 갖는다. 빛의 진동수는 에너지에 따라 다르며 자외선, 가시광선, 적외선 등으로 나타난다.

등의 경우 수은 기체(정확히는 플라즈마 상태)로 채워져 있으며 수은은 우리 눈에 보이지 않는 자외선을 내보낸다. 이러한 자외선은 형광등 내부에 발라져 있는 형광체(빛을 발하는 물질) 분자들에게 에너지를 주고 형광체 분자들이 다시 가시광선을 발하는 구조로 되어 있다. 원자들은 주로 자외선 영역의 빛을 발하는 경우가 많고 분자들은 주로 가시광선 혹은 적외선을 내놓는다.

유기발광소자 디스플레이(OLED)

유기발광소자(organic light emitting devices: OLEDs)는 유기성 분자가 가시광선을 발하는 원리를 응용한 디스플레이의 소자이다. 보통 OLED는 Organic LED(light emitting diodes)의 약자를 의미하는 경우가 많다. OLED의 기본 구조는 발광층을 양쪽에서 전극(양극, 음극)으로 채운 샌드위치 구조이다[그림 7.16(b)]. 양 전극에 전압이 걸리면 양극은 유기물 층에 정공(hole. 양전하를 갖는 가상의 전자)을 주고 음극은 유기물 층에 전자를 주게 된다. 이렇게 만들어진 전자와 정공은 유기물 발광층에서 재결합(recombination)하게 되는데, 이때 에너지가 발생한다. 이러한 전자-정공 재결합 에너지는 유기물의 에너지 준위 중 전자가 점유할 수 있는 전자의 에너지 상태를 바닥상태에서 들뜸상태로 올려놓는다. 이러한 들뜸상태는 전자가 머물기에는 불안정하여 다시 바닥상태로 내려오게 되는데, 바닥상태로 내려오면서 여분의 에너지가 빛(광자)으로 방출되는 것이다. 수소원자의 발광 원리와 같다는 사실을 알 수 있다. 이러한 OLED는 전자종이, 전자신문 등 구부러지는 디스플레이에 응용되고 있으며 미래형 디스플레이 기술 개발에 핵심적인 역할을 하고 있다.

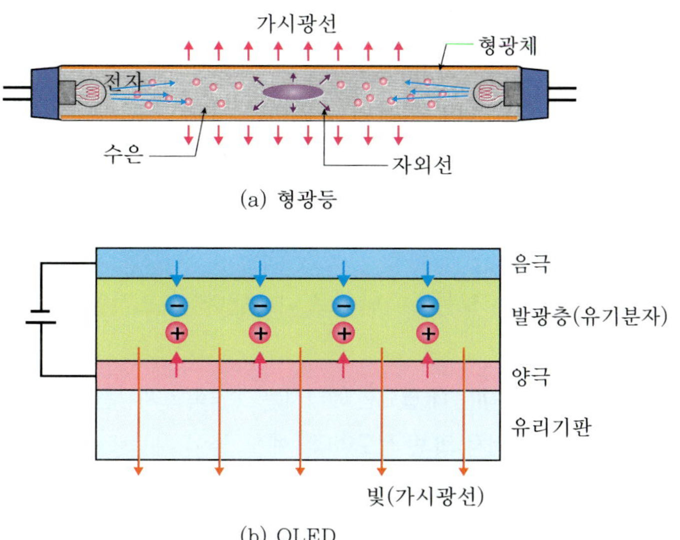

그림 7.16 형광등과 OLED의 발광 원리.

7.6 광전 효과(Photoelectric Effect)

광전 효과란 빛이 금속에 닿으면 전자가 방출되는 현상을 말한다. 빛에 대한 입자적 성질에 의해 나타나는 현상이라고 할 수 있다. 원래는 독일의 물리학자인 헤르츠(Heinrich Hertz)가 실험하는 도중 전자기파 발생기의 한쪽 금속에 자외선을 쪼여 주면 방전이 잘 일어나는 현상에서 발견하였다. 연구 결과 빛의 에너지, 즉 진동수가 충분히 큰(파장인 경우는 짧은 쪽 영역) 경우 전자가 발생한다는 사실을 알게 되었고, 이로부터 빛의 입자적인 성질이 중요하다는 것이 알려지게 되었다. 왜냐하면 이 현상은 입자의 운동에너지가 금속에 갇혀 있던 전자에게 전달되어 전자가 구속에서 벗어나는 결과로 해석되기 때문이다. 즉 빛은 입자라야 한다. 따라서 앞에서 다루었던 빛의 입자인 광자적 관점을 통해서만 이 현상이 설명될 수 있다. 이 현상을 **광전 효과**(photoelectric effect)라 부른다. 여기서 광은 물론 광자를 뜻하며, 전은 전자를 의미한다. 이러한 광전 효과의 원리는 빛이 입자라는 양자적 성질과 함께 원자에 구속된 전자에 대해 보다 폭넓은 이해를 가져다준다. 물질은 원자로 구성되어 있기 때문에 물질, 특히 한 원자로 이루어진 물질에 있어 최외각 전자의 배열 상태는 그 물질 특유의 물리적 성질들을 결정하는 데 핵심 역할을 한다. 도체, 반도체, 부도체와 같은 전기적 성질은 물질 내 전자들의 배치와 직접 관련이 있다.

이 현상은 1905년 아인슈타인(Albert Einstein, 1879~1955)이 빛은 **광자**라고 하는 입자를 도입하여 규명되었는데, 이를 광전 효과라 불렀다. 이때 광자는 **플랑크**의 양자 에너지와 동일한 에너지인 hf의 에너지를 가진다. 즉

$$E = hf \tag{7.17}$$

이다. 그림 7.17을 보기 바란다.

광전 효과 실험에 따르면 금속에 따라 특정 진동수 이상인 경우에만 전자가 발생하는데, 이러한 진동수를 문턱 진동수(threshold frequency)라 부른다. 문턱 진동수는 전자가 특정 금속에 있어 금속 표면을 벗어나는 데는 최소 에너지가 필요하다는 것을 의미한다. 이러한 최소 에너지를 해당 금속의 **일함수**(work function)라 하며 다음과 같이 표기한다.

$$\phi = hf_0 \tag{7.19}$$

이러한 일함수의 에너지는 보통 eV 단위로 나타낸다. 대표적인 금속들에 대한 일함수는 표 7.1과 같다.

전자를 금속 표면에서 떼어내는 데 필요한 에너지는 그 금속의 자유원자에서 전자를 떼어내는 데 필요한 에너지(이온화 에너지)의 반 정도이다. 예를 들어 세슘(Cs)의 이온화 에너지는 3.9 eV인 데 반해 일함수의 이온화 에너지는 1.9 eV이다.

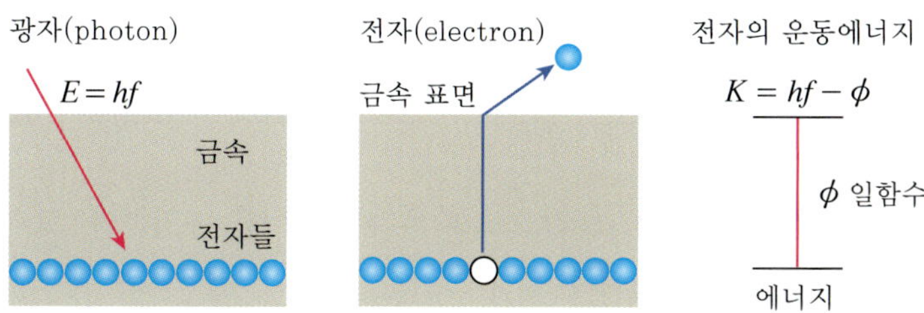

그림 7.17 광전 효과. 금속 안에 갇혀 있는 전자들은 광자의 에너지를 받으면 금속 표면 밖으로 탈출할 수 있다. 그러나 전자들이 자유공간으로 나가기 위해서는 금속 내에서 일을 해야 한다. 전자가 일을 해야 하는 에너지를 일함수라 하며, 금속마다 그 값이 다르다.

표 7.1 여러 가지 금속들의 일함수

금속	기호	일함수(eV)
세슘	Cs	1.9
칼륨	K	2.2
나트륨	Na	2.3
리튬	Li	2.5
칼슘	Ca	3.2
구리	Cu	4.7
은	Ag	4.7
플래티넘(백금)	Pt	6.4

가시광선의 진동수는 $f = (4.3\text{~}7.5) \times 10^{14}$ Hz이며, 이것은 $E = 1.7\text{~}3.3$ eV에 해당한다. 따라서 광전 효과가 일어나는 영역은 빛의 자외선 및 가시광선 영역이라는 것을 알 수 있다. 광전 효과에 의한 공식은 다음과 같다.

$$hf = K_{\text{max}} + \phi \tag{7.20}$$

여기서 hf는 광자 에너지, K_{max}는 최대 광전자 에너지이다. 따라서 전자의 최대 에너지는 다음과 같이 주어진다.

$$K_{\text{max}} = hf - \phi \tag{7.21}$$

7장 학습문제

7.1 수소원자 내 전자의 총 에너지가 퍼텐셜 에너지의 1/2 값으로 나온다는 사실을 증명하라. 그리고 그 에너지 값을 Joule 단위로 구하라. r은 $r_1 = 0.53 \times 10^{-10}$ m이다.

풀이: 우선 구심력이 곧 전기력과 같다는 사실에서 출발한다. 구심력은

$$F_e = m\frac{v^2}{r}$$

이므로

$$m\frac{v^2}{r} = k_e\frac{e^2}{r^2}$$

이다. 총 (역학적) 에너지는

$$E = \frac{1}{2}mv^2 - k_e\frac{e^2}{r}$$

이다. $mv^2 = k_e\frac{e^2}{r}$ 이므로, 이를 위 식에 대입하여 정리하면

$$E = \frac{1}{2}k_e\frac{e^2}{r} - k_e\frac{e^2}{r} = -k_e\frac{e^2}{2r}$$

이 된다. 즉 총 에너지는 퍼텐셜 에너지의 반값이다. 따라서 구하고자 하는 에너지는 다음과 같다.

$$E = -(9.0 \times 10^9\ \mathrm{Nm^2/C^2})\frac{(1.6 \times 10^{-10}\ \mathrm{C})^2}{(2)(0.53 \times 10^{-10}\ \mathrm{m})} = -21.7 \times 10^{-19}\ \mathrm{J}$$

그러나 이렇게 작은 값이라도 1 mol의 수소원자, 즉 1 g의 수소원자라면 사정이 달라진다. 1 mol에는 수소원자가 아보가드로 수($N_A = 6.02 \times 10^{23}$)만큼 있으므로 그 에너지는 $E = -2.17 \times 10^{-18} \times 6.02 \times 10^{23}$ J $= -1.3 \times 10^6$ J이 된다. 하나의 원자를 고려할 때는 미미한 수준이지만 1 g의 수소원자에서 모든 전자를 제거하는 데는 상당한 에너지가 필요하다는 것을 알 수 있다.

7.2 지구는 태양으로부터 평균 1억 5천만 km의 반경을 가지고 공전하고 있다. 이러한 태양–지구 체계의 총 구속에너지를 구하라. 태양의 질량은 $M_g = 2.0 \times 10^{30}$ kg, 지구의 질량은 $M_E = 6.0 \times 10^{24}$ kg이다.

풀이: 이 체계에 대한 역학적 에너지는

$$E = \frac{1}{2}M_E v^2 - G\frac{M_S M_E}{r^2}$$

이다. 구심력이 곧 중력과 같으므로

$$M_E\frac{v^2}{r} = G\frac{M_S M_E}{r^2}$$

이고, 이 조건으로부터

$$E = \frac{1}{2}G\frac{M_S M_E}{r} - G\frac{M_S M_E}{r} = -G\frac{M_S M_E}{2r}$$

가 된다. 여기서도 총 역학적 에너지는 퍼텐셜 에너지의 반값이다! 구하고자 하는 에너지는

$$E = -(6.67 \times 10^{-11}\ \mathrm{Nm^2/kg^2})\frac{(2.0 \times 10^{30}\ \mathrm{kg})(6.0 \times 10^{24}\ \mathrm{kg})}{(2)(1.5 \times 10^{11}\ \mathrm{m})} = -2.7 \times 10^{55}\ \mathrm{J}$$

이다. 이러한 어마어마한 에너지가 곧 지구가 태양에 잡혀 있는 구속에너지이다.

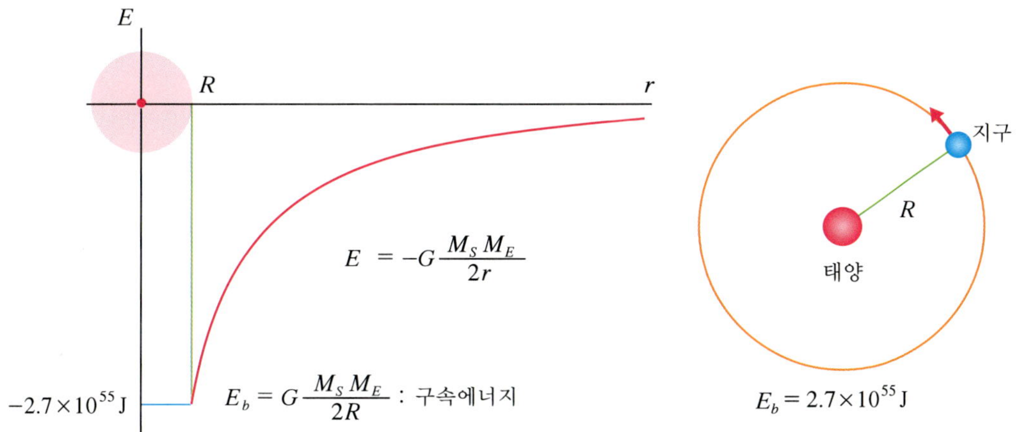

그림 7.18 지구가 태양계에 구속되어 있는 에너지.

7.3 수소원자에 있어 $n = 2$인 궤도에서의 전자 속도의 크기와 진동수를 구하라.

풀이: 식 (7.12)를 보면 속도는 반지름의 제곱근에 역비례한다. $n = 2$에서의 반지름은 $n = 1$에 비해 4배의 거리이므로 속도는 1/2이 된다. 따라서

$$v_2 = \frac{1}{2}v_1 = 1.1 \times 10^6\ \mathrm{m/s}$$

이고, 주기는

$$T_2 = \frac{(2)(3.14)(4 \times 0.53 \times 10^{-10}\ \mathrm{m})}{(1.1 \times 10^6\ \mathrm{m/s})} = 12.1 \times 10^{-16}\ \mathrm{s}$$

이다. 결국 진동수는

$$f_2 = \frac{1}{T_2} = \frac{1}{12.1 \times 10^{-16}\ \mathrm{s}} = 8.26 \times 10^{14}\ \mathrm{Hz}$$

이다. 한편 $v_3 = (1/3)v_1$이며 $T_3 = 3^3\,T_1$의 관계를 얻을 수 있는데, 이로부터

$$T_3 = 40.8 \times 10^{-16}\,\text{s}$$

의 값을 얻는다.

7.4 수소원자의 에너지 준위를 참고하여 전자가 $n = 3$의 준위에서 $n = 2$의 준위로 전이하는 경우와 $n = 4$에서 $n = 3$으로 전이하는 경우의 진동수와 파장을 각각 구하라. 이 빛들은 어떠한 영역의 전자기파에 속하는가?

풀이: $n = 3$과 $n = 2$ 준위의 에너지 차는

$$E = E_3 - E_2 = (-2.41 + 5.43) \times 10^{-19}\,\text{J} = 3.02 \times 10^{-19}\,\text{J}$$

이며, 이를 바탕으로 진동수를 구하면 다음과 같다.

$$f = \frac{3.02 \times 10^{-19}\,\text{J}}{6.63 \times 10^{-34}\,\text{J} \cdot \text{s}} = 4.56 \times 10^{14}/\text{s}$$

이에 해당하는 파장은

$$\lambda = \frac{3.0 \times 10^{8}\,\text{m/s}}{4.56 \times 10^{14}/\text{s}} = 6.58 \times 10^{-7}\,\text{m}$$

이다. 파장 658 nm는 우리 눈에 보이는 가시광선 영역이다. 수소원자가 비로소 우리가 볼 수 있는 빛을 발했다. $n = 4$에서 $n = 3$으로의 전이의 경우 빛은 적외선 영역에 속한다. 각자 풀어서 증명해 보기 바란다.

7.5 파장이 350 nm인 자외선이 나트륨(Na) 금속의 표면에 입사했다. 광전자의 최대 에너지를 구하라.

풀이: $\lambda = 350\,\text{nm} = 3.5 \times 10^{-7}\,\text{m}$이고, $f = \frac{c}{\lambda}$이므로 광자의 에너지는

$$E = h\frac{c}{\lambda} = (6.63 \times 10^{-34}\,\text{J} \cdot \text{s})\frac{(3 \times 10^{8}\,\text{m/s})}{(3.5 \times 10^{-7}\,\text{m})} = 5.7 \times 10^{-19}\,\text{J}$$

이다. 이 에너지는 3.5 eV에 해당한다. 표 7.1을 보면 나트륨의 일함수는 2.3 eV이므로 광전자의 최대 에너지는

$$E_{\text{max}} = hf - \phi = 3.5\,\text{eV} - 2.3\,\text{eV} = 1.2\,\text{eV}$$

이다.

7장 연습문제

7.1 산소원자 16(^{16}O)의 핵은 8개의 양성자와 8개의 중성자로 이루어져 있다(그림 7.1 참조). 양성자 하나의 질량은 1.67×10^{-27} kg이며 중성자의 질량도 이와 비슷하다.

(a) 원자의 질량을 구하라.

(b) 1 mol에 들어 있는 원자는 아보가드로 수($N_A = 6.02 \times 10^{23}$ atoms/mol)만큼이다. 1 mol의 산소원자 질량을 구하라.

7.2 수소원자에 있어 전자는 핵으로부터 $F = -\frac{C}{r^2}$의 힘을 받아 반경 r인 원주에서 운동을 한다. 여기서 C는 상수이다. 전자가 $r = r_1$인 궤도로부터 $r_n = n^2 r_1$[식 (7.5)]인 원 궤도로 움직일 때 에너지의 변화는 어떻게 표현되는가?

7.3 달만한 천체가 지구로 달려와 탄성충돌한다고 가정해 보자. 그 여파로 지구가 태양계를 벗어난다면 이 천체의 속도는 얼마나 될까? 달의 질량은 $m = 7.4 \times 10^{22}$ kg이다. 가능할까? 이 결과로부터 무엇을 알 수 있는가?

7.4 수소원자가 이온화된다는 것은 에너지를 받아 전자가 핵으로부터 탈출하여 자유스럽게 되었다는 것을 의미한다. 그림 7.7을 참조하여 다음 물음에 답하라.

(a) 수소원자가 바닥상태에 있을 때 수소원자를 이온화시키기 위해서는 얼마의 에너지가 필요한가?

(b) 수소원자가 첫 번째 들뜸상태에 있다면 이온화시키는 데 필요한 에너지는 얼마인가?

(c) 운동에너지가 0인 전자가 이온화된 수소원자에 붙잡혀 바닥상태의 에너지 준위에 들어갔다면 이 과정에서 방출된 광자의 파장은 얼마인가?

7.5 파장이 λ인 광자의 에너지는 다음과 같이 주어짐을 보여라. 파장의 단위는 m이다.

$$E = \frac{1.24 \times 10^{-6}}{\lambda}\ (\text{eV})$$

7.6 다음을 계산하라.

(a) 1.0×10^{-18} J의 에너지를 가지고 있는 전자의 진동수.

(b) 300 eV의 에너지를 갖는 광자의 파장.

(c) 10 m의 파장을 가진 광자의 에너지(eV).

(d) 5.0×10^{14} Hz의 진동수를 가진 광자의 에너지(J).

(e) 가시광선 영역(380~780 nm)에 대한 광자의 에너지 범위(eV).

7.7 태양에서 방출되는 스펙트럼 중에는 6.0×10^{14} Hz의 진동수를 갖는 노란색 계통이 많다. 이 빛에 대한 광자의 에너지를 eV로 계산하라.

7.8 한 광자가 5×10^{-19} J의 에너지를 갖는다면 이 광자의 진동수와 파장은 얼마인가?

7.9 감마선과 엑스선 중 어느 것이 광자의 에너지가 높은가? 그리고 그 이유는 무엇인가?

7.10 $\lambda = 625$ nm의 파장을 갖는 레이저를 금속 표면에 쪼였을 때 전자가 4.6×10^5 m/s의 속도로 튀어나왔다.

(a) 표면의 일함수를 구하라.
(b) 문턱 진동수를 구하라.

7.11 알루미늄(Al)은 4.2 eV의 일함수를 갖는다.

(a) 알루미늄으로부터 광전자를 생성할 수 있는 가장 낮은 진동수는 얼마인가?
(b) 만일 파장 200 nm의 자외선이 알루미늄에 입사되었다면 방출된 전자의 최대 속력은 얼마인가?

7장 연습문제 해답

7.1 (a) $(1.67 \times 10^{-27}\text{ kg})(16) = 2.67 \times 10^{-26}\text{ kg}$.

(b) $(2.67 \times 10^{-26}\text{ kg})(6.02 \times 10^{23}/\text{mol}) = 16 \times 10^{-3}\text{ kg/mol} = 16\text{ g/mol}$.

7.2 $E = -\int F \cdot dr$ 에서 $E = \frac{C}{r_1}\left(1 - \frac{1}{n^2}\right)$.

7.3 충돌하는 천체의 운동에너지가 지구가 태양계에 구속되어 있는 퍼텐셜 에너지와 같을 때이다. 즉 $\frac{1}{2}mv^2 = 2.7 \times 10^{55}$ J이고 $v = 2.7 \times 10^{13}$ km/s가 나온다. 이 속도는 빛의 속도보다 빠르다! 즉 달만한 천체의 충돌은 지구를 태양계 밖으로 보낼 수 없다.

7.4 (a) 13.6 eV. (b) 3.4 eV. (c) 91.3 nm.

7.6 (a) 1.5×10^{15} Hz. (b) 4.1 nm. (c) 1.2×10^{-7} eV. (d) 3.3×10^{-19} J. (e) 1.6 − 3.7 eV.

7.7 2.5 eV.

7.8 7.55×10^{14} Hz, 398 nm.

7.11 (a) 1.0×10^{15} Hz. (b) 8.4×10^5 m/s.

회전운동 8

우리는 이미 여러 가지 물리적 상황에 있어 입자의 회전운동(rotational motion)을 다루어 보았다. 즉 태양 주위를 공전하는 지구의 원운동과 원자에 있어 원자핵 주위를 운동하는 전자의 운동 등이다. 더욱이 지구 자체가 자전하는 것처럼 전자는 물론 원자핵을 이루는 양성자와 중성자 등도 스스로 회전하고 있다. 우리 은하 역시 전체적으로 회전운동을 하고 있으며 우주 전체 또한 회전운동을 하고 있을지 모른다. 따라서 자연계에는 기본적으로 회전운동이 존재하고 있음을 알 수 있다. 이 장에서는 이러한 회전운동을 운동학적으로 논하면서 회전운동학(rotational kinematics)과 회전운동 에너지, 회전에 대한 관성 등을 알아보기로 한다. 특히 분자의 회전에 의한 양자 역학적 에너지를 고찰하면서 미시 세계에서의 회전운동이 현대 기술에 어떻게 응용되는지도 살펴본다.

학습 내용

• 회전운동학: $\omega = \frac{d\theta}{dt}$(rad/s) ; 각속도, $\alpha = \frac{d\omega}{dt}$(rad/s^2) ; 각가속도.

$$\theta = \theta_0 + \omega_0 t + \frac{1}{2}\alpha t^2, \quad \omega = \omega_0 + \alpha t, \quad \omega^2 = \omega_0^2 + 2\alpha(\theta - \theta_0).$$

• 회전운동 에너지: $K_R = \frac{1}{2}I\omega^2$, I; 관성 모멘트.

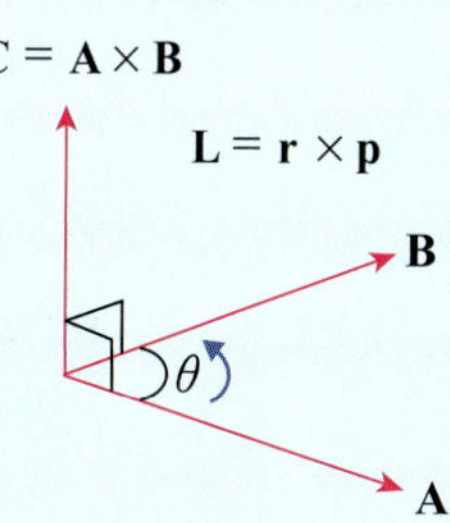

• 질량 중심: $R = \frac{m_1 r_1 + m_2 r_2}{m_1 + m_2}$.

• 각운동량: $\mathbf{L} = \mathbf{r} \times \mathbf{p}$.

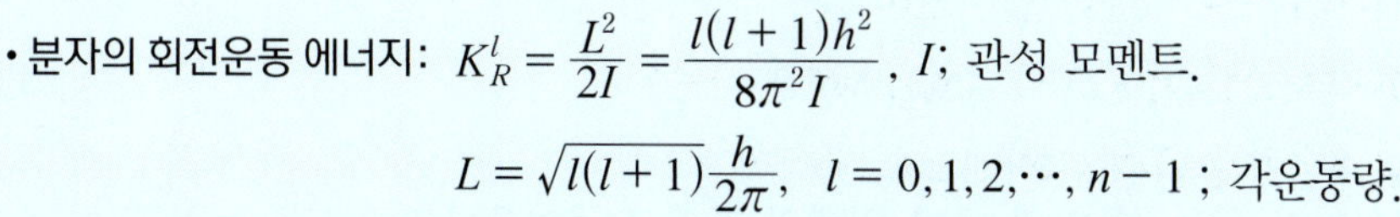

• 분자의 회전운동 에너지: $K_R^l = \frac{L^2}{2I} = \frac{l(l+1)h^2}{8\pi^2 I}$, I; 관성 모멘트.

$$L = \sqrt{l(l+1)}\frac{h}{2\pi}, \quad l = 0, 1, 2, \cdots, n-1 \text{ ; 각운동량.}$$

8.1 회전운동학

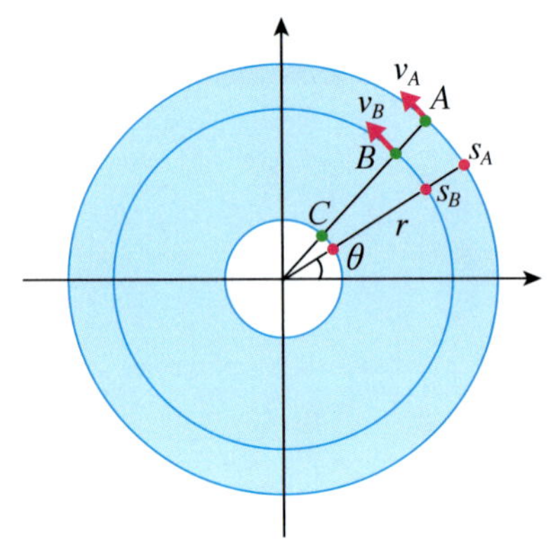

그림 8.1 중심을 고정축으로 하여 회전하는 원판.

음악 파일이 담긴 CD(compact disk)는 회전하면서 레이저 빛을 받아 음악을 재생한다. 이때 CD는 그림 8.1에서 보는 것처럼 하나의 원판으로서 원판 중심을 축으로 하여 회전운동을 한다. 이 원판의 중심에서 서로 다른 위치에 있는 A, B, C 등에서의 입자들의 속도는 같을까? 그리고 이동 거리 s는 어떻게 다를까?

먼저 임의의 점에 있는 한 입자가 운동한 거리를 알아보자. 그림 8.2에서 보는 것처럼 시간 간격 $\triangle t$ 동안에 입자가 이동한 거리는 입자가 위치한 중심에서의 거리와 그동안 옮겨진 각도의 곱과 같다.

$$\Delta s = r\Delta\theta \tag{8.1}$$

그리고 이 동안의 평균 접선속도(tangential velocity)—혹은 간편하게 선속도(linear velocity)라고도 함—의 크기는

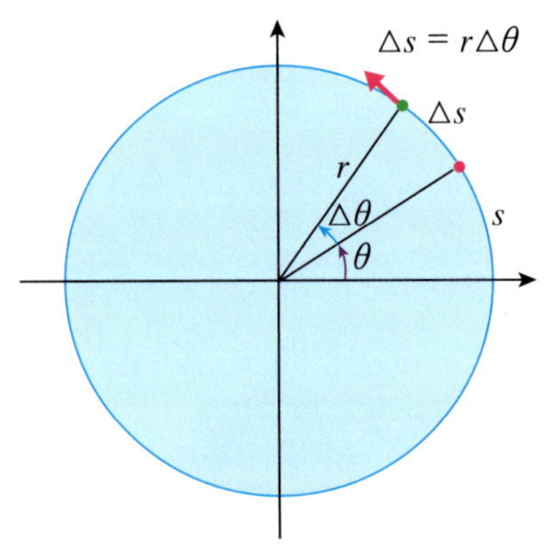

그림 8.2 회전운동과 이동 거리. 반경 r에 있는 입자가 임의의 시간 간격 동안 이동한 거리 s는 반경에 이동한 각도를 곱한 값과 같다.

$$\overline{v_t} = \frac{\Delta s}{\Delta t} = r\frac{\Delta\theta}{\Delta t} \tag{8.2}$$

로 주어진다. 따라서 접선 상에서의 순간속도는 다음과 같다.

$$v_t = \frac{ds}{dt} = r\frac{d\theta}{dt} \tag{8.3}$$

이때 각도의 순간 변화율을 각속도(angular velocity)라 부르며 다음과 같이 정의된다.

$$\omega = \frac{d\theta}{dt}(\text{rad/s}) \tag{8.4}$$

여기서 각도의 값은 라디안(radian)이다. 결국 접선을 따라 나타나는 속도는 운동 반경과 각속도의 곱으로 주어진다.

$$v_t = r\omega \tag{8.5}$$

여기서 주의할 점은 각도를 나타내는 라디안은 차원이 없는 양이라는 사실이다. 일반적으로 각도는 도(degree)로 표기하는데, 이러한 도를 라디안으로 변환하는 방법은 다음과 같다. 식 (8.1)로부터

$$\Delta\theta = \frac{\Delta s}{r} \tag{8.6}$$

이다. 입자가 원을 한 바퀴 돌아 원래의 자리로 돌아온다면 각도로는 360°이고 원호는 $2\pi r$이다. 따라서 360°는 $2\pi r/r = 2\pi$ rad임을 알 수 있다. 결국 라디안과 각도와의 관계는 다음과 같이 주어진다.

$$\theta(\text{rad}) = \frac{\pi}{180^\circ}\theta(\text{deg}) \tag{8.7}$$

위와 같은 접선속도와 각속도는 실제적으로 크기뿐만 아니라 방향도 갖고 있는 벡터 양이지만 여기서는 일단 크기만을 다루기로 한다. 방향을 고려한다면 보통 반시계 방향(anticlockwise)을 양(+)으로 잡는다. 왜냐하면 좌표상 반시계 방향으로 각도가 증가하는 것으로 표기하는 관습 때문이다. 각속도마저 시간에 따라 변화한다면 각속도에 대한 시간 변화량도 고려해야 한다.

이번에는 각속도가 변화하며 회전하는 경우를 살펴보기로 한다. 시간에 따라 각속도가 변화하므로 각속도에 대한 시간 변화량을 정의할 수 있는데, 이를 각가속도(angular acceleration)라고 부르며 보통 α로 표시한다.

$$\alpha = \frac{d\omega}{dt} : \text{각가속도} \tag{8.8}$$

각가속도의 단위는 rad/s^{2}이다. 식 (8.5)로부터

$$\frac{dv_t}{dt} = r\frac{d\omega}{dt} = r\alpha \tag{8.9}$$

의 관계를 얻을 수 있으며, 이 식은 접선 방향으로의 가속도를 의미한다.

$$a_t = r\alpha\text{: 접선 가속도} \tag{8.10}$$

그런데 우리는 이미 앞 장에서 구심 가속도(centripetal acceleration)를 정의한 바 있다. 이러한 구심 가속도는 각속도의 양으로도 표현할 수 있다. 즉

$$a_c = \frac{v_t^2}{r}$$

에서

$$a_c = \frac{(r\omega)^2}{r} = r\omega^2 \tag{8.11}$$

이다. 따라서 각속도가 변화하며 원운동하는 입자인 경우 r에서의 가속도는 중심을 향하는 가속도와 접선 방향으로의 가속도 등 두 가지를 고려해 주어여 한다. 이때 총 가속도의 크기는

$$a = \sqrt{a_c^2 + a_t^2} \tag{8.12}$$

이다.

이제 순수한 회전운동과 선형(혹은 병진)운동과의 관계를 알아보자. 각도의 변위는 위치 변위에 대응된다는 점을 인식한다면 θ는 x에, ω는 v_x에, α는 a_x에 대응된다는 사실을 쉽게 알 수 있을 것이다. 따라서 가속도가 일정한 선형운동에 있어서의

운동방정식들은 각가속도가 일정한 회전운동의 운동방정식에 다음과 같이 대응된다.

$$x = x_0 + v_0 t + \frac{1}{2} a_x t^2 \longrightarrow \theta = \theta_0 + \omega_0 t + \frac{1}{2} \alpha t^2 \tag{8.13}$$

$$v_x = v_0 + a_x t \longrightarrow \omega = \omega_0 + \alpha t \tag{8.14}$$

$$v_x^2 = v_0^2 + 2a_x (x - x_0) \longrightarrow \omega^2 = \omega_0^2 + 2\alpha(\theta - \theta_0) \tag{8.15}$$

8.2 회전운동 에너지와 관성 모멘트

운동하는 물체들은 운동에너지를 갖게 마련이다. 그렇다면 회전하는 입자의 운동에너지는 어떠한 형태로 기술될 수 있을까? 우리는 이미 속도 v로 선형운동을 하는 입자의 운동에너지는 $\frac{1}{2}mv^2$ 이라는 것을 알고 있다. 그렇다면 원운동하는 입자 역시 이러한 형태로 운동에너지를 가질 것이다. 즉

$$K_R = \frac{1}{2} m v_t^2 \tag{8.16}$$

이다. 여기서 아래첨자 R은 회전(rotational)을 뜻한다. 회전운동을 하는 입자의 접선속도는 식 (8.5)와 같으므로 원운동하는 입자의 운동에너지는 다음과 같이 주어진다.

$$K_R = \frac{1}{2} m v_t^2 = \frac{1}{2} m (r\omega)^2 = \frac{1}{2}[mr^2]\omega^2 \tag{8.17}$$

여기서 mr^2의 양을 관성 모멘트(moment of inertia)라 하며 회전운동을 하는 입자

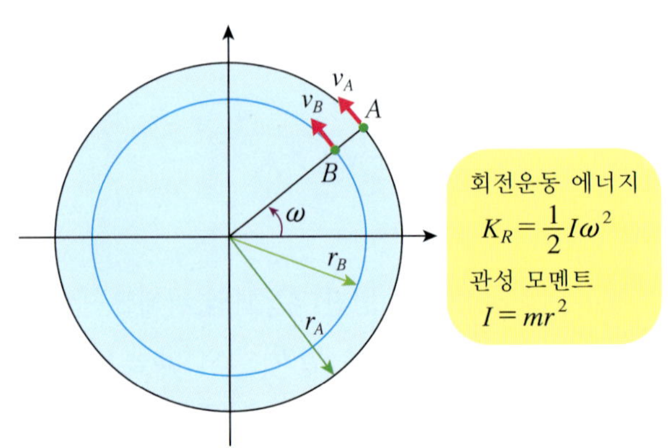

그림 8.3 회전하는 입자의 운동에너지. 점 A에 있는 입자와 점 B에 있는 입자의 운동에너지는 다르다. 왜냐하면 관성 모멘트가 다르기 때문이다. 관성 모멘트는 원운동하는 입자의 질량과 회전 반경의 제곱의 곱이다. 따라서 점 A의 운동에너지가 점 B의 운동에너지에 비해 크다.

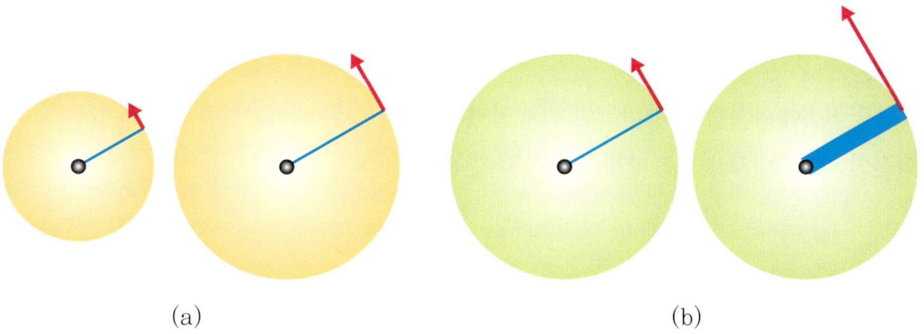

그림 8.4 관성 모멘트.

의 관성을 나타내는 양이다. 선형운동하는 입자의 질량과 같은 의미이다. 관성 모멘트는 보통 I로 표기한다.

$$I = mr^2 \tag{8.18}$$

그러므로 회전운동 에너지는 다음과 같이 주어진다.

$$K_R = \frac{1}{2} I\omega^2 \tag{8.19}$$

우리는 여기서 선형운동과 회전운동과의 상관성을 알아보기로 하자. 두 운동에 있어 운동에너지의 표현식을 보면 선형운동에서의 질량은 회전운동에서의 관성 모멘트에, 선속도는 각속도에 대응된다는 사실을 알 수 있다. 따라서 다음과 같은 관계식을 얻는다.

선형운동 에너지		회전운동 에너지
$\frac{1}{2}mv^2$	$\longleftrightarrow$	$\frac{1}{2}I\omega^2$
m	$\longleftrightarrow$	I
v	$\longleftrightarrow$	ω

관성 모멘트가 질량은 물론 회전 반경의 곱에 비례한다는 것은 우리가 경험적으로도 느낄 수 있는 사실이다. 즉 각속도가 일정한 두 입자가 있을 때 질량이 비록 같더라도 회전 반경이 큰 입자가 주는 충격이 크고, 회전 반경이 같더라도 질량이 큰 입자가 주는 충격이 크다.

그렇다면 회전하는 물체들의 관성 모멘트는 모두 식 (8.18)로 주어질까? 다시 말해 막대기, CD와 같은 원판, 축구공과 같은 구 등 모두가 질량과 회전 반경 제곱의 곱으로 표현될까? 결론은 "아니다"이다. 보충 학습을 보기 바란다.

그림 8.5는 두 입자가 가느다란 막대의 양끝에 매달려 회전하는 모습을 그린 것이다. 일상생활에 있어서도 이러한 회전운동의 보기를 어렵지 않게 찾을 수 있으나,

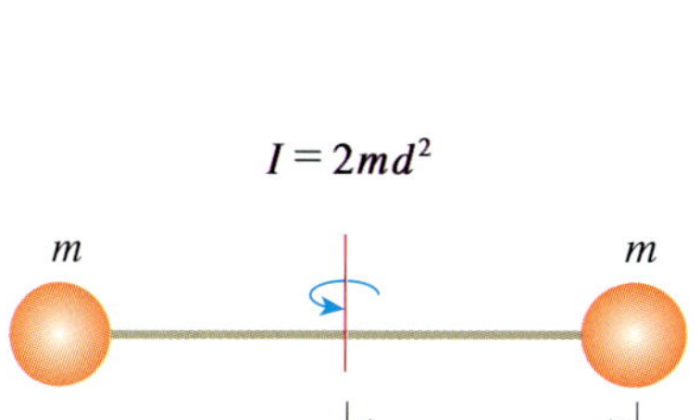

그림 8.5 이원자 분자의 관성 모멘트. 2개의 원자로 이루어진 분자는 회전운동을 하기도 한다. 이러한 회전에 의해 분자는 회전운동 에너지에 해당하는 빛을 발한다.

물리적으로 더욱 중요한 것은 분자들의 회전운동에 이러한 모형이 적용된다는 사실이다.

그림 8.5에서처럼 질량이 같은 두 입자(분자인 경우 원자)가 중심을 축으로 하여 회전할 때 관성 모멘트는 2개의 입자와 연관되므로

$$I = md^2 + md^2 = 2md^2 \tag{8.20}$$

이 된다. 여기서 막대의 질량은 무시한다. 이로부터 N개의 입자로 이루어진 물체가 회전운동을 할 때 관성 모멘트는 다음과 같이 주어질 수 있다는 결론을 얻는다.

$$I = m_1r_1^2 + m_2r_2^2 + m_3r_3^2 + \cdots = \sum_{i=1}^{N} m_ir_i^2 \tag{8.21}$$

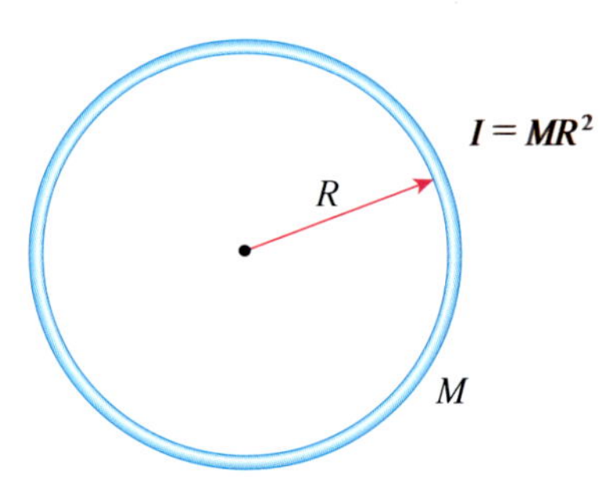

그림 8.6 원형 고리의 관성 모멘트. 반지름이 R인 원형 고리가 중심을 축으로 하여 회전하는 경우 관성 모멘트는 고리의 전체 질량과 회전 반경 제곱의 곱으로 주어진다.

그림 8.6에서 보는 것처럼 질량이 M이고 반경 R을 갖는 원형 고리가 중심축에 대하여 회전할 때의 관성 모멘트를 계산해 보자. 원형 고리를 이루는 물질이 무수히 많은 작은 입자로 이루어져 있다고 생각하면, 각각의 작은 입자들은 반경 R을 갖고 회전하는 것과 동일하므로 관성 모멘트는 다음과 같이 계산된다.

$$I = (m_1 + m_2 + m_3 + \cdots)R^2 = MR^2 \tag{8.22}$$

그러나 엄밀하게 따지면 전체 질량을 위와 같이 개별적인 입자들의 합으로 보는 것은 타당하지 않다. 왜냐하면 원자나 분자 수준을 고려하면 질량들은 연속 분포를 갖고 있는 것으로 보아야 하기 때문이다. 이러한 연속 분포를 고려한다면 우선 물질의 밀도를 도입하여 전체 질량을 적분 형태로 계산해야 한다. 보충 학습을 통하여 질량의 연속 분포를 갖는 관성 모멘트를 구하는 방법을 익히기 바란다. 적분 응용의 한 보기로서 적분을 이해하는 데 도움을 줄 것이다.

그런데 이원자 분자인 경우 원자의 종류가 다른 경우가 대부분이다. 따라서 회전축은 질량이 같은 경우와는 달리 각 입자로부터 같은 거리에 있지 않다. 이러한 경우 우리는 질량 중심을 고려해야 한다. 길이가 d이고 질량 중심으로부터 각각의 원자까지의 거리가 r_1, r_2라면 두 입자의 질량 중심은 다음과 같이 정의된다.

$$R = \frac{m_1r_1 + m_2r_2}{m_1 + m_2} \tag{8.23}$$

만약 두 입자의 질량이 같다면

$$R = \frac{m(r_1 + r_2)}{2m} = \frac{r_1 + r_2}{2} \tag{8.24}$$

이다. 길이 $d = r_1 + r_2$이기 때문에 결국 질량 중심은

$$R = \frac{1}{2}d \tag{8.25}$$

이다. 따라서 질량 중심은 정확히 두 원자 사이 중앙에 있다. 만약 두 원자가 같지 않을 때의 질량 중심의 위치를 좌표 원점으로 잡으면

$$\frac{m_1r_1 + m_2r_2}{m_1 + m_2} = 0$$

이고, 이로부터 벡터를 고려하지 않는다면

$$m_1r_1 = m_2r_2 \tag{8.26}$$

이다. 그리고 관성 모멘트는

$$I = m_1r_1^2 + m_2r_2^2 \tag{8.27}$$

이다. $r_1 + r_2 = d$에서 $r_2 = d - r_1$과 $r_1 = d - r_2$를 식 (8.26)에 각각 대입하여 풀면 다음 결과를 얻는다.

$$r_1 = \frac{m_2d}{m_1 + m_2}, \quad r_2 = \frac{m_1d}{m_1 + m_2} \tag{8.28}$$

식 (8.28)를 식 (8.27)에 대입하여 관성 모멘트를 표시하면 다음과 같다.

$$I = \frac{m_1m_2}{m_1 + m_2}d^2 = m'd^2 \tag{8.29}$$

식 (8.29)는 **질량이 서로 다른 두 입자가 거리 d를 두고 회전할 때 관성 모멘트의 크기는 회전축에서 d만큼 떨어져 질량 m'을 갖고 회전하는 단일 입자의 관성 모멘트와 같다**라는 사실을 말해 주고 있다. 이때 질량 m'을 **환산질량**(reduced mass)이라 한다.

$$m' = \frac{m_1m_2}{m_1 + m_2} : \text{환산질량} \tag{8.30}$$

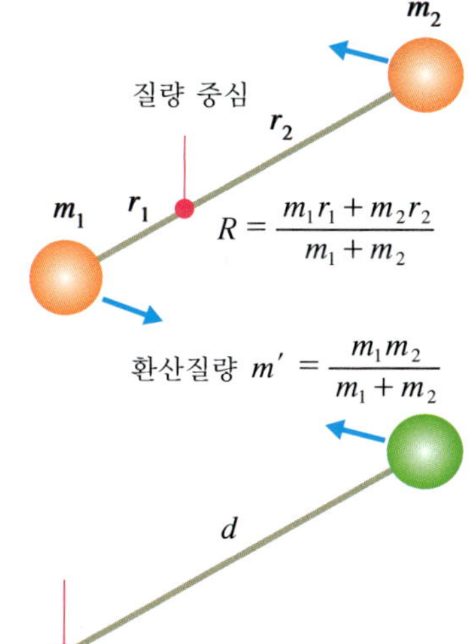

그림 8.7 질량 중심과 환산질량. 두 입자의 회전운동은 두 입자의 환산질량을 갖고 두 입자 거리만큼 떨어져 회전하는 단일 입자의 운동과 같다.

8.3 회전운동과 각운동량

우리는 선형운동의 운동학을 논할 때, 중요한 물리량이 물체의 질량과 속도의 곱인 운동량이라는 사실을 깨달은 바 있다. 힘은 이러한 운동량에 대한 시간의 변화율로 나타난다. 운동량의 변화가 없다면 힘은 없으며, 역으로 운동하는 물체에 외부에서 힘을 가하지 않으면 운동량은 변함이 없다. 관성의 법칙을 기억하라. 즉 운동량이 보존된다. 그렇다면 회전운동에 있어 운동량과 대응되는 물리량은 무엇일까? 그것은 **각운동량**(angular momentum)이다. 각운동량은 회전하는 물체의 속도와 회전 중심에서 물체를 향하는 선분에 의해 정의되는데, 문제는 벡터적으로 복잡하다

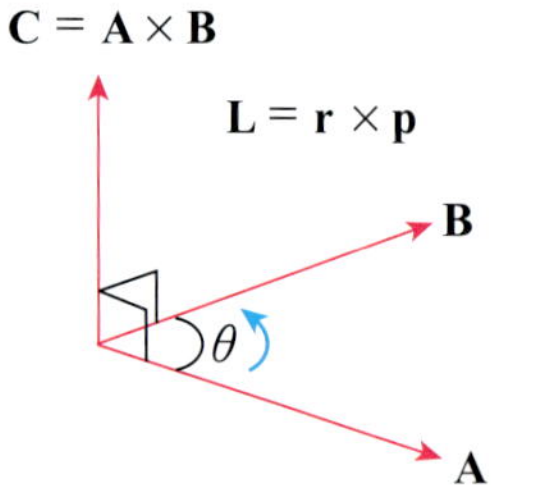

그림 8.8 각운동량과 벡터곱. 2개의 벡터를 벡터곱했을 때의 벡터의 크기와 방향의 결과. 벡터의 방향은 **B** 벡터를 고정시키고 **A** 벡터를 반시계 방향으로 회전했을 때 오른손 법칙에 따른 엄지 방향이다. 벡터곱의 방향은 **A** 벡터가 쓸고간 면적에 수직이 된다. **r**은 **A** 벡터, **p**는 **B** 벡터에 대응된다.

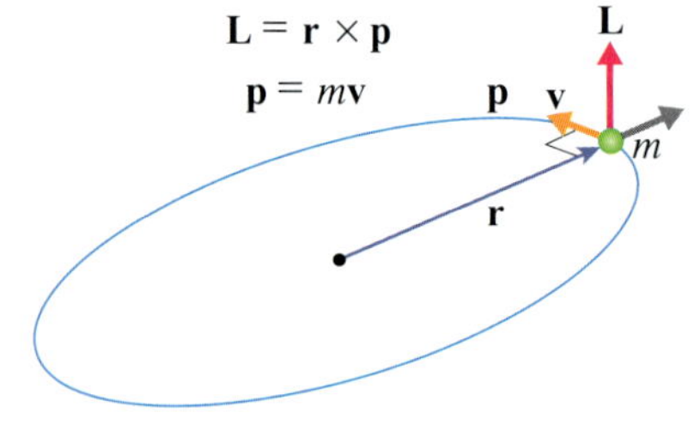

그림 8.9 각운동량. 지구와 같이 원운동하는 물체는 각운동량을 갖는다.

는 사실이다. 각운동량은 다음과 같은 벡터 형태로 주어진다.

$$\mathbf{L} = \mathbf{r} \times \mathbf{p} \tag{8.31}$$

여기서 **p**는 운동량($\mathbf{p} = m\mathbf{v}$)이다. 이때 각운동량의 방향은 **r** 벡터와 **p** 벡터가 만드는 평면과 수직인 방향이 된다. 이러한 벡터의 곱을 벡터곱(vector product) 혹은 외적(outer product)이라 부른다. 그림 8.8은 벡터곱의 정의를 알기 쉽게 보여주는 그림이다(3장을 다시 보기 바란다).

이와 같은 벡터곱의 정의에 따라 각운동량의 방향은 원형운동이 일어나는 평면에 대하여 수직인 방향으로 작용한다. 그리고 그 벡터곱의 크기는 다음과 같다.

$$C = AB\sin\theta \tag{8.32}$$

따라서 두 벡터가 직각인 경우 크기가 가장 크며 두 벡터 각각의 크기의 곱과 같다. 당연하게 두 벡터가 겹쳐 있으면 벡터곱의 크기는 없다.

각운동량이 운동하는 평면에 대하여 수직 방향이라는 의미는 각운동량이 향하는 방향의 위에서 물체를 쳐다보았을 때 중심에 대해 반시계 방향으로 운동한다는 뜻이다. 그림 8.9를 보면 **r** 벡터와 **p** 벡터는 서로 직각을 유지하고 있다는 사실을 알 수 있다. 따라서 각운동량의 크기는

$$L = rp = mv_t r \tag{8.33}$$

이다. 여기서의 운동량 혹은 속도는 접선 방향이다. 그렇다면 우주에 산재해 있는 수많은 천체들의 원운동은 어디에서 왔을까? 분명 처음에 원운동을 가능하게 하는 힘의 원천이 있었을 것이다. 이러한 의문은 사실 우주의 시작과 함께 시작되었다. 그 원인에 대한 것은 이 책의 범위를 넘어서기 때문에 다루지 않기로 한다. 아울러 극미의 세계를 이루는 원자 속의 전자들도 회전운동을 하며 또한 자체적으로도 회전한다. 마치 지구가 자전하는 것처럼……. 이렇게 **자연 속에는 스스로 회전하는 물체들이 산재해 있으며 이로부터 다양한 물리적 현상들이 출현한다.**

회전운동을 일으키는 힘과 돌림힘(Torque)

우리는 일상생활을 하면서 문을 수시로 열고 닫는다. 문이 열리거나 닫힐 때는 문의 고리를 중심으로 회전하고 있다. 인식해 보았는가? 회전을 실감할 수 있는 문은 호텔이나 관공서에 설치되어 있는 회전문이다. 우리는 회전문을 통과하기 위해서 힘을 가해 회전문을 밀어 회전시킨다. 모터는 전기적인 힘을 받아 회전하는 장치이다. 이제부터는 외부로부터 힘이 가해졌을 때 회전하는 경우를 살펴보자. 물체가 힘을 받아 회전하려면 회전축(중심)이 있어야 하고, 힘이 그 회전축으로부터 떨어진 지점(위치 r)에 작용해야 한다. 그런데 여기서 중요한 것이 힘이 작용하는 방향이다.

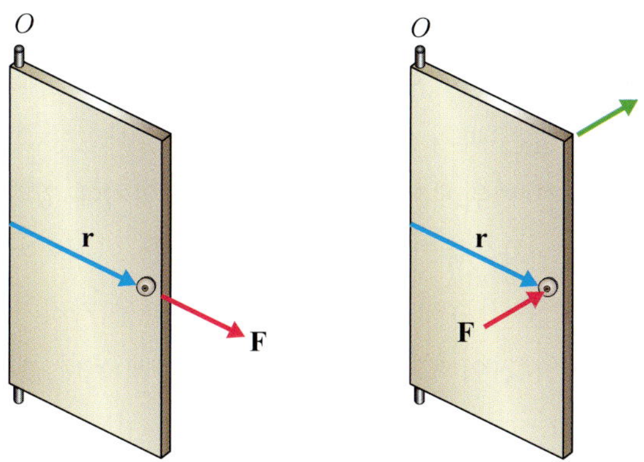

그림 8.10 **외력에 의한 회전운동.** 중심점에서 향하는 위치 **r**의 방향과 일치하게 힘을 가하면 문은 회전하지 않는다. 문을 회전시키기 위해서는 작용된 힘이 위치 **r**의 방향과 각도를 유지해야 한다. 외력이 작용하여 회전을 일으키는 힘과 위치와의 관계를 돌림힘(torque)이라 한다.

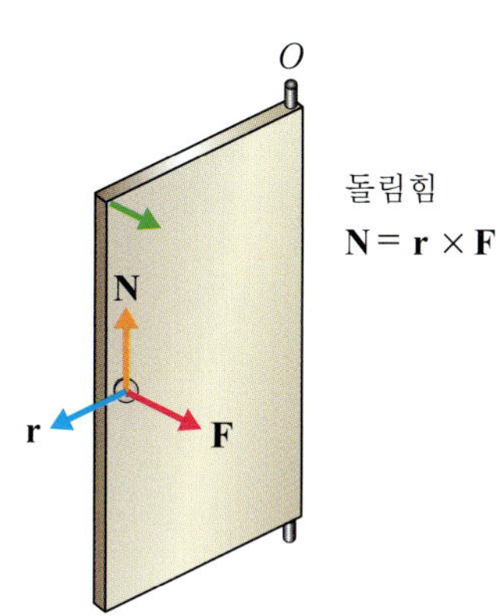

그림 8.11 **돌림힘.** 돌림힘은 그림에서처럼 위치 벡터와 작용힘 벡터의 벡터곱으로 주어진다. 돌림힘의 방향이 위를 향하는 것은 오른손 법칙에 따라 문이 반시계 방향으로 회전한다는 사실을 말해 준다.

그림 8.10에서 보듯이 문의 고리를 잡고 중심점에서 나오는 방향(r의 방향)으로는 아무리 힘을 주어 당겨도 문은 회전하지 않는다. 반드시 위치 벡터와 어느 정도 각도를 가져야 문은 회전한다. 우리는 경험적으로 각도가 직각일 때 가장 편하게(즉 힘이 덜 드는) 문을 열 수 있다는 것을 안다. 그 이유는 다음과 같은 돌림힘(torque) 때문이다. **여기서는 Torque를 돌림힘이라고 번역했으나 보통 토크라고도 한다.**

각운동량의 정의와 비슷하게 돌림힘은 다음과 같이 주어진다.

$$\mathbf{N} = \mathbf{r} \times \mathbf{F} \tag{8.34}$$

이제 회전하는 팽이를 생각해 보자. 우리는 팽이를 돌리면 쓰러지지 않고 회전한다는 것과 회전이 끝나면 곧장 쓰러진다는 사실을 잘 알고 있다. 팽이가 쓰러지는 이유는 팽이의 질량 중심이 불안정하여 중력을 받으면 안정을 유지하기 위한 것이다. 그러나 팽이가 회전하면 왜 쓰러지지 않는 것일까?

그 이유는 그림 8.12에서 보는 것처럼 팽이가 회전하면서 나타나는 각운동량과 중력이 돌림힘으로 팽이에 작용하기 때문이다. 이때 돌림힘은 각운동량이 그림처럼 반시계 방향으로 나타나면, 즉 팽이가 반시계 방향으로 회전하면 반시계 방향으로 작용한다. 그 결과 팽이의 회전 중심축은 반시계 방향으로 운동하게 된다. 이러한 운동을 **세차운동(precession motion)**이라 부른다. 팽이가 기울어진 각도가 클수록 세차운동의 회전 반경 역시 증가한다.

지구는 태양을 돌면서 공전할 뿐 아니라 스스로 회전(자전)하고 있다. 그런데 이러한 자전축은 공전하는 평면에 수직인 방향이 아니라 약간 기울어져 있다. 기울어진 각도는 23.5°이다. 다시 말해 땅을 공전면이라 생각하고 팽이가 23.5° 기울어져 돌고 있다고 상상하면 이해될 것이다. 따라서 지구 역시 세차운동을 하며, 세차운동

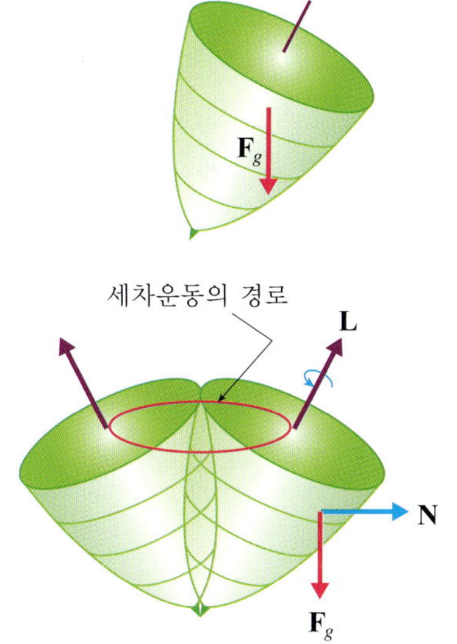

그림 8.12 **팽이의 세차운동.** 팽이는 회전하지 않으면 중력의 힘을 받아 곧장 쓰러지고 만다(그림 위). 팽이가 회전하게 되면 중력이 돌림힘으로 작용하여 쓰러지지 않는다. 이때 돌림힘에 의해 팽이의 중심이 일정한 각속도를 유지하며 도는 현상을 세차운동이라 한다. 지구 역시 공전 궤도면의 수직에서 23.5° 기울어져 자전하고 있기 때문에 세차운동을 한다.

의 결과 지구의 북극은 시간에 따라 변하게 된다. 지구에서 바라보는 모든 별들 역시 고정된 것이 아니라 서로 멀어지면서 회전운동을 하고 있는데, 지구에서의 별들의 거리가 워낙 멀어 별들은 마치 고정된 듯이 보인다. 사실상 인간의 일생 동안에는 물론 인간의 역사 시간 범위에서는 별들이 고정된 위치에 있다고 가정해도 크게 틀리지 않는다. 따라서 세차운동의 결과 지구의 북극을 가리키는 별은 세차운동의 결과에 의해 변하는 것으로 간주해도 된다. 현재는 북극을 가리키는 별이 북극성(작은곰자리 알파별)이지만 시간이 지나면 그 위치를 내놓게 된다. 1장의 연습문제 1.2를 되돌아보기 바란다.

다음으로 돌림힘과 각운동량과의 관계를 살펴보자. 간략함을 위해 회전하는 물체는 회전 반경과 직각을 이루는 경우만을 다루기로 하자. 우리는 운동량의 변화량이 곧 힘이라는 사실을 알고 있다. 즉

$$F = \frac{dp}{dt} \tag{8.35}$$

이다. 따라서 돌림힘은

$$N = rF = r\frac{dp}{dt} \tag{8.36}$$

와 같다. 만약 회전 반경 r이 일정하다면 식 (8.36)은 다음과 같이 표현된다.

$$N = \frac{d}{dt}(rp) = \frac{dL}{dt} \tag{8.37}$$

식 (8.37)은 **"돌림힘은 각운동량의 시간 변화율이다"**라고 말하고 있다. 다시 말해 **돌림힘은 각운동량의 변화를 가져다준다는 말이다. 이러한 결론은 힘이 운동량의 변화를 가져다준다는 사실과 대응된다.**

각운동량과 돌림힘을 관성 모멘트와 연관시켜 보자. 각운동량의 식 (8.34)에서 접선속도를 각속도로 나타내면 다음과 같은 결론을 얻는다.

$$L = mrv_t = mr(r\omega) = mr^2\omega = I\omega \tag{8.38}$$

그리고 돌림힘은

$$N = \frac{dL}{dt} = I\frac{d\omega}{dt} = I\alpha \tag{8.39}$$

와 같이 주어진다. 이제 선형(병진)운동과 회전운동 사이에서 서로 대응되는 식들이 명확해졌다. 표 8.1은 선형운동과 회전운동과의 물리적인 양들을 비교해 놓은 것이다.

표 8.1 선형운동과 회전운동과의 비교.

선형운동	회전운동
m	I
x	θ
v	ω
a	α
$F = ma$	$N = I\alpha$
$P = mv$	$L = I\omega$
$K = \frac{1}{2}mv^2 = \frac{p^2}{2m}$	$K_R = \frac{1}{2}I\omega^2 = \frac{L^2}{2I}$

그런데 선형운동 에너지는 다음과 같이 운동량 형태로 표현되기도 하는데, 사실상 이러한 표현이 물리적인 의미를 전달하는 데 있어 더욱 유용하다.

$$K = \frac{1}{2}mv^2 = \frac{p^2}{2m} \tag{8.40}$$

마찬가지로 회전운동 에너지 역시 각운동량 형태로 다음과 같이 나타낼 수 있다.

$$K_R = \frac{1}{2}I\omega^2 = \frac{L^2}{2I} \tag{8.41}$$

8.4 각운동량 보존법칙

한번 외력을 받아 운동을 시작한 물체(입자)는 일정한 속도를 유지하며 운동을 계속하려고 한다. 즉 운동량의 변화가 없이 일정하다. 이것을 우리는 운동량 보존법칙이라 한다. 물론 현실에서는 물체가 언젠가는 멈추게 된다. 멈추게 되는 것은 마찰력이나 공기저항과 같은 외력이 작용하기 때문이다. 한번 돌림힘을 받아 원운동하게 되는 물체 역시 더 이상 외부로부터 작용하는 힘을 받지 않는다면 회전운동을 계속한다. 즉 각운동량이 변하지 않고 일정한 크기를 유지한다. 이를 각운동량 보존법칙이라 한다. 돌림힘이 없으면

$$N = \frac{dL}{dt} = 0$$

이므로 L = 일정하다는 결론이 나온다. 이것이 각운동량 보존법칙이다. 이를 관성

모멘트와 각속도로 표시하면 다음과 같다.

$$I_i\omega_i = I_f\omega_f \tag{8.42}$$

회전하는 태풍—코리올리 힘

한반도는 여름이면 최소한 1년에 한두 번 정도 태풍이 상륙한다. 이러한 태풍을 인공위성에서 찍은 사진을 보면 중심을 향하여 회오리친다는 것을 알 수 있다. 그렇다면 이러한 바람의 회오리는 왜 생겨날까?

우리는 5장에서 관성 기준틀과 비관성 기준틀을 배운 바 있다. 비관성 기준틀은 가속도가 존재하는 곳에서 발생하는데, 원운동 자체가 항상 속도의 변화를 가져다주는 비관성 기준틀이라 하겠다. 지구 역시 자전하기 때문에 우리 모두는 비관성 기준틀에 속해 있는 입자라고 할 수 있다. 이것은 공기의 입자도 마찬가지이다. 우선 그림 8.13과 같이 회전하는 원판에서 두 사람이 공을 주고받는 경우를 고찰하자. 여기서 중요한 것은 관찰자가 회전하는 비관성 기준틀에 있을 때와 회전판 밖의 관성 기준틀(편의상 지구에 의한 자전은 고려하지 않는다)에 있을 때 공의 진로가 다르게 관측된다는 점이다.

그림 8.13을 보자. 이 그림은 회전하는 원판 위에서 공을 던질 경우 관성 기준틀에 있는 관측자가 바라보았을 때의 공의 진로를 묘사한 것이다. 반면에 그림 8.14는 관찰자가 원판 안에 있는 경우로 비관성 기준틀에서 바라본 공의 궤적을 보여주고 있다. 이 그림들은 가운데 있는 사람이 원판 가장자리에 있는 사람을 향하여 공을 던진다면 공의 진로는 원판 바깥에 있는 사람이 관찰할 때와 원판 안에 있는 사람이 관찰할 때 다르게 나타난다는 것을 보여주고 있다. 여기서 강조하고자 하는 것은 회전하는 원판의 안, 즉 비관성 기준틀에서 일어나는 입자들의 운동이 회전에 의해 영향을 받는다는 사실이다.

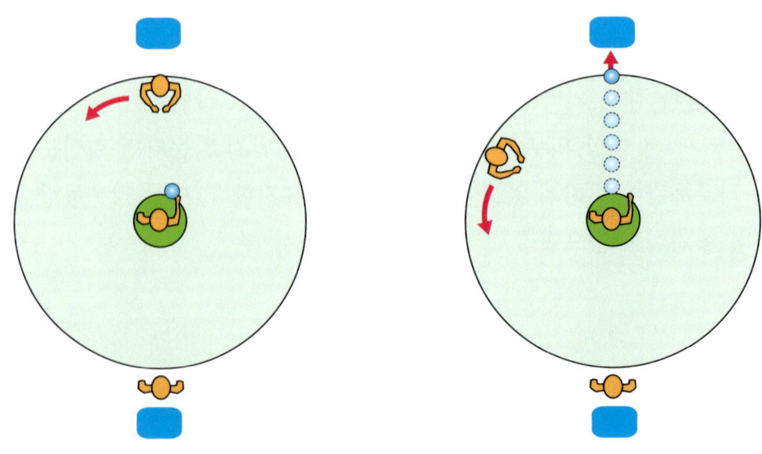

그림 8.13 **회전하는 원판의 중심에서 회전판 가장자리에 있는 사람에게 공을 던질 때 공의 운동 모습.** 관성 기준틀에서 바라본 공의 운동 모습으로, 회전하는 원판의 바깥(관성 기준틀)에 있는 사람이 공을 바라보면 직선으로 보인다. 원판 가장자리에 있는 사람은 공을 받지 못한다.

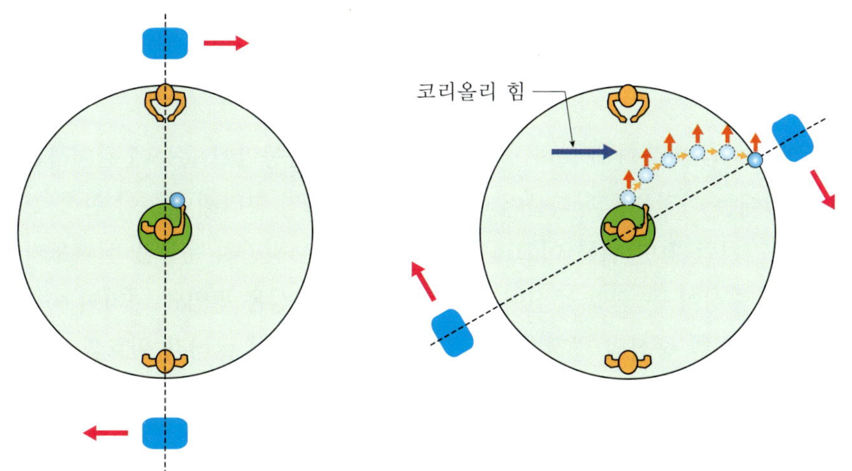

그림 8.14 회전하는 원판의 중심에서 회전판 가장자리에 있는 사람에게 공을 던질 때 공의 운동 모습. 비관성 기준틀에서 바라본 공의 경로로, 회전하는 원판(비관성계)에서 바라보면 공을 받는 사람은 정지해 있고 공은 오른쪽으로 편향된다. 이렇게 공을 편향시키는 가상힘을 코리올리 힘이라 부른다.

비관성 기준틀 관점인 그림 8.14를 보면 공은 진행하는 방향, 즉 속도의 방향에 대하여 오른쪽으로 편향되는 것을 볼 수 있다. 이렇게 진행 방향에 대해 오른쪽으로 편향시키는 힘을 코리올리(Gaspard Gustave de Coriolis, 1792~1843) 힘이라 부른다. 이 힘은 다음과 같은 벡터 형태를 갖는다.

$$\mathbf{f}_c = -2m\boldsymbol{\omega} \times \mathbf{v} \tag{8.43}$$

이제 지구를 들여다보자. 지구는 자전축을 중심으로 하여 반시계 방향으로 자전하고 있다. 그렇다면 북반구에 있어서의 코리올리 힘은 그림 8.15와 같은 상황이 된다. 따라서 북반구에서 움직이는 입자는 코리올리 힘에 의하여 진행 방향에 대해 오른쪽으로 편향된다. 우리가 흔히 이야기하는 태풍은 열대성 저기압이다. 저기압은 중심의 공기 압력이 주위보다 현저히 낮기 때문에 공기분자들은 중심 저기압 부분으로 빠르게 이동한다. 지구가 자전하고 있지 않으면 이러한 저기압으로 흐르는 공기의 흐름, 즉 바람은 중심을 향하여 거의 일직선으로 된다.

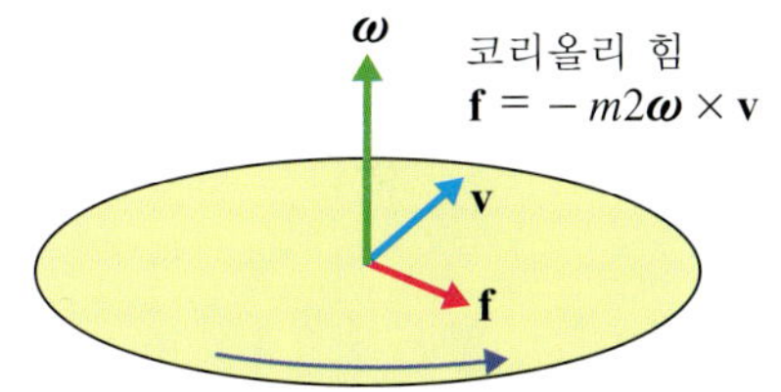

그림 8.15 코리올리 힘. 오른손 규칙에 따라 회전하는 곳에서 운동하는 입자는 진행 방향의 오른쪽으로 코리올리 힘을 받는다.

그러나 지구의 자전과 이로 인한 코리올리 힘은 공기들을 오른쪽으로 편향시키게 되는데, 이렇게 바람이 중심을 향하며 오른쪽으로 편향되면 그림 8.16에서와 같은 모습으로 나타난다. 우리는 이러한 태풍의 모습을 인공위성에서 촬영한 사진을 통하여 실제적으로 볼 수 있다.

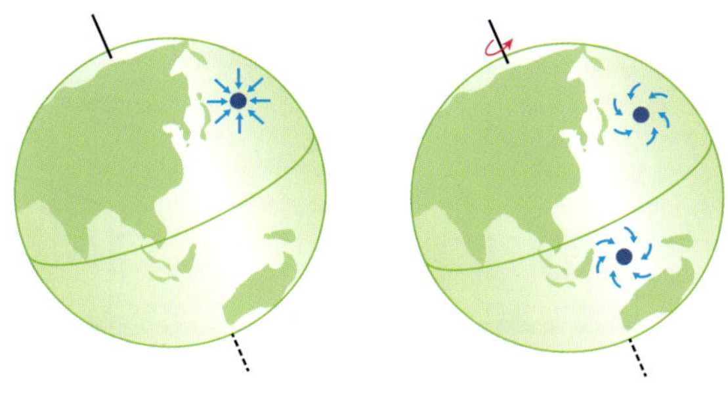

그림 8.16 코리올리 힘과 태풍. 지구의 자전에 의해 지구에서 운동하는 입자에는 코리올리 힘이 작용한다. 열대성 저기압(태풍)은 북반구에서는 반시계 방향으로, 남반구에서는 시계 방향으로 회오리 바람을 일으킨다.

8.5 회전운동과 병진운동

공이 굴러가거나 바퀴가 구르며 진행을 한다면 회전운동만이 운동에 관여하는 것이 아니다. 이때는 회전운동과 더불어 병진(선형)운동까지 고려해 주어야 한다.

그림 8.17처럼 평면 위를 미끄러짐 없이 굴러가는 원판의 운동을 살펴보기로 하자. 원판의 중심이 곧 질량 중심이고, 이러한 질량 중심은 평면에 대하여 속력 v_c로 움직인다. 이러한 중심의 병진 거리는 그동안 회전하면서 굴러간 원호의 길이와 같다. 즉

$$x_c = s = r\theta \tag{8.44}$$

이고, 이로부터 질량 중심의 속도 크기는

$$v_c = \frac{ds}{dt} = r\frac{d\theta}{dt} = r\omega \tag{8.45}$$

이다. 아울러 질량 중심의 가속도는

$$a_c = \frac{dv_c}{dt} = r\frac{d\omega}{dt} = r\alpha \tag{8.46}$$

이다. 식 (8.44), (8.45), (8.46)은 병진운동과 회전운동의 변수들을 서로 연관시켜 주고 있다. 회전 동역학에서 돌림힘과 각운동량과의 관계식은 위의 질량 중심을 지나는 축에 대해서도 유효하다.

$$N_c = \frac{dL_c}{dt} = I_c\alpha \tag{8.47}$$

다음으로 회전운동 에너지를 고찰해 보자. 그림 8.17을 보면 평면에 대하여 구르는 물체는 질량 중심이 병진운동을 하면서 원판의 입자(질점이라고도 부름)들은 회전운동을 한다. 이때 입자들의 속도는 원판의 각속도와 입자의 위치와 관련된다. 즉

$$\mathbf{v}_i = \boldsymbol{\omega} \times \mathbf{r}_i \tag{8.48}$$

이다. 따라서 원판의 i 번째의 합성 속도는 다음과 같다.

$$\mathbf{v}_i = \mathbf{v}_c + \boldsymbol{\omega} \times \mathbf{r}_i \tag{8.49}$$

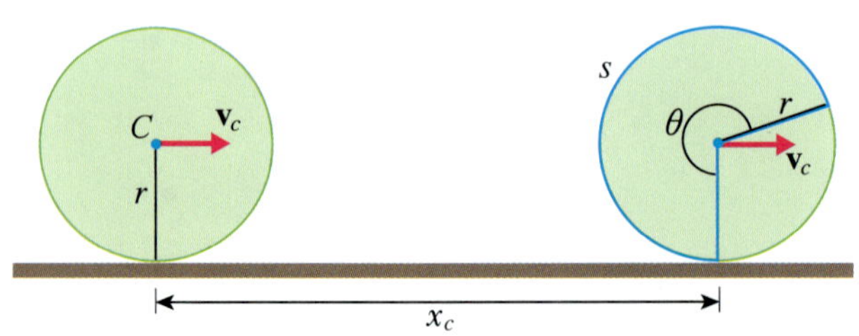

그림 8.17 병진운동과 회전운동. 미끄러지지 않고 구르는 원판은 회전운동을 하면서 질량 중심은 병진운동을 한다.

원판 전체에 대한 운동에너지는 원판 각 입자들에 대한 운동에너지의 합과 같으므로

$$K = \frac{1}{2}\sum_{i=1}^{N} m_i(\mathbf{v}_c + \boldsymbol{\omega} + \mathbf{r}_i)^2 = \frac{1}{2}\sum_{i=1}^{N} m_i[v_c^2 + 2\mathbf{v}_c \cdot (\boldsymbol{\omega} \times \mathbf{r}_i) + (\boldsymbol{\omega} \times \mathbf{r}_i)^2] \quad (8.50)$$

이다. 그런데 속도 제곱의 두 번째 성분인

$$\sum_{i=1}^{N} \mathbf{v}_c \cdot (\boldsymbol{\omega} \times \mathbf{r}_i)$$

는 대칭성에 의해 0이 된다. 왜냐하면 원점에 대하여 대칭에 있는 두 입자의 $(\boldsymbol{\omega} \times \mathbf{r}_i)$ 성분은 서로 상쇄되기 때문이다. 그리고

$$(\boldsymbol{\omega} \times \mathbf{r}_i)^2 = \omega^2 r^2{}_i \quad (8.51)$$

이므로

$$K = \frac{1}{2}\sum_{i=1}^{N} m_i(v_c^2 + \omega^2 r_i^2) = \frac{1}{2}\sum_{i=1}^{N} m_1 v_c^2 + \frac{1}{2}\sum_{i=1}^{N}(m_i r_i^2)\omega^2 \quad (8.52)$$

가 된다. 위 식을 원판의 전체 질량과 관성 모멘트로 나타내면 다음과 같다.

$$K = \frac{1}{2}Mv_c^2 + \frac{1}{2}I\omega^2 \quad (8.53)$$

우리는 여기서 원판의 각속도와 입자의 위치 벡터가 직각인 경우만을 다루었지만 직각이 아닌 경우에도 식은 성립한다. 다만 직각 성분이 $d_i = r_i \sin\theta_i$가 된다.

식 (8.53)은 원판(원판의 입자들을 고정된 것으로 간주했기 때문에 **강체**라고 부름)이 회전하면서 굴러갈 때는 질량 중심에 의한 병진운동 에너지와 회전운동 에너지의 합으로 나타난다는 것을 말해 주고 있다. 물론 굴러가지 않고 고정된 곳에서 회전만 할 때는 $v_c = 0$이기 때문에 회전운동 에너지 항만 남는다.

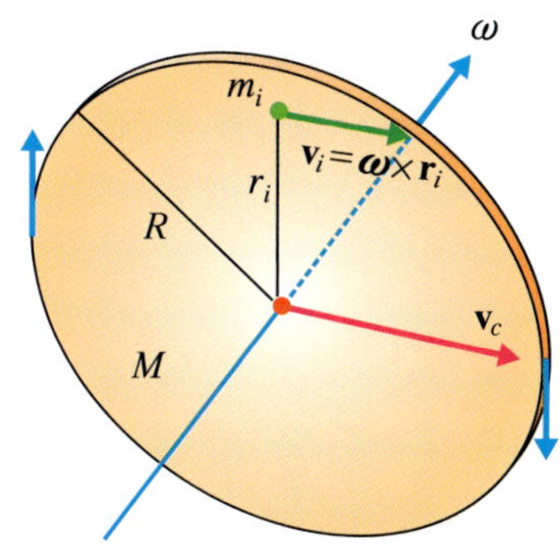

그림 8.18 구르는 원판. 구르는 원판의 속도는 2개의 성분으로 나눌 수 있다. 질량 중심의 속도와 원판 입자들의 속도이다. 입자들의 속도는 원판의 회전 각속도와 입자 위치와의 벡터곱으로 정의된다.

8.6 분자의 회전운동 에너지*

그런데 이원자 분자가 회전하게 될 때 나타나는 에너지 역시 식 (8.41)로부터 구할 수 있을까? 우리는 7장에서 원자가 원자 특유의 빛을 발하는 이유는 원자 안에 있는 전자가 특정 궤도에서만 분포할 수 있고 이로 인하여 에너지가 양자화되어 나타나기 때문이라는 것을 배웠다. 이때 에너지는 플랑크 상수의 곱으로 나왔다. 전자가 특정 궤도에만 분포할 수 있다는 것은 공간적으로 양자화되었다는 사실을 의미하

며, 결국 전자의 각운동량 역시 연속적인 분포가 아니라 띄엄띄엄한 값으로 나올 것으로 기대할 수 있다. 25장에서 배우게 되겠지만 각운동량의 값이 특정 값만을 갖는다는 것은 사실이다.

플랑크 상수는 다음과 같이 주어진다고 하였다.

$$h = 6.626 \times 10^{-34}\ \mathrm{J \cdot s}$$

플랑크 상수의 단위를 보면 에너지와 시간의 곱이라는 것을 알 수 있다. 이제 돌림힘에 대한 식을 들여다보자. 돌림힘은 거리와 힘의 곱이므로 분명 에너지 차원이다. 그리고 돌림힘은 각운동량의 시간 변화율이기 때문에 물리 단위의 차원으로만 바라본다면 각운동량의 차원은 다음과 같이 에너지(Joule)•시간(second)이 된다. 즉

$$\frac{dL}{dt} = N \ \rightarrow \ dL = N(\mathrm{Joule}) \cdot dt(\mathrm{second})$$

에서

$$\text{각운동량의 차원} = \mathrm{J \cdot s}$$

이다. 그리고 이러한 단위는 플랑크 상수의 단위와 같다. 플랑크 상수는 각운동량의 크기를 나타내는 물리량인 것이다! 따라서 원자나 분자에서 회전하는 전자의 각운동량은 플랑크 상수로 나타난다. 그 결과는 다음과 같으며 25장에서 자세히 배우게 될 것이다.

$$L = \sqrt{l(l+1)}\frac{h}{2\pi}, \qquad l = 0, 1, 2, \cdots, n-1 \tag{8.54}$$

여기서 l을 궤도 양자수(orbital quantum number)라 부른다. 그리고 n은 주 양자수(principal number)이다. 만약에 주 양자수가 3이라면 궤도 양자수는 0, 1, 2를 갖게 된다. 그러면 위와 같이 양자화된 각운동량으로 분자의 회전에너지를 나타내면 다음과 같다.

$$K_R^l = \frac{L^2}{2I} = \frac{l(l+1)h^2}{8\pi^2 I} \tag{8.55}$$

이것이 우리가 얻고자 하는 분자들에 대한 회전에너지 식이다. 그리고 $l = 0$일 때는 각운동량의 값도 0이다.

원자 스펙트럼은 전자가 높은 궤도에서 낮은 궤도로 이동할 때 두 궤도에서의 에너지 차에 해당하는 빛이다. 그리고 그러한 양자화된 에너지는 $E = hf$에 해당하는 진동수를 갖는다. 그렇다면 분자의 회전 스펙트럼 역시 높은 궤도에서 낮은 궤도로 회전 상태가 변할 때 그 에너지 차이만한 에너지를 발할 것이다. 물론 역으로 분자가 빛의 에너지를 받는다면 낮은 회전 상태에서 높은 회전 상태로 들뜨게 된다. 그런데 회전운동 에너지는 오직 궤도 양자수가 1만큼만 변화할 때 발생하는 것으로

알려져 있다. 그러므로 우리는 회전운동 에너지의 차이를 식 (8.55)에 l과 $l+1$을 대입하여 구할 수 있다. 이러한 에너지 표기를 K_R^l 대신 보다 편하게 E_l로 표기하기로 하자. 그러면

$$E_{l+1} - E_l = [(l+1)(l+2) - l(l+1)]\frac{h^2}{8\pi^2 I} = (l+1)\frac{h^2}{4\pi^2 I} \qquad (8.56)$$

이다. 그리고 이러한 에너지 차가 광자의 에너지 hf에 해당하므로, 회전에 의한 빛(광자)의 진동수는

$$f = \frac{E_{l+1} - E_l}{h} = (l+1)\frac{h}{4\pi^2 I} \qquad (8.57)$$

가 된다. 우리는 학습문제를 통하여 일산화탄소에 대한 관성 모멘트를 구한 바 있다. 그것은 일산화탄소의 결합 길이를 이미 알고 있을 때나 가능하다. 그러나 우리는 nm 정도의 길이를 직접 자를 갖고 측정할 수는 없는 노릇이다. 그렇다면 일산화탄소에 대한 관성 모멘트는 어떻게 구할까?

관측 실험을 통하여 일산화탄소는 외부로부터 진동수가 1.15×10^{11} Hz인 빛을 흡수하여 가장 낮은 회전 상태에서 다음의 회전 상태로 들뜨게 된다는 사실이 알려졌다. 이러한 사실로부터 일산화탄소의 결합 길이를 구할 수 있다. 즉 식 (8.56)으로부터 $l = 0$일 때의 관성 모멘트는 다음과 같이 주어진다.

$$I = \frac{h}{4\pi^2 f} = \frac{6.63 \times 10^{-34}\ \mathrm{J \cdot s}}{(4)(3.14)^2(1.15 \times 10^{11}/\mathrm{s})} = 1.46 \times 10^{-46}\ \mathrm{kg \cdot m^2}$$

학습문제 8.10에 따르면 일산화탄소에 대한 환산질량은

$$m' = 1.14 \times 10^{-26}\ \mathrm{kg}$$

이다. 그러면 $I = m'd^2$으로부터

$$d = \sqrt{\frac{1.46 \times 10^{-46}\ \mathrm{kg \cdot m^2}}{1.14 \times 10^{-26}\ \mathrm{kg}}} = 1.13 \times 10^{-10}\ \mathrm{m}$$

이다. **이 결과가 우리가 원하는 답이다!** 다시 말해 분자의 회전 스펙트럼을 분석하면 해당 분자의 결합 길이가 측정된다. 우리는 회전하는 **분자에서 나오는 빛의 스펙트럼을 관측하여 길이를 측정하는 정교한 자**로 사용하였다. 이 얼마나 놀라운 사실인가?

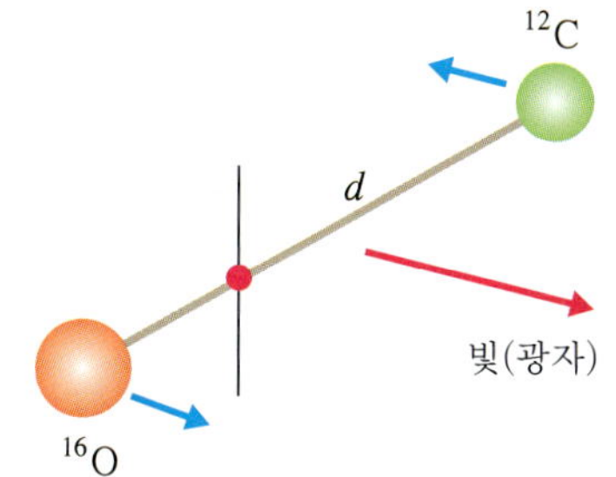

그림 8.19 일산화탄소의 회전과 빛 스펙트럼. 일산화탄소는 회전운동에 의해 빛을 흡수하거나 방출한다. 빛의 파장이나 진동수를 관측하면 일산화탄소의 결합 길이를 측정할 수 있다.

[8장 보충학습] 관성 모멘트 계산 방법: 적분

보충문제 8.1 질량이 M이고 길이가 L인 가는 막대가 끝을 축으로 하여 회전한다. 관성 모멘트를 구하라.

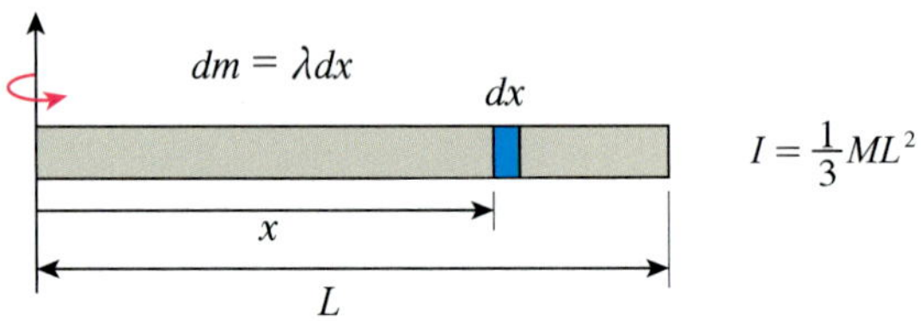

그림 8.25 회전하는 막대의 관성 모멘트.

풀이: 우선 질량은 골고루 분포되어 있다고 가정한다(이를 강체라 부른다고 하였다). 그러면 막대의 밀도가 일정하고, 길이에 대한 밀도만을 고려하면 막대의 밀도는 다음과 같이 표기되며 이를 선밀도라 부른다.

$$\lambda = \frac{M}{L}$$

이로부터 막대의 부분 질량은 $dm = \lambda dx$ 형태가 된다. 이러한 부분에 대한 관성 모멘트의 크기는 $dI = x^2 dm = \lambda x^2 dx$이다. 막대 전체의 관성 모멘트는 x를 0에서부터 L까지 적분하면 구할 수 있다. 즉

$$I = \int_0^L \lambda x^2 dx = \frac{1}{3}\lambda L^3$$

이고, 따라서

$$I = \frac{1}{3}ML^2$$

이다.

보충문제 8.2 원판(disk)의 중심을 축으로 한 관성 모멘트를 구하라. 질량은 M, 반경은 R이다. 질량 분포는 일정하다.

풀이: 원판이라 했으므로 이번에는 면적만을 고려하자. 이 경우에는 질량 분포를 면 밀도로 나타낸다.

$$\sigma = \frac{M}{A}$$

여기서 A는 원판의 면적이며 그 값은 πR^2이다 .

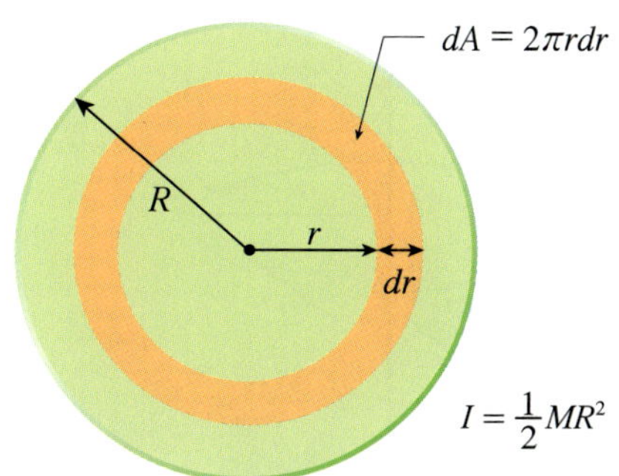

그림 8.26 회전하는 원판의 관성 모멘트.

그림 8.26에서 보는 것처럼 면적소는 $dA = 2\pi rdr$이고, 이에 대한 부분 질량은 $dm = \sigma dA$이다. 이러한 부분 질량의 관성 모멘트는

$$dI = r^2 dm = 2\pi\sigma r^3 dr$$

이다. 그러므로 총 관성 모멘트는

$$I = 2\pi\sigma\int_0^R r^3 dr = \frac{1}{2}\sigma\pi R^4$$

이고, $A = \pi R^2$, $M = \sigma A$인 관계로부터

$$I = \frac{1}{2}MR^2$$

의 결과를 얻는다. 질량이 M이고 반경이 R인 원통(cylinder)의 중심에 대한 관성 모멘트도 위 값과 동일하다. 각자 계산해 보도록 하라. 주의할 점은 다음 문제에서와 같이 면적이 아니라 체적을 고려해야 한다는 것이다.

보충문제 8.3 질량이 M이고 반경이 R인 고체 구(solid sphere)의 지름에 대한 관성 모멘트를 구하라. 질량 분포는 균일하다.

풀이: 고체 구이기 때문에 체적을 고려해야 한다. 즉 부피에 대한 밀도를 도입하여 체적소에 대한 부분 질량을 구해야 한다. 구의 체적을 V라 하면 체적 밀도는

$$\rho = \frac{M}{V}$$

이다. 이와 같은 체적 밀도는 보통 밀도라고 부른다. 그리고 총 질량은 다음과 같이 주어진다.

$$M = \rho\left(\frac{4}{3}\pi R^3\right)$$

한편 구의 체적은 그림 8.27과 같이 반지름이 r이고 두께가 dx인 체적소로 나눌 수 있다. 그러면 부분 체적은

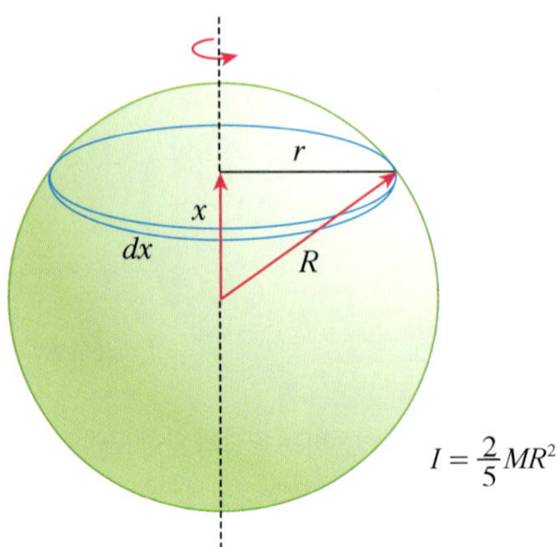

그림 8.27 회전하는 구의 관성 모멘트.

$$dV = \pi r^2 dx = \pi(R^2 - x^2)dx$$

가 되며, 이에 해당하는 부분 질량은

$$dm = \rho\pi(R^2 - x^2)dx$$

이다. 이에 대한 관성 모멘트는 다음과 같다.

$$dI = \frac{1}{2}r^2 dm = \frac{1}{2}\rho\pi(R^2 - x^2)^2 dx$$

따라서 총 관성 모멘트는

$$\begin{aligned} I &= \frac{1}{2}\rho\pi\int_0^R (R^4 - 2R^2x^2 + x^4)dx = \frac{1}{2}\rho\pi\left| R^4x - \frac{2}{3}R^2x^3 + \frac{1}{5}x^5 \right|_0^R \\ &= \frac{8}{15}\rho\pi R^5 \end{aligned}$$

이고, 식을 대입하여 정리하면 다음과 같다.

$$I = \frac{2}{5}MR^2$$

8장 학습문제

8.1 1 rad은 몇 도(°)에 해당하는가? 60°와 90°는 몇 rad인가?

답: $1\ \text{rad} = \frac{360°}{2\pi} \simeq 57.3°$, $\frac{\pi}{3}$ rad, $\frac{\pi}{2}$ rad.

8.2 CD(compact disk)는 레이저 빔을 받으면 소리를 재생할 수 있는 소리 저장 장치 중 하나이다. 레이저 빔은 디스크 안쪽에서부터 바깥쪽으로 이동하면서 소리를 재생한다. 레이저가 닿는 순간 디스크의 선속도, 즉 접선속도의 크기는 1.3 m/s의 값으로 고정된다. 레이저가 중심으로부터 4 cm와 7 cm의 위치에 있을 때 각속도의 크기를 계산하라.

풀이: 식 (8.5)로부터 각속도를 구할 수 있다. $r = 4$ cm 위치에서의 각속도 크기는

$$\omega = \frac{v_t}{r} = \frac{1.3\ \text{m/s}}{4.0 \times 10^{-2}\ \text{m}} = 32.5\ \text{rad/s}$$

이다. $r = 7$ cm일 때는

$$\omega = \frac{1.3\ \text{m/s}}{7.0 \times 10^{-2}\ \text{m}} = 18.6\ \text{rad/s}$$

이다. 레이저 빔이 바깥쪽으로 갈수록 디스크의 각속도는 감소한다.

8.3 CD가 출현하기 이전에 음악을 저장하는 장치로 LP 레코드가 있었다. 지금도 음악 애호가들은 이러한 LP 플레이어를 통하여 음악을 듣는다. LP 판 위에서 바늘이 원을 따라가면서 소리가 재생되는데, 이때 LP 판은 1분당 33과 1/3로 일정하게 회전(revolution)한다. 이를 $33\frac{1}{3}$(revol/min)로 표기하는데, 일상생활에서는 보통 rpm(revolutions per minute)으로 알려져 있다. 바늘은 상대적으로 위치에 따라 선속도의 크기가 변한다. $r = 4$ cm 및 7 cm일 때의 바늘의 선속도 크기를 구하라.

풀이: 우선 rpm을 rad/s 단위로 변환시켜 주어야 한다. 1 rev = 2π rad이므로

$$\frac{100}{3}\frac{\text{rev}}{\text{min}} = \frac{100}{3}\frac{\text{rev}}{\text{min}}\left(\frac{2\pi\ \text{rad}}{\text{rev}}\right)\left(\frac{1\ \text{min}}{60\ \text{s}}\right) = 3.5\ \text{rad/s}$$

이다. 따라서 $r = 4$ cm일 때의 선속도 크기는

$$v_t = r\omega = (4.0 \times 10^{-2}\ \text{m})(3.5\ \text{rad/s}) = 0.14\ \text{m/s}$$

이다. $r = 7$ cm에서의 바늘의 선속도는

$$v_t = (7.0 \times 10^{-2}\ \text{m})(3.5\ \text{rad/s}) = 0.25\ \text{m/s}$$

이다.

8.4 그림 8.20과 같이 반시계 방향(counterclockwise 혹은 anticlockwise)으로 회전하는 원판이 있다. 중심으로부터 10 cm 위치에 있는 입자에 대하여 다음 물음에 답하라.

(a) 원판이 다섯 바퀴 돈다면 P가 진행한 거리는 얼마인가?

(b) 원판이 반시계 방향으로 2 rad/s의 각속도로 회전한다면 점 P에서의 입자의 속도는 얼마인가?

(c) 원판이 반시계 방향으로 2 rad/s로 회전하면서 어느 순간 시계방향으로 0.5 rad/s^{2}의 가속도가 가해진다면 이 순간 점 P에서의 가속도는 얼마인가?

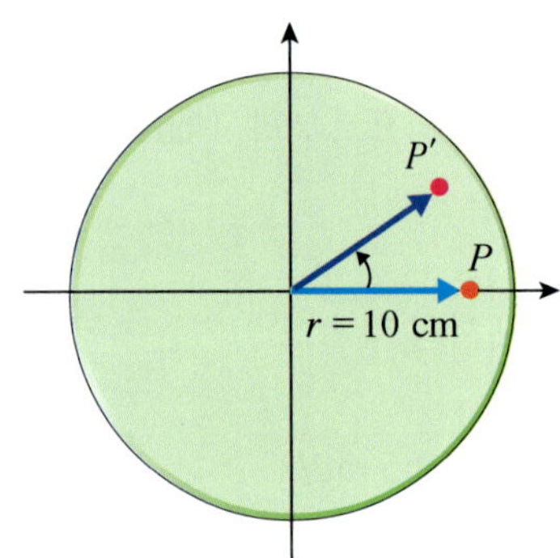

그림 8.20 원판이 반시계 방향으로 원운동하는 경우 임의의 점에 있는 입자의 가속도는 각속도가 일정한 경우와 일정하지 않은 경우에 따라 다르게 나타난다.

풀이: (a) 1회전하는 데 진행된 거리는 $2\pi r$이므로 (5)(2)(3.14)(0.1) m = 3.14 m이다.

(b) $v_t = (0.1 \text{ m})(2/\text{s}) = 0.2 \text{ m/s}$, 반시계 방향.

(c) 접선 가속도 $a_t = (0.1 \text{ m})(0.5/\text{s}^2) = 0.05 \text{ m/s}^2$, 시계 방향.

구심 가속도 $a_c = (0.1 \text{ m})(2/\text{s})^2 = 0.4 \text{ m/s}^2$, 중심 방향.

(c)의 경우 시계 방향으로 가속도가 주어졌다는 것은 반시계 방향으로 회전하던 원판이 그 순간 회전속도가 줄어든다는 것을 의미한다.

8.5 원판이 정지 상태로부터 일정한 각가속도 0.5 rad/s^{2}로 반시계 방향으로 회전한다. 처음 순간을 $t = 0$으로 놓고 다음을 계산하라.

(a) $t = 4$ s에서의 원판의 각속도는 얼마인가?

(b) 원판이 5 s 동안 운동했을 때의 총 각도는 얼마인가?

(c) 원판이 5회전 한 후의 각속도는 얼마인가?

답: (a) 2.0 rad/s, 반시계 방향.

(b) 6.3 rad, 반시계 방향.

(c) 5.6 rad/s, 반시계 방향.

8.6 어느 공장 기계의 바퀴가 초당 60회 회전한다(60 rev/s). 어느 순간 바퀴를 돌리는 모터의 전기 공급이 끊겨 바퀴는 80 s 후에 멈추었다. 다음 물음에 답하라. 단, 각가속도는 일정하다고 간주한다.

(a) 바퀴의 각가속도를 구하라.
(b) 바퀴가 멈출 때까지 회전한 총 각도를 구하라.
(c) 바퀴가 1000회전한 후의 각속도를 구하라.

풀이: 각가속도는 일정하다고 했기 때문에 식 (8.14)를 이용하여 구한다.
ω_0 = 60 rev/s = 120 π/s이고, t = 80 s일 때 각속도는 0이므로

$$0 = 120\pi(\text{rad/s}) + \alpha 80(\text{s})$$

$$\alpha = -\frac{120\pi\ \text{rad/s}}{80\ \text{s}} = -1.5\pi\ \text{rad/s}^2$$

이다. 멈출 때까지 회전한 총 각도는 식 (8.13)으로부터

$$\theta = 0 + (120\pi)(80) + \frac{1}{2}(-1.5\pi)(80)^2 = 4800\pi(\text{rad}) = 2400(\text{rev})$$

이다.
(c) 식 (8.15)에서 θ = 1000 rev = 2000π rad을 대입하면 원하는 답을 얻을 수 있다. 즉

$$\omega^2 = (120\pi)^2 + 2(-1.5\pi)(2000\pi) = 8400\pi^2(\text{rad/s})^2$$

이고

$$\omega = 290\ \text{rad/s}$$

이다. 초당 46회전에 해당한다.

8.7 우주 공간에서 거주하기 위해서는 인공위성 안에 지구에서와 같은 중력이 존재해야 한다. 가상 중력은 회전에 의한 원심력으로부터 얻을 수 있으며 이를 위해 인공위성을 회전시켜야 한다. 인공위성이 지름 2 km, 높이 4 km인 원통형이라면 원통 안에서 지구와 같은 중력을 발생시키기 위해 원통은 얼마의 각속도로 회전해야 하는가?

풀이: $mg = m\frac{v_t^2}{r}$ 에서 $g = \frac{v_t^2}{r} = r\omega^2$ 이다. 따라서

$$\omega = \sqrt{\frac{g}{r}} = \sqrt{\frac{9.8\ \text{m/s}^2}{1000\ \text{m}}} = 9.9 \times 10^{-2}\ \text{rad/s}$$

이다. 이 속도는 분당 약 1회전, 시간당 약 57회전 그리고 하루에 약 1362회전에 해당한다. 과연 어지러워서 사람이 살 수 있을까?

8.8 반지름이 2 m인 회전목마가 3.0 rad/s의 각속도로 회전하고 있다. 질량 50 kg인 어린아이가 회전목마의 가장자리에 서 있다고 가정하여 다음을 구하라.

(a) 어린아이의 구심 가속도는 얼마인가?

(b) 어린아이가 미끄러지지 않고 회전운동을 유지하는 데 필요한 어린아이와 회전목마 바닥 사이의 최소 힘은 얼마인가?

(c) 이 어린아이는 서 있으면서 회전목마를 탈 수 있을까?

답: (a) 18.0 m/s^2. (b) 900 N. (c) 탈 수 없다. 왜냐하면 밖으로 튕겨나가기 때문이다. 어린아이의 질량은 50 kg이고 이로부터 수직 항력은 490 N이 나온다. 따라서 마찰력은 490 N보다 클 수 없으므로 구심력 역할을 하지 못한다.

8.9 달은 지구 둘레를 38만 4천 km 떨어져 회전하고 있다. 지구의 질량은 $M_E = 5.98 \times 10^{24}$ kg이고, 달의 질량은 $M_M = 7.36 \times 10^{22}$ kg이다. 지구와 달의 질량 중심과 환산질량을 구하라.

풀이: 우선 질량 중심의 식 (8.23)을 이용하기 위해서는 좌표 선택이 중요하다. 그림에서처럼 m_1(지구라고 하자)의 위치를 좌표 원점으로 잡도록 하자.

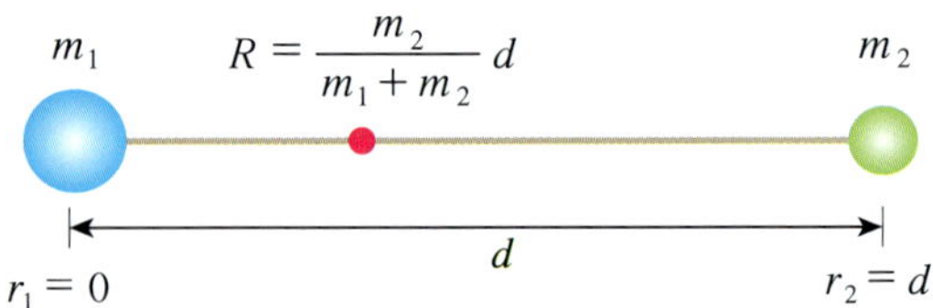

그림 8.21 질량 중심. 두 입자의 질량 중심은 한 입자의 위치를 좌표 원점으로 잡으면 쉽게 구할 수 있다.

그러면 식 (8.23)은 다음과 같이 된다.

$$R = \frac{m_2}{m_1 + m_2} d \tag{8.31}$$

$d = 3.84 \times 10^8$ m이므로

$$R = \frac{0.07 \times 10^{24}\ \text{kg}}{(5.98 + 0.07) \times 10^{24}\ \text{kg}}(3.84 \times 10^8) = 4.44 \times 10^6\ \text{m}$$

이다. 이 값은 4440 km이므로 질량 중심은 사실상 지구 내부에 있다!

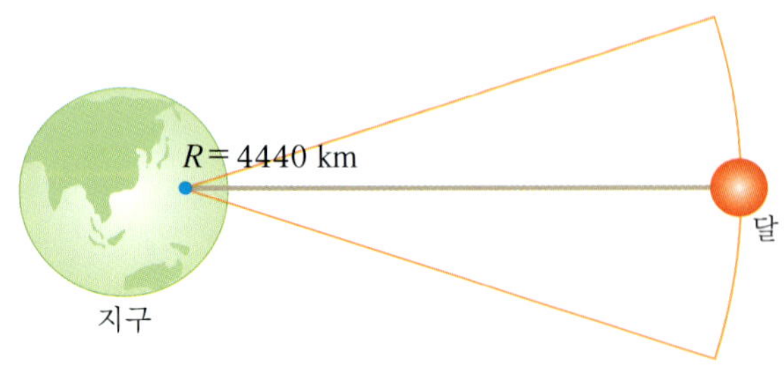

그림 8.22 달과 지구의 운동. 달은 사실상 지구의 중심을 축으로 하여 도는 것이 아니라 달과 지구의 질량 중심을 회전축으로 하여 공전한다. 마찬가지로 지구 역시 달과 지구의 질량 중심을 축으로 하여 달과 상대적인 회전을 한다.

따라서 엄밀하게 말하면 달은 지구를 중심으로 하여 공전하는 것이 아니다. 마찬가지로 지구 역시 이와 같은 달과 지구의 질량 중심을 축으로 하여 달과 상대적인 회전운동을 하고 있다. 환산질량은

$$m' = \frac{M_E M_M}{M_E + M_M} = \frac{(5.98 \times 10^{24}\ \text{kg})(7.36 \times 10^{22}\ \text{kg})}{(5.98 + 0.0736) \times 10^{24}\ \text{kg}} = 7.27 \times 10^{22}\ \text{kg}$$

이다. 환산질량은 사실상 달의 질량과 비슷한 값이다. 이렇게 2개의 입자에 있어 한 입자의 질량이 상대적으로 너무 작으면 환산질량은 가벼운 입자의 질량과 거의 같다.

8.10 일산화탄소(CO)는 탄소원자(^{12}C)와 산소원자(^{16}O)로 이루어진 이원자 분자 중 하나이다. 탄소와 산소의 결합 길이는 0.113 nm이고, 탄소원자와 산소원자의 질량은 각각 1.99×10^{-26} kg, 2.66×10^{-26} kg이다. 환산질량과 관성 모멘트를 구하라.

풀이: 환산질량은

$$m' = \frac{m_1 m_2}{m_1 + m_2} = \frac{(1.99) \times (2.66)}{1.99 + 2.66} 10^{-26}\ \text{kg} = 1.14 \times 10^{-26}\ \text{kg}$$

이고, 관성 모멘트는 다음과 같다.

$$I = m'd^2 = (1.14 \times 10^{-26}\ \text{kg})(1.13 \times 10^{-10}\ \text{m})^2 = 1.46 \times 10^{-46}\ \text{kg} \cdot \text{m}^2$$

8.11 한 학생이 회전의자에 앉아 두 팔을 벌리고 양손에 아령을 들고서는 초당 1회전하고 있다. 회전의자의 마찰은 무시하기로 한다. 학생과 아령 그리고 의자를 합한 관성 모멘트는 3 kg $\cdot$ m^{2}이다. 만약 학생이 팔을 오므려 관성 모멘트가 2 kg $\cdot$ m^{2}으로 되었다면 각속도는 얼마로 변하는가?

풀이: 각운동량 보존법칙을 이용하면 된다.

$$I_i \omega_i = I_f \omega_f$$

에서

$$\omega_f = \frac{I_i \omega_i}{I_f} = \left(\frac{3}{2}\right) \times (1\ \text{rev/s}) = 1.5\ \text{rev/s}$$

이다. 팔을 오므린 결과 회전이 빨라졌다. 여러분도 회전의자에 앉아 팔을 벌렸다가 오므려 보라. 과연 회전속도에 변화가 오는가?

8.12 질량이 M이고 반경이 R인 구(sphere)가 높이 h인 경사면에서 미끄러짐 없이 굴러 내려온다. 구가 바닥에 도착할 때의 질량 중심의 속도를 구하라. 구의 질량 중심에 대한 관성 모멘트는 $\frac{2}{5}MR^2$ 이다.

풀이: 이 문제는 역학적 에너지 보존법칙을 이용하면 쉽게 풀린다. 높이 h에 정지하고 있을 때의 총 에너지는 Mgh이며, 이러한 에너지는 바닥에 도착했을 때 식 (8.53)과 같은 형태로 변한다. 즉

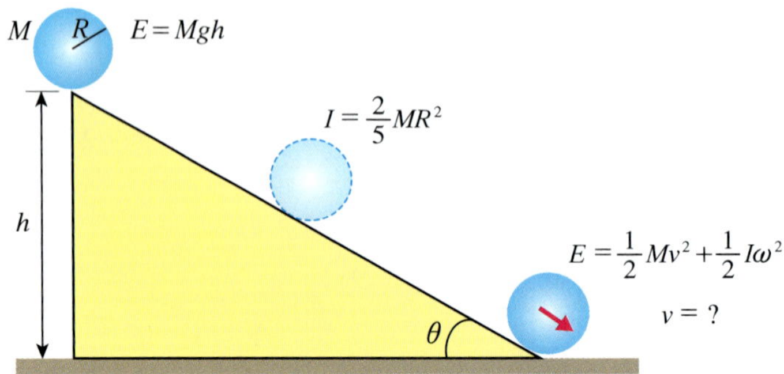

그림 8.23 미끄러짐 없이 구르며 내려오는 구의 운동. 최종 속도의 크기는 에너지 보존법칙을 이용하면 쉽게 구할 수 있다.

$$Mgh = \frac{1}{2}Mv_c^2 + \frac{1}{2}I\omega^2$$

이다. $I = \frac{2}{5}MR^2$ 이고 $v_c = R\omega$로부터 이 식은 다음과 같이 된다.

$$Mgh = \frac{1}{2}Mv_c^2 + \frac{1}{2}\left(\frac{2}{5}MR^2\right)\left(\frac{v_c}{R}\right)^2$$

그러면

$$gh = \frac{1}{2}v_c^2 + \frac{1}{5}v_c^2 = \frac{7}{10}v_c^2$$

이고, 결국 구하고자 하는 속도는 다음과 같이 주어진다.

$$v_c = \sqrt{\frac{10}{7}gh}$$

8.13 학습문제 8.12에서 구 대신 원판(disk)이 굴러 바닥에 닿을 때의 속도를 구하라. 원판의 질량 중심에 대한 관성 모멘트는 $\frac{1}{2}MR^2$ 이다.

답: $v_c = \sqrt{\frac{4}{3}gh}$.

구와 원판 중 어느 쪽이 더 빠른가? 이로부터 나오는 결론은 무엇인가? 구르지 않고 미끄러져 내려온다면 구를 때보다 빠른가? 아니면 느린가?

8.14 질량이 M이고 반경이 R인 원판이 그 둘레에 실이 감겨 천장에 매달려 있다. 이 원판이 실에서 풀려 내려올 때 질량 중심의 가속도는 자유낙하할 때의 중력 가속도의 몇 배가 되는가?

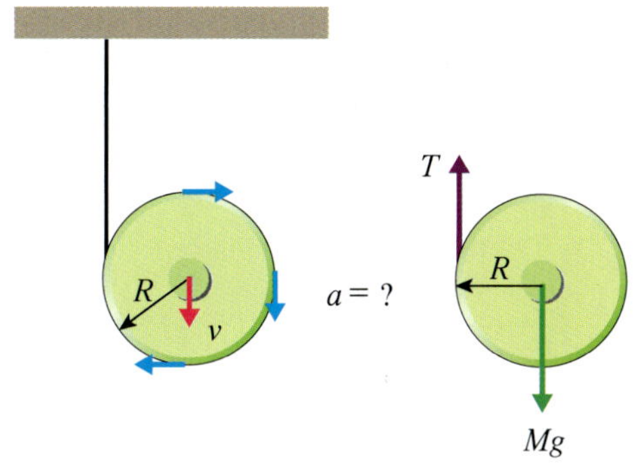

그림 8.24 요요의 운동. 실에 매달려 떨어지는 원판의 운동은 실이 없을 때 떨어지는 경우와 어떻게 다를까?

풀이: 실의 장력을 T라 하자. 뉴턴의 힘의 제2법칙으로부터 힘과 돌림힘은 다음과 같이 적용된다. 즉

$$\sum \mathbf{F} = M\boldsymbol{a}$$

에서 힘의 성분은

$$Mg - T = Ma$$

가 된다. 돌림힘인 경우에는

$$N = I\alpha$$

에서

$$TR = \left(\frac{1}{2}MR^2\right)\left(\frac{a}{R}\right)$$

이고, 이로부터 장력은

$$T = \frac{1}{2}Ma$$

이다. 위 식들의 관계로부터

$$Mg - \frac{1}{2}Ma = Ma$$

이고, 이로부터 가속도는

$$a = \frac{2}{3}g$$

이다. 이렇게 요요와 같이 병진운동과 회전운동을 하며 낙하하는 원판은 자유낙하의 2/3 크기로 낙하한다.

8.15 학습문제 8.10에서 우리는 일산화탄소의 환산질량과 관성 모멘트를 구했다. 그렇다면 이 분자의 (a) 가장 낮은 운동에너지와 (b) 그에 따른 각속도를 구해 보라.

풀이: (a) 가장 낮은 에너지는 $l = 1$일 때이다. 따라서

$$K_R^1 = \frac{h^2}{4\pi^2 I} = \frac{(6.63 \times 10^{-34}\ \mathrm{J\cdot s})^2}{(4)(3.14)^2(1.46 \times 10^{-46}\ \mathrm{kg\cdot m^2})} = 7.61 \times 10^{-23}\ \mathrm{J}$$

이다.

(b) 각속도는 $K_R = \frac{1}{2}I\omega^2$ 으로부터 얻을 수 있다.

$$\omega = \sqrt{\frac{2K_R}{I}} = \sqrt{\frac{(2)(7.61 \times 10^{-23}\ \mathrm{J})}{1.46 \times 10^{-46}\ \mathrm{kg\cdot m^2}}} = 3.23 \times 10^{11}\ \mathrm{rad/s}$$

그리고 진동수는 각속도를 2π로 나누어주면 되므로

$$f = \frac{\omega}{2\pi} = 5.14 \times 10^{10}/\mathrm{s}$$

이다.

8.16 일산화탄소의 $l = 1$에서 $l = 0$의 궤도로 회전 상태가 변할 때 방출되는 빛의 진동수를 구하라.

풀이: 식 (8.57)에서 $l = 0$을 대입하면 된다.

$$f = \frac{6.63 \times 10^{-34}\ \mathrm{J\cdot s}}{(4)(3.14)^2(1.46 \times 10^{-46}\ \mathrm{kg\cdot m^2})} = 1.15 \times 10^{11}\ \mathrm{Hz}$$

그리고 파장을 구해 보면

$$\lambda = \frac{c}{f} = \frac{3.0 \times 10^8\ \mathrm{m/s}}{1.15 \times 10^{11}/\mathrm{s}} = 2.6 \times 10^{-3}\ \mathrm{m} = 2.6\ \mathrm{mm}$$

이다. 마이크로파 영역이라는 것을 알 수 있다.

8장 연습문제

8.1 프랑스 파리(Paris)에 있는 에펠탑은 높이가 300 m이다. 이 탑으로부터 멀리 떨어진 지점에서 탑을 보았더니 탑의 바닥과 꼭대기가 5°의 각도로 보였다. 이 지점은 탑으로부터 얼마나 떨어져 있는가?

8.2 직경이 20 cm인 바퀴가 매분 2000회의 속도로 회전하고 있다.

(a) 이 바퀴의 각속도를 계산하라.
(b) 이 바퀴 가장자리 부분의 선속도를 구하라.

8.3 지구의 자전 때문에 생기는 선속도에 대하여 다음 지점에 대한 선속도를 계산하라.

(a) 적도상의 한 점 (b) 북위 50°에 있는 한 점

8.4 직경 40 cm인 바퀴가 3.6초 동안에 매분 80회에서 300회의 속력으로 가속되었다. 이 가속이 일정하다고 가정하여 다음을 구하라.

(a) 각가속도는 얼마인가?
(b) 가속 2초 후 바퀴 가장자리에 있는 한 점의 동경 방향 가속도와 접선 방향 가속도를 계산하라.

8.5 한 자동차가 시속 80 km의 속력에서 55 km의 속력으로 일정한 비율로 감속한다. 그사이 바퀴는 55회 회전하였다. 바퀴의 직경은 1 m이다.

(a) 바퀴의 각가속도를 계산하라.
(b) 같은 비율로 계속 감속된다면 정지할 때까지 걸리는 시간은 얼마인가?

8.6 회전목마가 정지 상태로부터 3.0 rad/s의 각속도를 얻는 데 34초 걸렸다. 이 회전목마를 반경이 8.0 m이고 질량이 31,000 kg인 균일한 원통이라고 가정하여 위의 가속도에 필요한 토크를 구하라.

8.7 도르래를 지나가는 줄의 양 끝에 질량이 각각 3.20 kg과 3.40 kg인 물체를 매달았다. 도르래는 반경이 3.0 cm이고 질량이 0.80 kg인 원통형이다.

(a) 도르래의 마찰이 없으면 두 물체의 가속도는 얼마인가?
(b) 3.40 kg의 물체를 아래 방향으로 0.20 m/s의 속력으로 잡아당겼더니 6.2초 만에 정지했다면 마찰에 의해 도르래에 가해지는 평균 토크는 얼마인가?

8.8 직경이 76 cm인 자전거 바퀴의 관성 모멘트를 계산하라. 테와 타이어의 질량은 1.3 kg이다.

8.9 한 변의 길이가 d인 정육면체에 질량이 고르게 분포되어 있다. 이 정육면체의 질량 중심을 지나며 한 면에 수직인 축에 대한 관성 모멘트를 계산하라.

8.10 관성 모멘트가 4.0×10^{-2} kg·m^{2}인 회전체가 있다. 이것을 정지 상태로부터 매분 10,000회의 율로 회전시킨다면 이에 필요한 에너지는 얼마인가?

8.11 반지 모양의 바퀴가 수평면을 3.4 m/s의 속도로 굴러가다가 20° 경사각을 가지는 오르막길을 만난다.

(a) 바퀴는 이 오르막길을 얼마나 올라가는가?
(b) 경사면을 올라가다가 바닥까지 다시 내려오는 데 얼마의 시간이 걸리는가?

8.12 그림과 같이 질량 m인 작은 블록이 마찰이 없는 경사진 트랙을 따라 미끄러지고 있다. 이 블록은 루프의 밑바닥에서 높이 H인 점에서 출발하였다.

(a) 루프의 꼭대기에 도달할 때 블록의 속도를 구하라.
(b) 트랙 위에 머문다고 가정할 때 루프 꼭대기에서의 가속도를 구하라.
(c) 블록이 트랙을 벗어나지 않고 루프 꼭대기에 도달할 수 있는 최소 높이 H를 구하라.

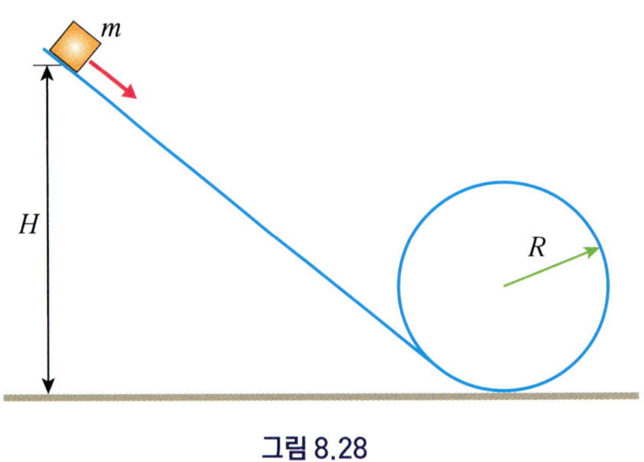

그림 8.28

8.13 그림과 같이 1000 kg의 균일한 들보가 16,000 kg의 기계를 받치고 있다. 기둥들에 작용하는 힘을 구하라.

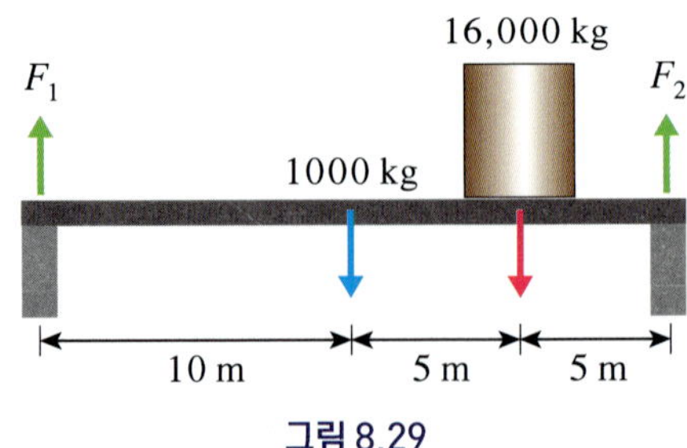

그림 8.29

8.14 염화수은(HgCl) 분자에서 Hg와 Cl의 질량은 각각 3.32×10^{-25} kg, 5.81×10^{-26} kg이다. 이 분자가 회전하는 과정에서 회전 상태인 $l = 1$로부터 $l = 0$으로 전이할 때 0.044 m인 광자를 방출하였다. 그렇다면 이 분자에서 원자 사이의 거리는 얼마인가?

8.15 염화수소(HCl) 분자에서 원자 사이의 거리는 1.26×10^{-10} m이다. 이 분자가 $l = 1$인 상태에 있을 때 이 분자의 회전수는 얼마인가?

8장 연습문제 해답

8.1 3.4 km.

8.2 (a) 210 rad/s. (b) 21 m/s.

8.3 460 m/s, 300 m/s.

8.4 (a) 6.4 rad/s^2. (b) 90 m/s^2, 1.3 m/s^2.

8.5 (a) −1.5 rad/s. (b) 20 s.

8.6 8.7×10^4 N • m.

8.7 (a) 0.26 m/s^2. (b) 0.066 N • m.

8.8 0.15 kg • m^2.

8.9 $\frac{1}{6}Md^2$.

8.10 2.2×10^4 J.

8.11 (a) 3.4 m. (b) 4.0 s.

8.12 (a) $\frac{1}{2}mv^2 = mg(H-2R)$ 관계로부터 $v = \sqrt{2g(H-2R)}$이다.

(b) 이 경우 구심 가속도에 해당한다. $a_c = \frac{v^2}{R} = \frac{2g(H-2R)}{R}$.

(c) 구심 가속도가 중력 가속도 g와 같을 때이다. 따라서 $a_c = \frac{2g(H-2R)}{R} = g$로부터 $H = \frac{5}{2}R$이다.

8.13 들보가 기둥에 작용하는 힘들은 기둥이 들보에 작용하는 힘들과 같다. 이제 기둥이 들보에 작용하는 힘들을 F_1, F_2라 하자. 우리는 여기서 돌림힘인 토크의 방정식을 적용해야 한다는 사실을 깨달아야 한다. 물론 전체 토크의 크기는 0이다. F_1이 작용되는 곳을 작용점으로 삼으면 편리하다. 그러면 들보 자체의 무게에 의한 토크와 기계 및 오른쪽 기둥에 의한 토크를 고려하면

$$-(10.0\text{ m})(1000\text{ kg})(9.8\text{ m/s}^2) - (15.0\text{ m})(16{,}000\text{ kg})(9.8\text{ m/s}^2) + (20.0\text{ m})F_2 = 0$$

이 된다. 그러면 $F_2 = 166{,}600$ N이다.

이번에는 y축 성분에 의한 힘의 법칙을 적용하면

$$F_1 + F_2 - (1000\text{ kg})(9.8\text{ m/s}^2) - (16{,}000\text{ kg})(9.8\text{ m/s}^2) = 0$$

이고, 여기에 F_2 값을 대입하면 $F_1 = 88{,}200$ N이 된다.

8.14 2.23×10^{-10} m.

8.15 9.22×10^{11} /s.

9 진동운동

진동(oscillations)은 같은 경로를 따라 앞뒤로 반복하는 운동을 말한다. 용수철의 운동이 대표적이다. 이러한 진동운동은 같은 시간 간격을 두고 반복적으로 운동하기 때문에 시간에 대한 주기는 물론 위치에 대한 주기도 나타난다. 괘종시계의 추가 반복적으로 왕복운동을 하는 것 역시 진동에 속한다. 이러한 진동운동은 자연계에 존재하는 물질의 근본 구조를 연구하는 데 중요한 몫을 차지한다. 원자의 구조는 물론 반도체의 구조를 파악하는 데 있어서 전자들에 의한 상호작용이 단진자 모형으로 설명되기 때문이다. 2장에서 자연의 법칙을 도입하는 과정에 이러한 진동운동의 모형을 소개한 바 있다. 이제부터 진동운동에 대한 실제적인 물리학적 분석과 함께 분자의 구조 탐색은 물론 실생활에서 어떻게 응용되는지 등에 대해 구체적으로 알아보기로 하자.

학습 내용

- 단조화 운동:

$$\frac{d^2x}{dt^2} + \omega^2 x = 0.$$

$$x(t) = C_1 \cos \omega t + C_2 \sin \omega t.$$

$$\omega = \sqrt{\frac{k}{m}}, \quad f = \frac{1}{2\pi}\sqrt{\frac{k}{m}}.$$

- 단진자(simple pendulum):

$$T = 2\pi\sqrt{\frac{L}{g}}.$$

- 분자의 진동에너지:

$$E_n = \left(n + \frac{1}{2}\right)hf, \quad n = 0, 1, 2, 3, \cdots.$$

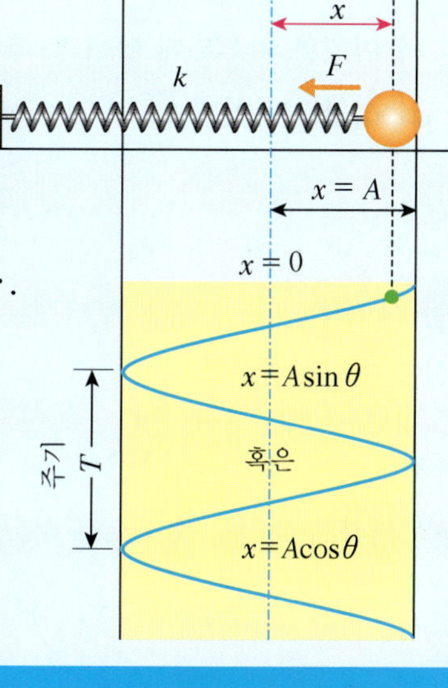

후크의 법칙

$F = -kx$

F: 힘

k: 용수철 상수

x: 변위

$x = A$: 진폭

뉴턴의 운동법칙

$F = ma$, a: 가속도

$a = \frac{d^2x}{dt^2}$

$ma = -kx, \quad ma + kx = 0$

$m\frac{d^2x}{dt^2} + kx = 0, \quad \frac{d^2x}{dt^2} + \frac{k}{m}x = 0$

미분방정식

$\frac{d^2x}{dt^2} + \omega^2 x = 0, \quad \omega = \sqrt{\frac{k}{m}}$

$x = A\sin\omega t$ 혹은 $x = A\cos\omega t$

9.1 단조화 운동(Simple Harmonic Motion: SHM)

우리는 진동운동과 원운동과의 유사점에 대해 종종 살펴본 바 있다. 용수철에 매달려 진동운동을 하는 입자의 운동이 원운동의 궤도와 일치하는 모습은 사실상 용수철의 진폭이 변하지 않는다는 가정하에 성립된다. 우리는 2장에서 물리학적 해석 방법을 논하면서 용수철의 운동은 주기함수인 사인(sine) 혹은 코사인(cosine) 함수로 표기될 수 있다고 하였다. 진폭의 변함 없이 진동에 의한 주기적인 운동을 단조화 운동이라 부른다. 이러한 단조화 운동을 표기하는 데는 그림 9.1과 같은 극좌표(polar coordinate)를 사용하면 편리하다.

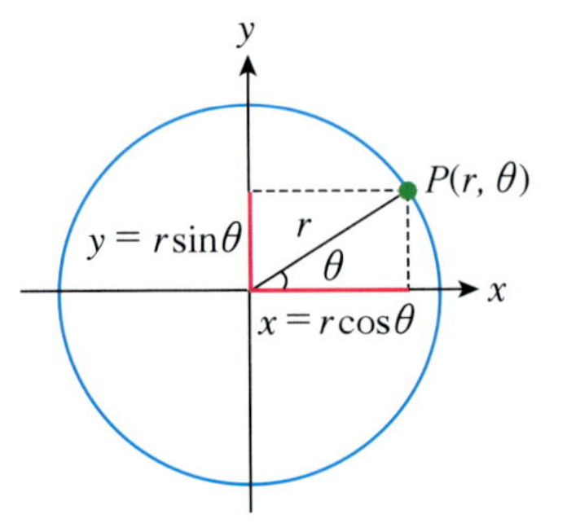

그림 9.1 극좌표. 극좌표는 주기운동을 표현하는 데 적합하다. 운동하는 입자의 위치는 r과 θ로 나타낸다.

그림 9.1에서 동경 성분인 r을 여기서는 진폭의 크기인 A로 대치하여 사용하자. 그러면 $x-y$ 좌표는

$$x = A\cos\theta, \qquad y = A\sin\theta \tag{9.1}$$

와 같이 나타난다. 운동을 하고 있으므로 각도의 변위는 각속도와 시간으로 표현될 수 있다.

$$x(t) = A\cos(\omega t), \qquad y(t) = A\sin(\omega t) \tag{9.2}$$

여기서 첫 출발점은 $\theta = 0$으로 잡았다. 만약 처음의 각도가 존재한다면 그 각도를 초기 위상이라 부른다. 초기 위상이 ϕ라면

$$x(t) = A\cos(\omega t + \phi), \qquad y(t) = A\sin(\omega t + \phi) \tag{9.3}$$

와 같이 된다. 편의를 위해 초기 위상을 0으로 잡고 논의하기로 한다. 그림 9.2는 단조화 운동과 이를 분석하기 위한 수학적 표현 그리고 물리적 해석 등을 보여주고 있다. 2장에서 자연의 질서와 이에 따른 물리적 해석을 논하면서 보여주었던 그림이다.

이미 배운 바 있지만 원운동에 있어 한 주기는 각도로서는 라디안으로 2π이기 때문에 주기(period)를 T라 하면 $\omega T = 2\pi$이므로 주기는

$$T = \frac{2\pi}{\omega} \tag{9.4}$$

이다. 우리는 식 (9.1)이나 (9.2)로부터 원운동에 대한 방정식을 이끌어낼 수 있다. 즉 각각의 식을 제곱하면

$$x^2 = A^2\cos^2\theta, \qquad y^2 = A^2\cos^2\theta$$

이고, 두 식을 더하면 원점을 중심으로 하고 반지름이 A인 원의 방정식을 얻는다.

$$x^2 + y^2 = A^2 \tag{9.5}$$

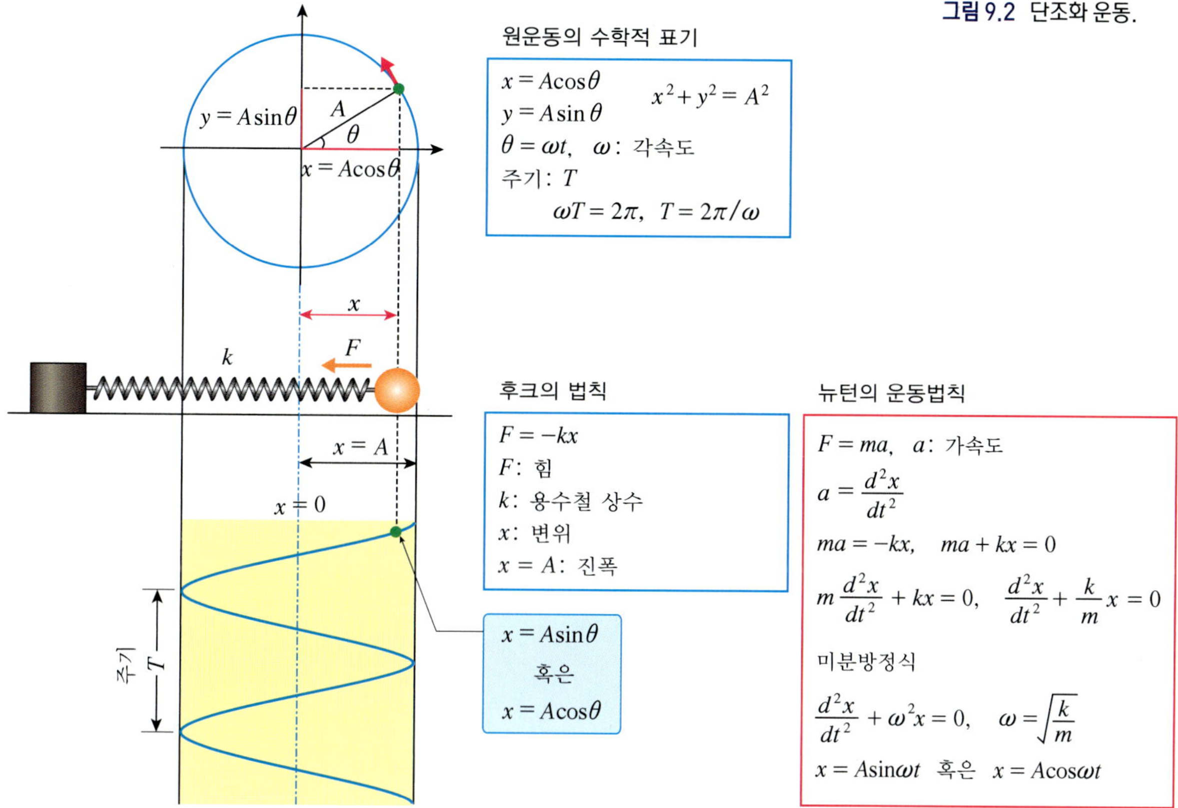

그림 9.2 단조화 운동.

이제 용수철의 단진동 운동으로부터 단조화 함수가 어떻게 나타나는지 살펴보기로 하자. 용수철에 의한 힘은 후크(Robert Hooke, 1635~1703)의 법칙으로 설명된다. 즉

$$F_s = -kx \tag{9.6}$$

이다. 뉴턴의 운동 제2법칙에 따르면

$$ma = -kx \tag{9.7}$$

인 관계가 성립된다. 그런데 가속도는 변위에 대하여 2차 미분한 형태이므로 식 (9.7)은

$$m\frac{d^2x}{dt^2} = -kx \tag{9.8}$$

가 된다. 위 식을 정리하면

$$\frac{d^2x}{dt^2} + \frac{k}{m}x = 0 \tag{9.9}$$

이고, 여기서 $\frac{k}{m} = \omega^2$ 으로 놓으면

$$\frac{d^2x}{dt^2} + \omega^2 x = 0 \tag{9.10}$$

의 형태의 방정식이 된다. 시간에 대한 미분이 포함되어 있어 이러한 방정식을 미분방정식이라 하며, 미분이 2차 식으로 포현되면 2차 미분방정식이라 부른다. 식 (9.10)은 가장 간단한 2차 미분방정식에 속한다. 미분방정식은 주로 대학교 2학년 수학 과정에서 다루게 된다. 여기서는 답을 먼저 제시하고 그 답이 위 방정식을 만족하는지의 여부로 문제를 이해하기로 하자. 먼저 위 방정식의 해(solution)가

$$x(t) = C_1 \cos\omega t \tag{9.11}$$

라 하자. 왜 해를 주기함수인 코사인(cosine)으로 잡았는지 그림 9.2를 보면 이해될 것이다. 여기서 C_1은 상수이다. 그러면

$$\frac{dx}{dt} = -\omega C_1 \sin\omega t \tag{9.12}$$

이고, 다시 한 번 미분하면

$$\frac{d^2x}{dt^2} = -\omega^2 C_1 \cos\omega t \tag{9.13}$$

가 된다. 그런데 $C_1\cos\omega t$는 x이므로 식 (9.13)은

$$\frac{d^2x}{dt^2} = -\omega^2 x$$

이고, 정리하면

$$\frac{d^2x}{dt^2} + \omega^2 x = 0$$

이 된다. 따라서 $x(t) = C_1\cos\omega t$는 식 (9.10)의 해가 된다. 이번에는 $x(t) = C_2\sin\omega t$가 해가 되는지 알아보자. 마찬가지 방법을 사용하면 이 역시 해가 된다는 사실을 알 수 있다. 이것만이 아니다.

$$x(t) = C_1\cos\omega t + C_2\sin\omega t \tag{9.14}$$

도 해가 된다. 학습문제 9.1을 보기 바란다. 여기서 우리는 다음과 같은 중요한 물리적 요소를 발견하게 된다. 그것은 용수철의 힘의 상수와 입자의 질량이 진동수를 결정한다는 사실이다. 왜냐하면

$$\omega = \sqrt{\frac{k}{m}} \tag{9.15}$$

이고, 1주기 동안의 각도는 2π 라디안이므로 각속도는 $\omega = 2\pi f$이기 때문이다. 물론 $\omega = \frac{2\pi}{T}$에서 같은 결론이 나온다. 즉 진동수는

$$f = \frac{1}{2\pi}\sqrt{\frac{k}{m}} \tag{9.16}$$

이다. 용수철의 힘의 상수가 클수록 진동수는 많아지며 입자의 질량이 클수록 진동수는 감소한다. 경험적으로 이해되지 않는가?

다시 식 (9.14)로 돌아가 보자. 수학적으로는 완전한 해지만 물리적으로는 아직 해결해야 할 점들이 있다. 처음 용수철을 평형 위치($x = 0$)에서 A만큼 잡아당겨 용수철의 단진동 운동을 일으켰다면 처음에는 변형이 A이고 질점의 속도는 0이다. 그러면 초기($t = 0$) 조건은

$$x(0) = A$$

$$v(0) = \frac{dx}{dt}\bigg|_{t=0} = 0$$

이 된다. 그러면

$$x(0) = C_1\cos 0 + C_2\sin 0 = A$$

에서 $C_1 = A$를 얻는다. 다음으로

$$\frac{dx}{dt}\bigg|_{t=0} = -C_1\omega\sin 0 + C_2\omega\cos 0 = 0$$

에서 $C_2 = 0$이다. 그러므로 최종적으로 다음과 같은 결과를 얻는다.

$$x(t) = A\cos\omega t,$$

$$\omega = \sqrt{\frac{k}{m}}$$

이것이 우리가 원하는 답이다. 이제 우리는 그림 9.2와 같은 용수철 운동의 물리적 해석과 원운동과의 관계 그리고 단조화 함수와의 관계를 이해하게 되었다. 여기서 강조할 것은 수학적 문제는 무조건 답하면 되지만 물리학적 문제에서는 그러한 수학적인 해답이 자연 현상과 일치해야 진정한 답이 된다는 사실이다. 위에서 거론한 $x(t)$의 수학적인 일반해의 경우 초기 조건에 따라 최종적인 물리학적 답은 다르게 나온다.

9.2 단조화 운동과 에너지

우리는 탄성 퍼텐셜 에너지를 이미 6장에서 구한 바 있다. 식 (6.31)에 의하면 용수철에 의한 탄성 퍼텐셜 에너지는 다음과 같다.

$$U_s = \frac{1}{2}kx^2$$

단조화 운동방정식을 다시 한 번 고찰하여 위와 같은 퍼텐셜 에너지와 운동에너지와의 관계를 이끌어내 보자. 즉

$$m\frac{d^2x}{dt^2} + kx = 0$$

에서 이 식의 양변에 $\frac{dx}{dt}$를 곱하면

$$m\frac{dx}{dt}\frac{d^2x}{dt^2} + k\frac{dx}{dt}x = 0$$

이다. 그런데 이 식은 다음과 같은 형태와 동일하다.

$$m\frac{1}{2}\frac{d}{dt}\left(\frac{dx}{dt}\right)^2 + k\frac{1}{2}\frac{d}{dt}(x^2) = 0 \tag{9.17}$$

왜냐하면

$$\frac{d}{dt}\left(\frac{dx}{dt}\right)^2 = \frac{d}{dt}(v^2) = 2v(t)\frac{dv(t)}{dt} = 2\frac{dx}{dt}\frac{d}{dt}\left(\frac{dx}{dt}\right) = 2\frac{dx}{dt}\frac{d^2x}{dt^2}$$

이고,

$$\frac{d}{dt}(x^2) = 2x\frac{dx}{dt}$$

이기 때문이다. 따라서 식 (9.17)은

$$\frac{d}{dt}\left[\frac{1}{2}m\left(\frac{dx}{dt}\right)^2 + \frac{1}{2}kx^2\right] = 0 \tag{9.18}$$

과 같다. 식 (9.18)은 미분하면 0이 된다는 것이므로 미분되는 양은 상수여야 한다. 따라서 상수 값을 E라 하면

$$\frac{1}{2}mv^2 + \frac{1}{2}kx^2 = E \tag{9.19}$$

이다. 이러한 결과는 역학적 에너지 보존법칙의 조건과 동일하다.

9.3 단진자(Simple Pendulum)

그림 9.3과 같이 무게를 무시할 수 있는 줄(가는 철사 등)의 한 끝에 매달려 주기적인 진동운동을 하는 물체를 단진자라 부른다. 이때 단진자가 진동운동을 하는 힘의 근원은 중력에서 나온다. 그림에서처럼 연직선에 대해 작은 각도를 유지하며 진동하는 단진자의 주기를 구해 보자.

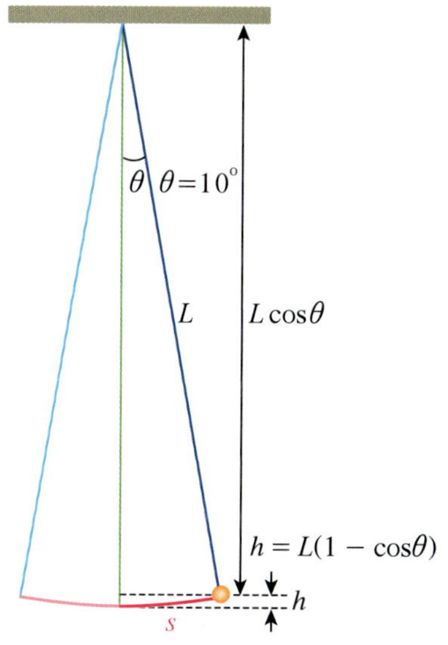

그림 9.3 단진자 운동. 단진자가 작은 각도(그림에서는 10°)를 유지하며 진동운동을 하면 평형 위치와 최고 높이 사이만큼 퍼텐셜 에너지의 변화가 생긴다.

이 문제를 식 (9.19)로 표현되는 에너지 보존법칙을 이용하여 풀기로 한다. 먼저 추의 퍼텐셜 에너지를 구하자. 가장 낮은 곳, 즉 각도가 0인 곳에서 높이 h만큼 올라가 진동한다면 최대 높이에서의 퍼텐셜 에너지는 다음과 같다.

$$U = mgh = mgL(1-\cos\theta) \tag{9.20}$$

만약 각도가 10° 정도로 작다면 $\cos\theta$의 값은 1의 값에 가깝다. 이렇게 각도가 작을 때 $\cos\theta$는 다음과 같은 형태로 급수전개된다. 즉

$$\cos\theta = 1 - \frac{\theta^2}{2!} + \frac{\theta^4}{4!} - \cdots \tag{9.21}$$

이다. 단, 각도는 rad이다. 따라서 각 변위가 작은 경우에는 근사적으로

$$\cos\theta = 1 - \frac{\theta^2}{2}$$

로 써도 무방하다. (각도가 10°인 경우 직접 비교해 보라.) 그러면 퍼텐셜 에너지는

$$U = mgL\left(1 - 1 + \frac{1}{2}\theta^2\right) = \frac{1}{2}mgL\theta^2$$

이 된다. 진자가 움직이는 궤적은 원호이며, 이를 s라 하면 $s = L\theta$이다. 그리고 퍼텐셜 에너지를 변위 s로 나타내면 다음과 같이 된다.

$$U = \frac{1}{2}mgL\left(\frac{s}{L}\right)^2 = \frac{1}{2}\left(\frac{mg}{L}\right)s^2 \tag{9.22}$$

식 (9.22)는 변위를 x 대신 s로 표기한 탄성 퍼텐셜 에너지 형태와 동일한 모습이다. 즉

$$U_s = \frac{1}{2}kx^2$$

에서

$$k = \frac{mg}{L} \tag{9.23}$$

의 관계를 얻는다. 그러므로 구하고자 하는 진동수는

$$f = \frac{1}{2\pi}\sqrt{\frac{k}{m}} = \frac{1}{2\pi}\sqrt{\frac{g}{L}} \tag{9.24}$$

이다. 그리고 주기는 다음과 같다.

$$T = 2\pi\sqrt{\frac{L}{g}} \tag{9.25}$$

우리는 일반물리 실험실에서 단진자 장치를 통해 식 (9.24) 혹은 (9.25)를 이용하여 지구의 중력 가속도를 구할 수 있다. 학습문제 9.7을 보기 바란다.

이번에는 뉴턴의 힘의 법칙으로부터 위와 같은 결과를 이끌어내자. 그림 9.4와 같이 길이 L인 줄에 의해 질량 m인 입자가 작은 각도를 유지하며 단진동 운동을 하고 있다. 이때 입자가 단진자 역할을 하게 하는 힘은 중력의 성분 중 줄의 회전을 따라 그려지는 원호의 방향이며 이른바 복원력이다. 이러한 복원력은 중력에 의한 힘의 사인(sine) 성분에 해당한다. 따라서 뉴턴의 제2법칙에 따라

$$F = -mg\sin\theta \tag{9.26}$$

이며,

$$F = m\frac{d^2s}{dt^2}$$

으로부터

$$m\frac{d^2s}{dt^2} = -mg\sin\theta \tag{9.27}$$

인 관계를 얻는다.

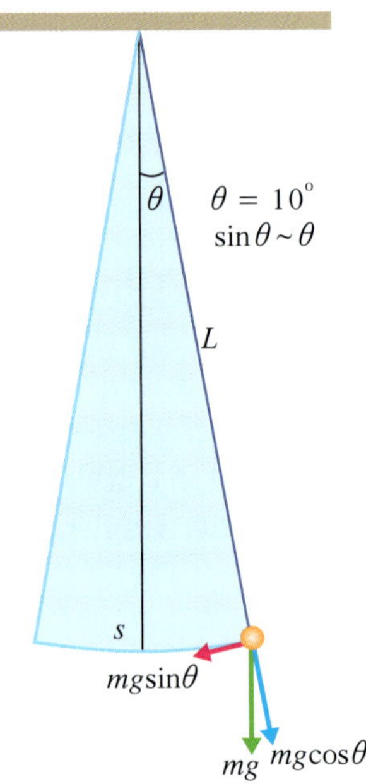

그림 9.4 단진자 운동. 단진자 운동은 운동 경로에 대한 중력의 접선 성분에 의한 복원력에 의해 이루어진다. 용수철에 의한 복원력을 상상하면 이해될 것이다.

진자의 각도가 작다면 사인 함수인 경우에는

$$\sin\theta \approx \theta \tag{9.28}$$

가 된다($\sin 10^\circ = 0.1736,\ \frac{10}{180}\pi = 0.1744$). 그러므로 식 (9.27)은

$$\frac{d^2s}{dt^2} + g\theta = 0$$

이 되며, $s = L\theta$의 관계로부터 다음과 같은 단진자의 운동방정식을 얻는다.

$$\frac{d^2s}{dt^2} + \frac{g}{L}s = 0 \tag{9.29}$$

만약 $\omega^2 = \frac{g}{L}$로 놓으면 결국 식 (9.10)과 같은 모양이 된다. 그러므로 진동수는

$$f = \frac{\omega}{2\pi} = \frac{1}{2\pi}\sqrt{\frac{g}{L}}$$

이 되어 식 (9.24)와 동일한 결과를 얻는다.

9.4 분자의 진동에너지와 회전에너지*

진동운동은 일상생활에서 흔하게 볼 수 있는 현상이다. 그런데 이러한 진동에 의한 단조화 운동은 분자에서도 일어난다. 왜냐하면 분자는 2개 이상의 원자나 분자들로 결합되어 있기 때문이다. 우리는 앞에서 회전하는 분자들은 회전운동 에너지를 가지며 이러한 회전운동 에너지는 각운동량의 궤도 양자수에 의해 결정된다는 사실을 배웠다. 그렇다면 분자의 진동에너지 역시 회전운동 에너지에서처럼 양자화되어 나타날까?

그렇다. 분자의 진동에너지 역시 기본 값에 정수배 형태로 양자화되어 나타난다. 양자역학의 결과에 따르면 이때 기본 에너지는 플랑크 상수에다 진동수를 곱한 값이며 다음과 같은 형태를 갖는다.

$$E_n = \left(n + \frac{1}{2}\right)hf, \quad n = 0, 1, 2, 3, \cdots \tag{9.30}$$

여기서 n을 진동 양자수(vibrational quantum number)라 하며 오직 0과 양의 정수만을 갖는다. f는 진동수로

$$f = \frac{1}{2}\sqrt{\frac{k}{m'}} \tag{9.31}$$

이다. 여기서 $m' = m_1 m_2 / (m_1 + m_2)$에 해당하는 환산질량이다. 그렇다면 힘 상수 k는 어디에서 나오는 것일까? 우리는 이미 원자의 구조를 들여다보면서 전자의 존재를 알았고, 이러한 전자는 전기적인 성질을 유발하는 전하를 갖는다는 사실을 배웠다. 사실상 분자들은 분자들을 이루는 원자의 전자들의 배치에 의해 결합되며 결합의 세기는 원자들 간 전자 전하의 분포와 밀접한 관계를 맺는다. 물질 대부분은 이러한 전자들의 분포에 따른 전기적 인력에 의해 결합되어 물질 특유의 성질을 나타낸다. 이때 중요한 것이 25장에서 배우게 되는 원자의 최외각 전자의 배치이다. 전자들의 그러한 궤도 상태에 따라 공유결합, 이온결합, 수소 결합 등이 이루어진다. 고체인 경우 고체를 이루는 원자는 질서 있게 배치되는데 이를 결정 구조라 부른다. 유기성 분자인 경우 전자의 분포가 한쪽에 더 많고 다른 쪽에 상대적으로 적게 되어 있다면 한쪽에는 음의 전하가 다른 쪽에는 양의 전하가 분포되어 있는 것처럼 보인

다. 그러면 양의 전하와 음의 전하 사이에 전기적인 인력이 작용하여 두 원자를 결합시키게 된다. 이렇게 양의 전하와 음의 전하 2개로 이루어진 극성의 입자를 쌍극자(dipole)라 부른다. 결합된 원자들은 마치 용수철에 의해 매달린 입자처럼 행동한다. 그리고 외부로부터 에너지를 받으면 진동운동을 하게 되는데, 분자 특유의 빛을 발하면서 그에 해당하는 빛의 진동수를 내뿜는다.

그런데 식 (9.30)을 보면 양자수가 0인 경우에도 에너지가 존재한다. 이러한 에너지를 영점 에너지라 부른다. 자연이 갖고 있는 하나의 속성이다. 그러면 분자의 진동에너지 방출 혹은 흡수는 어떠한 규칙을 가질까? 그것은 분자를 이루는 구성 원자들의 상대적 위치가 변해야 하며, 이때 양자수의 변화가 오직 1일 때만 가능한 것으로 알려져 있다. 따라서 에너지를 흡수하여 방출할 때의 방출 에너지는

$$E_{n+1} - E_n = \left(n + 1 + \frac{1}{2}\right)hf - \left(n + \frac{1}{2}\right)hf = hf \qquad (9.32)$$

가 된다. 그런데 이러한 수소분자는 회전운동도 하고 있다. 이제 회전운동 에너지와 진동운동 에너지의 크기를 비교해 보기로 하자.

수소분자는 그림 9.5에서 보듯이 2개의 수소원자가 $d = 7.42 \times 10^{-11}$ m의 거리를 평형으로 하여 결합되어 있다(8장에서 이러한 간격은 분자의 빛 스펙트럼 측정으로부터 얻는다고 하였다). 수소분자의 관성 모멘트는

$$I = m'd^2 = \frac{1}{2}(1.67 \times 10^{-27}\ \mathrm{kg})(7.42 \times 10^{-11}\ \mathrm{m})^2 = 4.64 \times 10^{-48}\ \mathrm{kg \cdot m^2}$$

이다. 분자의 회전에 의한 에너지는 앞 장에서

$$E_l^{\mathrm{rot}} = \frac{l(l+1)h^2}{8\pi^2 I}$$

임을 알았다. 따라서 가장 낮은 에너지인 경우($l = 1$)

$$E_1^{\mathrm{rot}} = \frac{h^2}{4\pi^2 I} = \frac{(6.63 \times 10^{-34}\ \mathrm{J \cdot s})^2}{(4)(3.14)^2(4.64 \times 10^{-48}\ \mathrm{kg \cdot m^2})} = 2.4 \times 10^{-21}\ \mathrm{J}$$

의 값을 얻는다. **이러한 회전운동 에너지는 진동운동 에너지에 비해 약 1/36 정도에 불과하다는 사실을 알 수 있다.**

한편 각운동량과 각속도와의 관계 $L = I\omega = 2\pi If^{\mathrm{rot}}$로부터 회전 진동수는

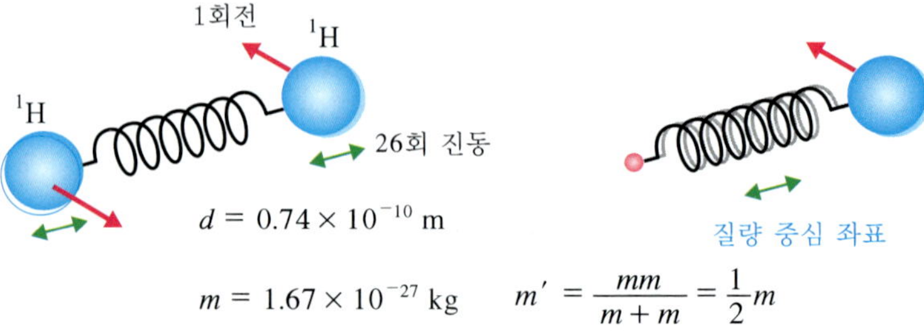

그림 9.5 수소분자의 회전운동과 진동운동. 수소분자는 2개의 수소원자의 질량 중심을 축으로 하여 회전운동을 하며 동시에 진동운동도 한다. 한 번 회전할 때마다 진동은 26회를 반복한다.

$$f^{\text{rot}} = \frac{L}{2\pi I} = \frac{\sqrt{l(l+1)}\hbar}{4\pi^2 I}$$

이다. $l = 1$이면

$$f_1^{\text{rot}} = \frac{\sqrt{2}\,h}{4\pi^2 I} = \frac{(1.41)(6.63 \times 10^{-34}\ \text{J}\cdot\text{s})}{(4)(3.14)^2(4.64 \times 10^{-48}\ \text{kg}\cdot\text{m}^2)} = 5.10 \times 10^{12}/\text{s}$$

의 결과를 얻는다.

진동할 때의 진동수는 1.32×10^{14}/s이었으므로 **1회전할 때 진동은 약 26회 일어난다.** 즉 진동이 훨씬 빠르게 일어난다. 이러한 결과는 다음과 같이 생각해 보면 쉽게 이해할 수 있다. 만약 진동에 비해 회전이 훨씬 빠르게 일어난다면 원운동에 의한 원심력이 수소원자들에 작용하게 된다. 이렇게 되면 2개의 수소원자는 평형점에서 벗어난 거리를 유지하며 계속 회전하게 되고 결국 진동운동은 발생하지 않게 될 것이다.

그런데 위와 같은 분자의 회전운동에 의한 진동수는 빛의 어느 영역에 속할까? 회전 진동수를 파장으로 변환하면

$$\lambda = \frac{c}{f} = \frac{3.0 \times 10^8\ \text{m/s}}{5.1 \times 10^{12}/\text{s}} = 5.9 \times 10^{-3}\ \text{m}$$

가 되는데, 이는 마이크로파(microwave)—파장이 약 1 m에서 1 mm로 고주파라고도 부른다—영역에 속한다. 우리는 8장에서 일산화탄소의 회전운동에 의한 빛도 마이크로파에 속한다는 결과를 얻은 바 있다.

물분자의 회전과 음식물 데우기—전자레인지의 원리

우리는 일상생활에서 음식물을 데우기 위해 전자레인지를 자주 사용한다. 이러한 전자레인지의 정확한 표기는 **마이크로파 오븐(microwave oven)**이다. 이러한 용어는 마이크로파에 해당하는 빛을 발생시켜 음식물을 데우는 이궁이(화로)라는 의미에서 나왔다. 음식물에는 대부분 물이 함유되어 있다. 이러한 물은 물분자인 H_2O로 이루어져 있는데, 물분자 역시 외부로부터 에너지를 받으면 앞에서 다루었던 수소분자나 일산화탄소처럼 진동운동과 회전운동을 한다.

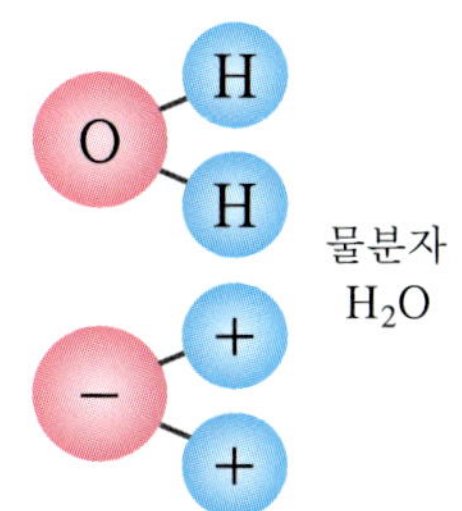

그림 9.6 물분자. 물분자의 전자들은 산소 쪽으로 더 많이 이동하여 산소 쪽에는 음의 전하가, 수소 쪽에는 양의 전하가 분포하게 된다.

물분자를 이루는 산소원자는 수소원자에 비해 상대적으로 전자를 받는 것을 선호하고, 반면에 수소원자들은 전자 주기를 선호한다. 이와 같은 성질로 인해 물분자에 있어 전자들은 산소 쪽으로 더 많이 분포하게 된다. 이러한 결과 수소원자 근처에는 상대적으로 양의 전하가 더 많이 분포하게 되어 산소 쪽에는 음의 전하가, 수소 쪽에는 양의 전하가 등분되어 분포한다. 이렇게 양의 전하와 음의 전하로 이루어진 극성의 물질을 전기 쌍극자(electric dipole)라 부르는데 13장에서 자세히 다룬다. 일산화탄소 역시 전기 쌍극자를 이루고 있다.

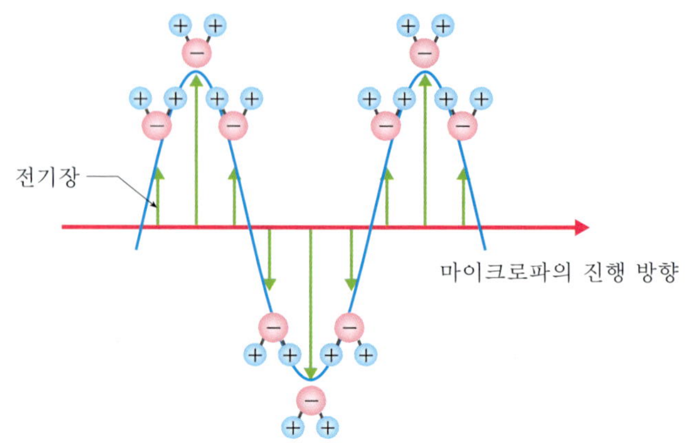

그림 9.7 **물분자와 마이크로파.** 물분자가 마이크로파의 빛을 받으면 변화하는 전기장의 영향을 받아 전기장 방향으로 정렬한다. 양의 전하는 전기장 방향으로 힘을 받으며 음의 전하는 반대 방향으로 힘을 받아 회전한다.

이러한 전기 쌍극자는 외부로부터 전기적인 힘을 받으면 상황에 따라 진동운동이나 회전운동을 하게 된다. **빛은 전자기파로 전기장을 수반하고 있기 때문에 물분자는 빛을 받으면 진동운동이나 회전운동을 하게 되는 것이다.** 우리는 앞에서 진동에너지에 대한 진동수는 적외선 영역인 반면에 회전에 의한 진동수는 마이크로파 영역임을 알았다. 따라서 물분자를 진동시키는 것보다 회전시키는 것이 에너지가 덜 든다는 사실을 알 수 있다. 전자레인지가 마이크로파를 발생시켜 음식물을 데우는 이유가 여기에 있다.

마이크로파가 음식물에 들어가면 전기장이 물분자(쌍극자)를 순간적으로 회전시킨다. 빛의 전기장은 마이크로 주기 단위로 방향이 바뀌므로 물분자는 한 방향으로만 회전하는 것이 아니라 전기장에 의한 돌림힘(torque)에 의해 왼쪽 혹은 오른쪽으로 회전한다. 이러한 물분자들의 회전운동은 분자들을 서로 충돌하게 하여 충돌에 의한 열을 발생시킨다. 이러한 열에너지가 음식물을 데우는 것이다.

그런데 시중에서 판매되는 전자레인지는 2.45 GHz(2.45 × 10^9/s)의 진동수(일상생활에 있어서는 보통 주파수라는 용어를 사용함)를 발생시켜 음식물을 데운다. 이러한 진동수는 회전에 의한 진동수 영역보다 다소 낮은 영역에 속한다. 왜 그럴까? 우선 이러한 마이크로파는 통신 분야에서 사용하지 않는 영역에 속하며 음식물을 데우는 데 보다 적합하기 때문이다. 이보다 높은 진동수의 빛은 음식물에 강하게 침투할 수는 있으나 깊숙이 들어가지는 못한다. 파장이 짧기 때문이다. 반면에 2.45 GHz보다 낮은 진동수의 빛은 쉽게 음식물을 통과할 수는 있어도 효과적으로 데울 수는 없다. 에너지가 낮아서 물분자가 거의 회전하지 않기 때문이다. 물분자가 포함되지 않는 세라믹 접시, 유리 컵, 플라스틱 용기나 포일 등은 전자레인지 안에서 쉽게 데워지지 않는다. 우리는 냉동 보관했던 음식물을 전자레인지에서 데우면 겉만 데워지고 안쪽은 얼음 상태로 남아 있는 것을 종종 목격하게 된다. 그 이유는 얼음인 경우 결정 구조를 갖는 고체 상태이기 때문이다. 즉 고정된 결정 속에서 물분자들은 마이크로파를 받아도 쉽게 방향을 바꿀 수 없어 빛을 쉽게 흡수하지 못한다. 얼음이 천천히 녹는 동안 발생한 물은 쉽게 가열되어 뜨거워지는 반면 그렇게 뜨거워진 액체 사이로 녹지 않는 얼음 부분이 남아 있게 되는 것이다.

9장 학습문제

9.1 $x(t) = C_1\cos\omega t + C_2\sin\omega t$가 미분방정식 (9.10)의 해가 되는 것을 증명하라.

풀이: 1차 미분을 하면

$$\frac{dx}{dt} = -\omega C_1 \sin\omega t + \omega C_2 \cos\omega t$$

이고, 다시 한 번 미분하면

$$\frac{d^2x}{dt^2} = -\omega C_1 \cos\omega t - \omega^2 C_2 \sin\omega t$$

이다. 이 식은

$$\frac{d^2x}{dt^2} = -\omega^2 x$$

와 같으므로 결국 $\frac{d^2x}{dt^2} + \omega^2 x = 0$이 되어

$$x(t) = C_1\cos\omega t + C_2\sin\omega t$$

는 식 (9.10)의 해가 된다.

9.2 한 입자의 운동이 $x(t)= 0.7\cos 3t$로 주어진다. 단위는 m이다.

(a) 속도 $v(t)$를 구하라.
(b) 가속도 $a(t)$를 구하라.
(c) 속력이 최대일 때의 위치 $x(t)$를 구하라.
(d) $t = 0$에서 출발하여 처음 한 주기 동안에 속력이 최대가 될 때의 시간을 구하라.
(e) 가속도의 크기가 최대일 때의 위치를 구하라.

답: (a) $v(t) = -2.1\sin 3t$(m/s). (b) $a(t) = -6.3\cos 3t$(m/s^2). (c) $x = 0$.
(d) $t = \frac{\pi}{6}$(s), $\frac{\pi}{2}$(s). (e) $x = \pm 0.7$(m).

9.3 단진동하는 한 입자의 위치 함수는 $x(t) = A\cos(\omega t + \phi)$로 주어진다. 처음($t = 0$)의 위치가 x_0이고 속도는 v_0였다고 가정하여, 진폭 A와 위상 ϕ를 v_0, x_0, ω 등으로 나타내라.

풀이: 속도는

$$v(t) = \frac{dx(t)}{dt} = -\omega A \sin(\omega t + \phi)$$

이다. $x_0 = x(0)$, $v_0 = v(0)$이므로

$$x_0 = A\cos\phi$$
$$v_0 = -\omega A\sin\phi$$

이다. 이를 다시 정리하면

$$A\cos\phi = x_0$$
$$A\sin\phi = -\frac{v_0}{\omega}$$

이고, 두 식의 양변을 서로 제곱하여 더하면 다음과 같이 된다.

$$A^2\cos^2\phi + A^2\sin^2\phi = x_0^2 + \left(\frac{v_0}{\omega}\right)^2$$

$\cos^2\phi + \sin^2\phi = 1$이므로

$$A^2 = x_0^2 + \left(\frac{v_0}{\omega}\right)^2$$

이다. 따라서 진폭의 크기는

$$A = \sqrt{x_0^2 + \left(\frac{v_0}{\omega}\right)^2}$$

이다. 진폭이 결정되었으므로 위상은 $\cos\phi = \frac{x_0}{A}$에서

$$\phi = \cos^{-1}\left(\frac{x_0}{\sqrt{x_0^2 + (v_0/\omega)^2}}\right)$$

이다.

9.4 질량이 4.0 kg인 블록이 마찰이 없는 수평면 위에서 한쪽 끝이 고정된 용수철에 매달려 있다. 처음에 평형점으로부터 0.12 m만큼 잡아당겼다가 놓았더니 진동운동을 하기 시작하였다. 다음 물음에 답하라. 용수철 상수는 $k = 100$ N/m이다.

(a) 블록의 진동수는 얼마인가?
(b) 블록의 주기는 얼마인가?
(c) 블록의 변위는 어떻게 표시되는가?

답: 각진동수는 $\omega = \sqrt{\frac{k}{m}} = \sqrt{\frac{100}{4.0}} = 5(\text{rad/s})$이다. $\omega = 2\pi$와 $f = 1/T$의 관계를 이용하면 된다.

(a) $f = \frac{\omega}{2\pi} = \frac{5.0}{(2)(3.14)}/\text{s} = 0.8/\text{s}$.

(b) $T = \frac{1}{f} = 1.3\text{ s}$.

(c) $x(t) = 0.12\cos 5t$ m.

9.5 질량이 0.8 kg인 블록이 마찰이 없는 수평면 위에서 한쪽 끝이 고정된 용수철에 매달려 있다. 처음에 평형점으로부터 0.2 m만큼 잡아당겼다가 놓았더니 진동운동을 하기 시작하였다. 다음 물음에 답하라. 용수철 상수는 $k = 500$ N/m이다.

(a) 이 계의 총 에너지를 계산하라.
(b) 블록의 최대 운동에너지를 계산하라.
(c) 블록의 최대 속도를 구하라.
(d) 블록이 평형점으로부터 10 cm인 곳에 있을 때의 운동에너지를 구하라.

답: (a) 10 J. (b) 10 J. (c) 5.0 m/s. (d) 7.5 J.

9.6 학습문제 9.5와 같은 체계에서 블록의 최대 속도를 7.5 m/s라 하자.

(a) 이 체계의 총 에너지를 구하라.
(b) 용수철의 최대 변위(즉 진폭)를 구하라.

답: (a) 23 J. (b) 0.3 m.

9.7 그림 9.8과 같은 장치를 이용하여 중력 가속도를 구하는 실험을 하고 있다. 철사의 길이는 1 m이다. 실험자는 진자의 왕복진동이 10번 일어나는 동안 시간을 여러 번 측정하여 평균 21초가 걸린다는 결과를 얻었다. 이로부터 중력 가속도를 구하라.

풀이: 주기는 $T = \dfrac{21}{10}\text{ s} = 2.1\text{ s}$이다. 식 (9.25)로부터 중력 가속도는

$$g = \frac{4\pi^2 L}{T^2}$$

이다. 따라서

$$g = \frac{(4)(3.14)^2(1.0\text{ m})}{(2.1\text{ s})^2} = 8.94\text{ m/s}^2$$

이다. 이 결과는 중력 가속도의 실제 값인 9.81 m/s^2보다 약 9% 정도 낮은 값이다. 보다 정확한 결과를 얻기 위해서는 추의 길이를 길게 하고 각도를 10° 이하로 잡아야 한다. 일반물리 실험실에서는 보통 쿤트(Kundt) 장치가 사용된다.

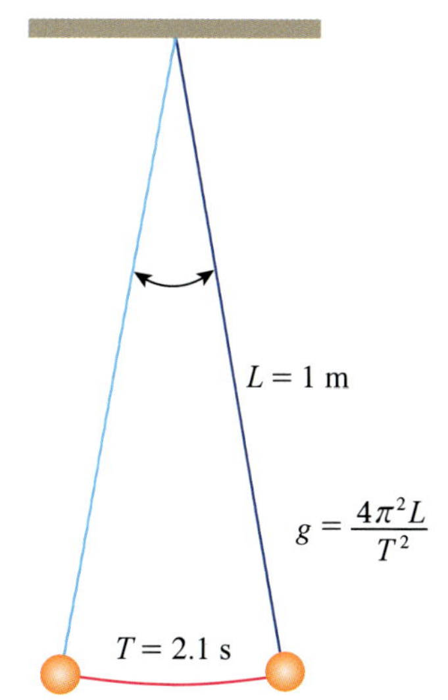

그림 9.8 단진자 운동에 의한 중력 가속도 측정.

9.8 소금분자(NaCl)의 가장 낮은 진동에너지 간격은 1.0×10^{-20} J이다. 소금분자의 힘 상수를 구하라. Na의 질량수는 23, Cl의 질량수는 35이다.

풀이: 우선 Na과 Cl의 질량수와 NaCl의 환산질량을 구해야 한다. Na의 질량수는 수소원자 질량수의 23배, Cl은 35배에 해당한다. 수소원자의 질량은 양성자의 질량과 거의 같으므로 1.67×10^{-27} kg이다. 환산질량은

$$m' = \frac{23 \times 35}{23 + 35}(1.67 \times 10^{-27}\ \text{kg}) = 2.32 \times 10^{-26}\ \text{kg}$$

이 된다. 그러면 진동수는

$$f = \frac{E}{h} = \frac{1.0 \times 10^{-20}\ \text{J}}{6.63 \times 10^{-34}\ \text{J} \cdot \text{s}} = 1.5 \times 10^{13}/\text{s}$$

이다. 힘 상수는

$$k = 4\pi^2 m' f^2$$

이므로

$$k = (4)(3.14)^2(2.32 \times 10^{-26}\ \text{kg})(1.5 \times 10^{13}/\text{s})^2 = 206\ \text{N/m}$$

이다.

9.9 수소분자(H_2 molecule)는 힘 상수 $k = 573$ N/m를 갖고 진동하는 조화 진동자처럼 행동한다. 가장 낮은 진동에너지의 간격과 그에 따른 파장을 구하라.

풀이: 우선 진동수를 구해야 한다. 수소의 질량은 $m_H = 1.67 \times 10^{-27}$ kg이고, 수소분자의 환산질량은

$$m' = \frac{m_H m_H}{m_H + m_H} = \frac{1}{2} m_H = 8.35 \times 10^{-28}\ \text{kg}$$

이다. 진동수는

$$f = \frac{1}{2\pi}\sqrt{\frac{k}{m'}} = \frac{1}{(2)(3.14)}\sqrt{\frac{573\ \text{N/m}}{8.35 \times 10^{-28}\ \text{kg}}} = 1.32 \times 10^{14}/\text{s}$$

이다. 따라서

$$\begin{aligned} E = hf &= (6.626 \times 10^{-34}\ \text{J} \cdot \text{s})(1.32 \times 10^{14}/\text{s}) \\ &= 8.75 \times 10^{-20}\ \text{J} \end{aligned}$$

이 된다. 한편 이러한 빛의 파장을 구해 보면

$$\lambda = \frac{c}{f} = \frac{3.0 \times 10^8\ \text{m/s}}{1.32 \times 10^{14}/\text{s}} = 2.27 \times 10^{-6} = 2270\ \text{nm}$$

이다. 즉 적외선 영역의 빛이다.

9장 연습문제

9.1 고무줄에 18.0 N의 무게를 달았더니 그 길이가 45 cm였고, 22.5 N의 무게를 달았더니 길이가 68 cm였다. 이 고무줄의 힘 상수 k를 구하라.

9.2 어떤 용수철을 평형 위치로부터 20 cm 늘인 다음 놓아주었더니 주기가 1.5 s가 되었다. 이 용수철의 운동을 기술하는 방정식을 구하고 1.8 s 후의 변위를 구하라.

9.3 어떤 용수철에 0.80 kg의 물체를 달았더니 2.4 Hz의 진동수로 진동하였다. 0.5 kg 질량의 물체를 매단다면 진동수는 어떻게 되는가?

9.4 용수철 상수, 즉 힘 상수가 k인 같은 연직 용수철 2개를 병렬로 연결하고 질량 m인 물체를 매달았다. 이때의 진동수를 구하라.

9.5 어떤 단순조화 진동자의 위치가 $x = 2.4\cos(5\pi t/4 + \pi/6)$로 주어진다. 여기서 t는 s로, x는 m로 표시되는 양이다.

(a) 주기와 진동수를 구하라.
(b) $t = 0$일 때의 위치와 속도를 구하라.
(c) $t = 1.0$ s일 때의 속도와 가속도를 구하라.

9.6 자유롭게 매달려 있는 용수철 끝에 질량 m인 물체를 달았더니 물체가 30 cm 내려간 후 일단 정지했다가 다시 올라오기 시작하였다. 이 운동의 진동수를 구하라.

9.7 용수철 상수가 $k = 250$ N/m인 용수철에 0.300 kg인 물체를 매달고 8.00 cm인 진폭으로 진동시켰다.

(a) 이 운동을 기술하는 방정식을 시간의 함수로 나타내라. $t = 0.060$ s일 때 이 물체가 평형점의 양의 방향 $(+x)$으로 통과했다고 가정하라.
(b) 어느 시각에 이 용수철은 최대 및 최소 길이를 가지는가?
(c) $t = 0$일 때 이 용수철에 의한 힘을 구하라.
(d) $t = 0$일 때 이 용수철의 변위를 구하라.
(e) 최대 속도는 얼마인가? 그리고 $t = 0$ 이후 언제 처음으로 이 최대값에 도달하는가?

9.8 0.200 kg의 총알을 장전하기 위해 공기총의 용수철을 0.10 m만큼 압축시키는 데 60 N의 힘이 필요하였다. 어떤 속도로 총알이 총구를 떠나는가?

9.9 70 kg의 사람이 20 m 창문으로부터 아래에 있는 화재 탈출용 그물로 뛰어내렸더니 그물이 1.2 m 늘어났다. 이 그물은 용수철과 같이 작용한다. 만약 이 사람이 그물 위에 가만히 누워 있으면 얼마나 늘어나는가? 그

리고 이 사람이 30 m 높이에서 뛰어내린다면 그물은 얼마나 늘어나는가?

9.10 단진자가 1초에 한 번 진동한다. 이 단진자의 길이는 얼마인가?

9.11 길이가 0.36 m인 단진자를 연직선과 10° 각도에서 놓아주었다.

(a) 이 단진자의 진동수를 구하라.

(b) 추가 최저점을 통과할 때 추의 속도를 구하라.

9장 연습문제 해답

9.1 20 N/m.

9.2 $x = 0.2\cos(4.2t)$ m. 6.2 cm.

9.3 3.0/s.

9.4 $\frac{1}{2\pi}\sqrt{\frac{2k}{m}}$.

9.5 (a) 1.60 s, 0.62/s. (b) 2.1 m, −4.7 m/s. (c) 9.1 m/s, 9.6 m/s^2.

9.6 1.3/s.

9.7 (a) $x = 0.08\sin 28.9(t - 0.06)$ m.

(b) 최대일 때 $t = (0.114 + 0.217\text{n})$ s, 최소일 때 $t = (0.005 + 0.217\text{n})$ s. 여기서 $n = 0, 1, 2, \cdots$이다.

(c) 19.7 N. (d) −7.89 cm. (e) 2.31 m/s, 0.06 s.

9.8 5.5 m/s.

9.9 3.6 cm, 2.2 m.

9.10 0.248 m.

9.11 (a) 0.80/s. (b) 0.33 m/s.

제 3 부

유체 및 열역학

배움의 길

배우러 가는 사람은 백이 되어도
성공하여 돌아오는 사람은 열 사람도 안 되네.
후세 사람들이 어찌 선인들의 그 어려움을 알리오.
길은 멀고 푸른 하늘엔 냉기만 감도는데
배움에 지친 구도자는 지는 해만 바라보누나.

去人成百歸無十
後者安知前者難
路遠碧天唯冷結
沙河遮日力疲彈

물질의 성질 10

이 장에서는 물질의 성질에 대해 알아본다. 물질을 이루는 기본이 되는 것이 원자이고 원자들이 결합한 분자가 그 물질의 성질을 규정하는 최소 단위라고 하였다. 우리가 일상생활에서 경험하는 물질의 성질들은 사실상 물질을 구성하는 수많은 원자나 분자들에 의한 집합적인 운동에 의해 나타나는 양상이다. 따라서 물질의 성질을 근본적으로 파악하기 위해서는 원자나 분자 구조를 다루는 현대물리학이 필수적이다. 여러분은 이미 7장에서 어느 정도 이에 대한 기본 지식을 얻은 바 있다. 우리는 여기서 그러한 미시 세계는 들여다보지 않고 일상적으로 경험하는 물질의 상태를 우선 알아보기로 한다. 이어 물질의 상태 중 기체와 액체가 움직일 때 나타나는 유체의 운동을 역학적으로 살펴본다. 그리고 기체인 공기 중에서 소리의 전달은 어떻게 표현될 수 있는지도 이 장을 통하여 간단히 알아보기로 한다.

학습 내용

- **물질의 상태**: 고체(solid), 액체(liquid), 기체(gas).
- **플라즈마 상태**: 원자이온과 전자가 뒤섞여 있는 고온의 기체(보기: 형광등, 태양, 별).
- **밀도**: $\rho = \dfrac{M}{V}$ (kg/m^3).
- **변형력(stress)**: 변형력 $= \dfrac{F}{A}$.
- **변형률(strain)**: 변형률 $= \dfrac{\Delta L}{L_0}$.

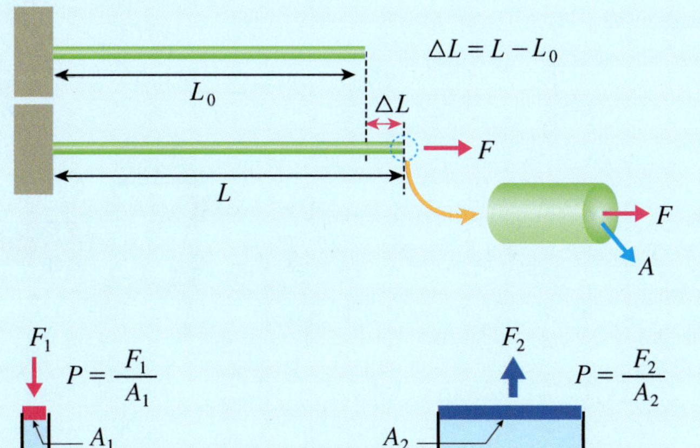

- **유체의 압력**: $P = \dfrac{\rho g A h}{A} = \rho g h$.
- **파스칼의 원리**

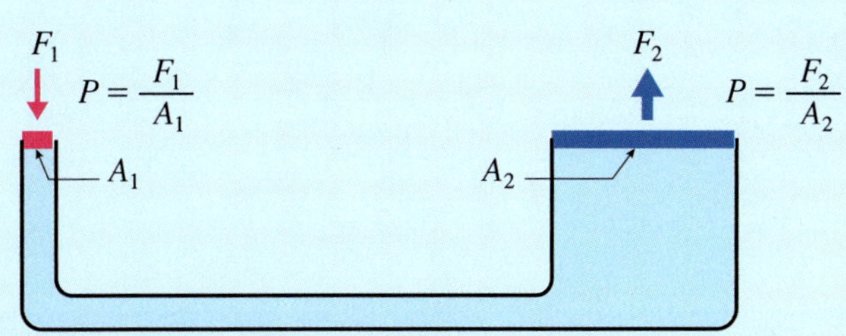

• 아르키메데스의 원리

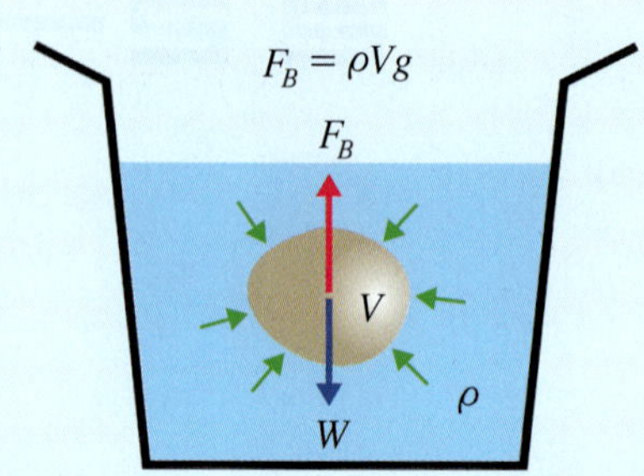

• 연속방정식: $vA =$ 일정.

• 베르누이 방정식: $P + \rho g y + \frac{1}{2}\rho v^2 =$ 일정.

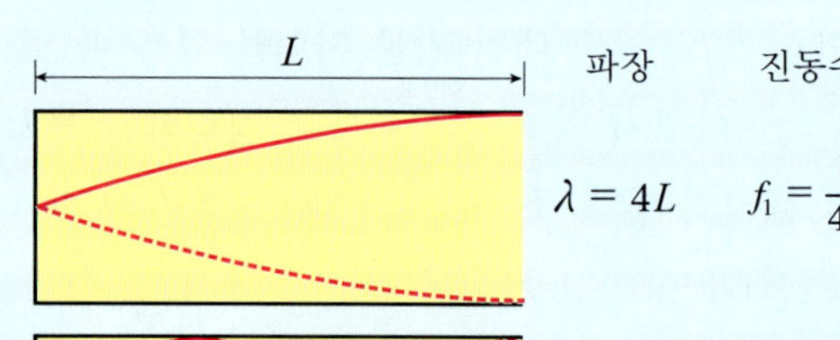

• 음파의 속도: $v = \sqrt{\frac{B}{\rho}}$, B; 체적탄성률.

• 공명

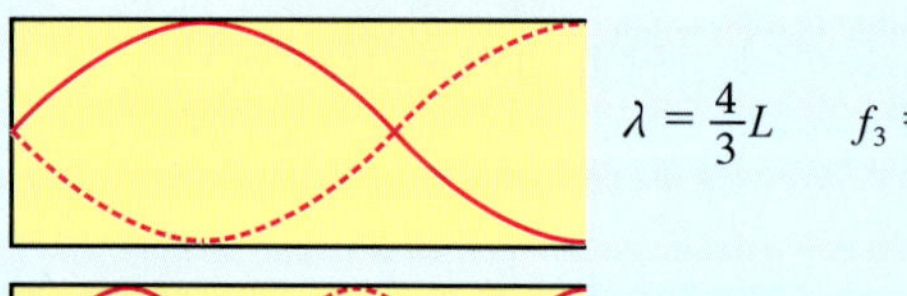

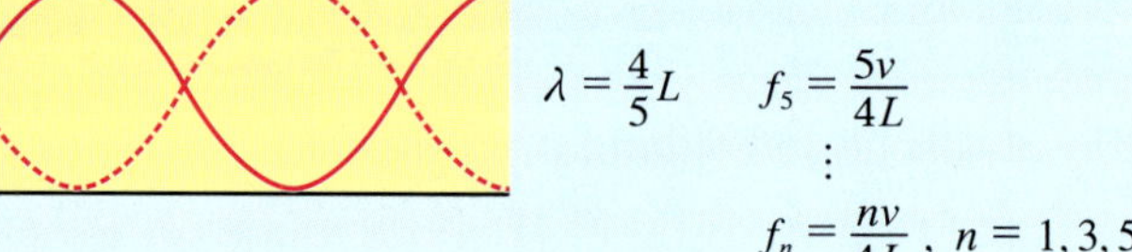

• 도플러 효과

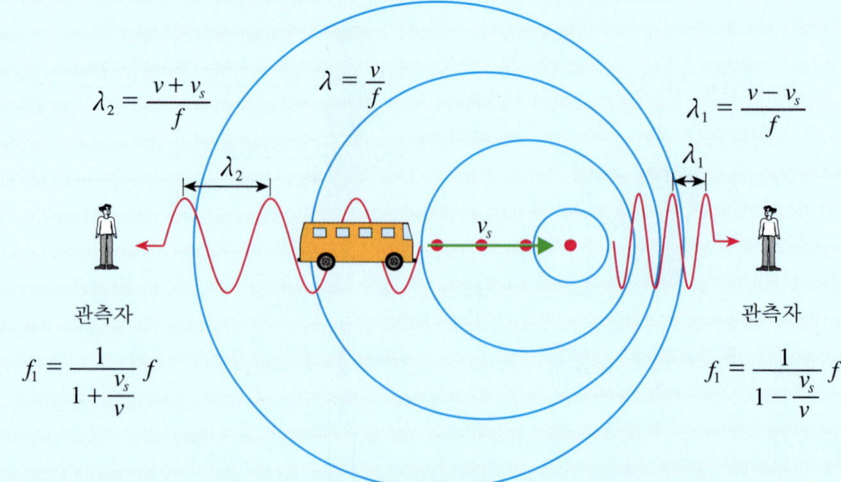

10.1 물질의 상태: 고체, 액체, 기체, 플라즈마

우리는 경험적으로 고체(solid), 액체(liquid), 기체(gas)가 어떠한 것이라는 사실을 잘 알고 있다. 물은 대표적인 액체에 속한다. 고체는 쇠나 나무 등으로, 모양이 변하지 않는 형태와 부피를 지닌다. 반면에 액체는 스스로 모양을 가질 수 없으며 액체가 들어 있는 용기의 모양에 따라 형태와 부피가 정해진다. 기체는 기체를 이루는 원자나 분자 간의 결합이 액체에 비해 약하여 서로 가볍게 상호작용하면서 운동하는 상태를 말한다. 기체 분자가 에너지를 받아 원자나 분자를 이루는 전자가 들어오거나 나가면 원자는 물론 이온과 전자들이 섞인 상태가 되는데, 이러한 고온의 기체를 플라즈마(plasma)라 부른다.

물질은 고체, 액체, 기체 상태로 고유의 성질을 유지하지만 온도가 변하거나 압력을 받으면 물질 고유의 성질이 변하게 된다. 이러한 변화를 상태 변화라 부른다. 물의 경우를 살펴보기로 하자. 물은 평상시에는 액체 상태로 존재한다. 그러나 겨울이 되어 온도가 영하로 내려가거나 냉동실에서는 얼음으로 변한다. 얼음은 일정한 부피와 형태를 갖는 고체의 일종이다. 대부분의 액체는 액체 상태에서 고체 상태로 되면 부피가 줄어든다. 왜냐하면 액체 상태의 분자나 원자들이 고체 상태로 되면서 보다 조밀한 상태로 결합되기 때문이다.

그러나 물인 경우에는 그 반대가 된다. 그것은 물분자의 특징 때문이다. 액체 상태일 때 물분자들은 그림 10.1에서 보듯이 서로 뒤엉켜 바짝 달라붙는 형태를 취하는 반면 얼음이 되면 일정한 간격을 유지하며 바둑판의 줄처럼 결합된다. 고체에 있어 원자나 분자들의 이러한 규칙적인 배열을 **결정(crystal)**이라 부른다. 이때 산소와 2개의 수소원자와의 결합 각도에 의해 빈 공간이 많이 생겨 액체일 때보다 부피가 늘어나게 되는 것이다.

한편 물을 끓이면 수증기가 되어 물분자가 공기 중으로 나가게 된다. 즉 기체 상태로 변한 것이다. 하지만 100°C에서 수증기로 변한 기체는 물분자 형태를 그대로

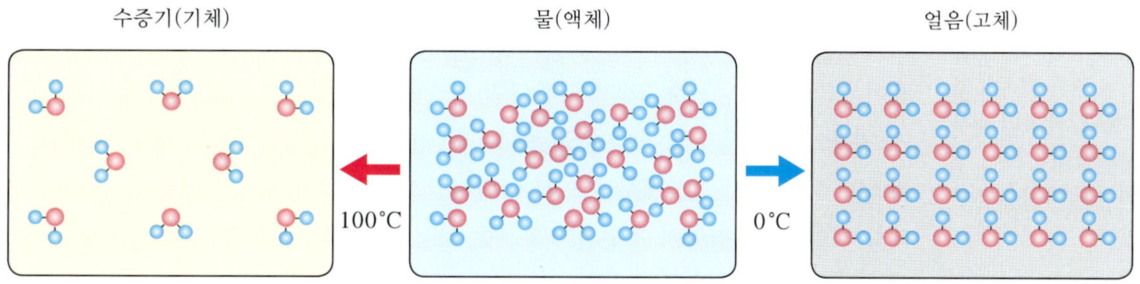

그림 10.1 물의 상태 변화. 물을 이루는 물분자는 에너지를 얻어 온도가 100℃에 이르면 수증기로 변하면서 기체 상태로 된다. 이와 반대로 에너지를 잃어 온도가 0℃에 이르면 얼음으로 변하며 고체화된다.

그림 10.2 물분자의 해체.

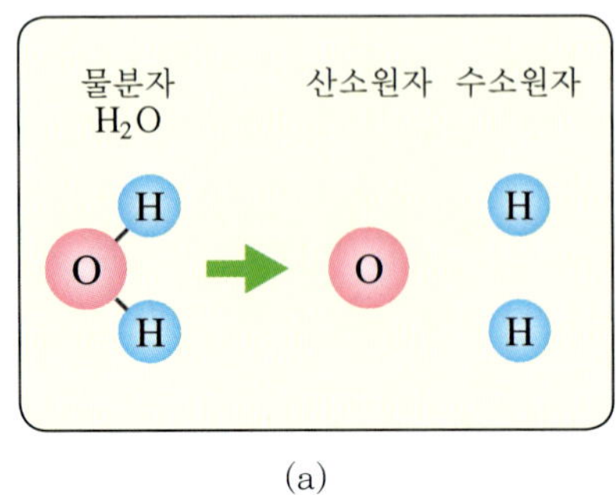

(a)

물은 기체 상태로 변해도 물분자는 유지된다. 왜냐하면 산소와 수소 간의 결합(공유결합)이 100℃에 해당하는 에너지보다 훨씬 세기 때문이다. 공유결합보다 더 높은 세기의 에너지가 공급되면 물분자는 드디어 산소원자와 수소원자로 분해된다.

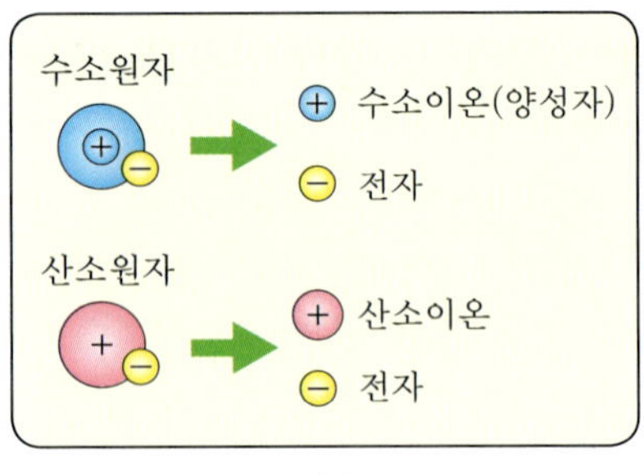

(b)

수소원자에서 전자가 에너지를 받아 떨어져나가면 수소원자의 핵(양성자)과 전자는 독립적으로 운동하게 된다. 이때 수소핵은 양의 이온으로, 전자는 음의 이온으로 존재하게 된다. 산소원자에서 전자가 떨어져나가면 산소원자는 양이온으로 되고 전자는 음이온으로 되면서 독립적으로 운동한다.

가지고 있다. 즉 물분자 하나하나는 서로 독립적으로 자유롭게 운동하는데, 물분자가 유지되는 이유는 물분자에 있어 산소–수소 결합이 세기 때문이다. 이러한 산소–수소 결합은 산소와 수소 원자들의 전자 궤도를 전자들이 공유하며 강하게 결합되어 있기 때문이며 이를 공유결합이라 부른다. 따라서 이러한 공유결합을 이기기 위해서는 상당히 높은 온도나 압력이 필요하다.

그러면 물분자의 산소–수소 결합이 깨어지면 어떠한 상태로 될까? 그림 10.2를 보자. 물분자가 높은 에너지(온도, 압력 등)를 받으면 그림과 같이 산소원자와 수소원자가 분리될 수 있다. 더욱이 수소원자인 경우 원자를 이루는 전자마저 안정된 궤도를 유지하지 못하고 원자의 구속에서 벗어날 수도 있다. 이에 따라 수소원자는 핵을 이루는 양성자와 전자로 분리된다. 우리는 이미 양성자는 양의 전하를, 전자는 음의 전하를 갖는다는 사실을 알고 있다. 이때 화학적으로는 양성자는 양이온이라 부르고 전자는 음이온이라 부른다. 따라서 기체 내에는 양이온과 음이온이 공존하는 상태가 된다. 산소원자인 경우 수소와는 달리 전자가 8개나 된다. 가령 가장 바깥 궤도에 있는 전자 하나가 궤도에서 이탈하여 산소원자에서 벗어난다면 산소원자는 $+e(e = 1.602 \times 10^{-19}\ \mathrm{C})$의 전하를 갖는 양이온으로, 전자는 $-e$의 전하를 갖는 음이온으로 된다. 전자 2개가 나간다면 산소원자는 $+2e$의 전하를 갖게 된다. 이렇게 원자이온과 전자가 뒤섞여 있는 고온의 기체를 **플라즈마 상태**라 한다. 이러한 플라즈마 상태는 지구 상에서는 보기 어렵지만 태양과 같은 별들은 모두 플라즈마 상태로 되어 있다. 따라서 우주의 대부분은 사실상 플라즈마 상태라 해도 과언이 아니다. 오늘날에는 우리 주변에서도 플라즈마 상태를 접하게 되는데, 그중 대표적인 것이 형광등과 플라즈마 디스플레이 패널(plasma display panel: PDP)이다.

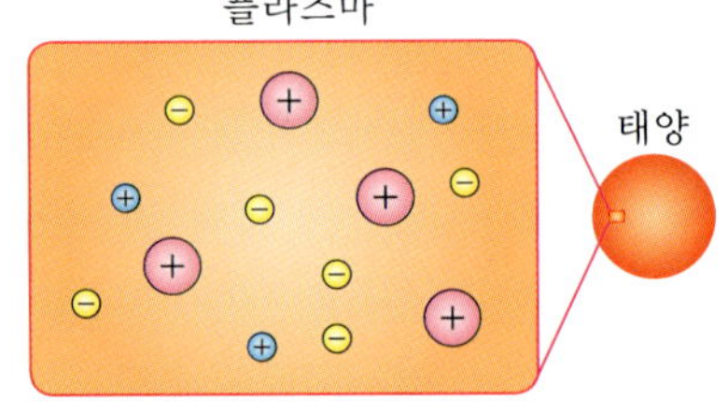

그림 10.3 **플라즈마 상태.** 원자를 이루는 전자가 높은 에너지를 받아 자유롭게 되면 원자의 양이온과 전자의 음이온이 혼합된 기체 상태가 된다. 이러한 고온의 기체 상태를 플라즈마라 한다. 태양의 내부는 주로 수소의 플라즈마 상태로 되어 있다. 따라서 우주의 대부분은 사실상 플라즈마 상태라고 할 수 있다.

10.2 원자의 질량과 아보가드로 수

앞에서 살펴본 물분자는 산소원자 하나와 2개의 수소원자로 이루어져 있다. 이렇게 물질을 이루는 기본 단위인 원자의 무게는 어떻게 정할까? 오늘날에는 탄소원자(^{12}C)의 질량을 12.00000 u(u = 1.661×10^{-27} kg)로 정하여 이를 원자단위질량으로 사용하고 있다. 수소원자인 경우 1.007825 u이다. 그런데 원자나 분자의 질량은 무척 작은 값이므로 일상생활에서 그 값을 직접 측정하거나 접하는 경우는 거의 없다. 1811년 아보가드로(Amedio Avogadro, 1776~1856)는 분자에 대해 다음과 같은 가설을 제안하였다.

첫째, 기체 원소는 분자 형태로 존재한다.
둘째, 압력과 온도가 같은 경우 같은 부피의 기체에는 같은 수의 분자가 존재한다.

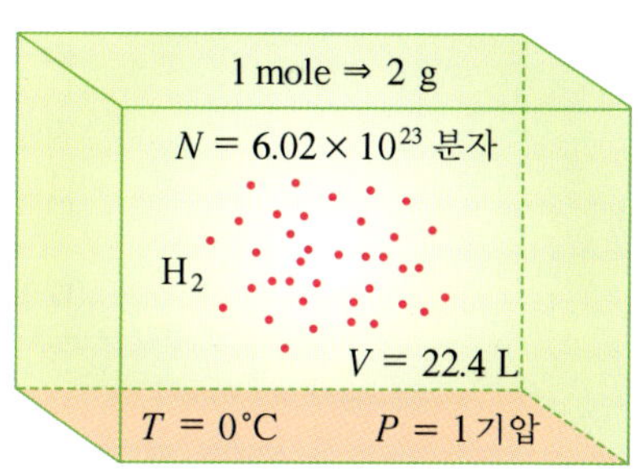

그림 10.4 아보가드로 수. 상대질량이 2 u인 수소 기체의 경우 22.4 L의 용기 안에 6.02×10^{23}의 분자가 들어 있다. 그리고 그 질량은 2 g이다.

그림 10.4에서 보는 것처럼 2 g의 수소 기체를 팽창이 가능한 용기 안에 넣었다고 하자. 이때 온도를 0°C, 압력을 1기압(대기압)으로 유지하면 수소 기체는 22.4 L만큼의 부피(체적)를 차지하게 된다. 만약 산소 기체(O_2)라면 같은 부피에서 32 g이 된다. 왜냐하면 2 × 16 u = 32 u이기 때문이다. 이산화탄소(CO_2)면 12 u + 2 × 16 u = 44 u가 되어 44 g의 질량을 갖는다. 이렇게 표준 온도와 기압에서 22.4 L의 부피 안에 들어 있는 분자의 양을 몰(mole)이라 한다. 그리고 이에 해당하는 분자의 수를 **아보가드로 수**라 하며 그 값은 다음과 같다.

$$N_A = 6.02 \times 10^{23} \text{ 분자수/mole} \quad (10.1)$$

10.3 밀도

일상생활에서 경험하는 바에 따르면 같은 부피를 차지하더라도 물질에 따라 그 무게가 각각 다르다. 이렇게 같은 부피에 대한 질량비, 즉 부피당 질량을 밀도(density)라 하며 보통 ρ로 표시한다.

$$\rho = \frac{M}{V}(\text{kg/m}^3) \quad (10.2)$$

이러한 밀도는 이미 앞에서 관성 모멘트를 구할 때 언급한 바 있다.

표 10.1 여러 가지 물질의 밀도.

물질	밀도(kg/m³)	물질	밀도(kg/m³)
물(0°C)	0.99987×10^3	에틸알코올	0.79×10^3
물(3.98°C)	1.00000×10^3	벤젠	0.88×10^3
바닷물	1.025×10^3	혈액	1.05×10^3
얼음	0.92×10^3	알루미늄	2.7×10^3
수소	0.90	철	7.9×10^3
산소	1.43	구리	8.9×10^3
건조한 공기(30°C)	1.16	금	19.3×10^3
건조한 공기(0°C)	1.29	은	10.5×10^3
스티로폼	0.03×10^3	수은	13.6×10^3
소나무	$(0.4 \sim 0.6) \times 10^3$	납	11.3×10^3
지구	5.25×10^3	핵물질	$\approx 10^7$
달	3.34×10^3	중성자별	$\approx 10^{18}$
태양	1.41×10^3	블랙홀	$\approx 10^{19}$

10.4 고체

고체는 고체를 이루는 전자들의 배열 상태에 따라 **결정형**(crystalline)과 **비정질형**(amorphous)으로 분류된다. 결정 고체는 고체를 이루는 원자들이 3차원적으로 규칙적인 배열을 갖고 있다. 물론 원자와 원자는 강하게 결합되어 있으며 내부적으로 진동운동을 한다. 대부분의 광물, 철, 소금 등이 결정 고체들이다. 우리 주변에서 보이는 철의 합금으로 된 칼이나 포크 등은 작은 결정들이 모여서 이루어진 **다결정체**(polycrystalline)에 속한다. 이러한 결정성 고체는 외부로부터 에너지, 즉 높은 온도를 받으면 일시에 분해되어 액화 상태로 변한다. 원자들의 간격과 결합력이 같기 때문이다.

비정질 고체는 결정형 고체와는 달리 원자들의 배열이 규칙적이지 않다. 고무, 플라스틱과 유리가 이에 속한다. 이러한 비정질 고체는 광범위한 온도 범위에서 천천히 녹는 성질을 갖는다.

고체 내부의 원자들의 결합은 외부로 가해지는 힘에 의해 변화할 수 있다. 원자들 간의 결합력을 용수철과 같은 모습으로 그려보았을 때 외부의 힘에 의해 용수철이 늘어나듯이 고체에 변형이 일어날 수 있으며, 변형이 일어난 다음 원래의 크기로 돌

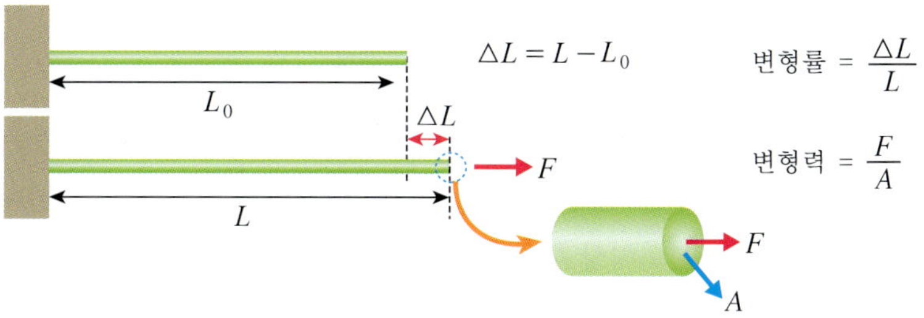

그림 10.5 변형률과 변형력

아갈 수 있다. 그러나 용수철이 끊어진다면 복원되지 않듯이 힘의 크기에 따라 고체는 원래의 모습으로 돌아가지 못하고 파괴될 수도 있다.

그림 10.5처럼 한쪽에 고정된 철선을 힘을 주어 당긴다고 하자. 그러면 원래의 길이보다 늘어난다. 이때 늘어난 길이와 원래의 길이의 비를 **변형률**(strain)이라 정의한다.

$$\text{변형률} = \frac{\Delta L}{L_0} \tag{10.3}$$

그런데 변형을 일으키는 힘은 막대의 단면적과도 관계된다. 왜냐하면 단면적이 클수록 늘리기 위한 힘이 더 증가하기 때문이다. 이때 단면적에 대한 힘의 비율을 **변형력**(stress)이라 한다.

$$\text{변형력} = \frac{F}{A} \tag{10.4}$$

여기서 힘은 단면적에 수직인 성분만을 의미한다. 이러한 변형력은 두 가지 형태로 분류된다. 하나는 막대를 잡아당겨 늘어나게 하는 경우로 인장 변형력이라 부른다. 다른 하나는 압축 변형력인데, 방향만 다르고 크기는 사실상 같다. 그리고 변형력과 변형률과의 비를 영률(Young's modulus)이라 하며 다음과 같이 정의된다.

$$Y = \frac{F/A}{\Delta L/L_0} \tag{10.5}$$

10.5 액체와 압력

액체는 안정된 형태를 유지하는 고체와 자유롭게 움직이는 기체의 중간 성질을 지닌다. 액체를 이루는 분자들의 결합력에 의해 액체 특유의 응집력을 나타내며, 이러한 응집력의 성질에 따라 액체의 흐름은 각기 다른 모습을 보인다. 응집력은 아세톤, 물, 엔진윤활유, 꿀, 콜타르 등의 순서로 커진다. 어떤 물체가 액체 내에서 저항을 받을 때 그 저항의 세기를 액체의 점성(viscosity)이라 부른다. 일반적으로 벤젠이나 물 같은 액체의 분자들은 별다른 저항을 받지 않고 자유롭게 옮겨 다닐 수 있기 때문에 점성이 거의 없는 것으로 간주된다. 앞으로 액체의 흐름(보통 유체[1]라고 함)에 대한 운동방정식을 논할 때 액체는 압축되지 않으며 점성이 없는 이른바 이상[2] 액체(ideal liquid, 한글의 의미상 완전액체라고 번역하는 것이 타당함)로 간주하게 된다. 우선 물의 독특한 성질부터 알아보기로 한다.

[1] 유체(流體 혹은 流体)
[2] 이상(理想)

물

표 10.1을 보면 물은 온도에 따라 밀도가 다르다는 사실을 알 수 있다. 특히 0°C일 때보다 4°C일 때의 밀도가 더 높은데, 이러한 물의 성질은 지구 생태계의 유지에 결정적인 영향을 미친다.

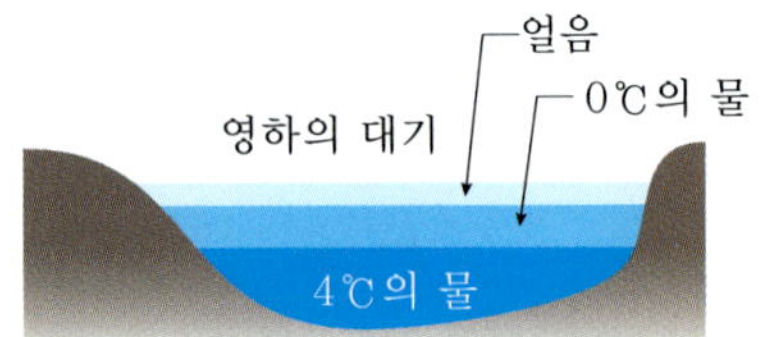

그림 10.6 물의 성질. 대기의 온도가 영하인 경우 온도에 따른 밀도의 차이에 의해 맨 위층에 얼음이 자리 잡고 아래층은 4℃에 해당하는 물이 차지한다.

가령 겨울이 되어 대기의 온도가 영하로 내려갔을 때 호수의 물이 어떻게 상태 변화를 일으키는지 알아보자. 우선 대기온도는 호수 표면의 물에 직접 영향을 미친다. 대기의 온도가 영하라면 호수의 표면 온도는 상온에서 서서히 내려가기 시작할 것이다. 그런데 물의 표면 온도가 4°C에 이르면 어떻게 될까? 물은 이 온도에서 가장 무겁기 때문에 4°C에 해당하는 물분자들은 밑으로 가라앉는다. 따라서 호수는 전체적으로 물의 온도가 4°C가 될 때까지 얼지 않는다. 표면 온도가 0°C에 이르면 서서히 물이 얼기 시작하여 결국 맨 위에는 가장 가벼운 얼음이, 그다음에는 0°C에 해당하는 물이 그리고 최종적으로 4°C에 해당하는 물이 자리 잡게 된다. 만약 0°C의 물이 가장 무겁다면 호수는 밑에서부터 얼어버려 생태계는 유지될 수 없을 것이다.

유체와 압력

강물은 높은 곳에서 낮은 곳으로 흐르며 공기 역시 바람과 같은 형태로 이동한다. 이렇게 액체와 기체는 자유롭게 흐르는 성질을 나타내는데, 이를 통틀어 유체(fluid)라 부른다. 유체는 다음과 같은 성질을 갖는다.

1. 유체는 유동적이다. 유체의 입자들은 서로 쉽게 통과되어 흐를 수 있다.
2. 유체는 등방적(isotropic)이다. 즉 유체의 물리적 성질은 주어진 점에서 방향과는 무관하다. 이러한 등방성은 유체의 입자들이 한 방향으로 운동하지 않고 무질서하게 운동하기 때문이다.
3. 유체는 압축(compressible) 상태에서 비압축(incompressible) 상태로 변할 수 있다. 기체는 부피가 쉽게 줄어들 수 있기 때문에 압축될 수 있다. 따라서 기체는 상황에 따라 밀도가 변한다. 반면에 액체는 대부분 비압축성을 가지며 밀도가 거의 일정하다.

특히 액체나 기체는 분자들의 운동이 활발하게 이루어지는데, 이러한 분자들의 운동이 집단적으로 외부에 영향을 미칠 때 압력으로 작용한다. 우리가 흔히 대기압, 저기압, 고기압이라 부르는 것들이 공기 중의 분자들에 의한 압력에 해당한다. 물론 우리가 지면이나 의자에 앉아 있을 때도 압력이 작용하는데, 이러한 압력은 주로 지구의 중력에 의한 것이다. 중력은 물론 물분자에도 작용한다. 따라서 유체의 압력을 다룰 때는 분자들의 운동에 의한 것과 지구의 중력에 의한 것이 모두 고려되어야 한다. 이러한 압력은 퍼져 있는 면적에 작용하는 힘이라고 할 수 있기 때문에 단위 면적당 힘으로 정의된다. 이때 힘은 압력을 받는 표면에 항상 수직으로 작용하는 성분만을 취한다. 따라서 이러한 힘의 성분을 F_n이라 하면 압력은

$$P = \frac{F_n}{A} \tag{10.6}$$

로 정의되며 스칼라 양이다. 단위는 N/m^{2}이고, 이를 파스칼(Pascal, Pa로 표기)이라 부른다.

그림 10.7에서 보는 것과 같이 용기 안에 물과 같은 액체가 들어 있을 때 액체 안에서의 압력을 계산해 보자. 용기의 무게를 무시하면 액체가 지면에 작용하는 압력은 사실상 액체의 무게, 즉 중력이 결정할 것이다. 용기 안에서의 액체 분자들에 의한 압력은 용기 어느 곳에서도 같고, 서로 방향이 반대이기 때문에 내부 압력의 효과는 외부로 전달되지 않는다. 다만 용기가 내부 압력을 이기지 못한다면 용기는 부서지고 말 것이다. 용기의 단면적이 A이고 높이가 h라면 액체의 질량은

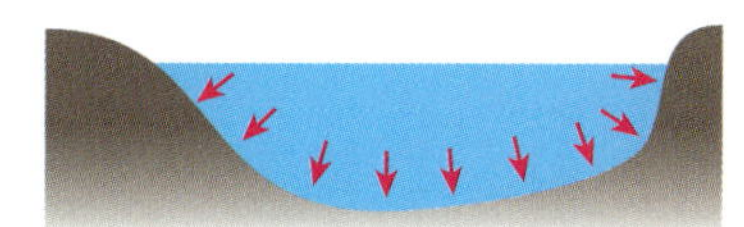

그림 10.7 액체의 압력. 정지해 있는 액체(물)의 압력은 용기 표면에 수직으로 작용한다.

$$m = \rho Ah$$

이고, 힘은

$$F = mg = \rho Ahg$$

이다. 따라서 단면적 A를 누르는 평균 압력은 다음과 같이 주어진다.

$$P = \frac{\rho gAh}{A} = \rho gh \tag{10.7}$$

액체의 질량과는 상관없고 오직 액체의 밀도와 높이에만 관계된다는 놀라운 사실을 얻었다. 이러한 결과는 댐의 설계에 중요한 요인으로 작용한다. 이제 이러한 가상 용기를 다른 종류의 액체 속에 넣어보자. 그러면 그림 10.8에서 보듯이 이 용기가 평형 상태를 유지하는 것은 액체 표면에 작용하는 대기압도 관여한다는 사실을 알 수 있다. 이러한 대기압은 중력과 같은 방향으로 작용하므로

$$P = P_0 + \rho gh \tag{10.8}$$

와 같은 결과를 얻는다. 여기서 P_0는 대기압이다.

지표면에서의 대기압을 보통 1 atm(atmosphere)이라 하며 그 값은 다음과 같다.

그림 10.8 유체의 압력.

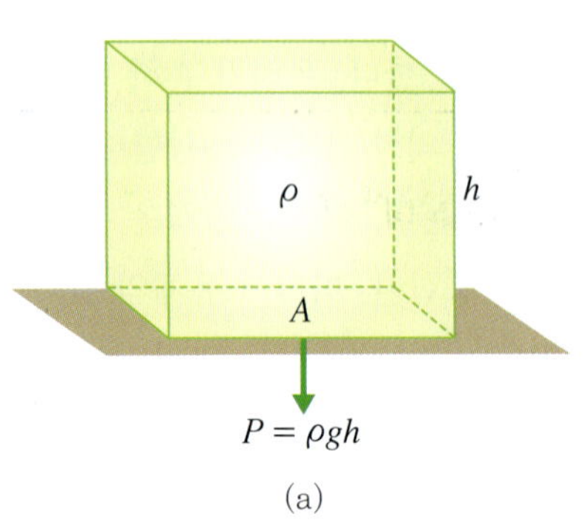

(a)

단면적이 A이고 높이가 h인 액체 기둥의 압력은 액체의 밀도와 깊이에만 관계된다.

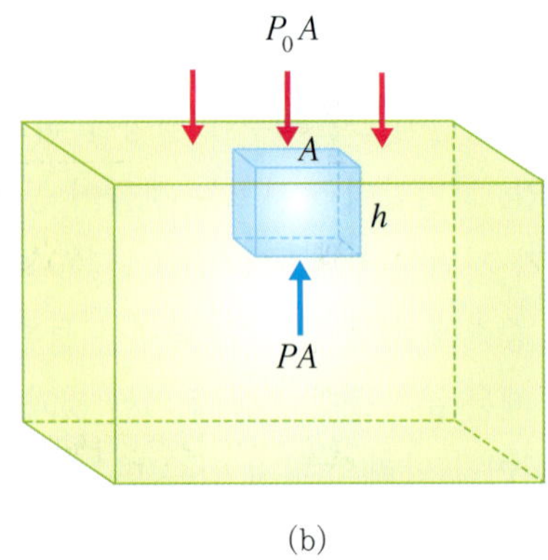

(b)

유체 내에 있는 액체 기둥의 무게는 유체의 압력과 대기압과의 알짜 힘에 의해 균형을 이룬다.

$$1\ \text{atm} = 1.013 \times 10^5\ \text{Pa} = 101.3\ \text{kPa}$$[3]

또한 위와 같은 대기압은 그림 10.9에서 보는 바와 같이 수은(mercury)의 기둥 높이로 나타내기도 하는데, 대기압은 수은주의 높이 760 mm에 해당한다. 이를 760 mmHg로 표기하는데, 이 값은 압력에 대한 식 $P = \rho gh$에서 나온다. 수은의 밀도는 $13.6 \times 10^3\ \text{kg/m}^3$이므로

$$h = \frac{P}{\rho g} = \frac{1.013 \times 10^5\ \text{N/m}^2}{(1.36 \times 10^4\ \text{kg/m}^2)(9.81\ \text{m/s}^2)} = 0.76\ \text{m} = 760\ \text{mm}$$

이다. 그리고 식 (10.7)에서 유체 내의 절대압력 P와 대기압력 P_0와의 차를 계기 압력(gauge pressure)이라 부른다. 표 10.2는 압력을 나타내는 여러 가지 단위들이다.

사실 대기압의 세기는 상당한 편이다. 학습문제 10.8을 보기 바란다. 우리가 이러한 대기압의 세기를 느끼지 못하는 이유는 태어날 때부터 대기압에 익숙하여 신체

[3] 일기예보에서는 보통 헥토파스칼(hectopascal) 단위를 사용한다. hecto는 100을 뜻한다. 예를 들면 저기압이 980 헥토파스칼이라 하면 0.98×10^5 Pa에 해당한다.

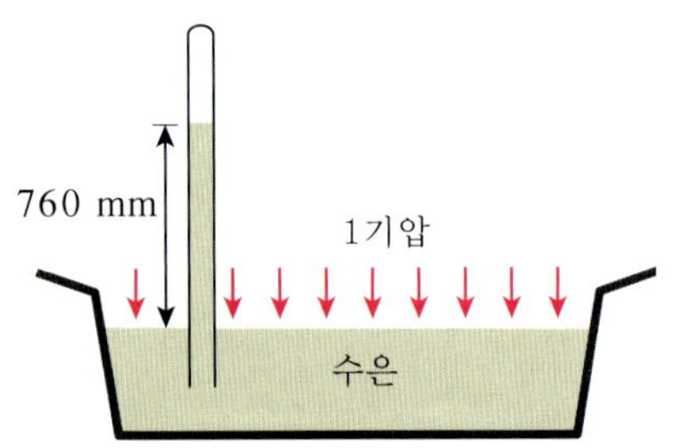

그림 10.9 대기압과 수은의 기둥. 대기압이 수은의 표면에 작용하는 힘에 의해 수은은 거꾸로 세운 관으로 밀려 올라간다. 그 높이는 760 mm이다. 물인 경우에는 얼마나 올라갈까?

표 10.2 여러 가지 압력 단위들.

이름	기호	단위
파스칼	1 Pa	$1\ \text{N/m}^2$
바	1 bar	10^5 Pa
기압	1 atm	$1.013 \cdot 10^5$ Pa
헥토파스칼	100 Pa	$100\ \text{N/m}^2$
토르	1 Torr	(101325/760)Pa = 133 Pa
수은주 밀리미터	1 mmHg	133 Pa
평방인치당 파운드	1 psi	6.89 kPa

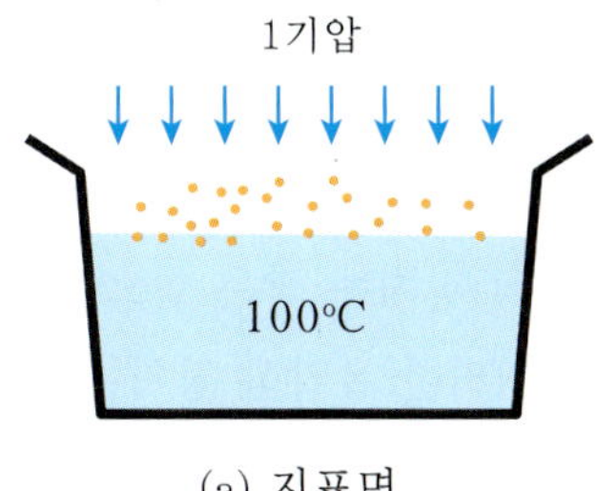

(a) 지표면

지표면에서의 물의 끓는점은 100℃이다. 이는 1기압의 대기압이 표면에 작용하는 힘과의 관계에서 나온다.

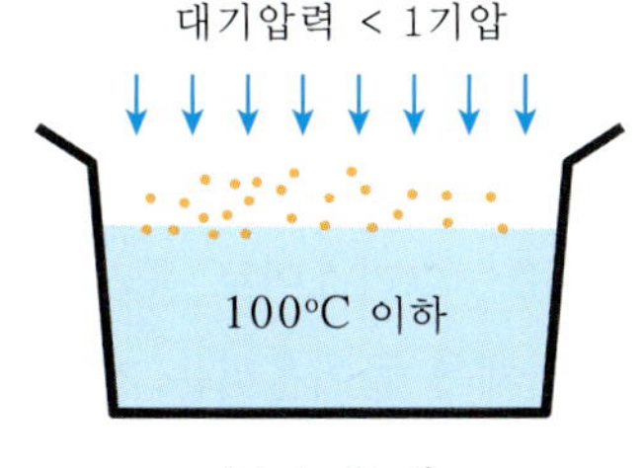

(b) 높은 산

기압이 낮은 높은 산에서는 물이 100℃보다 낮은 온도에서 끓는다. 물의 표면에 있는 물분자들이 낮은 압력 때문에 보다 쉽게 탈출할 수 있기 때문이다.

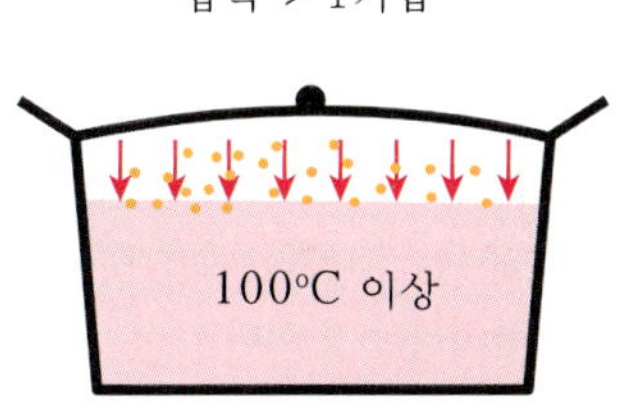

(c) 압력밥솥

압력밥솥에서의 압력은 대기압보다 훨씬 높다. 이로 인해 물은 100℃ 이상이 되어야 끓게 되며 쌀이 빠르게 익는다.

그림 10.10 압력과 물의 끓는점.

가 대기압과 균형을 이루고 있어서이다. 높은 산에 올라갔을 때 귀가 멍멍해지는 이유는 높은 산에서는 공기분자가 줄어들어 대기의 압력이 낮아지는 반면 신체는 대기압에 익숙해져 있기 때문이다.

그렇다면 높은 산에서는 밥이 왜 설익을까? 그것은 물과 대기압과의 관계에서 나온다. 그림 10.10을 보자. 우선 물이 100°C에서 끓는 이유부터 살펴보자. 물이 열을 받아 수증기로 되는 것은 물분자들이 액체 상태의 결합에서 벗어나 자유롭게 운동할 수 있는 기체 상태로 된다는 것을 의미한다. 그런데 지표면에 있는 물의 표면에는 공기의 압력, 즉 대기압이 작용하고 있다. 따라서 액체 상태인 물의 표면에서 물분자들이 벗어나기 위해서는 이러한 대기의 압력을 이겨내야만 한다. 이렇게 1기압의 압력하에서 물이 끓는 온도를 100으로 정한 것이 °C이다. 그렇다면 1기압의 압력보다 낮은 곳에서는 당연히 물이 쉽게 끓을 것이다. 즉 100°C보다 낮은 온도에서 끓게 된다. 산과 같이 고도가 높은 곳은 지표면보다 상대적으로 압력이 낮다. 따라서 높은 산에서는 물이 100°C보다 낮은 온도에서 끓고, 이로 인해 쌀이 덜 익어 밥이 설게 되는 것이다.

압력밥솥인 경우에는 이와 반대이다. 압력밥솥은 외부로부터 공기를 차단하는 구조로 되어 있다. 열에너지를 받아 물이 끓기 시작하면 물분자들은 차츰 수증기 상태로 변하면서 밥솥 안을 자유롭게 돌아다닌다. 외부로부터 공기가 차단되었기 때문에 이러한 수증기의 물분자들과 내부 공기분자들은 안에서 격렬하게 운동하며 강한 압력으로 작용하게 된다. 이러한 압력은 1기압의 대기압력보다 훨씬 강하여 분자들이 물에서 탈출해 수증기로 되는 것을 억제한다. 그 결과 물은 100°C보다 높은 온도에서 끓게 되고, 이로 인해 쌀이 순간적으로 높은 온도에서 익어 맛있는 밥이 만들어지는 것이다.

10.6 유압 장치: 파스칼의 원리

유압[4](hydraulic. 그리스어로 물과 파이프를 의미함) 장치는 작은 힘으로 큰 힘을 얻어 무거운 물체를 들어올리는 기계의 일종이다. 이러한 유압식 장치는 파스칼의 원리를 기반으로 한다. 파스칼은 1651년경 다음과 같은 파스칼의 원리를 발표하였다.

[4] 유압(油壓): 한자로는 기름(유체를 뜻함)에 가해지는 압력이라는 뜻이다.

> 밀폐된 용기에 담긴 유체(주로 액체)에 가해진 압력은 유체 내부의 모든 곳에 그대로 전달된다.

압력은 단위 면적당 가해진 힘이다. 따라서 좁은 단면적에 작용하는 작은 힘이 넓은 단면적에 전달되면 큰 힘이 발생할 수 있다는 것을 의미한다. 그림 10.11에서처럼 단면적이 A_1인 피스톤에 힘 F_1이 작용하면 단면적이 A_2인 피스톤에 힘 F_2로 전달된다. 압력은 같기 때문에

$$P = \frac{F_1}{A_1} = \frac{F_2}{A_2}$$

이고, 이로부터

$$F_2 = \frac{A_2}{A_1} F_1$$

의 결과를 얻는다.

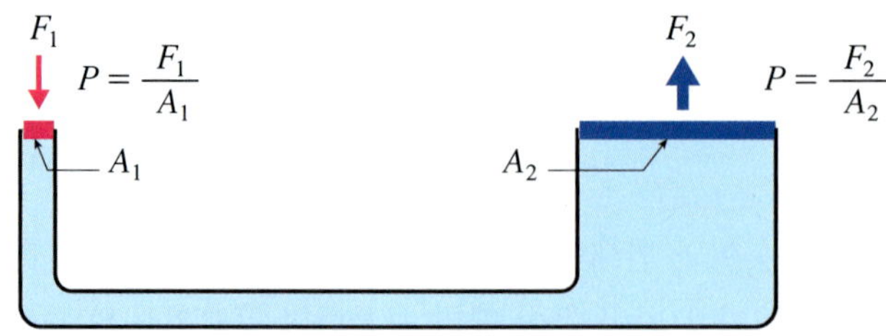

그림 10.11 파스칼의 원리와 유압 장치. 밀폐된 용기 내에 전달되는 압력은 같다. 따라서 단면적이 넓은 피스톤에 더 큰 힘이 작용한다.

아르키메데스의 원리(Archimedes' Principle)

> 유체에 완전히 잠겨 있거나 일부분이 잠겨 있는 물체는 그 물체가 차지한 유체의 무게와 같은 크기의 부력을 위 방향으로 받는다.

위와 같은 아르키메데스의 원리는 유체 내에 잠겨 있거나 떠다니는 물체들의 무게가 공기 중에서 측정한 것보다 가볍다는 사실로 증명된다. 이러한 원리를 물리학적

으로 표현하면 다음과 같다.

$$\text{부력} = \text{밀어낸 유체의 무게}$$

$$F_B = \rho_f V_f \tag{10.9}$$

여기서 ρ_f와 V_f는 유체의 밀도와 부피에 해당한다.

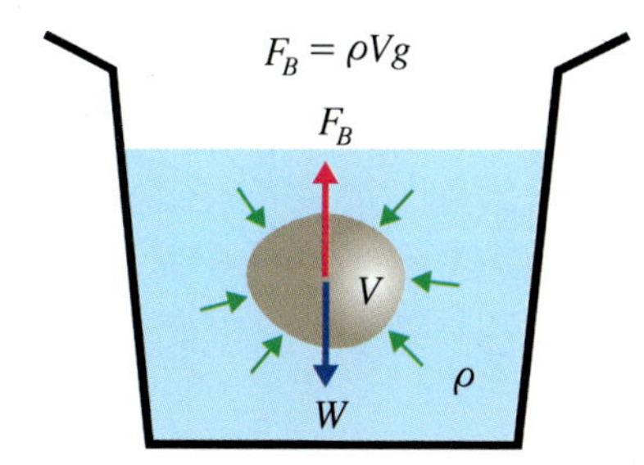

그림 10.12 아르키메데스의 원리. 유체 속에 있는 물체에 작용하는 힘은 밀어낸 유체의 무게와 같다.

10.7 유체의 역학적 운동—연속방정식

연속방정식

액체나 기체를 이루는 분자들은 한 방향을 유지하며 운동하는 것이 아니라 멋대로 운동한다. 이렇듯 방향성이 없는 분자들의 운동은 나중에 배우게 되겠지만 주로 열에너지로 나타난다. 만약 대기 중의 공기분자들이 격렬하게 운동하면 그만큼 열에너지가 높아지며 이는 온도 상승으로 나타난다. 반면에 바람은 공기가 일정한 방향을 향하여 움직이고 있는 경우이다. 이러한 바람은 대기 중에 압력의 차이, 즉 고기압과 저기압이 형성되었을 때 나타나는데 공기분자들은 고기압에서 저기압을 향하여 운동한다. 높은 곳에서 낮은 곳으로 흐르는 시냇물의 경우에도 물분자들은 전체적으로 한 방향을 향하여 운동하고 있다고 보아야 한다. 이렇게 유체가 한 방향을 향하여 집단적으로 흐를 때 유체는 역학적 에너지를 가진다고 하며 운동법칙을 적용할 수 있다. 다만 질량을 갖는 입자가 운동할 때 적용되는 경우와는 달리 질량의 개념보다는 밀도 개념으로, 힘의 개념보다는 압력 개념으로 접근해야 한다. 왜냐하면 유체는 흐르는 용기에 따라 단면적이 변하기 때문이다. 이러한 유체의 역학적 운동을 논하기 위해 우선 다음과 같이 가정하기로 한다.

1. 유체는 비점성이다. 즉 유체 내부 분자들 간의 충돌에 의한 에너지 손실은 없다.
2. 유체의 집단적 운동은 정상흐름으로 간주되며, 따라서 각 점에서의 속도 및 압력은 시간에 관계없이 일정하다.
3. 유체의 운동은 선형운동만을 뜻하며 회전운동은 포함되지 않는다. 다시 말해 유체 내 임의 입자의 속도는 유선의 접선 방향이다. 참고로 유체의 회전운동은 난류로 나타난다.

유체의 흐름을 유선(stream line)이라 하고, 이러한 유선이 경계지어진 가상 관을

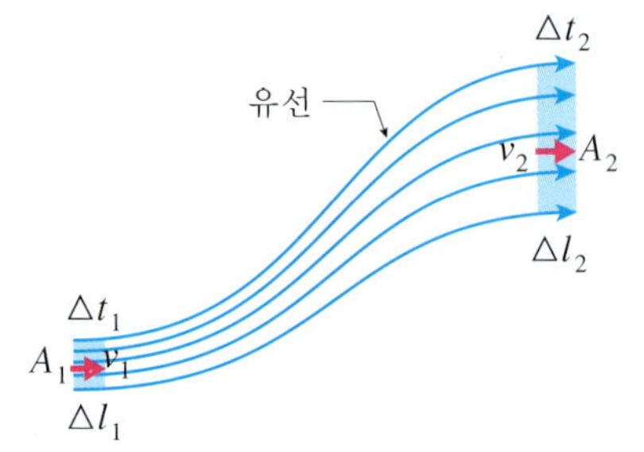

그림 10.13 유체의 흐름과 연속방정식. 단면적이 보다 작은 곳에서 유체의 속력은 더 빠르다.

유관(stream tube)이라 한다. 유관이 충분히 작아 주어진 단면적에서 관 내 입자들의 속력은 같다고 가정하자. 그림 10.13에서와 같이 관의 단면적이 A_1인 곳에서의 입자들의 속력을 v_1, 단면적이 A_2인 곳에서의 입자들의 속력을 v_2라 하자. 짧은 시간 간격 $\triangle t$ 동안 단면적 A_1을 쓸며 지나간 부피는

$$\triangle V_1 = A_1 \triangle l_1 = A_1 v_1 \triangle t$$

가 되며, 유체의 질량은

$$\triangle m_1 = \rho_1 \triangle V_1 = \rho_1 A_1 v_1 \triangle t$$

가 된다. 따라서 이 시간 동안 유체 질량의 변화율은

$$\frac{\triangle m_1}{\triangle t} = \rho_1 A_1 v_1 \tag{10.10}$$

이다. 위 식에 극한을 취하면

$$\lim_{\triangle t \to 0} \frac{\triangle m_1}{\triangle t} = \frac{dm_1}{dt} = \rho_1 A_1 v_1 \tag{10.11}$$

이고, 이를 질량 흐름률(mass flow rate)이라 한다. 단면적 A_2 지점에서의 질량 흐름률은

$$\frac{dm_2}{dt} = \rho_2 A_2 v_2 \tag{10.12}$$

이다.

정상류인 경우 질량의 손실이 없기 때문에 위와 같은 질량 흐름률은 같아야 한다. 즉

$$\rho_1 A_1 v_1 = \rho_2 A_2 v_2 \tag{10.13}$$

이다. 유체가 비압축성이면 밀도의 변화가 없으므로 식 (10.13)은

$$A_1 v_1 = A_2 v_2$$

가 된다. 이러한 결과는 시간에 관계없이 단면적에 유체의 속도의 곱은 항상 일정하다는 것으로, 이를 연속방정식(equation of continuity)이라 부른다.

$$vA = \text{일정: 연속방정식} \tag{10.14}$$

그리고 vA는 부피 흐름률에 해당하며 단위는 m^3/s이다.

10.8 베르누이 방정식(Bernouilli's Equation)

이제 비압축성 유체에 적용되는 연속방정식을 이용하여 유체역학에 있어 가장 중요한 베르누이 방정식을 도출해 보자. 그림 10.14는 유관을 통하여 오른쪽으로 흐르는 유체를 보여주고 있다. 두 지점에서 단면적은 물론 높이에도 차이가 있다는 점에 유의하라.

왼쪽 입구 유관의 높이는 y_1이고 단면적은 A_1이다. 그리고 이곳에서의 유체의 압력은 P_1, 속도는 v_1이라 하자. 시간 간격 $\triangle t$ 동안에 이곳에서 유체가 $\triangle l_1$만큼 흘렀을 때 높이가 y_2인 곳에서는 $\triangle l_2$만큼 흘렀다고 하자. y_2에서의 단면적은 A_2이고 유체의 속도는 v_2이다. 왼쪽에서 들어간 유체의 양이 오른쪽으로 나오는 유체의 양과 같다는 것에서 에너지 보존법칙의 원리를 적용해 보자. 유체의 질량은

$$m = \rho V = \rho v_1 A_1 \triangle t = \rho v_2 A_2 \triangle t \tag{10.15}$$

이다. 위치 1에서 위치 2로 유체가 흐르는 동안 유체에 의한 알짜 일은 높이 y_1에서 y_2로 변하면서 생긴 퍼텐셜 에너지의 변화량과 각각의 속도 변화에 따른 운동에너지의 변화량을 더한 값과 같아야 한다. 즉

$$\triangle W = \triangle K + \triangle U \tag{10.16}$$

이다.

위치 1에서 유체에 하게 되는 일은 힘 P_1A_1에 작용하는 동안에 간 거리 $v_1\triangle t$를 곱한 것이다. 그리고 위치 2에서의 일은 힘 P_2A_2에 작용하는 동안 간 거리인 $v_2\triangle t$를 곱한 양이다. 따라서 유체에 준 알짜 일은

$$\triangle W = P_1A_1v_1\triangle t - P_2A_2v_2\triangle t \tag{10.17}$$

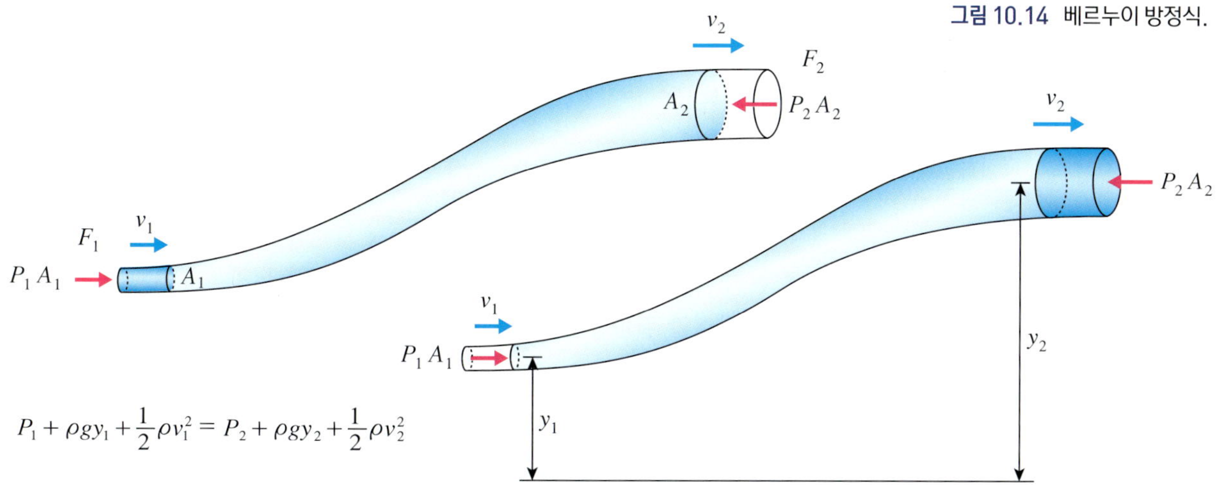

그림 10.14 베르누이 방정식.

이고, 식 (10.15)로부터

$$\Delta W = \frac{P_1 m}{\rho} - \frac{P_2 m}{\rho} \tag{10.18}$$

가 된다. 위치 1에서 위치 2로 갔을 때의 퍼텐셜 에너지의 변화량은

$$\triangle U = mgy_2 - mgy_1$$

이고, 운동에너지의 변화량은

$$\triangle K = \frac{1}{2}mv_2^2 - \frac{1}{2}mv_1^2$$

이다. 따라서 식 (10.16)에 의하면

$$\Delta W = mgy_2 - mgy_1 + \frac{1}{2}mv_2^2 - \frac{1}{2}mv_1^2 \tag{10.19}$$

이다. 식 (10.18)과 (10.19)를 같게 놓아 정리하면 다음과 같은 결론을 얻는다.

$$P_1 + \rho gy_1 + \frac{1}{2}\rho v_1^2 = P_2 + \rho gy_2 + \frac{1}{2}\rho v_2^2 \tag{10.20}$$

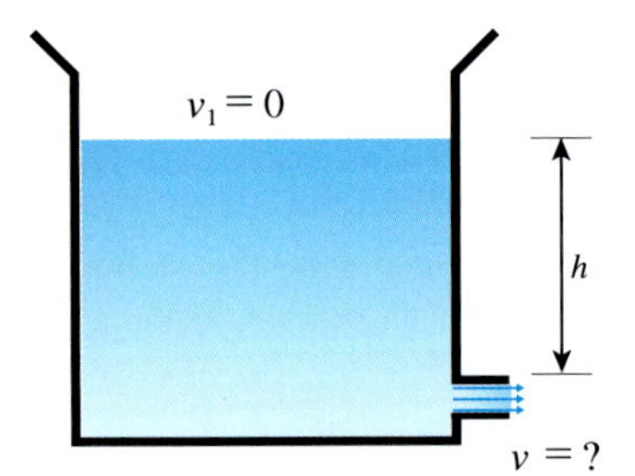

그림 10.15 물의 운동과 중력. 물탱크에서 방출되는 물의 속도는 물의 높이와 중력가속도와 관계 있다.

식 (10.20)을 **베르누이 방정식**이라 부르는데, 이를 최초로 유도한 베르누이(Daniel Bernoulli, 1700~1782)의 이름을 딴 것이다. 위 식은

$$P + \rho gy + \frac{1}{2}\rho v^2 = \text{일정}$$

하다는 것을 의미한다.

그림 10.15와 같은 커다란 물탱크의 밑바닥으로부터 물이 흘러나오고 있을 때 물의 속도를 구해 보자. 물이 흘러나오는 구멍이 작아 물탱크 윗부분의 물의 속도는 무시할 수 있다고 가정하기로 한다. 여기서 물탱크 윗부분의 물의 속도는 0이고 물탱크 윗부분과 물이 나오는 구멍에서의 압력은 대기압에 해당한다. 따라서

$$\rho gh = \frac{1}{2}\rho v^2$$

이고, 물의 속도는

$$v = \sqrt{2gh}$$

이다. 놀랍게도 이러한 결과는 높이 h에서 자유낙하하는 입자의 속도와 같다! 이 결과를 **토리첼리의 정리**라고 부른다.

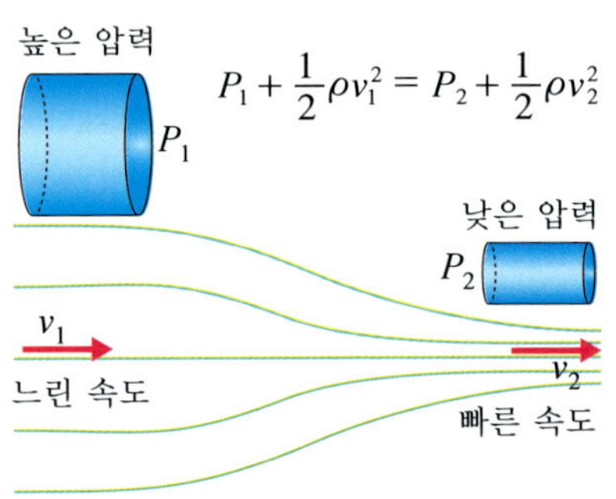

그림 10.16 유체의 속도와 압력과의 관계. 단면적이 작은 곳에서 유체의 속도가 증가하면 상대적으로 압력이 감소한다.

그림 10.16은 단면적이 다른 유관에서의 유체의 흐름을 보여주고 있다. 베르누이 방정식에서 높이가 없는 경우에 해당하므로

$$P_1 + \frac{1}{2}\rho v_1^2 = P_2 + \frac{1}{2}\rho v_2^2$$

인 관계를 얻는다. 이 방정식은 단면적이 넓은 곳에서 유체의 속도가 느려지면 속도가 빠른 곳에서보다 압력이 높아진다는 것을 말해 주고 있다. 즉 상대적으로 유체의 속도가 높은 곳이 압력이 낮다. 이러한 효과를 **베르누이 효과**라 부른다. 우리가 종이를 들고 입을 통하여 종이 위로 바람을 일으키면 종이가 위로 솟아오르는 이유가 여기에 있다 (그림 10.17).

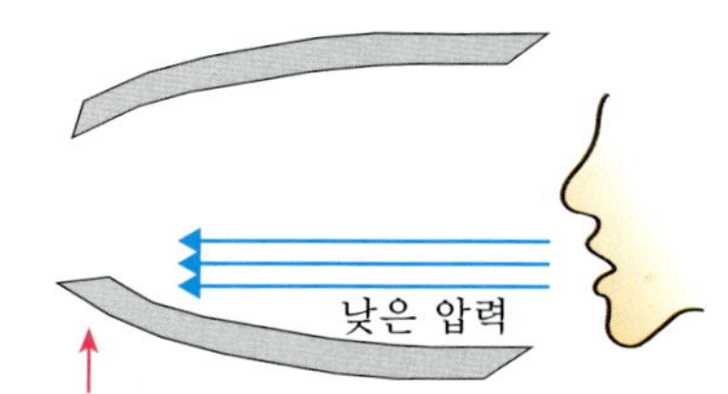

그림 10.17 베르누이 효과. 종이 위로 바람을 일으키면 밑으로 처져 있던 종이가 위로 올라간다. 유체(공기)의 속도가 빨라져 위쪽이 아래쪽보다 압력이 낮아졌기 때문이다.

10.9 소리의 전달

음파

우리는 일상생활에서 많은 소리를 들으며 지낸다. 이러한 소리는 공기라는 매개체를 통하여 파의 형태로 전달되며 흔히 음파라고 부른다. 비록 평형 상태에 있는 공기나 물과 같은 유체는 압력과 밀도가 일정하게 유지되지만, 유체 내의 분자들은 서로 무질서하게 운동하며 충돌하고 있다. 만약 공기 중에 사람이나 스피커를 통하여 음파가 존재하게 되면, 기체 내의 매우 작은 부피 요소들이 진행 방향에 대하여(즉 세로 방향) 주기적인 진동을 만들어내면서 무질서한 분자들의 운동과 중첩을 일으킨다. 따라서 부피 요소의 변위는 공기의 밀도에 주기적인 교란을 발생시키는데, 이렇게 진행 방향에 대해 주기적인 교란을 일으키며 진행되는 파를 세로파 혹은 종파[5] (longitudinal waves)라 부른다. 그리고 파가 사인 혹은 코사인 형태를 가지며 진행하는 파를 **조화파**[6]라 부른다.

공기나 물과 같은 유체 내에서의 종파의 속력은 다음과 같이 주어진다.

$$v = \sqrt{\frac{B}{\rho}} \tag{10.22}$$

여기서 B는 유체에 대한 부피탄성률이며 다음과 같이 정의되는 양이다.

$$B = -\frac{\Delta P}{\Delta V/V}(\mathrm{N/m^2}) \tag{10.23}$$

길이탄성률에 대한 식 (10.5)와 비교해 보라. 같은 형태임을 알 수 있을 것이다. 여기서 음의 부호는 압력의 증가는 부피의 감소를 가져오기 때문이다.

[5] 종파(縱波)

[6] 조화파(調和波)

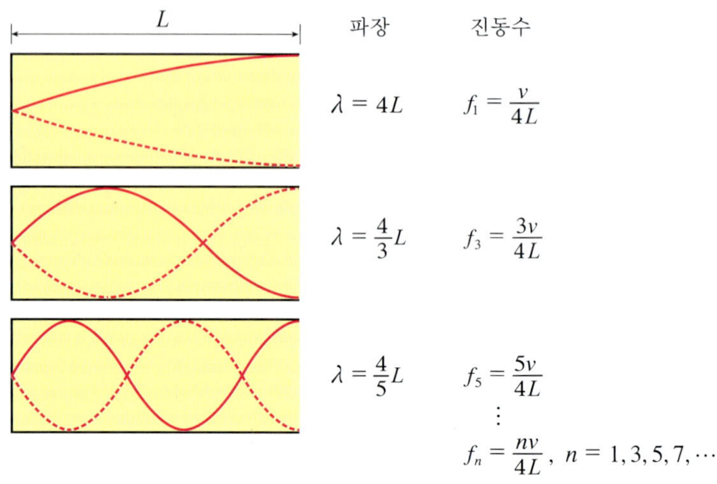

그림 10.18 음파의 공명 현상. 닫힌 파이프에서 일어날 수 있는 처음 세 가지 공명 모드의 모습을 나타내고 있다.

공명 현상

산에서 혹은 건물의 실내에서 소리가 되돌아 오는 현상을 경험해 본 적이 있을 것이다. 이러한 메아리 현상은 음파가 조화파를 이루기 때문이며, 반사되는 음파의 모양과 들어간 음파의 모양이 서로 같을 때 발생한다. 이러한 현상을 공명[7] 현상이라 부른다. 오르간, 플루트 등의 목관악기들은 파이프 내의 공기 기둥에서 이러한 공명 현상을 만들어내는 소리 장치이다.

닫힌 파이프에 의한 음파의 공명 현상을 살펴보기로 하자(그림 10.18). 닫힌 파이프 끝은 항상 변위가 0인 마디에 해당하며 밀도는 가장 높고 압력은 최대인 곳이다. 반면에 열린 끝에서의 압력은 대기압과 같아야 한다. 따라서 압력이 0이 되는 압력 마디와 변위의 최대점이 배를 이룬다. 이러한 경우 파장은 파이프 길이의 4배이며, 따라서 음파의 진동수는 $f = v/\lambda$에서 $0 = v/4L$이 된다. 이와 같이 닫힌 끝의 변위가 0, 열린 끝의 변위가 최대인 것을 고려하면 조화파들에 의한 공명에는 홀수 조화파들만이 관여한다는 사실을 알 수 있다. 즉

$$f_n = \frac{nv}{4L}, \quad n = 1, 3, 5, \cdots \tag{10.24}$$

이다. 이에 반해 열린 파이프에 의한 음파의 공명 진동수는 다음과 같다.

$$f_n = \frac{nv}{2L}, \quad n = 1, 2, 3, \cdots \tag{10.25}$$

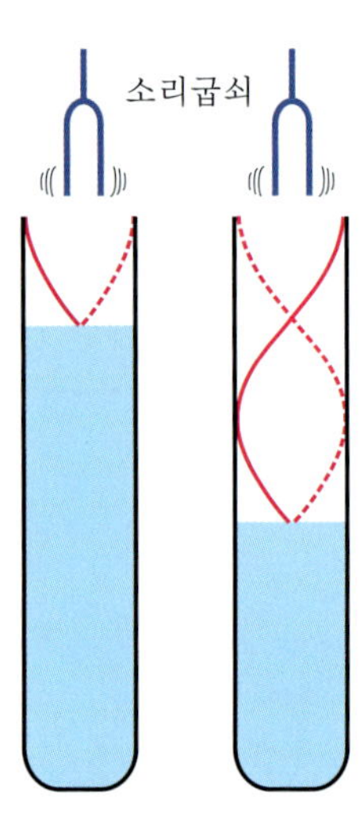

그림 10.19 기주공명 장치. 물의 높이를 조절하여 소리굽쇠의 진동수를 알아내는 실험 장치이다. 닫힌 파이프에 의한 음파의 공명 현상을 응용한 물리실험 장치의 일종이다.

그림 10.19는 일반물리학 실험실에서 사용되는 기주공명 장치[8](resonant tube)의 모습이다. 기둥형 유리관에 물을 넣고 물의 높이를 조절하여 소리굽쇠의 공명 현상을 알아보는 실험 장치이다.

열린 유리관 가까이에서 소리굽쇠를 때려 음파를 발생시키고 동시에 물의 높이를 조절하면 어느 순간 공명에 의한 '응~'하는 소리가 들리게 된다. 이러한 공명 현

[7] 공명(共鳴)
[8] 공기 기둥 공명관의 뜻이다.

상은 물의 높이에 따라 여러 번 나오는데, 예를 들면 18.9 cm에서 처음 공명 소리를 듣고 다음에 57.5 cm에서 두 번째 공명 현상을 감지했다고 하자. 그러면 그림에서 보듯이 소리굽쇠에 의한 음파의 파장은

$$\lambda = 2(57.5\ \text{cm} - 18.9\ \text{cm}) = 77.2\ \text{cm}$$

가 된다. 따라서 소리굽쇠의 고유 진동수는

$$f = \frac{v}{\lambda} = \frac{340\ \text{m/s}}{0.772\ \text{m}} = 440\ \text{Hz}$$

이다. 여기서 공기 중 소리의 속도는 초속 340 m로 하였다.

도플러 효과(Doppler Effect)

1장에서 우리는 우주의 팽창과 관련된 적색편이 현상을 접하면서 도플러 효과라는 물리적 법칙을 들여다본 적이 있다. 응급차가 사이렌을 울리며 달릴 경우 차가 다가올 때와 멀어져 갈 때의 소리의 세기가 다르게 들리는 것을 경험해 보았는가? 즉 소리의 높낮이가 다르게 들리는 현상 말이다.

그림 10.20을 보자. 사이렌을 울리며 응급차(음원에 해당함)가 다가오면 앞에 있는 관측자는 소리의 세기가 높게 들리고 뒤에 있는 관측자는 음원이 멀어지는 효과가 있어 소리의 세기가 낮게 들린다. 이 현상을 **도플러 효과(Doppler effect)**라 부른다. 이 효과는 소리에 국한되는 것이 아니라 모든 파에 공통적으로 나타나는 현상이다. 즉 빛에도 적용되며 적색편이 관측이 이러한 도플러 현상에 의해 나타나는 천체 현상이다.

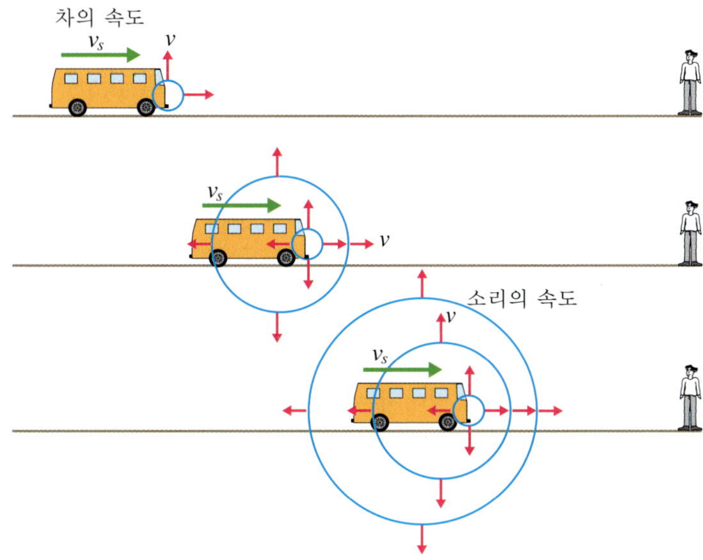

그림 10.20 음원의 이동과 도플러 효과. 달리는 차의 앞쪽에 있는 관측자는 높은 진동수의 음을 듣게 되고 뒤쪽에 있는 관측자는 낮은 진동수의 음을 듣게 된다.

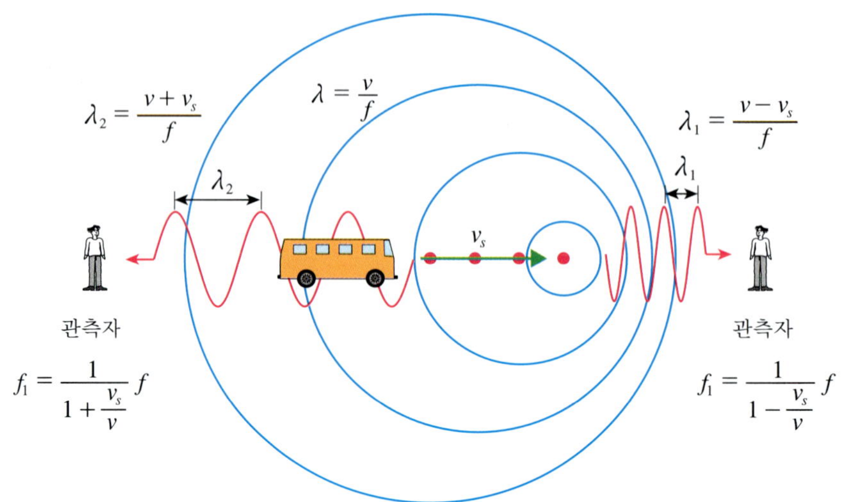

그림 10.21 도플러 효과.

이제부터 그림 10.21을 보면서 소리의 진동수 변화를 유도해 보기로 한다. 우선 소리파의 파장 변화를 살펴보자. 공기 중의 실온에서 음은 340 m/s 정도의 속도로 퍼져나간다. 이와 동시에 음원인 차 역시 속도 v_s로 움직인다. 음의 속도를 v라 하면 그 파장은 $\lambda = v/f$로 주어지는데, 여기서 f는 진동수이다. 그런데 다가오는 음원 방향에 서 있는 관측자에게는 그림에서 보듯이 음의 파장이 음파 속도와 음원 속도의 상대적인 차에 의해 짧아진다. 즉

$$\lambda_1 = \frac{v - v_s}{f} \tag{10.26}$$

이다. 따라서 이때의 진동수는

$$f_1 = \frac{v}{\lambda_1} = \frac{v}{v - v_s} f \tag{10.27}$$

가 된다는 것을 알 수 있다. 이를 간편하게 다시 쓰면

$$f_1 = \frac{1}{1 - v_s/s} f : \text{정지한 관측자에게 다가서는 음원의 진동수} \tag{10.28}$$

이다. 원래의 진동수 f보다 짧아지는 효과가 나타나고 있음을 알 수 있다.

이번에는 음원에서 멀어지는 경우를 보자. 물론 다가서는 경우와는 반대로 파장이 길어진다. 즉

$$f_2 = \frac{v}{\lambda_2} = \frac{v}{v + v_s} f$$

이고, 결국 정지한 관측자로부터 멀어지는 음원의 진동수는 다음과 같이 된다.

$$f_1 = \frac{1}{1 + v_s/s} f : \text{정지한 관측자로부터 멀어지는 음원의 진동수} \tag{10.29}$$

한편 음원은 정지해 있고 관측자가 음원에 가까이 다가서거나 멀어지는 경우도 있다. 위와 같은 원리를 적용하면 이러한 경우에 있어 진동수 변화는 각각 다음과 같이 된다.

$f_1 = \left(1 + \frac{v_s}{v}\right)f$: 관측자가 정지한 음원에 다가설 때의 진동수 (10.30)

$f_2 = \left(1 - \frac{v_s}{v}\right)f$: 관측자가 정지한 음원으로부터 멀어질 때의 진동수 (10.31)

10장 학습문제

10.1 탄소원자 1개의 질량을 구하라.

풀이: 탄소원자의 질량은 12.00 u이므로 1 mol에는 12 g의 질량을 갖는다. 따라서 질량은

$$m = \frac{12 \text{ g/mol}}{6.02 \times 10^{23} \text{ atoms/mol}} = 1.99 \times 10^{-23} \text{ g} = 1.99 \times 10^{-26} \text{ kg}$$

이다. 그런데 우리는 이미 원자 질량의 대부분을 차지하는 양성자와 중성자에 대해 배운 바 있다. 양성자(중성자)의 질량은 1.67×10^{-27} kg이므로 탄소인 경우 이 값에 12를 곱하면 2.00×10^{-26} kg의 값을 얻는다. 값에 차이가 나는 것은 원자핵을 이룰 때의 양성자와 중성자의 질량과 개별적으로 존재할 때의 질량 값에 약간의 차이가 나기 때문이다. 이 차이는 원자핵에서 작용하는 소위 핵력에 기인한다.

10.2 지름이 5 cm인 금으로 만든 공이 있다. 이 공의 질량을 구하고 안에 들어 있는 금 원자수를 구하라. 금의 밀도는 19.3×10^3 kg/m^{3}이다.

풀이: 질량은 금의 밀도와 부피의 곱에서 구할 수 있다. 부피는

$$V = \frac{4}{3}\pi R^3 = \frac{4}{3}(3.14)(0.025 \text{ m})^3 = 6.54 \times 10^{-5} \text{ m}^3$$

이다. 따라서

$$M = \rho V = (19.3 \times 10^3 \text{ kg/m}^3)(6.54 \times 10^{-5} \text{ m}^3) = 1.26 \text{ kg}$$

이다. 금의 1 mol은 197 g에 해당하므로

$$N = (6.02 \times 10^{23} \text{ atoms/mol})\frac{1260 \text{ g}}{197 \text{ g/mol}} = 3.85 \times 10^{24} \text{ atoms}$$

이다.

10.3 일반물리 실험실에서 구리선을 가지고 영률을 알아내기 위한 실험을 하였다. 구리선의 길이는 1.5 m이고 반지름은 0.5 mm이다. 가한 힘은 2000 N이며 늘어난 길이는 2.73 cm이다. 영률을 구하라.

풀이: 우선 철사의 단면적을 계산하자.

$$A = \pi r^2 = (3.14)(5.00 \times 10^{-4})^2 = 7.84 \times 10^{-7} \text{ m}^2$$

따라서

$$Y = \frac{F/A}{\Delta L/L_0} = \frac{F \cdot L_0}{\Delta L \cdot A} = \frac{(2000 \text{ N})(1.5 \text{ m})}{(2.73 \times 10^{-2} \text{ m})(7.84 \times 10^{-7} \text{ m}^2)} = 1.4 \times 10^{11} \text{ N/m}^2$$

이 된다.

10.4 지름이 2.0 m이고 높이가 15 m인 수직 원통형 탱크에 물이 가득 채워져 있다. 탱크 윗면은 노출되어 있다.

(a) 탱크 안에 든 물의 무게를 구하라.
(b) 물이 탱크의 바닥에 미치는 힘을 계산하라.
(c) 탱크 바닥에서의 압력을 구하라.

답: (a) 4.6×10^5 N. (b) 7.8×10^5 N. (c) 2.5×10^5 Pa.

10.5 그림 10.22와 같은 L자형 탱크에 물이 가득 채워져 있다. 탱크 위는 노출되어 있다. 다음 물음에 답하라.

(a) 탱크 바닥에 작용하는 압력을 구하라.
(b) A면에 작용하는 압력은 얼마인가?
(c) A면에 작용하는 물의 힘은 얼마인가?

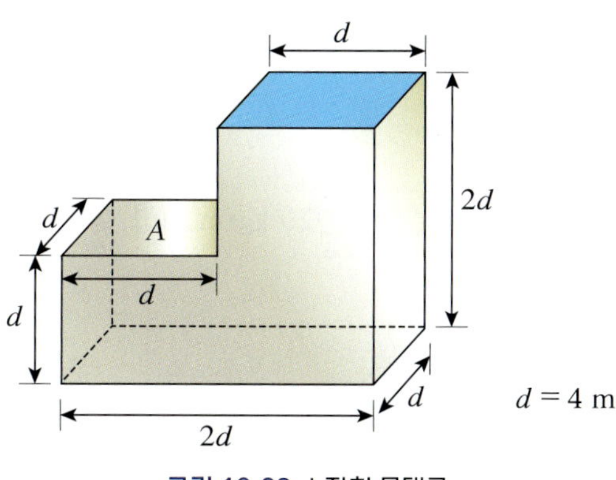

그림 10.22 L자형 물탱크.

답: (a) 1.8×10^5 Pa. (b) 1.4×10^5 Pa. (c) 2.2×10^6 N.

10.6 물을 넣은 관을 거꾸로 세우면 대기압 조건에서 물은 얼마나 높이 올라가는가?

답: $h = \dfrac{P}{\rho g} = \dfrac{1.013 \times 10^5 \text{ N/m}^2}{(1.0 \times 10^3 \text{ kg/m}^2)(9.81 \text{ m/s}^2)} = 10.3 \text{ m}.$

10.7 뚜껑이 없는 용기에 밀도 850 kg/m^{3}인 기름이 들어 있다. 기름의 깊이가 1.5 m라고 할 때, 기름이 가장 낮은 위치에서의 절대압력과 계기 압력을 구하라.

답: 1.14×10^5 Pa, 1.25×10^4 Pa.

10.8 한 학생의 체중이 65 kg이라고 하자.

(a) 이 학생이 땅에 닿는 면적이 250 cm^2인 운동화를 신었을 때 지면에 미치는 압력을 계산하라.
(b) 총 넓이가 2.0 cm^2인 스케이트를 신었을 때 지면에 미치는 압력을 계산하라.

풀이: 이 학생이 지면에 미치는 힘은

$$F = 65 \text{ kg} \times 9.8 \text{ m/s}^2 = 6.4 \times 10^2 \text{ N}$$

이다. 따라서 두 발로 서 있을 때의 압력은 각각

(a) $P = \dfrac{6.4 \times 10^2 \text{ N}}{2 \times (2.5 \times 10^{-2} \text{ m}^2)} = 1.3 \times 10^4 \text{ Pa} = 13 \text{ kPa}$

(b) $P = \dfrac{6.4 \times 10^2 \text{ N}}{2(2.0 \times 10^{-4} \text{ m}^2)} = 1.6 \times 10^6 \text{ Pa} = 1600 \text{ kPa}$

이다.

10.9 직경이 2.0 cm인 작은 피스톤에 힘을 작용했더니 직경이 30 cm인 피스톤에 놓여진 1200 kg의 물체를 들어올렸다. 이 유압 장치에 가해진 힘의 크기는 얼마인가?

답: 52 N.

10.10 북극 바다에 빙산이 떠 있다. 빙산의 밀도는 920 kg/m^3이고 바닷물의 밀도는 1025 kg/m^3이다. 그렇다면 빙산이 바다 속에 잠긴 양은 얼마인가?

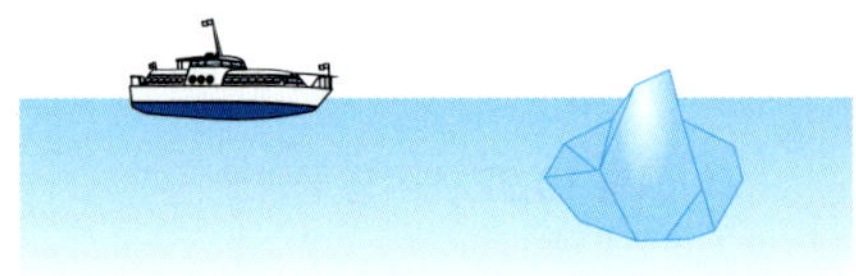

그림 10.23 빙산의 일각. 바다에 떠 있는 빙산은 90%가 바다 속에 잠겨 있다. 이러한 빙산 가까이 배가 접근하면 충돌 위험에 빠질 수 있다.

풀이: 빙산의 부피를 V_i, 바다 속에 잠겨 있는 부피를 V_s라 하자. 그리고 빙산의 밀도를 ρ_i, 바닷물의 밀도를 ρ_f라 하자. 빙산의 무게와 빙산에 작용하는 부력은 같다. 그러므로

$$\rho_f V_s g = \rho_i V_i g$$

이고, 이로부터

$$\frac{V_s}{V_i} = \frac{\rho_i}{\rho_f}$$

의 관계를 얻는다. 따라서

$$V_s = \frac{920}{1025} V_i = 0.9 V_i$$

이다. 즉 90%의 빙산이 바다 속에 잠겨 있다. 이와 같은 결론은 북극이나 남극에서 항해하는 배들이 밖으로 나온 빙산의 크기가 작다고 판단하여 가까이 접근하면 충돌의 위험에 처할 수도 있다는 사실을 말해 준다.

10.11 무게 3 kg의 왕관이 있다. 이 왕관을 완전히 물에 잠기게 하여 무게를 측정했더니 26 N이었다. 왕관의 밀도를 구하라.

풀이: 물속에서 측정된 왕관의 무게($W = 26$ N)는 왕관의 실제 무게(W)와 물 부력과의 차이이다. 여기서

$$W = 3\text{ kg} \times 9.8\text{ m/s}^2 = 29.4\text{ N}$$

이다.

$$W' = W - F_B \tag{i}$$

왕관의 부피를 V, 밀도를 ρ라 하면 왕관의 무게는 $W = \rho V g$이다. 그리고 부력은 $F_B = \rho_f V g$이므로

$$F_B = \frac{\rho_f}{\rho} W \tag{ii}$$

이다. 식 (ii)를 식 (i)에 대입하여 정리하면

$$\rho = \frac{W}{W - W'}\rho_f = \frac{29.4\text{ N}}{(29.4 - 26)\text{N}}(10^3\text{ kg/m}^3) = 8.6 \times 10^3\text{ kg/m}^3$$

의 값을 얻는다. 이러한 밀도 값은 구리에 해당한다.

10.12 헬륨으로 가득 채워진 애드벌룬이 대기압에서 2 kg의 광고판(애드벌룬 무게 포함)을 들어올린다. 풍선의 반경을 구하라.

풀이: 공기의 밀도를 ρ_a, 헬륨의 밀도를 ρ_{He}라 하고 애드벌룬의 부피를 V라 하자. 애드벌룬에 가해지는 부력은

$$F_B = \rho_a g V$$

이고, 이러한 부력은 광고판과 애드벌룬 속의 헬륨의 무게와 같다. 즉

$$F_B = mg + \rho_{He} g V$$

이다. 따라서 부피는

$$V = \frac{M}{\rho_a - \rho_{He}} = \frac{2\text{ kg}}{(1.29 - 0.18)\text{ kg/m}^3} = 1.8\text{ m}^3$$

이다. $V = \frac{4}{3}\pi r^3$ 으로부터

$$r = 0.75\text{ m}$$

이다.

10.13 밀도가 $\rho_b = 6\ \mathrm{g/cm^3}$이고 질량이 5 kg인 공이 끈에 매달려 물속에 완전히 잠겨 있다. 끈의 장력을 구하라.

풀이: 끈의 장력은 공의 실제 무게에서 부력을 뺀 무게와 같다. 공의 부피는

$$V_b = \frac{m}{\rho_b} = \frac{5\ \mathrm{kg}}{6 \times 10^3\ \mathrm{kg/m^3}} = 8.3 \times 10^{-4}\ \mathrm{m^3}$$

이다. 따라서 끈의 장력은

$$T = mg - F_B = mg - \rho_w g V_b = 49\ \mathrm{N} - 8.1\ \mathrm{N} = 41\ \mathrm{N}$$

이다.

10.14 1초에 5.0 kg의 액체를 운송하는 관이 있다. 이 관의 직경은 4.0 cm이다. 만약 밀도가 1200 $\mathrm{kg/m^3}$인 액체가 이 관에서 흐른다면 그 속도는 얼마인가?

풀이: $v = \dfrac{1}{\rho A}\dfrac{dm}{dt} = \dfrac{1}{(1.2 \times 10^3\ \mathrm{kg/m^3})(3.14)(2.0 \times 10^{-2}\ \mathrm{m})^2}(5.0\ \mathrm{kg/s}) = 3.3\ \mathrm{m/s}.$

10.15 직경이 2.0 cm인 관에 유체가 0.50 m/s의 속도로 흐르고 있다. 이 관이 1초 동안 운송하는 유체의 양은 몇 $\mathrm{cm^3}$인가?

답: 160 $\mathrm{cm^3}$.

10.16 풍속 40 m/s인 바람이 10 m × 15 m인 지붕을 스쳐 지나간다. 지붕 아래의 공기는 정지해 있다고 할 때 지붕에 가해진 알짜 힘을 구하라. 공기의 밀도는 $\rho = 1.29\ \mathrm{kg/m^3}$이다.

답: 1.55×10^5 N.

10.17 야구 경기에서 투수는 종종 타자들을 현혹시키기 위해 회전 볼을 던진다. 투수가 야구공을 위에서 쳐다보았을 때 반시계 방향으로 던진다면 공이 어떻게 휘어지는지 설명하라.

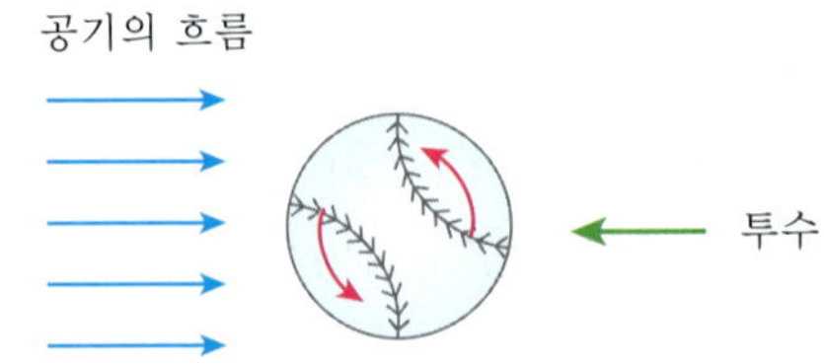

그림 10.24 회전하는 야구공의 진로. 야구공은 어느 방향으로 진행할까? 야구공 주위에서 공기의 흐름은 어떻게 변하는가?

10.18 KTX 열차가 진동수 500 Hz를 내면서 광명역을 속도 120 km/h로 통과하고 있다. 이때 플랫홈에 서 있는 승객에게는 얼마의 진동수로 들리겠는가? 소리의 속도는 340 m/s이다.

풀이: 이 열차의 속도는 $v_s = \frac{120\text{ km}}{h} = \frac{120 \cdot 1000\text{ m}}{3600\text{ s}} = 33.3\text{ m/s}$ 이다. 그러면 식 (10.28)로부터

$f_1 = \frac{1}{1 - 33/340} 500\text{ Hz} = 554\text{ Hz}$ 이다.

10.19 한 경찰관이 시속 80 km가 상한선인 일반 국도에서 음파 빔을 가지고 과속 차량을 단속하고 있다. 승용차가 과속하는 것을 감지하여 음파 빔을 다가오는 차량을 향해 쏘았다. 이 음파의 원래 진동수는 5000 Hz이며, 이 차량에 도달한 후 반사되어 검출된 진동수는 6000 Hz였다. 이 차량의 속도는 얼마인가? 음파의 속도는 340 m/s이다.

풀이: 이 상황은 2번에 걸쳐 도플러 효과가 나타난다. 처음 경찰관이 음파를 쏜 경우에는 차량이 관측자에 해당하며 따라서 관측자가 음원에 다가서는 경우이다. 이는 식 (10.30)에 해당한다. 음파가 반사되는 경우의 두 번째 상황은 차량이 움직이는 음원에 해당하며 정지한 관측자에게 다가서는 경우로 식 (10.28)에 해당한다. 따라서 우선

$$f_1 = \left(1 + \frac{v_s}{v}\right) f$$

에서 $f_1' = \left(1 + \frac{v_s}{v}\right) f_1$ 이라 놓으면 f_1이 식 (10.27) 혹은 (10.28)에 해당한다. 따라서

$$f_1' = \left(1 + \frac{v_s}{v}\right) f_1 = \left(\frac{v + v_s}{v}\right)\left(\frac{v}{v - v_s}\right) f$$

이고, 이로부터

$$f_1' = \frac{v + v_s}{v - v_s} f = \frac{1 + v_s/v}{1 - v_s/v} f$$

가 된다. 여기서 $f = 5000$ Hz, $f_1' = 6000$ Hz이다. 계산해 보면 $v_s = \frac{v}{11} = 31\text{ m/s}$ 가 나온다. 이는 시속 111 km에 해당하며 일반 도로이므로 과속이 된다.

10장 연습문제

10.1 물분자(H_2O) 1개의 질량을 계산하라.

10.2 반경이 0.500 m인 납(Pb) 공의 질량을 구하라.

10.3 길이가 1.6 m이고 직경이 0.20 cm인 강철로 된 피아노 줄이 있다. 이 줄을 조일 때 0.30 cm가 늘어났다면 줄에서의 장력 크기는 얼마인가? 강철의 영률은 200×10^9 N/m^{2}이다.

10.4 물탱크 내의 수면이 부엌 수도꼭지보다 30 m 높다. 수도꼭지에서의 수압(물의 압력)을 구하라.

10.5 지구 대기의 변화를 해발 높이 h의 함수로 나타내라. 단, 중력 가속도 g는 일정하고 공기의 밀도는 압력에 비례한다고 가정한다.

10.6 연습문제 10.5를 참고하여 대기압의 절반이 되는 높이를 구하라.

10.7 높이가 75 m이고 폭이 120 m인 사각형 모양의 댐이 있다. 물이 가득 찼을 때 이 댐에 작용하는 전체 힘을 구하라.

10.8 바다 표면에서의 대기압 값을 사용하여 지구 대기의 전체 질량을 구하라.

10.9 심장의 왼쪽 심실이 수축하면 피가 온몸으로 퍼진다. 왼쪽 심실 내측면의 면적이 85 cm^{2}이고 피의 최대 압력은 120 mmHg이다. 압력이 최대일 때 이 심실에 작용하는 알짜 힘을 계산하라.

10.10 70 kg의 돌이 호수 바닥에 놓여 있다. 이 돌을 들어올리는 데 얼마만한 힘이 드는가? 단, 돌의 부피는 3.0×10^4 cm^{3}이다.

10.11 대동맥의 반경은 대략 1.0 cm이고 이를 통하여 흘러가는 피의 속도는 30 cm/s 정도이다. 모세혈관 내에서의 피의 평균 속도를 구하라. 모세혈관의 직경은 약 8×10^{-4} cm이지만 수십억 개의 모세혈관이 있기 때문에 전체 단면적은 대략 2000 cm^{2}가 된다.

10.12 난방용 관을 통하여 3.0 m/s의 속도로 움직이는 공기가 15분마다 부피 300 m^{2}의 방 안 공기를 새로 채우려면 이 관의 크기는 얼마여야 하는가? 여기서 공기의 밀도는 일정하다고 가정한다.

10.13 온수 난방 장치는 물이 관을 통하여 순환하는 구조로 되어 있다. 지하 보일러실에서 3.0기압의 압력으로 물을 초속 0.5 m의 속도로 내보내고 있다. 관의 직경은 4.0 cm이다. 높이 5.0 m의 2층에는 직경 2.6 cm의 관이 연결되어 있다. 2층 파이프에서의 유속과 압력을 계산하라.

10.14 질량이 2.0×10^6 kg인 비행기가 활주로를 달리고 있다. 이때 날개 아랫면에서는 공기가 100 m/s 속도로 불고 있다. 날개의 표면적을 1200 m^2라 가정하여 비행기가 공중에 떠 있기 위해 날개 윗면에 필요한 공기의 속도를 구하라. 베르누이 효과만을 고려한다.

10.15 공기와 물속에서의 소리의 속도를 구하라. 공기와 물의 부피탄성률과 밀도는 다음 표와 같다.

	$B(\mathrm{N/m^2})$	$\rho(\mathrm{kg/m^3})$
공기	1.41×10^5	1.29
물	2.1×10^9	10^3

10.16 그림 10.19에서와 같은 기주공명 실험 장치를 통하여 소리굽쇠에 의한 기주의 처음과 두 번째 공명에 대해 각각 18.9 cm와 57.5 cm의 길이를 얻었다. 식 (10.25)를 이용하여 각각의 진동수를 계산하라.

10장 연습문제 해답

10.1 2.99×10^{-26} kg. $m_{H_2O} = \dfrac{18 \text{ g/mol}}{6.02 \times 10^{23} \text{ molecules/mol}} = 2.99 \times 10^{-23} \text{ g} = 2.99 \times 10^{-26} \text{ kg}$.

10.2 5910 kg.

10.3 1200 N.

10.4 2.9×10^5 N/m^2.

10.5 $P = P_0 e^{-\left(\frac{\rho_0}{P_0}g\right)y}$. 밀도 ρ가 압력에 비례한다는 것은

$$\frac{\rho}{\rho_0} = \frac{P}{P_0}$$

와 같다. 여기서 $\rho_0 = 1.29$ kg/m^{3}이다. 높이에 따른 압력의 변화는

$$\frac{dP}{dy} = -\rho g$$

라고 할 수 있으므로

$$\frac{dP}{P} = -\frac{\rho_0}{\rho} g dy$$

가 되며, 이를 압력이 P인 y까지 적분하면 된다. 즉

$$\int_{P_0}^{P} \frac{dP}{P} = -\frac{\rho_0}{P_0} g \int_0^y dy$$

$$\ln\left(\frac{P}{P_0}\right) = -\frac{\rho_0}{P_0} gy$$

이며, 결국

$$P = P_0 e^{-\left(\frac{\rho_0}{P_0}g\right)y}$$

이다.

10.6 5550 m. 위에서 구한 식에서 상수는

$$\left(\frac{\rho_0}{P_0} g\right) = (1.29 \text{ kg/m}^3)(9.8 \text{ m/s}^2)/(1.013 \times 10^5 \text{ N/m}^2) = 1.25 \times 10^{-4}/\text{m}$$

이다. 그러면 $\frac{1}{2} = e^{-(1.25 \times 10^{-4}/\text{m})y}$ 에서 y = 5550 m를 얻는다. 이러한 결과로부터 5000 m가 넘는 산을 등반하는 경우 왜 산소통이 필요한지 그 이유를 알 수 있다.

10.7 3.3×10^9 N.

10.8 5.3×10^{18} kg.

10.9 1.4×10^2 N.

10.10 400 N. 공기 중 돌의 무게에서 돌에 작용하는 물의 부력을 빼면 된다. 물의 부력은

$$F_B = (1.0 \times 10^3 \text{ kg/m}^3)(9.8 \text{ m/s}^2)(3.0 \times 10^{-2} \text{ m}^3) = 290 \text{ N}$$

이다. 따라서 구하는 답은 400 N이다.

10.11 5×10^{-4} m/s. $v_2 = \dfrac{A_1}{A_2}v_1 = \dfrac{(3.14)(0.010 \text{ m})^2(0.30 \text{ m/s})}{2 \times 10^{-1} \text{ m}^2} = 5 \times 10^{-4} \text{ m/s}$.

10.12 19 cm. $A_1 v_1 = A_2 v_2 = A_2 \dfrac{\Delta x}{\Delta t} = \dfrac{V}{\Delta t}$ 인 관계식을 이용한다. 여기서 V는 방의 부피에 해당한다.

그러면 원통의 면적은 $A_1 = \dfrac{300 \text{ m}^3}{(3.0 \text{ m/s})(900 \text{ s})} = 0.11 \text{ m}^2$ 이고, 이로부터 반경 $r = 19$ cm를 얻는다.

10.13 1.2 m/s, 2.5×10^5 N/m^2.

여기서 $v_2 = (A_1/A_2)v_1$, $P_2 = P_1 + \rho g \Delta y + \dfrac{1}{2}\rho(v_1^2 - v_2^2)$ 등의 관계식을 이용한다.

10.14 190 m/s.

10.15 (a) 330 m/s. (b) 1500 m/s.

10.16 $f_1 = \dfrac{v}{4L} = \dfrac{340 \text{ m/s}}{4 \times 0.189 \text{ m}} = 450 \text{ Hz}$, $f_3 = \dfrac{3v}{4L} = \dfrac{3 \times 340 \text{ m/s}}{4 \times 0.575 \text{ m}} = 443 \text{ Hz}$.

11 열역학

우리는 10장에서 물질의 상태 변화를 알아보면서 물질을 이루는 분자들의 결합과 운동이 중요하다는 사실을 깨달았다. 또한 이러한 분자들이 일정한 방향을 향하게 되면 유체의 흐름으로 나타나고 역학적인 운동방정식으로 기술될 수 있다는 사실도 알게 되었다. 그렇다면 물질의 성질 중 열은 어디에서 나올까? 다음 장에서 구체적으로 다루게 되겠지만 열은 물질을 이루는 분자들(혹은 원자들)의 마구잡이 운동으로부터 나온다. 이때 분자들의 운동이 활발하면 그러한 운동에너지가 열에너지로 전환되면서 상대적으로 온도가 올라가게 되는 것이다. 이 장에서는 분자들의 수준에서가 아니라 온도, 부피, 압력 등과 같은 거시적인 양들과 열과의 관계를 우선 알아보기로 한다. 한편 미시적인 영역에서 일어나는 분자들의 운동과 거시적인 양들과의 관계를 엮어내는 물리 영역을 **열역학**(thermodynamics) 혹은 **열물리학**(thermal physics)이라 부른다.

학습 내용

- **온도**: 섭씨, 화씨, 절대 온도 눈금.

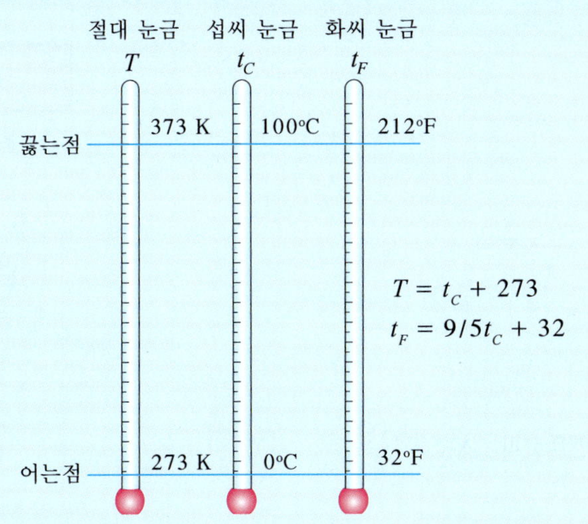

- **열의 일해당량**(mechanical equivalence of heat): 1 kcal = 4185 J (혹은 1 cal = 4.185 J).

- **열용량**(heat capacity): $C = \dfrac{Q}{\Delta T}$.

• 비열(specific heat) : $c = \frac{C}{m}$. $Q = C\Delta T = mc\Delta T$.

• 열전달 : 대류(convection).

전도(conduction) ; $\frac{\Delta Q}{\Delta T} = -kA\frac{\Delta T}{\Delta x}$. k ; 열전도도.

복사(radiation) ; $P = \frac{\Delta Q}{\Delta t} = e\sigma AT^4$ (슈테판–볼츠만 법칙).

• 완전기체(ideal gas. 이상기체) : 보일–샤를의 법칙 ; $PV =$ 일정, $\frac{V}{T} =$ 일정.

상태방정식 ; $PV = nRT$, $PV = Nk_BT$.

$R = 8.31\ \text{J/mol}\cdot\text{K}$, $k_B = \frac{R}{N_A} = 1.38 \times 10^{-23}\ \text{J/K}$.

• 열역학 제1법칙(fist law of thermodynamics) : $\triangle Q = \triangle U + \triangle W$.

• 열역학 제2법칙(second law of thermodynamics) : 열을 흡수하여 이 열을 일로 바꾸기만 하는 과정은 불가능하다. 혹은 자체적으로 움직이는 기계가 한 물체로부터 열을 받아 더 높은 온도의 물체로 계속적으로 옮기는 것은 불가능하다.

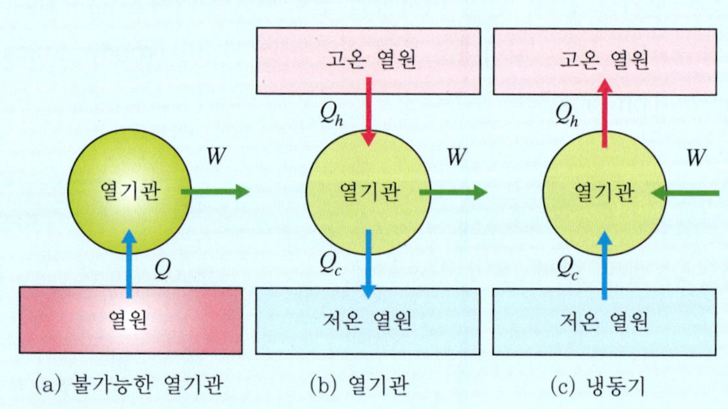

(a) 불가능한 열기관 (b) 열기관 (c) 냉동기

• 카르노 순환

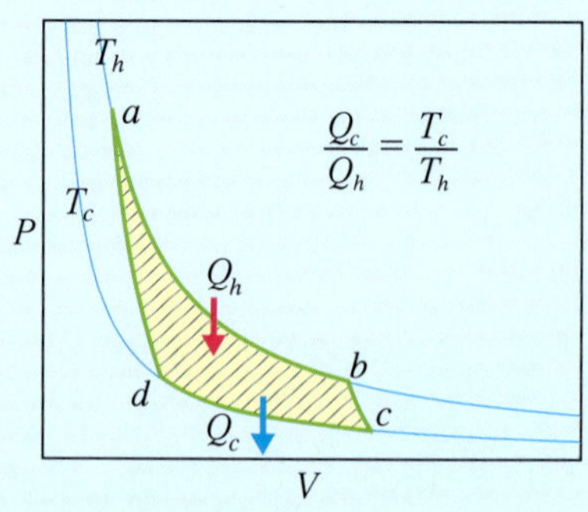

• 엔트로피 : $\Delta S = \frac{\Delta Q}{T}$.

11.1 온도

물질을 이루는 분자들의 끊임없는 운동은 이른바 열운동이라고 할 수 있다. 이러한 무질서한 운동은 입자들이 서로 용수철에 결합된 것과 비슷한 모습으로 그려볼 수 있다. 이때 입자들은 운동에너지와 퍼텐셜 에너지를 가지며 이러한 에너지가 곧 열에너지로 간주될 수 있다. 이와 같은 열에너지를 다룰 때 우리는 거시적인 물질의 상태, 예를 들면 부피와 압력이 열의 상태(온도로 측정되는 양)를 규정짓는 중요한 상태 변수들임을 알고 있다. 그런데 우리가 열역학을 다루게 되면 반드시 체계[1](system)에 입각하여 물리적인 양들을 정의해야 한다. 이러한 열역학적 체계는 분자들의 수준에서 정의될 수 있어야 하는데 우리는 다음 장에서 이 문제를 논하게 될 것이다. 거시적으로 보아 일정한 부피 안에서 분자와 같은 입자들이 동일한 열에너지를 가질 때 그러한 열역학 체계는 열평형(thermal equilibrium) 상태에 있다고 한다. 쉽게 말해 각각의 분자들의 평균 속도가 같다는 뜻이다.

[1] 체계(體系 혹은 体系)

이제 2개의 열역학적 체계가 서로 섞이지 않고 서로에게 일도 하지 않으면서 열접촉이 이루어지는 경우를 생각해 보자(그림 11.1). 이러한 2개의 고립계(isolated system)는 접촉에 의해 열을 교환하면서 최종적으로 열평형 상태에 놓이게 된다. 이 경우 두 체계의 온도는 같다고 한다. 따라서 온도(temperature)란 어떤 체계를 다른 체계에 접촉시켰을 때 비로소 정의될 수 있는 양이다. 그리고 각기 다른 방식으로 고립된 2개의 체계가 제3의 체계와 접촉하여 열평형 상태를 이루고 있다면 그들 두 체계 역시 열평형 상태에 있다고 한다. 이러한 결과를 열역학 **제0법칙(zeroth law of thermodynamics)**이라 부른다. 통계학적인 관점에서 보면 물질의 온도는 그 물질을 이루는 입자들의 평균 열에너지와 연관되며, 미시적인 관점에서 보면 입자들이 얼마나 무질서하게 움직이는가(다음 장에서 다룬다)에 대한 척도이다.

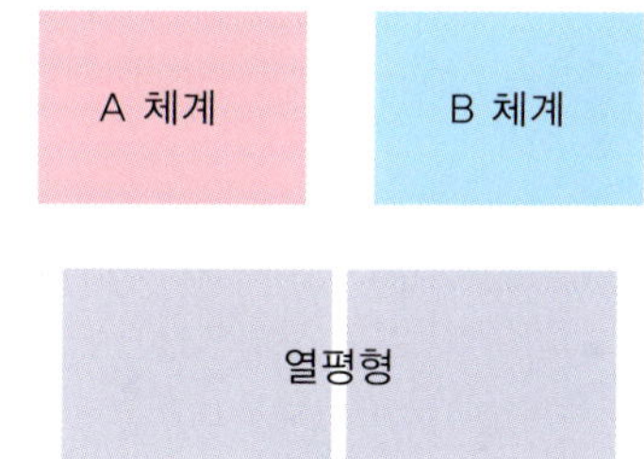

그림 11.1 열평형과 온도. 열에너지를 갖는 2개의 체계(system)가 접촉하여 열에너지의 교환이 이루어진다. 두 체계가열평형 상태에 있게 되면 두 체계의 온도는 같아진다. 온도란 어떤 체계를 다른 체계와 열접촉시켰을 때 정의되는 양이다.

온도 눈금: 섭씨온도와 절대온도

18세기 스웨덴의 셀시우스(Anders Celsius, 1701~1744)는 물의 어는점(ice point)과 끓는점(steam point)을 온도의 기준으로 정하자고 제안했는데, 이것이 오늘날 사용되고 있는 섭씨[2]온도이다. 보통 °C로 표시된다. 이 점들은 표준기압(1기압)에서 얼음과 물이 평형 상태로 섞여 있는 온도를 0°C로, 증기와 물이 평형 상태로 묶여 있는 온도를 100°C로 하여 그 간격을 균등하게 등분한 것이다. 이러한 섭씨온도는 전 세계적인 표준으로 사용되고 있다. 그러나 미국과 영국에서는 그들 나라에서만 통용되는 온도 눈금을 사용하고 있는데, 이를 화씨[3]온도 눈금(Farenheit temperature scale)이라 한다. 물의 어는점과 끓는점을 각각 32F와 212F로 정하여 눈금 간격을 180등분한 것이다. 오늘날 우리가 보는 관점에서는 불편하기 짝이 없

[2] 섭씨(攝氏)

[3] 화씨(華氏)

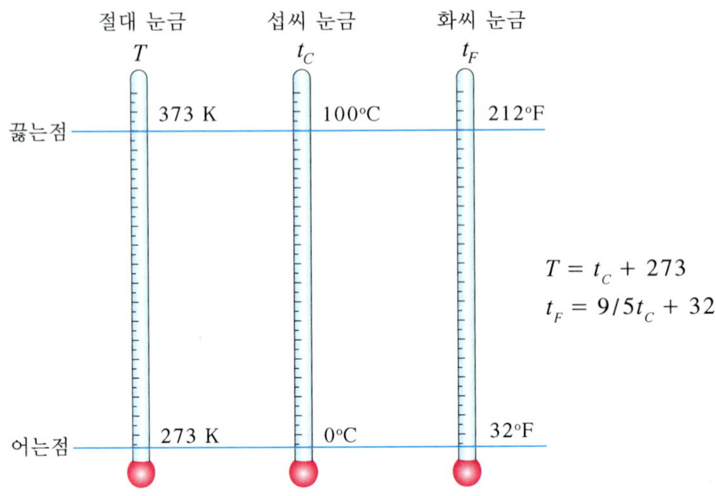

그림 11.2 절대, 섭씨, 화씨 온도 눈금.

는 눈금이지만 미국에서 관습적으로 사용하는 바람에 종종 섭씨온도와 화씨온도와의 관계를 알아야 할 필요가 생기기도 한다. 세계 기준에 대한 미국의 이러한 태도는 길이(마일, mile)와 질량(파운드, pound) 단위에서도 나타나는데, 올바른 국가의 자세하고는 먼 것이라 할 수 있다. 섭씨와 화씨 눈금의 관계는 다음과 같다.

$$t_C = \frac{5}{9}(t_F - 32), \qquad t_F = \frac{9}{5}t_C + 32 \tag{11.1}$$

그런데 위와 같은 온도 눈금은 물질(가령 수은)의 특별한 성질에 의존하여 그 물질의 끓는점과 어는점 영역에서만 작동할 수 있다. 과학(공학) 영역에서는 이러한 섭씨온도 눈금의 한계를 극복하기 위하여 절대온도(absolute temperature) 눈금을 사용한다. 절대온도는 켈빈(Kelvin, K) 단위로 나타내는데, 섭씨온도와의 관계는 다음과 같다.

$$T = t_C + 273.15 \text{ (K)} \tag{11.2}$$

따라서 물이 어는점은 273.15 K, 물이 끓는점은 373.15 K에 해당한다. 절대온도가 0 K이라면 섭씨온도로는 −273.15°C가 되는데, 이러한 온도는 열적 에너지가 없는 상태를 뜻한다.

11.2 열과 역학적 에너지

우리는 경험이나 실험을 통하여 서로 다른 온도를 갖는 두 물체가 열접촉 상태에 놓여 있다면 차가운 물체는 상대적으로 온도가 올라가고 뜨거운 물체는 상대적으로 온도가 내려간다는 사실을 알고 있다. 이를 미시적인 관점에서 들여다보면 뜨거운 물체 안에 있는 더 큰 에너지를 갖는 입자(즉 분자)들이 차가운 물체 안에 있는 입자들과 충돌하면서 열에너지를 전달하는 것을 알 수 있다. 이와 같이 물체들 간의 온도차에 의해 전달되는 에너지를 열에너지(heat energy) 또는 간단히 열(heat)이라고 부른다. 이러한 열의 표준 단위는 kilocalorie(kcal로 표기함)로서, 물 1 kg을 14.5°C에서 15.5°C(1 K)의 온도로 올리는 데 필요한 열량으로 정의된다. 실제로는 1 kg의 물을 1 K 올리는 데 필요한 열량이라고 보아도 무방하다. calorie(cal)는 1 g의 물을 1 K 올리는 데 필요한 열량이다.

이러한 열에너지와 역학적 에너지와의 동등성을 직접 증명한 사람이 **주울**(James Prescott Joule, 1818~1889)이다. 그의 실험 결과에 의하면 4158 Joule의 에너지에 해당하는 일을 한다면 언제나 1 kcal의 열이 발생한다. 즉

$$1 \text{ kcal} = 4185 \text{ J(혹은 } 1 \text{ cal} = 4.185 \text{ J)} \qquad (11.3)$$

이다. 이를 **열의 일해당량**(mechanical equivalence of heat)이라 부른다. 이렇게 하여 열과 역학적 에너지의 동등성이 확고하게 자리 잡게 되었다.

11.3 열용량과 비열

어떤 물체의 온도를 1 K 올리는 데 필요한 열량을 그 물체의 열용량(heat capacity)이라 한다. 따라서 어떤 물체가 열량 Q를 받아 온도가 $\triangle T$ 만큼 변했다면 이 물체의 열용량 C는

$$C = \frac{Q}{\Delta T} \qquad (11.4)$$

로 주어진다. 열용량의 단위는 kcal/K이다. 이러한 열용량이 일정한 압력 상태에서 측정 되었다면 C_p로 표기되고, 일정한 부피 상태에서 측정되었다면 C_v 등으로 표기된다. 나중에 전기 분야를 배울 때 전기용량을 다루게 되는데, 전기용량에 대한 표기 역시 C이다.

이와 반대로 물질의 비열[4](specific heat)은 그 물질의 질량에 대한 열용량의 비율

[4] 비열(比熱)

표 11.1 여러 가지 물질들의 비열(실온 300 K 정도일 경우).

물질	비열 kcal/(kg·K)	물질	비열 kcal/(kg·K)
알루미늄	0.22	얼음	0.50
구리	0.092	대리석	0.21
금	0.48	나무	0.42
철	0.11	벤젠	0.41
납	0.056	에탄올	0.033
유리	0.20	수증기	0.48
화강암	0.19	수은	0.033

로 정의된다. 즉

$$c = \frac{C}{m} \tag{11.5}$$

이다. 비열의 단위는 kcal/kg·K이고, 이러한 비열은 물체의 열에 대한 관성이라고 할 수 있다. 왜냐하면 비열은 1 kg의 특정 물질의 온도를 1 K(1℃)만큼 변하게 하는 데 필요한 열량이기 때문이다. 표 11.1은 여러 가지 물질들에 대한 비열을 나타낸다. 비열이 크다는 것은 열량의 변화에 대해 온도 변화가 작다는 것을 뜻한다. 큰 관성질량을 갖는 물체에 힘을 가했을 때 가속도의 변화가 비교적 작다는 것과 일맥상통한다.

위와 같은 열용량과 비열의 정의를 이용하면 질량 m인 물질이 흡수하는 열량과 온도 변화와의 관계식을 얻을 수 있다. 즉

$$Q = C\triangle T = mc\triangle T \tag{11.6}$$

이다.

11.4 상변화와 잠열

물질이 고체, 액체, 기체 중 한 상태에서 다른 상태로 변화가 일어나는 것을 상변화(phase change)라 한다. 이러한 상변화는 물질에 열을 가하거나 뺄 때 일어날 수 있는데, 반드시 온도의 변화가 수반되는 것은 아니다. 상이 변하는 동안에는 단지 물질에 열이 흡수되거나 방출되기만 하여 온도 변화가 일어나지 않을 수도 있기 때문이다. 이렇게 상변화를 하는 도중에 물질에 유입되거나 방출되는 열을 잠열[5]

[5] 잠열(潛熱). 잠수함을 연상하기 바람.

(latent heat)이라 한다. 그림 11.3은 1 kg의 얼음에 열을 점차 가했을 때 나타나는 상변화와 온도 변화를 나타내고 있다.

얼음의 처음 온도는 −10℃인데, 얼음의 비열이 0.5 kcal/kg℃이기 때문에 1 kcal의 열을 가할 때마다 2℃씩 온도가 증가한다. 그런데 일정하게 온도가 오르던 것이 0℃에서 멈추게 된다. 그리고 80 kcal의 열을 가할 때까지 0℃를 유지한다. 이 열량이 얼음 1 kg을 0℃의 물로 녹이는 데 필요한 잠열에 해당한다. 모든 얼음이 물로 된 후에는 열을 가함에 따라 다시 온도가 올라간다. 물의 비열이 1 kcal/kg°C이기 때문에 이번에는 1 kcal의 열에 대하여 1°C씩 온도가 올라간다. 이러한 변화율은 얼음보다 작은데, 그 이유는 물의 비열이 얼음보다 2배 높기 때문이다. 온도가 100℃에 이르면 당분간 더 이상의 온도 증가는 일어나지 않는다. 가해진 총 열량이 540 kcal를 넘어서야 비로소 온도 증가가 나타난다. 이러한 540 kcal의 열량이 1 kg의 물을 100°C 수증기로 기화시키는 데 필요한 잠열이다. 수증기의 비열은 0.48 kcal/kg℃이기 때문에 1 kcal의 열량에 대해 2.1℃씩 온도가 증가한다.

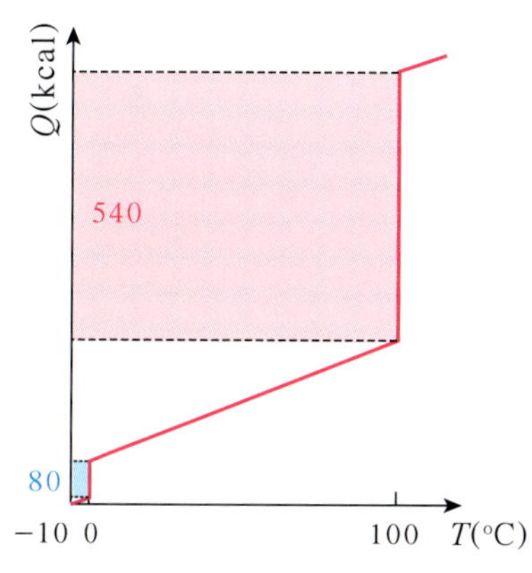

그림 11.3 물의 상변화와 잠열.

한 물질의 녹음열(heat of fusion)이란 녹는점에 있는 1 kg의 물질을 고체에서 액체로 변화시키는 데 필요한 열량이다. 보통 L_f로 표기한다. 증발(기화)열(heat of vaporization)이란 1 kg의 물체가 끓는점에 있을 때 액체에서 기체로 변화하는 데 필요한 열량이다. 보통 L_v로 표기한다. 표 11.2는 여러 가지 물질들에 대한 녹음열, 증발열, 녹는점 및 끓는점을 보여준다.

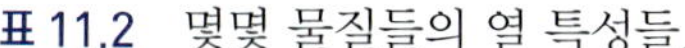
표 11.2 몇몇 물질들의 열 특성들.

물 질	녹는점(°C)	L_f(kcal/kg)	끓는점(°C)	L_v(kcal/kg)
물	0	80	100	540
에틸알코올	−114	25	78	204
수은	−39	2.8	358	71
황산	8.6	39	326	122
아연	420	24	918	475
리튬	186	160	1336	511
질소	−210	6.1	−196	48
산소	−219	3.3	−183	51

11.5 열의 전달

열의 전달, 즉 열의 이동에는 세 가지 형태가 있다. 그것은 대류[6](convection), 전도[7](conduction), 복사[8](radiation)이다.

6) 대류(對流)
7) 전도(傳導)
8) 복사(輻射)

대류

대류에 의한 열전달은 중간 물질이 고온부에서 저온부로 열을 옮기는 경우이다. 이러한 열흐름은 겨울에 사용하는 난로, 온풍기 등에 의한 열전달이다. 온도가 높은 난로 주위의 공기가 가열되면서 팽창하면 더운 공기가 되어 위로 올라가고, 찬 공기는 난로 주위로 내려와 다시 가열되는 형태이다. 특히 우리나라는 이러한 대류에 의한 난방이 발달했는데 온돌 체계가 그것이다. 방바닥과 방의 천장을 두 장의 열판으로 생각할 수 있는데, 방바닥이 데워지면 더운 공기가 위로 올라가면서 천장으로 흡수되고 차가워진 공기는 밀도가 높아 밑으로 내려오면서 전체적으로 뜨거운 공기로의 열평형이 일어난다.

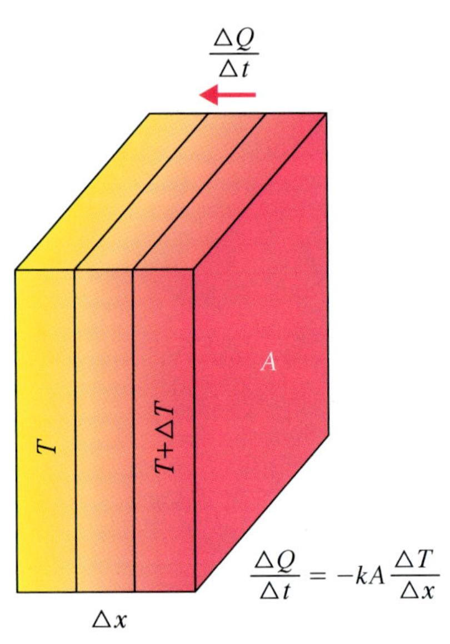

그림 11.4 **열의 전도.** 온도차가 $\triangle T$이고 두께가 $\triangle x$인 판에서의 열의 전도.

전도

전도는 전도하는 물체의 한쪽이 다른 쪽에 비해 차가울 때 일어난다. 이러한 전도는 전도하는 물체의 분자나 원자들의 운동과 밀접한 관련을 갖는다. 전도에 대한 거시적인 실험 사실은 다음과 같다. 그림 11.4에서처럼 단면적이 A인 물체가 두께 $\triangle x$를 두고 온도차가 $\triangle T$라 할 때 일정 시간에 대한 열흐름의 변화량은 온도 기울기에 비례하는 것으로 알려졌다. 즉

$$\frac{\Delta Q}{\Delta t} = -kA\frac{\Delta T}{\Delta x} \tag{11.7}$$

이다. 음의 부호는 열흐름이 온도가 낮은 쪽으로 흐른다는 것을 나타낸다. 여기서 k를 해당 물질의 열전도도(thermal conductivity)라 한다. 이러한 열전도도는 물질의 열적 성질을 나타내는데, 온도 변화에 따라 약간씩 달라진다. 표 11.3은 우리에게 익숙한 물질들에 대한 열전도도 값을 보여주고 있다.

표 11.3 여러 가지 물질들에 대한 열전도도 k; $\frac{\text{cal}}{\text{cm} \cdot \text{s} \cdot {}^\circ\text{C}}$.

물질	온도(℃)	k	물질	온도(℃)	k
알루미늄	30	0.479	참나무	20	0.00058
구리	18	0.918	물	0	0.00150
금	17	0.705	얼음	0	0.0053
철	18	0.19	공기	0	0.000566
유리	0	0.002	아르곤	0	0.000388
석면	0	0.00215	이산화탄소	0	0.000332
콘크리트	0	0.002	수소	0	0.000416

복사

복사에 의한 열의 이동은 고온 물체와 저온 물체 사이에 아무런 물질이 없이 전달되는 경우이다. 우리가 난로 앞에서 불을 쬘 때 따스함을 느끼는 것은 주로 복사에 의한 열에너지 때문이며, 대류에 의한 열흐름은 주로 천장이나 창문을 통하여 새어 나간다. 본질적으로 복사는 매질이 없어도 전파되는 전자기파 형태로 열이 전달된다. 태양의 열에너지가 지구까지 전달되는 것이 전자기파에 의한 복사에너지에 해당한다. 전자기파를 다룰 때 자세히 배우게 될 것이다.

물체가 에너지를 복사하는 비율은 절대온도 4승에 비례하고 면적에 비례하는 것으로 알려져 있다. 이를 **슈테판-볼츠만 법칙**(Stefan-Boltzmann law)이라 부른다. 이 식은 다음과 같이 주어진다.

$$P = \frac{\Delta Q}{\Delta t} = e\sigma AT^4 : \text{슈테판-볼츠만 법칙} \tag{11.8}$$

여기서 T는 절대온도, A는 단면적, σ는 슈테판-볼츠만 상수라고 하며, 그 값은

$$\sigma = 5.67 \times 10^{-8}\ \text{W/m}^2 \cdot \text{K}^4$$

이다. 그리고 e는 물질 고유의 **복사도**(emissivity)라고 하는데, 0에서 1까지 분포된다. 숯처럼 검은 물체는 거의 1에 가까우며 빛을 반사하는 반사체는 0에 가깝다. $e = 1$인 물체를 흑체(blackbody)라 부르는데, 빛을 거의 흡수하여 검게 보이기 때문이다. 이러한 흑체는 열을 충분히 흡수하면 밝게 빛나며 빛에너지로 복사한다.

11.6 완전 기체[9]와 상태방정식

보일(Boyle)과 샤를(Charles)의 법칙

고체와 액체와는 달리 기체의 부피팽창계수를 측정하려고 하면 곤란한 문제에 부딪히게 된다. 왜냐하면 기체는 일정한 부피를 갖지 않고 용기에 따라 용기 가득 팽창하기 때문이다. 기체의 부피를 변하게 하는 유일한 방법은 용기의 크기를 변화시키는 것이다. 그러나 부피를 같게 하더라도 온도 변화에 따라 기체가 용기의 벽을 때리는 압력은 달라지고 만다. 여름이면 자동차의 타이어 압력이 강해지고 겨울이면 약해지는 이유가 여기에 있다.

기체는 연속적으로 특정 방향과는 무관하게 마구잡이(random)로 운동하는 분자들의 집합체이다. 기체들은 압력(P), 온도(T) 그리고 부피(V)와 같이 거시적으로 관

[9] ideal gas를 의미한다. 흔히 이상(理想)기체라고 번역하여 통용되고 있다. 그러나 이상기체라고 하면 일반적으로 이상(異常)한 기체라고 오인받을 수 있으므로 여기서는 완전기체라 부르기로 한다.

찰되는 양으로 기체의 상태를 기술할 수 있으나, 위와 같은 양들의 상호작용에 관계되는 상태방정식은 일반적으로 매우 복잡하다. 그러나 기체가 매우 낮은 압력이나 낮은 밀도로 유지된다면 상태방정식은 매우 단순하게 기술될 수 있다. 이러한 낮은 밀도의 기체를 보통 완전기체(ideal gas)로 간주한다. 사실상 실온이나 대기압에서 대부분의 기체는 완전기체처럼 행동한다.

1662년에 보일(Robert Boyle, 1627~1691)은 **일정한 온도**에 있는 기체의 부피는 압력에 역비례한다는 사실을 알아내었다. 즉 $V \propto \frac{1}{P}$에서 다음과 같다

$$PV = \text{일정} \tag{11.9}$$

이번에는 온도가 변할 때 기체에 어떠한 변화가 일어나는지 살펴보자. 경험적으로 알 수 있는 것은 기체의 압력을 일정하게 유지할 때는 온도에 따라 부피가 변한다는 사실이다. 이러한 사실을 실험적으로 밝혀낸 사람이 샤를(Jacques Alexandre César Charles, 1746~1823)과 게이뤼삭(Joseph Louis Gay-Lussac, 1778~1850)이다. 이들은 각자 독립적으로 일정한 압력하에서 기체의 부피 변화는 온도 변화에 비례한다는 사실을 발견하였다. 즉 $V \propto T$ 이고

$$\frac{V}{T} = \text{일정} \tag{11.10}$$

이다.

그림 11.5는 일정한 압력하에서 온도 변화에 따른 부피 변화를 나타낸다. 식 (11.9)를 만족하고 있음을 알 수 있다. 그런데 이 그래프에서 흥미로운 사실은 부피가 0이 되는 곳까지 온도 축에 선을 그으면—이러한 것을 수학적으로 외삽[10] (extrapolation)이라 부른다—모든 선들이 같은 점에 떨어진다는 점이다. 그리고 그 값은 −273.15℃이다. 이 점이 앞에서 절대온도 눈금을 다루며 나온 켈빈 온도의 절대 영도에 해당하는 온도이다.

또한 게이뤼삭은 일정 부피하에서 압력 변화는 온도 변화에 비례한다는 사실을 발견하였다. 즉

[10] 외삽(外揷). 삽입하다를 생각하라.

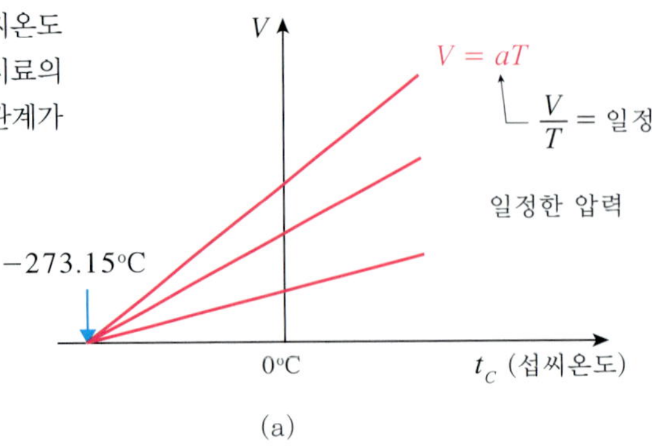

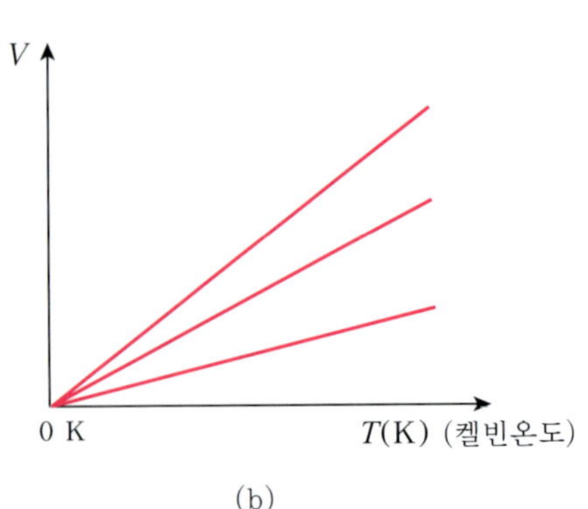

그림 11.5 섭씨온도와 켈빈온도. 섭씨온도(a)와 켈빈온도(b)로 표시한 기체 시료의 부피. 여기서 $T = (t_c + 273.15)$의 관계가 유도된다.

$$P \propto T \tag{11.11}$$

이다. 위와 같은 일련의 관계를 모으면 다음과 같은 결론을 얻는다. 즉

$$PV \propto T$$

이며, 이로부터 다음과 같은 완전기체의 상태방정식(equation of state for an ideal gas)을 얻는다.

$$PV = nRT \tag{11.12}$$

여기서 R은 실험으로부터 결정되는 상수이다. 즉 모든 기체들에 있어서 압력이 0에 접근할 때 PV/nT의 값이 동일한 값에 접근하는데, 이 값이 R에 해당하며

$$R = 8.31\ \mathrm{J/mol \cdot K}$$

이다. 이러한 이유로 R을 보편 기체 상수(universal gas constant)라 부른다. 만약 압력을 대기압(atm)으로, 부피를 리터(1 L = 10^3 cm^3 = 10^{-3} m^3)로 표시하면 R 값은 다음과 같이 된다.

$$R = 0.0821\ \mathrm{L \cdot atm/mol \cdot K}$$

n은 몰 수(mol number)이며 일정한 부피 속의 기체의 양을 나타내는 것으로

$$n = \frac{m}{M} \tag{11.13}$$

으로 표시된다. 여기서 M은 몰 질량이다. 우리는 이미 아보가드로 수(Avogadro's number)를 여러 번 언급한 바 있으며, 이는 물질의 1 mol이 탄소12(^{12}C)의 12 g에 들어 있는 원자의 수에 해당한다. 즉 $N_A = 6.02 \times 10^{23}$/mol이다. 그리고 어떤 물질 1 mol의 질량을 몰 질량 M이라 부른다. 예를 들면 산소분자 O_2는 몰 질량 32 g/mol(32 kg/kmol)을 가지며, 이러한 기체의 32 g은 N_A 수의 분자가 포함되어 있다는 의미이다. 몰 수는 다음과 같이 분자의 총 수 N을 아보가드로 수 N_A로 나눈 값으로 나타낼 수도 있다. 즉

$$n = \frac{N}{N_A}$$

이다. 따라서 완전기체의 상태방정식은 다음과 같이 표현되기도 한다.

$$PV = nRT = \frac{N}{N_A}RT$$

또는

$$PV = Nk_BT \tag{11.14}$$

이다. 여기서 k_B를 볼츠만 상수(Boltzmann's constant)라 부르며 그 값은 다음과

같다. 볼츠만(Ludwig Eduard Boltzmann, 1844~1906)은 독일의 물리학자이다.

$$k_B = \frac{R}{N_A} = 1.38 \times 10^{-23}\ \mathrm{J/K} \tag{11.15}$$

일반적으로 표준 온도와 압력(standard temperature and pressure: STP)에서 1 mol의 기체는 22.4 L의 부피를 갖는다. 학습문제 11.8을 보기 바란다.

11.7 열역학 법칙

우리는 온도와 열에너지 그리고 비열에 대해 알아보았다. 이러한 물질들의 열 현상은 사실상 그 물질을 이루는 결합된 분자들의 운동과 관련되어 있다. 즉 분자들의 운동론에 입각하여 이해할 수 있다. 분자들이 멋대로 운동하면 운동에너지가 열에너지 형태로 발현되는 것이다. 이때 분자들이 결합되어 운동에너지와 퍼텐셜 에너지를 갖는 에너지를 물질 내부에 있다는 의미로 내부에너지라 부른다. 이러한 내부에너지는 외부로부터 에너지를 받거나 에너지를 방출하면 변하게 된다.

물체가 일을 하게 되면 내부에너지가 변하면서 감소한다. 예를 들면 기체를 갑자기 팽창시키면 일을 함과 동시에 온도는 내려간다. 이때 기체의 내부에너지는 외부에 열(Q)을 방출함으로써 감소된다. 물론 이러한 내부에너지는 외부로부터 물체에 일 또는 열 등이 가해지면 증가하기도 한다. 이와 같이 일과 열은 물체의 내부에너지를 변화시킨다.

열과 일 그리고 내부에너지에 관련되는 과정과 서로 간의 조건을 다루는 분야를 **열역학** 혹은 **열물리학**(thermal physics)이라 부른다.

열역학 제1법칙(First Law of Thermodynamics)

그림 11.6을 보자. 상자 속에는 기체가 있고 기체의 분자들이 활발하게 운동하는 모습을 보여주고 있다. 이때 상자와 같이 외부로부터 격리된 체계(system)를 흔히 고립계(closed system)라 한다. 이러한 고립계는 이처럼 상자(용기)가 될 수도 있고 자동차의 엔진, 더 나아가 태양계가 될 수도 있다. 열역학은 이러한 고립계와 고립계를 제외한 외부(environment)를 명확히 구분하여 논하는 학문이다. 그림 11.6은 체계가 외부에 열을 방출하며 일을 하는 경우를 나타낸다.

이러한 고립계에 의한 외부로의 열의 출입과 일 그리고 내부에너지 변화에 대한 다음과 같은 관계의 정립을 **열역학 제1법칙**이라 한다.

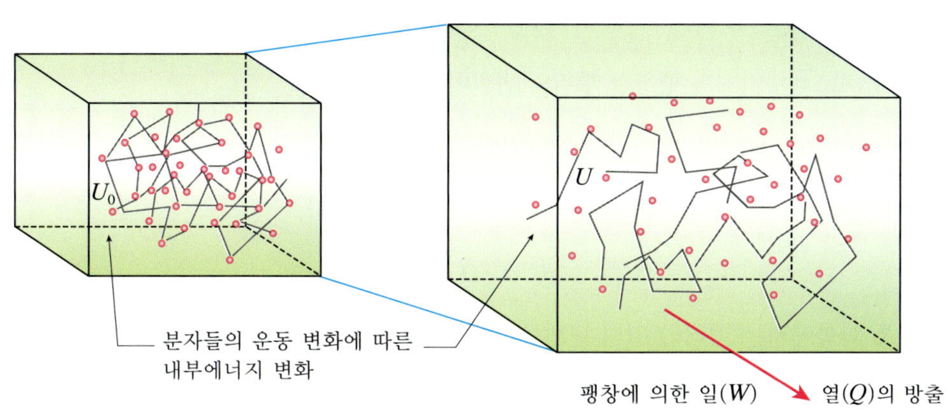

그림 11.6 기체의 내부에너지와 일. 기체가 갑자기 팽창하면 외부에 대해 일을 하게 되며 온도는 내려간다. 온도의 변화는 열에너지(Q)의 흡수 혹은 방출로 나타난다. 이러한 현상은 기체 분자들의 운동에 의한 내부에너지 변화에서 나온다.

$$U_0 + Q = U + W \tag{11.16}$$

여기서 U_0와 U는 체계의 처음과 나중 내부에너지를, Q는 체계에 흡수되거나 방출된 열을 나타낸다. W는 체계가 위와 같은 과정 중에 행한 일이다. 이때 열은

$$Q = U - U_0 + W \tag{11.17}$$

이며, 열이 흡수될 때는 양으로 표시되고 방출될 때는 음으로 표시된다. 체계가 일을 하였다면 W는 양으로 표시되어야 하고, 체계에 하여진 일은 음으로 표시되어야 한다.

식 (11.17)은 체계가 무한소 변화과정에 있다면

$$\triangle Q = \triangle U + \triangle W \tag{11.18}$$

로 표현될 수 있다. 이러한 열역학 제1법칙은 열 및 내부에너지를 포함하는 에너지 보존법칙을 의미한다.

부피 변화와 일: 등온과정과 등압과정

이제 열역학 제1법칙을 자동차의 엔진에서 사용되는 피스톤 운동과 연관지어 보자. 이 경우 부피 변화가 일어나는 열역학적인 과정에서 일은 어떻게 나타나는지 살펴보기로 한다. 기체가 들어 있는 피스톤 통을 상자(용기)라 하면 체계는 기체이며 용기의 벽과 피스톤은 주위 환경이 된다. 그러면 기체가 준정적[11] 과정(quasistatic process)에 의해 팽창할 때 기체가 하는 일을 계산해 보자. 여기서 준정적이라는 말은 과정이 아주 천천히 진행되어 각 순간순간을 평형 상태로 취급할 수 있다는 것을 뜻한다.

그림 11.7과 같이 피스톤은 기체의 힘, 즉 압력(P)을 받아 움직이며 피스톤의 단면적을 A라 하면 그 힘은 $F = PA$이다. 피스톤이 $\triangle x$만큼 움직였다면 기체가 한 일은

[11] 준정적(準靜的)

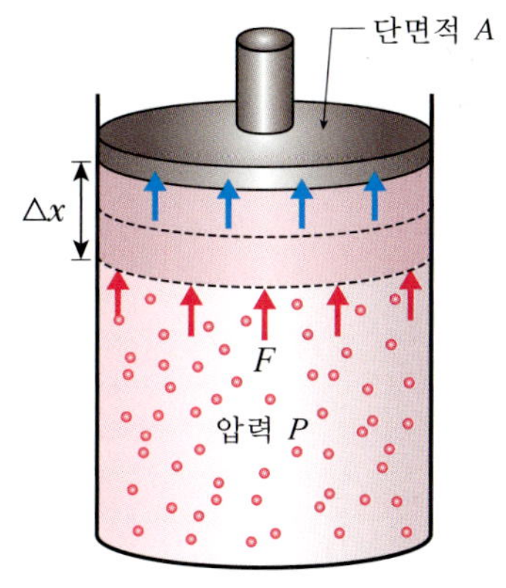

그림 11.7 기체의 팽창과 일. 기체가 팽창하면서 피스톤을 밀면 일을 하게 된다.

$$\triangle W = PA\triangle x$$

이다. $A\triangle x$는 기체가 팽창한 부피의 변화이므로

$$\triangle W = P\triangle V \tag{11.19}$$

이다. 그러면 식 (11.18)은 다음과 같은 형태로 표현된다.

$$\triangle Q = \triangle U + P\triangle V \tag{11.20}$$

보통 화학에서는 이러한 열의 변화를 **엔탈피 변화**(enthalpy change)라 부른다. 그리고 $\triangle H$로 표기하며 엔탈피는 다음과 같이 표기된다.

$$H = U + PV\text{: 엔탈피} \tag{11.21}$$

기체를 포함하는 열역학적 체계는 압력, 부피, 온도와 같은 변수들에 의해 결정되는데, 이때 완전기체인 경우 식 (11.12)로 표현되는 상태방정식이 그 역할을 담당한다. 즉

$$PV = nRT \tag{11.12}$$

이다. 이제 완전기체에 있어 서로 다른 상태를 압력과 부피로 P_1, V_1과 P_2, V_2라 표시하자. 그림 11.8에서 보듯이 기체가 P_1, V_1 상태로부터 P_2, V_2까지 가는데, 기체가 하는 일의 양은 기체가 어떠한 과정을 거치면서 변하느냐에 따라 달라진다.

우선 처음에는 압력 P_1을 유지하면서(등압과정이라 부름) 부피를 V_1에서 V_2로 변화시키고, 그다음 부피를 V_2로 유지하며(등적과정) 압력을 P_1에서 P_2로 올리는 과정을 그려보자. 이러한 과정 동안에 기체가 한 일은

$$W_A = \int_{V_1}^{V_2} PdV = P_1(V_2 - V_1) = P_1V_1\left(\frac{V_2}{V_1} - 1\right) \tag{11.22}$$

이다. 부피가 일정한 등적과정에서 기체가 한 일은 없다는 점에 주의하라.

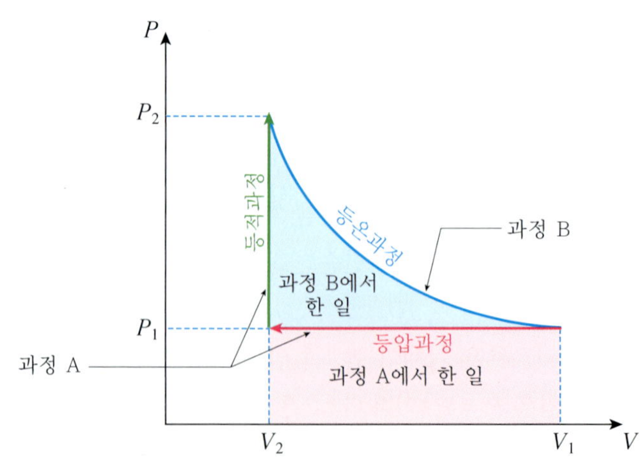

그림 11.8 기체가 한 일. 체적이 수축되는 과정에서 기체가 한 일. 경로에 따라 한 일의 양이 다르다.

다음으로 온도를 일정하게 유지하는 과정(등온과정)에서 한 일을 계산해 보자. 식 (11.12)로부터 압력은 $P = nRT/V$이므로

$$W_B = \int_{V_1}^{V_2} PdV = nRT\int_{V_1}^{V_2} \frac{dV}{V} = nRT\ln\left(\frac{V_2}{V_1}\right) = P_1V_1\ln\left(\frac{V_2}{V_1}\right) \qquad (11.23)$$

이다. 이와 같이 체계가 하는 일은 체계의 처음과 나중의 상태뿐만 아니라 과정의 경로에 따라 달라진다. **따라서 식 (11.19)에서 일의 미소변위인 $dW = PdV$는 사실상 완전 미분의 의미로 받아들여서는 안 된다. 왜그럴까?**

열역학 제2법칙(Second Law of Thermodynamics)

열은 다양하게 이동하지만 반드시 고온으로부터 저온으로 흘러간다. 이러한 열흐름을 바꾸려면 외부에서 일을 하여 찬 공기로부터 열을 뽑아 더운 바깥 공기로 보내야 한다. 열역학 제1법칙은 이와 같은 열흐름의 방향을 결정해 주지는 않는다. 다시 말해 열흐름의 방향에 대해 아무런 제약을 두지 않는다.

예를 들면 지상으로부터 높이 h인 곳에서 차가운 얼음 덩어리를 밑으로 낙하시킨 경우를 검토해 보자. 얼음은 떨어지면서 녹는다. 얼음 덩어리는 처음 퍼텐셜 에너지가 운동 에너지로 바뀌면서 이것이 다시 얼음의 내부에너지로 변환된다. 그런데 이 과정을 거꾸로 하면 물이 얼면서 방출되는 잠열이 운동에너지와 퍼텐셜 에너지로 바뀌고 얼음 덩어리가 위로 올라간다고 할 수 있다. 열역학 제1법칙은 이러한 역과정을 부정하지 않는다. 그러나 실제적으로는 이러한 일은 발생하지 않는다. 이와 같이 열의 이동에 있어 가상적인 과정을 금지하는 법칙이 열역학 제2법칙이다. 그중에서 켈빈(Kelvin)의 정의는 다음과 같다.

열을 흡수하여 이 열을 일로 바꾸기만 하는 과정은 불가능하다.

이 표현에 따르면 물이 얼어서 그 열을 뽑아 일을 하는 과정(즉 위로 올리는 과정)은 불가능하다. 아니면 배가 바닷물이 가지고 있는 내부에너지를 뽑아 열원으로 사용하여 항해하는 것도 불가능하다. 또 다른 표현은 클라우지우스(Rudolf Clausius, 1822~1888)에 의한 것으로 다음과 같다.

자체적으로 움직이는 기계가 한 물체로부터 열을 받아 더 높은 온도의 물체로 계속적으로 옮기는 것은 불가능하다.

열에너지를 일로 바꾸는 장치를 열기관(heat engine)이라 한다. 보통의 열기관은 가동 물질(증기기관의 물, 내연기관의 공기와 휘발유 증기)로 하여금 열원으로부터 열을 흡수하여 역학적인 일을 하게 한 다음 저온의 열원으로 열을 배출하도록 되어 있다. 증기기관을 들여다보자. 증기기관은 보일러실에서 증기가 데워지고(고온 열

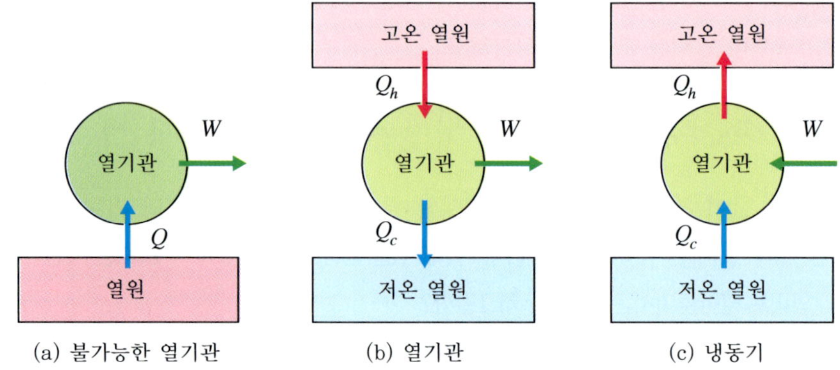

그림 11.9 열역학 제2법칙과 열기관. 켈빈의 열역학 제2법칙에 따르면 (a)와 같은 열기관은 불가능하다.

원으로부터 열을 흡수하는 과정), 이것이 팽창하면서 피스톤을 움직인다(일을 하는 과정). 그리고 식은 증기를 대기에 방출(저온 열원으로 열을 방출하는 과정)한다. 열원(heat reservoir)이란 열용량이 아주 커서 열을 흡수하거나 배출해도 온도 변화가 거의 없는 이상적인 물체 또는 체계를 말한다. 보통 타고 있는 화석 연료가 고온 열원(hot heat reservoir) 역할을 하고, 대기나 바다(호수) 등이 저온 열원(cold heat reservoir) 역할을 한다. 그림 11.9(b)의 열기관을 보면 이해가 쉬울 것이다. 냉동기(refrigerator)의 경우 일이 냉동기에 행하여져 저온 열원을 식히고 고온 열원을 데우는 과정으로 되어 있다. 냉동기는 자체적으로 움직이는 기관이 아니라 외부로부터 일이 행하여져 움직이는 기관이기 때문에 열을 저온 열원에서 고온 열원으로 보낼 수 있다. 클라우지우스의 표현은 열이 고온부로부터 저온부로 흐르며 그 반대로는 흐를 수 없다는 의미이다. 이와 같은 클라우지우스의 표현과 켈빈의 표현은 사실상 동일하다는 것으로 밝혀졌다.

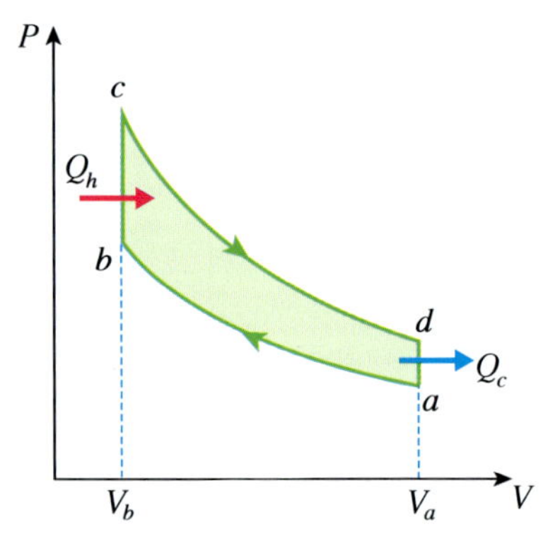

그림 11.10 내연기관의 사이클.

대부분의 자동차에서 사용되고 있는 내연기관이 대표적인 열기관이다. 흡입–압축–점화–폭발–배기–흡입 과정의 순환과정으로 작동되며, 이러한 사이클을 오토 순환과정(otto cycle)이라 부른다. 그림 11.10은 오토 사이클의 PV 곡선을 보여주고 있다. 점 a(흡입)에서 공기–가솔린 혼합 기체가 흡입되어 점 b까지 단열 압축된다. 이어 점화 플러그로 점화되면 일정한 부피를 유지하며 점 c까지 가열되어 압력이 증가한다. 동력은 점 c에서 점 d까지 단열 팽창되면서 이루어진다. 점 d에서 점 a까지는(등적과정) 타버린 기체를 내보내고 새로운 공기–가솔린 혼합 기체를 받아들이면서 냉각된다.

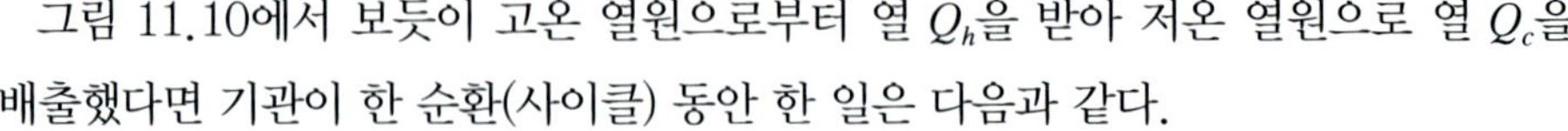

그림 11.10에서 보듯이 고온 열원으로부터 열 Q_h을 받아 저온 열원으로 열 Q_c을 배출했다면 기관이 한 순환(사이클) 동안 한 일은 다음과 같다.

$$W = Q_h - Q_c \tag{11.24}$$

한 사이클 동안 열기관의 처음 상태와 나중 상태는 같으므로 내부에너지의 변화는 없다. 열기관의 효율은 다음과 같이 기관이 한 일과 고온 열원에서 흡수한 열과의 비율로 정의된다.

$$\epsilon = \frac{W}{Q_h} = \frac{Q_h - Q_c}{Q_h} = 1 - \frac{Q_c}{Q_h} \tag{11.25}$$

가장 좋은 증기기관의 효율은 40% 정도이며, 가장 우수한 내연기관의 효율은 50% 정도이다.

여기서 위에서 논의했던 내연기관의 순환(cycle)에 대해 좀 더 살펴보기로 하자. 우리는 앞에서 준정적이라는 과정을 여러 번 언급한 바 있다. 그런데 상태 변화에 있어 가역과정인가 아닌가 하는 점이 물리학에서 중요한 요소로 차지한다. **가역(reversible)과정**이라 하는 것은 과정 자체가 아주 천천히 일어나서 평형 상태가 연속적으로 이어지는 것을 의미하며 거꾸로, 즉 역으로 수행되어도 열에너지가 변하지 않는 과정을 말한다. 내연기관에 있어 피스톤이 마찰이 전혀 없이 운동한다면 가역과정에 해당할 수 있다. 그러나 피스톤이 아주 천천히 움직이면서 기체를 서서히 압축시키는 등온과정이라 해도 가역과정이 될 수는 없다. 마찰력이 존재하기 때문이다. 실제적으로 운동을 하는 데 있어 마찰력은 없앨 수 없는 양이므로 가역과정은 불가능하다. 그럼에도 불구하고 가역과정을 전제로 기관의 효율 혹은 물질의 상태 변화를 논하는 것은 자연의 속성을 이해하는 데 상당한 도움을 줄 수 있다.

이러한 가역과정을 염두에 두고 기관의 순환을 연구한 사람이 프랑스의 카르노(Sadi Carnot, 1796~1832)이다. 이때 가역과정에 의해 작동되는 기관을 카르노 기관(Carnot engine)이라 부르는데, 실제적으로 존재하는 기관은 물론 아니다.

그림 11.11을 보자. 이 그림은 가역순환 과정인 카르노 순환을 보여주고 있다. 가역순환이라 함은 열기관계가 처음의 평형 상태로부터 가역과정을 시작하여 여러 단계의 평형 상태를 거쳐 처음의 상태로 되돌아가는 과정이다. 그림에서 빗금친 부분 중 4개의 꼭지점 a, b, c, d를 보자. 처음 높은 열원과 높은 압력점인 a에서 시작하여 가역 등온적으로 팽창(b)한 다음 다시 가역 단열적으로 팽창(b~c)한다. 여기서 열의 교환은 없고 온도는 내려간다. 다음은 등온압축 과정이며, 이때 열 Q_c이 기체에 의해 열원으로 방출된다. 마지막으로 d~a를 따라 단열적으로 압축되고 초기 상태로 되돌아간다. 여기서 카르노 기관이 한 일은 물론 빗금친 면적에 해당한다. 카르노 기관의 효율은 식 (11.25)와 같이 주어진다. 즉

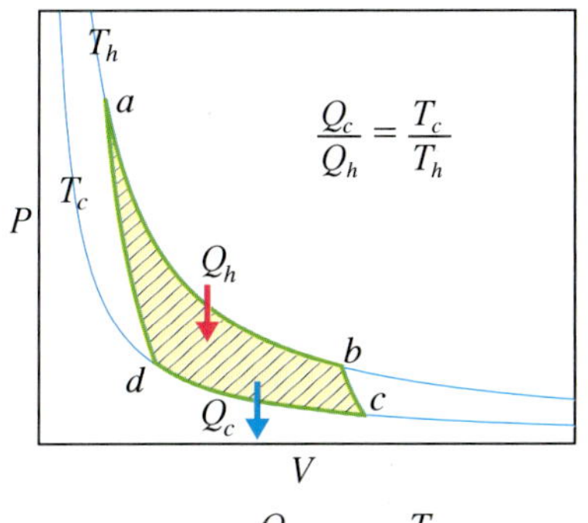

$$e = 1 - \frac{Q_c}{Q_h} = 1 - \frac{T_c}{T_h}$$

그림 11.11 가역기관과 카르노 순환.

$$e = 1 - \frac{Q_c}{Q_h}$$

이다. 그런데 카르노 기관에 있어서 열원들은 오로지 온도에만 의존하는 결과를 얻을 수 있다. 즉

$$Q_h = nRT_h \ln \frac{V_b}{V_a}$$

그리고

$$Q_c = nRT_c \ln \frac{V_c}{V_d}$$

에서 완전기체 조건인 $\frac{V_b}{V_a} = \frac{V_c}{V_d}$ 를 적용하면

$$\frac{Q_c}{Q_h} = \frac{T_c}{T_h} \tag{11.26}$$

인 관계를 얻을 수 있다. 따라서 카르노 기관의 효율은 다음과 같이 오직 절대온도의 비로 나타낼 수 있다.

$$e = 1 - \frac{Q_c}{Q_h} = 1 - \frac{T_c}{T_h} : \text{카르노 기관의 효율} \tag{11.27}$$

이러한 결과는 "두 온도 사이에서 작동되는 카르노 기관들은 같은 효율을 갖는다"라는 의미를 가져다준다. 사실상 두 온도 사이에서 가역과정으로 작동되는 열기관은 없으므로 카르노 기관 이상의 효율을 갖는 기관들(비가역 기관)은 존재할 수 없다.

11.8 엔트로피(Entropy)

여러분은 '엔트로피'라는 말을 어디선가 한 번쯤은 들어본 적이 있을 것이다. 사실 엔트로피라는 용어는 열역학적 용어이다. 결론적으로 이야기하자면 엔트로피는 열역학 제2법칙과 동등한 의미를 가진 물리학 용어이다.

이제부터 카르노 기관을 적용하여 엔트로피를 유도하고 여기에 담긴 물리적 의미를 고찰해 보자. 식 (11.26)은 다음과 같이 쓸 수 있다. 즉

$$\frac{Q_h}{T_h} = \frac{Q_c}{T_c}$$

이다. 따라서

$$\frac{Q_h}{T_h} - \frac{Q_c}{T_c} = 0$$

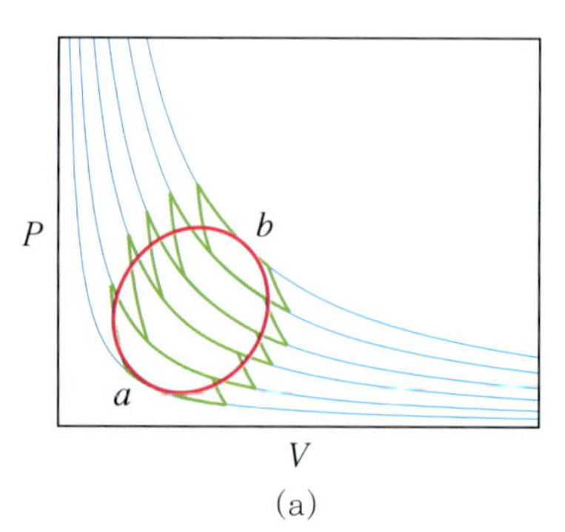

(a)

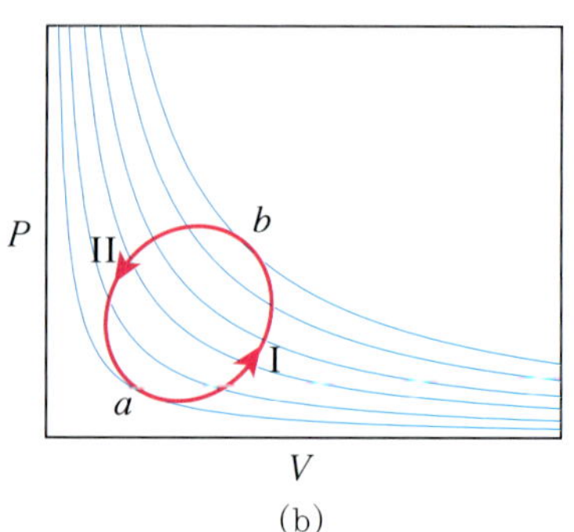

(b)

그림 11.12 카르노 순환과 엔트로피.
(a) 많은 수의 카르노 순환은 전체적으로 가역 순환으로 볼 수 있다.

$$\Delta S = \frac{\Delta Q}{T} : \text{엔트로피}$$

(b) 가역순환 과정의 엔트로피 적분은 0이다.

$$\sum \frac{\Delta Q}{T} = 0$$

이다. 그러나 열량이 들어오고 나가는 것을 양과 음으로 잡으면 사실상 위 식은 다음과 같이 표현되어야 한다.

$$\frac{Q_h}{T_h} + \frac{Q_c}{T_c} = 0$$

만약 순환과정에 있어 2개의 온도 열원이 아니라 그림 11.12와 같이 다수가 포함되면 한 순환과정에서 유출되는 열 Q_c는 다음 순환과정에서의 유입열량 Q_h과 거의 같을 것이다. 그러면 그림 11.12(a)에서 보는 것처럼 중간 과정에서의 열유입량과 열유출량은 모두 상쇄되고, 결국 순수 열량은 점 a와 점 b에서의 열량차와 같다는 것을 알 수 있다. 즉

$$\sum \frac{Q}{T} = 0 \tag{11.28}$$

이다. 이때

$$\Delta S = \frac{\Delta Q}{T} : \text{엔트로피} \tag{11.29}$$

라는 양을 '엔트로피'라 부른다.

순환과정이 많은 경우 합은 곧 그림에서 보듯이 타원 형태의 연속으로 볼 수 있고, 식 (11.28)은 닫힌 적분 형태로 된다. 즉

$$\oint \frac{dQ}{T} = 0 \tag{11.30}$$

이다. 자! 이제 그림 11.12(b)를 보기로 한다. a에서 b로의 경로를 I, b에서 a로 다시 돌아오는 다른 경로를 II라 하자. 그러면

$$\int_{a,\,\text{path I}}^{b} \frac{dQ}{T} + \int_{b,\,\text{path II}}^{a} \frac{dQ}{T} = 0$$

으로부터

$$\int_{a:\text{I}}^{b} \frac{dQ}{T} = \int_{a:\text{II}}^{b} \frac{dQ}{T} \tag{11.31}$$

인 결과를 이끌어낼 수 있다. 식 (11.31)은 임의의 가역순환 과정에서 2개의 평형상태에 대한 엔트로피는 동등하다는 것을 보여주고 있다. 따라서 모든 가역과정에서의 엔트로피는

$$S = \oint \frac{dQ}{T} = 0$$

이다. 식 (11.31)은 평형점에서의 엔트로피 차를 나타낸다. 즉

$$\Delta S = S_b - S_b = \int_{a}^{b} \frac{dQ}{T} \tag{11.31}$$

이다. 따라서 두 평형 상태에서의 엔트로피는 경로에 무관한 상태 변수에 해당한다.

엔트로피 증가의 법칙

그렇다면 가역과정이 아닌 두 평형 상태 사이의 열흐름에 있어 엔트로피는 어떻게 될까? 뒤에 나오는 학습문제들을 풀어보면 이 물음에 대해 깊은 이해를 얻을 수 있을 것이다. 즉 학습문제 11.14, 11.15, 11.16에서 보듯이 사실상 비가역 과정의 체계에서는 엔트로피 변화의 크기는 항상 0보다 크게 나온다. 다시 말해 엔트로피 변화는 증가한다. 즉

자연적인 과정에 있어 체계에 대한 전체 엔트로피 변화는 항상 증가한다.

라고 말할 수 있다. 이 표현을 흔히 **엔트로피 증가의 법칙**이라 부르며 열역학 제2법칙을 다르게 표현한 것이라고도 할 수 있다. 쉽게 이야기하자면 병에 담겨 있던 물이 엎질러져 바닥에 흘렀을 때 원래의 상태로 되돌릴 수 없는 것과 같다. 땅에 충돌한 돌멩이가 다시 움직여 원래의 자리로 돌아가겠는가? 엔트로피 증가의 법칙은 자연의 질서와 진화의 방향을 말해 주고 있는 것이다.

엔트로피와 우주의 진화

자, 다시 우주로 돌아가자. 우리는 1장에서 우주의 탄생과 진화에 대해 거창하게 이야기한 적이 있다. 우주가 팽창하고 있다는 사실도 언급하였다. 팽창을 보기로 하자. 그림 11.13은 많은 점들—여기서는 물분자, 향의 분자, 우주의 은하 등에 해당한다—이 모인 공간이 점점 확대되면서 점들의 간격도 커지는 것을 나타낸다. 방안에 향수 병이 있어 뚜껑을 연 순간 향이 퍼져나가면 방 안 가득 향이 골고루 배게 되는 점을 생각하자. 시간이 지나면 결국 더 이상 퍼지지 못하고 정적인 상태를 유지하게 되는데, 이 과정에서 엔트로피는 계속 증가한다. 그러면 우주 역시 팽창을 거듭하면서 엔트로피는 계속 증가할 것인가? 방 안 가득 향이 차면 퍼짐이 멈추듯이 우주는 어느 시점에서 멈추어 결국 죽은 상태로 될 것인가? 이를 열적 죽음이라 부른다. 왜냐하면 계속 팽창하기만 하면 절대온도 0으로 가기 때문이다.

분명 향은 원래 피어났던 조그만 곳(향수 병)으로 돌아가지 못한다. 그렇다면 우주도 같은 운명을 맞이할 것인가? 나는 여러분에게 우주는 태어난 지 50만 년 후부터 팽창이 더욱 가속되며 진화한다는 사실을 1장에서 언급한 적이 있다. 과연 팽창으로 끝날까? 다시 수축하지는 않을까? 수축할 수 있는 것은 오직 중력뿐이다. 그러나 우주에서 관측되는 모든 별들(은하들)의 질량은 현재의 팽창을 막을 수 없나는 결론 아닌 결론이 나와 있다. 따라서 그 대안으로 암흑물질을 제시하고 있다. 암흑

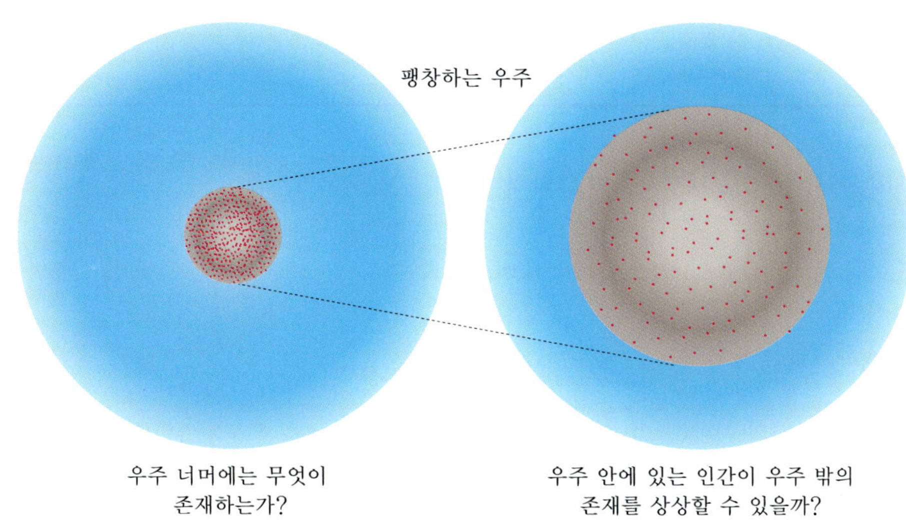

그림 11.13 엔트로피 증가와 우주의 팽창. 정말로 우주는 팽창하고 있을까? 팽창의 진정한 물리적 의미는 무엇일까?

물질이라? 보이지도 않고 질량도 거의 잴 수 없는 수수께끼 같은 입자—흔히 중성미자를 지칭함—들의 집합체인 암흑물질이 과연 존재하는 것일까? 더욱이 암흑물질이 인력이 아닌 척력으로 작용한다는 논리를 펴고 있는 것이 우주의 진화를 놓고 벌이는 물리학자들의 현 주소이다. 여러분이 이 문제에 도전해 보라.

11장 학습문제

11.1 14 kg의 알루미늄을 80°C에서 15°C로 냉각시키면 얼마의 열량이 발생하는가?

답: $Q = mc\Delta T = (14\text{ kg}) \times \left(0.22 \dfrac{\text{kcal}}{\text{kg} \cdot {}^\circ\text{C}}\right) \times (-65^\circ\text{C}) = -200\text{ kcal}$.

여기서 음의 부호는 열량이 방출되었음을 뜻한다.

11.2 120 g인 알루미늄 덩어리가 80 g의 물에 잠겨 있다. 알루미늄과 물 모두 처음 온도가 15°C였다면 이 온도가 65°C로 상승하기 위해서는 얼마의 열이 가해져야 하는가?

답: 5.3 kcal.

11.3 90°C인 0.2 kg의 커피를 20°C의 찻잔(0.15 kg)에 부었다. 외부에 대해 열의 출입이 없다면 커피의 최종 온도는 얼마일까? 단, 커피의 비열은 물과 같고 찻잔의 비열은 유리와 같다고 가정한다.

풀이: 에너지 보존법칙에 따르면 '찻잔이 얻은 열에너지 = 커피가 잃은 열에너지'가 된다. 커피와 찻잔의 최종 온도를 t라 하면 찻잔이 얻은 열은 $Q_1 = m_1c_1(t - 20^\circ\text{C})$이다. 따라서

$$Q_1 = (0.15\text{ kg})\left(0.20\frac{\text{kcal}}{\text{kg} \cdot {}^\circ\text{C}}\right)(t - 20^\circ\text{C}) = (0.03t - 0.6)\text{ kcal}$$

가 된다. 커피가 잃은 열은 $Q_2 = m_2c_2(90^\circ\text{C} - t)$이므로

$$Q_2 = (0.2\text{ kg})\left(1.0\frac{\text{kcal}}{\text{kg} \cdot {}^\circ\text{C}}\right)(90^\circ\text{C} - t) = (18 - 0.2t)\text{ kcal}$$

이다. $Q_1 = Q_2$이어야 하므로 $0.03t - 0.6 = 18 - 0.2t$이고, 결국

$$t = 81^\circ\text{C}$$

이다. 커피의 온도가 9°C 내려갔다.

11.4 0°C인 얼음(60 g)이 50°C의 물과 섞여 20 g의 얼음을 포함하는 평형 상태의 물과 얼음의 혼합물이 되었다. 물 몇 g이 얼음과 섞여 있는가?

풀이: 얼음이 흡수하는 열은 40 g의 얼음을 녹이는 데 사용된다.

$$Q_1 = (0.04\text{ kg})(80\text{ kcal/kg}) = 3.2\text{ kcal}$$

이 열은 물 x g이 50°C에서 0°C로 냉각되면서 발생하는 열에너지와 같아야 한다.

$$Q_2 = (x\text{ kg})\left(1.0\frac{\text{kcal}}{\text{kg} \cdot {}^\circ\text{C}}\right)(50^\circ\text{C}) = 50x\text{ kcal}$$

로부터 $50x = 3.2$이고, 결국

$$x = 0.064 \text{ kg} = 64 \text{ g}$$

이다. 따라서 50°C의 물 64 g이 최종적으로 20 g의 얼음과 104 g의 물로 이루어진 평형 상태의 혼합물을 만든다.

11.5 표 11.3의 열전도도는 cal, cm 등 SI 체계와는 다르게 나와 있다. 물인 경우 열전도도가 W/(m·°C)로는 얼마가 되는가?

풀이: Watt는 J/s이고, cm는 0.01 m이므로

$$\frac{\text{cal}}{\text{cm}\cdot\text{s}\cdot{}^\circ\text{C}} = (\text{cal/s})\left(\frac{1}{\text{cm}\cdot{}^\circ\text{C}}\right) = (4.2\text{ W})\left[\frac{1}{(0.01\text{ m})^\circ\text{C}}\right] = 420\frac{\text{W}}{\text{m}\cdot{}^\circ\text{C}}$$

이다. 따라서 $k_{\text{water}} = 0.0015 \times 420 = 0.63$ W/(m·°C)가 된다.

11.6 성냥갑 모양을 한 저수지가 있다. 면적은 1.6 km²이고 깊이는 3 m이다. 어느 여름 날 저수지 표면 온도는 30°C이고 바닥 온도는 4°C라면 이 저수지는 얼마만한 열에너지를 전달하는가? W로 답하라.

풀이: 온도는 일정하게 표면에서부터 바닥으로 내려간다고 하자. 그러면 식 (11.7)로부터

$$\begin{aligned}\frac{\Delta Q}{\Delta t} &= -kA\frac{\Delta T}{\Delta x}\\ &= -(0.63\text{ W/m}\cdot{}^\circ\text{C})(1.6\times10^6\text{ m}^2)\frac{30^\circ\text{C}-4.0^\circ\text{C}}{3.0\text{ m}}\\ &= -8.1\times10^6\text{ W}\end{aligned}$$

이다. 여기서 음의 부호는 온도가 내려가는 방향으로 열이 흐른다는 것을 의미한다.

11.7 태양의 복사에너지는 $P = 3.9 \times 10^{26}$ W이다. 태양의 표면 온도를 구하라. 태양의 반지름은 7.0×10^8 m이고 태양을 흑체(blackbody)라고 간주하라.

풀이: 여기서 단면적은 $A = 4\pi r^2$이다. 그러면

$$\begin{aligned}T &= \left[\frac{P}{4\pi R^2\sigma}\right]^{1/4}\\ &= \left[\frac{3.9\times10^{26}\text{ W}}{(4)(3.14)(7.0\times10^8\text{ m})^2(5.7\times10^{-8}\text{ W/m}^2\cdot\text{K}^4)}\right]^{1/4}\\ &= 5.8\times10^3\text{ K}\end{aligned}$$

이다.

11.8 1대기압, 0°C의 산소 1 mol의 부피는 얼마인가?

답: 완전기체 상태방정식에서 부피는 다음과 같다.

$$V = \frac{nRT}{P} = \frac{(1\,\text{mol})(0.0821\,\text{L}\cdot\text{atm/mol}\cdot\text{K})(273\,\text{K})}{1\,\text{atm}} = 22.4\,\text{L}$$

11.9 수소원자 1 mol의 질량은 1.0076×10^{-3} kg이며, 수소원자 1개의 질량은 1.673×10^{-27} kg이다. 아보가드로 수를 구하라.

답: $N_A = \dfrac{1.0076 \times 10^{-3}\,\text{kg/mol}}{1.673 \times 10^{-27}\,\text{kg/atom}} = 6.024 \times 10^{23}\,\text{atoms/mol}.$

11.10 완전기체 0.4 mol이 온도 300 K에서 2.0 L(1.0×10^{-3} m^3)인 용기에 들어 있다면 압력은 얼마인가? 그리고 대기압으로는 얼마인가?

답: 5.0×10^5 N/m^2, 5.0 atm.

11.11 온도가 $T_1 = 300$ K이고 부피가 $V_1 = 4$ m^3의 완전기체 3.0 mol을 같은 온도로 $V_2 = 8$ m^3까지 팽창시켰다.

(a) 등온과정에서 기체가 한 일과 기체에 주어진 열 그리고 내부에너지를 구하라.

(b) 그림 11.8에서와 같이 먼저 등적과정을 유지하면서 압력을 감소시키고 다시 등압과정을 거친 후 부피를 증가시킨 과정에서 기체가 한 일, 기체에 주어진 열 그리고 내부에너지의 변화를 구하라. 한편 내부에너지는 $U = \frac{3}{2}k_B T$로 주어진다.

풀이: (a) 등온과정에서 기체가 한 일은 식 (11.23)으로 주어진다. 다만 이번에는 부피(체적)가 팽창하는 경우이다.

$$W = nRT\ln\frac{V_2}{V_1} = (3.0\,\text{mol})(8.31\,\text{J/mol}\cdot\text{K})(300\,\text{K})(\ln 2) = 5184\,\text{J}$$

등온과정에서 내부에너지의 변화는 없다. 따라서 $\triangle U = 0$이다. 그러면 기체에 주어진 열은 식 (11.17)에서

$$Q = \triangle U + W = W = 5184\,\text{J}$$

이다. 그리고 내부에너지는 $U = \dfrac{3}{2}nRT$ 로부터 $U = \dfrac{3}{2} \times 3 \times 8.31 \times 300 = 11,218\,\text{J} = 1.12 \times 10^4\,\text{J}$이다.

(b) 처음 등적과정과 다음 등압과정에서의 일은 식 (11.22)로부터 얻을 수 있다. 다만 식 (11.22)는 팽창과정이 아니라 압축과정의 결과이다. 그림 11.14를 보면

$$\begin{aligned} W &= P_2(V_2 - V_1) = P_2V_2\left(1 - \frac{V_1}{V_2}\right) \\ &= nRT\left(1 - \frac{V_1}{V_2}\right) = (3.0\,\text{mol})(8.31\,\text{J/mol}\cdot\text{K})(300\,\text{K})(1 - 0.5) = 3740\,\text{J} \end{aligned}$$

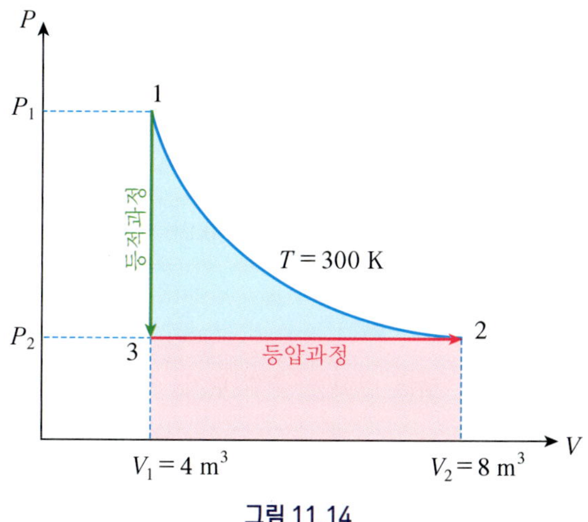

그림 11.14

이다. 처음 등적과정에서는 부피의 변화가 없기 때문에 일은 0이다. 비록 등적과정과 등압과정에서 내부 온도의 변화는 있었지만 최종적인 온도는 같기 때문에 내부에너지의 변화는 없다. 따라서 기체에 주어진 열은

$$Q = \triangle U + W = W = 3740\ \text{J}$$

이다. 참고로 등적과정에서 변화된 온도는 위치 3에서는 $T_3 = \frac{V_3}{V_1}T = \frac{1}{2} \times 300 = 150(\text{K})$이다. 따라서 1, 2, 3 과정 중 온도의 변화는 300 K → 150 K → 300 K이다. 내부에너지는 $U = 1.12 \times 10^4$ J이다.

11.12 0.5 kg의 물이 100°C에서 모두 수증기로 변한다. 물이 하는 일과 내부에너지의 변화를 구하라. 압력은 대기압이라고 가정하라. 물의 밀도는 $1.0 \times 10^3\ \text{kg/m}^3$이고 수증기의 밀도는 $0.598\ \text{kg/m}^3$이다.

풀이: 먼저 물의 부피와 수증기의 부피를 구해야 한다. 물의 부피는

$$V_1 = \frac{m}{\rho} = \frac{0.5\ \text{kg}}{1.0 \times 10^3\ \text{kg/m}^3} = 5 \times 10^{-4}\ \text{m}^3$$

이고, 수증기의 부피는

$$V_2 = \frac{0.5\ \text{kg}}{0.598\ \text{kg/m}^3} = 0.836\ \text{m}^3$$

이다. 그러면 물이 하는 일은

$$W = P(V_2 - V_1) = (1.01 \times 10^5\ \text{N/m}^2)(0.836\ \text{m}^3 - 0.0005\ \text{m}^3) = 8439\ \text{J}$$

이다. 물이 모두 수증기로 바뀌는 데 필요한 열량은 증발(기화)열이므로 $Q = 540\ \text{kcal} = 22.6 \times 10^5$ J이다. 따라서 내부에너지의 변화는

$$\triangle U = Q - W = 22.6 \times 10^5\ \text{J} - 0.8 \times 10^5\ \text{J} = 21.8 \times 10^5\ \text{J}$$

이다. 이 결과는 열량의 약 95%가 내부에너지를 증가시키는 데 쓰이고 고작 5% 정도만이 일을 하는 데 쓰였다는 것을 보여준다.

11.13 열기관이 매 순환마다 고온 열원으로부터 800 J의 열을 흡수하여 저온 열원으로 600 J의 열을 배출한다. 이 열기관의 효율을 구하라.

풀이: 식 (11.25)로부터

$$\epsilon = 1 - \frac{Q_c}{Q_h} = 1 - \frac{600}{800} = 0.25 = 25\%$$

이다.

11.14 완전기체의 단열팽창에 대해 엔트로피 변화를 구해 보자. 즉 n mol의 완전기체가 단열팽창을 한다고 가정하자.

(a) 기체의 엔트로피 변화를 구하라.

(b) 기체를 둘러싼 체계의 엔트로피 변화를 구하라.

풀이: 그림 11.7과 같이 기체가 팽창하면서 피스톤을 밀며 일을 하는 과정을 고려한다. 이때 이 체계는 고립계라고 가정한다. 그러면 부피가 V_1에서 V_2로 단열팽창하는 동안 열의 유입은 없으며 기체는 일도 하지 않는다. 그리고 온도는 처음과 나중 상태가 같다.

(a) 이 팽창과정은 사실상 비가역 과정이다. 따라서 식 (11.31)을 적용할 수 없다. 그대신 온도를 일정하게 유지하며(등온과정) V_1에서 V_2로 팽창시키는 가역과정을 고려한다. 이 경우 내부에너지는 없고 유입된 열은 모두 일로 전환된다. 즉 $dQ = dW = PdV$이다. 그러면

$$\triangle S = \int \frac{dQ}{T} = \frac{1}{T}\int PdV$$

이고, $P = \dfrac{nRT}{V}$에서

$$\triangle S = \frac{nRT}{T}\int_{V_1}^{V_2} \frac{dV}{V} = nR\ln\frac{V_2}{V_1}$$

가 된다. 이 양은 0보다 크다. 즉 $\triangle S > 0$이다.

(b) 단열팽창 과정에서 기체는 주위 환경과는 열교환을 하지 않는다. 따라서 주위 체계(환경)의 상태는 변화가 없다. 그러므로 엔트로피 변화는 없다. 그럼에도 불구하고 기체와 주위 체계와의 전체 엔트로피 변화는 0이 아니라 0보다 크다는 것에 주목하기 바란다.

11.15 벌겋게 달구어진 4 kg의 쇳조각을 저수지에 던졌다. 이 쇳조각의 온도는 900 K이며 저수지의 온도는 280 K로 측정되었다. 쇳조각은 철로 되어 있으며 비열은 표 11.1에 나와 있다.

(a) 쇳조각의 엔트로피 변화를 구하라.

(b) 호수의 엔트로피 변화를 구하라.

풀이: (a) 이 문제는 물론 비가역 과정이나. 그럼에도 가역과정과 같은 크기의 엔트로피 변화가 생긴다. 먼저 쇳조각인 철의 비열은 표 11.1에서 보듯이 $c = 0.11$ kcal/kg·K이다. 그러면 $dQ = mcdT$로부터

$$\triangle S_{철} = \int \frac{dQ}{T} = mc\int_{T_1}^{T_2} \frac{dT}{T} = mc\ln\frac{T_2}{T_1}$$

이다. 따라서

$$\triangle S_{철} = (4.0\ \text{kg})(0.11\ \text{kcal/kg}\cdot\text{T})\ln\frac{280\ \text{K}}{900\ \text{K}} = -\ 0.51\ \text{kcal/K}$$

이다. 이를 J 단위로 나타내면 $\triangle S = -2100$ J/K가 된다.

(b) 저수지의 온도는 변하지 않는다고 하면 저수지는 쇳조각으로부터

$$\begin{aligned}\triangle Q &= mc(T_{쇳조각} - T_{저수지})\\ &= (4.0\ \text{kg})(0.11\ \text{kcal/kg}\cdot\text{K})(900 - 280)\text{K}\\ &= 273\ \text{kcal}\end{aligned}$$

의 열량을 받는다. 사실 저수지 온도에는 약간의 변화가 있어 이 과정은 비가역적이지만 엔트로피 변화는 가역 등온과 같다고 볼 수 있다. 그러면

$$\triangle S = \frac{273\ \text{kcal}}{280\ \text{K}} = 0.98\ \text{kcal/K}$$

이다. 이는 곧 $\triangle S = 4100$ J/K에 해당한다. 따라서 전체 엔트로피 변화는

$$\triangle S_t = 4100\ \text{J/K} - 2100\ \text{J/K} = 2000\ \text{J/K}$$

가 된다. 이번에도 엔트로피 변화는 0보다 크다.

11.16 운동에너지 K를 가진 돌멩이가 바닥과 충돌하면서 정지한다. 돌과 주위 환경에 대한 엔트로피 변화를 구하라.

풀이: 돌멩이의 운동에너지가 돌과 주위계(여기서는 크게 보아 지구임)의 내부에너지로 변환된다. 온도의 변화는 무시할 수 있으므로 $Q = K$라고 할 수 있다. 이것은 일정한 온도를 유지하는 체계에 운동에너지에 의한 열이 가역적으로 유입된 경우와 같다고 볼 수 있다. 따라서

$$\triangle S = \frac{K}{T}$$

이며, $\triangle S > 0$이다.

11장 연습문제

11.1 보통 사람의 체온은 37°C이다. 화씨온도와 절대온도로는 얼마인가?

11.2 섭씨온도와 화씨온도가 같은 온도는 몇 도인가?

11.3 400 cal의 열량을 가진 빵을 먹은 사람이 이만큼의 열량을 모두 소비하려면 얼마의 일을 해야 하는가?

11.4 시간당 7500 kcal의 열량을 내는 난로가 있다. 이 난로가 1시간 동안 20°C에서 60°C로 가열할 수 있는 물의 양은 얼마인가?

11.5 건물에서 열이 누출되는 곳은 주로 창문이다. 크기가 2.0 m × 1.5 m이고 두께가 3.2 mm인 유리창이 있는 집의 실내온도가 15.0°C이다. 외부 온도가 14.0°C일 때 이 창문에서의 열흐름을 계산하라.

11.6 4.5 kg의 한 금속을 20°C에서 42°C로 올리는 데 36 kcal가 필요하다. 이 금속의 비열을 구하라.

11.7 210°C의 구리 200 g을 11.0°C의 물 800 g을 담고 있는 알루미늄 열량계에 넣었다. 평형 상태의 온도를 계산하라. 열량계의 질량은 180 g이다.

11.8 70 kg의 사람이 가벼운 운동을 할 때 시간당 200 kcal의 열량을 소모하는 것으로 알려져 있다. 그리고 이 열량의 20%만이 일에 쓰이고 80%는 열로 바뀐다고 한다. 만일 열이 외부로 전혀 빠져나가지 않는다면 1시간 동안 운동을 한 후 체온은 얼마나 상승하는가?

11.9 어떤 사람이 운동하면서 30분 동안 180 kcal의 열량을 방출하였다. 땀의 증발에 의해 열량이 빠져나갔다면 얼마의 물이 증발되었는가?

11.10 55 kg의 스케이트 선수가 빙판 위에서 8.5 m/s의 속도로 달리다가 멈추었다. 얼음의 온도가 0°C이고 마찰에 의한 열의 50%가 얼음에 흡수되었다면 얼마의 얼음이 녹는가?

11.11 100 W의 전구가 복사하는 에너지 중 95 W가 전구의 유리에 의해 흡수된다. 전구의 반경은 3.0 cm, 유리의 두께는 1.0 mm이다. 유리의 안쪽과 바깥쪽의 온도 차이를 구하라.

11.12 한 가정집 벽의 열전도도는 k_1, 면적은 A_1, 두께는 d_1이다. 그리고 창문의 열전도도는 k_2, 면적은 A_2, 두께는 d_2이다. 전도에 의한 이 집의 열유출량을 나타내는 식을 유도해 보라.

11.13 100 W의 백열전등이 있다. 이 전구의 표면적이 1.9×10^{-5} m^{2}라면 필라멘트의 온도는 얼마인가? 복사도 $e = 1$로 간주하라.

11.14 표준 상태에 있는 산소(O_2) 기체가 부피 10.0 m^3의 용기 안에 채워져 있다면 질량은 얼마인가?

11.15 사람은 숨을 쉴 때 공기를 1.0 L 정도 들이마신다고 한다. 그렇다면 몇 개의 공기를 마시는 것인지 계산하라.

11.16 1 kg의 물이 100°C에서 모두 수증기로 변한다. 수증기의 밀도는 0.598 g/cm^3이다.

(a) 물이 한 일을 구하라.
(b) 내부에너지의 변화는 얼마인가? 압력은 1기압으로 유지된다고 가정한다.

11.17 300 mol의 이산화탄소(CO_2) 기체에 압력을 일정하게 유지하면서 80 kcal의 열을 가했다. 올라간 온도를 계산하라.

11.18 20°C, 12.0 m^3의 질소 기체를 1기압의 압력으로 유지하면서 2배의 부피로 팽창시키고자 한다. 필요한 열량을 계산하라.

11.19 800 mol의 질소 기체가 1기압의 압력으로 유지되는 신축성 용기에 담겨 있다. 이 기체가 40°C에서 180°C로 가열되었을 때 다음의 양들을 계산하라.

(a) 기체에 가해진 열은 얼마인가?
(b) 기체가 한 일을 구하라.
(c) 내부에너지의 변화를 구하라.

11.20 한 증기기관이 500°C와 270°C 사이에서 작동하고 있다. 이 증기기관이 가질 수 있는 최대 효율을 구하라.

11장 연습문제 해답

11.1 98.6°F, 310 K.

11.2 −40°C.

11.3 1.67×10^6 J.

11.4 188 kg.

11.5 0.19 kcal/s. A = 3.0×10^4 cm^2, $\triangle x = 3.2 \times 10^{-1}$ cm이고 유리에 대한 열전도도는 표 11.3에서 0.002(cal/cm·s·°C)이다. 따라서

$$\frac{\Delta Q}{\Delta t} = \left(0.002 \frac{\text{cal}}{\text{cm} \cdot \text{s} \cdot {}^\circ\text{C}}\right)(3.0 \times 10^4\ \text{cm}^2)\frac{(15.0^\circ\text{C} - 14.0^\circ\text{C})}{(0.32\ \text{cm})} = 190\ \text{cal/s}$$

이다.

11.6 0.36 kcal/kg·°C.

11.7 15.3°C.

11.8 2.8°C.

11.9 0.334 kg.

11.10 3.0 g.

11.11 10°C.

11.12 $\left(\frac{k_1 A_1}{d_1} + \frac{k_2 A_2}{d_2}\right)\Delta T$.

11.13 3100 K.

11.14 14.3 kg. 산소분자 1 mol의 질량은 32 g, 즉 0.032 kg이다. 그리고 1 mol의 부피는 22.4×10^{-3} m^{3}이므로 10.0 m^{3}의 산소는 446 mol에 해당한다. 그러면 산소의 질량은 (446 mol)(0.032 kg/mol) = 14.3 kg이 된다.

11.15 2.7×10^{22}. 1 L의 공기는 1/22.4 = 0.045 mol에 해당하므로 이 안에는 (0.045 mol)(6.02×10^{23} 분자/mol) = 2.7×10^{22}개의 분자가 들어 있다.

11.16 (a) 100°C에 있어서의 1 kg의 물의 부피는 1000 cm^{3}이고, 수증기 1 kg의 부피는 1.67 m^{3}가 된다. 따라서 $W = P(V_2 - V_1) = (1.01 \times 10^5\ \text{N/m}^2)(1.67\ \text{m}^3 - 1.00 \times 10^{-3}\ \text{m}^3) = 1.69 \times 10^5$ J이다.

(b) 1 kg의 물을 모두 수증기로 바꾸는 데 필요한 열량은 증발(기화)열로서, 표 11.2에 의하면 Q = 540 kcal(= 22.6×10^5 J)이다. 열역학 제1법칙으로부터 $\triangle U = Q - W = 22.6 \times 10^5\ \text{J} - 1.7 \times 10^5\ \text{J} = 20.9 \times 10^5$ J이다. 이러한 결과는 오직 8% 정도만 실제적인 일을 하는 데 쓰여졌다는 것을 의미한다.

11.17 30°C.

11.18 4.25×10^6 J.

11.19 (a) 780 kcal. (b) 220 kcal. (c) 560 kcal.

11.20 30%.

분자의 운동 12

우리는 앞 장에서 물질의 성질에 대해 알아보았다. 이러한 물질의 성질은 물질을 이루는 분자들의 운동과 밀접한 관계가 있다. 왜냐하면 분자는 물질의 성질을 유지하는 가장 작은 입자이기 때문이다. 이러한 분자들은 물질의 기체 상태에서는 물론 액체나 고체 상태에서도 끊임없이 운동하고 있다. 이 장에서는 이러한 기체 분자들의 운동을 살펴보고 평균적으로 어떠한 운동법칙을 따르는지 알아보기로 한다.

학습 내용

- 분자: 물질의 고유한 성질을 유지하는 가장 작은 입자.

  분자의 수; $N = nN_A$. n; 킬로몰 수, $N_A = 6.02 \times 10^{26}$ molecules/kmol; 아보가드로 수.
- 원자단위질량(atomic mass unit): 1.661×10^{-27} kg.
- 분자의 운동학: $P = \frac{2}{3}\left(\frac{N}{V}\right)\left(\frac{1}{2}m\overline{v^2}\right)$, $E = N\left(\frac{1}{2}m\overline{v^2}\right) = \frac{3}{2}Nk_BT = \frac{3}{2}nRT$.
- 맥스웰-볼츠만 속력분포(Maxwell-Boltzmann speed distribution):

$$f(v) = N\left(\frac{m}{2\pi k_B T}\right)^{3/2} 4\pi v^2 e^{-\frac{mv^2}{2k_BT}}.$$

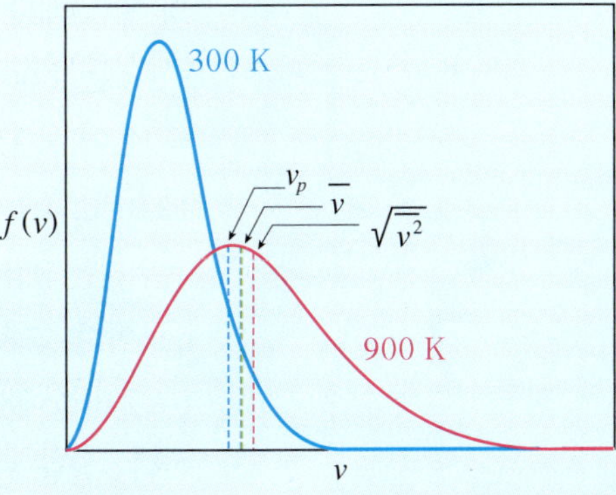

- 평균 속력(average speed): $\bar{v} = \sqrt{\frac{8k_BT}{\pi m}}$.
- 제곱근평균제곱 속력(root-mean-square speed: rms speed):

$$\sqrt{\overline{v^2}} = \sqrt{\frac{3k_BT}{m}}.$$

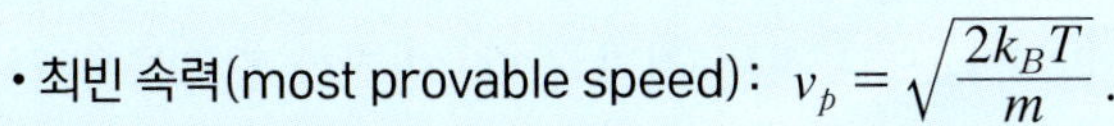

- 최빈 속력(most provable speed): $v_p = \sqrt{\frac{2k_BT}{m}}$.
- 평균 자유행로(mean free path): $\lambda = \frac{1}{\sqrt{2}\,n\pi d^2}$.
- 열팽창: $\triangle V = \beta V_0 \triangle T$, β; 열팽창계수.
- 비열: $C_V = \frac{3}{2}R$. 이원자 분자; $C_V = \frac{5}{2}R$.

12.1 물질의 분자론

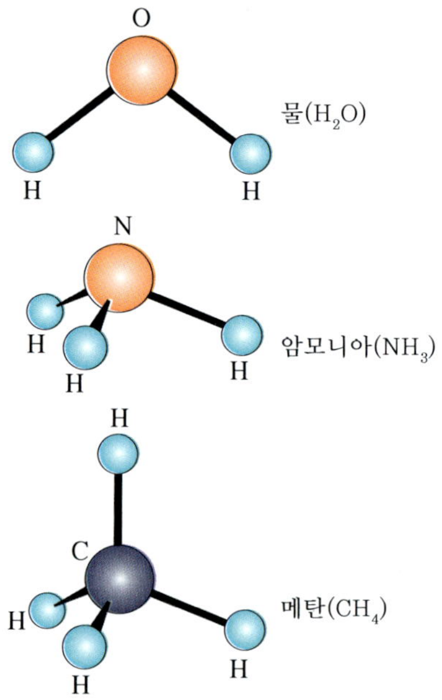

그림 12.1 분자의 구성. 물, 암모니아, 메탄 분자들의 모형. 분자는 원자들로 구성되어 있으며 각각 독특한 구조를 가지고 있다.

어떤 물질의 고유한 성질을 유지하는 가장 작은 입자를 분자(molecules)라 한다. 이러한 분자는 다시 원자로 쪼개질 수 있지만 원자는 더 이상 그 물질 고유의 성질을 갖지 못한다. 9장에서 다루었던 물분자인 경우 물분자가 수소와 산소로 분리되면 물의 성질은 사라지고 마는 것이다. 물론 비활성 기체인 경우 한 원자로 이루어진 기체도 존재하지만 기체의 대부분은 분자로 이루어져 있다. 산소 기체는 산소 2개가 결합된 산소분자로 이루어져 있고 질소인 경우에도 이와 유사하다. 그림 12.1은 몇몇 분자의 구조를 입체적으로 보여준다.

10장에서 이미 언급했지만 원자나 분자의 질량은 탄소(^{12}C)의 질량을 기준으로 정한다. 즉 탄소의 질량을 정확하게 12로 정하여 12.00000 u로 표기하는데, 이를 원자단위질량(atomic mass unit)이라 부른다고 하였다. 주기율표를 보면 원소(원자)들의 질량수가 정수가 아닌 값, 예를 들면 수소인 경우에는 1.008, 탄소인 경우에는 12.01, 산소인 경우에는 15.999 등으로 되어 있는 것을 알 수 있다. 이러한 결과는 원소를 이루는 원자가 쌍둥이에 해당하는 동위원소를 갖고 있기 때문이다(7장을 다시 한 번 살펴보기 바란다). 이러한 동위원소는 원자핵을 이루는 핵자 중 중성자의 수가 다른 데서 기인한다. 수소인 경우 양성자 하나로 이루어진 수소원자가 대부분이나 수소핵에 중성자가 하나 포함된 수소 동위원소도 존재하는데, 이를 중수소라 하며 질량수는 2에 해당한다. 원자나 분자의 질량은 사실상 원자핵을 이루는 양성자와 중성자의 질량의 합과 거의 같다. 왜냐하면 전자는 양성자나 중성자에 비해 거의 2000배나 가볍기 때문이다.

1 u는 1.661×10^{-27} kg에 해당한다고 하였다. 따라서 탄소원소의 질량 m_c는 $m_c = 12.01 \times 1.66 \times 10^{-27}\ \text{kg} = 1.994 \times 10^{-26}\ \text{kg}$이 된다. 메탄($CH_4$)인 경우에는 1C = 12.01 u, 4H = 4 × 1.006 u = 4.032 u이므로 16.042 u가 된다.

우리는 9장에서 아보가드로 수를 정의한 바 있다. 즉 $N_A = 6.02 \times 10^{23}$ molecules/mol이다. 그런데 이러한 수는 1 mol을 기준으로 한 것으로 사실상 이러한 몰 단위는 물리학에서는 공식적으로 취급하지 않는다. 공식적인 세계 단위는 **킬로몰(kmol)**이다. 질량 단위를 g으로 하지 않고 kg으로 하는 것과 같다. 이러한 킬로몰은 원자 질량 혹은 분자 질량에다 kg 단위를 붙인 만큼의 양이라고 할 수 있다. 따라서 탄소 1 kmol은 12.01 kg, 메탄 1 kmol은 16.042 kg이 된다. 이러한 킬로몰이나 몰의 양은 사실상 화학에서 많이 사용된다. 왜냐하면 화학에서는 서로 반응을 일으키는 원자와 분자의 상대적인 수가 중요하기 때문이다. 1킬로몰당 아보가드로 수는 다음과 같다.

$$N_A = 6.02 \times 10^{26}\ \text{molecules/kmol}$$

우리가 실험실에서나 일상생활에서 취급하는 시료에는 그야말로 엄청난 수의 원자나 분자가 들어 있다. 이러한 수를 직접 셀 수는 없는 노릇이다. 그러나 시료의 원소나 화합물의 질량을 알고 있다면 킬로몰과 아보가드로 수의 정의로부터 원자나 분자의 수를 알 수 있다. 원자나 분자의 수를 N, 킬로몰의 수를 n이라 하면

$$N = nN_A$$

가 된다.

만약 온도와 압력이 같다면 같은 부피를 갖는 기체들은 같은 수의 분자를 갖는 것으로 알려져 있다. 이러한 사실은 기체 분자 자체의 부피가 기체 분자가 들어 있는 용기의 부피에 비해 무시할 수 있을 정도로 작기 때문이다. 용기 안에 들어 있는 기체 분자들은 방향이 일정하지 않은 멋대로의 운동을 하고, 이러한 운동의 영향으로 용기 벽에 압력을 가하게 된다. 표준 대기압(1기압)과 0°C 조건에서는 어떠한 기체든 1 kmol의 기체는 22.4 m^3의 부피를 갖는다. 우리는 앞에서 1 mol의 기체는 22.4 L(22.4×10^{-3} m^3)의 부피를 갖는다고 하였다.

12.2 완전기체의 분자 운동학

기체의 성질을 나타내는 압력, 온도, 부피와 같은 양들은 거시적인 양들이다. 그러므로 기체 내에서 활발히 움직이는 분자들의 운동에 대한 정보, 즉 미시적인 정보는 줄 수 없다. 기체의 분자들에 의한 운동학적 이론은 거시적으로 관찰되는 기체의 행동을 미시적인 토대, 즉 분자나 원자적인 수준으로 연결시켜 주는 이론이다. 다시 말해 기체를 구성하는 분자들의 운동에 근거하여 완전기체에 대한 운동법칙을 이끌어내는 이론이라 할 수 있다. 기체 내의 분자들은 다음과 같은 가정을 토대로 하며, 이러한 가정하의 기체를 보통 완전기체(ideal gas)라 부른다. 이미 언급한 바 있지만 이러한 완전기체를 통상 이상(ideal)기체라고 번역하는데, 이는 ideal이라는 영어의 뜻을 직역한 데서 비롯된다. 일상적으로 우리는 '이상'이라는 단어를 두 가지 의미에서 사용한다. 하나는 이상(理想)이고 다른 하나는 이상(異常)이다. 따라서 상황에 따라 이상기체를 이상(異常)한 기체로 오인할 수 있다. 여기서 영어 ideal의 의미는 기체 분자들이 다음과 같은 조건을 갖추어 수학적으로 완전히 기술될 수 있는 형태의 기체를 가정한 데서 비롯된다.

완전기체의 조건은 다음과 같다.

1. 기체는 마구잡이로 움직이는 많은 수의 동등한 분자들로 이루어져 있다.

2. 분자들은 내부 구조를 갖지 않는다. 따라서 운동에너지는 순수한 병진운동으로만 관련을 갖는다. 그러나 분자의 진동운동과 회전운동을 고려해야 하는 경우가 발생한다.
3. 분자들의 상호작용은 분자들끼리와 용기 벽들과의 탄성충돌(elastic collision)만을 고려한다. 즉 아주 가까운 거리에서만 강한 반발력이 작용한다는 것을 의미하며 따라서 퍼텐셜 에너지는 무시된다.
4. 분자들끼리의 상호작용 거리는 분자들의 반경보다 훨씬 길다. 이는 분자들의 크기가 용기의 부피에 비해 무시될 수 있음을 뜻한다.

위와 같은 가정들은 낮은 온도와 낮은 밀도에서뿐만 아니라 높은 온도에 놓여 있는 실제적인 기체에 대해서도 유용하다는 사실이 밝혀졌다.

이제 부피가 V인 용기 안에 들어 있는 완전기체의 압력에 대한 표현을 구해 보기로 하자. 용기는 한 변이 d인 정육면체라고 가정하며 용기 안에 들어 있는 기체의 분자수는 N개라 하자. 먼저 질량이 m이고 x방향으로 v_x의 속도로 움직이는 하나의 분자만을 생각하자. 이 분자가 위에서 가정한 것처럼 용기의 벽과 탄성충돌을 한다면 속도의 크기는 변함이 없지만 방향은 반대가 된다. 이러한 분자의 운동량에 대한 변화는 충돌 후의 운동량 $-mv_x$와 충돌 전의 운동량 mv_x에 대한 차이이므로

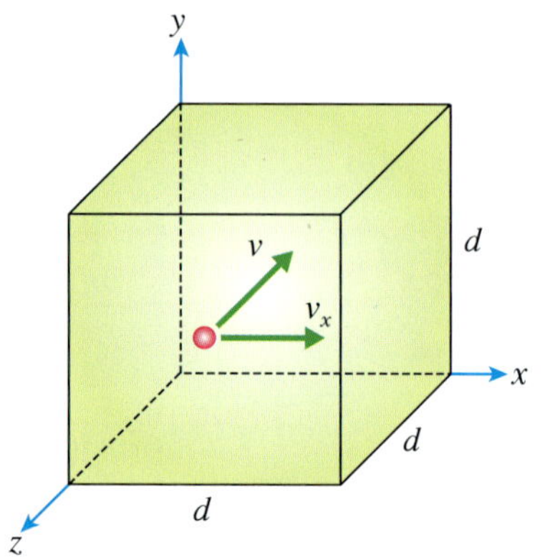

그림 12.2 완전기체의 운동. 한 변이 d인 정육면체 용기 안에서 한 분자가 속도 v로 움직이고 있다.

$$\triangle p = mv_f - mv_i = -mv_x - mv_x = -2mv_x$$

이다. 따라서 벽에 대한 운동량의 변화량은 $2mv_x$가 된다. 벽에 대한 충격량과 운동량의 정리(impulse-momentum theorem)를 적용하면

$$F_1 \triangle t = \triangle p = 2mv_x \tag{12.1}$$

이다. 여기서 F_1은 한 분자가 용기 벽에 작용하는 평균 힘이며, $\triangle t$는 충돌하는 시간 간격이다. 분자가 같은 벽에 다시 충돌하기 위해서는 $2d$ 거리를 이동하게 되므로 이때의 시간 간격은

$$\Delta t = \frac{2d}{v_x} \tag{12.2}$$

이다. 이 결과를 앞에서의 충격량-운동량 이론에 대입하면 1개의 분자가 벽에 작용하는 힘은 다음과 같다.

$$F_1 = \frac{2mv_x}{\Delta t} = \frac{2mv_x^2}{2d} = \frac{mv_x^2}{d} \tag{12.3}$$

N개의 분자들이 벽에 가하는 힘은 각각의 분자가 가하는 평균 힘을 더하면 얻을 수 있다. 즉

$$F = \frac{m}{d}\left(v_{x_1}^2 + v_{x_2}^2 + v_{x_3}^2 + \cdots + v_{x_N}^2\right) \tag{12.4}$$

여기서 v_{x_1}, v_{x_2} 등은 분자 1의 속도, 분자 2의 속도 성분 등을 나타낸다. N개 분자의

속도 제곱에 대한 평균은 다음과 같이 주어진다.

$$\overline{v_x^2} = \frac{v_{x_1}^2 + v_{x_2}^2 + \cdots + v_{x_N}^2}{N} \tag{12.5}$$

따라서 벽에 작용하는 전체 힘은

$$F = \frac{m}{d} N\overline{v_x^2} \tag{12.6}$$

가 된다.

이제 용기 안에 들어 있는 1개의 분자가 x 방향만 갖는 것이 아니라 속도 성분 v_x, v_y, v_z를 갖는다고 하자. 피타고라스 정리에 따르면 이러한 분자의 속도 크기는 각 성분의 속도 제곱의 합으로 된다. 즉

$$v^2 = v_x^2 + v_y^2 + v_z^2$$

이다. 또한 평균 속도의 제곱도 역시 같은 식으로 표현된다.

$$\overline{v^2} = \overline{v_x^2} + \overline{v_y^2} + \overline{v_z^2}$$

그런데 모든 운동 방향은 동등하기 때문에 평균 속도는 모든 방향에 대해 같아야 한다. 즉

$$\overline{v_x^2} = \overline{v_y^2} = \overline{v_z^2}$$

이다. 따라서

$$\overline{v^2} = 3\overline{v_x^2} \tag{12.7}$$

이 되므로 벽에 작용하는 총 힘은 다음과 같다.

$$F = \frac{N}{3}\left(\frac{m\overline{v^2}}{d}\right) \tag{12.8}$$

이 식으로부터 벽에 작용하는 압력은

$$P = \frac{F}{A} = \frac{F}{d^2} = \frac{N}{3d^3}(m\overline{v^2}) = \frac{1}{3}\left(\frac{N}{V}\right)(m\overline{v^2}) \tag{12.9}$$

으로 되며, 결국 다음과 같은 결론을 얻는다.

$$P = \frac{2}{3}\left(\frac{N}{V}\right)\left(\frac{1}{2}m\overline{v^2}\right) \tag{12.10}$$

식 (12.10)은 압력이 단위 부피당 분자수와 분자들의 평균 운동에너지에 비례한다는 것을 뜻한다. 이러한 결과는 완전기체라는 간단한 모형을 통하여 기체의 거시적인 양인 압력과 부피 그리고 개개 분자들에 의한 분자 속력과의 관계가 맺어졌다는 것을 의미한다.

식 (12.10)이 주는 압력에 대한 성질은 명백하다. 압력을 증가시키기 위해서는 용

기 안에 더 많은 기체, 즉 단위 부피당 분자의 수를 증가시키면 된다. 타이어에 공기를 넣으면 타이어 압력이 증가하는 이유가 여기에 있다. 또한 타이어 안에 들어 있는 기체의 온도가 올라가면 압력이 증가한다. 왜냐하면 온도 증가에 의해 분자들의 평균 운동에너지가 증가하기 때문이다. 여름에 타이어의 압력이 증가하는 이유이다.

12.3 온도의 분자적 해석

식 (12.10)을 다음과 같이 쓰면 온도에 대한 중요한 관계식을 얻을 수 있다.

$$PV = \frac{2}{3}N\left(\frac{1}{2}m\overline{v^2}\right) \tag{12.11}$$

완전기체의 상태방정식

$$PV = Nk_BT \tag{12.12}$$

으로부터 오른쪽 항을 같게 놓으면 다음과 같은 결과를 얻는다.

$$T = \frac{2}{3k_B}\left(\frac{1}{2}m\overline{v^2}\right) \tag{12.13}$$

따라서 위 식을 정리하면 분자의 평균 운동에너지를 온도로 표시할 수 있게 된다.

$$\frac{1}{2}m\overline{v^2} = \frac{3}{2}k_BT \tag{12.14}$$

즉 분자당 평균 운동에너지는 $\frac{3}{2}k_BT$에 해당한다. 따라서 N개의 총 분자에 대한 평균 운동에너지는

$$E = N\left(\frac{1}{2}m\overline{v^2}\right) = \frac{3}{2}Nk_BT = \frac{3}{2}nRT \tag{12.15}$$

이다. 완전기체에서는 내부 퍼텐셜 에너지가 없기 때문에 식 (12.15)로 주어지는 운동에너지가 총 역학적 에너지에 해당한다. 따라서 E로 표기하였다. 여기서 $\overline{v^2}$의 제곱근(root)을 분자의 제곱근평균제곱 속력(root-mean-square speed: rms speed)이라 부르며, 다음과 같은 관계식으로 주어진다.

$$v_s = \sqrt{\overline{v^2}} = \sqrt{\frac{3k_BT}{m}} = \sqrt{\frac{3RT}{M}} \tag{12.16}$$

여기서 M은 몰 질량으로 kg/mol이다. 이 식으로부터 가벼운 분자가 상대적으로 무거운 분자에 비해 빨리 운동함을 알 수 있다. 예를 들면 몰 질량이 2×10^{-3} kg/mol인 수소는 몰 질량이 32×10^{-3} kg/mol인 산소보다 평균 4배나 빨리 운동한다.

12.4 맥스웰-볼츠만 속력분포

이제까지 우리는 기체 분자들의 평균 속력만을 고려하여 살펴보았다. 그러나 기체 내의 분자들은 광범위한 속력을 갖고 운동하리라는 것을 쉽게 예상할 수 있다. 1859년 맥스웰(James Clerk Maxwell, 1831~1879)은 N개의 입자로 구성된 기체 내의 분자들은 다음과 같은 형태로 분포되고 있다는 것을 알아내었다.

$$f(v) = N\left(\frac{m}{2\pi k_B T}\right)^{3/2} 4\pi v^2 e^{-\frac{mv^2}{2k_B T}} \tag{12.17}$$

위 식을 맥스웰-볼츠만 속력분포(Maxwell-Boltzmann speed distribution)라 한다. 여기에 볼츠만(Ludwig Eduard Boltzmann, 1844~1906)의 이름이 들어간 것은 분자들의 초기 분포로부터 시작하여 분자들끼리의 충돌에 의해 속력 분포가 최빈[1](most probable) 분포인 맥스웰 함수로 귀결된다는 것을 증명했기 때문이다. v와 $v + dv$ 사이의 속도를 갖는 입자들의 수는 다음과 같이 주어진다.

$$dN = f(v)dv \tag{12.18}$$

그리고 총 수는

$$N = \int_0^\infty f(v)dv \tag{12.19}$$

이다.

이제 맥스웰-볼츠만 속력분포를 이용하여 평균 속력을 구해 보자. 평균 속력은

$$\bar{v} = \frac{1}{N}\int_0^\infty vf(v)dv = 4\pi\left(\frac{m}{2\pi k_B T}\right)^{3/2}\int_0^\infty v^3 e^{-mv^2/2k_B T}dv$$

이다. $\alpha = \dfrac{m}{2k_B T}$라 두면, 적분은 $\int_0^\infty v^2 e^{-\alpha v^2}dv$의 형태가 된다. 이러한 적분은 다음과 같은 값을 갖는다(3장 참조 바람).

$$\int_0^\infty x^3 e^{-\alpha x^2}dx = \frac{1}{2\alpha^2}$$

따라서 평균 속력은 다음과 같다.

[1] 최빈(最頻). 빈번하다를 생각하라.

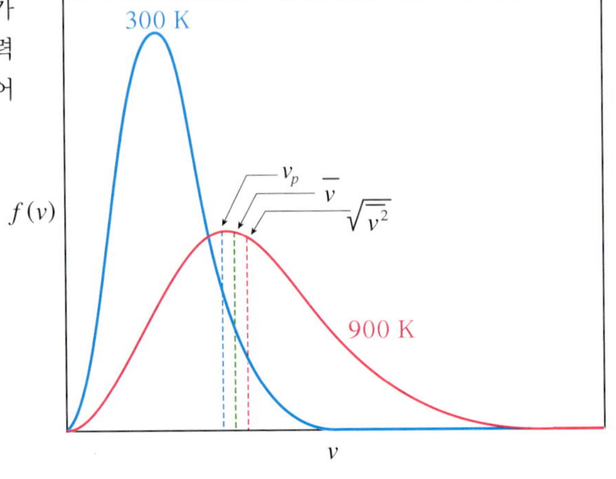

그림 12.3 맥스웰-볼츠만 속력분포. 온도가 올라감에 따라 곡선의 정점은 높은 속력으로 올라가는 반면에 곡선은 점점 넓어진다.

v_p : 최빈 속력 $= \sqrt{2k_BT/m}$

$\bar{v}$: 평균 속력 $= \sqrt{8k_BT/\pi m}$

$\sqrt{\overline{v^2}}$: 제곱근평균제곱 속력 $= \sqrt{3k_BT/m}$

$$\bar{v} = \left[4\pi\left(\frac{m}{2\pi k_BT}\right)^{3/2}\right]\left[\frac{1}{2}\left(\frac{2k_BT}{m}\right)^2\right] = \sqrt{\frac{8k_BT}{\pi m}} \tag{12.20}$$

분포함수의 최고점에 해당하는 속력을 **최빈 속력**(most probable speed)이라 부르고 v_p로 표시한다. 최빈 속력은 함수의 최대값을 구하는 조건, 즉 $df/dv = 0$에서 구할 수 있다. 결과는 다음과 같다.

$$v_p = \sqrt{\frac{2k_BT}{m}} \tag{12.21}$$

그림 12.3은 맥스웰-볼츠만 속력분포와 rms 속력, 평균 속력, 최빈 속력 등을 보여주는 분포도이다. 곡선은 최고점을 중심으로 비대칭적이며, 온도가 증가함에 따라 최고점은 높은 속력 쪽으로 이동하지만 곡선은 점점 넓어지는 경향을 보인다.

볼츠만 인자[2](Boltzmann Factor)

우리는 맥스웰-볼츠만 속력분포 함수에는 e^{-E/k_BT} $(E = \frac{1}{2}mv^2)$ 형태의 인자가 포함되어 있음을 알 수 있다. 1868년 볼츠만은 온도 T에서 열적 평형(thermal equilibrium)에 있는 체계에서 총 에너지 E_i를 갖는 입자들의 수 N_i는 다음과 같다는 것을 증명하였다.

$$N_i = Ce^{-E_i/k_BT} \tag{12.22}$$

여기서 C는 상수이다. 이때 지수 항을 볼츠만 인자(Boltzmann factor)라 부른다. 그러므로 에너지 E_1과 E_2를 갖는 입자들의 비는

$$\frac{N_1}{N_2} = \frac{e^{-E_1/k_BT}}{e^{-E_2/k_BT}} = e^{-(E_2-E_1)k_BT} \tag{12.23}$$

[2] 인자(因子). 원인을 생각하라.

로 주어진다.

한 원자나 분자의 전자 에너지 준위는 바닥상태와 첫 번째 들뜸상태의 간격이 대략 3 eV 정도이다. 실온인 25°C(298 K)의 시료에서 이 두 상태의 개체수 비는 위 공식에 따르면 약 e^{-121}, 즉 10^{-58}이다. 따라서 시료 속의 거의 모든 분자나 원자는 바닥상태에 머물고 있다고 하겠다. 만약 바닥상태 개체수의 1% 정도가 들뜸상태를 유지하려면 온도는 약 10000°C 로 올라가야 한다.

12.5 평균 자유행로

방 안에서 향수 병을 열면 향기는 방 안 전체로 금방 퍼져나가지 않는다. 사실 분자들의 평균 속력을 고려하면 향수 분자들은 금방 방 안 전체로 퍼져나가야 한다. 이러한 느린 확산을 고려하면 분자들의 경로는 충돌에 의해 제약받는다고 여길 수 있다. 즉 그림 12.4에서 보는 것처럼 분자들은 근사적으로는 직선운동을 하는 것처럼 보이지만 사실상 충돌에 의해 경로를 불규칙하게 바꾸며 운동하는 것이다.

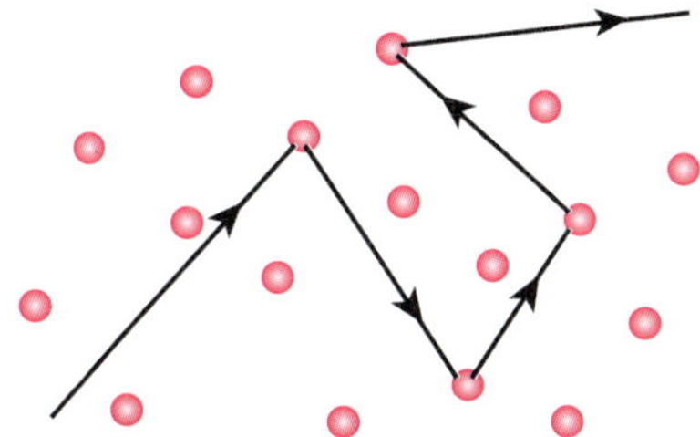

그림 12.4 기체 분자의 운동. 기체 안의 한 분자는 다른 분자와 충돌하면서 불규칙한 경로를 따른다.

이때 한 분자가 다른 분자와 충돌하여 이동한 평균 거리를 **평균 자유행로(mean free path)**라 부른다. 이제 이러한 평균 자유행로를 구해 보자.

그림 12.5에서 보듯이 분자들을 반지름 r을 갖는 공이라고 가정하자. 한 분자가 운동하고 나머지 분자들은 정지해 있는 것으로 간주한다. 그렇다면 한 분자가 다른 분자와 충돌하는 경우는 두 분자의 중심선이 $2r$보다 작을 때이다. 따라서 충돌하는 분자는 반경 $2r$인 공으로 둘러싸여 있는 것과 같으므로 충돌의 유효 단면적 σ는

$$\sigma = \pi(2\mathrm{r})^2 = \pi d^2 \tag{12.24}$$

이 된다. 여기서 d는 분자의 지름에 해당한다. 분자가 충돌과 충돌 사이에 평균적으로 v의 속력으로 움직인다면 움직이는 공은 그림 12.5에서처럼 원통 조각을 만들어 낼 것이다. 그렇다면 시간 $\triangle t$ 동안 간 거리는 $v\triangle t$가 된다. 따라서 쓸고 지나간 총 부피는 $\sigma v\triangle t$이다. 한편 단위 부피당 분자수를 n이라 하면 $n = N/V$이고, 위에서 언급한 부피 내에서 서로 만나는 분자수는 $n\sigma v\triangle t$가 된다. 만약 충돌하는 사이의 평균 시간을 τ라 한다면 $\triangle t$ 시간 동안 충돌한 횟수는 $\triangle t/\tau$이다. 이제 입자들의 수와 충돌한 횟수를 같다고 놓으면, 즉

$$n\sigma v\triangle t = \frac{\triangle t}{\tau} \tag{12.25}$$

이고, 이로부터

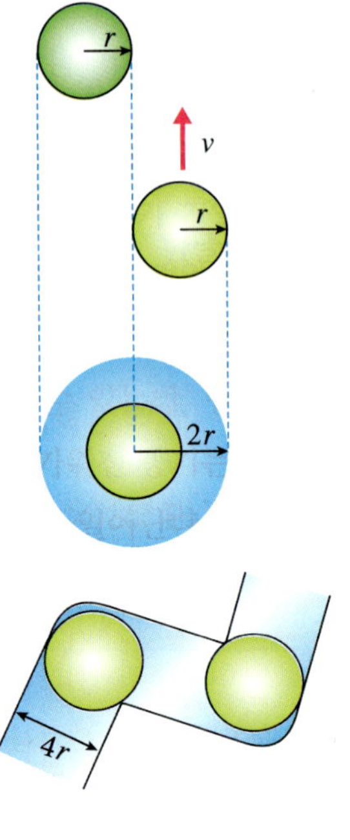

그림 12.5 기체 분자의 평균 자유행로.

(a) 반지름 r을 갖는 2개의 분자가 충돌하려면 이들의 운동선은 $2r$보다 짧아야 한다.

(b) 따라서 충돌하는 분자는 반지름 $d = 2r$을 갖는 공으로 취급할 수 있다.

(c) 충돌하는 분자는 반지름 $2r$을 갖는 원통 부피를 쓸고 지나간다고 생각할 수 있다.

$$v\tau = \frac{1}{n\sigma} \tag{12.26}$$

이 된다. 평균 자유행로는 충돌 사이의 평균 거리로 정의된다. 충돌 사이의 평균 시간과 연관 지으면 위에서 구한 $v\tau$가 곧 평균 자유행로에 해당한다. 따라서 평균 자유행로를 λ라 하면

$$\lambda = \frac{1}{n\sigma} = \frac{1}{n\pi d^2} \tag{12.27}$$

이다. 그런데 다른 분자들의 운동까지 고려하면 최종적인 값은 다음과 같이 주어진다.

$$\lambda = \frac{1}{\sqrt{2}\,n\pi d^2} \tag{12.28}$$

12.6 액체와 고체의 분자 운동론

기체의 분자 운동론을 액체나 고체에 적용하면 액체와 고체에 대한 올바른 정성적인 성질을 얻지는 못한다. 그러나 액체나 고체에 있어서도 내부에너지가 분자들의 운동에 의해 생기는 것임을 감안한다면 위와 같은 분자의 운동론은 액체나 고체의 성질을 이해하는 데 많은 도움을 줄 수 있다.

물속에 소량의 물감을 풀어놓으면 물감들이 퍼지는 것을 볼 수 있을 것이다. 이때 시간이 지나면 물감의 작은 입자들이 물속에서 어지럽게 운동한다는 사실을 알 수 있다. 이러한 미소입자들이 멋대로 운동하는 것을 브라운(Robert Brown, 1773~1858) 운동이라 부른다. 이러한 운동은 사실상 물분자들이 운동하면서 물속에 있는 다른 작은 입자들을 때리기(충돌) 때문에 나타나는 현상이다. 유체의 분자 운동론에 입각하여 이해할 수 있는 것이다. 더 나아가 1905년에 아인슈타인(Einstein)은 이러한 미립자들이 유체 분자와의 충돌에 의해 $\frac{3}{2}k_BT$ 의 운동에너지를 가질 수 있음을 보여주었다. 분자가 물질 속에 실제로 존재한다는 사실을 직접 보여준 것이다.

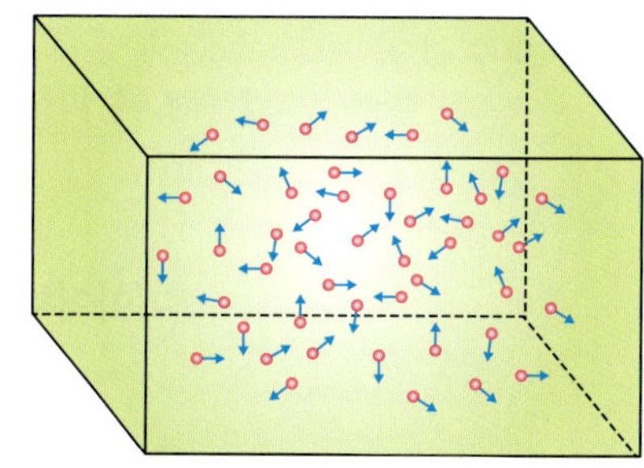

그림 12.6 브라운 운동. 물속에 있는 작은 입자들은 운동하고 있는 물분자와의 충돌로 인해 운동하게 된다.

액체 상태에서 볼 수 있는 또 하나의 분자운동은 증발 현상이다. 물은 100°C에서 수증기로 된다고 하지만 사실은 그 이하의 온도에서도 끊임없이 증발하면서 온도가 내려간다. 이때 증발이 빠르면 빠를수록 냉각 현상도 뚜렷해진다. 그만큼 열을 빨리 빼앗기기 때문이다. 알코올이나 아세톤을 손에 발랐을 때 금방 차갑게 느껴지는 이유는 액체들의 분자운동이 물에 비해 훨씬 크기 때문이다. 이러한 성질은 액체 내 분자들의 속력 분포로부터 나온다. 가장 빠른 분자가 우선적으로 다른 분자들에 의한 인력을 이겨내어 액체 표면에서 빠져나가 증발하게 된다. 이렇게 액체에서 빠져나가는 분자가 가장 큰 운동에너지를 갖고 있기 때문에 남아 있는 분자들은 나머지 에너지를 재분배하게 되며, 가장 큰 에너지를 갖는 분자가 빠져나간 관계로 액체의 평균 에너지는 이전보다 낮아진다. 이것이 온도 저하를 가져오는 이유이다.

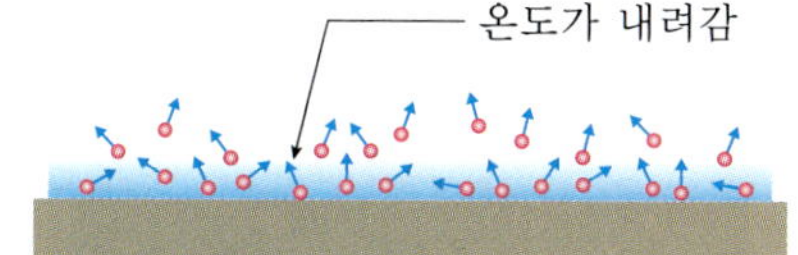

그림 12.7 액체의 증발. 액체의 분자 중 가장 빠른 속력을 갖는 분자가 표면에서 빠져나간다. 이로 인해 액체의 평균 에너지가 내려가 차갑게 느껴진다.

고체인 경우에는 분자들의 운동이 유체에 비해 제약을 받는다. 고체는 여러 원자들이 규칙적으로 배열되어 있는데, 원자들이 위치해 있는 곳(격자점이라 함)에서 완전히 벗어나지는 못한다. 이러한 규칙적인 배열 상태를 결정(crystal)이라 부른다고 하였다. 따라서 흔히 고체를 결정체라고 부르기도 한다. 이러한 결정체에 있어 격자를 이루는 것은 원자뿐만 아니라 분자인 경우에도 존재한다. 그런데 이러한 격자에 있는 원자들은 격자들이 서로 용수철로 이어져 있는 것처럼 간주하여 고체의 여러 가지 성질을 논할 수 있다. 우리가 여러 번에 걸쳐 용수철 운동을 다룬 이유가 여기에 있다. 따라서 결정체의 원자들은 후크의 법칙에 따라 진동운동을 하는 것으로 취급할 수 있으며 고체에 따라 힘의 상수가 다르게 나온다. 이와 같은 진동운동에 의해 고체의 열적 성질이 파악되는데, 고체의 열팽창도 이러한 원자(분자) 운동론으로

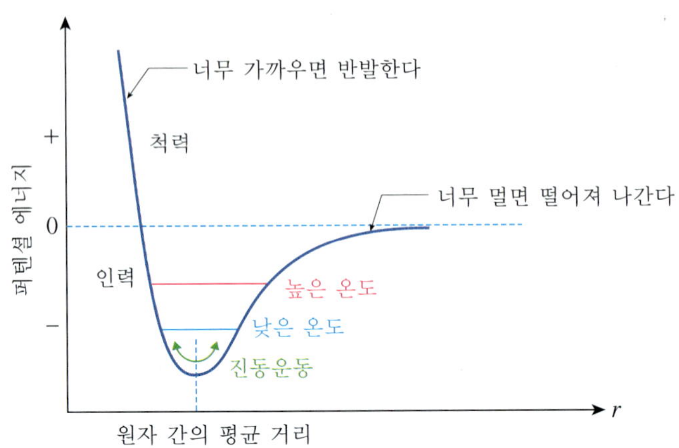

그림 12.8 고체(결정) 원자의 진동운동. 고체 내 결정격자에 있는 원자들은 용수철에 연결되어 진동운동을 하고 있는 것으로 간주할 수 있다.

해석될 수 있다. 용수철에 있어 평형점이 존재하듯이 고체 원자들도 평형점을 중심으로 진동운동을 하고 있다고 가정한다. 이러한 평형점은 퍼텐셜 에너지가 가장 낮은 곳에 해당하며, 그림 12.8에서 보듯이 원자 사이의 평균 거리(사실상 원자핵 간의 평균 거리임)를 결정한다.

따라서 원자 간의 거리라 하는 것은 위와 같은 평형점을 의미하며 퍼텐셜 에너지가 가장 낮은 곳이다. 중력 퍼텐셜 에너지를 생각해 보면 이해될 것이다. 가장 낮은 곳으로 물체들이 이동하는 것은 낮은 곳이 상대적으로 퍼텐셜 에너지가 작기 때문이다.

앞에서 용수철에 의한 단조화 운동을 여러 번 살펴보았지만 그러한 단조화 운동은 원자 간의 거리가 최대일 때와 최소일 때를 최대 진폭으로 하여 두 원자가 진동운동을 한다. 그리고 중간점인 평형점에서 용수철의 퍼텐셜 에너지가 모두 운동에너지로 전환된다. 그림 12.8에서 보듯이 원자 간의 퍼텐셜 에너지는 용수철에 의한 대칭적인 모습이 아니라 두 원자들이 가깝게 접근하면 급격하게 척력이 증가하고 두 원자들이 멀어지면 완만하게 감소하는 형태를 갖는다. 고체의 온도가 증가하면 원자 간의 평균 거리는 증가하고 진폭 역시 커지게 된다. 이러한 결과가 열팽창 현상이며 앞에서 배운 영률이 이에 포함된다.

열팽창

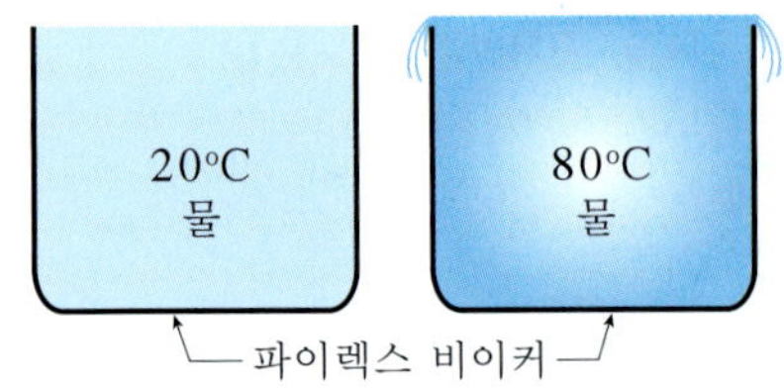

그림 12.9 **열팽창**. 고체나 액체는 열을 받으면 체적이 늘어난다. 이러한 열팽창률은 물질에 따라 다르다. 물의 열팽창이 파이렉스 유리보다 높아 온도가 증가하면 물은 넘쳐 흐르게 된다.

분자들의 운동은 물질의 온도가 변하면 시료의 크기가 변하는 원인이 된다. 그러므로 고체나 액체의 온도가 $\triangle T$ 만큼 변하면 해당 시료의 부피도 변한다. 시료의 처음 부피가 V_0라면 부피의 변화는 다음과 같이 나타낼 수 있다.

$$\triangle V = \beta V_0 \triangle T \qquad (12.29)$$

여기서 비례상수 β를 부피팽창계수(coefficient of volume expansion)라 하며 간단히 열팽창계수라고도 부른다. 가령 다이아몬드의 열팽창계수는 $0.11 \times 10^{-5}/^\circ\mathrm{C}$이고,

철의 경우 $1.2 \times 10^{-5}/^\circ C$이다. 얼음은 $5.1 \times 10^{-5}/^\circ C$인 반면 물은 $21 \times 10^{-5}/^\circ C$이다. 이러한 차이는 결합하는 형태의 차이에서 나온다.

12.7 완전기체의 비열

우리는 이미 물질에 대한 비열을 배운 바 있다. 즉 1 kg의 물질의 온도를 1°C 올리거나 내리는 데 필요한 열량이라고 정의되는 양이다. 그런데 기체인 경우 이러한 비열의 정의를 그대로 적용하기 어렵다. 왜냐하면 기체의 온도가 변할 때 압력이나 부피 혹은 둘 다 변할 수 있기 때문이다. 가령 열기구를 띄우기 위해 열로 기구 안을 가열하면 그 안에 있는 기체는 팽창하여(압력은 불변) 외부에 일을 하게 된다. 그러므로 열은 온도를 높임과 동시에 일을 하는 데 사용된다. 반면에 부피가 일정한 용기, 즉 단단한 용기 안에 들어 있는 기체에 열을 가하는 경우 기체의 압력은 변하나 부피는 불변으로 남는다. 결국 기체는 일을 할 수 없다. 따라서 기체의 경우 일정한 부피에서의 비열이 일정한 압력에서의 비열보다 항상 더 작아야 한다.

기체의 비열을 논할 때는 kg의 질량 단위보다 kmol 단위로 잡는 편이 좋다. 이와 같은 몰비열을 C로 표기하기로 한다. 그리고 일정한 부피에서의 비열, 즉 등적몰비열을 C_V로 표기하고 일정한 압력에서의 비열을 C_P 등으로 표기한다.

이제 완전기체에 대한 몰정적비열을 구해 보자. 일정한 부피를 유지하면서 1 kmol의 기체의 온도를 $\triangle T$만큼 올리기 위한 열량은 $C_V \triangle T$이다. 이때 기체는 부피의 변화가 없으므로 일은 하지 않고 열에너지는 모두 기체 분자들의 운동에너지로 전환된다. 완전기체의 평균 에너지는 식 (12.14)로부터 $\frac{3}{2}k_B T$ 이고, 분자들의 운동에너지 증가는 $\frac{3}{2}k_B \Delta T$ 가 된다. 그러므로 가해진 열에너지와 이에 따른 아보가드로 수에 해당하는 분자들의 에너지 증가는

$$C_V \triangle T = \frac{3}{2} N_A k_B \triangle T \tag{12.30}$$

이다. 그런데 $N_A k_B = R$이므로 결국

$$C_V = \frac{3}{2} R \tag{12.31}$$

의 관계를 얻는다. $R = 8.31 \times 10^3$ J/kmol·K = 1.99 kcal/kmol·K이므로

$$C_V = 12.5 \times 10^3 \text{ J/kmol} \cdot \text{K} = 2.98 \text{ kcal/kmol} \cdot \text{K}$$

이다. 이와 같은 결과는 표에서 보는 것처럼 단원자 분자로 이루어진 기체인 경우

표 12.1 여러 가지 기체들의 등적몰비열(실온에서 측정).

기 체	C_V(kcal/kmol·K)	기 체	C_V(kcal/kmol·K)
헬륨(He)	3.02	일산화탄소(CO)	5.02
아르곤(Ar)	3.0	염소(Cl_2)	6.01
수은증기(Hg)	3.0	이산화황(SO_2)	7.5
수소(H_2)	4.88	에탄올(C_2H_6)	10.3
산소(O_2)	4.99	에테르($C_4H_{10}O$)	30.8

잘 들어맞는다는 사실을 알 수 있다. 그러나 이원자 이상으로 이루이진 기체인 경우에는 상당한 차이가 있음을 알 수 있다. 이러한 이유는 무엇 때문일까?

이제까지 분자들의 평균 운동에너지를 논할 때 고려된 것은 오직 병진운동이었다. 다원자 분자 기체의 비열이 단원자 분자로 이루어진 기체의 비열보다 높은 것은 온도를 1 K 올리는 데 $3/2R$보다 더 많은 열량을 필요로 한다는 의미이다. 우리는 이미 분자들의 병진운동뿐만 아니라 회전운동과 진동운동을 다룬 바 있다. 다원자 분자들인 경우 회전운동은 물론 진동운동을 하리라는 것을 쉽게 추측할 수 있다.

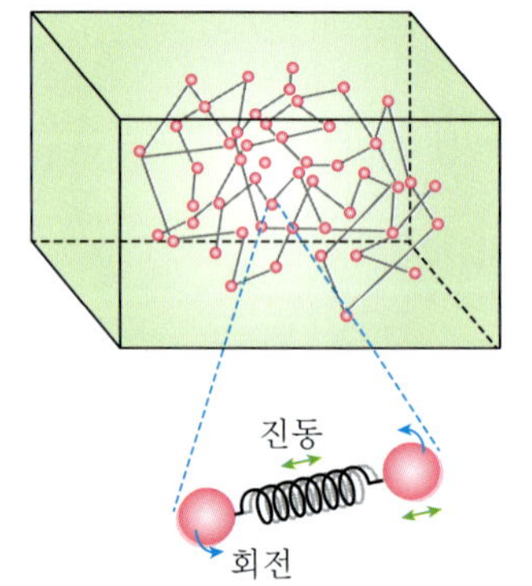

그림 12.10 다원자 분자 기체의 비열. 다원자 분자는 병진운동은 물론 회전운동과 진동운동이 열에너지의 분배에 관여된다. 따라서 단원자 분자 기체의 비열에 비해 높게 나타난다.

먼저 앞에서처럼 간단한 이원자 분자의 모형을 그려보자. 이산화탄소와 같은 이원자 분자는 그림 12.10에서와 같이 고유의 관성 모멘트를 갖고 회전운동을 한다. 이러한 회전운동은 당연히 열에너지를 흡수하는 역할을 한다. 단원자 분자인 경우 병진운동에 있어 3차원을 고려하면 x, y, z 등 세 방향으로 독립적인 운동을 하므로 자유도(degree of freedom)가 3이라 한다. 물론 직선상으로만 움직이는 입자의 자유도는 오직 1이다. 이러한 각각의 자유도에는 에너지가 일정하게 분배된다고 알려져 있다. 이를 에너지등분배 원리(equipartition principle of energy)라 부른다. 예를 들어 분자의 운동에너지가 $(3/2)k_BT$이면 x, y, z 각 방향으로 $(1/2)k_BT$만큼씩 에너지가 나누어져 있다는 것이다.

그런데 이원자 분자가 병진운동을 하면서 동시에 회전운동을 하게 되면 자유도는 얼마일까? 이원자 분자의 회전운동은 x, y, z 각 방향에 대하여 오직 두 방향에서만 자유도를 갖는다. 왜냐하면 나머지 한 축은 2개의 원자를 결합하는 선에 해당하고 따라서 회전운동에 관여하지 않기 때문이다. 그러면 총 자유도는 5가 된다. 따라서 에너지등분배 원리에 따라 분자당 총 에너지는 $(5/2)k_BT$가 된다. 이로부터 이원자 분자의 몰비열은

$$C_V = \frac{5}{2}R = 4.97 \text{ kcal/kmol}\cdot\text{K} \tag{12.32}$$

가 된다. 표를 보면 수소분자, 산소분자, 일산화탄소분자 등에 잘 들어맞음을 알 수 있다. 그럼에도 불구하고 표의 나머지 4개 기체는 여전히 차이가 난다. 그 차이

는 기체의 온도가 증가하면 진동운동이 관여된다는 사실에서 찾을 수 있다. 진동운동은 운동에너지는 물론 퍼텐셜 에너지도 갖고 있으므로 자유도는 2가 된다. 결국 병진, 회전, 진동 운동을 한다면 전체의 자유도는 7이 되며 그에 해당하는 비열은 $(7/2)R$이 될 것이다. 이 값은 6.96 kcal/kmol·K가 되어 실험값에 근접함을 알 수 있다.

위와 같은 결과로부터 우리는 다원자 분자들인 경우 원자들을 잇는 선 하나에 2개씩의 자유도를 부여하여 몰비열을 R씩 증가시켜 나가면 다원자 기체의 비열을 어느 정도 설명할 수 있다는 결론을 내릴 수 있다.

12장 학습문제

12.1 1 kg의 에틸알코올(C_2H_5OH)에 들어 있는 분자의 수를 구하라.

풀이: 먼저 에틸알코올의 분자 질량을 구해야 한다.

$$2C = 2 \times 12.01\ u = 24.02\ u$$

$$6H = 6 \times 1.008\ u = 6.05\ u$$

$$1O = 1 \times 16.00\ u = 16.00\ u$$

이므로 합하면 46.07 u이다. 따라서 1 kmol에 에틸알코올은 46.07 kg의 질량을 갖는다. 그러므로

$$N = \frac{1\ \text{kg}}{46.07\ \text{kg/kmol}}(6.02 \times 10^{26}\ \text{molecules/kmol}) = 1.31 \times 10^{25}\ \text{molecules}$$

이다.

12.2 8개의 분자들이 각각 2, 4, 5, 5, 8, 9, 12, 15 m/s의 속력으로 운동하고 있다.

(a) 평균 속력은 얼마인가?

(b) 제곱근평균제곱(root mean square: rms) 속력은 얼마인가?

풀이: (a) 평균 속력은 다음과 같이 계산된다.

$$\bar{v} = \frac{v_1 + v_2 + \cdots + v_N}{N} = \frac{2+4+5+5+8+9+12+15}{8}\ \text{m/s} = 7.5\ \text{m/s}$$

(b) rms 속력을 구하기 위해서는 우선 v^2의 평균을 구해야 한다.

$$\overline{v^2} = \frac{v_1^2 + v_2^2 + \cdots + v_N^2}{N} = \frac{2^2+4^2+5^2+5^2+8^2+9^2+12^2+15^2}{8}\ (\text{m/s})^2 = 73\ (\text{m/s})^2$$

따라서

$$v_s = \sqrt{\overline{v^2}} = \sqrt{73}\ \text{m/s} = 8.54\ \text{m/s}$$

이다. 일반적으로 평균 속력과 rms 속력은 같지 않다.

12.3 온도가 20°C인 2 mol의 헬륨(He) 기체를 담고 있는 헬륨 통이 있다. 헬륨은 완전기체처럼 행동하며, 헬륨의 몰 질량은 4×10^{-3} kg/mol이다.

(a) 체계의 전체 내부에너지를 구하라.

(b) 분자당 평균 운동에너지를 구하라.

(c) 원자들의 rms 속력은 얼마인가?

답: (a) 7.3×10^3 J. (b) 6.1×10^{-21} J. (c) 1.4×10^3 m/s.

12.4 다음의 적분 공식을 이용하여 맥스웰-볼츠만 속력분포에 대한 rms 속력을 구하라.

$$\int_0^\infty x^4 e^{-\alpha x^3} dx = \frac{3}{8}\sqrt{\frac{\pi}{\alpha^5}}$$

12.5 0°C에서의 산소분자(O_2)의 rms 속력을 구하라.

풀이: 산소분자의 질량은 32 u이므로

$$m = (32.0 \text{ u})(1.66 \times 10^{-27} \text{ kg/u}) = 5.31 \times 10^{-26} \text{ kg}$$

이다. 그리고 $T = 273$ K이다. 따라서

$$v_s = \sqrt{\frac{3k_BT}{m}} = \sqrt{\frac{3(1.38 \times 10^{-23} \text{ J/K})(273 \text{ K})}{5.31 \times 10^{-26} \text{ kg}}} = 461 \text{ m/s}$$

를 얻는다.

12.6 1 m^3의 정육면체 용기 안에 대기압의 압력과 0°C로 유지되는 수소 기체가 들어 있다. 이 시료 속의 수소원자들의 수는 2.7×10^{25}이다. 0°C와 10000°C에서의 첫 들뜸 전자 상태에 있는 원자들의 수를 계산하라.

풀이: 수소원자의 바닥상태 에너지는 $E_1 = -13.6$ eV이며, 첫 들뜸상태의 에너지는 $E_2 = E_1/4 = -3.4$ eV이다. 따라서 0°C인 경우

$$\frac{E_2 - E_1}{k_BT} = \frac{(10.2 \text{ eV})(1.6 \times 10^{-19} \text{ J/eV})}{(1.38 \times 10^{-23} \text{ J/K})(273 \text{ K})} = 433$$

이다. 결국

$$\frac{N_2}{N_1} = e^{-(E_2 - E_1)/k_BT} = e^{-433} \approx 10^{-188}$$

이 된다. 시료의 수가 2.7×10^{25}이기 때문에 이 온도에서는 모든 원자들이 바닥상태를 점유하고 있다고 할 수 있다. 10000°C인 경우

$$\frac{E_2 - E_1}{k_BT} = \frac{(10.2 \text{ eV})(1.6 \times 10^{-19} \text{ J/eV})}{(1.38 \times 10^{-23} \text{ J/K})(10273 \text{ K})} = 11.5$$

이고,

$$\frac{N_2}{N_1} = e^{-11.5} \approx 10^{-5}$$

이다. 따라서 시료 속에서 약 10^{21} 정도가 첫 들뜸상태로 있다. 물론 이 수효도 전체 수에 비하면 그 비율이 상당히 낮은 편이다.

12.7 기온이 27°C이고 1기압인 공기분자들에 대하여 다음을 구하라. 단, 공기분자의 직경은 0.3 nm라고 가정한다.

(a) 평균 자유행로를 구하라

(b) 충돌 횟수를 구하라.

풀이: (a) 먼저 공기 1 mol의 부피를 알아야 한다.

$$V = \frac{nRT}{P} = \frac{(1\ \text{mol})(8.31\ \text{J/mol}\cdot\text{K})(300\ \text{K})}{1.01\times 10^5\ \text{N/m}^2} = 0.0247\ \text{m}^3$$

따라서 공기분자의 밀도는

$$n = \frac{N_A}{V} = \frac{6.02\times 10^{23}\ \text{molecules/mol}}{0.0247\ \text{m}^3} = 2.44\times 10^{25}\ \text{molecules/m}^3$$

이다. 따라서

$$\lambda = \frac{1}{\sqrt{2}\,n\pi d^2} = \frac{1}{(1.41)(2.44\times 10^{25}/\text{m}^3)(3.14)(3.0\times 10^{-10}\ \text{m})^2} = 1.03\times 10^{-7}\ \text{m}$$

이다. 분자의 지름이 약 3×10^{-10} m이므로 위와 같은 평균 자유행로는 거의 350개의 분자 지름에 해당한다.

한편 분자들 간의 평균 거리는 다음과 같이 구할 수 있다. N개의 분자들이 부피 V를 차지하면 평균적으로 각각의 분자는 V/N의 부피, 즉 한 변이 $(V/N)^{1/3}$인 정육면체를 차지한다. 이러한 정육면체 한 변의 거리를 분자들 간의 거리라고 생각하면

$$\left(\frac{V}{N}\right)^{1/3} = \left(\frac{1}{2.44\times 10^{25}}\ \text{m}^3\right)^{1/3} = 3.5\times 10^{-9}\ \text{m}$$

이다. 이 거리는 약 11개의 분자 지름에 해당한다.

(b) 300 K에서 산소분자의 rms 속력은 483 m/s이다. 이 속력을 공기분자의 평균 속력이라고 가정하면 충돌 횟수는

$$f = \frac{1}{\tau} = \frac{v}{\lambda} = \frac{483\ \text{m/s}}{1.2\times 10^{-7}\ \text{m}} = 4.0\times 10^9\ \text{충돌/s}$$

이다.

12.8 우주 공간에서 별들 간에는 cm^3당 약 30개의 원자가 분포하고 있다. 이러한 성간(星間)*에서 수소원자의 평균 자유행로는 얼마가 되겠는가? 수소의 반지름은 0.53×10^{-10} m이다.

풀이:

$$\lambda = \frac{1}{\sqrt{2}\,n\pi d^2} = \frac{1}{(1.41)(3.0\times 10^7/\text{m}^3)(3.14)(1.06\times 10^{-10}\ \text{m})^2}$$
$$= 6.7\times 10^{11}\ \text{m}$$

---
* Interstellar

한편 태양과 지구 사이의 거리는 1.5×10^{11} m이다. 이러한 결과로부터 무엇을 생각할 수 있는가?

12.9 250 cm^3의 용량을 갖는 파이렉스 비이커에 20°C의 물이 가득 채워져 있다. 이 물을 80°C로 가열하면 물은 얼마나 넘치는가? 파이렉스의 열팽창계수는 0.9×10^{-5}/°C이다.

풀이: 우선 파이렉스 비이커의 팽창 및 수축은 빈 공간이 파이렉스로 완전히 채워졌을 때의 팽창 및 수축과 동일하다는 것에 주목하자. 따라서 비이커의 부피팽창은

$$\Delta V_P = \beta_P V_P \Delta T = (0.9 \times 10^{-5}/°\mathrm{C})(250\ \mathrm{cm}^3)(60°\mathrm{C}) = 0.14\ \mathrm{cm}^3$$

이다. 반면에 물의 부피 변화는

$$\Delta V_W = \beta_W V_W \Delta T = (21 \times 10^{-5}/°\mathrm{C})(250\ \mathrm{m}^3)(60°\mathrm{C}) = 3.15\ \mathrm{cm}^3$$

이다. 따라서 넘친 물의 양은

$$\triangle V_W - \triangle V_P = 3.0\ \mathrm{cm}^3$$

이다.

12장 연습문제

12.1 (a) 1기압 0°C에서 산소분자(O_2)의 평균 운동에너지는 얼마인가?

(b) 20°C에서 1 mol의 산소분자들이 갖는 전체 운동에너지를 계산하라.

12.2 온도가 0°C에서 100°C로 증가하면 기체 분자의 rms 속력은 몇 배로 되는가?

12.3 1300 mol의 질소가 2.1기압에서 8.0 m^3의 부피를 차지하고 있다. 이때 질소분자의 rms 속력을 구하라.

12.4 시속 4만 km의 속력으로 대기권에 재돌입하는 우주선이 있다. 이 우주선에 정면 충돌하는 공기 중 질소분자가 갖고 있는 유효온도를 계산하라.

12.5 (a) 0°C에서 산소분자의 rms 속력을 구하라.

(b) 이 분자는 5 m 길이의 방을 초당 몇 번 왕복하는가? 분자 간의 충돌은 무시한다.

12.6 20개로 이루어진 입자들이 다음과 같은 상태로 운동하고 있다.

속력(m/s)	개수	속력(m/s)	개수
10	2	30	5
15	7	35	3
20	1	40	2

(a) 평균 속력을 구하라. (b) rms 속력을 구하라. (c) 최빈 속력을 구하라.

12.7 우라늄 ^{235}U와 ^{238}U을 분리하기 위하여 우라늄에 불소를 섞어 UF_6 기체를 형성하는 방법이 있다. 이 기체를 관에 넣어 확산시키면 질량 차이에 따른 분자 속도의 차이에 의해 화합물이 분리된다. 두 동위원소에 대한 화합물 분자의 rms 속력의 비를 구하라.

12.8 한 변의 길이가 20 cm인 정육면체 내부의 공기를 10^{-6} torr가 될 때까지 제거하였다. 0°C에서 벽과 한 번 충돌할 동안 분자끼리의 충돌은 몇 번 일어나는가?

12.9 열팽창에 의한 길이의 변화율은 식 (12.29)와 비슷하게 다음과 같이 주어진다.

$$\triangle L = \alpha L_0 \triangle T$$

여기서 α를 선팽창계수(coefficient of linear expansion)라 부르며, 강철의 선팽창계수는 12×10^{-6}/°C이다

(a) 강철로 만든 줄자가 20°C에서 정확한 값을 주도록 눈금을 매겼다. 40°C에서 이 줄자를 사용하면 측정값은 실제 값보다 낮은가? 아니면 높은가?

(b) 이때 생기는 오차는 몇 %인가?

12.10 어떤 기체의 분자가 n의 자유도를 가지고 있다면 $C_V = \frac{n}{2}R$, $C_P = \frac{n+2}{2}R$이 됨을 보여라.

12.11 이원자로 이루어진 1 mol의 완전기체가 1기압, 580 K의 상태에 놓여 있다. 이 기체의 압력과 온도는 정비례로 증가하면서 1.6기압, 720 K가 되었다. 자유도를 5로 가정하여 다음 물음에 답하라.

(a) 내부에너지 변화는 얼마인가?

(b) 기체가 한 일을 계산하라.

(c) 기체에 주어진 열은 얼마인가?

12장 연습문제 해답

12.1 (a) 5.68×10^{-21} J. (b) 3.65×10^{3} J.

12.2 1.17.

12.3 370 m/s.

12.4 1.4×10^{4} K.

12.5 (a) 460 m/s. (b) 27.

12.7 0.996.

12.8 약 0.003.

12.9 (a) 낮다. (b) 0.024%.

12.11 (a) 696 cal. (b) −324 cal. (c) 372 cal.

제 4 부

전자기학

배움을 권하는 시

숲에서 쉬고 바위에 앉으며 가는 노인의 걸음도
하루면 삼십 리를 간다.
한 달이면 능히 천 리를 갈 수 있으니
이러한 꾸준한 노인의 걸음을 삶의 지표로 삼아야 한다.

– 주자 –

勸學詩

休林坐石老人行
三十里爲一日程
若將一月能千里
以老人行戒後生

– 朱熹(子) –

13 전기력과 전기장

우리는 앞에서 여러 번에 걸쳐 전기에 대한 힘과 그 작용법칙을 자연의 질서와 수소 원자의 구조를 다루면서 알아본 바가 있다. 사실 전기적인 현상은 실생활에서 너무도 흔하게 접하는 것이 오늘날의 현실이다. 가정에서 쓰이는 거의 모든 기기들이 전기적인 힘에 의해 작동된다. 자동차, 텔레비전, 냉장고, 세탁기 등은 물론 컴퓨터, 스마트폰 등은 전기적인 에너지가 없으면 그 작동을 멈춘다.

그럼에도 불구하고 일반인들은 전기가 무엇이고 그 전기의 원천은 어디에서 나오는지, 전류와 전압은 무엇인가라는 지극히 상식적인 사실에 대해서는 등한시하는 경우가 많다. 소위 질적인 지식의 배양이 삶의 질을 향상시키고 인간의 내면생활을 향상시켜 주는 근본이라고 할 수 있다. 우리는 이 장을 통하여 물질이 가지고 있는 전기의 속성과 그에 따른 전기력의 법칙을 배우기로 한다.

그림 13.1 전기력과 현대 기기. 컴퓨터, 휴대전화 등은 전기적인 힘에 의해 작동된다. 전기적인 힘은 물질의 고유 성질인 전하(charge)와 관계된다.

학습 내용

- 전하(charge): $q = \pm ne (n = 1, 2, 3 \cdots)$, $e = 1.602 \times 10^{-19}$ C.
- 쿨롱의 법칙(Coulomb's law): $F = k_e \dfrac{Qq}{r^2}$, $k_e = 8.99 \times 10^9 \text{ N} \cdot \text{m}^2/\text{C}^2$.

  $k_e = \dfrac{1}{4\pi\epsilon_0}$, $\epsilon_0 = 8.85 \times 10^{-12} \text{ C}^2/\text{N} \cdot \text{m}^2$; 자유공간에서의 유전율.
- 전기장(electric field): $\mathbf{E} = \dfrac{\mathbf{F}}{q_0}$, $\mathbf{E} = \dfrac{1}{4\pi\epsilon_0}\dfrac{Q}{r^2}\hat{r}$.
- 전기력선(electric filed lines)

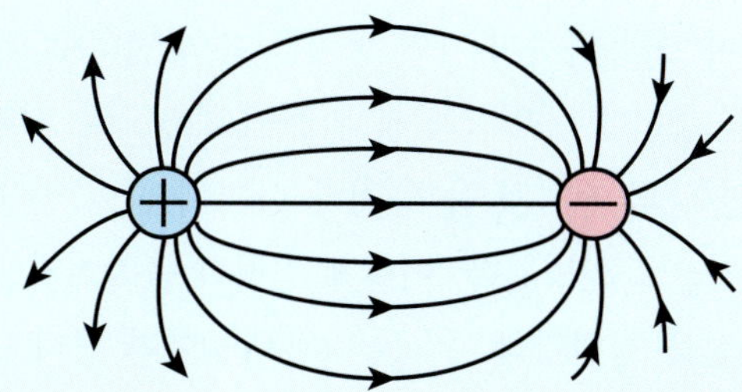

- 연속전하 분포 전기장: $d\mathbf{E} = \dfrac{1}{4\pi\epsilon_0}\dfrac{dQ}{r^2}\hat{r}$, $dQ = \rho dV$, $dQ = \sigma dA$, $dQ = \lambda dL$.

  체적전하 밀도; $\rho(\text{C/m}^3)$, 면적전하 밀도; $\sigma(\text{C/m}^2)$, 선전하 밀도; $\lambda(\text{C/m})$.

• 가우스 법칙(Gauss's law): $\oint \mathbf{E} \cdot d\mathbf{A} = \frac{Q}{\epsilon_0}$.

전기다발(electric flux); $\Phi_E = \int \mathbf{E} \cdot d\mathbf{A}$.

• 전기 쌍극자(electric dipoles): 전기 쌍극자 모멘트; $\mathbf{p} = Q\mathbf{d}$.

돌림힘(토크); $\mathbf{N} = \mathbf{p} \times \mathbf{E}$.

퍼텐셜 에너지; $U = -\mathbf{p} \cdot \mathbf{E}$.

13.1 전하(Charge)

오늘날은 전기가 없으면 살아갈 수 없는 세상이다. 여러 가지 전등은 물론 텔레비전, 컴퓨터, 휴대전화, 디지털카메라 등의 작동은 전하들 사이의 전기적 상호작용에 의한 것이다. 여기서 전하라고 하는 것은 전기 효과를 만들어내고 경험하는 물질의 고유한 성질이다. 나중에 알게 되겠지만 자기적인 효과도 이러한 전하의 운동으로부터 나온다.

머리빗을 머리카락에 문지르고 난 후 곧바로 작은 종이 조각들 가까이 가져가 보자. 그러면 그림 13.2에서 보듯이 조각들이 머리빗을 향하여 달라붙는다는 사실을 알 수 있다.

그 이유는 무엇일까?
그것은 물질 고유 성질 중 하나인 전하의 존재와 관련된다.

실험을 통하여 머리카락과 같은 털 종류는 플라스틱과 마찰이 되면 음전기를 띤다는 사실이 알려졌다. 이것은 물질 내에 있는 전자의 이동에 따른 것으로 플라스틱에 있던 전자가 머리카락으로 이동된 결과이다. 우리는 1장에서 이미 전자와 마주친 바 있다. 전자는 원자를 이루는 기본 입자이며 음의 전하를 갖는다. 그리고 전자의 전하는 음으로 정의되며 전하의 최소 단위를 이룬다. 이제 양전기를 띠게 된 빗이 종이 조각 가까이 가면 종이를 음의 전하로 대전시키게 된다. 그 이유는 양의 전하만큼 종이에 음의 전하를 만들어 중성으로 되려고 하는 자연계의 속성 때문이다. 그러면 양의 전하와 음의 전하 사이에 힘이 발생하여 끌어당긴다. 이 현상은 쿨롱의 법칙으로 설명된다. 이렇게 전하가 움직이지 않고 정지해 있을 때 나타나는 전기적 현상을 정전기학[1](electrostatics)이라 한다. 반면에 전하가 움직이면 전기적인(electric) 성질뿐만 아니라 자기적인(magnetic) 성질도 함께 나타나는데, 이러한 상호작용을 전자기학(electromagnetism)이라 부른다.

전기와 자기 현상을 만들어내는 전하의 최소 단위는 다음과 같이 주어진다.

[1] 정전기학(靜電氣學). 여기서 靜은 움직이지 않고 정지해 있다는 의미이다.

그림 13.2 전하의 발생과 전기력 현상. 플라스틱으로 만들어진 빗을 머리카락에 문지르면 전하가 발생한다. 이때 전하는 전자에 해당하며 빗으로부터 머리카락으로 이동한다. 이러한 결과 빗은 양전하를 갖게 된다. 양전하를 갖는 빗은 다시 중성의 종이에 전하를 유도한다. 즉 빗이 종이조각들을 잡아당기는 것은 종이가 대전되어 전기력이 발생되었기 때문이다.

$$e = 1.602 \times 10^{-19}\ \mathrm{C} \tag{13.1}$$

C는 전하의 단위로 쿨롱(Coulomb)이라고 부른다. 중성인 물질은 같은 수의 양전하와 음전하로 구성된 원자들의 집합체이다. 원자는 양전하를 이루는 원자핵과 그 주위에 음전하를 갖는 전자로 구성되어 있으며, 원자핵은 다시 양전하를 갖는 양성자와 중성의 중성자로 이루어져 있다. 이때 여러 개의 양성자 또는 전자들의 전하량은 다음과 같이 주어진다.

$$q = \pm\, ne \tag{13.2}$$

여기서 n은 정수이다.

물질 중 전하가 자유롭게 움직이며 전기를 일으킬 수 있을 때 이를 **도체(conductor)**라 부른다. 금속 도체 안에서 자유롭게 움직이는 전하의 실체가 자유전자(free electrons)이다. 이온화된 기체나 전해액에서는 두 종류의 부호를 갖는 전하들, 즉 양이온과 음이온들이 모두 움직인다. 반면에 나무, 고무, 유리 등은 **부도체(insulator, 절연체)**라고 불린다. 도체와 절연체 중간 성질을 갖는 물질을 **반도체**[2]**(semiconductor)**라 하며 대표적인 것이 실리콘(Silicon, Si)과 게르마늄(Germanium, Ge)이다.

[2] 반도체(半導體)

13.2 전기력: 쿨롱의 법칙(Coulomb's Law)

정지된 전하들 사이에서 일어나는 정전기적인 힘의 법칙을 쿨롱의 법칙이라 한다. 프랑스의 과학자 쿨롱(Charles Coulomb, 1736~1806)은 전하 Q로 대전된 금속 공으로부터 r만큼 떨어진 곳에 시험 전하 q를 놓았을 때 이러한 두 점전하 사이의 힘은 다음과 같이 주어질 수 있다는 것을 밝혔다.

$$F = k_e \frac{Qq}{r^2} \tag{13.3}$$

여기서 비례상수 k_e는 약

$$k_e = 8.99 \times 10^9 \ \mathrm{N \cdot m^2/C^2} \tag{13.4}$$

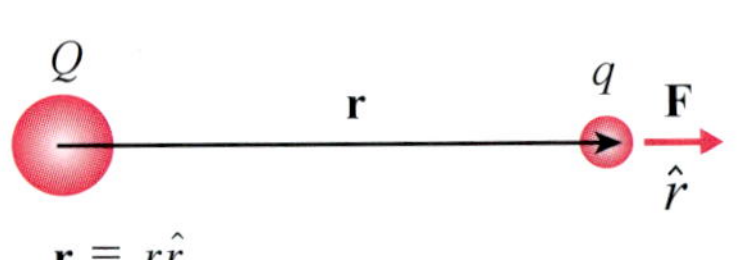

$\mathbf{r} = r\hat{r}$

$\hat{r}$: r 방향으로의 단위 벡터

$\mathbf{F} = k_e \frac{Qq}{r^2}\hat{r}$ $\quad k_e = \frac{1}{4\pi\epsilon_0}$

그림 13.3 쿨롱의 법칙. 정지한 두 전하 사이의 전기적인 힘은 두 전하의 곱에 비례하고 거리의 제곱에 역비례한다. 두 전하의 부호가 같으면 척력으로 작용하고 다르면 인력으로 작용한다.

이다. 보통 계산할 때는 $k_e = 9.0 \times 10^9 \ \mathrm{N \cdot m^2/C^2}$의 값을 사용한다. 따라서 1 C이란 2개의 전하가 1 m 떨어져 있을 때 9.0×10^9 N의 힘으로 상호작용하는 전하량이다. 빗이나 책받침 등의 플라스틱을 문질렀을 때(그림 13.2) 생기는 전하의 크기는 보통 $1\ \mu\mathrm{C} = 10^{-6}$ C 정도이다.

비례상수 k_e는 다음과 같은 형태로 나타낸다.

$$k_e = \frac{1}{4\pi\epsilon_0} \tag{13.5}$$

이때 ϵ_0를 자유공간에서의 **유전율(permittivity)**이라 하며 그 값은 다음과 같다.

$$\epsilon_0 = 8.85 \times 10^{-12} \ \mathrm{C^2/N \cdot m^2} \tag{13.6}$$

여기서 자유공간이라 함은 물질이나 물질을 이루는 입자들이 없는 공간을 말한다. 즉 진공 상태의 공간을 말하나 보통 대기의 공간도 이 범주에 속한다. 나중에 배우게 되겠지만 자유공간이 아닌 곳에서의 유전율은 $\epsilon = \epsilon_r\epsilon_0$의 형태로 기술된다. ϵ_r을 상대유전율 혹은 유전상수라고 부른다. 대단히 중요한 물리 상수이다.

정전기력은 입자를 연결하는 선상에 작용하는 중심력(central forces)의 일종이며, 오직 원점으로부터의 거리 r의 함수로 주어지는 공꼴(구형) 대칭성(spherical symmetry)을 갖는 힘이다. 쿨롱의 법칙을 벡터 형태로 표시하면 다음과 같다.

$$\mathbf{F} = \frac{1}{4\pi\epsilon_0} \frac{Qq}{r^2} \hat{r} \tag{13.7}$$

여기서 $\hat{r}$은 힘의 근원을 원점으로 하는 단위 벡터이다. 3장을 다시 보기 바란다. 즉 그림 13.3에서 보듯이 q에 작용하는 힘을 찾는다면 $\hat{r}$의 원점은 Q에 놓여 있어야 한다.

만약 $\mathbf{F} = +F\hat{r}$ 이면 밀쳐내는 힘, 즉 **척력(repulsive force)**이고, $\mathbf{F} = -F\hat{r}$ 이면 끌어당기는 힘, 즉 **인력(attractive force)**이다. 따라서 같은 부호의 전하들끼리는 서로 밀쳐내며 다른 부호의 전하들 사이에서는 끌어당긴다.

13.3 전기장(Electric Field)

전기장은 전하에 의해 전기력이 미치는 공간을 의미한다. 우리는 중력에 의한 중력장과 이러한 전기장을 7장에서 간단히 들여다본 적이 있다. 그런데 이러한 전기장(전기 마당이라는 뜻)을 전계(電界)라고 부르는 경우가 많은데(특히 공학 계열에서 이렇게 부름) 이는 잘못된 표현이다. 그릇된 일본식 용어에서 유래한 것으로 전기장이 올바른 표현이다.

전하는 그 주위에 전기장을 생성시켜 영향을 미친다. 마치 질량이 있는 큰 물체, 예를 들면 지구가 그 주위에 중력장을 만드는 것과 같다. 그림 13.4를 보라. 한 점에서의 전기장의 세기는 그 점에 놓인 시험 전하 q_0에 미치는 단위 전하당 힘으로 정의된다. 즉

$$\mathbf{E} = \frac{\mathbf{F}}{q_0} \tag{13.8}$$

이다. 전기장의 방향은 양전하가 받는 힘의 방향이다. 따라서 쿨롱의 법칙으로부터 점전하 Q에 의해 생성된 전기장은

$$\mathbf{E} = \frac{1}{4\pi\epsilon_0}\frac{Q}{r^2}\hat{r} \tag{13.9}$$

로 주어진다. 반면에 질량을 갖는 물체는 중력을 유발하며 그러한 중력은 중력장(gravitational field)이라는 매개에 의해 전달된다. 참고로 중력장을 $\mathbf{g}$라고 하면 $\mathbf{g} = \mathbf{F}/m$이다.

따라서 전기장은 전하에 의해 발생하는 전기력선 분포 지역이라고 할 수 있다. 중력과는 달리 전기장은 인력은 물론 척력으로도 작용한다. 그림 13.4에서 보는 것처럼 음의 전하에 의한 전기장에 양의 전하가 존재하면 서로 끌어당기며, 같은 부호인 음의 전하가 놓이면 서로 반발하는 힘이 발생한다.

전기력선(Electric Field Lines)

그림 13.4에서와 같이 음의 점전하 Q에 의해 만들어진 전기장의 세기를 화살표로 나타내는 선을 전기력선이라 부른다. 전기장선이라고 불러야 하나 보통 **역선**으로 불린다. 이러한 장의 세기를 나타내는 선은 양전하에서 나와 음전하로 들어가는 형태를 취한다. 그림 13.5를 보라. 역선은 전기장의 세기에 대한 정보를 제공한다. 전기장이 강한 곳은 역선 수가 밀집되어 있고 전기장이 약한 곳은 단위 면적에 비하여 역선 수가 적게 분포되어 있다. 다시 말해 전기장의 세기는 역선의 밀도에 비례한다. 즉 전기장의 세기는 전기장에 수직인 단위 면적을 통과하는 역선의 수에 비례한

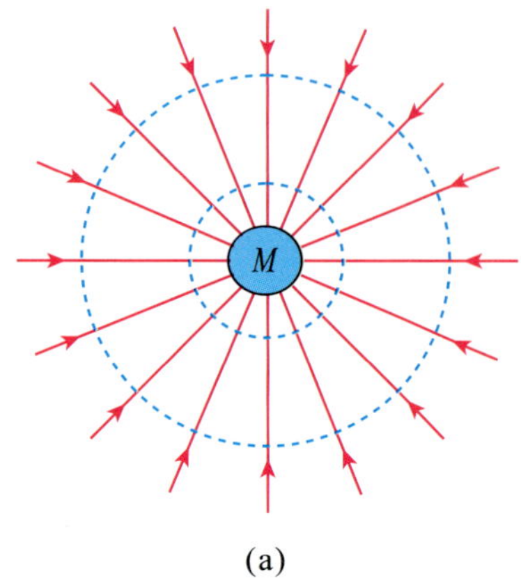

(a)

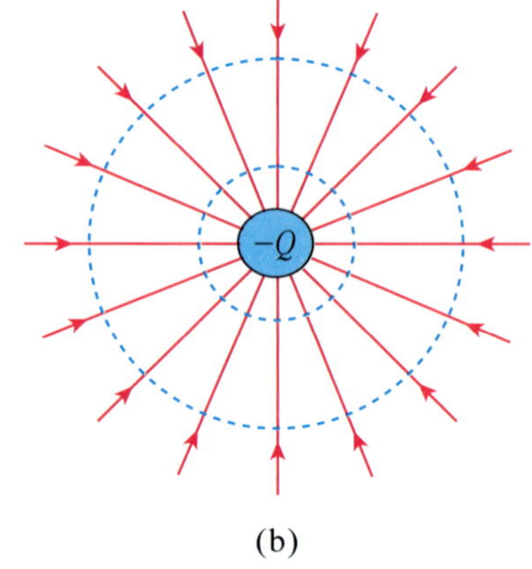

(b)

그림 13.4 중력장과 전기장.

(a) **중력장(gravitational field)**. 질량 M을 갖는 입자에 의한 중력장의 모습. 중력선들이 모여 있는 곳을 중력장이라 부른다. 같은 면적에 대하여 가까운 곳이 멀리 있는 곳에 비해 중력선이 더 많이 밀집해 있다. 따라서 중력이 더 세다.

(b) **전기(력)장(electric field)**. 음전하를 갖는 입자에 의한 전기장. 이러한 전기력선의 분포 지역을 전기장이라 부른다. 양의 전하에 의한 전기장의 방향은 반대이다. 만약 이 전기장에 양의 전하를 놓으면 서로 끌어당긴다. 반면에 같은 부호의 음의 전하를 놓으면 서로 반발한다.

다. 고립된 점전하에서 나오는 N개의 역선을 생각해 보자. 전하에서 r만큼 떨어진 곳에서의 역선은 표면적이 $4\pi r^2$인 공꼴 면에 퍼져 있게 된다. 따라서 역선의 밀도는 $N/4\pi r^2$이 되며 결국 전기장의 세기는 $1/r^2$로 감소하게 된다. 이것이 쿨롱의 법칙에서 $1/r^2$이 나온 기하학적인 이유이다. 가우스 법칙은 이와 같은 기하학적인 관계를 명확하게 보여준다. 여기서 다시 강조하고자 하는 것은 전기장은 '힘'의 개념이라는 사실이다. 즉

$$\mathbf{F} = q\mathbf{E}$$

이다.

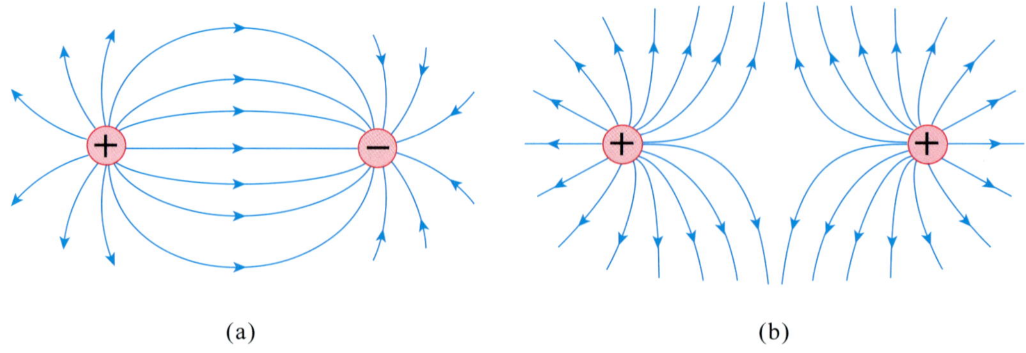

(a) (b)

그림 13.5 전기력선. (a) 양전하에 의한 전기력선은 밖으로, 음전하에 의한 전기력선은 안으로 들어가는 방향이다. (b) 서로 다른 전하들(a)은 끌어당기고, 같은 전하끼리(b)는 반발하는 모습을 볼 수 있다.

연속전하 분포 물질에 의한 전기장 분포

그런데 전하는 점전하로 취급할 수 없는 경우가 더 많다. 사실상 전하를 갖는 물질들은 무수한 전자들의 집합에 의해 거시적인 크기의 전하로 나타난다. 이것은 물체의 질량이 물체를 이루는 원자나 분자들의 총 질량과 동일한 경우와 같다. 한 물체의 질량 요소의 분포를 밀도로 나타냈듯이 전하에 있어서도 전하 물질의 연속적인 전하 분포를 전하 밀도로 나타내면 편리하다.

그림 13.6은 양전하 Q로 대전되어 있는 원판(disk)을 나타낸다. 이제 이 원판의 전하에 의해 생기는 전기장이 원판 중심으로부터 x만큼 떨어진 곳에서는 어떻게 나오는지 알아보자. 전하는 균일하게 분포되어 있다고 가정한다. 먼저 우리는 원판 각 점에서의 미소(infinitesimal)—작은 영역—전하에 의한 전기장의 세기를 구해야 한다. 이러한 경우 총 전하를 구하기 위해서는 전하 밀도를 도입하여 해결하면 된다. 두께가 없는 평면으로 간주한다면 이러한 원판인 경우 면전하 밀도를 도입하면 된다. 면(혹은 면적) 전하 밀도를 σ라 하면

$$\sigma = \frac{Q}{A}$$

이다. 여기서 $A = \pi R^2$이다. 그림과 같이 반지름이 r이고 dr만큼의 두께에 대한 면적의 미소 영역은 $dA = 2\pi r dr$이다. 그리고 이에 대한 전하는

$$dq = \sigma dA = 2\pi \sigma r dr$$

이 된다. 그런데 그림을 보면 원판의 평면 방향(y와 z 방향)으로의 전기장은 대칭에 의해 서로 상쇄되어 0이 됨을 알 수 있다. 따라서 전기장의 성분은 오직 x방향뿐이다. 그러면

$$dE_x = dE\cos\theta = dE\frac{x}{\sqrt{x^2 + r^2}}$$

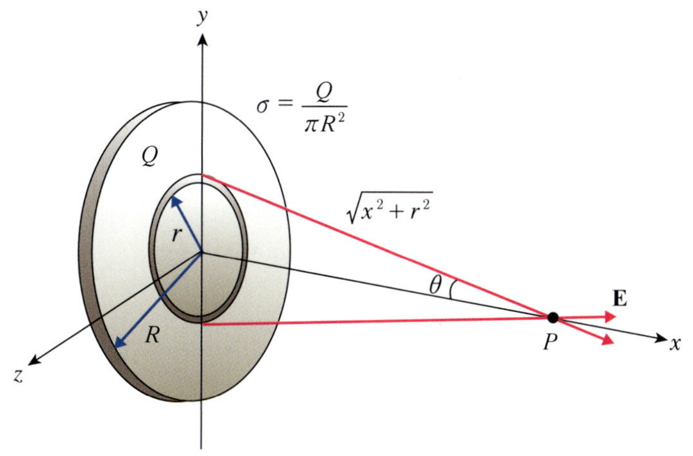

그림 13.6 균일하게 대전된 원판의 전기장.

이다. 그리고

$$dE = k_e \frac{dq}{(x^2 + r^2)}$$

이므로,

$$dE_x = k_e x \pi \sigma \frac{2rdr}{(x^2 + r^2)^{3/2}}$$

가 된다. 따라서 총 알짜 전기장은

$$E_x = k_e x \pi \sigma \int_0^R \frac{2rdr}{(x^2 + r^2)^{3/2}}$$

이다. 적분을 계산하기 위해 변수를 다음과 같이 변형하자. 즉 $u = x^2 + r^2$이라 두면, $du = 2rdr$이 되고 적분 범위는 $u = x^2$에서 $u = x^2 + R^2$으로 된다. 따라서

$$\begin{aligned} E_x &= k_e x \pi \sigma \int_{x^2}^{x^2+R^2} u^{-3/2} du = k_e x \pi \sigma \left| \frac{u^{-1/2}}{-1/2} \right|_{x^2}^{x^2+R^2} \\ &= -2k_e \pi \sigma x \left(\frac{1}{\sqrt{x^2 + R^2}} - \frac{1}{\sqrt{x^2}} \right) \end{aligned}$$

이다. 이 식은 다음과 같은 형태로 나타낼 수 있다.

$$E_x = 2\pi k_e \sigma \left[1 - \frac{x}{\sqrt{x^2 + R^2}} \right] = \frac{\sigma}{2\epsilon_0} \left[1 - \frac{x}{\sqrt{x^2 + R^2}} \right] \quad (13.10)$$

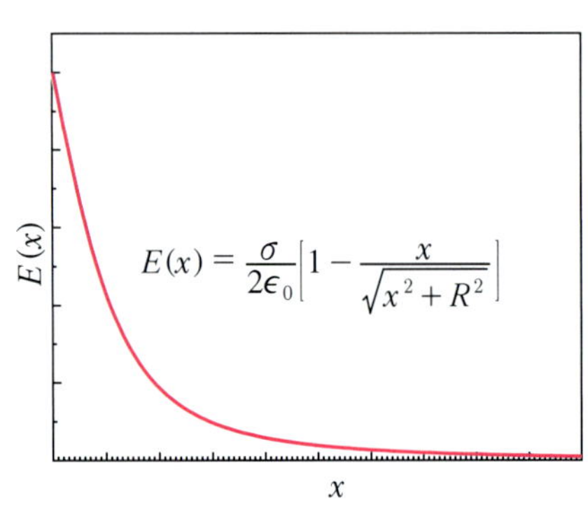

그림 13.7 균일하게 대전된 원판의 전기장 분포 곡선.

이제 재미있는 현상을 도출해 보자. 우선 원판에서 아주 멀리 떨어진 지점에서의 전기장이 어떻게 되는지 살펴보기로 한다. 이러한 경우 x는 R에 비해 상당히 크므로, 즉 $x \gg R$이다. 그러면 식 (13.10)에서 두 번째 항은

$$\frac{x}{\sqrt{x^2 + R^2}} = \frac{1}{\sqrt{1 + \left(\frac{R}{x}\right)^2}} = \left[1 + \frac{R^2}{x^2} \right]^{-1/2}$$

로 정리될 수 있다. 여기서 우리는 다음과 같은 조건을 이용하여 이 문제를 풀도록 하자. 이항전개에 있어 $a \ll 1$의 조건이면 $(1 + a)^n \approx 1 + na$인 결과를 얻을 수 있다(각자 a의 값을 아주 작은 값으로 놓고 확인해 보도록 하라). 여기서 $a = R^2/x^2$이라 놓으면 $a \ll 1$인 조건을 만족하므로,

$$(1 + a)^{-1/2} \approx 1 + \left(-\frac{1}{2}\right) a = 1 - \frac{R^2}{2x^2}$$

이 된다. 따라서

$$E_x \approx 2\pi k_e \sigma \left(1 - 1 + \frac{R^2}{2x^2} \right) = k_e \frac{\sigma \pi R^2}{x^2} = k_e \frac{Q}{x^2}, \quad x \gg R \quad (13.11)$$

이다. 이러한 결과는 x가 아주 크면 대전된 원판의 전기장은 원점에 점전하 Q가 있는 것과 같다는 사실을 의미한다.

이번에는 원판이 아주 큰 경우를 살펴보자. R을 무한대로 보내면 식 (13.10)의 두 번째 항은 0으로 수렴된다. 따라서

$$E_x = 2\pi k_e \sigma, \quad x > 0$$

이다. 한편 x의 음의 방향으로는

$$E_x = -2\pi k_e \sigma, \quad x < 0$$

이 된다. 한편 $k_e = 1/4\pi\epsilon_0$에서

$$E_x = \frac{\sigma}{2\epsilon_0} \quad (x > 0), \qquad E_x = -\frac{\sigma}{2\epsilon_0} \quad (x < 0) \tag{13.12}$$

와 같이 표현되기도 한다.

13.4 가우스 법칙(Gauss's Law)

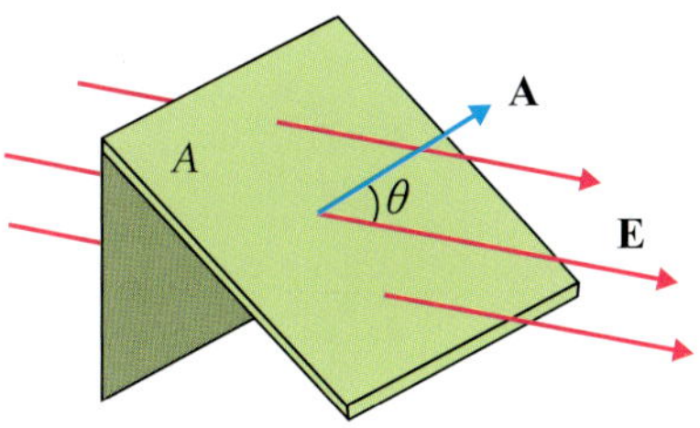

그림 13.8 전기다발. 면적 A를 지나는 전기장에 의한 전기다발.

$$\Phi_E = \mathbf{EA}\cos\theta$$

전기다발(Electric Flux)

앞에서 다룬 전기장의 역선들이 한 면을 가로지르는 경우를 생각하자. 이때 균일한 전기장이 면적 **A**의 편평한 면적을 통과하는 흐름의 양을 전기다발[electric flux, 한자말로 선속(線束)이라고도 부른다]이라 하며 다음과 같이 정의된다.

$$\Phi_E = \mathbf{E}\cdot\mathbf{A} = EA\cos\theta \tag{13.13}$$

여기서 면적 벡터 **A**는 표면에 수직한 방향이다. 그림 13.8을 보기 바란다. 만약 표면이 일정하지 않거나 전기장이 균일하지 않으면 전기다발은 다음과 같이 정의된다.

$$\Phi_E = \int \mathbf{E}\cdot d\mathbf{A} \tag{13.14}$$

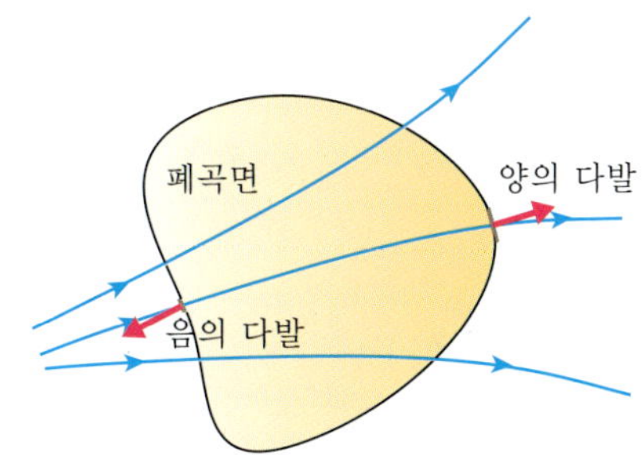

그림 13.9 폐곡면을 지나는 전기다발. 폐곡면을 지나는 전기다발은 폐곡면을 나가면 양의 값을, 폐곡면으로 들어오면 음의 값을 갖는다. 만약 들어온 양과 나간 양이 같으면 그 값은 0이다.

그리고 면이 닫혀 있을 때, 즉 그림 13.9에서 보는 것처럼 폐곡면(closed surface)에서의 전기다발은 폐곡면을 나갈 때는 양의 값으로, 들어올 때는 음의 값으로 주어진다.

이제 양의 점전하 Q가 있고 이러한 전하를 중심으로 하는 공꼴 형태의 폐곡면을 생각하자(그림 13.10). 이러한 가상의 면을 가우스 면이라고 부른다. 이러한 가우스

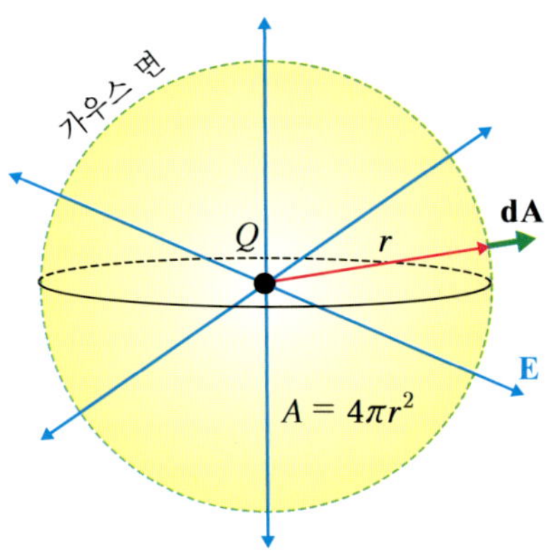

그림 13.10 점전하의 공꼴형 가우스 면. 점전하로부터 r만큼 떨어진 곳에서의 전기장을 구하기 위한 가우스 면.

면을 통과하는 총 전기다발은 다음과 같다.

$$\Phi_E = \oint EdA = E\oint dA = E(4\pi r^2)$$

쿨롱의 법칙으로부터 우리는 다음과 같은 관계식을 얻는다.

$$\Phi_E = E(4\pi r^2) = \frac{1}{4\pi\epsilon_0}\frac{Q}{r^2}(4\pi r^2) = \frac{Q}{\epsilon_0}$$

가우스 법칙

위에서 얻은 결과는 특수한 경우에 해당되었지만 가우스 면이 임의의 모양을 갖고 있어도 같은 결론을 얻는다. 이러한 결과로부터 가우스 법칙은 다음과 같이 정의된다.

$$\oint \mathbf{E}\cdot d\mathbf{A} = \frac{Q}{\epsilon_0} \tag{13.15}$$

위 식의 뜻은 **"폐곡면을 지나는 알짜 전기다발(net electric flux)은 가우스 면으로 둘러싸인 알짜 전하의 크기를 유전율로 나눈 값과 같다"**이다. 뒤의 학습문제들을 다루면서 가우스 법칙의 유용성을 터득해 보기 바란다.

그런데 가우스 법칙을 이용하면 전기장을 손쉽게 구할 수 있는 경우가 많다. 그러나 여기서 간과하지 말아야 할 것은 이러한 가우스 법칙의 응용은 주어진 상황을 잘 파악하고 물리적인 개념을 확실히 알고 난 다음에 이루어져야 한다는 것이다. 가능한 한 가장 기본적인 쿨롱의 법칙을 이용하여 문제를 풀어나가는 것이 좋다.

도체 표면에서의 전기장

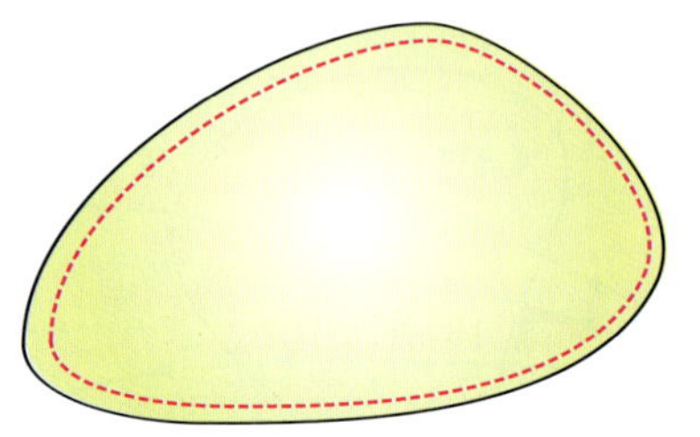
그림 13.11 도체와 가우스 면. 도체 내부에는 전기장이 존재하지 않는다. 따라서 안쪽에 가우스 면을 잡으면 전기가 발생하지 않는다. 도체에는 오직 표면에만 전하가 분포한다.

가우스 법칙은 도체와 연관된 전하 혹은 전기장의 성질에 관하여 흥미로운 정보를 제공해 준다. 전하가 도체에 놓이게 되면 도체에는 순간적으로 전기장이 생성되며, 이러한 전기장의 영향으로 도체 내의 자유전자들은 힘을 받게 된다. 이러한 전자들의 재배치는 상당히 빠르게(10^{-12} s 정도로 알려져 있음) 진행되어 평형 상태에 도달하는데, 이러한 결과 도체 내부에서의 전기장이 상쇄된다. 그림 13.11은 도체 내부에서의 가우스 면 설정을 나타내는데, 도체 내부에서의 전기장은 없으므로 이 가우스 면을 통과하는 전기다발은 없다. 따라서 이러한 내부 가우스 면에는 알짜 전하가 분포하지 못한다. 결국 도체의 모든 전하는 오직 도체의 표면에만 놓여져야 한다는 결론에 도달하게 된다.

이제 가우스 법칙을 이용하여 균일한 면전하 밀도 σ(C/m^2)를 갖는 무한 평면판에 의한 전기장을 구해 보자. 우선 그림 13.12와 같이 가우스 면을 그린다. 그리고 가

우스 법칙을 적용하면

$$\oint \mathbf{E} \cdot d\mathbf{A} = E_1 A_1 + E_2 A_2 = \frac{\sigma A}{\epsilon_0}$$

이다.

$A_1 = A_2 = A$이므로 $2EA = \sigma A / \epsilon_0$가 되고, 결국

$$E = \frac{\sigma}{2\epsilon_0} \tag{13.16}$$

가 된다.

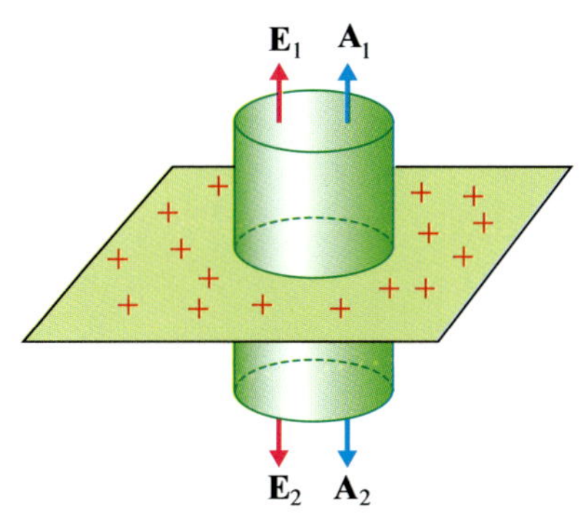

그림 13.12 무한평면판에 대한 가우스 면.

이번에는 균일한 면전하 밀도를 가지는 도체에 의한 전기장을 알아보자. 무한평면 도체의 가우스 면을 그림 13.13과 같이 잡는다. 전하는 오직 도체 표면에만 존재하기 때문에 도체 내에서의 전기장은 존재하지 않는다. 만약 면적이 A이면 가우스 법칙에 의해

$$EA = \frac{\sigma A}{\epsilon_0}$$

가 된다. 따라서 전기장은

$$E = \frac{\sigma}{\epsilon_0} \tag{13.17}$$

이다.

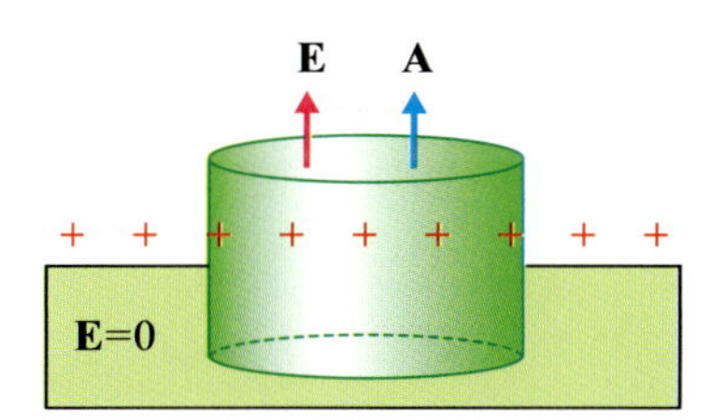

그림 13.13 도체 평면에 대한 가우스 면. 도체의 안쪽은 전기장이 존재하지 않는다. 따라서 원통형 가우스 면 중 윗면으로만 전기다발이 존재한다.

이러한 결과는 같은 면전하 밀도를 갖는 무한평면으로부터 얻은 값의 2배이다. 도체인 경우 모든 전기다발은 한쪽 방향으로만 향하는 반면에, 평면인 경우에는 두 방향으로 나뉘기 때문이다.

그리고 식 (13.17)은 전기장이 도체로부터의 거리와는 무관함을 보여주고 있다. 유한한 크기의 도체에 있어 도체 표면에 아주 가깝게 위치해 있을 때는 사실상 도체 표면이 평평한 경우라고 여길 수 있기 때문에 위와 같은 결과를 적용시킬 수 있다.

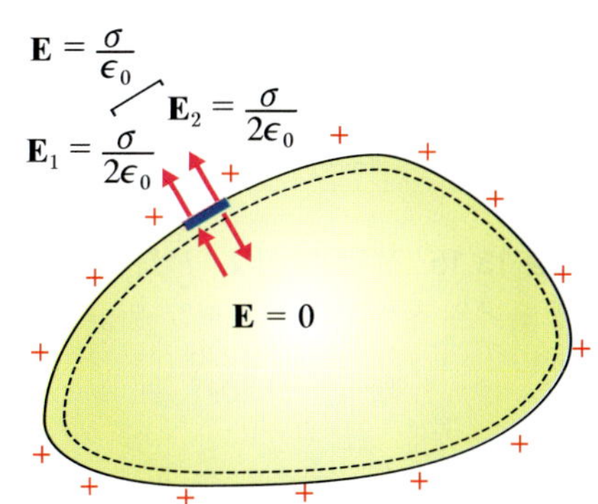

그림 13.14 도체와 전기장. 대전된 도체의 작은 면적의 바깥 전기장의 크기는 해당 면적에 있는 작은 영역의 전기장과 그 이외에서 생기는 면 전기장의 합으로 나온다.

13.5 전기장과 중력장

우리는 뉴턴의 운동법칙을 다루면서 중력에 의한 힘이 운동을 일으키는 원천이라는 것을 알았다. 중력에 의한 물체 간의 작용은 뉴턴의 운동법칙으로 직접 풀었는데, 사실상 중력에 있어서도 전기장의 개념과 마찬가지로 중력장의 개념을 통하여 문제를 풀어나갈 수 있다. 즉 중력

$$\mathbf{F}_g = m\mathbf{g}$$

와 전기력

$$\mathbf{F}_e = q\mathbf{E}$$

의 유사성을 보면 중력 가속도 **g**가 곧 중력장에 해당함을 알 수 있다. 만약 전하 q가 전자와 같은 음전하라면 전기장의 세기를 나타내는 전기력선과 중력장의 세기를 나타내는 중력선은 같은 모양을 그린다.

지금부터 전기장 내에서 전하를 갖는 입자의 운동에 대해 알아보기로 하자. 전하 q를 가진 입자가 전기장 **E**에 놓여 있다면 그 힘은

$$\mathbf{F} = q\mathbf{E}$$

이다. 이러한 전하 입자가 질량 m을 가지고 있다면 뉴턴의 제2법칙에 따라 전하 입자의 가속도는 다음과 같게 된다.

$$\mathbf{a} = \frac{\mathbf{F}}{m} = \frac{q}{m}\mathbf{E} \tag{13.18}$$

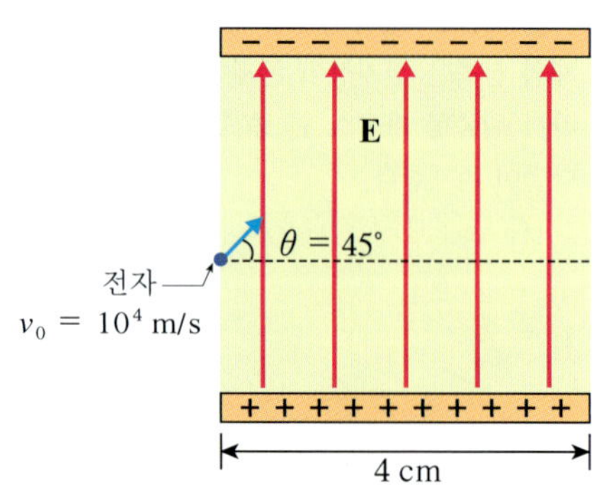

그림 13.15 전기장과 전자. 균일한 전기장에 들어온 전자(전하)는 어떠한 운동을 할까?

대전된 입자(charged particles)가 균일한 전기장에서 운동할 때 전기장의 영향 아래에서 전하 입자는 어떠한 운동 경로를 그리는지 살펴보기로 하자. 균일한 전기장은 그림 13.15와 같이 도체인 2개의 평행판을 한쪽에는 양의 전하로 다른 쪽에는 음의 전하로 대전시켜 만들 수 있다. 식 (13.18)은 균일한 전기장에서의 전하 입자의 가속도는 일정하다는 것을 말하고 있으므로 일정한 가속도를 갖는 운동법칙을 적용하면 된다.

이제 그림 13.15에서 보는 것처럼 균일한 전기장이 위로(즉 y방향) 향하는 곳에 음의 전하를 갖는 전자가 일정한 방향으로 초속도를 가지며 들어왔다고 하자. 그러면 전자는 전기장의 영향으로 y방향에 대해 반대로 힘을 받을 것이며 수평 방향으로는 아무런 힘을 받지 않을 것이다. 이것은 마치 지상에서 일정한 각도를 갖고 쏘아 올린 물체의 경우와 비슷한 상황이라 할 수 있다. 우리는 이미 물체의 포물선 운동을 배우면서 이러한 경우 운동 성분을 x와 y 방향으로 분리하면 쉽게 문제를 풀 수 있다는 사실을 알고 있다. 그림 13.16을 보면서 분석하자.

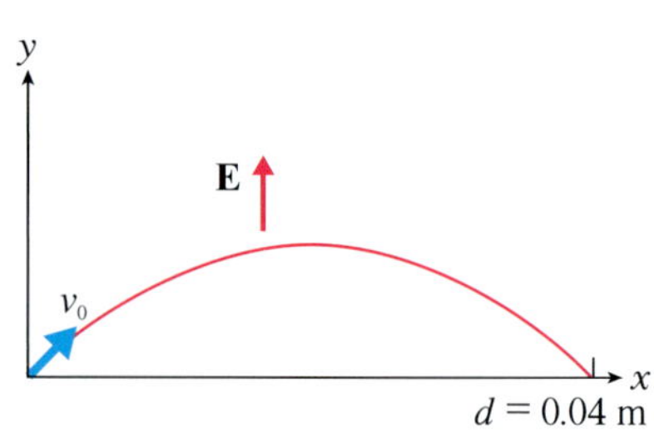

그림 13.16 전기장과 전자의 운동. 균일한 전기장에서의 전자의 운동은 중력장에 있는 물체의 포물선 운동과 비슷하다.

초속도의 성분은

$$v_{0x} = v_0 \cos 45^\circ = \frac{v_0}{\sqrt{2}}, \qquad v_{0y} = v_0 \sin 45^\circ = \frac{v_0}{\sqrt{2}}$$

이고, 가속도는

$$a = a_y = -\frac{eE}{m}$$

가 된다. 그러면 위치에 대한 운동방정식은 다음과 같다.

$$x = x_0 + v_{0x}t = \frac{v_0}{\sqrt{2}}t$$

$$y = y_0 + v_{0y}t + \frac{1}{2}a_y t^2 = \frac{v_0}{\sqrt{2}}t - \frac{eE}{2m}t^2$$

전자가 처음 출발한 수평 성분에 도달하는 경우, 즉 $y = 0$ 위치에서 $x = d$이므로

$$d = v_{0x}t_d$$

$$v_{0y} = \frac{eE}{2m}t_d$$

인 관계식을 얻는다. 여기서 시간을 소거하면 전기장에 관한 식을 얻을 수 있고, 초기 조건들을 대입하면 다음과 같은 값을 얻는다.

$$E = \frac{2mv_{0x}v_{0y}}{ed} = \frac{mv_0^2}{ed} = \frac{(9.1 \times 10^{-31}\ \text{kg})(10^4\ \text{m/s})^2}{(1.6 \times 10^{-19}\ \text{C})(4 \times 10^{-2}\ \text{m})} = 1.4 \times 10^{-6}\ \text{N/C}$$

13.6 전기 쌍극자와 전기장

크기가 같고 부호가 반대인 한 쌍의 전하가 약간의 거리를 두어 이루어진 형태를 전기 쌍극자라 한다. 양전하의 중심과 음전하의 중심이 일치하지 않고 비대칭적으로 분포되어 있는 분자들은 보통 전기 쌍극자 형태를 취한다.

물(H_2O), 염화수소(HCl), 일산화탄소(CO) 등은 외부의 영향을 받지 않고서도 전기 쌍극자를 이루는데, 이와 같은 형태의 쌍극자를 영구 쌍극자(permanent dipoles)라 부른다(그림 13.17). 반면에 평상시에는 극성을 갖지 않으나 외부의 전기장으로부터 전하의 분포가 달라져 일시적으로 쌍극자 형태를 갖는 경우를 유도 쌍극자(induced dipoles)라 부른다.

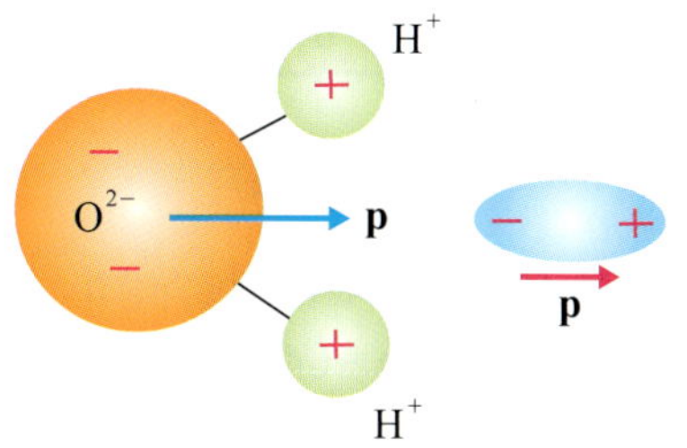

그림 13.17 물분자와 전기 쌍극자. 물분자는 수소원자 근처에는 양전하가, 산소원자 근처에는 음전하가 분포하여 쌍극자를 만든다. 이러한 전하 분포의 비대칭은 전자들의 확률 분포로부터 나온다.

이러한 전기 쌍극자에 의해 생성되는 전기장은 어떻게 표현될 수 있는지 알아보기로 하자. 그림 13.18은 거리 $d = 2a$만큼 떨어져 있는 전기 쌍극자를 나타낸다. 문제를 간단히 하기 위하여 쌍극자의 중심에서 r만큼 떨어져 있는 곳에서의 전기장을 구해 보자.

그림에서 보는 것처럼 두 점전하에 의해 발생하는 전기장의 성분은 크기가 같고 부호가 반대이므로 상쇄되어 0이 된다. 반면에 y성분은

$$E_y = -(E_+ + E_-)\cos\theta$$

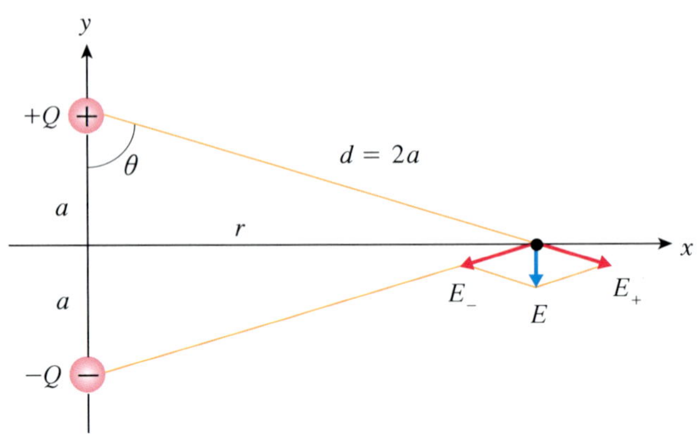

그림 13.18 전기 쌍극자와 전기장. 전기 쌍극자의 이등분선에 대한 전기장.

이다. 여기서

$$E_+ = E_- = \frac{1}{4\pi\epsilon_0}\frac{Q}{r^2 + a^2}$$

이고,

$$\cos\theta = \frac{a}{\sqrt{r^2 + a^2}}$$

이므로,

$$E_y = -\frac{1}{4\pi\epsilon_0}\frac{2aQ}{(r^2 + a^2)^{3/2}} \tag{13.19}$$

가 된다.

위 식에서 $2aQ = Qd$라는 양을 만나게 되는데, 이를 전기 쌍극자 모멘트라 한다. 이러한 전기 쌍극자 모멘트는 다음과 같이 정의된다.

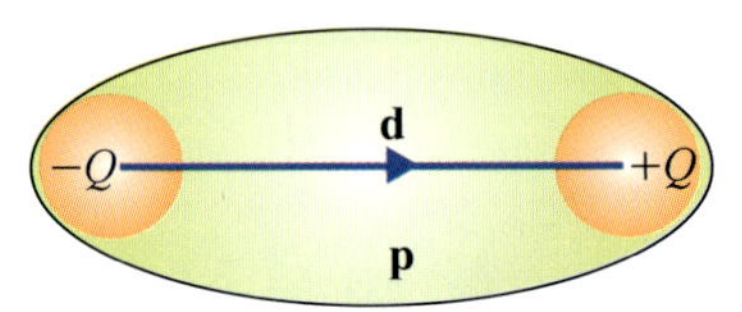

그림 13.19 전기 쌍극자 모멘트의 정의. $\mathbf{p} = Q\mathbf{d}$

$$\mathbf{p} = Q\mathbf{d} \tag{13.20}$$

여기서 d는 쌍극자의 길이에 해당한다. 전기 쌍극자 모멘트는 음전하에서 양전하로 향하는 벡터이다.

쌍극자의 전기장은 쌍극자 크기에 비해 훨씬 큰 거리에서 구하는 것이 보통이므로 위에서 구한 식에서 $r \gg a$인 경우를 살펴보자. 그러면 $(r^2 + a^2)^{3/2} \rightarrow r^3$이 되며

$$E = \frac{1}{4\pi\epsilon_0}\frac{p}{r^3} \tag{13.21}$$

이다.

이제 이러한 전기 쌍극자가 균일한 전기장에 놓여 있을 때 어떠한 현상이 일어나는지 살펴보자.

균일한 외부 전기장은 전기 쌍극자에 알짜 힘은 미치지 않지만 쌍극자를 전기

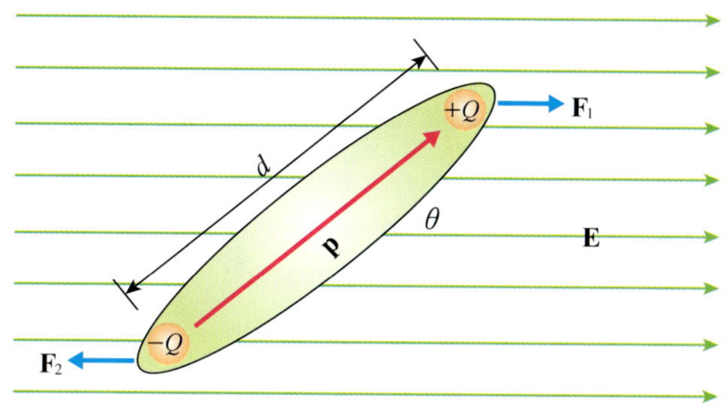

그림 13.20 전기 쌍극자와 돌림힘. 쌍극자가 균일한 전기장에 놓이면 알짜 힘은 없지만 크기가 같고 서로 반대 방향인 힘을 받아 돌림힘이 생긴다.

$\mathbf{N} = \mathbf{p} \times \mathbf{E}$: 돌림힘

장 방향으로 돌리게 하는 돌림힘(torque)을 미친다. 이러한 돌림힘의 크기는 그림 13.20에서 보듯이

$$F_1 d \sin\theta = QEd \sin\theta = pE \sin\theta$$

가 된다. 그리고 돌림힘은 쌍극자 모멘트 **p**가 전기장 **E**의 방향으로 돌리도록 하기 때문에 지면을 향하는 방향이다. 즉 돌림힘은 **p**와 **E**의 벡터곱(cross product, 가위곱이라고도 부름)으로 나타낼 수 있다.

$$\mathbf{N} = \mathbf{p} \times \mathbf{E} \qquad (13.22)$$

이때 전기 쌍극자가 $d\theta$만큼 회전되면 전기장은 일을 하며 다음과 같이 주어진다.

$$dW = -Nd\theta = -pE\sin\theta d\theta$$

여기서 음의 부호는 돌림힘이 θ의 증가 방향과는 반대로 작용하기 때문이다. 퍼텐셜 에너지의 변화는 일의 반대이므로

$$dU = -dW = pE\sin\theta d\theta$$

이다. 위 식을 적분하면 다음과 같다.

$$U = -pE\cos\theta + U_0$$

여기서 $\theta = 90°$일 때 퍼텐셜 에너지를 0이 되도록 선택하면 전기 쌍극자 모멘트에 의한 퍼텐셜 에너지는 다음과 같이 주어진다.

$$U = -pE\cos\theta = -\mathbf{p} \cdot \mathbf{E} \qquad (13.23)$$

한편 화학 분야에서는 극성 분자의 쌍극자 모멘트 크기를 나타낼 때 디바이(Debye, D로 표기함)를 사용하는 경우가 많다. 이러한 디바이의 크기는 1개의 음전하(전자)가 1개의 양전하와 100 pm(100×10^{-12} m $= 10^{-10}$ m), 즉 1옹스트롬(Å) 떨어져 있을 때 4.8 D의 쌍극자 모멘트를 가지는 것으로 정의된다. 즉

$$4.8\ \text{D} = (1.6 \times 10^{-19}\ \text{C})(10^{-10}\ \text{m}) = 1.6 \times 10^{-29}\ \text{C} \cdot \text{m}$$

표 13.1 여러 분자들의 쌍극자 모멘트(D).

분자	쌍극자 모멘트	분자	쌍극자 모멘트
HF	1.91	PH_3	0.58
HCl	1.08	AsH_3	0.20
HBr	0.80	SbH_3	0.12
HI	0.42	O_3	0.53
CO	0.12	CO_2	0
CIF	0.88	BF_3	0
NaCl	9.00	CH_4	0
CsCl	10.42	cis−CHCl = CHCl	1.90
H_2O	1.85	trans−CHCl = CHCl	0
NH_3	1.47		

이다. 그러면

$$1\,\mathrm{D} = 3.3 \times 10^{-30}\ \mathrm{C \cdot m} \tag{13.24}$$

이다. 몇 가지 분자들에 대한 전기 쌍극자 모멘트의 크기는 표 13.1과 같다.

물의 커다란 쌍극자 모멘트(6.1×10^{-30} C·m = 1.85 D)는 물분자의 중요한 성질을 나타내는 역할을 한다. 예를 들어 소금 결정을 물속에 넣으면 극성 물분자의 전하들과 소금의 Na^+ 이온과 Cl^- 이온들 사이에 큰 인력이 생겨 이온결합이 깨지게 된다. 따라서 소금은 물에 쉽게 녹는다.

물질이 극성이면 물질의 쌍극자는 물의 쌍극자와 쉽게 결합할 수 있다. 기름은 비극성 분자로 구성되어 있으며 따라서 물과 섞이지 않는다. 마이크로파 오븐(microwave oven, 전자레인지)으로 하는 요리는 고주파(2.45×10^9 Hz)로 진동하는 전기장에 대한 물의 쌍극자 반응과 관련 있다. 전기장에 반응하여 쌍극자가 회전하면 쌍극자는 주위 매개물에 열에너지를 발생시켜 음식을 데우게 한다. 종이나 유리처럼 전기장에 반응할 쌍극자가 없으면 데워지지 않는다. 이에 대해서는 〈9장 진동 운동〉에서 자세히 다룬 바 있다. 다시 한 번 보기 바란다.

13.7 반데르발스 힘*

중성 분자에 유도된 전기 쌍극자들은 서로 간의 상호작용에 의해 분자들을 약하게 결합시킬 수 있다. 이 결합력을 반데르발스(van der Waals, 1837~1923) 힘이라 한다. 한 분자 내에 유도된 쌍극자 모멘트를 p_1이라 하자. 이 쌍극자가 놓여 있는 축을 따라 멀리 떨어진 곳에서의 전기장은 다음과 같이 주어진다.

$$E_1 = \frac{1}{4\pi\epsilon_0}\frac{2p_1}{x^3}$$

학습문제 13.14를 보기 바란다.

이 전기장은 그림 13.21에서와 같이 다시 가까이 있는 분자에 쌍극자 p_2를 유도한다. 따라서 두 번째 분자는 첫 번째 분자에 의한 전기장에 의해 다음과 같은 퍼텐셜 에너지를 갖는다.

$$U_2 = -\mathbf{p}_2 \cdot \mathbf{E}_1$$

더욱이 유도된 쌍극자 모멘트는 전기장 E_1의 세기에 비례한다. 즉

$$p_2 = \alpha E_1$$

이라고 할 수 있다. 여기서 α는 비례상수로서 분극도(polarizability)라고 부른다. 그러면 퍼텐셜 에너지는

$$U_2 = -\alpha E_1^2$$

와 같이 주어진다. 이러한 결과는 퍼텐셜 에너지는 거리의 6승에 역비례한다는 것을 나타내고 있다. 즉

$$U_2 \propto \frac{1}{x^6}$$

이다. 따라서 힘은

$$F = -\frac{dU}{dx} \propto -\frac{1}{x^7} \tag{13.25}$$

와 같이 주어진다. 이것이 반데르발스 힘이다. 결국 쌍극자에 의한 전기장의 불균일은 대전되지 않은 분자들 사이에서 알짜 인력으로 나타난다. 이러한 반데르발스 힘은 기체를 액체로 응축시키는 역할을 하기도 한다. 운모가 판들로 쉽게 쪼개지는 이유도 이러한 형태의 약한 결합력으로 설명된다.

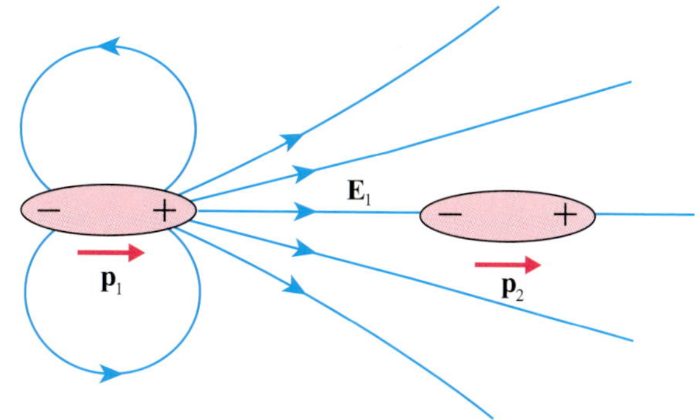

그림 13.21 반데르발스 힘. 1개의 전기 쌍극자에 의한 전기장은 근처에 있는 원자나 분자에 다른 쌍극자를 유도하여 서로 간에 인력을 발생시킨다. 분자와 분자 간의 결합에서 가장 중요한 결합력이다.

$$F = -C\frac{1}{x^7}$$

13장 학습문제

13.1 각각 1 C의 전하를 가진 2개의 점전하(q_1, q_2)가 1 m 간격으로 떨어져 있다. 이 입자에 작용하는 힘의 크기는 얼마인가?

풀이: 두 점전하에 의한 힘의 크기는 $F = k\dfrac{q_1 q_2}{r^2}$이다. 따라서 9×10^9 N이 된다.

13.2 그림 13.22와 같이 3개의 점전하가 직선 위에 놓여 있다.

(a) −2 μC의 전하에 작용하는 힘을 구하라.

(b) 5 μC의 전하에 작용하는 힘을 구하라.

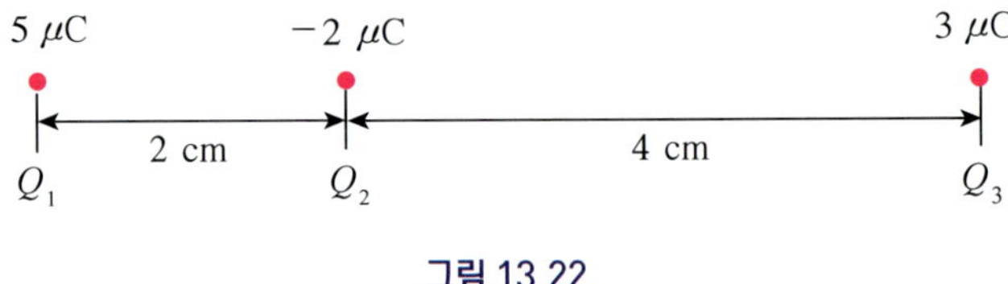

그림 13.22

풀이: (a) Q_2에 작용하는 힘을 F_2라 하면 이 힘은 Q_1에 의한 힘 F_{21}과 Q_3에 의한 힘 F_{23}의 합으로 나온다. 직선의 오른쪽 방향의 단위 벡터를 $\hat{i}$라 하면

$$\mathbf{F}_2 = F_{21}(-\hat{i}) + F_{23}\hat{i} = (F_{23} - F_{21})\hat{i}$$

이다. 가령 $F_{21} = (9.0\times10^9\ \mathrm{N\cdot m^2/C^2})\dfrac{(2\times10^{-6}\ \mathrm{C})(5\times10^{-6}\ \mathrm{C})}{(2\times10^{-2}\ \mathrm{m})^2} = 225\ \mathrm{N}$의 값을 갖는다. 따라서

$$\begin{aligned}\mathbf{F}_2 &= \left[(9.0\times10^9)\frac{(2\times10^{-6})(3\times10^{-6})}{(4\times10^{-2})^2} - (9.0\times10^9)\frac{(2\times10^{-6})(5\times10^{-6})}{(2\times10^{-2})^2}\right]\mathrm{N}\hat{i} \\ &= 34\ \mathrm{N}\hat{i} - 225\ \mathrm{N}\hat{i} = -191\ \mathrm{N}\hat{i}\end{aligned}$$

이다. Q_2는 왼쪽으로 힘을 받는다.

(b) 마찬가지 방법을 사용하면

$$\begin{aligned}\mathbf{F}_1 &= \left[(9.0\times10^9)\frac{(5\times10^{-6})(2\times10^{-6})}{(2\times10^{-2})^2} - (9.0\times10^9)\frac{(5\times10^{-6})(3\times10^{-6})}{(6\times10^{-2})^2}\right]\mathrm{N}\hat{i} \\ &= 188\ \mathrm{N}\hat{i}\end{aligned}$$

이다. Q_1은 오른쪽으로 힘을 받는다.

13.3 전하량 Q를 가진 세 양의 전하가 각각 $(0,0), (1,0), \left(\frac{1}{2}, \frac{\sqrt{3}}{2}\right)$의 위치에 있다. (0,0)에 있는 전하가 받는 힘의 성분을 (x,y) 성분으로 나타내라.

풀이: 전기력을 벡터로 표시하면 전기력의 크기 곱하기 방향 벡터가 된다. (1,0) 위치에 있는 전하로 인해 원점의 전하가 받는 힘은 $k_e Q^2(-1,0)$이고, $\left(\frac{1}{2}, \frac{\sqrt{3}}{2}\right)$ 위치의 전하로 인해 생기는 원점에서의 힘은 $k_e Q^2\left(-\frac{1}{2}, -\frac{\sqrt{3}}{2}\right)$이다. 따라서 두 힘의 합은 $k_e Q^2\left(-\frac{3}{2}, -\frac{\sqrt{3}}{2}\right)$이다. 그러므로 (x,y) 성분은 $\left(-\frac{3}{2}, -\frac{\sqrt{3}}{2}\right)$이다.

13.4 그림 13.23과 같이 3개의 점전하가 정삼각형의 모서리에 위치해 있다. Q_3에 작용하는 힘을 구하라.

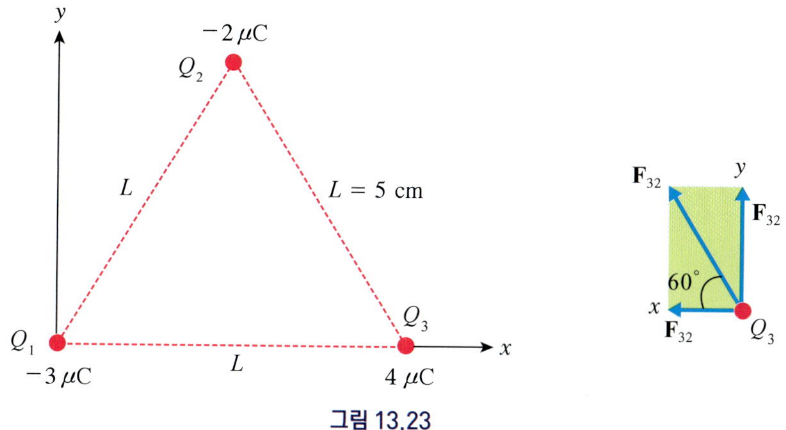

그림 13.23

풀이: Q_3에 Q_2에 의한 힘의 크기는

(a) $F_{32} = (9 \times 10^9)\dfrac{(4 \times 10^{-6})(2 \times 10^{-6})}{(5 \times 10^{-2})^2} = 29\ \text{N}$

이고, Q_1에 의한 힘의 크기는

$$F_{31} = (9 \times 10^9)\frac{(4 \times 10^{-6})(3 \times 10^{-6})}{(5 \times 10^{-2})^2} = 43\ \text{N}$$

이다. 이와 같은 힘들의 성분을 x와 y 성분으로 나누어 계산한다. F_{32}인 경우 그림에서 보듯이 $\mathbf{F}_{32} = F_{32}^x \hat{i} + F_{32}^y \hat{j}$로 나눌 수 있고

$$F_{32}^x = -F_{32}\cos 60^\circ = -15\ \text{N}, \qquad F_{32}^y = F_{32}\sin 60^\circ = 25\ \text{N}$$

이다. 마찬가지로 F_{31}인 경우에는 오직 x방향으로만 작용하므로

$$F_{31} = -F_{31}^x = -43\ \text{N}$$

이다. 그러므로

$$F_3^x = F_{32}^x + F_{31}^x = -15\ \text{N} - 43\ \text{N} = -58\ \text{N}$$
$$F_3^y = F_{32}^y = 25\ \text{N}$$

이다. 따라서

$$\mathbf{F}_3 = -58\ \text{N}\hat{i} + 25\ \text{N}\hat{j}$$

이고, 크기는 $F_3 = \sqrt{(58)^2 + (25)^2}\ \text{N} = 63\ \text{N}$이다. 그리고 방향은 $\tan\theta = \frac{25}{58} = 0.431$로부터 $\theta = \tan^{-1}(0.431) = 23.3^\circ$이며, 이 각도는 x축에서 시계 방향으로의 값이다.

13.5 질량이 2 g이고 전하가 2.0 μC인 두 물체가 10 cm 떨어져 있다. 두 물체 사이에 작용하는 전기력과 중력의 비를 비교하라.

풀이: 전기력을 F_e, 중력을 F_g라 하면 $\dfrac{F_e}{F_g} = 5.4 \times 10^{12}$이다. 이것으로부터 어떠한 결론에 도달할 수 있는가?

13.6 점전하 $Q_1 = 27\ \mu$C는 $x = 0$에, $Q_2 = 3\ \mu$C는 $x = 1$ m에 위치해 있다. 이제 세 번째의 음전하 $-Q_3$를 가져와 두 점전하로부터 받는 알짜 힘이 0이 되는 지점에 놓았다.

(a) 세 번째 전하에 작용되는 알짜 힘이 0이 되는 지점을 구하라.

(b) Q_2의 전하 부호를 바꾸어 $Q_2 = -3\ \mu$C라면 세 번째 전하가 받는 알짜 힘이 0이 되는 지점을 구하라.

풀이: (a) 세 번째 전하는 Q_1과 Q_2 사이에 놓여야 한다. 구하는 지점을 x라 하면

$$k_e \frac{Q_1 Q_3}{x^2} = k_e \frac{Q_2 Q_3}{(1-x)^2}$$

이고, 따라서 $\frac{(27)Q_3}{x_2} = \frac{(3)Q_3}{(1-x)^2}$ 로부터

$$x = 0.75 \text{ m}$$

이다.

(b) 이번에는 Q_3가 Q_2 밖에 있어야 한다. Q_2와 Q_3의 거리를 d라 하면

$$k_e \frac{Q_1 Q_3}{(1+d)^2} = k_e \frac{Q_2 Q_3}{d^2}, \qquad \frac{(27)Q_3}{(1+d)^2} = \frac{(3)Q_3}{d^2}$$

이고 $d = 0.5$ m이다. 따라서 $x = 1.5$ m이다.

13.7 그림 13.24와 같이 3개의 전하가 분포하고 있다. 즉 2개의 전하는 $2d$ 만큼 떨어져 있고 제3의 전하가 두 전하의 거리 중심에서 r 만큼 떨어져 있다. 제3의 전하 q에 작용하는 힘을 구하라. 만약 제3의 전하가 아주 멀리 떨어져 있다면 그 힘의 성질은 어떻게 되는가?

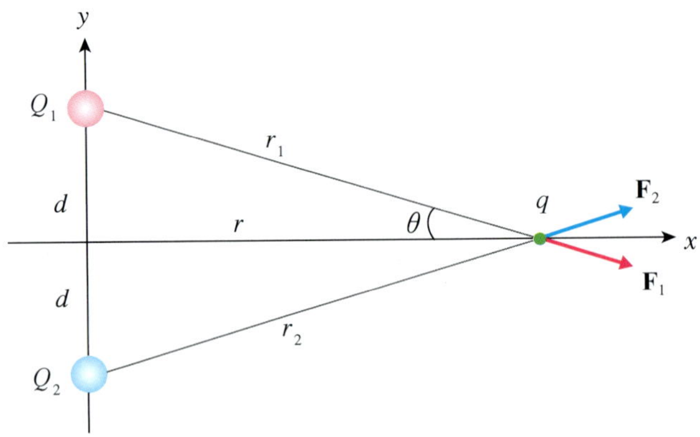

그림 13.24

풀이: 힘의 크기는 각각

$$F_1 = k_e \frac{Q_1 q}{r_1^2}, \qquad F_2 = \frac{Q_2 q}{r_2^2}$$

이다. 이러한 힘들은 x 성분과 y 성분으로 나눌 수 있다. r_1과 r_2는 같으므로

$$r_1 = r_2 = \sqrt{r^2 + d^2}$$

이고, $\cos\theta = \dfrac{r}{\sqrt{r^2+d^2}}$, $\sin\theta = \dfrac{d}{\sqrt{r^2+d^2}}$ 이다.

힘의 x 성분은

$$F_x = F_{1x} + F_{2x} = F_1\cos\theta + F_2\cos\theta = k_e\frac{Q_1 q}{(r^2+d^2)^{3/2}}r + k_e\frac{Q_2 q}{(r^2+d^2)^{3/2}}r$$

이고, y 성분은

$$F_y = F_{1y} + F_{2y} = -F_1\sin\theta + F_2\sin\theta = -k_e\frac{Q_1 q}{(r^2+d^2)^{3/2}}d + k_e\frac{Q_2 q}{(r^2+d^2)^{3/2}}d$$

이다. 따라서

$$\mathbf{F} = F_x\hat{i} + F_y\hat{j} = k_e\frac{q}{(r^2+d^2)^{3/2}}\left[(Q_1+Q_2)r\hat{i} - (Q_1-Q_2)d\hat{j}\right]$$

이다. 만약 $r \gg d$라면

$$\mathbf{F} \approx k_e\frac{q(Q_1+Q_2)}{r^2}\hat{i}$$

가 된다. 즉 힘은 크기가 $(Q_1 + Q_2)$인 점전하가 작용하는 것과 같게 된다. 그런데 위 식에서 $Q_1 + Q_2 = 0$이라면 성립하지 못한다. 다시 말해 전하의 크기가 같고 부호가 다른 2개의 전하인 경우 위와 같은 결론은 타당하지 않다. 여기서 전하의 크기가 같고 부호가 다른 2개의 전하가 가깝게 붙어 있는 전하 쌍을 전기 쌍극자(electric dipole)라고 하였다.

13.8 학습문제 13.7에서 $Q_1 = +Q$이고 $Q_2 = -Q$일 때 q에 작용되는 알짜 힘을 구하라.

풀이: 식 $\mathbf{F} = F_x\hat{i} + F_y\hat{j} = k_e\frac{q}{(r^2+d^2)^{3/2}}\left[(Q_1+Q_2)r\hat{i} - (Q_1-Q_2)d\hat{j}\right]$에서 $Q_1 = +Q$, $Q_2 = -Q$이면

$$\mathbf{F} = -k_e\frac{q(Q2d)}{(r^2+d^2)^{3/2}}\hat{j}$$

이다. 이때 $\mathbf{p} = 2dQ\hat{j}$ 라고 하면

$$\mathbf{F} = -k_e\frac{q\mathbf{p}}{(r^2+d^2)^{3/2}}$$

가 된다. 물론 $\mathbf{p}$는 쌍극자 모멘트이다. 그 크기는 전하의 크기와 거리의 곱으로 주어진다. 그리고 그 벡터 성분은 음전하로부터 양전하로 향하는 방향이다.

만약 $r \gg d$라면

$$\mathbf{F} = -k_e\frac{q\mathbf{p}}{r^3}$$

이다. 흥미롭게도 전하 q에 작용하는 힘은 쌍극자로부터 전하로의 방향이 아니라 이 방향에 수직으로 작용한다는 사실에 주목하자. 더욱이 이러한 힘의 크기는 쌍극자와 전하 사이 거리의 제곱이 아니라 세제곱에 역비례한다. 이렇게 알짜 전하의 크기가 0이라 할지라도 아직 다른 전하에 대해 작용할 수 있는 힘이 있을 수 있

다. 이 힘은 두 점전하 사이에 작용하는 쿨롱의 힘과 같지 않고 거리가 증가함에 따라 더 빨리 감소하는 특징을 갖는다.

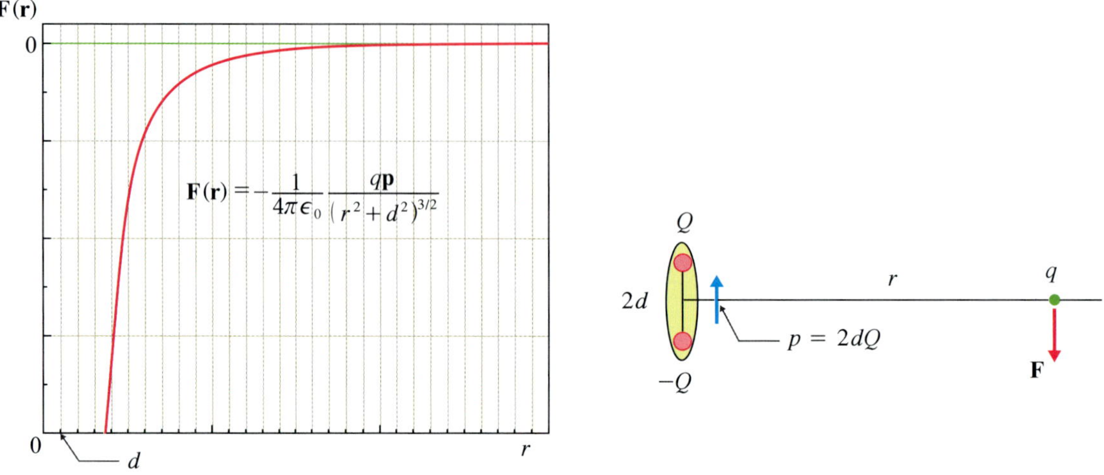

그림 13.25 전기 쌍극자에 의한 힘의 분포. 전기 쌍극자의 중심선상에서 수직인 거리에서의 힘의 분포. 쌍극자 거리($2d$)의 3배 이상에서 힘은 급격히 감소한다.

13.9 그림 13.23과 같이 3개의 점전하가 정삼각형의 모서리에 위치하고 있다.

(a) 전하 −2 μC와 +4 μC에 의한 전기장의 세기를 원점에서 구하라.

(b) −3 μC의 전하에 가해지는 힘은 얼마인가?

(c) 만약 원점에 있는 전하의 부호가 바뀌면 (a)에서 구한 전기장의 세기는 어떤 영향을 받는가?

풀이: $Q_2 = -2\ \mu\text{C}$에 의한 전기장의 세기는

$$E_2 = (9.0\times10^9\ \text{N}\cdot\text{m}^2/\text{C}^2)\frac{(2\times10^{-6}\ \text{C})}{(5\times10^{-2}\ \text{m})^2} = 7.2\times10^6\ \text{N/C}$$

이다. 그리고 $Q_3 = +4\ \mu\text{C}$에 의한 전기장의 세기는

$$E_3 = (9.0\times10^9\ \text{N}\cdot\text{m}^2/\text{C}^2)\frac{(4\times10^{-6}\ \text{C})}{(5\times10^{-2}\ \text{m})^2} = 14.4\times10^6\ \text{N/C}$$

이다.

$$\mathbf{E}_2 = E_2\cos60^\circ\hat{i} + E_2\sin60^\circ\hat{j}$$
$$\mathbf{E}_3 = -E_3\hat{i}$$

이므로 x성분의 전기장 E_x와 y성분의 전기장 E_y은 각각

$$E_x = -14.4\times10^6\ \text{N/C} + (7.2\times10^6)\cos60^\circ\ \text{N/C} = -10.8\times10^6\ \text{N/C}$$
$$E_y = (7.2\times10^6)\sin60^\circ\ \text{N/C} = 6.24\times10^6\ \text{N/C}$$

이다.

(b) $\mathbf{F} = q\mathbf{E} = (-3\times10^{-6}\ \text{C})(-10.8\times10^6\ \text{N/C}\hat{i} + 6.24\times10^6\ \text{N/C}\hat{j})$
$= (32.4\hat{i} - 18.7\hat{j})\ \text{N}$

(c) 변화가 없다.

13.10 질량이 10^{-3} kg이고 전하가 $+2e$를 띤 물방울이 있다. 지구 표면 근처에서 수직 방향으로 어떤 크기의 전기장을 걸어야 이 물방울이 평형 상태에 있겠는가?

풀이: 전기장에 의한 힘과 중력이 평형을 이루면 된다. 중력은 $F = ma = mg$이고 이 힘이 $F = qE$와 같아야 하므로

$$qE = 2eE = mg$$

이고, 따라서

$$E = \frac{mg}{2e} = \frac{(10^{-3}\ \text{kg})(9.8\ \text{m/s}^2)}{2(1.6 \times 10^{-19}\ \text{C})} = 3.1 \times 10^6\ \text{N/C}$$

이다.

13.11 양성자($q = 1.6 \times 10^{-19}$ C, $m = 1.67 \times 10^{-27}$ kg)가 전기장 $E = 500$ N/C인 곳에서 움직이고 있다. 이때의 양성자가 받는 힘과 가속도의 크기를 구하라.

풀이: 힘은 $F = qE = (1.6 \times 10^{-19}\ \text{C})(500\ \text{N/C}) = 8.0 \times 10^{-17}$ N이다. 따라서 가속도는

$$a = \frac{F}{m} = \frac{8.0 \times 10^{-17}\ \text{N}}{1.67 \times 10^{-27}\ \text{kg}} = 4.8 \times 10^{10}\ \text{m/s}^2$$

이다.

13.12 크기 $q = 1\ \mu$C의 크기를 가지는 한 점전하가 대전된 무한평면판으로부터 25 cm인 곳에 놓여 있다. 무한평면판의 면전하 밀도는 $\sigma = 10\ \mu\text{C/m}^2$이다.

(a) 이 점전하에 작용하는 힘을 구하라.

(b) 어느 지점에서 전기장의 성분이 0이 되는가?

풀이: (a) 무한평면판에 의해 생기는 전기장은 $E = \frac{\sigma}{2\epsilon_0}$이다. 따라서 점전하에 작용하는 힘은 $F = qE = q\frac{\sigma}{2\epsilon_0}$이고, 값들을 대입하면 0.565 N이 된다.

(b) 무한평면판에 의한 전기장을 구해 보면 $E = \frac{\sigma}{2\epsilon_0} = 5.65 \times 10^5$(N/C)이라는 것을 알 수 있다. 한편 점전하에 의한 전기장은 $k_e\frac{q}{r^2}$이므로, $k_e\frac{q}{r^2} = \frac{\sigma}{2\epsilon_0}$로부터 $r = 12.6$ cm를 얻는다. 이는 놓여 있는 점전하의 왼편에 해당한다.

13.13 반지름 R인 속이 찬 공(solid sphere) 전체에 걸쳐 전하가 골고루 퍼져 있다. 총 전하의 크기는 Q이다.

(a) 공의 바깥쪽 점에서의 전기장을 구하라.

(b) 공의 안쪽 점에서의 전기장을 구하라.

풀이: 가우스 법칙을 이용하여 푼다.

(a) 공 바깥쪽에서의 전기장을 구하려면 가우스 면을 공의 바깥에 잡아주면 된다. 그러면 $r > R$인 공꼴 가우스 면에 의해 둘러싸인 전하는 Q이므로, 가우스 법칙으로부터

$$E(4\pi r^2) = \frac{Q}{\epsilon_0}$$

이다. 따라서 전기장은

$$E = \frac{1}{4\pi\epsilon_0}\frac{Q}{r^2}, \quad r > R$$

이다.

(b) 공의 안쪽에서는 $r < R$인 가우스 면을 만든다. 이러한 가우스 면을 갖는 공꼴 내에 있는 전하는 $q' = \frac{4}{3}\pi r^3 \rho$ 이다. 그리고 총 전하는 $Q = \frac{4}{3}\pi R^3 \rho$ 이므로 $q' = \frac{r^3}{R^3}Q$ 이다. 따라서 가우스 법칙에 따른 전기장은 다음과 같다. 즉

$$E(4\pi r^2) = \frac{\left(\frac{r^3}{R^3}\right)Q}{\epsilon_0}$$

에서

$$E = \frac{1}{4\pi\epsilon_0}\frac{Qr}{R^3}, \quad r \le R$$

이다. 위와 같은 결과들을 그림으로 나타내면 다음과 같다.

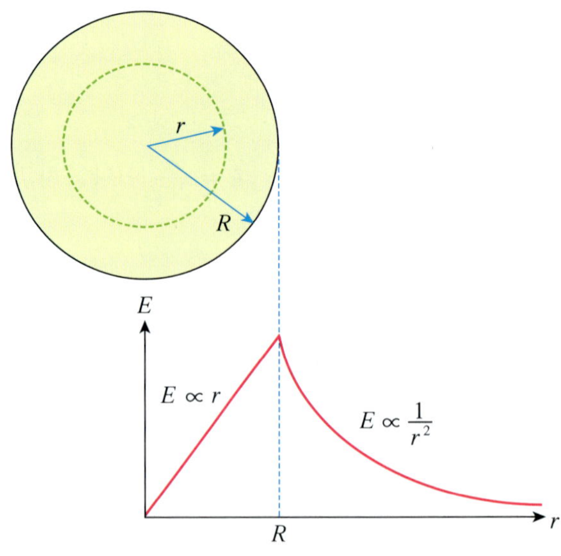

그림 13.26 균일하게 대전된 공꼴의 가우스 면과 전기장의 분포.

13.14 물분자는 표 13.1에 나와 있는 것처럼 $p = 6.1\times10^{-30}$ C·m의 영구 쌍극자 모멘트를 가지고 있다. 이러한 물분자의 쌍극자 축으로 1.4 nm인 곳에서의 전기장의 세기는 얼마가 되는지 계산하라.

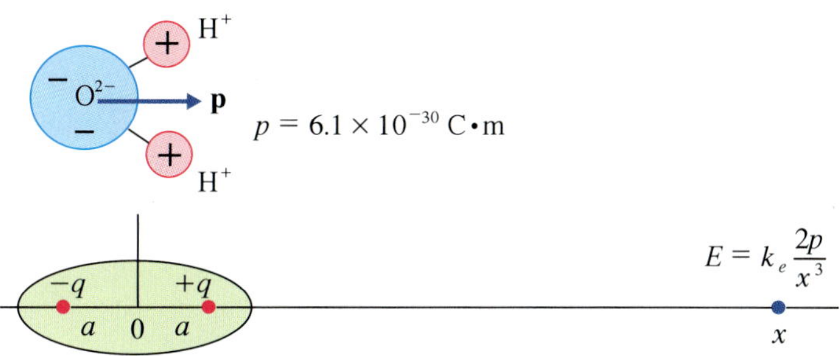

그림 13.27 쌍극자와 전기장.

풀이: 그림 13.27과 같이 쌍극자 축에 있는 점 x에서의 전기장을 구하자. 그러면

$$E = k_e \frac{q}{(x-a)^2} - k_e \frac{q}{(x+a)^2} = k_e q\left[\frac{1}{(x-a)^2} - \frac{1}{(x+a)^2}\right]$$

이다. 여기서의 전기장은 오직 x방향으로만 설정되었다. 그리고 문제의 조건에서 $x = 1.4$ nm이다. 그런데 이 길이는 물분자의 쌍극자 길이 a에 비해 상당히 긴 경우이므로 위 식에서 $x \gg a$의 조건을 적용시켜 전기장을 구하는 것이 더욱 적절하다. 그러면

$$\begin{aligned}\frac{1}{(x-a)^2} &= \frac{1}{x^2\left(1-\frac{a}{x}\right)^2} = \frac{1}{x^2}\left(1-\frac{a}{x}\right)^{-2} \\ &\approx \frac{1}{x^2}\left[1+(-2)\left(-\frac{a}{x}\right)+\cdots\right] \approx \frac{1}{x^2}\left(1+\frac{2a}{x}\right)\end{aligned}$$

가 된다. 마찬가지로

$$\frac{1}{(x+a)^2} \approx \frac{1}{x^2}\left(1-\frac{2a}{x}\right)$$

이다. 따라서

$$\frac{1}{(x-a)^2} - \frac{1}{(x+a)^2} \approx \frac{1}{x^2}\left(1+\frac{2a}{x}-1+\frac{2a}{x}\right) = \frac{4a}{x^3}$$

이 된다. 결국 전기장은

$$E = k_e \frac{2(2aq)}{x^3} = k_e \frac{2p}{x^3}$$

가 된다. 따라서 쌍극자 축에서의 전기장은 다음과 같이 주어진다.

$$E = \frac{1}{4\pi\epsilon_0}\frac{2p}{r^3}$$

구하고자 하는 전기장의 세기는

$$E = (8.99 \times 10^{9}\ \mathrm{Nm^2/C^2})\frac{2 \times 6.1 \times 10^{-30}\ \mathrm{C \cdot m}}{(1.4 \times 10^{-9}\ \mathrm{m})^3} = 2.0 \times 10^{7}\ \mathrm{N/m}$$

이다.

13.15 $Q = 1\ \mu$C를 가지는 한 전기 쌍극자가 x축에 대하여 30° 각도로 놓여 있다. 쌍극자의 $-Q$는 원점에, $+Q$는 2 cm 지점에 해당한다. 이제 전기장 $E = 80$ N/C가 y축에 평행하게 들어온다고 하자.

(a) 전기 쌍극자 모멘트의 크기는 얼마인가?

(b) 쌍극자에 가해지는 돌림힘을 구하라.

(c) 퍼텐셜 에너지를 구하라.

풀이: (a) 크기는 $p = Qd = (1\ \mu\mathrm{C})(2 \times 10^{-2}\ \mathrm{m}) = 2 \times 10^{-8}\ \mathrm{C \cdot m}$ 이다. 이에 대한 쌍극자의 벡터 성분은 $\mathbf{p} = (1.7\hat{i} + 1.0\hat{j}) \times 10^{-8}\ \mathrm{C \cdot m}$ 이다.
(b) 돌림힘, 즉 토크는 $\mathbf{N} = \mathbf{p} \times \mathbf{E}$ 로부터 $1.36 \times 10^{-6}\hat{k}\ \mathrm{N \cdot m}$ 를 얻는다.
(c) $p = -\mathbf{p} \cdot \mathbf{E}$ 로부터 -0.8×10^{-7} J 이다.

13.16 크기가 0.02 $e \cdot$nm인 전기 쌍극자 모멘트가 3×10^{3} N/C인 전기장에 20°의 각도를 이루고 있다. $e = 1.6 \times 10^{-19}$ C이다.

(a) 전기 쌍극자가 받는 돌림힘의 크기는 얼마인가?

(b) 퍼텐셜 에너지를 구하라.

풀이: (a) 쌍극자 모멘트의 크기는

$$p = 0.02\ e \cdot \mathrm{nm} = (0.02)(1.6 \times 10^{-19}\ \mathrm{C})(10^{-9}\ \mathrm{m}) = 3.2 \times 10^{-30}\ \mathrm{C \cdot m}$$

이다. 따라서 돌림힘의 크기는

$$\begin{aligned} N = pE\sin\theta &= (3.2 \times 10^{-30}\ \mathrm{C \cdot m})(3.0 \times 10^{3}\ \mathrm{N/C})(\sin 20°) \\ &= 3.28 \times 10^{-27}\ \mathrm{N \cdot m} \end{aligned}$$

이다.

(b) 퍼텐셜 에너지는 $U = -pE\cos\theta$ 이다. 따라서

$$\begin{aligned} U &= -(3.2 \times 10^{-30}\ \mathrm{C \cdot m})(3.0 \times 10^{3}\ \mathrm{N/C})(\cos 20°) \\ &= -9.0 \times 10^{-27}\ \mathrm{J} \end{aligned}$$

이다.

13장 연습문제

13.1 100 μC의 전하는 전자 몇 개에 해당하는가?

13.2 철(Fe) 원자의 핵($q = +26\ e$)과 가장 안쪽의 전자 사이와의 거리는 1.0×10^{-12} m이다. 이들 사이에 작용하는 전기적인 힘을 계산하라.

13.3 두 전자들 사이의 전기력이 지구 표면에서 전자의 무게와 같아질 때에 해당하는 두 전자 거리를 계산하라.

13.4 +88 μC, −55 μC, +70 μC인 전하가 일직선 상에 놓여 있다. 가운데 입자는 양쪽 입자들로부터 0.75 m 떨어져 있다. 양쪽 입자들에 의한 가운데 전하에 미치는 알짜 힘을 구하라.

13.5 −8.0 μC의 전하와 +1.8 μC의 전하가 11.8 cm 떨어져 있다. 여기에 세 번째 전하가 어떤 힘도 받지 않도록 놓고자 한다. 이 전하의 위치를 구하라.

13.6 두 점전하가 일정한 거리만큼 떨어져 있으며 두 전하의 합은 Q이다. 이들 사이의 힘을 최대 그리고 최소로 하기 위해서는 각각 얼마만큼의 전하를 가져야 하는가?

13.7 60 cm 길이의 2개 전선 끝에 25 g의 공이 달린 커다란 검전기(electroscope)가 있다. 대전이 되면 모든 전하는 공에 모이게 된다. 2개의 전선이 연직선과 30°를 유지할 때 검전기에 존재하는 알짜 전하는 얼마인가?

13.8 변의 길이가 l인 정육면체의 각 꼭지점에 점전하 Q가 있다. 다른 전하들에 의해 각 전하에 작용하는 전기력을 구하라.

13.9 3.5×10^{-3} C의 전하에 35 cm 떨어진 위치에서의 전기장의 세기와 방향을 구하라.

13.10 한 양성자($m = 1.67 \times 10^{-27}$ kg)가 균일한 전기장 내에 정지 상태로 있다. 중력을 고려하여 전기장 E를 구하라.

13.11 한 변이 80 cm인 정사각형에서 세 꼭지점에 1.82×10^{-3} C의 전하가 있다. 나머지 한 꼭지점에서의 전기장을 구하라.

13.12 전하 Q로 균일하게 대전된 반지름 a인 반지 모양의 원형 고리가 있다. 고리 중심으로부터 거리 x만큼 떨어진 곳에서의 전기장을 구하라.

13.13 연습문제 13.12에서 고리의 중심을 지나는 축 상의 어느 위치 $x = x_M$에서 전기장의 세기가 최대가 되는

가?

13.14 거리 d만큼 떨어진 두 점전하 $+2q$와 $-q$에 대한 전기장의 선을 개략적으로 그려보라.

13.15 2개의 얇은 동심원의 금속 원통이 있다. 외부의 원통은 전하 Q_1, 내부의 원통은 $-Q_2$를 지닌다. 원통 위에서 내려다볼 때 다음 경우들에 대해 전기장의 선을 개략적으로 그려보라.

(a) $Q_1 = Q_2$ (b) $Q_1 < Q_2$ (c) $Q_1 > Q_2$.

13.16 한 전자가 $v_0 = 2.4 \times 10^6$ m/s의 속도로 크기 $E = 8.4 \times 10^3$ N/C인 전기장에 나란히 움직이기 시작한다.

(a) 방향을 바꿀 때까지 얼마의 거리를 가는가?

(b) 출발점으로 되돌아올 때까지 얼마의 시간이 걸리는가?

13.17 음극선관(cathode ray tube, CRT라고 부른다)은 텔레비전, 컴퓨터 모니터, 오실로스코프와 같은 전자기기에 사용되는 디스플레이용 소자(device)이다. 전자총(electron gun)이라고 부르는 곳에서 전자가 방출되는데, 전자는 가열된 필라멘트로부터 나온다. 방출된 전자는 2개의 구멍에 의해 연필심 모양으로 집속되어 스크린을 향하게 된다. 스크린에는 형광 물질인 황화아연(zinc sulfide, ZnS)이 입혀져 있고, 전자가 이곳에 닿으면 빛을 발하게 되면서 디스플레이가 실현된다. 전자는 스크린에 도달하는 과정에서 길이가 l인 수직편향판에 의해 경로가 바뀐다. 수직편향판은 그림에서 보듯이 전기장 $\mathbf{E} = -E\hat{j}$에 의해 작동된다. 전자의 초기 속도를 $v\hat{i}$라 하고 다음 물음에 답하라.

(a) 전자가 수직편향판을 나올 때의 수직 y_F를 구하라.

(b) 그때의 각도를 구하라.

(c) 수직편향판에서 거리 L만큼 떨어진 스크린에서의 최종 수직 변이를 구하라.

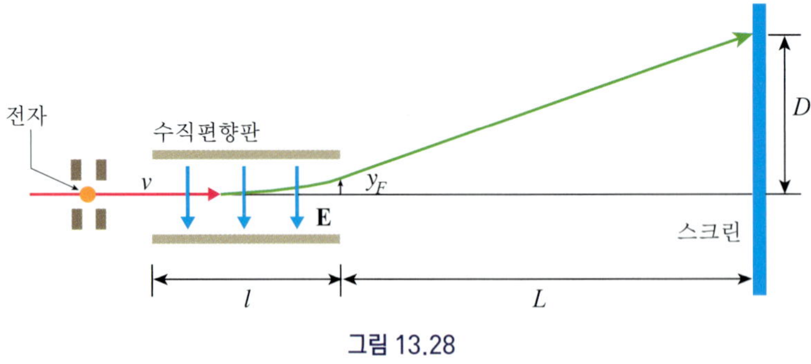

그림 13.28

13.18 전하의 크기가 각각 ±nC인 두 점전하가 4 cm 떨어져서 쌍극자를 구성하고 있다.

(a) 쌍극자 모멘트는 얼마인가?

(b) 크기가 $E = 10^5$ N/C인 전기장의 방향으로 놓여 있던 쌍극자가 전기장에 대해 90° 회전할 때 퍼텐셜 에너지 차이를 계산하라.

13.19 쌍극자 모멘트 p, 관성 모멘트 I를 갖는 전기 쌍극자가 그림 13.20에서와 같이 일정한 전기장에 놓여 있다.

(a) 각 θ 만큼 변위시켜 놓았을 때 어떠한 조건에서 단조화 운동으로 진동하는가?

(b) 그 진동수를 구하라.

13.20 점전하 Q가 한 변이 l인 정육면체의 중심에 있다. 정육면체의 한 면을 통하는 전기다발을 구하라.

13.21 한 변이 18.0 cm인 정육면체로부터 나오는 전체 전기다발이 1.45×10^3 N$\cdot$m^2/C이다. 상자에 둘러싸인 전하를 계산하라.

13.22 반경 3.0 cm인 금속 공(구)의 바깥에 2.1×10^2 N/C의 전기장이 형성되어 있다. 공에 존재하는 전하는 얼마인가?

13.23 반지름 R인 공 내부에 전하 밀도 ρ가 일정하게 분포되어 있다.

(a) 공의 내부($r < R$)와 (b) 외부($r > R$)에서의 ρ에 의한 전기장을 구하라.

(c) 경계면에서는 어떻게 되는가?

13.24 지구는 표면 가까이에서 $E \approx 150$ N/C 크기로 중심을 향하는 전기장으로 둘러싸여 있는 것으로 알려져 있다. 지구의 평균 반지름은 6400 km이다.

(a) 지구의 알짜 전하를 구하라.

(b) 지구 표면에 제곱미터당 얼마나 많은 전자가 존재하면 이러한 전기장이 발생하는가?

13.25 반지름 R인 절연체 공이 전하 밀도가 $\rho = br$로 분포된 전체 전하 Q를 가지고 있다. 여기서 b는 상수이다.

(a) b를 R로 표시하라.

(b) 공 내부에서의 전기장을 구하라.

(c) 공 외부에서의 전기장을 구하라.

13.26 HCl의 분자는 약 3.5×10^{-30} C$\cdot$m의 쌍극자 모멘트를 갖는다. 그리고 두 원자는 1.0×10^{-10} m 정도 떨어져 있다. 다음 물음에 답하라.

(a) 각 원자의 알짜 전하는 얼마인가?

(b) HCl 쌍극자가 2.5×10^4 N/C의 전기장에 놓인다면 최대로 받는 돌림힘은 얼마인가?

(c) 최소 퍼텐셜 에너지의 평형 위치로부터 HCl 한 분자를 45° 회전시키는 데 얼마의 에너지가 필요한가?

13장 연습문제 해답

13.1 6.25×10^{14}.

13.2 6.0×10^{-3} N.

13.3 5.1 m.

13.4 왼쪽으로 16 N.

13.5 작은 전하로부터 10.6 cm.

13.6 $Q_1 = Q_2 = Q$, Q_1 혹은 $Q_2 = 0$.

13.7 4.8 μC.

13.8 $2.96\times10^{10}\ Q^2/l^2$.

13.9 2.57×10^{8} N/C.

13.10 1.02×10^{-7} N/C.

13.11 4.9×10^{7} N/C, 45°.

13.12 $dE = \frac{1}{4\pi\epsilon_0}\frac{dQ}{r^2}$에서 $dQ = Q\left(\frac{dl}{2\pi a}\right)$, $r = \sqrt{x^2+a^2}$이다. 여기서 dl은 원형 고리의 원주에 대한 미소 변위이다. 전기장의 성분은 x방향뿐이라는 사실을 고려하여 풀면 $E = \frac{1}{4\pi\epsilon_0}\frac{Qx}{(x^2+a^2)^{3/2}}$이다.

13.13 $\frac{a}{\sqrt{2}}$.

13.14

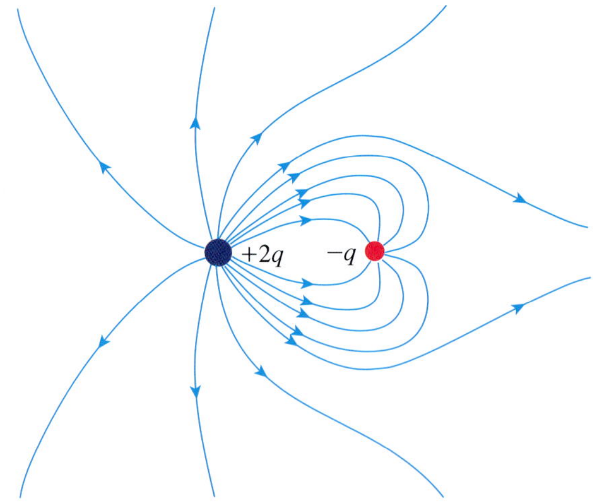

13.16 (a) 2.0 mm. (b) 3.3×10^{-9} s.

13.17 (a) 뉴턴의 운동 제2법칙 $m\mathbf{a} = q\mathbf{E} = eE\hat{j}$에서 가속도는 $\mathbf{a} = \frac{eE}{m}\hat{j}$이다. 판의 길이가 l이기 때문에 $l = vt$이고 이로부터 걸린 시간은 $t = \frac{l}{v}$이다. 따라서 수직편향 길이는 다음과 같이 주어진다.

$$y_F = \frac{1}{2}at^2 = \frac{1}{2}\left(\frac{eE}{m}\right)\left(\frac{l}{v}\right)^2$$

(b) 수평 성분과 수직 성분의 속도는 각각 $v_x = v,\ v_y = at = \dfrac{eEl}{mv}$ 이다. 그러므로 각도는 $\tan\theta = \dfrac{v_x}{v_y} = \dfrac{eEl}{mv^2}$ 이다.

(c) 스크린까지의 거리를 고려하면 각도는 $\tan\theta = \dfrac{(D - y_F)}{L}$ 이고, 따라서

$$D = y_F + L\tan\theta = \frac{1}{2}\frac{eEl^2}{mv^2} + \frac{eElL}{mv^2} = \frac{eEl^2}{2mv^2}\left(1 + \frac{2L}{l}\right)$$

이다.

13.18 (a) 8×10^{-11} C • m. (b) 8×10^{-6} J.

13.19 (a) 각도가 아주 작아야 한다. 식 (8.28)을 참조하라. (b) $\dfrac{1}{2\pi}\sqrt{\dfrac{pE}{I}}$.

13.20 $\dfrac{Q}{6\epsilon_0}$.

13.21 1.28×10^{-8} C.

13.22 2.1×10^{-11} C.

13.23 (a) $\dfrac{\rho}{3\epsilon_0}r$. (b) $\dfrac{\rho}{3\epsilon_0}\dfrac{R^3}{r^2}$. (이 문제는 학습문제 13.13번과 동일한 문제이다.)

13.24 (a) -6.8×10^5 C. (b) 8.3×10^9 전자/m^2.

13.25 (a) $Q = \displaystyle\int_0^R \rho(r)4\pi r^2 dr = 4\pi b\int_0^R r^3 dr = \pi b R^4$. 따라서 $b = \dfrac{Q}{\pi R^4}$ 이다.

(b) $E \cdot 4\pi r^2 = \dfrac{1}{\epsilon_0}\displaystyle\int_0^r \rho(r)4\pi r^2 dr = \dfrac{4\pi b}{\epsilon_0}\int_0^r r^3 dr = \dfrac{\pi r^4}{\epsilon_0}b$ 이다. 그러면 (a)로부터 b를 대입하여 풀면

$E = \dfrac{Q}{4\pi\epsilon_0}\dfrac{r^2}{R^4}$ 이다.

(c) $E \cdot 4\pi r^2 = \dfrac{Q}{\epsilon_0}$ 로부터 $\dfrac{Q}{4\pi\epsilon_0}\dfrac{1}{r^2}$ 이다.

13.26 (a) 3.5×10^{-20} C. (b) 8.8×10^{-26} N • m. (c) 6.2×10^{-26} J.

전위 14

우리는 운동의 법칙을 배우면서 퍼텐셜 에너지의 개념을 다룬 바 있다. 즉 중력에 의한 퍼텐셜 에너지, 용수철에 의한 퍼텐셜 에너지 등이다. 특히 중력에 의한 퍼텐셜 에너지의 경우 한 기준점에 의한 퍼텐셜 차이가 중요한 몫을 차지하였다. 또한 한 물체를 다른 위치로 이동할 때 중력에 의한 일은 두 점을 연결하는 경로와는 상관없다는 사실도 배웠다.

전기력에 있어서도 위와 같은 중력 퍼텐셜 에너지와 같은 양을 정의할 수 있다. 왜냐하면 중력법칙과 마찬가지로 쿨롱의 법칙도 중심을 향하는 힘이며 거리의 역제곱으로 작용하기 때문이다. 우리는 이 장(chapter)에서 전하에 의한 퍼텐셜 에너지의 개념과 일상생활에서 전압이라 부르는 전위(electric potential)에 대해 알아보기로 한다.

학습 내용

- 전기 퍼텐셜 에너지: $U = k_e \dfrac{Qq}{r}$ (Joule).
- 전기 퍼텐셜(전위): $V = k_e \dfrac{Q}{r}$ (Volt).
- 전기 퍼텐셜 차(전위차): $\Delta V = \dfrac{\Delta U}{q}$ (Volt).

  $\Delta V = \pm E \cdot d$

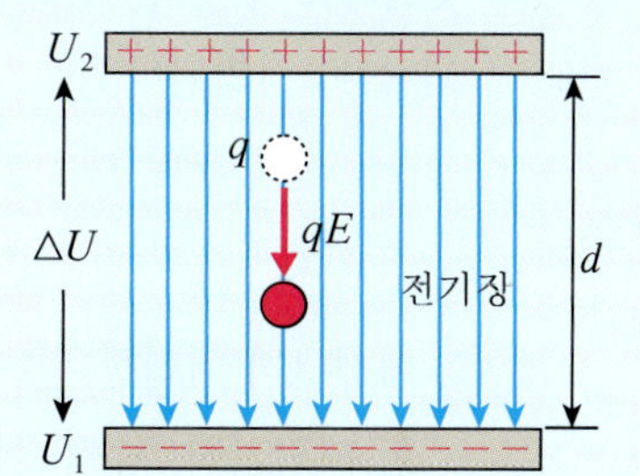

- 1 eV: $(1.6 \times 10^{-19}\ \text{C}) \cdot (1\ \text{Volt}) = 1.6 \times 10^{-19}$ Joule.
- 등전위면(선)

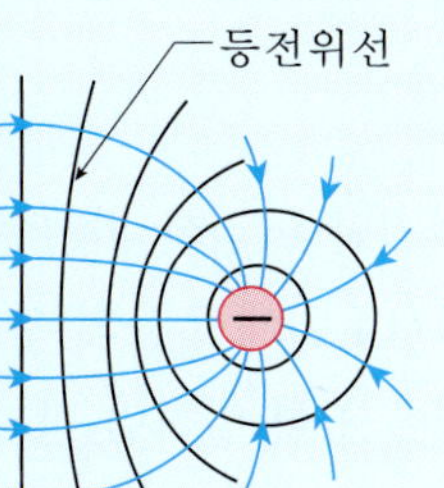

14.1 전기 퍼텐셜(전위)

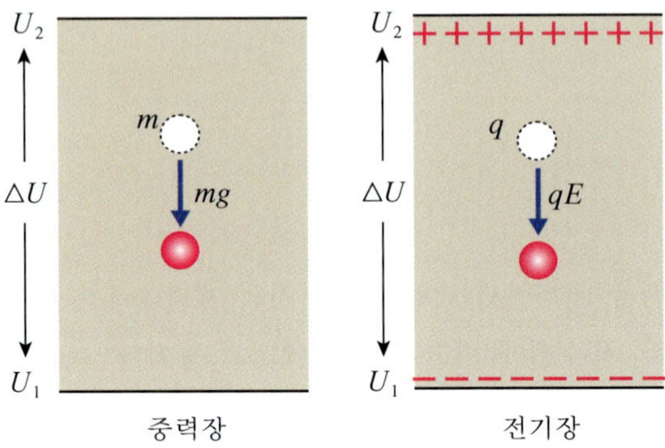

그림 14.1 **일과 퍼텐셜 에너지.** 중력장이 일을 하면 퍼텐셜 에너지는 감소한다. 전기장이 일을 하면 퍼텐셜 에너지는 감소한다.

그림 14.1을 보자. 그림에서와 같이 중력장에 거슬러 일을 하게 되면 퍼텐셜 에너지는 증가한다. 반면에 중력장이 일을 하게 되면 퍼텐셜 에너지는 감소한다. 마찬가지로 전기장에 있는 전하를 움직이도록 외력이 작용한다면 전기 퍼텐셜 에너지는 증가하며 전기장이 일을 하게 되면 전기 퍼텐셜 에너지는 감소한다. 즉 외력에 의한 일은

$$W_{\text{ext}} = +\Delta U = U_2 - U_1$$

이고, 중력장 혹은 전기장이 한 일은

$$W = -\Delta U = U_1 - U_2$$

이다. 이때 퍼텐셜 에너지에서 기본 전하로 나눈 양을 전기 퍼텐셜이라 하며 보통 **전위**라고 부른다. 엄밀하게 말하면 전기 퍼텐셜 차(potential difference)이며 다음과 같이 정의된다.

$$\Delta V = \frac{\Delta U}{q} \tag{14.1}$$

이제부터 이러한 전위에 대해 자세히 살펴보기로 하자.

힘 $\mathbf{F}$(전기력, 중력 등)가 어떤 입자에 작용하여 $d\mathbf{s}$만큼 이동시키면 퍼텐셜 에너지의 변화량은 다음과 같이 정의되었다.

$$dU = -\mathbf{F} \cdot d\mathbf{s} \tag{14.2}$$

다시 강조하지만 이러한 퍼텐셜 에너지의 변화는 외력에 의한 일과는 부호가 반대로 된다. 식 (14.2)에서 음의 부호가 붙은 이유가 여기에 있다.

이제 중력에서 한 일처럼 전기력에서 외력이 한 일을 계산해 보자. 그림 14.2에서 보듯이 공간에 고정된 전하 q가 있을 때 힘 $\mathbf{F}_{\text{ext}}$을 가하여 다른 전하 q_0를 점 A에서 점 B으로 이동시킨다고 하자. q에서 A까지의 거리를 r_A, B까지의 거리를 r_B라 하면

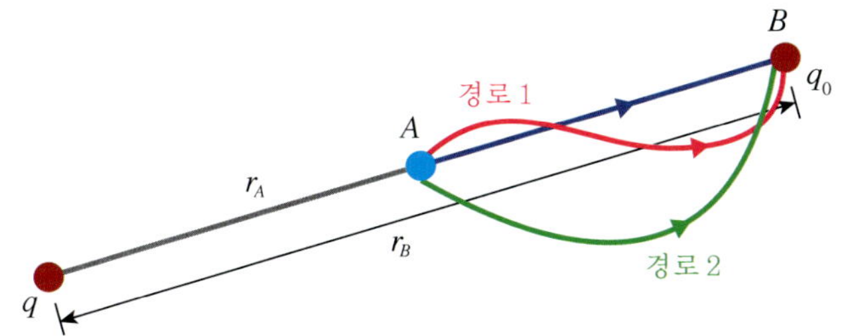

그림 14.2 전기 퍼텐셜 에너지. 전하를 A 지점에서 B 지점으로 이동시키는 데 필요한 일의 양은 경로와는 무관하다. 전기 퍼텐셜 에너지는 오직 두 전하의 거리 차이에만 관계된다.

이러한 외력에 의한 일은

$$W_{AB} = \int_{r_A}^{r_B} \mathbf{F}_{\text{ext}} \cdot d\mathbf{r}$$

이다. 그런데 외력은 전기력에 맞선 것이므로 두 전하 사이의 전기력과는 반대 부호이다. 즉

$$F_{\text{ext}} = -F_e = -k_e \frac{qq_0}{r^2}$$

이다. 따라서

$$W_{AB} = -\int_{r_A}^{r_B} k_e \frac{qq_0}{r^2} dr = k_e qq_0 \left(\frac{1}{r_B} - \frac{1}{r_A}\right) \tag{14.3}$$

가 된다. 우리는 여기서 중요한 결론에 도달하게 되는데, 식 (14.3)은 두 전하 사이의 거리에만 관계되고 그 경로와는 무관하다는 사실이다. 즉 그림 14.2에서처럼 두 점 사이의 여러 다른 경로를 따라 일을 하여도 하여진 일의 양은 똑같다! 더욱이 점 A를 출발하여 다시 점 A로 전하를 옮기는 일을 한다면 하여진 일의 양은 없다는 결론을 얻는다. 우리가 "한 물체를 지면에서 들어올리고 난 다음 다시 원래 위치로 가져갔을 때 한 일의 양은 없다"는 것과 동일한 의미이다. 즉 전기 퍼텐셜 에너지는 오직 두 전하 사이의 거리에만 관계된다는 것이다. 이러한 사실로부터 중력이나 전기력을 **보존력**이라 부른다. 하지만 보존력이라는 단어의 의미와 여기서 말하는 '경로와는 무관한 힘'이라는 개념과는 다소 거리가 있다고 하겠다. 저자로서는 이러한 보존력이라는 단어를 도입한 이유를 모르겠다.

식 (14.3)에서 거리 r_A를 무한대로 잡으면 두 점전하 사이에 형성되는 전기 퍼텐셜 에너지는 다음과 같이 주어진다는 것을 알 수 있다.

$$U = k_e \frac{q_1 q_2}{r} : \text{전기 퍼텐셜 에너지} \tag{14.4}$$

14.2 전위와 전기장

이제 전기장에서 퍼텐셜 에너지 차이를 논의해 보자. 앞에서 논한 두 전하와의 관계에서 전하 q가 전기장을 발생시키는 경우라고 생각하면 쉽게 이해될 것이다. 이제 전기장에 점전하 q_0가 놓여 있다면 전기장이 점전하에 작용하는 힘은

$$\mathbf{F} = q_0 \mathbf{E} \tag{14.5}$$

이다. 따라서 전기장 속에서 점전하가 변위 $d\mathbf{s}$만큼 이동하면 퍼텐셜 에너지의 변화량은

$$dU = -q_0 \mathbf{E} \cdot d\mathbf{s}$$

가 된다. 이때 단위 전하당 퍼텐셜 에너지의 변화량을 전위차(electric potential difference)라 부르며 다음과 같이 정의된다.

$$dV = \frac{dU}{q_0} = -\mathbf{E} \cdot d\mathbf{s} \tag{14.6}$$

전기장 내에서 점전하가 그림 14.3과 같이 점 A에서 점 B까지 움직였다면 위와 같은 전위차는 다음과 같이 된다.

$$\Delta V = V_B - V_A = \frac{\Delta U}{q_0} = -\int_A^B \mathbf{E} \cdot d\mathbf{s} \tag{14.7}$$

여기서 함수 V를 전위(electric potential)라 하며, SI 단위로 보통 볼트(Volt)라고 부른다. 즉

$$1\ \text{V} = 1\ \text{J/C} \tag{14.8}$$

이다. 일상생활에서 전위차는 보통 전압이라 부른다. 그런데 식 (14.7)로부터 전기장의 단위는 다음과 같이 표기되기도 한다.

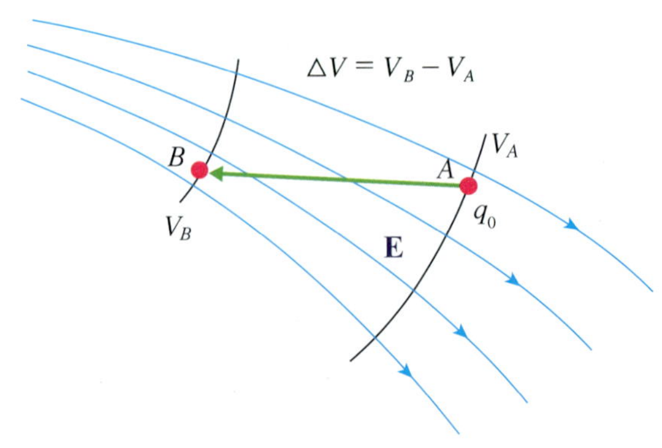

그림 14.3 전기장과 전위. 전기장 내에서 전하가 점 A에서 점 B로 움직이고 있다. 두 점 사이에는 전위차가 발생한다.

$$1\ \text{N/C} = 1\ \text{V/m} \tag{14.9}$$

위와 같은 전위차 V의 표기는 단위 V와 혼동을 가져와 고등물리학에서는 보통 ϕ로 표기한다.

그림 14.4와 같이 균일한 전기장 $E = 35$ V/m이 x방향으로 작용하고 있을 때 위치 $A(x = 4.0\ \text{m})$와 위치 $B(x = 3.0\ \text{m})$에 대한 전위차 $V_A - V_B$를 구해 보자.

이 경우 전위차는

$$V_A - V_B = -\int_B^A \mathbf{E} \cdot d\mathbf{s}$$

이다. 그런데 전기장은 오직 x방향으로만 존재하므로 일의 y성분은 없다. 즉

$$\mathbf{E} \cdot d\mathbf{s} = Edx$$

이다. 따라서

$$V_A - V_B = -\int_0^4 Edx = -(35\ \text{V/m})(4\ \text{m}) = -140\ \text{V}$$

이다. 즉 전기장이 흐르는 방향으로 전위는 감소된다. 이와 같이 전기장이 일정한 곳에서의 전위차는 $\triangle V = -\mathbf{E} \cdot \triangle \mathbf{x}$로 쓸 수 있다. 여기서 $\triangle x = d$라 놓으면 전위차는 일반적으로는 다음과 같이 표현된다.

$$\triangle V = \mp Ed \tag{14.10}$$

식 (14.10)에서 d는 전기장 방향과 나란하거나 반대인 변위 성분이다. 음의 부호는 전기장과 나란한 경우이며 양의 부호는 반대인 경우에 해당한다.

전기장 내에서 전하를 가진 입자들이 운동하는 경우에는 에너지 보존법칙의 관점에서 논의될 수 있다. 퍼텐셜 에너지의 관점에서 보면 운동에너지의 변화량이 전기퍼텐셜 에너지의 변화량과 같고 이는 다음과 같이 쓸 수 있다.

$$\triangle K = -q \triangle V \tag{14.11}$$

만약 양의 전하를 갖는 입자, 예를 들면 양성자가 전위가 감소하는 방향($\triangle V < 0$)으로 움직이면 양성자는 운동에너지를 얻게 될 것이다. 반면에 전자는 음전하를 갖고 있으므로 전위가 증가하는 방향(전자 입장에서는 감소되는 방향임)으로 운동한다.

그런데 원자나 핵에 갇혀 있는 전자 또는 양성자 같은 입자들은 수천 내지 수백만 볼트의 전위차 속에서 운동한다. 에너지는 전하에 전위차를 곱한 단위를 가지므로 이러한 경우에는 전자의 전하량 e와 전압 V를 곱하여 사용하는 것이 편리하다. 이러한 단위를 전자볼트(electron volt, eV)라 부른다. 따라서 1 eV는 다음과 같다.

$$1\ \text{eV} = 1.60 \times 10^{-19}\ \text{C} \cdot \text{V} = 1.60 \times 10^{-19}\ \text{J} \tag{14.12}$$

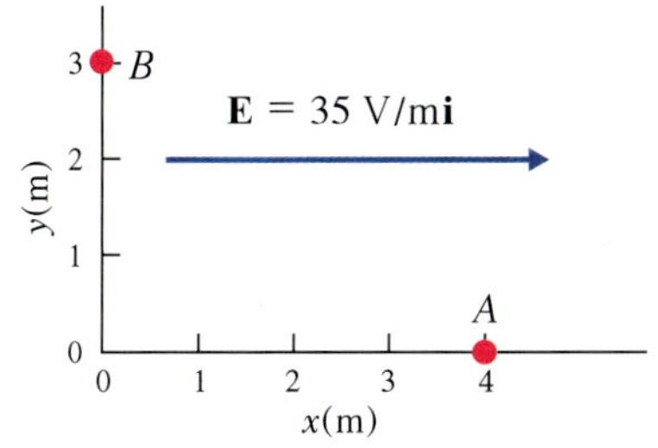

그림 14.4 균일한 전기장에서의 전위.

이러한 단위는 이미 7장에서 원자의 에너지를 다루면서 여러 번 마주친 바가 있다. 이 에너지 단위는 자주 등장하게 된다.

두 점 사이의 전위차보다는 한 점에 의한 전위만을 고려하는 경우가 더욱 편리할 때가 많다. 중력의 퍼텐셜 에너지를 취급할 때 보통 지구 표면을 0으로 잡는 경우가 이에 속한다. 따라서 식 (14.7)에서 한 점을 기준점으로 잡아 그 기준점의 전위를 0으로 잡으면 된다. 만약 점 A를 기준점으로 잡고 $V_A = 0$으로 하면

$$V_B = \int_B^{\text{ref}} \mathbf{E} \cdot d\mathbf{s} \tag{14.13}$$

가 된다. 보통 기준점은 전위를 만드는 전하 분포로부터 무한대의 거리에 있는 것으로 잡는다. 그러면 전위는 다음과 같이 주어진다.

$$V_B = \int_B^{\infty} \mathbf{E} \cdot d\mathbf{s} \tag{14.14}$$

이제 점전하에 의한 전위를 구해 보자. 점전하 Q에 의한 전기장은

$$\mathbf{E} = k_e \frac{Q}{r^2} \hat{r}$$

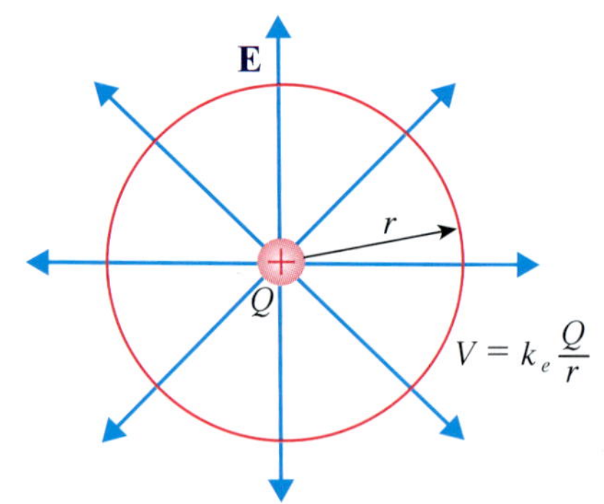

그림 14.5 점전하에 의한 전기장과 전위. 양의 점전하 Q에 의해 주위에는 밖을 향하는 전기장이 형성되고 전기적인 퍼텐셜인 전위가 생긴다.

이다. 여기서 $\hat{r}$은 그림 14.5에서 보듯이 점전하로부터 밖을 향하는(동경 방향) 단위 벡터이다. 점전하로부터 r 만큼 떨어진 곳에서의 전위는 식 (14.14)를 이용하면 구할 수 있다.

전기장과 적분 경로는 같은 방향이기 때문에

$$V = k_e Q \int_r^{\infty} \frac{1}{r^2} dr = k_e Q \left| -\frac{1}{r} \right|_r^{\infty} = k_e \frac{Q}{r} = \frac{1}{4\pi\epsilon_0} \frac{Q}{r} \tag{14.15}$$

이다. 이와 같은 식은 그림 14.6에서 보듯이 전위는 원점으로 갈수록 급격하게 증가하며 멀리 떨어질수록 감소한다.

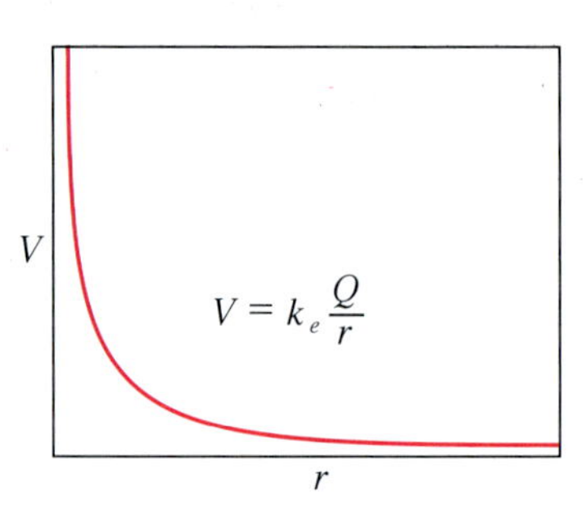

그림 14.6 점전하에 의한 전위 세기의 분포.

그런데 점전하로부터 r 만큼 떨어진 곳에서의 전위는 모두 같다. 이와 같이 전위가 같은 선을 **등전위선**이라 한다. 마치 산에 있어서 같은 높이를 표시하는 등고선과 같다고 보면 된다. 점전하인 경우 3차원을 생각하면 공의 반지름 r의 표면을 고려해야 하기 때문에 이때는 등전위면이라고 해야 옳다.

만약 전하가 입자 하나가 아닌 여러 개로 이루어져 있다면 **중첩의 원리**를 이용하여 전위를 구한다. 즉 한 위치에 해당하는 점에서 각각의 전하 Q_i에 의해 생기는 전위를 구하여 더하면 된다. 이에 대한 식은 다음과 같다.

$$V = k_e \left(\frac{Q_1}{r_1} + \frac{Q_2}{r_2} + \cdots + \frac{Q_N}{r_N} \right) = k_e \sum_{i=1}^{N} \frac{Q_i}{r_i} \tag{14.16}$$

14.3 연속전하 분포에 대한 전위

그림 14.7과 같이 공간에 전하가 일정 부분 분포되어 있을 때 이러한 전하에 의한 전위를 구해 보자. 전기장을 구할 때와 같이 전하는 균일하게 분포되어 있다고 가정하기로 한다.

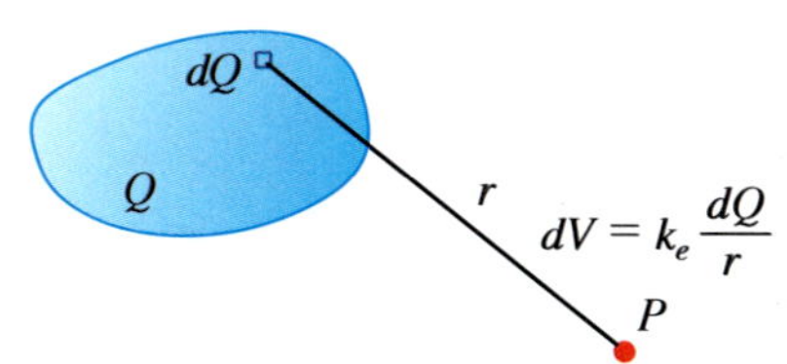

그림 14.7 연속전하 분포에 의한 전위.

우선 전하의 미소분포를 가정하여 이러한 미소전하에 의한 점 P에서의 전위를 구하고 이를 전체적으로 적분하는 순서를 밟으면 된다. 즉 미소전하에 의한 전위는

$$dV = k_e \frac{dQ}{r} \tag{14.17}$$

이며, 이를 적분하면 전체 전하 분포에 의한 전위 V가 된다.

$$V = k_e \int \frac{dQ}{r} \tag{14.18}$$

벡터 양인 전기장과는 달리 전위는 크기만을 갖는 양이므로 전기장을 구하는 과정보다 쉽게 계산할 수 있다는 장점이 있다.

그런데 주어진 전위로부터 전기장을 구하는 것이 편리할 때가 많다. 왜냐하면 물리학에 있어서 힘 혹은 전기장과 같은 양은 벡터 양이고 계산과정이 복잡하기 때문이다. 사실상 퍼텐셜 에너지 혹은 전위와 같은 양은 스칼라 양으로 적분과 같은 계산을 할 때 힘이나 전기장을 구하는 경우보다 수월한 편이다. 다음과 같은 미소전위와 전기장과의 관계식을 살펴보자.

$$dV = \mathbf{E} \cdot d\mathbf{s}$$

전기장과 미소변위는 나란하고, 만약 학습문제 14.10과 같이 x라는 변위에 대해 전위를 구했다면 전기장은 다음과 같이 주어진다.

$$E_x = -\frac{dV}{dx} \tag{14.19}$$

만약 동경 방향으로의 전위가 구해졌다면 이에 대응되는 전기장은

$$E_r = -\frac{dV}{dr} \tag{14.20}$$

이 되어 전위로부터 전기장을 구할 수 있게 된다.

14.4 등전위면과 전기장

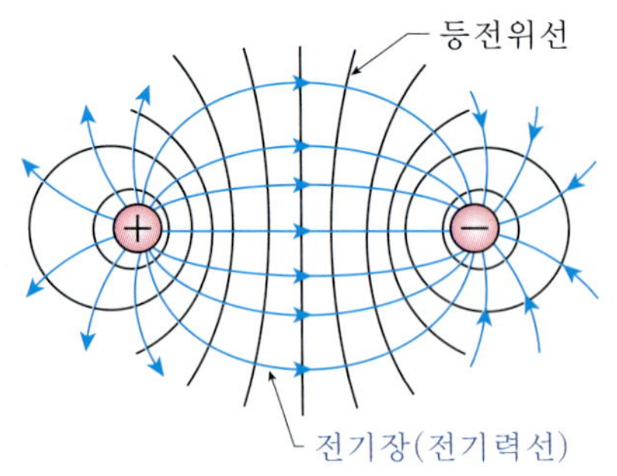

그림 14.8 전기장과 등전위선. 등전위선은 전위차가 같은 곳이며 전기장과는 항상 수직을 이룬다. 실험적으로는 등전위선을 찾아 전기장의 분포를 구한다.

우리는 앞에서 전위가 같은 값을 갖는 점들로 이루어진 표면을 등전위면(equipotential surface)이라고 부른 바 있다. 이러한 등전위면에서는 전위차가 없으므로 전기장과 변위는 항상 수직을 이룬다. 그림 14.8은 전기장과 등전위면의 관계를 나타내고 있다. 보통 등전위면을 구한 다음 이를 바탕으로 전기장, 즉 전기력선을 구하는 방법을 사용하는데 흔히 일반물리 실험실에서 행하는 실험 종목 중 하나에 속한다.

대전된 도체의 표면은 등전위면에 속한다. 왜냐하면 도체 표면에서의 전기장은 그 표면에 수직이기 때문이다. 그리고 도체 내부에서는 전기장이 0이기 때문에 전위의 변화는 생기지 않는다. 따라서 도체 내부에서의 전위는 도체 표면에서의 값과 동일하다.

14장 학습문제

14.1 한 전자가 초속도 10^6 m/s로 1 m 떨어진 다른 전자를 향하여 돌진하고 있다. 이 전자는 고정된 전자에 얼마나 가까이 접근하면 정지하는가? 그리고 이 전자는 어떠한 운동을 하는가?

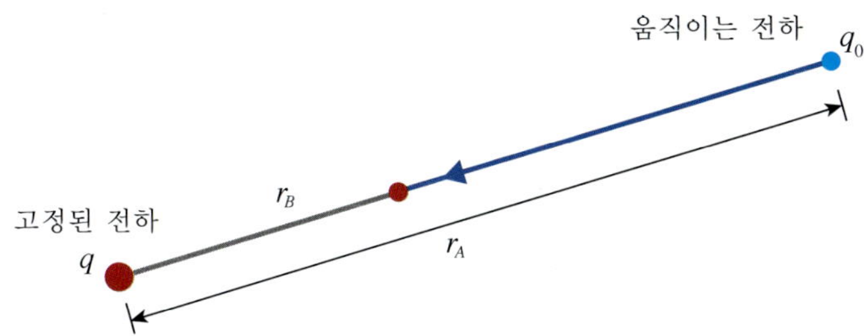

그림 14.9 전기 퍼텐셜 에너지와 운동에너지. 움직이는 전하가 고정된 전하에 접근하면 운동에너지가 전기 퍼텐셜 에너지로 변환된다.

풀이: 이 문제는 움직이고 있는 한 전자의 운동에너지가 두 전하 사이의 전기적인 퍼텐셜 에너지로 변화한다는 점을 다루고 있다. 흡사 우리가 돌멩이를 곧장 위로 던졌을 때 돌멩이가 최고 높이까지 도달하여 순간적으로 멈춘 다음 다시 방향을 틀어 되돌아오는 경우와 같은 맥락이다. 따라서

$$\frac{1}{2}mv^2 + k_e\frac{e^2}{r_A} = k_e\frac{e^2}{r_B} \text{에서} \quad k_e e^2\left(\frac{1}{r_B} - \frac{1}{r_A}\right) = \frac{1}{2}mv^2$$

이다. 여기서 $q = e$이다. 그러면 r_B는

$$r_B = \frac{2k_e e^2 r_A}{(2k_e e^2 + mv^2 r_A)}$$

이고, 이에 대한 값은

$$r_B = \frac{(2)(9.0\times10^9)(1.6\times10^{-19})^2(1)}{[(2)(9.0\times10^9)(1.6\times10^{-19})^2 + (9.1\times10^{-31}\ \text{kg})(10^6)^2(1)]}(\text{m}) = 0.33\ \text{m}$$

이다. 운동하던 전자는 이 위치에서 순간적으로 멈추어 출발했던 방향으로 되돌아간다. 이 문제는 전기적 에너지가 역학적 에너지로 변환되거나 그 반대로 되는 보기를 보여주고 있다. 또한 전기적 에너지는 중력 퍼텐셜 에너지로도 변환 가능하다. 이 문제에서 두 전하의 부호가 같은 경우, 즉 척력으로 작용하면 점 B에서의 q_0의 퍼텐셜 에너지 크기는 점 A에서보다 항상 작다. 이와 반대로 부호가 다른 경우, 즉 인력일 경우에는 점 B에서의 퍼텐셜 에너지는 점 A에서보다 크다.

14.2 외부에서 3.0 μJ의 일을 해주어 전하 $q_0 = 0.05\ \mu$C를 가진 입자를 점 A에서 점 B까지 일정한 속도로 움직이게 하였다.

(a) 전위차 $V_B - V_A$를 구하라.

(b) 이 동안에 전기력이 q_0에 한 일을 구하라.

답: (a) 60 V. (b) $-3.0\ \mu$J.

14.3 점 A와 점 B의 전위차가 20 V일 경우 다음을 각각 구하라.

(a) 외부 힘을 작용하여 전하 $q_0 = 5.0 \times 10^{-5}$ C의 입자를 A에서 B까지 일정한 속도로 움직이는 데 필요한 일은 얼마인가?

(b) 이 전하를 A에서 B로 움직일 때 전기력에 의해 하여진 일의 양은 얼마인가?

답: (a) 1.0×10^{-3} J. (b) -1.0×10^{-3} J.

14.4 우리는 1장에서 원자핵의 크기가 대략 $(1\sim5) \times 10^{-10}$ m 정도라는 사실을 접한 적이 있다. 그림 1.13을 보라. 그림 14.10은 그러한 원자핵의 크기를 측정하는 데 사용되었던 실험 장치를 간단히 스케치한 모습이다. 즉 공기를 뺀 진공상자(vacuum chamber)에 표적으로 금박(gold foil)을 설치하고 이 금박에 에너지를 가진 알파 입자를 쏘는 모습이다. 알파(α) 입자는 헬륨원자(^{4}He)가 2개의 전자를 잃어버린 상태, 즉 헬륨원자핵에 해당한다. 따라서 양성자 2개가 있어 그 전하는 $+2e$이다. 이러한 알파 입자는 아주 무거운 동위원소 중에서 방출되며 방사선의 일종에 속한다. 이 실험에 사용된 알파 방사선의 에너지는 5 MeV이다. 이렇게 에너지가 센 알파 입자는 금 표적(target)에 충돌하면서 금의 원자 속을 뚫고 원자핵 가까이 접근하게 된다. 이때 알파 입자의 운동에너지는 금의 핵에 접근할수록 전기 퍼텐셜 에너지로 전환된다. 왜냐하면 금의 핵도 전하를 가지고 있으며 금의 원자번호가 79이므로 그 전하량은 $+79e$를 가지기 때문이다. 이때 운동에너지가 전부 전기 퍼텐셜 에너지로 바뀌는 지점이 두 원자핵이 가장 가깝게 접근한 거리가 되며, 이 지점에서 알파 입자는 전기적 반발력에 의해 다시 되돌아 나오게 된다. 다음 물음에 답하라.

(a) 이 알파 입자의 에너지 5.0 MeV는 Joule 단위로는 얼마인가?

(b) 이 알파 입자가 금 원자핵과 정면 충돌하여 되돌아 나왔다고 가정했을 때 가장 가까이 접근한 거리는 얼마인가?

(c) (b)의 결과로부터 원자핵에 대한 어떠한 물리적 의미를 도출할 수 있는가?

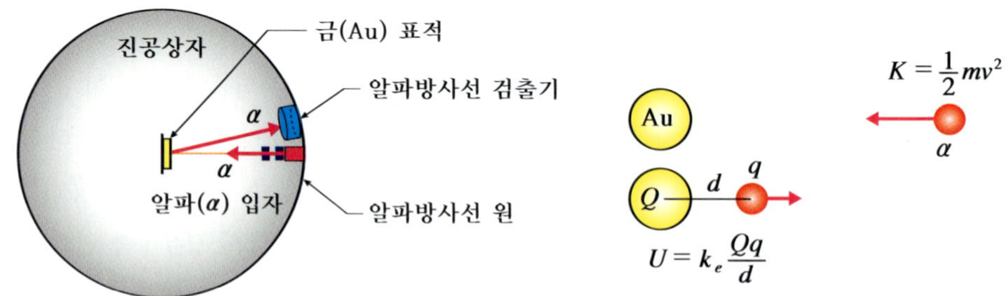

그림 14.10 원자핵의 크기 측정. 에너지가 높은 알파 입자를 금 표적에 충돌시키면 원자핵의 구조를 알아낼 수 있다. 에너지 보존법칙과 전기력에 대한 물리법칙을 응용한 결과이다.

풀이: (a) $5.0\text{ MeV} = 5.0 \times 10^6\text{ eV}\dfrac{1.6 \times 10^{-19}\text{ J}}{\text{eV}} = 8.0 \times 10^{-13}\text{ J}$.

(b) 위에서 구한 운동에너지가 모두 전기 퍼텐셜 에너지로 전환되므로

$$K = k_e \frac{(2e)(79e)}{d}$$

이다. 따라서 구하고자 하는 거리는

$$d = k_e \frac{158e^2}{K} = (9.0 \times 10^9)\frac{158 \times (1.6 \times 10^{-19})^2}{8.0 \times 10^{-13}}$$
$$= 4.6 \times 10^{-14}\ (\mathrm{m})$$

이다.

(c) 위에서 구한 거리는 핵의 크기보다는 분명 큰 값이다. 왜냐하면 핵의 표면까지는 도달하지 못하기 때문이다. 그런데 원자의 크기가 10^{-10} m인 점을 감안하면 핵의 크기는 적어도 1만 배 이상 작다는 결론이 나온다. 원자를 구성하는 핵과 전자의 구조가 이 실험으로부터 비로소 밝혀지게 된 것이다. 이러한 놀라운 사실은 1908년에 뉴질랜드의 물리학자인 러더포드(Rutherford)에 의해 발견되었다. 당연히 러더포드에게는 노벨상이 수여되었는데 물리학상이 아닌 화학상을 받게 되었다. 러더포드 자신도 왜 물리학상이 아닌 화학상을 받게 되었는지 고개를 갸우뚱거렸다고 전해진다.

14.5 그림 14.11과 같이 두 점전하가 $Q_1(8.0\ \mu\mathrm{C})$, $Q_2(-5.0\ \mu\mathrm{C})$에 자리 잡고 있을 때 점 P에서의 전위를 구하라.

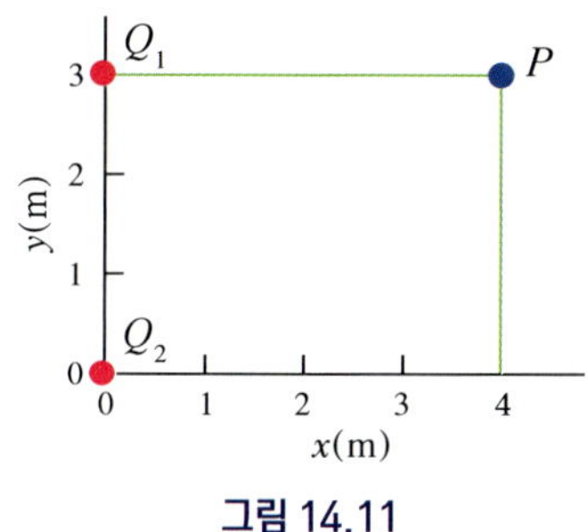

그림 14.11

답: 9.0×10^3 V.

14.6 크기가 같은 양의 전하를 가진 2개의 입자가 그림 14.12와 같이 x축 상 $\pm d$에 놓여 있다.

(a) 이러한 x축 상에서 d보다 먼 r만큼 떨어진 곳에서의 전위를 구하라.

(b) 이 2개의 점전하에 의한 전위 분포를 그래프를 이용하여 그려보라.

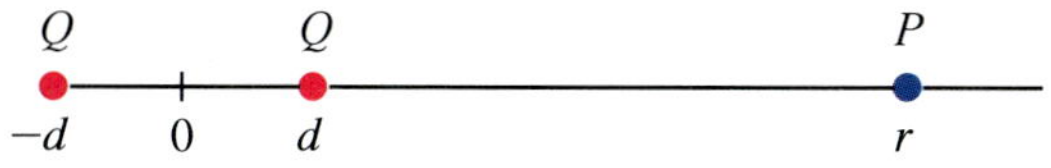

Q Q P
$-d$ 0 d r

그림 14.12

풀이: (a) $V = 2k_e \dfrac{Qr}{(r^2 - d^2)}$.

(b) 그림 14.13의 검은 선이 두 점전하에 의한 전위 곡선이다. 두 점전하의 중심선이 가장 안정된 퍼텐셜에 해당한다는 것을 알 수 있다. 만약 계속 이어지는 전하들이 있다면 가운데 곡선 형태가 반복될 것이다.

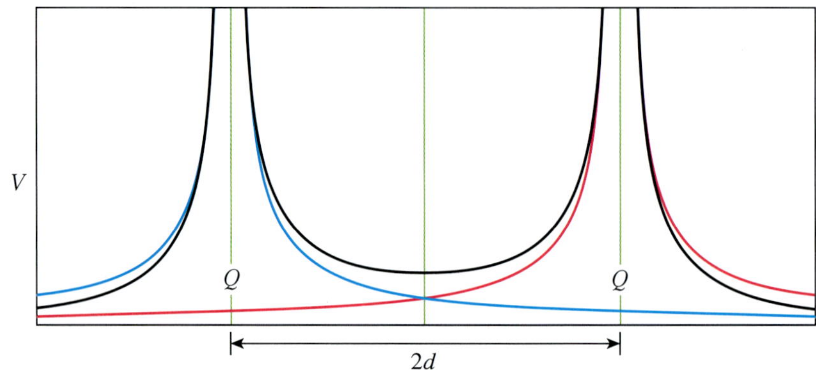

그림 14.13 부호가 같은 두 점전하의 전위 분포.

14.7 학습문제 14.6에서 r이 d에 비해 무척 큰 경우에는 전위가 어떻게 변하는가?

답: $V \approx k_e \dfrac{2Q}{r}$.

14.8 앞에서 우리는 여러 번에 걸쳐 쌍극자를 다루어 보았다. 이러한 쌍극자는 일정한 거리에 있고 크기는 같으나 부호가 서로 다른 전하 배치를 하고 있다. 이러한 쌍극자로부터의 거리가 두 전하 사이의 거리보다 훨씬 큰 점에서의 전위를 구해 보라.

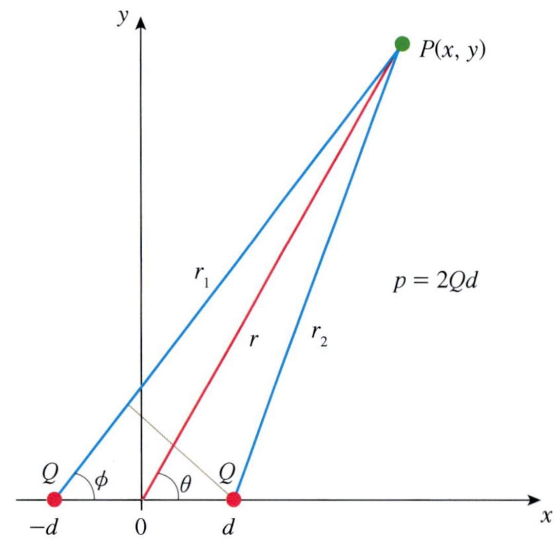

그림 14.14 전기 쌍극자와 전위.
$r \gg d$이면
$$V = k_e \frac{px}{(x^2+y^2)^{3/2}}$$

풀이: 그림 14.14처럼 쌍극자의 두 전하가 x축 상의 $-d$와 $+d$에 놓여 있고 측정되는 전위의 위치는 $x-y$ 평면에 있다고 하자. 그러면 두 전하에 의한 전위는

$$V = k_e\left(\frac{Q}{r_1} - \frac{Q}{r_2}\right)$$

이다. 이 식은 다음과 같이 쓸 수 있다.

$$V = k_e Q \frac{(r_2 - r_1)}{r_1 r_2}$$

만약 쌍극자 거리 $2d$가 r_1, r_2보다 훨씬 작다면(실제적으로 그렇다)

$$\frac{r_2 - r_1}{r_1 r_2} \approx \frac{r_2 - r_1}{r^2}$$

으로 된다. 여기서 r은 쌍극자 중심에서 측정 위치까지의 거리이다. 그리고 그림에서 보듯이 $\phi \approx \theta$이므로

$$r_2 - r_1 \approx 2d\cos\theta$$

인 관계가 성립한다. 결국 전위는 다음과 같이 주어진다.

$$V = k_e \frac{2Qd\cos\theta}{r^2}$$

여기서 우리는 다시 $2Qd$라는 양을 접하게 되는데, 이미 우리는 이 양이 쌍극자 모멘트 $p = 2Qd$라는 것을 알고 있다. 따라서

$$V = k_e \frac{p\cos\theta}{r^2}$$

이다. $\cos\theta = \frac{x}{r}$, $r = \sqrt{x^2 + y^2}$ 이므로

$$V = k_e \frac{px}{(x^2 + y^2)^{3/2}}$$

와 같은 최종 결론을 얻을 수 있다.

14.9 식 $V = k_e \frac{p\cos\theta}{r^2}$을 보면 각이 90°인 중심선에서는 전위가 0이 된다. 그래프를 그려 확인하라.

풀이: 크기가 같고 부호가 다른 두 점전하에 의한 전위 분포는 그림 14.15에 나와 있는 검은색 곡선과 같이 된다. 두 점전하를 잇는 선의 중앙에서 전위가 0이 된다는 것을 알 수 있다.

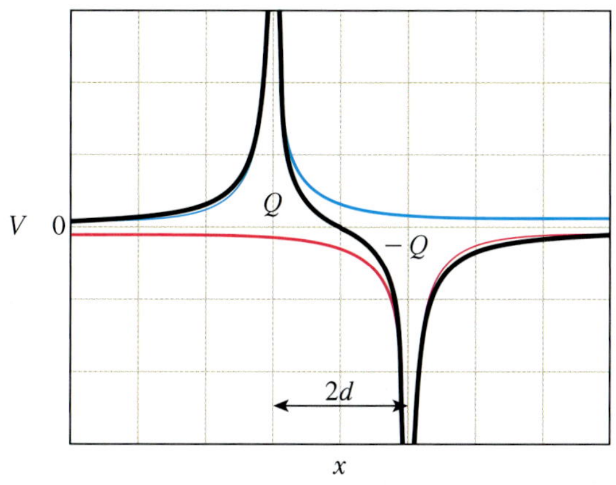

그림 14.15 부호가 다른 두 점전하에 의한 전위 분포.

14.10 길이가 L인 직선이 총 전하 Q로 대전되어 있다. 이 직선의 연장선 위에 있는 한 점에서의 전위를 구하라. 직선의 전하는 균일하다.

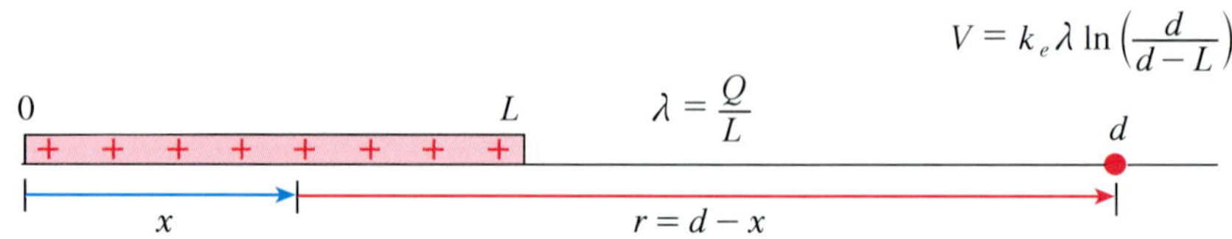

그림 14.16 선전하 분포에 의한 전위.

풀이: 이 직선의 선전하 밀도를 λ라 하자. 그림 14.16과 같이 막대는 x축 상에 놓여 있다고 하고 전위의 위치를 $x = d$(단, $d > L$)라 잡는다. 전하 요소는 $dQ = \lambda dx$가 되며, 이러한 전하 요소로부터 점까지의 거리는 $r = d - x$이다. 따라서 점 d에서의 전위는

$$V = k_e \int_0^L \frac{\lambda dx}{d-x} = k_e\lambda \left| -\ln(d-x) \right|_0^L = k_e\lambda \ln\left(\frac{d}{d-L}\right)$$

이다. 따라서 x축 상의 대전된 막대 밖에서의 전위는

$$V = k_e\lambda \ln\left(\frac{x}{x-L}\right), \quad x > L$$

이다.

만약 전위 점이 아주 멀리 떨어진다면, 즉 $x \to \infty$ 이면 $\frac{x}{(x-L)} \to 1$ 로 되며 전위는

$$V = k_e\lambda \ln(1) = 0$$

이 된다. 결과는 그림 14.17과 같다.

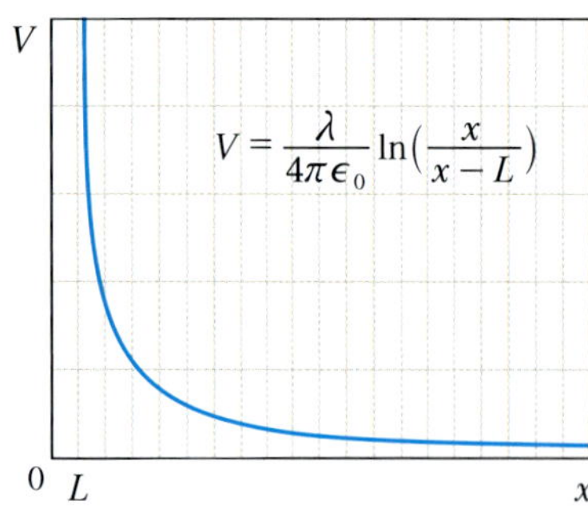

그림 14.17 선전하 분포에 의한 전위 곡선. 선전하 밀도 λ로 대전된 길이 L인 막대의 전위 분포. 여기서 x는 막대와 같은 방향의 변위이다.

그런데 위 문제에서 $x \geq L$인 경우에는 어떻게 될까? 우선 로그함수를 다음과 같이 새로 써보자.

$$\ln\left(\frac{x}{x-L}\right) = -\ln\left(\frac{x-L}{x}\right) = -\ln\left(1 - \frac{L}{x}\right)$$

여기서 $\frac{L}{x}$는 아주 작은 양이므로, 즉 $\frac{L}{x} \ll 1$ 이기 때문에

$$\ln(1+\epsilon) \approx \epsilon, \quad \epsilon \ll 1$$

의 조건으로부터

$$-\ln\left(1-\frac{L}{x}\right) \approx \frac{L}{x}$$

를 얻는다. 그러므로 구하고자 하는 전위는

$$V = k_e \frac{\lambda L}{x} = k_e \frac{Q}{x}$$

가 된다. 마치 전하 Q를 갖는 점전하에서 x만큼 떨어진 점에서의 전위와 같다. 그림 14.18을 참조하기 바란다.

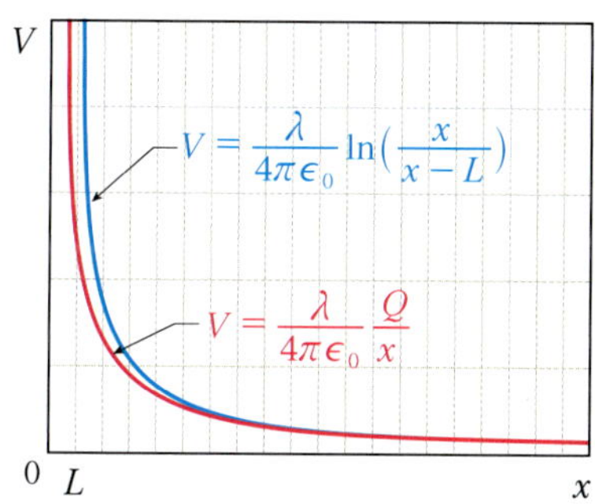

그림 14.18 선전하에 의한 전위 분포. 선전하 밀도 λ로 대전된 길이 L인 막대의 전위 분포 곡선. 막대에서 멀리 떨어진 곳에서의 전위는 점전하에 의한 분포와 비슷하게 나타난다.

14.11 이번에는 무한히 긴 직선 도선으로부터 수직 방향으로 r만큼 떨어진 곳에서의 전위를 구하라. 이 무한 도선의 선전하 밀도는 λ이다.

풀이: 이 문제를 식 $V = k_e \int \frac{dQ}{r}$을 이용하여 풀려면 복잡한 과정을 거쳐야 하는 어려움이 따른다. 이 문제에서는 전기장을 먼저 구하고 전기장으로부터 전위를 구하는 순서를 택하기로 한다. 우리는 이미 가우스 법칙을 배우면서 대칭적인 전하 분포를 갖는 물체의 전기장을 손쉽게 구한 바 있다. 무한 도선인 경우 구하고자 하는 거리만큼의 가우스 평면, 즉 원통형 가우스 면을 설정하면 된다.

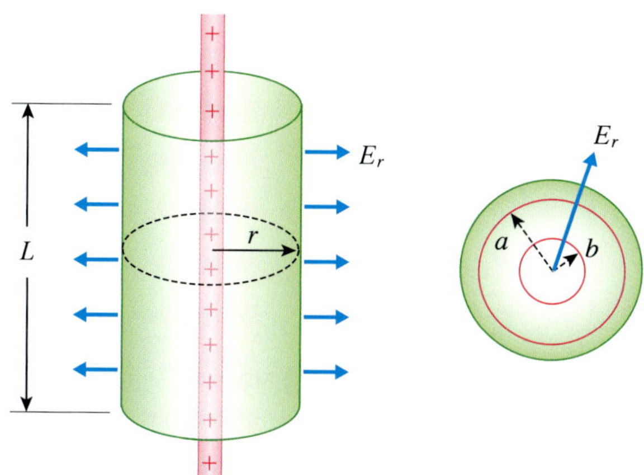

그림 14.19 무한 선전하와 전위.

$$V(b) - V(a) = \frac{\lambda}{2\pi\epsilon_0}\ln\left(\frac{a}{b}\right)$$

여기서 전기장을 구하고자 하는 것은 식 (14.6)을 이용하여 전위를 구하기 때문이다. 먼저 전기장을 가우스 법칙을 이용하여 구해 보자. 그림 14.19와 같이 선전하와 축이 같은 원통형 가우스 면을 설정하면 원심 방향으로의 전기장을 쉽게 구할 수 있다. 그러면

$$E_r A = E_r 2\pi r L = \frac{Q}{\epsilon_0} = \frac{\lambda L}{\epsilon_0}$$

이고, 이로부터

$$E_r = \frac{\lambda}{2\pi\epsilon_0 r}$$

이다. 한편 선전하 중심으로부터 거리 b와 a에 있는 두 지점 사이의 전위차는 식 (14.6)으로부터

$$V_a - V_b = -\int_b^a \mathbf{E}\cdot d\mathbf{r} = -\int_b^a E_r dr$$

이다. 위 식들을 정리하면

$$V_a - V_b = -\frac{\lambda}{2\pi\epsilon_0}\int_b^a \frac{dr}{r} = -\frac{\lambda}{2\pi\epsilon_0}\ln\left(\frac{a}{b}\right)$$

이다. 이제 선전하 중심으로부터 무한대의 점을 잡아 그 전위를 0으로 두면 우리가 원하는 전위를 얻을 수 있다. 즉 a를 무한대로 잡고 $V_a = 0$으로 놓으면 위 식은

$$V(r) = \frac{\lambda}{2\pi\epsilon_0}\ln\left(\frac{\infty}{r}\right)$$

가 된다. 하지만 이러한 식은 수학적으로 정의되지 않는 양이다. 따라서 임의 점에서의 전위를 구하기 위해서는 먼저 기준점을 잡고 그 기준점에서 전위가 0이 되도록 해야 한다. $r = r_0$인 점을 기준점이라 하자. 그리고 식에 있는 두 위치를 $a = r_0$, $b = r$로 잡으면

$$V(r) = \frac{\lambda}{2\pi\epsilon_0}\ln\left(\frac{r_0}{r}\right)$$

가 된다. 이 식으로부터 $r = r_0$이면 $\ln(1) = 0$이 되어 조건을 만족한다는 사실을 알 수 있다. 이에 대한 결과는 그림 14.20과 같다.

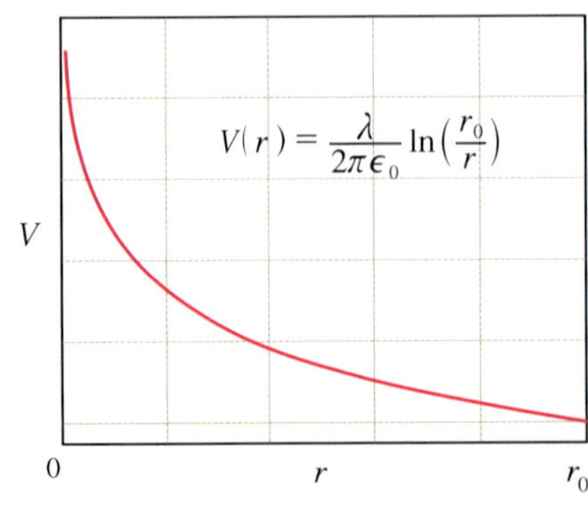

그림 14.20 무한 선전하에 의한 전위 분포. 선전하 밀도 λ를 가진 무한 직선의 수직 방향으로의 전위 분포. r_0에서 전위를 0으로 잡은 경우이다.

14.12 학습문제 14.10에서 우리는 길이가 L인 선전하 분포를 갖는 막대에 대한 전위를 구한 바 있다. 이러한 전위에서 x에 대한 전기장의 함수를 구하라.

풀이: 식 $V = k_e \lambda \ln\left(\frac{x}{x-L}\right)$로부터 식 (14.29)를 이용하여 구하면 된다. 그러면

$$E_x = -\frac{dV}{dx} = -\frac{d}{dx}\left[k_e \lambda \ln\left(\frac{x}{x-L}\right)\right] = -k_e \lambda \frac{d}{dx}[\ln(x) - \ln(x-L)]$$
$$= -k_e \lambda \left[\frac{1}{x} - \frac{1}{x-L}\right]$$

이다. 정리하면 다음과 같다.

$$E_x = k_e \frac{\lambda L}{x(x-L)} = \frac{1}{4\pi\epsilon_0} \frac{Q}{x(x-L)}$$

14.13 속이 비어 있는 도체구가 외부로부터 절연된 채 양의 전하 Q를 갖고 있다. 도체의 반지름은 R이다. 이 도체의 내부와 외부에서의 전기장과 전위를 구하라.

풀이: 전기장의 계산은 13장에서 다루었던 가우스 법칙을 이용하면 손쉽게 구할 수 있다. 도체 외부($r > R$)에 공꼴의 가우스 면을 상정하면 구의 중심으로부터 밖으로 나가는 동경 방향의 전기장에 대한 가우스 법칙은

$$E_r \cdot 4\pi r^2 = \frac{Q}{\epsilon_0}$$

이다. 따라서 전기장은

$$E_r = \frac{1}{4\pi\epsilon_0}\frac{Q}{r^2}, \quad r \geq R$$

이다. 그리고 도체 내부에서는 정전기적 상태이기 때문에 전기장은 0이다. 즉 $E_r = 0$, $r < R$이다.

전위는 무한대 거리에서의 전위를 0으로 잡으면 다음과 같다.

$$V = -\int_{\infty}^{r} E dr = \frac{Q}{4\pi\epsilon_0}\int_{r}^{\infty}\frac{dr}{r^2} = \frac{1}{4\pi\epsilon_0}\frac{Q}{r}, \quad r \geq R$$

그리고 구 내부에서의 전위는 표면에서의 전위와 같으므로

$$V = \frac{1}{4\pi\epsilon_0}\frac{Q}{r}, \quad r < R$$

이다. 그림 14.21은 위와 같은 결론을 보여주는 그림이다.

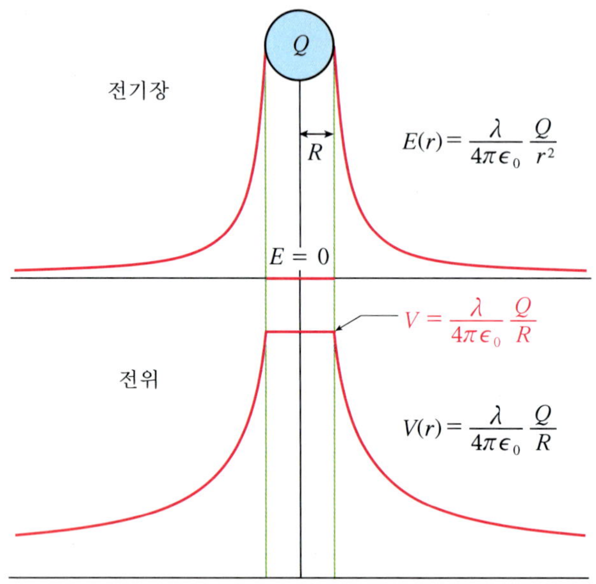

그림 14.21 전기장과 전위와의 관계. 내부가 빈 도체 구에 대한 전기장과 전위의 분포 곡선. 도체 내부에서의 전기장은 0이며 전위는 일정한 값을 갖는다.

14.14 균일한 면전하 밀도 $\sigma = 0.20\ \mu\text{C/m}^2$를 갖는 평평한 도체판이 있다. 도체의 판이 충분히 크다고 가정하여 표면으로부터 3 cm 거리인 점에서의 전위를 구하라.

풀이: 우선 도체 표면의 전위를 0으로 잡자. 13장에서 우리는 이미 도체판에 의한 전기장은 $E = \sigma/\epsilon_0$가 됨을 알았다. 따라서 전위는

$$V = -\int_0^d E dx = -\frac{\sigma}{\epsilon_0} d = -\frac{(0.20\times10^{-6})(3.0\times10^{-2})}{8.85\times10^{-12}}\ (\text{V}) = -\ 680\ \text{V}$$

이다. 즉 도체 표면으로부터 3 cm 떨어진 곳에서의 전위는 표면에 비해 680 V 낮다.

14.15 반지름 $R = 0.8$ cm인 길고 속이 찬 원통형(cylinder) 도체가 균일한 면전하 밀도 $\sigma = 5.0\times10^{-8}\ \text{C/m}^2$를 가지고 있다. 만약 도체의 전위가 100 V라면 반지름 4 cm인 표면에서의 전위는 얼마인가?

풀이: 우선 가우스 면을 만들어 전기장을 구해 보자. 반지름이 $r \geq R$이고 길이가 L인 동축의 원통형을 가우스 면이라 하면

$$E_r(2\pi rL) = \frac{\sigma(2\pi RL)}{\epsilon_0}$$

이고,

$$E_r = \frac{\sigma R}{\epsilon_0 r}$$

이다. 따라서 두 반지름에서의 전위차는

$$V_2 - V_1 = -\int_{r_1}^{r_2} E_r dr = -\frac{\sigma R}{\epsilon_0}\int_{r_1}^{r_2}\frac{dr}{r} = -\frac{\sigma R}{\epsilon_0}\ln\left(\frac{r_2}{r_1}\right)$$

가 된다. 그러므로 구하고자 하는 전위는

$$V_2 = V_1 - \frac{\sigma R}{\epsilon_0} \ln\left(\frac{r_2}{r_1}\right)$$

이다. $V_1 = 100$ V, $\sigma = 5.0 \times 10^{-8}$ C/m^2, $r_2 = 0.04$ m, $r_1 = 0.008$ m를 대입하면

$$V_2 = 27 \text{ V}$$

이다.

14장 연습문제

14.1 한 전하($Q = -8.0\ \mu C$)를 접지 점($V = 0$)으로부터 전위가 +600 V 더 높은 점으로 이동시키고자 한다. 얼마의 일이 필요한가?

14.2 번개는 일반적으로 3.5×10^7 V의 전위차와 30 C의 전하를 지구에 전달할 수 있다.

(a) 얼마의 에너지가 가해졌는가?
(b) 이 에너지로 0℃의 물을 얼마나 끓일 수 있는가?

14.3 간격이 5.0 mm인 두 평행판에 220 V의 전위차가 존재한다. 전기장의 세기를 구하라.

14.4 13장의 연습문제 13.17에서 보인 CRT에서의 전자의 운동에 관한 문제이다. 전자가 전자총에서 20,000 V의 전위차에 의해 정지 상태에서 가속되어 간격이 1.0 cm이고 길이가 6.0 cm인 평행판을 지난다. 평행판에 가해진 전위는 200 V이다. 이때 전자는 평행판을 지나 어떠한 각도를 이루면서 진행하는가?

14.5 헬륨핵인 알파 입자(α: $Q = 2e = 3.2 \times 10^{-19}$ C)가 48 keV의 운동에너지를 갖도록 하고 싶다. 이 에너지를 갖기 위해서는 얼마의 전위차가 필요한가?

14.6 한 점전하($Q = -4.5 \times 10^{-2}$ C)가 있다. 이 점전하로부터 y축으로 85 cm인 지점을 a, x축으로 −60 cm인 지점을 b라 하자.

(a) 전위차 $V_{ba} = V_b - V_a$를 구하라.
(b) 전기장 $\triangle E = E_b - E_a$의 크기와 방향을 결정하라.

14.7 3.0 μC과 −2.0 μC의 두 전하가 2.0 cm 떨어져 있다. 이들을 연결하는 선에서 다음을 구하라.

(a) 전기장이 0이 되는 지점을 구하라.
(b) 전위가 0이 되는 지점을 구하라.

14.8 쌍극자 모멘트가 4.8×10^{-30} C·m이고 이 쌍극자로부터 1.0×10^{-9} m 떨어진 곳에서 쌍극자에 의한 전위를 다음과 같은 경우에 각각 계산하라.

(a) 쌍극자 축을 따라 양전하에 더 가까운 곳.
(b) 축으로부터 45° 각을 이루고 양전하에 가까운 곳.
(c) 축으로부터 45° 각을 이루고 음전하에 가까운 곳.

14.9 지구 표면 가까이에 크기가 150 V/m인 전기장이 지구 중심 방향으로 존재한다.

(a) $r = \infty(V = 0)$에 대한 지구 표면의 전위를 계산하라.

(b) 만일 지구의 전위가 0이라면 무한대에서의 전위는 얼마인가?

14.10 도체 구로 만들어진 정전기 발생 장치가 있다. 공기 중에서 방전 없이 30,000 V를 유지하려면 도체 구의 최소 반경은 얼마여야 하는가? 그리고 얼마의 전하를 보유하게 되는가?

14.11 양성자를 가속시키는 가속기가 양성자를 가속시켜 철의 핵 표면에 도달시키고자 한다. 얼마의 전압이 필요한가? 철(원자번호 26)의 핵은 양성자의 26배 전하를 가지며 반경은 약 4.0×10^{-15} m이다. 핵의 모양은 공꼴(구형)로 간주하라.

14.12 균일한 전자층이 지구의 중력에 의해 지구 표면에 잡혀 있다고 하자. 이때 존재할 수 있는 최대의 전자 수를 구하라. 전자 자신의 것을 제외하고는 다른 전하에 의한 전기장은 무시한다.

14.13 반지름 R인 매우 긴($R \ll L$) 도체 원통이 균일한 표면전하 밀도 σ를 갖고 있다. 원통의 전위는 V_0이다. 원통 중심으로부터의 거리를 r이라 할 때 다음을 구하라.

(a) $r > R$인 곳에서의 전위.
(b) $r < R$에서의 전위.
(c) $r = \infty$에서의 전위는 0인가? $L = \infty$로 가정한다.

14.14 전 체적에 걸쳐 균일하게 전하 Q가 분포하는 반지름 R인 절연체 공이 있다. 공 중심으로부터의 거리를 r이라 할 때 다음을 구하라.

(a) $r > R$에서의 전위.
(b) $r > R$인 곳에서의 전위. $r = \infty$인 곳에서의 전위는 0으로 잡는다.
(c) V와 E에 대한 분포 곡선을 r에 대해 그리고 학습문제 14.13의 결과와 비교하라.

14.15 우라늄 235(^{235}U)의 핵에 있는 두 양성자에 의한 상호작용 에너지를 다음의 경우에 각각 계산하여 eV 단위로 나타내라. 이 핵의 직경은 약 15×10^{-15} m이다.

(a) 2개의 양성자가 서로 반대편에 있는 경우.
(b) 하나는 중심에 있고 다른 하나는 표면에 있는 경우.

14.16 수소원자의 보어 모형에서 전자는 반지름 r인 원형 궤도를 그리며 핵 주위를 회전한다. 수소원자의 이온화 에너지의 값은 13.6 eV이다. 이 값으로부터 반경 r을 구하라.

14장 연습문제 해답

14.1 -4.8×10^{-3} J.

14.2 (a) 1.1×10^{9} J. (b) 2,500 kg.

14.3 4.4×10^{4} V/m.

14.4 1.7°.

14.5 2.4 keV.

14.6 (a) -2.0×10^{8} V. (b) 1.3×10^{9} V/m, $+26^{\circ}$.

14.7 (a) -2 μC 너머 8.9 cm. (b) -2 μC 너머 4.0 cm. (c) 두 전하 사이의 -2 μC 쪽으로부터 0.80 cm.

14.8 (a) 0.043 V. (b) 0.031 V. (c) -0.031 V.

14.9 (a) -9.6×10^{8} V. (b) 9.6×10^{8} V.

14.10 1.0 cm, 3.3×10^{-8} C.

14.11 9.4×10^{6} eV.

14.12 1.6×10^{12}.

14.13 (a) $V_0 - \left(\frac{\sigma R}{\epsilon_0}\right)\ln\left(\frac{r}{R}\right)$. (b) V_0. (c) 아니다.

14.14 (a) $\frac{Q}{4\pi\epsilon_0 r}$. (b) $\frac{Q}{8\pi\epsilon_0 R}\left(3-\frac{r^3}{R^3}\right)$.

14.15 (a) 96 keV. (b) 190 keV.

14.16 0.529×10^{-10} m.

15 축전기와 유전체

축전기는 전하 및 전기 에너지를 저장하는 장치이다. 보통 두 장의 금속판으로 되어 있으며 유전체라고 불리는 절연체에 의해 분리되어 있다. 라디오의 동조회로, 카메라의 플래시 등에 쓰이며 텔레비전, 컴퓨터, 휴대전화, 디스플레이 패널 등 많은 전자기기에 쓰이는 없어서는 안 될 중요한 전기 소자이다. 이 장에서는 축전기의 원리와 구조를 알아보도록 한다. 아울러 축전기에 사용되는 유전체의 역할과 그 전기적인 성질을 더듬어 보기로 하자. 학습할 내용은 다음과 같다.

학습 내용

- 축전기: $Q = CV$.
- 전기용량: $C = \frac{Q}{V}$ (Farad).
- 축전기 연결: 직렬; $\frac{1}{C_{eq}} = \frac{1}{C_1} + \frac{1}{C_2} + \cdots$.
  병렬; $C_{eq} = C_1 + C_2 + \cdots$.
- 평행판 축전기: $C = \frac{\epsilon A}{d}$, A; 면적, d; 간격.
- 유전상수(상대유전율): $\epsilon_r = \frac{\epsilon}{\epsilon_0}$.
- 축전기 에너지: $U = \frac{1}{2}\frac{Q^2}{C} = \frac{1}{2}QV = \frac{1}{2}CV^2$.
- 축전기 에너지 밀도: $u = \frac{1}{2}\epsilon E^2$.

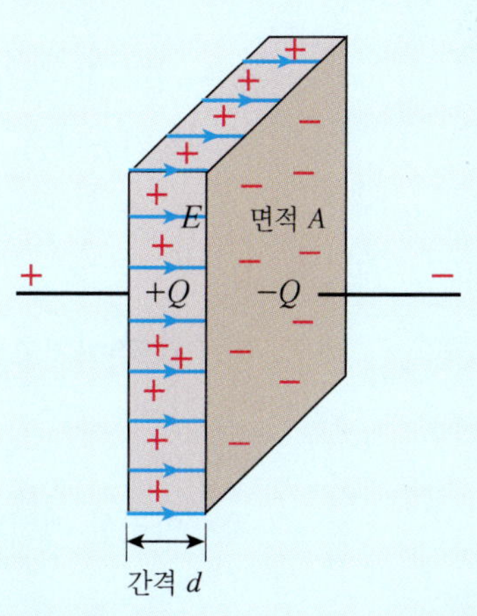

15.1 축전기(Capacitors)

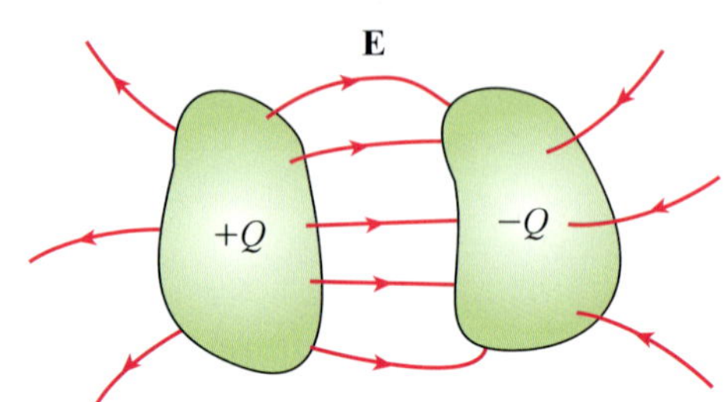

그림 15.1 전하의 저장. 같은 크기의 전하를 갖는 2개의 도체를 하나는 음의 전하로, 다른 하나는 양의 전하로 대전시켜 가까이 놓으면 전하가 저장된다.

축전기는 그림 15.1처럼 2개의 도체가 서로 다른 전하를 갖는 구조로 되어 있다. 이와 같은 축전기는 건전지와 같은 전원에 연결되어야 그 기능을 발휘할 수 있다. 그림 15.2에서와 같이 전지와 같은 전원을 축전기 양단에 연결하면 축전기 한쪽 판에는 양의 전하가 다른 판에는 음의 전하가 저장된다.

당연히 양단에는 전위차가 발생하게 되는데, 양전하로 대전된 도체의 전위가 음전하로 대전된 전위보다 크다. 따라서 전위차는 양전하 판의 전위 크기와 음전하 판의 전위 크기 차이에 해당하며, 이러한 전위차를 V라 하자. 그러면 축전기에 저장되는 전하 Q는 축전기 두 판 사이의 전위차 V에 비례한다. 따라서

$$Q = CV \tag{15.1}$$

라고 할 수 있다. 이때 비례상수 C를 전기용량(capacitance)이라 부른다. 그러므로 전기용량은

$$C = \frac{Q}{V} \tag{15.2}$$

로 주어지고, 단위는 **패럿**(Farad, F)으로 주어진다.

$$1 \text{ F} = 1 \text{ } C/V \tag{15.3}$$

이러한 패럿의 단위는 너무 높아 보통 마이크로패럿($1\ \mu\text{F} = 10^{-6}$ F) 혹은 피코패럿

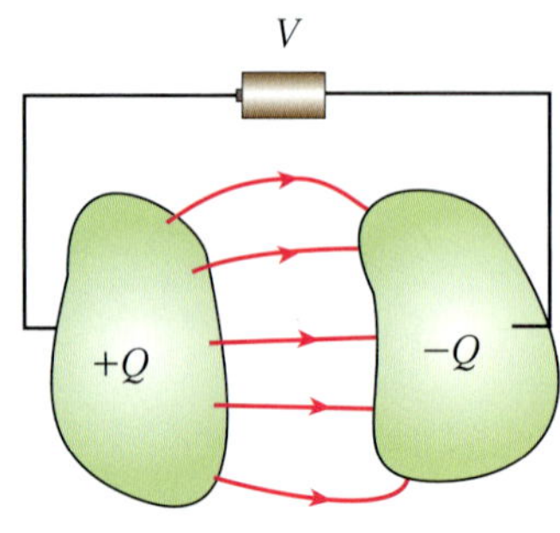

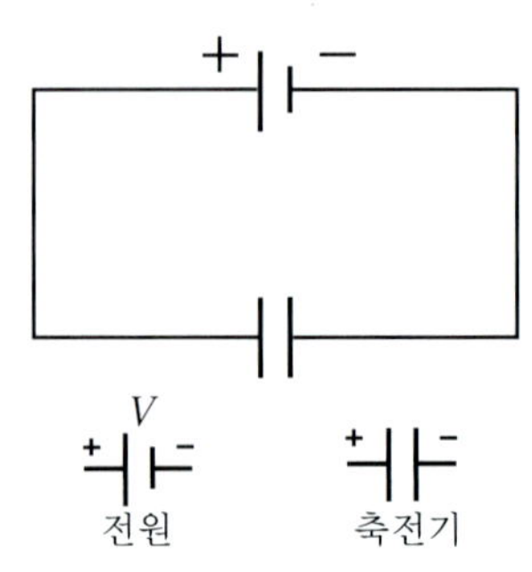

그림 15.2 축전기와 전원. 축전기에 전원을 연결하면 한쪽에는 양의 전하가 다른 쪽에는 음의 전하가 축적된다. 전원의 크기는 전위차 단위인 Volt이다. 오른쪽 그림은 축전기가 전원에 연결된 회로도를 나타낸다.

($1\ pF = 10^{-12}$ F)을 사용한다.

축전기에 있어 가장 간단한 형태는 2개의 편평한 판으로 이루어져 있는 경우로 보통 평행판 축전기(parallel-plate capacitor)라고 부른다(그림 15.3). 판의 모서리에서 전기장이 휘는 것을 무시하면 내부에서의 전기장은 균일하다고 볼 수 있다.

그림 15.3에서 보듯이 판의 면적을 A, 두 판의 간격을 d라 하고, 두 판에는 반대 부호의 전하가 대전되어 있으며 그 전하의 크기를 Q라 하자. 이때 두 판 사이에서의 전기장은 가우스 법칙으로부터 얻을 수 있다. 즉

$$E = \frac{Q}{\epsilon_0 A} \tag{15.4}$$

이다. 그리고 $V = Ed$이고 $C = Q/V$로부터 전기용량은 다음과 같이 주어진다.

$$C = \frac{\epsilon_0 A}{d} \tag{15.5}$$

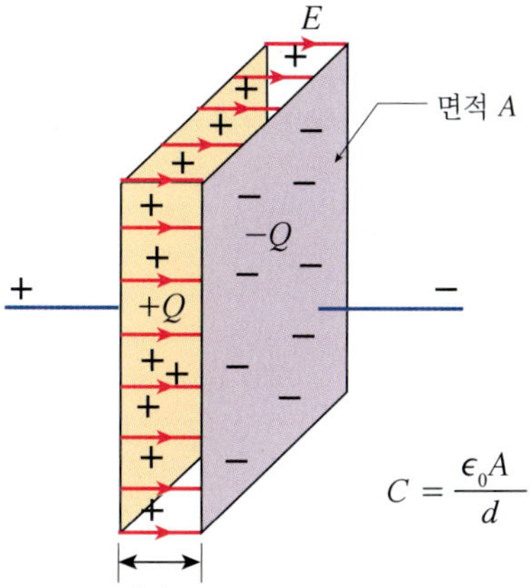

그림 15.3 **평행판 축전기.** 전기용량은 판의 크기에 비례하고 판의 간격에 역비례한다.

식 (15.5)는 **전기용량은 판의 면적에 비례하고 판의 간격에 역비례한다**는 것을 말해 주고 있다. 따라서 전기용량을 증가시키기 위해서는 판의 면적을 크게 하고 간격을 최소화해야 한다. 그런데 식 (15.5)로부터 유전율의 단위가 Farad/meter로도 된다는 것을 알 수 있다. 즉

$$\varepsilon_0 = 8.85 \times 10^{-12}\ \text{F/m} \tag{15.6}$$

이다.

그러면 축전기를 만들 때 전기용량의 크기를 크게 하기 위해서는 어떠한 방법을 사용해야 할까? 우선 기하학적으로 접근해야 하는데, 축전기 도체판의 면적이 커야 하며 두 도체판의 간격이 아주 좁아야 한다. 가장 좋은 방법 중 하나는 그림 15.4에서와 같이 기다란 2개의 도체판을 그 사이에 종이 같은 얇은 물질(유전체라 함)을 끼워 넣고서 둘둘 말아 감는 것이다. 사실상 이러한 방법으로 많은 축전기가 만들어진다.

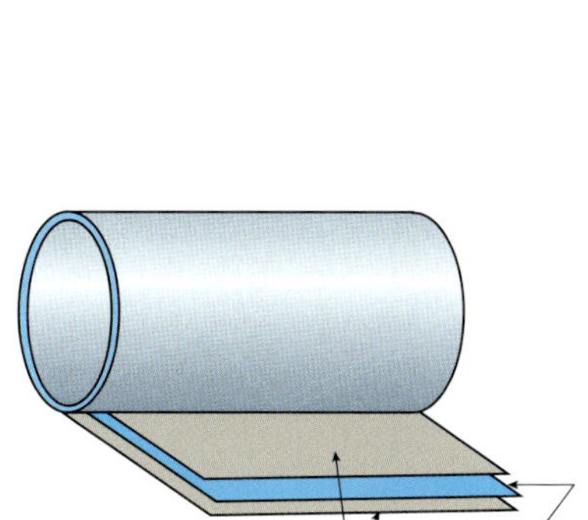

그림 15.4 **축전기와 유전체.** 일반적인 축전기는 얇은 금속판과 그 사이에 플라스틱 등(유전체라 불림)을 끼워 둘둘 말아 포장하여 만든다.

축전기는 여러 가지 모양으로 만들어질 뿐만 아니라 전압이 걸리는 전기 제품 자체에서 축전기가 생성되기도 한다.

축전기의 연결

축전기는 전기회로 부분에서 트랜지스터나 저항 등과 함께 쓰이는 소자 중 하나이다. 축전기는 하나 이상이 같은 회로에 연결되는 경우가 많으며, 상황에 따라 직렬(serial) 혹은 병렬(parallel)로 연결되어 전기 요소에 필요한 전기용량을 공급한다. 그림 15.5는 2개의 축전기가 전원에 직렬로 연결된 회로도를 보여주고 있다. 이렇게 2개의 축전기가 직렬로 연결되었을 때 최종 등가(equivalent) 전기용량을 구해

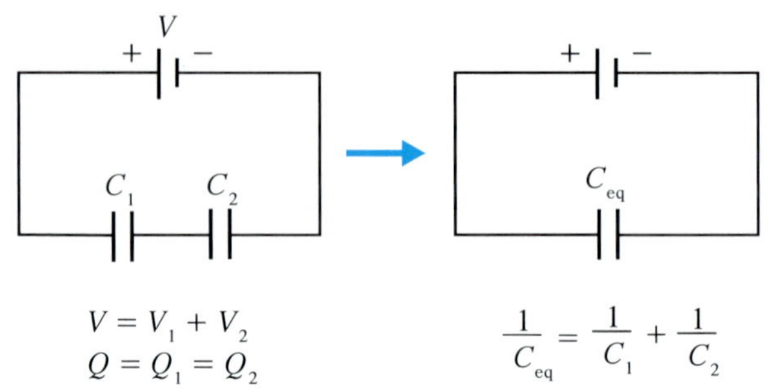

그림 15.5 축전기의 직렬 연결. 2개의 축전기를 직렬로 연결하면 등가 전기용량은 상대적으로 작은 용량의 크기로 접근한다.

보기로 하자.

먼저 우리는 전위차가 2개의 축전기에 있어서 합으로 된다는 사실을 알아야 한다. 즉 $V = V_1 + V_2$이다. 이러한 전위차는 이른바 퍼텐셜 개념이기 때문에 기하학적으로 전체 높이가 2개의 높이로 이루어지고 있다고 보면 이해가 쉬울 것이다. 다음으로 주목해야 할 것은 전하의 양이다. 전하의 크기는 두 축전기에 같은 크기로 축적되며, 이것이 총 전하의 크기와 같다. 왜냐하면 전원에서 하나의 회로를 따라 전하가 흘러나와(이렇게 전하가 흐르게 될 때 전류라고 부른다) 두 축전기로 흘러 들어가기 때문이다. 따라서 이와 같은 전위차와 전하의 관계를 따르면

$$V = V_1 + V_2 \tag{15.7}$$

$$Q = Q_1 = Q_2 \tag{15.8}$$

이다. $Q_1 = C_1V_1$, $Q_2 = C_2V_2$로부터 V_1과 V_2를 식 (15.7)에 대입하면

$$\frac{Q}{C_{eq}} = \frac{Q_1}{C_1} + \frac{Q_2}{C_2} = Q\left(\frac{1}{C_1} + \frac{1}{C_2}\right)$$

와 같이 된다. 여기서 C_{eq}는 등가 전기용량을 의미한다. 따라서 2개의 축전기가 직렬로 연결된 경우의 등가 전기용량은 다음과 같다.

$$\frac{1}{C_{eq}} = \frac{1}{C_1} + \frac{1}{C_2} \tag{15.9}$$

물론 3개 이상의 축전기가 직렬로 연결되어 있다면 위 식에서 차례로 세 번째 축전기부터 전기용량의 역수를 더해 주면 된다. 회로 설계에 있어 애당초 1μF의 축전기를 부착하기로 되어 있었는데 기술자의 실수로 100 μF의 축전기를 달았다고 하자. 한번 부착된 축전기는 다시 떼어낼 수 없다면 문제를 어떻게 해결해야 할까? 이 축전기에 1μF의 축전기를 직렬로 붙여놓으면 해결된다. 왜냐하면 등가 저항이 $C_{eq} = (100 + 1)/100 \approx 1\mu$F이 되기 때문이다.

다음으로 축전기가 병렬로 연결되었을 때의 등가 전기용량을 구해 보자. 먼저 주목해야 할 점은 두 축전기에 있어 전위차가 같다는 사실이다. 즉 같은 높이의 전위

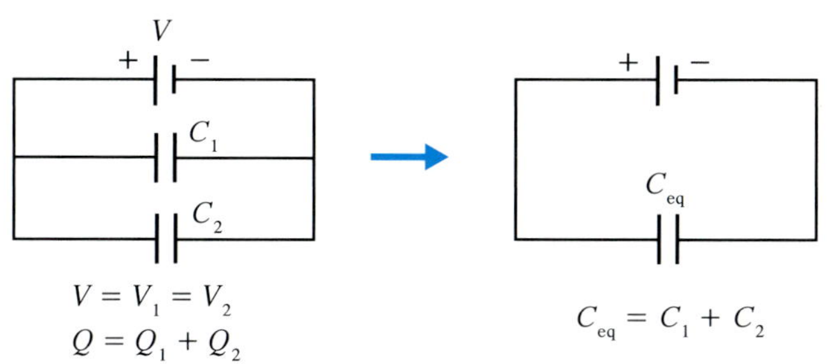

그림 15.6 축전기의 병렬 연결. 2개의 축전기를 병렬로 연결하면 등가 전기용량은 상대적으로 큰 용량의 크기로 접근한다.

차에 있기 때문이다. 다음은 총 전하가 2개의 전하로 분리된다는 점이다. 이와 같은 사실들은 그림 15.6을 보면 쉽게 이해할 수 있을 것이다. 즉

$$V = V_1 = V_2$$

$$Q = Q_1 + Q_2$$

이다. 그러면 쉽게

$$C_{eq}V = C_1V_1 + C_2V_2 = (C_1 + C_2)V$$

와 같은 결론을 얻는다. 이것은 등가 전기용량은 두 축전기의 전기용량을 더한 것으로 나타난다는 의미이다. 따라서 병렬로 연결된 두 축전기의 등가 전기용량은 다음과 같이 주어진다.

$$C_{eq} = C_1 + C_2 \tag{15.10}$$

물론 3개 이상의 축전기가 병렬로 연결되어 있다면 추가된 만큼 더하여 등가 전기용량을 구한다.

15.2 축전기에 저장된 에너지

다음으로 축전기에 저장된 전기에너지를 구해 보자. 이러한 에너지는 축전기에 전하를 충전할 때 한 일과 같다. 한쪽 판에 있는 전하를 q, 두 판 사이의 전위차를 $V = q/C$라 하자. 그러면 음의 판으로부터 양의 판으로 무한히 작은 전하 dq를 운반하는 데 필요한 일은

$$dW = Vdq = \frac{q}{C}dq$$

이다. 따라서 전하 Q를 전달하는 데 행해진 총 일은

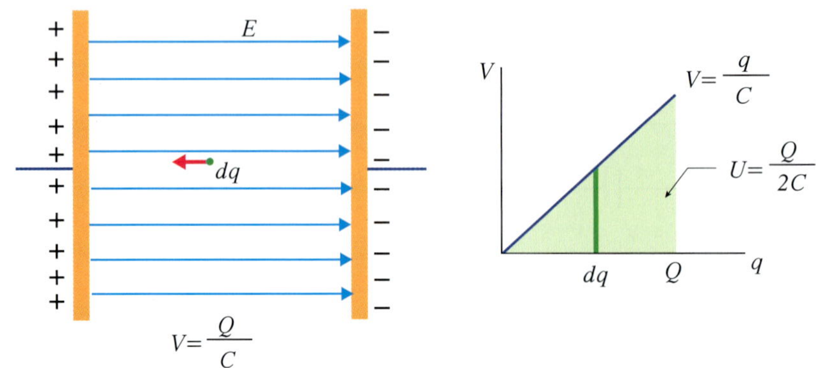

그림 15.7 축전기의 에너지 저장. 축전기에서 작은 전하 dq를 음극의 판에서 양극의 판으로 이동시키는 데는 일이 필요하다. 이러한 일은 퍼텐셜 에너지로 저장된다.

$$W = \int_0^Q \frac{q}{C}dq = \frac{1}{2}\frac{Q^2}{C} \tag{15.11}$$

이 된다. 이러한 일은 퍼텐셜 에너지로 저장되며, $Q = CV$인 관계로부터

$$U = \frac{1}{2}\frac{Q^2}{C} = \frac{1}{2}QV = \frac{1}{2}CV^2 \tag{15.12}$$

의 결과를 얻는다. 그림 15.7을 보라.

평행판 축전기에서 전기용량은 식 (15.5)로 주어지며 전위차는 $V = Ed$이므로 축적된 에너지는 다음과 같다.

$$U = \frac{1}{2}CV^2 = \frac{1}{2}\frac{\epsilon_0 A}{d}(Ed)^2 = \frac{1}{2}\epsilon_0 E^2(Ad)$$

이 식에서 Ad는 체적에 해당하므로 단위 체적당 에너지 밀도(J/m^3)는 다음과 같이 주어진다.

$$u = \frac{1}{2}\epsilon_0 E^2 \tag{15.13}$$

위 식은 평행판 축전기라는 특수한 경우로부터 유도되었지만 일반적인 전기장에 대한 에너지 밀도 식과 동일하다. 나중에 빛의 복사에너지를 배울 때 이 식이 중요한 역할을 한다는 사실을 깨닫게 될 것이다.

15.3 유전체(Dielectrics)

유리, 종이, 플라스틱과 같은 절연체가 축전기에 놓여 있을 때 전기용량을 증가시켜 주는 물질을 유전체라 한다. 그러나 일반적으로 유전체라 하는 것은 절연체(부도체)에 한정되는 것은 아니다.

축전기에 유전체를 끼워 넣었을 때 전기용량이 어떻게 변하는지 알아보자. 그림 15.8에서와 같이 축전기의 두 판 사이에 아무것도 없는 진공 상태일 경우의 전기용량을 $C_0 = Q_0/V_0$라 하자. 축전기 사이에 유전체가 꽉 차게 들어 있으면 두 판 사이의 전위차는 다음과 같이 감소한다.

$$V_D = \frac{V_0}{\epsilon_r}$$

여기서 ϵ_r를 유전상수(dielectric constant) 혹은 상대유전율(relative permittivity)이라고 한다.

전기장 역시 $E = Vd$로부터

$$E_D = \frac{E_0}{\epsilon_r} \tag{15.14}$$

로 감소한다. 따라서 유전체가 있는 축전기의 전기용량은

$$C_D = \frac{Q_0}{V_D} = \epsilon_r C_0 \tag{15.15}$$

이다. 전기장이 존재할 때도 같은 결론을 얻을 수 있다. 한편 식 (15.5)로부터

$$C_0 = \frac{\epsilon_0 A}{d}$$

이고, 따라서

$$C_D = \epsilon_r C_0 = \epsilon_r \epsilon_0 \frac{A}{d} = \epsilon \frac{A}{d} \tag{15.16}$$

를 얻는다. 여기서 $\epsilon = \epsilon_r \epsilon_0$를 유전체의 유전율(permittivity)이라 부른다.

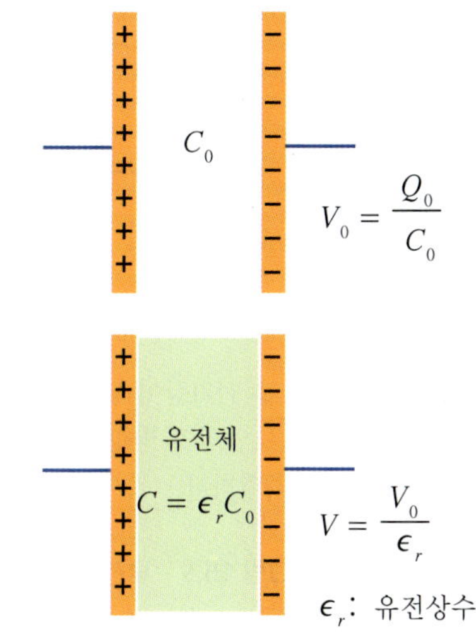

그림 15.8 축전기와 유전체. 축전기에 유전체를 넣으면 전기용량은 유전체의 유전 상수 배로 증가한다.

15.4 유전체와 분극 현상*

이제 외부 전기장이 가해졌을 때 유전체 내부에는 어떠한 변화가 일어나는지 원자적 관점에서 살펴보기로 하자. 유전체는 원래 비극성 분자이나 외부 전기장이 가해지면 극성을 띠게 되는 물질인데, 이는 물질 내부의 전하들이 재분포하여 쌍극자 모멘트가 생기는 것을 의미한다. 따라서 물질의 **유전율은 외부 전기장이 가해졌을 때 물질에 있는 전하의 반응에 대한 척도**라고 할 수 있다. 반면에 물과 같은 극성 분자는 양전하의 중심과 음전하의 중심이 서로 다른 전하 분포를 하고 있으며, 이러한 결과 영구 쌍극자 모멘트를 갖는다. 그림 15.9에서 보는 것처럼 축전기에 유전체를 삽입하여

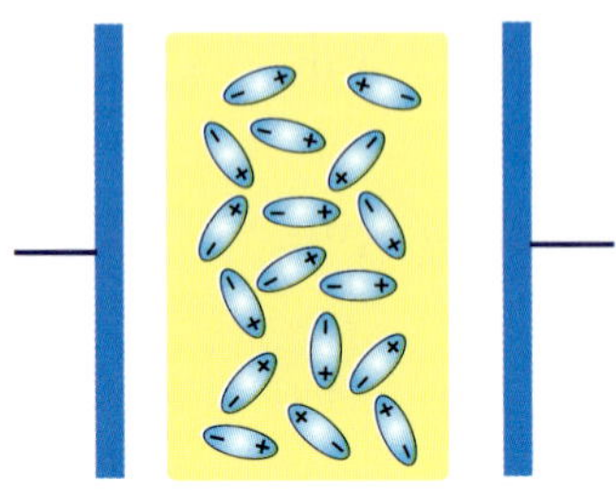

(a) 전기장이 없으면 유전체 극성 분자의 쌍극자들은 임의의 방향으로 배열된다. 따라서 전하 분포는 균일하다.

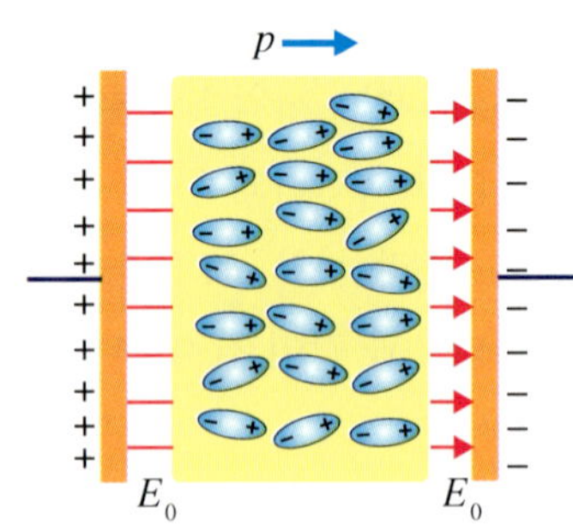

(b) 전기장이 가해지면 쌍극자들은 전기장 방향으로 배열된다. 이로 인해 유전체의 양면에 알짜 전하가 발생하며 이들 전하를 구속전하라 부른다.

그림 15.9 유전체와 전기장.

전기장을 걸어보자. 전기장이 존재하지 않았을 때는 그림 15.9(a)에서 보는 바와 같이 분자의 쌍극자들은 멋대로 분포되어 있어 전체적으로 극성을 갖지 않는다. 그러나 외부 전기장이 가해지면 그림 15.9(b)에서 보는 것처럼 쌍극자들은 전기장 방향으로 돌림힘을 받아 재배열된다. 이러한 재배열의 결과 유전체 내부에는 양의 전하와 음의 전하가 서로 상쇄되어 극성이 0이 되지만 유전체의 양 표면에는 서로 다른 극성이 발생하게 된다. 이러한 표면 전하는 자유스럽게 이동할 수 없는 전하로서 흔히 구속전하(bound charge)라 부른다.

그런데 이러한 구속전하의 부호는 인접한 축전기의 자유전하들과는 반대이다. **이러한 전하분리 현상을 분극(polarization)이라 한다.** 그림 15.10을 보기 바란다.

구속전하들에 의해 유전체 내부에는 새로운 전기장 $\mathbf{E}_b$가 발생하게 되는데, 이 전기장의 방향은 외부 전기장 $\mathbf{E}_0$와는 반대 방향이다. 따라서 유전체 내부에서의 알짜 전기장 $\mathbf{E}_D$는 유전체 안에서 유전상수 ϵ_r만큼 감소한다. 즉

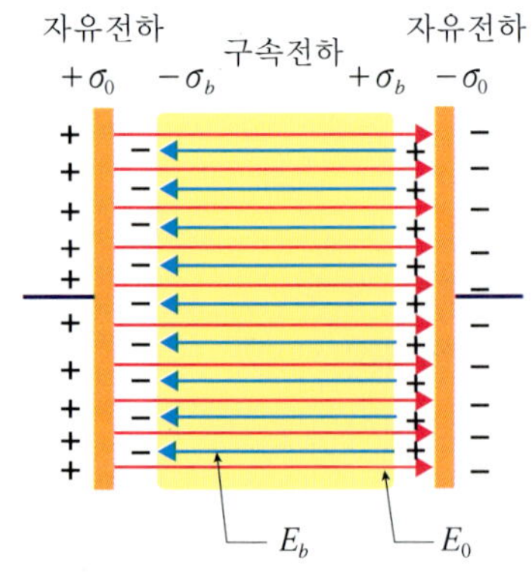

(a) 유전체의 구속전하에 의해 발생한 전기장은 외부 전기장과 반대 방향이 된다.

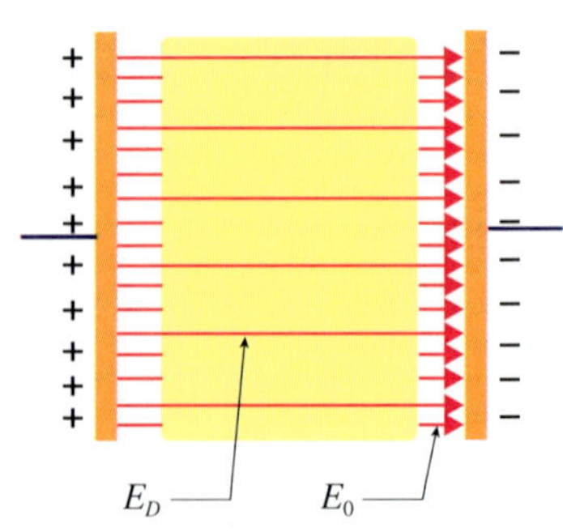

(b) 유전체 안에서의 알짜 전기장은 $E_D = E_0 - E_b$가 된다.

그림 15.10 유전체와 분극.

$$E_D = E_0 - E_b = \frac{E_0}{\epsilon_r} \tag{15.17}$$

이다. 따라서

$$E_b = E_0\left(1 - \frac{1}{\epsilon_r}\right) = \left(\frac{\epsilon_r - 1}{\epsilon_r}\right)E_0 \tag{15.18}$$

이다. 그런데 $E_b = \frac{\sigma_b}{\epsilon_0}$, $E_0 = \frac{\sigma_0}{\epsilon_0}$ 이므로

$$\frac{\sigma_b}{\epsilon_0} = \left(\frac{\epsilon_r - 1}{\epsilon_r}\right)\sigma_0$$

이고 다음과 같은 결론을 얻는다.

$$\sigma_b = \left(\frac{\epsilon_r - 1}{\epsilon_r}\right)\sigma_0 \tag{15.19}$$

유전체가 없는 경우 $\epsilon_r = 1$ 이므로 당연히 $\sigma_b = 0$을 얻는다. 유전체가 아니라 도체로 채워진다면 $\epsilon_r = \infty$라고 할 수 있으므로 $\sigma_b = \sigma_0$가 된다. 기체인 경우에는 분자의 밀도가 낮기 때문에 ϵ_r가 크지 않다. 물인 경우 극성 분자를 가지고 있으며 액체이기 때문에 분자를 새로운 방향으로 돌리는 것이 쉬워 큰 유전상수를 갖는다. 표 15.1은 몇 가지 물질들에 대한 유전상수 값을 보여준다.

표 15.1 여러 가지 물질들의 유전상수(ϵ_r).

물질명	유전상수	물질명	유전상수
산화알루미늄(Al_2O_3)	4.5	나무	2.5~8.0
유리	5~10	에틸알콜(0°C)	28.4
나일론	3.5	벤젠(0°C)	2.3
폴리에틸렌	2.3	증류수(distilled, 0°C)	87.8
수정(SiO_2)	4.3	증류수(distilled, 20°C)	80.1
소금	6.1	공기(1 atm)	1.00059
황	4.0	이산화탄소(1 atm)	1.000985
산화실리콘(SiO_2)	3.9	게르마늄(Ge)	16.0
실리콘(Si)	11.7	갈륨아세나이드(GaAs)	13.1

[15장 보충학습] 축전기와 필름 트랜지스터

1. 축전기와 전기장 효과 트랜지스터

오늘날 우리는 트랜지스터라는 말을 많이 접하며 살고 있다. 시중에서 판매하는 탁상용 디지털 시계나 계산기 같은 것을 뜯어 회로기판을 살펴보면 트랜지스터를 볼 수 있을 것이다. 그런데 이러한 보통의 트랜지스터를 가지고 집적회로(integrated circuit: IC)를 만들면 전력을 많이 소비하게 된다. 이러한 결점을 보완해 주는 장치가 전기장 효과 트랜지스터이다.

여러 형태의 전기장 효과 트랜지스터가 있으나, 그중 **금속산화물 반도체 전기장 효과 트랜지스터(metal oxide semiconductor field-effect transistor: MOSFET)**를 살펴보고자 한다. 그 이유는 이러한 트랜지스터의 원리가 축전기와 유전체에 기반을 두고 있기 때문이다. 컴퓨터 등에 사용되는 집적회로에는 이러한 MOSFET가 사용된다.

그림 15.11은 MOSFET의 구조와 그 동작 원리를 보여주는 그림이다. 여기서 n과 p로 표시된 영역은 반도체 물질(Si가 많이 쓰임)로 되어 있으며 전하의 분포가 약간 어긋나게 되어 있다. n형 반도체는 음의 전하($-Q$)가 많은 물질이다. 이것은 곧 물질을 이루는 원자들에 있어 움직일 수 있는 여분의 전자가 있다고 보면 좋다. 반면에 p형 반도체는 양의 전하($+Q$)로 대전된 물질이며 거꾸로 말하면 전자의 수가 상대적으로 적다(이를 정공이라 부름)고 보면 된다. 전자로 가득 채워진 바다에 기포 구멍이 있다고 보면 이해가 쉬울 것이다. 그러한 기포는 음으로 대전된 바다에 비해 양으로 되어 있는 것으로 보이기 때문이다.

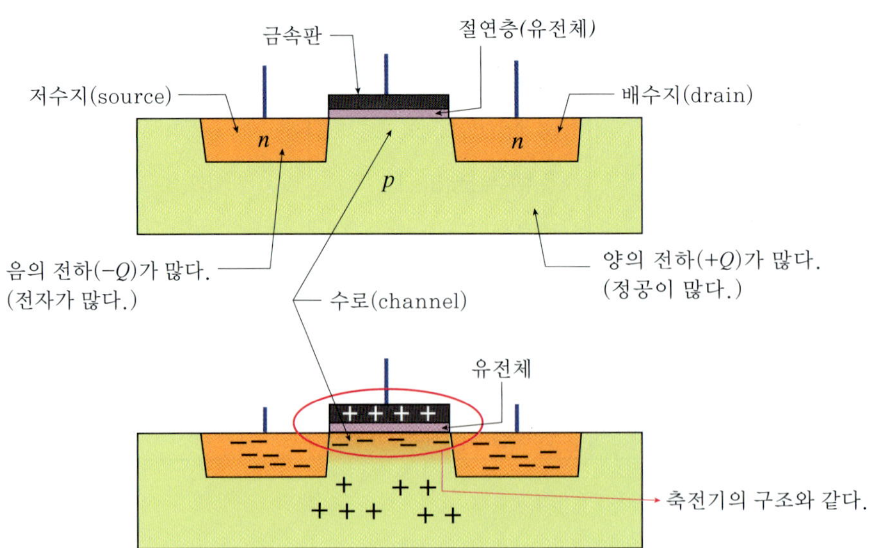

그림 15.11 금속산화물 전기장 효과 트랜지스터(MOSFET). 게이트에 커다란 양(+) 전압이 걸리면 게이트 밑의 p형 반도체에 있는 정공들이 반발되면서 전자들이 모여든다. 이로 인하여 저수지와 배수지 사이에는 전도 채널, 즉 수로가 만들어진다.

MOSFET는 게이트(gate)라 불리는 금속 전극과 반도체(보통 Si)로 이루어졌는데, 게이트와 반도체 사이는 얇은 절연산화물 층(보통 SiO_2)으로 절연되어 있다. **이러한 절연체가 곧 축전기에 있어 유전체의 역할을 한다.** 게이트와 산화물 층 바로 아래에는 *p*형 실리콘 반도체가 있으며 양 옆에는 *n*형 반도체가 있다. 이러한 *n*형 반도체의 한쪽을 저수지(source), 다른 한쪽을 배수지(drain)라 부른다. 이와 같은 MOSFET 구조는 *npn* 쌍극 트랜지스터와 비슷한데 source, gate, drain은 각각 emitter, base, collector와 대응될 수 있기 때문이다. 기본적으로 다른 점은 MOSFET는 가운데 *p*형 영역이 얇지 않을 뿐만 아니라 외부에 직접 전기적으로 연결되어 있지 않다는 것이다.

MOSFET에서는 게이트에 전압을 걸면 저수지와 배수지 사이의 저항에 큰 영향을 미치는 것이 특징이다. 전압이 걸리지 않은 상태에서는 저수지와 배수지 사이의 전기적 저항은 상당히 높은 편이다. 그런데 게이트에 양(+) 전압이 걸리면 게이트에 있는 양전하는 *p*형 반도체에 있는 정공들을 밀쳐내면서 전자들을 끌어당기게 된다. 이러한 결과 게이트에는 전하 이동에 따른 전기장이 만들어지고, 이러한 전기장은 반도체에 있는 전하 운반자의 밀도에 영향을 미치게 된다. 이러한 사실로부터 전기장 효과(field effect) 트랜지스터라는 용어가 나왔다. 여기서 field라 함은 전기장(electric field)을 뜻한다. 만약 게이트 전압이 약 1 V 정도의 문턱 값을 넘으면 산화물 밑의 얇은 층에는 전도 전자들이 정공 수보다 훨씬 많아지며, 이로 인해 *p*형 실리콘은 마치 *n*형 반도체처럼 행동하게 된다. 이러한 역전층(inversion layer)은 저수지와 배수지 사이에서 전류가 흐를 수 있는 수로, 즉 전도 채널(conducting channel)을 형성하는 결과를 낳는다. 이와 같이 MOSFET는 저수지와 배수지 사이의 저항을 게이트 전압으로 제어하는 스위치 역할을 한다.

2. 필름 트랜지스터(TFT)와 디스플레이

MOSFET의 큰 장점은 입력 신호, 즉 **게이트 전압을 전류가 거의 없는 상태**로 가할 수 있어 입력 전력($P = VI$)을 극도로 낮게 할 수 있다는 것이다. 이러한 낮은 전력은 MOSFET가 집적회로에서 사용될 수 있는 이상적인 스위치 역할을 할 수 있게 한다. 그리고 MOSFET를 기반으로 하여 필름과 같이 아주 얇은 막으로 만든 트랜지스터가 얇은막 트랜지스터(thin film transistor: TFT)이다. 보통 박막 트랜지스터라 부르는데, 여기서 박은 한자로 얇을 박(箔)을 의미한다. 그냥 **필름 트랜지스터**라 부르면 훨씬 쉽게 이해할 수 있을 것이다. 이러한 TFT는 오늘날 평판 디스플레이에 가장 중요하게 사용되는 소자이기도 하다. 특히 대형 LCD와 OLED에서는 없어서는 안 되는 소자이다. 여기서 간단히 액정 디스플레이(liquid crystal display: LCD)와 TFT의 관계를 들여다보기로 하자.

그림 15.12는 액정표시 장치에 있어 LCD 모듈(module)과 LCD 판(panel)의 구조를 보여주고 있다. TFT가 어떻게 장착되어 사용되는지 볼 수 있을 것이다. 아직은 이러한 LCD의 구조와 각각의 용어들이 낯설겠지만 장차 전류와 저항 등을 배우고 나서 전기회로를 접하게 되면 익숙해질 것이다.

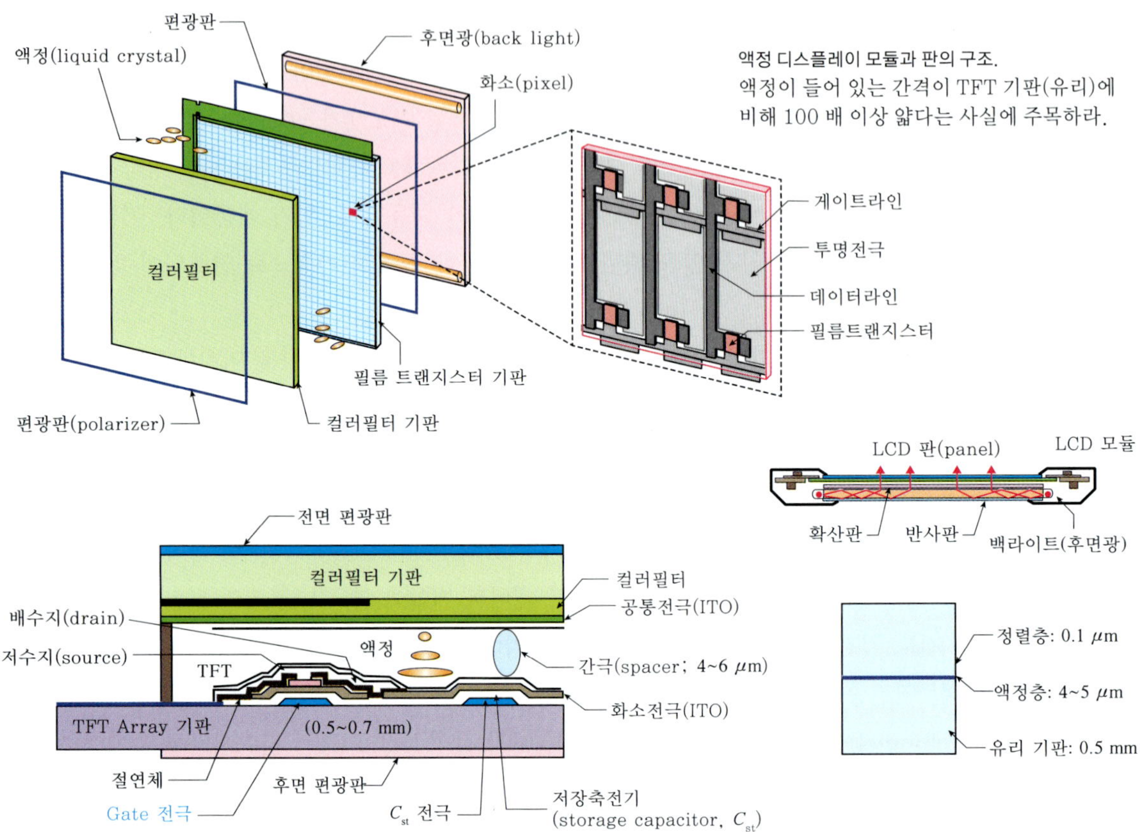

그림 15.12 액정 디스플레이와 필름 트랜지스터.

15장 학습문제

15.1 면적의 크기가 3 cm × 4 cm인 2개의 판이 2 mm 간격을 두며 평행판 축전기를 이루고 있다. 이 축전기에 60 V의 전원이 연결되어 있다.

(a) 전기용량을 구하라.

(b) 충전된 전하를 구하라.

풀이: (a) 판의 면적은 $A = 12\ \mathrm{cm}^2 = 1.2 \times 10^{-3}\ \mathrm{m}^2$이므로 전기용량은 다음과 같다.

$$C = \frac{\epsilon_0 A}{d} = \frac{(8.85 \times 10^{-12}\ \mathrm{F/m})(1.2 \times 10^{-3}\ \mathrm{m}^2)}{2 \times 10^{-3}\mathrm{m}} = 5.31\ p\mathrm{F}$$

(b) $Q = CV$에서 축적된 전하의 크기는 다음과 같다.

$$Q = (5.31 \times 10^{-12}\ \mathrm{F})(60\ \mathrm{V}) = 3.19 \times 10^{-10}\,\mathrm{C}$$

15.2 판 사이의 간격이 0.2 mm이고 전기용량이 1.0 F인 평행판 축전기를 만들려고 한다. 가능성을 검토하라.

풀이: 면적을 계산해 보면 가능성을 가늠할 수 있다.

$$A = \frac{Cd}{\epsilon_0} = \frac{(1.0\ \mathrm{F})(2.0 \times 10^{-4}\ \mathrm{m})}{(8.85 \times 10^{-12}\ \mathrm{F/m})} = 23 \times 10^{6}\ \mathrm{m}^2$$

이와 같은 면적의 크기는 한 변의 길이가 약 4.7 km인 정사각형에 해당한다. 현실적으로 이만한 크기의 축전기를 만드는 것은 불가능하다.

15.3 도체판의 크기와 간격이 각각 3 cm × 4 cm 및 2 mm인 축전기가 유전상수 $\epsilon_r = 4.5$인 산화알루미늄으로 채워져 있다.

(a) 이 축전기의 전기용량을 구하라.

(b) 이 축전기에 60 V의 전원을 연결하여 충전했을 때 충전된 총 전하량을 구하라.

(c) 이 축전기에 저장된 에너지를 구하라.

답: (a) $C = 4.5 \times \epsilon_0 \dfrac{A}{d} = 23.9\ p\mathrm{F}$.　(b) $Q = CV = 1.43\ n\mathrm{C}$.　(c) $\frac{1}{2}CV^2 = 0.43\ n\mathrm{J}$.

15.4 그림 15.13과 같은 원통형 축전기가 있다. 내부 도체의 반지름은 a이고 외부 도체의 안쪽 반지름은 b이다. 원통의 길이는 L이며 두 원통의 반지름에 비해 월등히 길다고 가정하라. 이러한 구조는 텔레비전 등에서 신호 전달에 사용되는 동축 케이블과 비슷한 기하학적 구조를 갖는다.

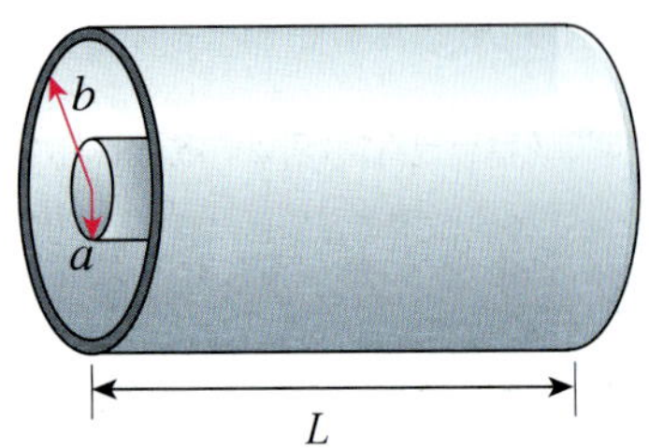

그림 15.13 원통형 축전기. 반지름이 b인 원통형 금속 안에 반지름이 a인 막대가 중심 도체로 이루어져 있다.

풀이: 원통이 충분히 길다면 원통 양단에서의 전기장의 불균일은 무시할 수 있다. 따라서 전하가 균일하게 분포되어 있는 긴 도선으로 간주할 수 있고, 이에 따라 가우스 법칙을 이용하여 전기장을 쉽게 구할 수 있다. 가우스 법칙에 따르면

$$EA = E(2\pi rL) = \frac{Q}{\epsilon_0}$$

이고, 따라서 전기장은

$$E = \frac{Q}{2\pi\epsilon_0 Lr}$$

이다. 여기서 r은 원통 단면적에 있어서 중심에서 바깥으로 나가는 동경 방향의 길이이다. 두 판 사이에서의 전위차는

$$V = \int_a^b E dr = \frac{Q}{2\pi\epsilon_0 L}\int_a^b \frac{1}{r}dr = \frac{Q}{2\pi\epsilon_0 L}\ln\left(\frac{b}{a}\right)$$

이다. 그러면 전기용량은

$$C = \frac{Q}{V} = \frac{Q}{(Q/2\pi\epsilon_0 L)\ln(b/a)} = \frac{2\pi\epsilon_0 L}{\ln(b/a)}$$

이다.

15.5 이번에는 그림 15.14와 같은 공꼴(spherical, 구형) 축전기의 전기용량을 구하라. 이러한 공꼴 축전기는 구대칭을 가지며 안쪽의 금속 구는 양의 전하를, 바깥쪽의 금속 구는 음의 전하를 갖는다.

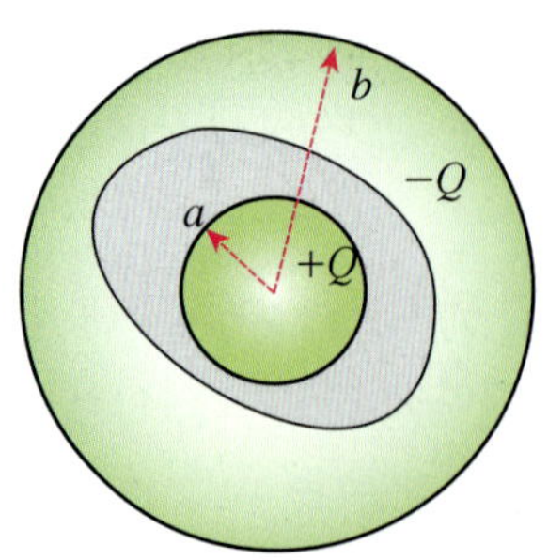

그림 15.14 공꼴 축전기. 2개의 동심 도체 구로 이루어진 축전기이다. 반지름이 a인 안쪽의 구가 $+Q$의 전하를, 반지름이 b인 바깥쪽의 구는 $-Q$의 전하를 갖는다.

풀이: 먼저 반지름 a와 b 사이에서의 전기장을 구해야 한다. 이러한 전기장은 내부 구에 의해 생성되며, 그 크기는 내부 구의 중심에 전하 Q를 갖고 있는 점전하의 지름 방향에 대한 전기장과 같다. 즉

$$E_r = \frac{1}{4\pi\epsilon_0}\frac{Q}{r^2}, \quad a < r < b$$

이다. 내부와 외부 구에서의 전위차는

$$V = V_a - V_b = \int_a^b E_r dr$$

로부터 구할 수 있다. 따라서

$$V = \frac{Q}{4\pi\epsilon_0}\int_a^b \frac{dr}{r^2} = \frac{Q}{4\pi\epsilon_0}\left(\frac{1}{a} - \frac{1}{b}\right) = \frac{Q}{4\pi\epsilon_0}\frac{(b-a)}{ab}$$

이다. 최종적으로 전기용량은 식 (15.9)를 정리하면 얻을 수 있다. 즉

$$C = \frac{Q}{V} = 4\pi\epsilon_0 \frac{ab}{(b-a)}$$

이다. 만약 외부 구의 크기가 무한히 커지면 전기용량은 어떻게 될까? 이 경우 $\frac{ab}{(b-a)} \to a$가 되므로 $C = 4\pi\epsilon_0 a$이다. 이 결과는 반경이 a인 고립된 공(구)의 전기용량에 해당한다.

15.6 지구가 반지름 6370 km의 도체 구라고 가정하면 지구의 전기용량 크기는 얼마일까? 계산해 보라.

풀이: 지구 표면이 $+Q$의 전하로 대전되었다고 가정해 보자. 그리고 지면은 축전기의 두 판 중 하나라고 생각할 수 있다. 지면에서의 전위차는

$$V = \frac{Q}{4\pi\epsilon_0 R}$$

로 주어지므로, 결국 전기용량은

$$C = 4\pi\epsilon_0 R$$

이 된다(학습문제 15.4에서 이 결과를 이미 도출하였다). 값들을 대입하면

$$C = (4)(3.14)(8.85 \times 10^{-12}\ \text{F/m})(6.37 \times 10^6\ \text{m}) = 7.08 \times 10^{-4}\ \text{F}$$

의 값을 얻는다. 약 700 μF이다.

15.7 축전기 4개가 12 V의 전원에 그림 15.15처럼 연결되어 있다.

(a) 등가 전기용량을 구하라.

(b) 각 축전기에 축적된 전하와 전위차를 구하라.

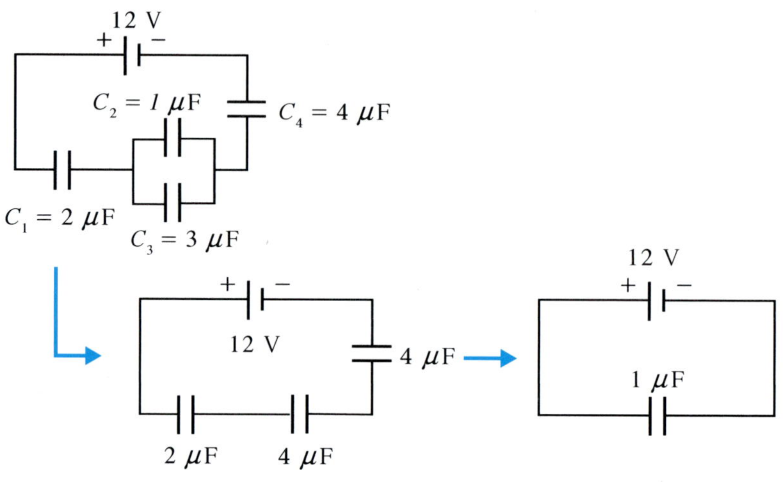

그림 15.15 축전기의 연결과 등가 전기용량.

풀이: (a) 두 번째와 세 번째 축전기는 서로 병렬로 연결되어 있으므로 등가 전가용량은 4 μF이다. 결국은 2 μF, 4 μF, 4 μF 등 3개의 축전기가 직렬로 연결되어 있는 경우와 같으므로 최종 등가 전기용량은

$$\frac{1}{C_{eq}} = \frac{1}{2} + \frac{1}{4} + \frac{1}{4} = 1$$

$$\frac{1}{C_{eq}} = \frac{4}{4} = 1$$

이다. 즉 $C_{eq} = 1\ \mu$F이다.

(b) 직렬 연결에서는 같은 전하를 갖는다. 따라서

$$Q = Q_1 = Q_4 = Q_2 + Q_3$$

인 관계가 성립된다. 그리고

$$Q = C_{eq}V = (1\ \mu\text{F})(12\ \text{V}) = 12\ \mu\text{C}$$

이다. 따라서 $Q_1 = Q_4 = 12\ \mu$C이다. C_1과 C_4에서의 전위차는

$$V_1 = \frac{Q}{C_1} = \frac{12\ \mu\text{C}}{2\ \mu\text{F}} = 6\ \text{V}$$

$$V_4 = \frac{Q_4}{C_4} = \frac{12\ \mu\text{C}}{4\ \mu\text{F}} = 3\ \text{V}$$

이다. 따라서 C_2와 C_3에서의 전위차는

$$V_2 = V_3 = 12\ \text{V} - (6+3)\ \text{V} = 3\ \text{V}$$

가 된다. 따라서

$$Q_2 = C_2V_2 = (1\ \mu\text{F})(3\ \text{V}) = 3\ \mu\text{C}$$

$$Q_3 = C_3V_3 = (3\ \mu\text{F})(3\ \text{V}) = 9\ \mu\text{C}$$

이다.

15.8 면적이 40 cm^2이고 판의 간격이 2.5 mm인 평행판 축전기가 있다. 이 축전기에 24 V의 전지가 연결되었을 때 다음 값들을 구하라.

(a) 전기용량 (b) 저장된 에너지 (c) 전기장 (d) 전기장의 에너지 밀도

답: (a) $C = \epsilon_0 \dfrac{A}{d} = 14.2\ pF.$ (b) $U = \dfrac{1}{2}CV^2 = 4.08 \times 10^{-9}\text{J}.$

(c) $E = \dfrac{V}{d} = 9.6\ \text{kV/m}.$ (d) $u = \dfrac{1}{2}\epsilon_0 E^2 = 408\ \mu\text{J/m}^3.$

15.9 전하 Q로 대전된 간격이 d인 평행판 축전기가 있다. 만약 간격을 2배로 한다면 (a) 전위 (b) 각 판의 전하 (c) 축전기에 저장된 에너지들은 원래 값에 비해 어떻게 되는가?

답: 전기용량이 반으로 줄어든다는 점을 상기하자. (a) 2배. (c) 같다. (c) 2배.

15.10 그림 15.16에서 보듯이 간격이 d인 평행판 축전기의 두 판 사이에 2개의 유전 물질을 겹쳐 놓았다. 각각의 유전체 두께는 d_1, d_2이고 유전상수는 ϵ_{r1}, ϵ_{r2}이다. 이 축전기의 전기용량을 구하라. 판의 면적은 A이다.

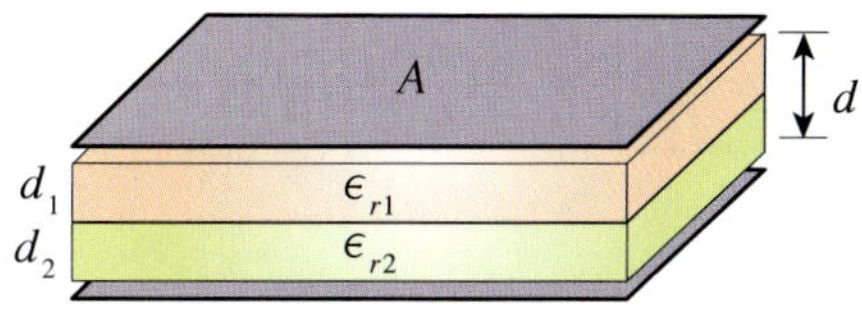

그림 15.16 2개의 유전체가 직렬로 놓인 평행판 축전기.

풀이: 이 문제는 축전기가 직렬로 연결되어 있는 경우와 같다. 각각의 전기용량은

$$C_1 = \frac{\epsilon_{r1}\epsilon_0 A}{d_1}, \quad C_2 = \frac{\epsilon_{r2}\epsilon_0 A}{d_2}$$

이다. 직렬 연결인 경우 등가 전기용량은 $\dfrac{1}{C} = \dfrac{1}{C_1} + \dfrac{1}{C_2}$ 이므로 구하고자 하는 전기용량은 다음과 같다.

$$C = \frac{1}{\left(\dfrac{1}{C_1} + \dfrac{1}{C_2}\right)} = \frac{1}{\left(\dfrac{d_1}{\epsilon_{r1}\epsilon_0 A} + \dfrac{d_2}{\epsilon_{r2}\epsilon_0 A}\right)}$$

15.11 평행판 축전기의 두 판 사이에 같은 크기를 갖는 2개의 유전 물질이 그림 15.17과 같이 나란히(병렬 연결) 가득 채워져 있다. 각각의 유전상수가 ϵ_{r1}, ϵ_{r2}라 할 때 이 축전기의 전기용량을 구하라.

면적 A

ϵ_{r1} ϵ_{r2}

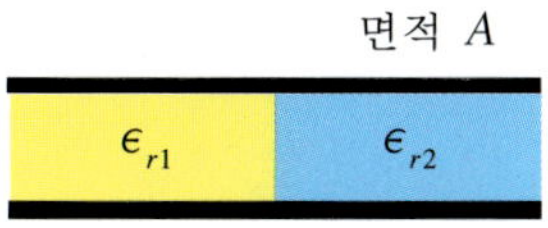

그림 15.17 축전기 안 2개의 유전체. 같은 면적을 갖는 2개의 유전체가 나란히 끼워져 있다면 전기 용량은 어떻게 되는가?

풀이: 축전기가 병렬로 연결된 경우와 같다. 유전체가 없을 때의 전기용량을 C_0라 하면

$$C_0 = \frac{\epsilon_0 A}{d}$$

이다. 여기서 A는 축전기의 단면적이다. 유전체 각각의 전기용량은

$$C_1 = \frac{\epsilon_{r1}\epsilon_0(1/2)A}{d} = \frac{\epsilon_{r1}}{2}C_0$$
$$C_2 = \frac{\epsilon_{r2}\epsilon_0(1/2)A}{d} = \frac{\epsilon_{r2}}{2}C_0$$

이다. 따라서 구하고자 하는 전기용량은 다음과 같다.

$$C = C_1 + C_2 = \frac{(\epsilon_{r1} + \epsilon_{r2})}{2}C_0$$

15.12 간격이 d인 평행판 축전기에 유전체를 끼워 넣고 있다. 만약 유전체가 그림과 같이 일부분만 축전기를 채웠다면 전기용량은 어떻게 표현되는가?

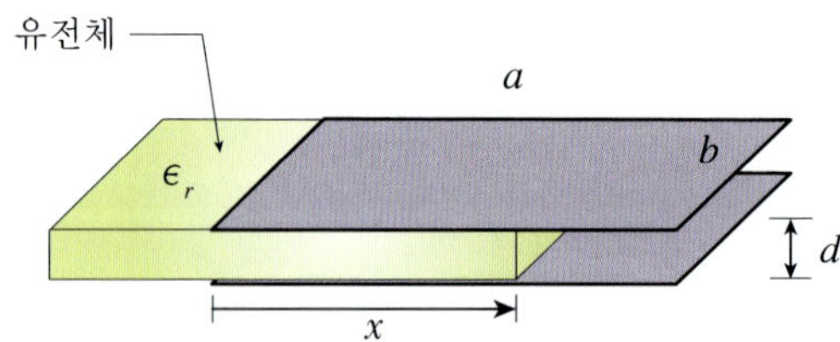

그림 15.18 가변축전기. 평행판 축전기에 유전체를 끼워 임의로 움직이면 전기용량이 변한다.

풀이: 유전체가 있는 부분과 없는 부분으로 나누어 병렬연결로 취급하여 전기용량을 구한다. 유전체가 속한 판의 면적은 $A_1 = bx$이고, 유전체가 없는 판의 면적은 $A_2 = (a - x)b$이다. 각각의 전기용량은

$$C_1 = \frac{\epsilon_r \epsilon_0 A_1}{d}, \quad C_2 = \frac{\epsilon_0 A_2}{d}$$

이다. 그러면 구하고자 하는 전기용량은

$$C = C_1 + C_2 = \frac{\epsilon_0 b}{d}(a - x + \epsilon_r x) = \frac{\epsilon_0 b}{d}[(\epsilon_r - 1)x + a]$$

이다. 만약 유전체가 없다면 $x = 0$을, 유전체로 가득 찼다면 $x = a$를 대입하여 각각의 상황에 대한 전기용량을 구한다.

15.13 면적이 A이고 판 간격이 d인 평행판 축전기에 두께가 l인 유전체가 끼워져 있다. 유전체의 유전상수는 ϵ_r이다. 유전체 판을 넣기 전에는 전지가 연결되지 않았다고 가정하여 전기용량을 구해 보라.

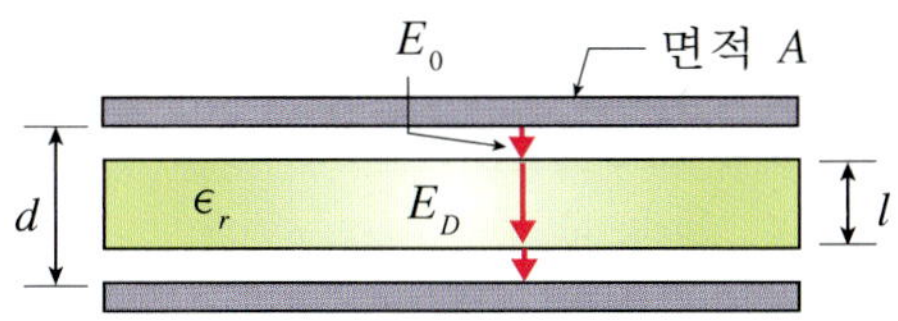

그림 15.19 축전기 안의 유전체. 전기용량을 계산하기 위해서는 평행판 사이의 전위차를 계산해야 한다.

풀이: 유전체가 없는 공간(공기 중)에서의 전기장과 유전체 내에서의 전기장의 세기부터 구한다.

$$E_0 = \frac{\sigma}{\epsilon_0} = \frac{Q}{\epsilon_0 A}, \quad E_D = \frac{E_0}{\epsilon_r}$$

공기 중에서의 전위차는

$$V_0 = E_0(d - l) = \frac{Q}{\epsilon_0 A}(d - l)$$

이 되며, 유전체 내의 전위차는

$$V_D = E_D l = \frac{Q}{\epsilon_r \epsilon_0 A} l$$

이다. 따라서 총 전위차는

$$V = V_0 + V_D = \frac{Q}{\epsilon_0 A}\left(d - l + \frac{l}{\epsilon_r}\right) = \frac{Q}{\epsilon_0 A}\left[d + l\left(\frac{1}{\epsilon_r} - 1\right)\right]$$

이다. $C = Q/V$이므로

$$C = \frac{\epsilon_0 A}{d + l(1/\epsilon_r - 1)}$$

이다. 유전체가 없다면 $\epsilon_r = 1$이므로 $C = \frac{\epsilon_0 A}{d}$ 이다.

15.14 한 평행판 축전기는 공기로 차 있을 때 3.2 pF의 전기용량을 갖는다. 이 축전기의 판 사이 간격을 2배로 늘리고 판들 사이의 공간을 유전체로 가득 채웠더니 전기용량이 8 pF으로 측정되었다. 그렇다면 유전체의 유전상수는 얼마인가?

풀이: 공기로 차 있을 때의 전기용량은 $C_0 = \frac{\epsilon_0 A}{d} = 3.2\ p\text{F}$ 이다. 새로운 조건에서의 전기용량은 $C = \epsilon_r \frac{\epsilon_0 A}{2d} = \frac{\epsilon_r}{2} C_0 = 8\ p\text{F}$ 이므로 $\epsilon_r = 5$이다.

15장 연습문제

15.1 25 V의 전원을 25 μF의 축전기에 연결하였다. 전원으로부터 흐르는 전하는 얼마인가?

15.2 전하 Q_1을 가진 축전기 C_1에 대전되지 않은 축전기 C_2를 직접 연결하였다.

(a) 각각의 축전기는 얼마의 전하를 가지는가?
(b) 양단에 걸린 전위차는 각각 얼마인가?

15.3 60 μF의 축전기를 통하여 한 도체판으로부터 다른 도체판으로 2.0×10^{-4} C의 전하를 옮기는 데 16.0 J의 에너지가 사용되었다. 각 평면판에 축적된 전하는 얼마인가?

15.4 판의 간격이 4.5 mm인 평행판 축전기가 2.0 F의 용량을 가지려면 판의 면적은 얼마여야 하는가? 공기가 채워져 있다고 가정하라.

15.5 원통형 축전기에서 두 원통이 매우 가까이 있을 때, 즉 그림 15.13에서 $b - a \ll a$인 조건이다. 학습문제 15.4에서 얻었던 결과가 평행판 축전기에서의 경우와 같음을 증명하라.

15.6 6개의 1.5 μF의 축전기들을 병렬로 연결하였다.

(a) 등가 전기용량을 구하라.
(b) 직렬로 연결했다면 등가 전기용량은 얼마인가?

15.7 전기회로 중 3600 pF의 전기용량을 1000 pF으로 감소시켜야 하는 문제가 발생하였다. 회로에서 아무것도 떼어내서는 안 된다고 했을 때 얼마의 전기용량을 어떠한 방식으로 더해야 하는가?

15.8 그림 15.20과 같은 회로를 가정하자.

(a) 등가 전기용량을 구하라.
(b) $C_1 = C_2 = 2C_3 = 4.0$ μC이고 $V = 50$ V일 때 각 축전기에 저장된 전하를 계산하라.

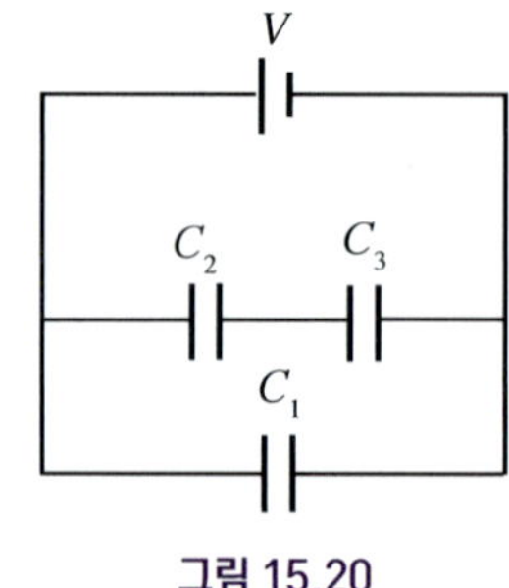

그림 15.20

15.9 전기용량 2000 pF, 5000 pF, 0.010 μF의 크기를 가진 3개의 축전기가 있다. 이 3개의 축전기로부터 얻을 수 있는 최대 및 최소 전기용량을 각각 계산하라. 그리고 각각의 경우에 있어 연결 방법을 설명하라.

15.10 3.0 μF과 4.0 μF의 축전기가 직렬로 연결되어 있고, 이것이 또 2.0 μF의 축전기와 병렬로 연결되어 있다.

(a) 등가 전기용량을 구하라.
(b) 이 회로에 50 V를 가했을 때 각 축전기 양단 사이에 걸리는 전압을 계산하라.

15.11 200 V의 전압을 200 pF의 축전기에 가했다면 얼마의 전기에너지가 저장되는가?

15.12 한 변이 11.0 cm인 정사각형 판이 2.0 mm 간격으로 평행판 축전기를 이루고 있다. 판 사이는 공기로 채워져 있고 각 판에 축적된 전하는 300 μC이다. 이 축전기에 의해 저장된 에너지를 구하라.

15.13 그림 15.20(연습문제 15.8)의 회로에서 V = 100 V이고 $C_1 = C_2 = C_3$ = 1200 pF이라 하자. 이 축전기 회로에 저장된 에너지를 계산하라.

15.14 그림 15.13과 같은 원통형 축전기를 고려하자.

(a) 바깥지름 b가 2배가 되고 전하는 일정하다고 하면 저장된 에너지는 어떻게 되는가?
(b) 전압이 일정하다고 가정하여 이 문제를 풀라.

15.15 면적이 A = 250 cm^{2}이고 간격이 d = 2.00 mm인 평행판 축전기가 전위차 V_0 = 150 V로 대전되었다. 그리고 전지를 제거한 후(따라서 평행판의 전하 Q는 변하지 않는다) 면적은 같으나 두께 l = 1.00 mm인 유전체 판(ϵ_r = 3.50)을 그림 15.19와 같이 판 사이에 삽입하였다. 다음 양들을 계산하라.

(a) 공기로 채워진 축전기의 처음 전기용량.
(b) 유전체가 삽입되기 전 각 판에 걸린 전하.
(c) 유전체 각 면에 유도된 전하.
(d) 판과 유전체 사이의 전기장.
(e) 유전체 내의 전기장.
(f) 유전체가 삽입된 후 판 사이의 전위차.
(g) 유전체가 삽입된 상태에서의 전기용량.

15.16 원통형 축전기(그림 15.13)에서 원통의 반지름이 각각 3.0 mm와 6.0 mm이고 길이가 L = 12.0 cm이다. 축전기 판들은 1.60 μC의 자유전하로 대전되어 있으며, 도체 사이의 공간은 ϵ_r = 3.7인 유전체가 완전히 채워져 있다. 다음 물음에 답하라.

(a) 각 판에 걸린 표면 전하의 크기.
(b) 유전체 각 표면에 유도된 전하의 크기.

(c) 유전체 속 전기장의 최대값과 최소값.

(d) 축전기 양단 간의 전위차.

15.17 다음 그림은 유기발광소자(organic light-emitting device, OLED)의 단면을 나타낸다. 전체적으로 다층으로 된 축전기 형태라는 것을 알 수 있다. 이 소자의 단면적은 $A = 4\ \mathrm{mm}^2$이며, 발광층과 정공수송층 그리고 전자수송층의 두께는 각각 30 nm, 70 nm, 50 nm이다. 그리고 이 층들을 이루는 유기성 재료들의 유전상수는 발광층이 4.3, 정공수송층이 5.1, 전자수송층이 5.5이다. 이 소자의 등가 전기용량을 구하라.

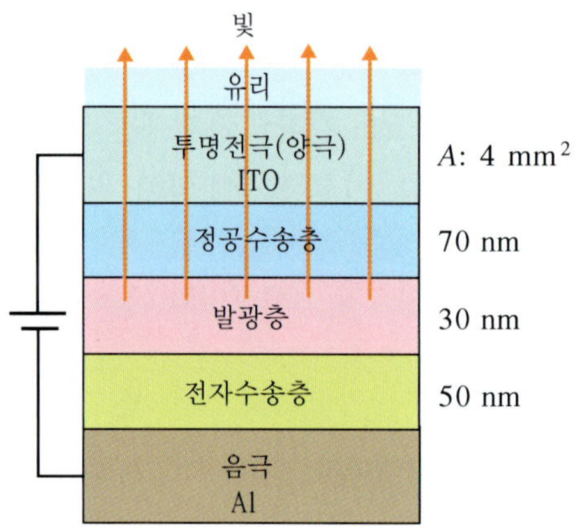

그림 15.21 유기발광소자(OLED). OLED는 빛을 발하는 발광층을 중심으로 양극과 음극의 샌드위치 형식으로 되어 있다. 음극에서 나오는 전자를 보다 쉽게 흐르도록 전자수송층의 유기재료가 놓여 있다. 또한 양극에서 나오는 정공의 수송을 돕는 정공수송층이 끼워져 있다. 전체적으로 다층으로 된 축전기 형태이다.

15장 연습문제 해답

15.1 300 μC.

15.2 (a) $Q_1 \dfrac{C_1}{C_1 + C_2}$, $Q_1 \dfrac{C_2}{C_1 + C_2}$. (b) $\dfrac{Q_1}{C_1 + C_2}$.

15.3 4.8 C.

15.4 1.0×10^9 m^2.

15.6 (a) 9.0 μF. (b) 0.25 μF.

15.7 1400 pF, 직렬 연결.

15.8 (a) $C_1 + \dfrac{C_2 C_3}{C_2 + C_3}$. (b) 200 μC, 67 μC, 67 μC.

15.9 0.017 μF(병렬), 0.0014 μF(직렬).

15.10 (a) 3.7 μF. (b) 21 V, 29 V, 50 V.

15.11 4.0×10^{-6} J.

15.12 840 J.

15.13 9.0×10^{-16} J.

15.14 (a) $\dfrac{\ln(2R_2/R_1)}{\ln(R_2/R_1)}$. (b) $\dfrac{(R_2/R_1)}{\ln(2R_2/R_1)}$.

15.15 (a) $C_0 = \epsilon_0 \dfrac{A}{d}$, 111 pF.

(b) $Q_0 = C_0 V_0 = (1.11 \times 10^{-10}\ \text{F})(150\ \text{V}) = 1.66 \times 10^{-8}$ C.

(c) 식 (15.23)의 $\sigma_b = \left(1 - \dfrac{1}{\epsilon_r}\right)\sigma_0$ 로부터

$$Q_b = Q\left(1 - \frac{1}{\epsilon_r}\right) = (1.66 \times 10^{-8}\ \text{C})\left(1 - \frac{1}{3.5}\right) = 1.19 \times 10^{-8}\ \text{C}.$$

(d) $E_0 = \dfrac{Q}{\epsilon_0 A} = \dfrac{1.66 \times 10^{-8}\ \text{C}}{(8.85 \times 10^{-12}\ \text{C/N} \cdot \text{m}^2)(2.50 \times 10^{-2}\ \text{m}^2)} = 7.50 \times 10^4\ \text{V/m}.$

(e) $E_D = \dfrac{E_0}{\epsilon_r} = 2.14 \times 10^4\ \text{V/m}.$

(f) 유전체가 있을 때의 전위차는 $V = E_0(d - l) + E_D l = E_0\left(d - l + \dfrac{1}{\epsilon_r}\right)$이다. 따라서 V = 96.4 V이다.

(g) $C = \dfrac{Q}{V} = \dfrac{1.66 \times 10^{-8}\ \text{C}}{96.4\ \text{V}} = 172\ p\text{F}.$

15.16 (a) 7.1×10^{-4} C/m^2, 3.5×10^{-4} C/m^2. (b) 1.14 μC,
(c) 2.1×10^7 V/m, 1.1×10^7 V/m. (d) 4.5×10^4 V.

15.17 0.20 pF. 이 소자의 층들은 직렬 연결된 축전기의 구조와 같으므로 각 층들에 대한 전기용량에 대하여 직렬 연결 등가 전기용량을 구하면 된다. 발광층, 정공수송층, 전자수송층에 대한 전기용량을 각각 C_1, C_2, C_3라 하자. 그러면

$$C_1 = \epsilon_{r1}\epsilon_0 \frac{A}{d} = (4.3)(8.85 \times 10^{-12}\ \mathrm{F/m})\frac{4.0 \times 10^{-6}\ \mathrm{m}^2}{3.0 \times 10^{-8}\ \mathrm{m}}$$
$$= 4.3 \times (1.2 \times 10^{-13})\mathrm{F} = 0.52\ p\mathrm{F}$$

이다. 마찬가지로 하면 $C_2 = 0.61\ p$F, $C_3 = 0.66\ p$F이다. 그러면

$$\frac{1}{C} = \frac{1}{C_1} + \frac{1}{C_2} + \frac{1}{C_3} = \frac{1}{0.52} + \frac{1}{0.61} + \frac{1}{0.66}$$

로부터 $C = 0.20\ p$F이 된다.

16 전류와 저항

우리는 이제 전하를 가진 입자가 움직이는 상황을 생각해 볼 때가 되었다. 질량을 가진 입자가 힘을 받아 움직일 때 우리는 운동학적 관점에서 이를 분석하였다. 즉 위치, 속도, 가속도와 같은 물리량을 정의하고 서로의 상관성을 분석하여 운동의 패턴을 도출하였다. 기체나 액체인 경우에는 흐름, 즉 유체의 개념을 도입하여 이를 역학적으로 분석하기도 하였다.

그렇다면 전하를 띤 입자가 운동을 하게 되면 어떠한 현상이 일어날까? 이때 이러한 전하의 흐름을 전류(electric current. 보통 current로 표기함)라 부른다. 일상생활에서도 우리는 전류라는 단어를 곧잘 사용하기 때문에 이미 친숙한 용어 중 하나라고 할 수 있다.

학습 내용

- 전류(current): $I = \dfrac{dQ}{dt}$, C/s ≡ A(ampere).
- 전류 밀도(current density): $J = \dfrac{I}{A}$ (A/m^2).
- 유동속도(drift velocity): $v_d = \dfrac{J}{nq}$.
- 옴의 법칙(Ohm's law): $I = \dfrac{1}{R}V$.
- 저항(resistance): $R = \dfrac{V}{I}$, $V/A \equiv \Omega$ (ohm).
- 저항도(resistivity): ρ; $R = \rho\dfrac{L}{A}$.
- 전도도(conductivity): $\sigma = \dfrac{1}{\rho}$.
- 저항의 연결: 직렬; $R_{eq} = R_1 + R_2 + \cdots$.
  병렬; $\dfrac{1}{R_{eq}} = \dfrac{1}{R_1} + \dfrac{1}{R_2} + \cdots$.
- 전력(electric power): $P = IV$, $P = I^2R = \dfrac{V}{R}$ (W).

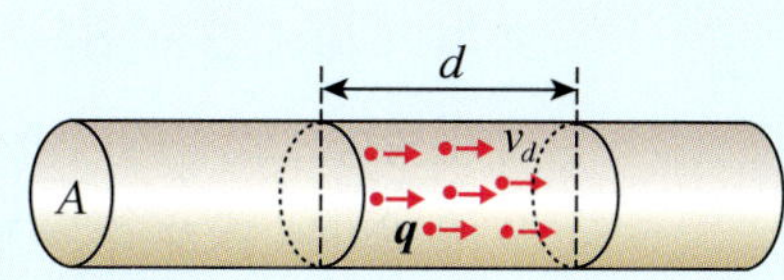

$I = \dfrac{dQ}{dt}$　$J = \dfrac{I}{A}$　$J = nqv_d$

n: 단위 체적당 전하 수

16.1. 전류

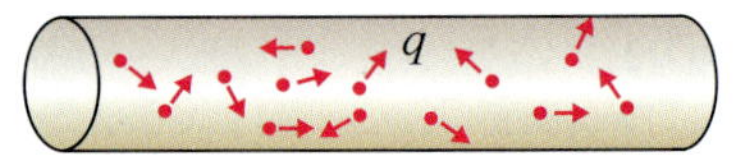

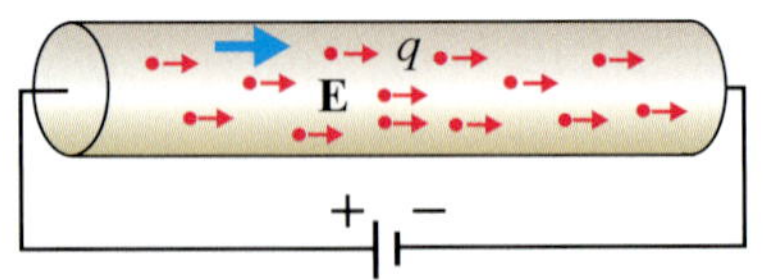

그림 16.1 전하의 흐름. 도체 내의 전하 입자는 전자이다. 이러한 전자들은 도체를 이루는 원자들의 규칙적인 격자 주위에서 무질서한 운동을 하고 있다. 외부로부터 전기가 주어지면 도체에는 전기장이 발생하고, 이로부터 전자는 힘을 받아 한 방향을 향하여 움직인다. 이러한 흐름이 전류이다. 전자는 음의 전하를 가지기 때문에 전기장의 방향과는 반대로 움직인다. 그림은 양전하를 가정하여 그린 것이다.

전기가 흐르는 도선을 생각하자. 이러한 도선은 우리가 사는 집은 물론 거리 곳곳에 설치되어 있으며, 눈에 보이지는 않지만 여러분이 가지고 다니는 휴대전화에도 핏줄처럼 새겨져 있다. 전기가 흐르는 것은 전하들(보통 전자들인 경우가 대부분임)이 도선을 통하여 움직이고 있기 때문이다(그림 16.1).

이때 $\triangle t$라는 짧은 시간 동안 전하의 변화량이 $\triangle Q$라면 전류는 다음과 같이 정의된다.

$$I = \frac{\Delta Q}{\Delta t} \tag{16.1}$$

하지만 위의 전류는 사실상 평균 전류를 의미하며 전하의 흐름이 일정하지 않으면 전류는 다음과 같이 순간 전류로 정의되어야 한다.

$$I = \frac{dQ}{dt} \tag{16.2}$$

전류의 단위는 암페어(André Marie Ampère, 1775~1836)이며 보통 A로 표기된다. 즉

$$1\ \text{A} = \frac{1\ \text{C}}{\text{s}} \tag{16.3}$$

이다.

도선 내에서 움직이는 전자들은 원자나 분자에 구속된 전자들이 아니라 자유롭게 움직일 수 있는 자유전자들이며, 이를 전도전자들이라 부른다. 이러한 전도전자들은 용기 내에 들어 있는 기체 분자들과 비슷하게 운동한다. 즉 매우 빠른 속도로 임의의 방향으로 움직이면서 정지해 있는 무거운 이온들과 자주 충돌한다. 한 방향으로 움직이는 전자 수는 반대 방향으로 움직이는 전자 수와 거의 같게 균형을 이룬다. 그러나 도선에 건전지 등이 연결되어 전기장이 생기면 전도전자들은 전기장에 의한 힘($F = -eE$)을 받아 전체적으로 전기장의 반대 방향으로 움직이려는 경향을 띤다. 이러한 전자들의 움직임은 마치 못이 박힌 경사면을 따라 내려오는 작은 쇠공과 같은 운동 모습을 갖게 된다. 즉 전자들이 한 이온과 충돌하여 다시 다른 이온과 충돌하는 경우에는 무척 빠른 속도로 움직인다. 이를 열적 속도(thermal velocity, v_t)라 부른다. 반면에 전기장의 반대 방향으로 일정하게 흐르는 속도는 열적 속도에 비해 무척 느린 편이다. 이를 유동속도(혹은 표류속도라고도 부름, drift velocity, v_d)라 한다. 이때 무거운 이온들은 전자들의 흐름을 사실상 방해하고 있다고 볼 수 있는데, 이러한 결과는 전류의 **저항**으로 나타난다. 비슷한 예를 바람에서 볼 수 있다. 공기 중에서 공기분자들은 소리의 속도(330 m/s)보다 조금 큰 열적 속도를 가지

고 멋대로 움직인다. 만약 두 지역 사이에 압력의 차(도선에 있어 전위차에 해당함)가 생기면 공기 중의 분자들은 한 방향으로 움직이게 되는데 이를 바람(전류에 해당함)이라 부른다. 약 10 m/s의 바람이라도 사실상 멋대로 움직이는 공기 분자들의 열적 속도에 비해서는 훨씬 낮은 속도라는 것을 알 수 있다.

16.2 전류 밀도(Current Density)

이제 전류는 전자들의 열적 속도에 의한 것이 아니라 유동속도에 의한 것임을 알았다. 그림 16.2는 길이가 d이고 단면적이 A인 도선을 따라 유동속도 v_d로 움직이는 전하 q를 갖는 전도 입자의 운동을 묘사하고 있다. 만약 입자가 전자라면 $q = -e$가 된다는 사실에 주의하자.

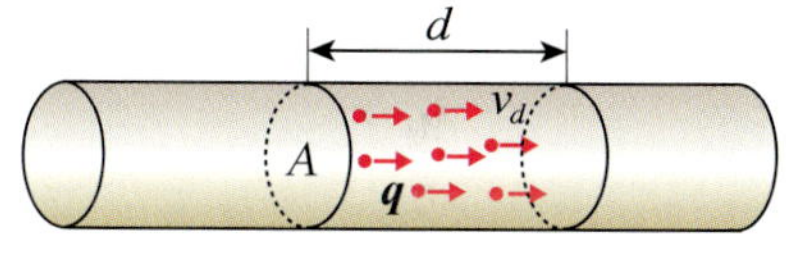

$I = \frac{dQ}{dt}$ $J = \frac{I}{A}$ $J = nqv_d$

n: 단위 체적당 전하 수

그림 16.2 전류와 전류 밀도. 단면적 A인 도선에 유동속도로 이동하는 전하의 모습. 전류 밀도는 단위 면적당 흐른 전류의 양이며 유동속도의 방향이다.

단위 체적당 n개의 입자가 있으면 체적 Ad에 분포하는 전하의 크기는

$$\triangle Q = nAdq \tag{16.4}$$

이다. 이때 전하 입자가 유동속도로 길이 d를 지나는 데 걸리는 시간을 $\triangle t$라 하면

$$\Delta t = \frac{d}{v_d} \tag{16.5}$$

이 된다. 그러면 전류의 정의에 의해 전류는 다음과 같이 주어진다.

$$I = \frac{\Delta Q}{\Delta t} = nAqv_d \tag{16.6}$$

식 (16.6)은 만약 우리가 도선에 흐르는 전류를 측정하고 도선의 밀도와 단면적이 주어진다면 도선에서 흐르는 전자들의 유동속도를 계산할 수 있다는 것을 보여준다. 그런데 식 (16.6)에 있어서 유동속도는 벡터 양으로 단면적과의 관계가 중요하다. 여기서 단위 면적당 전류인 전류 밀도를 도입하기로 하자. 즉 전류 밀도는

$$J = \frac{I}{A} \tag{16.7}$$

으로 주어지며 단위는 A/m^2이다. 이러한 전류 밀도는 단면적과 벡터 양인 유동속도와 관계되는 벡터 양이다. 따라서 **전류는 스칼라 양으로 정의되지만 전류 밀도는 벡터 양으로 정의되며 그 방향은 유동속도에 해당한다.** 따라서 전류 밀도는 위에서 주어진 식 (16.6)으로부터 다음과 같이 주어진다.

$$\mathbf{J} = nq\mathbf{d}_d \tag{16.8}$$

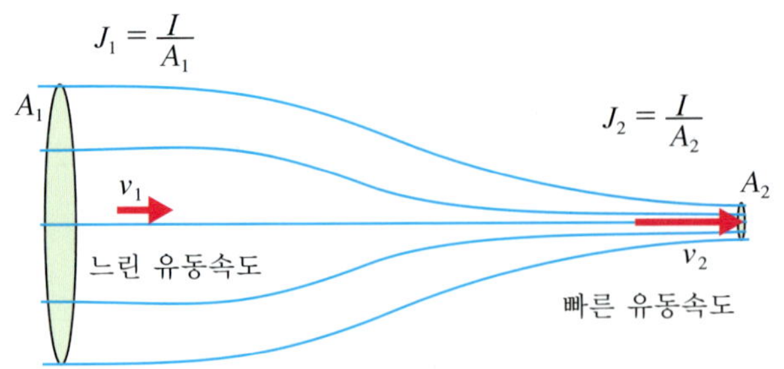

그림 16.3 전류 밀도와 유동속도. 전류 밀도가 변하면 유동속도도 변한다. 유체에서의 압력과 속도와의 관계와 비슷하다.

전류가 스칼라 양이라고 하는 것은 I는 거시적 관점에서 측정된 양, 즉 도선의 면을 지나가는 전하로 정의되기 때문이다. 반면에 전류 밀도 $\mathbf{J}$는 미시적 관점에서 표현된 벡터 양으로 각 점에서 다를 수 있다. 만약 전류 밀도가 균일하지 않다면 면을 지나는 전류는

$$I = \int \mathbf{J} \cdot d\mathbf{A} \tag{16.9}$$

로 구해야 한다.

16.3 저항

한편 위와 같은 도선의 두 점 사이에 전위차 V가 주어진다면 전류와는 어떠한 관계가 성립할까? 전위차는 중력에 있어서 위치의 차이라고 보면 이해하기 쉽다. 같은 높이의 위치(등고선 혹은 등고면으로 등전위면과 같은 의미임)에서 물은 흐르지 않는다. 물은 반드시 높이 차이가 있어야 높은 곳(전위가 높은 곳)에서 낮은 곳으로 흐를 수 있듯이 전류 역시 전위차가 있어야 생성된다. 그런데 물의 흐름은 높이의 경사가 크면, 즉 퍼텐셜 차가 크면 그만큼 빨리 흐른다. 다시 말해 속도가 빠르다. 마찬가지로 전류 역시 전위차의 크기에 비례하며 이는 실험적으로 확인된다. 따라서 전류는

$$I \propto V \tag{16.10}$$

이다. 이제 물의 속도에 영향을 주는 경우를 생각해 보자.

그림 16.4에서 보듯이 물은 밑바닥이 거칠거나 돌멩이가 있는 경우보다 밑바닥이 매끈한 곳에서 빠르게 흐른다. 밑바닥이 거칠면 그만큼 방해를 받기 때문이다. 전류를 만드는 전하 입자(전자) 역시 도선의 성질에 따라 흐름에 영향을 받게 된다. 이렇게 흐름을 방해하는 요소를 저항(resistance)이라 부르며 보통 R로 표시한다. 이러한 저항은 전류가 흐르는 물질의 고유 성질과 기하학적 요인에 의해 결정된다. 저항

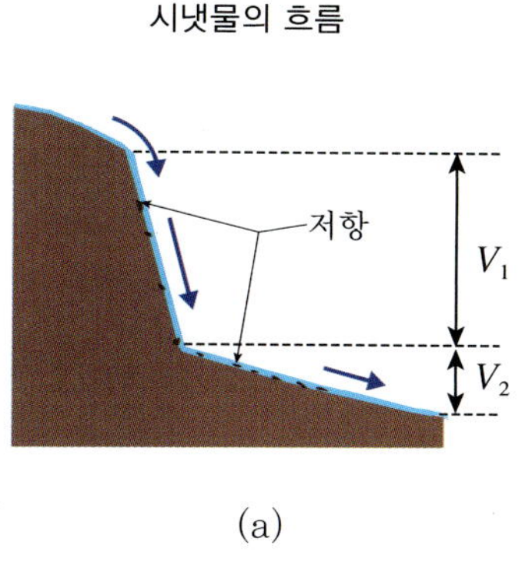

(a)

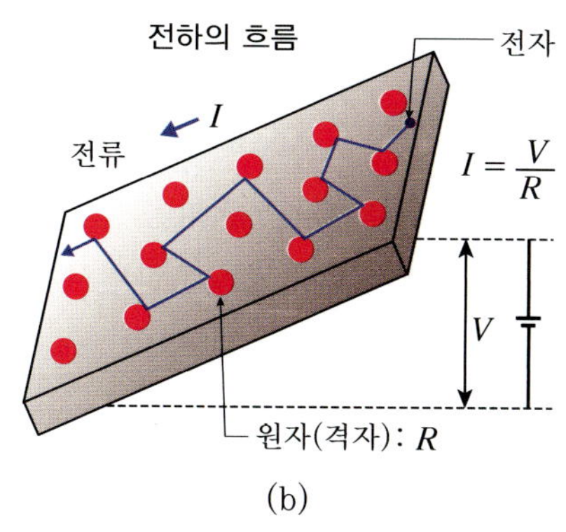

(b)

그림 16.4 전류, 전위, 저항.
(a) 시냇물은 높이 차가 크면 그만큼 빠르게 흐른다. 그리고 저항을 받으면 느리게 흐른다.
(b) 도체에 전기를 공급하면 전위차가 생긴다. 이로 인해 전하(전자)가 이동하며 전류가 발생한다. 전자들은 격자에 있는 원자들에 의해 운동의 방해, 즉 저항을 받아 곧바로 나가지 못하고 이른바 유동속도로 이동한다.

을 R이라 하면

$$I = \frac{1}{R}V \tag{16.11}$$

의 관계가 성립한다. 이 관계를 옴(Georg Simon Ohm, 1789~1854)의 법칙이라 부른다. 그러나 이러한 법칙을 따르지 않는 물질도 있는데 이는 나중에 언급하기로 하자. 식 (16.11)은 저항이 크면 클수록 전류의 세기는 감소한다는 것을 의미한다. 그리고 저항의 역을 보통 전도성(conductance)라 부르며 공학에서 자주 사용한다.

$$\text{전도성:}\ g = \frac{1}{R} \tag{16.12}$$

저항은 식 (16.11)에 의해 다음과 같은 관계를 갖게 된다.

$$R = \frac{V}{I} \tag{16.13}$$

저항의 단위 차원은 V/A가 되며 이를 Ohm이라 부르고 Ω으로 표시한다. 이러한 저항은 그림 16.5에서 보듯이 도선의 길이에 비례하고(길면 길수록 저항이 증가함), 도선의 단면적에는 역비례(면적이 넓을수록 저항은 줄어듦)한다.

따라서 저항은 $R \propto \frac{L}{A}$인 관계를 가지며 다음과 같이 정의된다.

$$R = \rho\frac{L}{A} \tag{16.14}$$

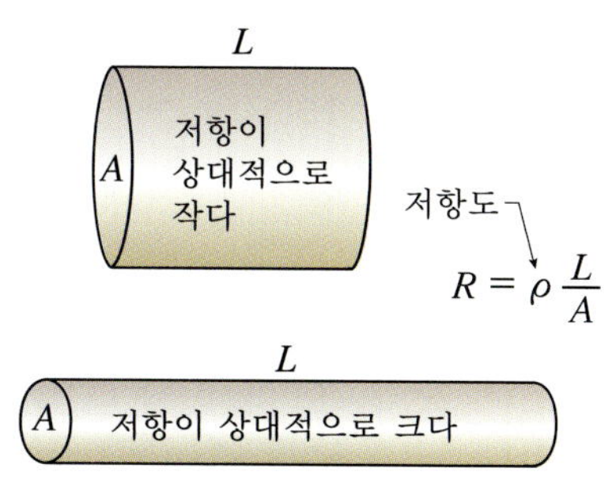

그림 16.5 저항. 전류의 저항은 도선의 길이에 비례하고 면적에 역비례한다.

여기서 ρ는 도선의 매질에 따라 다르게 나타나는 고유값으로 저항도(resistivity)라 부른다. 저항도의 단위는 Ω • m이다. 이러한 저항도를 비저항이라는 용어를 사용하는 경우가 많은데 이것 역시 일본식 한자 용어에 속한다. 한편 위와 같은 저항도의 역을 전도도(conductivity)라 한다. 즉

$$\text{전도도:}\ \sigma = \frac{1}{\rho} \tag{16.15}$$

이다. 위와 같은 옴의 법칙은 전류 밀도가 전기장에 비례한다는 의미이기도 하다.

따라서 전류 밀도는 전기장과 다음과 같은 관계를 가진다.

$$\mathbf{J} = \sigma\mathbf{E} \tag{16.16}$$

식 (16.11)로 표현되는 저항은 열전도에서도 그 유사성을 볼 수 있다. 우리는 이미 11장에서 열의 전달을 학습하면서 열량의 시간 변화율[식 (11.7)]을 배운 바 있다. 이러한 열량의 변화율은 열의 흐름에 해당하며 이를 열류(thermal current)라 하자. 그러면 열류는

$$I_t = \frac{\Delta Q}{\Delta t} = -KA\frac{\Delta T}{\Delta x} \tag{11.7}$$

이다. 우리는 여기서 열량은 전하량, 온도차는 전위차, 전류는 열류와 서로 대응된다는 점을 곧바로 인식할 수 있다. 식 (11.7)에서 부호를 무시하면(여기서 음의 부호는 높은 온도에서 낮은 온도로 열이 이동하기 때문이다)

$$I_t = \left(\frac{KA}{\Delta x}\right)\Delta T \tag{16.17}$$

로 표현될 수 있다. 그리고

$$R_t = \frac{\Delta x}{KA} \tag{16.18}$$

라 두면 열류와 온도차와의 관계는 다음과 같이 주어진다.

$$I_t = \frac{1}{R_t}\Delta T \tag{16.19}$$

식 (16.19)는 전류와 저항에 대한 식 (16.11)과 동일한 형태를 갖는다. 흥미롭지 않은가?

저항도와 온도

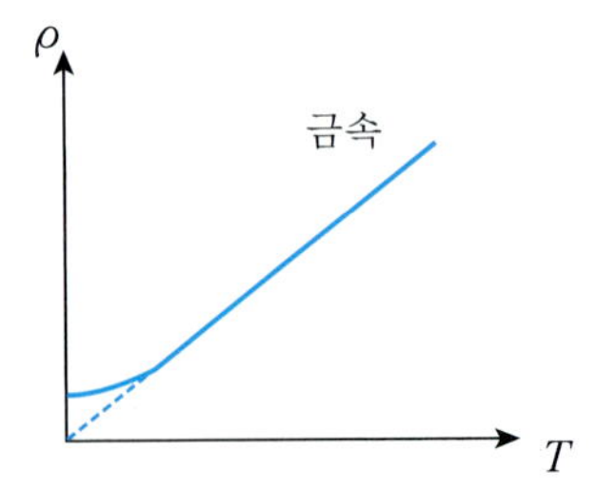

그림 16.6 금속과 저항도. 금속의 저항도는 낮은 온도 영역을 제외하면 온도에 비례한다. 낮은 온도에서의 비규칙성은 금속의 불순물과 격자의 결함에 의한 것이다.

그런데 물체들의 저항도는 고정된 값이 아니라 온도에 따라 변한다. 그 이유는 여러 가지가 있겠으나 그중 가장 크게 영향을 미치는 것은 결정격자의 진동이다. 온도가 올라가면 격자에 결합된 원자(양이온)들은 진동운동을 보다 활발하게 하게 된다. 앞에서 살펴본 바와 같이 전자들은 이러한 이온들과 충돌하면서 나아가기 때문에 이 온들의 진동이 활발할수록 그만큼 저항을 더 받게 되어 저항도에서 차이가 난다. 결국 금속의 저항도는 온도에 직접 관련이 있게 되는 것이다. 물론 금속 물체의 불순물이나 결정격자의 결함에 의해서도 전도도에 차이가 생길 수 있다.

저항도의 온도 의존성에 의한 식은 다음과 같이 주어진다.

$$\rho = \rho_0[1 + \alpha(T - T_0)] \tag{16.20}$$

표 16.1 여러 가지 물질들의 저항도와 온도계수(20°C에서 측정된 값들임)

물 질	저항도(Ω·m)	온도계수(°C^{-1})
유리	$10^{10} \sim 10^{13}$	-70×10^{-3}
경질 고무	10^{13}	
실리콘	2200	-0.7
게르마늄	0.45	-0.05
흑연(탄소)	3.5×10^{-5}	-0.5×10^{-3}
니크롬	1.2×10^{-6}	0.4×10^{-3}
망간	44×10^{-8}	5×10^{-7}
강철	40×10^{-8}	8×10^{-4}
백금	11×10^{-8}	3.9×10^{-3}
알루미늄	2.8×10^{-8}	3.9×10^{-3}
구리	1.7×10^{-8}	3.9×10^{-3}
은	1.5×10^{-8}	3.9×10^{-3}

여기서 α를 저항도의 온도계수라 부르며 단위는 °C^{-1}이다.

이번에는 소위 반도체 물질을 들여다보자. 대표적인 것이 실리콘(Si), 게르마늄(Ge)이다. 이러한 반도체 물질의 저항도는 온도가 올라갈수록 오히려 내려가는 것으로 알려져 있다(그림 16.7).

그 이유는 반도체인 경우 낮은 온도에서는 자유전자가 적은 반면에 온도가 올라갈수록 자유전자가 많아지기 때문이다. 그만큼 전도도가 증가하는 것이다. 그리고 반도체는 소량의 불순물이 첨가되면 저항도가 달라지는데, 이러한 성질을 이용하여 개발된 것들이 다이오드와 트랜지스터이다.

여러분은 초전도체라는 말을 들어보았을 것이다. 초전도체(superconductor)는 이른바 저항이 거의 없어 저항도가 0인 물질을 말한다. 특정 물질들이 이러한 초전도 현상을 보이는데, 대부분 극히 낮은 온도에서만 초전도 현상이 일어난다.

표 16.1은 여러 가지 물질들에 대한 저항도와 온도계수를 나타낸다.

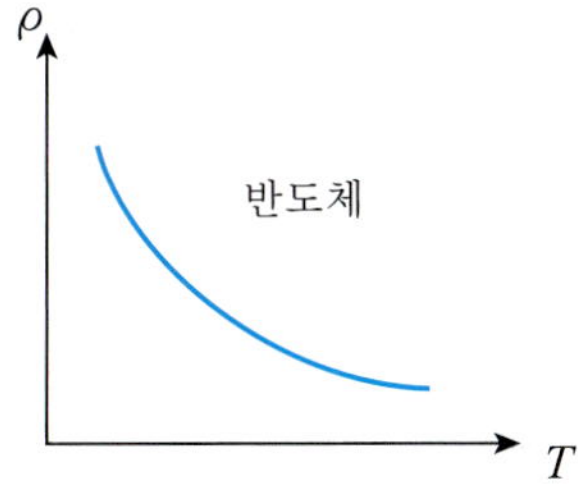

그림 16.7 반도체와 저항도. 반도체의 저항도는 온도가 올라감에 따라 감소하는 모습을 보인다. 온도가 상승함에 따라 자유전자가 증가하기 때문이다.

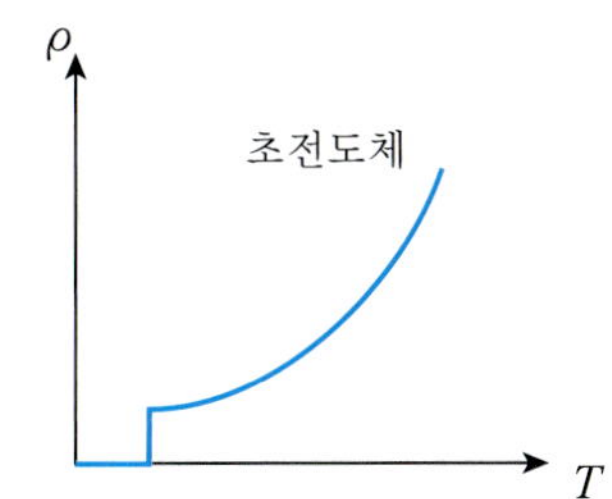

그림 16.8 초전도체와 저항도. 초전도체는 특수한 온도 이하에서 저항도가 0이 된다. 이러한 임계온도는 극히 낮은 온도(보통 −200°C 이하)에 해당한다.

16.4 저항의 연결

전기를 사용하는 제품들에는 전류가 흐를 수 있는 회로(circuit)가 반드시 필요하다. 이러한 전기회로에 전지는 물론 축전기와 저항체가 서로 연결되어 전기 제품의 기

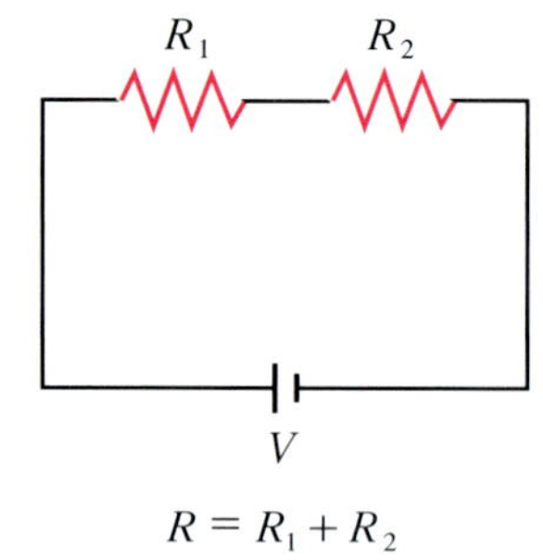

그림 16.9 저항의 직렬 연결.

능에 따라 다양하게 동작을 하게 된다. 우리는 우선 회로의 구성과 그 기능을 배우기 전에 저항체와 저항체의 연결에 대해 알아보기로 한다. 이것은 앞에서 다룬 축전기의 연결과 비슷한 경우이다.

저항체 2개(전구 2개로 보아도 무방함)를 그림 16.9와 같이 서로 직렬로 연결했을 때 그 등가 저항이 어떻게 되는지 살펴보자. 각각의 저항을 R_1, R_2라 하고 저항을 연결해 주는 회로의 도선은 저항이 없는 것으로 간주한다. 이제 각각의 저항체에 걸린 전위차를 V_1, V_2라 한다면 양단의 전위차는 명백하게 두 전위차의 합이 된다. 즉

$$V = V_1 + V_2$$

이다. 그리고 회로에 흐르는 전류는 각 저항체에 같은 값으로 흐르게 된다. 따라서

$$V_1 = IR_1, \quad V_2 = IR_2$$

이다. 등가 저항을 R_{eq}이라 하면 $V = IR_{eq}$이므로

$$IR_{eq} = IR_1 + IR_2 = I(R_1 + R_2)$$

이고, 양변을 전류 I로 나누면 다음과 같은 결과를 얻는다.

$$R_{eq} = R_1 + R_2 \tag{16.21}$$

다시 말해 저항체들을 직렬로 연결하면 회로의 등가 저항은 각 저항들의 합이 된다.

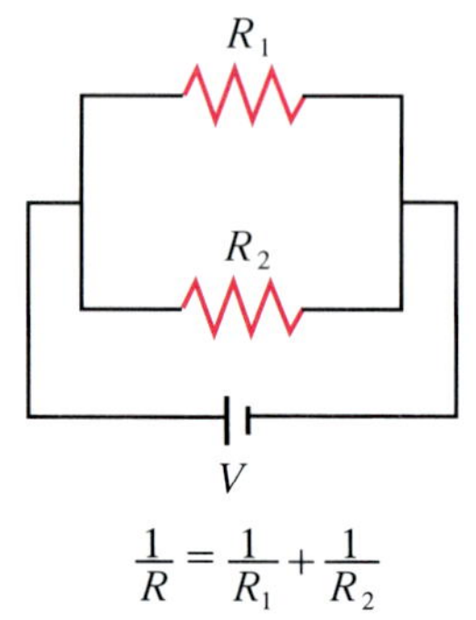

그림 16.10 저항의 병렬 연결.

이번에는 그림 16.10과 같이 2개의 저항체가 병렬로 연결된 경우를 살펴보자. 우선 우리는 2개의 저항체에 걸리는 전위차는 같다는 사실을 알 수 있다. 그리고 전류는 한 가닥으로 흐르다가 각각의 저항체 쪽으로 나누어진다는 사실로부터 저항체에 흐른 각각의 전류의 합이 총 전류임을 알 수 있다. 따라서

$$V = V_1 + V_2$$
$$I = I_1 + I_2$$

이다. 그러면

$$\frac{V}{R_{eq}} = \frac{V}{R_1} + \frac{V}{R_2} = V\left(\frac{1}{R_1} + \frac{1}{R_2}\right)$$

가 되고, 결국 병렬 연결에 대한 등가 저항 관계는 다음과 같이 주어진다.

$$\frac{1}{R_{eq}} = \frac{1}{R_1} + \frac{1}{R_2} \tag{16.22}$$

즉 병렬 연결의 등가 저항의 역은 각각의 저항의 역의 합과 같다.

그런데 이와 같은 저항의 연결 결과는 저항에 대한 기본식인 식 (16.11)에서도 유도될 수 있다. 저항도가 같고 단면적이 같은 2개의 도선을 직렬로 연결했다고 하자(그림 16.11). 그러면 도선의 길이는 각각의 도선 길이의 합이 되는 반면에 그 단면적은 변함이 없다. 따라서

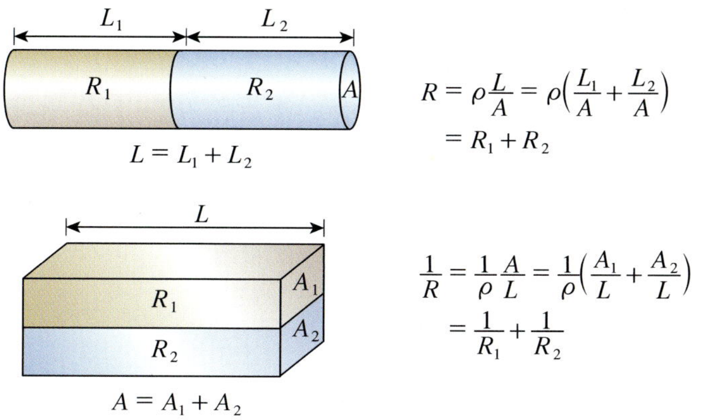

그림 16.11 저항의 기하학적 해석.

$$R_{\text{eq}} = \rho\frac{L}{A} = \rho\left(\frac{L_1 + L_2}{A}\right) = \rho\frac{L_1}{A} + \rho\frac{L_2}{A} = R_1 + R_2$$

와 같은 결론을 얻을 수 있다. 이번에는 2개의 도선을 엮어서 병렬로 연결하기로 하자. 그림 16.11에서 보듯이 편의를 위해 직사각형 형태의 도선이라 하고 길이는 같으며 단면적은 각각 A_1, A_2라 하자. 그러면 총 단면적은 2개 도선 단면적의 합이 되고 길이는 변함이 없다. 따라서

$$\frac{1}{R_{\text{eq}}} = \frac{A}{\rho L} = \frac{1}{\rho}\left(\frac{A_1 + A_2}{L}\right) = \frac{A_1}{\rho L} + \frac{A_2}{\rho L} = \frac{1}{R_1} + \frac{1}{R_2}$$

의 결과를 얻는다.

16.5 전력(Electric Power)

전위차 V가 있는 곳에 전하 q가 놓여 있으면 퍼텐셜 에너지는

$$U = qV \tag{16.23}$$

가 된다(14장 참조). 이러한 퍼텐셜 에너지 차는 사실상 전기장이 전하 q에 에너지를 주어 일을 하게 하는 것으로 볼 수 있다. 이때 전기장이 전하에 에너지를 주는 비율을 전력(electric power)이라 부른다. 따라서 전력은

$$P = \frac{dU}{dt} = \frac{dq}{dt}V = IV \tag{16.24}$$

이다. 그런데 전하를 띤 입자, 즉 전자는 도체 내에서 운동하며 열에너지로 바뀔 수도 있다(전선이 뜨거워지거나 전구의 필라멘트가 벌겋게 달아오르는 현상을 생각하면 이해될 것이다). 그러면 옴의 법칙 $V = RI$로부터

$$P = I^2 R = \frac{V^2}{R} \tag{16.25}$$

이라고 할 수 있다. 전력은 사실상 일률(power)과 같은 차원이므로 단위 역시 와트(W)이다.

16.5 저항의 미시적 해석*

전도성과 이동도

위와 같은 옴의 법칙 및 전도성은 전도체에 대한 미시적인 모형에 의해 설명 가능하다. 금속성 전도체는 양이온의 격자와 그 주위를 맴도는 자유전자로 구성되어 있다. 외부로부터 전기장이 존재하지 않으면 전자들의 열적 운동은 멋대로이며(random) 그 평균 속도는 0이 된다. 그러나 외부로부터 전기장이 가해지면 전기장의 방향으로 속도, 즉 유동속도가 생겨난다. 그러면 유동속도의 변화는 뉴턴의 제2법칙에 따른다. 즉

$$m\frac{d\mathbf{v}_d}{dt} = q\mathbf{E}$$

이다. 여기서 전자의 질량을 m, 전하를 q라 두었다. 하지만 정적 전류(steady current)가 흐르는 매질에서는 유동속도가 일정하게 되어 입자에 작용하는 힘은 0이 되어 버린다. 실질적으로는 입자에 작용하는 다른 힘이 존재하게 되는데, 그것은 매질에 의한 저항력(retarding force)이다. 이러한 저항력은 앞에서 언급한 바와 같이(그림 16.4 참조) 격자에 있는 원자들, 즉 이온들과의 충돌에 의해 생기며 보통 속도에 비례하는 것으로 알려져 있다. 이와 같은 매질의 저항력에 있어 속도의 비례성은 공기의 저항에서도 유사하게 나타난다. 그러면 위의 뉴턴 방정식은 다음과 같이 주어진다.

$$m\frac{d\mathbf{v}_d}{dt} = q\mathbf{E} - \gamma\mathbf{v}_d \tag{16.26}$$

물론 $d\mathbf{v}_d/dt = 0$이면

$$\mathbf{v}_d = \frac{q}{\gamma}\mathbf{E} \tag{16.27}$$

이다. 이것이 유동속도에 대한 정상 상태 해(steady-state solution)이다. 일반해는

다음과 같이 주어진다. 이 문제는 부록을 참조하면 풀 수 있다.

$$\mathbf{v}_d = \frac{q}{\gamma}\mathbf{E}(1 - e^{-\gamma t/m}) \tag{16.28}$$

이때 전자가 한 이온(격자)과 충돌하여 다른 이온과 충돌하는 시간을 지연시간(relaxation time)이라 하는데, 이를 τ라 하면

$$\tau = \frac{m}{\gamma} \tag{16.29}$$

으로 주어진다. 따라서 위와 같은 국부적인 유동속도는 시간이 지남에 따라 지수 $e^{-t/\tau}$ 함수적으로 정상 상태의 값으로 접근한다. 이때 정상 상태의 유동속도는

$$\mathbf{v}_d = \frac{q\tau}{m}\mathbf{E} \tag{16.30}$$

로 된다. 따라서 전류 밀도는

$$\mathbf{J} = nq\mathbf{v}_d = \frac{nq^2\tau}{m}\mathbf{E} \tag{16.31}$$

로 주어지고, 이것은 곧 옴의 법칙과 같다. 왜냐하면 전도도를

$$\sigma = \frac{nq^2\tau}{m} \tag{16.32}$$

라 두면 $\mathbf{J} = \sigma\mathbf{E}$이기 때문이다.

그런데 앞에서 언급했듯이 지연시간의 물리적 의미는 도체라든지 반도체 내에서 전하 운반자(charge carrier), 즉 전자들이 이온원자들과 충돌하는 데 걸리는 평균 시간에 해당한다. 만약 충돌과 충돌 사이의 속도, 즉 열적 속도를 v_t라 하면 이러한 평균 충돌 시간(mean collision time)에 걸쳐 이동한 거리인 평균 자유행로(mean free path, 12장 참조)는

$$l = v_t\tau$$

이다. 앞에서 이미 강조했듯이 열적 속도는 유동속도에 비해 상당히 빠르다. 금속에 있어 평균 자유행로는 몇십 nm(10^{-9} m) 수준이기 때문에 평균 충돌 시간인 지연시간은 대략

$$\tau \approx \frac{10^{-8}\ \text{m}}{10^{6}\ \text{m/s}} = 10^{-14}\ \text{s}$$

정도의 값을 갖는다. 금속에 있어 전하 운반자는 오직 전자들뿐이므로

$$\mathbf{J} = -ne\mathbf{v}_d \tag{16.33}$$

$$\sigma = ne\frac{v_d}{E} = \frac{ne^2\tau}{m} \tag{16.34}$$

가 된다.

여기서 유동속도를 단위 전기장으로 나눈 양, 즉 v_d/E를 전자의 이동도(mobility)라 하며 보통 다음과 같이 표기된다.

$$\mu = \frac{v_d}{E} \tag{16.35}$$

단위는 $m^2/(V \cdot s)$이다.

이러한 이동도는 물질이 전기를 얼마나 잘 통하느냐 하는 척도로 사용된다. 오늘날은 반도체의 일종인 실리콘(Si)에 있어 결정형보다는 값이 싼 비정질 실리콘을 사용하여 대면적의 필름 트랜지스터(TFT)나 태양전지(solar cell)를 제조하는 경우가 많다. 더욱이 유기 분자들로 이루어진 유기반도체를 재료로 하여 만들어지는 실정이다. 대표적인 것이 휴대전화에 사용되는 유기발광소자(OLED) 이다. 이때 중요한 문제가 유기성 재료 또는 비정질 실리콘의 전자 이동도를 높이는 것이다. 한편 공학에서는 전도도와 더불어 전도성(conductance)이라는 용어가 더 많이 사용되는데, 이미 앞에서 언급한 바와 같이 이는 저항의 역을 말한다. 즉

$$g = \frac{1}{R} = \frac{\sigma A}{L} \tag{16.36}$$

이다.

16장 학습문제

16.1 저항체들인 경우 저항값이 외부에 표기되기도 하지만 전통적으로 그림과 같이 색깔로 표시되기도 한다. 처음 2개의 색깔은 저항값의 두자리 수를 의미하고 세 번째 색깔은 십의 몇 승에 해당하는 지수값을 나타낸다. 그리고 마지막 네 번째 색은 허용 오차를 의미한다.

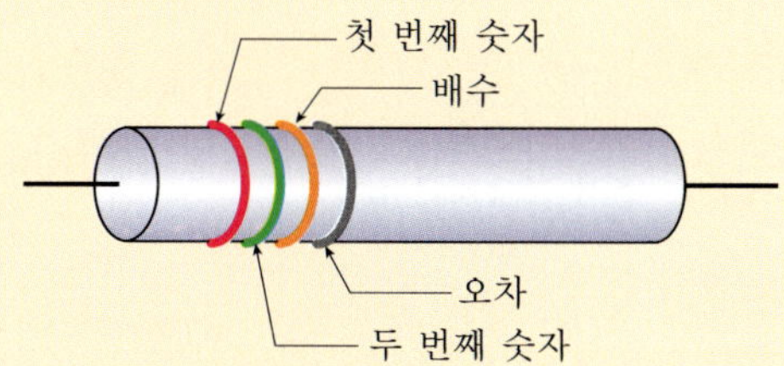

그림 16.12 저항체의 색깔 부호.

	검정	갈색	빨강	주황	노랑	초록	파랑	보라	회색	흰색	금색	은색	무색
숫자	0	1	2	3	4	5	6	7	8	9			
배수	1	10^1	10^2	10^3	10^4	10^5	10^6	10^7	10^8	10^9	10^{-1}	10^{-2}	
오차											5%	10%	20%

그림 6.12에 나타낸 저항체(빨강, 초록, 주황, 은색)의 저항과 허용 오차는 얼마인가?

답: 25,000 Ω. 10%의 오차를 갖는다.

16.2 휴대전화에 5 mA의 전류를 흘려 2시간 동안 충전한다. 전자제품을 통해 지나간 전하의 양을 계산하라.

답: $Q = (5 \times 10^{-3}\ \text{C/s})(2 \times 3600\ \text{s}) = 36\ \text{C}$.

16.3 단면적이 $0.05\ \text{cm}^2$인 구리(Cu)로 만들어진 송전선에 10 A의 전류가 흐른다. 전류 밀도와 유동속도를 구하라. 구리의 밀도는 $\rho = 8.9\ \text{g/cm}^3$이며, 몰 질량은 $M = 63.5$ g/mol이다.

풀이: 먼저 단위 체적당 전자 수를 알아야 하므로 결국 단위 체적당 구리의 수를 계산해야 한다. 구리의 몰 질량을 M, 질량을 m, 아보가드로 수를 N_A, 구리원자 수를 N이라 하자. 그러면

$$\frac{N}{N_A} = \frac{m}{M}$$

인 관계식을 얻는다. 그러면 $N = (m/M)N_A$가 되고 체적 $V = m/\rho$이므로, 단위 체적당 구리원자의 수는

$$n = \frac{N}{V} = \frac{\rho N_A}{M}$$

이다. 따라서

$$n = \frac{(8.9 \times 10^3\ \text{kg/m}^3)(6.02 \times 10^{23}\ \text{atoms/mol})}{63.5 \times 10^{-3}\ \text{kg/mol}} = 8.4 \times 10^{28}\ \text{atoms/m}^3$$

의 값을 얻는다. 구리원자가 하나의 자유전자를 가진다고 하면 이 값이 전도전자 수의 밀도 값이 된다.

전류 밀도는

$$J = \frac{I}{A} = \frac{10\ \text{A}}{5.0 \times 10^{-6}\ \text{m}^2} = 2.0 \times 10^6\ \text{A/m}^2$$

이고, 따라서 유동속도는 다음과 같다.

$$v_d = \frac{J}{ne} = \frac{2.0 \times 10^6\ \text{A/m}^2}{(8.4 \times 10^{28}\ \text{electrons/m}^3)(1.6 \times 10^{-19}\ \text{C})} = 1.5 \times 10^{-4}\ \text{m/s}$$

1초에 겨우 0.15 mm를 이동하는 것으로, 유동속도는 이렇게 멋대로 운동하는 열적 운동에 비해 무척 느리다. 도선 내의 불규칙한 열적 속도는 보통 10^6 m/s 정도로 알려져 있다.

16.4 전기 도금기를 이용하여 전극에 은(Ag, 108 u. 10장 참조)을 입히는 데는 질산은($AgNO_3$) 용액이 사용된다. 10분 동안에 0.2 A의 전류가 흘러 Ag^+ 이온과 NO_3^- 에 똑같이 배분되었다면 얼마만한 은이 입혀지는가?

풀이: 10분 동안에 0.2 A의 전류가 흘렀으므로 은이온과 질산이온에 축적된 총 전하는 $Q = It = (0.2\ \text{A})(10 \times 60\ \text{s}) = 120\ \text{C}$이다. 따라서 은이온에 의한 전하량은 60 C이다. 은이온의 수는 전하량을 기본 전하량으로 나누면 알 수 있다. 즉 은의 수는

$$N_{\text{Ag}} = \frac{60\ \text{C}}{1.6 \times 10^{-19}\ \text{C}} = 3.75 \times 10^{20}$$

이다. 그리고 은의 원자 질량은

$$m_{\text{Ag}} = 108\ \text{u} = 108 \times (1.66 \times 10^{-27}\ \text{kg}) = 1.79 \times 10^{-25}\ \text{kg}$$

이다. 그러므로 입혀진 은의 총 질량은

$$M_{\text{Ag}} = (3.75 \times 10^{20})(1.79 \times 10^{-25}\ \text{kg}) = 6.71 \times 10^{-5}\ \text{kg}$$

이다. 약 67 mg의 은이 입혀진 것이다.

16.5 구리선(저항도 $\rho = 1.7 \times 10^{-8}\ \Omega \cdot \mathrm{m}$)의 반지름은 1.63 mm이다. 이 도선의 길이는 20 m이고 여기에 60 V의 전위차를 가했을 때 다음을 각각 구하라

(a) 저항 (b) 전류 (c) 전기장

답: (a) $R = \dfrac{\rho L}{A} = \dfrac{(1.7 \times 10^{-8}\ \Omega \cdot \mathrm{m})(20\ \mathrm{m})}{(3.14)(1.63 \times 10^{-3}\ \mathrm{m})^2} = 0.04\ \Omega\,.$

(b) $I = \dfrac{V}{R} = \dfrac{60\ \mathrm{V}}{0.04\ \Omega} = 1500\ \mathrm{A}\,.$

(c) $E = \dfrac{V}{L} = \dfrac{60\ \mathrm{V}}{20\ \mathrm{m}} = 3\ \mathrm{V/m}\,.$

16.6 자동차에 있는 기동모터(starter motor)는 반지름 0.3 cm의 구리선을 통하여 80 A의 전류를 공급한다. 구리선 내의 (a) 전류 밀도와 (b) 전기장을 구하라.

풀이: (a) $J = \dfrac{1}{A} = \dfrac{1}{\pi r^2} = 2.83 \times 10^{6}\ \mathrm{A/m^2}\cdot$

(b) $E = \rho J = (1.7 \times 10^{-8}\ \Omega \cdot \mathrm{m})(2.83 \times 10^{6}\ \mathrm{A/m^2}) = 4.81 \times 10^{2}\ \mathrm{V/m}\,.$

16.7 그림 16.13과 같이 바깥 반지름이 b이고 안쪽 반지름이 a이며 길이가 L인 속이 빈 원통형 도선이 있다. 이 도선의 양끝 사이의 저항을 구하라. 도선의 저항도는 ρ이다.

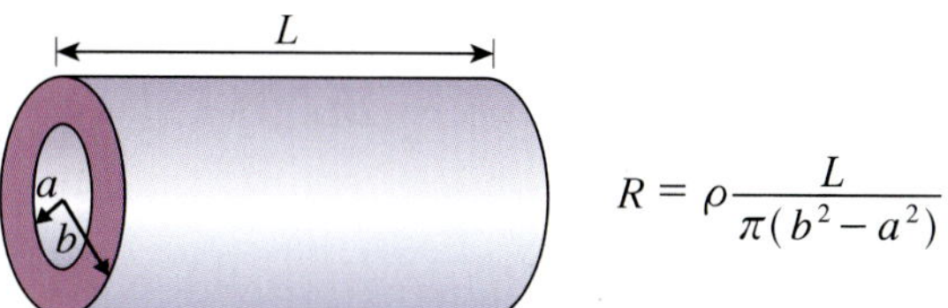

그림 16.13 원통형 도선의 저항.

풀이: 도선의 단면적을 우선 구한다. 바깥 원에서 안쪽 원의 넓이를 빼면 되므로 $A = \pi b^2 - \pi a^2 = \pi(b^2 - a^2)$이다. 따라서

$$R = \rho \frac{L}{\pi(b^2 - a^2)}$$

이다.

16.8 학습문제 16.7에서 다룬 도선에 이번에는 안쪽 면과 바깥 면 사이에 전위차를 걸어주었다고 하자.

(a) 지름 방향의 저항은 어떻게 주어지는가?

(b) 원통을 흐르는 전류를 구하라.

(c) 원통의 안쪽 면과 바깥쪽 면 사이에서의 전기장의 세기를 구하라.

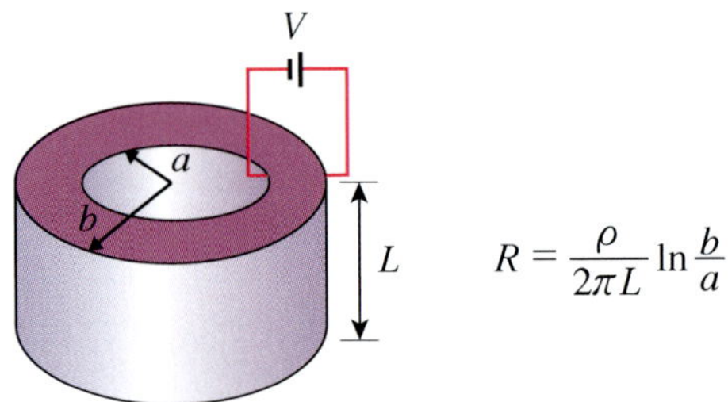

그림 16.14 원통형 도선의 지름 방향 저항.

풀이: (a) 동경 방향의 성분 저항을 구하기 위해 우선 동경 방향의 r과 $r + dr$ 사이 부분의 저항 dR을 구한다. 그러면 부분 저항은 식 (16.14)로부터

$$dR = \rho\frac{dr}{A} = \rho\frac{dr}{2\pi rL}$$

이다. 이를 적분하면 저항은 다음과 같이 주어진다.

$$R = \frac{\rho}{2\pi L}\int_a^b \frac{dr}{r} = \frac{\rho}{2\pi L}\ln\left(\frac{b}{a}\right)$$

(b) 따라서 지름 방향으로 흐르는 총 전류는

$$I = \frac{V}{R} = \frac{2\pi LV}{\rho\ln(b/a)}V$$

이다.

(c) 전기장은 전류 밀도 식으로부터 구한다. 즉

$$E = \frac{1}{\sigma}J = \rho J = \rho\frac{I}{A}$$

이고, 이 식은 다시 (b)의 결과로부터

$$E = \frac{\rho}{A}\frac{2\pi LV}{\rho\ln(b/a)} = \frac{2\pi LV}{A\ln(b/a)}$$

이다. 한편 원통의 안쪽 면과 바깥 면 사이에서의 전기장을 구하기 위해서는 그 중간 지점이 되는 곳, 즉 $r = (a + b)/2$를 택하면 된다. 이때의 단면적은

$$A = 2\pi \frac{(a+b)}{2} L = \pi(a+b)L$$

이므로

$$E = \frac{2V}{(a+b)\ln(b/a)}$$

이다.

16.9 그림 16.15는 유기발광소자(OLED)에 대한 전압 대 전류를 측정한 그래프이다. 이 소자는 15장 연습문제에서 나왔던 소자와 같은 구조이다. 전압을 0~9 V까지 가했을 때 소자가 나타내는 전류 양의 변화를 측정한 것으로, 여기서 전류는 전류 밀도 단위로 측정되었다. 이 소자의 면적은 4 mm^2이고 층의 총 두께는 150 nm이다. 다음 물음에 답하라.

(a) 전압이 8 V와 9 V일 때의 저항값을 구하라.

(b) 그래프를 전기장 대 전류 밀도로 그리고, 8 V와 9 V일 때의 전도도 값을 구해 보라.

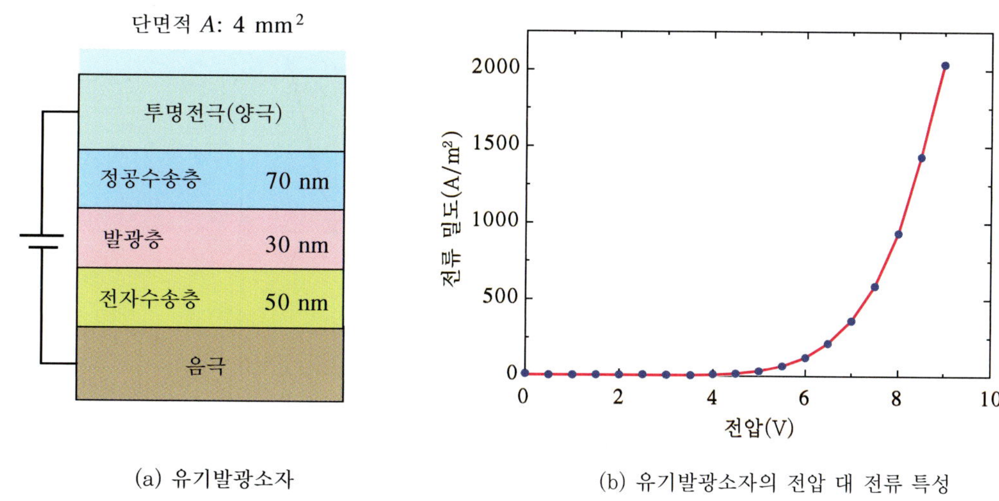

그림 16.15 유기발광소자 및 전류와 전압 특성. (b) 유기발광소자에 대한 실제적인 전류와 전압 특성의 분포도이다. 여기서 전류에 대한 정보는 전류 밀도로 측정되었다.

풀이: 전류 밀도는 전류의 양으로, 전압은 전기장으로 나타낼 수 있어야 한다.

(a) 이 문제는 전류 밀도를 전류로 변환시켜 그래프를 다시 그려보면 된다. 전류는 전류 밀도에 단면적을 곱하면 되므로 그래프의 단위에 4 $\mathrm{mm}^2 = 4 \times 10^{-6}\ \mathrm{m}^2$를 곱하여 구한다. 그래프를 그려보면 그림 16.16과 같이 된다. 8 V일 때 전류는 3.8 mA이기 때문에 이때의 저항은 $R = 2100\ \Omega$이 된다. 9 V일 때는 전류가 약 8.1 mA이므로 이때의 저항은 $R = 1100\ \Omega$이다. 이와 같이 유기성 재료나 반도체 재료인 경우 전압에 대해 저항은 일정하지 않다. 우리는 앞에서 일정한 경우, 즉 옴(Ohm)성 물질에 대해서만 다루었다.

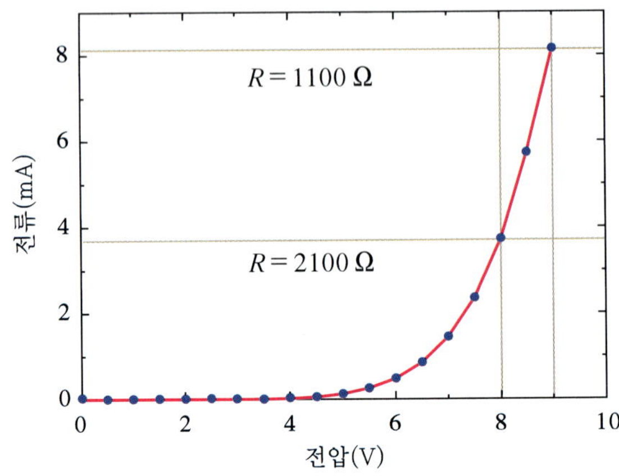

그림 16.16 OLED의 저항.

(b) 이번에는 전압, 즉 전위를 전기장으로 변환시켜야 한다. $V = Ed$의 관계로부터 전기장은 전압을 소자의 두께로 나누면 된다는 것을 알 수 있다. 소자의 두께는 $d = 150\ \text{nm} = 1.5 \times 10^{-7}\ \text{m}$이므로, 전기장을 구하여 그래프로 그리면 그림 16.17과 같이 된다.

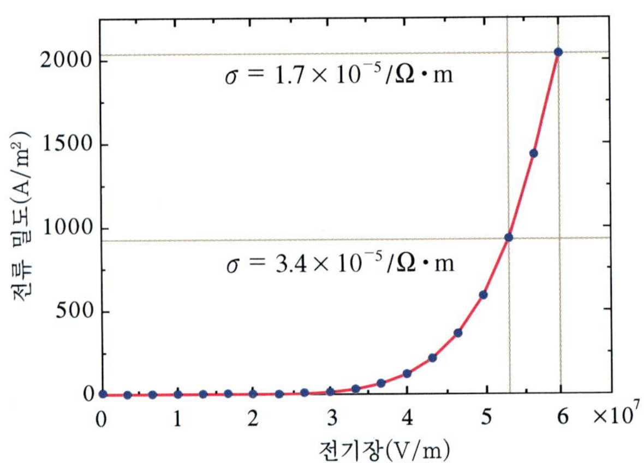

그림 16.17 OLED의 전도도.

8 V는 5.3×10^7 V/m, 9 V는 6×10^7 V/m의 전기장에 해당한다. 이때의 전류 밀도를 구해 보면 900 A/m^2, 2050 A/m^2 정도라는 것을 알 수 있다. 따라서 $J = \sigma E$의 관계로부터 전도도는 각각 $1.7 \times 10^{-5}/(\Omega\cdot\text{m})$, $3.4 \times 10^{-5}/(\Omega\cdot\text{m})$가 된다.

16.10 220 V에서 1600 W의 전력을 소비하는 전기 히터가 있다.

(a) 히터에 흐르는 전류는 얼마인가?

(b) 만약 이 히터를 110 V에 연결하면 소비전력은 얼마로 되는가?

풀이: (a) $I = \dfrac{P}{V} = \dfrac{1600\ \text{W}}{220\ \text{V}} = 7.27\ \text{A}$.

(b) 전력을 알기 위해서는 우선 히터의 도선에 흐르는 저항값을 알아야 한다. 저항은

$$R = \frac{V^2}{P} = \frac{(220\ \text{V})^2}{1600\ \text{W}} = 30.3\ \Omega$$

이다. 이러한 저항값은 옴의 법칙을 따른다고 하면 변하지 않는 양으로 취급할 수 있다. 따라서 구하고자 하는 소비 전력은 다음과 같다.

$$P = \frac{V^2}{R} = \frac{(110\ \text{V})^2}{30.3\ \Omega} = 400\ \text{W}$$

소비 전력은 1/4로 줄어들었다. 이러한 4배의 차는 옴의 법칙에서 나온다. 즉 전위차는 전류에 비례하기 때문에 전위차가 2배로 줄었다면 전류 역시 2배로 줄어들기 때문이다.

16.11 전력의 표현식들은 저항의 관점에서 보면 얼핏 모순처럼 보인다. 즉 $P = V^2/R$에서는 저항이 증가하면 전력이 감소하게 되고, $P = I^2R$의 표현식에서는 저항이 증가하면 전력이 증가하기 때문이다. 그 이유를 설명하라.

풀이: 앞의 문제를 다시 들여다보기로 하자. 전기 히터의 저항은 히터의 전열선을 다른 것으로 교체하든지 하나를 더 달면 그 값이 달라진다. 이제 최대 10 A까지 흐를 수 있는 전열기와 5 A까지만 흐를 수 있는 전열기 두 대를 같은 전압인 220 V에 연결했다고 하자. 그러면 $P = VI$로부터 당연히 10 A 전열기의 전력 소비가 2배로 클 것이다. 또한 저항값을 보면 $R = V/I$로부터 10 A 전열기의 저항(22 Ω)은 5 A 전열기의 저항(44 Ω)에 비해 반값이다. 이 경우에는 전위차가 고정되고 전류가 변화하는 상황으로 $P = V^2/R$의 표현식에 해당한다. 즉 저항이 높을수록 소비전력이 감소한다. 반면에 전위차가 변하고 전류가 변하지 않을 때 적용되는 식은 $P = I^2R$이다.

16.12 12 V의 자동차 배터리가 80 A·h의 일을 한다고 하자.

(a) 이 배터리가 생성할 수 있는 전하의 양은 얼마인가?

(b) 12 V의 전위차가 계속 유지된다고 하면 25 W의 전구에 얼마나 오랫동안 전기를 공급할 수 있는가?

풀이: (a) $Q = (80\ \text{C/s})(3600\ \text{s}) = 2.88 \times 10^5\ \text{C}$.

(b) 퍼텐셜 에너지는

$$U = QV = (2.88 \times 10^5\ \text{C})(12\ \text{V}) = 3.46 \times 10^6\ \text{J}$$

이다. 따라서

$$t = \frac{U}{P} = \frac{3.46 \times 10^6\ \text{J}}{25\ \text{J/s}} = 1.38 \times 10^5\ \text{s}$$

이다. 이것은 38.4 h에 해당한다.

16.13 한 발전소가 저항이 5 Ω인 송전선을 통하여 100 kW의 전력을 공급하고 있다. 전력선들에 다음과 같은 전위차가 걸렸을 때의 전력 손실을 구하라.

(a) 10^4 V (b) 2×10^5 V

풀이: (a) 먼저 전류를 구한다. 즉 $I = \frac{P}{V} = 10$ A 이다. 그러면 전력 손실에 해당하는 식 $P = I^2R$로부터 500 W를 얻는다.

(b) 이 경우 $I = 0.5$ A이고 $P = 1.25$ W이다. 이러한 결과는 중요한 점을 보여준다. 즉 **송전선의 전압을 높게 하면 전력 손실이 작아진다는 사실**이다. 이제 발전소에서 나가는 전력선들이 왜 고전압을 유지하는지 이해될 것이다.

16장 연습문제

16.1 한 녹음기의 뒷면에 전압은 6.0 V, 전류는 300 mA라고 표기되어 있다.

(a) 이 녹음기의 총 저항을 구하라.

(b) 전압이 5.0 V로 떨어지면 전류는 어떻게 변하는가?

16.2 학습문제 16.3에서 전자가 20℃에서 완전기체(ideal gas)와 같이 행동한다면 전자의 rms 속도는 얼마인가? 학습문제에서 구한 유동속도와 비교하고 그 차이를 설명하라.

16.3 학습문제 16.3에서 도선 내에서의 전기장은 얼마인가?

16.4 한 자동차의 배터리를 6.5 A의 전류를 흘려 5시간 동안 충전한다. 배터리를 통해 지나간 전하의 양을 계산하라.

16.5 1000개의 나트륨이온(Na^+)이 4.0 μs 동안에 세포막을 통과해서 지나간다. 전류를 구하라. (힌트: $Q = +e$이다.)

16.6 저항이 10 Ω인 전구에 1.5 V 전지 2개가 직렬로 연결되어 있다. 1분 동안에 몇 개의 전자가 각각의 전지를 빠져나가는가?

16.7 물체의 전도도 g는 저항 R의 역수이다[식 (16.36)]. 이러한 전도도의 단위를 mho(℧ = ohm^{-1}) 또는 siemens(S)라고 부른다. 12.0 V에 연결되어 800 mA의 전류가 흐르는 물체가 있다. 이 물체의 전도도는 몇 S인가?

16.8 길이가 20 m이고 직경이 1.5 mm인 전선이 2.5 Ω의 저항을 갖는다. 같은 재료로 직경 3.0 mm이고 길이가 35 m의 전선을 만든다면 저항은 어떻게 되는가?

16.9 전선을 반으로 잘라서 두 가닥을 하나로 묶어 더 굵은 전선으로 만든다. 원래의 전선과 비교하여 이 전선의 저항값은 어떻게 변하는가?

16.10 (a) 단면적이 A인 직선의 도선이 x방향으로 놓여 있다. 이 도선에 전하가 흐르는 율이 다음과 같이 주어짐을 증명하라.

$$\frac{dQ}{dt} = -\sigma A \frac{dV}{dx}$$

(b) 열전도와 비슷한 식을 만들어보라. 이미 본문에서 논의하였다.

16.11 구리선으로 감아 만든 38.0 Ω의 저항체가 있다. 질량이 12.0 g일 때 도선의 직경과 그 길이를 구하라.

16.12 용액 내에 5.00 mol/m^{3}의 농도를 가진 Na^+ 이온이 5.00×10^{-4} m/s의 속도로 움직이고 SO_4^{2-} 이온은 2.00×10^{-4} m/s의 속도로 움직인다. 전류 밀도가 0일 때 SO_4^{2-} 이온의 농도를 구하라.

16.13 도체 내의 자유전자를 완전기체(ideal gas)와 같이 취급하고, 도체 내에서 원자들과 충돌하는 사이 가속도가 $a = eE/m$라고 가정하면 저항도가 다음과 같이 주어짐을 보여라.

$$\rho = \frac{2mv}{ne^2\lambda}$$

여기서 λ는 식 (11.28)로 주어지는 평균 자유행로이다. 그리고 v는 전자의 평균 속도이다.

16.14 최대 400 mA가 흐르는 9.0 V짜리 트랜지스터의 최대 소비전력을 구하라.

16.15 하루 종일 60 W짜리 형광등을 1년 내내 켜놓는다면 전기요금이 kWh당 100원인 경우 지불할 액수는 얼마가 되는가?

16장 연습문제 해답

16.1 (a) 20 Ω.　　　(b) 0.25 A.

16.2 $v_s = \sqrt{\frac{3k_BT}{m_e}} = \sqrt{\frac{3(1.38 \times 10^{-23}\ J/K)(293\ K)}{(9.11 \times 10^{-31}\ \text{kg})}} = 1.15 \times 10^5\ \text{m/s}$.

16.3 $J = \sigma E$인 관계에서 $E = \rho J$이다. 구리인 경우 $\rho = 1.7 \times 10^{-8}\ \Omega \cdot \text{m}$이므로 $E = (1.8 \times 10^{-8}\ \Omega \cdot \text{m})(2.0 \times 10^6\ \text{A/m}^2) = 3.6 \times 10^{-2}\ \text{V/m}$의 값을 얻는다. 평행판 축전기 내에서의 전기장에 비하면 대단히 작은 값이다.

16.4 1.2×10^5 C.

16.5 4.0×10^{-11} C.

16.6 1.1×10^{20} /min

16.7 6.7×10^{-2} ℧.

16.8 1.09 Ω.

16.9 1/4.

16.11 1.73×10^{-4} m, 53.4 m.

16.12 6.25 mol/m^3.

16.14 3.6 W.

16.15 5256원.

직류 회로 17

16장에서 우리는 전하의 흐름, 즉 전류와 그에 따른 저항의 의미를 알아보았다. 전기회로(electric circuit)는 전하가 흐를 수 있도록 축전기 및 저항체와 같은 전기 요소들을 결합시킨 것이다. 여기서는 전하가 한 방향으로만 흐르는 직류 회로만을 다루기로 한다. 이렇게 전하의 흐름이 오직 한 방향으로만 흐르는 전류를 직류(direct current)라 부른다. 건전지나 자동차용 배터리가 포함된 회로가 이에 속한다. 발전소로부터 가정에 배분되는 전력은 교류(alternating current)에 의해 전달된다. 교류 회로에 대한 것은 나중에 다루기로 한다.

학습 내용

- 기전력(electromotive force: emf): $V_{emf} = IR$.
- 키르히호프(Kirhhoff) 법칙: $\Sigma V = 0$, $\Sigma I = 0$.
- RC 회로: $I = \frac{V_0}{R} e^{-\frac{t}{RC}}$.

  $I = \frac{V_{emf}}{R} e^{-\frac{t}{RC}}$.

  $Q = CV_{emf}\left(1 - e^{-\frac{t}{RC}}\right)$.

  시간상수; RC.

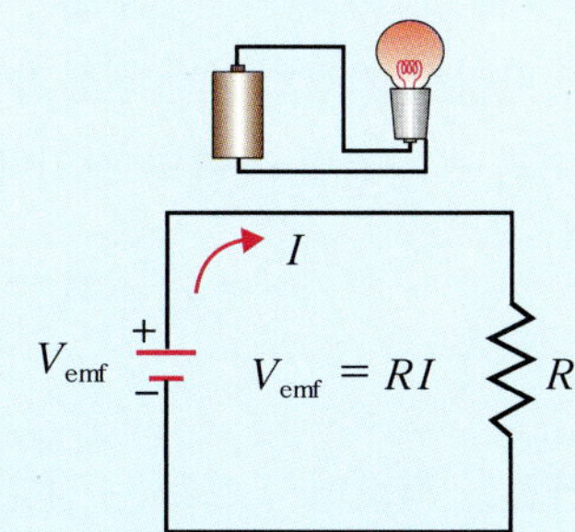

17.1 기전력(emf)

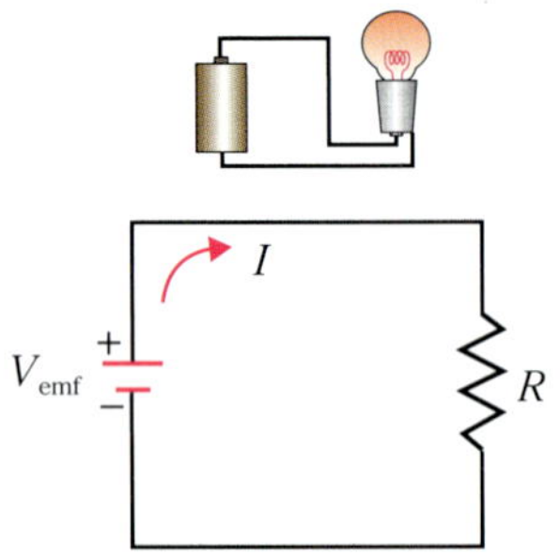

그림 17.1 **직류 회로.** 건전지는 전하를 한 방향으로 보내주는 기전력의 역할을 하며 전구는 저항체의 역할을 한다.

회로에는 전하가 흐를 수 있도록 하는 에너지원(source, 건전지, 자동차용 배터리 등)이 필요하다. 에너지원에 의해 전하 입자가 운동을 하게 되면 전류가 발생하고, 이러한 전류가 저항체를 만나면 운동에너지가 곧 열에너지로 바뀐다. 그리고 축전기는 전하 입자의 운동에너지를 전기적인 퍼텐셜 에너지로 변환시키는 역할을 담당한다. 이와 같이 회로 내에는 전하의 흐름을 유지시켜 주는 에너지원이 반드시 필요한데, 이러한 회로 성분을 기전력(electromotive force, 약칭으로 emf라 함)원이라 부른다. 보통의 전기회로는 기전력원과 저항체 그리고 축전기와 같은 회로 성분들을 포함하는 폐회로들로 구성된다.

회로에서의 이러한 기전력의 기호를 여기서는 V_{emf}라 표기하기로 한다. 기전력은 자신의 양단에 볼트(volts)로 측정되는 일정한 전위차를 유지한다. 사실상 기전력은 전위차와 같은 전기량이며 일상생활에서는 전압(voltage)으로 불리기도 한다. 여기서 회로 성분(소자)의 양단이란 회로의 나머지 부분을 연결하는 회로 소자의 두 끝점을 말한다. 그림 17.1은 기전력과 저항으로 이루어진 가장 간단한 회로도를 보여주고 있다. 기전력에서 양의 부호는 전위가 높은 단자(端子, terminal)임을 나타낸다. 이 회로에는 전류 I가 흐르고 있는데, 이러한 전류는 기전력이 회로의 단면적을 통하여 전하를 단위 시간당 운반하는 것($I = dq/dt$)이라고 볼 수 있다. 전하가 기전력의 음의 단자에서 양의 단자로 통과하게 되면 기전력은 V_{emf}만큼의 전하의 전위를 올리기 위해 일(dW)을 하게 된다. 그러면 기전력 양단의 전위차는 $V_{emf} = dW/dq$로 정의된다. 그리고 옴의 법칙에 따르면 기전력은 다음과 같이 된다.

$$V_{emf} = IR \tag{17.1}$$

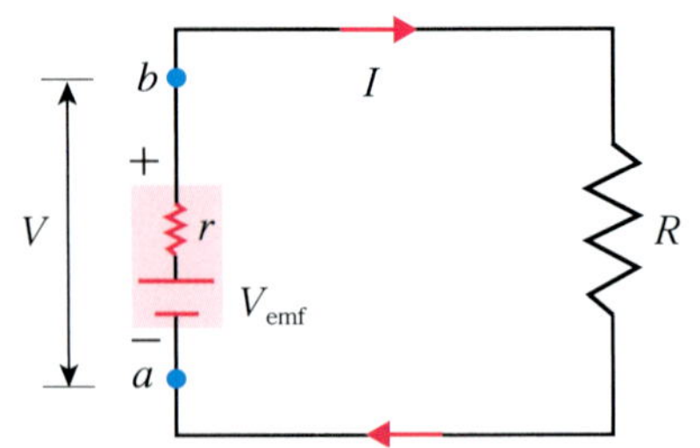

그림 17.2 **기전력과 내부 저항.** 기전력의 내부 저항으로 인해 회로의 전위차는 기전력에 비해 항상 작다.
$V = V_{emf} - Ir$

그런데 건전지와 같은 실제의 기전력원은 그림 17.2에서 보듯이 자체적으로 내부 저항 r을 갖는다. 따라서 기전력원에 전류가 흐를 때 이러한 내부 저항에 의해 기전력이 감소한다. 따라서 기전력 양단의 전위차는

$$V = V_b - V_a = V_{emf} - Ir \tag{17.2}$$

이다.

이러한 단자 전압은 회로에서 흐르는 전류에 의존한다. 만약 전지가 오래되어 내부 저항이 커지면 단자 전압은 주어진 기전력 값에 비해 떨어지게 되며 그만큼 수명이 단축된다. 그런데 또 하나 주의할 점은 전류와 전하 그리고 전위차(즉 퍼텐셜 에너지)와의 관계이다. 그림 17.1의 회로에서 전류가 흐를 때 이러한 전류는 전위차에 의해 저항을 통하여 흐르는 것이다. 그리고 기전력원(전지)의 한쪽 단자, 즉 양극에서 나오는 전하의 수는 다른 쪽 단자인 음극으로 들어가는 전하의 수와 같다. 다시

말해 전하의 수는 변함이 없으며 다만 기전력원에 의한 퍼텐셜 에너지(qV)가 저항체에서 열에너지로 변환되는 것이다. 전지의 수명이 다하면 전위차, 즉 퍼텐셜 에너지는 없고 따라서 전하는 멈춘다. 전류가 없는 것이다. 평평한 곳에서는 물이 흐르지 않는다. 이해가 되는가?

17.2 직류 회로 분석: 키르히호프 법칙(Kirhhoff's Laws)

위와 같은 논의를 폐회로와 전위차의 변화와 연계시켜 보자. 이제 그림 17.1의 폐회로(closed loop)를 그림 17.3과 같이 각 요소에서의 퍼텐셜 변화에 따라 살펴보자.

그림 17.3을 보면 기전력원에 의해 전위차는 기전력(예를 들면 건전지의 1.5 V) 만큼 올라간다. 편의상 음극의 전위차를 0이라 두면 1.5 V 건전지인 경우 1.5 V이다. 그러나 내부 저항에 의해 기전력 값은 내려가고 단자 전압으로 되며, 전구와 같은 저항체를 지나면서 다시 전위차는 0으로 내려간다. 이와 같이 폐회로인 경우 처음 출발한 곳으로 되돌아오기 때문에 전체 전위차의 변화는 항상 0이 된다. 이를 키르히호프의 폐회로 법칙이라 부르며 다음과 같이 표현된다.

$$\Sigma V = 0\text{: 키르히호프의 폐회로 법칙} \tag{17.3}$$

이 식은 그림 17.3의 폐회로에 있어 $V_{\text{emf}} - Ir - IR = 0$과 동등한 표현이다.

이번에는 회로에서의 전류의 흐름을 살펴보자. 그림 17.2와 같이 회로가 하나로 된 경우에는 전류의 세기는 어디에서나 같지만 회로가 복잡하여 갈림이 있을 때, 즉 분기(junctions)가 되는 경우에는 그렇지 못하다. 그림 17.4의 회로를 보자.

점 a는 전류의 흐름이 갈라지는 분기점의 한 곳이다. 만약 왼쪽으로부터 전류가 흐른다면 분기점을 지난 전류는 2개의 지류로 흐르게 될 것이다. 분기점에 다다른

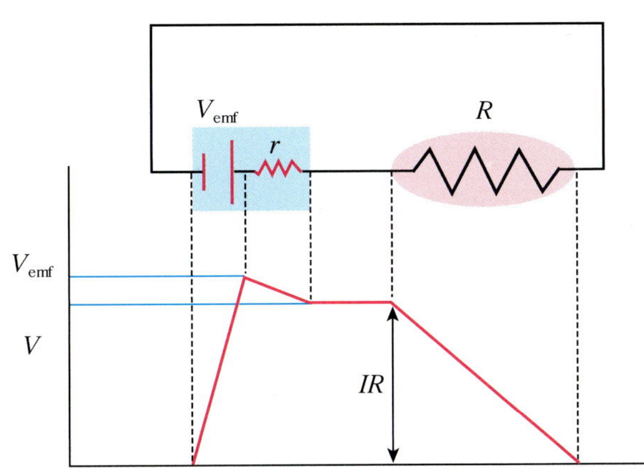

그림 17.3 폐회로와 전위차. 폐회로에서의 전위차의 합은 0이다. 처음 출발한 곳으로 되돌아왔을 때 퍼텐셜 에너지의 변화가 있는가?

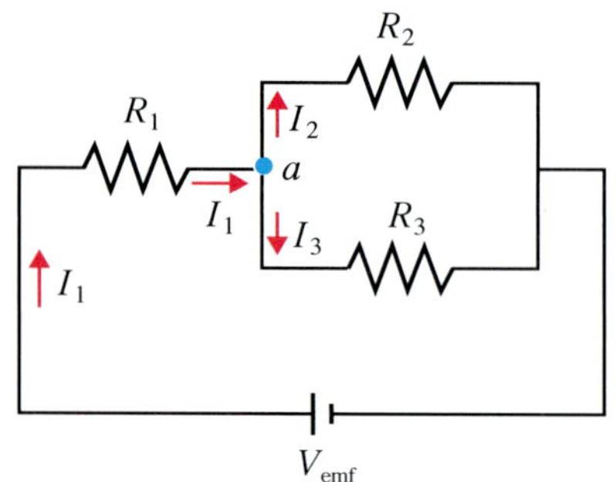

그림 17.4 분기점에서의 전류. 분기점에서의 전류는 들어온 양과 나간 양이 같다. $I_1 = I_2 + I_3$

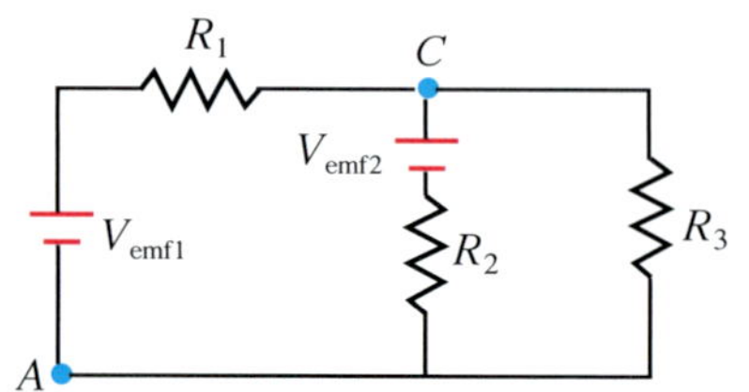

그림 17.5 키르히호프 법칙 적용 회로. 이 회로는 등가 저항을 적용할 수 없다.

전류가 I_1이고 2개 지류에서의 전류가 I_2, I_3라면 당연히 $I_1 = I_2 + I_3$인 관계가 성립한다. 왜냐하면 흐르는 물이 2개의 지류로 갈라졌다 하더라도 처음의 양과 같기 때문이다. 다시 말해 "분기점으로 들어오거나 나간 전류의 합은 항상 0과 같다"라는 결론에 도달할 수 있으며, 이를 키르히호프의 분기점 법칙이라 부른다. 즉 식으로는

$$\Sigma I = 0\text{: 키르히호프의 분기점 법칙} \qquad (17.4)$$

이다. 그런데 이러한 키르히호프(Gustav Robert Kirhhoff, 1824~1887)의 법칙은 당연한 사실의 언급—퍼텐셜 변화량과 전하량의 불변—은 물론 사실상 옴의 법칙을 연장한 것이라고도 볼 수 있다. 따라서 굳이 법칙(law)이라는 거창한 용어를 왜 사용했는지 저자로서는 이해하기 힘들다.

그런데 등가 저항을 적용하지 못하는 회로를 접하는 경우가 있다. 그림 17.5를 보자. 저항 R_1과 R_2는 병렬로 연결되어 있는 것처럼 보이지만 단순한 병렬 연결이 아니다. 왜냐하면 R_2는 기전력을 포함하는 분기에 있기 때문이다. 그리고 R_1과 R_3는 다른 분기에 있기 때문에 직렬연결이 아니다. 이렇게 등가 저항을 적용할 수 없는 경우에는 키르히호프 법칙을 적용해야만 풀 수 있다. 여기서 법칙이라는 의미가 확실해진다.

이제 키르히호프 법칙을 이용하여 구체적으로 문제를 풀어보자. 그림 17.6의 회로는 2개 기전력의 크기가 각각 $V_{emf1} = 6$ V, $V_{emf2} = 12$ V이고, 저항들은 $R_1 = 2\ \Omega$, $R_2 = 4\ \Omega$, $R_3 = 6\ \Omega$ 값들을 갖는다. 이러한 조건에서 이 회로의 R_2에서 열로 소비되는 전력과 점 A와 점 C 사이의 전위차를 구해 보기로 하자.

우선 회로를 그림 17.6과 같이 2개의 폐회로 성분으로 나누어 접근한다. 그리고 분기점에서의 전류 방향을 고려하여 각 성분에서의 전류를 구한다. 분기점 C에서의 전류의 흐름을 고려하면 전류 성분들은 다음을 만족한다.

$$I_1 + I_2 = I_3 \qquad (17.5)$$

이제 폐회로 1에서의 전위차에 대한 키르히호프 법칙을 적용하자. 그러면

$$6 - 2I_1 - 12 + 4I_2 = 0$$

이다. 여기서 − 극에서 + 극으로 넘어가면 양이고, + 극에서 − 극으로 넘어가면 음

그림 17.6 키르히호프 법칙 적용. 키르히호프 법칙을 적용하기 위해 2개의 폐회로를 가정한다.

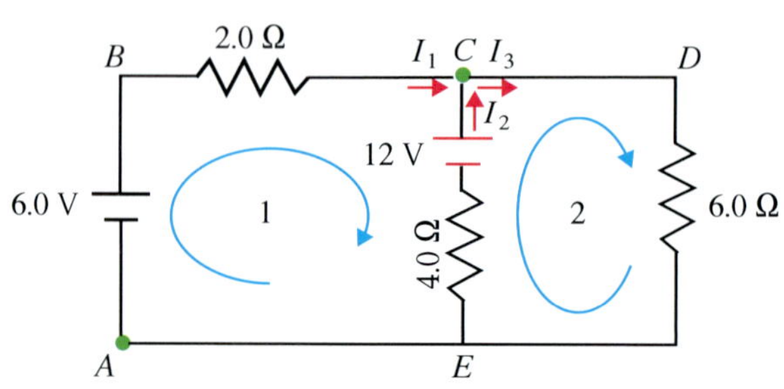

이라는 사실에 주목하라. 위 식을 간단히 하면

$$2I_2 - I_1 = 3 \tag{17.6}$$

이다. 다음으로 폐회로 2에서의 키르히호프 법칙을 적용하면 $12 - 6I_3 - 4I_2 = 0$이고, 이를 간단히 하면

$$3I_3 + 2I_2 = 6 \tag{17.7}$$

이다. 3개의 식 (17.5), (17.6), (17.7)로 이루어진 연립방정식을 풀면 각각의 전류를 구할 수 있다. 즉

$$I_1 = -\frac{3}{11}A; \quad I_2 = \frac{15}{11}A; \quad I_3 = \frac{12}{11}A$$

이다. 그런데 전류 I_1이 음의 값으로 나왔다. 어찌된 일일까? 이것은 우리가 처음에 정한 전류의 방향이 잘못되었음을 뜻한다. 즉 저항 1에서는 전류가 왼쪽으로 흐른다. 그리고 이러한 결과는 기전력 2가 기전력 1에 비해 크기 때문이다. 이제 전류의 값들을 알았으므로 각 저항체에서 소비되는 전력을 구할 수 있다.

그러면 저항 2에서의 소비전력은

$$P = I^2R_2 = \left(\frac{15}{11}A\right)^2(4\ \Omega) = 7.4\ \text{W}$$

가 된다. 그리고 점 C와 A 사이에서의 전위차는 점 A에서의 전위를 0으로 놓고 푼다. 즉

$$V_C - V_A = V_C - 0 = 6\ \text{V} - \left(-\frac{3}{11}A\right)(2\ \Omega) = 6.5\ \text{V}$$

이다. 이와 같은 결과는 기전력 1을 통과하는 회로를 기준으로 하였다. 이번에는 기전력 2를 기준으로 구해 보자. 그러면

$$V_C - V_A = -(4\ \Omega)\left(\frac{15}{11}A\right) + 12\ \text{V} = 6.5\ \text{V}$$

이다. 이번에는 AEDC 경로를 따라 전위차를 구해 보라. 결과가 같은가?

17.3 RC 회로

지금까지 우리는 일정한 전류, 즉 정상 전류만 흐르는 회로만을 취급했다. 그러나 회로에 축전기가 포함되면 사정은 달라진다. 전류의 세기가 시간에 따라 변하기 때

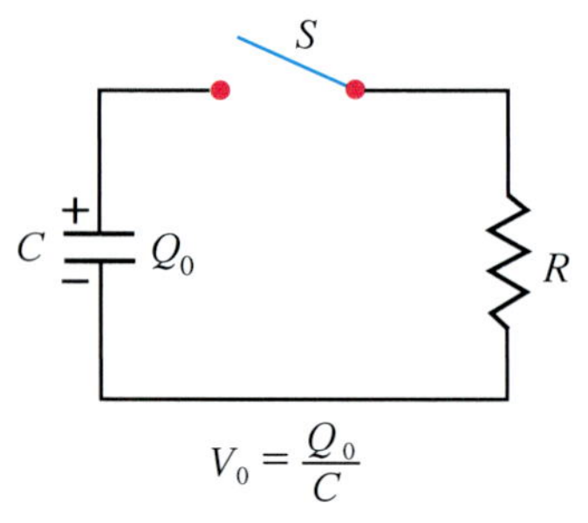

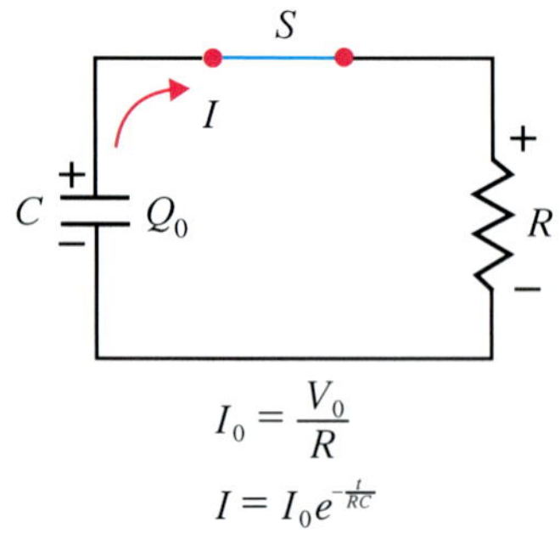

그림 17.7 방전하는 RC 회로. 전류는 지수함수적으로 감소한다.

문이다. 축전기를 포함한 회로의 분석에는 키르히호프 법칙이 적용될 수 있다. 그러나 상황은 조금 다르다. 우선 대전된 축전기가 방전하면서 전구(저항체임)를 밝히는 경우 전류의 변화를 살펴보기로 하자.

그림 17.7은 초기 전하 Q_0를 갖고 있는 축전기가 스위치와 저항에 연결된 회로도를 나타낸다. 축전기의 전기용량이 C이면 축전기에 걸리는 초기 전위차는

$$V_0 = \frac{Q_0}{C} \tag{17.8}$$

이다. 열려 있던 스위치를 닫는 순간부터 전류가 흘러 저항체에 들어가 전력 소모가 일어나게 된다. 스위치를 닫는 순간의 초기 전류는

$$I_0 = \frac{V_0}{R} \tag{17.9}$$

이다. 임의의 시간에 있어 이 회로에 대한 키르히호프 법칙을 적용하면 다음과 같은 관계식을 얻는다.

$$\frac{Q}{C} - IR = 0 \tag{17.10}$$

그리고 식 (17.10)을 시간에 대해 미분하면

$$\frac{1}{C}\frac{dQ}{dt} - R\frac{dI}{dt} = 0 \tag{17.11}$$

이다. 그런데 전하의 시간 변화량이 전류인 점을 감안하면 식 (17.11)은 전류에 대한 1차 미분방정식임을 알 수 있다. 다만 여기서 주의할 점은 전류가 시간에 따라 감소한다는 사실이다. 즉

$$I = -\frac{dQ}{dt} \tag{17.12}$$

이다. 식 (17.12)를 식 (17.11)에 대입하여 정리하면

$$\frac{dI}{dt} = -\frac{1}{RC}I \tag{17.13}$$

이고, 이를 다시 정리하면 다음과 같다.

$$\frac{dI}{I} = -\frac{1}{RC}dt \tag{17.14}$$

양변을 임의의 시간에 대해 적분하면

$$\int_{I_0}^{I}\frac{dI}{I} = -\frac{1}{RC}\int_0^t dt \tag{17.15}$$

이고, 이를 풀면 다음과 같이 된다.

$$\ln\left(\frac{I}{I_0}\right) = -\frac{t}{RC} \tag{17.16}$$

식 (17.16)의 양변에 지수를 취하면

$$\frac{I}{I_0} = e^{-\frac{t}{RC}}$$

이고, 이를 정리하면 다음과 같은 결론을 얻는다.

$$I = I_0 e^{-\frac{t}{RC}} = \frac{V_0}{R} e^{-\frac{t}{RC}} \tag{17.17}$$

식 (17.17)은 전류가 시간에 따라 초기 전류에 비해 지수함수적으로 감소된다는 것을 말해 주고 있다. 그런데 저항과 전기용량의 곱인 RC는 시간 차원이라는 것을 알 수 있는데, 이렇게 저항과 전기용량의 결합상수를 시간상수(time constant)라 부른다. 만약 흐른 시간이 시간상수와 같다면

$$I = I_0 e^{-1} = \frac{1}{2.72} I_0 = 0.37\, I_0$$

의 값을 얻는다. 즉 시간상수 동안 전류는 초기 전류의 63%까지 줄어든다. 그림 17.8에서 보듯이 전류는 시간이 지남에 따라 감소하지만 결코 0으로는 떨어지지 않는다. 그러나 시간에 대한 전류의 감소율, 즉 곡선의 기울기는 처음에 비해 시간이 지남에 따라 점차 감소한다는 사실을 알 수 있다. 만약 초기 조건에 의해 전류가 감소한다면 어떻게 될까? 식 (17.17)을 미분해 보자.

$$\frac{dI}{dt}\Big|_{t=0} = -\frac{I_0}{RC} e^0 = -\frac{I_0}{RC}$$

위 식은 초기 조건에 의한 전류 변화의 기울기에 해당하므로 이러한 율로 감소한다면 시간상수 동안에 전류는 0으로 된다. 그림 17.8을 보라.

이번에는 방전하는 동안 전하의 변화를 살펴보자. 식 (17.10)은 다음과 같이 표현

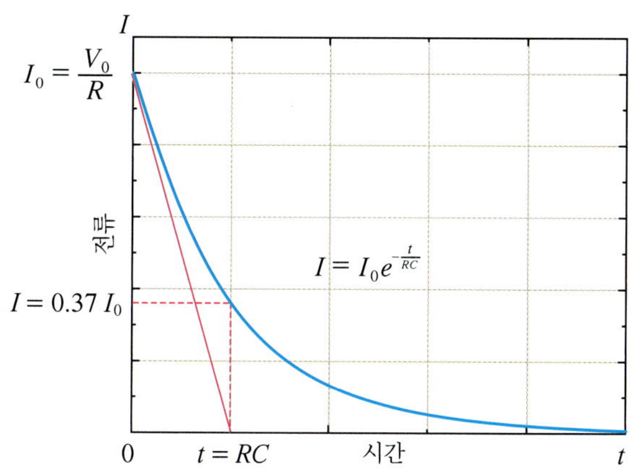

그림 17.8 RC 회로와 전류의 특성. 방전하는 RC 회로에서의 전류의 변화는 지수함수적으로 감소한다. RC는 회로를 특정하는 시간상수에 해당한다.

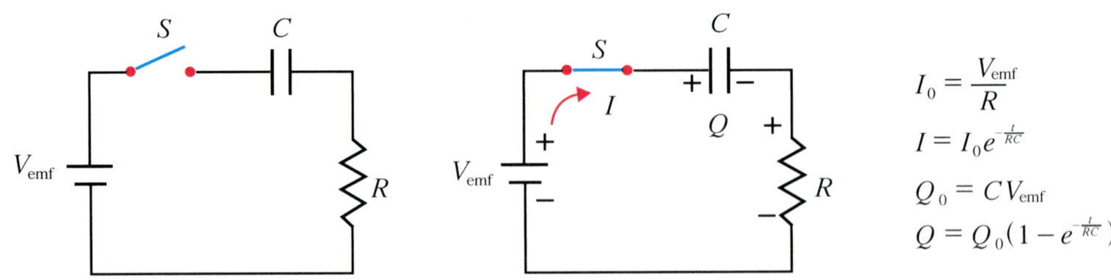

그림 17.9 충전되는 RC 회로에서의 전하와 전류.

될 수 있다.

$$\frac{Q}{C} - R\left(-\frac{dQ}{dt}\right) = 0$$

따라서

$$\frac{dQ}{dt} = -\frac{Q}{RC}$$

이고, 이를 정리하면

$$\frac{dQ}{Q} = -\frac{1}{RC}dt$$

이다. 이 식은 식 (17.14)와 동일한 형태이다. 따라서 전류를 구하던 방법을 따르면 전하의 변화량은 다음과 같이 주어진다.

$$Q = Q_0 e^{-\frac{t}{RC}} \tag{17.18}$$

초기 조건인 $t = 0$일 때 전하는 $Q = Q_0$를 만족하도록 하였다. 전하의 변화 역시 전류의 변화와 동일한 형태를 갖는다는 것을 알 수 있다.

이번에는 기전력이 존재하여 축전기를 충전하는 경우를 다루어보기로 한다. 처음에 축전기에는 아무런 전하가 없고 판 사이에 전위차도 없다고 하자(그림 17.9). 그러면 초기 $t = 0$에서 저항에 걸리는 전위차는 기전력의 값과 같다. 따라서 초기 전류는 $I_0 = V_{\text{emf}}/R$ 이다. 스위치를 닫으면 키르히호프 법칙에 따라 다음과 같은 식이 성립한다.

$$V_{\text{emf}} - \frac{Q}{C} - IR = 0 \tag{17.19}$$

식 (17.19)의 양변을 시간에 대해 미분하면

$$-\frac{1}{C}\frac{dQ}{dt} - R\frac{dI}{dt} = 0$$

이고, 따라서

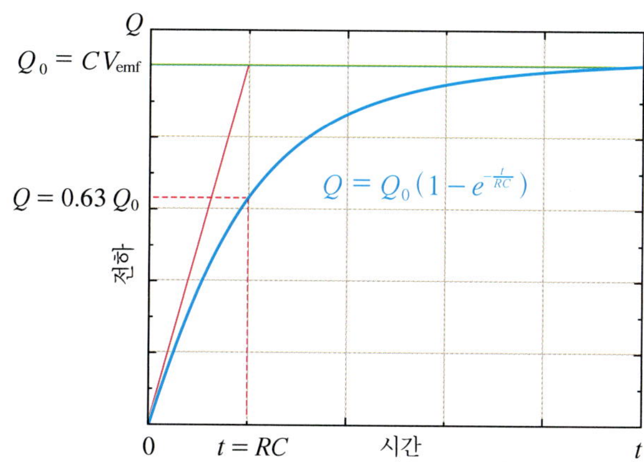

그림 17.10 충전되는 RC 회로에서의 전하량 분포 곡선.

$$R\frac{dI}{dt} = -\frac{I}{C}$$

이다. 이를 정리하면

$$\frac{dI}{I} = -\frac{dt}{RC}$$

인데, 이 식은 식 (17.14)와 동일하다. 다만 초기 전류 값만이 다를 뿐이다. 따라서 전류는

$$I = I_0 e^{-\frac{t}{RC}} = \frac{V_{\text{emf}}}{R} e^{-\frac{t}{RC}} \tag{17.20}$$

이다. 전하의 변화는 어떻게 될까? 식 (17.19)와 (17.20)을 이용하면 축전기의 전하가 $t \geq 0$일 때 다음과 같이 된다는 사실을 알 수 있다.

$$Q = Q_0\left(1 - e^{-\frac{t}{RC}}\right) = CV_{\text{emf}}\left(1 - e^{-\frac{t}{RC}}\right) \tag{17.21}$$

위와 같은 결과는 시간상수 동안에 축전기에 저장된 전하량은 최대값의 63%가 된다는 사실을 말해 준다. 그림 17.10을 잘 보기 바란다.

17장 학습문제

17.1 다음 그림과 같은 회로에서 각각의 저항체에 흐르는 전류를 구하라.

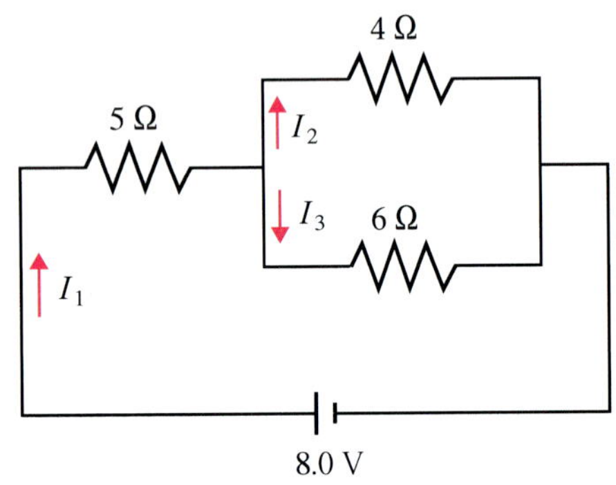

그림 17.11 이 회로의 저항체에 흐르는 전류는 옴의 법칙, 저항의 연결, 키르히호프 법칙 등을 이용하여 다양한 방법으로 구할 수 있다.

풀이: 먼저 키르히호프 법칙을 적용하여 풀기로 한다. 우선 전체 회로를 2개의 폐회로로 구분하자. 그림 17.12에서처럼 폐회로 1과 폐회로 2를 가정하면 각각의 폐회로에서의 전위차는 0이므로

$$8\text{ V} - (5\ \Omega)I_1 - (6\ \Omega)I_3 = 0\text{: 폐회로 1}$$
$$-(4\ \Omega)I_2 + (6\ \Omega)I_3 = 0\text{: 폐회로 2}$$

이다. 폐회로의 방향을 시계 방향으로 잡았기 때문에 폐회로 2에서 저항 6 Ω에 의한 전위차는 양으로 된다는 점에 주의하자. 왜냐하면 저항에 의한 전위 변화는 전류 방향에 대해 항상 반대로 작용하기 때문이다. 만약 회로의 방향이 전류의 방향과 같다면 저항을 통과할 때의 전위 변화는 항상 음이다. 반면에 회로의 방향과 전류의 방향이 서로 반대이면(폐회로 2에서 6 Ω인 경우임) 전위의 변화는 양으로 나타난다.

마지막으로 분기점 법칙에 의하면

$$I_1 = I_2 + I_3$$

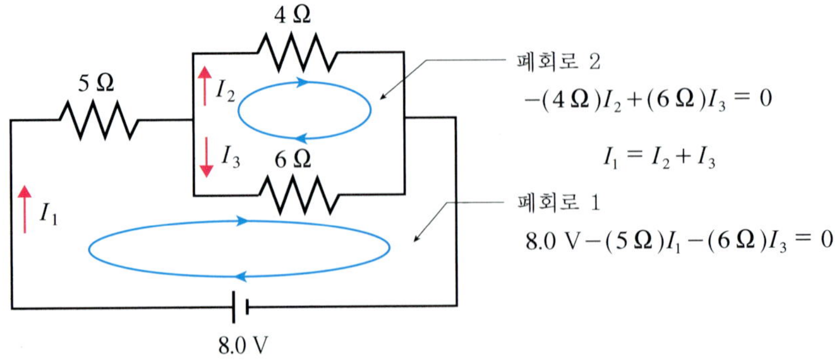

그림 17.12 키르히호프 법칙.

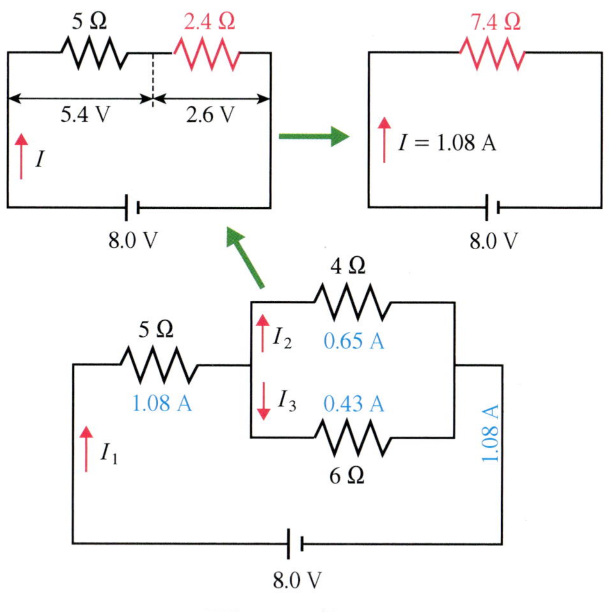

그림 17.13 회로 분석.

이다. 위와 같은 3개의 연립방정식으로부터 우리는 각각의 전류를 구할 수 있게 된다.

$$I_1 = 1.08\ \text{A}, \quad I_2 = 0.65\ \text{A}, \quad I_3 = 0.43\ \text{A}$$

이제 이 문제를 다른 각도로 풀어보기로 한다. 그림 17.13을 보자. 우선 4 Ω과 6 Ω의 저항이 병렬로 연결되어 있으므로 이에 대한 등가 저항은

$$\frac{1}{R_{23}} = \frac{1}{R_2} + \frac{1}{R_3} = \frac{1}{4\ \Omega} + \frac{1}{6\ \Omega}$$

$$R_{23} = 2.4\ \Omega$$

이다. 그리고 총 등가 저항은 $R_{123} = R_1 + R_{23} = 7.4\ \Omega$이다. 따라서 전류 I_1은

$$I_1 = \frac{V}{R_{123}} = \frac{8\ \text{V}}{7.4\ \Omega} = 1.08\ \text{A}$$

이다. 그리고 R_2, R_3의 전위차는 $V_{23} = (2.4\ \Omega)(1.08\ \text{A}) = 2.6\ \text{V}$이다. 그러면

$$I_2 = \frac{V_{23}}{R_2} = \frac{2.6\ \text{V}}{4\ \Omega} = 0.65\ \text{A}$$

$$I_3 = \frac{V_{23}}{R_3} = \frac{2.6\ \text{V}}{6\ \Omega} = 0.43\ \text{A}$$

이다. 결과는 키르히호프 법칙을 사용해서 얻은 값과 같다.

17.2 그림 17.14와 같이 기전력이 20 V이고 내부 저항이 1 Ω인 전지가 3개의 저항체와 연결되어 있다. 다음 물음에 답하라.

(a) 단자의 전위차를 구하라.

(b) 각각의 저항체 양단의 전위차를 구하라.

(c) 각각의 전류를 구하라.

(d) 각각의 저항체에서 소비되는 전력을 구하라.

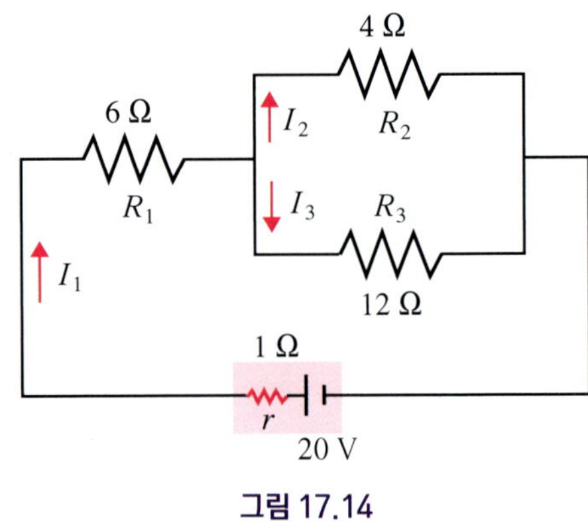

그림 17.14

풀이: (a) 먼저 등가 저항을 구한다.

$$\frac{1}{R_{23}} = \frac{1}{R_2} + \frac{1}{R_3} = \frac{1}{4\ \Omega} + \frac{1}{12\ \Omega} = \frac{1}{3\ \Omega}$$

따라서 $R_{23} = 3\ \Omega$이다. 그러면 총 등가 저항은

$$R = 6\ \Omega + 3\ \Omega + 1\ \Omega = 10\ \Omega$$

이다. 이에 따른 총 전류는 $I_1 = 20\ \text{V}/10\ \Omega = 2\ \text{A}$이다. 따라서 단자의 전위차는

$$V = 20\ \text{V} - (2\ \text{A})(1\ \Omega) = 18\ \text{V}$$

이다.

(b) 전지 내부의 전위차는 $V_r = (2\ \text{A})(1\ \Omega) = 2\ \text{V}$이고, $V_1 = (2\ \text{A})(6\ \Omega) = 12\ \text{V}$이다. 그리고 $V_2 = V_3$이다. $V_1 + V_2 + V_r = 20\ \text{V}$로부터 $V_2 = V_3 = 6\ \text{V}$의 값을 갖는다.

(c) $I_2 = 6\ \text{V}/4\ \Omega = 1.5\ \text{A}$, $I_3 = 6\ \text{V}/12\ \Omega = 0.5\ \text{A}$이므로 $I_1 = I_2 + I_3 = 2\ \text{A}$이다.

(d) 각각의 전력은 $P_1 = (2\ \text{A})(12\ \text{V}) = 24\ \text{W}$, $P_2 = 9\ \text{W}$, $P_3 = 3\ \text{W}$, $P_r = 4\ \text{W}$이다. 기전력이 공급한 총 전력은 $P = (2\ \text{A})(20\ \text{V}) = 40\ \text{W}$이고, 이는 각 저항체에서 소비되는 전력의 합과 같다.

17.3 식 (17.21)을 유도하라.

17.4 $C = 20\ \mu\text{F}$ 의 전기용량을 가진 축전기가 100 V의 기전력에 의해 충전되었다. 이 충전기가 50 kΩ의 저항체에 연결되어 방전을 한다면 저항체에서 열로 발생하는 에너지는 얼마인가?

풀이: 먼저 시간 변화에 따른 전력 소모는 $P(t) = I^2(t)R$임을 상기하자. 그러면 소모된 총 열량은

$$W = \int_0^\infty p(t)dt = \int_0^\infty RI^2(t)dt$$

이다. 식 (17.17)을 이용하면

$$W = \int_0^\infty R\left(\frac{V_0}{R}e^{-\frac{t}{RC}}\right)^2 dt = \frac{V_0^2}{R}\int_0^\infty e^{-\frac{2t}{RC}}dt$$

가 된다. 이를 계산하면

$$W = \frac{1}{2}CV_0^2 = \frac{1}{2}(20 \times 10^{-6}\ \text{F})(100\ \text{V})^2 = 0.10\ \text{J}$$

이다.

17.5 그림 17.9와 같이 대전이 안 된 축전기와 저항이 직렬로 연결되어 있다. $V_{\text{emf}} = 12\ \text{V}$, $C = 5\ \mu\text{F}$, $R = 8.0 \times 10^5\ \Omega$일 때 다음을 각각 구하라.

(a) 시간상수 (b) 최대 전하량 (c) 처음 시간상수일 때의 축전기 전하량

풀이: (a) $\tau = RC = (8.0 \times 10^5\ \Omega)(5.0 \times 10^{-6}\ \text{F}) = 4.0\ \text{s}$.

(b) $Q_0 = CV_{\text{emf}} = (5.0 \times 10^{-6}\ \text{F})(12\ \text{V}) = 60\ \mu\text{C}$.

(c) $Q = 0.63Q_0 = 0.63 \times 60\ \mu\text{C} = 38\ \mu\text{C}$.

17장 연습문제

17.1 저항이 30 Ω인 5개의 전구가 직렬로 연결되어 있다. 회로의 총 저항을 구하라. 만일 병렬로 연결된다면 어떻게 되는가?

17.2 6개의 24 W 전구를 220 V에 직렬로 연결할 때 각 전구에 걸리는 저항은 얼마인가?

17.3 75 W, 220 V인 전구가 40 W, 220 V의 전구와 병렬로 연결되었을 때 총 저항을 구하라.

17.4 1.2 kΩ과 1.8 kΩ이 병렬로 연결된 다음 1.9 kΩ의 저항과 직렬로 연결되었다. 각 저항의 정격 출력이 0.5 W라면 전체 회로에 걸릴 수 있는 최대 전압은 얼마인가?

17.5 4개의 1.5 V 건전지가 9.2 Ω인 전구에 직렬로 연결되어 있다. 전지의 내부 저항이 0.30 Ω이라면 이 전구에 흐르는 전류는 얼마인가?

17.6 다음 그림은 전위차를 정확하게 측정하는 기구인 전위차계(potentiometer)의 일종이다. 흔히 휘트스톤 브리지(Wheatstone bridge)라고 부른다. 여기서 R_1, R_2, R_3의 저항값은 알려져 있고, 특히 R_3는 가변 저항으로 다이얼을 통해 직접 읽을 수 있도록 되어 있다. 그리고 G는 검류계(galvanometer)로 전류를 정확히 측정할 수 있는 장치이다. 이 장치를 통해 미지의 저항 R_x를 알아내고자 한다. 그림을 참고하여 원리를 설명해 보라.

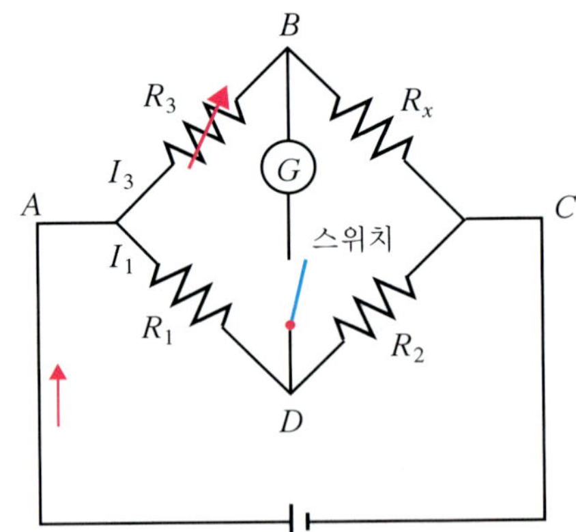

그림 17.15 휘트스톤 브리지(Wheatstone bridge).

17.7 6.0 μF 축전기 2개와 2.2 kΩ의 저항 2개, 그리고 12.0 V의 기전력이 직렬로 연결되어 있다. 대전이 안 된 상태에서 출발하여 얼마의 시간이 흘러야 전류가 최초의 값에서 1.20 mA까지 떨어지는가?

17.8 그림 17.9의 회로에서 전기용량 $C = 0.30\ \mu$F이고 총 저항은 20 kΩ, 그리고 전지의 기전력은 12 V이다.

(a) 시간상수를 구하라.

(b) 축전기가 가질 수 있는 최대 전하량은 얼마인가?

(c) 최대 전하 값의 99%가 되는 시간을 구하라.

17.9 다음의 회로에서 R_2에 1.2 mA가 흐를 때 다음을 계산하라. 단, $V_{emf} = 45$ V, $C = 20$ μF, $R_1 = 30$ kΩ, $R_2 = 15$ kΩ이다.

(a) 기전력에서 공급하는 에너지 율을 구하라.

(b) 축전기에서의 전하를 구하라.

(c) 축전기에 저장된 에너지의 변화율은 얼마인가?

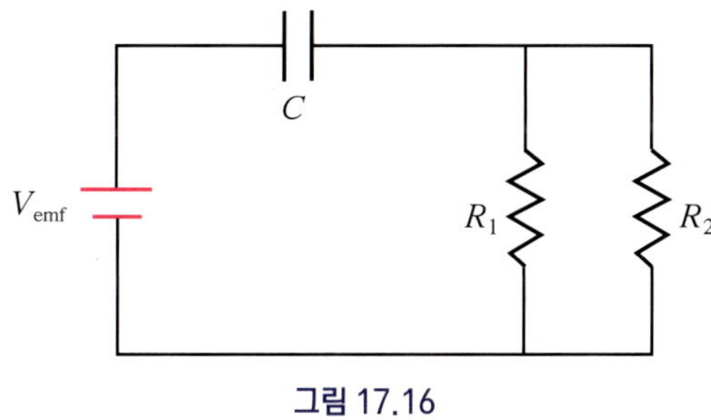

그림 17.16

17.10 다음 그림의 회로를 보자. 이 회로에서 스위치 S가 닫힐 때 축전기에 걸리는 전위차는 0이다. 다음 양들을 계산하라. 단, $V_{emf} = 50$ V, $C = 20$ μF, $R_1 = 10$ kΩ, $R_2 = 30$ kΩ, $R_3 = 15$ kΩ이다.

(a) 스위치가 닫힌 직후 R_2에 흐르는 전류는 얼마인가?

(b) 축전기에 걸리는 정상 상태의 전위차를 구하라.

(c) 기전력의 정상 상태 전류를 구하라.

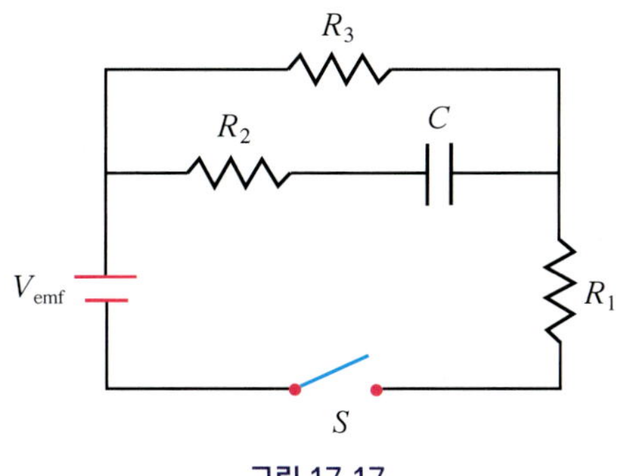

그림 17.17

17장 연습문제 해답

17.1 150 Ω, 6.0 Ω.

17.2 56 Ω.

17.3 420 Ω.

17.4 42 V.

17.5 0.58 A.

17.6 전지가 연결되면 전류는 각각의 저항체에 흐르게 될 것이다. 이때 가변 저항을 움직여 점 B와 D의 전위차가 같도록 조절한다. 이러한 조절은 검류계 G의 스위치를 잠시 닫아 전류의 흐름을 관찰하면 가능하다. 즉 점 B와 D의 전위차가 같다면 전류는 흐르지 않을 것이고 따라서 검류계의 바늘은 0을 가리킬 것이다. 그러면

$$I_1R_1 = I_3R_3$$

가 된다. 브리지가 평형이 되면 R_x에 걸리는 전압은 R_2에 걸리는 전압과 같다. 그러므로

$$I_3R_x = I_1R_2$$

이다. 두 식으로부터 미지의 저항은

$$R_x = \frac{R_2}{R_1}R_3$$

가 되어 측정이 된다. 여기서 주의할 점은 R_3를 조절할 때 스위치는 전류가 0인지 아닌지를 알기 위한 순간에만 닫혀 있어야 한다.

17.7 11 ms.

17.8 (a) 6.0 ms. (b) 3.6 μC. (c) $0.99\, CV_{\text{emf}} = CV_{\text{emf}}(1 - e^{-t/RC})$로부터 $t = 4.6RC = 28$ ms.

17.9 (a) 8.1×10^{-2} W. (b) 5.4×1^{-4} C. (c) 4.9×10^{-2} W.

17.10 (a) 8.3×10^{-4} A. (b) 30 V. (c) 2.0×10^{-3} A.

자기력과 자기장 18

우리는 일상생활에서 자석을 자주 접하게 된다. 막대자석이나 말굽자석에 못이 달라붙는 실험, N극과 S극의 상호작용 등은 초등학교 시절에 흔히 하는 과학 학습에 속한다. 주변 음식점 등에서 광고용으로 전달하는 배지는 냉장고에 부착하는 형태로 되어 있는데, 거기에는 어김없이 자석이 붙어 있다. 이러한 자석의 달라붙는 힘은 어디에서 오는 것일까?

우리는 이제까지 전기력(쿨롱의 법칙)과 전기장에 대해 자세히 배웠다. 전기력은 전하(electric charge)를 가진 입자 사이에서 작용하는 힘이며 그렇게 상호작용하는 곳을 전기장이라 하였다. 그렇다면 자기력 역시 자하(magnetic charge)를 가진 입자에 의한 상호작용이라고 하면 자연스러울 것이다. 즉 양의 전하와 음의 전하가 존재하는 것처럼 자하 역시 N극 자하와 S극 자하의 존재를 상정해 볼 수 있는 것이다. 그러나 아쉽게도 자연에는 N극 자기장이나 S극 자기장을 일으키는 자하는 존재하지 않는 것으로 판명되었다.

그렇다면 자석, 즉 자기력은 어디에서 나오는 것일까? 우리는 초등학교 시절에 다음과 같은 실험을 해본 경험이 있다. 에나멜선을 못에 칭칭 감고 이 선을 1.5 V 건전지에 이으면 못이 자석이 되는 실험 말이다. 이 간단한 실험은 아주 중요한 자연의 속성을 내포하고 있다. 그것은 흐르는 전류, 다시 말하면 운동하는 전하가 자기력을 유발한다는 점이다. 의심스럽다면 1.5 V 건전지에 전선을 이어 전류를 흐르게 한 다음 그 주위에 나침반을 가져가 보라. 나침반의 바늘이 원을 그리는 방향으로 향할 것이다. 이 얼마나 놀라운 사실인가? **자기력은 전기력의 원천인 전하의 운동에서 나오는 것이다.**

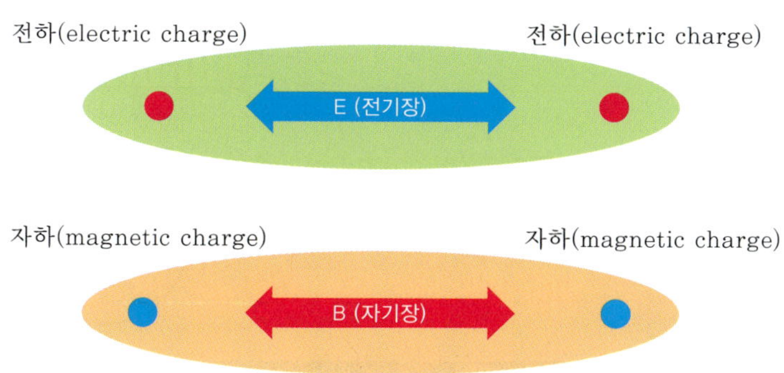

그림 18.1 전기장과 자기장. 전기력은 전하에 의한 전기장의 상호작용에 의해 발생한다. 그렇다면 자기력은 자하에 의한 자기장으로부터 발생하는 것일까? 과연 자하는 존재할까?

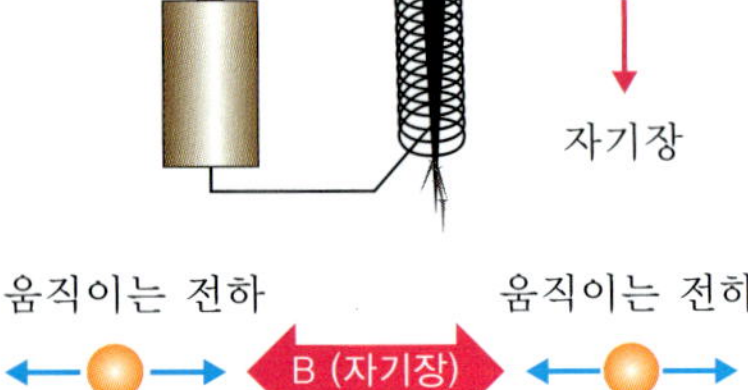

그림 18.2 자기력의 원인. 못에 전류를 흘려 주면 자석이 된다. 이로부터 자기력은 전류와 직접 관계된다는 사실을 알 수 있다. 자기력은 움직이는 전하(전류)에 의해 발생하는 자기장의 상호작용에서 비롯된다. 따라서 독립적인 자하 입자는 존재하지 않는다.

우리는 먼저 자기장에서 움직이는 전하가 어떻게 힘을 받는지부터 살펴보기로 한다. 왜냐하면 그것이 자기력에 대한 가시적인 현상으로 나타나기 때문이다. 자기장의 원천, 즉 자기장이 움직이는 전하(전류)에 의해 어떻게 기술되는지는 그다음에 논의하기로 한다.

학습 내용

- 자기력: $\mathbf{F} = q\mathbf{v} \times \mathbf{B}$.

  $\mathbf{F} = I\boldsymbol{l} \times \mathbf{B}$.

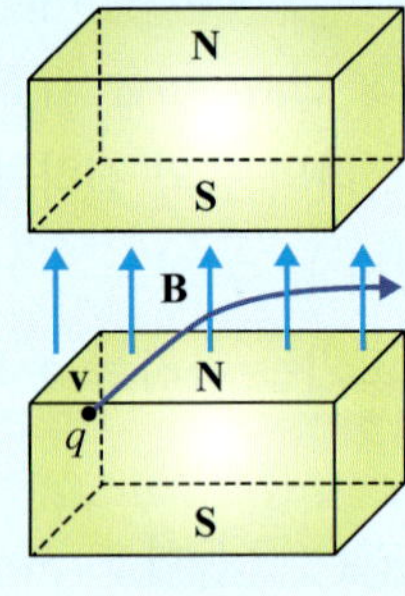

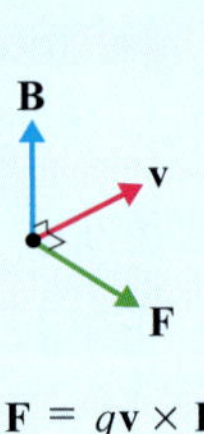

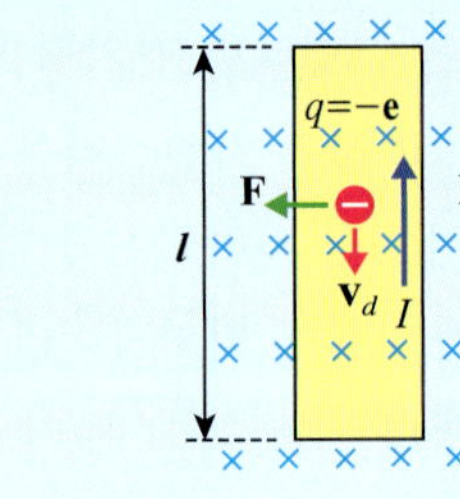

- 자기장 (magnetic field): $B = \dfrac{\mu_0}{4\pi}\dfrac{qv}{r^2}$ (Tesla, T).

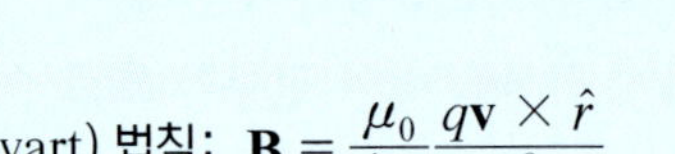

$$1\ \mathrm{T} = \frac{\mathrm{N}}{\mathrm{C \cdot m/s}} = \frac{\mathrm{N}}{\mathrm{A \cdot m}} = \frac{\mathrm{kg}}{\mathrm{A \cdot s^2}}.$$

- 비오-사바르(Viot-Savart) 법칙: $\mathbf{B} = \dfrac{\mu_0}{4\pi}\dfrac{q\mathbf{v} \times \hat{r}}{r^2}$.

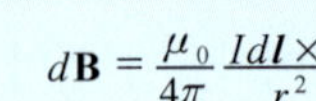

$$d\mathbf{B} = \frac{\mu_0}{4\pi}\frac{Id\boldsymbol{l} \times \hat{r}}{r^2}$$

- 자기 투자율(permeability): $\mu_0 = 4\pi \times 10^{-7}\ \mathrm{T \cdot m/A} = 4\pi \times 10^{-7}\ \mathrm{N/A^2}$.

- 암페어(Ampère) 법칙: $\oint_C \mathbf{B} \cdot d\boldsymbol{l} = \mu_0 I_C$.

- 솔레노이드: $B = \dfrac{\mu_0 NI}{L}$.

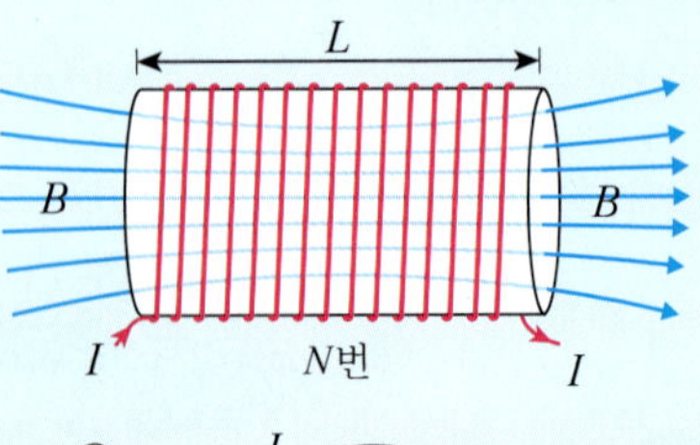

- 자기 쌍극자 모멘트(magnetic dipole moment): $\mu_m = I\pi a^2 = IA$.

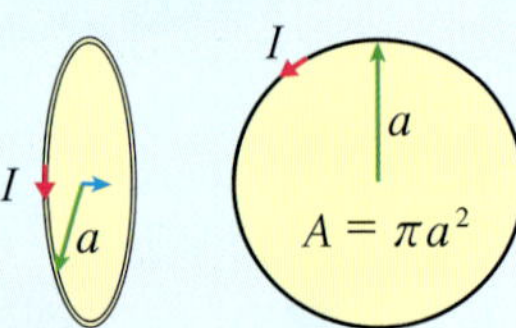

18.1 자기장과 움직이는 전하와의 상호작용

여러분은 싱크로트론이라는 가속기에 대해 들어보았는가? 싱크로트론은 양성자(즉 양의 전하 입자)를 가속하는 장치로 커다란 원형 트랙으로 되어 있다. 이러한 싱크로트론은 처음에는 원자핵 구조 연구에 사용하기 위해 만들어졌는데 오늘날에는 양질의 고에너지 빛, 즉 X-선을 발생시키는 장치로 각광받고 있다. 국내에는 현재 포항공과대학에 설치되어 있으며, 반도체를 비롯한 신물질 개발을 위한 기초 연구 기기로 사용되고 있다. 그런데 양성자를 원형 트랙을 따라 움직이게 하려면 직선운동이 아닌 곡선운동을 하게 해야 하는데, 여기에 사용되는 것이 거대 자석이다. 즉 양성자가 자기장 안에 들어서면 자기장의 영향을 받아 운동 경로가 바뀌게 되는 점을 이용한 것이다. 여기서 자기장은 자석인 경우 N극에서 나와 S극으로 들어가는 벡터양이다.

실험을 통해 전하 q가 속도 $\mathbf{v}$로 자기장에 들어가면 다음과 같은 형태로 힘을 받는다는 사실이 밝혀졌다.

$$\mathbf{F} = q\mathbf{v} \times \mathbf{B} \tag{18.1}$$

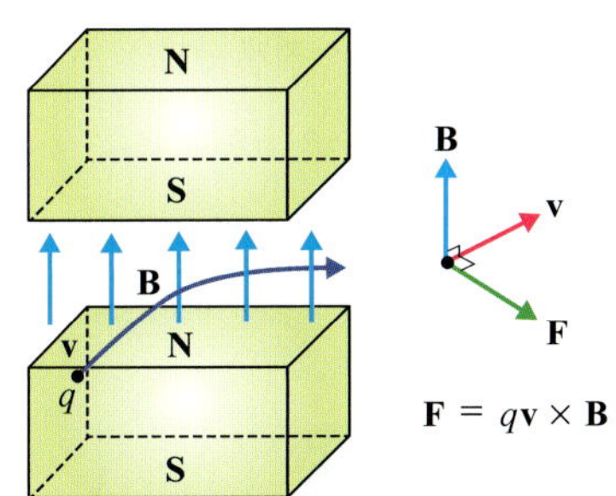

그림 18.3 자기장에 의한 힘. 자기장에 들어간 전하 입자는 자기장에 의해 힘을 받아 경로가 달라진다. 힘의 방향은 전하의 속도와 자기장의 벡터 곱으로 정의된다.

이러한 자기력의 표현은 전기장에 의한 전기력의 표현인 $\mathbf{F} = q\mathbf{E}$와 유사하다. 식 (18.1)은 자기장을 고정시키고 전하의 속도 벡터를 자기장으로 돌렸을 때 오른손 규칙에 의해 힘의 방향은 엄지손가락 방향임을 말해 주고 있다. 만약 속도의 방향과 자기장의 방향이 직각이 아닌 각도로 이루어진다면 힘의 크기는

$$F = qvB\sin\theta \tag{18.2}$$

이다. 자기장의 단위를 테슬라(Nikola Tesla, 1856~1943)라 부르며 T로 표기한다. 테슬라와 기본 단위들과의 관계는 다음과 같다.

$$1\ \mathrm{T} = \frac{\mathrm{N}}{\mathrm{C \cdot m/s}} = \frac{\mathrm{N}}{\mathrm{A \cdot m}} = \frac{\mathrm{kg}}{\mathrm{A \cdot s^2}} \tag{18.3}$$

이러한 테슬라는 통상적으로 큰 단위에 속하며, 그 만분의 일에 해당하는 가우스(Gauss) 단위를 주로 사용한다.

$$1\ \mathrm{G} = 10^{-4}\ \mathrm{T} \tag{18.4}$$

그리고 자기장에 의한 힘의 방향은 전하의 운동 방향과 항상 수직이므로 자기력은 일을 하지 않는다. 따라서 운동에너지를 변화시키지 못한다는 사실에 주목하라.

18.2 자기장과 전류와의 상호작용

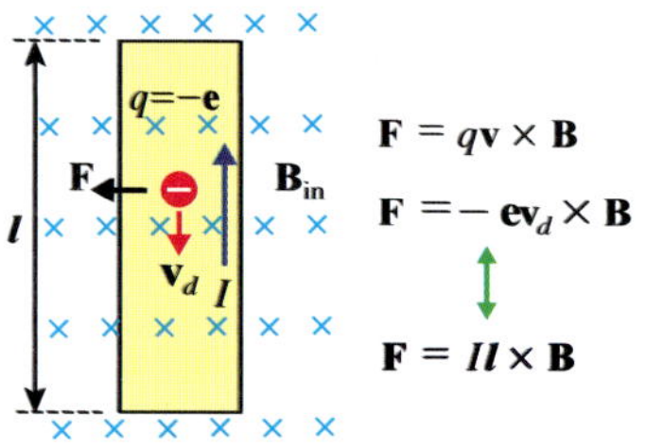

지면으로 들어가는 자기장: × 혹은 ⊗
지면에서 나오는 자기장: • 혹은 ⊙

그림 18.4 자기장과 전류의 상호작용. 전류가 흐르는 도선이 자기장에 놓여 있으면 자기력에 의해 힘을 받는다. 그림과 같이 지면으로 들어가는 자기장에 전류가 위로 향하는 도선은 왼쪽으로 휘어지게 된다.

이번에는 전류와 자기장과의 상호작용에 따라 나타나는 자기력을 알아보기로 하자. 자기장 영역 내에서 길이가 l인 도선이 그림 18.4와 같이 놓여 있다. 도선에 전류 I가 흐른다면 도선 내에 있는 전하(전자)들이 유동속도 v_d를 가지게 되어 자기장에 의해 힘을 받는다. 이 도선에 대한 전도전자들에 의한 총 전하의 수는

$$q = I\left(\frac{l}{v_d}\right) \tag{18.5}$$

가 될 것이다. 따라서 힘은

$$F = qv_dB = I\left(\frac{l}{v_d}\right)v_dB = IlB \tag{18.6}$$

가 된다.

전자인 경우 전하의 부호가 음이지만 속도의 방향 역시 양의 전하와는 반대로 되어 결국 양의 전하가 받는 힘의 방향과 같다. 이를 벡터 형태로 표현하면

$$\mathbf{F} = I\boldsymbol{l} \times \mathbf{B} \tag{18.7}$$

이다. 여기서 벡터 $\boldsymbol{l}$은 전류가 흐르는 방향으로 정의된다. 그림 18.5를 보라.

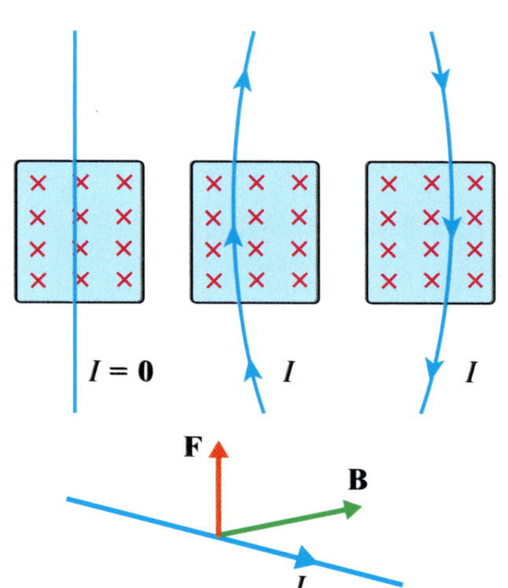

그림 18.5 자기장과 전류에 의한 힘. 자기장이 존재하는 곳에 전류가 흐르는 도선이 놓이면 자기력에 의해 도선이 휘어지게 된다. $\mathbf{F} = I\boldsymbol{l} \times \mathbf{B}$

만약 도선이 직선이 아니고 구부러져 있다면 무한히 작은 전류 요소를 적용하여 힘을 구한다. 즉

$$d\mathbf{F} = Id\boldsymbol{l} \times \mathbf{B} \tag{18.8}$$

이며 도선 전체에 대한 벡터 합, 즉 적분을 통하면 전체 힘을 구할 수 있다. 학습문제를 통하여 적용하는 방법을 터득하기 바란다.

학습문제 18.1에서 보듯이 균일한 자기장에 놓인 도선에 작용하는 힘인 경우 두 점 사이에서의 경로와는 무관하다. 이러한 결과는 전류가 흐르는 폐회로가 균일한 자기장에 놓여 있을 때 알짜 자기력은 0이라는 사실을 말해 주고 있다. 그림 18.6을 보라.

이번에는 일정한 속도를 가진 전하 입자(양성자나 전자 등)가 자기장 안으로 들어갔을 때의 운동을 고찰해 보자. 그림 18.3에서와 같이 자기장에 수직으로 들어간 입자는 자기력에 의해 방향을 바꾸게 되는데, 자기장의 영역이 넓다면 결국 자기장 안에서 원운동을 하게 된다. 즉 자기력이 구심력의 역할을 하게 되는 것이다. 그러면 뉴턴의 제2법칙은 다음과 같은 관계식을 이끌어낸다.

$$qvB = m\frac{v^2}{r}$$

이로부터 회전 반경은

$$r = \frac{mv}{qB} \tag{18.9}$$

이다.

식 (18.9)처럼 원형 경로를 따라 회전하는 입자들은 결국 주기적인 운동을 하게 되는데 1회전하는 데 걸리는 시간, 즉 주기는 다음과 같이 주어진다.

$$T = \frac{2\pi r}{v} = \frac{2\pi m}{qB} \tag{18.10}$$

그리고 진동수는 주기의 역이므로

$$f = \frac{qB}{2\pi m} \tag{18.11}$$

이다. 이러한 진동수를 흔히 사이클로트론(cyclotron) 주기라 부른다.

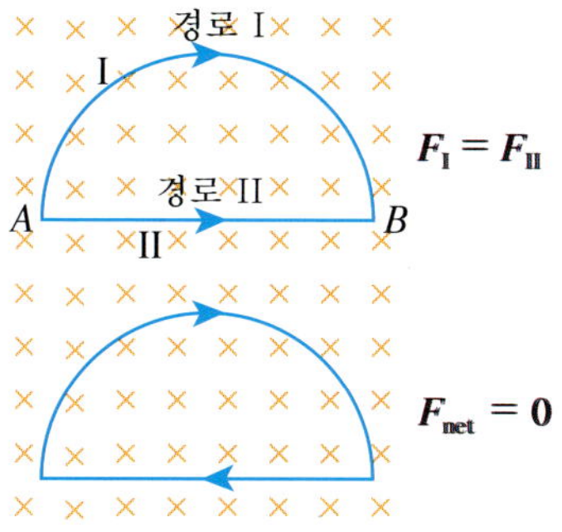

그림 18.6 닫힌 전류 도선과 자기력. 두 점을 잇는 경로 I과 경로 II에 대한 자기력은 동일하다. 즉 균일한 자기장에 놓인 도선에 작용하는 자기력은 경로와는 무관하다. 닫힌 전류 도선(폐회로)에 작용하는 자기력의 합은 0이다. 즉 알짜힘은 없다.

사이클로트론

사이클로트론은 양성자와 같은 전하 입자를 높은 속도로 가속시켜 주는 입자 가속기 중 하나이다. 식 (18.10) 또는 (18.11)을 들여다보면 전하 입자의 주기나 진동수는 오직 주어진 자기장의 크기와 입자 자신의 질량과 전하 크기에만 관계된다는 사실을 알 수 있다. 즉 운동 경로의 반경과는 상관없다는 사실에 주목하자. 그런데 입자의 속도는 식 (18.9)로부터

$$v = \frac{qBr}{m} \tag{18.12}$$

이고, 따라서 입자의 운동에너지는 다음과 같이 주어진다.

$$K = \frac{1}{2}mv^2 = \frac{1}{2}\left(\frac{q^2B^2}{m}\right)r^2 \tag{18.13}$$

결국 입자의 에너지는 회전 반경의 곱에 비례하게 되는데, 사이클로트론은 이러한 회전 반경을 크게 하여 고에너지 입자를 만들어내는 가속 장치이다. 이러한 가속 장치를 입자 가속기라 부르며, 그 용도는 고에너지 입자들을 특정 원자들에 충돌시켜 원자들의 구조나 원자핵들의 구조를 밝혀내는 것이다. 원자나 원자핵의 구조 연구에 고에너지 입자를 사용하는 것은 보통의 빛(가시광선)으로는 원자의 모습을 찍어낼 수 없기 때문이다. 왜냐하면 빛의 파장이 원자의 크기보다 훨씬 크기 때문이다. 사이클로트론과 같은 입자 가속기에 의해 가속된 입자들의 에너지가 파장으로 환산되면 원자는 물론 훨씬 작은 원자핵의 크기보다 작은 값들(보통 감마선 영역)이 된다. 여기서 입자들이 파장을 갖는다는 의미는 양자역학적으로 물질파라 부르며 자

연의 속성에 속한다. 이와 같은 현상은 25장에서 배우게 된다.

18.3 비오-사바르 법칙(Biot-Savart Law)

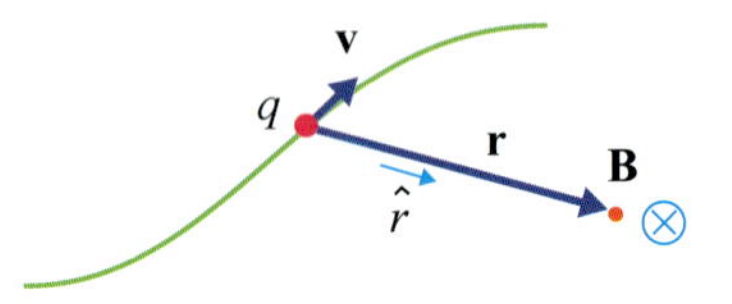

자기장은 지면으로 들어가는 방향이다.

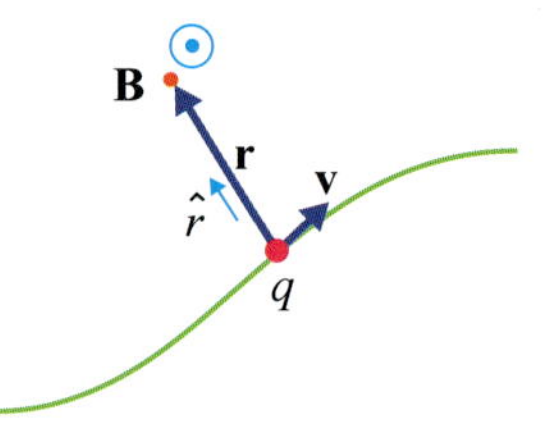

자기장은 지면에서 나오는 방향이다

그림 18.7 움직이는 점전하에 의한 자기장. 속도 v로 움직이는 점전하는 그 주위에 자기장을 만든다.

$$\mathbf{B} = \frac{\mu_0}{4\pi}\frac{q\mathbf{v} \times \hat{r}}{r^2}$$

우리는 앞에서 자기장의 근원은 전하의 운동에서 비롯된다고 하였다. 그렇다면 전기장에 대한 쿨롱의 법칙에서와 같이 자기장도 전하의 속도와 측정 지점 간의 거리와 관계될 것으로 기대할 수 있다. 그림 18.7에서 보듯이 실제적으로 속도 v로 움직이는 점전하 q에 의해 공간에 생성되는 자기장은 다음과 같이 주어진다.

$$\mathbf{B} = \frac{\mu_0}{4\pi}\frac{q\mathbf{v} \times \hat{r}}{r^2} \tag{18.14}$$

여기서 μ_0는 자유공간에 있어서의 투자율(permeability)이라 부르며 그 값은 다음과 같다.

$$\mu_0 = 4\pi \times 10^{-7}\ \mathrm{T \cdot m/A} = 4\pi \times 10^{-7}\ \mathrm{N/A^2}$$

그리고 단위 $\mathrm{N/A^2}$는 식 (18.3)에서처럼 $\mathrm{T = N/(A \cdot m)}$이기 때문이다. 그런데 $1/4\pi$라는 인자는 나중에 다룰 암페어 법칙에서 4π가 나오지 않도록 하기 위해 임의적으로 집어넣은 것이다. 우리는 이러한 인자(factor)가 전기장에 대한 쿨롱의 식에서도 나타나는 것을 보았는데, 이로 인해 전기장에 대한 가우스 법칙에서 4π가 드러나지 않는다. 따라서 4π는 사실상 원의 표면적에 해당하는 공간의 기하학적 요소에서 나온 것임을 알 수 있다.

이번에는 도선에 흐르는 전류 요소에 의한 자기장을 고찰해 보자. 우리는 움직이는 점전하의 $q\mathbf{v}$ 성분을 $Id\boldsymbol{l}$로 대체하여 점전하에 의한 힘으로 전류 요소에 작용하는 힘을 설명한 바 있다. 이러한 고찰은 전류 요소에 의한 자기장을 나타내는 데도 똑같이 적용된다. 즉 전류 요소인 $Id\boldsymbol{l}$에 의한 자기장 성분은 다음과 같이 주어진다.

$$d\mathbf{B} = \frac{\mu_0}{4\pi}\frac{Id\boldsymbol{l} \times \hat{r}}{r^2} \tag{18.15}$$

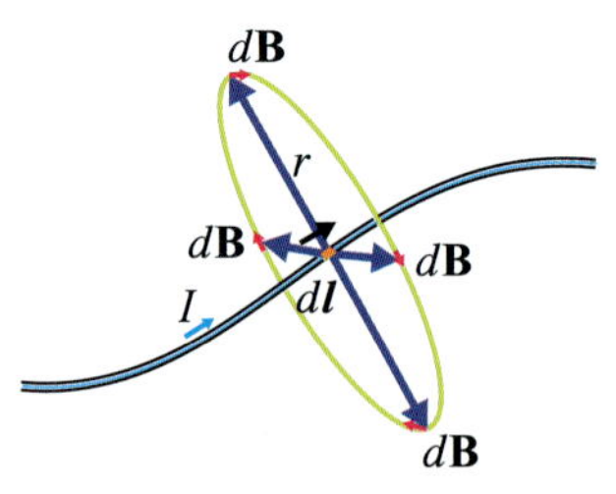

그림 18.8 비오-사바르 법칙.

$$d\mathbf{B} = \frac{\mu_0}{4\pi}\frac{Id\boldsymbol{l} \times \hat{r}}{r^2}$$

식 (18.15)를 비오-사바르 법칙(Biot-Savart law)이라 부른다.

그림 18.8은 한 전류 요소로부터 r만큼 떨어진 공간들에서 나타나는 자기장의 성분을 보여준다. 자기장의 성분은 전류 요소와 위치 벡터가 만들어내는 평면에 항상 수직이다. 그림 18.8을 주의 깊게 살피면 도선에 흐르는 전류에 의한 자기장은 도선에 수직인 평면에서 원형을 이루고 있음을 알 수 있다. 전류 요소로부터 특정 거리에 있는 점에서의 전체 자기장은 중첩의 원리를 적용한다. 그러면 식 (18.15)는 다

음과 같이 표현된다.

$$\mathbf{B} = \frac{\mu_0}{4\pi}\int \frac{I d\boldsymbol{l} \times \hat{r}}{r^2} \tag{18.16}$$

학습문제들을 풀면서 식 (18.16)을 이해하도록 한다.

평행 도선 사이의 자기력

이번에는 전류가 흐르는 2개의 평행 도선 사이에 작용하는 자기력의 관계를 논의하기로 한다. 그림 18.9와 같이 전류가 같은 방향으로 흐르는 긴 평행 도선이 거리 d 만큼 떨어져 있는 경우를 살펴보자.

학습문제 18.6에 따르면 도선 1의 임의의 한 점에서 생성되는 자기장은 도선 2의 위치에서는

$$B_1 = \frac{\mu_0 I_1}{2\pi d}$$

이다. 이러한 도선 1에 의한 자기장은 도선 2의 전류 요소 $I_2 dl$과 상호작용을 하여 힘을 유발시킨다. 즉

$$dF_2 = I_2 d\boldsymbol{l}_2 \times \mathbf{B}_1 \tag{18.17}$$

이다. 그런데 그림 18.9에서 보는 것처럼 상대방의 도선에 의해 발생한 자기장과 자

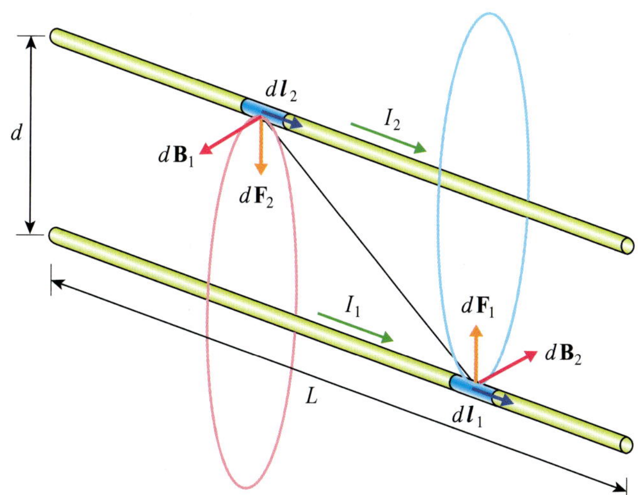

그림 18.9 평행한 두 도선에 의한 자기력. 두 도선에 흐르는 전류의 방향이 같으면 자기력은 인력을 일으키고 방향이 서로 다르면 척력을 일으킨다.

$$F = \frac{\mu_0 I_1 I_2}{2\pi d} L$$

기 자신의 전류 방향은 항상 직각을 이루고 있다. 따라서 식 (18.17)은 다음과 같이 된다.

$$dF_2 = I_2 dl_2 B_1 = I_2 dl_2 \frac{\mu_0 I_1}{2\pi d}$$

만약 도선 2의 길이가 L이라면 도선 2에 작용하는 총 자기력은 다음과 같이 주어진다.

$$F_2 = \mu_0 \frac{I_1 I_2}{2\pi d} L \tag{18.18}$$

이 힘은 도선 2에 수직이며 도선 1을 향하는 방향으로 작용한다. 마찬가지로 도선 2에 의해 생성되는 자기장이 길이가 L인 도선 1에 작용하는 힘은 크기가 같고 방향은 반대이다. 위와 같은 결과로부터 우리는 **전류가 같은 방향으로 흐르는 도선끼리는 상호 인력(끄는 힘)이 작용한다**는 사실을 알 수 있다. 물론 전류가 서로 반대 방향으로 흐르는 도선 사이에는 척력(미는 힘)이 작용한다.

18.4 자기 쌍극자 모멘트

위 식으로부터 2개의 기다란 평행 도선에 작용하는 단위 길이당 힘을 측정하면 2×10^{-7} N/m이라는 것을 알 수 있다. 만약 두 도선이 1 m 떨어져 있다면 이 두 도선에 흐르는 전류는 1 A가 된다. **이와 같이 1 m 떨어진 평행한 두 도선 사이에 작용하는 단위 길이당 힘이 2×10^{-7} N/m일 때의 전류를 1 A로 정의한다.** 그런데 실제적인 측정에서 긴 도선을 사용하는 것은 불편하기 때문에 전류가 흐르는 평행한 코일을 사용하고 있다. 그리고 코일의 양쪽에 작용하는 힘을 측정하는 장치를 전류천칭(current balance)이라 부른다. 우리는 앞에서 전하의 단위인 쿨롱(C)을 다룬 바 있는데, 이러한 쿨롱의 양은 전류의 항으로 정의될 수 있다. 즉 1 C은 1 A의 전류가 흐르는 도선의 단면적을 1초 동안 통과하는 양이다.

그림 18.10과 같은 전류 고리에 의한 자기장은 전기 쌍극자에 대응되는 자기 쌍극자를 갖는다. 이러한 자기 쌍극자의 크기는 전류와 전류가 흐르는 고리의 면적으로 주어지는데, 이를 자기 쌍극자 모멘트(magnetic dipole moment)라 한다. 즉 자기 쌍극자 모멘트는

$$\mu_m = I\pi a^2 = IA \tag{18.19}$$

이며, 그 방향은 그림 18.10에서 보는 것처럼 고리 면에 수직인 방향이다. 이러한 자기 쌍극자 모멘트는 다음과 같이 표현된다. 학습문제 18.11을 보라.

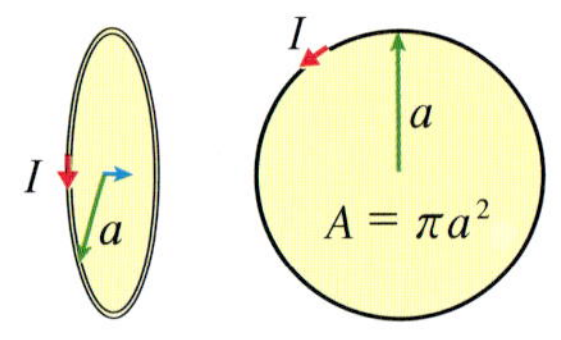

자기 쌍극자 모멘트: $\mu = IA$

그림 18.10 자기 쌍극자 모멘트. 자기 쌍극자 모멘트는 전류 고리에 흐르는 전류의 세기와 그 면적의 곱으로 정의된다. 방향은 고리 면에 수직인 방향이다.

$$B = \frac{\mu_0 I\pi a^2}{2\pi(a^2+x^2)^{3/2}} = \frac{\mu_0 \mu_m}{2\pi(a^2+x^2)^{3/2}} \tag{18.20}$$

고리로부터 아주 멀리 떨어진 축 상에서의 자기장은 다음과 같이 된다.

$$B \approx \frac{\mu_0 \mu_m}{2\pi x^3}, \quad x \gg a \tag{18.21}$$

그림 18.11은 원형 고리에 의한 자기 쌍극자 모멘트가 그려내는 자기장의 모습을 보여주고 있다. 우리는 13장에서 전기 쌍극자 모멘트는 양의 전하 Q와 음의 전하 Q가 d 만큼 떨어져 있을 때 $p = Qd$로 정의된다는 사실을 배운 바 있다. 전기 쌍극자인 경우 전하를 갖는 2개의 입자에 의해 이루어지지만 자기 쌍극자 모멘트인 경우 닫힌 도선을 따라 흐르는 전류와 그 면적으로 주어진다는 점에 주목하자. 또한 전류는 전자들의 운동에 의해 발생하는 것임을 잊지 말기로 한다. 따라서 이러한 자기 쌍극자 모멘트는 원자들에 있어 원자핵 주위를 도는 전자의 운동에 의해서도 발생하는데, 물질의 자기적 성질에 중요한 역할을 담당한다.

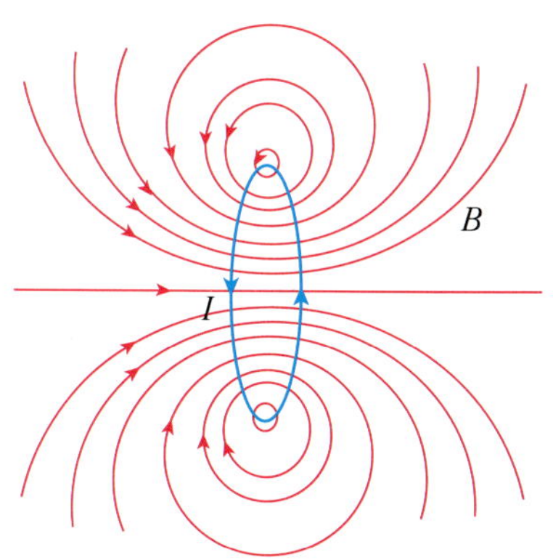

그림 18.11 자기 쌍극자 모멘트의 자기장. 이러한 자기장은 전기 쌍극자에 의한 전기장과는 어떻게 다른가?

18.5 암페어 법칙

우리는 앞에서 전기장에 대한 가우스 법칙을 다룬 바 있다. 즉 폐곡면을 지나는 알짜 전기다발(electric flux)은 가우스 면으로 둘러싸인 전하의 크기를 유전율로 나눈 양이다. 식으로 표현하면

$$\Phi_E = \oint \mathbf{E} \cdot d\mathbf{A} = \frac{Q}{\epsilon_0}$$

이다. 그렇다면 자기장에 있어서의 가우스 법칙은 어떻게 될까? 다시 말해 자기장의 알짜 자기다발인 $\Phi_M = \oint \mathbf{B} \cdot d\mathbf{A}$는 어떠한 양으로 나올까 하는 점이다. 다시 그림 18.11을 보기로 한다. 전류가 흐르는 전류 고리가 포함된 폐곡면의 가우스 면을 그려보고 자기장의 역선들이 가우스 면을 지나는 순 다발을 살펴보자. 그런데 자기장들은 한 점에서 출발하여 다른 점으로 이어지는 것이 아니라 처음과 끝이 없는 폐곡선을 그리고 있음을 알 수 있다. 따라서 가우스 면을 지나는 자기장들은 들어온 양과 나간 양이 같다. 즉 순 자기장의 다발은 0이다. 다시 말해

$$\Phi_M = \oint \mathbf{B} \cdot d\mathbf{A} = 0$$

이다. 이 결과는 사실상 자기장에 대한 단극자(전기장에 있어서 하나의 전하에 대응하는 가상의 자하라고 할 수 있음)가 존재하지 않는다는 사실을 말해 주고 있다. 우

리가 자석을 아무리 잘라내도 N극과 S극을 분리할 수 없는 이유가 여기에 있다. 자연은 단극자를 원하지 않는 것이다.

그런데 우리는 다음과 같은 식을 구한 바 있다.

$$B = \frac{\mu_0 I}{2\pi R} \tag{18.22}$$

이 식은 무한 도선에서 R만큼 떨어진 곳에서의 자기장의 세기를 나타내는 것으로 다음과 같이 써보기로 하자.

$$B \cdot 2\pi R = \mu_0 I \tag{18.23}$$

위 식은 자기장의 세기에 자기장을 이루는 원의 둘레를 곱한 양이 자기장을 만드는 전류의 세기에 투자율을 곱한 양과 같다는 의미이다. 전기장에 있어서 가우스 법칙과 비슷하지 않은가? 다만 면적이 폐곡선 둘레의 길이로, 유전율이 투자율로 바뀌었을 뿐이다.

식 (18.23)을 보면 자기장과 자기장을 이루는 폐곡선 곱이 폐곡선을 통과하는 알짜 전류에 해당한다. 이렇게 폐곡선 C 주위로 자기장 접선 성분의 적분 값과 폐곡선 C로 둘러싸인 표면을 관통하여 흐르는 전류 사이의 관계를 나타내는 법칙을 암페어 법칙(André Marie Ampère, 1775~1836)이라 부른다. 암페어 법칙은 다음과 같다.

$$\oint_C \mathbf{B} \cdot d\boldsymbol{l} = \mu_0 I_C \tag{18.24}$$

이러한 암페어 법칙은 정자기 상태에 있는 폐곡선에 대해 적용될 수 있다. 특히 주어진 전류 분포가 대칭적이고 폐곡선 C에 있는 모든 점에서 자기장의 접선 성분이 일정한 선적분을 세울 수 있다면 이 법칙은 상당한 위력을 발휘한다. 왜냐하면 그러한 경우 선적분은 쉽게 계산되기 때문이다. 우리는 이미 비오-사바르 법칙을 이용하여 일정한 전류가 흐르는 무한히 긴 도선 주위에 생성되는 자기장을 구한 바 있다. 이번에는 암페어 법칙을 사용하여 자기장을 구해 보자.

그림 18.12를 참고하여 식 (18.24)를 적용하면

$$B \oint_C dl = \mu_0 I$$

이다. 왜냐하면 적분 경로에서의 자기장의 세기는 어디에서나 같으며, 또한 자기장의 방향과 적분 경로가 일치하기 때문이다. 여기서 폐곡선은 원이며 반경을 R이라 하면 선적분의 길이는 원호에 해당하므로 $\oint_C dl = 2\pi R$이다. 결국 우리는 다음과 같은 결론을 얻는다.

$$B \cdot 2\pi R = \mu_0 I$$

이 결과는 비오-사바르 법칙을 이용하여 구한 식과 동일하다.

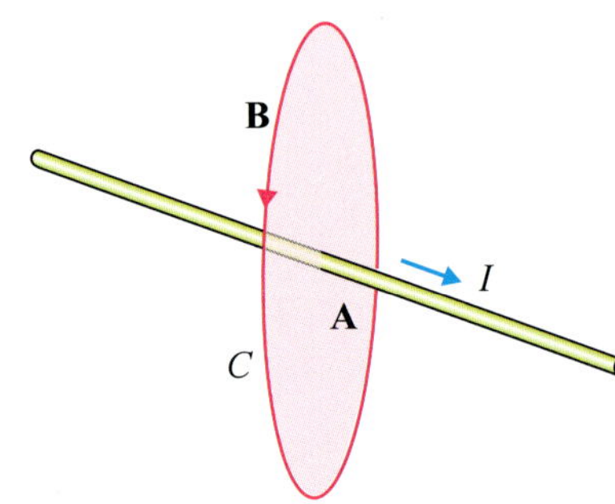

그림 18.12 암페어 법칙의 적용. 일정한 전류가 흐르는 긴 직선 도선에 의한 자기장 계산에서 경로(선) 적분의 양의 방향은 오른손 규칙을 따른다. 전류는 곡선 C에 의해 둘러싸인 표면 **A**를 통과하며 자기장은 폐곡선 상에서는 어느 점에서도 같다.

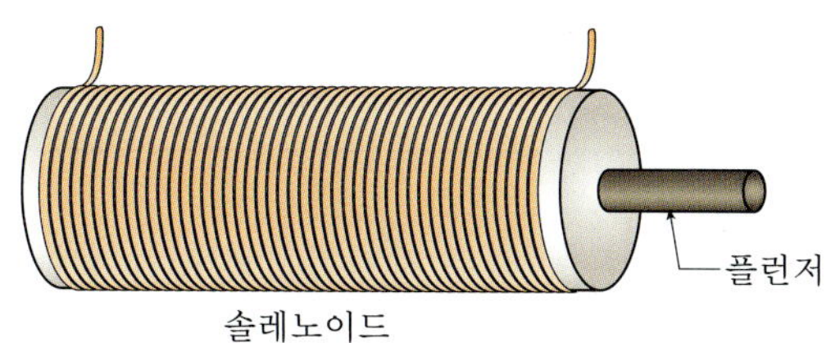

(a) 솔레노이드의 일반적인 구조. 플런저는 철심으로 되어 있다.

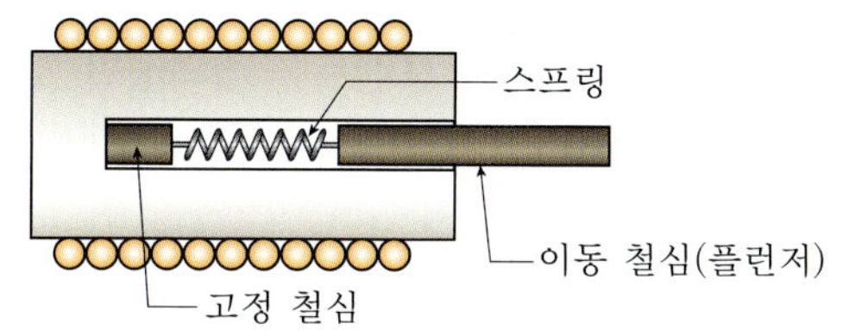

(b) 전류가 흐르지 않는 비활성화 상태이다. 플런저는 밖으로 나와 있다.

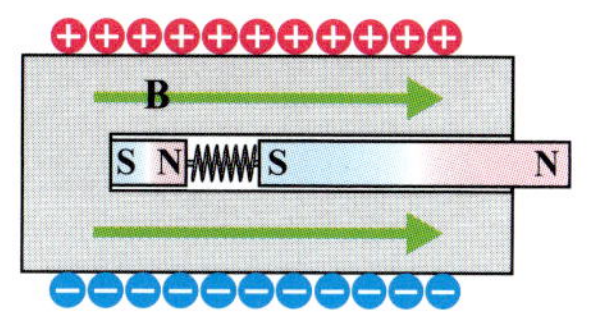

(C) 전류가 흐르게 되면 내부 철심에 자기장이 유도되어 자석이 된다. 이에 따라 고정 철심과 플런저에 인력이 작용하여 플런저는 들어간다.

그림 18.13 솔레노이드.

솔레노이드(Solenoid)

솔레노이드는 열고 잠글 수 있는 밸브나 자동차문 잠금 장치 등에 사용되는 전자기적인 응용 장치이다. 솔레노이드는 그림 18.13에서와 같이 속이 비어 있는 비자성체를 도선으로 감은 원통형으로 되어 있다. 그리고 통 속에는 한쪽에 위치가 고정되어 있는 철심과 다른 쪽에 용수철로 연결된 철심이 들어 있다. 움직일 수 있는 철심을 플런저(plunger)라 부른다. 감겨 있는 도선에 전류가 흐르지 않을 때는 플런저가 바깥쪽으로 많이 나와 있는 상태이다. 도선에 전류가 흐르면 전류 고리에 의해 자기장이 형성되는데 솔레노이드인 경우 연속적인 원형 도선에 의해 유도되는 자기장으로 분석될 수 있다. 이러한 자기장은 솔레노이드 안에 있는 철심을 자화시켜 결국 그림 18.13에서 보는 것처럼 2개의 철심은 용수철을 사이에 두고 서로 다른 극을 형성한다. 이로 인해 인력이 작용하여 플런저는 안쪽으로 이동하게 된다. 다시 전류를 끊으면 압축된 용수철이 풀리면서 플런저가 바깥으로 밀려난다.

그림 18.14에서 보듯이 솔레노이드 내에서의 자기장은 일정한 크기를 가지며 평행선을 달린다고 볼 수 있다. 반면에 바깥쪽에서의 자기장은 그 효과가 미미하여 무시될 수 있다.

솔레노이드에 있어서 길이가 길어질수록 자기장선은 솔레노이드 내부와 외부에서 거의 평행을 이루게 된다. 길이가 L이고 도선이 N번 감긴 솔레노이드에 전류 I가 흐를 때의 자기장은 다음과 같다. 학습문제를 보기 바란다.

$$B = \frac{\mu_0 NI}{L} \tag{18.25}$$

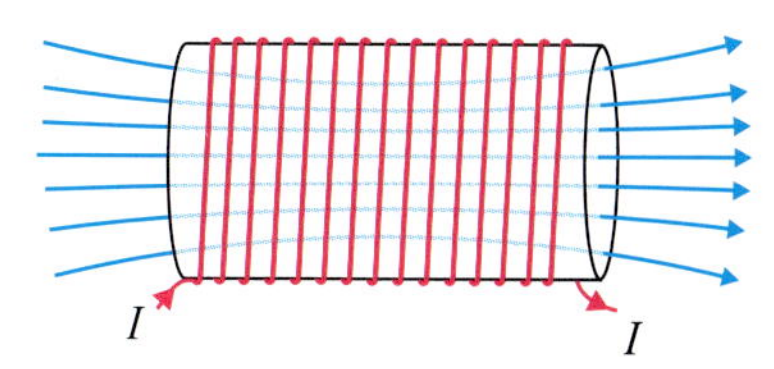

그림 18.14 솔레노이드와 자기장. 솔레노이드 안에서는 자기장이 강하며 일정한 값을 유지한다. 반면에 도선 코일의 바깥에서는 자기장이 무시될 수 있다.

18.6 원자의 자기 쌍극자 모멘트*

철(Fe)이나 코발트(Co) 같은 물질은 자기적인 성질이 강한(강자성이라 함) 반면 구리(Cu)나 탄소(C) 같은 금속은 자기적인 성질이 극히 약하다(반자성이라 함). 이러한 자기성은 원자에 있는 전자들의 운동은 물론 그 배열과 관련이 깊다. 전자는 전하를 갖고 있는 입자이며 원자의 핵 주위를 돌고 있기 때문에 당연히 자기 모멘트를 갖는다. 이것은 원형 고리에 전류가 흐를 때 자기 쌍극자 모멘트를 정의했던 것과 같은 원리이다. 이제 원자핵 주위를 최외각 전자 하나가 반경 r을 유지하며 원운동을 한다고 가정하자. 자기 모멘트는 전류와 원의 면적으로 주어지므로

$$\mu_m = IA = I\pi r^2$$

이다. 그리고 전자의 전하를 $-e$, 속도를 v 그리고 주기를 T라 하자. 그러면 전류는

$$I = \frac{-e}{T} = -\frac{ev}{2\pi r}$$

로 주어진다. 따라서

$$\mu_m = I\pi r^2 = -\frac{ev}{2\pi r}\pi r^2 = -\frac{1}{2}evr \tag{18.26}$$

이다. 한편 전자의 각운동량은

$$L = mvr$$

이고, 따라서 $vr = L/m$이다. 결국 자기모멘트는

$$\boldsymbol{\mu}_m = -\frac{e}{2m}\mathbf{L} \tag{18.27}$$

이 된다.

자기 모멘트의 방향과 각운동량의 방향은 서로 반대임에 주목하자. 전자의 전하가 음이기 때문이다. 수소원자의 자기 모멘트는 얼마가 될까? 수소인 경우 전자의 궤도 반경이 $r = 0.53 \times 10^{-10}\,\text{m}$이고, 그 속도는 $v = 2.2 \times 10^6\,\text{m/s}$이다. 따라서 수소에 대한 자기 모멘트의 크기는

$$\mu_B = \frac{1}{2}(1.6 \times 10^{-19}\ \text{C})(2.2 \times 10^6\ \text{m/s})(0.53 \times 10^{-10}\ \text{m}) = 9.3 \times 10^{-24}\ \text{A}\cdot\text{m}^2 \tag{18.28}$$

이다. 이 물리량을 **보어 마그네톤(Bohr magneton)**이라 부른다. 수소원자를 제외한 다른 원자들의 자기 모멘트 크기를 종종 이러한 보어 마그네톤 단위로 표시한다.

그런데 우리는 7장에서 원자의 에너지를 다루면서 수소원자의 양자화를 배운 바

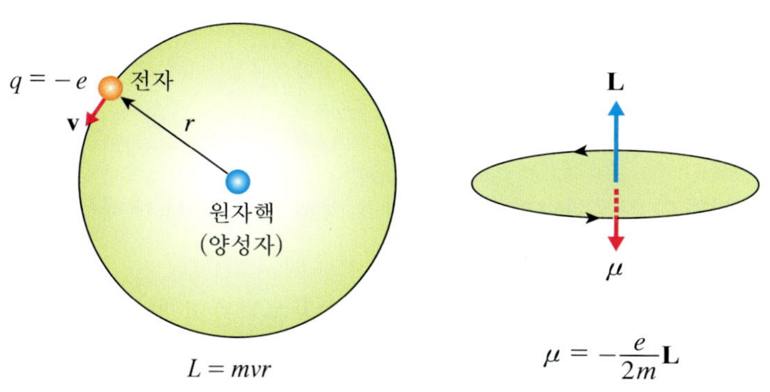

그림 18.15 수소원자와 자기 쌍극자. 닫힌 궤도를 도는 전자에 의해 수소원자는 자기 쌍극자 모멘트를 갖는다. 전자는 음전하를 갖기 때문에 쌍극자 모멘트의 방향과 각운동량과의 방향은 서로 반대이다.

있다. 즉 전자는 특정 궤도에만 존재할 수 있으며 에너지 역시 특정 값만을 가질 수 있다. 아울러 7장에서는 원자나 분자에 분포하는 전자들의 각운동량 역시 양자화된다는 사실을 배웠다. 그리고 각운동량의 기본 단위가 플랑크 상수임을 알았다. 즉

$$L = \sqrt{l(l+1)}\frac{h}{2\pi}, \quad l = 0, 1, 2, 3, \cdots$$

이다. 따라서 원자에 대한 자기 모멘트는 식 (18.27)에서 각운동량을 위 식으로 대치시키면 얻을 수 있다. 그러면 보어 마그네톤은 양자적으로 다음과 같이 정의된다.

$$\mu_B = \frac{e(h/2\pi)}{2m_e} = 9.27 \times 10^{-24}\ \mathrm{A \cdot m^2} \qquad (18.28)$$

원자에 대한 전자 궤도의 자기 모멘트는 다음과 같이 주어진다.

$$\boldsymbol{\mu}_l = -\mu_B \frac{2\pi}{h}\mathbf{L} \qquad (18.29)$$

각운동량에서 가장 낮은 양자수는 $l = 1$($l = 0$인 경우 각운동량은 없다)이다. 따라서 최소 자기 쌍극자 모멘트는

$$\mu_1 = \sqrt{2}\,\mu_B$$

이다.

그런데 전자는 원자핵 주위를 궤도운동할 뿐만 아니라 자기 자신도 각운동량을 갖고 있는 것으로 알려져 있다. 이러한 운동을 스핀(spin)이라 부르며 스핀에 대한 각운동량을 **S**로 표시한다. 이러한 고유 스핀 각운동량에 의한 전자의 자기 모멘트는 다음과 같다.

$$\boldsymbol{\mu}_S = -2\mu_B \frac{\mathbf{S}}{h/2\pi} \qquad (18.30)$$

스핀에 대한 각운동량의 크기는

$$S = \sqrt{\frac{1}{2}\left(\frac{1}{2}+1\right)}\frac{h}{2\pi} = \frac{\sqrt{3}}{2}\frac{h}{2\pi}$$

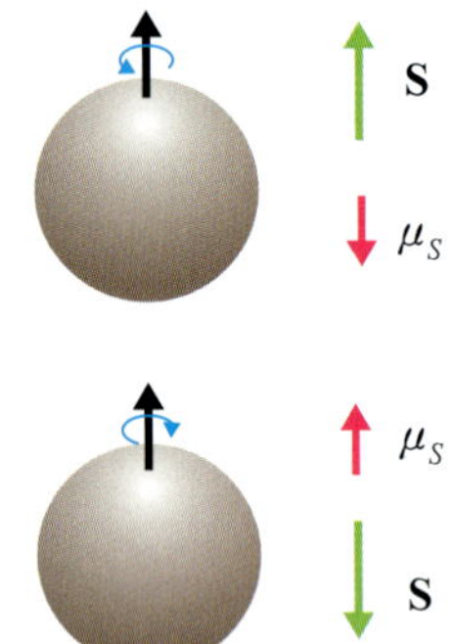

그림 18.16 전자의 스핀과 자기 모멘트. 전자는 스핀이라 하는 양자 상태를 갖고 있다. 이러한 스핀은 두 가지 방향, 즉 위쪽(spin up)과 아래쪽(spin down)의 성분을 갖는다. 원자 내에 있는 전자들이 한 궤도에서 짝을 이루면 각운동량은 상쇄되며 자기 모멘트는 0이 된다. 전자는 크기가 없는 점입자로 취급된다는 점에 주의하라.

이다. 따라서 스핀 자기 쌍극자 모멘트의 크기는

$$\mu_S = \sqrt{3}\,\mu_B$$

이다.

위와 같은 전자의 각운동량과 스핀 그리고 양자 상태 등에 대해서는 25장에서 자세히 다루고 있다. 참조하기 바란다.

물질에 있어 자기성은 그 물질을 이루는 원자나 분자들의 자기 모멘트로부터 나온다. 물질의 물리적 성질을 단위 체적당(밀도, 전하 밀도 등)으로 나타내는 경우가 많은데, 자기적인 성질 역시 단위 체적당으로 나타내면 편리하다. 즉 단위 체적당 자기 모멘트인데, 이는 단위 체적당 원자나 분자의 수(n)와 자기 모멘트의 곱과 같다. 최대 자기화, 즉 포화 자기화(saturation magnetization)는 다음과 같이 주어진다.

$$M_s = n\mu_m \tag{18.31}$$

단위 체적당 원자나 분자의 수는 다음과 같이 물질의 질량, 밀도, 아보가드로 수와 연관된다.

$$n = \frac{N_A\,(\text{atoms/mol})}{M(\text{kg/mol})}\rho(\text{kg/m}^3) \tag{18.32}$$

그리고 자기화된 물질의 자기장은 다음과 같다.

$$B = \mu_0 M_s \tag{18.33}$$

다음 표는 몇몇 강자성체들에 대한 포화 자기장과 상태투자율의 값들이다. 이와 같이 강자성체들은 상대투자율이 수천에서 수만에 이른다는 사실을 알 수 있다.

표. 18.1 강자성체에 대한 포화 자기장과 상대투자율의 최대값.

물 질	$\mu_0 M_s$	μ_r
가열 냉각된 철	2.16	5500
철-실리콘(철 96%, 실리콘 4%)	1.95	7000
페멀로이(철 55%, 니켈 45%)	1.60	25,000
뮤-메탈(니켈 77%, 철 16%, 구리 5%, 크롬 2%)	0.65	100,000

18장 학습문제

18.1 그림 18.17과 같이 반원형 도선이 균일한 자기장에 놓여 있다. 고리가 놓인 평면은 자기장과 수직을 이룬다. 전류 I가 흐를 때 이 도선에 작용하는 자기력을 구하라.

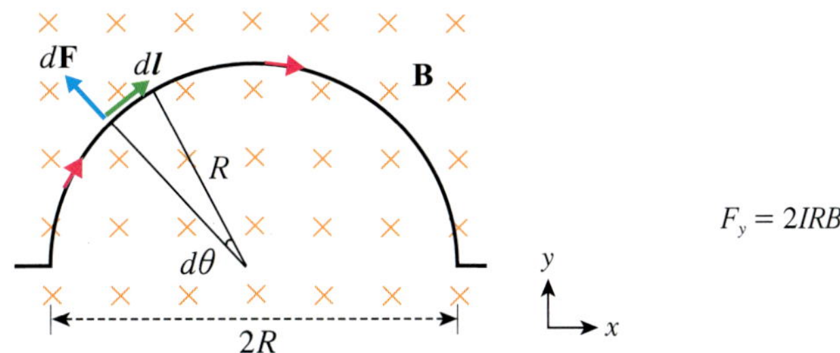

그림 18.17 반원형 전류 고리와 자기력. 반원형 전류 고리에 작용하는 힘 중 x성분은 대칭성에 의해 상쇄되어 y성분만 남게 된다. 결국 고리의 지름 크기를 갖는 직선 도선에 작용하는 힘과 동일하다.

풀이: 식 (18.8)을 적용한다. 그런데 전류, 즉 고리의 성분은 그림에서 보듯이 $x-y$ 평면 상에서 2개의 성분으로 나눌 수 있다. 여기서 x성분은 좌우 대칭성에 의해 상쇄된다는 점에 주목해야 한다. 따라서 오직 전류 요소는 y성분만 남는다. 이러한 y성분의 힘은

$$dF_y = dF\sin\theta = IdlB\sin\theta = I(Rd\theta)B\sin\theta$$

이다. 따라서 반원에 작용하는 총 힘은

$$F_y = IRB\int_0^{\pi}\sin\theta d\theta = IRB|-\cos\theta|_0^{\pi} = 2IRB$$

가 된다.

그런데 이러한 결과는 사실상 반원의 지름에 해당하는 직선 도선에 작용하는 힘과 같다. 따라서 우리는 균일한 자기장에 놓인 도선에 작용하는 힘인 경우 두 점 사이에서의 경로와는 무관하다는 결론에 도달하게 된다. 어디서 많이 접해 본 결론이 아닌가? 그렇다. 중력장에서 일을 할 때 두 점 사이만 중요하고 경로와는 무관하다는 사실과 동일한 물리적 의미이다.

18.2 속력 6.0×10^6 m/s를 갖는 전자($m = 9.1 \times 10^{-31}$ kg, $q = -1.6 \times 10^{-10}$ C)가 0.2 T의 균일한 자기장에 수직인 방향으로 운동한다.

(a) 전자에 작용하는 자기력을 구하라.

(b) 전자의 가속도를 구하라.

(c) 전자의 원형 궤도 반경을 구하라.

답: (a) 1.9×10^{-13} N. (b) 2.1×10^{17} m/s^2. (c) 1.7×10^{-4} m.

18.3 양성자($m = 1.67 \times 10^{-27}$ kg, $q = 1.6 \times 10^{-19}$ C)가 반경 3.4 cm의 원형 궤도를 따라 4.2×10^5 m/s의 속도로 운동하고 있다. 양성자에 작용하는 균일한 자기장의 세기를 계산하라.

답: 0.13 T.

18.4 1.5 T의 세기와 최대 반지름 0.5 m를 갖는 사이클로트론이 있다. 이 사이클로트론으로부터 양성자가 가속되었을 때 다음을 각각 구하라.

(a) 사이클로트론의 주기는 얼마인가?

(b) 양성자의 최종 운동에너지는 얼마인가?

답: (a) 진동수는 $f = \dfrac{qB}{2\pi m}$ 이므로

$$f = \frac{(1.6 \times 10^{-19}\ \mathrm{C})(1.5\ \mathrm{T})}{(2)(3.14)(1.67 \times 10^{-27}\mathrm{kg})} = 2.3 \times 10^7\ \mathrm{Hz}.$$

(b) $K = \dfrac{1}{2}\dfrac{(1.6 \times 10^{-19}\ \mathrm{C})(1.5\ \mathrm{T})^2}{1.67 \times 10^{-27}\mathrm{kg}}(0.5\ \mathrm{m})^2 = 4.3 \times 10^{-12}$ J.

이 에너지를 eV 단위로 환산하면

$$K = \frac{4.3 \times 10^{-12}\ \mathrm{J}}{1.6 \times 10^{-19}\ \mathrm{J/eV}} = 2.7 \times 10^7\ \mathrm{eV} = 27\ \mathrm{MeV}$$

이다. 이 값은 보통 원자핵들의 **구속에너지**(binding energy, 보통 **결합에너지**로 불린다) 영역에 속한다. 다시 말해 이 양성자를 원자핵에 충돌시키면 핵들의 내부 구조를 들여다볼 수 있게 된다. 원자에 속해 있는 전자들의 구속에너지가 보통 eV 단위(수소인 경우 13.6 eV)인 것을 감안하면 핵들을 이루는 양성자나 중성자가 얼마나 단단히 결합되어 있는지 알 수 있다. 25장을 참조하라.

18.5 전하 $q = 2.0$ nC을 갖는 점전하가 $y = 0.3$ m를 따라 x축에 평행하게 움직이고 있으며 그 속도는 $\mathbf{v} = 5 \times 10^3\ \mathrm{m/s}\hat{i}$이다. 이 점전하가 $x = -0.4$ m, $y = 0.3$ m의 위치에 있을 때 이 전하에 의해 원점에서 생성된 자기장의 크기와 방향을 구하라.

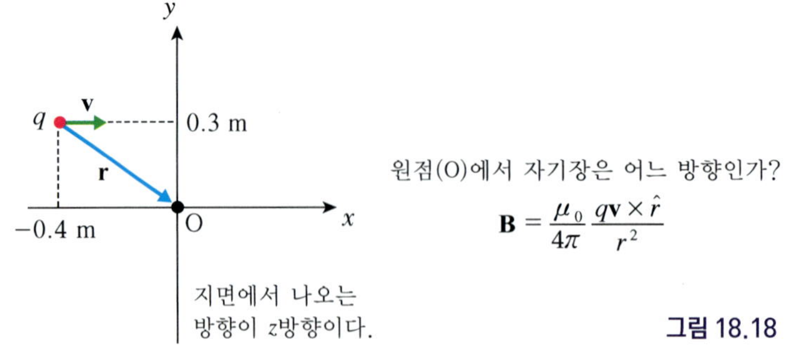

그림 18.18

풀이: $\mathbf{B} = \dfrac{\mu_0}{4\pi}\dfrac{q\mathbf{v} \times \hat{r}}{r^2}$ 에서 각각의 벡터 성분을 고려하여 그 크기와 방향을 구한다. $\mathbf{r} = 0.4\ \mathrm{m}\hat{i} - 0.3\ \mathrm{m}\hat{j}$ 에서 크기는 $r = \sqrt{(0.4)^2 + (0.3)^2}\ \mathrm{m} = 0.5\ \mathrm{m}$이다. 그러면 단위 벡터는

$$\hat{r} = \frac{\mathbf{r}}{r} = \frac{0.4\hat{i} - 0.3\hat{j}}{0.5} = 0.8\,\hat{i} - 0.6\hat{j}$$

가 된다. 이를 토대로 자기장의 식에 적용하면

$$\mathbf{B} = \frac{\mu_0}{4\pi}\frac{q(v\hat{i}) \times (0.8\hat{i} - 0.6\hat{j})}{r^2} = \frac{\mu_0}{4\pi}\frac{q}{r^2}0.6(-\hat{k})$$

이다. 따라서 자기장은

$$\mathbf{B} = -(10^{-7}\ \mathrm{T\cdot m})\frac{(2 \times 10^{-9}\ \mathrm{C})(5 \times 10^{3}\ \mathrm{m/s})(0.6)}{(0.5\ \mathrm{m})^2}\hat{k} = -2.4 \times 10^{-12}\ \mathrm{T}\hat{k}$$

이다. 여기서 $\hat{k}$는 지면에서 나오는 방향으로 벡터곱인 $\mathbf{v} \times \hat{r}$를 적용해 보면 곧바로 자기장의 방향이 지면에서 들어가는 방향임을 알 수 있다. 아울러 식 (18.14)는 그 크기가

$$B = \frac{\mu_0}{4\pi}\frac{qv\sin\theta}{r^2}$$

이고, $\sin\theta = \dfrac{0.3}{0.5} = 0.6$에서 같은 결과를 얻을 수 있음을 알 수 있다.

18.6 일정한 전류 I가 흐르는 무한히 긴 도선이 있다. 이 도선으로부터 수직 거리 R만큼 떨어진 곳에서의 자기장을 구하라.

풀이: 우선 $d\boldsymbol{l} \times \hat{r}$을 분석해 보면 $d\boldsymbol{l} \times \hat{r} = dx\sin(\pi - \theta) = dx\sin\theta$이다. 따라서 자기장의 성분 크기는

$$dB = \frac{\mu_0 I}{4\pi}\frac{\sin\theta dx}{r^2}$$

로 주어진다. 전체 전류 요소에 의한 자기장은 $x = -\infty$에서 $x = +\infty$까지 적분해 주면 얻을 수 있다. 즉

$$B = \frac{\mu_0 I}{4\pi}\int_{-\infty}^{\infty}\frac{\sin\theta}{r^2}dx$$

이다. 그런데 적분 성분들이 일치하지 않으므로 단일 변수로 통일해야 한다. 이 경우 각도 성분으로 단일화해 주는 편이 계산에 편리하다.

$\tan\theta = \dfrac{R}{x}$, $\cos\theta = \dfrac{x}{r}$ 로부터 $x = R\dfrac{\cos\theta}{\sin\theta}$, $dx = R\dfrac{d\theta}{\sin^2\theta}$ 이고 $r = \dfrac{x}{\cos\theta} = \dfrac{R}{\sin\theta}$ 의 관계를 얻는다. 이러한 값들을 대입하면

$$B = \frac{\mu_0 I}{4\pi}\int_{\pi}^{0}\sin\theta\frac{\sin^2\theta}{R^2}R\left(-\frac{d\theta}{\sin^2\theta}\right) = -\frac{\mu_0 I}{4\pi R}\int_{\pi}^{0}\sin\theta d\theta$$

이다. 여기서 $x = -\infty$는 $\theta = \pi$에, $x = +\infty$는 $\theta = 0$에 대응된다. 적분 결과 자기장은 다음과 같이 주어진다.

$$B = \frac{\mu_0 I}{2\pi R}$$

직선인 도선으로부터 거리 R만큼 떨어진 곳에서의 자기장의 방향은 오른손 법칙으로 주어진다. 그리고 식에서 나오는 흥미로운 사실은 자기장의 세기가 전류와 투자율의 크기를 곱한 세기를 자기장을 이루는 원의 호 길이로 나눈 값이라는 것이다. 또한 자기장은 시작과 끝이 없는 닫힌 경로를 이룬다는 사실에 주목하자.

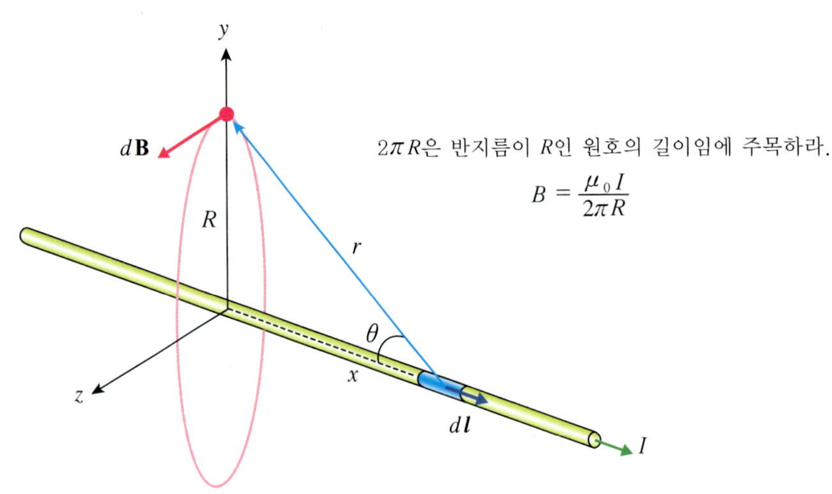

그림 18.19 무한 도선 전류에 의한 자기장.

18.7 긴 도선으로부터 1 cm 떨어진 곳에서 자기장의 세기를 측정했더니 1 G가 나왔다. 그렇다면 도선에는 몇 A의 전류가 흐르고 있는가?

답: 5 A.

18.8 길이가 1 m인 2개의 평행 도선이 서로 1 cm 떨어져 있다. 이들 도선에 같은 방향으로 15 A의 전류가 흐른다면 도선에 작용하는 자기력은 얼마인가?

답: 4.5×10^{-3} N, 인력.

18.9 학습문제 18.8에서 2개 도선의 길이가 0.5 m, 2 m인 경우 힘의 세기는 얼마인가? 그리고 0.5 m, 1 m, 2 m인 도선에 작용하는 단위 길이당 힘들을 계산하라.

답: 2.3×10^{-3} N, 9.0×10^{-3} N.
단위 길이당 힘은 식 (18.18)에서

$$\frac{F}{L} = \frac{\mu_0 I_1 I_2}{2\pi d}$$

인 경우이므로 결국 $F/L = 4.5 \times 10^{-3}$ N/m이다.

18.10 2개의 기다란 평행 도선에 작용하는 단위 길이당 힘을 측정했더니 2×10^{-7} N/m였다. 만약 두 도선이 1 m 떨어져 있다면 이 두 도선에 흐르는 전류는 얼마인가?

답: 1 A.

18.11 반경이 a인 원형 고리에 전류 I가 흐르고 있다(그림 18.20). 고리 중앙으로부터 x만큼 떨어진 곳에서의 자기장을 구하라.

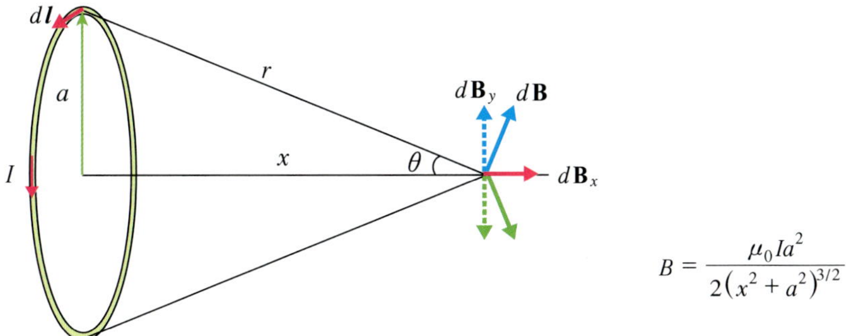

그림 18.20 원형 고리 도선에 의한 자기장. 자기장은 대칭성에 의해 고리의 축 방향(x축)을 제외한 성분은 0이 된다. 이 식에서 아주 멀리 떨어진 곳에서의 자기장은 어떻게 표현되는가?

풀이: 원형 고리에서의 전류 요소에 의한 자기장 성분을 살펴보면 전류 분포의 대칭성에 의해 x방향으로의 성분을 제외한 자기장 성분은 서로 상쇄되어 0이 됨을 알 수 있다. 따라서

$$B = \int dB_x = \int \sin\theta dB$$

이다. 그리고 $\boldsymbol{dl}$과 $\hat{r}$이 직교하므로 $|\boldsymbol{dl} \times \hat{r}| = dl \sin 90^\circ = dl$에서

$$dB = \frac{\mu_0}{4\pi}\frac{Idl}{r^2}$$

이다. 그리고 $\sin\theta = a/r$로부터 자기장은

$$B = \int \frac{\mu_0 I}{4\pi r^2}\frac{a}{r}dl$$

이다. 그런데 I, a, r 등은 모두 변하지 않는 상수이므로 위 식은 다음과 같이 쓸 수 있다.

$$B = \frac{\mu_0 Ia}{4\pi r^3}\int dl$$

그리고 고리에 대한 적분은 $2\pi a$에 해당하므로

$$B = \frac{\mu_0 Ia^2}{2r^3}$$

인 결과를 얻는다. 그리고 $r^2 = a^2 + x^2$으로부터 이 식은 다시 다음과 같이 표현된다.

$$B = \frac{\mu_0 Ia^2}{2(a^2 + x^2)^{3/2}}$$

18.12 반지름이 6 cm인 원형 고리의 중심에 1 G의 자기장이 생겼다. 흐르는 전류는 얼마인가?

풀이: 고리 중심에서는 앞에서 구한 식에서 $x = 0$에 해당하므로 자기장은 다음과 같다.

$$B = \frac{\mu_0 I}{2a}$$

따라서 전류는

$$I = \frac{2aB}{\mu_0} = \frac{(2)(0.06\ \text{m})(10^{-4}\ \text{T})}{(4\pi \times 10^{-7}\ \text{N/A}^2)} = 1.6\ \text{A}$$

이다.

18.13 반지름이 R인 긴 직선 도선에 균일한 전류 I가 흐른다. 도선의 내부와 외부에서의 자기장을 구하라.

풀이: 암페어 법칙을 이용하여 푼다. 즉 $B2\pi r = \mu_0 I_C$이다.

i) $r \le R$인 경우 내부에서의 알짜 전류는 $I : R^2 = I_C : r^2$의 관계로부터 구한다. 따라서

$$B2\pi r = \mu_0 I_C = \mu_0 I\left(\frac{r^2}{R^2}\right)$$

이다. 따라서 구하고자 하는 자기장은 다음과 같다.

$$B = \frac{\mu_0 I}{2\pi r}\left(\frac{r^2}{R^2}\right) = \frac{\mu_0 I}{2\pi R^2} r$$

ii) $r \ge R$인 경우 외부에서는 $B2\pi r = \mu_0 I_C = \mu_0 I$이다. 따라서

$$B = \frac{\mu_0 I}{2\pi r}$$

이다. 자기장은 도선 내부에서는 선형적으로 증가하며, 외부에서는 거리에 역비례한다.

18.14 전류 I가 그림 18.21에서 보는 것과 같이 속이 빈 원통형 도선 껍질에 균일하게 분포되어 흐르고 있다. 내부 반경은 a이고 외부 반경은 b이다. 유도된 자기장의 세기를 원통 중심축으로부터의 반경 거리 r의 함수로 나타내라.

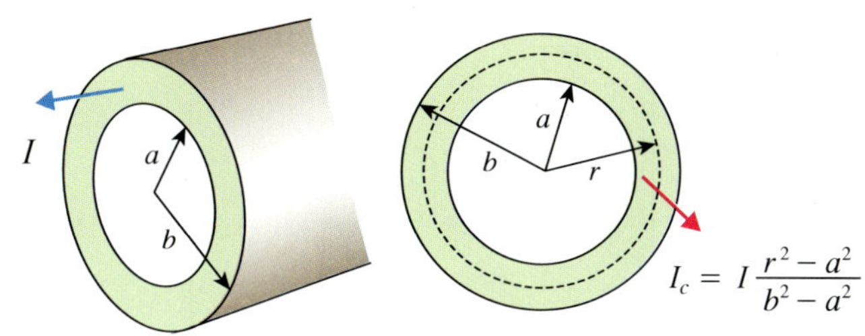

그림 18.21 속이 빈 원통형 도선. 도선의 껍질을 통하여 균일한 전류가 흐른다. 오른쪽 그림은 껍질 내의 알짜 전류를 나타낸다.

풀이: 전류 분포는 원통 축에 대해 대칭이다. 따라서 원에 접선이 되는 자기장은 원통 축에 수직인 면에 있고 동심원을 갖는다. 이러한 원에 대한 경로 적분은 긴 직선 도선에 의한 경우와 같다고 볼 수 있다. 따라서

$$B\oint_C dl = 2\pi rB$$

이다. 이제 각 구간별로 자기장을 구해 보자.

i) $r \le a$

이 공간을 지나는 알짜 전류는 없다. 따라서 $2\pi rB = \mu_0 I_C = 0$이고, $B = 0$이다.

ii) $a \le r \le b$

껍질의 공간은 $\pi(b^2 - a^2)$이고 임의 거리에서의 공간은 $\pi(r^2 - a^2)$이므로 $I : (b^2 - a^2) = I_C : (r^2 - a^2)$의 비례 관계가 성립된다. 이로부터 알짜 전류는

$$I_C = I\frac{(r^2 - a^2)}{(b^2 - a^2)}$$

이다. 따라서 $B2\pi r = \mu_0 I_C = \mu_0 I\dfrac{(r^2 - a^2)}{(b^2 - a^2)}$이고, 결국 구하는 답은 다음과 같다.

$$B = \frac{\mu_0 I}{2\pi r}\left(\frac{r^2 - a^2}{b^2 - a^2}\right)$$

iii) $r \ge b$

도선 밖으로 원을 그리면 암페어 법칙에 따라

$$B2\pi r = \mu_0 I_C = \mu_0 I$$

이고, 따라서

$$B = \frac{\mu_0 I}{2\pi r}$$

이다. 결과들을 그래프로 그리면 그림 18.22와 같다. 내부 껍질에서의 자기장은 선형적으로 증가하지 않는다는 사실에 주목하기 바란다.

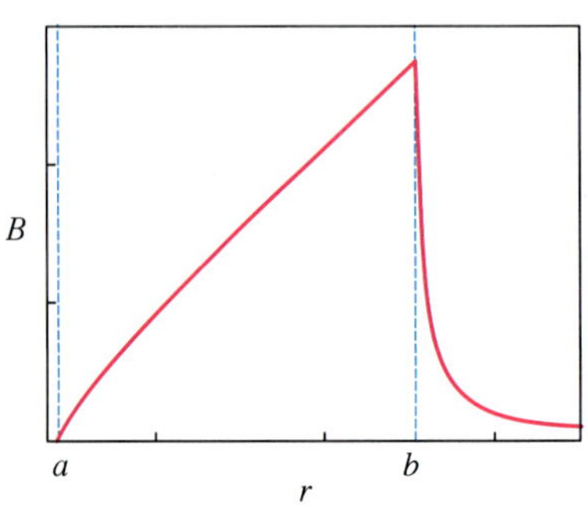

그림 18.22 속이 빈 원통형 도선의 자기장.

여기서 학습문제 18.13과 18.14의 관계를 살펴보자. 학습문제 18.14에서 다루었던 도선은 속이 빈 공간을 없애면 속이 찬 도선으로 되는데, 이는 곧 $a = 0$인 조건과 같다. 따라서 $B = \frac{\mu_0 I}{2\pi r}\left(\frac{r^2 - a^2}{b^2 - a^2}\right)$ 식에서 $a = 0$, $b = R$로 대치하면 $B = \frac{\mu_0 I}{2\pi R^2} r$ 식이 된다는 사실을 알 수 있다.

18.15 솔레노이드에 있어서 길이가 길어질수록 자기장선은 솔레노이드 내부와 외부에서 거의 평행을 이루게 된다. 이러한 경우 우리는 솔레노이드의 자기장에 대해 암페어 법칙을 적용할 수 있다. 길이가 L이고 도선이 N번 감긴 솔레노이드에 전류 I가 흐를 때의 자기장을 구해 보라.

풀이: 자기장이 솔레노이드 축에 평행하다고 한다면 그림 18.22와 같이 자기장에 대한 적분 경로를 직사각형 형태로 만들면 적분이 쉽게 된다. 직사각형에 대한 선적분은 다음과 같이 네 부분으로 나눌 수 있다.

$$\oint_C \mathbf{B} \cdot d\mathbf{l} = \int_a^b \mathbf{B} \cdot d\mathbf{l} + \int_b^c \mathbf{B} \cdot d\mathbf{l} + \int_c^d \mathbf{B} \cdot d\mathbf{l} + \int_d^a \mathbf{B} \cdot d\mathbf{l}$$

그런데 외부에서의 자기장의 세기는 0이므로 $\int_c^d$ 적분은 0이다. 아울러 $\int_b^a$와 $\int_d^a$의 적분은 자기장과 경로가 서로 수직을 이루고 있으므로 역시 0이다. 따라서 첫 번째 경로 적분만이 남는다. 그리고 알짜 전류는 도선의 감긴 수에다 전류 I를 곱한 값이므로

$$BL = \mu_0 NI$$

이다. 결국 구하고자 하는 자기장의 세기는 다음과 같다.

$$B = \frac{\mu_0 NI}{L}$$

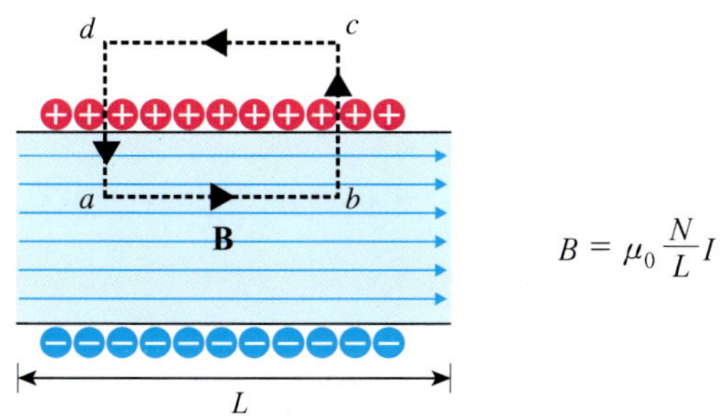

그림 18.23 솔레노이드와 암페어 법칙. 긴 솔레노이드에 대한 자기장의 적분 경로는 직사각형으로 간주될 수 있다.

18.16 단위 cm당 50회의 도선이 감겨 있는 솔레노이드에 0.2 A의 전류가 흐른다. 솔레노이드 내부에서의 자기장 세기를 구하라.

풀이: 여기서 cm당 감긴 수는 N/L에 해당된다. 이 값을 미터 단위로 바꾸면

$$\frac{N}{L} = 5000 \text{ turns/m}$$

이다. 따라서

$$B = (4\pi \times 10^{-7})(5.0 \times 10^{3})(0.2)\text{ T} = 1.3 \times 10^{-3}\text{ T}$$

이다.

18.17 철(Fe) 물질에 만들어지는 포화 자기화와 자기장의 크기를 구하라. 물질 내의 각 철 원자들에 대한 자기 모멘트는 1마그네톤을 갖는다고 가정한다.

풀이: 단위 체적당 원자의 수는

$$\begin{aligned} n &= \frac{N_A \rho}{M} = \frac{(6.02 \times 10^{23} \text{ atoms/mol})(7.9 \times 10^{3} \text{ kg/m}^3)}{55.8 \times 10^{-3} \text{ kg/mol}} \\ &= 8.52 \times 10^{28} \text{ atoms/m}^3 \end{aligned}$$

이다. 그러면 포화 자기화의 세기는

$$M_s = n\mu = (8.52 \times 10^{28} \text{ atoms/m}^3)(9.27 \times 10^{-24} \text{ A}\cdot\text{m}^2) = 7.90 \times 10^{5} \text{ A/m}$$

이다. 자기장의 세기는 다음과 같다.

$$B = \mu_0 M_s = (4\pi \times 10^{-7} \text{ T}\cdot\text{m/A})(7.90 \times 10^{5} \text{ A/m}) = 0.99 \text{ T}$$

따라서 약 1 T의 크기를 갖는다.

실험적으로 철을 달군 다음 서서히 식혀 측정한 철의 포화 자기장은 약 2.16 T이다. 이는 철원자의 자기 모

멘트가 보어마그네톤의 약 2배가 됨을 의미한다. 이러한 자기 모멘트는 철원자 내의 쌍을 이루지 않는 전자의 스핀과 관련이 있다.

18.18 cm당 10번 감은 긴 솔레노이드는 그 안에 가열 냉각된 철심을 갖고 있다. 전류가 0.5 A일 때 철심의 자기장은 1.36 T로 측정되었다.

(a) 솔레노이드에 의해 작용된 자기장의 크기는 얼마인가?

(b) 상대투자율을 구하라.

(c) 자기화 M을 구하라.

풀이: (a) 작용된 자기장의 세기는 식 (18.28)이므로

$$B_{\text{app}} = \frac{\mu_0 NI}{L} = (4\pi \times 10^{-7}\ \text{T}\cdot\text{m/A})(1000\ \text{turns/m})(0.5\ \text{A})$$
$$= 6.28 \times 10^{-4}\ \text{T}$$

이다.

(b) 자기장에 대한 상대투자율 μ_r은 다음과 같이 물질의 투자율과 자유공간에 있어서의 투자율과의 비로 정의된다.

$$\mu = \mu_r \mu_0$$

상자성이나 강자성의 투자율은 자유공간에서의 투자율과 거의 같다. 그리고 총 자기장은 주어진 자기장과 자기화 크기의 합이므로

$$B = B_{\text{app}} + \mu_0 M$$

으로 주어진다. 아울러 상대투자율은 자기장과 다음과 같은 관계를 가진다.

$$B = \mu_r B_{\text{app}} = \mu_r \mu_0 nI = \mu nI$$

그러면 상대투자율은

$$\mu_r = \frac{B}{B_{\text{app}}} = \frac{1.36\ \text{T}}{6.28 \times 10^{-4}\ \text{T}} = 2170$$

이다.

(c) $B = B_{\text{app}} + \mu_0 M$의 관계에서

$$M = \frac{B - B_{\text{app}}}{\mu_0} = \frac{1.36\ \text{T} - 6.28 \times 10^{-4}\ \text{T}}{4\pi \times 10^{-7}\ \text{T}\cdot\text{m/A}} = \frac{1.36\ \text{T}}{4\pi \times 10^{-7}\ \text{T}\cdot\text{m/A}}$$
$$= 1.08 \times 10^{6}\ \text{A/m}$$

이다.

18장 연습문제

18.1 균일한 자기장 내에서 한 양성자가 수직 방향으로 5.0×10^6 m/s의 속도로 움직일 때 서쪽으로 8.0×10^{-14} N의 힘을 받는다. 그리고 수평면 상에서 북쪽으로 움직일 때는 아무런 힘을 받지 않는다. 자기장의 세기와 방향을 구하라.

18.2 한 전자가 0.10 T인 자기장에 수직인 면에서 2.0×10^7 m/s의 속도로 원운동을 한다. 경로의 반경을 구하라.

18.3 10.5 A의 전류가 흐르는 직선 도선이 1.70 T의 자기장 속에 수직으로 놓여 있다.

(a) 미터당 받는 힘을 계산하라.
(b) 만약 도선과 자기장의 각이 45°이면 받는 힘은 얼마로 되는가?

18.4 240 m 떨어진 두 전주 사이에 150 A가 흐르는 전선이 놓여 있다. 5.0×10^{-5} T인 지구 자기장이 전선과 60° 각을 이룬다면 전선에 작용하는 자기력은 얼마인가?

18.5 속도가 8.1×10^6 m/s인 전자가 0.012 T의 자기장 속을 수직으로 움직인다. 자기장은 관찰자를 향하고 있다. 그 경로를 구하라.

18.6 3.9×10^5 m/s의 속도로 자기장 속을 운동하는 전자는 서쪽으로 움직일 때 가장 큰 힘을 받는다. 그 힘은 위 방향으로 8.2×10^{-13} N이다. 자기장의 크기와 방향을 구하라.

18.7 7.0 g의 총알이 300 m/s의 속도로 지구 자기장($B = 5.0 \times 10^{-5}$ T)에 대해 수직 방향으로 날아간다. 총알이 600 m 날아간 후 지구 자기장에 의해 경로에서 벗어난 거리를 계산하라. 총알의 전하량은 3.5×10^{-9} C이다.

18.8 양성자가 0.58 T의 자기장 속에서 반경 8.10 cm인 원을 그리며 운동하고 있다. 이러한 경로를 직선으로 만들기 위해 전기장을 추가로 가해 주었다. 전기장의 세기와 방향을 구하라.

18.9 질량이 3.3×10^{-15} kg인 기름 방울이 1.0 cm 떨어진 커다란 두 판 사이에서 전위차가 340 V일 때 정지되었다. 이 방울이 갖고 있는 여분의 전자 개수를 계산하라.

18.10 양성자를 초당 2.1×10^7번 회전시키는 사이클로트론이 있다. 자기장의 크기는 얼마인가?

18.11 반경 $R = 0.50$ m인 사이클로트론에 1.7 T의 자기장을 걸었다. 만약 α(He 원자의 핵) 입자를 가속시킨다면 이 알파 입자의 최대 에너지와 속도는 얼마인가?

18.12 연습문제 18.11의 사이클로트론이 이번에는 중수소(^{2}H)를 가속시킨다. 최대 운동에너지를 구하라. 그

리고 전압의 주기(진동수)를 구하라.

18.13 길이가 2.0 m인 두 도선이 서로 3.0 mm 떨어져 있으며 각각 8.0 A의 전류가 흐르고 있다. 두 도선 사이에 작용하는 힘을 계산하라.

18.14 10^{-3} T의 자기장이 도선으로부터 30 cm 떨어진 곳에 존재한다. 도선에는 얼마의 전류가 흐르는가?

18.15 4.50×10^6 m/s의 속도로 움직이는 한 전자가 전류 15.0 A가 흐르는 직선 도선과 45° 각도를 이루며 지나간다. 전자가 도선과 12 cm 떨어져 지나갈 때 받는 최대 힘을 구하라.

18.16 그림과 같이 직사각형 루프에 50 A의 전류가 흐른다. 25 A가 흐르는 긴 도선에 의해 루프에 작용하는 알짜 자기력을 구하라.

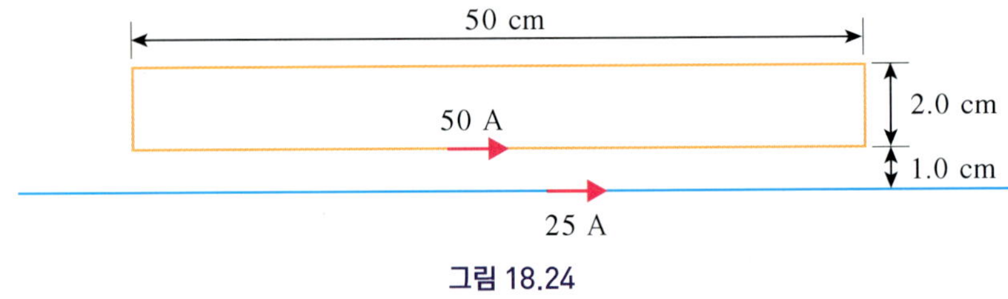

그림 18.24

18.17 길이가 32 cm이고 직경이 1.2 cm인 솔레노이드 중심에 0.20 T의 자기장을 만들고 싶다. 최대 전류가 3.7 A라면 솔레노이드에 감긴 코일의 수는 얼마인가?

18장 연습문제 해답

18.1 북쪽으로 힘을 받지 않는다는 것은 자기장이 남북으로 걸쳐 있다는 뜻이다. 그리고 수직으로 움직일 때 서쪽으로 힘을 받으므로 자기장의 방향은 북쪽이다. 그리고 크기는

$$B = \frac{F}{qv} = \frac{8.0 \times 10^{-8}\ \mathrm{N}}{(1.6 \times 10^{-19}\ \mathrm{C})(5.0 \times 10^{6}\ \mathrm{m/s})} = 0.10\ \mathrm{T}$$

이다.

18.2 $r = \frac{mv}{qB} = 1.1 \times 10^{-3}\ \mathrm{m}$.

18.3 (a) 17.9 N/m. (b) 12.6 N/m.

18.4 1.6 N.

18.5 반경 3.8 mm. 반시계 방향으로 운동한다.

18.6 13 T이며 북쪽 방향이다.

18.7 1.5×10^{-8} m.

18.8 2.8×10^{6} V/m.

18.9 6.

18.10 1.4 T.

18.11 34 MeV, 4.1×10^{7} m/s.

18.12 17 MeV, 13 MHz.

18.13 8.5×10^{-3} N.

18.14 1.5×10^{3} A.

18.15 1.27×10^{-17} N.

18.16 긴 도선에 의해 생기는 자기장은 루프에서 도선의 방향과 평행한 성분과 알짜 자기력을 생성한다. 즉 $B_a = \frac{\mu_0 I}{a}$, $B_b = \frac{\mu_0 I}{a+b}$ 등과의 자기력을 계산하고 인력인지 척력인지 판단하여 알짜 자기력을 구한다.

18.17 14,000번.

전자기 유도 19

우리는 앞에서 자기장은 전류로부터 비롯된다는 사실을 배웠다. 즉 움직이는 기본 전하인 전자가 전류는 물론 자기력을 일으키는 장본인인 것이다. 그렇다면 "전류가 자기장을 발생시킨다면 거꾸로 자기장도 전류를 발생시킬 것인가?"라는 의문을 제기해 볼 수 있다. 과연 그럴까? 대답은 "그렇다"이다.

그림 19.1은 일반물리 실험실에서 사용되는 간단한 솔레노이드를 갖고 자기에 의해 유도되는 전류의 발생을 보여주는 그림이다. 여기서 검류기는 미세한 전류를 검출하는 전류계의 일종으로 갈바노미터(galvanometer)라 부른다. 솔레노이드 안쪽으로 막대자석의 한 극을 밀어 넣으면 검류기 바늘이 0에서 한쪽으로 기울어진다. 이것은 전류가(양의 전류라 하자) 발생했음을 알리는 것이다. 이어 밀어 넣은 자석을 빼면 검류기 바늘이 반대 방향(음의 전류)으로 가울어진다. 이번에는 자석의 극을 바꾸어 실험해 보면 앞에서와는 반대부호의 전류가 발생한다는 사실을 알 수 있다. 한편 자석을 움직이지 않으면 검류기 바늘은 0을 가리킨다. 자, 이러한 실험 사실로부터 자기장과 유도 전류(induced current) 사이에 적용될 수 있는 법칙을 이끌어낼 수 있는가?

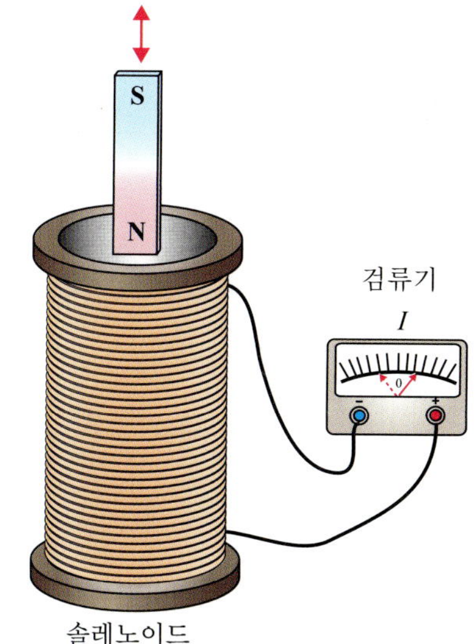

그림 19.1 자기와 유도 전류. 막대자석을 코일이 감긴 솔레노이드 안으로 움직이면 전류가 발생한다. 막대자석의 N극이 안으로 들어갈 때와 나올 때의 전류는 부호가 서로 반대가 된다. 막대자석이 움직이지 않으면 전류의 발생은 일어나지 않는다. 이러한 사실에서 자기장과 유도 전류 사이에는 어떠한 규칙이 있는가?

자기장의 변화가 전류를 유도한다는 사실은 1831년 영국의 패러데이(Michael Faraday, 1791~1867)와 미국의 헨리(Joseph Henry, 1797~1878)에 의해 서로 독립적으로 발견되었다. 이렇게 전기와 자기가 서로 유도되는 현상을 전자기 유도(electromagnetic induction)라 부른다. 이러한 전자기 유도는 이론적인 중요성뿐만 아니라 실용적인 면에서 인류의 문명을 획기적으로 바꾸어 놓았다. 왜냐하면 발전기에 의해 기계적인 에너지를 전기적인 에너지로 변환시킬 수 있었기 때문이다. 이론적인 면에서 보면 전자기 유도의 발견은 곧 전기와 자기를 통합한 이른바 전자기학(electromagnetism)의 포괄적인 이해의 시작을 알렸고, 이러한 현상을 묘사하는 항들이 곧 전기장과 자기장의 상호 의존과 관련을 맺는다.

학습 내용

- **자기다발:** $\Phi_M = B_n A = BA\cos\theta$, $1\ \text{Wb} = \text{T}\cdot\text{m}^2$.
- **유도 기전력:** $V_M = -\dfrac{d\Phi_M}{dt}$.

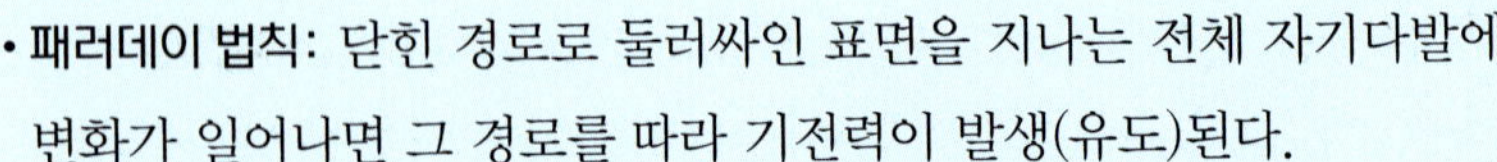

- **패러데이 법칙:** 닫힌 경로로 둘러싸인 표면을 지나는 전체 자기다발에 변화가 일어나면 그 경로를 따라 기전력이 발생(유도)된다.

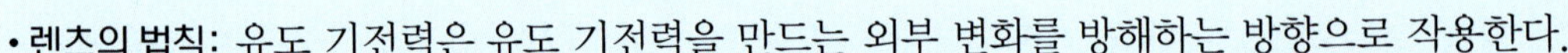

- **렌츠의 법칙:** 유도 기전력은 유도 기전력을 만드는 외부 변화를 방해하는 방향으로 작용한다.

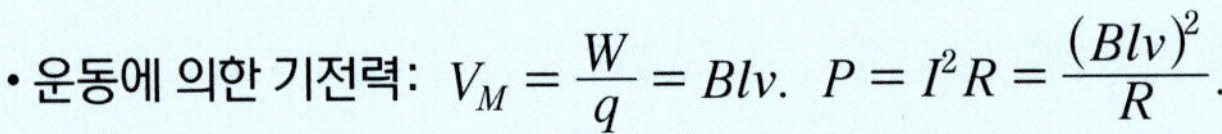

- **운동에 의한 기전력:** $V_M = \dfrac{W}{q} = Blv.\ \ P = I^2R = \dfrac{(Blv)^2}{R}$.

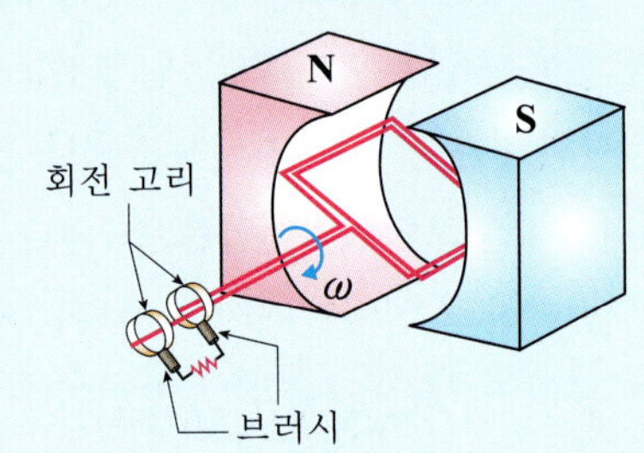

- **유도 자기장:** $V_M = \oint(\mathbf{E} + \mathbf{v} \times \mathbf{B})\cdot d\boldsymbol{l}$.
- **발전기:** $V_M = -N\dfrac{d\Phi_M}{dt} = NBA\omega\sin(\omega t)$.
- **전동기**

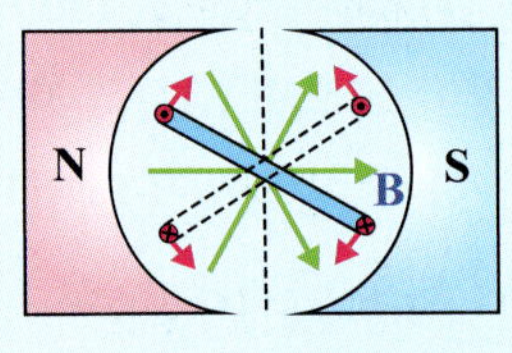

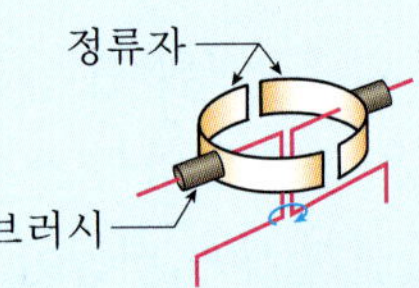

19.1 자기다발(Magnetic Flux)

우리는 18장에서 자기장에 대한 가우스 법칙을 논할 때 자기다발(magnetic flux)을 정의한 바 있다. 즉 자기다발은 자기장과 자기장이 통과하는 면과의 곱으로 정의된다.

$$\Phi_M = \int \mathbf{B}\cdot d\mathbf{A} = \int B_n dA \tag{19.1}$$

여기서 B_n은 그림 19.2에서 보듯이 면적 부분에 수직인 방향 성분의 자기장이다. 이러한 자기다발의 단위는 웨버(Weber)이며 Wb로 표기한다.

$$1\ \text{Wb} = \text{T}\cdot\text{m}^2 \tag{19.2}$$

자기장이 통과하는 평면의 면적이 A이고 자기장이 그 면에 균일하다면, 즉 크기와 방향이 같다면(그림 19.2인 경우이다) 자기다발은 다음과 같다.

$$\Phi_M = B_n A = BA\cos\theta \tag{19.3}$$

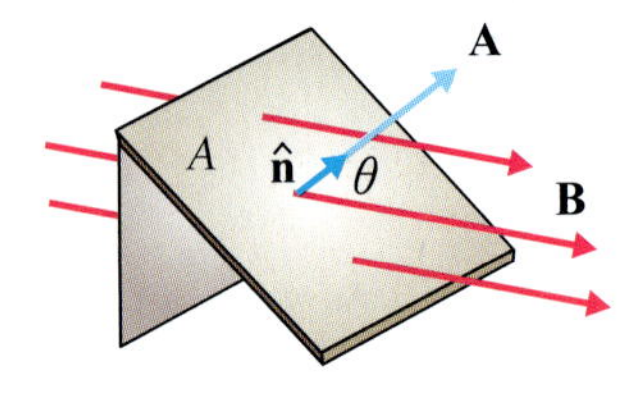

그림 19.2 자기다발. 면적 A를 지나는 자기장에 의한 자기다발의 정의.

$\Phi_M = \mathbf{BA}\cos\theta = B_n A$

그림 19.1을 살펴보면 자석을 움직이게 함으로써 자기장의 변화를 가져왔고 자기장이 통과하는 면적(솔레노이드의 단면적)은 변화가 없었다는 사실을 알 수 있다. 그런데 자기장의 변화가 없다 하더라도 자기장이 통과하는 면적에 변화가 생기면 역시 유도 전류가 발생한다는 사실이 실험적으로 밝혀졌다. 다시 말해 자기다발을 이루는 요소 중 어느 한 부분에 변화가 생기면 유도 전류가 발생하게 된다.

한편 솔레노이드와 같이 도선 코일이 N번 감겨 있는 경우 자기다발은 N배가 된다. 즉

$$\Phi_M = NBA\cos\theta \tag{19.4}$$

이다.

19.2 유도 기전력(Induced Emf)

자기다발의 변화가 유도 전류를 만든다는 사실은 기전력(emf)이 발생했다는 것과 같으며 이를 유도 기전력(induced emf)이라 부른다. 그리고 17장에서 배운 바와 같이 기전력의 단위는 V이다.

패러데이 법칙과 렌츠의 법칙

패러데이 법칙은 다음과 같이 요약된다.

> 닫힌 경로로 둘러싸인 표면을 지나는 전체 자기다발에 변화가 일어나면 그 경로를 따라 기전력이 발생(유도)된다.

이러한 법칙은 유도 기전력 V_M과 자기다발의 변화율에 대해 다음과 같이 정량적인 식으로 표현된다.

$$V_M = -\frac{d\Phi_M}{dt} \tag{19.5}$$

여기서 음의 부호는 유도 기전력(유도 전류)의 방향을 지정하는 관례에 따른 것이며, 그 이유는 렌츠의 법칙과 관련된다. 위 식은 자기다발의 정의에 따라 다음과 같이 쓸 수 있다.

$$V_M = -\frac{d}{dt}\int \mathbf{B}\cdot d\mathbf{A} \tag{19.6}$$

참고사항 대부분의 물리학 교과서에서는 유도 기전력의 기호를 ε으로 표시하고 있다. 그러나 이러한 기호는 자칫 에너지 단위로 오인받을 수 있으므로 전위 기호(V)에 자기 유도를 뜻할 수 있는 아래첨자 M을 넣어 사용하기로 한다. 우리는 이미 기전력을 V_{emf}로 사용한 바 있다.

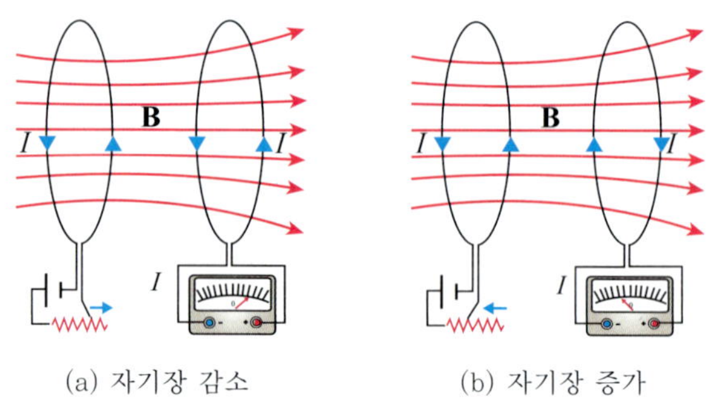

그림 19.3 유도 기전력의 발생. 이웃한 코일의 한쪽에 전류의 변화를 주면 자기장 변화에 의해 다른 코일에 기전력이 발생한다. 자기장의 변화에 따른 전류의 방향에 주목하라.

이러한 패러데이 법칙은 경로에 의해 둘러싸인 면을 지나는 자기장의 크기 변화와는 관계없이 자기다발의 변화가 일어나기만 하면 닫힌 경로 내에 기전력이 유도된다는 것을 나타낸다. 자기다발의 변화는 **자기장 크기의 변화, 닫힌 고리의 방향 또는 자기장 방향의 변화, 그리고 고리의 면적 변화** 등에 의해 일어날 수 있다.

그림 19.3은 자기장 변화에 의해 유도 기전력이 발생하는 모습을 보여주고 있다. 그리고 그림 19.4는 도선의 회전에 따른 면적 벡터의 변화에 의한 유도 기전력의 발생을 보여주고 있다.

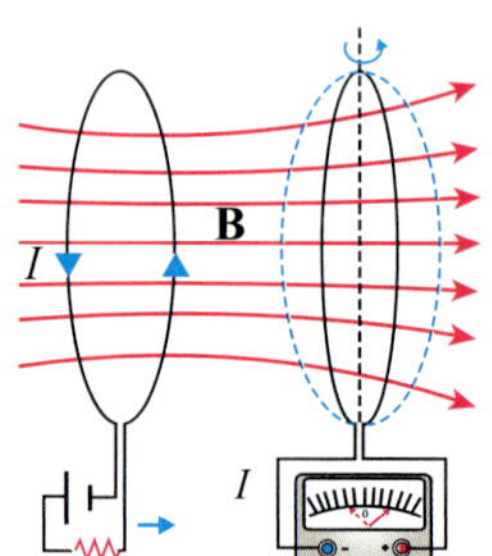

그림 19.4 유도 코일의 회전. 유도 코일을 회전시켜 자기다발에 변화를 주면 유도 기전력이 발생한다.

다시 그림 19.3을 자세히 들여다보기로 하자. 19.3(a)는 자기장을 일으키는 전류를 줄이면서 자기장의 세기를 감소시키는 경우이다. 그러면 2차 코일에 유도되는 전류는 원래의 자기장에 따른 전류가 발생하고 있다. 반면에 19.3(b)는 자기장의 세기가 증가하는 경우로서, 유도 전류의 방향은 원래 자기장에 의한 전류의 방향과는 반대이다. 왜 그럴까?

만약 자기장의 세기가 증가하는 방향으로 유도 전류가 흐른다면 이는 자기장을 더욱 증가시켜 유도 전류는 끝없이 증가한다는 것을 의미한다. 이것은 에너지를 공짜로 얻는 것과 같다. 자연법칙의 속성인 에너지 보존법칙에 위배되는 것이다.

유도 기전력의 방향에 대한 명확한 규칙을 세운 사람은 독일계 러시아인인 렌츠(Heinrich Friedrich Emil Lenz, 1804~1865)이며 이를 렌츠의 법칙이라 부른다. 렌츠의 법칙은 다음과 같다.

유도 기전력은 유도 기전력을 만드는 외부 변화를 방해하는 방향으로 작용한다.

더 일반적으로 표현하면 "**유도 기전력의 효과는 유도 기전력을 일으키는 자기다발의 변화를 항상 방해한다**"이다.

위와 같은 렌츠의 법칙은 그림 19.3에서 볼 수 있으며, 그림 19.5는 이 법칙에 대한 명백한 보기를 제공하고 있다.

운동에 의한 기전력

이번에는 자기장에 놓인 도선이 운동할 때 기전력이 발생하는 모습을 살펴보기로

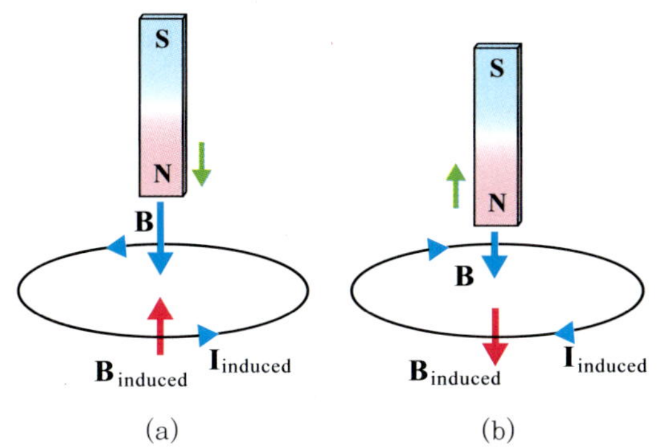

그림 19.5 렌츠의 법칙. (a) 고리를 통과하는 자기다발이 증가하면 유도 자기장에 의한 자기다발은 증가를 방해한다. (b) 고리를 통과하는 자기다발이 감소하면 유도 자기장에 의한 자기다발은 고리 내의 자기다발을 유지하려고 한다.

하자.

그림 19.6에서처럼 균일한 자기장에 도선 레일이 있고 이 레일 위를 외력 F_{ext}를 받아 도선 막대가 일정한 속도로 움직이고 있다. 만일 움직이는 도선의 속도가 $\mathbf{v}$라면 이 도선 안에 들어 있는 전자($q = -e$)는 다음과 같은 힘을 받는다.

$$\mathbf{F}_m = -e\mathbf{v} \times \mathbf{B}$$

따라서 전자의 흐름에 의한 전류의 방향은 위에서 쳐다보았을 때 반시계 방향이다. 이러한 힘은 전자를 움직이게 했으므로 결국 일을 하게 된다. 막대의 길이가 l이라면 일은

$$W = \mathbf{F}_m \cdot \boldsymbol{l} = evBl \tag{19.7}$$

이다. 레일과 저항 그리고 막대는 하나의 고리(loop)를 이루고 있고, 이 고리에는 기전력이 발생한다. 유도 기전력의 크기는 W/q로 주어질 수 있으므로

$$V_m = \frac{W}{e} Blv$$

가 된다. 그리고 유도된 전류는

$$I = \frac{Blv}{R} \tag{19.8}$$

이고, 저항에서 열로 소모된 일률은 다음과 같이 주어진다.

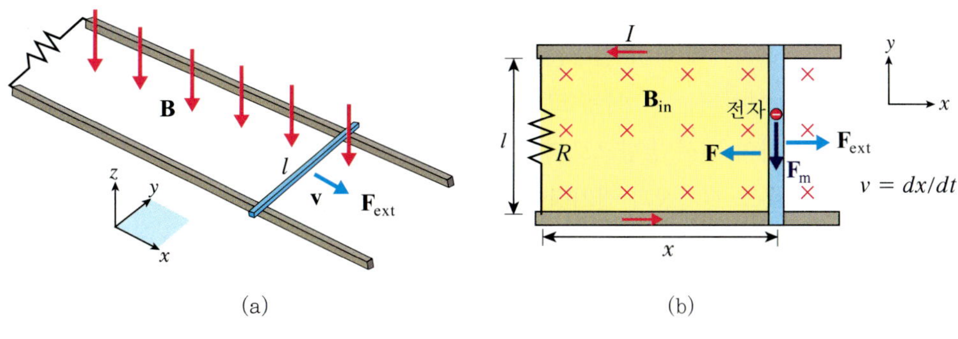

그림 19.6 운동 기전력. (a) 자기장이 레일과 막대가 놓인 면에 수직으로 흐른다. 그리고 막대는 v의 속도로 레일 위를 따라 미끄러지고 있다. 닫힌 회로의 전체 저항은 R이다. (b) 전자는 자기력의 영향으로 $-y$방향으로 움직이며, 따라서 전류는 반시계 방향으로 흐른다. 이러한 유도 전류에 의해 막대는 외력에 반대되는 방향으로 힘을 받는다.

$$P = I^2R = \frac{(Blv)^2}{R} \tag{19.9}$$

그런데 유도된 전류 때문에 외부 자기장에 의한 힘, 즉

$$\mathbf{F} = Il \times \mathbf{B}$$

는 막대에 가해진 외력에 반대로 작용한다. 막대가 일정한 속도를 유지한다는 것은 막대에 작용하는 총 힘이 0이라는 것과 같다. 즉

$$\mathbf{F} + \mathbf{F}_{\text{ext}} = 0$$

이다. 그러면

$$F_{\text{ext}} = F = BIl$$

이다. 외력에 의한 일률은

$$P_{\text{ext}} = \mathbf{F}_{\text{ext}} \cdot \mathbf{v} = BIlv$$

로 주어진다. $I = (Blv)/R$로부터

$$P_{\text{ext}} = \frac{(Blv)^2}{R} \tag{19.10}$$

의 결과를 얻는다. 이러한 결과는 **외부 요인에 의해 공급된 모든 역학적 에너지는 전기적 에너지로 바뀌고 결국 열에너지로 소모된다**는 것을 말해 주고 있다.

19.3 유도 자기장과 전기장

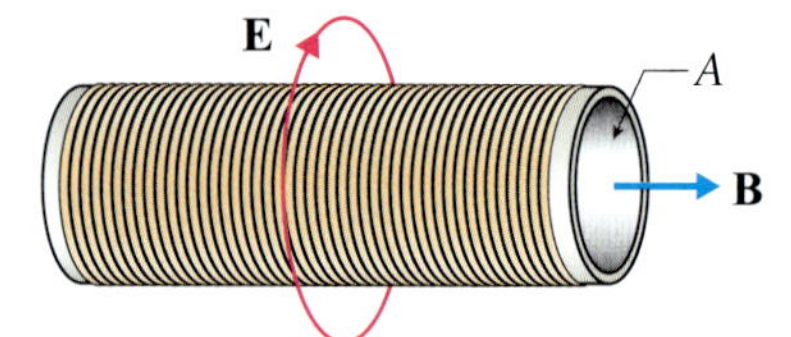

그림 19.7 유도 전기장. 솔레노이드의 자기장이 변하면 닫힌 원 형태의 전기력선이 생기면서 유도 전기장이 발생한다.

$$\frac{d\Phi_M}{dt} = A\frac{dB}{dt} > 0$$

우리는 18장 도입 부분에서 정지한 전하의 주변 공간에는 전기장이 형성되고, 움직이는 전하(전류)는 자기장을 형성한다는 현상과 마주한 바 있다. 이러한 자기장은 전류를 둘러싼다. 아울러 움직이는 전하는 시간에 따라 변하는 전기장을 형성하며, 시간에 따라 변하는 전기장은 다시 자기장을 만들어낸다고 할 수 있다. 결국 시간에 따라 변하는 자기장이 전기장을 유도하며 서로 동반 관계를 형성한다. 예를 들면 솔레노이드에 시간에 따라 변하는 자기장을 가해 주면 솔레노이드의 전선 코일에는 유도 전류가 형성되는데, 이는 코일에 있는 전하(전자)들이 마치 전기장이 접선 방향으로 작용하여 접선 방향으로 가속되는 것으로 해석될 수 있다. 유도 기전력은 V 단위이므로 유도 전기장과 전기장이 형성되는 거리의 곱과 같다.

그런데 그림 19.7에서와 같이 유도 전기장은 닫힌 경로를 따라 발생하므로 패러데이 법칙에 따른 유도 기전력과의 관계는 다음과 같이 된다.

$$V_M = \oint \mathbf{E} \cdot d\mathbf{l} = -\frac{d\Phi_M}{dt} \tag{19.11}$$

여기서 $d\Phi_M/dt = AdB/dt$이다.

지금까지 우리는 기전력이 유도되는 과정을 살펴보면서 자기장과 전기장은 서로 동반한다는 사실을 깨달았다. 더 근원적으로는 전하의 운동으로부터 장이 형성된다는 의미라고 할 수 있다. 유도 기전력은 전하가 닫힌 고리를 따라 움직일 때 기전력원이 단위 전하에 해준 일로 정의되었다. 즉

$$V_M = \frac{W}{q} = \frac{1}{q}\oint \mathbf{F} \cdot d\mathbf{l} \tag{19.12}$$

이다. 전기장과 자기장이 동시에 존재하면 전하가 받는 힘은 다음과 같은 로렌츠(Hendrik Anton Lorentz, 1853~1928) 힘으로 주어진다.

$$\mathbf{F} = q(\mathbf{E} + \mathbf{v} \times \mathbf{B}) \tag{19.13}$$

따라서 유도 기전력은 다음과 같이 나타낼 수 있다.

$$V_M = \oint (\mathbf{E} + \mathbf{v} \times \mathbf{B}) \cdot d\mathbf{l} \tag{19.14}$$

식 19.14를 살펴보면 앞에서 논의되었던 유도 전기장과 운동 기전력의 요소가 들어있음을 알 수 있다. 즉 앞의 항은 시간에 의존하는 자기장과 관련된 것이고, 뒤의 항은 자기장에 대한 상대운동에 따른 운동 기전력(motional emf)과 관련된 것이다. 이제 운동 기전력에 대해 다시 한 번 살펴보기로 하자.

그림 19.8은 일정한 자기장에 대해 수직하게 움직이는 금속 막대를 보여준다. 이러한 경우 식 (19.14)는

$$\oint (\mathbf{v} \times \mathbf{B}) \cdot d\mathbf{l} = -\frac{d\Phi_M}{dt}$$

가 된다. 자기장이 지면으로 들어가는 방향이라면 도선 안에 있는 전자는 힘

$$\mathbf{F}_M = -e\mathbf{v} \times \mathbf{B}$$

을 받고 아래로 움직이게 된다. 그러면 도선 막대의 위쪽 영역은 상대적으로 양의 전하가 많이 분포하고 아래쪽 영역은 음의 전하가 많이 분포하게 된다. **이제 길이가 l인 금속 막대에 전기장이 생성된 것이다.** 이러한 전기장의 방향은 물론 아래로 향한다. 그러면 이번에는 전자에 다음과 같은 정전기적 힘

$$\mathbf{F}_E = -e\mathbf{E}$$

이 위쪽으로 작용하게 된다. 그러면 위와 같은 두 힘은 균형을 이루어 결국 평형 상태에 도달한다. 즉

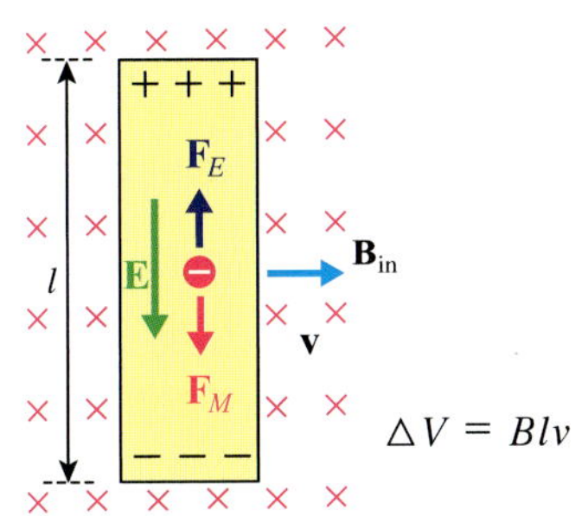

그림 19.8 자기장에 대해 움직이는 금속 막대. 막대 사이에 전위차가 발생하고 이는 운동 기전력과 같다.

$$\mathbf{E} + \mathbf{v} \times \mathbf{B} = 0$$

이 되며, 전기장의 크기는 $E = vB$로 주어진다. 이러한 정전기장은 다음과 같은 전위차를 만들어낸다.

$$\triangle V = El = Blv \tag{19.15}$$

이렇게 전하 분리와 이에 따른 전위차는 금속 막대의 기전력에 의해 생성된 것이다. 전류의 흐름은 없기 때문에 위와 같은 단자 전위차는 운동 기전력과 같다.

$$V_M = Blv$$

19.4 발전기

자기다발의 변화가 기전력을 일으킨다는 전자기 유도는 곧 발전기의 발명을 가져왔다. 이러한 발전기의 출현은 인류 문명을 획기적으로 바꾸어 놓았으며 전기가 없는 생활은 상상조차 할 수 없을 정도이다. 오늘날 발전소에서 공급되는 전력의 대부분은 자기장(전자석)과 그 속에 들어 있는 코일(여러 겹으로 감겨져 있음)의 상대적인 회전에 의한 유도 기전력으로부터 나온다. 코일을 회전시키기 위한 역학적 에너지는 증기터빈을 사용하며, 증기터빈을 가동하기 위한 에너지는 석탄(화력 발전), 물의 낙차(수력 발전), 원자핵반응(원자력 발전) 등으로부터 얻는다.

교류 발전기

발전기는 균일한 외부 자기장하에서 일정한 각속도(ω)로 회전하는 코일로 구성되어 있다. 그림 19.9에서 보는 것처럼 처음에 코일에 의한 면적 벡터와 자기장이 각 θ를 이루고 있다면 이때의 자기다발은

$$\Phi_M = BA\cos\theta = BA\cos(\omega t)$$

이다. 여기서 각 변위는 $\theta = \omega t$이다. 코일이 여러 겹(N번)으로 감겨 있다면, 유도 기전력은 다음과 같다.

$$V_M = -N\frac{d\Phi_M}{dt} = NBA\omega\sin(\omega t) \tag{19.16}$$

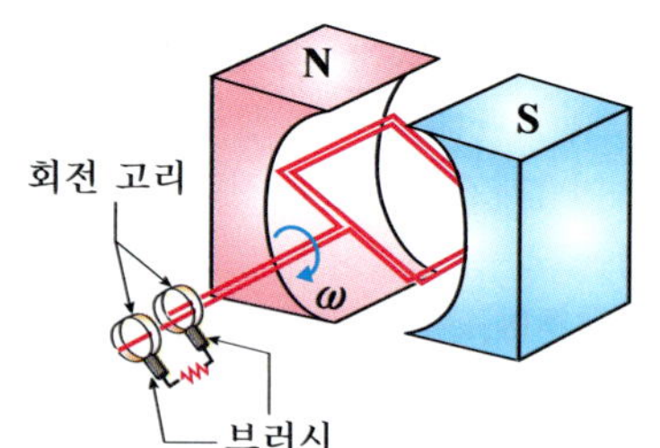

그림 19.9 교류발전기. 자기장 속에서 일정한 각 진동수로 회전하는 코일은 사인파 기전력을 만든다.

$$V_M = V_0\sin(\omega t)$$

생성된 전류는 그림 19.9와 같이 2개의 접속 고리와 브러시의 접촉을 통하여 외부 회로에 공급된다. 외부 회로가 이러한 발전기에 연결되면 주기적으로 바뀌는 교류

(alternating current, AC)가 발생하게 된다. 이것이 교류 발전기의 원리이다.

직류 발전기

전류의 부호가 바뀌지 않는 직류는 위와 같은 교류 발전기에 정류자(commutator)라고 하는 장치를 설치하여 얻는다. 그림 19.11을 보라. 정류자는 코일에 연결된 2개의 반쪽 고리로 구성되어 있으며 도선에 연결된 금속 브러시와 접촉하고 있다. 그러면 코일에 전류가 0이고 방향을 바꾸려고 할 때 각각의 브러시는 다른 고리와 연결되어 전류의 방향을 바꾸지 않게 된다.

19.5 돌림힘과 전동기(Motor)

전동기는 전기에너지에 의해 회전운동 에너지를 얻는 장치이다. 자기장 내에서 코일에 전류가 흐르면 운동 기전력에 의해 토크를 받아 회전하는 원리를 응용한 것이다. 발전기의 역과정이라 할 수 있다. 그림 19.10과 같이 전류가 흐르는 고리가 일정한 자기장 안에 있다면 길이가 a인 고리에는 다음과 같은 힘이 작용하게 된다.

$$\mathbf{F} = I\mathbf{a} \times \mathbf{B} \tag{19.17}$$

고리의 b에 작용하는 힘은 회전에 관여하지 않는다는 사실에 주목하자. 이러한 힘은 사각형 고리를 회전시키며 결국 돌림힘을 발생시킨다. 고리가 N번 감겨 있다면 고리에 대한 자기 쌍극자 모멘트는

$$\boldsymbol{\mu}_m = NIA\hat{n} \tag{19.18}$$

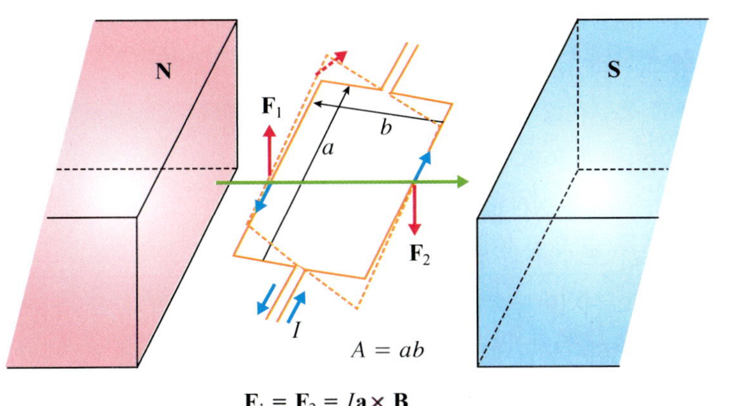

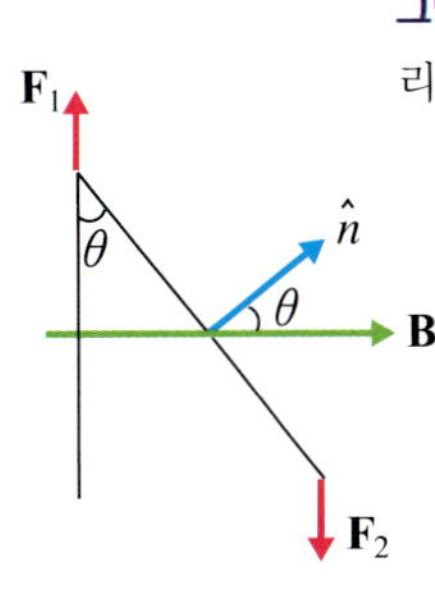

그림 19.10 전동기. 자기장 내에서 전류 고리는 토크(돌림힘)를 받아 회전한다.

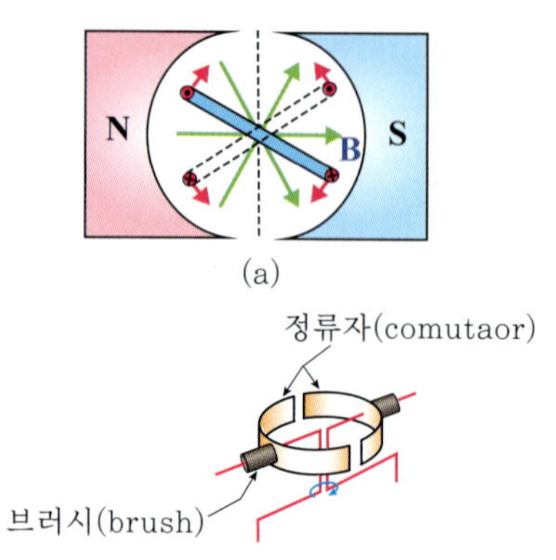

그림 19.11 전동기와 정류자. (a) 도선 고리는 상하 방향(점선)을 기준으로 돌림힘 방향이 반대가 된다. (b) 정류자는 도선 고리의 전류 방향을 바꾸어 주는 역할을 한다. 이로 인해 고리는 같은 방향으로 돌림힘을 받아 계속 한 방향으로 회전하게 된다.

이고, 토크는 다음과 같이 주어진다.

$$\mathbf{N} = \boldsymbol{\mu}_m \times \mathbf{B} \tag{19.19}$$

이러한 관계식은 전기 쌍극자 모멘트와 전기장에 의한 돌림힘의 식과 유사하다.

그런데 이러한 돌림힘은 고리의 면적 벡터와 자기장의 방향과 일치하면 0이 된다는 사실을 알 수 있다. 즉 고리가 상하 방향에 자리 잡으면 고리에 유도되는 자기력은 위와 아래로 작용하여 더 이상 고리를 회전시키지 않는다. 더욱이 고리가 상하 방향을 지나 음의 각도로 들어가면 이번에는 자기력이 처음과는 반대로 작용하여 회전 방향을 바꾸게 한다. 그렇다면 어떻게 하여 계속 고리를 회전시킬 수 있을까? 그것은 그림 19.11과 같이 정류자를 사용하면 된다. 정류자는 고리에 공급되는 전류의 방향을 반 바퀴 회전할 때마다 극성을 바꾸어 연속적으로 회전이 가능하게 하는 장치이다.

한편 전기장에서 전기 쌍극자 모멘트에 대한 돌림힘은 $\mathbf{N} = \mathbf{p} \times \mathbf{E}$로 주어지고, 쌍극자 모멘트에 의한 퍼텐셜 에너지는 $U_E = -\mathbf{p} \cdot \mathbf{E}$로 주어짐을 배웠다. 비슷하게 자기장 안에서의 자기 쌍극자 모멘트에 의한 퍼텐셜 에너지는 다음과 같이 주어진다.

$$U_M = -\boldsymbol{\mu}_m \cdot \mathbf{B} \tag{19.20}$$

19장 학습문제

19.1 길이가 20 cm이고 반지름이 2 cm이며 도선의 감긴 수가 200번인 솔레노이드가 있다. 이 솔레노이드에 3 A의 전류가 흐른다면 자기다발은 얼마인가?

풀이: 솔레노이드의 자기장은

$$B = \mu_0 \frac{N}{L} I$$

이다. 그러면

$$B = (4\pi \times 10^{-7}\ \text{T} \cdot \text{m/A})\left(\frac{200}{0.2\ \text{m}}\right)(3\ \text{A}) = 3.77 \times 10^{-3}\ \text{T}$$

이다. 그리고 단면적은 $A = \pi r^2$으로부터

$$A = (3.14)(0.02\ \text{m})^2 = 1.26 \times 10^{-3}\ \text{m}^2$$

이다. 따라서 구하고자 하는 자기다발의 세기는 다음과 같다.

$$\begin{aligned} \Phi_M &= NBA = (200)(3.77 \times 10^{-3}\ \text{T})(1.26 \times 10^{-3}\ \text{m}^2) \\ &= 9.50 \times 10^{-4}\ \text{Wb} \end{aligned}$$

19.2 자기다발의 시간 변화량, 즉 Wb/s가 Volt 단위가 됨을 보여라.

풀이: 자기다발의 차원이 $\text{T} \cdot \text{m}^2$이므로 이에 대한 시간 변화량의 차원은 $\text{T} \cdot \text{m}^2/\text{s}$이다. 한편 $F = Bqv$에서 양변에 길이 차원을 곱하면 에너지 차원이 된다. 이를 차원으로 정리하면 $\text{J} = (\text{T} \cdot \text{m})(\text{m/s})\ \text{C}$이고 $\text{J/C} = \text{V}$의 관계식으로부터 $\text{T} \cdot \text{m}^2/\text{s} = \text{V}$를 얻는다.

19.3 반지름이 2.5 cm이고 길이가 무한인 솔레노이드에 도선(코일)이 cm당 10회 감겨 있다. 이 솔레노이드 축에 수직한 평면으로 반지름이 4 cm이며 5회 감긴 코일이 놓여 있다. 솔레노이드의 전류가 0.1초 동안에 2.5 A에서 1.0 A로 떨어진다면 감긴 코일에 유도된 기전력은 얼마인가?

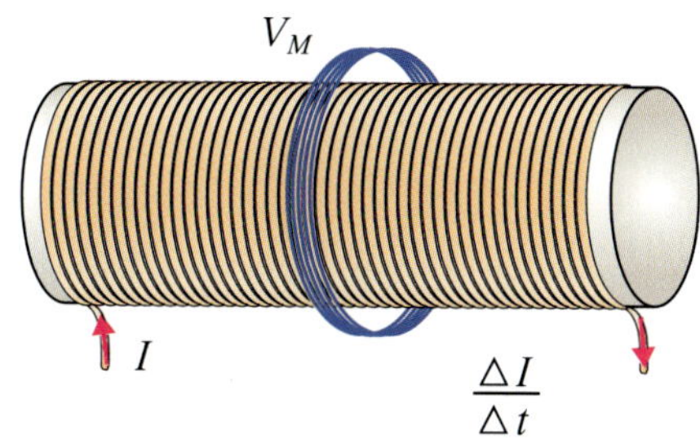

그림 19.12 전류의 변화와 유도 기전력. 솔레노이드의 전류를 변화시키면 외부에 감긴 도선 고리에 유도 기전력이 발생한다.

풀이: 솔레노이드의 자기장은 $B = \mu_0 \frac{N}{L} I = \mu_0 nI$ 로 주어진다. 따라서 자기다발은

$$\Phi_M = BA = \mu_0 nIA$$

이다. 여기서 $n = N/L = 1000$ turns/m이고, $A = \pi r^2 = (3.14)(4 \times 10^{-2}\text{ m})^2$이다.

유도 기전력은 다음과 같이 주어진다.

$$V_M = -N\frac{d\Phi_M}{dt} = -N\mu_0 nA\frac{dI}{dt}$$

여기서 $\frac{dI}{dt} \cong \frac{\Delta I}{\Delta t} = \frac{(1.0-2.5)}{0.1}$ A/s이다. 그러면

$$\begin{aligned} V_M &= -(5)(4\pi \times 10^{-7})(1000)(5.02 \times 10^{-3})(-11.5)\text{ V} \\ &= 3.63 \times 10^{-4}\text{ V} \end{aligned}$$

이다.

19.4 학습문제 19.3(그림 19.12)의 자기다발 개념을 사용하여 유도 기전력을 구하라.

풀이: x축을 움직이는 도선의 방향으로 잡고 순간 거리를 x라 하자. 그러면 그 순간의 고리 면적은 $A = lx$이다. 따라서 자기다발은

$$\Phi = BA = Blx$$

이며, 구하고자 하는 유도 기전력은

$$V_M = \left|-\frac{d\Phi}{dt}\right| = Bl\frac{dx}{dt} = Blv$$

이다. 렌츠의 법칙은 유도 전류가 그림 19.7에 나타낸 것처럼 반시계 방향을 요구한다.

19.5 그림 19.6에서 $R = 0.05\ \Omega$, $l = 20$ cm, $v = 2.0$ m/s이고 자기장의 크기는 0.1 T이다. 유도 기전력, 유도 전류, 외력의 크기와 외력이 이 시스템에 공급하는 일률을 계산하라.

풀이:

$V_M = Blv = (0.1\text{ T})(0.2\text{ m})(2.0\text{ m/s}) = 0.04\text{ V}.$

$I = \frac{Blv}{R} = \frac{0.04\text{ V}}{0.05\ \Omega} = 0.8\text{ A}.$

$F = IlB = (0.8\text{ A})(0.2\text{ m})(0.1\text{ T}) = 0.016\text{ N}.$

$P = \frac{(Blv)^2}{R} = \frac{(0.04\text{ V})^2}{0.05\ \Omega} = 0.032\text{ W}.$

19.6 그림 19.6에서 이번에는 막대가 왼쪽($-x$방향)으로 힘을 받아 v의 속도로 움직인다면 자기다발, 전류, 유도 기전력 등은 어떻게 변하는가?

19.7 U자형 레일 위를 금속 막대가 3 cm/s의 속도로 움직이고 있다. 자기장은 처음 $t = 0$에 0.2 T의 크기로 지면에서 나오는 방향으로 흐르고, 0.1 T/s의 율로 증가하고 있다. $l = 6$ cm이고 $t = 0$에서 $x = 8$ cm일 때 유도 기전력을 구하라.

풀이: 이 경우 자기다발의 변화는 면적의 변화는 물론 자기장의 변화까지 고려해야 한다. 즉

$$\frac{d\Phi}{dt} = \frac{d}{dt}(BA) = A\frac{dB}{dt} + B\frac{dA}{dt}$$

이어야 한다. $A = lx$이므로

$$\begin{aligned}\frac{d\Phi}{dt} &= (lx)\frac{dB}{dt} + Bl\left(-\frac{dx}{dt}\right) = (lx)\frac{dB}{dt} + Bl(-x) \\ &= (0.08 \times 0.06\ \text{m}^2)(0.1\ \text{T/s}) + (0.2\ \text{T})(0.06\ \text{m})(-0.03\ \text{m/s}) \\ &= 1.2 \times 10^{-4}\ \text{V}\end{aligned}$$

이다.

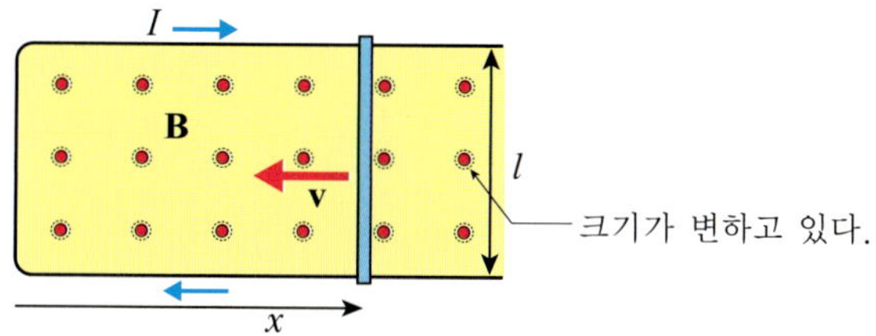

그림 19.13 자기장의 변화와 유도 기전력.

자기다발의 총 변화량은 양이고 유도 기전력은 이러한 변화를 방해하므로 유도 전류의 방향은 위에서 쳐다보았을 때 시계 방향으로 흐른다. 즉 유도 자기장의 방향은 지면으로 들어가는 방향이다.

19.8 금속으로 만들어진 사각형 고리가 그림 19.14와 같이 균일한 자기장에 수직을 유지하며 접근하고 있다. 이 고리가 일정한 속도 v로 자기장에 들어가 통과한다면 자기장에 들어가는 시간에서 자기장을 벗어나는 시간까지 자기다발의 변화(a)와 유도 기전력의 변화(b)를 시간의 함수로 그려보라.

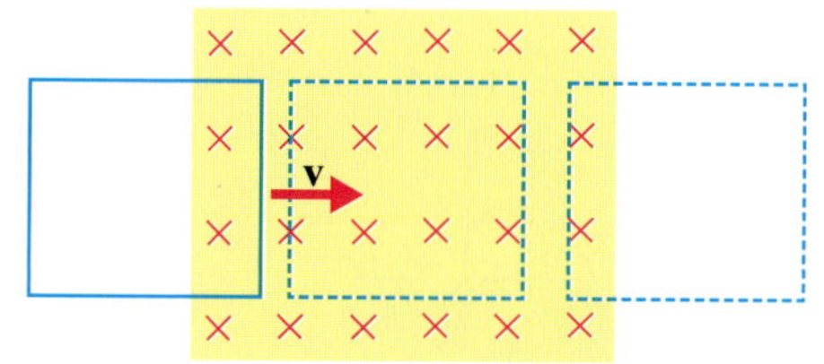

그림 19.14 일정한 자기장 속으로 도선 고리가 들어가고 있다. 시간에 따라 자기다발은 변하게 된다.

풀이: (a) 자기다발은

$$\Phi_M = Blx = Blvt$$

이다. 자기다발은 시간에 따라 선형적으로 변한다. 고리가 자기장 안으로 들어가기 시작하면 고리에 자기장이 점유하는 면적은 증가하고 자기다발은 선형적으로 증가하게 된다. 그러나 일단 고리가 자기장 안에 완전히 들어가면 면적의 증가는 없고 따라서 자기다발은 일정한 값을 유지하게 된다. 고리가 자기장 영역을 빠져나오기 시작하면 이번에는 면적이 줄어들어 자기다발 역시 선형적으로 줄어든다.

(b) 유도 기전력은

$$V_M = -\frac{d\Phi_M}{dt} = -Blv$$

이다. 따라서 상수 값을 갖는다. 고리가 자기장 영역으로 들어가기 시작하면 유도 기전력은 음으로 유도된다. 그러나 고리가 자기장에 완전히 들어가면 자기다발은 일정하므로 유도 기전력은 발생하지 않는다. 고리가 자기장을 빠져나오기 시작하면 유도 기전력은 양으로 유도된다.

이와 같은 자기다발과 유도 기전력의 변화는 그림 19.15와 같다.

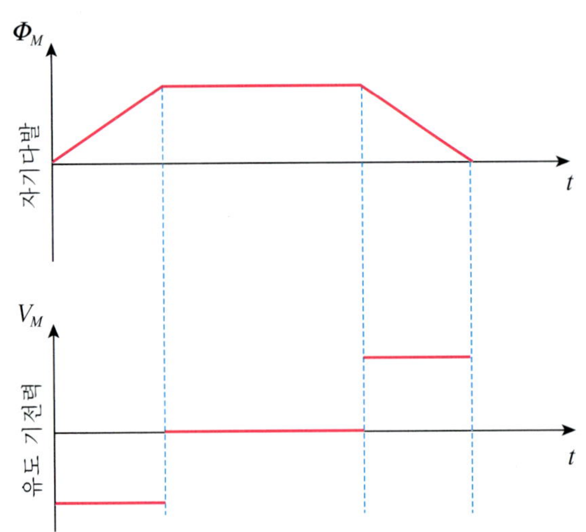

고리가 일정한 속도로 움직이므로 자기다발은 시간에 대해 선형적으로 변한다. 고리가 자기장 안에 완전히 놓이면 자기다발은 일정하다.

유도 기전력은 항상 상수 값을 갖는다. 고리가 자기장 안에 완전히 놓이면 유도 기전력은 없다.

그림 19.15 유도 기전력의 변화 분포.

19.9 길이가 l이고 폭이 w인 직사각형 도체 고리가 전류 I가 흐르는 긴 도선 주위에 평행하게 놓여 있다. 이 고리가 도선으로부터 거리 r_0에서 출발하여 일정한 속도 v로 도선으로부터 멀어지고 있다고 가정하여, 고리에 유도된 기전력을 시간의 함수로 나타내라.

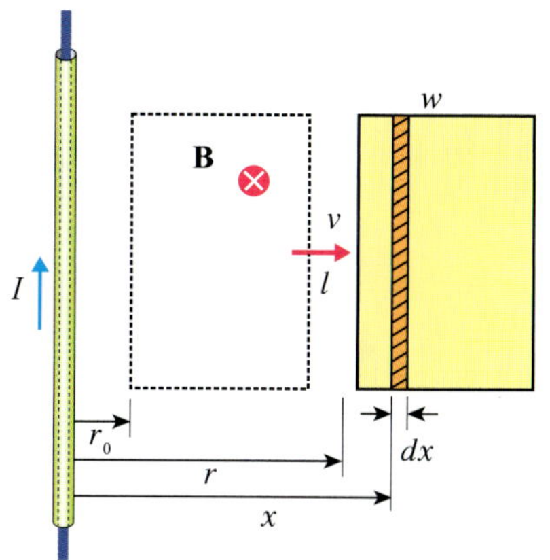

그림 19.16 자기장과 움직이는 도체 고리.

풀이: 그림 19.16에서 보듯이 출발하고 나서 임의의 시간에 고리의 좌변이 도선으로부터 r만큼 떨어져 있다고 하자. 그러면 고리를 통하는 자기다발의 크기는 그림에서처럼 빗금 친 부분, 즉 고리의 높이 l과 미소부분인 dx의 넓이 그리고 도선에 의해 발생한 자기장과의 관계로부터 구할 수 있다.

자기장은

$$B = \frac{\mu_0 I}{2\pi x}$$

이고, 면적 부분은 $dA = ldx$이므로

$$\Phi_M = \int BdA = \frac{\mu_0 Il}{2\pi}\int_r^{r+\omega}\frac{dx}{x} = \frac{\mu_0 Il}{2\pi}\ln\left(\frac{r+\omega}{r}\right)$$

이다. 패러데이 법칙은 자기다발에 대해 시간 도함수를 포함하고 있으므로 Φ_M은 시간의 함수로 표현할 수 있다는 뜻과 같다. 즉 $\Phi_M = \Phi_M(t)$이다. 고리가 일정한 속도 v로 움직이므로 도선으로부터의 거리는 $r = r_0 + vt$이다. 위 식에 이를 대입하면

$$\Phi_M(t) = \frac{\mu_0 Il}{2\pi}\ln\left(\frac{r_0+\omega+vt}{r_0+vt}\right)$$

이다. 따라서 유도 기전력의 크기는

$$V_M = -\frac{d\Phi_M(t)}{dt} = \frac{\mu_0 Il}{2\pi}\frac{\omega v}{(r_0+\omega+vt)(r_0+vt)}$$

가 된다.

이러한 기전력은 자기다발을 방해하는 방향으로 작용한다. 즉 고리가 멀어짐에 따라 자기다발은 감소하므로 고리에 유도된 전류는 시계 방향으로 흐르게 된다. 한편 위 식에 의하면 도선과의 거리가 멀어질수록 자기장은 감소하게 되는데, $t = \infty$이면 자기장은 0이 된다. 물론 유도 기전력 역시 0으로 접근하여 간다. 즉 유도 기전력은 사실상 속도의 크기에 비례한다는 것을 표현하고 있는데, 고리를 빨리 움직일수록 고리를 통하는 자기다발은 그만큼 빨리 변한다는 물리적인 사실과 일치한다고 하겠다.

19.10 반지름이 R인 긴 솔레노이드에 시간에 따라 변하는 전류가 흐르고 있다. 이 솔레노이드의 내부와 외부에서의 유도 전기장을 자기장의 시간 변화 형태로 기술하라.

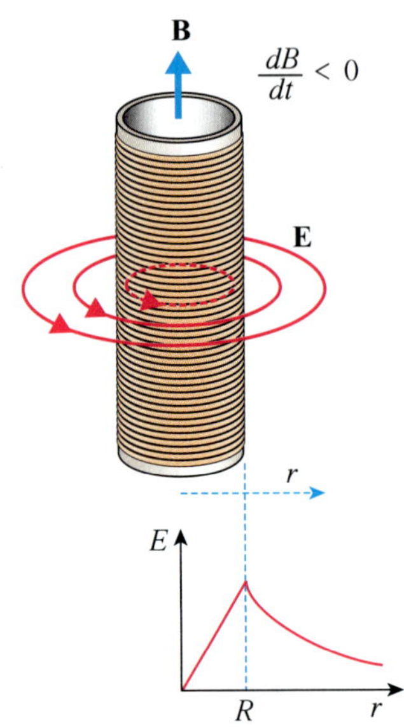

그림 19.17 **솔레노이드에 유도된 전기장.** 솔레노이드 중심으로부터 거리에 따른 유도 전기장의 분포. 자기장의 시간에 따른 변화는 일정하게 감소하는 경우이다.

풀이: 유도된 전기장은 원형 고리를 형성하므로 임의 원의 반지름을 r이라 하면

$$V_M = \oint \mathbf{E} \cdot d\boldsymbol{l} = E \oint dl = 2\pi r E$$

이다. 솔레노이드 내부 영역에서는

$$2\pi r E = -(\pi r^2)\frac{dB}{dt}$$

이며, 구하고자 하는 유도 전기장은

$$E = -\frac{r}{2}\frac{dB}{dt}, \quad r < R$$

이다. 솔레노이드 외부 영역에서는

$$2\pi r E = -(\pi R^2)\frac{dB}{dt}$$

로부터

$$E = -\frac{R^2}{2r}\frac{dB}{dt}, \quad r \geq R$$

이다. 만약 자기장의 크기가 시간에 따라 일정하게 감소($dB/dt < 0$)하면 거리에 대응된 유도 전기장은 그림 19.17과 같다.

19.11 한 변의 길이가 20 cm이고 30회 감긴 정사각형 코일이 일정한 크기 500 G의 자기장 안에서 240 rpm으로 회전하고 있다. 처음 위치는 코일 면이 자기장에 수직하다면 (a) 최고 기전력과 (b) 1/12초에서의 기전력을 구하라.

풀이: 회전수를 각속도로 변환하면 $\omega = \dfrac{240}{60\text{ s}}(2\pi\text{ rad}) = 8\pi\text{ rad/s}$이고, $B = 5\times 10^{-2}\text{ T}$이다. 따라서

(a) $V_0 = NBA\omega = (30)(5\times 10^{-2}\text{ T})(0.2\text{ m})^2(8\pi\text{ rad/s}) = 1.51\text{ V}$.

(b) $V_M = (1.51\text{ V})\sin\left(\dfrac{8\pi}{12}\right) = 1.31\text{ V}$.

19.12 그림 19.10에서 고리의 크기는 $a = 40$ cm, $b = 20$ cm이고 10회 감겨 있다. 이 고리에 4 A의 전류가 흐르고 면적 벡터가 크기 0.3 T인 자기장과 $\theta = 30^\circ$의 각도를 이루고 있을 때 다음을 구하라.

(a) 코일의 자기 쌍극자 모멘트 (b) 코일에 걸리는 돌림힘 (c) 코일의 퍼텐셜 에너지

풀이: (a) 우선 자기장의 방향을 x축이라 잡으면 자기장은 $\mathbf{B} = 0.3\text{ T}\hat{i}$이다. 그리고 고리의 자기 쌍극자 모멘트는 x방향의 성분과 y방향의 성분으로 나눌 수 있다. 즉

$$\boldsymbol{\mu}_m = \mu_x\hat{i} + \mu_y\hat{j}$$

이다. 자기 쌍극자 모멘트의 크기는

$$\mu_m = NIA = (10)(4\text{ A})(0.08\text{ m}^2) = 3.2\text{ A}\cdot\text{m}^2$$

이므로

$$\mu_x = \mu_m\cos 30^\circ = 2.8\text{ A}\cdot\text{m}^2,\quad \mu_y = \mu_m\sin 30^\circ = 1.6\text{ A}\cdot\text{m}^2$$

이다. 따라서 구하고자 하는 자기 쌍극자 모멘트는 다음과 같다.

$$\boldsymbol{\mu}_m = 2.8\text{ A}\cdot\text{m}^2\hat{i} + 1.6\text{ A}\cdot\text{m}^2\hat{j}$$

(b) 토크는 $\mathbf{N} = \boldsymbol{\mu}_m \times \mathbf{B}$이므로

$$\begin{aligned}\mathbf{N} &= (2.8\text{ A}\cdot\text{m}^2\hat{i} + 1.6\text{ A}\cdot\text{m}^2\hat{j}) \times (0.3\text{ T}\hat{i}) \\ &= -0.48\text{ N}\cdot\text{m}\,\hat{k}\end{aligned}$$

이다.

(c) 퍼텐셜 에너지는 $U_M = -\boldsymbol{\mu}_m\cdot\mathbf{B}$이므로

$$\begin{aligned}U_M &= -(2.6\text{ A}\cdot\text{m}^2\hat{i} + 1.6\text{ A}\cdot\text{m}^2\hat{j})\cdot(0.3\text{ T}\hat{i}) \\ &= -0.78\text{ J}\end{aligned}$$

이다.

19장 연습문제

19.1 직경 10 cm의 원형 도선이 0.35 T의 균일한 자기장에 수직으로 놓여 있다. 이것을 0.12초 사이에 외부로 옮겨 놓았다. 평균 유도 기전력을 구하라.

19.2 자기다발이 2번 감은 코일을 지나면서 0.74초 사이에 −8.6 Wb에서 +4.7 Wb로 변했다. 그렇다면 이 코일에 유도되는 기전력은 얼마인가?

19.3 한 변이 5.0 cm이고 100회 감긴 사각형 코일이 0.60 T의 균일한 자기장에 수직으로 놓여 있다. 이 코일을 자기장에 대해 수직인 방향으로 자기장이 0이 되는 곳으로 재빨리 옮겼다. 이때 걸린 시간은 0.1초였다. 코일의 저항이 100 Ω이라면 코일 내에서는 얼마의 에너지가 소모되는가?

19.4 8.5 Ω의 저항을 가진 직경 20 cm인 원형 도선이 있다. 이 원형 도선이 0.40 T인 자기장에 그 면이 수직으로 놓여 100 m/s 사이에 자기장 밖으로 옮겨졌다. 이 과정에서 소모되는 전기에너지를 계산하라.

19.5 35회 감긴 코일의 각 고리를 지나는 자기다발이 다음과 같이 주어진다.

$$\Phi_M = (3.6t - 0.71t^2) \times 10^{-2}\ \mathrm{T \cdot m^2}$$

여기서 t는 시간 변수로 초의 단위이다.

(a) 기전력을 시간의 함수로 표시하라.
(b) $t = 1.0$ s와 $t = 5.0$ s에서의 기전력 V_M을 구하라.

19.6 직경 25.0 cm인 원통에 2 mm 굵기의 구리선이 20회 감겨 있다. 균일한 자기장이 코일 면에 수직하게 6.55×10^{-3} T/s의 비율로 변하고 있다.

(a) 코일에 생기는 전류를 계산하라.
(b) 열에너지의 생성률을 계산하라.

19.7 연하게 만든 원형 코일이 있다. 그 면적이 $6.50 \times 10^{-2}\ \mathrm{m^2/s}$ 율로 감소한다고 하자. $t = 0$ s일 때의 면적은 0.285 $\mathrm{m^2}$이다. 이 원형 코일이 면에 수직한 방향으로 흐르는 자기장($B = 0.42$ T) 속에 놓여 있을 때 $t = 0$과 $t = 2.00$ s에서의 유도 기전력을 구하라.

19.8 그림 19.13에서 금속의 길이가 34.0 cm이고 2.3 m/s의 속도로 움직인다. 금속의 저항은 무시한다. 자기장이 0.25 T이고 U자형 도선의 저항은 25.0 Ω이다.

(a) 유도된 기전력을 계산하라.
(b) U자형 도선에 흐르는 전류를 계산하라.

19.9 반경 R인 원형 금속판이 그 면에 수직인 중심축 둘레로 각속도 ω로 회전하고 있다. 이러한 회전축 방향으로 균일한 자기장 E가 존재할 때 판의 중심과 가장자리 사이에 유도되는 기전력을 구하라.

19.10 한 변이 8.0 cm이고 100번 감긴 사각형 코일과 0.350 T의 크기를 갖는 자석으로 이루어진 발전기가 있다. 최대 전압으로 12 V를 발생시키고자 한다면 얼마나 빨리 회전해야 하는가?

19.11 직류 발전기의 전류 고리인 회전자에 감긴 도선의 저항이 10 Ω이다. 이 발전기가 220 V의 전원에 연결되어 회전을 시작한 후 최대 속도를 가질 때 역기전력이 210 V를 나타내었다. 여기서 역기전력은 회전자가 가속을 받아 회전하게 되었을 때 코일을 지나는 자기다발의 변화에 의해 생긴다. 즉 유도 기전력에 따른 운동의 방해(렌츠의 법칙)에 의한 것이다.

(a) 이 전동기가 바로 시동될 때의 전류를 계산하라.

(b) 최대 속도로 되었을 때의 전류를 계산하라.

19장 연습문제 해답

19.1 0.023 V.

19.2 36 V.

19.3 2.3×10^{-3} J. 자기다발은 $\Phi_M = BA = (0.60\ \mathrm{T})(0.050\ \mathrm{m})^2 = 1.5 \times 10^{-3}$ Wb이다. 그리고 0.1초 동안에 유도된 기전력은 $V_M = -(100)\dfrac{(0 - 1.5 \times 10^{-3}\ \mathrm{Wb})}{0.10\ \mathrm{s}} = 1.5\ \mathrm{V}$가 된다. 따라서 전류는 $I = \dfrac{V_M}{R} = \dfrac{1.5\ \mathrm{V}}{100\ \Omega} = 1.5 \times 10^{-2}$ A가 되며, 결국 소모된 에너지는 $(I^2R)t = (1.5 \times 10^{-2}\ \mathrm{A})^2(100\ \Omega)(0.1\ \mathrm{s}) = 2.3 \times 10^{-3}$ J이다.

19.4 1.9×10^{-4} J.

19.5 (a) $(0.75t^2 - 1.26)$ V. (b) −0.51 V, 1.75 V.

19.6 (a) 0.0765 A. (b) 4.9×10^{-4} W.

19.7 2.7×10^{-3} V.

19.8 (a) 0.20 V. (b) 8.0×10^{-3} A.

19.9 $-\dfrac{1}{2}BR^2\omega$.

19.10 8.5 Hz.

19.11 (a) 22 A. 처음에 발전기는 정지되어 있다. 따라서 $I = \dfrac{V}{R} = \dfrac{220\ \mathrm{V}}{10\ \Omega} = 22$ A이다. 이와 같이 발전기를 처음 돌릴 때는 대단히 높은 전류가 흐른다. 냉장고 등을 처음 켤 때 잠시 전등 빛이 희미해지는 이유가 여기에 있다.

(b) 1 A. 최대 속도에 도달하게 되면 외부 기전력에 대항하는 기전력이 곧 역기전력에 해당한다. 회로에 있어 이러한 역기전력은 외부 기전력과는 반대 방향이라고 생각할 수 있으므로 $220\ \mathrm{V} - 210\ \mathrm{V} = (10\ \Omega)I$인 관계식을 얻을 수 있다. 따라서 $I = 1.0$ A이다.

인덕터와 전기회로 20

우리는 19장에서 전류의 변화에 의한 자기장 발생과 그 성질을 자세히 알아보았다. 솔레노이드와 같이 전선이 코일 형태로 감기어 전기회로에 연결된 장치를 인덕터(inductor)라 부른다. 인덕터에 전류가 흐르게 되면 자기장이 형성되고, 그러한 자기장은 전류의 변화에 따라 유도 기전력을 발생시킨다. 즉 전류의 변화를 방해하는 방향으로 코일에 유도 전압이 발생한다. 이러한 성질을 나타내주는 양을 자체인덕턴스(self-inductance, 자체유도계수라고도 해석함) 혹은 간단히 인덕턴스라고 한다. 이렇게 인덕터는 인덕턴스를 만들기 위해 고안된 소자(device)라고 할 수 있다. 인덕터는 전류의 변화를 방해하는 역할을 하므로 **정상 전류(다시 말해 직류)의 흐름은 방해하지 않는 반면에 교류의 흐름은 방해**하게 된다. 아울러 인덕터의 종합 저항은 교류의 진동수와 인덕턴스에 따라 증가하는 성질을 갖는다. 따라서 인덕터는 복잡한 신호에서 교류와 직류를 분리하거나 교류 성분을 걸러내는 데 사용된다. 이러한 인덕터는 보통 빈 원통 주위에 코일을 감거나 강자성 물질의 코어 위에 코일을 감는 구조로 되어 있다.

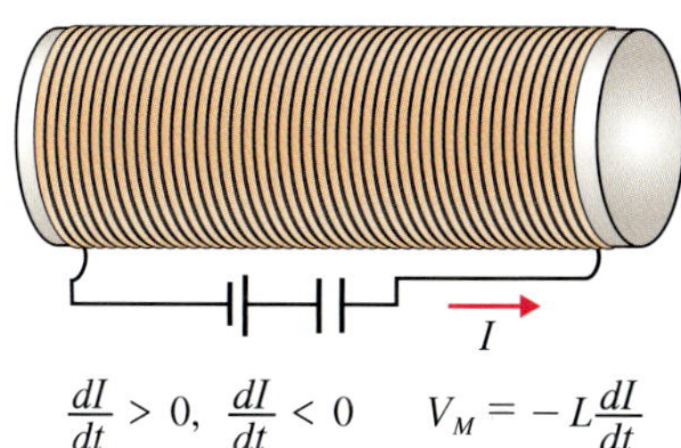

$\frac{dI}{dt} > 0,\ \frac{dI}{dt} < 0 \qquad V_M = -L\frac{dI}{dt}$

그림 20.1 인덕터와 인덕턴스. 변화하는 전류는 인덕터에 유도 기전력을 발생시킨다. 유도 기전력은 변화하는 전류에 비례하며 그 크기는 인덕턴스와 관계된다.

학습 내용

- 인덕턴스: $V_L = -N\frac{d\Phi_M}{dt} = -L\frac{dI}{dt}$, $L; 1\,\mathrm{H} = \frac{\mathrm{T\cdot m^2}}{\mathrm{A}} = 1\frac{\mathrm{Vs}}{\mathrm{A}} = 1\,\Omega\cdot\mathrm{s}$.
- 인덕터의 연결: 직렬; $L_{eq} = L_1 + L_2 + L_3 + \cdots + L_N$.

  병렬; $\frac{1}{L_{eq}} = \frac{1}{L_1} + \frac{1}{L_2} + \frac{1}{L_3} + \cdots + \frac{1}{L_N}$.
- 인덕터에 저장된 에너지: $U_M = \frac{1}{2}LI^2$.
- 에너지 밀도: $u_M = \frac{B^2}{2\mu_0}$.
- LR 회로: $I = \frac{V_0}{R}\left(1 - e^{-\frac{R}{L}t}\right) = \frac{V_0}{R}\left(1 - e^{-\frac{t}{\tau}}\right)$.
- LC 회로와 전기적 진동 현상: $Q = Q_0\cos(\omega t)$. $I = I_0\sin(\omega t)$. $\omega_0 = \frac{1}{\sqrt{LC}}$.
- LRC 회로와 감쇠 진동: $Q = Q_0 e^{-\frac{R}{2L}t}\cos(\omega t)$.

  $\omega = \sqrt{\omega_0^2 - \left(\frac{R}{2L}\right)^2}$.

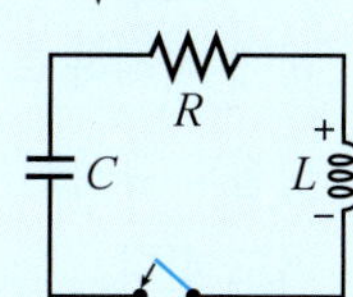

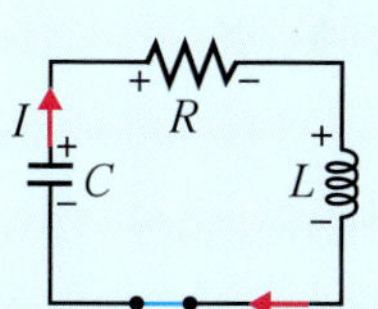

20.1 인덕턴스(Inductance)

그림 20.1과 같이 인덕터가 한 회로에 연결되어 있다. 여기서 전류는 시간에 따라 변하고 있다. 전류가 시간에 따라 변하면 유도된 자기장 역시 시간에 따라 변하게 된다. 따라서 코일을 통하는 자기다발 역시 시간에 따라 변할 것이다. 자기장은 코일에 흐르는 전류에 비례하므로 자기다발 역시 전류에 비례한다고 할 수 있다. 따라서 코일이 감긴 수, 즉 권선 수가 N이라면 자기다발은

$$N\Phi_M = LI \tag{20.1}$$

으로 표시할 수 있다. 여기서 비례상수 L를 자체인덕턴스(self-inductance) 혹은 간단히 인덕턴스라 부른다. 유도 기전력은 패러데이 법칙에 따라

$$V_L = -N\frac{d\boldsymbol{\Phi}_M}{dt} = -L\frac{dI}{dt} \tag{20.2}$$

로 주어진다. 여기서 V_L은 인덕터에 유도된 기전력을 의미한다. 인덕턴스는 단지 코일의 모양에만 관계되므로 시간과는 무관한 양이다. 그리고 음의 부호는 렌츠의 법칙을 의미한다. 인덕턴스의 단위는 Henry(H)로 나타내며 기본 단위와의 관계는 다음과 같다.

$$1\,\mathrm{H} = 1\frac{\mathrm{T}\cdot\mathrm{m}^2}{\mathrm{A}} = 1\frac{\mathrm{Vs}}{\mathrm{A}} = 1\,\Omega\cdot\mathrm{s} \tag{20.3}$$

인던턴스가 L인 코일이 회로의 성분으로 사용될 때 이를 인덕터라 부른다. 길이가 l이고 감긴 수가 N인 기다란 솔레노이드의 인덕턴스를 구해 보자. 우리는 이미 이러한 솔레노이드의 자기다발이

$$N\boldsymbol{\Phi}_M = NBA = N\frac{N}{l}\mu_0 IA = \frac{N^2\mu_0 IA}{l}$$

로 주어짐을 알았다. 따라서 이에 대한 솔레노이드의 인덕턴스는

$$L = \frac{N\boldsymbol{\Phi}_M}{I} = \frac{N^2\mu_0 IA}{l} \tag{20.4}$$

이다. 만약 코어가 비어 있지 않고 자성체로 되어 있다면 자유투자율 μ_0은 그 재료에 해당하는 자기투자율 μ로 바뀐다. 식 (20.4)를 살펴보면 인덕턴스는 인덕터를 이루는 자기적인 성질은 물론 감긴 수와 면적 그리고 길이에 관계됨을 알 수 있다. 특히 단면적에 비례하고 길이에 역비례하는 성질은 저항의 역에 해당하는 전도성 $g = \frac{\sigma A}{l}$의 성질과 유사한 면이 있다. 그런데 투자율은 식 (20.4)로부터 H/m의 단위로 표현되기도 한다.

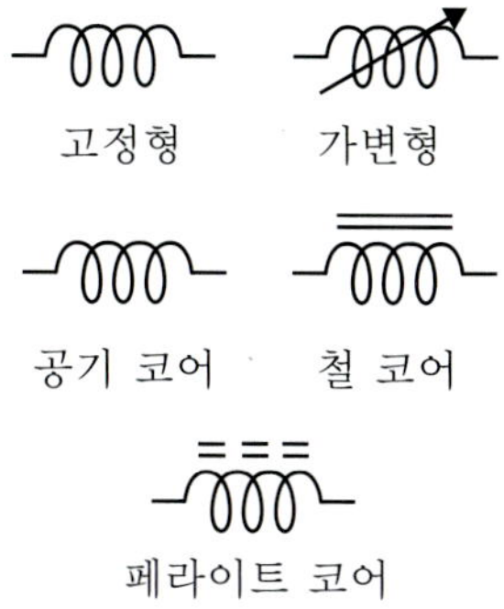

고정형 가변형

공기 코어 철 코어

페라이트 코어

그림 20.2 인덕터의 기호와 종류.

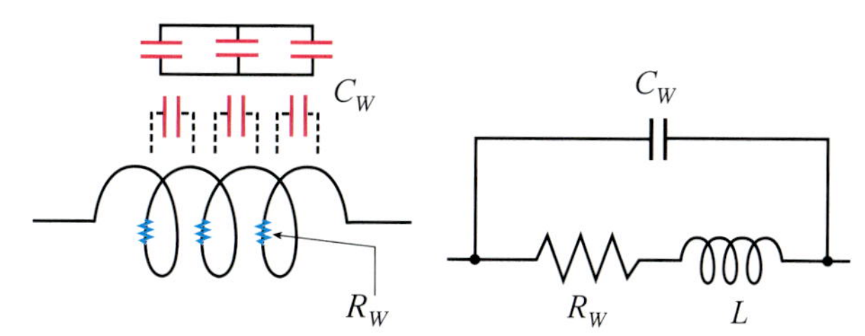

그림 20.3 인덕터의 권선 전기용량. 코일의 루프 사이에는 권선 전기용량이 발생하며 총 병렬 전기용량으로 나타낸다. 권선 저항은 직렬 저항으로 취급된다.

코어의 자성 재료로는 철, 니켈, 코발트 등이 사용된다. 이 재료들은 진공보다 투자율이 수백에서 수천 배나 강한 강자성체들이다. 표 19.1을 다시 한 번 참조하기 바란다. 따라서 이러한 강자성 코어는 자기력선에 대해 훨씬 낮은 저항값을 가지며 결국 강한 자기장을 형성한다. 일반적으로 쓰이는 인덕터의 재료로는 공기, 철, 페라이트(ferrite. 산화마그네슘, 산화망간, 산화아연, 산화니켈 등의 세라믹 재질) 등이 있다. 그림 20.2는 인덕터의 종류와 그 기호들을 나타낸다.

학습문제 20.3에서 보듯이 저항은 인덕터 자체의 저항으로 간주할 수도 있다. 인덕터 자체에 대한 저항을 **권선 저항**(winding resistance, R_W)이라고도 부른다. 인덕터에 있어서 이러한 권선 저항은 보통 무시되지만 고려되어야만 할 특수한 경우도 있다. 그런데 그림 20.4와 같이 인덕터의 코일들이 서로 나란히 놓이게 되면 축전기와 같은 효과가 나타날 수 있는데, 이를 권선 전기용량(winding capacitance, C_W)이라 부른다. 이러한 유동(drift) 전기용량은 그 효과가 작아 별 영향을 주지 못하지만, 아주 높은 진동수에 있어서는 그 크기가 커져 무시할 수 없게 된다. 권선 전기용량은 인덕턴스와 권선 저항에 병렬로 연결된 것으로 취급된다.

인덕터의 연결

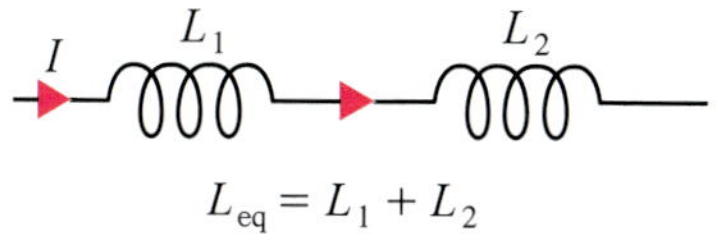

그림 20.4와 같이 인덕터들이 직렬로 연결되었을 때 총 인덕턴스는 어떻게 되는지 살펴보기로 하자.

I L_1 L_2

$L_{eq} = L_1 + L_2$

그림 20.4 인덕터의 직렬 연결.

우리는 앞에서 저항이나 축전기가 직렬 혹은 병렬로 연결되었을 때 등가 저항 혹은 등가 전기용량 등을 구한 바 있다. 2개의 인덕터가 그림 20.4와 같이 직렬로 연결되었을 때 유도되는 기전력은 사실상 2개의 인덕터에 유도되는 각각의 기전력의 합과 같다는 사실을 알 수 있다. 기전력은 전위차와 같다는 점에 주목하기 바란다. 따라서 총 기전력은

$$V_L^t = V_{L_1} + V_{L_2} \tag{20.5}$$

이고, 이로부터

$$L_{eq}\frac{dI}{dt}=L_1\frac{dI}{dt}+L_2\frac{dI}{dt}$$

인 관계식을 얻는다. 결국 등가 인덕턴스는

$$L_{eq}=L_1+L_2$$

이다. 이것은 직렬로 연결된 인덕터들의 등가 인덕턴스는 각각의 인덕턴스의 합이라는 것을 보여주고 있다. 따라서 N개의 인덕터들이 직렬로 연결된 회로에 있어서 등가 인덕턴스는 다음과 같다.

$$L_{eq}=L_1+L_2+L_3+\cdots+L_N \tag{20.6}$$

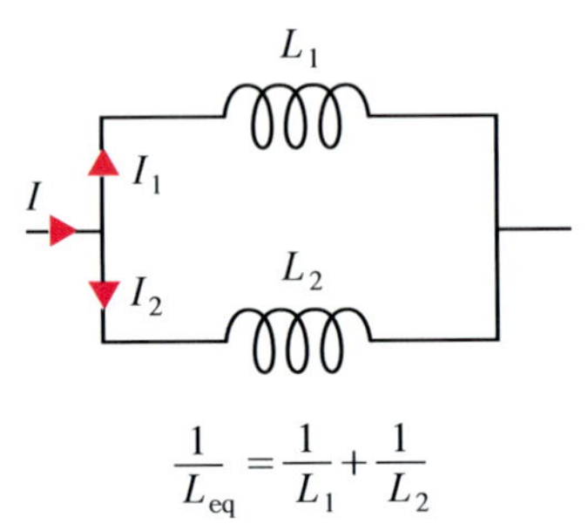

그림 20.5 인덕터의 병렬 연결.

다음으로 병렬 연결을 살펴보기로 하자. 그림 20.5와 같이 인덕터가 병렬로 연결되었을 때는 우선 전류의 분기를 고려해야 한다. 즉 전류는 각각의 인덕터에 흐르는 전류들의 합과 같으므로

$$I=I_1+I_2$$

이고, 따라서

$$\frac{dI}{dt}=\frac{dI_1}{dt}+\frac{dI_2}{dt} \tag{20.7}$$

인 관계식을 얻을 수 있다. 병렬 회로인 경우 각각의 회로 요소의 전위차는 같으므로 유도 기전력은 각각의 인덕터에서 서로 같다. 그러면 식 (20.7)로부터

$$\frac{V_L}{L_{eq}}=\frac{V_L}{L_1}+\frac{V_L}{L_2}$$

이고, 결국 등가 인덕턴스는 다음과 같다.

$$\frac{1}{L_{eq}}=\frac{1}{L_1}+\frac{1}{L_2}$$

이러한 결과로부터 N개의 인덕터들이 병렬로 연결된 회로의 등가 인덕턴스는 다음과 같이 주어진다.

$$L_{eq}=\frac{1}{\frac{1}{L_1}+\frac{1}{L_2}+\frac{1}{L_3}+\cdots+\frac{1}{L_N}} \tag{20.8}$$

20.2 인덕터에 저장된 에너지

인덕터에 의해 유도된 기전력은 전류에 대하여 방해하는 성질을 갖고 있다. 따라서 유도 기전력을 이기기 위해 전지는 일을 해야 한다. 전류 I가 흐르는 동안 인덕터의 단자를 가로질러 전위차 $\triangle V$가 생기면 인덕터는 $P = I\triangle V$로 주어지는 일률을 받아들이거나 전달한다. 즉 인덕터는 다음과 같이 주어지는 일률로 에너지를 축적하거나 방출한다.

$$P = V_L I = LI\frac{dI}{dt} = \frac{d}{dt}\left(\frac{1}{2}LI^2\right)$$

위와 같은 일률은 이른바 전력으로서 에너지에 대한 시간 변화율이므로 어느 순간에 인덕터에 축적되는 에너지는

$$U_M = \frac{1}{2}LI^2 \tag{20.9}$$

이다. 우리는 앞에서 축전기(capacitor)에 축적된 에너지는 축전기 도체 사이의 전기장에 축적된 에너지라는 것을 배운 바 있다. 인덕터에 축적된 에너지 역시 인덕터의 고리 주위나 내부에 존재한다. 인덕터에 전류가 증가하게 되면 에너지는 인덕터에 전달되고 자기장의 크기는 증가한다. 반면에 전류가 감소하면 인덕터는 축적된 에너지를 되돌려주고 자기장은 감소하게 된다.

에너지 밀도

인덕터에서의 에너지는 인덕터에 발생한 자기장에 저장되어 있다고도 할 수 있다. 긴 솔레노이드에 저장된 에너지를 구해 보기로 하자. 길이가 l이고 코일의 감긴 수가 N인 솔레노이드에 전류 I가 흐르면 자기장은

$$B = \mu_0 \frac{N}{l} I \tag{20.10}$$

이고, 이로부터 전류는

$$I = \frac{B}{\mu_0 N} l$$

이다. 인덕턴스는

$$L = \mu_0 \frac{N^2}{l} A \tag{20.11}$$

이므로 솔레노이드에 저장된 에너지는 다음과 같다.

$$U_M = \frac{1}{2}LI^2 = \frac{1}{2}\left(\frac{\mu_0 N^2 A}{l}\right)\left(\frac{Bl}{\mu_0 N}\right)^2 = \frac{B^2}{2\mu_0}Al$$

여기서 Al은 솔레노이드의 체적에 해당하므로 체적당 에너지, 즉 에너지 밀도 μ_M은 다음과 같이 주어진다.

$$u_M = \frac{B^2}{2\mu_0} \tag{20.12}$$

이러한 결과는 솔레노이드에 극한되지 않고 인덕터에 일반적으로 적용된다. 인덕터에 저장된 위와 같은 에너지 밀도는 축전기에 저장된 전기장에 의한 에너지 밀도

$$u_E = \frac{1}{2}\epsilon_0 E^2 \tag{14.9}$$

와 대비된다.

20.3 LR 회로

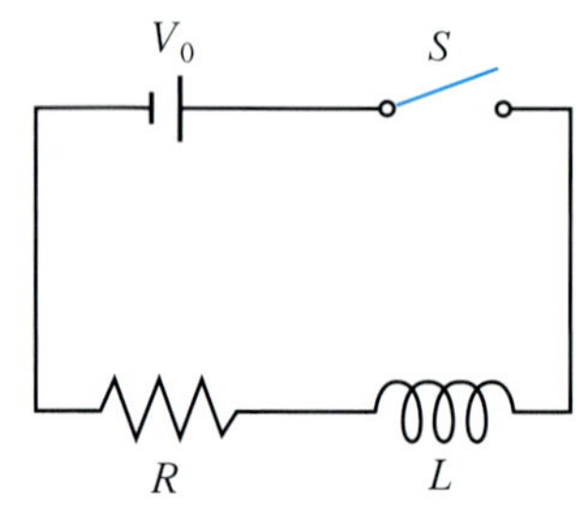

(a) 스위치 오프(switch off)

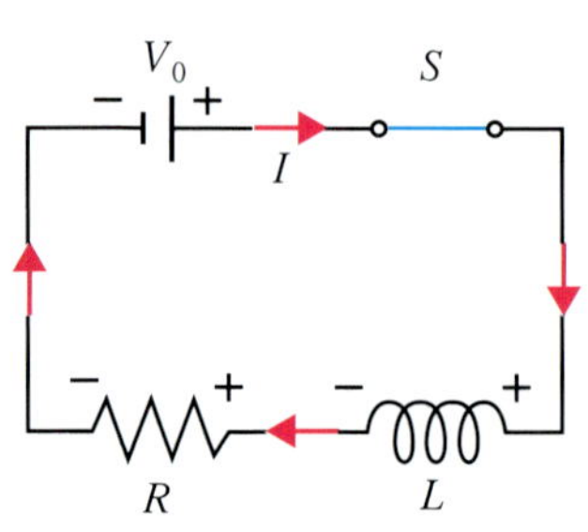

(b) 스위치 온(switch on)

그림 20.6 RL 회로.

$$I = \frac{V_0}{R}\left(1 - e^{-\frac{t}{\tau}}\right)$$

$\tau = \frac{L}{R}$: 시간상수

인덕터가 있는 회로에서 전류는 순간적으로 바뀌지 않는다. 왜냐하면 전류의 변화를 방해하는 전압이 발생하기 때문이다. 따라서 전류가 바뀌려면 시간이 필요하다. 이제 그림 20.6과 같이 인덕터와 저항이 있는 회로를 분석해 보자.

인덕터와 저항은 스위치가 달린 기전력에 직렬로 연결되어 있다. 스위치가 열려 있는 동안 전류는 0이다. 스위치를 닫으면 전류가 흐르면서 인덕터에 전류가 공급되고 인덕터의 양단에는 유도 기전력에 의한 전위차가 발생하게 된다. 유도 기전력은 전류의 변화를 방해하기 때문에 인덕터에 발생한 전위차의 기호는 원래의 기전력과는 반대가 된다는 점을 상기하자. 따라서 폐회로에 대해 키르히호프 법칙을 적용하면

$$V_0 - L\frac{I}{dt} - IR = 0$$

이고, 이를 다르게 정리하면

$$L\frac{dI}{dt} = V_0 - RI \tag{20.13}$$

가 된다. 식 (20.13)을 전류와 시간 변수로 나누어 정리하고 양변에 적분을 취하면 다음과 같이 된다.

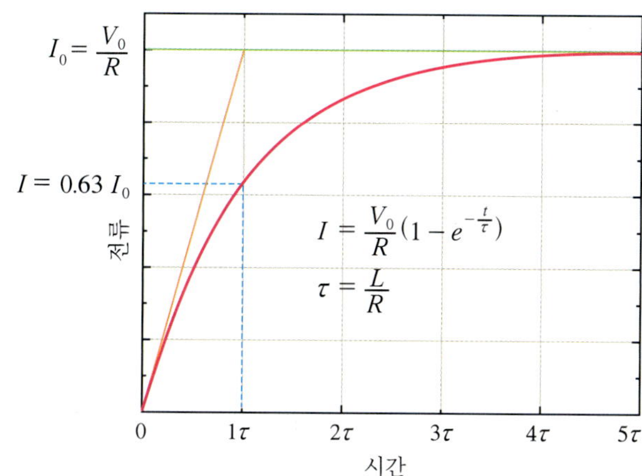

그림 20.7 RL 회로에서의 전류 변화.

$$\frac{dI}{V_0 - RI} = \frac{dt}{L}$$

$$\ln(V_0 - RI) = -\frac{R}{L}t + C'$$

여기서 적분 상수 C는 시간 $t = 0$일 때 $I = 0$을 적용하면 구할 수 있고, 그 값은 $C' = \ln V_0$이다. 따라서

$$\ln(V_0 - RI) - \ln V_0 = -\frac{R}{L}t$$

가 되고, 이는

$$\frac{V_0 - RI}{V_0} = e^{-\frac{R}{L}t}$$

이다. 정리하면 다음과 같은 결론을 얻는다.

$$I = \frac{V_0}{R}\left(1 - e^{-\frac{R}{L}t}\right) = \frac{V_0}{R}\left(1 - e^{-\frac{t}{\tau}}\right) \tag{20.14}$$

여기서 $\tau = L/R$을 시간상수(time constant)라 부른다. 이는 축전기가 있는 회로에서 나타나는 시간상수 RC와 비슷하다고 볼 수 있다. 그림 20.7은 식 (20.14)에 대한 그래프이다. 이러한 LR 회로에서의 전류는 시간상수에 도달하면 안정 상태 값의 $(1 - 1/e) \approx 0.63$, 즉 63%에 이르게 된다.

이 결과를 17장에 나오는 충전되는 축전기 회로에서의 전류와 전하의 시간 변화량과 비교해 보라.

20.4 LC 회로와 전기적 진동 현상

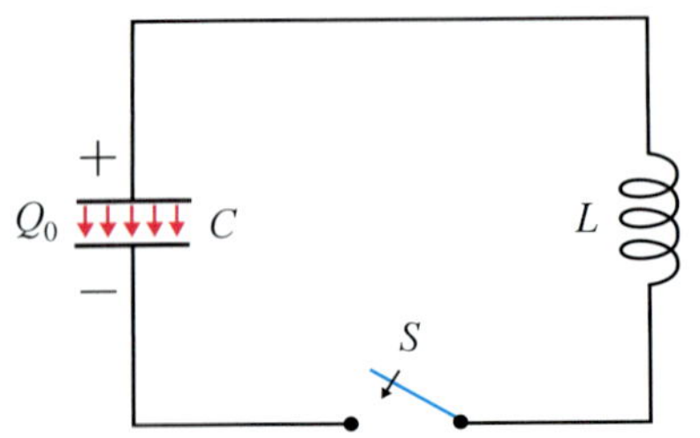

그림 20.8 LC 회로. 스위치가 닫히면 축전기로부터 전류가 흘러 인덕터에 기전력이 발생한다. 이로 인해 축전기에 저장된 전기에너지는 인덕터에서 자기에너지로 변환된다.

위와 같이 인덕터와 축전기가 에너지를 저장할 수 있는 능력으로부터 전기적인 중요한 현상이 나타나는데, 그것은 전기적 진동 현상이다. 이제 축전기와 인덕터가 직렬로 연결된 그림 20.8과 같은 회로를 분석해 보기로 하자.

축전기의 처음 전하량은 Q_0이고 인덕터의 권선 저항은 무시하기로 한다. 이 회로 시스템에 저장된 총 에너지는 $U_E = \frac{Q_0^2}{2C}$이다. $t = 0$에서 스위치가 닫히면 축전기는 방전을 시작하고 전류가 증가하며 인덕터에 자기장이 형성된다. 에너지의 일부는 인덕터에 유도된 기전력에 의해 $U_M = \frac{1}{2}LI^2$ 형태로 저장되기 시작한다. 축전기의 전하가 모두 소모되어 최대 전류 I_0에 이르면 총 에너지는 자기에너지로 인덕터에 저장된다. 이제 축전기에는 전하가 없기 때문에 $Q = 0$일 때 $I = I_0$이다. 축전기는 인덕터의 전류에 의해 다시 충전되기 시작하며 결국 초기 상태와 같은 전하량을 갖게 된다. 그러나 극성이 반대임에 주목하라. 이러한 반복을 용수철의 운동과 비교하면 그림 20.9와 같이 그 유사성을 발견하게 된다. 그림 20.9는 진동운동의 반주기($P = \frac{1}{2}T$)를 보여주고 있다. 이렇게 전하와 전류는 서로 단조화 진동을 하는데, 이제 이러한 현상을 구체적으로 살펴보기로 한다.

그림 20.9에서와 같이 회로에 전류가 흐르게 되면 인덕터의 전위차 극성은 축전기와는 반대가 되므로 키르히호프 법칙은 다음을 만족시킨다.

$$\frac{Q}{C} - L\frac{dI}{dt} = 0 \tag{20.15}$$

전하의 변화량과 전류 사이의 관계는 $I = -\frac{dQ}{dt}$이다. 왜냐하면 전류가 흐르기 시작하면 축전기의 전하는 감소하기 때문이다. 식 (20.15)를 시간에 대해 한 번 미분하여 정리하면 다음과 같은 방정식을 얻는다.

$$\frac{d^2Q}{dt^2} + \frac{1}{LC}Q = 0 \tag{20.16}$$

$\omega_0^2 = \frac{1}{LC}$라 두어 다시 위 식을 쓰면

$$\frac{d^2Q}{dt^2} + \omega_0^2 Q = 0 \tag{20.17}$$

이 된다. 이 식은 우리가 흔하게 접해 왔던 용수철의 단조화 운동방정식과 같은 형태이다.

위 방정식과 같은 미분방정식에 대한 해는 사인(sine) 혹은 코사인(cosine) 함수로 주어진다. 9장의 학습문제를 참조하기 바란다. 즉

$$Q(t) = c_1 \cos(\omega t) + c_2 \sin(\omega t) \tag{20.18}$$

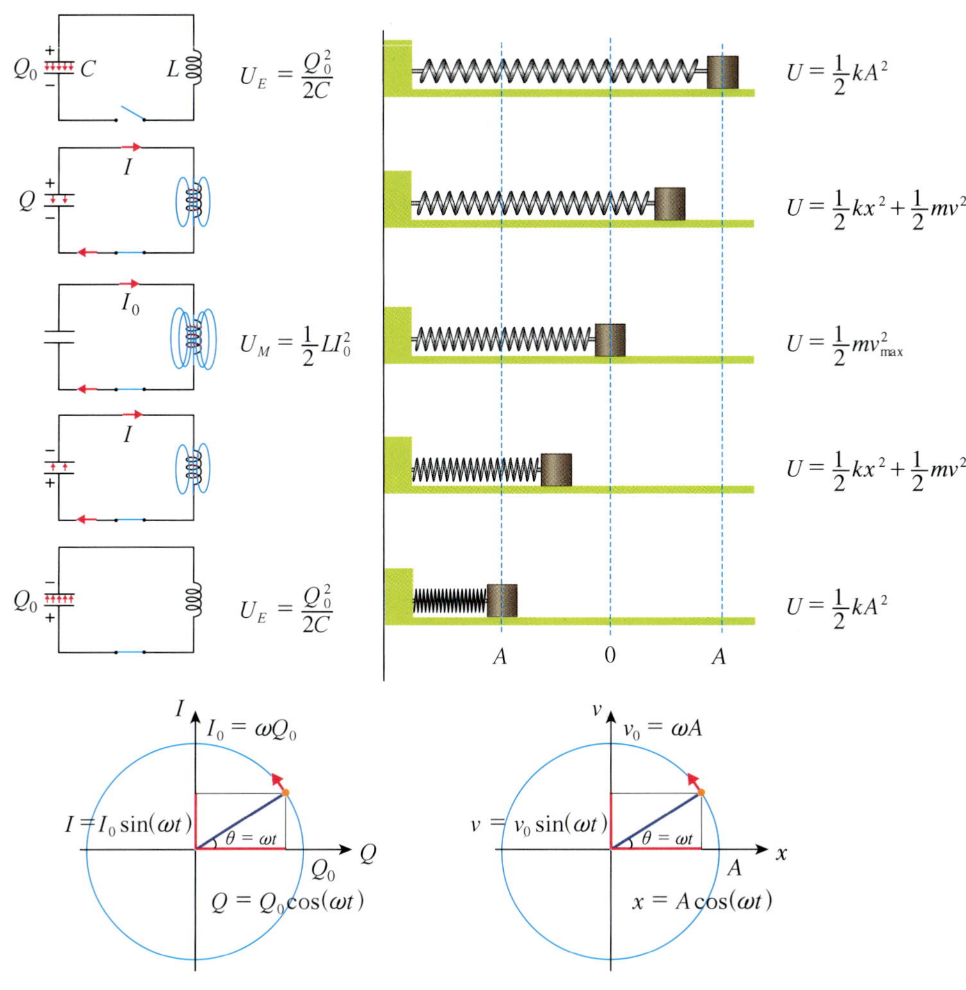

그림 20.9 LC 회로와 용수철의 단조화 운동 비교.

이다. 여기서 c_1, c_2는 조건에 따라 결정될 상수이다. 처음, 즉 $t = 0$일 때 전하가 Q_0이므로

$$Q(0) = c_1 \cos(0) + c_2 \sin(0) = Q_0$$

이다. 따라서 $c_1 = Q_0$이다. 전류는 다음과 같이 표현된다.

$$I(t) = -\frac{dQ}{dt} = c_1 \omega \sin(\omega t) - c_2 \omega \cos(\omega t)$$

$t = 0$일 때 전류는 $I = 0$이므로 상수 $c_2 = 0$이다. 이상의 결과를 종합하여 정리하면 다음과 같다.

$$Q = Q_0 \cos(\omega t) \tag{20.19}$$

$$I = I_0 \sin(\omega t) \tag{20.20}$$

여기서 $I_0 = \omega_0 Q_0$이다. 그리고

$$\omega_0 = \frac{1}{\sqrt{LC}} \tag{20.21}$$

를 고유 각진동수(natural angular frequency)라 부른다. 고유 진동수는 $f_0 = \omega_0/2\pi$로 주어진다. 위 식 (20.19)와 (20.20)을 비교해 보면 서로 90°($\frac{1}{2}\pi$)의 위상차가 있음을 알 수 있다. 왜 이렇게 위상차가 발생하는 것일까? 다시 회로도를 살펴보자. 축전기와 인덕터 각 양단에서의 전위차는 서로 같아야 한다. 즉

$$\frac{Q}{C} = L\frac{dI}{dt}$$

이어야 한다. 그러므로 전하 $Q = 0$이면 $dI/dt = 0$이고, 전류의 변화율이 0인 점은 전류의 값이 최대 혹은 최소인 점이다. 즉 전하와 전류 사이에 90°($\frac{1}{2}\pi$)의 위상차가 생긴다.

그림 20.10은 물론 그림 20.9의 원운동 좌표를 살펴보면 보다 이해가 쉬우리라 생각한다. 이러한 위상차를 두고 축전기와 인덕터 사이에 에너지 교환이 일어난다고 볼 수 있다.

이와 같은 LC 진동은 이미 언급했듯이 용수철에 매달린 물체의 왕복 진동운동과 유사하다. 그림 20.11은 LC 회로에 있어 축전기에 저장된 전기에너지와 인덕터에 저장된 자기에너지와의 상관관계를 보여주는 다이어그램이다. 총 에너지는 항상 일정한 값을 갖는다는 것을 쉽게 알 수 있을 것이다. 그리고 전기에너지와 자기에너지의 합이 일정하다는 결과는 역학적 운동을 하는 물체에 있어 퍼텐셜 에너지와 운동에너지의 합이 일정하다는 역학적 에너지 보존법칙과 맥을 같이 한다.

이제 용수철과 LC 회로에 있어서의 유사성으로부터 그 물리적 양들의 상관관계를 찾아보기로 한다.

$$\frac{d^2x}{dt^2} + \omega^2 x = 0 \quad \Leftrightarrow \quad \frac{d^2Q}{dt^2} + \omega_0^2 Q = 0 \tag{20.22}$$

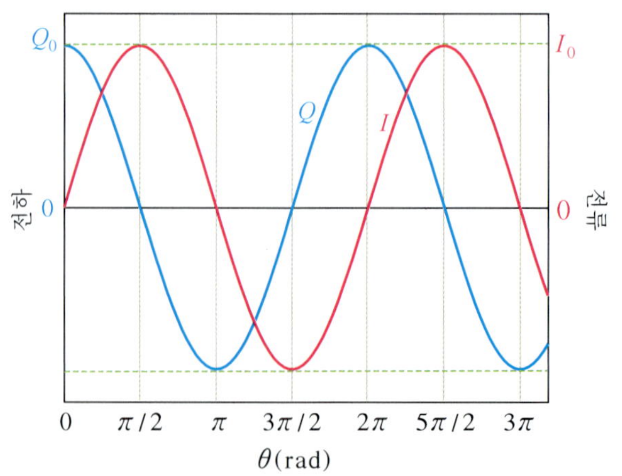

그림 20.10 전하와 전류 곡선. LC 회로에서 전하와 전류는 90°의 위상차를 갖는다.

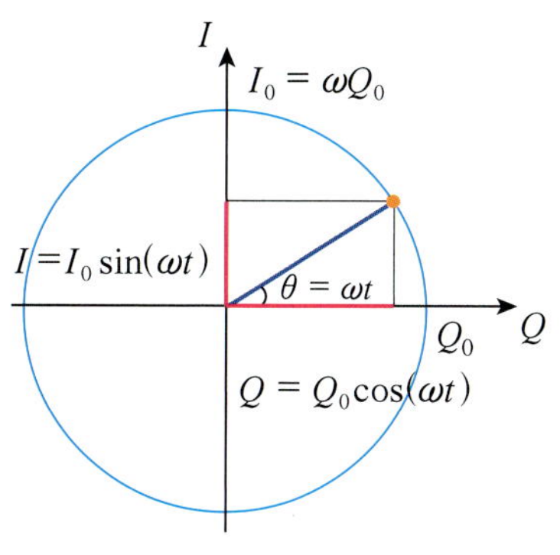

(a) 전류와 전하의 다이어그램

U_M
$E = U_E + U_M$
$U_M = \frac{1}{2}LI_0^2 \sin^2(\omega t)$
$\theta = \omega t$
U_E
$U_E = \frac{Q_0^2}{2C}\cos^2(\omega t)$

$\frac{Q_0^2}{2C} = \frac{1}{2}LI_0^2$
$I_0 = \omega Q_0$
$\omega^2 = \frac{1}{LC}$

(b) 에너지 다이어그램

그림 20.11 LC 회로에서의 에너지 상관 다이어그램.

$$\omega = \sqrt{\frac{k}{m}} \quad \Leftrightarrow \quad \omega_0 \sqrt{\frac{1}{LC}} \tag{20.23}$$

위와 같은 관계에서 우리는 용수철의 단조화 운동에서의 변위는 전하량에 비교됨을 알 수 있다. 더욱이 힘과 전위차와의 관계, 즉

$$F_s = m\frac{dv}{dt} \quad \Leftrightarrow \quad V_L = L\frac{dI}{dt} \tag{20.24}$$

에서 질량은 인덕턴스와, 속도는 전류와 관계됨을 알 수 있다. 따라서 **용수철의 힘의 상수는 전기용량과 대비된다**고 볼 수 있다. 이와 같은 LC 회로의 진동 현상과 전기에너지의 저장 능력을 이용한 것이 라디오의 안테나이다. 안테나의 원리는 7장에서 간단히 언급한 적이 있지만, 사실상 전하의 진동 현상에 따른 것으로 전기장과 자기장의 상호작용에 의한 것이라고 볼 수 있다. 다음 장에서 우리는 이러한 전자기적 진동이 횡파의 성질—전자기파—을 가지며 빛의 속도로 전파된다는 사실을 알게 될 것이다.

20.5 LRC 회로와 감쇠 진동

LC 회로의 진동은 저항을 고려하지 않은 경우이다. 용수철의 진동에 있어 진동하는 물체는 여러 가지 요인으로 저항을 받게 되며, 외부로부터 에너지 공급이 없는 이상 결국엔 멈추게 마련이다. 이제 LC 진동에 저항이 미치는 영향을 고려해 보기로 하자. 그림 20.12는 LC 회로에 저항이 연결된 회로도이며 서로 직렬로 연결된 경우를 보여주고 있다.

스위치를 닫는 순간 전류가 흐르기 시작하면 인덕터에 기전력이 유도된다. 유도된 기전력과 저항에 대한 전위차를 고려하면 폐회로에 대한 키르히호프 법칙은 다음을 만족시킨다.

R
C
L

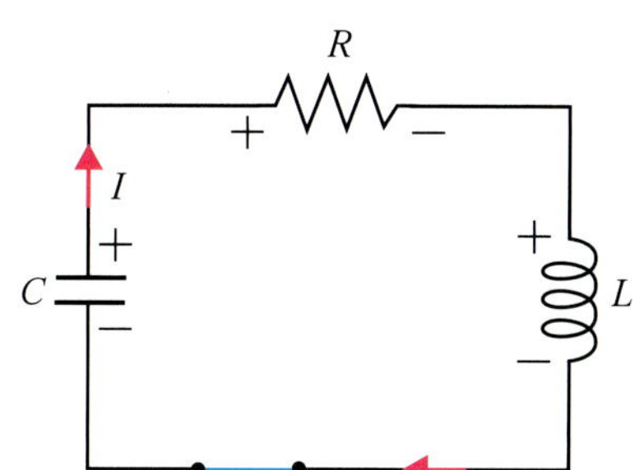

그림 20.12 직렬 LRC 회로. 스위치를 닫는 순간 그림과 같이 전류가 흐르며 증가한다. 저항과 인덕터에 유도된 기전력의 극성은 축전기와는 반대가 된다.

$$\frac{Q}{C} - IR - L\frac{dI}{dt} = 0 \tag{20.25}$$

전류와 전하와의 관계는 $I = -dQ/dt$이므로, 위 식은 다음과 같은 형태가 된다.

$$L\frac{d^2Q}{dt^2} + R\frac{dQ}{dt} + \frac{Q}{C} = 0 \tag{20.26}$$

식 (20.26)은 공학이나 물리학에서 자주 취급하는 전형적인 2차 미분방정식의 형태이다. 이러한 미분방정식의 풀이는 주로 2학년 과정의 공업수학 교과목에서 다루기 때문에 여기서는 그 답만을 제시하고 분석해 보기로 한다. 다만 학생들의 이해를 돕기 위해 부록에 이러한 미분방정식을 푸는 방법을 제시해 놓았으니 관심 있는 학생들은 참조하기 바란다. 식 (20.26)에 대한 해는 다음과 같다.

$$Q = Q_0 e^{-\frac{R}{2L}t}\cos(\omega t) \tag{20.27}$$

여기서

$$\omega = \sqrt{\omega_0^2 - \left(\frac{R}{2L}\right)^2} \tag{20.28}$$

이고, 이러한 각진동수(각속도)를 감쇠 각진동수라 한다. 여기서 초기 위상각은 0으로 두었다. 식 (20.27)을 보면 $Q_0 e^{-Rt/2L}$은 $\cos(\omega t)$의 진폭이며, 이러한 진폭의 크기는 지수함수적으로 감소된다는 사실을 알 수 있다. 그런데 고유 각진동수가 $\omega_0 = \frac{R}{2L}$, 즉 저항값이 $R = 2\omega_0 L$이면 각진동수 $\omega = 0$이 된다. 이 경우 진동을 나타내는 항은 사라진다! 즉 저항이 $R \geq 2\omega_0 L$이면 전하는 진동하지 않고 짧은 시간 동안에 0으로 떨어지고 만다.

20장 학습문제

20.1 한 라디오 안테나는 길이가 3 cm이고 반지름이 0.2 cm인 코어에 구리선이 300번 감긴 솔레노이드 형태를 갖는다. 코어의 재료는 페라이트이며 투자율은 0.25×10^{-3} H/m(공기보다 약 200배 큰 값)이다. 코일의 인덕턴스를 구하라.

풀이: $L = \dfrac{N^2 \mu_0 IA}{l}$ 이고, SI 단위 체계를 적용하면

$$L = \frac{(300)^2(2.5 \times 10^{-4}\ \text{H/m})(3.14)(0.02\ \text{m}^2)}{0.03\ \text{m}} = 0.942\ \text{H}$$

이다.

20.2 2.0 mH의 인덕터를 통해 흐르는 전류가 0.60 A인 순간에 전류의 변화율이 0.3 A/s이다. 인덕터 양단의 기전력 크기를 구하라.

풀이: $V_L = (2.0\ \text{mH})(0.3\ \text{A/s}) = 0.6\ \text{mV}$.

20.3 다음 그림과 같이 전류 $I = 20$ mA이고 $dI/dt = -10$ mA/s일 때 AB 간 전위차를 구하라.

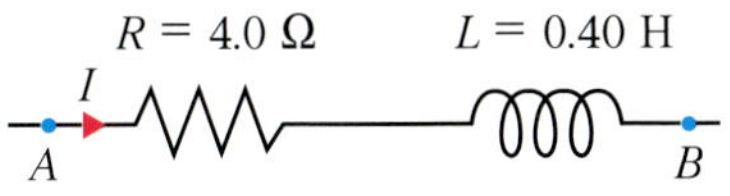

그림 20.13

풀이: 저항에서의 전위차는 전류의 방향에 반대로 작용하여 감소하고, 인덕터에서의 기전력 크기는 전류의 방향으로 증가한다. 따라서 저항 사이의 전위차는

$$V_R = -(4.0\ \Omega)(20\ \text{mA}) = -80\ \text{mV}$$

이고, 인덕터 사이의 전위차는

$$V_L = (0.40\ \text{H})(10\ \text{mA/s}) = 4\ \text{mV}$$

이다. 결국 구하고자 하는 전위차는

$$\triangle V_{AB} = V_A - V_B = V_R + V_L = -80\ \text{mV} + 4\ \text{mV} = -76\ \text{mV}$$

이다.

20.4 인덕턴스가 80 μH인 코일에서 전류가 0.2초 동안 0으로부터 2.0 A로 증가하였다. 이 코일의 양단에 유도되는 평균 기전력을 구하라. 권선 저항은 무시한다.

풀이: $V_L = -L\dfrac{\Delta I}{\Delta t} = -(80 \times 10^{-6}\ \mathrm{H})\dfrac{2.0\ \mathrm{A}}{0.2\ \mathrm{s}} = -0.8\ \mathrm{mV}.$

음의 값은 전류 증가를 방해하는 역기전력을 뜻하며, 극성은 전류가 들어오는 곳이 양이다.

20.5 토로이드(toroid)는 도넛 모양의 코어에 코일이 촘촘히 감긴 인덕터의 일종이다. 그림 20.14와 같이 단면적이 직사각형인 토로이드의 자체인덕턴스를 구하라. 내부 반경은 a이고 외부 반경은 b이며 감긴 수는 N이다. 코어는 빈 공간으로 간주한다.

B
I
c
a
r
dr
b
$B = \dfrac{\mu_0 NI}{2\pi r}$

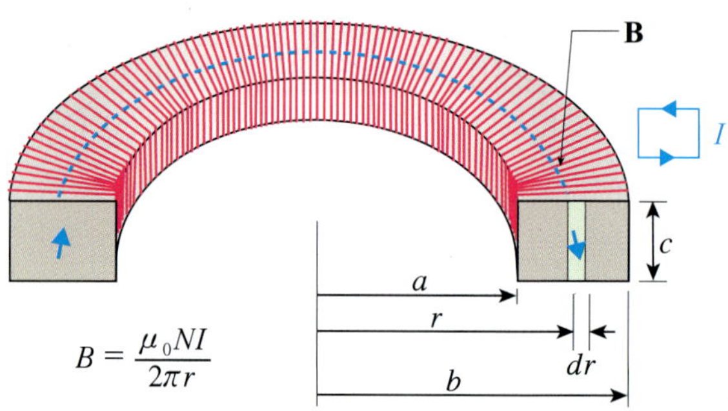

그림 20.14 토로이드(toroid).

풀이: 우선 토로이드 내부에서의 자기장을 구해야 한다. 자기장은 암페어 법칙으로부터 쉽게 구할 수 있다. 즉 토로이드에서 반경 r인 원형을 따라 자기장이 유도되므로 자기장은

$$B = \frac{\mu_0 NI}{2\pi r}$$

이다. 이러한 자기장은 단면적을 따라 자기다발을 발생시키므로 단면적에 대한 자기다발은 다음과 같이 주어진다.

$$\Phi_M = \int \mathbf{B} \cdot d\mathbf{A} = \frac{\mu_0 NI}{2\pi}\int_a^b \frac{c\,dr}{r} = \frac{\mu_0 NIc}{2\pi}\ln\left(\frac{b}{a}\right)$$

따라서 인덕턴스는

$$L = \frac{N\Phi_M}{I} = \frac{\mu_0 N^2 c}{2\pi}\ln\left(\frac{b}{a}\right)$$

이다. $N = 500$, $a = 6$ cm, $b = 3$ cm, $c = 1.5$ cm라면 인덕턴스는 얼마인가?

20.6 그림과 같은 회로에서 전류 I는 10 A이고 0.5 A/s 율로 증가하고 있다. 다음을 구하라.

(a) 등가 인덕턴스 (b) 전위차 $V_A - V_B$ (c) 전위차 $V_B - V_C$ (d) 전위차 $V_A - V_C$

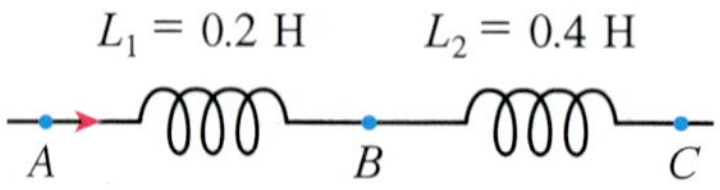

$L_1 = 0.2$ H
$L_2 = 0.4$ H
A
B
C

그림 20.15

풀이: (a) $L_{eq} = 0.2\text{ H} + 0.4\text{ H} = 0.6\text{ H}$.

(b) AB 사이에서의 유도 기전력은

$$V_L^{AB} = -L_1 \frac{dI}{dt} = -(0.2\text{ H})(0.5\text{ A/s}) = -0.1\text{ V}$$

이다. 이러한 기전력은 전류의 증가를 방해하고 있으므로 B에서 A로 향하는 기전력이다. 따라서 $V_A - V_B = +0.1\text{ V}$이다.

(c) $V_L^{BC} = -L_2 \dfrac{dI}{dt} = -(0.4\text{ H})(0.5\text{ A/s}) = -0.2\text{ V}$, $V_B - V_C = +0.2\text{ V}$.

(d) $V_A - V_C = +0.3\text{ V}$.

20.7 다음 그림과 같은 회로에서 AB 양단에서의 전위차 $V_A - V_B = +15\text{ mV}$라면 전류에 대한 시간 변화율 dI/dt은 얼마인가?

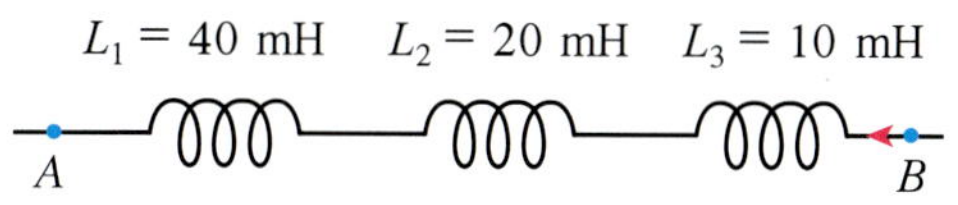

$L_1 = 40\text{ mH}$ $L_2 = 20\text{ mH}$ $L_3 = 10\text{ mH}$

A B

그림 20.16

풀이: 등가 인덕턴스는 $L_{eq} = 40\text{ mH} + 20\text{ mH} + 10\text{ mH} = 70\text{ mH}$이다. 전위는 A에서 더 높기 때문에 역기전력의 방향은 B에서 A로의 방향이다. 전류는 B에서 A로 흐르고 있으므로 역기전력이 같은 방향으로 작용하기 위해서는 전류의 변화는 감소되어야 한다. 즉 음이어야 한다. 따라서

$$\frac{dI}{dt} = -\frac{15\text{ mH}}{70\text{ mH}} = -0.21\text{ A/s}$$

이다.

20.8 그림 20.17과 같은 회로에서 $I = 0.6\text{ A}$, $dI/dt = 20\text{ A/s}$이고, AB 간의 전위차 $V_{AB} = 3.0\text{ V}$이다.

(a) 각각의 전류와 두 전류의 변화율을 계산하라.

(b) 각각의 저항과 인덕터에서의 기전력, 즉 전위차를 계산하라.

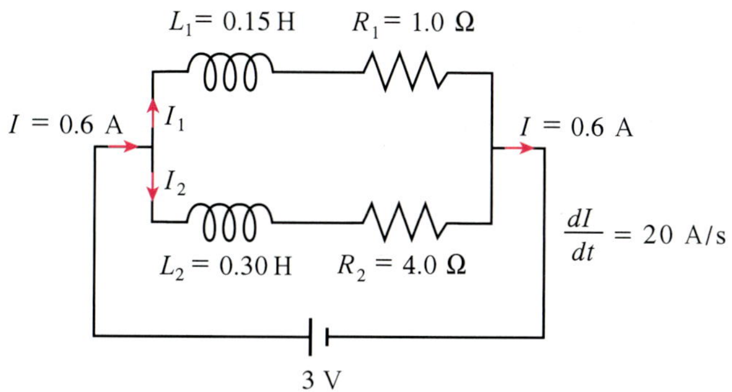

그림 20.17 인덕터와 저항이 있는 회로.

풀이: 두 전류의 합이 총 전류에 해당하므로

$$I_1 + I_2 = I$$

이고, 변화율 관계 역시

$$\frac{dI_1}{dt} + \frac{dI_2}{dt} = \frac{dI}{dt}$$

이다. 그리고 각 분기 회로에서의 전위차는 같기 때문에

$$L_1 \frac{dI_1}{dt} = R_1 I_1 = V_{AB}$$

$$L_2 \frac{dI_2}{dt} = R_2 I_2 = V_{AB}$$

이다. 각각의 값들을 대입하여 연립방정식을 계산하면 다음과 같다.

(a) $I_1 = -0.30\ \text{A}$, $I_2 = 0.90\ \text{A}$, $\frac{dI_1}{dt} = 22\ \text{A/s}$, $\frac{dI_2}{dt} = -2.0\ \text{A/s}$.

전류 I_1의 음의 값은 원래 가정했던 전류 방향과는 반대의 의미를 갖는다. 즉 폐회로에서 전류는 반시계 방향으로 흐르고 있음을 알 수 있다.

(b) 위에서 얻은 값들을 대입하여 각 분기점에서의 전위차를 구하면

$$V_M^1 = L_1 \frac{dI_1}{dt} = (0.15\ \Omega\cdot\text{s})(22\ \text{A/s}) = 3.3\ \text{V}$$

$$V_M^2 = L_2 \frac{dI_2}{dt} = (0.30\ \Omega\cdot\text{s})(-2.0\ \text{A/s}) = -0.6\ \text{V}$$

$$V_R^1 = R_1 I_1 = (1.0\ \Omega\cdot\text{s})(-0.3\ \text{A}) = -0.3\ \text{V}$$

$$V_R^2 = R_2 I_2 = (4.0\ \Omega\cdot\text{s})(0.9\ \text{A}) = 3.6\ \text{V}$$

이다. 그림 20.18을 보라.

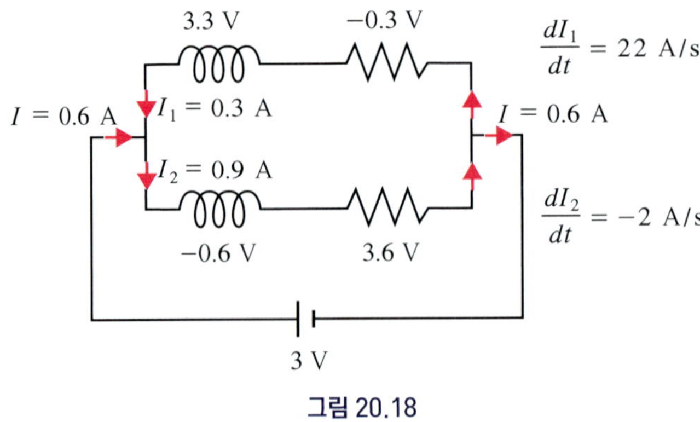

그림 20.18

20.9 다음 그림과 같은 회로에 전류 $I = 0.80$ A가 흐르고, 어느 순간에 전류가 0.80 A/s 율로 증가한다.

(a) 전위차 $V_A - V_B$를 구하라.

(b) 인덕터에 축적된 에너지를 구하라.

(c) 인덕터에 축적되는 에너지 변화율을 구하라.

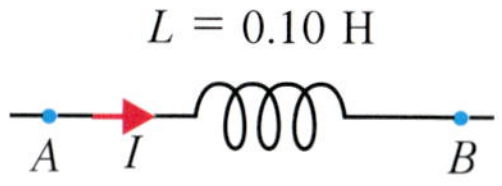

$L = 0.10$ H

A I B

그림 20.19

풀이: (a) $V_L^{AB} = -L\dfrac{dI}{dt} = -(0.10\text{ H})(0.80\text{ A/s}) = -0.80\text{ V}$, 따라서 $V_A - V_B = -0.08$ V.

(b) $U_M = \dfrac{1}{2}LI^2 = (0.5)(0.10\text{ H})(0.80\text{ A})^2 = 0.03\text{ J}$.

(c) $P = IL\dfrac{dI}{dt} = (0.80\text{ A})(0.10\text{ H})(0.80\text{ A/s}) = 0.06\text{ W}$.

20.10 학습문제 20.9의 회로에 이번에는 전류가 $I = 0.50$ A이고 0.40 A/s 율로 감소한다면 위에서 구한 (a), (b), (c)의 값들은 어떻게 변하는가?

답: (a) +0.04 V. (b) 0.01 J. (c) −0.02 W.

20.11 다음과 같이 저항, 축전기, 인덕터가 직렬로 연결된 회로가 있다. $V_A - V_B = -10$ V, $V_A - V_C = +15$ V, $V_A - V_D = +12$ V라면 각 회로 소자에서 변환되는 일률을 구하라.

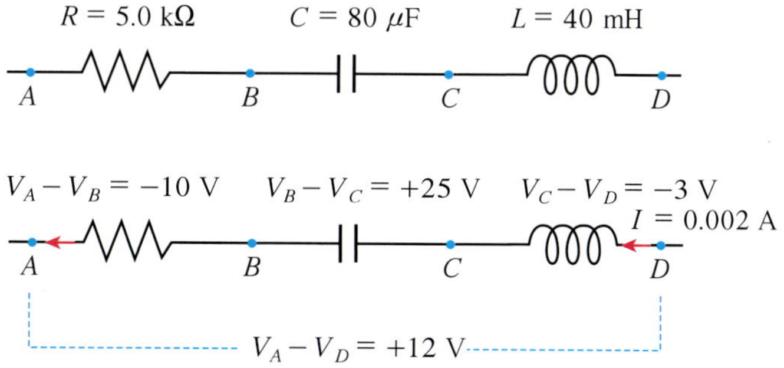

$R = 5.0$ kΩ $C = 80$ μF $L = 40$ mH

A B C D

$V_A - V_B = -10$ V $V_B - V_C = +25$ V $V_C - V_D = -3$ V

$I = 0.002$ A

A B C D

$V_A - V_D = +12$ V

그림 20.20

풀이: 인덕터 양단에서의 전위차는 $V_C - V_D = 12\text{ V} - 15\text{ V} = -3$ V이고, 축전기 양단에서의 전위차는 $V_B - V_C = 15\text{ V} - (-10\text{ V}) = 25$ V이다. 그리고 3개의 소자에 흐르는 전류는 같고 그 전류 값은

$$I = \frac{\Delta V_R}{R} = \frac{10\text{ V}}{5 \times 10^3\ \Omega} = 0.002\text{ A}$$

이다. 따라서 저항, 인덕터, 축전기에 변환되는 일률은 다음과 같다.

$$P_R = I\Delta V_R = (0.002\text{ A})(10\text{ V}) = 0.02\text{ W}$$
$$P_C = I\Delta V_C = (0.002\text{ A})(25\text{ V}) = 0.05\text{ W}$$
$$P_L = I\Delta V_L = (0.002\text{ A})(3.0\text{ V}) = 0.006\text{ W}$$

따라서 저항에서 소모되는 에너지율은 20 mW, 축전기로부터 방출되는 에너지율은 50 mW이며 인덕터에 저장되는 에너지율은 6.0 mW이다. 그리고 회로 양단에서의 전위차는 12 V이므로 $P = I\Delta V = (0.002\text{ A})(12\text{ V}) = 24\text{ mV}$ 율로 나머지 회로에 에너지를 공급한다. 이는 축전기에서 공급되는 50 mW 중 저항과 인덕터에 의해 소모되는 양을 제한 값이다.

20.12 학습문제 20.11에서 축전기의 전하와 전류의 변화율을 구하라.

답: $Q = 0.002\text{ C}$, $dI/dt = 75\text{ A/s}$.

20.13 한 변이 10 cm인 정육면체 공간에 균일한 전기장과 자기장이 걸려 있다. 전기장의 세기는 1.5×10^6 N/C이고, 자기장의 세기는 0.001 T이다. 전체 에너지 밀도와 에너지를 구하라.

풀이: 전기에너지 밀도와 자기에너지 밀도는 각각 다음과 같다.

$$u_E = \frac{1}{2}\epsilon_0 E^2 = \frac{1}{2}(8.85 \times 10^{-12}\text{ C}^2/\text{N}\cdot\text{m}^2)(1.5 \times 10^6\text{ N/C})^2$$
$$= 9.96\text{ J/m}^3$$

$$u_M = \frac{B^2}{2\mu_0} = \frac{(0.001\text{ T})^2}{2(4\pi \times 10^{-7}\text{ N/A}^2)}$$
$$= 3.93\text{ J/m}^3$$

따라서 총 에너지 밀도는

$$u = u_E + u_M = 9.96\text{ J/m}^3 + 3.93\text{ J/m}^3 = 139\text{ J/m}^3$$

이고, 총 에너지는

$$U = (13.9\text{ J/m}^3)(0.10\text{ m})^3 = 0.014\text{ J}$$

이다.

20.14 그림 20.6에서 $V_0 = 12$ V, $R = 100\ \Omega$, $L = 40$ mH라면 스위치를 닫는 순간부터 시간상수, 시간상수의 2배, 3배, 4배, 5배에서의 전류를 각각 구하라. 그리고 최종 전류를 구하라.

풀이: 먼저 시간상수를 구하자. $\tau = \frac{L}{R} = \frac{0.04\text{ H}}{100\ \Omega} = 4.00 \times 10^{-4}\text{ s} = 400\ \mu\text{s}$ 이고, 최종 전류는 $I_f = \frac{V_0}{R} = \frac{10\text{ V}}{100\ \Omega} = 100\text{ mA}$ 이다. 그리고 시간상수와 그 배수 시간에서의 전류는 다음과 같다.

$$I_{t=\tau} = (100\text{ mA})(1-e^{-1}) = (100\text{ mA})(0.63) = 63\text{ mA}$$
$$I_{t=2\tau} = (100\text{ mA})(1-e^{-2}) = (100\text{ mA})(0.86) = 86\text{ mA}$$
$$I_{t=3\tau} = (100\text{ mA})(1-e^{-3}) = (100\text{ mA})(0.95) = 95\text{ mA}$$
$$I_{t=4\tau} = (100\text{ mA})(1-e^{-4}) = (100\text{ mA})(0.98) = 98\text{ mA}$$
$$I_{t=5\tau} = (100\text{ mA})(1-e^{-5}) = (100\text{ mA})(0.99) = 99\text{ mA}$$

시간이 지남에 따라 전류는 최종 값에 접근하고 있음을 알 수 있다.

20.15 그림 20.21은 스위치 2개를 갖는 RL 회로도이다. 먼저 스위치 S_1을 닫는 순간의 시간을 $t = 0$이라 하자. 그리고 인덕터의 전류가 2.0 A인 시간 t_1에서 스위치 S_2가 닫히고 동시에 스위치 S_1은 열린다. S_1이 닫힌 후 0.3 s에서 인덕터 L에 흐른 전류를 구하라.

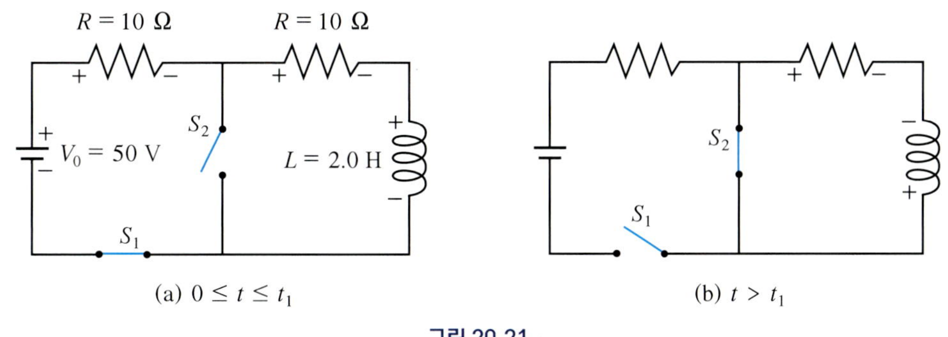

그림 20.21

풀이: 스위치 S_1이 닫혀 있고 스위치 S_2가 열려 있는 동안에는 앞에서 논의한 그림 20.13의 회로도와 같은 형태이다. 이 시간 동안의 전류는 다음과 같이 주어진다.

$$I = \frac{V_0}{2R}\left(1-e^{-\frac{2R}{L}t}\right) = 2.5(1-e^{-10t})\text{ A},\quad 0 \le t \le t_1$$

$t = t_1$에서 $I = 2$ A이므로, $2.0\text{ A} = 2.5(1-e^{-10t_1})\text{ A}$ 이고, 정리하면 $e^{-10t_1} = 0.2$가 된다. 이를 양변에 자연로그를 취해 t_1에 관하여 풀면

$$t_1 = \frac{\ln 5}{10}\text{ s} \simeq 0.16\text{ s}$$

가 된다. 시간이 $t > t_1$이 되면 더 이상 기전력은 없으므로 오른쪽 폐회로에 대해

$$-IR - L\frac{dI}{dt} = 0$$

이 성립한다. 따라서

$$\frac{dI}{I} = -\frac{R}{L}dt$$

이고, 양변에 적분을 취하여 전류를 구하면

$$I = Ce^{-\frac{R}{L}t}$$

이 된다. $t = t_1$에서 $I = 2.0$ A이므로

$$2.0 = Ce^{-\frac{R}{L}t_1}$$

이고, 적분 상수는

$$C = 2.0e^{\frac{R}{L}t_1}$$

이 된다. 그러면 $t > t_1$ 영역에서의 전류는 다음과 같다.

$$I = 2.0e^{-\frac{R}{L}(t-t_1)}\ \text{A} = 2.0e^{-5(t-t_1)}\ \text{A}, \quad t > t_1$$

따라서 $t = 0.3$ s일 때의 전류는

$$I = 2.0\ e^{-5(0.30-0.16)}\ \text{A} = 1.0\ \text{A}$$

이다. 이상의 결과를 그래프로 그리면 그림 20.22와 같다.

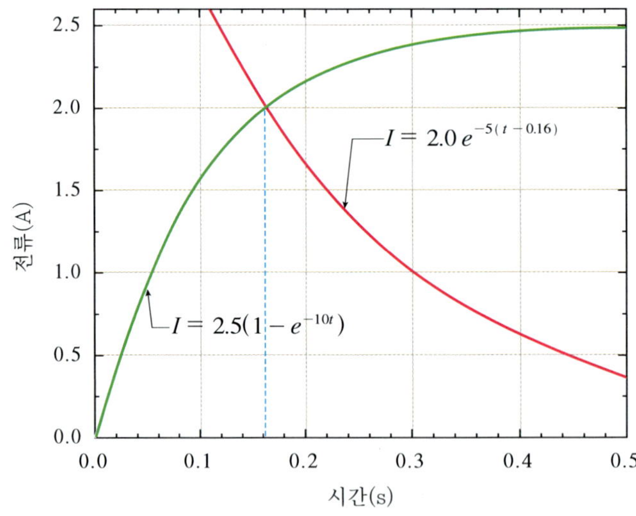

그림 20.22 전류가 2 A일 때 시간은 0.16초이며, 이때부터 전류는 감소하기 시작한다. 0.3초일 때 전류는 1 A를 나타낸다.

20.16 그림과 같은 LC 회로가 있다. $L = 50\ \mu$H, $C = 2\ \mu$F이고 축전기 양단의 최대 전위차가 6 V일 때 다음을 구하라.

(a) 축전기의 최대 전하 (b) LC 진동수 (c) 최대 전류 (d) 총 에너지

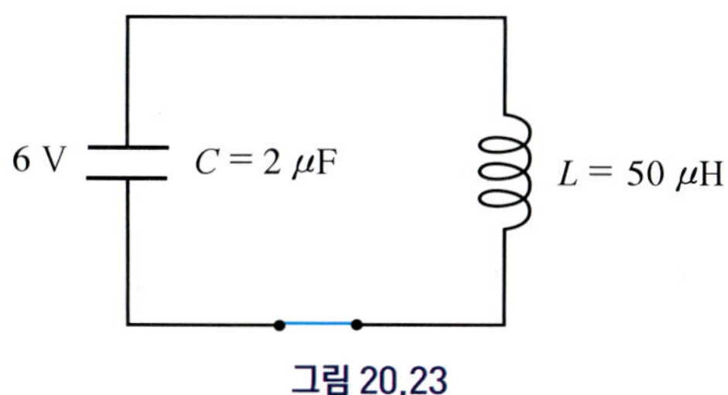

그림 20.23

풀이: (a) $Q_0 = CV_0 = (2 \times 10^{-6}\text{ C})(6\text{ V}) = 1.2 \times 10^{-5}\text{ C}$.

(b) $\omega = 2\pi f$로부터

$$f = \frac{1}{2\pi\sqrt{LC}} = \frac{1}{(2)(3.14)\sqrt{(2 \times 10^{-6}\text{ H})(5 \times 10^{-5}\text{ F})}} = 1.6 \times 10^4/\text{s}$$

이다. 즉 진동수는 16 kHz이다.

(c) $I_0 = \omega_0 Q_0 = (10^5\text{ rad/s})(1.2 \times 10^{-5}\text{ C}) = 1.2\text{ A}$.

(d) $U = \dfrac{Q_0^2}{2C} = \dfrac{(1.2 \times 10^{-5}\text{ C})^2}{(2)(2 \times 10^{-6}\text{ F})} = 3.6 \times 10^{-3}\text{ J}$.

20.17 한 AM 라디오 동조회로의 인덕턴스는 5 mH를 갖는다. 550 kHz에서 1600 kHz까지의 AM 주파수(진동수)대를 갖기 위한 회로의 축전기의 전기용량의 범위를 정하라.

풀이: $f = \dfrac{1}{2\pi\sqrt{LC}}$에서 $C = \dfrac{1}{4\pi^2 f^2 L}$이다. 따라서

$$C_1 = \frac{1}{(4)(3.14)^2(5.5 \times 10^5/\text{s})^2(5 \times 10^{-3})} = 1.68 \times 10^{-11}\text{F}$$
$$= 16.8\ p\text{F}$$

$$C_2 = \frac{1}{(4)(3.14)^2(1.6 \times 10^6/\text{s})^2(5 \times 10^{-3})} = 1.98 \times 10^{-12}\text{F}$$
$$= 1.98\ p\text{F}$$

이다. 라디오에서 쓰이는 축전기는 이른바 가변 축전기이다. 주파수(진동수) 다이얼을 돌리면서 축전기의 전기용량을 변화시켜 특정 방송 진동수에 맞추면 방송을 수신할 수 있게 되는 것이다.

20.18 그림 20.12와 같은 직렬 LRC 회로가 있다. 인덕턴스, 전기용량, 저항값은 각각 $L = 50.0$ mH, $C = 80\ \mu$F, $R = 10\ \Omega$이다.

(a) 진폭이 처음 값의 반이 되는 데 걸리는 시간을 구하라.

(b) 감쇠 각진동수를 구하라.

(c) 1초 동안의 진동수를 구하라.

(d) 감쇠운동을 하기 위한 최소의 저항값을 구하라.

풀이: (a) 진폭은 $Q_0e^{-Rt/2L}$이므로 $\frac{1}{2}Q_0 = Q_0e^{-\frac{R}{2L}t}$의 조건을 만족시켜야 한다. 따라서

$$t = \frac{2L}{R}\ln 2 = 6.93 \times 10^{-3}\ \mathrm{s}$$

이다.

(b) 자연 각진동수는 $\omega_0 = \frac{1}{\sqrt{LC}} = \frac{1}{\sqrt{(5\times 10^{-2}\ \mathrm{H})(8\times 10^{-5}\ \mathrm{F})}} = 500\ \mathrm{rad/s}$이고, 따라서

$$Q = 0.008e^{-100t}\cos(490t)$$

$$\omega = \sqrt{\omega_0^2 - \left(\frac{R}{2L}\right)^2} = \sqrt{(500\ \mathrm{rad/s})^2 - \left(\frac{10\ \Omega}{2\times 5\times 10^{-2}\ \mathrm{H}}\right)^2} = 490\ \mathrm{rad/s}$$

이다.

(c) $f = \frac{1}{2\pi}\omega = \frac{490\ \mathrm{rad/s}}{2\pi\ \mathrm{rad}} = 78/\mathrm{s}$, 따라서 1초에 78번 진동한다.

(d) $R = 2L\omega_0 = 50\ \Omega$.

20.19 학습문제 20.18에서 축전기 양단의 전위차가 100 V라 할 때 전하에 대한 식을 세우고 그래프를 그려보라. 그래프는 컴퓨터의 엑셀 프로그램을 사용하면 가능할 것이다. 그래프를 통해 위에서 구한 값들의 타당성을 조사해보라.

풀이: $Q_0 = CV_0 = (8\times 10^{-5}\ \mathrm{F})(100\ \mathrm{V}) = 8\times 10^{-3}\ \mathrm{C} = 8\ \mathrm{mC}$이고, $Q = Q_0e^{-\frac{R}{2L}t}\cos(\omega t)$에서

$$Q = 0.008e^{-100t}\cos(490t)$$

이다. 이 식에 대한 그래프는 그림 20.24와 같다. 파란색 선은 진폭만의 변화 $Q = 0.008e^{-100t}$를 나타낸다.

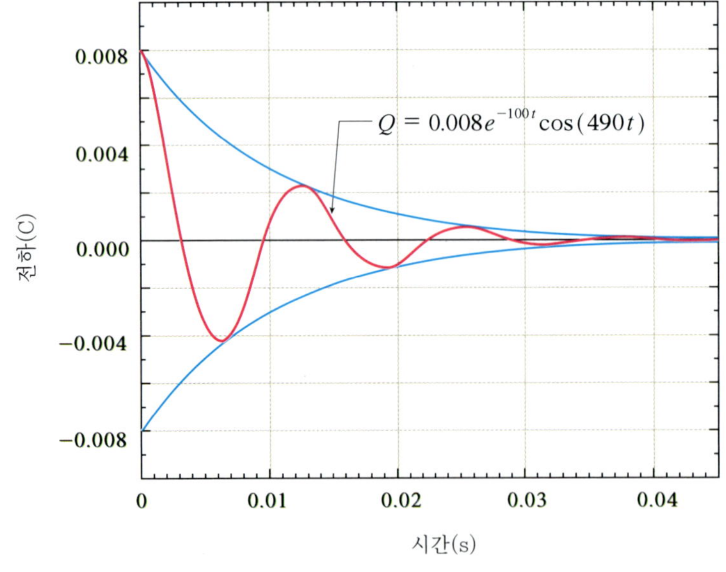

그림 20.24 그래프를 통하여 주기가 약 0.013 s임을 알 수 있다. 이로부터 진동수는 77/s이고 계산 결과와 일치한다. 0.04초가 지나면 전하는 거의 0으로 접근한다.

20.20 학습문제 20.19에서 저항값이 $R = 60\ \Omega$이라면 전하에 대한 식은 어떻게 변하는가? 그리고 물리적인 현상에 대하여 설명하라.

풀이: 각진동수를 구해 보자.

$$\omega = \sqrt{\omega_0^2 - \left(\frac{R}{2L}\right)^2} = \sqrt{(500\ \text{rad/s})^2 - \left(\frac{60\ \Omega}{2 \times 5 \times 10^{-2}\ \text{H}}\right)^2} = i330\ \text{rad/s}$$

이 값은 허수에 해당한다. 그런데 오일러 공식에 의하면(부록 참조) $\cos\theta = \dfrac{e^{i\theta} + e^{-i\theta}}{2}$ 형태와 같으므로, θ가 허수이면 $\cos i\theta = \dfrac{e^{-\theta} + e^{\theta}}{2} = \cosh\theta$가 된다. 즉 쌍곡선 함수로 바뀌게 된다. 따라서 전하는

$$Q = 0.008e^{-600t}\cosh(330t)$$

이다. 위의 함수를 그래프로 그리면 그림 20.25와 같다. 전하의 변화량은 더 이상 진동 형태를 갖지 못하고 지수 감소 형태를 보이며 급격하게 0으로 접근한다.

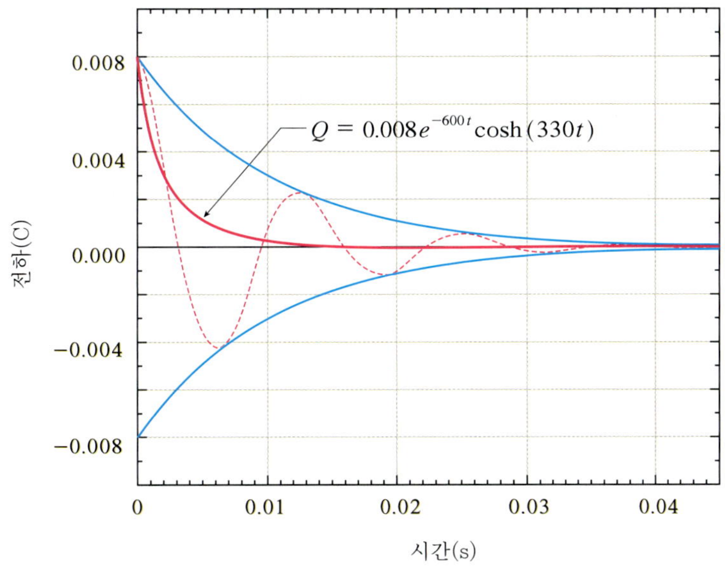

그림 20.25 임계 저항 이상의 저항을 가지면 더 이상 진동은 하지 않는다. 주기함수인 코사인은 쌍곡선 함수로 변하게 되며 전하는 진동없이 급속도로 0으로 떨어진다.

20장 연습문제

20.1 130 mH인 코일에 전류가 흐르면서 140 ms 동안 20.0 mA에서 28.0 mA로 변한다. 유도 기전력을 계산하라. 전류의 변화는 선형적으로 변화한다고 가정한다.

20.2 한 코일 내의 전류가 11.0 ms 동안 −12.0 mA에서 +23.0 mA로 변화할 때 6.50 V의 기전력을 발생시킨다. 이 코일의 인덕턴스는 얼마인가?

20.3 0.320 H 코일의 전류가 균일하게 0에서부터 I_0까지 증가할 때 유도된 기전력은 35 V이다. I_0의 값을 구하라.

20.4 조밀하게 감긴 솔레노이드의 도선을 풀어서 그 지름의 반이 되는 다른 솔레노이드를 만들었다. 인덕턴스는 어떻게 변하는가?

20.5 주어진 코일 양단에 어느 순간 15.5 V의 전위차가 주어졌을 때 전류는 360 mA이고 240 mA/s의 변화율을 나타내었다. 잠시 후 전류가 300 mA이고 180 mA/s의 변화율로 감소할 때 전위차는 6.2 V였다. 이 코일의 인덕턴스와 저항을 구하라.

20.6 전류가 2.0 A인 순간에 400 mH의 인덕터에 저장된 에너지를 구하라.

20.7 실험실에서 얻을 수 있는 전기장과 자기장의 최대값은 대략 1.0×10^4 V/m, 2.0 T이다.

(a) 전기장과 자기장에 대한 에너지 밀도를 구하고 비교하라.
(b) 2.0 T의 자기장에 의한 에너지 밀도를 생기게 하려면 전기장 크기는 얼마여야 하는가?

20.8 반지름 8.0 cm의 원형 도선에 30 A의 전류가 흐른다. 그 중심에서의 에너지 밀도를 계산하라.

20.9 다음과 같은 토로이드에서 N번 감긴 각 코일에 전류 I가 흐른다.

(a) $r(a < r < b)$의 함수로 에너지 밀도를 표현하라.
(b) 체적 적분을 통하여 축적된 총 에너지를 구하라.

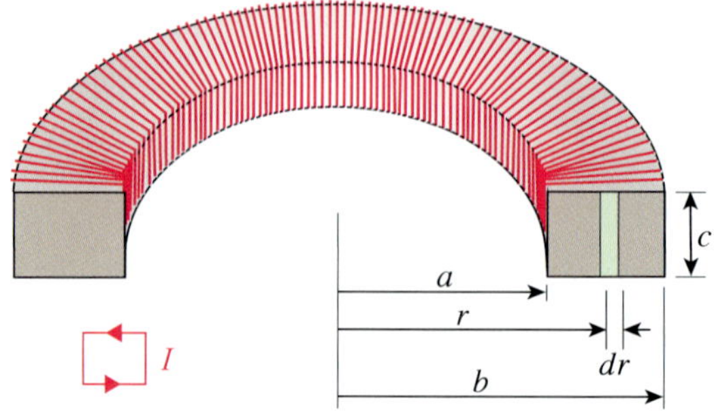

그림 20.26

20.10 그림 20.6과 같은 RL 회로를 고려하자. 이 회로 내의 저항체를 지나는 전위차가 원래의 1%만큼 낮아지는 데 걸리는 시간을 구하라.

20.11 한 RL 회로에서 전류가 0에서 최대값의 반에 이르는 데 1.56 ms가 걸린다.

(a) 이 회로의 시간상수를 구하라.

(b) $L = 310$ H라면 회로의 저항은 얼마인가?

20.12 (a) 그림 20.6의 RL 회로에서 인덕터 L에 축적되는 에너지를 시간의 함수로 표현하라.
(b) 축적된 에너지가 그 최대값의 99%에 도달하는 데 걸리는 시간은 시간상수의 몇 배인가?

20.13 AM 라디오를 550 kHz의 방송에 동조시킬 때 AM 라디오 동조회로에 있는 가변 축전기는 1500 pF의 전기용량을 갖는다.

(a) 1600 kHz의 방송에 동조시키려면 전기용량은 얼마가 되어야 하는가?

(b) 인덕턴스는 얼마인가?

20.14 패러데이와 헨리의 정의를 사용하여 $\frac{1}{\sqrt{LC}}$는 /s의 단위를 가진다는 사실을 증명하라.

20.15 한 LC 회로는 $t = 0$일 때 $Q = Q_0$, $I = 0$의 초기 조건을 갖는다. 에너지가 인덕터와 축전기에 동등하게 분배되는 처음의 순간을 고려하자.

(a) 축전기 내의 전하는 얼마인가?

(b) 얼마의 시간이 흘렀는가? 주기 T로 표기하라.

20.16 $L = 200$ mH, $C = 1200$ pF를 갖는 순수한 LC 회로에서 진동자의 진동수(주파수)를 0.10%만큼 변화시키고자 한다. 추가되어야 할 저항의 양을 계산하라.

20.17 LRC 회로에서의 감쇠 진동을 고려하자.

(a) 이 회로에 저장되는 전기장과 자기장의 에너지 $U = U_E + U_M$에 대한 공식을 시간의 함수로 표현하라.

(b) $\frac{dU}{dt}$가 저항체의 에너지 전환율 I^2R과 어떠한 관계를 가지는지 설명하라.

20장 연습문제 해답

20.1 7.43×10^{-3} V.

20.2 2.04 H.

20.3 0.22 A.

20.4 1/2.

20.5 31 Ω, 18 H.

20.6 0.08 J.

20.7 (a) 4.4×10^{-4} J/m^3, 1.6×10^{6} J/m^3. (b) 6.0×10^{8} V/m.

20.8 2.2×10^{-2} J/m^3.

20.9 (a) $\frac{\mu_0 N^2 I^2}{8\pi^2 r^2}$. (b) $\frac{\mu_0 N^2 I^2 c}{4\pi}\ln\left(\frac{b}{a}\right)$.

20.10 4.61.

20.11 (a) 2.25 ms. (b) 1.38×10^{5} Ω.

20.12 (a) $\frac{LV^2}{2R^2}(1-e^{-Rt/L})^2$. (b) 5.30.

20.13 (a) 177 pF. (b) 56 mH.

20.15 (a) $\sqrt{2}\,Q_0$. (b) $\frac{T}{8}$.

20.16 1150 Ω.

20.17 (a) $\frac{Q_0^2}{2C}e^{-Rt/L}$.

교류와 전력

21

오늘날 전기에너지를 공급하는 발전소의 대부분은 교류 발전기를 사용한다. 교류 발전기는 기전력이 주기적으로 바뀌는 사인파 형태를 갖고 있으므로 전류 역시 주기적으로 변하게 된다. 이렇게 주기적으로 변하는 전류를 **교류**(alternating current: AC)라고 부른다. 이러한 교류는 사실상 전하(즉 전자)들의 앞뒤 운동이 주기적으로 일어나는 이른바 진동운동의 결과라고 하겠다. 교류 발전기에 의해 추진된 전하들은 저항, 인덕터, 축전기로 구성된 회로 내에서 진동한다. 이러한 교류 전류 회로는 현대 기술의 창출과 함께 우리의 일상생활에서 가장 중요한 역할을 담당하고 있다. 우리는 이 장에서 교류 회로와 관련된 중요한 기본 개념들을 배우게 된다. 그리고 **교류 기전력에 의해 전달되는 전기에너지가 어떻게 전력(power)으로 나타나는지 살펴본다.** 그 밖에 변압기에 대해 알아보고, 교류가 전력을 송전하는 데 유리한 이유를 검토해 보기로 한다.

학습 내용

- 교류 회로: $\Delta V = V_0 \sin(\omega t)$.

- 저항: $I(t) = \dfrac{\Delta V}{R} = \dfrac{V_0}{R}\sin(\omega t) = I_0 \sin(\omega t)$.

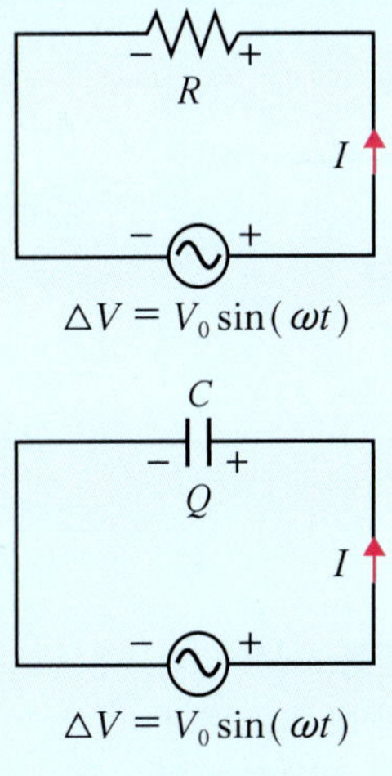

- 축전기: $Q(t) = C\Delta V = CV_0 \sin(\omega t)$.

  $$I = I_0 \sin\left(\omega t + \frac{\pi}{2}\right),\quad I_0 = \omega C V_0 = \frac{V_0}{1/\omega C} = \frac{V_0}{X_C}.$$

  용량 리액턴스: $X_C = \dfrac{1}{\omega C} = \dfrac{1}{2\pi f C}$.

- 인덕터: $I = I_0 \sin\left(\omega t - \dfrac{\pi}{2}\right),\quad I_0 = \dfrac{V_0}{\omega L} = \dfrac{V_0}{X_L}$.

  유도 리액턴스: $X_L = \omega L = 2\pi f L$.

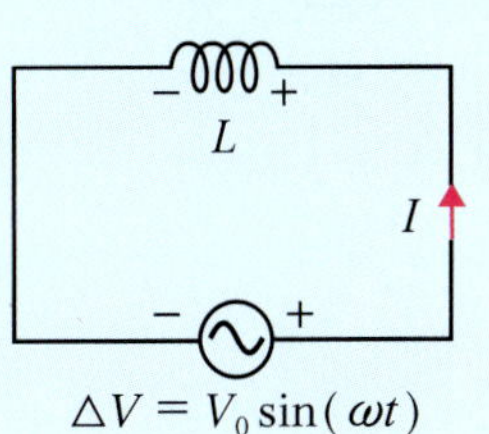

• 직렬 LRC 교류 회로: $V = I\sqrt{R^2 + \left(\omega L - \frac{1}{\omega C}\right)^2} = IZ$.

임피던스: $Z = \sqrt{R^2 + (X_L - X_C)^2}$.

• 공진(공명 진동수): $f_0 = \frac{1}{2\pi\sqrt{LC}}$, $Z = R$.

• 변압기: $\frac{V_1}{V_2} = \frac{N_1}{N_2}$, $I_1 V_1 = I_2 V_2$.

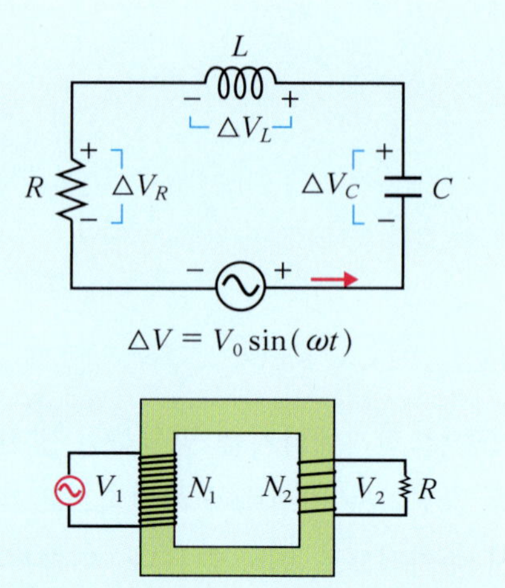

21.1 교류 회로(Alternating Current Circuits)

교류 전류가 흐르는 회로를 교류 회로라 하며 보통 AC 회로라 부른다. 교류는 사인(sine) 혹은 코사인(cosine) 함수의 형태로 변하는 것이 일반적이며 여기서도 이러한 교류만을 다룰 것이다. 우리는 19장에서 교류 발전기에서 나오는 기전력, 즉 전위차는 다음과 같은 형태를 갖는다는 것을 알았다.

$$\triangle V = V_0 \sin(\omega t) \tag{21.1}$$

그림 21.1 교류 기전력의 기호.

여기서 V_0는 전위차의 진폭이다. 물론 $\sin(\omega t)$ 대신에 $\cos(\omega t)$를 사용해도 된다. 위상차가 90°이면 $\sin(\omega t + \pi/2) = \cos(\omega t)$이기 때문이다. 각진동수 $\omega = 2\pi f$이며 f는 주기적인 전위차의 진동수이다. 우리나라 발전소의 교류 진동수는 $f = 60/\text{s}$이다. 회로도에서 교류 기전력은 그림 21.1과 같이 표기된다.

그림 21.2는 교류 전위차에 대한 시간함수와 이에 대응되는 원운동을 나타내는 그림이다. 원의 반지름은 전위차의 최대 진폭에 해당하며, 이러한 원의 반경 V_0의

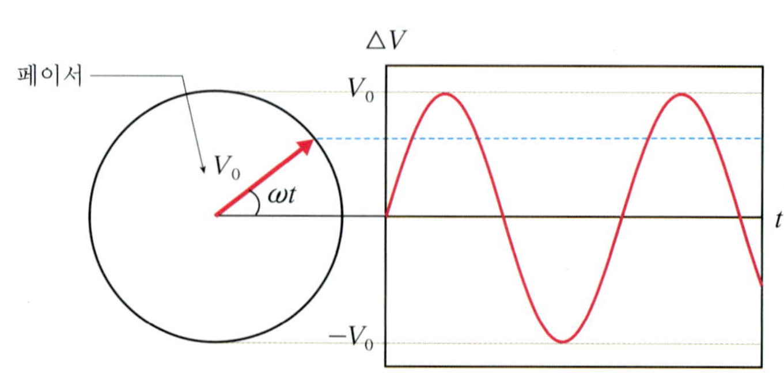

그림 21.2 교류 전위와 원운동. 교류 기전력에 의해 만들어진 전위차의 시간함수는 원운동에 대응된다. 진폭은 원운동의 반지름에 해당하며, 이러한 반경 벡터 성분을 페이서(phasor)라 한다.

벡터를 페이서(phasor)라 한다. $\triangle V$ 축에 그려지는 순간의 그림자들이 임의의 시간 t에 있어서의 전위차 크기에 해당한다. 그림 21.2는 **2장에서 논의한 물리학적 해석 방법과 그 궤를 같이하고 있다.** 2장을 보며 다시 한 번 원운동과 주기적인 진동운동과의 관계를 음미해 보기 바란다.

교류 회로와 저항

그림 21.3은 교류 기전력이 저항체와 연결된 교류 회로를 보여주고 있다. 이 회로에 키르히호프의 폐회로 법칙을 적용하면 $\triangle V - IR = 0$이다. 따라서 전류는 다음과 같이 주어진다.

$$I(t) = \frac{\triangle V}{R} = \frac{V_0}{R}\sin(\omega t) = I_0 \sin(\omega t) \tag{21.2}$$

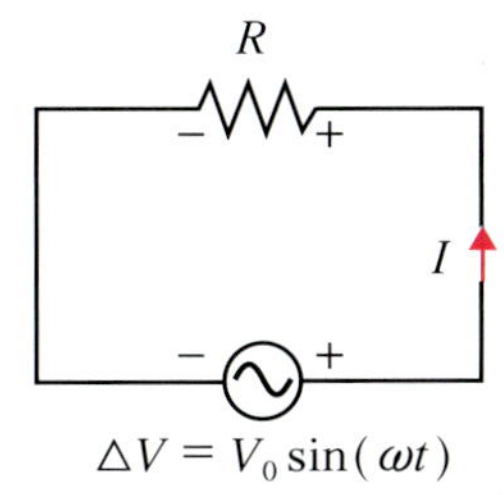

그림 21.3 교류 기전력과 저항 회로도.

여기서 $I_0 = V_0/R$는 전류의 진폭이다. 전위차와 전류는 모두 $\sin(\omega t)$에 비례하기 때문에 위상이 서로 같아 위상차는 존재하지 않는다. 즉 전위차와 전류의 각 페이서들 사이의 각도는 0이다.

교류 회로와 축전기

이번에는 교류 기전력에 축전기가 연결된 회로를 분석해 보기로 한다. 그림 21.5와 같은 회로에서 $\triangle V - Q/C = 0$이다. 따라서 전하 Q는

$$Q(t) = C\triangle V = CV_0 \sin(\omega t) \tag{21.3}$$

로 주어진다. 축전기를 통하는 순간 전류는 전하에 대한 시간 변화량과 같으므로

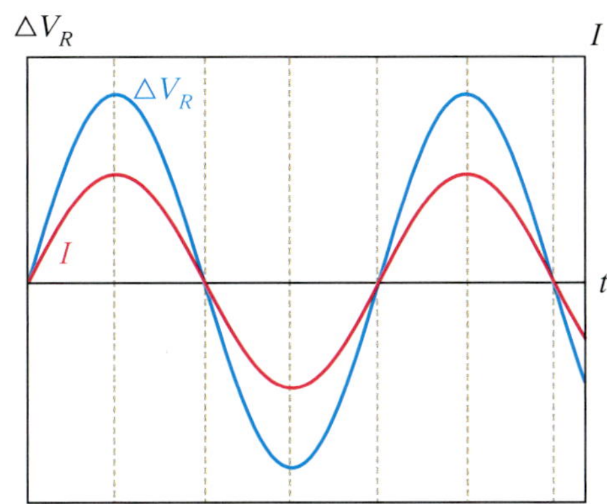

그림 21.4 교류 회로에서의 저항의 전위와 전류. 저항 양단의 전위차와 전류 사이에는 위상차가 없다.

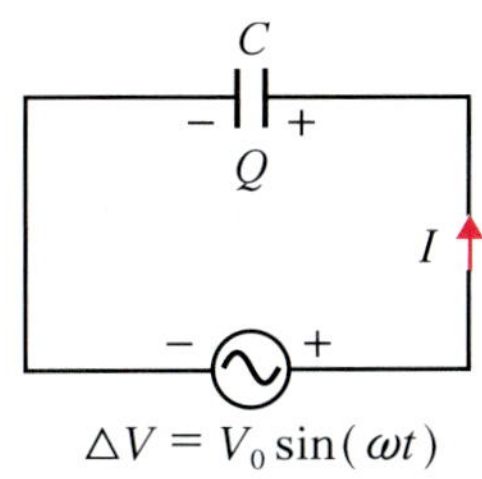

그림 21.5 교류 기전력과 축전기 연결 회로도.

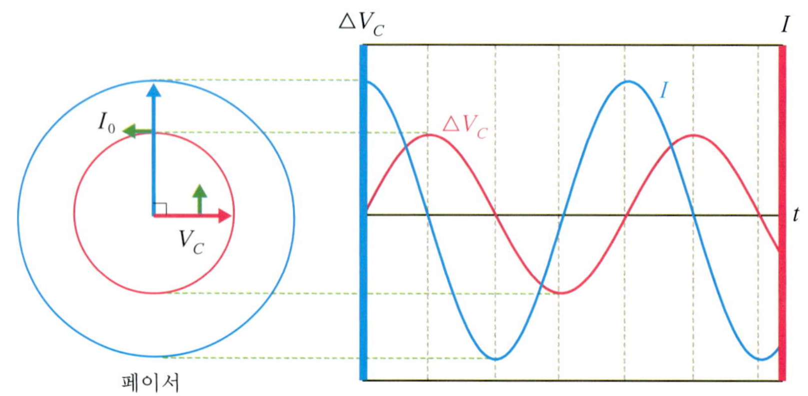

그림 21.6 **교류 회로에서의 축전기의 전위와 전류.** 축전기 양단의 전류와 기전력(전위차) 사이에는 90°의 위상차가 생긴다. 전위는 전류를 90°만큼 지연시킨다.

$$I = \frac{dQ}{dt} = \omega C V_0 \cos(\omega t) = I_0 \cos(\omega t) \tag{21.4}$$

이다. 여기서 $I_0 = \omega C V_0$이다. 그런데 위 식은 다음과 같이 쓸 수 있다.

$$I = I_0 \sin\left(\omega t + \frac{\pi}{2}\right)$$

왜냐하면 $\cos(\theta + 90°) = \sin\theta$이기 때문이다. 따라서 전류는 기전력(전압)보다 항상 90°($\pi/2$ rad) 앞선다고 할 수 있다. 즉 축전기 내의 전류는 전위차 ΔV에 대해 1/4 사이클만큼 앞지른다. 그러나 전위차의 위상을 기준으로 하는 것이 타 회로 성분과의 비교를 용이하게 하므로 일반적으로는 ΔV가 축전기의 전류를 90°만큼 지연시킨다고 말할 수 있다. 그림 21.6을 보라.

그런데 축전기의 최대 전류 I_0를 저항에 대한 전류의 관계 $I_0 = V_0/R$와 같은 형태로 정리하면 다음과 같이 표현할 수 있다.

$$I_0 = \omega C V_0 = \frac{V_0}{1/\omega c} = \frac{V_0}{X_C} \tag{21.5}$$

여기서

$$X_C = \frac{1}{\omega C} = \frac{1}{2\pi f C} \tag{21.6}$$

를 축전기의 **용량 리액턴스**(capacitive reactance)라 부른다. 교류 회로 내에서의 성분들(저항, 축전기, 인덕터 등)에 대한 리액턴스는 직류 회로의 저항과 같은 역할을 한다. 따라서 **리액턴스는 교류 회로 내에서 전하의 흐름을 얼마나 효율적으로 방해하는가에 대한 척도**라고 할 수 있다.

교류 회로와 인덕터

그림 21.7은 교류 기전력에 인덕터가 연결된 회로도를 나타낸다. 이 회로에 대한 키

르히호프의 폐회로 법칙을 적용하면

$$\Delta V - L\frac{dI}{dt} = 0$$

이다. 위 식은 다음과 같이 정리될 수 있다.

$$\frac{dI}{dt} = \frac{\Delta V}{L} = \frac{V_0}{L}\sin(\omega t) \tag{21.7}$$

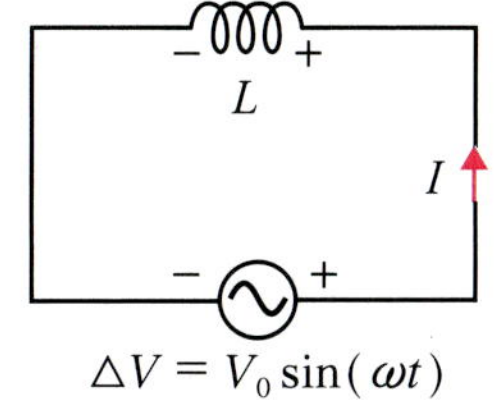

그림 21.7 교류 기전력과 인덕터 연결 회로도.

식 (21.7)을 적분하면 전류는

$$I = -\frac{V_0}{\omega L}\cos(\omega t) + C' \tag{21.8}$$

이다. 그런데 적분 상수는 시간에 무관한 양이므로 직류 성분이라 할 수 있고, 이러한 직류 성분을 0으로 놓으면 인덕터에 대한 교류 전류는 다음과 같이 주어진다.

$$I = -\frac{V_0}{\omega L}\cos(\omega t) = \frac{V_0}{\omega L}\sin\left(\omega t - \frac{\pi}{2}\right) \tag{21.9}$$

또한

$$I_0 = \frac{V_0}{\omega L} = \frac{V_0}{X_L} \tag{21.10}$$

라 두면 전류는 다음과 같이 주어진다.

$$I = I_0 \sin\left(\omega t - \frac{\pi}{2}\right) \tag{21.11}$$

여기서

$$X_L = \omega L = 2\pi f L \tag{21.12}$$

을 인덕터의 **유도 리액턴스**(inductive reactance)라 한다. 축전기의 리액턴스와 마찬가지로 교류 회로 내에서 전하의 흐름을 방해하는 척도이다. 유도 리액턴스는 진동

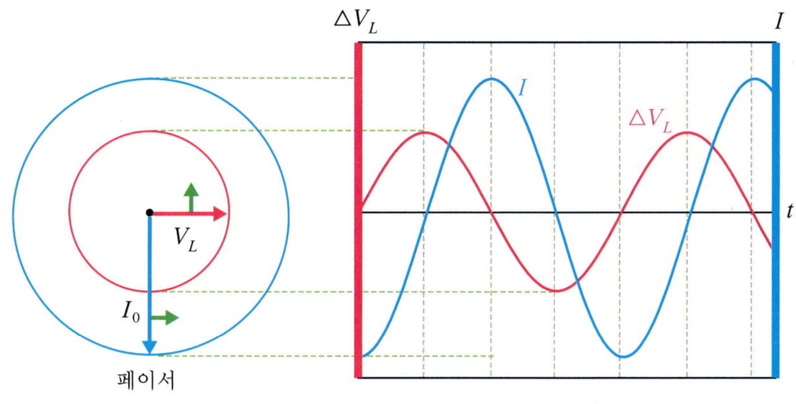

그림 21.8 교류 회로에서의 인덕터의 전위와 전류. 인덕터 양단의 전류와 기전력(전위차) 사이에는 90°의 위상차가 생긴다. 전위는 전류를 90°만큼 앞서 나간다.

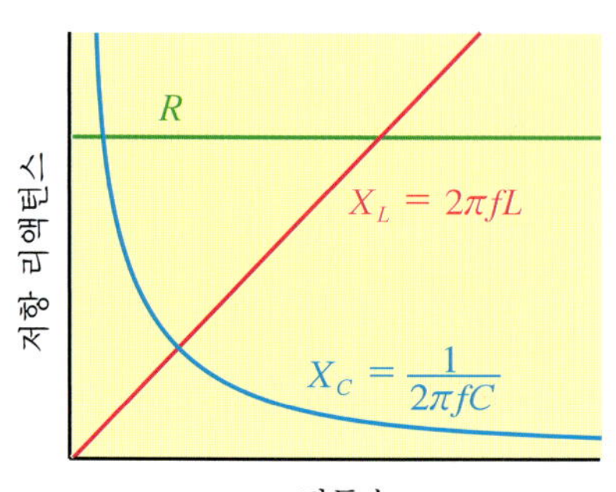

그림 21.9 진동수에 따른 저항, 용량 리액턴스, 유도 리액턴스의 상대적 변화 비교 그래프. 저항은 진동수와는 무관하며, 용량 리액턴스는 진동수에 역비례하고 유도 리액턴스는 진동수에 비례한다.

수가 증가함에 따라 그 크기가 커진다. 축전기에서와는 반대로 기전력(전위차)이 전류를 90°만큼 앞선다.

교류 회로 내의 저항, 축전기의 용량 리액턴스, 인덕터의 유도 리액턴스 등과 진동수와의 관계를 그래프로 그리면 그림 21.9와 같다.

21.2 직렬 LRC 교류 회로

그림 21.10은 교류 기전력에 저항, 인덕터, 축전기가 직렬로 연결된 회로도를 나타낸다. 각각의 회로 요소들 양단에 걸린 전위차들의 합이 기전력의 전위차와 같기 때문에

$$\Delta V = \Delta V_R + \Delta V_L + \Delta V_C$$

이다. 그리고 각 요소들에 흐른 전류는 같으므로

$$I = I_R = I_L = I_C$$

이다.

그림 21.11은 위와 같은 직렬 LRC 회로에 대한 전류와 전위들에 대한 페이서를 나타낸다. 처음 $t = 0$에서 전류가 위상 $\theta = \omega t$만큼 지났을 때의 전류 페이서에 대한 상대적인 전위 페이서를 보여주고 있다. 앞에서 논의한 바와 같이 저항에 있어서의 전류와 전위의 위상은 같다. 따라서 저항에 대한 전위 페이서는 전류 페이서의 방향과 일치한다. 반면에 축전기의 전위 ΔV_C는 전류보다 90°만큼 지체되기 때문

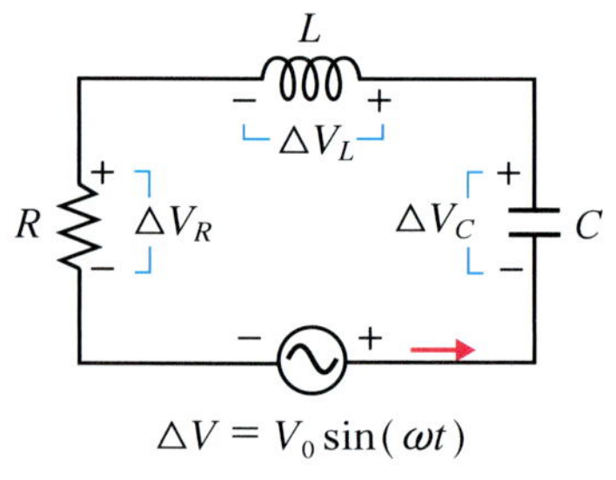

그림 21.10 교류 기전력에 직렬로 연결된 LRC 회로도.

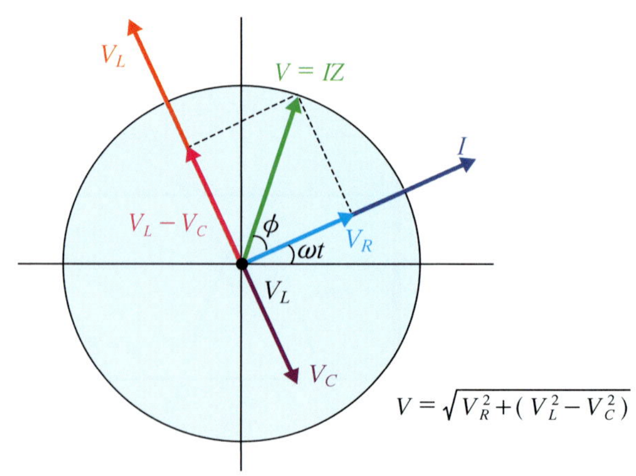

그림 21.11 LRC 회로에 대한 페이서.

에 그림과 같이 저항 페이서에 대해 -90° 방향에 놓이게 된다. 그리고 인덕터의 전위차는 전류보다 90° 앞서기 때문에 저항 페이서에 대해 $+90^\circ$ 방향에 위치하게 된다. 한편 인덕터의 전위 페이서와 축전기의 전위 페이서는 같은 직선 상에 놓여 있으면서 서로 방향만이 반대이므로 두 전위 페이서 벡터의 합은 쉽게 계산된다. 그림 21.11과 같이 페이서가 이루어져 있다면 전위차 페이서들의 합 벡터의 크기는

$$V = \sqrt{V_R^2 + (V_L^2 - V_C^2)^2} = \sqrt{IR^2 + (IX_L^2 - IX_C^2)^2} \tag{21.13}$$

이다. 위 식은 다음과 같이 표현된다.

$$V = I\sqrt{R^2 + \left(\omega L - \frac{1}{\omega C}\right)^2} \tag{21.14}$$

그리고

$$Z = \sqrt{R^2 + (X_L - X_C)^2} = \sqrt{R^2 + \left(\omega L - \frac{1}{\omega C}\right)^2} \tag{21.15}$$

라 두면, 식 (21.14)는

$$V = IZ \tag{21.16}$$

가 된다. 여기서 Z를 **임피던스(impedance)**라 부른다. 이러한 임피던스는 직렬 LRC 회로에서 전류를 방해하는 총 저항과 비슷하며 단위는 Ω이다.

한편 LRC 회로에 있어 전류 페이서 I와 기전력 페이서 V 사이의 위상각(phase angle)을 결정해 보자. 그림 21.14를 보면 위상각 ϕ는 다음과 같은 관계를 갖는다.

$$\tan\phi = \frac{V_L - V_C}{V_R} = \frac{I(X_L - X_C)}{IR} = \frac{X_L - X_C}{R} \tag{21.17}$$

알짜 리액턴스를 $X = X_L - X_C$라 두면 위상각은

$$\phi = \tan^{-1}\left(\frac{X}{R}\right) \tag{21.18}$$

로 주어진다. 여기서 $X_L > X_C$라고 가정했다는 점을 상기하자. 만약 $X_L < X_C$라면 알짜 리액턴스는 음이 되며 V는 I에 비해 지연된다. 따라서 그림 21.11과 같은 페이서들의 위치는 다르게 된다.

21.3 교류 회로에서의 공명 현상

LRC 회로에서 유도 리액턴스와 용량 리액턴스는 기전력의 진동수에 의존한다. 따라서 회로의 임피던스 Z도 진동수에 의존하게 된다. 임피던스가 최소가 되는 진동수를 **공명 진동수**(resonant frequency)라 하며 보통 $f_0 = \omega/2\pi$와 같이 표기한다. 공명 진동수를 간단히 **공진**이라 부르기도 한다. 종종 공명 자체를 공진이라 부르는 경우도 있으나 잘못된 용어라고 할 수 있다. 식 (21.15)를 보면 임피던스는 $X_L = X_C$일 때 최소가 됨을 알 수 있다. 이때 임피던스는 $Z = R$이고 전류는 다음과 같이 최대 진폭을 갖게 된다.

$$I = \frac{V}{R}$$

이때의 공명 진동수는

$$f_0 = \frac{1}{2\pi\sqrt{LC}} \tag{21.19}$$

이다. 왜냐하면 $X_L - X_C = 2\pi f_0 L - \dfrac{1}{2\pi f_0 C} = 0$이기 때문이다.

학습문제 21.8에서 공명 진동수의 의미와 진동수에 따른 전류의 변화 그리고 저항의 크기에 따른 전류의 변화 등을 고찰해 보기로 한다.

21.4 교류 회로에서의 전력

교류 회로에서의 전력은 직류 회로에서와는 달리 전류가 시간에 따라 변하기 때문에 전력 역시 시간에 따라 다르게 나타난다. 이 때문에 교류 회로에서 소모된 에너지는 에너지의 평균 비율과 관계된다. 교류 회로에서 전류는 $I = I_0 \sin\omega t$이므로 전력(power, 전기적 일률)은

$$P = I^2 R = I_0^2 R \sin^2 \omega t \tag{21.20}$$

이다. 위 식에 대해 그래프를 그리면 그림 21.12와 같다.

전력이 시간에 따라 변하기 때문에 그 평균값을 구하는 것이 중요하다. 그런데 $\sin\omega t$와 $\cos\omega t$는 서로 1/4 주기만큼 위상만 다를 뿐 모양은 같다. 따라서 그 제곱의 평균은 서로 같은 값을 갖는다. 즉

$$[\sin^2 \omega t]_{av} = [\cos^2 \omega t]_{av}$$

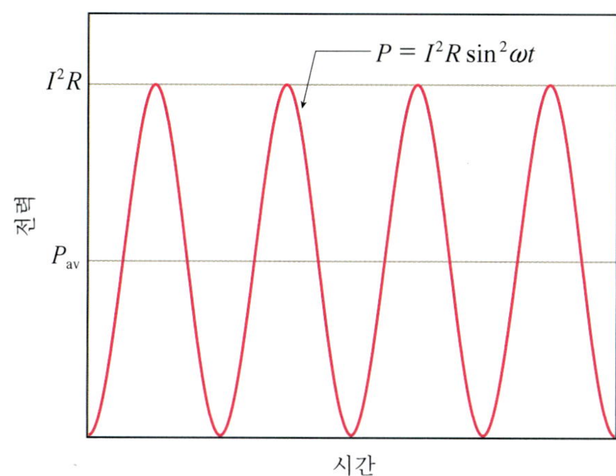

그림 21.12 교류 전력 곡선. 저항에서 소모된 전력은 시간에 대한 평균 전력 값이 중요하다.

이다. 삼각함수 공식 $\sin^2 \omega t + \cos^2 \omega t = 1$을 적용하면 $[\sin^2 \omega t]_{av} + [\cos^2 \omega t]_{av} = 2[\sin^2 \omega t]_{av} = 1$이 되며, 결국

$$[\sin^2 \omega t]_{av} = \frac{1}{2} \tag{21.21}$$

이다. 따라서 평균 전력은 다음과 같이 주어진다.

$$P_{av} = I_0^2 R^2 [\sin^2 \omega t]_{av} = \frac{1}{2} I_0^2 R \tag{21.22}$$

그리고 교류 전류에 대해 다음과 같이 **제곱근평균제곱(root mean square: rms)** 전류 I_{rms}가 정의된다.

$$I_{rms} = \sqrt{[I^2]_{av}} = \sqrt{I_0^2 [\sin^2 \omega t]_{av}} = \frac{I_0}{\sqrt{2}} \tag{21.23}$$

기전력, 즉 교류의 전위차 역시 위와 같은 rms를 적용하면 rms 전위차는

$$V_{rms} = \sqrt{[\Delta V^2]_{av}} = \sqrt{V^2 [\sin^2 \omega t]_{av}} = \frac{V}{\sqrt{2}} \tag{21.24}$$

로 주어진다. 평균 전력을 rms 전류로 표현하면 다음과 같다.

$$P_{av} = I_{rms}^2 R \tag{21.25}$$

교류 회로 내에서 전위차와 전류를 측정하기 위해 사용되는 도구(멀티미터 등)는 이러한 rms 전위와 전류를 읽도록 눈금이 설계되어 있다. 즉 *ac*라고 표시된 기능을 이용하여 측정되는 전압계와 전류계는 V_{rms}와 I_{rms} 값을 나타낸다. 한편 저항에 대한 옴의 법칙은 전류와 전위차의 순간값, 최대값(진폭), rms 값 등 어느 곳에도 적용된다는 점을 상기하자. 즉

$$R = \frac{\Delta V_R}{I} = \frac{V_R}{I_0} = \frac{V_{rms}}{I_{rms}} \tag{21.26}$$

이다.

이번에는 전력이 기전력과 전류에 대해 어떻게 표현되는지 살펴보기로 하자. 전류가 흐르는 회로에 교류 기전력 $\triangle V$의 순간 전력은 $P = \triangle VI$로 주어진다. 평균 전력은 한 주기 동안에 P의 평균값을 구하면 얻을 수 있다. 따라서 주기를 $T(= 2\pi/\omega)$라 두면 평균 전력은 다음과 같이 주어진다.

$$P_{\text{av}} = \frac{1}{T}\int_{t=0}^{t=T} \Delta VIdt = \frac{VI_0}{(2\pi/\omega)}\int_0^T \sin(\omega t + \phi)\sin(\omega t)dt \qquad (21.27)$$

여기서 $I = I_0 \sin(\omega t)$, $\triangle V = V \sin(\omega t + \phi)$이다. ϕ는 기전력이 전류를 앞지르는 정도를 나타내는 위상각이다. 이제 $\theta = \omega t$라 하면 $dt = d\theta/\omega$이고, $t = T$일 때 $\theta = 2\pi$이므로

$$P_{\text{av}} = \frac{VI_0}{2\pi}\int_0^{2\pi} \sin(\theta + \phi)\sin\theta d\theta \qquad (21.28)$$

가 된다. $\sin(\theta + \phi) = \sin\theta\cos\phi + \cos\theta\sin\phi$이므로

$$P_{\text{av}} = \frac{VI_0}{2\pi}\left[\sin\phi\int_0^{2\pi} \sin\theta\cos\theta d\theta + \cos\phi\int_0^{2\pi} \sin^2\theta d\theta\right] \qquad (21.29)$$

가 된다. 위 식의 우변 항 중 첫 번째 항은 0이고 두 번째 항은 π이다. 따라서

$$P_{\text{av}} = \frac{1}{2}VI\cos\phi \qquad (21.30)$$

이다. 그리고 위 식은 다음과도 같이 표현된다.

$$P_{\text{av}} = V_{\text{rms}}I_{\text{rms}}\cos\phi \qquad (21.31)$$

이와 같이 표현되는 전력을 평균 혹은 소모 전력(dissipated power)이라 부르며, $\cos\phi$를 **전력인자(power factor)**라 한다. 전력인자는 소모 전력이 받는 저항의 영향을 가늠하는 척도라고 할 수 있다.

21.5 변압기(Transformer)

변압기는 교류의 전위차 진폭을 증가시키거나 감소시킬 수 있는 장치이다. 그림 21.13은 철심에 코일을 감은 형태의 변압기를 보여주고 있다. 교류 기전력에 연결된 코일이 N_1번 감겨 있고, 부하(전구 등)에 연결된 코일은 N_2번 감겨 있다. 여기서 철심은 자기다발을 증가시키는 역할과 함께 한 코일에서 다른 코일로 다발이 지나도록 한다. 1차 및 2차 코일에 걸린 기전력은 다음과 같다.

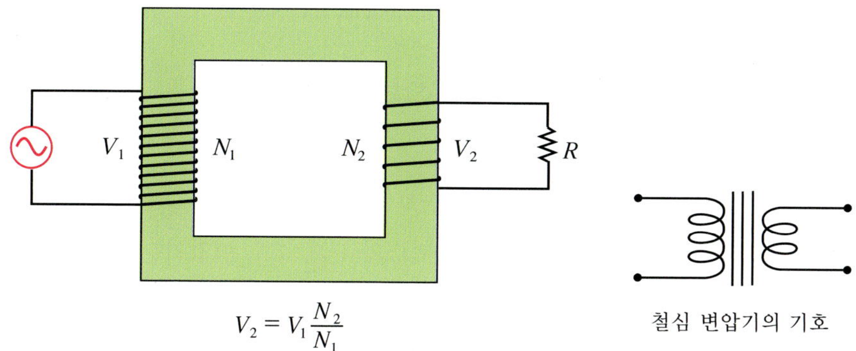

그림 21.13 변압기. 철심에 1차 및 2차 코일이 감겨 있는 철심 변압기를 보여주고 있다.

$$V_1 = -N_1 \frac{d\Phi}{dt},\quad V_2 = -N_2 \frac{d\Phi}{dt}$$

여기서 ϕ는 코일이 한 번 감겼을 때의 자기다발을 나타낸다. 위 두 식에서 기전력의 비를 구하면

$$\frac{V_1}{V_2} = \frac{N_1}{N_2} \tag{21.32}$$

이다. 1차 및 2차 기전력의 비는 감긴 횟수와 같다. 따라서 코일의 감긴 수를 조절하면 1차 기전력에 비해 2차 기전력을 감소 또는 증가시킬 수 있게 된다. $V_1 > V_2$인 변압기를 강압변압기(set-down transformer)라 부르며, $V_1 < V_2$인 변압기를 승압변압기(set-up transformer)라 부른다. 자동차의 점화 코일은 승압변압기에 속한다. 축전지(battery)의 12 V 직류 전압은 스위칭 소자에 의해 펄스 형태로 바뀌고 점화 코일은 12 V 펄스의 입력 전압을 20 kV까지 올려준다. 이와 같은 높은 전압이 점화 플러그에 공급되어 가솔린을 점화시킨다.

그림 21.13에서 코일에 의한 에너지 손실을 무시하면 1차 코일과 2차 코일에서의 입력 전력과 출력 전력은 같아야 한다. 따라서 식 (21.31)로부터

$$V_1 I_1 \cos\phi_1 = V_2 I_2 \cos\phi_2$$

라고 할 수 있다. 그런데 1차 코일에 흐르는 전류와 2차 코일에 흐르는 전류는 렌츠의 법칙에 따라 서로 방향이 반대이므로 위상이 180°가 된다. 따라서

$$N_1 I_1 = N_2 I_2 \tag{21.33}$$

이어야 한다. 식 (21.32)와 (21.33)을 결합하여 정리하면 다음과 같다.

$$I_1 V_1 = I_2 V_2 \tag{21.34}$$

즉 서로 간에 전력인자는 같다는 결론이 나온다.

한편 변압기의 또 다른 특성을 살펴보자. 1차 및 2차 코일에서의 양단 rms 전위차(전압)는 $V_1 = I_1 Z_1$, $V_2 = I_2 Z_2$이므로 임피던스 비는 다음과 같이 주어진다.

$$\frac{Z_1}{Z_2} = \left(\frac{N_1}{N_2}\right)^2 \tag{21.35}$$

따라서 1차 전류는

$$I_1 = \frac{V_1}{Z_1} = \frac{V_1}{(N_1/N_2)^2 Z_2} \tag{21.36}$$

가 된다. 1차 전원의 임피던스는 2차 임피던스와 관계되며, 변압기는 이렇게 2차 임피던스를 변환시키기도 한다. 이러한 특징은 **전원의 기전력으로부터 전력을 최대로 전달하는 데 유효하다.** 즉 최적 조건의 임피던스를 가진 전원은 변압기를 사용하여 얻을 수 있다. 또한 변압기는 음성 신호 증폭기의 출력 임피던스를 스피커의 임피던스에 맞추는 소자로도 사용된다.

21장 학습문제

21.1 최대 전위차가 220 V이고 진동수가 60 Hz인 교류 기전력에 대한 식을 표시하라. 그리고 0.1 s 동안의 전위차 변화를 그래프로 그려보라.

풀이: $V_0 = 220$ V이고, $f = 60/\text{s}$이므로

$$\triangle V = 220\sin(120\pi t)$$

이다. 위 식에 대한 그래프는 그림 21.14와 같다.

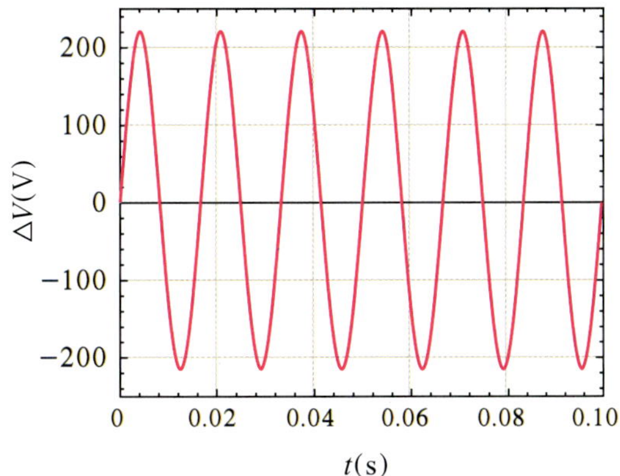

그림 21.14 교류 파형. 교류 $\triangle V = 220\sin(120\pi t)$의 파형이다. 0.1초 동안 6번의 주기가 발생한다는 것을 알 수 있다.

21.2 80 Ω의 저항이 220 V의 교류 기전력(진동수 60 Hz)에 연결되어 있다. 저항을 통과하는 교류 전류에 대한 식을 구하라.

풀이: $\omega = 2\pi f = 120\pi$ rad/s이고, 전류의 진폭은 $I_0 = V_0/R = 220\ \text{V}/80\ \Omega = 2.75$ A이다. 따라서

$$I(t) = 2.75\sin(120\pi t)\ \text{A}$$

이다.

21.3 $C = 20\ \mu\text{F}$인 축전기가 $\triangle V = 12\sin(500\pi t)$ V인 교류 기전력에 연결되어 있다.

(a) 이 회로에 대한 용량 리액턴스를 구하라.

(b) 축전기를 통과하는 전류에 대한 식을 구하라.

풀이: (a) $X_C = \frac{1}{\omega C} = \frac{1}{(500\pi/s)(2\times 10^{-5}\text{ F})} = 100\ \Omega$.

(b) 최대 전류는 $I_0 = \frac{V_0}{X_C} = \frac{12\text{ V}}{100\ \Omega} = 0.12\text{ A}$이다. 따라서

$$I = 0.12\cos(500\pi t)\text{ A}$$

이다.

21.4 $L = 10$ mH의 인덕터가 60 Hz, 200 V의 교류 기전력과 연결되었다.

(a) 이 회로에서의 유도 리액턴스를 구하라.

(b) 인덕턴스를 통과하는 최대 전류를 구하라.

풀이: (a) $X_L = \omega L = (2\pi \times 60\text{ rad/s})(10\times 10^{-3}\text{ H}) = 3.8\ \Omega$.

(b) $I_0 = \frac{V_0}{X_L} = \frac{220\text{ V}}{3.8\ \Omega} = 58\text{ A}$.

21.5 인덕터와 축전기가 연결된 LC 회로가 있다. 그림 21.15와 같이 축전기는 극판 사이에 유전체가 삽입될 수 있는 구조이다. 축전기의 폭은 $a = 20$ cm이고, 극판 간격은 $d = 0.2$ cm이다. 유전체의 유전상수는 $\epsilon_r = 4.8$이고 축전기의 크기(폭과 길이 그리고 극판 간격)와 같다. 인덕터의 인덕턴스는 $L = 2$ mH이다. 유전체의 절반(즉 $x = 1/2a$)이 축전기 내부에 삽입되었을 때 LC 진동에 대한 공명 진동수는 90 MHz이다.

(a) 유전체가 없을 때 축전기의 전기용량을 구하라.

(b) 공명 진동수를 x의 함수로 구하라.

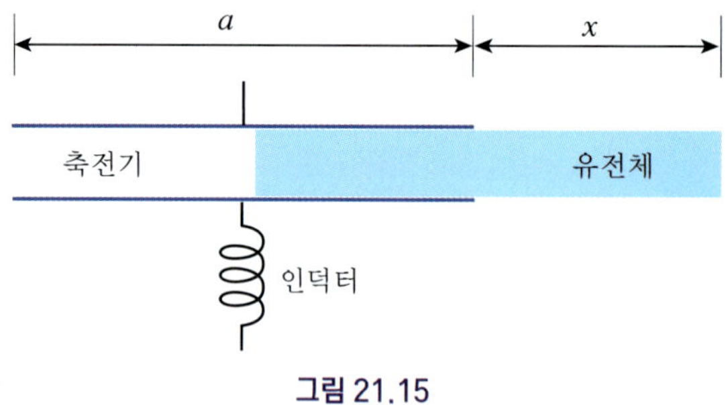

그림 21.15

풀이: (a) 유전체가 있는 영역과 없는 영역의 전기용량은 서로 병렬로 연결된 경우와 같다. 축전기판의 길이를 b라 하면 면적은 $A = ab$이다. 유전체의 길이는 축전기의 폭과 같으므로 그림과 같이 유전체가 삽입되지 않은 길이가 x라면 축전기 내부에 삽입된 유전체의 길이는 $a - x$이다. 공기층에 의한 전기용량을 C_1, 유전체에 의한 전기용량을 C_2라고 놓으면

$$C_1 = \epsilon_0 \frac{bx}{d}, \quad C_2 = K_e \epsilon_0 \frac{b}{d}(a-x)$$

이다. 두 전기용량은 병렬 연결과 같으므로 등가 전기용량은 다음과 같다.

$$C = C_1 + C_2 = \epsilon_0 \frac{bx}{d} + \epsilon_r \epsilon_0 \frac{b}{d}(a-x) = \frac{\epsilon_0 b}{d}[(1-\epsilon_r)x + \epsilon_r a]$$

따라서 $x = \frac{1}{2}a$일 때의 전기용량은

$$C_{1/2} = \frac{\epsilon_0 ba}{d}\left(\frac{1+\epsilon_r}{2}\right)$$

이다. 한편 공명 진동수는 $f = \dfrac{1}{2\pi\sqrt{LC}}$ 이므로

$$90\text{ MHz} = \frac{1}{2\pi\sqrt{LC_{1/2}}}$$

이고, 이를 풀면

$$C_{1/2} = 1.56 \times 10^{-15}\text{ F}$$

이다. 그런데 유전체가 없을 때의 전기용량은 $C_0 = \dfrac{\epsilon_0 ab}{d}$ 이므로

$$C_{1/2} = C_0\left(\frac{1+\epsilon_r}{2}\right)$$

이고, 결국 $C_0 = 5.38 \times 10^{-16}$ F이다.

(b) $f = \dfrac{1}{2\pi\sqrt{LC}}$ 로부터

$$f = \frac{1}{2\pi\sqrt{L\frac{\epsilon_0 b}{d}[(1-\epsilon_r)x + \epsilon_r a]}} = \frac{1}{2\pi\sqrt{L\frac{\epsilon_0 ba}{d}\left[\epsilon_r + (1-\epsilon_r)\frac{x}{a}\right]}}$$

이고, 이를 다시 정리하면

$$f = \frac{1}{2\pi\sqrt{LC_0}\sqrt{4.8 + (1-4.8)\frac{x}{0.2}}} = \frac{1}{2\pi\sqrt{4.8LC_0}\sqrt{1-3.96x}}\text{ Hz}$$

이다. 결국

$$\begin{aligned} f &= \frac{1}{2\pi\sqrt{(4.8)(2\times 10^{-3})(5.38\times 10^{-16})}\sqrt{1-3.96x}}\text{ Hz} \\ &= \frac{70}{\sqrt{1-3.96x}}\text{ MHz} \end{aligned}$$

이다. 이 결과를 그래프로 나타내면 그림 21.16과 같다.

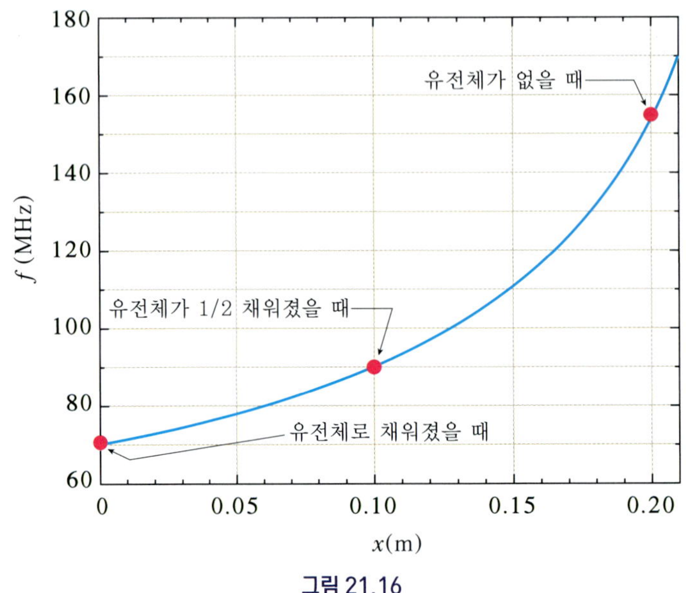

그림 21.16

21.6 교류 기전력(V = 60 V, f = 1.2 kHz)이 직렬 LRC(L = 2.0 mH, R = 8 Ω, C = 60 μF) 회로에 연결되어 있다. 기전력 양단의 전위차가 $\triangle V$ = 60 V일 때 각각의 회로 요소들 양단에 교차하는 순간의 전위차를 구하라.

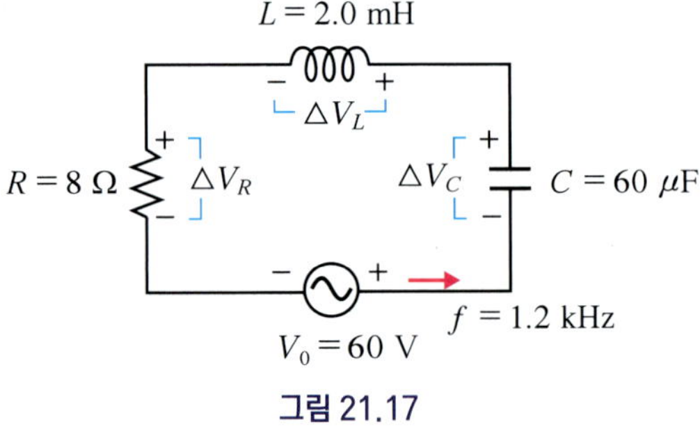

그림 21.17

풀이: 각각의 리액턴스와 임피던스, 전류의 진폭 그리고 위상차는 다음과 같다.

$$X_L = 2\pi fL = (2)(3.14)(1.2 \times 10^3)(2.0 \times 10^{-3}) = 15.1\ \Omega$$

$$X_C = \frac{1}{2\pi fc} = \frac{1}{(2)(3.14)(1.2 \times 10^3)(6.0 \times 10^{-5})} = 2.21\ \Omega$$

$$X = X_L - X_C = 12.9\ \Omega$$

$$X = \sqrt{R^2 + Z^2} = \sqrt{8^2 + 12.9^2} = 15.2\ \Omega$$

$$I = \frac{V}{Z} = \frac{60}{15.2} = 3.95\ \text{A}$$

$$\phi = \tan^{-1}\left(\frac{X}{R}\right) = \tan^{-1}\left(\frac{13.9}{8}\right) = 60° = 1.05 \text{ rad}$$

이와 같은 결과들에 대해 기전력들의 페이서를 나타내면 그림 21.18과 같다.

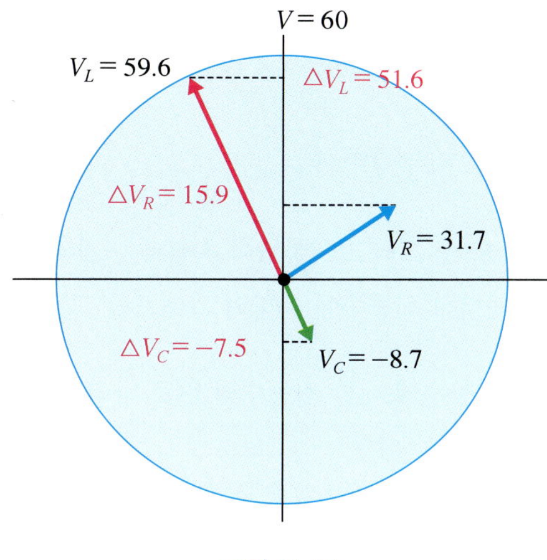

그림 21.18

따라서 전위차에 대한 페이서들의 크기는

$$V_L = IX_L = (3.95)(15.1) = 59.6 \text{ V}$$

$$V_C = IX_C = (3.96)(2.21) = 8.7 \text{ V}$$

$$V_R = IR = (3.96)(8) = 31.7 \text{ V}$$

이다. 따라서 각 요소들 양단의 전위차는 다음과 같이 주어진다.

$$\triangle V_L = V_L \cos(30°) = 51.6 \text{ V}$$

$$\triangle V_C = -V_C \cos(30°) = -7.5 \text{ V}$$

$$\triangle V_R = V_R \cos(60°) = 15.9 \text{ V}$$

위와 같은 전위차들의 합은 기전력 양단의 전위차와 같다. 즉

$$\triangle V = \triangle V_L + \triangle V_C + \triangle V_R$$

이다.

21.7 학습문제 21.6에서 한 순간에 대한 다음 값을 구하라.

(a) 회로 내의 전류 I (b) 전류의 변화율 dI/dt (c) 축전기의 전하 Q

풀이: (a) $I = \frac{\Delta V_R}{R} + \frac{\Delta V_L}{X_L} + \frac{\Delta V_C}{X_C} = 2.0\ \text{A}$.

(b) $L\frac{dI}{dt} = \Delta V_L$ 이므로

$$\frac{dI}{dt} = \frac{\Delta V_L}{L} = \frac{51.6}{2 \times 10^{-3}} = 2.6 \times 10^4\ \text{A/s}$$

이다.

(c) $Q = C\triangle V_C = (6 \times 10^{-5})(-7.5) = -4.5 \times 10^{-4}\ \text{C}$.

21.8 $L = 8.0$ mH, $C = 20\ \mu$F, $V = 80$ V 그리고 저항 R이 직렬로 연결된 LRC 회로가 있다. 저항이 $R = 2\ \Omega$, $10\ \Omega$, $40\ \Omega$일 때의 전류를 교류 기전력의 진동수에 대하여 그래프를 그려라.

풀이: 임피던스는 다음과 같이 공명 진동수에 대한 진동수의 비로 나타낼 수 있다. 즉

$$Z = \sqrt{R^2 + \left(2\pi fL - \frac{1}{2\pi fC}\right)^2} \text{ 에서 } Z = \sqrt{R^2 + \frac{L}{C}\left(\frac{f}{f_0} - \frac{f_0}{f}\right)^2}$$

이다. 물론 여기서 $f_0 = \frac{1}{2\pi\sqrt{LC}}$ 이다. 따라서 공명 진동수는

$$f_0 = \frac{1}{2\pi\sqrt{(8 \times 10^{-3})(2 \times 10^{-5})}} = 398\ \text{Hz}$$

이고, 진동수에 따른 임피던스는

$$Z(f) = \sqrt{R^2 + 400\left(\frac{f}{398} - \frac{398}{f}\right)^2}$$

가 된다. 각 저항값에서 구하고자 하는 진동수에 따른 전류는 다음과 같이 표현된다.

$$I(f) = \frac{V}{Z(f)} = \frac{80/R}{\sqrt{1 + \frac{400}{R^2}\left(\frac{f}{398} - \frac{398}{f}\right)^2}}$$

결국 저항 $R = 2\ \Omega$, $10\ \Omega$, $40\ \Omega$에 대한 전류의 진동수들의 함수는 다음과 같이 주어진다.

$$I(f)_{R=2} = \frac{40}{\sqrt{1 + 100\left(\frac{f}{398} - \frac{398}{f}\right)^2}}\ \text{A}$$

$$I(f)_{R=10} = \frac{8}{\sqrt{1 + 4\left(\frac{f}{398} - \frac{398}{f}\right)^2}}\ \text{A}$$

$$I(f)_{R=40} = \frac{2}{\sqrt{1 + 0.25\left(\frac{f}{398} - \frac{398}{f}\right)^2}}\ \text{A}$$

위 전류에 대한 함수 그래프는 다음의 그림 21.19와 같다. 저항 R이 공명 진동수에서의 $X_L = 20\ \Omega$이나 $X_C = 40\ \Omega$보다 훨씬 작을 때 전류의 진폭은 크고 공명 현상이 뚜렷하게 나타나고 있음을 알 수 있다. 반면에 저항이 공명 진동수에서의 리액턴스 값들과 비슷하거나 높으면 전류는 현저히 감소하며 공명 현상도 뚜렷하지 않다.

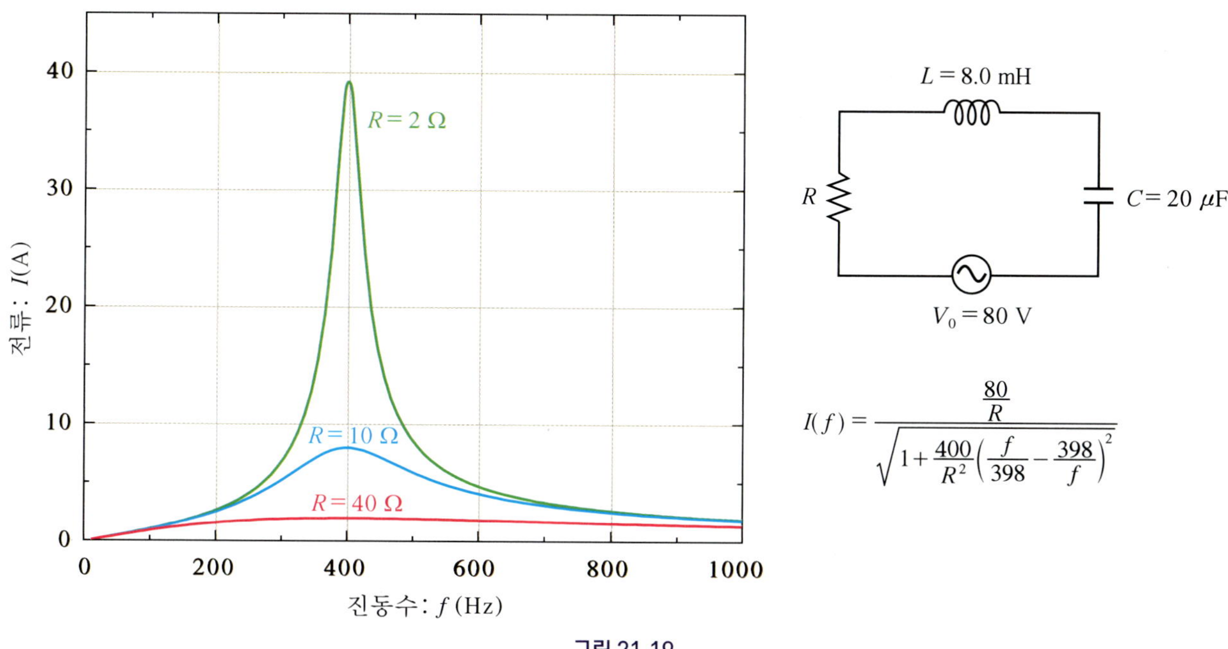

그림 21.19

21.9 다음의 적분 결과를 증명하라.

(a) $\int_0^{2\pi} \sin\theta \cos\theta d\theta = 0$ (b) $\int_0^{2\pi} \sin^2\theta d\theta = \pi$

21.10 $\tan\phi = \dfrac{X}{R}$를 이용하여 직렬 LRC 교류 회로에서 $\cos\phi = \dfrac{R}{Z}$가 됨을 보여라.

21.11 교류 기전력($V = 8.0$ V)을 통하여 교류 전류가 2.5 A의 진폭을 갖고 흐른다. 만약 기전력이 8.0 W의 평균 비율로 전기에너지를 운반한다면 이 회로에 대한 전력인자는 얼마인가?

풀이: $P_{\mathrm{av}} \dfrac{1}{2} VI\cos\phi$에서 $\cos\phi = \dfrac{2P_{\mathrm{av}}}{VI} = \dfrac{(2)(8.0)}{(8.0)(2.5)} = 0.8.$

21.12 $R = 40\ \Omega$, $C = 60\ \mu\text{F}$, $L = 20$ mH인 LRC 직렬 회로가 $V_{\text{rms}} = 220$ V이고 60 Hz인 교류 기전력에 연결되어 있다.

(a) 각 요소에 대한 rms 전위차와 전류를 구하라.

(b) 전력인자를 구하라.

(c) 기전력에 의해 전송된 rms 전력을 구하라.

(d) 공명 진동수를 구하라.

(e) 공명 진동수에서의 각 요소에 대한 전류 및 최대 전위차를 구하라.

풀이: (a) 우선 요소들에 대한 리액턴스를 구해야 한다.

$$X_C = \frac{1}{2\pi fC} = \frac{1}{120\pi(6 \times 10^{-5})} = 44.2\ \Omega$$

$$X_L = 2\pi fL = 120\pi(2 \times 10^{-2}) = 7.5\ \Omega$$

따라서 임피던스는

$$Z = \sqrt{R^2 + (X_L - X_C)^2} = \sqrt{(40)^2 + (36.7)^2} = 54.3\ \Omega$$

이다. rms 전류는 모든 요소에서 같은 값을 갖고, 그 값은

$$I_{\text{rms}} = \frac{V_{\text{rms}}}{Z} = \frac{220\ \text{V}}{54.3\ \Omega} = 4.1\ \text{A}$$

이다. 각 요소들 양단의 전위차는 다음과 같다.

$$V_R = I_{\text{rms}}R = 162\ \text{V}$$

$$V_L = I_{\text{rms}}X_L = 30.7\ \text{V}$$

$$V_C = I_{\text{rms}}X_C = 181\ \text{V}$$

위 값들을 더하면 $V_{\text{rms}} = 220$ V와는 다르다. 왜냐하면 교류 전압계는 rms 값을 읽기 때문이다.

(b) $\tan\phi = \dfrac{X_L - X_C}{R} = \dfrac{7.5 - 44.2}{40} = -\,0.918$로부터 위상각은 $\phi = -42.5^\circ$이다. 따라서 전력인자는

$$\cos(-42.5^\circ) = 0.74$$

이다.

(c) $P_{\text{av}} = V_{\text{rms}}I_{\text{rms}}\cos\phi = (220\ \text{V})(4.1\ \text{A})(0.74) = 667\ \text{W}$.

(d) $f_0 = \dfrac{1}{2\pi\sqrt{LC}} = \dfrac{1}{2\pi\sqrt{(2 \times 10^{-2})(6 \times 10^{-5})}} = 145\ \text{Hz}$.

(e) 공명 진동수에서는 $Z = R$이다. 최대 전류는

$$I_0 = \frac{V}{R} = \sqrt{2}\frac{V_{\text{rms}}}{R} = \sqrt{2}\frac{220\ \text{V}}{40\ \Omega} = 7.8\ \text{A}$$

이다. 또한 공명 진동수에서는

$$X_L = X_C = \sqrt{\frac{L}{C}} = \sqrt{\frac{2 \times 10^{-2}}{6 \times 10^{-5}}} = 18.3\ \Omega$$

이다. 따라서 공명 진동수에서의 최대 전위차는 다음과 같다.

$$V_0^R = I_0 R = (7.8\ \text{A})(40\ \Omega) = 312\ \text{V}$$
$$V_0^L = V_0^C = I_0 Z = (7.8\ \text{A})(18.3\ \Omega) = 143\ \text{V}$$

21.13 교류 $V_{\text{rms}} = 220$ V 전원($f = 60$ Hz)에 연결하면 2.0 kW의 출력을 갖는 전기 장치가 있다. 이 장치 양단의 전위차가 $\phi = 60°$만큼 전류를 앞지른다면 장치의 전력인자가 1이 되도록 하는 직렬 축전기의 전기용량은 얼마여야 하는가? 그리고 장치가 흡수하는 소모 전력은 얼마인가?

풀이: $P_{\text{av}} = V_{\text{rms}} I_{\text{rms}} \cos\phi$에서 $Z = V_{\text{rms}}/I_{\text{rms}}$로부터 $P_{\text{av}} = \dfrac{V_{\text{rms}}^2}{Z}\cos\phi$가 된다. 따라서 이 장치에 대한 임피던스는

$$Z = \frac{V_{\text{rms}}^2 \cos\phi}{P_{\text{av}}} = \frac{(220)^2 \cos 60°}{2000} = 12\ \Omega$$

이다. 그리고 저항과 유도 리액턴스는 각각 다음과 같다.

$$R = Z\cos\phi = (12\ \Omega)(\cos 60°) = 6.0\ \Omega$$

$$X_L = R\tan\phi = (6.0\ \Omega)(\tan 60°) = 10\ \Omega$$

전력인자가 1이 되려면 장치의 리액턴스는 0이 되어야 하고, 결국 유도 리액턴스와 용량 리액턴스는 같아야 한다. 즉

$$X_C = \frac{1}{2\pi f C} = X_L$$

이어야 하고, 따라서 전기용량은

$$C = \frac{1}{2\pi f X_L} = \frac{1}{2\pi(60)(6.0)} = 4.4 \times 10^{-4}\ \text{F}$$

이 된다. 이때 이 장치의 임피던스는 저항값과 같으므로, 이에 대한 소모 전력은

$$P_{\text{av}} = \frac{V_{\text{rms}}^2 \cos\phi}{Z} = \frac{(220)^2(1.0)}{6.0} = 8.1\ \text{kW}$$

이다.

21.14 프린터, 스피커, 계산기 등에 사용되는 교류 어댑터는 2개의 다이오드, 1개의 축전기와 변압기로 구성되어 있다. 어떤 어댑터가 220 V의 교류를 받아 11 V의 교류로 바꾼 다음 직류로 바꾸어 준다고 하자. 이 어댑터 변압기의 1차 코일의 감긴 수가 100회 라면 2차 코일의 감긴 수는 얼마인가?

풀이: $\dfrac{V_1}{V_2} = \dfrac{N_1}{N_2}$에서 $N_2 = \dfrac{V_2}{V_1}N_1 = \dfrac{11}{220}100 = 5$이다. 즉 5번 감겨 있다.

21.15 학습문제 21.14에서 변압기에서의 전력 손실은 없다고 가정하여 다음을 계산하라.

(a) 2차 코일의 전압이 교류 11 V, 전류 500 mA가 흐른다면 1차 코일에 흐르는 전류는 얼마인가?

(b) 2차 코일의 회로가 80%의 전력인자를 갖는다면 콘센트 전원에서 공급되는 평균 전력은 얼마인가?

풀이: (a) 식 (21.34)로부터

$$I_1 = \frac{V_2}{V_1} I_2 = \left(\frac{11}{220}\right)(500\ \text{mA}) = 25\ \text{mA}$$

이다.

(b) $P_{\text{av}} = (0.5\ \text{A})(11\ \text{V})(0.8) = 4.4\ \text{W}$.

21.16 rms 전력 30 W의 10 Ω 스피커가 변압기를 거쳐 출력 임피던스가 1 kΩ인 증폭기에 연결되어 있다.

(a) 2차 전류와 전위차를 구하라.

(b) 1차 전류와 전위차를 구하라.

풀이: 먼저 감긴 수(권선 수)의 비를 구해야 한다. 식 (21.25)로부터

$$\left(\frac{N_2}{N_1}\right)^2 = \frac{Z_2}{Z_1} = \frac{10}{1000} = 0.01,\quad \frac{N_2}{N_1} = 0.1$$

이다.

(a) $P_2 = I_2^2 R^2$로부터 2차 전류는 $I_2 = \sqrt{\frac{P_2}{R}} = \sqrt{\frac{30}{10}} = 1.73\ \text{A}$ 이다.

$$V_2 = I_2 R_2 = (1.73)(10) = 17.3\ \text{V}.$$

(b) $I_1 = \frac{V_2}{V_1} I_2 = \frac{N_2}{N_1} I_2 = (0.1)(1.73\ \text{A}) = 0.17\ \text{A}$.

$$V_1 = \frac{N_1}{N_2} V_2 = (10)(17.3\ \text{V}) = 173\ \text{V}.$$

21장 연습문제

21.1 20.0 mH의 인덕터가 880 Ω의 리액턴스를 갖는 진동수는 얼마인가?

21.2 16.0 mH인 라디오 코일을 400 V, 33.3 kHz인 교류 전원에 연결하였다. rms 전류와 임피던스를 구하라. 저항은 무시한다.

21.3 0.025 μF의 축전기를 2.1 kV(rms), 200 Hz의 전원에 연결하였다.

(a) 임피던스를 구하라.
(b) 전류의 최대값과 진동수(주파수)를 구하라.

21.4 $L = 0.85$ mH, R = 160 Ω인 직렬 LR 회로에 $I = 3.1\cos 377t$인 교류 전류가 흐른다. 소모되는 평균 전력을 구하라.

21.5 4.1 kΩ의 저항체를 6.1 mH의 인덕터와 한 교류 전원에 직렬로 연결하였다. 다음과 같이 주어진 전원의 진동수에서 회로의 임피던스를 구하라.

(a) 60 Hz (b) 30,000 Hz

21.6 저항이 0.80 Ω인 23 mH의 코일이 축전기 C와 360 Hz 전원에 연결되었다. 만일 전류와 전압이 같은 위상이 되었다면 그때의 C 값은 얼마인가?

21.7 그림 21.13과 같은 LRC 회로가 있다. 이 회로에서 전류가 $I = I_0\cos\omega t$로 주어진다면 $V_R = I_0R\cos\omega t$, $V_L = I_0\omega L\cos\left(\omega t + \frac{\pi}{2}\right)$, $V_C = \frac{I_0}{\omega C}\cos\left(\omega t - \frac{\pi}{2}\right)$가 됨을 보여라. 단, $\omega = 2\pi f$이다.

21.8 교류 전압이 $\triangle V = V_0\sin\omega t$로 주어진다.

(a) 완전한 한 주기에 대한 평균 전압을 구하라.
(b) 반주기에 대한 평균 전압은 얼마인가? V_{rms}와 비교하고 설명하라.

21.9 1200 pF인 축전기가 160 μH의 코일에 연결되었다. 코일의 저항은 2.00 Ω이다. 이 회로의 공명 진동수를 계산하라.

21.10 한 LRC 회로는 $L = 2.15$ mH, $R = 120$ Ω의 값을 가진다.

(a) 33.0 kHz에서 공명을 발생시키려면 C는 어떤 값을 가져야 하는가?
(b) 외부 전압의 최대값이 136 V일 때 공명되는 최대 전류를 구하라.
(c) 전류가 최대값의 반을 가지는 진동수를 구하라.

21.11 한 승압변압기가 110 V에서 220 V로 승압시킨다. 1차 코일에 비해 2차 코일에 흐르는 전류는 얼마인가? 전환 효율은 100%로 가정하라.

21.12 한 라디오 변압기는 220 V의 교류를 18.0 V의 교류로 강압시킨다. 이어 교류는 다이오드에 의해 직류로 전환된다. 이 변압기의 2차 코일은 30회 감겨 있으며 200 mA의 전류가 흐른다.

(a) 1차 코일의 감긴 횟수를 구하라.
(b) 1차 코일에 흐르는 전류를 계산하라.
(c) 전환된 전력을 계산하라. 효율은 100%로 간주한다.

21.13 120 kW의 평균 전력을 발전소에서 10 km 떨어진 작은 도시에 공급한다. 송전선의 전체 저항은 0.40 Ω이다.

(a) 240 V로 송전한다면 얼마의 전력 손실이 따르는가?
(b) 이번에는 24,000 V로 송전한다. 전력 손실은 얼마인가?

21장 연습문제 해답

21.1 7.0 kHz.

21.2 $3.35 \times 10^3\ \Omega$, 0.120 A.

21.3 (a) $3.2 \times 10^4\ \Omega$. (b) 9.3×10^{-2} A, 200 Hz.

21.4 770 W.

21.5 (a) 4.0 kΩ. (b) 4.2 kΩ.

21.6 8.5 μF.

21.8 (a) 0. (b) $\frac{2V_0}{\pi}$.

21.9 1.15 MHz.

21.10 (a) 1.08×10^{-8} F. (b) 1.13 A. (c) 26 kHz, 42 kHz.

21.11 0.5.

21.12 (a) 367. (b) 0.016 A. (c) 3.6 W.

21.13 (a) 이 경우 전류는 $I = \frac{P}{V} = \frac{1.2 \times 10^5\ \text{W}}{2.4 \times 10^2\ \text{V}} = 500$ A 이다. 따라서 전력 손실은 $P = I^2R = (500\ \text{A})^2(0.40\ \Omega) = 100$ kW가 된다. 이 결과는 송전되는 전력의 80%가 열로 소모된다는 것을 말해준다.

(b) $I = \frac{1.2 \times 10^5\ \text{W}}{2.4 \times 10^4\ \text{V}} = 5.0$ A 이고, 손실되는 전력은 $P = (5.0\ \text{A})^2\ (0.40\ \Omega) = 10$ W이다. 이 경우 손실된 전력은 1%가 채 되지 않는다. 이러한 사실로부터 발전소에서 송전되는 전압을 왜 크게 하는지 이해될 것이다.

전자기 진동과 전자기파 22

우리는 앞 장에서 교류 회로에서는 전위차와 전류 등이 주기적으로 변한다는 사실을 알았다. 사실상 그러한 변화는 도선 안에 있는 전하(전자)의 주기적인 진동운동과 직접 관련이 있다. 움직이는 전하는 시간에 따라 변하는 전기장을 형성하며, 이러한 전기장은 다시 시간에 따라 변하는 자기장을 유도한다. 이렇게 시간에 따라 주기적으로 변하는 전기장과 자기장의 운동을 전자기 진동(electromagnetic oscillation)이라 한다. 그리고 전자기 진동에 의해 공간을 통하여 에너지를 운반할 수 있는 전자기 교란을 **전자기파**(electromagnetic wave)라 부른다. 전자기파는 전달 매질(예를 들면 공기)이 없는 공간에서도 에너지를 전달시키는데, 태양으로부터 나오는 햇빛이 지구에 도달하는 이유도 여기에 있다. 이번 장을 통하여 이러한 전자기파의 성질과 종류를 알아보고 또한 에너지가 어떻게 전달되는지 고찰해 보기로 한다.

학습 내용

- 전자기파: $\dfrac{\partial^2 E}{\partial x^2} = \epsilon_0 \mu_0 \dfrac{\partial^2 E}{\partial t^2}$, $\dfrac{\partial^2 B}{\partial x^2} = \epsilon_0 \mu_0 \dfrac{\partial^2 B}{\partial t^2}$.

  $v = \dfrac{1}{\sqrt{\epsilon_0 \mu_0}} \approx 3 \times 10^8$ m/s (빛의 속도).

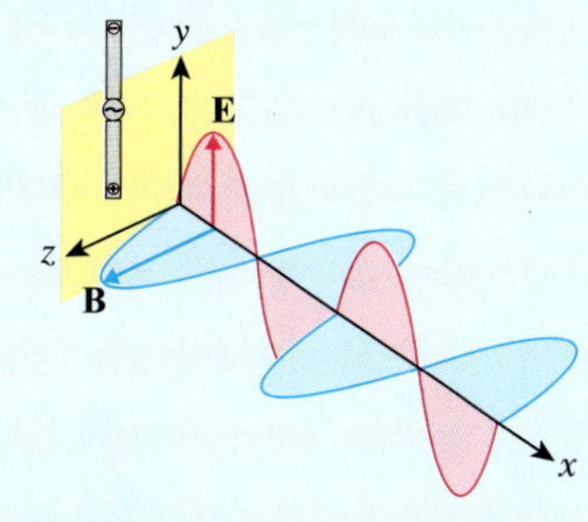

- 전자기파의 에너지: $\mathbf{S} = \dfrac{1}{\mu_0} \mathbf{E} \times \mathbf{B}$.

  복사조도; $I = S_{av} = \dfrac{1}{2} c^2 \epsilon_0 E_0 B_0 = \dfrac{1}{2} c \epsilon_0 E_0^2$.

- 전자기파(빛)의 스펙트럼

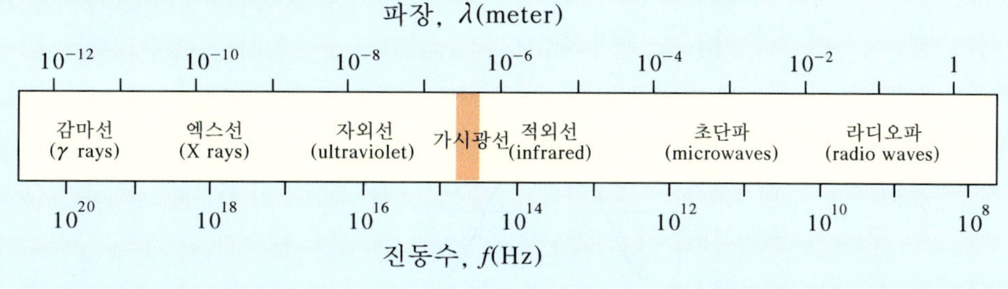

22.1 전기 쌍극자와 전자기파의 발생

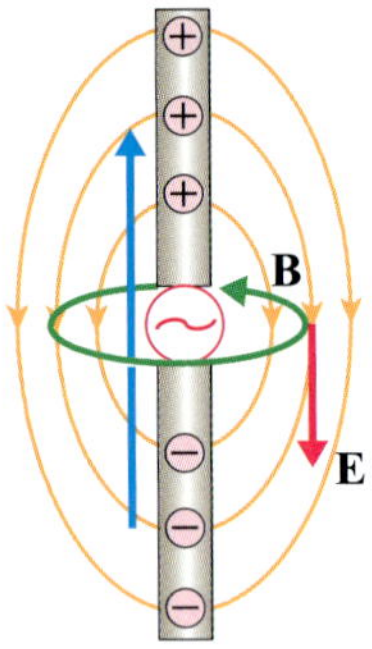

그림 22.1은 안테나의 원리와 그 주위에 형성된 전기장과 자기장의 모습을 보여준다. 일반적으로 원자에 속해 있지 않은 자유전하(전자)는 가속될 때 전자기파를 발생시킨다. 물론 전하가 정지해 있을 때도 전기장이 존재하지만 일정한 값만을 갖고 자기장을 유도하지는 못한다. 오직 전하가 가속될 때만 패러데이의 전자기 유도법칙에 따라 전기장과 자기장이 만들어진다. 그리고 이러한 장(field)은 시간에 따라 변하면서 새로운 장을 만들고 계속 넓게 퍼져나간다.

가장 간단한 전자기파 발생 장치는 그림 22.1에서와 같이 양전하와 음전하로 이루어져 직선 상에서 서로 진동하는 쌍극자이다.

그림 22.1 **안테나.** 2개의 금속 막대로 이루어진 반파장의 안테나이다. 순간 전류의 방향이 위쪽일 때의 전기장 **E**와 자기장 **B**의 모습이다.

앞으로 배우게 되겠지만 사실 전자기파는 물질이나 전하를 운반하지 않으면서도 빛의 속도로 에너지와 운동량을 운반한다. 라디오나 텔레비전의 송신파, 가시광선(可視光線, visible light)은 물론이고 자외선, 엑스선, 감마선 등도 모두 이러한 전자기파에 의한 복사에너지의 일종이다. 가시광선과 자외선 복사는 원자나 분자의 가장 바깥에 있는 전자들이 재배치될 때 나온다. 이때 원자의 쌍극자 모멘트가 이러한 복사의 가장 중요한 광원이 된다.

그림 22.2는 안테나에서 발생하는 전기장이 퍼져나가는 모습을 그린 것이다. 이러한 전기장의 분포는 전기 쌍극자에서 나타나는 전기장의 모습과 거의 같다. 그림 22.1에서 보듯이 이와 같은 안테나에서 발생하는 전기장과 자기장은 서로 수직을 이루며 전파된다. 이때 전기장의 방향을 y축, 자기장의 방향을 z축으로 잡으면 전자기파의 진행 방향은 x축이 된다. 그림 22.3을 보라.

그렇다면 이러한 전자기파는 어떠한 속도로 진행하는 것일까? 물론 우리는 7장에

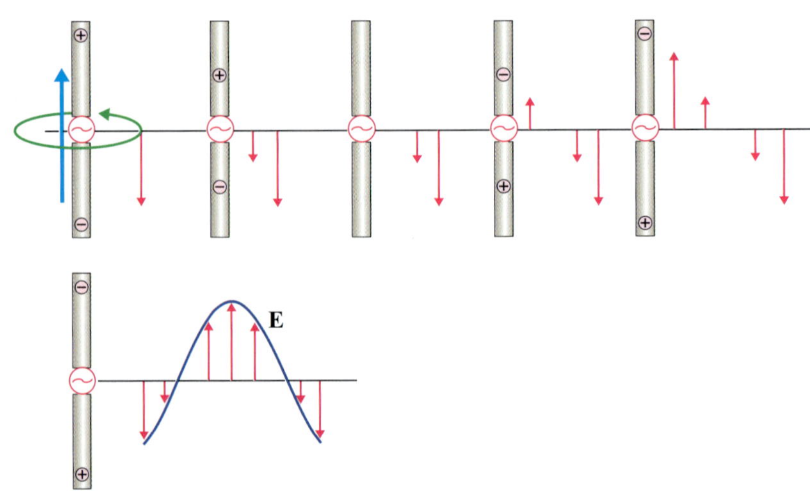

그림 22.2 **안테나와 전기장의 전파.** 안테나에서 진동하는 전기 쌍극자에 의한 전기장 **E**의 발생 모습.

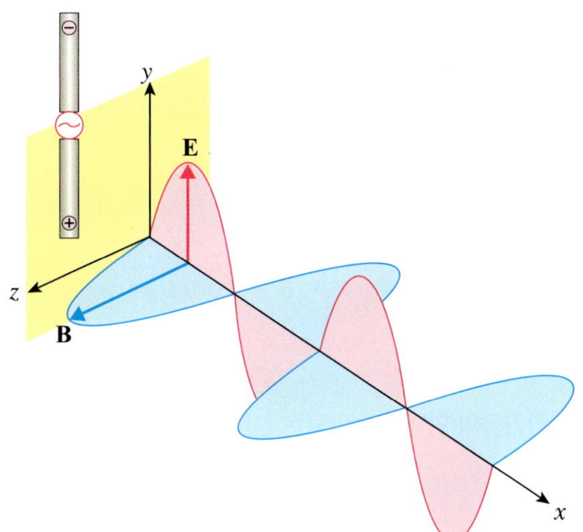

그림 22.3 안테나에 의한 전자기파의 발생 모습.

서 전자기파는 빛의 속도로 진행하며, 빛(눈에 보이는 가시광선을 뜻함) 역시 전자기파의 일종이라는 사실을 배운 바 있다. 그런데 위와 같이 전기장(자기장도 마찬가지임)이 x축을 따라 진행한다면 전기장은 위치(x)와 시간(t)에 의존하게 되며, 만약 x의 양의 방향을 향하여 v의 속도로 전기장이 퍼져나간다면 위치는 $x = vt$가 될 것이다. 따라서 전기장은 $E(x, t) = E(x - vt)$와 같은 독립 변수 형태로 표현되어야 한다. 물론 음의 방향으로 퍼져나간다면 $E(x, t) = E(x + vt)$ 형태가 된다. 이제 속도 v로 진행하는 전기장이 다음과 같은 형태로 표현된다고 하자.

$$E(x, t) = E_0 \sin k(x - vt) \tag{22.1}$$

그러면 위 식은 다음과 같은 미분방정식의 해가 된다. 학습문제 22.1을 보기 바란다.

$$\frac{\partial^2 E}{\partial x^2} = \frac{1}{v^2}\frac{\partial^2 E}{\partial t^2} \tag{22.2}$$

위와 같은 식 (22.2)를 파동 방정식이라고 부른다. 영국의 물리학자 맥스웰(James Clerk Maxwell, 1831~1879)은 전자기파의 전기장과 자기장에 있어서 다음과 같은 방정식이 성립한다는 사실을 발견하였다.

$$\frac{\partial^2 E}{\partial x^2} = \epsilon_0 \mu_0 \frac{\partial^2 E}{\partial t^2} \tag{22.3}$$

$$\frac{\partial^2 B}{\partial x^2} = \epsilon_0 \mu_0 \frac{\partial^2 B}{\partial t^2} \tag{22.4}$$

그런데 식 (22.3)과 (22.2)를 비교해 보면 전자기파의 속도는 다음과 같이 주어짐을 알 수 있다. 즉

$$v = \frac{1}{\sqrt{\epsilon_0 \mu_0}} \tag{22.5}$$

이다. 그런데 이 속도를 구해 보면 놀라운 사실이 드러난다. $\epsilon_0\mu_0 = (8.85 \times 10^{-12}\ \mathrm{C^2/Nm^2})(4\pi \times 10^{-7}\ \mathrm{Ns^2/C^2}) = 11.12 \times 10^{-18}\ \mathrm{s^2/m^2}$이므로 식 (22.5)로 주어지는 속도의 크기는 다음과 같다.

$$v = \frac{1}{\sqrt{\epsilon_0 \mu_0}} \approx 3 \times 10^8\ \mathrm{m/s} \tag{22.6}$$

놀랍게도 이 값은 진공에서의 빛의 속도와 정확히 일치하고 있다. 따라서 **빛은 전자기 유도 법칙에 따라 전자기장의 형태로 전파되는 전자기파의 일종**이라고 결론 내릴 수 있다. 보통 빛의 속도는 c로 표기되며 진공 중에서의 정확한 값은 다음과 같다.

$$c = 2.99792458 \times 10^8\ \mathrm{m/s} \tag{22.7}$$

그림 22.3을 보면 전자기파는 전기장과 자기장이 한 평면($y-z$ 평면)을 이루면서 진행한다는 사실을 알 수 있다. 물론 이러한 평면은 전기장과 자기장이 서로 수직인 관계를 유지한다. 이렇게 공간을 통하여 전파되는 전자기파는 다음과 같은 성질을 갖는다.

첫째, 전기장과 자기장은 동시에 발생하며 서로 수직이다. 그림 22.3을 보면 전자기파의 진행 방향이 x라면 전기장은 $\pm y$방향으로, 자기장은 $\pm z$방향으로만 변화한다.

둘째, 파동의 전파속도는 파동이 전파해 나가는 매질의 전자기적 성질에만 관계되며 전기장과 자기장의 진폭과는 상관없다. 진공에서의 전기장과 자기장의 크기는 광속도와 $E/B = c$의 관계를 갖는다.

셋째, 전기장과 자기장은 전자기파의 진행 방향과 항상 수직이다. 그러므로 횡파(가로파)이다.

식 (22.1)을 다시 자세히 들여다보기로 하자. 이 식을 새롭게 쓰면

$$E = E_0 \sin(kx - kvt) \tag{22.8}$$

가 된다. 우리는 7장에서 주기적인 진동운동에 있어 각진동수(ω), 진동수(f), 주기(T)와의 관계를 자세히 다룬 바 있다. 앞 장들에서 우리는 또한 $\sin\omega t$와 같은 형태의 주기함수를 여러 번 접해 보았다. 이때 $\theta = \omega t = 2\pi$라면 시간 축에 대해 파(전기장)의 크기는 같은 형태를 갖는다. 이때의 시간을 우리는 주기라고 부르며 보통 T로 표기하였다. 즉 $\omega T = 2\pi$이며, 이로부터

$$T = \frac{2\pi}{\omega} \tag{22.9}$$

인 관계가 성립한다. 따라서 주기는

$$T = \frac{2\pi}{2\pi f} = \frac{1}{f} \tag{22.10}$$

이다. 그렇다면 k는 어떠한 물리적 의미를 가지는 것일까? 이제 시간에 대한 사인 함수가 아니라 위치에 대한 사인 함수를 고려하자. 위치에 대해 크기가 같은 모양이 나타나는 거리를 파장이라 부르며 이를 λ로 표기한다. 이러한 조건은

$$\sin k(x + \lambda) = \sin(kx + k\lambda) = \sin kx$$

이며, 결국 $k\lambda = 2\pi$이어야 한다. 따라서

$$k = \frac{2\pi}{\lambda} \tag{22.11}$$

이다. 이것은 식 (22.9)로 주어지는 주기 T와 유사한 대칭을 이루고 있다. 이러한 k는 소위 공간주기를 나타낸다고 할 수 있으며, **파수(wave number)** 혹은 전파상수(propagation constant)라 부른다. **식 (22.11)에서 2π를 반지름이 1인 원주로 보면 쉽게 이해될 것이다.** 물론 kx는 라디안 단위이다. 이러한 파수와 각진동수를 중심으로 식 (22.1)은 다음과 같이 표현될 수 있다. 즉

$$E = E_0 \sin(kx - \omega t) \tag{22.12}$$

이다. 그러면 $kv = \frac{2\pi}{\lambda}c = \omega$ 이고, 결국 $\frac{2\pi}{\lambda}c = 2\pi f$ 이므로 빛(전자기파)의 속도는 다음과 같이 주어진다.

$$c = \lambda \cdot f \tag{22.13}$$

따라서 전자기파의 파장 혹은 진동수 중 하나가 측정되면 다른 하나는 자동적으로 결정된다.

22.2 전자기파의 에너지 전달과 복사

전자기파의 중요한 특성 중 하나가 에너지를 전달한다는 것이다. 공간상의 어떤 영역에 전자기파가 존재한다면 단위 체적당 복사에너지, 즉 에너지 밀도 u가 있다고 할 수 있다. 우리는 이미 이러한 에너지 밀도는 전기장에 의한 것은

$$u_E = \frac{1}{2}\epsilon_0 E^2$$

이며, 자기장에 의한 것은

$$u_M = \frac{1}{2\mu_0}B^2$$

으로 주어짐을 배웠다. 따라서 전자기파의 총 에너지 밀도는

$$u = u_E + u_M \tag{22.14}$$

이다. 그런데 $E = cE$의 관계로부터

$$u = \epsilon_0 E^2 \tag{22.15}$$

또는

$$u = \frac{1}{\mu_0}B^2 \tag{22.16}$$

이 된다.

전자기파의 에너지 흐름은 단위 면적당 단위 시간에 전달되는 에너지, 즉 W/m^2의 단위로 나타내는 것이 편리하다. 이러한 에너지의 세기를 보통 기호 S로 표기한다. 이러한 에너지 흐름은 에너지 밀도에 전자기파의 속도 c를 곱한 것과 같다. 즉

$$S = uc \tag{22.17}$$

이다. 그러면 S는 전기장에 대해 다음과 같이 주어진다.

$$S = c\epsilon_0 E^2 \tag{22.18}$$

한편 식 (22.17)은 식 (22.16)과 $E = cB$와의 관계를 이용하면

$$S = \frac{1}{\mu_0}EB \tag{22.19}$$

가 된다. 이 식을 벡터 형태로 표현하면 다음과 같다.

$$\mathbf{S} = \frac{1}{\mu_0}\mathbf{E} \times \mathbf{B} \tag{22.20}$$

혹은

$$\mathbf{S} = c^2\epsilon_0 \mathbf{E} \times \mathbf{B} \tag{22.21}$$

이다. 위 식 (22.20)과 (22.21)을 포인팅 벡터(Poynting vector)라 부른다. 그림 22.3과 같은 공간에서 x방향으로 전파하는 전자기파에 대한 포인팅 벡터를 구해 보자.

이 파의 전기장과 자기장은

$$\mathbf{E} = E_0 \sin(kx - \omega t)\hat{j}$$

$$\mathbf{B} = B_0 \sin(kx - \omega t)\hat{k}$$

이며, 따라서 포인팅 벡터는 다음과 같이 된다.

$$\mathbf{S} = c^2 \epsilon_0 E_0 B_0 \sin^2(kx - \omega t)\hat{i} \qquad (22.22)$$

그런데 빛은 진동수가 크기 때문에 **S**는 매우 빠르게 진동하므로 순간값을 측정하는 것은 불가능하다. 따라서 평균값을 사용하게 된다. 즉 우리가 사용하는 광전지, 얇은막 필름, 혹은 사람 눈 같은 검출기는 매 순간의 값을 측정하는 것이 아니라 일정 시간 동안 쪼인 빛을 흡수하여 그 양을 측정하는 것이다. 이때 포인팅 벡터의 시간 평균 S_{av}을 복사조도(irradiation)라 부르며 보통 I로 표기한다. 사인 혹은 코사인 함수의 시간 평균은

$$[\sin^2(kx - \omega t)]_{\text{av}} = [\cos^2(kx - \omega t)]_{\text{av}} = \frac{1}{2}$$

이므로, 복사조도는 다음과 같이 주어진다.

$$I = S_{\text{av}} = \frac{1}{2} c^2 \epsilon_0 E_0 B_0 = \frac{1}{2} c \epsilon_0 E_0^2 \qquad (22.23)$$

광원에서 방출되는 에너지의 비율은 와트(W)로 표현되며 전력 또는 복사다발을 의미한다. 이때 표면에서 입사하는 다발과 방출되는 다발을 면적으로 나누면 복사다발 밀도(radiant flux density, W/m^2)가 된다. 앞의 경우를 복사조도(irradiation), 뒤의 경우를 복사세기(intensity)라고 구분하여 부르기도 한다. 두 경우 모두 다발 밀도(flux density)가 된다. 복사조도는 전력의 집중도(concentration)를 측정하는 것이고, 사진 또는 검출기로 측정하는 경우에는 입사한 빛의 양이 기본이 된다.

22.3 전자기파의 스펙트럼

복사에너지를 갖는 전자기파가 파장이나 진동수의 넓은 영역에 걸쳐 구분하여 나타내는 것을 전자기 스펙트럼(electromagnetic spectrum)이라 한다. 편의상 (역사적인 사실로부터) 보통 7개의 영역으로 나누어 부른다. 파장이 긴 것에서부터 짧은 것으로 나열하면 라디오파–초단파(마이크로파)–적외선–가시광선–자외선–엑스선–감마선 등이 된다. 그러나 이러한 영역은 진동수나 파장이 명확하게 구별되지는 않는다. 7장에서 다루었던 이와 같은 전자기 스펙트럼을 다시 한 번 자세히 살펴보기로 하자.

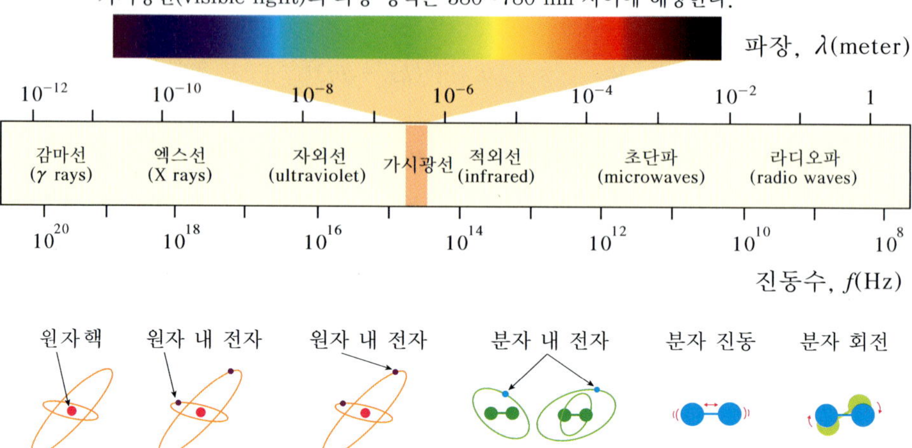

그림 22.4 전자기 스펙트럼과 그 종류. 감마선은 원자핵을 이루는 핵자들(양성자와 중성자)의 결합된 에너지(MeV)로부터 나온다. 엑스선은 원자 내에서 운동하는 안쪽 전자들의 에너지 준위(keV)들로부터 나온다. 자외선과 가시광선 역시 원자를 이루는 전자들의 에너지 준위들과 상관이 있다. 특히 가시광선 영역은 분자를 이루는 전자들의 에너지 준위와 밀접한 관계를 가진다. 적외선은 주로 분자들의 진동 운동에 의해 발생한다. 또한 분자들의 회전 운동에 의해 적외선은 물론 마이크로파가 발생하기도 한다.

라디오파(Radio Waves)

보통 전파라고 부른다. 이 파의 근원은 도체에서의 전하(전자)의 진동이라고 할 수 있으며, 이미 쌍극자에 의한 안테나의 원리와 전자기파의 발생에서 근원을 살펴보았다. AM(amplitude modulation, 진폭 변조 방식) 방송국에서 방출되는 진동수(주파수)는 535~1605 kHz 사이이다. FM(frequency modulation, 주파수변조 방식) 라디오는 이보다 높은데 약 88~108 MHz 사이에 해당한다. 텔레비전 방송은 소리뿐만 아니라 영상까지 출력해야 하는데, VHF(very high frequency) 채널(2~13까지)은 54~216 MHz를 갖는다. UHF(ultra high frequency) 채널(14~83까지)의 범위는 470~890 MHz까지이다.

마이크로파(Microwaves)

마이크로파는 1 GHz(10^9 Hz)에서 3×10^{11} Hz 영역의 진동수를 갖는 파이다. 파장으로 대략 30 cm에서 1 mm 범위에 해당한다. 이러한 마이크로파는 레이더 시스템과 주방에서 요긴하게 사용되는 마이크로오븐(전자레인지)에서 이용된다. 기상 레이더 시스템은 몇 cm에 해당하는 마이크로파가 응결된 구름에 보내면 반사되는 파를 다시 수신하는 체계이다. 분자 회전에 의한 마이크로파 발생과 이를 응용한 전자레인지의 작동 원리는 9장을 보기 바란다.

적외선(Infrared)

적외선은 뜨거운 물체에서 발생하며 보통 적외선 복사(infrared radiation) 형태로 잘 알려져 있다. 적외선이라 함은 그 진동수가 가시광선 영역 내의 적색 광선 바로 아래에 위치하고 있기 때문이다. 대부분의 물질들은 분자들의 열적 요동에 의해 적외선을 방출하는데, 이러한 적외선의 근본 원천은 분자들의 진동운동이다. 그러한 분자들의 진동운동은 9장에서 다룬 바 있다. 석탄이나 나무가 탈 때 적외선이 다량 방출되며 태양에서 오는 복사에너지 대부분이 적외선에 해당한다. 온도가 있는 물체라면 적외선을 방출하며 인간도 예외가 아니다.

가시광선(Visible Light)

우리가 흔히 빛이라고 부르는 영역의 파이다. 인간의 눈이 감지할 수 있어 볼 수 있는 파라는 의미이다. 빨간색인 진동수 384 THz($f = 384 \times 10^{12}$ Hz, $\lambda = 780$ nm)에서 주황, 노랑, 녹색, 파랑을 거쳐 진동수 769 THz($\lambda = 390$ nm)의 보라색까지의 영역이다. 우리가 백색(white)이라고 감지하는 것은 위와 같은 영역의 파장들이 혼합되어 나타나는 햇빛이라고 할 수 있다. 그리고 단일 진동수 혹은 단일 파장의 빛을 단색광(monochromatic light)이라 부른다. 레이저 포인트에서 나오는 레이저 빔은 단색광의 일종이다. 빛을 입자 형태인 광자로 보면 이러한 가시광선에 해당하는 광자들의 에너지 범위는 $hf = 1.6 \sim 3.2$ eV이다.

자외선(Ultraviolet)

자외선의 진동수 영역은 $8 \times 10^{14} \sim 2.4 \times 10^{16}$ Hz이다. 이를 eV 에너지로 환산하면 3.3 ~ 100 eV 정도가 된다. 이러한 자외선은 에너지가 가시광선에 비해 상대적으로 높기 때문에 피부 속까지 침투해 들어갈 수 있다. 따라서 세포를 파괴시켜 암을 유발하기도 한다. 특히 가시광선 바로 옆에 해당되는 파장이 300 nm 이하의 자외선은 비타민 D를 생성시켜 피부를 검게 그을리기도 한다. 지구에 들어오는 많은 자외선들은 오존층에서 흡수되는 것으로 알려져 있다.

우리는 7장에서 수소원자가 빛을 내는 원리를 간단히 살펴본 바가 있다. 수소원자뿐만 아니라 모든 원자들에서 전자들이 점유하는 에너지 준위 배열이 자외선을 비롯한 가시광선 등의 주된 공급원 역할을 한다. 분자인 경우에도 원자들이 서로 결합하면서 공유 결합의 형태를 갖게 되면 보다 단단히 묶여 전자들의 에너지 준위는 자외선 영역이 되기도 한다. 특히 N_2, O_2, CO_2, H_2O 등도 전자들의 에너지 준위가 자외선 영역에 속하며, 따라서 자외선을 강하게 흡수(공명 현상)하는 성질을 갖고 있다. 이러한 이유로 하늘이 푸르게 보인다.

엑스선(X Rays)

엑스선의 진동수 영역은 $2.4 \times 10^{16} \sim 5 \times 10^{19}$ Hz 범위이며, 파장은 대략 1 nm에서 0.01 nm 정도에 해당한다. 따라서 엑스선의 파장은 원자 크기(0.1~0.5 nm)보다 대부분 짧다고 할 수 있다. 광자에너지로는 100 eV(0.1 keV)에서 0.2 MeV(200 keV) 정도 사이이다. 이러한 엑스선은 높은 원자번호를 갖는 원자들의 전자 전이에서 나오며 고속으로 대전된 입자들의 가속에 의해서도 생성된다. 이렇게 엑스선은 에너지가 높기 때문에 투과력이 강하여 몸의 내부를 촬영하는 용도로 쓰이기도 한다. 또한 물질 내부의 결정 원자 구조나 DNA 등의 분자 구조 연구 등에도 사용된다.

감마선(Gamma 혹은 γ Rays)

감마선은 파장이 0.01 nm 이하이며 진동수가 10^{20} Hz 이상인 가장 높은 에너지 영역에 속한다. 광자에너지로는 주로 MeV(10^{9} eV) 수준에 해당한다. 이러한 높은 수준의 에너지는 원자핵을 이루는 핵자들인 양성자와 중성자의 구속(결합)에너지에 해당하는 것으로, 감마선은 이러한 핵자들이 핵 내에서 전이할 때 발생한다. 또한 핵의 분열이나 융합하는 핵반응에서 다량으로 생성된다.

22장 학습문제

22.1 전자기파에서 전기장은 보통 다음과 같은 형태로 표현된다.

$$E(x, t) = E_0 \sin k(x - vt)$$

이 식이 다음과 같은 미분방정식의 해가 됨을 보여라.

$$\frac{\partial^2 E}{\partial x^2} = \frac{1}{v^2}\frac{\partial^2 E}{\partial^2 t}$$

여기서 $\partial/\partial x$는 x와 t 변수 중 오직 x만을 변수로 취급하여 미분하라는 소위 편미분 기호이다.

풀이: 먼저 전기장에 대한 x의 편미분을 구하면

$$\frac{\partial E}{\partial x} = kE_0 \cos k(x - vt)$$

이다. 다시 한 번 x에 대해 편미분하면 다음과 같다.

$$\frac{\partial}{\partial x}\left(\frac{\partial E}{\partial x^2}\right) = \frac{\partial^2 E}{\partial x^2} = -k^2 E_0 \sin k(x - vt)$$

이것은 곧 다음과 같이 표현된다.

$$\frac{\partial^2 E}{\partial x^2} = -k^2 E$$

다음으로 시간에 대한 2차 편미분을 구하자.

$$\frac{\partial E}{\partial t} = -kvE_0 \cos k(x - vt)$$

이고, 한 번 더 시간에 대해 편미분하면

$$\frac{\partial^2 E}{\partial t^2} = -k^2 v^2 E_0 \sin k(x - vt)$$

가 된다. 위 식은 다시

$$\frac{\partial^2 E}{\partial t^2} = -k^2 v^2 E$$

로 표현될 수 있다. 위 식들을 비교하면

$$\frac{\partial^2 E}{\partial x^2} = \frac{1}{v^2}\frac{\partial^2 E}{\partial^2 t}$$

임을 알 수 있다.

22.2 한 레이저 포인터의 파장이 650 nm라고 적혀 있다. 이 레이저의 파수는 얼마인가?

풀이: $k = \dfrac{2\pi}{\lambda} = \dfrac{2 \times 3.14}{6.5 \times 10^{-7}\ \mathrm{m}} = 9.7 \times 10^{6}/\mathrm{m}.$

22.3 시간 $t = 0$에서 전자기파의 전기장에 대한 모양이 다음과 같이 주어진다.

$$E = E_0 \sin kx$$

파장에 따른 전기장의 모양을 그래프로 나타내라.

풀이: 전기장은 $E = E_0 \sin \dfrac{2\pi}{\lambda} x$ 이므로 그래프는 다음과 같다.

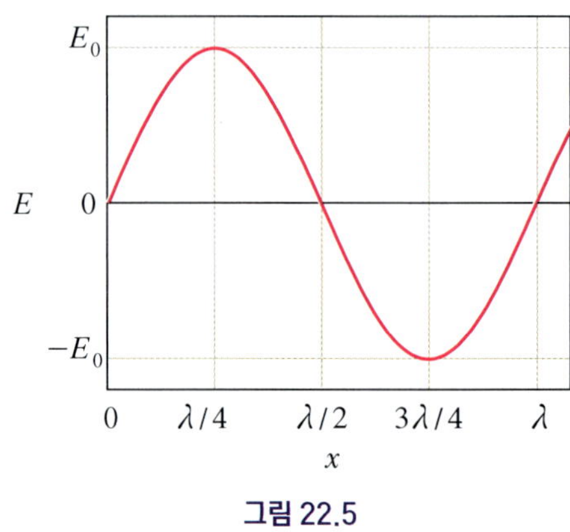

그림 22.5

22.4 진공에서 y방향으로 편광*되어 전파되는 전자기파의 전기장은 다음과 같이 주어진다.

$$E_y = (180\ \mathrm{V/m})\sin(2.0 \times 10^{7}x - \omega t)$$

(a) 이 파의 파장은 얼마인가?

(b) 이 파의 진동수를 구하라.

(c) 이 파는 어느 방향으로 진행하고 있는가?

풀이: (a) $k = 2.0 \times 10^{7}/\mathrm{m}$이므로, $\lambda = \dfrac{2\pi}{k} = \dfrac{2 \times 3.14}{2.0 \times 10^{7}/\mathrm{m}} = 3.1 \times 10^{-7}\ \mathrm{m} = 310\ \mathrm{nm}$ 이다.

(b) $f = \dfrac{c}{\lambda} = \dfrac{3.0 \times 10^{8}\ \mathrm{m/s}}{3.1 \times 10^{-7}\ \mathrm{m}} = 9.7 \times 10^{14}\ \mathrm{Hz}$.

(c) x축의 양의 방향으로 진행하고 있다.

---

* 여기서 편광이라는 것은 빛의 전자기 진동 방향이 어느 한 곳으로 정해져 있다는 뜻이다.

22.5 진동수 f = 60 MHz인 전자기파가 그림과 같이 진공 속을 x축 방향으로 진행한다. 여기서 $E = E_0 \sin(kx - \omega t)$, $B = B_0 \sin(kx - \omega t)$이다. 그리고 $E = B/c$이다.

(a) 파의 파장과 주기를 구하라.

(b) 한 순간에 전기장은 양의 y축 방향으로 최대값 800 N/C를 갖는다. 이 시각 그리고 이 지점에서 자기장의 크기와 방향을 구하라.

(c) 이 파의 전기장과 자기장 성분들의 공간과 시간에 따른 식을 구하라.

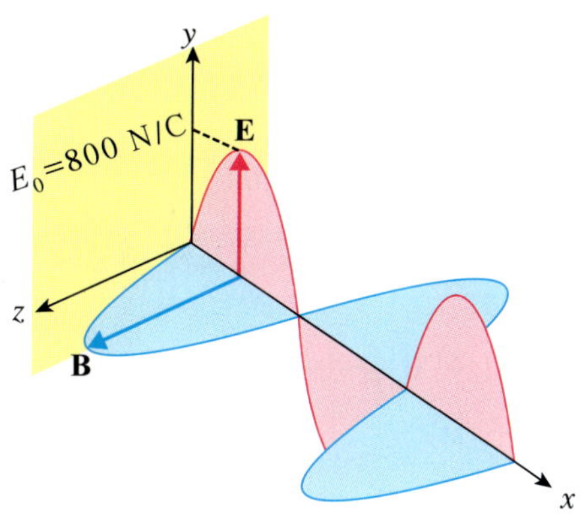

그림 22.6

풀이: (a) f = 60 MHz = 6×10^7/s에서

$$\lambda = \frac{c}{f} = \frac{3 \times 10^8 \text{ m/s}}{6 \times 10^7/\text{s}} = 5.0 \text{ m}$$

$$T = \frac{1}{f} = \frac{1}{6 \times 10^7/\text{s}} = 1.7 \times 10^{-5} \text{ s}$$

이다.

(b) $B_0 = \dfrac{E_0}{c} = \dfrac{800 \text{ N/C}}{3 \times 10^8 \text{ m/s}} = 2.7 \times 10^{-6}$ T 이고, 방향은 z축이다.

(c) 파수는 $k = \dfrac{2\pi}{\lambda} = \dfrac{2 \times 3.14}{5.0 \text{ m}} = 1.256$ rad/m 이고, 각진동수는 $\omega = 2\pi f = 2 \times 3.14 \times (6 \times 10^7/\text{s}) = 3.8 \times 10^6$ rad/s이다. 따라서

$$E = (800 \text{ N/C})\sin(1.256x - 3.8 \times 10^8 t)$$
$$B = (2.7 \times 10^{-6} \text{ T})\sin(1.256x - 3.8 \times 10^8 t)$$

이다.

22.6 책상 위 30 cm에 있는 60 W의 백열전구에서 나오는 빛의 전기장과 자기장의 최대값(진폭)을 구하라. 전구의 효율은 5%로 가정하라.

풀이: 효율을 감안한 평균 전력은 $P = 60\ \text{W} \times 0.05 = 3\ \text{W}$이다. 그러면 복사조도는 이러한 일률을 거리 반지름 r인 표면적으로 나누면 된다. 즉

$$I = \frac{P}{4\pi r^2} = \frac{1}{2} c\epsilon_0 E_0^2$$

이다. 위 식으로부터 전기장의 진폭은

$$E_0 = \sqrt{\frac{P}{2\pi r^2 c\epsilon_0}} = \sqrt{\frac{3\ \text{W}}{2 \times 3.14(0.3\ \text{m})^2 (3 \times 10^6\ \text{m/s})(8.85 \times 10^{-12}\ \text{F/m})}} = 45\ \text{V/m}$$

이다. 그리고 자기장의 진폭은

$$B_0 = \frac{E_0}{c} = \frac{45\ \text{V/m}}{3 \times 10^8\ \text{m/s}} = 1.5 \times 10^{-7}\ \text{T}$$

이다. 이러한 자기장의 세기는 지구 자기장의 약 1/100 정도에 해당한다.

22.7 한 방송국에서 진동수가 100 MHz이고 출력이 10 kW인 신호를 방출한다. 방송국을 점원으로 생각하고 1 km 떨어진 안테나에서의 다음을 구하라.

(a) 전기장과 자기장의 세기는 얼마인가?

(b) 그리고 한 변이 10 cm인 정사각형에 5분 동안 수직하게 입사되는 에너지는 얼마인가?

풀이: (a) $I = \frac{P}{4\pi r^2} = \frac{1}{2} c\epsilon_0 E_0^2$의 관계로부터

$$E_0 = 0.775\ \text{V/m}, \quad B_0 = \frac{E_0}{c} = 2.58 \times 10^{-9}\ \text{T}$$

이다.

(b) $U = I(At) = \left(\frac{10^4\ \text{W}}{4\pi \times 10^6\ \text{m}^2}\right)(0.01\ \text{m}^2)(300\ \text{s}) = 2.4 \times 10^{-3}\ \text{J}.$

22.8 한 파장이 650 nm인 레이저 포인터는 1.0 mW의 출력(일률)을 갖는다. 그리고 이 레이저 포인트의 레이저 빔 직경은 2 mm이다. (단 매질은 진공이라고 가정하라.)

(a) 레이저 빔에 수직인 스크린에 1 s 동안 전달된 에너지는 얼마인가?

(b) 복사조도를 구하라

(c) 전기장의 진폭을 구하라.

풀이: (a) $U = P\triangle t = (1.0 \times 10^{-3}\ \text{W})(1.0\ \text{s}) = 1.0 \times 10^{-3}\ \text{J}.$

(b) $I = \frac{P}{\pi r^2} = \frac{1.0 \times 10^{-3}\ \text{W}}{3.14 \times 10^{-6}\ \text{m}^2} = 3.2 \times 10^2\ \text{W/m}^2.$

(c) $E_0 = \sqrt{\frac{2I}{c\epsilon_0}} = \sqrt{\frac{2(3.2 \times 10^2\ \text{W/m}^2)}{(3.0 \times 10^8\ \text{m/s})(8.85 \times 10^{-12}\ \text{F/m})}} = 4.9 \times 10^2\ \text{V/m}.$

22.9 파장이 780 nm인 가시광선(빨간색)과 390 nm인 가시광선(보라색)의 광자에너지를 구하라.

풀이: 7장에서 광자에너지는 $E = hf$로 된다는 사실을 배운 바 있다. 여기서 $h = 6.626 \times 10^{-34}$ J/s를 갖는 플랑크 상수이다. 우선 파장을 진동수로 바꾸어 계산하면 빨간색의 진동수는

$$f_{\text{red}} = \frac{c}{\lambda} = \frac{3 \times 10^5\ \text{m/s}}{7.8 \times 10^{-7}\ \text{m}} = 3.85 \times 10^{14}/\text{s}$$

이고, 보라색의 진동수는

$$f_{\text{violet}} = \frac{c}{\lambda} = \frac{3 \times 10^8\ \text{m/s}}{3.9 \times 10^{-7}\ \text{m}} = 7.69 \times 10^{14}/\text{s}$$

이다. 따라서

$$E_{\text{red}} = hf_{\text{red}} = (6.626 \times 10^{-34}\ \text{J/s})(3.85 \times 10^{14}/\text{s}) = 2.55 \times 10^{-19}\ \text{J}$$

이다. 이를 eV 단위로 환산하면

$$E_{\text{red}} = \frac{2.55 \times 10^{-19}\ \text{J}}{1.60 \times 10^{-19}\ \text{J/eV}} = 1.59\ \text{eV}$$

이다. 마찬가지로 계산하면 보라색의 광자에너지는

$$E_{\text{violet}} = 3.19\ \text{eV}$$

이다. 이처럼 광자 하나의 에너지는 극히 약하지만 이러한 광자가 우리 눈에 10개 정도 들어온다면 1개 정도 감지할 수 있다고 한다. 태양에서 방출되어 지구에 도달한 광자는 밝은 햇빛에서 1제곱센티미터 면적에 초당 약 10^{17}개 정도 들어 있다.

22.10 태양에서 방출된 복사에너지는 지구 표면에서 맑은 날을 기준으로 하면 복사조도가 $I = 1\ \text{kW/m}^2$이다. 1초 동안 1 cm^2에는 약 몇 개의 광자가 있는가?

풀이: 태양의 복사 스펙트럼은 가시광선뿐만 아니라 자외선과 적외선도 포함한다. 적외선이 가장 많은 부분을 차지하는데, 이러한 태양복사 광자들의 평균 에너지를 1 eV(1.6×10^{-19} J)로 잡아 계산해 보자. 1초 동안 1 cm^2에 쌓인 에너지는

$$U = \frac{1000\ \text{J}}{\text{m}^2/\text{s}}(10^{-4}\ \text{m}^2)(1\ \text{s}) = 0.1\ \text{J}$$

이다. 따라서 광자의 개수 N은

$$N = \frac{0.1\ \text{J}}{1.6 \times 10^{-19}\ \text{J/photon}} = 6.25 \times 10^{17}\ \text{photons}$$

이다. 이와 같이 광자의 수가 대단히 많기 때문에 일반적으로 빛에 대한 양자적 특성(빛을 광자로 보는 견해)은 거의 나타나지 않는다.

22장 연습문제

22.1 보통의 전구는 필라멘트로부터 10^{-8}초의 시간 폭을 갖는 빛을 방출한다. 이러한 빛의 공간적인 길이는 얼마인가?

22.2 지구로부터 가장 가까운 별은 켄타우루스(Centaurus, 센토러스) 자리의 프록시마라는 별로 4.2광년 떨어져 있다. 여기서 광년은 빛이 1년 동안 진행한 거리를 말한다. 지구에서 이 별까지의 거리를 미터로 계산하라.

22.3 (a) 한 FM 방송국이 90.5 MHz로 방송한다. 이 파의 파장은 얼마인가?
(b) 라디오의 AM 방송 채널 주파수(진동수)의 1550은 파장으로 얼마인가?

22.4 평면 전자기파의 전기장이 $E_x = E_0\cos(kz + \omega t)$, $E_y = E_z = 0$으로 주어졌다.

(a) **B**의 크기와 방향을 구하라.
(b) 파의 진행 방향을 결정하라.

22.5 한 전자기파의 자기장은 rms 값으로 2.50×10^{-9} T의 크기를 갖는다. 이 파에 의해 초당 1제곱미터의 면을 통하여 전달되는 에너지의 양을 계산하라.

22.6 태양에서 방출되는 에너지에 의해 지구 대기권 상층부에는 1350 W/m^{2}의 율로 에너지가 도달한다. 태양에서 방출되는 평균 일률을 계산해 보라.

22.7 100 W의 전구에서 10 m 떨어진 곳의 E_0와 B_0를 구하라. 단, 전구는 모든 방향으로 균일하게 단일 진동수로 전자기파를 방출한다고 가정한다.

22.8 1.8 m 길이의 FM 안테나가 전자기파의 전기장에 평행하게 맞추어져 있다. 안테나 양끝 사이의 rms 전압을 1.0 mV로 맞추려고 한다.

(a) 전기장의 세기를 구하라.
(b) 단위 면적당 흐르는 에너지의 율을 구하라.

22.9 태양광선이 지구에 도달할 때 포인팅 벡터의 크기, 즉 복사조도는 $I = 1350$ J/s·m^{2}이다. 이 빛을 전자기파라 가정하여 전기장과 자기장의 최대값을 구하라.

22장 연습문제 해답

22.1 3 m.

22.2 4.0×10^{16} m.

22.3 (a) 3.31 m. (b) 194 m.

22.4 (a) $\dfrac{E_0}{c}$, y방향.

22.5 1.49×10^{-3} J/s • m^2.

22.6 3.82×10^{26} W.

22.7 7.75 V/m, 2.58×10^{-8} T.

22.8 (a) 7.9×10^{-4} V/m. (b) 8.2×10^{-10} W/m^2.

22.9 $I = S_{av} = \frac{1}{2} c\epsilon_0 E_0^2$ 에서 최대 전기장은

$$E_0 = \sqrt{\frac{2I}{c\epsilon_0}} = \sqrt{\frac{2(1350\ \mathrm{J/s \cdot m^2})}{(3.0 \times 10^8\ \mathrm{m/s})(8.85 \times 10^{-12}\ \mathrm{C^2/N \cdot m^2})}} = 1.01 \times 10^3\ \mathrm{V/m}$$

이다. 자기장의 값은

$$B_0 = \frac{E_0}{c} = \frac{1.01 \times 10^3\ \mathrm{V/m}}{3.0 \times 10^8\ \mathrm{m/s}} = 3.4 \times 10^{-6}\ \mathrm{T}$$

이다.

제 5 부

빛과 광학

배움을 권하는 시

소년은 늙기가 쉽고 배움은 이루기가 어렵나니
짧은 시간이라도 헛되이 보내지 말라.
연못가의 봄풀은 꿈을 채 깨닫지도 못하였는데
뜰 앞 오동나무 잎은 벌써 가을 소리를 내누나.

– 주자 –

勸學詩

少年以老學難成
一寸光陰不可輕
未覺池塘春草夢
階前梧葉已秋聲

– 朱熹(子) –

빛의 성질 23

이제 전자기파 중 **가시광선**에 해당하는 **빛**의 성질을 논하기로 한다. 현대물리학이 탄생하기 전에는 빛이 파동인가 아니면 입자인가라는 이중성에 대해 많은 논란이 있었다. 결국 빛은 관찰 목적에 따라 파동성과 입자성이 독립적으로 나타나며 본질적으로 두 가지 성질을 모두 갖고 있는 것으로 판명되었다. 우리는 이미 7장에서 수소 원자를 접하면서 빛은 원자로부터 발생한다는 사실을 배운 바 있다. 이때 빛에너지는 광자라고 하는 입자적 성질로부터 나왔고, 이러한 에너지는 다시 광자의 파장과 진동수로 나타낼 수 있었다. 이러한 빛의 양자적이며 입자적인 성질을 나타내는 대표적인 것이 7장에서 다루었던 광전 효과이다. 빛의 파동적 성질은 다양하게 나타나는데, 대표적인 것이 간섭 현상과 편광 현상이다. 이 장에서는 이러한 빛의 성질 중 파동의 모습을 자세히 들여다볼 것이다. 특히 파동적인 성질을 기술하기 위한 수학적 모형을 소개하고 이를 기반으로 간섭과 편광에 대해 자세히 알아본다.

학습 내용

- 조화파(harmonic wave): 파동의 형태가 사인(sine) 또는 코사인(cosine) 곡선으로 주어지는 파.

$$y(x,t) = f(x - vt) = A\sin(kx - vt)$$

- 파장(wave length): $\lambda = \dfrac{2\pi}{k}$, $y(x,t) = y(x \pm \lambda, t)$.
- 파수(wave number): $k = \dfrac{2\pi}{\lambda}$.
- 주기(period): $T = \dfrac{\lambda}{v}$, $y(x,t) = y(x, t \pm T)$.
- 진동수(frequency): $f = \dfrac{1}{T}$ cycles/s (또는 Hertz; Hz).
- 각진동수(angular frequency): $\omega = \dfrac{2\pi}{T}$ radians/s.
- 간섭(interference): 보강간섭, 소멸간섭.

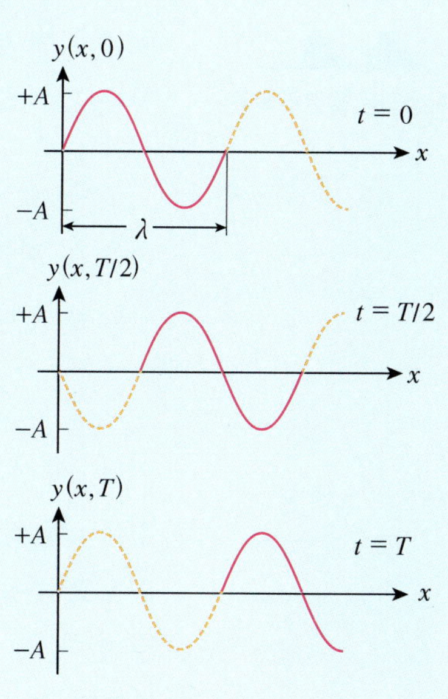

• 편광(polarization): 빛은 진동하기 가장 어려운 방향과 가장 쉬운 방향으로 선택하여 진행한다.

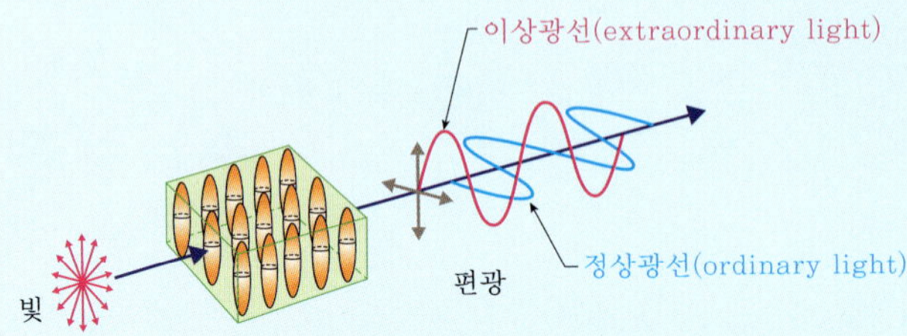

• 복굴절(birefringence, double refraction): 액정 디스플레이(LCD)의 원리.

23.1 파동운동과 조화파

파동운동은 일상생활에서 매우 친근하게 접하게 된다. 소리는 물론 줄을 따라 이동하는 펄스, 호수에 만들어지는 잔물결, 태양에서 나오는 빛 등이 모두 파동 현상들이다. 이러한 진행파의 현상은 수학적 표현으로 간단하게 나타낼 수 있다.

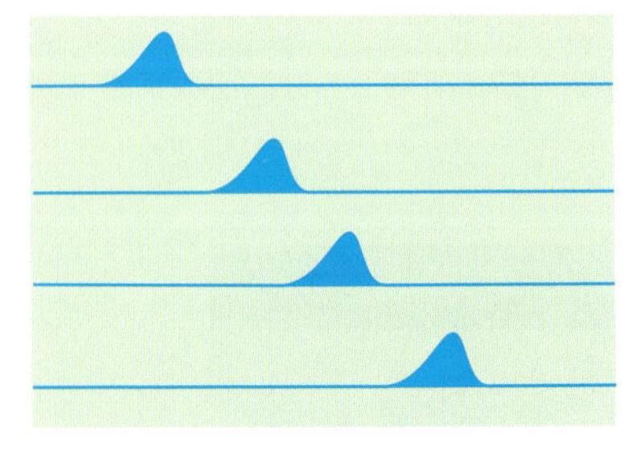
그림 23.1 호수 위에 파생되는 물결의 파동.

일정한 속력으로 진행하는 진행파의 분포를 y라고 표기하자. 이러한 파의 분포는 그림 23.1과 같이 호수나 바다 위의 물결파에서 쉽게 접할 수 있다. 특히 앞에서 배운 전자기파(electromagnetic waves)의 전기장(electric field)과 자기장(magnetic field)이 대표적인 사례라고 할 수 있다.

이제 이러한 파가 어떻게 진행되고 어떠한 수학식으로 표현될 수 있는지 그림 23.1을 보면서 구체적으로 파악해 보자. 이 파에 대한 모습은 다음과 같은 임의의 함수로 주어질 수 있다.

$$y = f(x, t) \tag{23.1}$$

처음 이 파를 관측한 시점을 $t = 0$이라 하면 이 파의 분포는 시간을 상수로 놓으면 구할 수 있다. 즉

$$y_{t=0} = f(x, 0) = f(x) \tag{23.2}$$

이다. 식 (23.1)은 그 순간에 있어서 파동의 모양이나 형태를 나타낸다. 예를 들면 상수 a를 갖는 가우스 함수 $f(x) = e^{-x^2}$는 종 모양의 형태를 갖는 수학적 표현이다. 앞으로 파동은 파동이 공간을 이동하면서 그 모양이 변하지 않는 경우만을 다루기로 한다.

그림 23.2는 시간 간격이 t인 가우스 형태의 파 분포를 이중 촬영한 모습을 나타

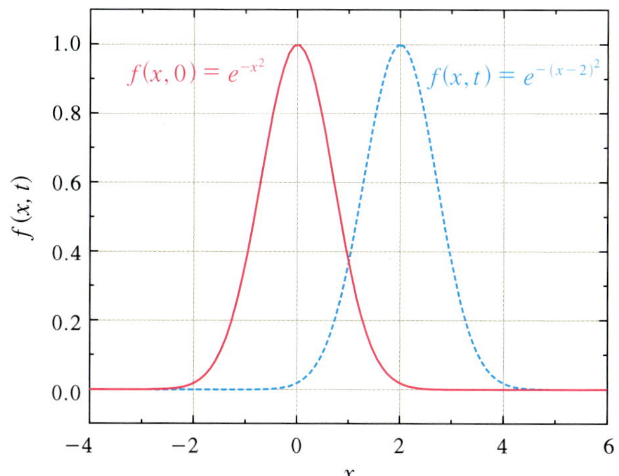

그림 23.2 파동의 이동. 가우스 함수로 표현되는 파가 시간 $t = 0$에서 $t = 2/v$ 동안에 이동한 모습이다.

낸다. 펄스가 x축을 따라 vt만큼 이동한 모습으로 모양은 변하지 않았다. 처음 $t = 0$에 위치한 파동은 시간이 $t = x/v$일 때 $x = 2$인 곳으로 이동하였다. 그리고 그 순간에서의 파동의 모습은

$$f(x,t) = e^{-(x-vt)^2} \tag{23.3}$$

이다. 그림에서는 $vt = 2$인 경우이다. 일반적으로 시간에 따라 이동하는 파의 표현은

$$y(x,t) = f(x - vt) \tag{23.4}$$

로 주어진다. 이 경우 x축의 양의 방향으로 속력 v로 이동하는 파를 나타낸다. x축의 음의 방향으로 v의 속력으로 이동하는 파의 모습은

$$y(x,t) = f(x + vt) \tag{23.5}$$

로 주어진다.

조화파

파동의 형태가 사인(sine) 또는 코사인(cosine) 곡선으로 주어지는 파동을 삼각함수파, 단순조화파 또는 조화파(harmonic wave)라 한다. 우리는 이미 여러 번에 걸쳐 이러한 형태의 조화 진동의 운동을 다룬 바 있다.

모든 파동은 조화파의 중첩으로 표현될 수 있다.

파동의 분포가 다음과 같이 간단한 사인 함수인 경우를 살펴보자. 그림 23.3을 보기 바란다.

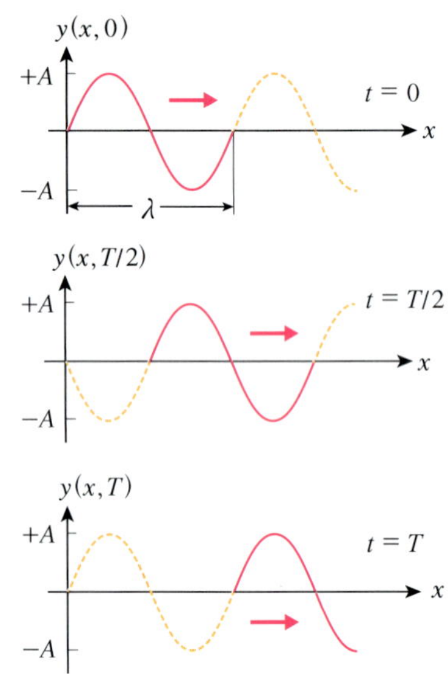

그림 23.3 한 주기 동안의 파동의 이동 모습. 주기함수를 갖는 조화파의 이동 모습이다. 한 주기(T) 동안에 이동한 모습은 원래의 모습과 같다. 이러한 운동 모습은 자연의 질서와 그에 따른 법칙을 들여다볼 때 자주 접한 바 있다.

$$y_{t=0} = y(x) = A\sin kx = f(x) \tag{23.6}$$

k는 이미 배운 바 있지만, 파수(wave number)라고 하며 종종 **전파상수**라 부르기도 한다. 여기서 kx 단위는 라디안(radian)으로 주어진다. 위 식을 속력 v로 양의 x방향으로 진행하는 진행파로 표현하면 다음과 같다.

$$y(x,t) = A\sin(kx - vt) = f(x - vt) \tag{23.7}$$

x 또는 t를 고정시키면 삼각함수 꼴의 분포를 가지므로 이 파동도 공간과 시간에 대해 주기적이다. 우리는 공간주기(spatial period)를 파장(wave length)이라 했으며 보통 λ로 표기하였다.

위치 x가 λ만큼 증가하거나 감소해 파동의 모양은 같다. 따라서 다음과 같이 쓸 수 있다.

$$y(x,t) = y(x \pm \lambda, t) \tag{23.8}$$

사인 함수(코사인 함수)인 경우 $\pm 2\pi$ 변한 것과 같으므로

$$k\lambda = 2\pi$$

이다. 따라서

$$k = \frac{2\pi}{\lambda} \tag{23.9}$$

인 관계를 얻는다.

이번에는 시간주기(temporal period)를 구해 보자. 보통 시간주기는 T로 표기한다. 이러한 시간주기는 1개의 파동이 정지한 관찰자를 지나가는 데 걸린 시간이다. 파동은 시간적으로 반복되므로

$$y(x,t) = y(x, t \pm T)$$

이고,

$$\sin k(x - vt) = \sin k[x - v(t \pm T)] = \sin[k(x - vt) \pm 2\pi]$$

이다. 따라서

$$kvT = 2\pi$$

이다. 또한

$$\frac{2\pi}{\lambda} vT = 2\pi$$

이므로

$$T = \frac{\lambda}{v} \tag{23.10}$$

를 얻는다. 즉 주기는 단위 파동당 걸린 시간이다. 그리고 주기의 역수를 진동수(frequency)라 하며 보통 f로 표기한다. 따라서 진동수는

$$f = \frac{1}{T} \text{ cycles/s (또는 Hertz; Hz)} \tag{23.11}$$

이다. 파의 속력은 다음과 같이 주어진다.

$$v = \lambda f$$

주기에 있어 위치의 전파상수(파수) k와 대비되는 양이 **각진동수**(angular frequency)인데 다음과 같이 주어진다.

$$\omega = \frac{2\pi}{T} \text{ radians/s} \tag{23.12}$$

전자기파에서 이미 다룬 바 있듯이 전파상수와 각진동수에 의한 조화파는 다음과 같이 주어진다.

$$y(x,t) = A\sin(kx \mp \omega t) \tag{23.13}$$

조화파의 중첩과 파동의 간섭

다음과 같은 조화파를 고려하자.

$$y_1 = A\sin(kx - \omega t)$$

여기서 사인 함수의 변수 전체를 파동의 위상(phase)이라 하며 θ로 표기하자. 즉 $\theta = kx - \omega t$이다. 그러면

$$y_1 = A\sin\theta$$

가 된다. 그리고 다음과 같이 표현되는 두 번째 파를 고려하자.

$$y_2 = A\sin(\theta - \delta)$$

여기서 δ를 초기 위상(initial phase)이라 부른다. 이렇게 2개의 조화파가 존재하면 다양한 형태로 변하게 된다. 이제 2개의 파를 합성해 보자. 두 파의 합성파는 다음과 같이 주어진다.

$$y_1 + y_2 = A\sin(kx - \omega t) + A\sin(kx - \omega t - \delta)$$

그리고 위상을 구별하기 위해 $\theta_1 = kx - \omega t$, $\theta_2 = kx - \omega t - \delta$라 두면

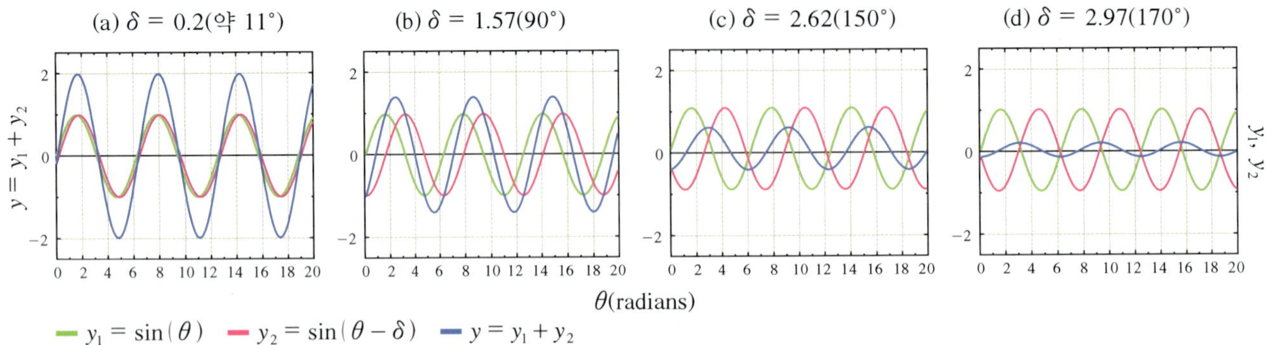

그림 23.4 두 조화파의 합성과 간섭 현상. 두 조화파의 위상차가 아주 작으면 보강간섭이 일어나고(a), 위상차가 크면 소멸간섭이 일어난다(d).

$$y_1 + y_2 = A\sin\theta_1 + A\sin\theta_2$$

가 된다. 삼각함수의 덧셈공식을 쓰면, 즉

$$\sin\theta_1 + \sin\theta_2 = 2\cos\frac{1}{2}(\theta_1 - \theta_2)\sin\frac{1}{2}(\theta_1 + \theta_2)$$

로부터

$$y_1 + y_2 = 2A\cos\left(\frac{1}{2}\delta\right)\sin\left(\theta_1 - \frac{1}{2}\delta\right) \tag{23.14}$$

가 된다. 동일한 파수와 동일한 진동수를 갖는 조화파의 중첩은 같은 파수와 같은 진동수를 갖는 조화파가 된다는 것을 알 수 있다. 다만 합성파는 원래의 파동과 위상차가 다르고 진폭은 $2A\cos\frac{\delta}{2}$이다. 같거나 거의 같은 진동수를 갖는 2개 이상의 파가 중첩되어 만들어지는 파의 무늬를 **간섭**(interference)이라 한다. 두 파동이 같은 위상을 가지면 $\delta = 0$, $\cos 0 = 1$이고, 따라서 진폭은 원래 진폭의 2배가 된다. 이를 **보강간섭**(constructive interference)이라 부른다. 반면에 위상차가 180° 다르면 $\delta = \pi$, $\cos\frac{\pi}{2} = 0$이 되어 진폭은 0이 된다. 이러한 간섭을 **소멸간섭**(destructive interference)이라 한다. 그림 23.4는 위상차를 갖는 2개의 조화파와 그 합성파들을 위상차별로 나타낸 것이다. 위상차가 작을수록 합성파의 진폭이 크고 위상차가 클수록 합성파의 진폭이 작아지는 현상을 볼 수 있다.

23.2 빛의 간섭

빛의 간섭은 사인이나 코사인 형태로 나타나는 2개의 조화파가 만났을 때 발생할 수 있다는 것을 알았다. 이러한 간섭 현상은 다양한 파장으로 이루어진 백색광이 아니라 단일 파장을 갖는 단색광(monochromatic light)에 의해 발생한다. 우리는 차를 타고 가다가 가끔 교통표시판이 녹색이나 흰색이 아니라 노란색으로 보이는 경우를 경험한다. 그 이유를 살펴보자.

그림 23.5(a)는 교통표시판에 가시광선이 입사하여 특정 파장에 해당하는 광선이 페인트 표면과 페인트 속 표시판에서 반사되는 현상을 보여주고 있다. 이때 표면에서 반사되는 빛과 속에서 반사되어 나오는 빛의 이동 거리는 다르며, 그림에서 보듯이 2차 반사파가 $2d$만큼 더 이동한다. 이와 같은 이동 경로의 차이를 경로차(path length difference)라 한다. 이러한 1차와 2차 반사파가 서로 중첩되면 간섭을 일으키게 된다. 파의 모양이 서로 같으면, 즉 위상차가 없으면 파는 증폭되어 나타나고 이를 보강간섭(constructive interference)이라 부른다. 반면에 파의 마루와 골이 서로 엇갈리면, 즉 위상차가 180°이면 파가 사라지며 이를 소멸간섭(destructive interference)이라 한다.

그림 23.5를 자세히 들여다보자. 매질의 두께를 t라 하면 $t = d\cos\theta_2$이다. 여기서 θ_2는 굴절각이다. 매질 속에서의 두 파의 경로차는 $2d$이므로 결국 경로차는

$$2d = \frac{2t}{\cos\theta_2} \tag{23.15}$$

이다. 이러한 경로차가 매질 내에서의 빛의 파장과 정수배 혹은 반정수배가 되면 간섭이 일어난다. 그런데 매질2에서의 파장은 $\lambda_2 = \frac{n_1}{n_2}\lambda_1$ 이므로 보강간섭과 소멸간

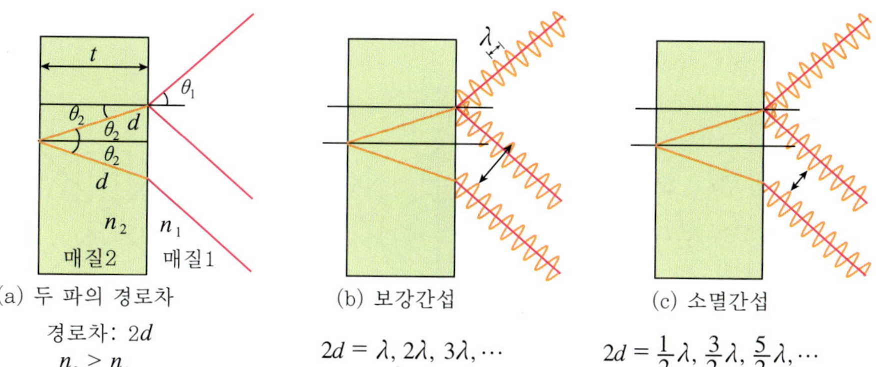

그림 23.5 빛의 간섭. 1차 반사파와 2차 반사파와는 $2d$의 경로차가 존재한다. 경로차가 빛의 파장과 정수배가 된다면 보강간섭이 일어나고, 경로차가 파장의 반정수배가 된다면 소멸간섭이 일어난다.

$$2d = \frac{2t}{\cos\theta_2}$$

섭의 조건은 다음과 같다.

$$2d = (m+1)\frac{n_1}{n_2}\lambda_1, \quad m = 0, 1, 2, 3, \cdots : \text{보강간섭} \tag{23.16}$$

$$2d = \left(m+\frac{1}{2}\right)\frac{n_1}{n_2}\lambda_1, \quad m = 0, 1, 2, 3, \cdots : \text{소멸간섭} \tag{23.17}$$

이중 슬릿 간섭

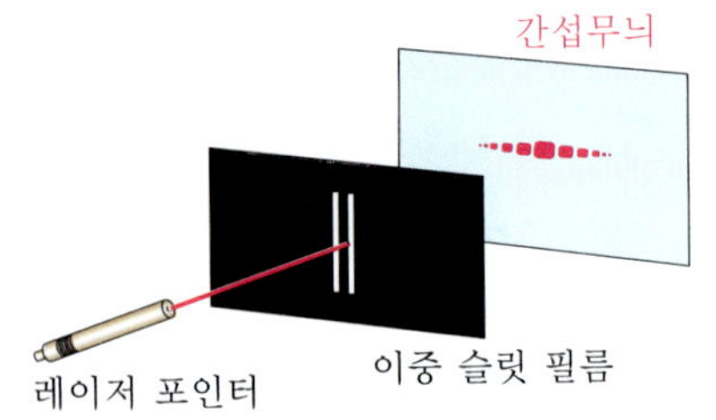

그림 23.6 이중 슬릿 간섭무늬.

여러분은 레이저 포인터를 가지고 그림 23.6과 같은 실험을 할 수 있다. 준비할 물건은 레이저 포인터와 조그만 검은색 필름이다. 필름에 면도칼로 가느다란 격자(slit) 2개를 만든다. 이러한 2개의 슬릿에 포인터의 레이저를 비추면 그림에서 보는 것과 비슷한 무늬를 볼 수 있을 것이다.

이러한 간섭무늬는 빛과 같은 파동의 회절과 간섭에 의해 만들어진다. 소리가 조그만 문틈 새로 전달되거나 빛이 조그만 구멍을 통하여 전달되는 경우가 회절에 속한다. 그림 23.7에서 다양한 회절 현상을 볼 수 있을 것이다.

단일 슬릿은 물론 조그만 입자에 의한 회절은 대체로 원형으로 퍼져나가는데 이를 **구면파**(spherical waves)라 부른다. 여기서는 단일 슬릿과 입자에 의한 회절과 이에 따른 간섭 현상은 다루지 않기로 한다. 이제 이중 슬릿에 의한 간섭 현상을 분석해 보기로 하자.

그림 23.8은 그림 23.6의 기하학적 분석을 위한 그림이다. 두 광원이 간섭성을 가지기 위해서는 같은 진동수를 갖고 위상차가 일정해야 한다. 레이저가 발사되는 곳으로부터 슬릿 S_1과 S_2까지의 거리는 서로 같으며 위상 역시 같다. 그리고 S_1과 S_2로부터 스크린의 중앙점 C까지의 거리는 같고 두 광원의 위상 역시 같다.

빛(가시광선)은 전자기파의 일종이며 조화파로 나타낼 수 있고, 전기 및 자기장에 대한 중첩 원리가 적용된다. 우리는 이러한 2개의 파가 어떻게 합성되며 간섭 현상이 어떻게 수학적으로 표시되는지도 살펴보았다. 이제 스크린 상의 임의 점 P에

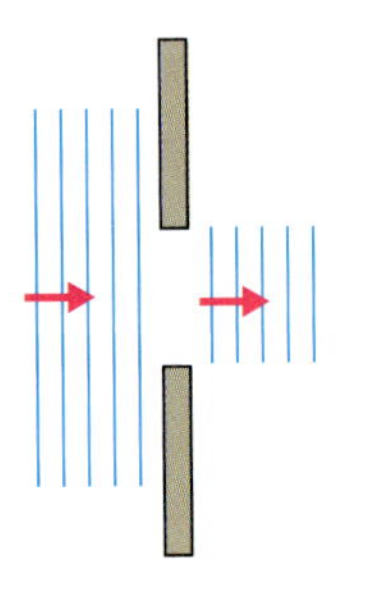

(a) 통과되는 슬릿 간격이 크면 회절은 일어나지 않는다.

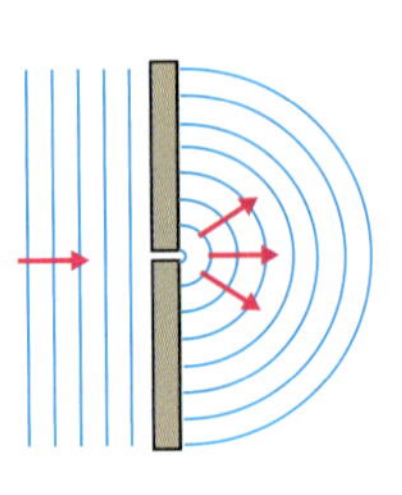

(b) 단일 슬릿에 의한 회절

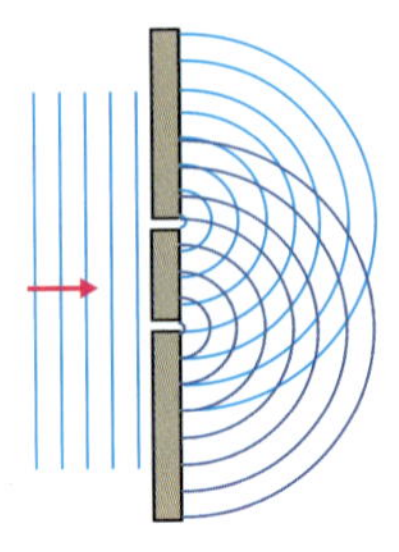

(c) 이중슬릿에 의한 회절

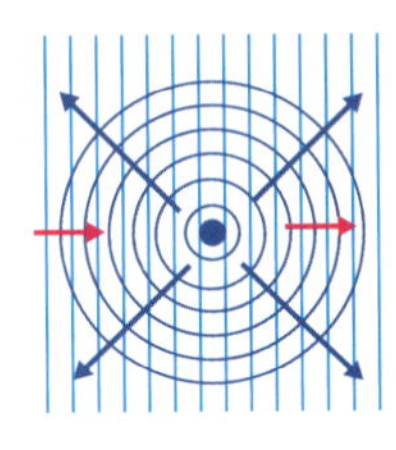

(d) 입자에 의한 회절

그림 23.7 빛의 회절. 빛(전자기파)이나 음파는 파장과 비교되는 틈을 통과할 때 회절을 일으킨다.

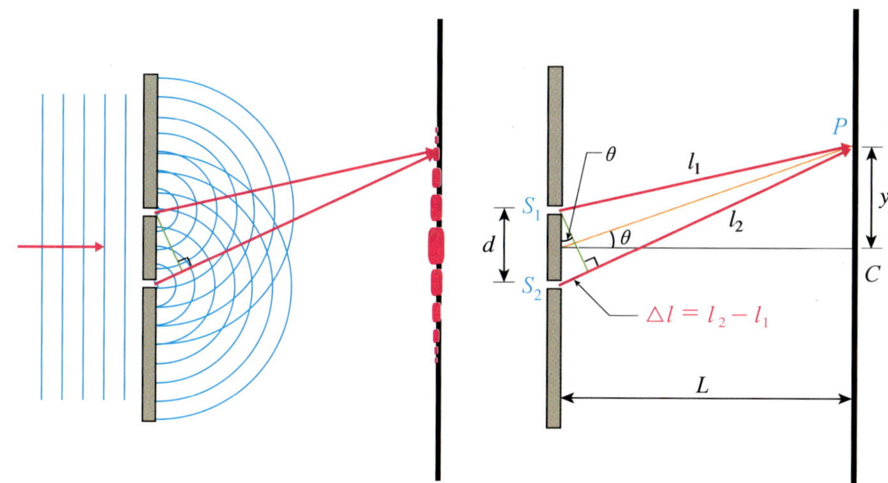

그림 23.8 이중 슬릿 간섭. 그림 23.6에 대한 기하학적 분석이다. 이러한 분석은 모든 파동에 공통적으로 적용된다.

서의 파동의 중첩을 논해 보자. 슬릿과 스크린 사이의 거리 L은 슬릿 간격 d에 비해 월등히 길기 때문에($L \gg d$) 두 파의 경로차 Δl은 $d\sin\theta$와 같다고 볼 수 있다. 이와 같은 경로차가 광원의 파장이나 정수배만큼 된다면 점 P에서의 두 광파의 위상은 같다고 볼 수 있다. 이러한 결과가 광선이 더욱 밝게 보이는 보강간섭 조건에 해당한다.

$$\Delta l = d\sin\theta = m\lambda, \quad m = 0, 1, 2, 3, \cdots \tag{23.18}$$

소멸간섭은 물론 경로차가 반파장의 정수배일 때 발생한다.

$$\Delta l = d\sin\theta = \left(m + \frac{1}{2}\right)\lambda, \quad m = 0, 1, 2, 3, \cdots \tag{23.19}$$

간섭무늬의 한 점인 점 P와 스크린 중앙과의 거리를 y라 하면

$$y = L\tan\theta \tag{23.20}$$

이다. $L \gg d$이기 때문에 $\tan\theta \approx \sin\theta$인 관계가 성립하므로

$$y = L\sin\theta \tag{23.21}$$

라고 할 수 있다. 따라서 P가 m 번째 밝은 무늬의 중앙이라면 식 (23.18)과 (23.21)로부터 다음과 같은 관계식을 얻는다.

$$y_m = \frac{mL\lambda}{d} \tag{23.22}$$

혹은

$$\lambda = \frac{y_m d}{mL} \tag{23.23}$$

이다.

이제 그림 23.8과 같은 이중 슬릿 실험에서 중앙의 밝은 무늬($m = 0$)와 다음의 밝은 무늬($m = 1$) 사이의 간격이 6.5 mm로 측정되었다고 하자. 만약 $d = 0.2$ mm, $L = 2$ m라고 하면 실험에 사용된 레이저의 파장은

$$\lambda = \frac{y_1 d}{mL} = \frac{(0.2 \times 10^{-3}\ \text{m})(6.5 \times 10^{-3}\ \text{m})}{(1)(2.0\ \text{m})} = 6.5 \times 10^{-7}\ \text{m} = 650\ \text{nm}$$

라는 것을 알 수 있다. 이는 빨간색에 해당한다.

23.3 빛의 편광(Polarization)

빛은 진동하기 가장 어려운 방향과 가장 쉬운 방향으로 선택하여 진행한다.

이번에는 빛의 전자기파적인 성질에 의해 극명하게 나타나는 편광에 대하여 알아보자. 빛은 전자기파이고 진행 방향에 대해 전기장 혹은 자기장은 수직 방향을 이루는 횡파에 속한다고 배웠다. 이번에도 우리는 빛이 진행할 때 전기장의 모습만 고려하기로 한다. 빛의 진행 방향에 수직인 면에 나타나는 전기장의 크기는 어느 한 방향만을 향하지는 않는다.

전기장의 방향은 그림 23.9와 같이 전기장의 크기가 나타나는 면(여기서는 면)에 대해 균일하게 분포되어 있다. 즉 어느 한 방향으로 고정되어 있지 않다. 이러한 빛을 자연광이라 부른다. 그리고 이러한 균일한 분포가 상황에 따라 어느 한 방향으로 쏠리게 될 때 편광되었다(polarized)고 하고, 이러한 현상을 편광(polarization)이라

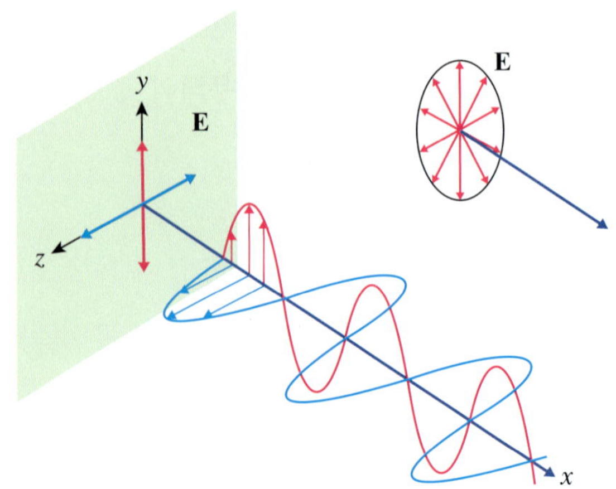

그림 23.9 자연광. 자연광(natural light)을 비편광(unpolarized light)이라 부른다. 이러한 자연광의 전기장은 진행 방향의 수직인 면에 대하여 임의의 방향을 향한다. 우리가 일상생활에서 만나는 햇빛은 이러한 자연광의 형태이다.

부른다. 이러한 의미에서 자연광을 비편광(unpolarized light)으로, 편광된 빛을 편광(polarized light)으로 구분하여 부르기도 한다.

복굴절과 편광

이와 같은 편광 현상은 빛의 전기장과 매질 속의 원자나 분자의 전자 분포와의 상호작용과 밀접한 관계를 갖는다. 광학적 성질을 좌우하는 전자들은 원자들 주위의 중립적인 위치에서 탄성적으로 연결되어 있다. 이러한 전자들은 비대칭적인 원자 주변의 환경에 따라 영향을 받게 되며, 그 결과 전자를 연결하는 결합력은 방향에 따라 달라진다. 따라서 입사하는 빛에 의한 전자기파의 조화 전기장에 대해 전자들은 전기장의 방향에 따라 다르게 반응한다. 그림 23.10과 같이 빛이 한 매질을 통과하며 진행하는 경우를 살펴보자. 이 매질은 원자의 분포가 직육면체와 비슷한 단위체로 구성되어 있다. 빛의 전기장은 y–z 평면에 대해 진동하므로 y방향으로 진동하는 전기장이 원자들과 가장 강하게 반응한다. 그 결과 투과된 빛은 전기장의 성분 중 수평 방향으로의 전기장이 선택된 형태로 나온다. 그리고 이러한 수평 방향으로의 성분은 반드시 수직인 성분, 즉 z방향으로의 전기장과 짝을 이루어 나타나는 것으로 알려져 있다. 다시 말해 **빛은 진동하기 가장 어려운 방향과 가장 쉬운 방향으로 선택하여 진행한다.** 이를 이색성(二色性, dichroism)이라 부른다.

그런데 그림 23.10에서 보면 수평 방향의 원자 분포와 수직 방향의 원자 분포의 밀도는 다르다. 수평 방향으로 원자가 더욱 조밀하게 분포되어 있어 이 방향으로의 전기장의 상호작용(진동)이 클 뿐만 아니라 이에 따른 저항도 크게 된다. 따라서 매질을 통과하여 나올 때 수평 방향의 전기장과 수직 방향의 전기장과는 위상차가 발생한다. 이렇게 특수한 매질에 의해 2개의 전기장 성분으로 나눠는 현상을 **복굴절**

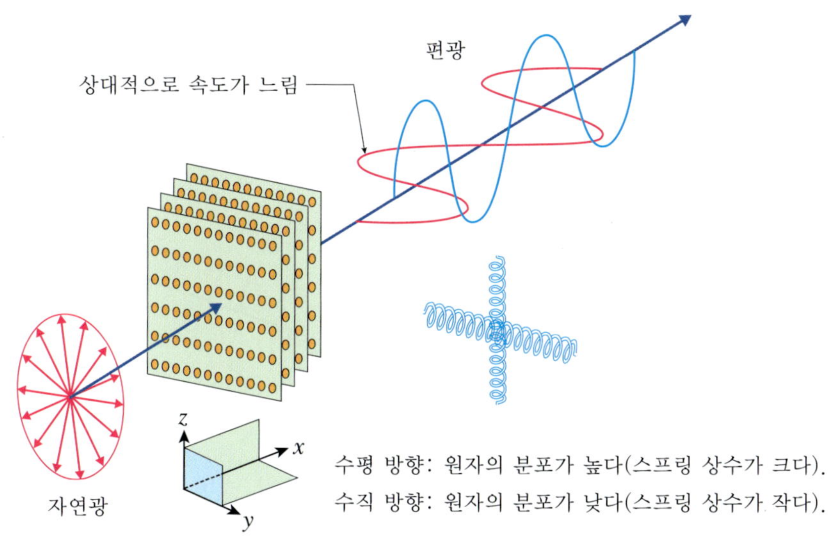

그림 23.10 빛의 편광. 매질의 원자나 분자가 특정 방향으로 분포되어 있으면 이러한 매질을 통과하는 빛은 편광된다. 이때 원자의 분포는 조밀한 수평 방향과 이에 수직인 방향으로 편광된다. 수평 방향으로는 원자의 분포가 높아 빛의 전기장에 의한 상호작용이 크며 따라서 상대적으로 속도가 느려진다. 이러한 결과는 굴절률 차이로 나타난다.

(birefringence, double refraction)이라 부른다. 복굴절을 일으키는 물질로는 방해석과 운모가 유명하다. 그리고 속도가 느린 광을 **이상광선**(extraordinary light)이라 부르고, 상대적으로 속도가 빠른 광을 **정상광선**(ordinary light)이라 구분하여 부르기도 한다. 이러한 복굴절 현상은 액정에서 현저하게 나타난다. 액정 디스플레이에 사용되는 네마틱형 액정이 대표적이다. 보충학습을 참고하기 바란다.

편광기

자연광, 즉 비편광 빛을 편광시켜 주는 필름 재료를 편광판이라 부르고 편광 장치를 편광기(polarizer)라 한다. 빛을 편광시키는 것 중 유명한 것이 폴라로이드(polaroid)라 불리는 편광 필름이다. 그림 23.11을 보라. 이 판은 두 장의 플라스틱으로 구성되는데, 그 사이에 바늘과 같은 형태의 키니네황산요오드(kinine iodosulfate) 결정의 얇은 층이 있다. 이 결정은 일렬로 배열되어 있으며 한 편광면을 가진 빛만을 투과시킨다. 편광 필름은 위에서 설명한 복굴절 현상에 있어 이상광선이 매질을 통과하면서 완전히 흡수되도록 고안되어 있다. 이렇게 한 방향으로만 강하게 흡수하는 성질을 흡수이색성이라 부른다. 편광 필름은 보통 폴리비닐알콜로 만드는데, 폴리비닐알콜은 기다란 탄소 사슬(chain)에 1개의 알콜기(OH 기)가 붙어 있는 유기성 물질이다. 탄소의 사슬은 상당히 길며 따라서 고분자에 속한다. 이러한 폴리비닐알콜의 막을 기계적으로 한 방향으로 잡아당기면 곡선인 탄소 사슬이 마치 스프링과 같이 나선 방향으로 배열된다. 여기에다 흡수율이 높은 요오드(I, iodine) 등을 첨가한다. 이렇게 되면 나선(helical) 방향으로 진동하는 빛만이 강하게 흡수되는데, 경사지게 입사하는 빛인 경우에도 수평 방향의 성분만 흡수된다. 이때 필름의 두께를 적당히 조절하면 한 방향의 진동광은 완전히 흡수되고 이와는 다른 방향의 진동편광만이 통과된다. 이러한 파를 선형편광(linearly polarized light)이라 부른다.

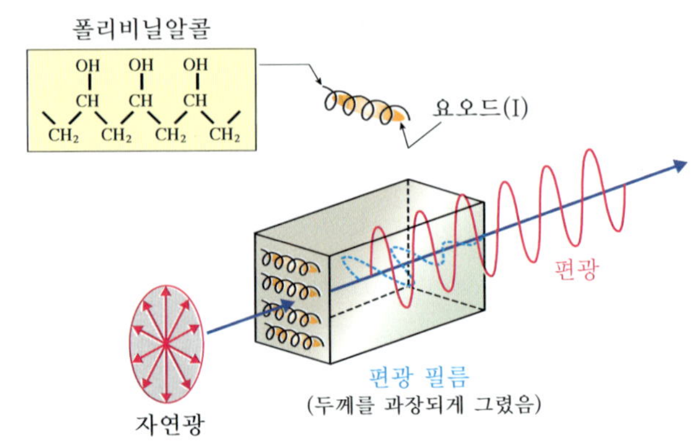

그림 23.11 편광 필름. 수평 성분의 진동파는 완전히 흡수되고 수직 성분만의 파가 통과된다.

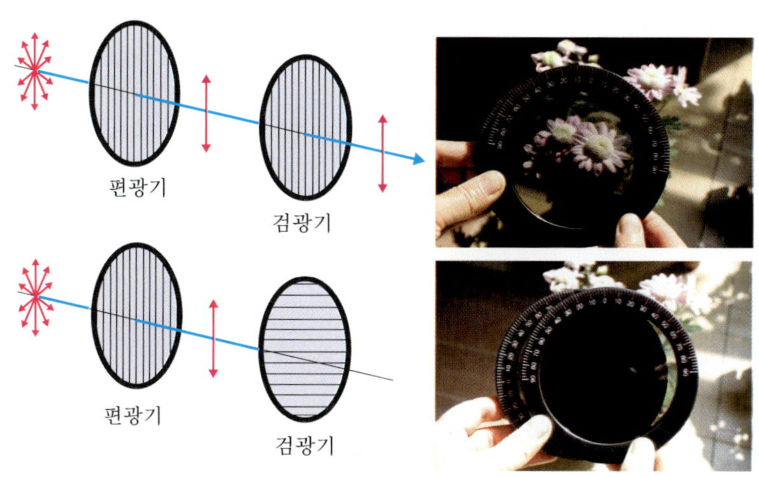

그림 23.12 편광기. 2개의 편광기를 이용한 빛의 편광 실험. 처음 편광기와 같은 방향으로 배열된 검광기는 선형편광된 빛을 통과시킨다. 그러나 두 번째 검광기와 처음 편광기와의 편광 각도가 직각을 이루면 빛은 통과하지 못한다.

이와 같은 편광 필름(혹은 편광판)이 빛의 성질을 분석하는 데 사용될 때 **편광기**(polarizer)라 하는 것이다. 그림 23.12는 편광기 2개를 사용한 빛의 분석 장치 모습이다. 광원에서 가까운 쪽의 것은 1차로 편광시키는 역할을 하여 편광기, 두 번째 것은 편광된 빛을 각도에 따라 분석하는 역할을 하여 분석자 혹은 검광기(analyser)라 부른다.

그림 23.12는 이와 같은 편광 분석 실험을 위한 2개의 편광판 배치와 이에 따른 실제 사진을 보여준다. 편광기와 검광기가 같은 방향으로 배열되어 한 방향으로 선형편광된 빛이 투과되는 모습과 직각으로 배열되어 빛이 투과하지 못하는 모습을 보여주고 있다.

이제 검광기의 편광축과 편광기의 편광축이 각도를 가질 때 최종 빛의 세기가 어떻게 되는지 알아보기로 하자. 우선 우리는 다음과 같은 의문을 가지게 된다.

비편광 빛의 처음 세기와 편광기를 지났을 때 편광된 빛의 세기는 같을까?

당연히 달라야 한다. 왜냐하면 비편광 빛의 전기장과 편광된 빛의 전기장 세기가 다르기 때문이다. 비편광이 처음 편광기에 입사하면 전기장의 방향은 편광기에 대하여 시간에 따라 편광 축과의 각도는 수시로 변한다. 결국 전기장의 각 위치는 평균적으로 0°와 90° 사이인 45°가 된다. 입사광의 전기장 세기를 E라 하고 전기장이 편광 축과 θ의 각도를 이루고 있다고 하자. 그러면 편광 축에 평행한 전기장의 세기는 $E_{\parallel} = E\cos\theta$이고, 수직인 전기장의 세기는 $E_{\perp} = E\sin\theta$이다. 그러나 편광기는 수직 성분은 흡수하고 수평 성분만 통과시킨다. 빛의 세기는 이미 배운 바와 같이 전기장의 제곱에 비례하므로

$$I = I_0 \cos^2\theta \qquad (23.24)$$

가 된다. 여기서 I_0는 편광기에 입사하는 처음 빛의 세기이다. 그러면 비편광 빛이

처음 편광기를 통과할 때 그 세기는

$$I = I_0 \cos^2 45° = \frac{1}{2} I_0$$

가 된다. 식 (23.24)를 프랑스의 과학자 말뤼(E. L. Malus, 1775~1812)의 이름을 따서 말뤼의 법칙이라 부른다.

반사와 편광

편광되지 않은 빛이 공기와 유리 또는 물과의 경계면에서 반사될 때 반사된 반사광은 부분적으로 편광된다. 편광의 정도는 입사각과 두 매질의 굴절률에 의존한다. 특히 반사광이 완전히 편광되는 입사각의 조건이 있는데, 이를 편광각(polarizing angle, θ_p)이라 부른다. 이 조건에서 반사광과 굴절광은 서로 직각을 이룬다. 그리고 편광각을 이 현상을 처음 규명한 브루스터(David Brewster, 1781~1868)의 이름을 따서 브루스터 각이라고 부른다.

그림 23.13에서와 같이 비편광 빛이 반사광이 완전히 편광되는 각도인 편광각으로 들어올 때를 고찰해 보자. 입사광은 비편광이기 때문에 전기장의 진동 방향은 지면에 수직인 방향과 수평한 방향의 성분으로 나눌 수 있다. 반사광인 경우 지면에 수직한 방향, 즉 입사면에 평행한 성분으로 편광된다. 굴절에 대한 스넬의 법칙(24장에서 나온다)은

$$n_1 \sin\theta_p = n_2 \cos\theta_2$$

이다. 편광각의 조건은 반사파의 진행 방향과 굴절파의 진행 방향이 직각을 이루는 경우이다. 따라서

$$\theta_2 = 180° - \theta_p - 90° = 90° - \theta_p$$

이다. 그러면

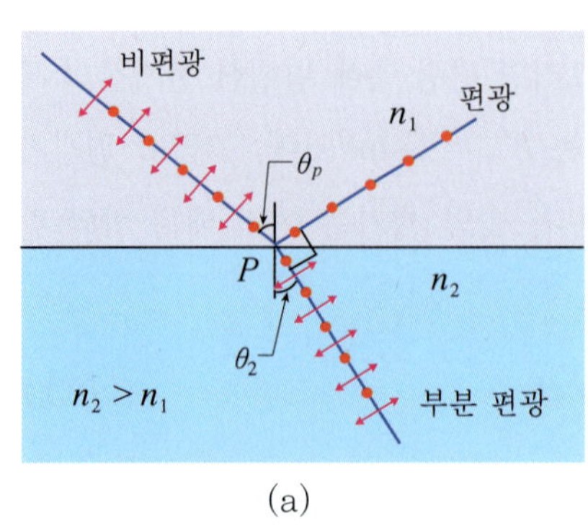

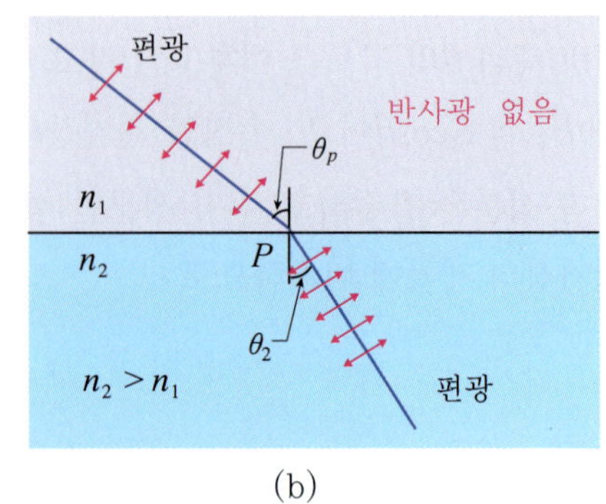

그림 23.13 반사파의 편광.
(a) 비편광이 경계면에서 편광각으로 입사하면 반사광은 완전히 편광된다. 반사광의 전기장은 입사면에 수직이며 반사면에 평행하다. 굴절광은 입사면과 굴절면에 나란한 전기장의 성분으로 부분 편광된다.
(b) 입사광의 전기장이 입사면에 평행하게 진동하는 경우 편광각으로 입사하면 반사하지 않고 굴절만 한다.

$$n_1 \sin\theta_p = n_2 \cos(90^\circ - \theta_p) = n_2 \cos\theta_p$$

가 되어 다음의 결과를 얻는다.

$$\tan\theta_p = \frac{n_2}{n_1} \tag{23.25}$$

반사광은 입사각에 대해 완전히 편광되는 반면에 투과된 굴절광은 입사한 일부만 반사되기 때문에 부분적으로 편광된다. 만약 입사광의 전기장 성분이 입사면에만 편광되어 있는 경우 편광각으로 입사하면 반사되는 빛은 없게 된다. 입사하는 매질에서의 원자나 분자들이 굴절광의 전기장에 의해 진동하게 되면 전기 쌍극자의 진동에너지는 진동 방향으로는 전달되지 않기 때문에 반사광이 생기지 않는 것이다.

[23장 보충학습]

1. 액정 디스플레이(Liquid Crystal Display: LCD)

여기서 다시 한 번 액정 디스프레이의 원리에 대해 알아보자. 디스플레이라 함은 우리가 눈으로 볼 수 있도록 고안된 장치이다. LCD인 경우에는 이미 알아본 바 있지만 액정이 직접 빛을 발하여 구현하는 장치가 아니다. 액정은 빛을 통과시켜 주는 매질의 역할을 할 뿐이다. 따라서 액정에 의해 빛의 세기와 모양을 어떻게 조절하느냐에 의해 LCD 디스플레이가 구현되는 것이다. 여기서 우리는 액정이 복굴절을 일으키는 기막힌 매질임을 보일 것이며, 이러한 복굴절에 의한 편광이 빛의 세기를 조절하는 견인차 역할을 한다는 것을 보일 것이다. 그리고 앞에서 배운 액정의 전기 쌍극자가 결국 편광기의 역할을 한다는 사실을 밝힐 것이다.

네마틱 액정과 복굴절

우리는 앞에서 액정의 네마틱 구조를 배운 바 있다. 그림 23.15에서 보듯이 막대 모양의 네마틱 액정 분자에 분자의 장축과 일치된 방향으로 입사하는 경우를 고려하자. 그러면 이미 살펴본 바와 같이 분자가 나열된 방향(방향자의 방향임)으로 진동하며, 입사하는 비편광인 경우 속도는 느려지고 이상광선으로 편광된다. 반면에 액정 분자의 단축 방향으로 진동하며 입사한 빛은 전자의 밀도가 상대적으로 낮은 관계로 진행하는데, 그만큼 가볍게 느끼게 되며 장축으로 진동할 때에 비해 진행속도가 빠르다. 따라서 상대적으로 굴절률이 작은 정상광선으로 편광된다. 이와 같이 네마틱 액정은 빛을 복굴절시키는 성질을 갖는다.

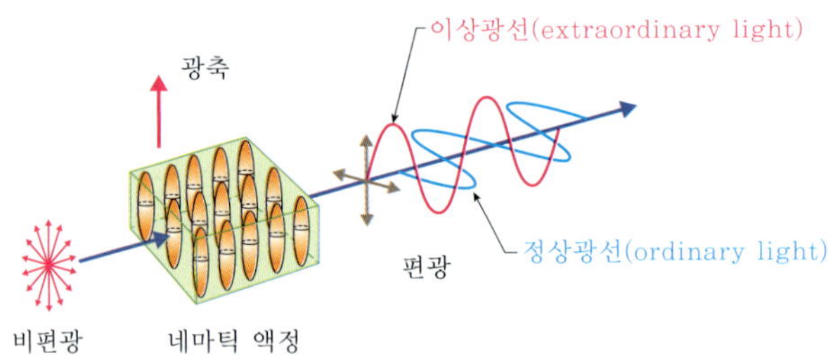

그림 23.15 액정과 복굴절. 네마틱 액정에 의한 복굴절 모습이다. 복굴절에 의해 정상광선과 이상광선으로 편광된다.

이번에는 네마틱 액정 분자의 장축 방향과 빛의 진행 방향이 일치하는 경우를 생각해 보자. 그림 23.16에서 보듯이 분자의 장축으로 빛이 입사할 때는 수직 방향으로 진동하든 수평 방향으로 진동하든 아니면 45° 방향으

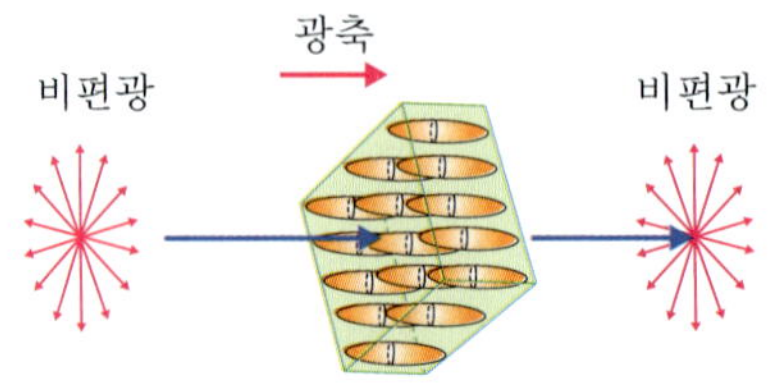

그림 23.16 액정의 비편광 작용. 광축으로 빛이 입사하면 편광은 일어나지 않는다.

로 진동하든 파의 속도나 굴절률에는 아무런 차이가 없다. 왜냐하면 어느 쪽으로 진동하든 분자의 단축 방향 이며 대칭성을 갖기 때문이다. 따라서 투과된 빛은 모두 정상광선이며 편광성은 존재하지 않는다. 이와 같은 이유로 이러한 축을 **광축**(optical axis)이라 부른다. 즉 광축을 따라 입사된 빛은 복굴절이 일어나지 않는다.

비틀림 네마틱형(Twisted Nematic Mode)

15장의 보충학습에서 보았던 그림은 오늘날 사용되고 있는 액정 디스플레이 패널의 구조이다. 액정은 스스로 빛을 발하는 물질이 아니고 투과되는 빛의 양을 조절하는 기능을 맡고 있다는 사실에 주목하자. 따라서 LCD에는 반드시 빛을 발하는 백라이트(back light)가 있어야 한다. 보통의 형광등이라고 생각해도 좋다. 백라이트에 의한 빛은 처음 편광판을 통하여 선형편광이 되고, 이러한 선형편광은 액정의 배열에 따른 편광성에 의하여 진동 방향이 바뀌게 된다. 이렇게 편광된 빛이 2차 편광판(검광기)을 통과하면서 빛의 세기가 조절된다.

액정디스플레이에서 액정의 기본 배열은 비틀림 네마틱(TN) 형태이다. 이러한 TN형은 원래는 비틀림(twist)이 없는 네마틱 액정을 두 판 사이에 90° 비틀어지게 배열하여 판 사이의 액정이 위에서 쳐다보면 회전 형태를 유지하게 만든 형태이다. 이때 액정 분자를 일정한 방향으로 유지시켜 주는 물질을 정렬층(alignment layer)—디스플레이 사회(업체, 대학교 등)에서는 이를 배향막이라 부르는데, 이는 일본식 한자 용어이다. 이렇게 어울리지 않는 일본식 용어를 무분별하게 사용되는 것이 공학 사회에서 다반사로 일어나고 있다—이라 하며 보통 폴리이미드(polyimide)가 쓰인다. 이러한 정렬층을 서로 수직하게(예를 들면 위는 좌우로, 밑은 앞뒤로) 배치하고 네마틱 액정을 주입하면 액정은 정렬층의 영향에 의해 위에서는 좌우 가로 방향으로 배열되고 밑에서는 앞뒤 방향으로 배열된다.

TN형 액정 내에서는 선형편광의 편광축이 회전하는 현상이 일어나는데, 이러한 현상을 회전능(rotatory power)—이 용어 역시 학계에서는 아직도 선광성이라 부르고 있다. 일본식 한자 용어이다—이라고 부른다. 이렇게 액정은 복굴절 성질뿐만 아니라 회전능을 갖고 있다. 앞에서 언급한 바와 같이 TN형의 액정 분자는 상하 90°로 비틀려 정렬되어 있다. 가장 위쪽에 있는 액정 분자의 방향자에 나란하게 입사한 빛은 다음번에 배열된 액정층을 통과할 때는 다음번 액정의 방향자에 나란하게 통과하게 되므로 약간 회전하게 된다. 그다음에 배열된 액정층을 통과할 때는 보다 더 크게 회전하며, 결국 마지막 액정층을 통과할 때는 처음 편광축과 90°만큼 차이 나게 된다. 투과하는 진동 방향은 위에서 보면 원을 이루고 옆에서 보면 용수철처럼 나선을 그리게 되는데 보통 나선형(helical)이라 부른다.

그림 23.17에서 보는 것처럼 이러한 TN형 디스플레이에 전압이 없는 경우 빛이 편광기를 통하여 들어오면 처음 편광기에 의해 선형편광된 빛은 액정의 회전 배열을 따라 가로(좌우) 방향으로 진동하는 모드가 액정층을 완전히 지나게 되면서 앞뒤 방향으로 진동하는 모드의 빛으로 된다. 따라서 두 번째 편광판인 검광기를 투과하게 된다. 반면에 TN 액정셀에 전압을 걸면 전기장에 의하여 액정 분자들은 전기장 방향으로 일정하게 배열하게 되고 나선형 배열 형태는 사라진다. 결국 편광기를 통과한 좌우 진동 모드 빛은 아무런 변화 없이 액정층을 통과하게 되고, 앞뒤 진동 모드의 빛만을 통과시킬 수 있는 검광기에 의해 빛은 차단된다.

이때 이러한 회전형에 있어 피치(스프링과 같은 회전 형태, 즉 나선형에 있어서 360° 회전할 때의 진행 거리)는 다음과 같이 주어진다.

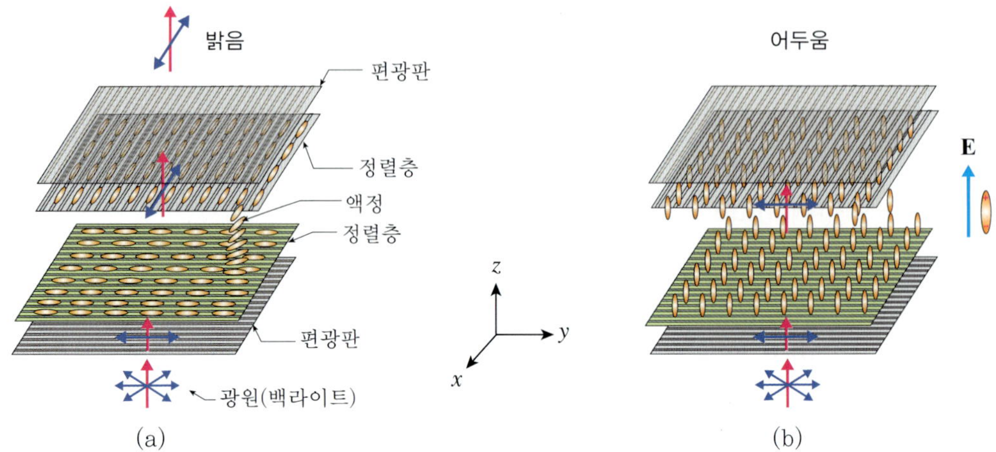

전압이 가해지지 않았을 때는 백라이트에서 나온 비편광이 y방향으로 편광된 후 액정의 장축 방향으로 편광된다. 따라서 최종적으로 x방향으로 편광되어 편광판을 투과한다.

전압이 가해지면 액정들은 전기장의 영향으로 힘을 받아 z축으로 정렬된다. 백라이트에서 나온 비편광은 y방향으로 편광된 후 액정의 광축으로 입사하기 때문에 y방향으로의 편광을 유지한다. 따라서 두 번째 편광판을 투과하지 못한다.

그림 23.17 액정 디스플레이의 동작과 빛의 편광. 액정 분자들은 아래판에서는 y방향으로, 위판에서는 x방향으로 정렬되어 있다. 그 사이의 액정들은 점성에 의해 조금씩 비틀어지며 정렬된다.

$$p = \frac{2\pi}{\phi} d$$

여기서 d는 액정층의 두께, ϕ는 비틀림 각도이다. TN형에서는 90°, 즉 $\pi/2$이다.

그런데 위상차가 발생하려면 피치의 길이가 빛의 파장보다 충분히 커야 한다. 즉

$$\triangle np = \frac{2\pi}{\phi} \triangle nd > \lambda$$

인 조건을 만족해야 한다. 여기서 $\triangle n$은 이상광과 정상광의 굴절률 차이를 말한다. 즉 $\triangle n = n_e - n_o$이다. 만약 위 조건을 만족하지 않으면 빛은 산란을 일으키며 특정 파장인 빛은 반사되기도 한다. 그러면 색이 변하며 시야각에 의해서도 색깔이 다르게 보인다. 보통 TN 액정에서 $\triangle n$ 값은 0.08~0.10, 액정셀 간격 d는 5 μm 정도이다. 그러면 피치는

$$p = 5 \times \frac{2\pi}{\pi/2} = 20\ \mu\text{m}$$

이고,

$$\triangle np = (0.08\text{~}0.1)(20\ \mu\text{m}) = 1.6\text{~}2.0\ \mu\text{m}$$

가 된다. 이 값은 가시광선의 파장 0.38~0.78 μm보다 2.5배에서 5배 정도 큰 값들이므로 위 조건을 만족한다.

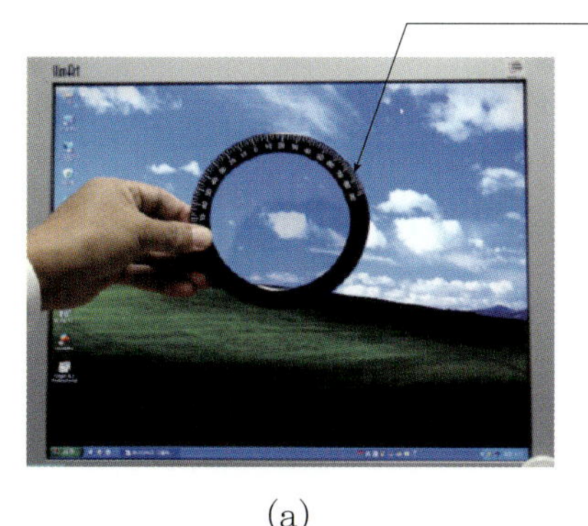

(a)
LCD 편광 빛의 진동 방향이 편광기의 편광축과 일치하면 빛은 통과한다.

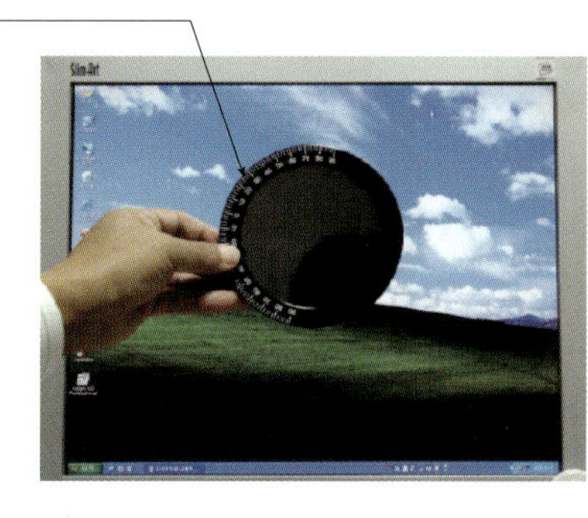

(b)
LCD 편광 빛의 진동 방향이 편광기의 편광축과 90°를 이루면 빛은 통과하지 못한다.

그림23.18 LCD 모니터의 편광 현상.

그림 23.18은 액정 디스플레이 모니터(TFT-LCD)의 빛이 편광이라는 사실을 보여주는 사진이다. LCD에서 나온 편광 빛의 진동 방향이 편광기의 편광축과 일치하면 빛은 통과되고, 90°로 되면 빛이 차단되는 모습을 보여주고 있다.

다음으로 TN형에 있어서의 복굴절 현상에 대하여 알아보자. TN형의 액정층은 최상층 액정으로부터 최하층 액정 간 90°만큼 뒤틀려 있다. 따라서 어떠한 각도로 입사한 빛이라도 입사한 선형편광된 빛에 대해 어느 정도 각도를 갖는 액정이 존재한다. 결국 액정층을 통과한 빛은 정상광과 이상광으로 반드시 나뉘게 되며, 이때 위상차가 발생하고 결국 타원편광이 된다. 그런데 입사한 선형편광이 액정층을 통과하여 마지막으로 위상차가 90°가 되는 경우는 90°만큼 위상차가 있는 선형편광이 된다. 즉 액정들의 방향자를 따라 90° 회전한 선형편광이 된다. 다시 말해 TN 모드의 액정에서는 액정층을 통과하는 이상광과 정상광의 위상차가 90°가 되는 효과가 있다는 것이다. 이러한 복굴절성을 고려한 TN 액정판의 광투과율은 액정의 장축과 단축의 굴절률 차 $\triangle n$과 두께 d와의 곱으로 관계되고 이를 지연성(retardation)이라 부른다. 이와 같이 액정의 굴절이방성과 액정셀의 두께를 조정하고 액정의 회전능 효과를 고려하면 90° 위상차가 나도록 $\triangle nd$를 설계하는 것이 가능하다.

2. 유전체와 분산

우리는 축전기를 배우면서 유전체와 그 성질을 알아본 바 있다. 이러한 유전체와 전자기파 사이에서 일어나는 상호작용은 광학에서 특히 중요하다. 자유공간 내에 유전체(렌즈, 프리즘, 평면 유리판, 박막 필름, 액정 등)를 놓았을 때 빛의 속도(광속)는 다음과 같이 표현된다.

$$v = \frac{1}{\sqrt{\epsilon\mu}}$$

빛은 매질에 따라 전파되는 속도가 다르다. 광속 c는 매질이 없는 진공에서의 값이다. 매질이 있다면 매질을 이루는 원자나 분자들은 물론 전자들과의 상호작용에 의해 당연히 속도가 느려진다. 이때 진공에서의 광속과 매질에서의 광속과의 차이를 굴절률이라 한다. 즉 앞에서 배운 매질의 굴절률은 진공에서의 광속과 매질 내에서의 광속의 비율이다. 따라서

$$n = \frac{v}{c} = \sqrt{\frac{\epsilon\mu}{\epsilon_0\mu_0}}$$

이며, 유전상수(상대유전율) ϵ_r와 상대투자율(relative permeability) μ_r로 표시하면 다음과 같다.

$$n = \sqrt{\epsilon_r\mu_r}$$

그런데 강자성체를 제외하면 대부분의 매질은 자기장과 약하게 상호작용하며, 보통 μ_r은 10^{-2}(1.0034⋯ 등의 의미임) 정도에서 근사적으로 1의 값을 갖는다. 따라서 μ_r을 1로 놓으면 굴절률은 다음과 같다.

$$n = \sqrt{\epsilon_r}$$

여기서 ϵ_r를 정적 유전상수(static dielectric constant)라 부른다. 이러한 굴절률과 유전상수와의 관계는 단순한 기체에는 잘 맞는다. 그러나 문제가 되는 것은 ϵ_r가 입사하는 빛의 진동수에 따라 달라지는 경우로, 우리는 이를 분산(dispersion)이라 한다. 빛의 전파에 있어 굴절과 굴절률에 대한 고전적인 법칙들은 다음 장에서 다루게 된다.

진동수에 따라 굴절률이 변하는 분산은 매질의 원자적 성질 중 진동수의 성질과 밀접하게 연관되어 있다. 유전체에 전기장이 작용하면 유전체 내부 전하 분포는 일그러지며 전기 쌍극자가 형성된다. 이렇게 생긴 전기 쌍극자는 다시 내부 전기장을 변화시키게 된다. 15장에서 이미 살펴보았듯이 이 현상을 분극이라 부른다. 이때 단위 체적당 쌍극자 모멘트를 전기 분극(electric polarization)이라 하며 흔히 **P**로 표시한다. 대부분의 매질에서 **P**와 **E**는 비례하고 다음과 같은 관계를 갖는다.

$$\mathbf{P} = (\epsilon - \epsilon_0)\mathbf{E}$$

전하의 재분포와 이에 따르는 분극은 다음과 같은 속성에 의해 나타난다. 어떤 분자에서 원자가 전자(valence electrons)의 분포가 불균일하면 양전하와 음전하 분포의 대칭성이 사라져 영구 쌍극자 모멘트(permanent dipole moment)를 갖게 된다. 이러한 분자를 극성 분자(polar molecules)라 부른다. 산소와 수소가 각을 이루어 결합하고 있는 물분자(H_2O)가 대표적인 예에 속한다. 이러한 물분자는 각각의 산소–수소 결합에 있어서 산소 쪽이 음전하로, 수소 쪽이 양전하로 분포하는 극성 공유결합을 하고 있다. 열적 교란으로 인하여 이러한 개별 쌍극자 모멘트는 임의의 방향으로 분포하는데, 외부에서 전기장이 작용하면 전기장 방향으로 쌍극자가 재배치된다. 이러한 분극 현상을 우리는 방향 분극(orientational polarization)이라 한다.

반면에 무극성 분자(nonpolar molecules)나 원자(atoms)인 경우 평소에는 극성을 갖고 있지 않지만 외부 전기장이 가해지면 핵 주위에 분포하는 전자구름이 모양을 바꾸어 쌍극자 모멘트를 형성하게 되는데, 이러한 쌍극자를 유도 쌍극자 모멘트(induced dipole moment)라 하며 이 현상을 전자 분극(electronic polarization)이라고 부른다. 또 하나의 분극은 NaCl과 같은 이온결합 분자에서 주로 나타나는데, 전기장이 가해지면 양이온과 음이온이 서로 이동하여 쌍극자를 만든다. 이와 같이 유도되는 쌍극자를 이온 분극(ionic polarization) 혹은 원자 분극(atomic polarization)이라 한다.

유전체에 조화 진동하는 전자기파가 입사하면 내부의 전하 분포는 입사 전자기파의 전기장 세기와 비례하며 시간에 따라 변하는 힘, 즉 돌림힘(torque)을 받는다. 그러면 극성 유전체 분자들은 전기장 방향으로 정렬하기 위하여 빠르게 회전한다. 그러나 분자들의 크기가 상대적으로 크고 관성 모멘트가 크므로 높은 진동수로 입사하는 빛인 경우 전기장의 변화를 따라가지 못한다.

반면에 전자들은 매우 작은 관성 모멘트를 갖고 있으므로 가시광선의 진동수(~5×10^{14} Hz) 정도의 진동수를 갖는 전자기파에 대해 진동수에 의존하는 $\epsilon r(\omega)$ 값을 가져 굴절률이 진동수에 의존하게 된다. 원자에서 전자구름은 양전하를 갖는 핵의 인력으로 인하여 평형 상태를 유지하면서 형성된다. 이때 작은 교란이 일어나면 체계를 다시 원상 회복시키는 알짜 힘이 존재하게 된다. 특히 평형 점 부근에서 변위가 매우 작다면 이 힘은 변위에 비례하게 되며 복원력은 $F = -k_e x$ 형태를 갖는다. 여기서 k_e는 후크의 법칙, 즉 진동자의 용수철 상수에 해당하며 복원력의 세기와 관계되는 양이다. 전자의 질량을 m_e이라 하면 뉴턴의 제2법칙에 의하여 다음과 같은 방정식을 얻는다.

$$m_e \frac{d^2 x}{dt^2} = -k_e x$$

위 식에 대한 해는 잘 알려진 대로

$$x(t) = A \sin(\omega_0 t)$$

또는

$$x(t) = A \cos(\omega_0 t)$$

이다. 물론 여기서

$$\omega_0 = \sqrt{\frac{k_e}{m_e}}$$

이며, 이를 고유 진동수(natural frequency) 혹은 공명 진동수(resonant frequency)라 한다.

일반적으로 매질은 많은 원자들의 집합체이며, 이들의 크기는 입사하는 빛의 파장에 비하여 매우 작고 서로 가까이 붙어 있다. 따라서 광파가 이곳에 입사하면 각 원자들은 x축을 따라 가해진 전기장 $E(t)$에 의해 진동하는 강제 진동자와 같이 행동한다. 그러면 원자 내의 전자는 다음과 같은 힘을 받게 된다.

$$F_E = q_e E(t) = q_e E_0 \cos(\omega t)$$

따라서 매질의 원자적 성질, 즉 전자들이 얼마만한 힘으로 구속되어 운동하는지(공명 진동수에 해당함)와 입사하는 빛의 진동수에 따라 변위 및 분극의 정도가 달라져 굴절률이 변하게 된다.

23장 학습문제

23.1 $f(x) = 5e^{-0.25x^2}$의 함수가 있다. $x = -5$에서 $x = 5$까지 정수 값들에 대해 이 함수 값들을 구하고 그래프로 그려라.

풀이: 계산기를 사용하여 x값들에 대해 $f(x)$를 구해 보면

$$\begin{aligned} f(-5) &= 0.0212, \quad f(5) = 0.0212 \\ f(-4) &= 0.1267, \quad f(4) = 0.1267 \\ f(-3) &= 0.5318, \quad f(3) = 0.5318 \\ f(-2) &= 1.7513, \quad f(2) = 1.7513 \\ f(-1) &= 3.8979, \quad f(1) = 3.8979 \end{aligned}$$

이다. 이와 같은 값들에 대해 그래프로 그리면 다음과 같다.

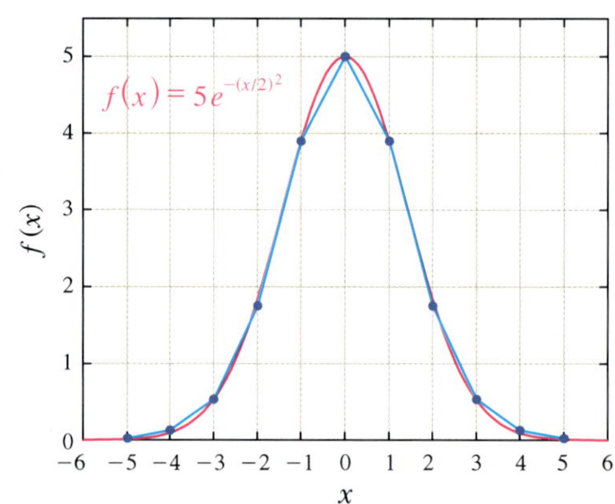

그림 23.14 가우스 함수인 $f(x) = 5e^{-0.25x^2}$에 대한 그래프이다. 문제에서 주어진 점들보다 더 세밀하게 x의 값들을 대입하면 이와 같은 종 모양의 그래프를 얻는다.

23.2 현미경 렌즈는 유리($n = 1.55$)로 만든다. 가시광선 중 노란색 광($\lambda = 560$ nm)의 투과를 증가시키기 위해 렌즈 위를 MgF_2($n = 1.38$) 물질로 얇게 코팅한다. 이를 무반사 코팅(antireflection coating)이라 한다. 광이 수직으로 입사한다고 가정하고 렌즈에 코팅할 이 재료의 최소 두께를 계산하라.

풀이: 이 문제는 코팅 재료에 노란색 광이 무반사해야 한다는 조건이며, 이는 곧 소멸간섭을 뜻한다. 수직으로 입사하기 때문에 굴절각 $\theta_2 = 0$이고 $d = t$이다. 공기 중에서의 굴절률은 보통 1로 잡기 때문에 식 (23.17)은

$$2t = \frac{1}{2}\frac{\lambda_1}{n_2}$$

이며, 결국

$$t = \frac{560\text{ nm}}{4 \times 1.38} = 101\text{ nm}$$

이다.

23.3 가시광선(백색광)이 물 위에 떠 있는 기름띠(n = 1.2)에 수직하게 들어간다. 기름띠의 두께가 t = 600 nm라면 가시광선 중 어떤 파장의 빛이 이 기름띠를 통과하지 못하는가?

풀이: 수직하게 입사하는 경우에는 $d = t$이고, 공기 중에서의 굴절률을 1이라 하면

$$2t = m\frac{\lambda}{n}$$

이다. 따라서 파장은

$$\lambda = \frac{2t}{m}n = \frac{(2)(600\text{ nm})}{m}(1.2) = \frac{1440\text{ nm}}{m}, \quad m = 1, 2, 3, \cdots$$

이다. 그러면

$$\begin{aligned} \lambda_1 &= 1440\text{ nm}, & m &= 1 \\ \lambda_2 &= 720\text{ nm}, & m &= 2 \\ \lambda_3 &= 480\text{ nm}, & m &= 3 \\ \lambda_4 &= 360\text{ nm}, & m &= 4 \end{aligned}$$

이다. 이 중 가시광선 영역의 빛은 720 nm와 480 nm 파장의 색들이다.

23.4 650 nm의 레이저광이 비누막(n = 1.3)에 수직으로 입사한다. 이 레이저광이 최대로 반사될 때의 비누막 두께는 얼마인가?

풀이: 보강간섭인 경우이므로 $2t = \frac{1}{2}\frac{\lambda}{n} = \frac{1}{2}\frac{650\text{ nm}}{1.3} = 250\text{ nm}$이다. 따라서 $t = 125\text{ nm}$이다.

23.5 자연광인 비편광된 빛이 두 편광판에 입사하여 투과되고 있다. 두 번째 편광판인 검광기의 편광 축은 처음 편광기의 편광 축과 70°를 이루고 있다. 비편광 빛의 세기가 2.0 W/m²였다면 최종 편광된 빛의 세기는 얼마인가?

풀이: 처음 편광기를 통과한 1차 편광의 세기는

$$I_2 = \frac{1}{2}I_0 = 1.0\text{ W/m}^2$$

이다. 따라서 2차 편광된 빛의 세기는 다음과 같다.

$$I_2 = I_1\cos^2 80° = 0.03\text{ W/m}^2$$

23.6 잔잔한 호수의 표면에서 반사된 빛이 완전히 편광되기 위한 반사각은 얼마인가? 호수의 굴절률은 1.33, 공기의 굴절률은 1이다.

풀이: 반사각과 입사각은 같고 편광 조건으로부터

$$\tan\theta_p = \frac{n_2}{n_1} = 1.33$$

이다. 따라서 $\theta_p = \tan^{-1}(1.33) = 53°$이다.

23장 연습문제

23.1 학습문제 23.1에서 우리는 $f(x) = 5e^{-0.25x^2}$에 대한 그래프를 그려보았다. 이를 참고하여 $f(x) = 5e^{-0.25(x+5)^2}$의 그래프를 그리고 $f(x) = 5e^{-0.25x^2}$의 그래프와 어떠한 차이가 나는지 설명하라. 그리고 이러한 결과로부터 파동의 이동에 대해 간략히 설명해 보라.

23.2 간격이 0.100 mm인 이중 슬릿에서 1.20 m 떨어진 곳에 스크린이 놓여 있다. $\lambda = 500$ nm인 레이저가 먼 곳으로부터 입사할 때 스크린에 생기는 밝은 무늬 사이의 간격을 계산하라.

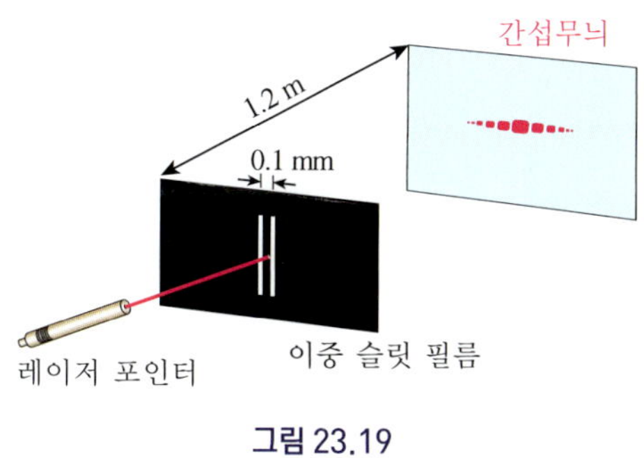

그림 23.19

23.3 연습문제 23.2의 연장이다. 이번에는 백색광을 $d = 0.50$ mm인 이중 슬릿을 통과시켜 2.5 m 떨어진 스크린에 간섭무늬를 만들었다. 이때 차수가 0인 중심에는 백색 무늬가 생기지만 1차, 2차로 감에 따라 무늬는 무지개와 같은 여러 색으로 갈라진다. 1차 차수의 무늬는 보라색과 붉은색을 양 끝에 갖는 무지개 색깔이다. 보라색은 중앙의 백색 무늬로부터 2.0 mm 되는 곳에, 붉은색은 3.5 mm 되는 곳에 생겼다. 보라색과 붉은색의 파장을 구하라.

23.4 비누방울이 관찰자로부터 가장 가까운 곳에서 푸른색($\lambda = 540$ nm)으로 보인다. 비누방울의 최소 두께를 계산하라. 굴절률은 $n = 1.35$이다.

23.5 복굴절 매질에서는 그림 23.10에서 보는 것처럼 정상광과 이상광의 속도가 다르다. 굴절률이 다르기 때문이다. 따라서 정상광과 이상광 사이에는 위상차가 생긴다. 이때 위상차가 $\pi/2$, 즉 90°가 되도록 두께를 조절하여 만든 판을 1/4 파장판이라 부른다. 680 nm인 빛에 대한 1/4 파장판의 두께를 결정하라. 이 파장판의 정상광과 이상광에 대한 굴절률은 각각 $n_o = 1.541$, $n_e = 1.549$이다.

23.6 방해석으로 파장이 589 nm인 빛에 대한 1/4 파장판을 만들려고 한다. 그 두께를 구하라. 방해석의 정상광과 이상광의 굴절률은 $n_o = 1.658$, $n_e = 1.486$이다.

23.7 2개의 편광기에 비편광의 빛이 입사한다. 통과된 빛이 (a) 1/3, (b) 1/10이라면 두 편광기가 이루는 각도는 각각 얼마인가?

23.8 2개의 편광기가 서로 34°의 각도로 장치되어 있다. 각 편광기에 17°의 각도로 편광된 빛이 두 편광기를 통과하였다. 그 세기는 얼마나 줄어드는가?

23.9 편광되지 않은 빛이 서로 직각으로 놓인 2개의 편광기에 입사하였다.

(a) 입사한 빛의 몇 분의 일이 통과되었는가?
(b) 세 번째 편광기를 2개의 편광기 사이에 45° 각도로 놓는다면 투과된 빛의 비율은 얼마인가?
(c) 만일 세 번째 편광기를 2개의 편광기 앞에 놓았다면 투과할 확률은 어떻게 되는가?

23장 연습문제 해답

23.1 물론 이 그래프는 원래의 그래프를 x방향으로 -5만큼 이동한 모양이 된다. 결과는 다음과 같다. 비교를 위하여 $f(x) = 5e^{-0.25x^2}$의 그래프를 희미하게 겹쳐 놓았다. 이러한 이동은 시간이 지나서 x방향에 대해 왼쪽으로 이동하는 파의 모습을 나타내고 있다.

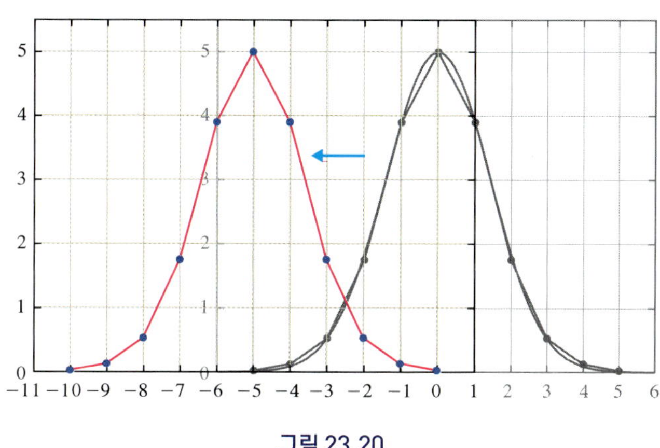

그림 23.20

23.2 6.0 mm. $m = 1$일 때의 밝은 무늬에 대한 식은

$$\sin\theta_1 = \frac{m\lambda}{d} = \frac{(1)(5.00\times 10^{-7}\ \text{m})}{1.00\times 10^{-4}\ \text{m}} = 5.00\times 10^{-3}$$

이다. 물론 이 값은 이미 본문에서 논의했듯이 $\sin\theta \approx \theta$의 관계를 만족한다. 즉 $y_1 = L\theta_1 = (1.20\ \text{m})(5.00 \times 10^{3}) = 6.00\ \text{mm}$이다. 두 번째 무늬는 이 값의 2배이다. 즉 $y_2 = 12.0\ \text{mm}$이고, 따라서 무늬 간격은 $\triangle y = y_2 - y_1 = 6.00\ \text{mm}$이다.

23.3 400 nm, 700 nm. 보라색인 경우 $m = 1$, $\sin\theta \simeq \theta$로부터

$$\lambda = \frac{dy}{mL} = \frac{(5.0\times 10^{-4}\ \text{m})(2.0\times 10^{-3}\ \text{m})}{(1)(2.5\ \text{m})} = 4.0\times 10^{-7}\ \text{m}$$

이고, 이는 400 nm에 해당한다. 붉은색은 700 nm의 값을 얻는다.

23.4 100 nm. 관찰자로부터 가장 가까운 거리라고 했으므로 비누방울 수면으로부터 수직으로 반사되는 경우이다.

$$2t = \frac{1}{2}\frac{\lambda}{n} \text{에서 } t = 100\ \text{nm}$$

23.5 21 μm. 구하고자 하는 파장판의 두께를 d라 하자. 그러면 이상광선과 정상광선에 대한 파장수는 각각

$$N_e = \frac{d}{\lambda_e} = \frac{n_e d}{\lambda},\qquad N_o = \frac{d}{\lambda_o} = \frac{n_o d}{\lambda}$$

이다. 1/4 파장만큼의 위상차가 있는 파를 만들어야 하므로

$$\frac{1}{4} = N_e - N_o = (n_e - n_o)\frac{d}{\lambda}$$

이고, 두께는

$$d = \frac{\lambda}{4(n_e - n_o)} = \frac{6.8 \times 10^{-7}\ \text{m}}{(4)(1.549 - 1.541)} = 2.1 \times 10^{-5}\ \text{m}$$

가 된다.

23.6 856 nm.

23.7 (a) 35°. (b) 63°.

23.8 37.1%.

23.9 (a) 0. (b) 1/8. (c) 0.

빛의 전파 24

이 장에서는 빛이 전파되어 나갈 때 나타나는 낯익은 빛의 현상을 물리적 성질들과 연관시켜 살펴본다. 즉 빛이 전파되는 과정에서 작은 입자들과의 상호작용에 의해 나타나는 산란, 흡수 그리고 거시적인 성질에 해당하는 반사, 굴절 등이다. 빛이 직진하는 성질로부터 반사, 굴절과 같은 현상을 다루는 것을 기하광학이라 부르고, 빛의 파동성인 간섭, 회절과 같은 성질을 논하는 것을 물리광학이라 구별하여 부르기도 한다.

학습 내용

• **산란(scattering)**: 선택된 진동수의 빛이 흡수되어 진동을 일으키고 다시 빛이 재방출되는 현상.

전자
입사광
산란광
$E = hf$
$E = hf$
원자핵
원자

• **페르마의 원리(Fermat's principle)**: 빛의 진행은 빛이 한 점에서 다른 점으로 갈 때 인접한 경로를 취하는 시간에 대하여 최소 시간이 걸리는 경로를 따른다는 현상.

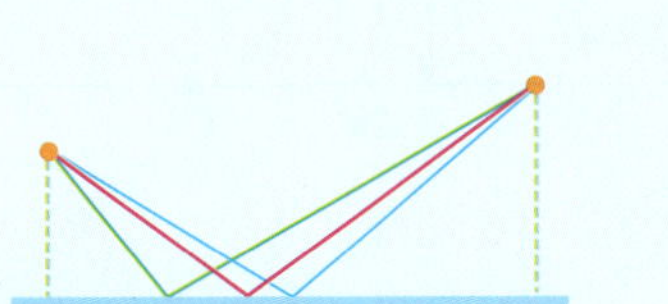

• **반사법칙(law of reflection)**: $\sin\theta_i = \sin\theta_r$.

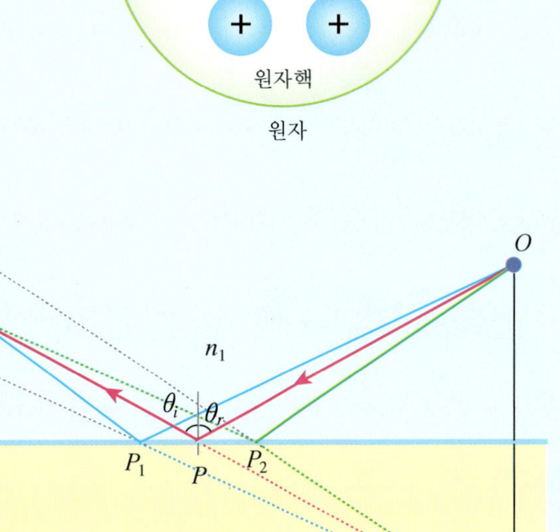

- 굴절과 스넬의 법칙(Snell's law): $n_1\sin\theta_1 = n_2\sin\theta_2$.

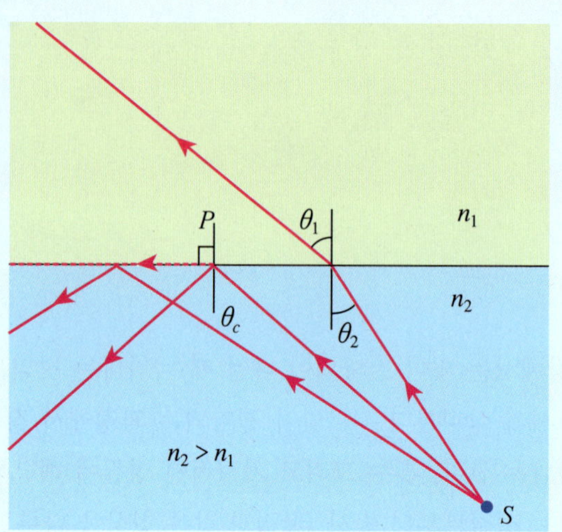

- 굴절률: $n = \frac{c}{v}$.

- 전반사: $\sin\theta_c = \frac{n_1}{n_2}$.

- 분산(dispersion)

- 무지개(rainbow)

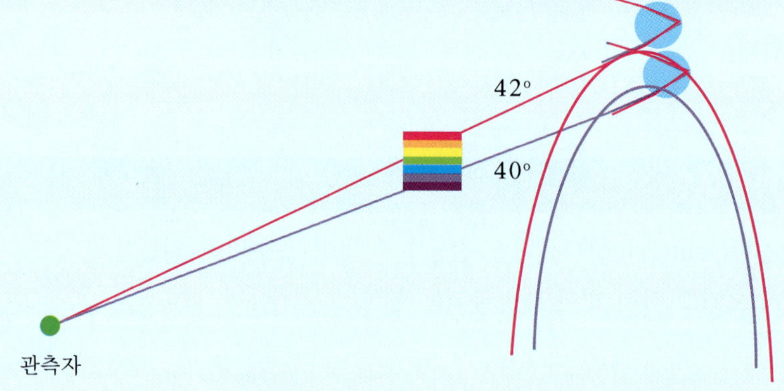

- 거울: 거울 방정식; $\frac{1}{d_o} + \frac{1}{d_i} = \frac{1}{f}$.

  배율; $m = \frac{h_i}{h_o} = -\frac{d_i}{d_o}$.

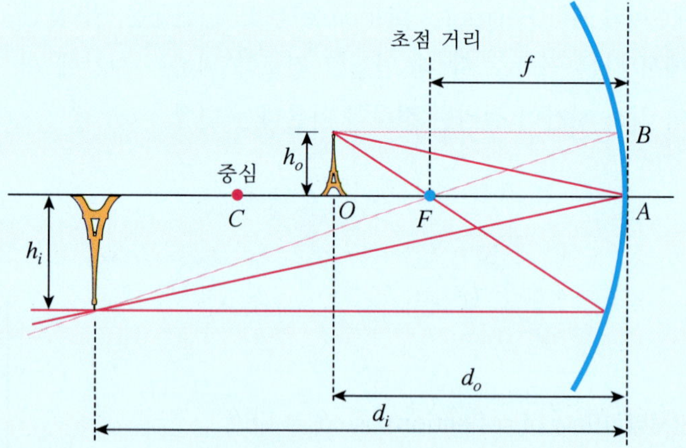

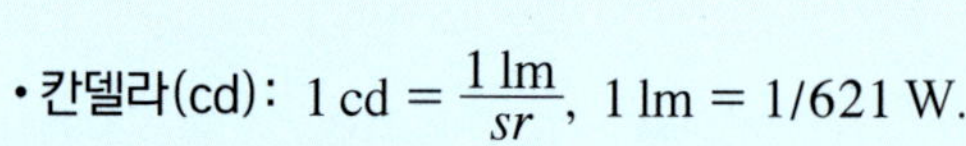

- 칸델라(cd): $1\ \text{cd} = \frac{1\ \text{lm}}{sr}$, $1\ \text{lm} = 1/621\ \text{W}$.

24.1 빛의 산란과 흡수

하늘이 푸르고 일몰이 붉은 이유

빛은 전자기파의 일종이므로 전파되는 공간에 입자들이 존재하면 전자기장에 의해 입자들과 상호작용하리라는 것을 예상할 수 있다. 다시 말해 빛과 수반되는 전기장은 공기 중에 있는 원자나 분자 입자들에 있는 전하, 즉 전자들과 에너지—전자기 복사에너지—를 교환할 것이다. 이제 태양을 떠나 거의 진공 상태의 공간을 날아온 빛이 지구 대기권으로 진입하게 되면 어떠한 일이 벌어지는지를 살펴보자. 지구 대기는 질소분자(N_2), 산소분자(O_2), 아르곤원자(Ar) 등으로 구성되어 있다.

지구 대기를 구성하는 이러한 분자나 원자들의 전자준위는 주로 자외선 영역이므로 가시광선을 흡수하여 들뜸상태로 변하지는 않는다. 그 대신 전자들은 빛에너지를 받아 진동을 일으킨다. 즉 진동자로서 에너지를 흡수하는 것이다. 그리고 진동을 시작하면 곧바로 진동에 의한 진동수에 해당하는 빛을 방출하게 된다. 이렇게 선택된 진동수의 빛이 흡수되어 진동을 일으키고 다시 빛이 재방출되는 현상을 **산란**(scattering)이라 부른다. 특히 흡수된 에너지와 방출된 에너지가 같으면 탄성 산란이라 부른다. 고유 진동수를 갖는 소리굽쇠에 그에 맞는 소리가 흡수되면 곧바로 진동하며 소리를 반사시키는 원리와 같다. 이렇게 빛의 광자들은 대기 중에 있는 분자들에 흡수됨과 동시에 다시 방출되면서 사방으로 퍼져나간다. 이러한 산란은 주로 그림 24.1에서 보는 바와 같이 분자들로부터 사방으로 퍼져나가는 구면파 형태이다. 진공에서 직진하는 빛은 이러한 현상이 없기 때문에 우리는 옆에서 빛의 직진을 인식하지 못할 것이다. 진동수가 분자나 원자의 공명 진동수에 가까울수록 산란이 많이 일어나므로 가시광선 중 보라색에 의한 산란이 가장 활발히 일어나며, 그다음으로 푸른색, 녹색, 노란색, 빨간색 순으로 산란이 줄어든다.

보라색 계통의 빛은 이미 오존층에서 많이 흡수되어 사실상 청색 계통의 빛이 가장 많이 산란되는데, 이로 인해 결국 하늘이 푸르게 보이는 것이다.

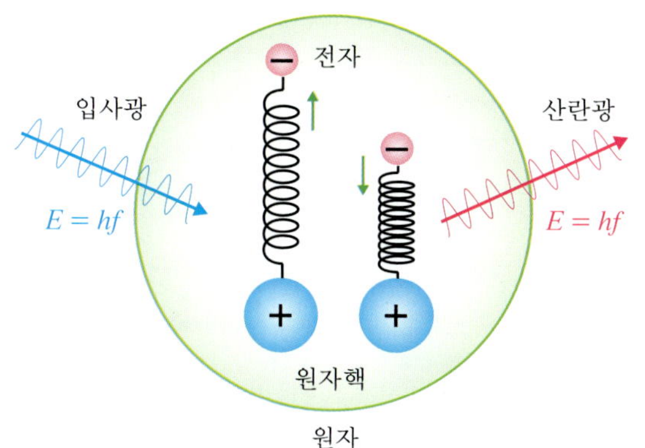

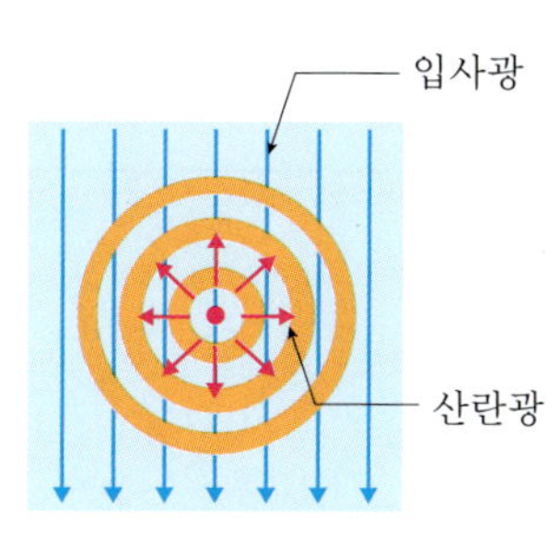

그림 24.1 빛의 산란. 대기 중의 분자나 원자 들이 빛을 받아 에너지를 얻으면 전자들이 진동하며 다시 빛(광자)을 방출한다. 7장을 참조하라.

이러한 산란에 의한 빛의 강도는 진동수에 대하여 f^4에 비례한다고 주장한 레일리(Lord Rayleigh)의 이름을 따서 **레일리 산란**이라 부르기도 한다.

빛의 흡수는 분자나 원자의 고유 진동수가 입사하는 빛의 진동수와 일치할 때 일어난다. 물질은 보통 어떤 진동수의 빛은 흡수하고 다른 진동수의 빛은 반사시킨다. 만약 어떤 물질이 가시광선 중 대부분의 진동수의 빛은 흡수하지만 빨간색의 진동수를 반사시키면 그 물체는 붉은색을 띠게 된다. 일몰인 경우 관측자가 보기에 지구와 태양이 거의 일직선 상에 놓이게 되는데, 그만큼 빛이 통과해야 할 대기층은 두꺼워진다. 따라서 푸른색의 산란이 더욱 커진다. 그럼에도 불구하고 빛이 관측자가 있는 지구 표면에 도달할 때쯤이면 **낮은 진동수의 빛만이 남게 되어 결국 대기는 붉게 보인다. 이것이 저녁노을이다.**

24.2 빛의 반사와 굴절

빛이 한 매질에서 다른 매질에 입사하면 일부는 반사하고 일부는 통과한다. 거울은 대표적인 반사 물질이며 유리는 반사와 투과가 동시에 이루어지는 물질이다. 빛이 매질 사이를 운동할 때는 임의의 두 점 사이를 최단 시간에 운동한다고 알려져 있다. 이를 프랑스의 수학자이자 물리학자인 페르마(Pierre de Fermat, 1601~1665)의 이름을 따서 페르마의 원리(Fermat's principle)라 부른다.

페르마의 원리(Fermat's principle): 빛의 진행은 빛이 한 점에서 다른 점으로 갈 때 인접한 경로를 취하는 시간에 대하여 최소 시간이 걸리는 경로를 따른다.

그림 24.2는 평면거울에 입사한 빛이 반사하여 지나가는 모습을 보여주고 있다. 빛이 진행하는 평면은 반사점을 포함하는 거울 면과 수직을 이루고 있다. 거울과 수직인 선분에 대하여 입사광과의 각도를 입사각(angle of incidence, θ_i), 반사광과의 각도를 반사각(angle of reflection, θ_r)이라 한다. 출발점 A에서 종점 B까지의 총

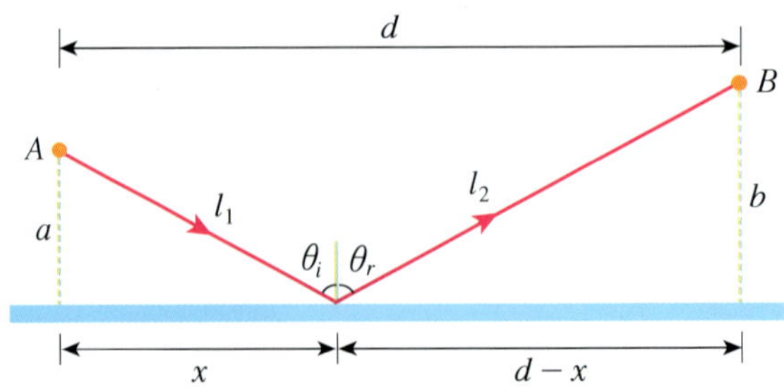

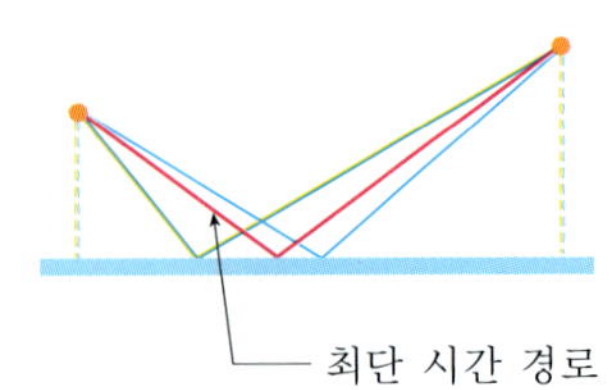

그림 24.2 빛의 반사와 페르마의 원리. 빛은 여러 경로 중 최단 시간이 걸리는 경로를 선택한다.

경로는 $l_1 + l_2$이고, 점 A와 점 B의 거울 평면과 평행한 직선 거리는 d이다. 그러면 빛이 점 A에서 점 B까지 이동하는 데 걸린 시간은

$$t = \frac{l_1 + l_2}{c} \tag{24.1}$$

이다. 여기서 c는 진공 중에서의 빛의 속력이다. 페르마의 원리는 빛이 진행하는 동안 최소 시간이 걸린다는 것이므로 위 식에서 빛이 거울에 부딪히는 순간의 거리 x에 대한 시간 변화율과 관계된다. 최소값은 미분이 0이 되는 조건과 같으므로

$$\frac{dt}{dx} = \frac{1}{c}\left(\frac{dl_1}{dx} + \frac{dl_2}{dx}\right) = 0$$

이다. 따라서

$$\frac{dl_1}{dx} + \frac{dl_2}{dx} = 0 \tag{24.2}$$

의 조건을 만족해야 한다. 한편 l_1과 l_2는 x와 다음과 같은 관계를 갖는다.

$$l_1 = \sqrt{x^2 + a^2}, \qquad l_2 = \sqrt{(d-x)^2 + b^2}$$

위 식들을 x에 대해 미분하면

$$\frac{dl_1}{dx} = \frac{1}{2}\frac{2x}{\sqrt{x^2 + a^2}} = \frac{x}{l_1}$$
$$\frac{dl_2}{dx} = \frac{1}{2}\frac{-2(d-x)}{\sqrt{(d-x)^2 + b_2}} = -\frac{(d-x)}{l_2}$$

이고, 따라서 식 (24.2)는

$$\frac{x}{l_1} = \frac{d-x}{l_2}$$

가 된다. 위 식을 입사각과 반사각의 형태로 표현하면 다음과 같다.

$$\sin\theta_i = \sin\theta_r \tag{24.3}$$

즉 $\theta_i = \theta_r$이며, 입사각과 반사각이 같다는 결론이 나온다. 이러한 결론을 **반사법칙**(**law of reflection**)이라 부른다. 이때 반사광은 입사광선이 포함되는 면에 있으며, 이 면은 반사점에서의 접촉면과 수직인 사실을 다시 한 번 상기하자.

평면거울과 반사법칙

이제 빛이 평면거울에서 반사되는 경우를 살펴보고 거울의 상과 반사법칙과의 관계를 알아보자. 그림 24.3은 그림 24.2에서 취급했던 반사면을 거울로 대치한 그림이

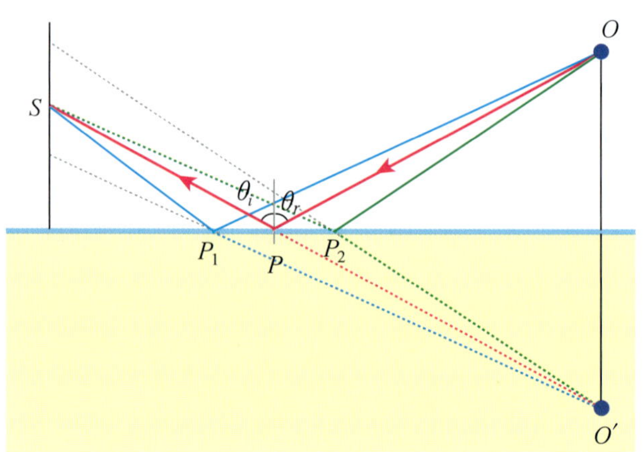

그림 24.3 거울상과 반사법칙. 거울 앞에 놓인 물체 O에서 나온 빛은 거울 면 P에서 반사되어 관측자가 있는 S에 도착한다. 관측자는 물체가 마치 O'에 있는 것처럼 느낀다. 물체에서 나온 빛의 세 가지 경로 중 $O'PS$의 길이가 가장 짧다는 것을 알 수 있다. 페르마의 원리를 상기해 보라.

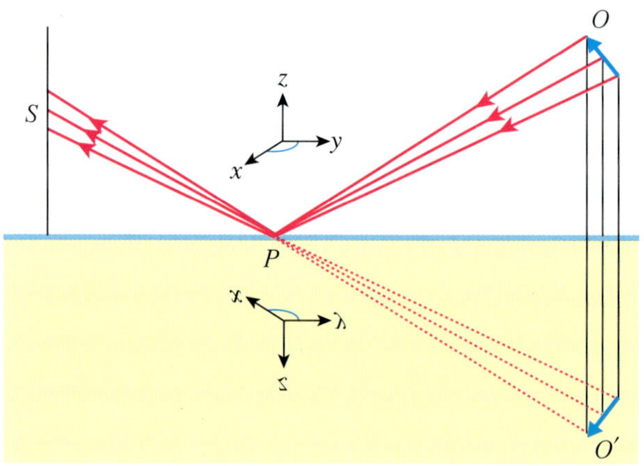

그림 24.4 거울상. 거울상과 실상은 거울 축에 대하여 서로 좌우가 바뀐다. 좌표에 있어서 z축을 중심으로 하는 오른손 나사의 법칙은 거울상에서는 왼손 나사의 법칙으로 바뀐다.

다. 물체 O가 발광체이면(아니면 빛이 물체에서 반사되는 경우) 물체에서 나온 빛 중 거울의 점 P에 도달한 빛은 반사법칙에 따라 같은 각도로 반사되어 관측자가 있는 점 S에 도달할 것이다. 이때 관측자는 물체 O가 마치 O'에 있는 것처럼 느끼게 된다. 그런데 빛이 OPS 경로가 아니라 OP_1S나 OP_2S 경로를 따라 반사되는 경우는 어떻게 될까? 만약 그렇다면 그러한 경로는 $O'P_1S$와 $O'P_2S$와 같고, 그러한 경로들의 길이는 $O'PS$ 길이보다 길다는 사실을 알 수 있다. 결국 빛은 최단 경로를 따라 진행한다는 것이다. 거울상 O'은 실제적으로 그곳에서 빛이 나와 보이는 것이 아니므로 실제적인 상과 구별하기 위하여 **허상**이라 부른다.

우리가 흔히 경험하듯이 거울에 자기 자신을 비추어 거울상을 바라보면 항상 좌우가 바뀌게 된다. 특히 오른손을 비추어 보면 거울상은 왼손이 된다는 사실을 알 수 있다. 그림 24.4를 보자. x, y, z 좌표와 그 회전을 거울에 비추면 사실상 거울 평면과 나란한 $x-y$ 평면의 좌표가 바뀜을 알 수 있다. 따라서 실상에서 오른손 나사는 거울상인 허상에서는 왼손 나사가 된다.

굴절과 스넬의 법칙

그림 24.3을 다시 살펴보자. 이번에는 반사 매질이 거울이 아니라 유리인 경우를 다루어보기로 한다. 유리인 경우 거울과는 달리 빛을 반사시키기보다는 통과시킬 확률이 높다. 그렇다면 빛은 유리를 통과하는 경우에도 그림 24.3과 같이 최단 거리를 선택할까? 대답은 두 가지로 갈린다. 첫째, 유리 매질에서도 빛의 속력이 진공에서의 속력과 같다면 "그렇다"라는 대답이 나온다. 그러나 만약 유리 속에서의 빛의 속력이 다르다면 그 대답은 "아니다"이다. 이제 이 문제를 고찰해 보자.

우리는 빛은 전자기파의 일종이라는 사실을 알고 있으며 전자기파는 전기장과 자기장이 서로 수직하게 교환하면서 진행되는 횡파(가로파)라는 사실 또한 알고 있다. 편의를 위하여 빛의 전기장에 대해서만 그 효과를 살펴보기로 한다. 전자기파가 진공을 통과할 때는 전기장과 빛을 통과하는 매질과의 상호작용은 없다. 다시 말해 빛이 진행하는 데 아무런 방해(저항)를 받지 않는다는 의미이다. 이러한 결과가 광속도 c이다. 그러나 만일 빛이 통과하는 공간이 매질(공기, 물, 유리 등)로 채워져 있다면 상황은 달라진다. 매질을 형성하고 있는 입자(원자나 분자)들과 빛에 의한 전기장이 서로 상호작용을 할 수 있기 때문이다. 특히 빛의 전기장은 원자나 분자의 전자들에게 힘을 주어 전자들을 심하게 요동(즉 진동)시킬 수 있다. 즉 빛은 에너지를 매질에 주고(흡수), 매질은 다시 매질 속 전자들의 진동에 의해 빛을 내보낸다. 그리고 빛은 이러한 전자들의 요동에 의해 원래의 속력보다 느려지게 된다. 따라서 매질 속에서의 속력은 매질에 있는 전자들의 진동에 의한 진동수와 밀접한 관련을 갖게 되며 이러한 현상을 **분산**(dispersion)이라 부른다. 결국 이와 같은 빛과 원자 간의 전자기적인 상호작용의 결과로부터 유리 속에서의 빛은 광속도보다 느려진다는 결론을 내릴 수 있다. 물론 대기 중에서의 빛의 속력 역시 광속도의 크기보다 약간 작다. 그러나 무시할 수 있을 정도이다.

이제 유리 속에서의 빛의 속력을 v라 하자. 그리고 광속도와 유리와 같은 매질 속에서의 속력의 비를 n이라 하자. 즉

$$n = \frac{c}{v} \tag{24.4}$$

이다. 위와 같은 비를 **굴절률**이라 한다.

스넬의 법칙(Snell's Law)

빛은 굴절률이 다른 한 매질에서 다른 매질로 진행할 때 두 매질 경계면에서 굴절을 일으킨다. 이제 빛이 굴절률이 n_1인 매질에서 n_2인 매질로 들어가는 경우를 살펴보자. 스넬의 법칙은 다음과 같이 표현된다.

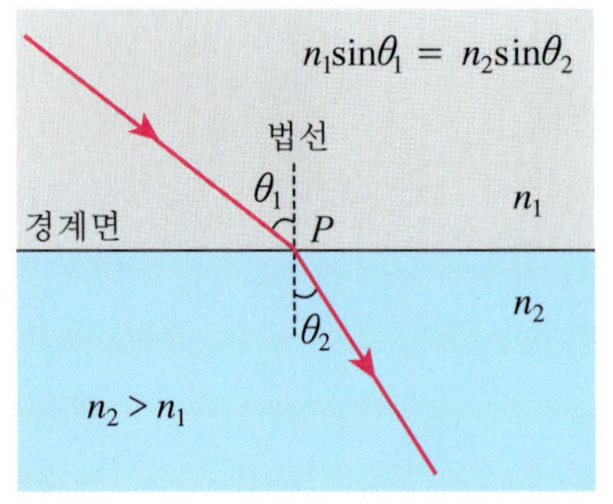

그림 24.5 빛의 굴절과 스넬의 법칙. 빛은 굴절률이 높은 곳으로 입사할 때는 법선 방향으로 굴절되며, 굴절률이 낮은 곳으로 입사할 때는 법선에서 멀어지는 방향으로 굴절된다.

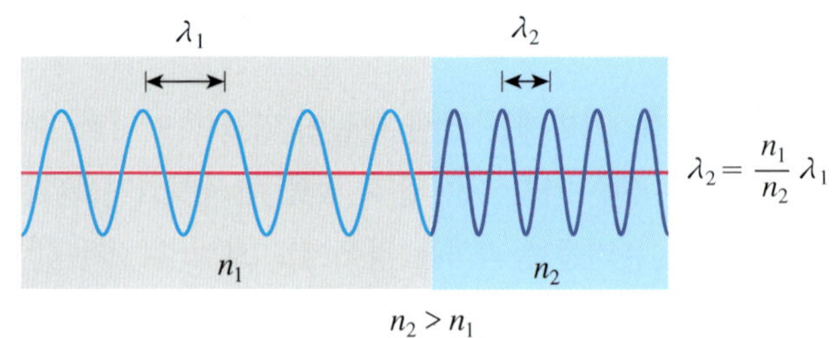

그림 24.6 굴절률과 파장. 파장은 굴절률이 높은 곳에서 짧아진다. 진동수는 변함이 없다.

$$n_1\sin\theta_1 = n_2\sin\theta_2 \tag{24.5}$$

이와 같은 빛의 굴절에 대한 법칙은 다음과 같은 현상을 설명해 준다. 즉 빛이 굴절률이 낮은 곳에서 높은 곳으로 입사할 때는 법선에 가까운 곳을 향하여 굴절하며, 반대로 굴절률이 높은 곳에서 낮은 곳으로 입사할 때는 법선에서 멀어지는 방향으로 굴절한다. 그림 24.5는 굴절률이 낮은 매질에서 높은 매질로 진행하는 경우의 빛의 굴절 모습이다.

이렇게 빛은 매질이 다른 곳으로 진행할 때는 파장 변화를 수반한다. 빛의 전기장이 매질 원자들과 상호작용한다는 관점에서 바라보면 왜 굴절률이 높은 곳에서 파장이 짧아지는지 금방 이해될 것이다. 그림 24.6을 보라.

위와 같은 굴절법칙은 대기에 의한 태양광선의 굴절에 의해 다양한 모습으로 나타나기도 한다. 예를 들면 해가 서쪽으로 기울 때 태양이 납작하게 보이는 현상과 해가 이미 지평선에서 사라졌음에도 불구하고 눈에 보이는 현상 등은 대기의 밀도 차에 의한 태양광선의 굴절 현상 때문이다. 또한 무더운 여름날 아스팔트가 뜨겁게 달아올랐을 때 종종 나타나는 물웅덩이 현상도 대기의 굴절에 의한 가짜 허상이다. 물은 사실상 하늘의 허상이며 아물거리는 것은 공기 밀도의 요동 때문이다. **이러한 물웅덩이는 사막 지형에서 나타나는 신기루 현상과 동일한 현상**에 속한다. 그림 24.7을 보기 바란다.

그림 24.7 대기의 굴절 현상.

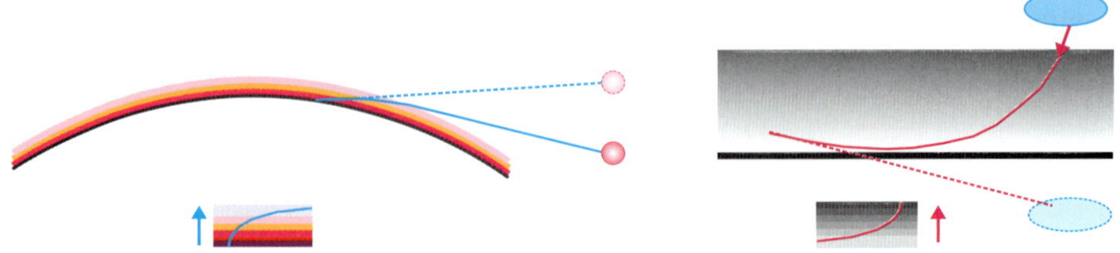

(a) 일몰 때 지평선 너머로 보이는 태양은 실제적으로는 지평선 아래에 있다.

(b) 무더운 여름날 아스팔트에 나타나는 물웅덩이는 대기 굴절에 따른 허상의 하늘이다. 아스팔트에 가까운 공기일수록 굴절률이 낮다.

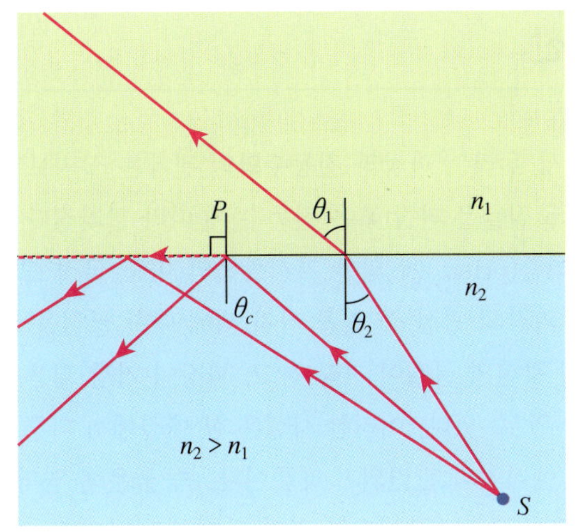

그림 24.8 **전반사.** 빛이 굴절률이 높은 곳에서 낮은 곳으로 입사할 때 투과하는 빛이 사라지고 내부로만 반사되는 현상을 전반사라 한다. 전반사가 일어나는 입사각을 임계각이라고 부른다.

전반사

빛이 굴절률이 높은 매질에서 굴절률이 낮은 매질로 진행할 때 굴절되지 않고, 즉 투과되지 않고 내부적으로 반사만 되는 현상이 일어날 수 있다. 이러한 현상을 전반사(total internal reflection, 총 내부 반사의 의미임)라 하며, 전반사가 일어나는 입사각을 그 매질에서의 임계 입사각(critical incident angle)이라 부른다. 그림 24.8에서 보듯이 임계 입사각 θ_c에서 전반사가 일어나는 경우 굴절각은 90°이므로 스넬의 법칙은 다음과 같이 된다.

$$n_2 \sin\theta_c = n_1 \sin 90^\circ = n_1$$

따라서 임계각은

$$\sin\theta_c = \frac{n_1}{n_2} \tag{24.6}$$

이다.

위와 같은 전반사를 응용한 것 중 하나가 **광(학)섬유**(fiber optics)이다(그림 24.9). 이러한 광섬유는 유리나 플라스틱 같은 재질이며 10 μm에서 50 μm 정도 두께의 가느다란 파이프 형태이다. 광선이 이러한 광섬유에 들어가면 내부 전반사에 의해 보고자 하는 영상이나 정보 등을 전달할 수 있게 된다. 광섬유들은 다발 형태로 만들어져 수술용 내시경 의료기구라든지 전화통신망 등에 사용되고 있다.

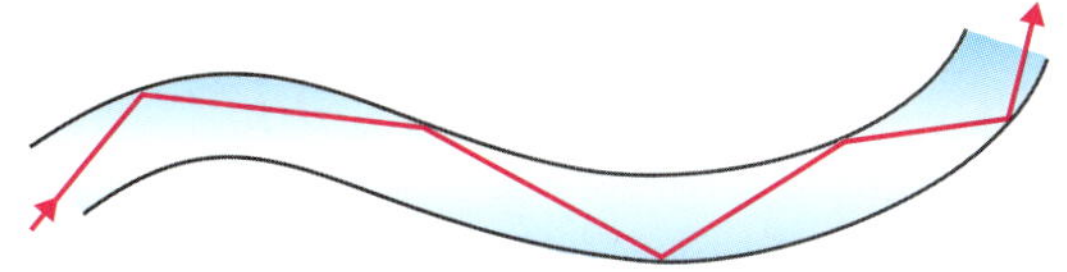

그림 24.9 광섬유와 전반사.

24.3 빛의 분산

빛의 굴절을 다루면서 우리는 파장과 진동수와의 관계는 살펴보지 않았다. 사실상 빛에 대한 매질들의 굴절률은 파장(혹은 진동수)에 따라 달라진다.

그림 24.10은 프리즘(prism)에 의한 가시광선의 이중 굴절 모습이다. 가시광선에 포함되는 다양한 파장의 광선 중 일곱 가지 색에 대한 굴절을 보여주고 있다. 파장이 가장 긴 붉은색 광선의 굴절이 가장 작고, 파장이 가장 짧은 보라색 광선의 굴절이 가장 높은 것을 알 수 있다. 이러한 사실은 한 매질에서 다른 매질로 입사할 때 빛의 입자인 광자의 에너지와 관련되기 때문이다. 즉 붉은색 영역의 광자는 파장이 길어 진동수가 상대적으로 낮고, 이러한 결과 광자의 에너지($E = hf$)가 상대적으로 낮다. 반면에 보라색 영역의 광자는 상대적으로 에너지가 높다. 에너지가 높은 광자가 매질이 다른 곳으로 진행할 때 상대적으로 굴절이 크게 되어 그림에서 보는 것처럼 편향각이 크게 된다. 이는 마치 장난감 자동차가 콘크리트 길에서 잔디밭으로 들어갈 때 속도가 빠른 것이 느린 것에 비해 상대적으로 많이 휘어지는 현상과 비슷하다. 우리는 이미 가시광선과 수반되는 전기장이 매질에 있는 전자와 상호작용하고 있다는 사실을 알고 있기 때문에 이러한 결과를 쉽게 이해할 수 있다.

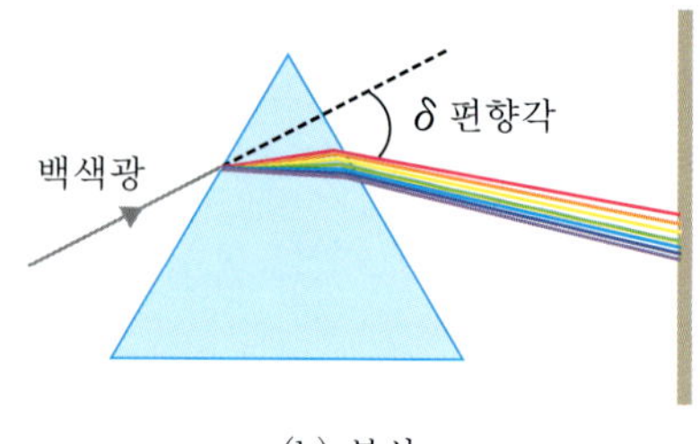

그림 24.10 프리즘과 빛의 분산. 편향각은 빛의 색깔에 따라 다르다.

이렇게 빛의 굴절이 파장(진동수)에 의존하는 현상을 **분산**(dispersion)이라 한다. 광섬유의 재료로 쓰이는 유리의 경우 보라색($\lambda = 400$ nm)에 대해서는 굴절률이 약 1.69, 붉은색($\lambda = 700$ nm)에 대해서는 1.66 정도이다. 노을이 붉은색을 띠는 이유도 이러한 분산과 밀접한 관계가 있다.

무지개

분산에 의해 나타나는 자연현상이 무지개(rainbow)이다. 공기 중에 떠다니는 물방울에 태양광선이 들어가면 백색광인 가시광선이 파장에 따라 분산되며, 파장에 따

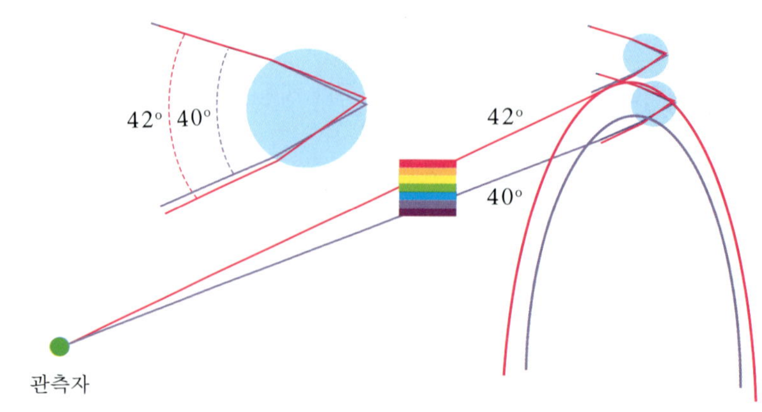

그림 24.11 무지개. 가시광선의 파장에 따른 분산과 전반사에 의해 무지개가 발생한다. 관측자가 보았을 때 무지개는 편향각 42°와 40° 사이의 원뿔 안에 생긴다. 물론 지상에서는 반원까지만 보인다.

른 색깔을 발하는 것이 무지개이다.

관측자가 보았을 때 가장 높은 곳에 빨간색, 가장 낮은 곳에 보라색으로 배열되며 반원을 그린다. 관측자가 원추의 뿔에 해당하며, 원추의 원형은 원추의 뿔과 원의 중심선에서 40°와 42°를 이룬다. 그러나 원추의 반은 지상이 아니라 지하에 해당하므로 반원만 보이게 된다. 비행기 조종사들은 종종 원의 무지개를 본다고 한다.

24.4 거울과 렌즈

우리는 일상생활에서 거울과 렌즈를 늘 접하며 살고 있다. 앞에서 다루었던 평면거울은 말할 것도 없고 오목 혹은 볼록 거울들이 교통사고를 방지하기 위해 거리에 설치되어 있는 경우를 많이 본다. 렌즈는 안경, 현미경, 망원경 등에 사용되며 우리들의 눈을 형성하는 수정체도 하나의 렌즈와 같은 역할을 한다. 이러한 거울과 렌즈는 사실상 빛의 반사와 굴절에 의해 그 기능이 발휘된다. 여기서는 평면거울이 아닌 원의 형태로 구부러진 구면경과 렌즈에 있어서 물체의 상이 어떻게 형성되는지 간단히 알아보기로 한다.

그림 24.12는 오목(concave) 구면경에 의한 물체(object)의 상(image)이 어떻게 형성되는지 보여주는 스케치이다. 여기서 점 F를 초점이라고 하며, 주축(선분 AC)과 나란하게 입사한 광선들이 모이는 점으로 거울의 중심과는 $f=\frac{r}{2}$인 관계를 갖는다. 그리고 r은 곡률 반경으로 그림에서 AC의 길이에 해당한다.

물체가 놓인 거리인 대물 거리를 d_o, 상이 맺힌 거리를 d_i라 하면 이들과 초점 거리와는 다음과 같은 관계식 갖는다.

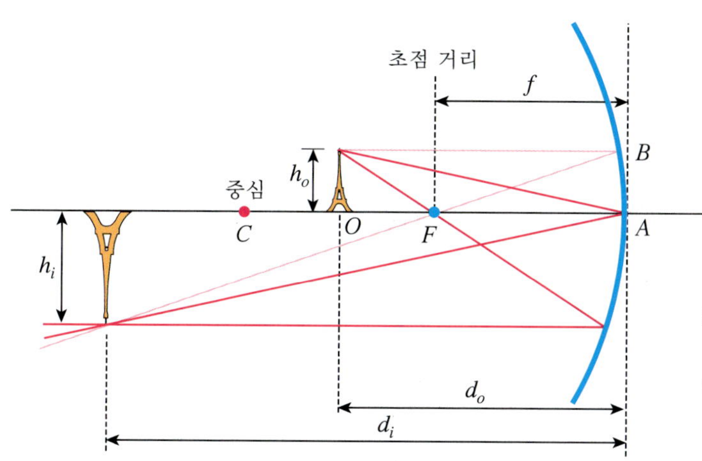

거울 방정식: $\frac{1}{d_o}+\frac{1}{d_i}=\frac{1}{f}$

배율: $m=\frac{h_i}{h_o}=-\frac{d_i}{d_o}$

그림 24.12 구면경에 의한 상.

$$\frac{1}{d_o} + \frac{1}{d_i} = \frac{1}{f} \tag{24.7}$$

이와 같은 식을 흔히 거울 방정식이라 부른다. 그리고 물체와 상의 비, 즉 배율은 다음과 같이 주어진다.

$$m = \frac{h_i}{h_o} = -\frac{d_i}{d_o} \tag{24.8}$$

보통 d_o를 (+)의 크기라고 하면 d_i는 상이 바로 서면 (+)이고 거꾸로 서면 (−)가 된다. 그리고 d_o, d_i는 거울의 반사면 앞쪽에 위치하면 (+)이고 뒤쪽에 위치하면 (−)이다. 배율에 있어 상이 바로 서면 (+)가 되고 거꾸로 서면 (−)가 된다는 사실을 알 수 있다.

그림 24.13은 볼록렌즈와 오목렌즈에 의해 생기는 상을 광선추적에 의해 나타낸 것이다. 여기서 수렴렌즈라고 부르는 것은 양면이 볼록(convex)이 아니거나 오목(concave)이 아닌 경우 단순히 볼록렌즈 혹은 오목렌즈라고 부르면 혼동을 초래하기 때문이다.

이러한 렌즈들에 있어 초점 거리 f, 대물 거리 d_o, 상 거리 d_i에 대한 관계식은 다음과 같이 주어진다.

$$\frac{1}{d_o} + \frac{1}{d_i} = \pm\frac{1}{f} \tag{24.9}$$

여기서 (+)는 수렴렌즈, (−)는 발산렌즈에 해당한다. 즉 수렴렌즈의 초점 거리는 (+)이고 발산렌즈의 초점 거리는 (−)이다. 이를 렌즈 방정식이라 부른다. 배율은

$$m = \frac{h_i}{h_o} = -\frac{d_i}{d_o} \tag{24.10}$$

인 관계식을 갖는다.

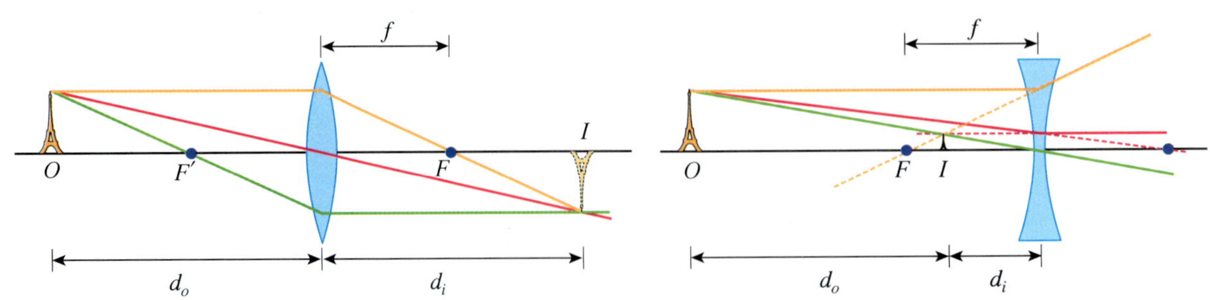

(a) 수렴(양면 볼록)렌즈에 의한 상의 작도법.

(b) 발산(양면 오목)렌즈에 의한 상의 작도법.

그림 24.13 볼록 수렴렌즈와 오목 발산렌즈.

24.5 빛의 세기

우리는 앞에서 전자기파의 세기를 정의한 바가 있다. 그것은 포인팅 벡터로 주어지는 복사조도로서 W/m^2의 단위를 갖는다. 빛이라고 부르는 가시광선 역시 전자기파의 일종이므로 이러한 복사조도로서 그 세기가 측정된다. 그러나 이러한 양만으로는 사람의 눈에 감지되는 빛의 명암에 대해서는 정확한 정보를 제공하지 못한다. 왜냐하면 눈이 감지할 수 있는 빛의 스펙트럼은 제한적이지만, 복사조도는 전자기파에 포함된 모든 종류의 파장에 대한 것이기 때문이다. 아울러 인간의 눈은 가시광선 중 파장에 따라 감지능이 다른데, 예를 들면 550 nm의 파장 영역을 갖는 노란색에 가장 민감하다. 따라서 같은 출력을 가졌다 하더라도 노란색이 붉은색이나 푸른색보다 더 밝게 보인다.

이러한 점들을 고려하여 l umen(lm)의 단위를 갖는 밝기다발(luminous flux)이 도입되어 사용된다. 1 lm은 백금(platinum)이 녹는점(1770℃)에서 1/60 cm^2 면적에 발하는 빛의 밝기로서 정의된다. 이 양은 550 nm의 빛으로 1/621 W에 해당한다.

그런데 이러한 밝기다발은 광원으로부터 방향에 대해 일정하지 않은 경우가 있다. 이를 해소하기 위해 단위 입체각(steradian)당 밝기다발로 정의하는데, 이 단위가 곧 칸델라(cd)이다. 즉

$$1\ \text{cd} = \frac{1\ \text{lm}}{sr} \qquad (24.11)$$

이다. 이러한 cd 단위는 SI 단위계에 속하며 조명의 정도를 나타낸다.

24장 학습문제

24.1 그림과 같이 빛이 점 A에서 출발하여 반사면에서 반사한 다음 점 B에 도달하였다. 다음을 구하라.

(a) 빛의 반사각은 몇 도인가?

(b) 빛의 이동 거리는 얼마인가?

(c) 빛이 이동하는 데 걸린 시간은 얼마인가?

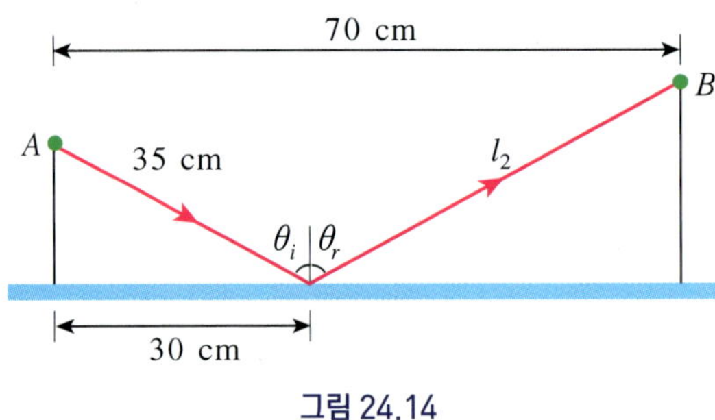

그림 24.14

풀이: (a) 먼저 빛의 입사각을 구하자. $\sin\theta_i = \frac{30}{35}$ 이므로, 입사각의 크기는 $\theta_i = \sin^{-1}(0.857) = 59°$ 이다. 입사각과 반사각은 같으므로 $\theta_r = 59°$ 이다.

(b) $\sin\theta_r = \frac{(70-30)}{l_2} = \frac{40}{l_2}$ 이므로, $l_2 = \frac{40\text{ cm}}{\sin 59°} = 47\text{ cm}$이다. 따라서 이동 거리는

$$l = 35\text{ cm} + 47\text{ cm} = 82\text{ cm}$$

이다.

(c) 걸린 시간은 $t = \frac{l}{c} = \frac{0.82\text{ m}}{3\times10^8\text{ m/s}} = 2.7\times10^{-9}\text{ s} = 2.7\text{ ns}$ 이다.

24.2 빛이 공기로부터 유리로 입사하면서 경계면에서 굴절한다. 입사각과 굴절각이 각각 65°와 37°라면 유리의 굴절률은 얼마인가? 공기의 굴절률은 1이라고 가정한다.

풀이: $n_1 = 1$, $\theta_1 = 65°$, $\theta_2 = 37°$이고 $n_1\sin\theta_1 = n_2\sin\theta_2$로부터

$$n_2 = \frac{\sin 65°}{\sin 37°} = \frac{0.906}{0.602} = 1.5$$

이다.

24.3 공기 중에서의 파장이 650 nm인 레이저가 공기에서 유리판으로 입사각 60°로 입사한다. 유리의 굴절률은 1.5이며 공기의 굴절률은 1로 가정한다.

(a) 굴절각을 구하라.

(b) 유리에서의 레이저 파장을 구하라.

(c) 유리에서의 레이저 속도를 구하라.

풀이: (a) $\sin\theta_2 = \frac{n_1}{n_2}\sin\theta_2 = \frac{1}{1.5}\sin 60° = 0.577$, 따라서 $\theta_2 = 35°$이다.

(b) $\lambda_2 = \frac{\lambda_1}{n_2} = \frac{650 \text{ nm}}{1.5} = 433 \text{ nm}$.

(c) $v = \frac{c}{n_2} = \frac{3 \times 10^8 \text{ m/s}}{1.5} = 2 \times 10^8 \text{ m/s}$.

24.4 한 레이저가 굴절률이 n_1인 매질에서 굴절률이 n_2인 유리판에 입사한 후 다시 같은 매질로 나온다. 이 레이저가 다시 매질 1로 나올 때 처음 입사하는 방향과 평행한 방향으로 나온다는 것을 증명하라.

풀이: 그림 24.8과 같이 매질 1에서 매질 2인 유리로 입사할 때의 입사각을 θ_1, 굴절각을 θ_2라 하자. 그러면 유리에서 다시 매질 1로 입사할 때의 입사각은 θ_2와 같다. 그리고 유리에서 매질 1로 나올 때의 굴절각을 θ_3라 하자. 스넬의 법칙에 따르면 매질 1에서 유리로 입사할 때는

$$n_1\sin\theta_1 = n_2\sin\theta_2$$

이고, 유리에서 다시 매질 1로 나갈 때는

$$n_2\sin\theta_2 = n_1\sin\theta_3$$

이다. 위 두 식을 비교하면

$$n_1\sin\theta_1 = n_2\sin\theta_3$$

이어야 하고, 결국 $\theta_1 = \theta_3$이다. 따라서 매질 1에서의 처음 입사 방향과 나중 굴절 방향은 평행하다.

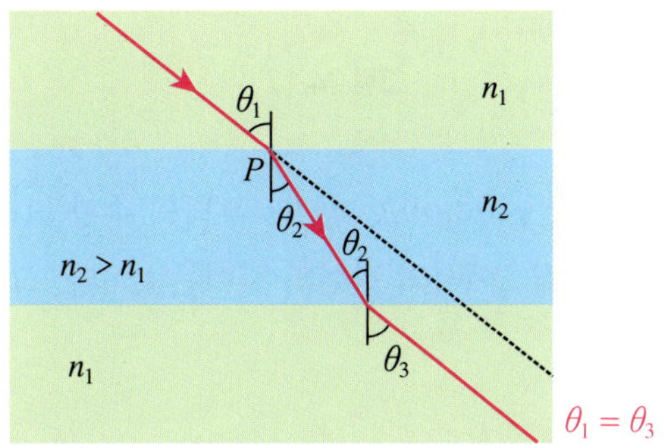

그림 24.15 공기 중에서 유리를 통과한 빛은 처음 방향과 평행한 방향으로 나온다.

24.5 강가를 사이에 두고 위치 S에서 출발하여 점 P에 빠르게 도착하는 시합을 벌이고 있다. 두 지점은 비교적 골고루 분포된 모래땅이다. 그리고 강의 수심은 높아 헤엄을 쳐서 건너야 한다. 그림의 세 가지 경로 중 가장 빨리 도착할 수 있는 경로는 어느 것인지 고르고 그 이유를 밝혀라. 단, 강물의 유속이 느려 헤엄치는 데 유속 방향으로의 영향은 미치지 못한다고 가정한다.

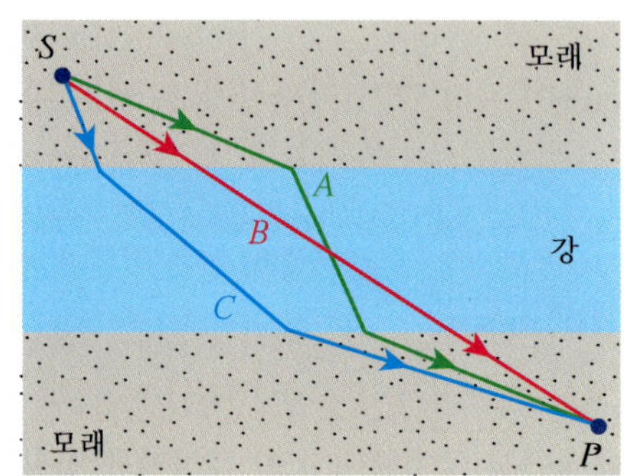

그림 24.16 강물의 유속을 무시한다면 어느 경로가 가장 빠른가?

24.6 스넬의 법칙은 페르마의 원리에 기반을 두고 있다는 것을 증명하라.

풀이: 그림 24.17과 같이 빛이 매질 1에서 매질 2로 굴절하는 경우를 고려하자. 광선의 점 A와 점 B의 수평 거리는 d이다.

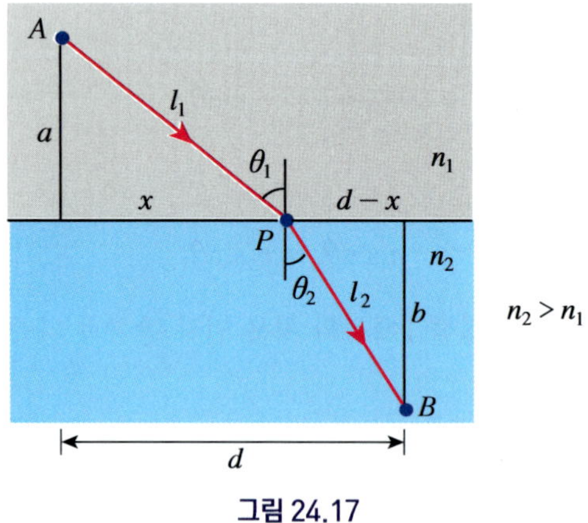

그림 24.17

굴절하는 점 P는 굴절면에서 점 A로부터 x 거리이고, 점 B로부터의 수평 거리는 $d-x$와 같다. 매질 1에서의 광선의 길이, 즉 AP의 길이는 l_1이고 매질 2에서의 광선의 길이는 l_2이다. 그러면 광선이 점 A에서 점 B까지 도달하는 데 걸린 시간은

$$t = \frac{l_1}{v_1} + \frac{l_2}{v_2} = \frac{1}{c}(n_1 l_1 + n_2 l_2)$$

이다. 여기서 v_1과 v_2는 각각 매질 1과 2에서의 광선의 속력이다. 페르마의 원리는 위와 같은 빛의 경로가 최

소가 되는 시간에 해당하므로 시간에 대한 미분이 0이어야 한다. 즉

$$\frac{dt}{dx} = n_1 \frac{dl_1}{dx} + n_2 \frac{dl_2}{dx} = 0$$

이어야 한다. 그리고

$$l_1 = \sqrt{x^2 + a^2}, \qquad l_2 = \sqrt{(d-x)^2 + b^2}$$

이므로

$$\frac{dl_1}{dx} = \frac{x}{l_1} = \sin\theta_1, \qquad \frac{dl_2}{dx} = -\frac{(d-x)}{l_2} = -\sin\theta_2$$

인 관계를 얻는다. 따라서 $dt/dx = 0$의 조건으로부터

$$n_1 \sin\theta_1 = n_2 \sin\theta_2$$

이다. 이것은 스넬의 법칙과 같다.

24.7 물(n = 1.33)에서 공기(n = 1) 중으로 빛이 진행할 때의 임계각과, 유리(n = 1.5)에서 공기 중으로 입사할 때의 임계각을 구하라.

풀이: 물에서 공기 중으로의 임계각은 $\sin\theta_c = \dfrac{1}{1.33} = 0.752$에서 $\theta_c = 48.8^\circ$이고, 유리에서 공기 중으로의 빛의 임계각은 $\theta_c = \sin^{1}(1/1.5) = 41.8^\circ$이다.

24.8 100원짜리 동전 하나가 깊이 50 cm인 연못에 빠져 있다. 이 동전을 법선에 대해 40° 각도로 쳐다본다면 수면으로부터 몇 cm로 보일까? 단, 상은 동전에서 수면까지의 법선 상에 맺힌다고 가정하라. 물의 굴절률은 1.33이고 공기의 굴절률은 1이다.

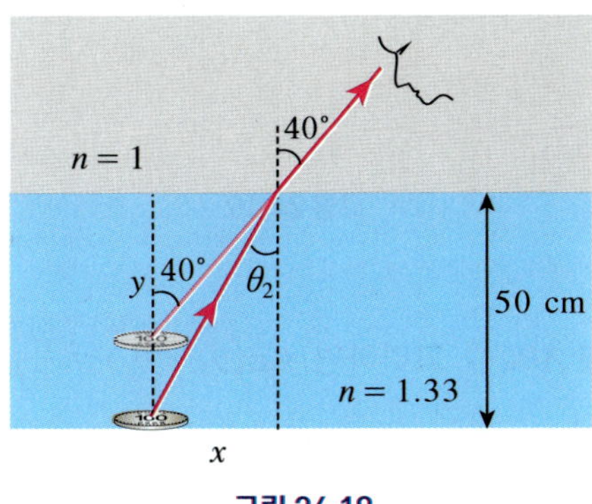

그림 24.18

풀이: 스넬의 법칙으로부터 동전에서 나오는 빛의 입사각을 구한다. 즉 $n_2 \sin\theta_2 = n_1 \sin\theta_1$으로부터 $1.33 \sin\theta_2 = \sin 40^\circ$이다. 따라서 입사각은

$$\theta_2 = \sin^{-1}\left(\frac{\sin 40^\circ}{1.33}\right) = \sin^{-1}(0.483) = 29^\circ$$

이다. 그림에서 구하고자 하는 거리는 y이다. 그런데 $y = \dfrac{x}{\tan 40^\circ}$이므로 우선 x의 거리를 구해야 한다. $\tan 29^\circ = x/50$으로부터

$$x = (50\ \text{cm})\tan 29^\circ = 27.7\ \text{cm}$$

이다. 따라서 구하고자 하는 길이는

$$y = \frac{27.7\ \text{cm}}{\tan 40^\circ} = 33.0\ \text{cm}$$

이다. 50 cm에 놓여 있는 동전은 마치 33 cm에 있는 것처럼 보인다.

24.9 그림 24.19와 같이 두께가 t인 광선이 유리판을 투과하고 있다. 입사각은 θ_1, 굴절각은 θ_2이다.

(a) 굴절된 광선은 최초의 광선에 비해 d만큼 떨어져 같은 방향으로 진행한다. 다음을 증명하라.

$$d = t\frac{\sin(\theta_1 - \theta_2)}{\cos\theta_2}$$

(b) $n_1 = 1$, $n_2 = n > 1$이라면 $d = t\sin\theta_1\left(1 - \dfrac{\cos\theta_1}{\sqrt{n^2 - \sin^2\theta_1}}\right)$이다. 이를 증명하라.

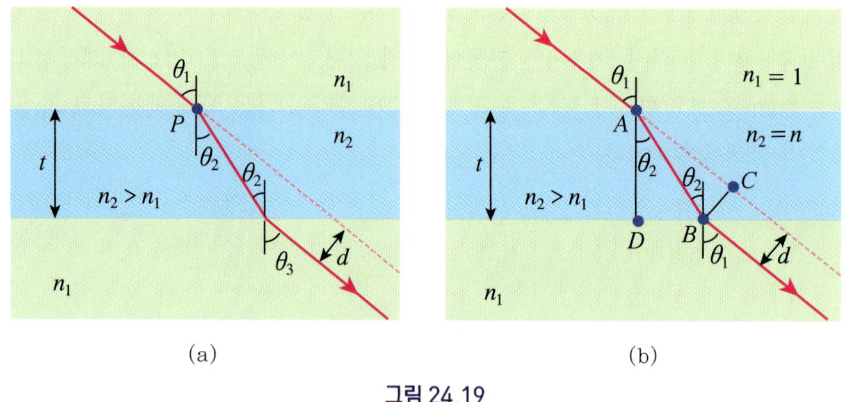

그림 24.19

풀이: (a) 그림 24.19(b)에서 삼각형 ABC를 고려하면 $\sin(\theta_1 - \theta_2) = \dfrac{BC}{AB} = \dfrac{d}{AB}$이다. 따라서 $d = AB\sin(\theta_1 - \theta_2)$의 관계를 얻는다. 다음으로 삼각형 ABD를 살펴보면 $\cos\theta_2 = \dfrac{AD}{AB} = \dfrac{t}{AB}$임을 알 수 있다. 그러면 $AB = \dfrac{t}{\cos\theta_2}$이고, 이를 $d = AB\sin(\theta_1 - \theta_2)$에 대입하면

$$d = t\frac{\sin(\theta_1 - \theta_2)}{\cos\theta_2} \tag{24.7}$$

이다.

(b) 식 (24.7)에서 삼각함수 공식을 적용하여 $\sin(\theta_1 - \theta_2) = \sin\theta_1\cos\theta_2 - \cos\theta_1\sin\theta_2$를 대입하면

$$d = t\frac{\sin\theta_1\cos\theta_2 - \cos\theta_1\sin\theta_2}{\cos\theta_2} = t(\sin\theta_1 - \cos\theta_1\tan\theta_2)$$

이다. 스넬의 법칙으로부터 $\sin\theta_2 = \dfrac{\sin\theta_1}{n}$이고, 이로부터

$$\cos\theta_2 = \sqrt{1-\sin^2\theta_2} = \sqrt{1-\frac{\sin^2\theta_1}{n^2}}$$

$$\tan\theta_2 = \frac{\sin\theta_2}{\cos\theta_2} = \frac{\sin\theta_1}{\sqrt{n^2-\sin^2\theta_1}}$$

을 얻는다. 그러면

$$d = t\sin\theta_1\left(1 - \frac{\cos\theta_1}{\sqrt{n^2-\sin^2\theta_1}}\right)$$

이다.

24.10 빛의 경로를 바꾸기 위해 매질 1(굴절률 n_1)에서 매질 2(굴절률 n_2)로 그림과 같이 빛을 입사시켰다. 입사면에 수직인 곳에서 전반사가 일어나기 위한 임계각과 굴절률과의 관계식을 도출하라. 단, $n_2 > n_1$이다.

풀이: 입사면에서의 스넬의 법칙은 $n_1\sin\theta_1 = n_2\sin\theta_2$이므로

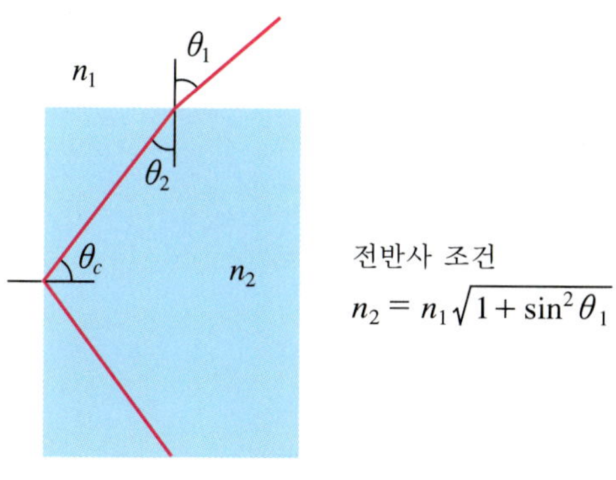

그림 24.20

$$\sin\theta_2 = \frac{n_1}{n_2}\sin\theta_1 \tag{i}$$

이다. 그리고 수직면에서 전반사가 일어나는 조건은 $n_2\sin\theta_c = n_1\sin 90^\circ = n_1$이고, 결국

$$\sin\theta_c = \frac{n_1}{n_2}$$

이다. 그런데 $\theta_c = 90^\circ - \theta_2$인 관계가 성립한다. 그러므로

$$\sin\theta_c = \sin(90° - \theta_2) = \cos\theta_2 = \frac{n_1}{n_2} \qquad \text{(ii)}$$

이다. 식 (i)과 (ii)를 제곱하여 더하면

$$\sin^2\theta_2 + \cos^2\theta_2 = 1 = \left(\frac{n_1}{n_2}\right)^2 (1 + \sin^2\theta_1)$$

이다. 따라서 구하고자 하는 굴절률과 입사각과의 관계는 다음과 같다.

$$n_2 = n_1\sqrt{1 + \sin^2\theta_1}$$

공기($n_1 = 1$) 중에서 입사각 40°로 입사하여 유리 내부에서 전반사가 되려면 유리의 굴절률은 1.2 정도가 되어야 한다.

24.11 100 W 전구의 밝기가 1700 lm으로 표시되어 있다. 빛은 모든 방향으로 균일하게 퍼져나간다고 가정한다.

(a) 광도는 몇 cd인가?

(b) 2 m 떨어진 곳에서의 조도를 계산하라.

풀이: (a) 광원을 중심으로 하는 구의 입체각은 $4\pi st$이다. 따라서 광도는 $I_{cd} = 1700\ \text{lm}/4\pi sr = 135\ \text{cd}$이다.
(b) 조도는 단위 면적당 세기이므로

$$\frac{1700\ \text{lm}}{4\pi(2.0\ \text{m})^2} = 34\ \text{lm/m}^2$$

이다.

24장 연습문제

24.1 굴절률 $n = 1.56$을 갖는 유리로 만들어진 프리즘이 있다. 이 프리즘에 그림과 같이 45° 각도로 빛이 들어온다면 오른쪽 면으로 나가는 편향각 δ는 얼마인가?

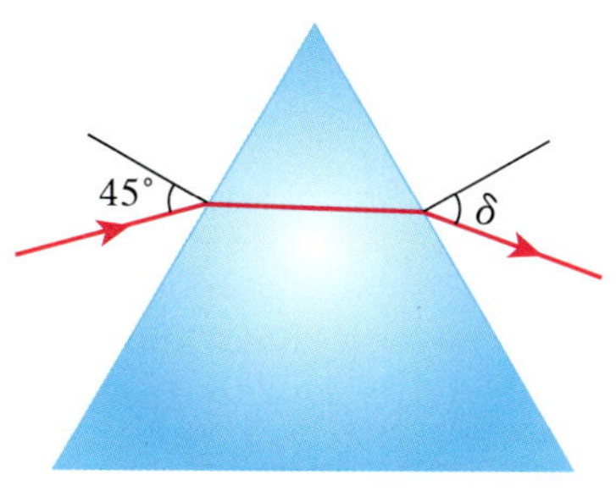

그림 24.21

24.2 곡률 반경(r)이 30.0 cm인 오목거울에서 10.0 cm 되는 곳에 1.00 cm 되는 물체가 놓여 있다.

(a) 상의 위치를 정해 주는 광선 추적도를 그려보라.

(b) 상의 위치와 배율을 해석적으로 구해 보라.

24.3 초점 거리가 $f = +50.0$ mm인 카메라 렌즈 앞 1.5 m 거리에 5.0 cm의 물체를 놓았다. 상의 위치와 크기를 구하라.

24.4 반경이 24.0 cm인 오목렌즈가 있다. 상이 무한히 먼 곳에 맺히게 하기 위해서는 물체를 어떤 위치에 놓아야 하는가?

24.5 높이가 2.40 cm인 물체가 구면경으로부터 22.0 cm 떨어진 곳에 있을 때 높이가 3.20 cm 되는 허상이 생겼다.

(a) 어떤 종류의 거울인가?

(b) 상의 위치를 구하라.

(c) 거울의 곡률 반경을 구하라.

24.6 평면경은 구면경의 특별한 경우라고 생각할 수 있다.

(a) 어떠한 극한 경우인지 설명하라.

(b) 위와 같은 극한의 경우로부터 물체 및 상 거리에 대한 관계식을 구하라.

(c) 이 경우 평면경의 배율은 어떻게 되는가?

24.7 50 mm의 초점 거리를 갖는 카메라의 필름에 태양의 상은 얼마의 크기로 나타나는가? 태양의 직경은 1.4×10^6 km이고 지구와의 거리는 1.5×10^3 km이다.

24.8 태양의 직사 조도는 약 10^5 lm/m^{2}이다. 태양의 광도와 밝기다발을 구하라.

24장 연습문제 해답

24.1 54.3°.

24.2 (a) 곡률 반경이 30.0 cm이므로 초점 거리 $f = 15.0$ cm이다. 따라서 물체는 거울과 초점 사이에 있다. 광선 추적을 하여 그려보면 다음 그림과 같이 된다. 거울에서 반사되는 광선들은 한 곳으로 수렴되는 것이 아니라 발산된다는 사실을 알 수 있다. 그런데 발산된 광선들은 거울 뒤쪽의 한 점으로 수렴되며, 이 수렴된 곳에 상이 맺힌다. 따라서 상은 허상이다.

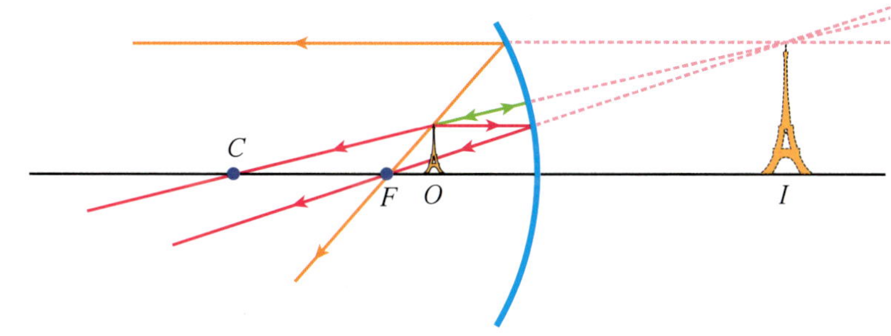

그림 24.22 상은 거울의 뒷면에 있으며 허상이다.

(b) 거울 방정식으로부터

$$\frac{1}{d_i} = \frac{1}{f} - \frac{1}{d_o} = \frac{1}{15.0\text{ cm}} - \frac{1}{10.0\text{ cm}} = \frac{-1}{30.0\text{ cm}}$$

이고, 따라서 허상의 거리는 $d_i = -30.0$ cm이다. (−) 부호는 상이 거울 뒤쪽에 생겼다는 것을 의미한다. 배율은

$$m = -\frac{d_i}{d_o} = -\frac{-30.0\text{ cm}}{10.0\text{ cm}} = +3.00$$

이다. (+)이므로 상은 바로 서 있다.

24.3 상의 위치는

$$\frac{1}{d_i} = \frac{1}{f} - \frac{1}{d_o} = \frac{1}{5.00\text{ cm}} - \frac{1}{150\text{ cm}}$$

로부터 $d_i = 5.17$ cm이다. 즉 렌즈 뒤 5.17 cm인 곳에 생긴다. 배율은

$$m = -\frac{d_i}{d_o} = -\frac{5.17\text{ cm}}{150\text{ cm}} = -0.0345$$

이고, 따라서 상의 크기는

$$h_i = (-0.0345)(5.0\text{ cm}) = -1.725\text{ mm}$$

이다. 수렴렌즈에 의한 그림에서처럼 상은 거꾸로 서 있는 모습이 된다.

24.4 12.0 cm.

24.5 (a) 오목. (b) −29.3 cm. (c) 177 cm.

24.6 (a) $r = \infty$. (b) $d_i = -d_o$. (c) 1.

24.7 0.47 mm.

24.8 2.3×10^{27} lm/sr, 2.8×10^{26} lm.

제 6 부

원자와 양자역학

한 알의 모래알에서 세계를
그리고 하나의 들꽃에서 천국을 보기 위하여
너의 손바닥엔 무한을
그리고 한 시간엔 영원을 간직하라.

– 윌리엄 블레이크 –

To see a world in a grain of sand
And a heaven in a wild flower,
Hold infinity in the palm of your hand
And eternity in an hour.

– W. Blake –

원자와 전자 25

25장에 들어가기 전에 1장에서 소개했던 내용 중 일부분을 다시 보기로 한다.

오늘날 생명체이건 비생명체이건 그 기본 구조는 원자로 구성되어 있다. 그리고 그 기본 성질은 원자들이 결합되어 형성된 분자에 의해 발현된다. 콩 역시 많은 분자로 되어 있으며 궁극적으로는 원자로 구성되어 있다. 현대물리학인 양자역학에 의해 원자의 크기는 대략 0.0000000001 m(이러한 불편을 피하기 위해 앞으로는 공학 기호인 10^{-10} m를 사용하기로 한다. 보통 원자의 크기를 나타낼 때 사용되는 기호이다) 정도로 알려져 있다. 분자는 그보다 수십 배 가량 큰 10^{-9} m(이 단위를 nano meter라 부른다) 정도의 크기를 갖는다.

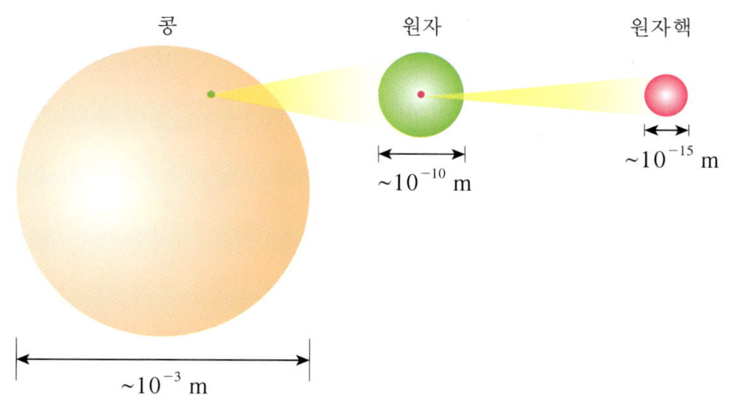

그림 25.a 물질의 층 구조. 물질을 이루는 기본적인 단위는 원자(atom)이다. 그러한 원자도 다시 핵과 전자로 구성되어 있다. 핵은 양성자와 중성자라고 하는 핵자로 이루어져 있다.

그러면 콩의 원자가 콩의 크기(5 mm)만큼 커진다면 콩의 크기는 얼마나 커질까? 콩의 원자를 5×10^{-10} m의 크기라고 하자. mm는 10^{-3} m이기 때문에 10^{-10} m보다 10^7배 크다. 따라서 10^7 mm이므로 결국 직경이 10 km나 되는 어마어마한 크기의 콩이 된다. 지구에서 가장 높은 산(에베레스트 산)의 높이가 10 km가 채 안 된다는 사실을 감안해 보라. 이제 원자의 속을 들여다보자. 현대물리학은 이렇게 작은 원자의 속마저도 파헤쳐 그 구조를 알아내었다. 원자는 원자의 중심을 이루는 핵과 그 주변을 맴도는 전자로 구성되어 있

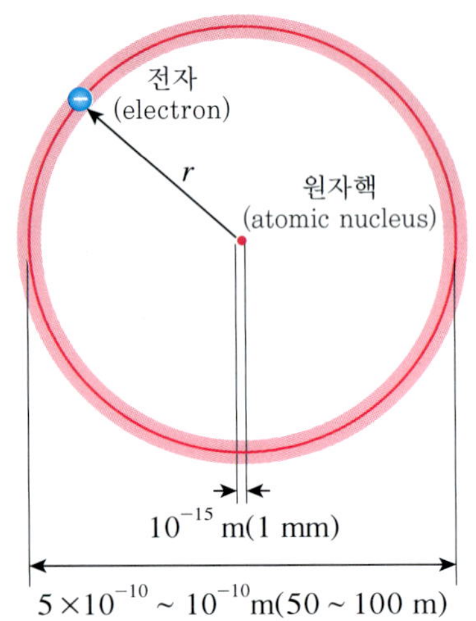

그림 25.b 원자와 핵의 크기. 핵의 크기를 1 mm라고 하면 원자의 크기, 즉 전자의 궤도는 그보다 5만에서 10만 배나 큰 50~100 m 거리에 있다.

다. 그런데 원자핵의 크기를 측정해 본 결과 놀라운 사실이 밝혀졌다. 그것은 원자 전체의 크기에 비해 수만에서 10만 배 정도 작다는 것이다. 그러면서도 핵이 원자 질량의 대부분(99.9%)을 차지한다!

이제 수소원자를 생각해 보자. 수소원자는 가장 단순한 구조를 갖는 원자이다. 원자핵을 이루는 핵은 하나의 양성자로 이루어졌으며, 그 둘레를 전자 하나가 운동하는 것으로 알려져 있다. 이제 원자핵의 크기를 1 mm라고 가정하여 원자 크기를 계산해 보자. 핵의 크기에 비하여 원자의 크기는 수만에서 10만 배 정도 크다. 따라서 10만 배인 경우 1 mm × 10^5이기 때문에 결국 100 m가 된다! 오늘날 최첨단의 기술 문명은 이러한 극미의 원자 세계를 탐구한 물리학의 업적에서 비롯되었다는 것을 알고 있는가? 컴퓨터를 비롯하여 반도체, 디스플레이, 휴대전화(스마트폰) 등은 물론 질병 진단에 중요하게 쓰이는 엑스선, MRI(자기공명영상장치), PET(양전자단층촬영장치) 등도 모두 현대물리학을 통한 원자 및 원자핵의 구조를 파헤치는 물리학 연구과정에서 나온 측정 장치들을 응용하여 만들어진 것이다. 오늘날 전기에너지에서 빠질 수 없는 원자력 발전 역시 원자핵물리학에서 비롯되었다.

오늘날의 최첨단 연구와 이에 따른 과학과 기술의 발전은 사실상 현대물리학인 양자역학에 그 뿌리를 두고 있다. 특히 나노기반 소자들인 유기발광 디스플레이(OLED), 액정 디스플레이(LCD), 태양광 소자(solar cell), 형광기반 현미경 등의 출현은 양자역학의 원리와 밀접한 관련을 맺고 있다. 양자역학은 전자와 같은 입자를 파의 형태로 다루며, 이는 곧 어떤 일이 일어날 수 있는 확률론적 개념과 같다. 이러한 확률론적인 양자 현상은 현대의 철학적 사고 방식에도 지대한 영향을 끼치고 있다. 따라서 양자역학은 현대물리뿐만 아니라 현재의 인간 문명을 이끌어가고 있는 과학과 기술, 그리고 철학을 이해하는 데 필수적이라 하겠다.

양자적 현상 이해는 보통 수소원자와 전자의 성질을 살펴보는 것으로 시작한다. 원자에 대해서는 이미 7장에서 대략 살펴본 바 있다. 즉 원자는 원자핵과 전자로 이루어져 있으며, 원자핵은 다시 양성자와 중성자로 구성되어 있다. 아울러 원자핵과 전자는 전자기적인 힘으로 묶여 있으며, 전자가 가질 수 있는 **에너지는 특별한 값만을 가져야 한다는 소위 양자화**에 대해서도 간단히 알아본 바 있다. 그리고 전자들이 가질 수 있는 에너지 준위로부터 빛이 방출된다고도 하였다. 이때 빛은 광자라고 하는 단위로 볼 수 있으며, 플랑크 상수 h에다 진동수를 곱하면 그에 해당하는 빛의 에너지가 된다는 사실도 7장에서 알아보았다.

이 장은 자연계의 속성인 물질의 이중성(입자와 파동성)과 고립된 상자계에서의 입자의 운동을 양자역학적으로 분석하는 것으로 시작한다. 아울러 수소원자 모델을 통하여 **"양자역학이 어떻게 수소의 구조를 밝혀내는가?"**를 알아보게 된다. 이어서 전자들이 많은 다전자 원자들에 대한 양자역학적 에너지 상태를 살펴볼 것이다. 이를 통하여 화학에서 접하는 **원소의 주기율표 속성을 이해하게 될 것이다.**

이 장을 배우고 난 후 다시 이 책의 처음인 1장과 2장을 돌아보기 바란다. 이제 1장과 2장에서 저자가 언급한 내용들이 가슴에 와 닿을 것이다. 더욱이 여러분의 분신이 되어 버린 스마트폰[저자는 smart phone이 아닌 stupid phone이라고 부른다. 왜냐하면 인간의 뇌를 바보(stupid)로 만들어 버리기 때문이다]의 속—구조와 동작 원리—을 들여다볼 수 있는 능력을 기르게 되었다고 생각한다.

학습 내용

- **빛의 입자:** 광자. $E_n = nhf(n = 1, 2, 3, \cdots)$, $p = \dfrac{h}{\lambda}$.

- **물질파:** 드브로이 파; $\lambda = \dfrac{h}{mv}$.

  물질파 에너지; $E_n = \dfrac{p_n^2}{2m} = \dfrac{h^2}{8mL^2}n^2$.

  n; 양자수(quantum number).

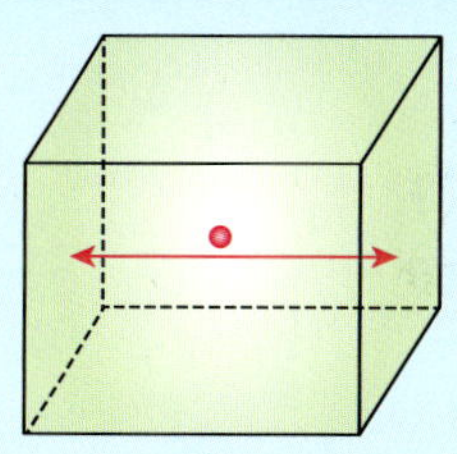

- **보어의 양자 가설:** $L = mvr = n\dfrac{h}{2\pi}(n = 1, 2, 3, \cdots)$, $E_i - E_f = hf$.

- **수소원자의 양자 상태:** $E_n = -\dfrac{1}{2}\dfrac{e^2}{4\pi\epsilon_0 r_n} = -\dfrac{me^4}{8\epsilon_0^2 h^2}\dfrac{1}{n^2}$.

- **수소원자의 스펙트럼:** $hf = E_i - E_f = \dfrac{me^4}{8\epsilon_0^2 h^2}\left(\dfrac{1}{n_f^2} - \dfrac{1}{n_i^2}\right)$.

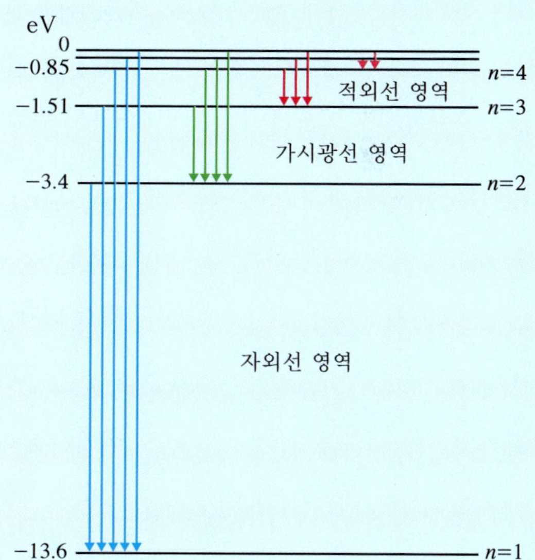

- **양자수:** n; 주 양자수, l; 궤도 양자수, m_l; 자기 양자수, s; 스핀 양자수.

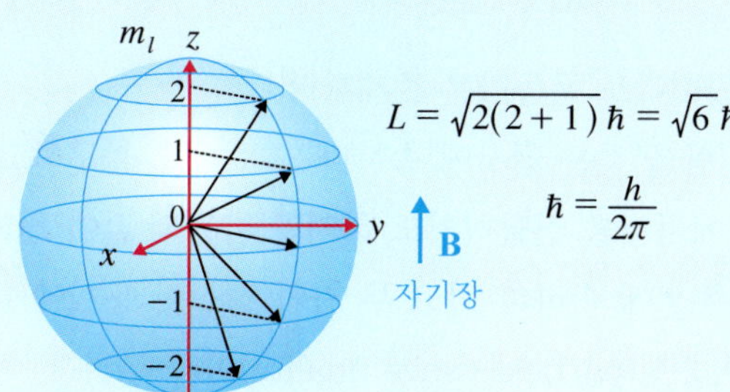

$L = \sqrt{2(2+1)}\,\hbar = \sqrt{6}\,\hbar$

$\hbar = \dfrac{h}{2\pi}$

$m_s = +\dfrac{1}{2}$ $\quad$ $\mathbf{S} = \dfrac{1}{2}$ $\quad$ $m_s = -\dfrac{1}{2}$

스핀업(spin up) 스핀다운(spin down)

명칭	기호	값	물리량
주 양자수	n	1, 2, 3, ⋯	전자의 에너지
궤도 양자수	l	0, 1, 2, ⋯, $n-1$	각운동량의 크기
자기 양자수	m_l	$-l$, ⋯, 0, ⋯, l	각운동량의 방향
스핀 양자수	m_s	1/2, −1/2	스핀의 방향

• **다전자 원자:** 주기율표.

25.1 입자와 파동

결론적으로 말하자면 우주를 이루는 원자나 전자들은 입자와 파동의 두 성질을 모두 갖고 있다. 빛의 경우 반사, 굴절, 간섭 현상 등은 분명 파동적인 성질로부터 나온다. 반면에 빛이 금속에 닿으면 금속 안에 있던 전자가 튀어나오게 하는 성질은 입자라고 할 수 있다. 왜냐하면 운동에너지를 가진 당구공이 다른 당구공과 충돌하여 다른 당구공을 움직이게 한 것과 같기 때문이다. 우리는 이러한 빛의 입자를 광자(photon)라 부르며 그 에너지는 다음과 같이 주어진다. 이는 7장에서 이미 다룬 바가 있다.

$$E_n = nhf, \quad n = 1, 2, 3, \cdots \tag{25.1}$$

여기서 $h = 6.626 \times 10^{-34}$ J • s로 주어지는 플랑크 상수이다. 그리고 이러한 플랑크 상수의 차원은 각운동량과 같다. 그리고 자연수 n은 개별 광자의 수이다. 광자라고 하는 빛 입자의 운동량은

$$p = \frac{h}{\lambda} \tag{25.2}$$

로 주어진다. 즉 질량이 존재하지 않더라도 운동량은 존재한다.

그런데 원자나 전자 등은 분명 질량을 갖는 입자에 속한다. 그럼에도 불구하고 이러한 미시적인 입자들은 입자처럼 에너지를 전달하기도 하지만 파동과 같이 전파되기도 한다. 이러한 성질은 자연의 속성에 속하며 결코 두 가지 성질이 동시에 나타나지는 않는다. 이를 입자-파동 이중성(particle-wave duality)이라 부른다. 우리

가 빛의 두 가지 성질 중 파동성인 모습을 관찰한다면 파동적인 성질을, 입자적인 모습을 관찰하면 입자적인 성질을 얻을 수 있다.

물질파와 양자화

입자도 보편적으로 파동의 성질을 가질 수 있으며 이를 증명한 사람이 프랑스의 물리학자 드브로이(de Broglie, 1892~1987)이다. 빛이 식 (25.1)과 같이 입자의 성질을 갖는다면 전자와 같은 입자들도 비슷하게 표현될 수 있다는 사실에 주목하자. 즉 어떤 입자의 운동량이

$$p = \frac{h}{\lambda}$$

와 같이 주어질 수 있다면 그 입자의 질량이 m, 속도가 v라 할 때 파장은 다음과 같은 식으로 나타낼 수 있게 된다.

$$\lambda = \frac{h}{mv} \tag{25.3}$$

이렇게 모든 입자들에 있어 위와 같은 파장으로 주어질 때 이를 **물질파** 혹은 드브로이 파라고 부른다.

그렇다면 위와 같은 물질파의 개념은 과연 무엇을 가져다주는 것일까? 이제 원자, 분자, 아니면 태양계 등과 같은 체계(system)를 고려하자. 원자나 분자인 경우 그 안에서 전자가 구속되어 운동하고 있으며 태양계에서는 지구나 화성 등의 행성들이 그러하다. 이제 이러한 체계를 하나의 정육면체로 단순화하고 그 안에서 운동하는 입자를 고려해 보기로 한다. 일단 우리는 원자와 같은 미시 세계에 흥미가 있으므로 상자는 원자계라고 하고 입자는 전자라고 하자. 이러한 전자가 상자 속에서 안정된 운동을 유지한다는 것은 드브로이에 의한 입자의 파동성이 운동 경로에 대하여 정상파를 이루어야 한다는 것을 의미한다. 그림 25.1과 같이 길이가 L인 1차

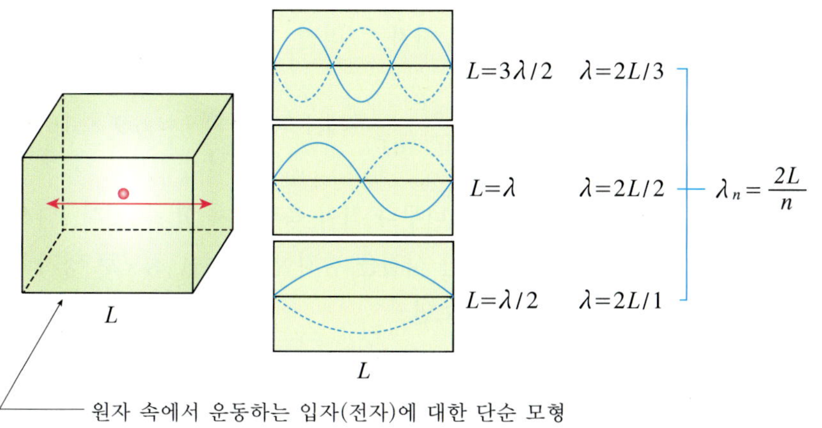

그림 25.1 물질파의 운동 조건과 양자화. 입자에 대한 물질파는 팽팽한 줄과 같이 정상파의 조건을 가져야 한다.

원적 방향만 고려하면 그 조건은 $\lambda = 2L$, $\lambda = L$, $\lambda = 2L/3$ 등이다. 따라서 정상파의 조건은

$$\lambda_n = \frac{2L}{n}, \quad n = 1, 2, 3, \cdots \tag{25.4}$$

이 된다. 그러면 식 (25.3)으로부터 운동량은 다음과 같이 주어진다.

$$p_n = \frac{h}{\lambda_n} = \frac{h}{2L}n \tag{25.5}$$

운동량 값을 알았으므로 위 물질파에 대한 에너지를 구할 수 있다. 즉

$$E_n = \frac{p_n^2}{2m} = \frac{h^2}{8mL}n^2 \tag{25.6}$$

이다. 이제 에너지는 더 이상 연속적인 값이 아니라 특정 기본 값의 정수의 곱으로 나온다. 이때 n을 **양자수(quantum number)**라 하며 에너지가 양자화되었다고 한다. 여기서 quantum은 독일어로 (에너지의) '덩어리'라는 뜻이다. 이러한 용어는 빛의 복사에너지가 연속적인 값이 아니라 $E = hf$이라고 하는 기본 값의 정수배로 주어진다는 사실로부터 나왔다. 그렇다면 식 (25.6)은 어떠한 정보를 가져다주는 것일까?

학습문제들을 통하여 실감하겠지만 원자들의 이온화 에너지와 방출 스펙트럼들의 에너지는 수에서 수십 eV 값들이라는 것을 알 수 있다. 여기서 양자수가 1인 에너지의 준위(level)를 **바닥상태(ground state.** 기저상태라고도 하는데 일본식 한자 용어이다)라고 하며 가장 안정된 상태에 속한다. 그리고 $n = 2, 3, \cdots$에 해당하는 에너지 준위들을 **들뜸상태들(excited states.** 여기상태라고도 하는데 이 용어 역시 일본식 한자 용어이다)이라고 부른다. 이러한 상태들에 대해서는 이미 7장에서 접한 바 있다.

미시적인 세계가 아니라 우리가 경험할 수 있는 크기의 체계—거시적인 세계의 의미임—에 물질파 개념을 적용해 보자. 이를 위하여 폭의 길이가 10 cm인 상자에 탁구공(5 g)이 갇혀 있는 경우를 고려한다. 이제 탁구공을 물질파로 간주했을 때 가질 수 있는 최소 에너지를 구해 보기로 하자. 그러면

$$E_1 = \frac{h^2}{8mL^2} = \frac{(6.63 \times 10^{-34}\ \text{J}\cdot\text{s})^2}{(8)(5 \times 10^{-3}\ \text{kg})(10^{-1}\ \text{m})^2} = 1.1 \times 10^{-63}\ \text{J} = 6.9 \times 10^{-45}\ \text{eV}$$

의 값을 얻는다. 이러한 에너지 값은 너무나 작아 측정조차 할 수 없다. 다시 말해 거시적인 세계에서는 입자의 파동적인 성질을 감지할 수 없을 정도로 양자화가 너무 작다. 이 탁구공의 속도를 계산해 보면

$$v = \sqrt{\frac{2E_1}{m}} = \sqrt{\frac{(2)(1.1 \times 10^{-63}\ \text{J})}{(5 \times 10^{-3}\ \text{kg})}} = 6.6 \times 10^{-34}\ \text{m/s}$$

인데, 이 속도를 감지할 수 있겠는가? 정지하고 있는 것과 다름없다. 즉 거시적인 세계에서는 양자화의 효과가 무시될 수 있어 고전역학으로 취급해도 된다.

25.2 보어 원자

이제부터는 실제적인 수소원자에 대한 양자적인 이론을 탐색해 보기로 하자. 이 길을 처음으로 닦은 사람이 덴마크의 물리학자 보어(Niels Bohr, 1885~1962)이다. 우리는 이미 7장에서 수소원자에 대한 보어 이론의 결과를 더듬어본 적이 있다.

우선 고전적인 보어 이론을 이용하여 수소원자의 비밀을 풀어헤쳐 보기로 한다. 수소원자는 가운데 원자핵의 역할을 하는 양성자 하나와 그 주위를 도는 하나의 전자로 구성된 가장 간단한 원자 구조를 갖고 있다. 그림 25.2와 같이 양성자는 정지해 있고 전자가 원형 궤도를 돌며 운동하는 경우를 고려한다. 그러면 원형운동을 유지해 주는 구심력은 양성자와 전자 간의 전기적인 힘으로부터 나온다. 고전적인 뉴턴의 제2법칙을 이용하면 전자의 속도를 질량, 반지름, 전하로 나타낼 수 있다.

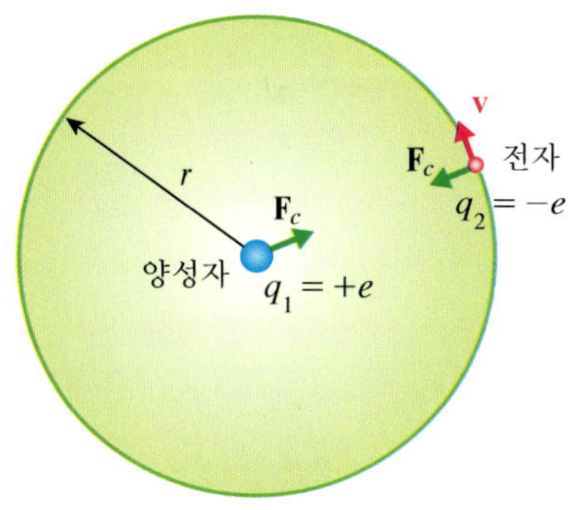

그림 25.2 수소원자 모형.

즉 구심력은 $F_c = m\dfrac{v^2}{r}$ 이고, 이 힘이 전기력 $F_e = \dfrac{1}{4\pi\epsilon_0}\dfrac{q_1 q_2}{r^2}$ 과 같아야 한다. 그리고 양성자와 전자의 전하의 크기가 같고, 이를 $e(= 1.6 \times 10^{-19}\ \mathrm{C})$라고 하면

$$m\frac{v^2}{r} = \frac{1}{4\pi\epsilon_0}\frac{e^2}{r^2}$$

이다. 이로부터 전자의 속도는

$$v = \frac{e}{\sqrt{4\pi\epsilon_0 mr}} \tag{25.7}$$

이 된다.

이때 수소원자가 가질 수 있는 총 에너지는 원자 안에서의 전자의 운동에너지와 퍼텐셜 에너지의 합으로부터 구한다.

$$E = \frac{1}{2}mv^2 - \frac{1}{4\pi\epsilon_0}\frac{e^2}{r}$$

여기에 위에서 구한 전자의 속도를 대입하면 다음과 같은 결론을 얻는다.

$$E = \frac{e^2}{8\pi\epsilon_0 r} - \frac{e^2}{4\pi\epsilon_0 r} = -\frac{1}{2}\frac{e^2}{4\pi\epsilon_0 r} \tag{25.8}$$

이것이 수소원자의 총 에너지이다. 7장에서 논의했지만 이러한 음의 값은 전자가 구속되어 있다는 것을 의미하며 그 값은 −13.6 eV이다.

그런데 위와 같은 총 에너지는 실험적으로 이온화 에너지에 속하며 따라서 직접 측정되는 값이다. 그러면 이러한 에너지 값으로부터 우리는 수소 원자의 반지름을 구할 수 있게 된다. 즉

$$r = -\frac{e^2}{8\pi\epsilon_0 E} = \frac{(1.6\times10^{-19}\ \mathrm{C})^2}{(8)(3.14)(8.85\times10^{-12}\ \mathrm{F/m})(-2.2\times10^{-18}\ \mathrm{J})} = 5.3\times10^{-11}\ \mathrm{m}$$

이다. 원자의 크기가 대략 0.1 nm라는 사실을 다시 한 번 강조한다.

그런데 수소원자에 있어 전자가 고속으로 원운동을 한다면 전자기적인 성질에 의해 모순이 생겨난다.

무엇일까? 그 모순은 가속되는 전하 입자는 복사에너지를 방출한다는 사실에서 나온다.

쌍극자에 의한 전자기파의 발생을 상기하면 쉽게 이해될 것이다. 그렇다면 전자는 복사에너지를 발생하면서 에너지를 소모하게 되고 결국엔 핵 속으로 빨려 들어가야 한다. 따라서 가운데 양성자의 핵이 있고 그 주위를 전자가 운동하는 모형은 전자기적 이론에 모순된다. 이러한 모순을 제거하여 수소원자의 구조를 처음으로 밝혀낸 사람이 보어이다.

보어는 수소의 전자가 안정된 궤도를 가지기 위해서는 두 가지 조건이 필요하다는 가설을 세웠다. 이를 보어의 양자 가설이라 부른다.

보어의 양자 가설

가설 1: 전자는 복사를 발생시키지 않고도 특별한 궤도에서 운동할 수 있으며 이를 정상 상태라고 한다. 그리고 특별한 궤도들은 각운동량에 대하여 다음과 같은 양자 궤도 조건을 만족해야 한다.

$$L = mvr = n\frac{h}{2\pi},\quad n = 1, 2, 3, \cdots \tag{25.9}$$

가설 2: 전자가 한 정상 상태에서 다른 정상 상태로 전이(transition)하면 에너지를 방출하거나 흡수하는 전자기 복사가 발생한다. 처음 정상 상태의 에너지를 E_i, 나중 정상 상태의 에너지를 E_f라 하면 방출되거나 흡수된 에너지는 다음과 같아야 한다.

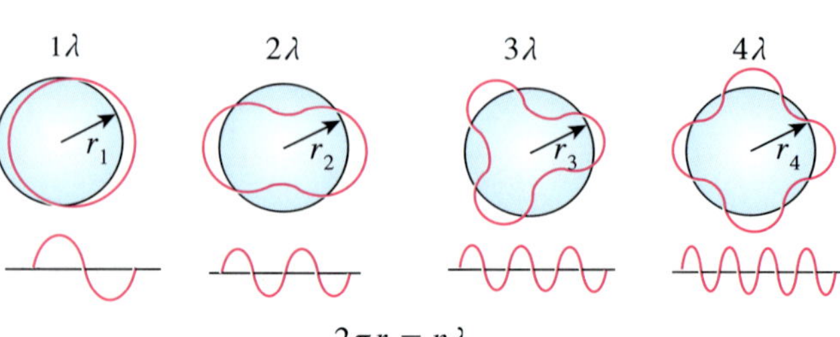

그림 25.3 보어의 원자 가설 1. 정상 궤도의 길이는 파장의 정수배이다.

$$E_i - E_f = hf \tag{25.10}$$

각운동량의 값이 $h/2\pi$의 정수배가 되어야 한다는 가설 1의 조건은 실제적으로 무엇을 의미할까? 드브로이의 물질파 조건인 식 (25.3)을 식 (25.9)에 대입하여 정리하면 파장과 반지름에 대한 다음과 같은 관계를 얻을 수 있다.

$$2\pi r_n = n\lambda \tag{25.11}$$

원의 둘레 길이가 파장의 정수배가 되어야 한다는 결론을 얻은 것이다. 이러한 결론은 앞에서 논의한 정상파의 조건과 일맥상통한다. 다시 말해 전자를 물질파, 즉 파동의 성질로 간주해야 한다는 의미이다.

이번에는 식 (25.7)인 $v = \dfrac{e}{\sqrt{4\pi\epsilon_0 mr}}$을 가설 1에 적용해 보자. 식 (25.9)에서

$$mr\frac{e}{\sqrt{4\pi\epsilon_0 mr}} = nh$$

가 되고, 양변을 제곱하여 반지름에 대한 식을 구하면 다음과 같다.

$$r_n = \frac{\epsilon_0 h^2}{\pi me^2}n^2, \quad n = 1, 2, 3, \cdots \tag{25.12}$$

r_1 값을 구해 보자.

$$r_1 = \frac{(8.85 \times 10^{-12}\ \mathrm{C^2/N\cdot m^2})(6.63 \times 10^{-34}\ \mathrm{J\cdot s})^2}{(3.14)(9.1 \times 10^{-31}\ \mathrm{kg})(1.6 \times 10^{-19}\ \mathrm{C})^2} = 5.3 \times 10^{-11}\ \mathrm{m}$$

이제 우리는 수소원자의 가장 안쪽 반지름 크기를 근본적으로 알게 되었으며 수소원자 크기에 대한 비밀을 파헤치게 되었다. 이 얼마나 놀라운 사실인가? 이와 같은 보어의 위대한 업적을 기려 r_1을 보어 반지름(Bohr's radius)이라고 이름 붙였으며 종종 a_0로 표기한다. 이러한 보어 반지름을 기준으로 삼아 반지름에 대한 양자화 조건을 표현하면

$$r_n = n^2 r_1 \tag{25.13}$$

으로 주어진다. 이 결과가 7장에서 다루었던 내용이다. 다음으로 총 에너지를 구해보자. 식 (25.8)에 식 (25.12)를 대입하여 정리하면 다음과 같다.

$$E_n = -\frac{1}{2}\frac{e^2}{4\pi\epsilon_0 r_n} = -\frac{me^4}{8\epsilon_0^2 h^2}\frac{1}{n^2} \tag{25.14}$$

식 (25.14)가 수소원자에 있어서의 에너지 양자화 식이다. 가장 낮은 에너지, 즉 바닥상태의 에너지는 $n = 1$인 때이므로 그 값은

$$E_1 = -\frac{(9.1 \times 10^{-31}\ \mathrm{kg})(1.6 \times 10^{-19}\ \mathrm{C})^4}{(8)(8.85 \times 10^{-12}\ \mathrm{C^2/N\cdot m^2})^2(6.63 \times 10^{-34}\ \mathrm{J\cdot s})^2} = -2.17 \times 10^{-18}\ \mathrm{J}$$
$$= -13.6\ \mathrm{eV}$$

이다. 수소의 이온화 에너지 값이 왜 그렇게 나오는지에 대한 이유를 알게 되었다. 그리고 그다음 $n = 2$의 에너지는 $E_2 = -0.54 \times 10^{-18}$ J $= -3.4$ eV가 된다. 이 결과 역시 우리는 7장에서 미리 살펴본 바 있다. 자연에 숨어 있는 비밀을 파헤친 것이다.

25.3 수소원자의 스펙트럼

이번에는 보어의 두 번째 가설인 $E_i - E_f = hf$를 논의하기로 한다. 처음의 안정된 궤도의 양자수를 n_i, 나중 궤도의 양자 상태의 수를 n_f라 하자. 그러면 식 (25.10)과 (25.14)로부터

$$hf = E_i - E_f = \frac{me^4}{8\epsilon_0^2 h^2}\left(\frac{1}{n_f^2} - \frac{1}{n_i^2}\right) \tag{25.15}$$

가 된다. 식 (25.15)는 수소원자의 복사에너지에 해당하는 빛의 스펙트럼을 나타내는 식이라고 할 수 있다. 만약 외부로부터 에너지를 받으면 전자는 처음 상태(대부분 바닥상태인 $n = 1$)의 에너지 준위에서 더 높은 에너지 준위로 올라갈 수 있다. 이러한 상태를 앞에서도 언급했지만 원자가 들뜬다(excited)는 의미로 들뜸상태라고 부른다. 그런데 이러한 들뜸상태들은 안정된 궤도가 아니라서 전자는 아주 짧은 시간에(대략 10^{-8} s) 다시 안정된 바닥상태로 전이하게 된다. 이때 전이하는 과정에서 두 에너지 준위 상태들의 에너지 차에 해당하는 빛을 발하게 되고, 이를 수소의 선 스펙트럼(line spectrum)이라 부른다. 물론 이러한 스펙트럼들은 전자기파의 일종이다. 스펙트럼들의 진동수는 다음과 같이 표현된다. 즉 식 (25.15)로부터

$$f = \frac{me^4}{8\epsilon_0^2 h^3}\left(\frac{1}{n_f^2} - \frac{1}{n_i^2}\right) = 3.29 \times 10^{15}\left(\frac{1}{n_f^2} - \frac{1}{n_i^2}\right)/\text{s} \tag{25.16}$$

이다. 그리고 이에 대한 파장은 $f = c/\lambda$로부터

$$\frac{1}{\lambda} = \frac{me^4}{8\epsilon_0^2 h^3 c}\left(\frac{1}{n_f^2} - \frac{1}{n_i^2}\right) = 1.097 \times 10^7\left(\frac{1}{n_f^2} - \frac{1}{n_i^2}\right)/\text{m} \tag{25.17}$$

이다.

그런데 위 식은 스위스의 수학자인 발머(Johann Jakob Balmer, 1825~1898)가 수소원자 가시광선의 스펙트럼을 연구하는 과정에서 얻은 다음과 같은 식과 일치한다.

$$f = R\left(\frac{1}{n_f^2} - \frac{1}{n_i^2}\right)$$

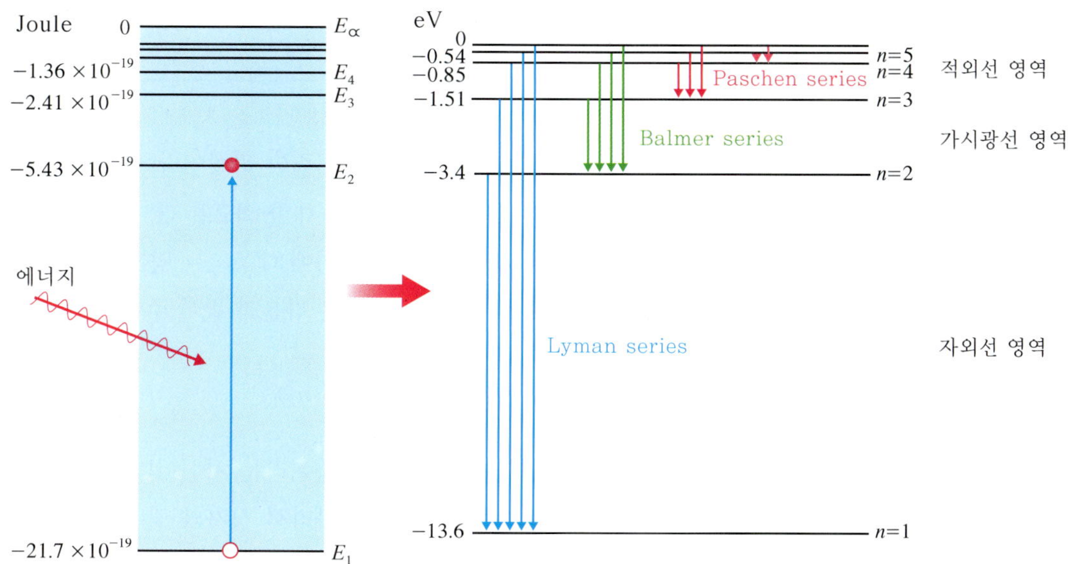

그림 25.4 수소원자의 에너지 준위와 방출 스펙트럼. 수소원자가 외부로부터 에너지를 받으면 전자는 높은 에너지 준위 상태로 점프하게 된다. 들뜬 전자가 다시 낮은 에너지 상태로 내려오면서 처음 상태와 나중 상태의 에너지 차이에 의해 다양한 에너지를 갖는 스펙트럼선들을 방출한다.

위와 같은 발머의 식으로부터 스웨덴의 뢰드베르그(Johannes Rydberg, 1854~1919)는 수소원자의 파장에 대한 일반 공식—식 (25.17)—을 도출했다. 따라서 오늘날 이러한 R의 값을 **뢰드베르그 상수**라고 부른다. (국내의 물리학 책들에는 Rydberg가 **리드베리**라고 번역되어 나온다. 케임브리지 대학교에서 펴낸 과학자 인명사전에는 Rydberg의 발음이 [rüdberg]로 표기되어 있다.) 위와 같은 발머의 공식으로부터 발머는 n_f가 2가 아닌 경우의 영역, 즉 자외선($n_f = 1$) 및 다양한 적외선($n_f = 3, 4, 5$)의 스펙트럼선들을 예견할 수 있었다. 그림 25.4는 수소원자 스펙트럼선들의 종류를 수소원자 에너지 준위에 입각하여 나타낸 그림으로, 각 스펙트럼 계열의 이름들은 실험적으로 발견한 사람들의 이름에 해당한다.

위와 같이 보어 이론은 수소원자에 대한 스펙트럼선들의 속성을 밝히는 데 큰 공헌을 하였다. 그러나 그 한계점들이 곧 드러내기 시작하였다. 예를 들면 에너지 준위 사이에서 일어나는 전이들에 대한 상대적인 확률을 계산할 수 없으며, 수소원자를 제외한 다른 원자들의 스펙트럼을 설명해 주지 못한다. 더욱이 수소원자의 선 스펙트럼들을 더 정밀하게 관측한 결과 기존 선들에서 더 미세한 부분으로 나누어지는 현상이 발견되었다. 즉 수소원자에 자기장을 걸면 그림 25.5에서 보듯이 하나의 선 스펙트럼이 세 가닥으로 갈라지는 제만 효과(Zeeman effect) 현상이 나왔다. 이러한 결과는 양자수가 n 이외에 더 존재할 수 있다는 것을 의미한다.

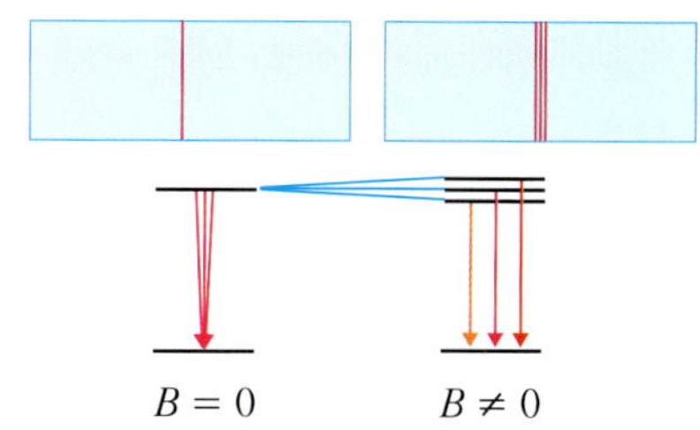

그림 25.5 스펙트럼선의 분리. 자기장을 가하면 하나의 스펙트럼선이 3개로 갈라지기도 한다. 이러한 현상을 제만 효과(Zeeman effect)라고 부른다.

25.4 전자의 양자수

식 (25.4)인 $\lambda_n = \frac{2L}{n}$은 오직 한 방향, 즉 1차원만 고려한 파장이다. 그림 25.6에서 보듯이 상자는 사실상 3차원 공간을 점유하고 이에 대한 좌표는 (x, y, z)이다. 따라서 파장 역시 세 가지 성분으로 나누어져야 하며, 이에 대응되는 양자수는 n_x, n_y, n_z가 된다. 따라서 양자 에너지를 표현하는 식 (25.6)은 다음과 같이 주어진다.

$$E_n = \frac{p_n^2}{2m} = \frac{h^2}{8mL^2}(n_x^2 + n_y^2 + n_z^2) \tag{25.18}$$

그런데 원자는 상자 모양이 아니라 공(sphere) 모양이라는 사실이다. 즉 전자는 원자의 핵을 중심으로 공꼴 형태로 운동하고 있다. 따라서 상자와 같은 형태를 나타내는 데 사용되는 (x, y, z) 좌표계는 전자의 운동을 기술하는 데는 불편하다. 이에 알맞은 좌표계가 공꼴 좌표계(spherical coordinates)이다. 공꼴 좌표계는 그림 25.6에서 보듯이 (r, θ, ϕ)로 나타낸다. 그렇다면 이러한 좌표계에 의한 수소원자의 양자화된 에너지는 다음과 같이 표현될 수 있을까?

$$E_n = -\frac{me^4}{8\epsilon_0^2 h^2}\left(\frac{1}{n_r^2} + \frac{1}{n_\theta^2} + \frac{1}{n_\phi^2}\right)$$

결론은 "안 된다"이다. 위와 같이 표현될 수 있다면 보어 이론에 의한 수소원자의 선 스펙트럼들에 대한 정확한 결과는 무의미해져 버리기 때문이다. 그렇다면 3차원 공간에 대한 다른 양자수는 어떠한 형태로 나타나는 것일까?

그것은 전자의 각운동량과 관계 있다. 우리는 입자들의 회전운동을 다루면서 각운동량을 배운 바 있으며, 아울러 분자들의 회전에 의한 각운동량의 양자화도 들여다본 적이 있다. 양자화된 전자의 각운동량은 다음과 같이 정의된다.

$$L = \sqrt{l(l+1)}\,\hbar, \qquad l = 0, 1, 2, 3, \cdots, (n-1) \tag{25.19}$$

그림 25.6 3차원 공간과 대응 양자수.

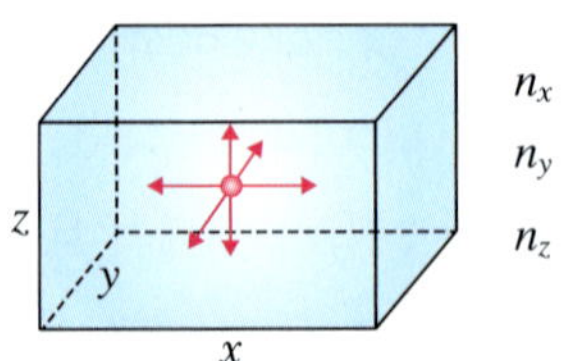

(a) 실제적인 상자는 3차원 공간(x, y, z)을 갖는다. 따라서 이에 대응되는 양자수 n 역시 세 가지여야 한다.

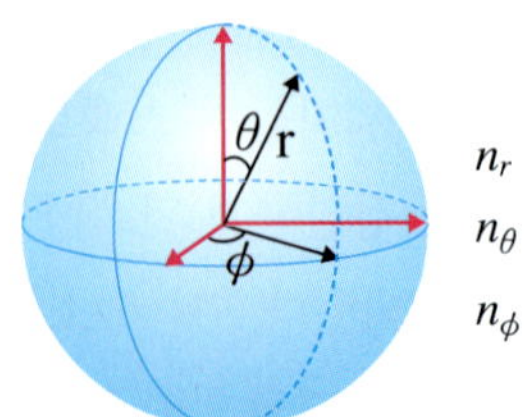

(b) 원자의 모형은 공꼴에 가깝기 때문에 3차원을 묘사하는 좌표는 공꼴 좌표가 적합하며, 이에 대응되는 양자수도 세 가지가 존재한다.

그림 25.7 각운동량의 양자화.

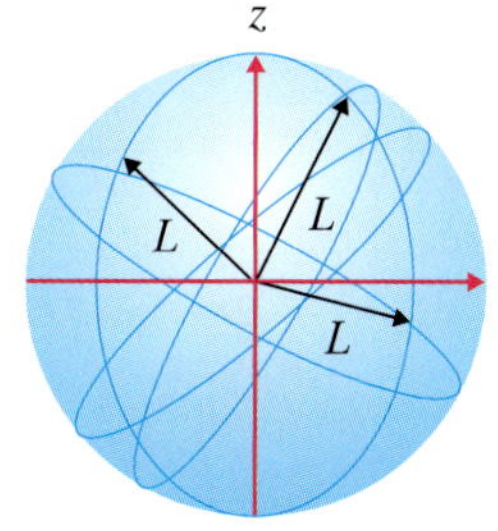

$$L = \sqrt{l(l+1)}\,\hbar$$
$$\hbar = \frac{h}{2\pi}$$

(a) 궤도 양자수: 각운동량의 크기는 궤도 양자수 l로 결정된다.

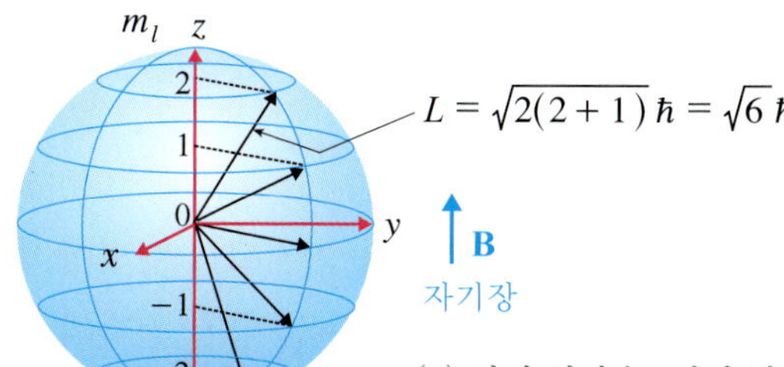

(b) 자기 양자수: 자기 양자수 m_l은 각운동량의 방향을 정한다.

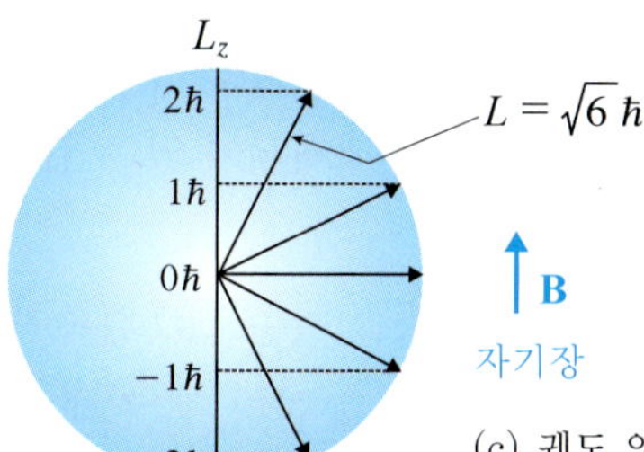

(c) 궤도 양자수가 2인 경우 자기장의 방향인 z 방향으로 각운동량이 양자화된 모습.

여기서 l을 궤도 양자수(orbital quantum number)라 부르며 각운동량의 크기 L을 결정한다. 이에 반해 n을 주 양자수(principal quantum number)라고 부른다. 주 양자수 n에는 n개의 서로 다른 궤도 양자수가 존재한다. 만약 주 양자수가 $n = 2$라면 궤도 양자수는 $l = 0$과 $l = 1$ 등 2개를 갖는다. 그런데 이러한 궤도 양자수는 각운동량의 크기만을 결정할 뿐 방향에 대한 정보는 갖고 있지 않다. 따라서 각운동량의 방향을 결정해 주는 양자수 도입이 필요하며 이러한 양자수를 자기 양자수(magnetic quantum number)라 한다. 원자가 외부 자기장에 걸려 있을 때 자기 양자수가 분리되어 나오며 이러한 이유로 자기 양자수라고 부른다. 자기 양자수는 보통 m_l로 표기되며 궤도 양자수에 대하여 다음과 같은 값을 갖는다.

$$m_l = -l,\ -l+1,\ \cdots,\ -1,\ 0,\ 1, \cdots,\ l-1,\ l \tag{25.20}$$

만약 $l = 2$라면 자기 양자수는 $m_l = -2, -1, 0, 1, 2$ 등 다섯 가지를 갖는다.

그림 25.7은 각운동량의 양자화 모습을 알기 쉽게 나타낸 것이다. 각운동량의 크기가 같다고 하더라도 자기장에 나란한 성분의 크기가 5개로 나누어진 모습에서 공간의 양자화 개념에 대한 윤곽이 잡힐 것이다.

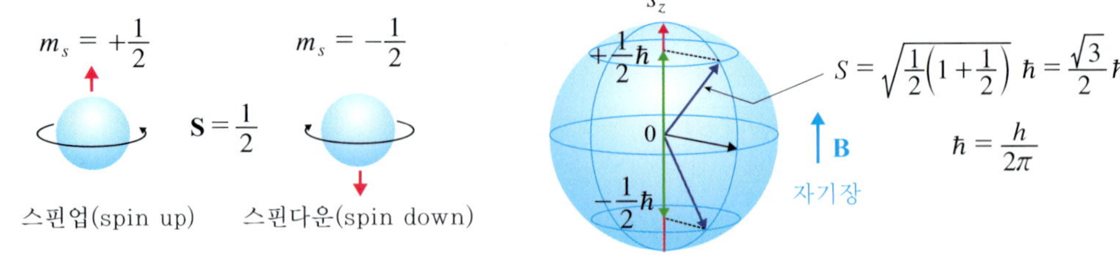

(a) 스핀 양자수 (b) 전자 스핀의 크기와 방향

그림 25.8 전자의 스핀과 양자수.

전자의 스핀

그런데 전자의 성질을 파악하는 데 위와 같은 3개의 양자수를 가지고도 설명이 안 되는 현상이 발견되었다. 그것은 전자의 스핀(electron spin) 현상이다. 전자의 스핀은 전하와 같은 전자 고유의 성질로 각운동량에 대한 성질을 나타내는 고유 개념이다. 이러한 스핀은 마치 지구의 자전처럼 전자의 자전운동과 비교되는 경우가 있으나, 근본적으로 자전 현상과는 다른 양자적 성질로 자연 속에 내재되어 있는 입자의 고유 성질 중 하나이다.

그림 25.8을 보자. 전자의 스핀은 오른손 법칙에 따른 벡터곱을 기준으로 위쪽 방향의 스핀을 업(up), 아래쪽 방향의 스핀을 다운(down) 상태라고 한다. 그런데 이러한 전자의 스핀을 나태내기 위한 양자수는 1/2이라는 사실에 주목하자. 이때 2개의 스핀 방향을 결정해 주는 양자수를 스핀 양자수라 하며 보통 m_s로 표기한다. 그러면 스핀업의 양자수는 $m_s = +\frac{1}{2}$, 스핀다운의 양자수는 $m_s = -\frac{1}{2}$로 주어진다. 주 양자수는 물론 궤도 양자수와 자기 양자수가 정수로 나타나는 반면 스핀 양자수는 정수 1의 반값으로 나오는 것이 이상하다고 여겨지지 않는가? 그러나 아무리 이상하다고 여겨져도 어쩔 수 없다. 원자나 분자와 같은 작은 세계에서 드러나는 양자화의 성질들은 그야말로 수수께끼와 같기 때문에 일상적인 경험으로는 이해하기 어려운 경우가 많다.

이로써 원자 내에 존재하는 전자의 성질을 나타내는 데 필요한 양자수가 모두 드러난 셈이다. 이상의 양자수를 정리하면 표 25.1과 같다.

표 25.1 원자 안에 있는 전자에 대한 양자수.

명칭	기호	값	물리량
주 양자수	n	1, 2, 3, ⋯	전자의 에너지
궤도 양자수	l	0, 1, 2, ⋯, $n-1$	각운동량의 크기
자기 양자수	m_l	$-l$, ⋯, 0, ⋯, l	각운동량의 방향
스핀 양자수	m_s	1/2, −1/2	스핀의 방향

25.5 원자들의 전자 배치: 주기율표

대부분의 원자들은 2개 이상의 전자를 갖는다. 그렇다면 이러한 다전자 원자들의 구조, 즉 전자들의 배치는 어떻게 이루어지는 것일까? 원자번호가 8인 산소원자는 전자를 8개 가지고 있다. 그렇다면 8개의 전자들은 양자 상태를 어떻게 점유해 나갈까? 8개의 전자들은 주 양자수가 $n = 1$인 상태에 모두 들어갈 수 있을까? 그렇지 못하다면 $n = 2$ 상태들에는 몇 개가 들어갈 수 있을까? 놀랍게도 양자수에는 전자들이 점유할 수 있는 제약이 있다는 원리가 존재한다. 이를 배타 원리라고 부른다.

배타 원리(Exclusion Principle)

표 25.1에 나타낸 양자수에 대한 각각의 값들은 고유 양자 상태를 나타낸다고 하겠다. 이때 이러한 양자 상태에는 오직 전자 1개만이 점유될 수 있다. 예를 들면 $n = 1$이고 따라서 $l = 0$인 경우에는 $m_s = +1/2$ 상태에 전자 하나, $m_s = -1/2$ 상태의 전자 하나가 점유된다. 따라서 주 양자수가 $n = 1$인 상태에는 전자가 2개 들어갈 수 있다고 하겠다. 물론 엄밀히 말하자면 같은 상태의 전자가 아니라 하나는 스핀업, 다른 하나는 스핀다운 상태를 갖는다. 이와 같은 원리는 오스트리아의 물리학자인 파울리(Wolfgang Pauli, 1900~1958)에 의해 발견되어 파울리의 배타 원리라고 알려져 있다. 이제 이러한 배타 원리에 입각하여 전자들이 어떻게 배열되는지 살펴보기로 한다.

우선 양자수에 해당하는 궤도에는 발견에 대한 역사적인 이유로 인하여 특별히 명칭이 부여되는 경우가 많다. 따라서 주 양자수에 해당하는 궤도의 공간을 주(main) 껍질(shell)이라고 부른다. 이러한 주 양자수의 껍질에 대한 각각의 기호는 표 25.2와 같다. 반면에 궤도 양자수 l에 의해 점유되는 공간은 부껍질(subshell)이라 한다. 이러한 부껍질에 대해서도 그 명칭, 즉 기호가 있는데 표 25.3과 같다. 그리고 주 양자수와 궤도 양자수를 조합한 전자들의 양자 상태들에 대한 기호는 표

표 25.2 주 양자수에 대한 껍질 기호.

n	1	2	3	4	5
기호	K	L	M	N	O

표 25.3 궤도 양자수에 대응되는 부껍질과 그 명칭.

l	0	1	2	3	4	5	6
명칭	s	p	d	f	g	h	i

표 25.4 원자 안에 있는 전자의 양자 상태들에 대한 기호.

	$l = 0$	$l = 1$	$l = 2$	$l = 3$	$l = 4$
$n = 1$	1s				
$n = 2$	2s	2p			
$n = 3$	3s	3p	3d		
$n = 4$	4s	4p	4d	4f	
$n = 5$	5s	5p	5d	5f	5g

25.4와 같다.

이번에는 주 양자수가 받아들일 수 있는, 즉 점유할 수 있는 전자들의 개수가 어떻게 되는지 살펴보기로 한다. 예를 들어 $n = 2$인 경우를 들여다보자. 그림 25.9를 보라. 우선 궤도 양자수에 해당하는 부껍질이 2개 존재한다. 하나는 $l = 0$이고 다른 하나는 $l = 1$이다. $l = 0$에서 자기 양자수는 존재할 수 없으므로 스핀 상태인 스핀업과 스핀다운에 전자 하나씩이 점유되어 결국 2개의 전자가 들어갈 수 있다. 이와 같은 점유 상태를 기호로 표시하면 $2s^2$가 된다. 반면에 $l = 1$인 부껍질 $2p$에는 자기 양자수가 3개 존재한다. 즉 $m_l = -1, 0, 1$이다. 이러한 자기 양자수 각각에 스핀업과 스핀다운 상태가 존재할 수 있으므로 결국 모두 6개의 양자 상태가 존재하게 되어 최대 전자 6개가 들어갈 수 있다. 이를 기호로 표시하면 $2p^6$이다. 따라서 $n = 2$인 껍질에는 최대 8개의 전자가 점유할 수 있다. 일반적으로 껍질 n에 대하여 모두 $2n^2$개의 양자 상태가 존재하며 이만큼의 전자들이 점유할 수 있게 된다. 그림 25.9는 $n = 2$인 전자의 양자 상태들을 이해하기 쉽도록 도표화한 것이다. 보통 스핀업 상태를 화살표 ↑로, 스핀다운 상태를 화살표 ↓로 표기한다.

전자가 배치될 때 주 껍질 혹은 부껍질을 완전히 채우게 되는 경우 이를 닫힌 껍질(closed shell)을 이룬다고 한다. 전자들의 배치(configuration, 혹은 배위라고도 부름)가 이렇게 닫힌 껍질을 이루게 되면 전자들의 총 스핀은 0이 되어 이에 해당하

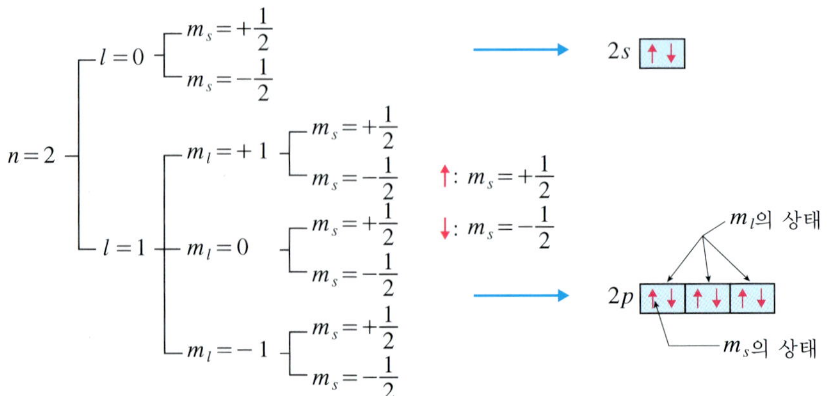

그림 25.9 주 양자수 $n = 2$인 전자의 양자 상태.

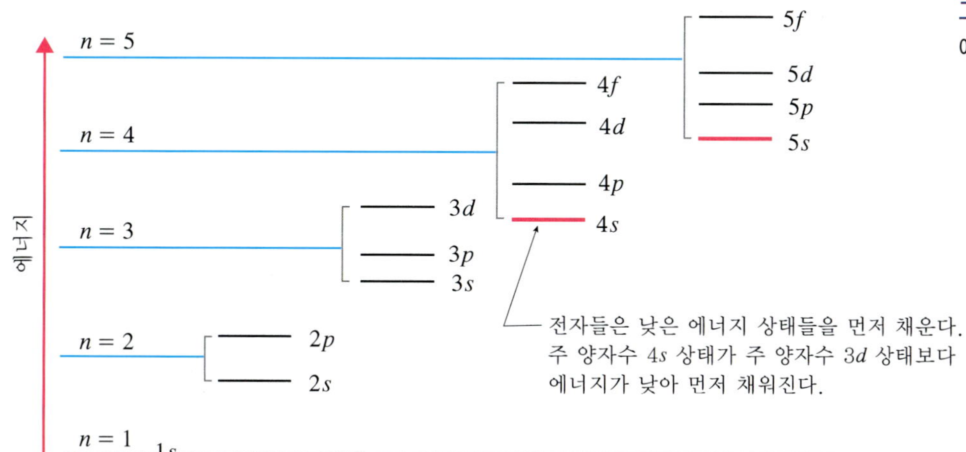

그림 25.10 다전자 원자의 전자 궤도의 양자 에너지 상태 순서도.

는 원자는 자기 쌍극자 모멘트를 갖지 못한다. 이러한 결과 닫힌 껍질에 있는 전자들은 외부의 전자들과 상호 반응을 하지 않게 되어 안정된 원자 상태를 이룬다. 이러한 원자들이 주기율표의 8A족(지금은 18족이라 한다. 그림 25.11 참조) 원소들인 불활성 기체들(inert gases)이다.

그런데 다전자 원자들에 있어서 전자 배치는 주 양자수에 따라 차례대로 채워지지 않는다. 예를 들면 그림 25.10에서 보듯이 주 양자수 4에 해당하는 4*s* 상태의 에너지 준위가 주 양자수 3의 3*p* 궤도 준위보다 낮다. 가령 원자번호 19번인 K(칼륨. 영어로는 potassium)인 경우 3*p*를 채우고 나서 3*d*로 가는 것이 아니라 4*s* 상태에 전자가 배치된다.

수소원자부터 원자번호 11번까지의 몇몇 원자들에 대한 전자 배치(electron configuration)는 표 25.5와 같다. 여기서 전자 스핀은 가장 바깥쪽 부껍질에 배치된 전자—이를 최외각 전자라고 부름—의 스핀 상태를 의미한다.

표 25.5 원자번호 11번 이하 원자들의 전자 배치표.

원소(element)	원자번호 (atomic number)	전자 배치 (electron configuration)	전자 스핀 (electron spin)
수소(H)	1	$1s^1$	↑
헬륨(He)	2	$1s^2$	↑ ↓
탄소(C)	6	$1s^2 2s^2 2p^2$	↑ ↑
산소(O)	8	$1s^2 2s^2 2p^4$	↑ ↓ ↑ ↑
붕소(F)	9	$1s^2 2s^2 2p^5$	↑ ↓ ↑ ↓ ↑
네온(Ne)	10	$1s^2 2s^2 2p^6$	↑ ↓ ↑ ↓ ↑ ↓
나트륨(Na)	11	$1s^2 2s^2 2p^6 3s^1$	↑

주기율표

그림 25.11은 원소의 **주기율표**이다. 주기율표와 전자 배치도와의 상관성을 알아보자. 주기율표에서 1A족을 보면 모두 s^1 전자 배치를 갖고 있다는 것을 알 수 있다. 2A족은 s^2 전자 배치를, 3A인 경우 s^2p^1 전자 배치를 하고 있다. 각 족마다 이러한 형태로 구분되어 있으며, 각 족들에서 나타나는 비슷한 화학적 성질들이 결국은 전자 배치의 유사성에서 나오는 것임을 알 수 있다. 주기율표에서 1A족과 2A족 원소들은 부껍질에 해당하는 s 궤도를 채우고 있는데 이를 s−블록 원소(s−block elements)라 하고, 3A족에서 8A족까지의 원소들은 p 궤도를 채우고 있어 p−블록 원소(p−block elements)라 한다. 반면에 표의 중앙 전이 금속들은 d 궤도를 채우고 있어 d−블록 원소(d−block elements)라 한다.

이러한 d−블록 원소들 중 철(Fe), 코발트(Co), 니켈(Ni) 등은 자석의 성질이 강한 것이 특징이다. 그 이유는 $4s$를 채우고 난 다음 나머지 전자들이 $3d$ 부껍질을 채우면서 스핀이 같은 상태를 유지하려는 속성 때문이다. 이러한 전자들의 성질은 훈트의 규칙(Hund's rule)으로 알려져 있다. 철인 경우 6개의 전자 중 $3d$ 껍질의 5개 방 중 1개의 방에서만 짝을 이루고, 나머지 4개의 방에 같은 스핀 상태의 전자들이 배치되어 그만큼 자기 모멘트의 크기가 세어져 강자성 물질이 된다.

표 25.5 강자성 원자들의 전자 배치표.

원소(element)	원자번호 (atomic number)	전자 배치 (electron configuration)	전자 스핀 (electron spin)
철(Fe)	26	$1s^22s^22p^63s^23p^64s^23d^6$	↓ ↑ ↑ ↑ ↑ ↑
코발트(Co)	27	$1s^22s^22p^63s^23p^64s^23d^7$	↓ ↑ ↓ ↑ ↑ ↑ ↑
니켈(Ni)	28	$1s^22s^22p^63s^23p^64s^23d^8$	↓ ↑ ↓ ↑ ↓ ↑ ↑ ↑

Periodic Table of the Elements

원자번호 (atomic number) / 화학원소 (chemical elements) / 원자 질량 (atomic mass): 1 H 1.008

$^{12}_{6}C_{6}$ $^{13}_{6}C_{7}$ — 질량수 (mass number), 양성자 수 (proton number), 중성자 수 (neutron number)

동위원소(isotopes) 표기법

족 (group)	1A 1	2A 2	3B 3	4B 4	5B 5	6B 6	7B 7	8B 8	8B 9	8B 10	1B 11	2B 12	3A 13	4A 14	5A 15	6A 16	7A 17	8A 18
	주족(main groups)																주족(main groups)	
주기(Period) 1	1 H 1.008																	4 He 4.0026
2	3 Li 6.94	4 Be 9.01											5 B 10.81	6 C 12.01	7 N 14.01	8 O 15.999	9 F 19.00	10 Ne 20.18
3	11 Na 22.99	12 Mg 24.31											13 Al	14 Si 28.09	15 P 30.97	16 S 32.06	17 Cl 35.45	18 Ar 39.95
4	19 K 39.10	20 Ca 40.08	21 Sc 44.96	22 Ti 47.90	23 V 50.94	24 Cr 52.00	25 Mn 54.94	26 Fe 55.85	27 Co 58.93	28 Ni 58.70	29 Cu 63.55	30 Zn 65.38	31 Ga 69.72	32 Ge 72.59	33 As 74.92	34 Se 78.96	35 Br 79.90	36 Kr 83.80
5	37 Rb 85.47	38 Sr 87.62	39 Y 88.91	40 Zr 91.22	41 Nb 92.91	42 Mo 95.94	43 Tc (97)	44 Ru 101.1	45 Rh 102.9	46 Pd 106.4	47 Ag 107.9	48 Cd 112.4	49 In 114.8	50 Sn 118.7	51 Sb 121.8	52 Te 127.6	53 I 126.9	54 Xe 131.3
6	55 Cs 132.9	56 Ba 137.3	57-71 *	72 Hf 178.5	73 Ta 180.9	74 W 183.9	75 Re 186.2	76 Os 190.2	77 Ir 192.2	78 Pt 195.1	79 Au 197.0	80 Hg 200.6	81 Tl 204.4	82 Pb 207.2	83 Bi 209.0	84 Po (209)	85 At (210)	86 Rn (222)
7	87 Fr (223)	88 Ra 226.0	89-103 †	104 Rf (257)	105 Db (262)	107 Bh (264)	108 Hs (277)	109 Mt (268)	110 Ds (281)	111 Rg (272)	112 Uub (285)	113 Uut (278)						

*Rare earths (Lanthanides)	57 La 138.9	58 Ce 140.1	59 Pr 140.9	60 Nd 144.2	61 Pm (145)	62 Sm 150.4	63 Eu 152.0	64 Gd 157.3	65 Tb 158.9	66 Dy 162.5	67 Ho 164.9	68 Er 167.3	69 Tm 168.9	70 Yb 173.04	71 Lu 174.97
†Actinides	89 Ac (227)	90 Th 232.0	91 Pa 231.04	92 U 238.03	93 Np (237)	94 Pu (244)	95 Am (243)	96 Cm (247)	97 Bl (247)	98 Cf (251)	99 Es (254)	100 Fm (257)	101 Md (258)	102 No (255)	103 Lr (260)

그림 25.11 주기율표(Periodic Table of the Elements).

25장 학습문제

25.1 파장이 650 nm인 한 광자의 에너지를 구하라.

풀이: $E = hf = \dfrac{hc}{\lambda} = \dfrac{(6.63 \times 10^{-34}\ \mathrm{J \cdot s})(3.0 \times 10^{8}\ \mathrm{m/s})}{6.5 \times 10^{-7}\ \mathrm{m}} = 3.06 \times 10^{-19}$ J이다. 이를 eV 단위로 환산하면 $E = \dfrac{3.06 \times 10^{-19}\ \mathrm{J}}{1.60 \times 10^{-19}\ \mathrm{J/eV}} = 1.9\ \mathrm{eV}$ 이다.

25.2 인간의 눈은 전자기파 에너지를 약 10^{-18} J까지 감지할 수 있다고 한다. 그렇다면 인간의 눈은 550 nm인 광자를 최소한 몇 개까지 감지할 수 있는가?

풀이: $E_n = nhf = n\dfrac{hc}{\lambda}$ 에서 $n = \dfrac{\lambda}{hc}E_n = \dfrac{(5.5 \times 10^{-7})(10^{-18})}{(6.63 \times 10^{-34})(3.0 \times 10^{8})} = 2.8$ 이므로, 3개의 광자가 눈에 들어오면 그 빛의 감도를 느낄 수 있다.

25.3 태양에서 방출된 복사에너지는 지구에 도달하면 빛의 방향에 수직인 표면에 평균 1.4 $\mathrm{kW/m^2}$의 율로 전달된다. 빛의 진동수를 평균 5.0×10^{14} Hz라고 가정하여 다음 물음에 답하라. 지구의 공전 궤도는 원이라고 간주하며 그 반지름은 1.5×10^{11} m이다.

(a) 태양과 수직에 있는 지구 표면 1 $\mathrm{cm^2}$에는 초당 몇 개의 광자가 도달하는가?

(b) 태양의 출력(전력)은 얼마인가? 그리고 초당 몇 개의 광자를 방출하는가?

풀이: (a) $E = nhf$에서

$$n = \frac{E}{hf} = \frac{(1.4 \times 10^{3}\ \mathrm{W/m^2})(10^{-4}\ \mathrm{m^2})}{(6.63 \times 10^{-34}\ \mathrm{J \cdot s})(5.0 \times 10^{14}/\mathrm{s})} = 4.2 \times 10^{8}\ \mathrm{photons/s}$$

이다.

(b) 지구에 도달한 복사에너지를 지구 공전 궤도에 대한 전 면적으로 계산해 주면 태양의 초당 총 에너지가 나온다. 따라서

$$P = (1.4 \times 10^{3}\ \mathrm{W/m^2})(4\pi r^2) = (1.4 \times 10^{3}\ \mathrm{W/m^2})(4)(3.14)(1.5 \times 10^{11}\ \mathrm{m})^2 = 4.0 \times 10^{26}\ \mathrm{W}$$

이다. 그리고 이에 대한 초당 광자의 수는

$$n = \frac{P}{hf} = \frac{4.0 \times 10^{26}\ \mathrm{W}}{(6.63 \times 10^{-34}\ \mathrm{J \cdot s})(5.0 \times 10^{14}/\mathrm{s})} = 1.2 \times 10^{45}\ \mathrm{photons/s}$$

이다.

25.4 텔레비전 브라운관에 있는 전자총은 전자를 5000 V로 가속시킨다. 전자의 파장을 구하라.

풀이: 전자의 에너지는 $E = eV$이므로, $E = (1.6 \times 10^{-19}\ \mathrm{C})(5 \times 10^{3}\ \mathrm{V}) = 8.0 \times 10^{-16}$ J이다.

$E = \frac{1}{2}m_e v^2 = \frac{(m_e v)^2}{2m_e} = \frac{p^2}{2m_e}$ 에서 운동량은

$$p = \sqrt{2m_e E} = \sqrt{2(9.1 \times 10^{-31}\ \mathrm{kg})(8.0 \times 10^{-16}\ \mathrm{J})} = 12 \times 10^{-24}\ \mathrm{kg(m/s)}$$

이다. 그러므로 구하고자 하는 파장은

$$\lambda = \frac{h}{p} = \frac{6.63 \times 10^{-34}}{12 \times 10^{-24}} = 0.55 \times 10^{-10}\ \mathrm{m}$$

이다. 원자 크기 정도의 파장에 속한다. 따라서 전자의 파동 성질을 이용하면 원자와 같은 작은 입자들의 모습을 그리는 데 적합하다. 이 원리를 이용한 것이 전자 현미경이다.

25.5 원자의 크기는 일반적으로 10^{-10} m(0.1 nm) 범위이다. 전자 하나가 원자 속에서 가질 수 있는 최소 에너지를 구해 보라. 원자는 폭이 0.1 nm라고 생각하라.

풀이: 식 $E_n = \frac{h^2}{8mL^2}n^2$ 에서 $n = 1$, $L = 10^{-10}$ m인 경우이다. 그러면

$$E_1 = \frac{(6.63 \times 10^{-34}\ \mathrm{J \cdot s})^2}{(8)(9.1 \times 10^{-31}\ \mathrm{kg})(10^{-10}\ \mathrm{m})^2} = 6.0 \times 10^{-18}\ \mathrm{J}$$

이다. 이 에너지를 eV 단위로 환산하면

$$E_1 = \frac{6.0 \times 10^{-18}\ \mathrm{J}}{1.6 \times 10^{-19}\ \mathrm{J/eV}} = 38\ \mathrm{eV}$$

가 된다. 이러한 결론은 원자가 가질 수 있는 전자들의 구속된 에너지가 수십 eV에 해당한다는 것을 보여준다.

25.6 현재는 물질을 나노(10^{-9} m) 크기만큼 작게 만든 소자들이 등장하여 최첨단 기기들의 소자로 쓰이고 있다. 그중 나노 결정(nano crystal) 기술이 유명하다. 이러한 나노 결정 크기의 필름형 소자를 만들면 소위 양자 우물 퍼텐셜이 만들어지면서 양자적 효과가 현저하게 드러난다. 즉 앞에서 다루었던 상자와 같은 의미이다. 그러면 전자와 정공 결합에 따른 에너지를 다양하게 이용하는 것이 가능하다. 이때 전자-정공이 붙어 있으면서 들뜸 상태를 유지하는 입자를 **들뜸자(exciton)**라 부른다. 이러한 들뜸자는 실리콘과 같은 나노 결정 안에서 앞에서 다룬 상자 속의 입자처럼 양자화되어 에너지를 발산한다. 어느 실리콘 반도체의 나노 결정체의 양자점 크기가 1.2 nm라면 이 속에 형성된 들뜸자의 에너지는 얼마인가? 이 결정체의 띠간격(band gap) 에너지는 2.3 eV이다. 여기서 띠간격이라고 하는 것은 실리콘과 같은 결정성 물질인 경우 원자 상태에서 나오는 에너지 간격과 비슷한 고체의 에너지 상태들에 대한 간격이라고 보면 된다. 그리고 띠(band)라고 하는 것은 물질을 이루게 되면 원자들이 아보가드로 수만큼 존재하게 되는데, 이에 따라 에너지 상태들이 조밀하게 되면서 형성되는 에너지 상태를 말한다. 다시 말해 에너지 상태들의 밀집성에 해당한다.

풀이: 나노 결정에 구속된 들뜸자의 에너지는 다음과 같이 주어진다.

$$E = E_g + \frac{h^2}{8\,ML^2}$$

여기서 들뜸자의 결합에너지는 무시하였다. E_g는 반도체 물질 등에서 나타나는 띠간격 에너지이다. 질량은 전자와 정공의 질량의 합이며 정공의 질량 크기는 전자와 같다고 보자. 그러면

$$M = m_e + m_h = 2m_e$$

이다. 따라서

$$\frac{h^2}{8\,ML^2} = \frac{(6.63 \times 10^{-34}\ \mathrm{J \cdot s})^2}{(8)(2)(9.1 \times 10^{-31}\ \mathrm{kg})(1.2 \times 10^{-9}\ \mathrm{m})^2}$$
$$= 0.25 \times 10^{-19}\ \mathrm{J}$$

이 된다. 이 값은 0.16 eV에 해당한다. 결국 들뜸자의 에너지는 2.46 eV가 된다.

25.7 수소원자의 총 에너지는 $E = \frac{p^2}{2\,m} - \frac{1}{4\pi\epsilon_0}\frac{e^2}{r}$로 주어진다. 여기서 $p = mv$이다. 보어의 수소에 대한 양자 가설 중 $pr = \frac{h}{2\pi}$라는 조건을 총 에너지에 적용시켜 다음 물음에 답하라.

(a) 총 에너지의 값을 반지름 r에 대한 식으로 표현하고 그래프로 그려라.

(b) 그래프에 대한 최소값을 구하고 최소값에 해당하는 거리를 구하라.

풀이: (a) 식 $E = \frac{p^2}{2m} - \frac{1}{4\pi\epsilon_0}\frac{e^2}{r}$에서 운동량을 $p = \frac{h}{2\pi r}$로 대체시켜 정리하면

$$E = \frac{h^2}{8\pi^2 mr^2} - \frac{e^2}{4\pi\epsilon_0 r}$$

이다. 알려진 상수 값들을 대입하면 다음과 같이 된다.

$$E = 10^{-19}\left(\frac{6.1}{r^2} - \frac{23}{r}\right)\mathrm{J} = 0.625\left(\frac{6.1}{r^2} - \frac{23}{r}\right)\mathrm{eV}$$

단, 여기서 r은 10^{-10} m 단위이다. 따라서 이에 대한 그래프는 다음과 같다.

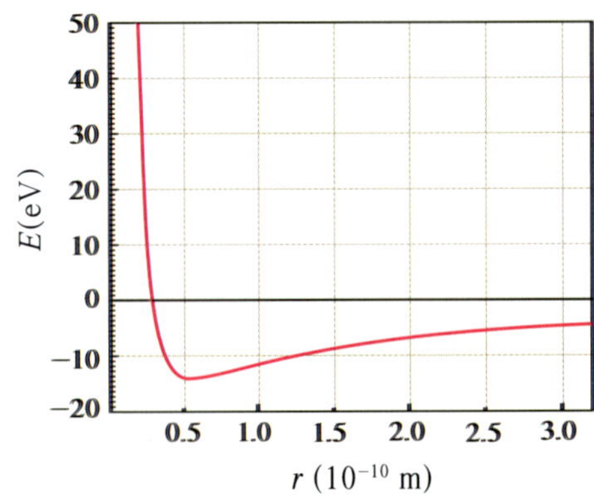

그림 25.12 수소원자의 총 에너지 곡선.

(b) (a)에서 구한 에너지 식에서 그래프의 최소값을 구하려면 미분을 이용하면 된다. 즉

$$\frac{dE}{dr} = -6.1 \times 2r^{-3} + 23r^{-2} = 0$$

으로부터 최소가 되는 거리는 $r = 0.53$이다. 즉 $r = 0.53 \times 10^{-10}$ m의 값을 얻는다. 이때의 최소 에너지는

$$E = 0.625\left[\frac{6.1}{(0.53)^2} - \frac{23}{0.53}\right]\text{eV} = -13.6\text{ eV}$$

이다. 그래프를 보면 이 값들이 그래프의 최소점에 해당하는 에너지와 거리임을 알 수 있다.

25.8 우리는 7장에서 유기발광소자(OLED)를 접한 적이 있다. 이른바 LED라고 하는 발광 다이오드의 원리에 입각하여 빛을 발하는 디스플레이 소자의 종류라고 하였다. 그림에서와 같이 발광층에 전자와 정공이 만들어져 들뜸자를 형성하고, 이러한 들뜸자의 에너지가 유기 분자를 들뜨게 하면 유기 분자에서 빛이 나오게 되는 것이 발광의 원리이다. 물론 반도체 물질인 실리콘이나 GaAs 등으로 만든 LED 역시 같은 원리이다(그림 25.13). 학습문제 25.6은 이러한 들뜸자의 결합 길이가 아주 가까운 경우이며 LED에 있어서는 멀리 떨어진 경우이다. 그러면 전자와 정공의 결합된 모습은 수소원자에 있어 양성자와 전자의 관계와 비슷한 물리적 상황이 된다.

이러한 조건에서 이 들뜸자의 가장 낮은 에너지를 구해 보라. 발광층의 유전상수는 4이다. 그리고 전자와 정공의 질량은 자유전자의 질량과 같다고 가정한다. 엄밀하게는 전자와 정공의 질량은 유효질량을 가지며, 자유전자의 질량과는 다른 값을 갖는다.

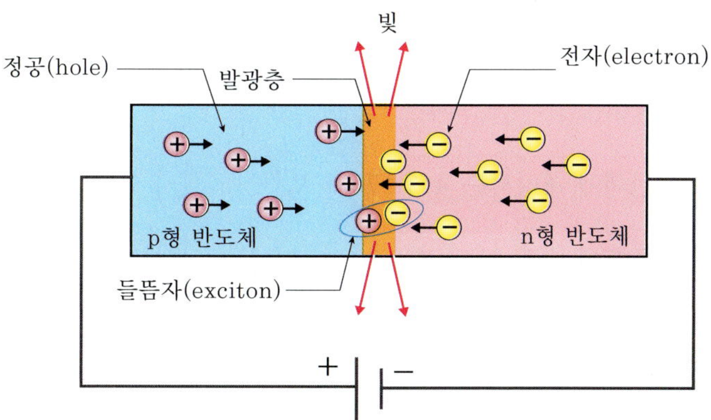

그림 25.13 LED와 발광 원리. LED(light emitting diode)는 전자수가 적은 반도체(p형)와 전자수가 많은 반도체(n형)를 접합하여 만든 발광 소자이다. 이러한 pn 다이오드의 p형 반도체 쪽에는 양의 전압을, n형 반도체 쪽에는 음의 전압을 걸어준다. 그러면 전자와 정공이 가운데 접합 부근에서 만나 서로 결합한다. 이때 전자와 정공이 가지고 있던 에너지가 빛의 에너지로 발산된다.

풀이: 이번에는 수소원자 모형을 이용한다. 즉 구하고자 하는 에너지는 식 (25.14)에서 얻을 수 있다. 질량인 경우 환산질량으로 대체해야 한다. 따라서

$$\frac{1}{m} = \frac{1}{m_e} + \frac{1}{m_h} = \frac{2}{m_e}$$

이므로 $m = m_e/2$이다. 여기서 전자와 정공의 질량은 같다고 가정하였다. 그리고 유전상수 $\epsilon_r = 4$이다. 그러면

$$E = \frac{me^4}{8\epsilon^2 h^2} = \frac{m_e e^4}{8\epsilon_0^2 h^2}\frac{1/2}{\epsilon_r^2} = (13.6\,\text{eV})\frac{1}{2 \times 4^2} = 0.43\,\text{eV}$$

의 값을 얻는다.

25.9 1885년 스위스의 수학자인 발머(Johann Jakob Balmer, 1825~1898)는 수소원자 가시광선의 스펙트럼을 연구하는 과정에서 스펙트럼선들의 진동수에 대해 다음과 같은 결과를 발표하였다.

$$f = R\left(\frac{1}{n_f^2} - \frac{1}{n_i^2}\right)$$

이 공식에서 발머는 $n_f = 2$로 정하고 가시광선 중 빨간색인 경우 $n_i = 3$, 초록색인 경우 $n_i = 4$, 파란색인 경우 $n_i = 5$, 보라색인 경우 $n_i = 6$을 대입하여 R의 값을 구하였다. 다음 표는 그 당시 알려졌던 수소 스펙트럼선들의 파장과 진동수 값들이다. 이러한 실험값들로부터 발머가 했던 것처럼 R의 값을 정해 보라.

수소원자 방출 스펙트럼선들의 실험값

가시광선 스펙트럼 종류	파장(10^{-9} m)	진동수(10^{12} Hz)
빨간색(red)	656.210	457.170
초록색(green)	486.074	617.190
파란색(blue)	434.01	691.228
보라색(violet)	410.12	731.493

풀이: $n_f = 2$를 고정시키고 네 가지 스펙트럼선들에 대한 R의 값을 편의상 R_1, R_2, R_3, R_4라 하자. 그러면

$$\text{빨간색에 대해서는 } 457.170 = R_1\left(\frac{1}{2^2} - \frac{1}{3^2}\right)$$

$$\text{초록색에 대해서는 } 617.190 = R_2\left(\frac{1}{2^2} - \frac{1}{4^2}\right)$$

$$\text{파란색에 대해서는 } 691.228 = R_3\left(\frac{1}{2^2} - \frac{1}{5^2}\right)$$

$$\text{보라색에 대해서는 } 731.493 = R_1\left(\frac{1}{2^2} - \frac{1}{6^2}\right)$$

이다. 각각을 구해 보면

$$R_1 = 3291.62 \times 10^{12}\text{ Hz} \qquad R_2 = 3291.68 \times 10^{12}\text{ Hz}$$

$$R_3 = 3291.56 \times 10^{12}\text{ Hz} \qquad R_4 = 3291.72 \times 10^{12}\text{ Hz}$$

이다. 이러한 값들을 평균하면 우리가 원하는 값이 된다. 즉

$$R = 3291.65 \times 10^{12}\text{ Hz}$$

이다. 이러한 결과는 이론적으로 도출된 값과[식 (25.16)] 일치하며 보어 이론의 뛰어남을 증명해 준다.

25.10 수소원자 내의 전자가 $n = 2$인 상태에 있다.

(a) L_z의 값은 얼마인가?

(b) **L**과 L_z의 각도를 구하라.

풀이: (a) $l = 0$, $l = 1$ 값만을 가지므로, $L = 0$과 $L_z = +\frac{h}{2\pi}$, $-\frac{h}{2\pi}$를 갖는다.

(b) 그림 25.8을 참조하면 $\cos\theta = \frac{L_z}{L}$이라는 사실을 알 수 있다. $L = \sqrt{1(1+1)}\frac{h}{2\pi} = \sqrt{2}\frac{h}{2\pi}$이고, $L_z = 0$과 $L_z = \pm\frac{h}{2\pi}$를 가지므로 구하고자 하는 각도는 $\theta = 90°$와 $\theta = 45°$이다.

25.11 수소원자에 있어 전자 궤도 각운동량의 크기가 2.583×10^{-34} J·s로 측정되었다. L_z의 최대값을 구하라.

풀이: $L = \sqrt{l(l+1)}\frac{h}{2\pi}$ 로부터

$$\sqrt{l(l+1)} = \frac{2\pi L}{h} = \frac{(2)(3.14)(2.583 \times 10^{-34}\ \text{J}\cdot\text{s})}{6.626 \times 10^{-34}\ \text{J}\cdot\text{s}} = 2.448$$

이다. 따라서 $l^2 + l - 6 = 0$이고 $l = 2$이다. 그러므로 L_z의 최대값은 $L_z = 2\frac{h}{2\pi}$이다.

25.12 수소원자의 각운동량에 대한 양자화는 오직 L_z의 값만이 정확하게 나온다. L_x와 L_y에 대한 값이 다음과 같이 주어짐을 보여라.

$$\sqrt{L_x^2 + L_y^2} = \sqrt{l(l+1) - m_l^2}\,\frac{h}{2\pi}$$

풀이: $L^2 = l(l+1)\left(\frac{h}{2\pi}\right)^2$이고, 또한

$$L^2 = L_x^2 + L_y^2 + L_z^2 = L_x^2 + L_y^2 + m_l^2$$

인 관계가 성립한다. 위 두 식을 비교하면

$$L_x^2 + L_y^2 = [l(l+1) - m_l^2]\left(\frac{h}{2\pi}\right)^2$$

이고, 이는 $\sqrt{L_x^2 + L_y^2} = \sqrt{l(l+1) - m_l^2}\,\frac{h}{2\pi}$와 같다.

25.13 수소원자 내 전자의 궤도 양자수는 $l = 3$이다. 이에 대한 궤도 자기 모멘트를 구하라.

풀이: $\mu = \frac{eL}{2m_e} = \frac{e\sqrt{l(l+1)}}{2m_e}\frac{h}{2\pi}$에서

$$\mu = \frac{(1.6 \times 10^{-19}\ \text{C})\sqrt{3(3+1)}}{(2)(9.1 \times 10^{-31}\ \text{kg})}\left(\frac{6.626 \times 10^{-34}}{2 \times 3.14}\ \text{J}\cdot\text{s}\right) = 3.21 \times 10^{-23}\ \text{J/T}$$

이다.

25장 연습문제

25.1 연필의 재료는 흑연이며 흑연은 탄소(C)로 구성되어 있다. 연필심의 지름이 0.4 mm라면 길이 5 cm의 연필심 안에는 몇 개의 탄소원자가 들어 있는가? 탄소원자의 반지름은 0.1 nm라고 가정하라.

25.2 식물에서 클로로필과 같은 색소는 태양에너지를 이용한 광합성 작용을 한다. 이때 CO_2 1개의 분자를 탄수화물과 O_2로 변화시키는 데는 약 9개의 광자가 필요한 것으로 알려져 있다. 클로로필은 650~700 nm의 빛을 가장 강하게 흡수하며, 역반응에서는 CO_2 분자당 4.9 eV의 연소열을 가진다. 만약 빛의 파장을 670 nm라고 가정한다면 광합성 과정의 효율은 얼마나 되는가?

25.3 한 어린아이가 0.40 Hz의 고유 진동수를 가진 그네를 타고 있다.

(a) 양자역학적으로 가능한 에너지 값들의 간격을 구해 보라.

(b) 그네가 가장 낮은 지점으로부터 30 cm 위치에 도달했을 때의 양자수 n을 구해 보라. 어린아이와 그네의 질량은 20 kg이다.

(c) 양자수가 n과 $n+1$인 에너지 사이의 변화율을 계산하라. 과연 이러한 경우에 에너지가 양자화되었다고 할 수 있는가? 측정이 가능한가?

25.4 15 m/s의 속력으로 운동하는 질량 0.20 kg의 공에 대한 드브로이 파장을 계산하라.

25.5 100 V의 전위차로 가속되는 전자의 파장을 구하라.

25.6 그림 25.6을 보고 리만(Lyman. 혹은 라이먼) 계열의 첫 번째 선의 파장을 구하라.

25.7 발머 계열의 두 번째 스펙트럼선의 파장을 구하라.

25.8 파장이 λ(m)인 광자의 에너지가 다음과 같이 주어짐을 보여라. 7장에서도 다루었던 문제이다.

$$E = \frac{1.24 \times 10^{-6}}{\lambda}\ (\mathrm{eV})$$

25.9 운동에너지가 1.0 GeV인 양성자의 파장을 계산하라.

25.10 전자를 50 keV로 가속시키는 전자 현미경이 있다. 이 현미경의 이론적인 해상도 한계는 얼마인가?

25.11 주기율표에서 제2족 원소들은 가장 바깥 껍질(최외각)에 몇 개의 전자가 있는가?

25.12 $n=4$ 껍질에서 부껍질에 있을 수 있는 전자의 최대 수는 얼마인가?

25.13 n 껍질에 있는 최대 전자수는 $2n^2$이다. 이를 증명하라.

25.14 (a) 전자 배치가 $1s^2 2s^2 2p^1$인 원소는 무엇인가?
(b) 전자 배치가 $1s^2 2s^2 2p^6 3s^2$인 원소는 무엇인가?

25.15 (a) $n = 2$이면 서로 다른 전자의 상태 수는 몇 개인가?
(b) 상태들을 (n, l, m_l, m_s) 형태로 표현하라.

25장 연습문제 해답

25.1 연필심의 체적 안에 탄소원자의 공(sphere)이 들어간다고 가정하면 원자수는

$$N = \frac{(\pi r^2 l)_{\text{연필}}}{\left(\frac{4}{3}\pi r^3\right)_{\text{탄소원자}}} = \frac{(3.14)(2.0 \times 10^{-4}\ \text{m})^2(5 \times 10^{-2}\ \text{m})}{(1.33)(3.14)(10^{-10}\ \text{m})^3} = 1.5 \times 10^{21}$$

이다.

25.2 9개 광자의 에너지는

$$E = 9h\frac{c}{\lambda} = 9\frac{(6.6 \times 10^{-34}\ \text{J}\cdot\text{s})(3.0 \times 10^8\ \text{m/s})}{(6.7 \times 10^{-7}\ \text{m})} = 2.7 \times 10^{-18}\ \text{J}$$
$$= 17\ \text{eV}$$

이다. 따라서 효율은 $\frac{4.9\ \text{eV}}{17\ \text{eV}} = 29\%$ 이다.

25.3 (a) 2.7×10^{-34}. (b) 2.2×10^{15}. (c) 4.5×10^{-36}, 불가능하다.

25.4 2.2×10^{-34} m.

25.5 1.2×10^{-10} m.

25.6 122 nm.

25.7 486 nm.

25.9 7.3×10^{-16} m.

25.10 5.4×10^{-12} m.

25.11 2.

25.12 32.

25.13 힌트: n 껍질의 부껍질에 있는 전자들의 평균 수를 그 껍질에 있는 부껍질의 수로 곱하라.

25.15 (a) 8. (b) $(2, 0, 0, \pm 1/2)$, $(2, 1, 0, \pm 1/2)$, $(2, 1, \pm 1, \pm 1/2)$. 모두 8개의 상태를 이룬다.

원자핵과 에너지 26

마지막 장인 26장에서는 원자를 구성하는 요소 중 씨에 해당하는 원자핵에 대하여 논해 보기로 한다. 앞에서 여러 번에 걸쳐 간단히 언급한 적이 있지만 원자핵은 원자의 범위 중 극히 작은 공간만을 차지한다. 반면에 원자 질량 대부분은 핵이 차지한다. 이러한 원자핵을 유지해 주는 힘은 이제까지 다루었던 중력이나 전기력과는 다른 또 하나의 근본적인 힘으로부터 나온다. 이 힘을 핵력이라고 부른다. 이렇게 핵을 형성해 주는 핵력은 자연계에 존재하는 근본적인 힘에 해당한다. 1장의 표를 다시 보기 바란다. 핵력에는 두 가지 종류가 존재한다. 하나는 핵 내에서 핵자들을 구속시켜 주는 강력(strong force)이고 다른 하나는 핵을 붕괴시키는 약력(weak force)이다. 여기서는 약력은 다루지 않으며 오직 핵자들을 결합시켜 주는 강력과 이에 따른 에너지 크기 등을 살펴보기로 한다. 아울러 태양에너지의 근본이 원자핵들의 반응에서 비롯된다는 사실에 대해 간단히 설명할 것이다. 그리고 **보충학습에서는 여러분을 우주여행으로 안내하는 상대성 이론을 소개한다.**

26.1 원자핵

원자핵(atomic nucleus)은 양성자와 중성자라고 하는 입자로 구성되어 있으며 이를 합하여 **핵자(nuclide)**라 부른다. 핵자들을 강하게 결합시켜 주는 힘은 전기력이 될 수 없다. 왜냐하면 양성자들은 양전하를 갖는 입자이기 때문에 전기력은 서로 척력으로 작용하여 상호 결합을 방해하기 때문이다. 핵자들을 결합시켜 주는 힘은 자연계에 존재하는 또 하나의 근본 힘으로부터 나오며, 그 힘은 전기력과는 비교할 수 없을 정도로 강하다 하여 **강력(strong force)**이라 불린다. 이러한 강력은 힘의 작용 범위가 겨우 수 10^{-15} m에 한하며, 이 범위를 벗어나면 힘의 영향이 급속도로 사라진다. 그렇다면 핵자들을 결합시켜 주는 이러한 강력의 크기는 어느 정도 될까?

25장에서 우리는 원자 크기의 범위에서 운동하는 전자의 양자화된 에너지를 구한 바가 있다. 보통 수 eV 크기의 에너지라는 것을 알았다. 이번에는 양성자가 핵 안에

그림 26.1 탄소원자와 핵. 탄소원자 중 질량수가 12번인 핵의 구조. 전자들의 궤도는 그림과는 다르게 분포한다.

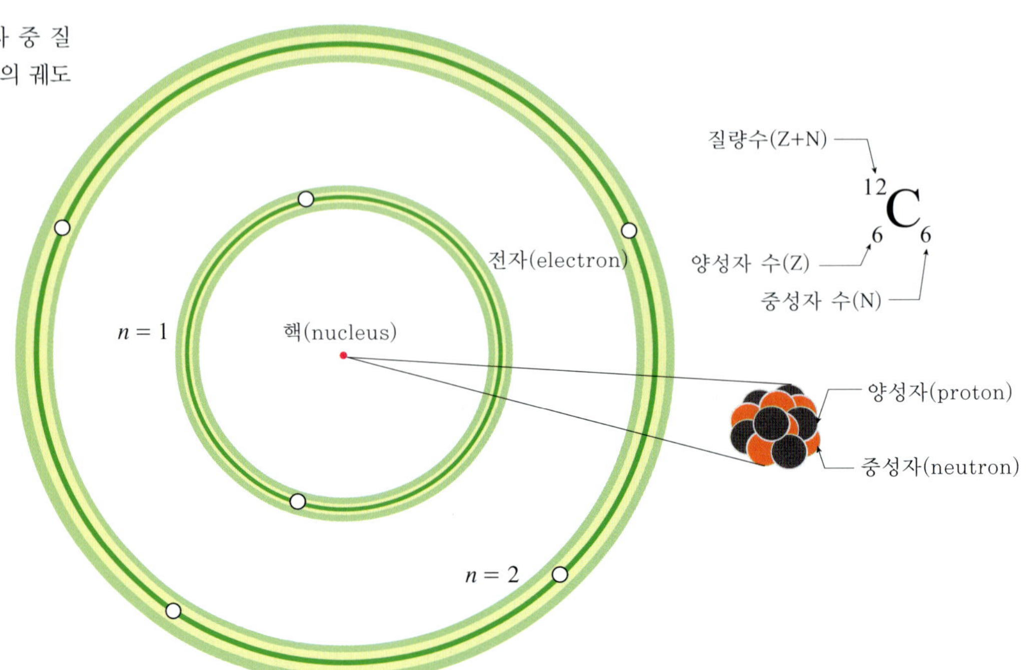

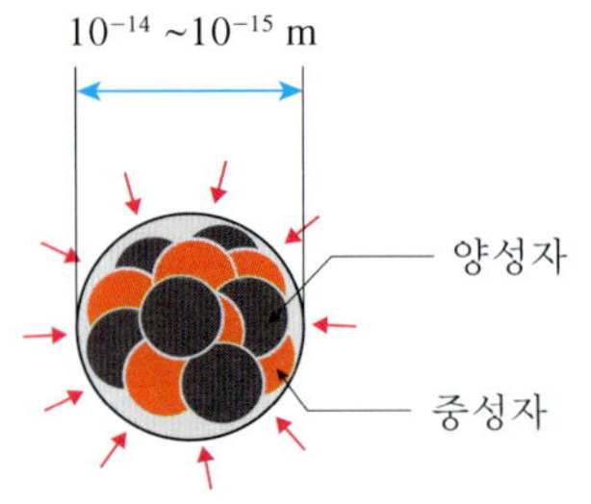

그림 26.2 원자핵과 강력. 양성자는 전하를 가지고 있기 때문에 양성자끼리는 서로 반발하여 전기적인 힘으로는 핵을 형성하지 못한다. 원자핵을 이루는 힘은 따로 존재하며 자연 속에 내재되어 있는 힘 중 가장 강한 힘이다. 이러한 핵력을 강력이라 부른다.

서 가질 수 있는 구속된 최소 에너지의 크기를 알아보자. 핵의 크기는 10^{-15} m 정도이다. 그리고 양성자의 질량은 1.67×10^{-27} kg이다. 그러면 양자화된 에너지는 식 $E_n = \dfrac{h^2}{8mL^2}n^2$에서 $n = 1$, $L = 10^{-15}$ m인 경우이다. 따라서 양성자가 가질 수 있는 최소, 즉 바닥상태의 에너지는

$$E_1 = \frac{(6.63 \times 10^{-34}\ \text{J}\cdot\text{s})^2}{(8)(1.67 \times 10^{-27}\ \text{kg})(10^{-15}\ \text{m})^2} = 3.29 \times 10^{-11}\ \text{J}$$

이다. 이 에너지를 eV 단위로 환산하면

$$E_1 = \frac{3.29 \times 10^{-11}\ \text{J}}{1.6 \times 10^{-19}\ \text{J/eV}} = 2.1 \times 10^8\ \text{eV} \approx 200\ \text{MeV}$$

가 된다. 이것이 원자핵에 대한 **구속에너지(binding energy)**의 크기이다. 원자에 있어 전자의 구속된 에너지가 수십 eV인 점을 감안하면 몇 백만 이상에서 천만 배 정도로 세기가 크다. 이 얼마나 큰 에너지인가? 위와 같이 핵의 구속(결합)에너지는 수백만 eV 정도이며 보통 MeV(mega electron volt) 단위로 나타낸다.

아울러 핵에 있어서도 원자와 같은 에너지 준위가 존재하는데, 핵의 에너지 준위는 보통 0.1~10 MeV 범위이다. 따라서 외부로부터 MeV 크기 정도의 에너지를 받으면 핵자들은 바닥상태에서 들뜸상태로 점프하여 들뜰 수 있다. 그리고 다시 안정된 상태로 돌아갈 때 전이에 상응하는 광자가 나오게 된다. 이러한 광자의 에너지는 MeV 수준이며 엑스선(X ray)보다 강력한 투과력을 갖는다. 이러한 전자기파를 감마선(gamma ray)이라 부른다.

이렇게 핵력의 높은 에너지를 이용한 것이 원자력 발전(nuclear power plant)과 원자폭탄(atomic bomb) 혹은 수소폭탄이다.

핵질량과 에너지

여러 번에 걸쳐 양성자의 질량을 다루었으며 중성자의 질량은 양성자의 질량과 거의 같다고 하였다. 그러나 엄밀하게 측정된 바로는 중성자의 질량이 양성자의 질량보다 약간 큰 것으로 판명되었다. 핵들의 질량은 보통 탄소원자 ^{12}C의 질량을 1/12로 환산한 값을 기준으로 하며 이를 원자단위질량(atomic unit mass: amu)이라 한다. 기호는 u로 표기하며 그 값은 $u = 1.6605402 \times 10^{-27}$ kg이다.

$$1\ \text{u} = 1.661 \times 10^{-27}\ \text{kg} \tag{26.1}$$

표 26.1은 핵자인 양성자와 중성자, 헬륨핵(보통 α 입자라고 부름) 그리고 전자에 대한 질량 크기를 비교한 것이다. 표의 오른쪽 칸에 표시된 MeV 단위의 질량은 에너지로 환산된 값을 나타낸다. 이렇게 질량이 에너지와 동등한 것으로 밝힌 사람은 유명한 아인슈타인(Albert Einstein, 1879~1955)이며 그러한 관계식을 질량-에너지 식이라 부른다. 즉

$$E = Mc^2 \tag{26.1}$$

이다. 그런데 일반 사람들이 착각하는 것은 질량 M을 전체 질량으로 보는 것이다. 실제적으로 식에서의 질량은 질량 차이에 해당하는 것으로 $\triangle M$으로 표기되어야 한다. 따라서 아인슈타인의 질량-에너지 식은

$$E = \triangle Mc^2 \tag{26.2}$$

이다. 그러면 원자단위질량에 대한 에너지는

$$1\ \text{u} = (1.661 \times 10^{-27}\ \text{kg})(3.0 \times 10^{8}\ \text{m/s})^2 = 1.49 \times 10^{-10}\ \text{J}$$

이고, 이를 eV로 계산하면

$$1\ \text{u} = 931.3\ \text{MeV} \tag{26.3}$$

표 26.1 핵자, 헬륨핵, 전자에 대한 질량 비교표.

이름	원자핵	기호	질량(kg)	질량(u)	질량(MeV)
수소	양성자	${}^{1}_{1}\text{H}_0$	1.672×10^{-27}	1.007276	938.1
	중성자	${}^{1}_{0}\text{n}$	1.675×10^{-27}	1.008665	939.4
헬륨	α 입자	${}^{2}_{4}\text{He}_2$	6.645×10^{-27}	4.001506	3727
전자		e	9.109×10^{-31}	0.000549	0.511

가 된다. 그리고 표 26.1에서와 같은 질량 값에 해당하는 질량을 정지질량이라 부른다.

26.2 구속(결합)에너지

핵 속에서 핵자들이 뭉쳐 있게 하는 힘을 **구속**(혹은 **결합**)**에너지**(binding energy)라 부른다. 이제 핵의 구속에너지가 얼마나 되는지 구체적으로 알아보기로 하자. 헬륨 원자 핵인 알파 입자에서 핵자를 분리하는 데 필요한 구속에너지를 구해 보기로 한다. 헬륨 핵을 이루는 핵자는 양성자 2개와 중성자 2개이다. 이러한 핵자들의 총 질량은 다음과 같다.

$$M(2p + 2n) = 2m_p + 2m_n = 2 \times 1.007276\ \mathrm{u} + 2 \times 1.008665\ \mathrm{u} = 4.031882\ \mathrm{u}$$

그런데 이러한 알파 입자에 대한 질량은 표 26.1에서 보듯이

$$M({}^4_2\mathrm{He}_2) = 4.001506\ \mathrm{u}$$

이다. 따라서 알파 입자의 질량보다 각각의 핵자들 질량이 더 크다. 이러한 차이는 핵을 이루기 위해 4개의 핵자들이 단단히 묶여 있도록 하는 에너지가 필요하기 때문이다. 이 에너지가 질량의 결손을 가져오도록 한 것이다. 이를 핵에서의 **질량결손**(mass defect)이라 부른다. 질량결손은

$$\triangle M = M(2p + 2n) - M({}^4_2\mathrm{He}_2) = 4.031882\ \mathrm{u} - 4.001506\ \mathrm{u} = 0.030376\ \mathrm{u}$$

가 되며, 이를 에너지로 환산하면

$$\triangle M = 28.3\ \mathrm{MeV}$$

이다. 따라서 헬륨핵에서 핵자를 분리시키려면 이보다 큰 에너지를 갖는 입자를 충돌시켜야 한다.

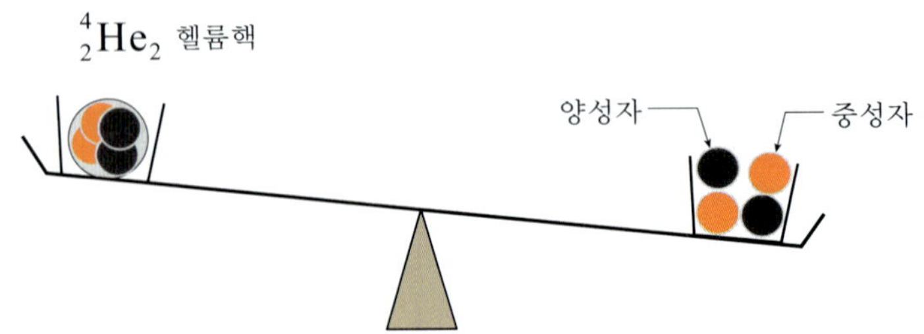

그림 26.3 **질량결손과 결합에너지.** 헬륨핵의 질량은 헬륨핵을 구성하는 핵자들 개별 질량의 합보다 작은 값을 갖는다. 이러한 질량의 차이를 질량결손이라 부르며 이에 해당하는 에너지가 구속에너지이다.

26.3 방사성 동위원소와 방사능

원자핵은 같은 원자번호를 가지면서도 중성자 수가 다른 동위원소들이 다수 존재한다. 이들 동위원소들 중에는 원자핵이 안정적이지 못하고 입자나 광자를 방출하며 다른 핵종으로 붕괴되어 버리는 것들이 있다. 이러한 원자핵을 **방사성 동위원소**(radioactive isotopes)라 부르고, 이 현상을 **방사성 붕괴**(radioactive decay)라고 한다. 이때 방사성 핵들이 방출하는 입자로는 α(알파라고 부르며 ^{4}He 원자의 핵에 해당함), β(베타라고 부르며 핵붕괴 과정에서 나오는 전자와 양전자 입자. 그림 26.5 참조), γ(감마라고 부르며 핵에서 나오는 고에너지 광자임. 그림 22.6 참조) 등이 있다.

한 방사성 핵종(어미핵. parent nucleus라 부름)으로 이루어진 물질이 붕괴를 시작하여 다른 핵종(딸핵. daughter nucleus라 부름)으로 변환되는 율은 다음과 같이 주어진다.

$$N = N_0 e^{-\lambda t} \tag{26.4}$$

여기서 N_0는 $t = 0$일 때의 원자핵 수이다. 그리고 λ를 붕괴상수(decay constant)라 부른다. 이 식은 RC 회로에 있어 전하의 변화량 $Q = Q_0 e^{-t/RC}$의 식과 비슷한 식이라고 할 수 있다. 여기서 붕괴상수는 시간상수의 역이다.

그리고 원래 핵물질의 양이 반으로 줄어드는 시간을 반감기 $T_{1/2}$라 부르며, 붕괴상수와는 $\frac{1}{2}N_0 = N_0 e^{-t/T_{1/2}}$ 로부터

$$T_{1/2} = \frac{\ln 2}{\lambda} = \frac{0.6931}{\lambda} \tag{26.5}$$

인 관계를 갖는다.

방사능(radioactivity)은 시료의 붕괴율로 정의되는 양으로

$$R = -\frac{dN}{dt} \tag{26.6}$$

이다. 따라서 방사능에 대한 붕괴식은 다음과 같이 주어진다.

$$R = R_0 e^{-\lambda t} \tag{26.7}$$

여기서 $R_0 = \lambda N_0$에 해당한다. 방사능 R의 단위를 **베크렐**(Becquerel, Bq)이라 하며 초당 한 번의 붕괴 양에 해당한다. 이러한 방사능의 식은 RC 회로에 있어 전류의 방정식과 흡사하다. 그림 26.4를 보라.

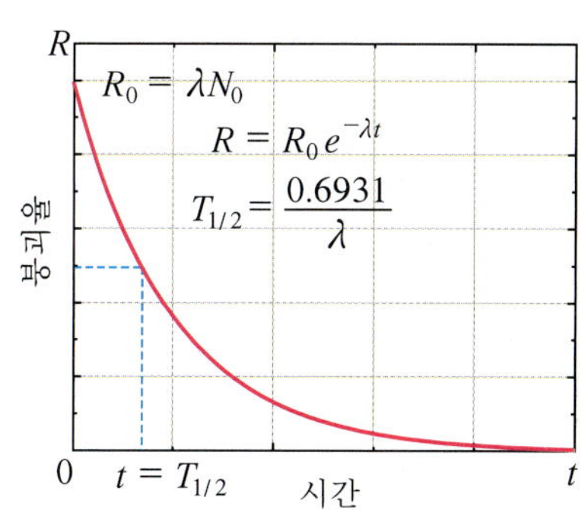

그림 26.4 방사성 붕괴법칙. 방사성 동위원소는 불안정하여 스스로 붕괴하며 안정 동위원소로 변환된다. 붕괴되는 율은 반감기로 주어지며 동위원소에 따라 다르다.

방사선과 인체의 영향

자외선을 쪼이면 위험하다고 한다. 왜일까? 그것은 자외선의 에너지가 가시광선에 비해 높아 피부에 침투하여 우리 몸을 이루는 분자 구조를 파괴할 수 있고 이로 인해 세포가 손상되기 때문이다. 앞에서 언급한 방사선들인 알파, 베타, 감마 선들은 자외선과는 비교할 수 없을 정도의 높은 에너지를 갖는 경우가 많다. 따라서 이러한 방사선들에 노출되면 세포들이 파괴되어 심각한 피해를 입게 된다. 이때 방사선들에 의한 인체의 영향은 방사선들의 **흡수선량**(absorbed dose)과 각 방사선들에 의한 인체의 **상대 생리학적 현상**(relative biological effectiveness: RBE)과 관련된다. 여기서 RBE는 방사선 종류에 따른 인체 피해 효과를 말하는데, 보통 방사선의 **질적인자**(quality factor)라고 불리운다. 따라서 흡수선량은 방사선의 양을, 질적인자는 방사선의 질적인 성질을 규정하는 방사선 단위라고 할 수 있다.

방사선의 흡수선량은 흡수되는 생체조직(tissue)의 kg당 Joule의 에너지로 정의된다. 이 단위를 gray라 하며 Gy로 표기한다. 즉

$$\text{흡수선량: Gy} = 1\ \text{Joule/kg}$$

이다. 한편 각 방사선들에 대한 질적인자는 표 26.2와 같다. 이러한 질적 요소는 방사선들이 생체조직에서 어떠한 상호작용을 하는가에 대한 척도이다. 그것은 에너지에 따른 침투 깊이, 방사선들의 운동에너지에 의한 생체조직의 파괴 정도 등이다. 여기서 보면 알파 방사선의 생물학적 피해가 가장 크다는 것을 알 수 있다. 그 이유는 알파 입자는 양이온을 갖고 있으면서 무거우므로 세포조직을 강하게 파괴하기 때문이다. 중성자들인 경우 보통 원자력 발전소의 원료인 우라늄에 의한 핵반응으로부터 다량 생산된다. 이러한 중성자들에 노출되면 상당히 위험하다는 것을 표 26.2에서 확인할 수 있을 것이다. 중성자는 물분자에 함유되어 있는 수소원자 핵인 양성자와 충돌하는 과정에서 에너지를 쉽게 전달하고 이로 인해 생체조직을 쉽게 파괴하기 때문이다.

위에서 든 흡수선량과 생물학적 인자의 곱을 **등가선량**(dose equivalent)이라 한다. 이때의 단위는 시버트(sievert)이며 Sv로 표기한다. 즉

표 26.2 방사선들에 의한 인체의 생리학적 효과 인자.

방사선(radiation)	질적인자(quality factor)
알파(α)	20
베타(β)	1
감마(γ)	1
느린 중성자	2.3
빠른 중성자	10

표 26.3 방사선의 양과 인체에 미치는 생리학적 영향.

등가선량(Sv)	생물학적 증상
20	주요 신경조직 손상에 따른 심각한 방사선 질병 유발.
10	피부 물집 발생.
5	복부, 장 내 손상에 따른 질병 유발.
5	눈 손상.
3	피부 손상.
2	골수 등에 피해.
1	일시적 생식 불임 유발(여성).
0.5	혈액 감소.
0.1	일시적 생식 능력 저하(남성).

$$\text{등가선량: Sv} = \text{흡수선량} \times \text{질적인자}$$

이다. 이러한 Sv 단위는 방사선의 피해 규모를 가늠하는 기준으로 방송이나 신문 등에 종종 등장한다. 한편 'rem'이라는 단위도 쓰이는데, 이 단위는 Sv와 다음과 같은 관계를 갖는다.

$$1\ \text{rem} = 0.01\ \text{Sv}$$

표 26.3은 방사선의 인체 흡수에 따른 생리학적 증상을 보여주고 있다.

한편 우리가 1년 동안 받는 자연 방사능에 의해 나오는 방사선의 양은 대략 0.002 Sv 이하이다. 자연 방사선들은 건물의 콘크리트(0.0004 Sv), 우주선(cosmic rays, 0.0003 Sv), 공기(0.0006 Sv), 음식물(0.0004 Sv) 등에서 발생한다.

26.4 태양에너지

태양에너지는 핵융합 반응으로부터 나온다.

지구가 살아 있는 생명체의 온실이 될 수 있는 것은 어디까지나 태양이 있기 때문이다. 태양에서 오는 에너지가 없으면 생명체는 존재할 수 없다. 그렇다면 태양에너지는 어떻게 형성되는 것일까? 그것은 원자핵들이 서로 뭉치는 핵융합 반응으로부터 나온다. 태양은 온도가 아주 높은 고온의 플라즈마 상태로 되어 있다. 태양을 비롯한 대부분의 별들은 수소 기체를 원료로 하는 플라즈마 상태를 유지하며 에너지를 발산한다. 따라서 태양의 내부는 양성자와 전자들로 가득 차 있는데, 이때 양성자와

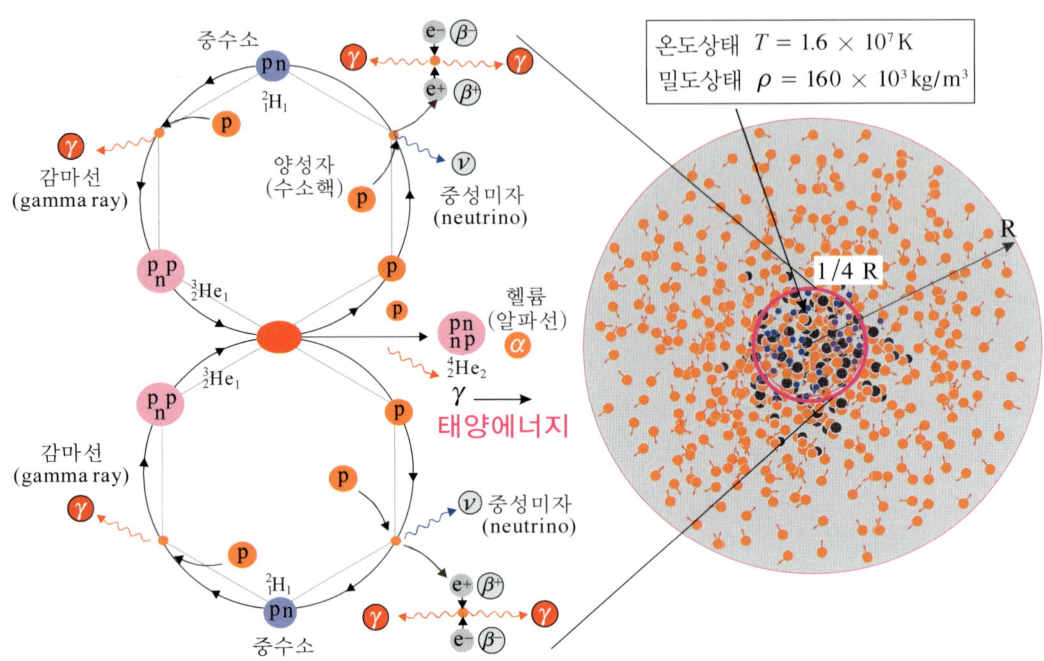

그림 26.5 핵융합 반응. 태양에서 일어나는 핵융합 반응인 양성자–양성자 연쇄 반응. 4개의 수소핵(양성자)으로부터 하나의 헬륨핵과 2개의 양전자가 만들어지며 24.7 MeV의 에너지가 발생한다.

양성자가 핵반응을 일으켜 에너지를 내보내게 된다. 이러한 핵반응을 통해 양성자와 양성자가 서로 합쳐지면서 새로운 무거운 핵을 만들어 간다. 이러한 반응을 **핵융합 반응(nuclear fusion reactions)**이라 한다. 이때 핵융합 반응에 의해 에너지가 나오는 이유는 합쳐지기 전에 갖고 있던 양성자들의 에너지에 비해 합쳐지고 난 핵의 에너지가 낮기 때문이다. 물론 이러한 차이는 바로 앞에서 논의한 핵의 구속에너지로부터 나온다. 즉 질량결손에 따른 여분의 에너지가 빛의 에너지로 나오는 것이다.

이러한 과정을 통하여 양성자들은 서로 뭉치면서 양성자보다 무거운 헬륨핵으로 변환될 수 있고 이러한 변화과정 중 핵자당 수 MeV의 에너지가 방출된다. 이와 같은 수소 태움 반응(hydrogen burning reaction)은 밤하늘의 별들에서 공통적으로 일어나는 현상이며, 별들에 따라 수백만 년에서 수십억 년 동안 핵융합 반응 활동이 지속된다. 이때의 반응과정을 **양성자–양성자 연쇄(proton–proton chain)** 반응이라 부른다. 그 과정은 다음과 같다.

$$^1H + {}^1H \longrightarrow {}^2H + e^+ + \nu + 0.4 \text{ MeV}$$
$$^2H + {}^1H \longrightarrow {}^3He + \gamma + 5.5 \text{ MeV}$$
$$^3He + {}^3He \longrightarrow {}^4He + {}^1H + {}^1H + 12.9 \text{ MeV}$$

여기서 e^+는 전자와 질량은 같으나 전하가 양인 입자로 양전자(positron)라 부른다. 그리고 핵반응에서 방출되거나 흡수되는 양전자를 특히 베타 플러스(β^+) 입자라고 부르기도 한다. 보통의 전자인 경우에는 베타 마이너스(β^-)라고 부른다. 이 반응에서 나오는 헬륨핵(^4He)하나가 생성되려면 앞의 반응들은 두 번씩 일어나야 한다는 사실을 알 수 있다. 따라서 하나의 헬륨핵 생성에서 방출되는 에너지는 모두 24.7 MeV가 된다. 태양의 내부 온도는 약 1500만도 정도일 것으로 추측되고 있다. 이 정도의 온도면 위와 같은 핵반응은 통계적으로 가능한 것으로 알려져 있다.

앞 식에서 v는 **중성미자**(neutrino)라고 불리는 수수께끼 같은 입자이다. 여기서 수수께끼라고 한 것은 이 입자는 질량이 거의 0이면서 다른 입자들과 반응을 거의 하지 않아 검출되기 어렵기 때문이다. 1장에서 우주의 기원과 진화를 다룰 때 등장한 적이 있다. 우주에 존재할 것이라고 여겨지는 암흑물질이 중성미자와 같은 입자로 구성되어 있을 것으로 추측된다. 이러한 중성미자는 약력에서 중심 역할을 담당한다.

태양에너지는 1억 5천만 km 떨어진 지구에 1 m^2 당 1.4 kW 비율로 다다른다. 이 값을 토대로 태양의 총 에너지를 계산해 보면 약 4×10^{26} W가 된다. 실로 어마어마한 양이다. 양성자–양성자 연쇄 반응에서 나오는 에너지 24.7 MeV는 4×10^{-12} J에 해당한다. 그렇다면 위와 같은 핵반응은 다음과 같이 초당 10^{36}번 일어난다는 사실을 알 수 있다.

$$f = \frac{4 \times 10^{26}\ \text{J/s}}{4 \times 10^{-12}\ \text{J}} = 10^{38}/\text{s}$$

현재의 태양은 수소가 약 70%, 헬륨이 28%, 나머지 원소들이 2%로 구성되어 있으며, 위와 같은 핵반응 비율로 앞으로도 수십억 년 동안 에너지를 생성할 것으로 예견되고 있다. 이와 같은 수소에 의한 핵반응이 끝나면 부풀어 올라 붉은 큰별(흔히 적색거성이라 부름. red giant)로 되며, 최종적으로 하얀 난쟁이별(백색왜성이라고도 부름. white dwarf)로 그 일생을 마친다.

그림 26.6 태양에너지. 지구의 생명체들은 태양에너지로부터 에너지를 얻어 생명을 유지한다. 태양에너지의 근원은 수소원자의 핵인 양성자들의 핵융합 반응으로부터 나온다.

그런데 태양보다 무거운 별들에서는 위와 같은 핵융합 반응에 의해 헬륨은 물론 탄소, 산소, 질소 등의 무거운 핵들이 만들어진다. 이렇게 형성된 무거운 원소들은 별이 최종적으로 운명을 다해 폭발하게 될 때—이러한 현상을 **초신성**(super nova) 혹은 **신성**(nova)이라 부름—우주 공간을 떠돌아다니게 된다. 지구가 형성되는 과정에서 이러한 원소들이 모여 이룬 것이 지구 상에서 발견되는 물질의 원소들이다. 자! 생명은 결국 별들의 핵반응과 별들의 죽음에서 비롯된다. 어떠한 느낌이 드는가?

그러나 수십억 년이 흐르고 난 후 태양이 부풀어 올라 적색거성이 되면 지구에는 생명체가 존재하기는커녕 지구 자체가 녹아 사라져 버릴 것이다.

우리는 제1부에서 동쪽에서 떠오르는 태양을 보면서 시간에 따라 변화한다는 사실을 깨닫고 자연 속에 내재되어 있는 질서와 그 패턴을 더듬어 보았다. 이제 우리는 자세히는 아니지만 태양이 어떻게 하여 에너지를 만들어내는지에 대해서도 알아보았고 생명의 근원이 되는 원소의 기원도 어렴풋이나마 깨닫게 되었다. 이 모든 것이 물리학이 일구어낸 인류의 지적 자산이 아니겠는가?

[26장 보충학습]

현대물리학의 커다란 두 줄기는 과학계에서 혁명이라고 말할 수도 있는 **양자론(quantum theory. 보통 물리학계에서는 양자역학이라고 부른다)**과 **상대성 이론(relativity theory)**이다. 이 중 상대성 이론은 아인슈타인이 세워 놓은 것으로 시간과 공간 그리고 운동에 관한 획기적인 이론이다. 이 이론은 양자역학과 더불어 그때까지의 자연에 대한 인간의 인식 체계를 뿌리째 흔들어 놓았고 아울러 우주의 본질에 대한 통상적 개념들을 파괴했다.

코페르니쿠스, 갈릴레이 그리고 뉴턴 등의 업적으로 탄생한 근대 과학 시대 대부분의 기간 동안 숱한 과학자들은 영원한 우주라는 개념, 즉 영원히 계속되는 우주를 믿었다. 그러나 이러한 믿음은 다음과 같은 역설(paradox)과 마주치게 되었다.

> **"별들은 어떻게 우주 공간 속에 영원히 매달려 있을 수 있을까?" 그리고 "만약 우주가 시간뿐 아니라 공간적인 범위에서도 무한하다면 무한히 많은 별들에서 나오는 빛이 하늘에서 지구를 향해 쏟아져 내려올 것이고 그러면 어두운 밤하늘은 존재하지 않을 것이다. 그런데 밤하늘은 어둡다. 왜일까?"**

이 역설을 올베르스의 역설(Olbers paradox)이라 부른다.

양자론, 다시 말하면 핵물리학은 어떠한 별(항성)들도 영원히 빛을 낼 수 없다는 사실을 밝혀내었다. 즉 별들도 태어나고 죽는다. 이 사실은 영원한 우주라는 개념이 불가역의 물리적 과정이 존재한다는 사실과 양립할 수 없다는 결과를 가져다준다. 만약 물리계가 한정된 속도로 비가역적인 변화를 수행할 수 있다면 무한한 과거에 이미 그러한 변화를 완수했을 것이고, 따라서 우리는 오늘날 그러한 변화들의 일종인 별빛의 생성과 방출을 목격할 수 없을 것이다. 물론 생명의 탄생도 없었을 것이고 그러면 현재의 우리도 존재할 수 없었을 것이다. 어떤 면에서 우주는 점차 느려지는 시계와도 같다. 시계가 영원히 돌아갈 수 없듯이 우주 또한 태엽을 감지 않고 영원히 운행할 수 없는 것이다. 이러한 우주론을 정적우주론이라고 부른다.

1920년대 물리천문학자들은 정적인 우주라는 전통적인 우주의 이미지가 잘못되었다는 사실을 깨달았다. 그들은 실제로는 우주가 팽창하고 있으며 은하들이 서로 멀어지고 있음을 발견했다. 이 발견이 우리에게 잘 알려진 빅뱅 이론(대폭발 이론)의 토대가 되었다. 빅뱅 이론에 따르면 우주는 지금부터 약 150(혹은 200)억 년 전에 거대한 폭발을 일으켜 갑작스럽게 탄생하였다. 오늘날 관측되는 팽창은 최초의 폭발이 남긴 흔적으로 간주되고 있다. 그러면 이와 반대로 과거로 거슬러 올라가 보자. 그러면 과거로 거슬러 올라갈수록 우주는 수축되며 우리는 무한한 수축의 순간(특이점이라 함)을 고려할 수 있다. 그러나 공간이 무한히 수축된다면 마치 풍선이 오그라들어 결국 아무것도 남지 않듯이 언젠가는 사라져 버리고 말 것이다. 그리고 공간, 시간, 물질 사이의 밀접한 관계를 감안한다면 언젠가는 시간 역시 사라져 버릴 것임을 암시한다. 공간이 없으면 시간도 존재할 수 없다. 따라서 물질적 특이점은 한편으로 시공의 특이점이기도 하다.

특수 상대성 이론과 시간

1905년에 출판된 특수 상대성 이론은 물체의 운동과 전자기 교란에서 오는 전파 사이의 갈등을 해소하려는 시도에서 생겨난 것이다. 특히 빛 신호의 행동 방식은 모든 등속운동은 순전히 상대적이라는 오래된 원리를 파괴

그림 26.7 안드로메다 성운. 우리 은하로부터 200만 광년 떨어져 있다. 즉 빛의 속도로도 200만 년이 걸리는 먼 곳에 있다. 이 은하의 별들은 약 1000억에서 2000억 개이다. 우리 은하와 크기가 비슷하다. 특수 상대성 이론에 따르면 이 은하까지도 인간의 생애에 다다를 수 있다.

하는 듯했는데, 이 논문에서 아인슈타인은 빛 신호가 개입할 경우에도 상대성 이론이 유효할 수 있다는 것을 입증하였다. 그러나 거기에 따른 이제까지의 물리적 진실—다분히 인간에 의해 만들어진 일시적인 진리—이 붕괴되는 대가를 치루어야 했다. 그런데 이러한 상대성 이론은 놀랍게도 아이슈타인에 의해 인식론을 바탕으로 탄생했으며 존재론적인 결과를 가져다주었다.

특수 상대성 이론은 시간이 절대적이며 보편적인 현상이라는 믿음과 첫 번째로 충돌하였다. 아인슈타인은 시간은 탄력성이 있으며 운동에 의해 늘어나거나 줄어들 수 있다는 사실을 증명하였다. 즉 운동하는 물체의 시간 진행은 정지해 있는 물체의 시간 진행에 비해 느리다는 것이다. 이것은 어떤 사람에 있어 동시에 일어난 사건도 운동하고 있는 다른 사람에 있어서는 동시로 보이지 않는다는 말이다.

시간 여행

이러한 불가사의한 시간 크기의 혼란은 우리를 일종의 시간 여행으로 데려간다. 어떤 의미에서 우리 모두는 미래를 향해 여행해 가는 시간 속의 여행자들이다. 하지만 시간의 탄력성은 우리를 다른 사람들보다 더 빠르게 그곳에 도착할 수 있도록 해준다. 빠른 운동은 여러분이 갖고 있는 시간의 크기를 깨뜨리는데, 말하자면 세상을 매우 빠르게 돌진하게 만든다. 이러한 방법으로 여러분은 빠르게 움직임으로써 가만히 앉아 있는 것보다 더욱 빠르게 멀리 떨어진 시간대에 도달할 수 있다. 그러나 어느 정도의 구부러진 시간을 손에 넣기 위해서는 초당 수만 km의 속도가 필요하다. 현재의 로켓 속력으로는 단지 정밀한 원자시계만이 몇 초의 시간 확장을 나타내줄 뿐이다.

운동하는 물체의 시간 지연은 그 속도가 빛의 속도에 가까워졌을 때 현저히 나타난다. 입자를 가속시키는 가속기 안에서는 가속되는 입자가 거의 빛의 속도에 다다를 수 있는 경우가 많은데, 이때 그 입자들의 수명은 100배 또는 1000배에 이르기도 한다. 한 가지 예로 뮤온 입자를 생각해 보자. 이 입자는 우주에서 날아오는 우주선 속에 포함되어 있는데, 그 수명은 100만분의 2초로 빛의 속도로 달린다 하여도 600 m 정도밖에 날 수 없다. 그런데 실제로는 10 km 상공에서 이루어진 뮤온이 지상에까지 날아오는 것이다. 속도가 아주 빨라 뮤온 자신의 시간이 늦어진 결과이다. 다시 말해 뮤온이 보았을 때 공간이 수축된 것이다.

결국 빛의 속도에 가까운 로켓을 만들 수 있다면 인간의 수명을 가지고도 몇십만 혹은 몇백만 광년 떨어진 곳에까지 우주 여행을 할 수 있다는 결론을 얻을 수 있다.

그러나 기억하라. 분명한 것은 우리의 절대적 수명이 늘어난 것이 아니라는 사실을……. 더욱이 이러한 초고속 상태는 거의 텅 빈 초진공의 우주 공간의 미세한 물체도 로켓을 파괴할 수 있는 치명적인 고에너지 우주선(cosmic ray)이 된다는 사실을 잊어서는 안 된다. 물론 로켓 엔진의 제작과 이에 소요되는 에너지 확보는 불가능에 가깝다.

시공(Space-Time)과 일반 상대성 이론

아인슈타인은 특수 상대성 이론에 중력의 효과를 포함시키기 위하여 그의 이론을 일반화했는데, 이것이 곧 일반 상대성 이론이다. 앞의 특수 상대성 이론은 대학생이면 누구나 배우고 이해할 수 있는 이론이다. 일반물리학이나 현대물리학 시간에 직접 다루기 때문이다. 그러나 일반 상대성 이론은 그 수학적 어려움 때문에 대학 생활에서 직접 배워 볼 기회가 없다.

일반 상대성 이론은 중력을 하나의 힘으로서가 아니라 시공간 기하학의 비틀림에 참여시킨다. 이 이론에서 시공간은 학교 수학시간에 배우는 일반적인 규칙을 따르는 평평한 것이 아니라 휘었거나 구부러져 있다. 여기서 **공간왜곡(spacewarps)**과 **시간왜곡(timewarps)**이 탄생한다.

시간의 변혁은 1916년에 발표된 일반 상대성 이론에 의해 그 정점을 달렸다. 일반 상대성 이론에 의하면 물체가 존재하는 것으로 인해 그 주위의 공간이 휘게 되고 결국 시간이 느리게 진행한다는 것이다. 여기서 시공(space-time)에 대하여 생각해 보자. 아인슈타인의 특수 상대성 이론은 시간과 공간이 서로 밀접한 관계로 연결되어 있다는 것을 보여주었다. 시공이라 하는 것은 순간순간의 공간을 시간에 접하여 늘어놓은 것이다. 예를 들면 행성 간 로켓이 태양으로부터 등속도로 떠나가는 경우를 생각해 보자. 이야기를 단순화하기 위해 3차원의 공간을 2차원의 공간으로, 이어 1차원의 공간으로 차원을 떨어뜨리자. 이것을 시간의 경과와 함께 늘어놓은 것이 공간 1차원 경우의 시공간이다. 이러한 시공간에서는 움직이지 않는 태양의 궤적은 시간 축에 평행한 직선이 되고, 로켓은 시간의 경과와 함께 공간을 움직이고 있으므로 궤적은 경사면으로 된다. 물체의 궤적을 표시하는 이러한 선을 세계선이라 부른다.

여기서 일반 상대성 이론의 획기적인 결론은 **"시공이란 변하지 않는 그대로의 모습을 갖는 것이 아니라 그 안에 있는 물체와의 상호작용으로 영향을 받아 변해 버린다"**는 것이다. 다시 말해 물질이 존재하면 그 주위의 시공은 일그러지는데, 시간은 늦어지며 공간은 늘어나는 형태로 된다. 이때 시공의 일그러짐 효과는 물체의 질량이 크면 클수록 커진다. 지구 주위에서도 지구가 시공을 일그러지게 한 결과 시간이 더디게 간다는 사실이 측정되고 있다. 높이 23 m 빌딩과 지상을 비교해 보면 지상의 경우가 그 빌딩의 옥상보다 0.0000000000001% 정도 시간 경과가 늦어짐을 알 수 있다.

26장 학습문제

26.1 아인슈타인의 질량-에너지 공식[식 (26.1)]에 따르면 에너지를 얻게 되면 질량 증가를 가져올 수 있다. 질량 60 kg인 사람이 다음과 같은 운동을 하고 난 후 질량의 증가를 계산해 보라.

(a) 400 m의 한라산 등산로 입구에서 정상 1950 m까지 올랐을 때의 질량 증가는 얼마인가?

(b) 처음 출발하여 10 m/s로 일정하게 달릴 때의 질량 증가는 얼마인가?

풀이: 먼저 에너지 증가를 계산한다.

(a) 이 경우 중력 퍼텐셜 에너지가 증가했으므로 $E = mgh$이다. 따라서

$$E = (60\ \text{kg})(9.8\ \text{m/s}^2)(1550\ \text{m}) = 9.1 \times 10^5\ \text{J}$$

이다. 이 에너지가 $\triangle Mc^2$에 해당하므로 질량 증가는

$$\triangle M = \frac{E}{c^2} = \frac{9.1 \times 10^5\ \text{J}}{(3 \times 10^8\ \text{m/s})^2} = 1.01 \times 10^{-11}\ \text{kg}$$

이다. 이 정도의 질량 증가를 감지할 수 있겠는가? 오히려 화학에너지 소모에 따른 질량 감소가 훨씬 클 것이다.

(b) 이 경우는 운동에너지에 해당하므로

$$E = \frac{1}{2}mv^2 = 0.5(60\ \text{kg})(10\ \text{m/s})^2 = 300\ \text{J}$$

이다. 따라서

$$\triangle M = \frac{E}{c^2} = \frac{3.0 \times 10^2\ \text{J}}{(3 \times 10^8\ \text{m/s})^2} = 3.3 \times 10^{-15}\ \text{kg}$$

이다.

26.2 앞에서 헬륨핵의 질량결손 에너지는 28.3 MeV가 된다고 하였다. 이 에너지는 원자핵 안에 있는 핵자의 구속에너지라고도 할 수 있다. 핵을 간단한 상자라고 여기면 이 상자의 크기는 얼마 정도 될까?

풀이: 이 문제는 25장에서 다루었던 양자역학의 상자 문제로 풀 수 있다. 즉 $E = \dfrac{h^2}{8mL^2}$ 로부터 $L = \dfrac{h}{\sqrt{8mE}}$ 이다. 그러면

$$\begin{aligned} L &= \frac{6.63 \times 10^{-34}}{\sqrt{8 \times 1.67 \times 10^{-27} \times 28.3 \times 1.6 \times 10^{-13}}} \\ &= 2.7 \times 10^{-15}\ (\text{m}) \end{aligned}$$

가 됨을 알 수 있다. 이것이 헬륨핵의 크기이다.

26장 연습문제

26.1 산소핵종 ^{16}O의 구속에너지와 핵자당 구속에너지를 구하라. 이 핵의 원자량은 15.99491 u이다.

26.2 어떤 방사능 시료의 방사능이 이틀에 15%씩 감소하고 있다.

(a) 붕괴상수를 구하라.
(b) 반감기를 구하라.

26.3 우라늄−238(^{238}U, $Z = 92$)은 α 붕괴를 하는 방사성 핵종으로 반감기가 45억 년이다. 이 방사성 동위원소 1 kg이 1초 동안에 붕괴되는 원자핵의 수를 계산하라.

26.4 라돈−222(^{222}Rn, $Z = 84$)는 반감기 3.82 d(일)을 가지며 α 붕괴를 한다.

(a) 10 μg의 초기 방사능을 계산하라.
(b) 10일이 지나고 난 다음 이 시료의 붕괴율은 얼마인가?
(c) 얼마가 지나고 나서야 그 방사능이 처음 값의 10%로 줄어드는가?

26장 연습문제 해답

26.1 이 핵은 8개의 양성자와 8개의 중성자를 가지므로 질량결손은

$$\triangle M = 8(1.007276\ \text{u}) + 8\ (1.008665\ \text{u}) - 15.99491\ \text{u} = 1.132618\ \text{u}$$

이다. 따라서 구속에너지는

$$E_b = \triangle Mc^2 = (0.132618\ \text{u})(931.5\ \text{Mev/u}) = 123.53\ \text{MeV}$$

이다. 핵자(nucleon)당 구속에너지는 질량수로 나누면 되므로

$$\frac{E_b}{A} = \frac{123.53\ \text{MeV}}{16\ \text{핵자}} = 7.7\ \text{MeV/핵자}$$

이다.

26.2 (a) 1.5×10^{-9}/s. (b) 8.5일.

26.3 1.23×10^7/s.

26.4 먼저 초기 방사성 원자의 수를 알아야 한다. 라돈의 질량수가 분자량과 같다는 사실에서

$$N_0 = \frac{(10^{-5}\ \text{g})(6.02 \times 10^{23}\ \text{atoms/mol})}{222\ \text{g/mol}} = 2.71 \times 10^{16}$$

의 값을 얻는다. 붕괴상수는

$$\lambda = \frac{0.693}{T_{1/2}} = \frac{0.693}{(3.82\ \text{d})(8.64 \times 10^4\ \text{s/d})} = 2.10 \times 10^{-6}\ \text{/s}$$

이다.

(a) $R_0 = \lambda N_0 = (2.10 \times 10^{-6}/\text{s})(2.71 \times 10^{16}) = 5.69 \times 10^{10}$ Bq.

(b) 10일은 8.64×10^6 s이므로

$$R = R_0 e^{-\lambda t} = (5.69 \times 10^{10}\ \text{Bq})e^{-(2.10 \times 10^{-6}/\text{s})/(8.64 \times 10^6/\text{s})} = 9.33 \times 10^9\ \text{Bq}$$

이다.

(c) $\dfrac{R}{R_0} = 0.1 = e^{-\lambda t}$ 로부터 $t = \dfrac{\ln 10}{\lambda} = \dfrac{2.30}{2.1 \times 10^{-6}/\text{s}} = 1.1 \times 10^6$ s이다.

부 록

부 록 Appendix

부록 A: 물리 상수(Physical Constants)

부록에서 언급되는 물리량들에 대한 이름들은 영어로 표기하였다. 되도록이면 세계적으로 공인되는 영어 단어에 익숙해지도록 하기 위한 것이다.

A1. 중요 물리 상수

물리량(quantity)	기호(symbol)	값(approximate value)
Atomic mass unit	u	1.661×10^{-27} kg = 931.5 MeV/c^2
Avogadro's number	N_A	6.022×10^{23} particles/mol
Boltzmann's constant	$k_B(=R/N_A)$	1.381×10^{-23} J/K
Coulomb-law constant	$k_e(=1/4\pi\varepsilon_0)$	8.99×10^9 Nm^2/C^2
Electron mass	m_e	9.102×10^{-31} kg = 0.511 MeV/c^2
Elementary charge	e	1.602×10^{-19} C
Gas constant	R	8.314 J/K • mol
Gravitational constant	G	6.672×10^{-11} Nm^2/kg^2
Permittivity constant	$\varepsilon_0(=1/\mu_0 c^2)$	$4\pi \times 10^{-7}$ H/m
Permeability constant	μ_0	8.854×10^{-12} F/m
Planck's constant	h	6.626×10^{-34} J • s
Proton mass	m_p	1.672×10^{-27} kg
Speed of light in vacuum	c	3.00×10^8 m/s

A2. 천문학 관련 데이터(Terrestrial and Astronomical Data)

Earth	
Mean radius	6.37×10^6 m
Mass	5.98×10^{24} kg
Mean distance to sun	1.49×10^{11} m
Moon	
Mean radius	1.74×10^6 m
Mass	7.36×10^{22} kg
Mean distance to earth	3.84×10^8 m
Sun	
Mean radius	6.96×10^8 m
Mass	1.99×10^{30} kg

A3. 자주 등장하는 물리량

Acceleration of gravity at earth's surface, g	9.81 m/s^2
Escape speed at earth's surface	11.2 km/s
Standard atmosphere pressure(STP)	1 atm = 101.3 kPa
Speed of sound in dry air(at 1 atm)	331 m/s
Speed of sound in dry air(20°C, 1 atm)	343 m/s
Density of air(1 atm)	1.29 kg/m^3
Density of water(4°C, 1 atm)	1000 kg/m^3
Specific heat of water	4186 J/kg • K

부록 B: 그리스 알파벳(The Greek Alphabet)

A, α	Alpha	N, ν	Nu
B, β	Beta	Ξ, ξ	Xi
Γ, γ	Gamma	O, o	Omicron
$\triangle$, δ	Delta	Π, π	Pi
E, ϵ	Epsilon	P, ρ	Rho
Z, ζ	Zeta	Σ, σ	Sigma
H, η	Eta	T, τ	Tau
Θ, θ	Theta	Υ, υ	Upsilon
I, ι	Iota	Φ, ϕ	Phi
K, κ	Kappa	X, χ	Chi
Λ, λ	Lambda	Ψ, ψ	Psi
M, μ	Mu	Ω, ω	Omega

부록 C: 미분방정식(Differential Equation)

그림 A.1과 같이 질량 m인 물체가 용수철(spring)에 매달려 있으면서 단진동(simple oscillation) 운동을 한다. 공기의 저항 등을 무시하면 뉴턴의 제2법칙에 따라 운동방정식은 다음과 같이 주어진다.

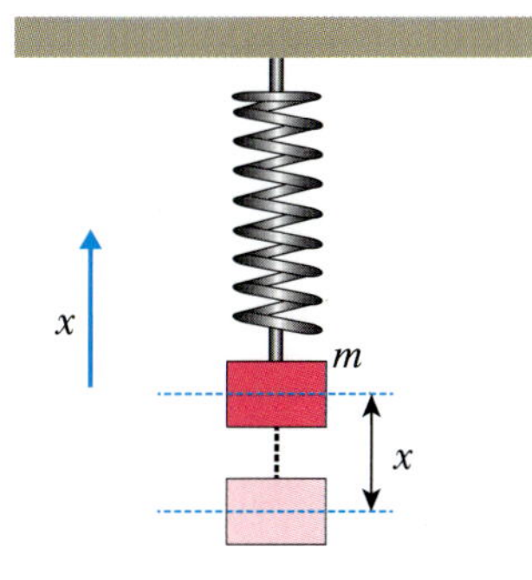

그림 A.1 단진자 운동.

$$m\frac{d^2x}{dt^2} = -kx$$

따라서

$$\frac{d^2x}{dt^2} + \frac{k}{m}x = 0$$

이다. $\omega = \sqrt{\frac{k}{m}}$ 라 두면 위 식은 다음과 같이 된다.

$$\frac{d^2x}{dt^2} + \omega^2 x = 0$$

위와 같은 방정식을 2차 미분방정식이라 부른다. 만약 공기의 저항이 속도에 비례한다면 뉴턴의 운동방정식은 다음과 같이 쓸 수 있다.

$$m\frac{d^2x}{dt^2} = -kx - \gamma\frac{dx}{dt}$$

이 식은 다시 다음과 같이 쓸 수 있다.

$$\frac{d^2x}{dt^2} + 2b\frac{dx}{dt} + \omega^2 x = 0$$

여기서 $2b = \frac{\gamma}{m}$ 이다.

위의 미분방정식은 다음과 같은 2차 선형 미분방정식(second-order linear differential equation)의 형태를 갖는다.

$$a_2\frac{d^2y}{dx^2} + a_1\frac{dy}{dx} + a_0 y = 0$$

이러한 선형 미분방정식은 다음과 같은 방법으로 쉽게 풀 수 있다. 다음의 미분방정식을 풀어보자.

$$\frac{d^2y}{dx^2} + 5\frac{dy}{dx} + 4y = 0$$

여기서 $\frac{d}{dx}$ 를 D라 놓으면 위 식은

$$D^2y + 5Dy + 4y = 0$$

이 되며, 이는 곧 다음과 같다.

$$(D^2 + 5D + 4)y = 0$$

이때 D를 미분 연산자(differential operator)라고 부른다. 또한

$$D^2 + 5D + 4 = 0$$

을 보조(auxiliary) 방정식이라 한다. 보조방정식을 풀면

$$(D + 1)(D + 4) = 0$$

에서 $D = -1$ 또는 $D = -4$를 얻게 되는데, 이로부터 위 미분방정식에 대한 일반해(general solution)는 다음과 같이 주어진다.

$$y = c_1e^{-4x} + c_2e^{-x}$$

일반적으로 2차 선형 미분방정식이

$$(D - a)(D - b)y = 0, \qquad a \neq b$$

형태로 되면 일반해는 다음과 같다.

$$y = c_1e^{ax} + c_2e^{bx}$$

한편 보조방정식이 중근인 형태, 즉

$$(D - a)(D - a) = 0$$

인 경우 일반해는 다음과 같이 주어진다.

$$y = (c_1x + c_2)e^{ax}$$

이제 앞에서 나왔던 용수철에 의한 단진동 운동을 다시 살펴보자. 먼저 저항이 없는 경우 방정식은 다음과 같았다.

$$\frac{d^2x}{dt^2} + \omega^2 x = 0$$

이 미분방정식을 미분 연산자로 표현하면

$$(D^2 + \omega^2)x = 0$$

이다. 그리고 보조방정식에 대한 해는

$$D = \pm i\omega$$

이다. 따라서 위 방정식에 대한 일반해는 다음과 같다.

$$x = c_1e^{ix} + c_2e^{-ix}$$

오일러의 공식에 의하면 이러한 해는 다시 삼각함수로 나타낼 수 있다. 즉

$$x = A\sin\omega t + B\cos\omega t$$

이다. 위와 같은 형태로 표현되는 변위를 단조화 운동(simple harmonic motion)이라 부른다. 이제 평형 위치를 $x = 0$이라 하고, 처음에 용수철을 잡아당긴 위치가 $x = -10$이라 하자. 그러면 초기 조건은 다음과 같이 된다.

$$x(0) = -10, \qquad v(0) = \frac{dx}{dt} = 0$$

그리고 속도는

$$v = \frac{dx}{dt} = A\omega\cos\omega t - B\omega\sin\omega t$$

이다. 따라서 초기 조건에 의한 방정식은 다음과 같다.

$$-10 = A \cdot 0 + B \cdot 1$$
$$0 = A\omega \cdot 1 - B\omega \cdot 0$$

그러면

$$A = 0, \qquad B = -10$$

의 값을 얻는다. 그러므로 조건에 따른 특별해는 다음과 같다.

$$x = -10\cos\omega t$$

그러나 위와 같은 단조화 운동은 현실과는 맞지 않는다. 위와 같은 조건이라면 영원히 진동운동을 하기 때문이다. 실제적으로는 진동을 하다 결국 멈추게 되는데, 그러한 감쇠 원인은 공기의 저항이나 마찰에서 나온다. 일반적으로 운동을 지연시키는 저항은 속도에 비례하는 것으로 알려져 있다. 따라서 $-\gamma(dx/dt)$로 나타낼 수 있다. 이것이 앞에서 언급한 식

$$\frac{d^2x}{dt^2} + 2b\frac{dx}{dt} + \omega^2 x = 0$$

이다. 위 미분방정식의 보조방정식은

$$D^2 + 2bD + \omega^2 = 0$$

이고,

$$D = \frac{-b \pm \sqrt{4b^2 - 4\omega^2}}{2} = -b \pm \sqrt{b^2 - \omega^2}$$

을 얻는다. 이때 제곱근의 부호에 따라 다음과 같은 세 가지 형태의 운동이 나온다.

$b^2 > \omega^2$: 과감쇠 운동(over damped motion)
$b^2 = \omega^2$: 임계감쇠 운동(critically damped motion)
$b^2 < \omega^2$: 진동운동(under damped or oscillatory motion)

C1. 과감쇠 운동

$$D = -b \pm \sqrt{b^2 - \omega^2}$$

이므로 해는

$$x = Ae^{-\lambda_1 t} + Be^{-\lambda_2 t}$$

이고, 여기서 $\lambda_1 = b + \sqrt{b^2 - \omega^2}$, $\lambda_2 = b - \sqrt{b^2 - \omega^2}$ 이다.

위 식은 시간이 지남에 따라 크기가 0으로, 즉 평형 위치로 돌아가며 진동은 하지 않는다. 이러한 이유로 과감쇠 운동이라 부른다.

C2. 임계감쇠 운동

이 조건의 보조방정식의 해는

$$D = b$$

이다. 이 해는 사실상 중근에 해당한다. 따라서

$$x = (A + Bt)e^{-bt}$$

이다. 이 운동 역시 진동 없이 시간이 지남에 따라 평형 위치로 돌아와 멈추게 된다.

C3. 진동운동

$\sqrt{b^2 - \omega^2}$이 허수이므로, $\beta = \sqrt{\omega^2 - b^2}$이라 하면 $\sqrt{b^2 - \omega^2} = i\beta$라고 쓸 수 있다. 따라서

$$D = -b \pm i\beta$$

이다. 이에 대한 해는 다음과 같다.

$$x = (c_1 e^{i\beta t} + c_2 e^{-i\beta t})e^{-bt}$$

이 식을 삼각함수 형태로 다시 쓰면

$$x = Ae^{-bt}\sin(\beta t + \phi)$$

위 해는 진동수(frequency) β로 진동하면서 감쇠인자 e^{-bt}만큼 진폭이 줄어드는 운동을 보여주고 있다.

우리는 위와 같은 문제를 전기회로에서도 만날 수 있다. 20장에서 우리는 그림 A.2와 같은 LC 회로를 다루었다. 축전기에서 전하가 흘러나옴에 따라 전류는 증가하고 코일에는 기전력(emf)이 발생한다. 이에 대한 키르히호프 법칙은 다음과 같이 주어진다.

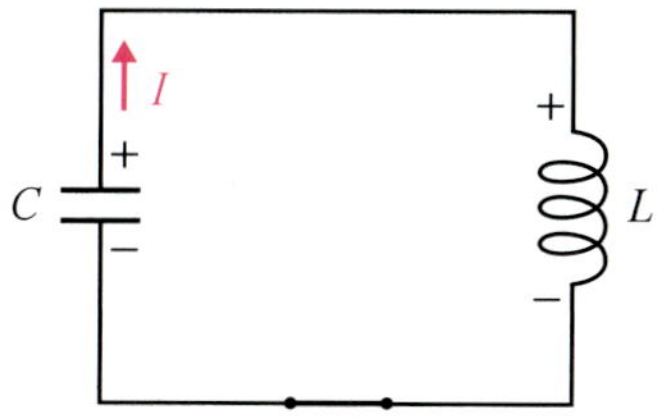

그림 A.2 LC 회로.

$$\frac{Q}{C} - L\frac{dI}{dt} = 0$$

한편 전류는 $I = -dQ/dt$이므로(여기서 음의 의미는 축전기의 전하 Q가 감소함에 따라 전류가 발생하기 때문이다)

$$\frac{d^2Q}{dt^2} + \frac{1}{LC}Q = 0$$

이다. 여기서 $\omega^2 = 1/LC$라 두면

$$\frac{d^2Q}{dt^2} + \omega^2 Q = 0$$

을 얻게 되는데, 이는 단조화 운동에서 얻었던 식과 동일하다.

이번에는 그림 A.3과 같은 LRC 회로를 살펴보자. 이 회로에 대한 키르히호프 법칙은 다음과 같은 식으로 나온다.

$$\frac{Q}{C} - IR - L\frac{dI}{dt} = 0$$

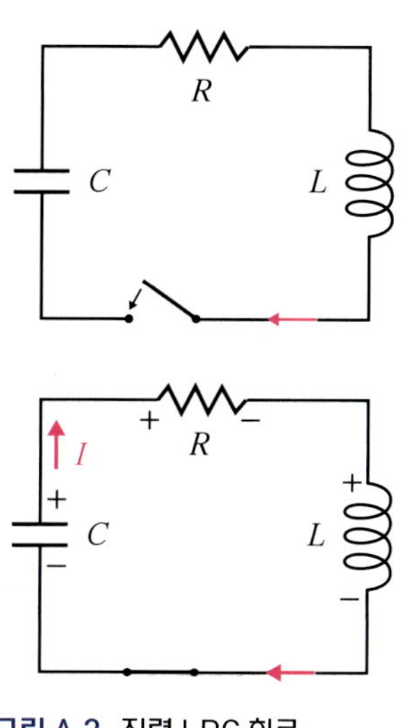

그림 A.3 직렬 LRC 회로.

$I = -dQ/dt$이므로 위 식은 다음과 같은 형태로 된다.

$$L\frac{d^2Q}{dt^2} + R\frac{dQ}{dt} + \frac{Q}{C} = 0$$

위와 같은 미분방정식은 감쇠운동을 수반하는 단진자 운동의 경우와 동일한 형태이다. 이에 대한 감쇠진동 해는

$$Q = Q_0 e^{-Rt/2L}\cos(\omega_1 t + \phi)$$

로 주어진다. 여기서 감쇠 각진동수(damped angular frequency)는

$$\omega_1 = \sqrt{\omega^2 - \left(\frac{R}{2L}\right)^2}$$

이다. 물론 $\omega = \dfrac{1}{\sqrt{LC}}$ 이다.

찾아보기

[ㄴ]

[ㄷ]

[ㄹ]

[ㅁ]

[ㅂ]

[ㅅ]

[ㅇ]

[ㅈ]

[ㅎ]